100 Jahre
Schiffbautechnische Gesellschaft

Festveranstaltung
vom 25. bis 29. Mai 1999
in Berlin

Zusammengestellt von Prof. Dr.-Ing. Harald Keil
Schiffbautechnische Gesellschaft e.V.,
Lämmersieth 72, 22305 Hamburg

Schiffbautechnische Gesellschaft:
[100 Jahre Schiffbautechnische Gesellschaft] 100 Jahre Schiffbautechnische Gesellschaft :
Festveranstaltung vom 25. bis 29. Mai 1999 in Berlin. – Berlin ; Heidelberg ; New York : Springer, 2001

ISBN-13: 978-3-642-93391-2   e-ISBN-13: 978-3-642-93390-5
DOI: 10.1007/978-3-642-93390-5

Satz: Autorendaten des Autors

Bindearbeiten: Lüderitz & Bauer, Berlin
SPIN:10797455   68/3020Wei – 5 4 3 2 1 0

100 Jahre
Schiffbautechnische
Gesellschaft e.V.

Berlin
25. bis 29. Mai 1999

Inhaltsverzeichnis

Sprechtag „Neues aus den Hochschulen - Der Nachwuchs berichtet"
(Die Vorträge sind im Jahrbuch Band 93 veröffentlicht)

Container-Landbrücken in Nordamerika - von und zu den Häfen der Pazifikküste
    Felix Kasiske

Untersuchung der Festigkeit von lasergeschweißten Sandwichplatten unter Druck,
Zug und Schubbelastung
    Alexander Skalicky

Wirtschaftlichkeitsvergleich eines konventionellen mit einem neuartigen

Demontage der Brent SPAR - Analyse des Seegangsverhaltens des gekoppelten
Systems von Katamaran und Plattform
    Katja Stutz

Development of a Product Data Management System for Small Shipyards
    Michael E. Stelzer

Entwurf eines unkonventionellen Schiffsantriebes für ein Gütermotorschiff
auf extrem flachem Wasser
    Jan Breuers

Hauptantriebssystems am Beispiel einer gegebenen RoRo-Schiffstypreihe
bei unterschiedlichen Fahrprofilen
    Jörg Meyerhoff

Vergleichende Untersuchung der Fertigungstechnik im Schiffbau in Europa
und in Japan
    Olaf Lingstädt

Schiffsentwurf und Schiffssicherheit

Einhundert Jahre Schiffbautechnische Gesellschaft – das ist auch ein Anlaß, einmal die technische Entwicklung der Schiffstechnik im Zeitalter der Industrialisierung geschlossen darzustellen und dabei die Rolle unserer Gesellschaft zu beschreiben. Eine solche Darstellung zu verfassen, würde neben dem großen Zeitaufwand bedeuten, eine Persönlichkeit zu finden, die über ein wahrhaft enzyklopädisches Wissen verfügt. Daher haben wir - auch im Sinne einer Förderung der gemeinschaftlichen Arbeit in unserer Gesellschaft - beschlossen, daß die einzelnen Fachausschüsse ihr Fachgebiet in eigener Zuständigkeit darstellen sollten.

So ist ein Vortragszyklus entstanden, der obiges Ziel der Gesamtdarstellung unseres Faches auch in historischem Rückblick erfüllt. Da wir annehmen, daß eine solche Gesamtdarstellung auch weitere schiffbautechnische Kreise außerhalb der STG interessieren könnte, haben wir uns entschlossen, diese Vorträge, die ja den wesentlichen Teil unserer Tätigkeit im Jubiläumsjahr darstellen, in einem gesonderten Band zu publizieren.

Den Autoren soll ganz herzlich gedankt werden. Der Leser wird selbst feststellen können, mit welcher Liebe und Zuneigung zu ihrem jeweiligen Fachgebiet einzelne Autoren ihr Metier darstellen. Ich glaube daher, daß der Schiffbautechnischen Gesellschaft mit diesem Buch ein ganz besonders wertvolles Dokument der Schiffstechnik gelungen ist, dem eine weite Verbreitung gewünscht werden kann.

Prof.Dr.mult. Eike Lehmann

Der Regierende Bürgermeister von Berlin, Eberhard Diepgen, (links)
der Präsident der Technischen Universität Berlin, Prof.Dr. Hans-Jürgen Ewers, (rechts)
und der Vorsitzende der STG, Prof.Dr.mult. Eike Lehmann

Festprogramm

25. Mai		Technische Universität, Ernst-Reuter-Haus
		Straße des 17. Juni 112
	10 Uhr	Sprechtag "Neues aus den Hochschulen - Der Nachwuchs berichtet
		Hochschule der Künste, Konzertsaal Hardenbergstraße
	15 Uhr	Begrüßungstrunk
	16 Uhr	Festakt
		Versuchsanstalt für Wasserbau und Schiffbau
		Müller-Breslau-Straße (Schleuseninsel)
	19 Uhr	Eröffnung der Ausstellung "100 Jahre Schiffbau"
25. Mai		Technische Universität, Ernst-Reuter-Haus
	10 Uhr	Fachvorträge
26.-28. Mai		
	9 Uhr	Fachvorträge
26. Mai		Versuchsanstalt für Wasserbau und Schiffbau
bis		Ausstellung "100 Jahre Schiffbau"
18. Juli		täglich 10 - 16 Uhr

Videoschau

Musik: Anton Reicha: Allegro Moderato aus dem Bläserquintett in Es-Dur

Eröffnung

Professor Dr. mult. Eike Lehmann
Vorsitzender der Schiffbautechnischen Gesellschaft

Grußworte

Eberhard Diepgen
Regierender Bürgermeister von Berlin

Professor Dr. Hans-Jürgen Ewers
Präsident der Technischen Universität Berlin

Dr.-Ing. E.h. Uwe Thomas
Staatssekretär im Bundesministerium für Bildung und Forschung

Rolf Stamm
Ministerialdirigent im Bundesministerium für Verkehr, Bau und Wohnungswesen

Trevor Blakeley
Chief Executive, The Royal Institution of Naval Architects

Philip B. Kimball
Executive Director, The Society of Naval Architects and Marine Engineers

Konteradmiral Bernd Heise
Stellvertretender Inspekteur der Marine, Bundesministerium der Verteidigung

Frank Leonhardt
Vorsitzender des Verbandes Deutscher Reeder

Dr.-Ing. Werner Schöttelndreyer
Vorsitzender des Verbandes für Schiffbau und Meerestechnik e.V.

Ehrungen

Verleihung der Ehrenmitgliedschaft

Verleihung der Denkmünzen

Musik: Malcom Arnold: Three Shantees

Festvortrag
„Schiffbau in Europa – Drama ohne Ende?“

Professor Dr.-Ing. Eckhard Rohkamm
Vorstandsvorsitzender der Thyssen Industrie AG

Musik: Joseph Haydn: Kaiserquartett Arrangement

Taffanel Bläserquintett: Bettina Wickihalder (Flöte); Nicola Heinze (Oboe); Götz Hoffmann (Klarinette);
Hansjörg Seiler (Horn); Jochen Schneider (Fagott)

Begrüßung

Welcome

Prof.Dr.mult. **Eike Lehmann**, Vorsitzender der Schiffbautechnischen Gesellschaft

Meine sehr verehrten Damen und Herren,

es ist ein ganz besonders bedeutendes Ereignis, zu dem wir hier in der Hauptstadt eines freien und wiedervereinigten Deutschland zusammenkommen. Es ist das hundertjährige Jubiläum der Schiffbautechnischen Gesellschaft. So haben wir nicht nur alle unsere Mitglieder und Freunde nach Berlin eingeladen, sondern auch die Vorsitzenden der befreundeten technisch-wissenschaftlichen Gesellschaften des In- und Auslands. Ganz besonders freuen wir uns auch, einige Persönlichkeiten des öffentlichen Lebens begrüßen zu dürfen.

Viele Jahrzehnte, in denen das freie Berlin in ganz besonderem Maße auf die Unterstützung der Deutschen angewiesen war, die selbst in freier Selbstbestimmung leben konnten, hat die Schiffbautechnische Gesellschaft dieser Stadt die Treue gehalten. Die STG blieb nicht nur nach dem Krieg als Gesellschaft ˙im Amtsgericht Charlottenburg registriert, sie veranstaltete auch in regelmäßigem Wechsel ihre Hauptversammlungen hier in Berlin. Die regierenden Bürgermeister Berlins haben häufig unsere Hauptversammlungen eröffnet. Daher begrüße ich als ersten den regierenden Bürgermeister Herrn Diepgen - ich darf sagen als alten Freund der Gesellschaft - besonders herzlich.

Weiterhin begrüße ich den Präsidenten der Technischen Universität Berlin, Herrn Prof. Dr. Ewers. Mit Ihrer Hochschule, Herr Kollege Ewers, verbindet uns, mehr als mit jeder anderen Universität, eine hundertjährige Freundschaft. Seit hundert Jahren haben Ihre Hochschule und ihre Vorgängereinrichtungen engste Verbindung zu unserer Gesellschaft gepflegt. Mehrere Professoren Ihrer Hochschule sind auch Vorsitzende der Gesellschaft gewesen. Wir haben hundert Jahre bei Ihnen Hausrechte genießen dürfen. Dafür danken wir Ihnen von ganzem Herzen. Die Schiffbautechnische Gesellschaft sieht in Ihrer Hochschule auch heute noch einen ihrer wichtigsten Partner in der Verfolgung ihrer Gesellschaftsziele. Wir würden uns glücklich schätzen, wenn auch Sie die STG weiterhin als Teil Ihrer akademischen Kultur betrachten und uns Ihre Gunst bewahren würden.

Die Schiffbautechnische Gesellschaft verdankt ihr Entstehen dem Deutschen Kaiser Wilhelm II., der die Gesellschaftsziele tatkräftig unterstützt und sich noch bis 1937 als Schirmherr zur Verfügung gestellt hat. Daher haben wir als Vertretung des Hauses Hohenzollern seine Königliche Hoheit Prinz Wilhelm Karl eingeladen. Herzlich willkommen Hoheit! Einziger Bundesfürst, der im maritimen Geschehen Deutschlands zur Gründerzeit unserer Gesellschaft eine wesentliche Bedeutung hatte, war der Ehrenvorsitzende der STG, seine Königliche Hoheit Friedrich August Großherzog von Oldenburg. Daher haben wir seinen Urenkel, seine Königliche Hoheit Friedrich August Herzog von Oldenburg eingeladen, an unserem Jubiläum teilzunehmen.

Prinz Wilhelm Karl von Preußen

Die Bundesregierung ist vertreten durch Herrn Staatsekretär im BMBF, Dr.-Ing. E. h. Uwe Thomas, den wir ebenfalls ganz herzlich hier begrüßen. Die Schiffbautechnische Gesellschaft versteht sich als Plattform, auf der vor allem die Ergebnisse von Forschung und Entwicklung dargestellt und diskutiert werden. Ihr Ministerium hat entscheidenden Anteil daran, dass die schiffstechnische Forschung und Entwicklung in Deutschland eine im Weltmaßstab herausragende Bedeutung besitzt. Daher freuen wir uns sehr, dass Sie, Herr Staatssekretär, der mit den Problemen der maritimen Industrie besonders vertraut ist, heute bei uns sind. Die Ziele Ihres Ministeriums, die Ergebnisse der von Ihnen geförderten Forschung und Entwicklung schnell und erfolgreich in industrielle Produktion umzusetzen, sind auch unsere Ziele.

Staatssekretär Dr.-Ing.E.h. Uwe Thomas

In langer Tradition steht die Schiffbautechnische Gesellschaft auch zum Bundesministerium für Verkehr. Eine lange Reihe von für die Schifffahrt zuständigen Abteilungsleitern des BMVBW dürfen wir zu unseren Förderern und Freunden zählen. So darf ich ganz herzlich Herrn Ministerialdirigent Dipl.-Ing. Stamm in Vertretung des Abteilungsleiters, Herrn Dr. Froböse, begrüßen. Die Schiffbautechnische Gesellschaft versteht sich zwar primär als technische Gesellschaft, dennoch sind gerade auch schifffahrtspolitische Fragen heute so eng mit technischen Fragen verbunden, dass wir an der Schiffahrtspolitik Ihres Ministeriums in vielfältiger Weise interessiert sind.

Die Deutsche Marine ist vertreten durch Herrn Admiral Heise. Sehr geehrter Herr Admiral, die vier deutschen Marinen, die während der Existenz der STG deutsche Seeinteressen wahrgenommen haben, haben alle auch enge Verbindungen zu uns gesucht. Losgelöst von politischen Randbedingungen konnten diese oft in erstaunlicher Offenheit ihre technischen Probleme diskutieren. Wir wissen, dass die Deutsche Marine die Ziele der STG wohlwollend fördert und ich darf versichern, dass die zivilen und militärischen Angehörigen der Marine uns herzlich willkommen sind.

It is my pleasure to welcome Mr. Blakely, the Secretary of the Royal Institution of Naval Architects. On the occasion of her centenary the Institution became a Royal Institution in 1960, which I believe is one of the supreme honorings of a mari-

time science society in the UK. This kind of honoring is obviously not possible for our society any more, but I think it is also important that the membership in our society is for the time being more or less a must for naval architects and experts related thereto in this country. Again, Mr. Blakely, you are welcome as our special guest as your society was the model when founding our society in 1899.

From far away - from the New World - Mr. Kimball, Executive Director of the Society of Naval Architects and Marine Engineers, New York, is giving us the honour to participate today. Mr. Kimball, it is my pleasure to welcome you here in Berlin. The Germans, particularly people from Berlin, do not forget what Americans did for Berlin during the time of the cold war.

Die deutsche Reederschaft ist unserer Gesellschaft seit ihrer Gründung freundschaftlich verbunden. Berühmte Reederpersönlichkeiten wie z. B. Albert Ballin, Amsinck und Woermann haben die Ziele der Schiffbautechnischen Gesellschaft nachhaltig unterstützt. Daher freuen wir uns, dass der derzeitige Präsident des Vorstandes Deutscher Reeder, Herr Frank Leonhardt, heute ebenfalls dabei sein kann.

Last but not least begrüße ich Herrn Dr.-Ing. Schöttelndreyer, der als Hauptgeschäftsführer und Vorsitzender des Vorstandes des Verbandes für Schiffbau und Meerestechnik zu uns gekommen ist.

Weiterhin begrüße ich unsere Ehrenmitglieder, Herrn Prof. Keil und Herrn Mau, sowie Herrn Tamm aus Hamburg, der viel für den Standort Deutschland, besonders aber auch für Berlin getan hat und durch seine wunderschöne Sammlung maritimer Kostbarkeiten die technische und kulturelle Bedeutung des Schiffes in unser Bewußtsein rückt.

Hundert Jahre Schiffbautechnische Gesellschaft in Deutschland ist auch hundert Jahre deutsche Schifffahrtsgeschichte. Der glänzende Aufstieg eines vorher staatlich zerrissenen, nur wenig industrialisierten Landes zu der nach England bedeutendsten Schifffahrtsnation, weckte in Deutschland den Wunsch, ähnlich wie im Mutterland des Schiffbaues England, eine technisch-wissenschaftliche Vereinigung zu gründen, die sich ausschließlich den Problemen des Schiffbaues widmet.

Dem Gründungsaufruf 1898 folgte ein Spendenaufruf, der einen Betrag von über 150.000,- Goldmark erbrachte, was einer heutigen Kaufkraft von etwa 2 Mio. DM entspricht. Am 24. Mai 1899 konnte dann im Hotel Kaiserhof hier in Berlin die Gründung vollzogen werden. Die Gesellschaft entwikkelte sich schnell unter der tatkräftigen Leitung des Geheimrats Busley, der sich in ganz ungewöhnlichem Umfang um ihre Entwicklung verdient machte. Natürlich hat der Glanz des kaiserlichen Hofes viele Mitglieder zu den jährlichen Hauptversammlungen nach Berlin gelockt. Es sind aber auch die großen Namen aus der Industrie und den Hochschulen gewesen, die einen Besuch der Veranstaltungen und die Mitgliedschaft in der STG attraktiv werden ließen. Den gesellschaftlichen Verhältnissen entsprechend legte man Wert darauf, dass Herren in bedeutenden Positionen vorrangig Einfluss in der Gesellschaft hatten. Das mag zwar undemokratisch gewesen sein, dafür verlangte man aber auch ungewöhnliche materielle Opfer. So betrug der Mitgliedsbeitrag 30 Goldmark, was z. B. für einen Marinebaumeister, der immerhin als Dipl.-Ing. bereits ein volles akademisches Studium abgelegt hatte und über ein Jahresgehalt zwischen 2.400 und 5.100 Mark verfügte, eine gewaltige Summe darstellte. Vergleicht man dieses mit den Beiträgen von heute, so verlangte man damals das fünf- bis zehnfache von dem, was heute üblich ist.

Der Zusammenbruch des kaiserlichen Deutschlands hat auch in der Schiffbautechnischen Gesellschaft große Veränderungen hervorgerufen, obwohl auch viele Marinebaubeamte in der Gesellschaft blieben, vielleicht weil dort noch ein wenig monarchistischer Glanz verblieben war.

Als Prof. Busley 1928 verstarb, ging auch für die STG die Kaiserzeit langsam vorüber, zumal auch der Großherzog Friedrich August 1930 aus Altersgründen sein Amt als Ehrenvorsitzender niederlegte und der Kaiser von Haus Doorn aus nur noch marginales Interesse an der STG zeigen konnte.

Die innenpolitischen Schwierigkeiten der Weimarer Republik haben die STG nur wenig berührt, zumal erhebliche technische und wissenschaftliche Fortschritte das Leben in der STG nachhaltig bestimmten.

Das sich langsam formierende Dritte Reich wurde von der überwiegenden Zahl der Mitglieder zunächst lebhaft begrüßt. Erst mit dem wachsenden staatlichen Einfluss auf die Gesellschaft wandelte sich die Einstellung und machte einem Verhalten Platz, welches durch ein der Staatsmacht gegenüber loyales, im privaten aber skeptisches Verhalten häufig gekennzeichnet war.

Im Krieg stand auch für die Mitglieder der STG die Unterstützung des Regimes als patriotische Pflicht gegenüber der Ablehnung bestimmter politischer Auswüchse, die man sehr wohl sah, im Vordergrund. Nach dem Krieg und dem totalen gesellschaftlichen und staatlichen Neuanfang hat sich die STG schnell zu einer demokratischen Gesellschaft entwickelt mit der zentralen Aufgabe, eine Plattform zu bilden, auf der sich alle Schiffstechniker in Deutschland zum Gedankenaustausch treffen können.

Nun, nach einhundert Jahren, gilt es aber, den Blick nicht nur in die Vergangenheit zu richten, sondern vor allem in die Zukunft. Große Veränderungen wird die STG erleben, denn die tradierten Vorstellungen werden von neuen abgelöst werden müssen. Die Internationalisierung, zumindest aber die Europäisierung des Lebens, die neuen gesellschaftlichen Wertvorstellungen, die mit einer wachsenden physikalischen Desozialisierung der Menschen einhergeht, die möglicherweise mit einer neuen virtuellen Sozialisierung durch die elektronischen Medien aufgefangen wird und letztlich die Existenz unserer Branche überhaupt, sind Fragen, die unser Gesellschaftsleben bestimmen werden. Bei allen Sorgen, die man sich berechtigt oder unberechtigt macht, sollte man aber nicht vergessen, dass die Schiffbautechnische Gesellschaft eine lebendige Gesellschaft ist, die es verstanden hat, wissenschaftliche Qualität und praktische Relevanz miteinander zu verbinden, um zum Wohle unseres Berufes zu wirken.

Ein altes Sprichwort sagt: „Nur wer weiß, woher er gekommen ist, weiß wohin er gehen soll." Gemäß dieser Feststellung haben wir in unserer Jubiläumsschrift die beruflichen Leistungen der vergangenen Generationen der Schiffstechnik gewürdigt. Nicht um diese zu glorifizieren, sondern um den lebenden und zukünftigen Generationen einen Hinweis zu geben, dass in der beruflichen Erfüllung in unserem schönen Beruf ein tiefer Lebenssinn steckt, nämlich an einer kulturellen Leistung besonderer Art aktiv beteiligt zu sein. Dies kann man aus vielen der Biographien ersehen. Die STG ist ein wesentlicher Bestandteil dieser technischen Kultur in Deutschland. Lassen Sie uns alles tun, um diese zu erhalten.

In diesem Sinne wünsche ich Ihnen einen erlebnisreichen und interessanten Aufenthalt anlässlich unseres Jubiläums hier in Berlin.

Grußworte

Addresses

Eberhard Diepgen, Regierender Bürgermeister von Berlin

Ich möchte Sie alle in Berlin ganz herzlich begrüßen und freue mich, daß Sie in Ihrer Tradition der Arbeitsteilung zwischen Hamburg und Berlin Ihr diesjähriges hundertstes Jubiläum in der deutschen Hauptstadt feiern. Dieses Jahr 1999 ist ja für Berlin und für unser Land ein wichtiges Jahr – ein Jahr der runden Jubiläen. Das Grundgesetz wurde vor zwei Tagen 50, vor zwei Wochen gedachten wir des 50. Jahrestages, an dem die Blockade zu Ende ging, und im Herbst jährt sich der Fall der Mauer zum zehnten Male, der ein vereintes Deutschland und ein vereintes Berlin erst ermöglichte.

Daß auch Institutionen dieses turbulente Jahrhundert überstanden haben, die bereits älter sind, darf dabei nie vergessen werden. 100 Jahre Schiffbautechnische Gesellschaft sind ein solches Jubiläum, das Anlaß gibt, auf eine Erfolgsgeschichte zurückzublicken.

Ich werde der Versuchung nicht nachgeben, Ihnen hier mit einigen Worten ein Loblied Ihrer eigenen Geschichte zu singen – die kennen Sie selbst am besten! Aber ich freue mich als Berliner natürlich darüber, daß eine vor 100 Jahren in Berlin gegründete Institution nicht nur allen Stürmen des Jahrhunderts zum Trotz Berlin die Treue gehalten hat, sondern auch heute noch im Register des Amtsgerichts Charlottenburg eingetragen ist. Solche Bekenntnisse haben Berlin in den schweren Zeiten der Teilung sehr geholfen, für solche Bekenntnisse war und ist Berlin äußerst dankbar!

Ich habe einmal in den Reden meiner Amtsvorgänger geblättert und dabei immer wieder den Hinweis gefunden, daß Berlin vom Meer allzu weit entfernt wäre. Räumlich mag das vielleicht stimmen. Dennoch will ich auf zwei Dinge kurz hinweisen: Zum einen war die Doppelstadt Berlin-Cölln im späten Mittelalter für kurze Zeit Hansestadt. Sie nahm auch im Jahre 1359 an der Hanse-Tagung in Lübeck teil. Aber die Chronisten berichten, daß man schon bald getrennte Wege ging, weil die Binnenstädte nicht bereit waren, den Schutz des Seeverkehrs mit zu finanzieren. Wenn man sich die spätere prosperierende Entwicklung vieler Hansestädte wie Hamburg anschaut, dann kann ich getrost zugeben, daß dies ein historischer Fehler gewesen ist.

Doch blieb Berlin dem Schiffbau nie abgeneigt. Es wird zwar immer gerne darauf verwiesen, daß das erste preußische und damit deutsche Dampfschiff im Jahre 1816 in Pichelsdorf, einem Teil Berlins, gebaut wurde und im Jahre 1830 der erste deutsche Segelclub in Berlin gegründet worden ist. Aber die Berliner Schiffbautradition ist sehr viel älter. Bereits unter dem Großen Kurfürsten sollte Brandenburg einst zur Seemacht aufsteigen. Deshalb wurde der Niederländer Benjamin Raule im Jahr 1677 Generaldirektor der Brandenburgischen Marine und beauftragte seinen holländischen Schiffbaumeister Michael Matthias Smids, im Zentrum Berlins eine Werft zu errichten. Schon bald reichte ihr Platz nicht mehr aus, und im Jahre 1693 wurde sie an den Kupfergraben verlegt. Dort entstand eine kleine, aber feine Kriegsflotte, mit der Marine-Generaldirektor Raule bereits einige Jahre später an die Westküste Afrikas segelte. Am Golf von Guinea erwarb er auf dem Boden des heutigen Ghana ersten Kolonialbesitz.

Für einige Zeit wehte fortan in Afrika die Brandenburgische Fahne, und in Berlin gründete man sogar eine Handelsgesellschaft, die Brandenburgisch-Afrikanische Compagnie. Zugegeben: Von Dauer war dies alles nicht, denn bereits 1720 wurden alle diese Aktivitäten eingestellt. Aber Sie sehen, daß auch Berlin auf eine kurze maritime Tradition und eine kurze Zeit des erfolgreichen Schiffbaus zurückblickt.

All diese frühen Berliner Gehversuche auf dem Gebiet von Schiffbau und maritimen Expeditionen waren nicht von langer Dauer. Wenn man verstehen will, warum heute trotzdem in Berlin so viel schiffbautechnischer Sachverstand versammelt ist, dann muß man sich eines klar machen: Es bedurfte des Willens zur technischen Innovation und der Möglichkeit, industrielles Kapital und technisches Wissen zu verbinden. Nicht umsonst fand die Gründungsversammlung der Schiffbautechnischen Gesellschaft im Jahre 1899 in der Aula der Königlichen Technischen Hochschule in Charlottenburg statt, der heutigen Technischen Universität.

Es ist Berliner Tradition, auf die Innovationskraft und die Flexibilität seiner Köpfe zu vertrauen. Was die Schiffbautechnische Gesellschaft seit hundert

Jahren tut, ist – die Hamburger mögen es mir nachsehen – im besten Sinne Berliner Tradition: Das Begleiten und Fördern von technischen Innovationen. Am Ende dieses Jahrhunderts ist eines zeitlos gültig: Wir müssen uns an die zukunftsgerichteten Denkweisen und Tugenden der Gründerväter der Berliner Industrie und der Forschung erinnern. Innovation, Flexibilität und Leistungsbereitschaft sind Schlüsselworte für uns alle – für die 100jährige Geschichte der Schiffbautechnischen Gesellschaft ebenso wie für den Erfolg der Berliner Wirtschaft.

In Zeiten der Globalisierung kann Berlin nur bestehen, wenn es sich auf das Kapital in seinen Köpfen besinnt! Wir setzen dabei auf zwei Kräfte. Zum einen gewinnt Berlin als Wissensstandort an Profil. Wir investieren sehr viel Geld in Wissen – mit dem Ziel, daß aus Wissen auch bald wieder Geld und innovativer Fortschritt werden kann! Die Verschränkung von Wissenschaft und Wirtschaft wird von jungen Existenzgründern in Berlin einmütig als besonders gute Voraussetzung vieler Hochtechnologiebranchen genannt. Die Nähe zur Hochschule ergibt dabei ein kreatives Umfeld, das den Gründerunternehmen zugute kommt. In Berlin investieren mittlerweile über 1.300 Unternehmen mit großem Erfolg in Zukunftstechnologien. Dazu sind die bekanntesten Großunternehmen der Branche in Berlin versammelt. Auf diese Weise versuchen wir, Berlin zu einem Laboratorium der kurzen Wege vom Geistesblitz zum marktfähigen Produkt werden zu lassen. Hier lassen sich über Synergien zwischen Industrie und Forschung in enger Zusammenarbeit neue Produkte entwickeln und vermarkten. Viel aufmerksame Vorlesungszuhörer trifft man eben bald als Unternehmensgründer an der Börse wieder!

Günstige Rahmenbedingungen sind dabei das A und O. Der Berliner Senat unterstützt über die Investitionsbank Berlin (IBB) aussichtsreiche Technologiefirmen mit Beteiligungs- und Wagniskapital und zentralisiert Förderprogramm wie das Mittelstandsförderprogramm für Forschung und Entwicklung (FuE) unter ihrem Dach. Warum ich das hier betone? Ich glaube, daß dies seit den großen Zeiten der Industrialisierung ein bewährtes Berliner Erfolgsrezept für die Zukunft ist. Und Ihr heutiges 100jähriges Jubiläum ist der beste Beweis, daß es funktioniert.

Am Ende des 20. Jahrhunderts in einer weithin globalisierten Wirtschafts-, Wissens- und Lebenswelt ist die Zeit der traditionellen Schiffahrt noch lange nicht vorbei – im Gegenteil: „Navigare necesse est" bleibt auch im 21. Jahrhundert zeitlos gültig. Ich bin deshalb überzeugt, daß auch einem 200jährigen Jubiläum der Schiffbautechnischen Gesellschaft nichts im Wege steht. Und ich darf hoffen, daß auch dieses Jubiläum wieder in Berlin stattfindet.

Prof.Dr. Hans-Jürgen Ewers, Präsident der Technischen Universität Berlin

Sehr geehrter Regierender Bürgermeister Diepgen,
sehr geehrter Herr Kollege Lehmann,
verehrte Mitglieder der Schiffbautechnischen Gesellschaft,
liebe ausländische Gäste,
verehrte Festgäste,

ich freue mich sehr, daß die Schiffbautechnische Gesellschaft den Standort Berlin als Veranstaltungsort ihrer Jubiläumsfeierlichkeiten gewählt hat.

Zum 100. Geburtstag Ihrer Gesellschaft ist es mir eine Freude, Ihnen die besten Glückwünsche der Technischen Universität Berlin zu übermitteln.

Die Verbundenheit Ihrer Gesellschaft mit der Technischen Universität Berlin reicht bis in die Anfänge der Schiffbautechnischen Gesellschaft zurück. Immer wieder wurde und wird der Kontakt zwischen beiden Institutionen erneuert und fortgeführt: Die erste Hauptversammlung der Schiffbautechnischen Gesellschaft im Dezember 1899 fand in der Aula der Königlich-Technischen Hochschule zu Berlin statt. Der 25. Geburtstag der Gesellschaft wurde ebenfalls dort gefeiert. Und um ein neueres Datum zu nennen: Vor zehn Jahren wählte die Schiffbautechnische Gesellschaft die Technische Universität Berlin zum Veranstaltungsort ihrer 90-Jahr-Feier. Die vielen Fachtagungen, die in regelmäßigem Rhythmus hier stattfinden, müssen gar nicht mehr genannt werden, um deutlich zu machen, daß die Verbindung der Schiffbautechnischen Gesellschaft mit der Technischen Universität Berlin Tradition hat. Diese Tradition wird natürlich gestärkt durch die enge personelle Verflechtung unserer beiden Institutionen: Alle Professoren und viele Wissenschaftler und Studierende des Instituts für Schiffs- und Meerestechnik sind Mitglieder Ihrer Gesellschaft. Aber das versteht sich wohl von selbst.

Ein hundertjähriges Jubiläum legitimiert einen kurzen Blick in die Historie. Die Gründung der Schiffbautechnischen Gesellschaft vor hundert Jahren setzte den Schlußpunkt an eine Entwicklung, die sich auch in Berlin weit länger zurückverfolgen läßt.

Schiffbau war in Berlin schon aktuell, bevor überhaupt daran gedacht wurde, ihn in die akademische Zunft einzubinden. 1816 wurde das erste deutsche Dampfschiff überhaupt in Berlin gebaut. Als Ausflugsdampfer für mutige Ausflügler – nicht allen war die Dampfmaschine geheuer – stampfte die „Prinzessin Charlotte von Preußen" per Schaufelradantrieb zwischen Berlin und Potsdam hin und her.

Der Umzug der akademischen Lehr- und Forschungsanstalt für Schiffbau von Grabow an der Oder nach Berlin an das Gewerbeinstitut im Oktober 1860 gab das Startsignal für die wissenschaftliche Beschäftigung mit dem Schiffbau in der preußischen Metropole. Das Gewerbeinstitut ging 1864 in der Gewerbeakademie auf, die schließlich 1879 in die Technische Hochschule Charlottenburg eingegliedert wurde. 1884 zogen die Schiffbauer in das neue Hauptgebäude, hier in unmittelbarer Nähe.

Kaiserlicher Unterstützung konnte sich der Bereich des Schiffbaus in den folgenden Jahren immer stärker erfreuen, kam die Entwicklung der Schiffbautechnik den Flottenplänen des preußischen Monarchen doch durchaus entgegen.

1896 lud Kaiser Wilhelm II. die „Institution of Naval Architects" ein, ein Treffen in Berlin abzuhalten . Und welcher Ort hätte sich in Berlin besser geeignet als die Technische Hochschule? Die Veranstaltung im Lichthof der Technischen Hochschule gab den letzten Anstoß, eine Interessengemeinschaft aller am Schiffbau Beteiligten auch in Deutschland zu gründen. Verschiedene Ursachen verschoben die Gründung noch etwas, aber drei Jahre später war es soweit: Am 23. Mai 1899 wurde die Schiffbautechnische Gesellschaft mit der Zielsetzung aus der Taufe gehoben, die technisch-wissenschaftliche Entwicklung des Schiffbaus voranzutreiben. Die Gesellschaft wollte darüber hinaus eine Plattform bieten, um den internationalen Kontakt und Austausch zwischen Schiffbauern, Reedern und anderen Fachleuten herzustellen und zu fördern. Die Schirmherrschaft übernahm Kaiser Wilhelm II.. Einige Professoren der Technischen Hochschule Berlin zählten zu den Gründungsmitgliedern, und so nimmt es nicht wunder, daß die erste Hauptversammlung der Gesellschaft – wie schon erwähnt – in der Aula der Königlichen Technischen Hochschule zu Berlin stattfand. Bis zum Zweiten Weltkrieg wurde dieser Veranstaltungsort beibehalten.

Ein Gründungsziel der Schiffbautechnischen Gesellschaft war, den Dialog zwischen Fachleuten zu ermöglichen. Viele Wissenschaftler, darunter viele Mitglieder der Technischen Hochschule zu Berlin – Professor Busley sei hier stellvertretend als „Mann der ersten Stunde" genannt – haben dazu beigetragen, die Schiffbautechnische Gesellschaft zu einer hochkarätigen technisch-wissenschaftlichen Gesellschaft zu machen.

Der Dialog zwischen Fachleuten darf nicht gering geschätzt werden. Es gibt leider keine Statistik über spin-off-Effekte, die anläßlich von Fachtagungen – besonders beim „gemütlichen" Teil – entstehen. Als Plattform für wissenschaftlichen Austausch ist Ihre Gesellschaft aber auch ein Seismograph für veränderte Anforderungen in der Branche.

Die maritime Industrie erfüllt in Europa auch weiterhin lebenswichtige Aufgaben in der Sicherung der notwendigen Transportkapazität für den europäischen Binnen- und Außenhandel, in der verantwortungsbewußten Entwicklung und Nutzung maritimer Ressourcen an Nahrung, Energie und Rohstoffen und im nachhaltigen Schutz des Meeres. Diese Ziele darf man nicht aus den Augen verlieren, wenn auch dem deutschen Schiffbau im scharfen internationalen Wettbewerb ein kalter Wind ins Gesicht weht und die schmerzhaften Begleiterscheinungen notwendiger Strukturanpassungen und Neuorientierungen nur allzu leicht negative Schlagzeilen machen. Die maritime Industrie am europäischen Standort, und hier besonders in Deutschland, hat in den letzten Jahrzehnten trotz scharfer Konkurrenz aus Fernost ihre relative Stellung gehalten und ist in einem stetigen Anpassungsprozeß mit der Zeit gegangen, sie hat sich immer neuen Anforderungen flexibel und erfolgreich gestellt. Dies wird auch weiter so bleiben müssen.

Hierzu gehört auch die enge Verbindung zwischen maritimer Industrie und Wissenschaft. Gemeinsam müssen sie dazu beitragen,

- neue Ideen und Lösungskonzepte zu entwikkeln, die technische und wissenschaftliche Kompetenz zu stärken,

- sichere und umweltgerechte Systeme zu schaffen, welche die Ressourcen des Meeres nachhaltig bewahren,

- und den wissenschaftlichen und technischen Nachwuchs für diese Aufgaben zu begeistern.

Diesen gemeinsamen Aufgaben wollen wir uns stellen.

Den veränderten Anforderungen und Rahmenbedingungen müssen auch die Universitäten als Ausbilder des wissenschaftlichen Nachwuchses Rechnung tragen. Im Bereich Schiffbau und Meerestechnik an der Technischen Univerität Berlin mußten schmerzhafte Einschnitte vorgenommen werden: Von ehemals acht Professoren existieren heute nur noch vier. Diese Situation erzwingt eine Modernisierung der Ausbildung, wobei externe Kooperationsangebote und interner Service genutzt werden sollten. Ich denke, daß wir damit die kritische Masse, die für eine berufsorientierte, praktische Ausbildung von hoher Qualität notwendig ist, erhalten werden.

Trotz der sehr angespannten finanziellen Situation wird die Professur für Schiffsentwurf, die Kollege Nowacki bis vor kurzem innehatte, wieder besetzt werden. Das ist sicherlich keine ganz selbstverständliche Entscheidung. Wir stehen hier aber auch vor dem Problem, einen geeigneten Nachfolger zu finden. Professor Nowacki hat bei uns hohe Ansprüche hinterlassen!

Die deutsche und europäische maritime Industrie hat Zukunft, wenn auch mit veränderten Schwerpunkten. Sie wird weiterhin eine hohe Leistung bringen müssen mit einem hohen Niveau an Flexibilität. Die Schiffbautechnische Gesellschaft wird dazu gebraucht. Ich wünsche Ihnen und Ihrer Gesellschaft alles Gute, viel Energie und günstige Winde, wenn Sie die Segel für die nächsten 100 Jahre setzen.

Dipl.-Ing. **Rolf Stamm**, Min.-Dirig. im Bundesminister für Verkehr, Bau- und Wohnungswesen

Bundesminister Müntefering hat mich beauftragt, Ihnen, der Schiffbautechnischen Gesellschaft und ihren Gästen anläßlich der 100jährigen Wiederkehr ihrer Gründung herzliche Grüße zu übermitteln.

Daß Sie alle nach Berlin gekommen sind, bedeutet für mich eine große Genugtuung. Die Entscheidung wird Ihnen sicherlich nicht gar so schwer gefallen sein, weil sich ohnedies die Schwergewichte nicht nur in der Politik nach Berlin hin bewegen.

Ich erinnere in diesem Zusammenhang an die Grußworte von Hamburgs Erstem Bürgermeister Max Brauer. Er sagte 1950 anläßlich der ersten Hauptversammlung der Schiffbautechnischen Gesellschaft nach ihrer Wiedergründung u.a.:

„Hamburg bedauert mit Ihnen, daß die Wiederbegründung Ihrer Gesellschaft an dem traditionellen Sitz der Schiffbautechnischen Gesellschaft in der deutschen Hauptstadt Berlin nicht durchführbar ist. Wenn Hamburg in Gedanken hieran der Hoffnung Ausdruck gibt, daß Ihre Tätigkeit in unserer Stadt nur vorübergehend sein möge, so mögen Sie doch zugleich versichert sein, daß trotz der gegenwärtigen Not, die diese Stadt schwerer als andere deutsche Hafenstädte getroffen hat, Hamburg Ihnen gerne Obdach und Schutz gewährt und allen Ihren Arbeiten mit Interesse zu folgen willens ist."

Wir sind wieder in Berlin!

Auch die Abteilung Seeverkehr nahm Hamburgs Gastfreundschaft über 40 Jahre in Anspruch. Der Freien und Hansestadt Hamburg gebührt unser Dank dafür.

Als die Schiffbautechnische Gesellschaft vor 100 Jahren gegründet wurde, bestanden bereits enge Verbindungen zwischen den einzelnen Ingenieurvereinigungen. Gerade die technisch-wissenschaftlichen Vereine fühlten die Verpflichtung, den großen Schatz an Wissen und das reiche Erbe an praktischer Erfahrung der älteren Generation an unseren technischen Nachwuchs weiterzuleiten. Wir wollen von uns aus alles tun, was wir können, um unserer Jugend und dem technischen Nachwuchs zu helfen, das große Ansehen auch in Zukunft zu erhalten, das die deutsche Technik und die Wissenschaft in der ganzen Welt durch Jahrzehnte genoß und genießt. Eine Gesellschaft, die über ein so bewegtes Jahrhundert hinweg lebendig geblieben ist, muß auf Ideen zurückgreifen können, die sich gegenüber den vielen stattgefundenen Veränderungen als widerstandsfähig und bewahrenswert erwiesen haben. Das ist ein Zeichen für ihre Daseinsberechtigung. Die Schiffbautechnische Gesellschaft ist 100 Jahre jung geblieben.

Der Gründungsgedanke enthielt seinerzeit folgenden Satz: „Dieser Verband ist nur dann eine lebensfähige Gestalt, wenn seine Gründung von älteren Herren in maßgebender Stellung ausgeht, welche vermöge des Ansehens ihrer Person der Angelegenheit von vornherein das nötige Gewicht verleihen".

Heute steht die Gesellschaft voller Leben da, sie erfüllt ihre Aufgaben mit Hilfe zahlreicher ideell eingestellter Persönlichkeiten. Die Erfahrungen aus der Geschichte der Schiffbautechnischen Gesellschaft, auch die aus jüngster Zeit mit studentischen Mitgliedern unserer Gesellschaft zeigen, daß wir in dieser Hinsicht vertrauensvoll in die Zukunft blicken dürfen.

Die Schiffbautechnische Gesellschaft ist dem Ziel verpflichtet, unter Einsatz aller intellektuellen, technischen, organisatorischen und menschlichen Fähigkeiten ihrer Mitglieder der weiteren Anhebung der Sicherheit auf See förderlich zu sein. Ich möchte in besonderer Weise den bedeutenden Beitrag hervorheben, den die Gesellschaft seit der

Gründung für die Sicherheit auf See gebracht hat. Ich betrachte dies auch als ein Zeichen der engen und der traditionellen Verbundenheit des Ministeriums mit der Schiffbautechnischen Gesellschaft, die sich in der Mitgliedschaft des Ministeriums zur Schiffbautechnischen Gesellschaft manifestiert.

Seit der Wiedergründung nahmen die Leiter der damaligen Abteilung Seeverkehr des Bundesministeriums für Verkehr Anteil an der Gestaltung der Arbeit der Gesellschaft. Wir setzen diese Tradition fort mit mir, dem Leiter der neuen Unterabteilung Schiffahrt im BMVBW. Ich persönlich hätte es mir bei meinem Eintritt in die Schiffbautechnische Gesellschaft vor 30 Jahren nicht träumen lassen, heute – beim 100jährigen Jubiläum – die Grußworte des amtierenden Bundesministers zu überbringen. Um so mehr freue ich mich, heute zu Ihnen als Vertreter des BMVBW sprechen zu dürfen und der STG zum 100jährigen Bestehen zu gratulieren.

Auf dem Gebiet der baulichen Sicherheit der Schiffe wurde in den vergangenen Jahrzehnten beachtliches erreicht. Dennoch bin ich der Meinung, daß die einseitige Fortschreibung der baulichen Sicherheitsanforderungen an die Grenzen dessen stößt, was vom Menschen aufgenommen und verarbeitet werden kann. Andererseits bleibt die Verantwortung bei dem Menschen, nicht bei der Technik, mag sie auch als Hochtechnologie daherkommen.

Es bleibt nach Unfällen die Frage nach dem Warum, die hinter dem menschlichen Versagen als häufigster Unfallursache steht. Ich glaube, daß wir von den Ingenieurwissenschaften allein keine allgemeingültigen Antworten verlangen dürfen. Interdisziplinäre Ansätze, die ich schwerpunktmäßig auf dem Gebiete der Informationsverarbeitung sehe, werden jetzt zu einem unabdingbaren Muß. Ökonomie und Technik bleiben zwar wichtige, aber nicht ausschließliche Parameter zukünftiger Entscheidungen auf dem Gebiet der Schiffssicherheit. Die menschliche Komponente wird jetzt stärker betont. Die Internationale Seeschiffs-Organisation IMO gab uns zwischenzeitlich die dazu erforderlichen Mittel an die Hand.

Die Jubiläumstagung fällt in eine Zeit, in der die Voraussetzungen für die Anpassung unserer Handelsflotte an die internationale Entwicklung geschaffen wurden. Es hat sehr harter Anstrengungen bedurft, um so weit zu kommen, wie wir heute sind. Es sind auch beileibe noch nicht alle Schwierigkeiten ausgeräumt, doch jeder einzelne Schritt bringt uns weiter. Deutsche Kapitäne, Offiziere und Mannschaften müssen wieder zunehmend an Bord Beschäftigung finden. Die deutsche Schiffahrt hat Zukunft.

Die deutschen Schiffahrtsunternehmen stehen allerdings in einem harten internationalen Wettbewerb. Die Bundesregierung will daher die nationalen und internationalen Rahmenbedingungen wieter verbessern, damit die deutsche Schiffahrt ihre Rolle in einem umweltfreundlichen und effizienten intermodalen Gesamtverkehrssystem weiter ausbauen und noch stärker am Güterverkehrswachstum teilhaben kann. Hier hat auch die Schiffbautechnische Gesellschaft auf ihrem Diskussionsforum „Innovation für die Küstenschiffahrt" einen wertvollen Beitrag geleistet.

Darüber hinaus setzen wir auf ein gezieltes Nachwuchs- und Beschäftigungsprogramm, auf ein maritimes Bündnis für Arbeit. Zudem kennzeichnen Globalisierung, Erweiterung der EU und Deregulierung das sich wandelnde Umfeld, dem sich auch die Hafenwirtschaft und Hafenpolitik stellen müssen. Was ist Schiffahrt ohne Häfen?

Wir werden die deutschen Seehäfen nach Kräften bei diesem Anpassungsprozeß unterstützen. Bund und Küstenländer haben gemeinsame Interessen und müssen Grundsätze klar definieren sowie Ziele und Maßnahmen besser miteinander abstimmen. Mit einer „Gemeinsamen Plattform des Bundes und der Küstenländer zur deutschen Seehafenpolitik", die Bund und Länder am 22. Februar dieses Jahres verabschiedet haben, ist dafür eine wichtige Grundlage geschaffen. Zudem wollen wir im Interesse der Kosteneffizienz das Seelotswesen weiter entwickeln.

Ich bin zuversichtlich, daß wir auf einem guten Weg sind, um die Schiffahrt als umweltfreundlicheren Verkehrsträger noch stärker in die Transportketten zu integrieren. Das Gebot der Stunde lautet: „Kooperation, wo nötig, um im Wettbewerb der Transportdienstleister zu bestehen".

Die Schiffahrt schlägt schwimmende Brücken zwischen den Kontinenten und von Volk zu Volk, Schiffahrt verbindet. Diese verbindenden und überbrückenden Gesichtspunkte bleiben auf der Tagesordnung. Die Geschichte der Schiffbautechnischen Gesellschaft zeigt deutlich, welche Anstrengungen unternommen wurden, die Seeschiffahrt zu fördern, insbesondere die Sicherheit des menschlichen Lebens auf See zu erhöhen. Die lange Reihe namhafter Autoren mit ihren Fachbeiträgen legt von diesem Bemühen ein beredtes Zeugnis ab.

16

Trevor Blakeley, Chief Executive, The Royal Institution of Naval Architects

It is a great pleasure and honour for The Royal Institution of Naval Architects to be represented here today at this ceremony to celebrate the 100th anniversary of the founding of the Schiffbautechnische Gesellschaft.

In June 1896, The Institution of Naval Architects held its Thirty-Seventh Summer Meeting in Hamburg and Berlin. In his opening address to the Meeting, the President of the Institution paid tribute to the work of German naval architects whom he described as being in the forefront of the design of fast steamships and the introduction of the twin-screw in ocean-going steamers. He remarked on the excellence in all details of the ships of the great German commercial lines, and admired their construction, speed and comfort. He looked forward to the papers to be presented by distinguished German naval architects at the Meeting. The Institution of Naval Architects was honoured by the presence at the meeting of his Imperial Majesty, the Emperor William II.

The 1896 Summer Meeting of the Institution served as a catalyst for the establishment of a scientific society for German naval architects, the need for which had long been felt in German shipping circles.

I am sure that the President, Council and Members of the Institution of Naval Architects of 1896 took great pride in the part they had played in the establishment of the Schiffbautechnische Gesellschaft. Their successors in The Royal Institution of Naval Architects of today share that pride, and on behalf of The Royal Institution of Naval Architects I would like to pay tribute to the achievements of the Schiffbautechnische Gesellschaft in the 100 years since it was founded. I wish it equal success in its next 100 years.

Philip B. Kimball, Executive Director, The Society of Naval Architects and Marine Engineers

Mr. President,
members of Schiffbautechnische Gesellschaft,
honored guests, ladies and gentlemen,
it is with great pleasure that I am here today as Executive Director of The Society of Naval Architects and Marine Engineers to celebrate the 100th Anniversary of Schiffbautechnische Gesellschaft. I bring greetings and congratulations from our president, Professor Jose Femenia, and all 12,300 members of the Society.

SNAME is as vital today as at any time in its 106-year history. Our international membership has grown to 25 % of the total with significant members residing in Europe, South America and the Far East.

As an industry we all collectively possess important tools to facilitate communication and co-operation among members of our societies. With the world growing smaller and more accessible by the day because of the internet, is it not time, as we look forward to the new millennium, to create international partnerships to provide a more timely exchange of technical innovation and ideas by linking our respective web sites and fostering reciprocal member services? Our respective members and the maritime industry as a whole can only benefit in the future from this spirit of cooperation.

Perhaps this occasion of the Centennial Anniversary of Schiffbautechnische Gesellschaft can be viewed as the beginning of an era of increased discussion of international partnering in the continuing advancement of the state of the art, science and practice of naval architecture and marine engineering.

And now on behalf of SNAME, Professor Lehmann, it is my pleasure to present this plaque to Schiffbautechnische Gesellschaft which reads: „The President, Council and all members of The Society of Naval Architects and Marine Engineers extend to Schiffbautechnische Gesellschaft their cordial greetings on the occasion of its Centennial 1899 – 1999, May 25, 1999. In congratulating the Society on its achievements over the past 100 years, the most sincere wishes are expressed for the continuance of its progress and prosperity."

Mr. Philip B. Kimball und Prof. Lehmann

Konteradmiral **Bernd Heise**, Stellv. Inspekteur der Marine

Sehr geehrter Herr Vorsitzender, Herr Prof.Dr. Lehmann,
meine sehr verehrten Damen und Herren,

im Namen der Marine spreche ich Ihnen zum 100jährigen Bestehen der Schiffbvautechnischen Gesellschaft meine herzlichsten Glückwünsche aus. Es ist mir eine besondere Ehre und Freude, heute zum Anlaß Ihres Festaktes ein Grußwort an Sie richten zu dürfen.

Natürlich freue ich mich als gebürtiger Berliner besonders darüber, daß die STG ihren Festakt heute hier begeht, wo sie am 23. Mai 1899 zum erstenmal zusammentrat. Am Ausgang des 20. Jahrhunderts ist gerade Berlin Symbol für die wechselvolle Geschichte Deutschlands in den zurückliegenden hundert Jahren.

Diese hundert Jahre waren für uns Deutsche eine Epoche turbulenter Zeitgeschichte voller Um- und Irrwege, verknüpft auch mit den verschiedensten Formen staatlicher maritimer Interessenwahrnehmung.

Die Geschichte der STG und die der Marine sind eng miteinander verknüpft. Durch die Wirren der Jahrzehnte hindurch mußte sie sich wie auch die Marine in ihren Strukturen immer wieder der allgemeinen Entwicklung anpassen. Sie hat dabei – trotz mehrerer politischer Umwälzungen und Wandlungen gesellschaftlicher Werte - aber nie ihren grundsätzlichen Charakter und ihre Zielsetzung aus den Augen verloren: Den Zusammenschluß aller mit dem Seewesen in Verbindung stehender Kreise zur Erörterung wissenschaftlicher und praktischer Fragen der Schiffbautechnik.

„Deutschlands Zukunft liegt auf dem Wasser" hatte der junge Kaiser Wilhelm II. am Ende des vergangenen Jahrhunderts postuliert. Der Lotse Bismarck war kurz zuvor „von Bord gegangen", Deutschlands „Streben nach einem Platz an der Sonne" entfachte in der bis dahin eher kontinental denkenden Bevölkerung bis weit ins Binnenland hinein eine geradezu euphorische Marinebegeisterung. Der Kieler Knabenanzug war eine der Ausdrucksformen des deutschen Strebens nach Geltung auf See. Die Flottenbegeisterung im deutschen Kaiserreich, die forcierte deutsche Flottenrüstung durch Admiral Tirpitz als Staatssekretär der Reichsmarineamtes und das 1. Flottengesetz von 1898 bewirkten ein immenses Aufblühen der Werftindustrie. Die vorherrschende stürmische und erfolgreiche Industrialisierung wurde um eine maritime Komponente erweitert.

Was lag da näher, als nach britischem Vorbild der

,Institution of Naval Architects' eine Gesellschaft ins Leben zu rufen, die Erfindergeist, euphorische Technikgebeisterung, bautechnischen Wagemut und die im ganzen Reich in breiten Schichten der Bevölkerung vorhandene maritime Begeisterung bündeln konnte. Rasch gewann die neugegründete STG viele Mitglieder aus der Kaiserlichen Marine, der zivilen Schiffbauindustrie und dem Kreis der Reederschaft und spielte in kürzester Zeit eine herausragende Rolle innerhalb der technischen Vereine Deutschlands. Die Schiffbaubranche steuerte einen – aus heutiger Sicht – bemerkenswerten Wachstumskurs, die gebauten Handels- und Kriegsschiffe stellten international technischen Spitzenstandard dar. Die Schiffbautechnische Gesellschaft, die Handelsschiffahrt und die Marine erlebten eine gemeinsame Blütezeit.

Konteradmiral Bernd Heise

Dennoch sollten wir nicht übersehen, daß das national überzogene Streben nach weltweiter deutscher Seegeltung und die damit aufgrund des 2. Flottengesetzes betriebene Flottenrüstung in die Konfrontation mit der Seemacht England führte. Das Ende des 1. Weltkrieges und die im Friedensvertrag von Versailles dem Deutschen Reich zugestandene Marine von nur 15.000 Mann bescherte dem militärischen Schiffbau signifikante Einbrüche. Die zugestandene Anzahl schwimmender Einheiten ließ auf den ehemals großen Werften nur noch eine geringe Beschäftigung zu.

In der Zeit vor allem kurz vor und im 2. Weltkrieg bot die STG in einem Umfeld maßlosen kontinentalen Machtstrebens, dessen Auswirkungen auch auf die Schiffbauindustrie und die Marine wir hinlänglich kennen, eine Heimstatt für all jene, die sich aus wissenschaftlichem Interesse zum maritimen Realismus bekannten. Der totale Zusammenbruch 1945 schließlich bedeutete das temporäre Ende der Gesellschaft. Aber beherzten Männern wie Prof. Schnadel und Prof. Horn gelang es nur fünf Jahre später, die STG wieder aufleben zu lassen. Wie schon ein halbes Jahrhundert zuvor begann gleichzeitig der Schiffbau zu blühen. Diesmal war es der Handelsschiff- und nicht der Marineschiffbau, der technisch-wissenschaftlich und maritim Interessierte zusammenführte.

Heute hat Deutschland als Mitglied eines maritim geprägten Bündnisses seinen Platz in Frieden und Freiheit, Seite an Seite mit seinen Partnern in der Welt gefunden. Mehr denn je bedingt maritime Interessenwahrnehmung ein gesamtstaatliches Handeln zur freien und friedlichen Nutzung der Meere.

Marine, Handelschiffahrt, Fischerei und maritime Forschung und damit Schiffbau, Werft- und Zulieferindustrie und Technik müssen als Teil eines Ganzen verstanden und behandelt werden. Die Einrichtung des Fachausschusses ‚Marinetechnik‘ innerhalb der Gesellschaft vor drei Jahren folgt diesem Ansatz und spiegelt die Erkenntnis wider, daß die Marine einen wesentlichen Anteil an der Entwicklung und Förderung deutschen Schiffbaus hat. Seestreitkräfte sind für die deutschen Werften von essentieller Bedeutung. Marineschiffbau ist Spitzentechnologie.

Allerdings reichen die Aufträge unserer Marine allein zur Auslastung der Mindestkapazitäten deutscher Werften im Marineschiffbau nicht aus. Der Export ist zur Erhaltung der Existenz dieses lebensnotwendigen Zweiges der Schiffbauindustrie

zwingend erforderlich, sicher nicht maß- und wahllos, sondern orientiert an den außen- und sicherheitspolitischen Interessen unseres Landes. Die Globalisierung ist auch im Schiffbau weiter vorangeschritten. Daher spielt die geographische Lage einer Werft bei der Kaufentscheidung für ein Schiff keine Rolle mehr. Allein Preis, Qualität und Service geben den Ausschlag.

Die schwimmenden Einheiten der Deutschen Marine sind ein Beleg für die Leistungsfähigkeit unserer Schiffbauindustrie im internationalen Vergleich. Demgemäß verstehen wir jeden Auslandsbesuch und jede Teilnahme an internationalen Übungen und Einsätzen auch als eine Darstellung deutschen Marineschiffbaus und dessen anerkannter Spitzenstellung.

Meine Damen und Herren,, man kann es nicht oft genug wiederholen: Die deutsche Werftindustrie steht für Spitzentechnologie. So soll es auch im nächsten Jahrhundert bleiben. Sie, die Mitglieder der Schiffbautechnischen Gesellschaft, können und werden dazu einen dringend notwendigen Beitrag leisten. Ihre Gesellschaft ist heute wieder das lebendige Forum für die wissenschaftliche Diskussion auf hohem Niveau, für Transfer von Erkenntnissen und Ergebnissen aus Wissenschaft und Praxis und nicht zuletzt eine geeignete Anlaufstelle für den ambitionierten jungen Menschen, der den schier unbegrenzten Horizont der maritimen Berufswelt kennenlernen möchte.

Ich wünsche Ihnen einen interessanten Verlauf Ihrer Festveranstaltung. Möge Ihre Gesellschaft das vor uns liegende 21. Jahrhundert mit ähnlichem Elan meistern, wie er die Zeit seit der Gründung erfolgreich begleitet hat.

Frank Leonhardt, Vorsitzender des Verbandes Deutscher Reeder und Vorsitzender des Deutschen Nautischen Vereins

Sehr geehrter Herr Prof. Lehmann,
sehr geehrter Herr Prof. Rohkamm,
verehrte Mitglieder und Gäste,

wenn wir heute einer breiten Öffentlichkeit die Frage stellen würden, welche Vorstellungen sie mit der hundertjährigen Rückschau des Schiffbaus verbindet, so fallen vielen sicherlich zuerst die einprägsamen Bilder von Ozeanriesen, Luxuslinern und Auswandererschiffen ein.

Wenn wir die Literatur über diese spektakulären Schiffstypen studieren, stellen wir jedoch fest, daß viele von ihnen, wie auch die einst imposanten Werftanlagen, auf denen sie gebaut wurden, nur allzu schnell dem Wandel der technischen, wirt-

schaftlichen und politischen Umstände verfielen.

Was Bestand hat, sind jedoch die Erkenntnisse und Ideen der Menschen, die diese Schiffe entworfen und konstruiert haben.

Es ist mir daher eine Freude, meine Glückwünsche zum 100. Geburtstag der Schiffbautechnischen Gesellschaft, deren Vorsitz Sie innehaben, Herr Prof. Lehmann, aussprechen zu dürfen, und zum anderen gratuliere ich Ihnen ganz persönlich, Herr Prof. Lehmann, zu Ihrer hervorragenden historischen Leistung, die Biographien der Persönlichkeiten, welche den Schiffbau maßgeblich beeinflußt haben, in so eindrucksvoller Weise in Ihrem Band zusammengefaßt zu haben.

Dabei hat es mich persönlich mit besonderer Freude erfüllt, daß Sie auch das Andenken an meinen Großvater mütterlicherseits, Richard Kühn, wachgehalten haben, der als Schiffbaudirektor beim Aufbau und der Leitung der Deutschen Werft nach dem 1. Weltkrieg bis zu seinem frühen Tod tätig war.

Diese Biographien verdeutlichen auch die in Deutschland traditionelle enge Verflechtung von Schiffbauern und Reedern; erfuhren die deutschen Werften und die deutschen Zulieferindustrien doch gerade durch die Reedereien und deren Schiffsleitungen die wichtige Rückkoppelung der Anwendungserfahrung ihrer Produkte.

Das komplexe Zusammenwirken von schiffbaulicher Lehre und Forschung, der praktischen Durchführung auf Werften und in Ingenieurbüros, das ergänzende Fachwissen der Zulieferbranche, die Erkenntnisse der Hafen- und Umschlagindustrie sowie die weltweiten Erfahrungen der Reedereien zeichnen die besondere maritime Qualität des deutschen Küstenstandortes aus, die es zu erhalten gilt, auch und gerade wenn der deutsche Standort bei den Fertigungskosten nicht die globale Kostenführerschaft hält.

Deutsche Reedereien betreiben inzwischen die größte und modernste Containerschiffsflotte der Welt. Es ist das erste Mal in der Geschichte der Seeschiffahrt, daß Deutschland bei einem so bedeutenden Transportgerät wie dem Container die internationale Führungsrolle einnimmt.

Der langjährige Schirmherr Ihrer Gesellschaft, Kaiser Wilhelm der Zweite, meine Damen und Herren, hätte daran sicherlich seine Freude gehabt.

Ich selbst habe als Reeder Schiffe auf deutschen Werften, aber auch auf einer Vielzahl von internationalen Werften in Polen, Japan, Korea und China bauen lassen. Ich weiß, daß diese Werften auch gute Schiffe bauen können, und ich weiß natürlich um die Verzerrungen in der internationalen Schiffbauwettbewerbsbilanz, aber ich kann auch mit Sicherheit beurteilen, daß diese internationalen Werften an die Kreativität der deutschen Schiffbauer nicht heranreichen.

Frank Leonhardt

Mein Ratschlag für das 2. Jahrhundert des Bestehens der Schiffbautechnischen Gesellschaft lautet daher, daß es wert ist, als Voraussetzung für diesen Ideenreichtum die hohe Kultur von Wissenschaft und Technik im Schiffbau ständig weiter zu fördern und zu entwickeln.

Dr.-Ing. **Werner Schöttelndreyer**, Vorsitzender des Verbandes für Schiffbau und Meerestechnik

Einhundert Jahre Schiffbautechnische Gesellschaft ist ein Ereignis, auf das die Gesellschaft, aber auch ihre Mitglieder, zu der die Schiffbauindustrie zählt, mit Recht stolz sein können. Dazu gratuliere ich ganz herzlich und wünsche Erfolg auch im nächsten Jahrhundert.

Ein Jahrhundert Schiffbautechnische Gesellschaft bedeutet aber auch ein Jahrhundert erfolgreiche technisch-wissenschaftliche Arbeit für unsere Industrie – die Werften und die Zulieferbetriebe. Für die Arbeit – ich möchte sagen: unserer Gesellschaft – in der Vergangenheit darf ich Ihnen im Namen der Schiffbauindustrie herzlich Dank sagen.

Ein Anlaß wie der heutige sollte nicht durch Tatarenmeldungen überschattet werden. Dazu besteht auch kein Anlaß, denn der Schiffbau zeigt seit acht Jahren eine konstante Produktion und seit einenhalb Jahren auch wieder eine konstante Beschäftigung. Beides gilt es zu sichern und zu verteidigen. Wir haben im Jahr 1998 einen guten Auftragseingang gehabt, der statistisch für zwei Jahre die Beschäftigung sichert.

Aber ich würde ein falsches Bild zeichnen, wenn ich den Auftragseingang des letzten Jahres unkommentiert ließe. Dieser zeigt eine erschreckend deutliche, rückläufige Tendenz. Ihnen ist die Wettbewerbsverzerrung im Schiffbau geläufig, die die Rettungsaktion des Internationalen Währungsfonds für die koreanische Volkswirtschaft und deren Schiffbauindustrie ausgelöst hat. Diese wirtschaftspolitische Störung kann von unserer Industrie mit den Mitteln der Technologie und der Optimierung der Ablaufprozesse nicht beseitigt werden, - weder in Deutschland noch in unseren EU-Nachbarländern.

Dr.-Ing. Werner Schöttelndreyer

Um so mehr hat es die europäische Schiffbauindustrie auf ihrem Jahrestreffen in der vergangenen Woche in Genua begrüßt, daß der Ministerrat der EU seinen klaren Willen bekundet hat, die Schiffbauinteressen Europas durch eine aktive Wirtschaftspolitik nachhaltig gegenüber Fernost vertreten zu wollen. Auch die deutsche Politik hat ihren Willen dazu Anfang Mai deutlich unterstrichen, wenn auch ein neuer Wurf in der FuE-Politik der Regierung leider noch nicht gelungen ist.

Die Gestaltung freundlicher wirtschaftspolitischer Rahmenbedingungen ist Sache der Politker. Sache der Industrie ist es, ihre Produktionsprozesse immer weiter zu verbessern und das Innovationspotential der Mitarbeiter zu heben. Und dazu gehört seit hundert Jahren entscheidend die technisch-wissenschaftliche Arbeit der STG.

Herr Vorsitzender, meine Damen und Herren, ich wünsche der Jubiläumsveranstaltung der STG hier in der deutschen Hauptstadt Berlin einen würdigen und erfolgreichen Verlauf.

Ehrungen

Distinction

Prof.Dr.mult. **Eike Lehmann,** Germanischer Lloyd

Einhundert Jahre Schiffbautechnische Gesellschaft sind auch ein Anlaß, der treuesten Mitglieder besonders zu gedenken.

Wir haben beim Studium unserer Mitgliedslisten festgestellt, daß uns nicht weniger als ein Dutzend Firmen seit Gründung der STG die Treue gehalten haben bzw. noch halten. Um durch ein besonderes optisches Zeichen die Verbundenheit mit unserer Gesellschaft zu zeigen, haben wir Modelle des Wikingerschiffes anfertigen lassen, welches unser Gesellschaftssiegel ziert.

Wir werden uns erlauben, die Modelle – von denen hier eines zu sehen ist – in Ihren jeweiligen Häusern persönlich zu überreichen. Dieses werden wir dem Vorsitzenden des Vorstandes der Hapag Lloyd AG, Herrn Wrede, in Hamburg überreichen.

Die Firma Siemens wird von dem für die Schiffstechnik zuständigen Vorstandsmitglied, Herrn Schubert, vertreten.

Die AEG, die jetzt als STN ein wichtiger Partner im Bereich der Elektrotechnik und Elektronik ist,

wird durch Herrn Baier vertreten.

Bernd Wrede und Prof. Lehmann

Die Deutsche Afrika-Linien, die uns als Traditionsträger der Woermann-Linie ebenfalls seit einhundert Jahren unterstützt, wird durch Herrn Dr.-Ing. Polomsky vertreten.

Dr. Eberhard von Rantzau und Prof. Lehmann

Die Hamburg-Südamerikanische Dampfschiff-fahrts-Gesellschaft Eggert & Amsinck, kurz Hamburg-Süd, die ebenfalls zu den Hundertjährigen gehört, wird von Herrn Dr. Gast vertreten.

Dr. Ottmar Gast und Prof. Lehmann

Die Werften Blohm & Voss und Howaldtswerke-Deutsche Werft, deren Namensgeber zu den Gründern der Gesellschaft gehören, werden vertreten durch Herrn von Nitzsch und Herrn Wilker. Auch Sie heiße ich herzlich willkommen.

Die Flensburger Schiffbau-Gesellschaft gehört ebenfalls zu den treuesten Unterstützern unserer Gesellschaft. Herzlich willkommen Herr Garbe.

Der Verein Deutscher Eisenhüttenleute VDEh wird durch Herrn Dr. Stähler vertreten. Mit den Eisenhüttenleuten sind wir Schiffbauer ebenfalls seit einem Jahrhundert verbunden.

Die Tatsache, daß der Germanische Lloyd auch schon seit hundert Jahren dabei ist, ist wohl nicht überraschend, sollte aber auch nicht vergessen werden.

Zum Schluß darf ich auf Sie, lieber Herr Präsident Ewers, zurückkommen. Ihre Hochschule hat uns ebenfalls einhundert Jahre die Treue gehalten. Dafür darf ich auch Ihnen ein solches Modell dedizieren. Ich hoffe, dieses Modell wird ein Schmuck in Ihrem Dienstzimmer sein und Sie an die Verbindung Ihrer Universität mit unserer Gesellschaft erinnern.

Eine ganz besondere Ehrung für treue Mitgliedschaft haben wir uns für eine Familie ausgedacht, die uns tatsächlich seit Gründung der Gesellschaft über vier Generationen die Treue gehalten hat: Es ist die Familie Meyer aus Papenburg. Joseph Lambert Meyer war bereits Gründungsmitglied und seine Söhne, Enkel und Urenkel sind ebenfalls Mitglieder gewesen. Sozusagen in Vertretung einer langen Reihe von Schiffbauern, die unserer Gesellschaft die Treue gehalten haben, haben wir beschlossen, den jetzigen Chef der Meyer Werft, Herrn Dipl.-Ing. Bernard Meyer, zum Ehrenmitglied der Schiffbautechnischen Gesellschaft zu ernennen. Herzliche Gratulation!

Dipl.-Ing. Bernard Meyer und Prof. Lehmann

Die Möglichkeiten der Gesellschaft, verdiente Mitglieder zu würdigen, sind begrenzt. In bescheidenem Umfang können wir dies dennoch durch die Verleihung unserer Denkmünze tun. Daher ist es mir eine besondere Freude, gleich drei Herren, Herrn Prof. Abels, Herrn Dipl.-Ing. Böckenhauer und Herrn Prof. Nowacki, die Silberne Denkmünze der Gesellschaft zu überreichen. Alle drei Herren haben in mehreren Vorträgen wesentliche Beiträge sowohl zur theoretischen als auch zur praktischen Entwicklung der Schiffstechnik geleistet.

Daß der deutsche Schiffbau unter Wasser heute zu den industriellen Säulen der maritimen Wirtschaft in Deutschland gehört, ist ein Verdienst von Prof. Abels. Prof. Nowacki hat maßgeblich dazu beigetragen, daß die Informationstechnik in so breiter und erfolgreicher Weise in die Schiffstechnik eingeführt worden ist. Herrn Böckenhauers Verdienst ist, daß er durch seine verschiedenen Beiträge besonders auch der Praxis gedient hat. Komplizierte administrative und technische Fragen aus nationalen und internationalen Regelwerken hat er dem Praktiker nahegebracht. Dies ist eine großartige Leistung. – Allen drei Herren herzliche Glückwünsche!

Die Bronzene Denkmünze für besondere Beiträge zum Tagungsprogramm der Gesellschaft können wir zweimal verleihen: Die eine erhält Herr Dipl.-Ing. Münzer, und die zweite geht an Herrn Dr.-Ing. Wild, der nach Abschluß seines Studiums und seiner Promotion sofort ein eigenes Unternehmen gegründet hat. Beide Herren haben ihre Arbeiten der Gesellschaft in besonders ansprechender Weise vorgetragen. – Auch Ihnen herzliche Gratulation.

Der Festredner, Prof.Dr.-Ing. Eckhard Rohkamm

Vor der Festveranstaltung am 25. Mai 1999 hatte der Vorsitzende, Prof.Dr.mult. Eike Lehmann, einige Ehrengäste zu einem **Festessen** in das Hotel Palace geladen. Er begrüßte die Teilnehmer:

Meine sehr verehrten Herren,

erlauben Sie mir eine kleine Unterbrechung, damit ich Sie im Namen der Schiffbautechnischen Gesellschaft auf das herzlichste begrüßen kann.

Wir haben Sie zu diesem Essen vor unserer Festveranstaltung gebeten, um die Besonderheit Ihres Besuches auszudrücken. Sie werden anschließend eine lange Festveranst6altung erleben, so daß es

sicher auch Ihren leiblichen Interessen entgegenkommt, hier mit uns zu speisen.

Sie alle stehen in einem besonderen Verhältnis zur Schiffbautechnischen Gesellschaft. Ihre Unterstützung und Ihr Wohlwollen, das Sie und Ihre Unternehmen uns seit nun 100 Jahren gewähren, ist das Fundament, auf das wir unsere Gesellschaft auch im nächsten Jahrhundert gründen.

Nochmals herzlichen Dank für Ihr Kommen. Wir hoffen, für Sie einen interessanten Nachmittag vorbereitet zu haben.

Teilgenommen haben:

Prof. Fritz Abels, Träger der Silbernen Denkmünze 1999

Dipl.-Ing. Heinz Baier, STN Atlas Marine Electronics

Trevor Blakeley, The Royal Society of Naval Architects

Dipl.-Ing. Martin Böckenhauer, Träger der Silbernen Denkmünze 1999

Prof. Hans-Jürgen Ewers, Präsident der TU Berlin

Dr. Ottmar Gast, Hamburg-Südam. Dampfschiffahrts-Ges.

Fred Garbe, Flensburger Schiffbau-Gesellschaft

Konteradmiral Bernd Heise, Bundesmarine

Min.Dir.a.D. Christoph Hinz

Dr. Gerhard Jensen, Vorstand STG

Philip B. Kimball, The Society of Naval Architects and Marine Engineers

Prof. Eike Lehmann, Vorsitzender STG

Frank Leonhardt, Verband Deutscher Reeder

Dipl.-Ing. Reinhard Mau, Ehrenmitglied STG

Prof. Hansheinrich Meier-Peter, Vorstand STG

Dipl.-Ing. Bernard Meyer, Jos.L. Meyer, Papenburg

Dipl.-Ing. Rüdiger Münzer, Träger der Bronzenen Denkmünze 1999

Dipl.-Ing. Herbert v. Nitzsch, Blohm + Voss GmbH

Prof. Horst Nowacki, Träger der Silbernen Denkmünze 1999

Herzog Friedrich-August von Oldenburg

Dr. Hans G. Payer, Germanischer Lloyd

Prinz Wilhelm Karl von Preußen

Prof. Eckhard Rohkamm, Thyssen Industries AG

Dipl.-Ing. Hermann H. Schaedla, Vorstand STG

Dipl.-Ing. Hermann Schmidt, Geschäftsführer STG

Dr. Werner Schöttelndreyer, Verband für Schiffbau und Meerestechnik

Dr. Frank Schubert, VDMA

John Schubert, Siemens AG

Nikolaus Schües, Handelskammer Hamburg

Wolfgang von Selchow, Chef des Protokolls des Senates von Berlin a.D.

Dr. Kurt Stähler, Verein Deutscher Eisenhüttenleute

Min.Dirig. Rolf Stamm, Bundesmin. für Verkehr, Bau und Wohnungswesen

Peter Tamm, Schiffahrts-Verlag „Hansa"; Wiss. Institut für Schiffahrts- und Marine-Geschichte

Detlev K. Suchanek, Seehafen-Verlag GmbH

Bernd Wrede, Hapag Lloyd AG

Dr. Yves Wild, Träger Bronzene Denkmünze 1999

Dipl.-Math. Hans-Artur Wilker, Howaldtswerke - Deutsche Werft AG

Schiffbau – Drama ohne Ende

Prof.Dr.-Ing. **Eckhard Rohkamm**, Thyssen Krupp Industries, Essen

100 Jahre Schiffbautechnische Gesellschaft sind bereits in den vorbereitenden Veröffentlichungen, wie z.B. im großartigen Biographienband der STG, aber auch in vielen Artikeln sowie den heute gehörten Reden gewürdigt worden. Auch ich werde in einigen Punkten einen Rückblick nehmen, möchte aber versuchen, vor allem den Blick auf die zukünftige Entwicklung des Schiffbaus zu richten. Dabei müssen wir ganz sicher im Hinblick auf die politische wie auch industrielle Zukunft über unser Land – Deutschland – hinausblicken und uns als Teil Europas begreifen.

Schiffbau war von Anfang an die schöpferische Tätigkeit, die über ihren Bezug zur Seefahrt, für die sie ja die technische Grundlage bereitstellt, auf weltweites Denken und auf weltweite Aktivitäten ausgerichtet war. Nicht umsonst waren die großen Seefahrt treibenden Nationen diejenigen, die ganz entscheidend die Globalisierung vorangetrieben haben, zu einer Zeit als es diesen Fachausdruck noch gar nicht gab. Wir sollten nicht vergessen, daß die ersten wirklich globalen Unternehmen in unserer Geschichte die ostindischen Handelsgesellschaften der Niederlande wie auch Englands waren und diese Gesellschaften durch ihr Wirken große Ausstrahlung nicht nur auf die geschichtliche Entwicklung Europas wie auch Asiens gehabt haben. Ebenso bestimmten sie über ihre Anforderungen maßgeblich die technische Entwicklung des Segelschiffbaus im 17. und 18. Jahrhundert. Das ist Vergangenheit. Wenn ich heute über Schiffbau spreche, dann meine ich damit denjenigen im Sinne des industriellen Schiffbaus, wie er durch die Verwendung der Werkstoffe Eisen und dann Stahl seit Ende des letzten Jahrhunderts möglich wurde.

Worin lag wohl damals und liegt auch heute noch die besondere Herausforderung im Schiffbau? Die Entwicklung und der Bau mobiler Systeme, also von solchen, die sich in ihrem Umfeld frei bewegen können, setzt ein besonders hohes Maß an umfassender Systemintegration voraus. Mobile Systeme müssen ihrer Natur nach weitgehend oder vollständig autark sein. Dies bedingt die Einbeziehung und Zusammenfassung von vielfältigen Funktionen, die man bei stationären Systemen nicht benötigt. Damit werden besonders hohe Anforderungen an die Beherrschung vieler Disziplinen der Ingenieurwissenschaften und ihrer Integration in ein gemeinsames Ganzes gestellt, zumal im Regelfall für mobile Systeme auch ganz besonders hohe Sicherheitsanforderungen erfüllt werden müssen.

Dieses gilt für Schiffe ebenso wie für Kraft- oder Luftfahrzeuge.

Und offensichtlich ist die Tatsache, daß diese Systeme mobil sind, ein wesentlicher Grund dafür, daß die Beschäftigung damit einer gewissen zusätzlichen Faszination unterliegt. Ich glaube, daß wir nach wie vor dieses für den Schiffbau ebenso wie für den Flugzeugbau oder den Bau von Kraftfahrzeugen bei unseren Studenten als wesentliche Motivation für ihren Berufswunsch vorfinden.

Zu Beginn des industriellen Schiffbaus war dieser in die rasche Entwicklung der modernen Industrienationen eingebettet, er war sogar für das Ende des letzten und den Beginn dieses Jahrhunderts die Speerspitze des technischen Fortschritts. Gleichzeitig bedeutete aber auch Zugang zum industriellen Schiffbau Voraussetzung für die Teilnahme an der explosiven Entwicklung des Welthandels und, auch dieses soll hier nicht vergessen werden, gleichzeitig Teilhabe an einem der wichtigsten politisch-strategischen Machtmittel, das für die Durchsetzung politischer Ziele benötigt wurde, einer eigenen Flotte. Nicht zuletzt beherrschte England aufgrund seiner Vormachtstellung im Schiffbau im 19. Jahrhundert die Weltmeere und damit zu einem großen Teil die Weltwirtschaft.

Wir wissen, in welchem Maße sich die Förderung des militärischen Schiffbaus besonders im deutschen Kaiserreich auf die Entwicklung von Spitzenstellungen in der deutschen Industrie – ich nenne hier nur als Beispiele die Stahlindustrie, die Optik, die Antriebstechnik und die Elektrotechnik – niedergeschlagen hat. Und dieses gilt in gleichem Maße natürlich auch für die anderen Länder Europas, die damals ähnliche Bestrebungen verfolgten. Auch im Vorfeld des 2. Weltkrieges war noch eine ähnliche Entwicklung zu verzeichnen. Übrigens trat damals erstmals Japan als im Weltmaßstab ernst zu nehmende Schiffbaunation auf. Da aber der damalige japanische Schiffbau überwiegend mit dem Auf- und Ausbau der japanischen Marine ausgelastet war, wurde er außerhalb Asiens kaum wahrgenommen.

Auch der Wiederaufbau Europas nach dem zweiten Weltkrieg ging einher mit einer erneuten sprunghaften Entwicklung des Schiffbaus. Damit verbunden war auch das Wiedererstarken des deutschen Schiffbaus. Die enormen Bedürfnisse an moderner und leistungsfähiger Tonnage zum Ersatz der Kriegsverluste der Welthandelsflotten, aber auch der mit der Motorisierung rapide ansteigende Bedarf an Öltransporten, führte dazu, daß in den 50er Jahren besonders der Tankerbau den deutschen Werften Auftrieb gab. Die Korea-Krise heizte den Nachfrageboom an neuer Tonnage zusätzlich an. Daß in Japan Gleiches stattfand, wurde in den 50er Jahren eher nur am Rande bemerkt. Erst als erkennbar wurde, und dieses war in den 60er Jahren zum ersten Mal der Fall, daß die weltweiten Schiffbaukapazitäten aufgrund der erzielten Rationalisierungserfolge durch Einsatz modernerer Fertigungsverfahren unter Umständen schneller wuchsen bzw. einen höheren Ausstoß zuließen, als das Wachstum des Welthandels überhaupt erforderte, begann eine zwar in Summe marktwirtschaftliche, aber deswegen nicht weniger harte Konkurrenz um die Einwerbung von Neuaufträgen. Das mit Abstand industriell leistungsfähigste Land der Welt, die Vereinigten Staaten, koppelten sich allerdings von vornherein von diesem Wettlauf ab. Für sie war das strategische Ziel, die absolute Vormachtstellung der amerikanischen Marine zu erhalten, Kriterium für die Bemessung ihrer Schiffbauindustrie. Ansonsten waren damals, und selbst heute gilt dieses noch, die Vereinigten Staaten vorrangig eine Binnenwirtschaft. Export war gern gesehen, aber es war nicht der treibende Motor, der das Wirtschaftswachstum in Gang hielt. Die Versorgung des amerikanischen Seetransportmarktes mit in Amerika gebauten Schiffen war trotz hoher protektionistischer Hürden wie des berühmten Jones Acts aus den 20er Jahren eher eine Sekundärfunktion für das Wirtschaftswachstum der USA. Das Ergebnis war, daß der amerikanische Handelsschiffbau schon in dieser Zeit zu einer relativen Bedeutungslosigkeit verkümmerte und die noch verbliebenen amerikanischen großen Werften bis heute von der amerikanischen Marine leben.

Völlig anders stellte sich die Entwicklung in Europa dar. Einem massiven Ansturm von in Ostasien gebauter, technisch guter, aber kostenmäßig deutlich günstigerer Tonnage ausgesetzt, reagierte Europa, wie aufgrund der politischen Systeme vorherzusehen war, durch den Versuch, entweder die Märkte abzuschotten oder zumindest Kapazitäten durch Subventionen zu erhalten. Da sich ein Teil des europäischen Schiffbaus durch Verstaatlichung in Regierungsbesitz befand bzw. Regierungen bankrotte Werften übernahmen, um damit Kapazitäten aus regional-politischen Erwägungen zu erhalten, verschärfte sich der Zwang zur Umgehung rechtzeitiger Kapazitätsbereinigungen umsomehr. Wir leiden noch heute an den Nachwirkungen dieser törichten Politik. Vielleicht glaubte man damals wirklich, man könne durch eine forcierte Subventionspolitik lebensfähige Strukturen am Le-

ben erhalten. Es hat sich aber über die Jahrzehnte gezeigt, daß es auf der Basis von Subventionen allein nicht möglich ist, Branchen gegen Wettbewerbsdruck von außen erfolgreich abzuschirmen. Das eklatanteste Beispiel war der Versuch der britischen Labour-Regierung, durch Zusammenfassung der gesamten englischen Werften in den Verbund der „British Shipbuilders" zumindest Größen- und Skaleneffekte zu erzielen, von denen man glaubte, daß sie es ermöglichen müßten, dem Wettbewerbsdruck standzuhalten. Stattdessen war dieses vielgestaltige Konglomerat unterschiedlichster Werften, denen gleichzeitig aufgrund politischer Zielvorstellungen ein weitgehendes Rationalisierungs-, Restrukturierungs- und damit Kostensenkungsprogramm nicht ermöglicht wurde, von vornherein zum Tode verurteilt. In Westdeutschland ist der größte Teil notwendiger Marktbereinigung ab Mitte der 60er Jahre auf marktwirtschaftlicher Basis erfolgt. Viele Unternehmen mit klangvollen Namen sind in diesen Jahrzehnten untergegangen bzw. wurden übernommen und häufig anschließend stillgelegt. Allerdings ging dabei die Produktionskapazität des deutschen Schiffbaus nicht wesentlich zurück, da die überlebenden Standorte und Unternehmen ihre Produktivität im Regelfall so rasch steigerten, daß trotz kontinuierlichem Arbeitsplatzabbau die Leistungsfähigkeit nicht nur erhalten blieb, sondern zum Teil noch anstieg.

Versuche, Werften durch Großinvestitionen auf Marktsegmente wie den Großtankerbau zu spezialisieren, schlugen z.T. spektakulär fehl. Der technisch sehr anspruchsvolle Offshoremarkt wurde nur ca. 15 Jahre für einige Werften ein Betätigungsfeld. Obwohl westdeutsche Werften in allen Arbeitsgebieten höchster Ansprüche wie bei Gastankern, schnellen Containerschiffen, bei denen sicher die Technologieführerschaft zeitweilig unbestritten bei unseren Schiffbauunternehmen lag, oder in der Entwicklung und Produktion höchst anspruchsvoller Fähren und Kreuzfahrtschiffe stets Pionierarbeit geleistet haben, ist keine gesicherte Marktnische durch westdeutsche Schiffbauunternehmen gefunden worden, die nicht nach kurzer Zeit insbesondere von der aggressiven asiatischen Konkurrenz bedrängt und von zum Teil hochsubventionierten Wettbewerbern aus Europa oder Südamerika angegriffen wurde.

Heute stehen wir nun unmittelbar vor Eintritt in das 3. Jahrtausend christlicher Zeitrechnung. Wenn Sie mir übrigens die Anmerkung gestatten: Wir übersehen manchmal in unserer Fokussierung auf dieses Datum, daß sich dieses eigentlich nur aus dem christlichen Kalender ergibt und der weitaus größere Teil der Menschheit, ob Chinesen, ob Moslems oder andere Religionen, mit anderen, zum Teil viel älteren Kalendern rechnen, so daß die Meßlatte, die hier zum Ansatz kommt, sich vor allem aus unserem eigenen Selbstverständnis ergibt.

Doch zurück zum Schiffbau. Das sich auch in den letzten zwanzig Jahren der Schiffbau in Deutschland, aber auch weltweit, enorm weiterentwickelt hat, ist sicher in dieser Gesellschaft oft belegt worden. Es wird gern darüber hinweggesehen, daß die Globalisierung unserer Wirtschaft nicht nur darin besteht, daß durch Firmenkäufe und Fusionen Konzerngeflechte über die ganze Welt gelegt werden, sondern daß die beiden wesentlichsten Voraussetzungen für einen ungeheuer gewachsenen, arbeitsteiligen und weltweit vernetzten Produktionsprozeß von technischer Art waren. Der erste ist die Bereitstellung von Echtzeit-Informationssystemen auf der Basis moderner Elektronik, insbesondere der Rechner und der Satellitentechnologie. Die Welt der Finanzmärkte ist heute global und vor allem in real time vernetzt. Dies hat Vorteile, führt aber auch zu einer hohen Volatilität. Zweite Voraussetzung war die Senkung der Transportkosten, so daß diese heute in vielen Gesamtkostenrechnungen nur noch eine völlig untergeordnete Rolle spielen. Nur diese Kostensenkung ermöglichte es, weltweite Konzentrationen von Fertigungsstätten oder Spezialisierungen von Fertigungsvorgängen vorzunehmen und trotz der dazwischen liegenden großen Transportentfernungen die Economies of Scale, die sich an den Standorten erwirtschaften lassen, zum Tragen kommen zu lassen. Diese Skalierungseffekte in den Transportkosten wiederum sind nur ermöglicht worden durch die dramatischen und geradezu revolutionären Fortschritte in der Schiffbautechnik, insbesondere durch den Bau sehr großer und sehr wirtschaftlicher Massengutschiffe und sehr großer und leistungsfähiger Containerschiffe. Ich möchte Ihnen die Relationen nur einmal vor Augen führen anhand der Kosten, die wir für Thyssen Krupp Stahl im Bereich unserer dortigen Produkte haben. Eine Tonne Erz von Brasilien nach Rotterdam zu verschiffen und dabei einen 330.000t-Massengutfrachter zu benutzen, kostet genauso viel, wie diese Tonne Erz von Rotterdam nach Duisburg in unser Hüttenwerk mit den modernsten und größten derzeitigen Schubschiffeinheiten zu transportieren. Eine Tonne Stahl von Duisburg auf dem Schienenwege dagegen nach Dortmund zu bringen, kostet etwa den zehnfachen Betrag. An diesem einfachen Beispiel zeigt sich, welche Rolle wirtschaftlich der Seeverkehr hat und auch in Zukunft behalten wird. Es gibt für die meisten Güter auf interkontinentalen Strecken keine kostengünstigere Transportalternative.

Damit steht fest, daß der Schiffbau auch im nächsten Jahrtausend eine glänzende Zukunft haben wird, denn eines ist sicher: Die weltweite Arbeitsteiligkeit in der Wirtschaft wird weiter zunehmen, komparative Kostenvorteile von Standorten und Regionen werden zu einer noch höheren Intensität des Warenaustausches führen und damit wird also auch der Bedarf für entsprechende modernste Verkehrslogistik über See ansteigen. Obwohl dieses auch schon für die letzten Jahrzehnte galt, befindet sich der Schiffbau weltweit nach wie vor in einer wirtschaftlich prekären Situation. Gerade die Ereignisse der letzten Wochen und Monate zeigen, daß selbst große Konzerne, die bisher Schiffbau als Kerngeschäftsfelder definiert hatten, dieses überdenken und zum Rückzug gezwungen sind. Woran liegt das?

Nun, beginnen wir mit den von uns selbst, den Schiffstechnikern, verursachten Wirkungen. Es ist ohne Zweifel so, und dies gilt in besonders hohem Maße für die Containerschiffahrt, daß die erzielten Rationalisierungseffekte deutlich größer waren als der Zuwachs an Welthandel. Anders herum gesagt sind unsere Produkte in den letzten Jahrzehnten viel schneller besser geworden, als es dem steigenden Welthandelsbedarf entsprach. Die positive Auswirkung waren sinkende Transportkosten, die damit weitere Märkte erschlossen. Gleichzeitig gingen aber auch die Margen für die Reedereien zurück und zwangen diese in einen immer härteren Preiswettbewerb um die Bereitstellung der billigsten und gleichzeitig effizientesten Tonnage. Verstärkt wurde diese Entwicklung durch erhebliche Spekulationswellen auf den Einzelmärkten für Container-, Tanker- und Bulkertonnage, die immer wieder zu kurzfristigen Nachfrageschüben ohne entsprechenden Nachfragezuwachs für Frachtraum führten. Da gleichzeitig meist ältere Schiffe nicht in gleichem Umfang verschrottet werden, treten im Markt Kaskadeneffekte ein, in denen durch das Eintreten moderner Hochleistungstonnage am oberen Ende des Marktes das gesamte Ratenniveau ins Rutschen kommt. Wenn dann auch noch durch Nutzung von Währungsabwertungen die Neutonnage wesentlich billiger angeboten wird, verstärkt sich dieser Effekt. Wenn man das jeweilige niedrigste Neubaupreisniveau als Marktpreis definiert, müßten allerdings auch alle Schiffseigentümer die in Fahrt befindliche Tonnage entsprechend in ihren Bilanzen abwerten, da ja auch das Preisniveau für Gebrauchttonnage davon betroffen wird. Die heutige Eigentümerstruktur der Welttonnage, bei der nur wenige große und publizitätspflichtige Gesellschaften einer Vielzahl von Eignern bis zu Ein-Schiff-Gesellschaften gegenüberstehen, läßt hier nur schwer Einblicke zu. Ich bezweifle aber, daß derartige Bilanzbewertungen bei der großen Menge der weltweiten Eigner schon vorgenommen wurden oder werden.

Weiterhin gilt Schiffbau nach wie vor als eine hochattraktive Einstiegsindustrie für Schwellenländer, mit der man in erheblichem Maße Beschäftigung erzeugen kann. Gleichzeitig stellen die Voraussetzungen an die Zulieferindustrie, aber auch an das Ausbildungs- und Qualitätsniveau der unmittelbar damit Beschäftigten eine Schrittmacherfunktion für moderne Industrialisierung dar. Es ist typisch, daß reife Industrien wie der Schiffbau, aber auch der Automobilbau oder die Stahlindustrie für derartige Einstiegsfunktionen herhalten müssen, obwohl sie vergleichsweise kapitalintensiv sind und ein hohes Maß an Managementkompetenz für komplexe Abläufe in der Industrie erfordern. Natürlich spielt auch bei manchen Ländern der Wunsch einer nationalen Selbstbestätigung dabei eine Rolle. Dieses Ziel trifft heute sogar schon mehr für den Wunsch zu, eine nationale Automobilfertigung zu installieren, als dafür den Schiffbau zu wählen.

In diesen Fällen geht aber immer eine gezielte Förderung, sprich Subvention, als Voraussetzung zum Markteintritt einher. Da der Schiffbaumarkt von Geschichte und Grundsatz her immer ein internationaler war, verzerrt jede auf diese Weise hinzutretende Kapazität sofort wieder in dem entsprechenden Segment den Weltmarkt. Das wirtschaftliche Ergebnis derartiger Anstrengungen wird trotz aller Lohnkostenvorteile, die sowieso immer nur ein Einstiegsargument bieten können, im Regelfall nicht erreicht. Im nächsten Schritt wird es dann erforderlich, die begonnenen Subventionen auszuweiten. Zur Begründung wird die Erringung eines wie auch immer vorgegebenen Weltmarktanteiles als politische Zielsetzung vorgegeben. Besonders die asiatischen Wettbewerber, an ihrer Spitze Korea, haben in den letzten zwei Jahrzehnten auf diese Art und Weise den Wettbewerb bestimmt.

Meine Damen und Herren, soviel zur Beschreibung der Lage aus meiner Sicht. Aber es ist natürlich sehr viel schwieriger, konkrete Vorschläge zu machen, welche Schlußfolgerungen aus dieser Lage zu ziehen sind. Deswegen möchte ich dazu einige Postulate formulieren, die natürlich wiederum auch nur meine persönliche Meinung darstellen.

Der deutsche Schiffbau leidet in seinem Ansehen erheblich darunter, daß er in der Öffentlichkeit als einer der typischen Subventionsempfänger – gleichzeitig mit dem Geruch der Smokestack-Industrie versehen – bewertet wird. Natürlich sind wir hier alle der Meinung, daß diese Bewertung unzutreffend und auch ungerecht ist. Aber dieses hilft uns leider keinen Zentimeter weiter. Es gilt nun einmal, daß nicht Tatsachen zählen, sondern Meinungen über Tatsachen, selbst wenn diese noch so falsch sein mögen. Da das Gewicht der Branche Schiffbau für die gesamte Volkswirtschaft ebenfalls keine dramatische Rolle spielt, andererseits die Bereitschaft insbesondere zur politischen Unterstützung in Zukunft mehr denn je auch von der öffentlichen Meinungsbildung beeinflußt wird, sollten wir erwägen, ob wir nicht aus der unseligen Nachbarschaft zu Steinkohle und Landwirtschaft, die ja in jeder Beziehung unvergleichlich höhere Mittel in Anspruch nehmen, ausbrechen, indem wir den Vorschlag des Bundeswirtschaftsministers aufgreifen und als Branche dadurch Profil gewinnen, daß wir den Anspruch auf Gewährung zukünftiger Subventionen nicht mehr erheben. Warum könnte es Sinn machen, einen solchen Schritt zu gehen? Im Hinblick auf die unabweisbar notwendigen Konsolidierungen im Bundeshaushalt wird der heute schon sehr begrenzte Umfang von Subventionen in Zukunft noch weniger darzustellen sein. Damit steht unter dem Strich ein magerer Zuschuß einem dauernden Imageverlust gegenüber, der in keinem vernünftigen Verhältnis dazu steht. Desweiteren müssen wir davon ausgehen, daß ein weiteres lieb gewordenes Modell – die Produktion von Schiffsneubauten zur Generierung von steuerlichen Verlustzuweisungen – der Vergangenheit angehört, zumal es wie viele solcher Medizinen im Grunde genommen auch viel Schaden angerichtet hat. Nicht nur deshalb, weil in hohem Maße auch unsere schärfsten Konkurrenten davon profitiert haben, sondern auch weil die Neigung zu spekulativen Tonnage-Aufbau noch verstärkt worden ist. Eine Branche, die glaubt, auf der Basis derartiger politisch bedingter Randbedingungen ihre Zukunft bauen zu können, muß immer damit rechnen, daß sich viel schneller noch als der Markt der Wind in der Politik drehen kann. Deshalb sehe ich auch in der Hoffnung auf derartige Programme keine vernünftige Zukunft für unseren Schiffbau.

Wenn wir aber diesen Schritt gehen, was könnten wir dafür erwarten? Zumindest würden wir mit einem deutlich verbesserten Image die Politik insbesondere auf bilateraler Ebene, aber auch in den internationalen Wirtschafts- und Handelsgremien zur nicht nur verbalen, sondern nachhaltigen und massiven Vertretung unserer Interessen gegenüber denjenigen Konkurrenten motivieren, die uns im Weltmaßstab die größten Marktverzerrungen bescheren. Ich habe durch meine Zuständigkeit auch für den Bereich Automobilzulieferung im Thyssen-Konzern erlebt, mit welcher Härte und Entschiedenheit die amerikanische Industrie, begleitet von der amerikanischen Regierung, in den Segmenten Automobil und Automobilzulieferung ihre Interessen gegenüber Japan zum Tragen gebracht hat. Sie hat damit eindrucksvolle Resultate erzielt. In unserem Fall wäre eine ganz konkrete Maßnahme, die Deutschland als einem der großen Geldgeber des internationalen Währungsfonds durchaus anstünde, daß die Stützungsmaßnahmen, z.B. an Südkorea, mit eindeutigen Forderungen auf Kapazitätsreduzierungen verbunden werden. Auch dieses ist natürlich leicht gesagt, aber schwerer durchgesetzt, weil das Interesse der Financial Community nicht der Erhalt des Schiffbaus, sondern die Bedienung und Rückzahlung gewährter Kredittranchen mit dem geringsten Risiko für die Banken selbst ist. Um so wichtiger wird es sein, gerade in derartigen Entscheidungen die uneingeschränkte Unterstützung der Politik zu haben, und dazu reicht, bei allem Respekt, die Zahl der Abgeordneten, die von der Küste kommen und für diese stets eintreten, nicht aus. Mir ist übrigens durchaus bewußt, daß ein Verzicht auf Subventionen schwer rückholbar ist, während die Zusage politischer Unterstützung nicht einklagbar und häufig kurzfristig auch nicht mit massiven Auswirkungen verbunden ist. Wenn wir aber über strategische Maßnahmen reden, dürfen wir ohnedies nicht erwarten, die Situation kurzfristig grundlegend verändern zu können. Strategisches Denken erfordert immer einen langen Atem. Aber auch, wenn erst langfristig mit grundlegender Veränderung zu rechnen ist, zumindest kurzfristig würden wir in der öffentlichen Argumentation aus der Defensive herauskommen und wieder agieren, statt wie bisher nur zu reagieren.

Mindestens genauso wichtig wird aber in Zukunft gleichermaßen die weitere Optimierung der Unternehmensstruktur der Schiffbaubetriebe sein. Natürlich gibt es auch hier keine pauschalen Konzepte, die für jeden Standort und jedes Produkt gelten. Ich bin aber davon überzeugt, daß sich im Regelfall die lebensfähige Struktur eines auf den Schiffsneubau fokussierten Unternehmens bei einer Größe zwischen 1.000 und 1.500 Mitarbeitern und einer Fertigungstiefe, die sich im wesentlichen nur noch auf Endmontage sowie Strukturbauteile beschränkt, ergeben wird. Das bedeutet, daß sämtliche Vorfertigungsstufen an Zulieferer gegeben werden sollten, was natürlich voraussetzt, daß lokal und regional eine entsprechende Zuliefererstruktur vorhanden ist. Damit werden diejenigen Standorte, die über eine breit gefächerte Industriepalette für Zulieferer verfügen, die besten Voraussetzungen haben. Nur durch Reduzierug der eigenen Wertschöpfung auf die Endstufe des Baus, d.h. die Phase, in der letzten Endes auch physisch die Systemintegrationsleistung erbracht wird, kann dies gelingen. Die Vor-

fertigung von Einzelkomponenten sollte, um größtmögliche Flexibilität in der Anpassung an Kapazitätsschwankungen zu erzielen, in die Zulieferbereiche verlegt werden. Ich bin mir dabei durchaus darüber im klaren, daß damit ein Teil der Probleme nur ausgelagert wird, aber erfahrungsgemäß ist eine nicht nur auf eine Branche ausgerichtete Zulieferindustrie eher in der Lage, durch Ausweichen auf andere Betätigungsfelder Kapazitätsschwankungen aufzufangen. Auf jeden Fall muß aber erreicht werden, daß dieses Risiko für die Endstufe der Produktion minimiert wird. Nichts ist in Deutschland so teuer wie der Vorhalt nicht ausgenutzter Personalkapazität. Dies kann selbst scheinbar finanziell gut ausgestaltete Unternehmen in kurzer Zeit in den Abgrund ziehen. In der Automobilindustrie gibt es durchaus ernstzunehmende Überlegungen, daß als verbleibende Kompetenz der Fertigung des Endherstellers, der immer als OEM, als Original Equipment Manufacturer, gekennzeichnet wird, nur noch den Betrieb des Endmontagebandes definiert wird. Natürlich läßt sich die ganz andere Fertigungsstruktur der Automobilindustrie nur sehr bedingt mit der durch Einzelaufträge geprägten Auftragsabwicklung des Schiffbaus korrelieren.

Die Vorstellung hingegen, daß man nur genügend Werften unter einer einzigen unternehmerischen Führung zusammenfassen und in einem Konzern organisieren müßte, ist als Lösung m.E. eigentlich untauglich. Die Fertigungs- und Produktstruktur im Schiffbau läßt nur sehr begrenzt die sonst bei großen Industriefusionen erzielbaren Synergien zu. Das einzige erfolgversprechende Konzept wäre, daß das neugeschaffene Gebilde wiederum eine Kapazitätsbereinigung durch Aufgabe und Schließung von Standorten durchführt. Für einen Investor kann dies jedoch keine industrielle Strategie sein, da er die damit verbundenen Kosten zu Lasten seiner Kasse übernehmen muß, ohne dadurch eine wirklich grundlegende und massive Verbesserung seiner eigenen Wettbewerbssituation gegenüber dem Rest des Weltmarktes zu erzielen. Es hat sich noch nie gelohnt, in einem globalen Markt durch Aufkauf und mögliche Schließung seiner Wettbewerber eine Vorrangstellung erringen zu wollen. Diese, ich möchte sie einmal so nennen, Pseudostrategie kostet unendlich viel Geld, und trotzdem existieren immer noch genügend Wettbewerber, die weiterhin für massiven Preisdruck sorgen. Ich sehe allerdings ein wichtiges Gebiet, bei dem unabhängige Werftunternehmen des Zuschnitts, wie eben geschildert, aus einer Zusammenarbeit Synergievorteile realisieren könnten. Dies ist die Bündelung ihrer Einkaufsvolumina zur Schaffung einer wirkungsvollen Nachfragemacht. Ich kann nur auf ein Beispiel aus der Werkzeugmaschinenindustrie verweisen, wo mehrere deutche unabhängige und mittelständische Werkzeugmaschinenbauer sich zu einer Einkaufsgesellschaft zusammengeschlossen haben, die gemeinschaftlich, durch Bündelung der Nachfrage der Einzelunternehmen, eine wesentliche Rationalisierung und Verbesserung im Einkauf ihrer Zulieferungen und Fremdbezüge erreicht haben. Auch hier gilt wieder, daß nur durch Verteilung auf mehrere Schultern gegenüber der Einzelnachfrage eine Verstetigung und damit Verbesserung der wirtschaftlichen Bedingungen beim Einkauf zu erzielen ist. In anderen Branchen, ich nannte das Beispiel Werkzeugmaschinenindustrie, die ja ebenfalls einem extremen internationalen Wettbewerbsdruck ausgesetzt ist und übrigens zu keinem Zeitpunkt Subventionen erhalten hat, ist man dort wesentlich weiter.

Dies alles wird aber noch nicht reichen, um Schiffbau in Deutschland oder auch in Europa langfristig als Industrie zu erhalten. Wir alle wissen um die Auswirkungen der deutschen Lohnkosten auf unsere Wettbewerbsfähigkeit. Auch hier möchte ich jedoch differenzieren. Ich meine, daß die direkten Lohnkosten unserer Arbeitnehmer in Relation zu der Leistung, die sie normalerweise erbringen, nicht zu hoch sind. Ich halte es auch aus volkswirtschaftlichen Gründen für unrealistisch zu erwarten, daß man auf einem hoch industrialisierten und sehr komplexen Technikgebiet in Zukunft Lohnsenkungen größeren Ausmaßes durchsetzen, geschweige denn durchhalten könnte. Wir würden unsere qualifizierten Arbeitnehmer nur an die Automobilindustrie oder andere Bereiche verlieren und uns damit in der Abwärtsspirale noch weiter nach unten bewegen. Wesentlich kritischer sehe ich die Lohnnebenkosten. In ihnen spiegelt sich leider das inzwischen über Generationen bei uns entwickelte und gepflegte Verständnis, daß die sogenannte „Solidargemeinschaft", sprich die anderen, für die Übernahme aller und jeder Lebensrisiken, denen der einzelne gegenübersteht, zuständig ist. Diese Philosophie, die zu Zeiten rasch wachsender Wirtschaft und hoher gegebener Konkurrenzfähigkeit vielleicht noch materiell durchhaltbar war, ist nun ein Rettungsring, der sich zum Mühlstein gewandelt hat und uns im Wortsinn unter Wasser zieht. Leider bin ich auch in diesem Bereich sehr skeptisch, ob sich ein grundlegender und vor allem einschneidender Wandel in der Zukunft erreichen läßt. Neben Wirtschaft und Staat haben sich in Form der sogenannten gesellschaftlichen Organisationen gewaltige Interessengruppen entwickelt, die von der Existenz dieser Struktur leben und sie deshalb mit aller Härte verteidigen werden. Hierzu zählen natürlich an der Spitze die Gewerkschaften, aber auch die großen Sozialversicherungen, die Kirchen u.ä. Institutionen. Jede Umstellung auf größere Eigenverantwortung bedeutet tiefe Einschnitte in die Besitzstände dieser Interessenvertreter. Entsprechend gering wird die Wahrscheinlichkeit einer durchgreifenden Reform sein. Wenn das so ist, stellt sich um so mehr für den Unternehmer die Frage, wie er mit dieser Randbedingung am Standort Deutschland trotzdem existieren kann. Denn eines der Trumpfasse, die wir nach wie vor als deutscher Schiffbau zu spielen vermögen, ist der Einfallsreichtum, die Intelligenz und die Vielseitigkeit unserer Ingenieure und Facharbeiter. Und um nicht mich anklagenden Blicken auszusetzen, schließe ich ausdrücklich Betriebswirte, Volkswirte und Juristen in den Unternehmen mit ein. Ich habe aus meiner Erfahrung mit Arbeitnehmern in allen Kontinenten, die innerhalb meines Zuständigkeitsbereiches bei Thyssen Krupp arbeiten, die Erkenntnis gewonnen, daß wir in Deutschland immer noch die besten Teams für komplexe Fragestellung, die innovative Antworten in kurzer Zeit erfordern, haben.

Wenn aber Lohn- und indirekte Lohnkosten realistischerweise nicht kurzfristig reduziert werden können, dann kann der Faktor Arbeitskosten nur noch dadurch zu erhöhter Wettbewerbsfähigkeit gestaltet werden, daß die Flexibilität für den zeitlichen Einsatz weiter massiv erhöht wird. Wir sind sicher schon bei vielen Schiffbauunternehmen in Deutschland auf diesem Gebiet weiter vorangeschritten als in der übrigen deutschen Industrie, und wir haben erfreulicherweise bei unseren Arbeitnehmern, aber auch den Betriebsräten Verständnis für diese Maßnahmen gefunden. Wir müssen aber noch weiter gehen. Eine dauerhafte Beschäftigung im Schiffbau, die immer wieder von der rechtzeitigen Erteilung großer Einzelaufträge abhängt, und wir alle wissen, wie wenig man so etwas im voraus planen kann, erzwingt, daß die Beschäftigten bereit sein müssen, in Zeiten niedriger Auslastung, wenn sie ihren Arbeitsplatz behalten wollen, auch eine entsprechende Verkürzung der Arbeitszeit und einen proportionalen Rückgang ihres Einkommens akzeptieren. Dem muß aber dann in Zeiten von Spitzenauslastungen sowohl ein entsprechendes Mehr an Arbeit als auch eine entsprechende Steigerung des Einkommens gegenüberstehen. Dies ist zugegebenermaßen eine Risikobeteiligung der Arbeitnehmer, die man durch eine ebenfalls zusätzliche Chancenbeteiligung in Abhängigkeit von den erzielten wirtschaftlichen Ergebnissen des Unternehmens kompensieren muß. Nur wenn dieses Zusammenspiel der beiden Elemente für den Einzelnen nachvollziehbar ist, können wir fairerweise Akzeptanz erwarten. Aber nur wenn das Damoklesschwert der Unterbeschäftigung mit dem kurzfristig als Fixkostenblock wirkenden Personalkostenvolumen von den Unternehmen genommen wird, sind diese in der Lage, im Gegenzug längerfristige Beschäftigung zu sichern. Wer – wie immer wieder vorgekommen – Aufträge bei drohender Unterbeschäftigung nicht nur unter Selbstkosten, sondern manchmal sogar noch unter Materialkosten hereinnimmt, bringt sich und seine Arbeitnehmer damit genau so sicher um die Existenz, wie durch unterlassene Rationalisierung oder Produktentwicklung. Dies bedeutet natürlich, daß der Standardflächentarifvertrag im Schiffbau nicht mehr durchhaltbar wäre. Auch dieser gehört zu den großen Fetischen, die wir in Deutschland vor uns hertragen. Aber was nützen die schönsten Grundsätze, wenn sie um den Preis des Verlustes ganzer Branchen durchgehalten werden.

Meine Damen und Herren, Sie werden in meinen Zukunftsperspektiven zwei Begriffe bisher vermißt haben, die grundsätzlich in der öffentlichen Diskussion hochgeholt werden, wenn es um die Sicherung der Existenzgrundlagen bedrohter Branchen geht.

Das eine sind die Marktnischen, in denen man dem Volksmund nach auch mit hohen Kosten fröhlich leben kann, und das andere ist die zentrale Bedeutung von Forschung und Entwicklung. Lassen Sie mich mit dem letzteren beginnen. Gerade in der STG wird kontinuierlich Forschung und Entwicklung, wie sie in Deutschland, aber auch international auf dem Gebiet der Schiffstechnik auf erstklassigem Niveau stattfindet, immer wieder vorgestellt und diskutiert. Leider ist aber in kaum einer anderen Branche die Geschwindigkeit, mit der Technologie-Transfer stattfindet, vergleichbar. Deswegen hält auch Technologieführerschaft nur für ganz begrenzte Zeiträume.

Was die berühmten Marktnischen angeht, so muß ich gestehen, daß ich keine kenne. Dies gilt nicht nur für den Schiffbau, sondern für alle Investitionsgüterbereiche. Technologievorsprünge halten im Regelfall nur kurze Zeit. Häufig ist sogar der zweite als Nachahmer gegenüber dem ersten bevorteilt, weil er dessen Fehler von vornherein vermeiden kann. Und selbst wenn sich durch Einführung eines neuen Produktes eine scheinbare Marktnische auftut, so kann man sicher sein, daß sie nach kurzer Zeit bereits wegen Überfüllung geschlossen wird, weil alle halbwegs kompetenten Wettbewerber in diese Nische drängen. Deswegen ist auch der von der Politik, aber auch den Gewerkschaften immer geäußerte Wunsch, man müsse eben nur Spezialschiffbau betreiben, um in Deutschland Geld zu verdienen, völlig illusionär. Es gibt zumindest im zivilen Schiffbau von heute keine Art von Spezialschiffbau mehr, der nicht, wenn auch mit etwas reduzierter Qualität, von unseren Hauptwettbewerbern angeboten wird. Und seit auch Reedereien den Shareholders Value als Randbedingung anwenden müssen, besitzt ein Produkt mit 90 %iger Qualität, zu 70 % der Kosten nun einmal eine bessere Preis-Leistung-Relation als eines mit 100 % Qualität zu 100 % Kosten. Von daher existiert meiner Ansicht nach eben nicht die griffige Patentlösung, wir sollten uns bitte schön doch nur etwas rasch einfallen lassen, aber ansonsten ohne Änderung unserer übrigen Randbedingungen – wie vorher geschildert – weiter machen. Die Amerikaner kennen das Wort „There is no free lunch". Das gilt auch für den Schiffbau in Deutschland und Europa. Denn auch ein anderes amerikanisches Sprichwort träfe ansonsten auf unsere Branche zu: „Shape up or ship out". Ich glaube, wir sind uns hier alle einig, daß der zweite Teil dieser Formulierung hoffentlich für den Schiffbau in Deutschland, aber auch in Europa vermieden werden kann.

Meine Damen und Herren, ich bin mir bewußt, daß meine Ausführungen weder erhaben noch weihevoll waren, aber eine Institution wie die STG lebt von Realitätssinn und nicht von rituellen Beschwörungen. Deswegen habe ich Ihnen diese Ansichten aus der Sicht eines Industriemanagers, der aus dem Schiffbau kommt, sich mit dem Schiffbau auf das engste verbunden fühlt, aber auch als 100 %iger Anteilseigner für zwei Werften Verantwortung trägt und wiederum seinen Anteilseignern, die Thyssen-Krupp-Aktien nicht aus Begeisterung für den Schiffbau halten, Rede und Antwort stehen muß, geschildert. Ich bin überzeugt, daß der deutsche und der europäische Schiffbau realistische Überlebensmöglichkeit haben, dies allerdings nicht in dem Umfang, wie er heute existiert. Ich bin aber auch davon überzeugt, daß das Gleiche für viele andere Industriebranchen in Deutschland und Europa zutrifft. Deswegen sollten wir alle hier nicht glauben, daß wir in besonderem Maße und ganz allein vom Schicksal geschlagen seien, sondern sollten dies als technische, aber auch unternehmerische Herausforderung annehmen, die es zu bestehen gilt. Weder schwingt langfristig das Pendel nur in eine Richtung, noch wachsen die Bonsais in den Himmel. Obwohl keiner von uns, die heute hier anwesend sind, bei der 200-Jahr-Feier der STG dabei sein wird, hoffe und wünsche ich, daß unsere Gesellschaft, aber auch die Schiffstechnik in Deutschland und in Europa noch eine lange und gute Zukunft vor sich hat.

Ausstellung „100 Jahre Schiffbau"

Exhibition „100 Years Shipbuilding"

Um nicht nur die Fachwelt, sondern auch die breite Öffentlichkeit am 100. Geburtstag der Schiffbautechnischen Gesellschaft teilhaben zu lassen und damit für die Schiffstechnik zu interessieren, hatte der Fachausschuß „Geschichte des Schiffbaus" mit tatkräftiger Unterstützung der Versuchsanstalt für Wasserbau und Schiffbau der Technischen Universität Berlin eine Ausstellung im geleerten Flachwassertank der Versuchsanstalt vorbereitet. Auf 700 m^2 wurde mit ca. 100 Modellen, vielen Bildern und grafischen Darstellungen die Entwicklung aufgezeigt und der hohe Leistungsstand der deutschen Schiffbauindustrie dokumentiert.

Im Mittelpunkt standen die Schiffe, Fahrgastschiffe mit den allseits bewunderten Schnelldampfern, Frachtschiffe, Tanker, Bulker, Tonnenleger, Sonderschiffe, Fischereifahrzeuge, Marineschiffe, Küsten- und Binnenschiffe wurden in verschiedenen Größen und Maßstäben ausgestellt und beschrieben. Auch die Maschinen und Propeller, die sie antreiben, und die Menschen, die alles erdacht, in Versuchsanstalten im Modell erprobt und später in Großausführung auf den Werften erbaut haben, wurden nicht vergessen. Die Menschen, die die Schiffe gefahren haben, stehen im Hintergrund. Nur eine Gruppe davon, die Heizer und Trimmer, die bisher selten erwähnt wurden, waren in Text und Bildern dargestellt. Eine Besonderheit bildete die Postershow „Gestaltung und Darstellung der

Schiffsform – Geschichte des Strakens von den Anfängen bis heute".

Ohne die Unterstützung der Werften, Reedereien und Zulieferindustrie, Museen, Hochschulen und Verwaltungen wäre diese umfangreiche Ausstellung nicht möglich gewesen. Sie alle stellten die Modelle und teilweise auch finanzielle Unterstützung für den Transport von den einzelnen Standorten nach Berlin und zurück zur Verfügung. Ganz besonders wichtig war dabei natürlich das Engagement mehrerer Mitglieder der Gesellschaft und Mitarbeiter der Versuchsanstalt, die während der achtwöchigen Ausstellungsdauer für Aufsicht und Betreuung der Besucher sorgten. Der Betreuer des Ganzen in der Versuchsanstalt, Dipl.-Ing. Konrad Geistert erklärte bei der Eröffnung dies mit dem Zitat von Erich Kästner „Es gibt nichts Gutes, es sei, man tut es!"

In einem 300seitigen reich bebilderten Ausstellungs-Katalog wurde durch eine ausführliche Behandlung der Schiffstypen und die Beschreibung der Exponate versucht, die Entwicklung des deutschen Schiffbaus der letzten hundert Jahre allgemein verständlich darzustellen.

Dies scheint gelungen zu sein, denn die Ausstellung wurde gegen ein geringes Entgelt von mehr als 3.300 Interessierten besucht.

Entwicklung der Handelsschiffstypen und ihres Entwurfs

Evolution of Commercial Ship Types and their Design

Prof.Dr.-Ing. **Harald C. Poehls**, TU Hamburg-Harburg

Summary. The recent one hundred years continued to produce tremendous changes in all technical fields, including shipping, shipbuilding and also initial ship design being the sum of methods and tools for planning the production of commercial newbuildings in a first conceptual stage. Nevertheless, there are also a number of principles to be recognized in this evolution process, which maintained their validity all the time.

In this paper it will be attempted to pursue important threads with their gradual or unsteady changes or their continuity, respectively. In this context, commercial ship types and their design are treated in the connexion with their environment in a global, technically and economically optimised transport chain. In detail, important examples of the following ship types are briefly put as highlights into this discussion: commercial sailing ships, tankers and bulk carriers as well as passenger ships and general cargo ships and their special types in the change of the time; moreover, commercial high-speed crafts of latest time are described, too. A concluding prospect into the future tries to outline technical and economical trends being possible for both continuation and limits of this evolution.

1. Umfeld im Jahre 1899

Das Gründungsjahr 1899 der Schiffbautechnischen Gesellschaft liegt mitten im Zeitalter des deutschen Kaisers Wilhelm II. und auch mitten im umwälzenden Prozeß der Industrialisierung, der gegen Ende des 18. Jahrhunderts zuerst in Großbritannien einsetzte und Anfang des 19. Jahrhunderts auf Frankreich und etwas später auf Deutschland übergriff.

Dieser Industriellen Evolution war in Europa das Zeitalter der Aufklärung im 17. und 18. Jahrhundert vorausgegangen, die durch einen Umbruch in den Naturwissenschaften zum Aufbau eines mechanistischen Weltbildes und damit zur Verwissenschaftlichung des gesamten Daseins bis heute beitrug. Noch bis in das 20. Jahrhundert hinein resultierte aus dieser geistigen Strömung ein oft begeisterter Glaube an den technischen Fortschritt, der sich auch im Bau immer größerer und schnellerer Schiffe widerspiegelt und erst in jüngster Zeit durch ökologische Gegenbewegungen etwas gebremst wird.

Mit großem Wagemut haben 1899 die Ingenieure Hermann Blohm und Ernst Voss seit der Gründung 1877 aus einer kleinen Maschinenfabrik auf Steinwerder in Hamburg eine der größten Werften der Welt gemacht. Auf Wunsch des Kaisers, dessen Flottenprogramm und imperialistische Außenpolitik der Hamburger Senat aus naheliegenden Gründen unterstützt, übernimmt Bürgermeister Mönckeberg im Oktober 1899 die Taufe des 11.000 Tonnen-Linienschiffes "Kaiser Karl der Große", und auch die Freien Hanseaten jubeln dem anwesenden Kaiser zu.

Aber auch andere, zum großen Teil noch heute bestehende deutsche Werften sind um 1899 intensiv am "Bau eiserner Segel- und Dampfschiffe" beteiligt, so z.B. die 1872 gegründete Flensburger Schiffsbau-Gesellschaft und die bereits 1795 gegründete Meyer Werft in Papenburg. Auch die Ferdinand Schichau Werft von 1837 in Elbing, Danzig, Königsberg und Bremerhaven, die Friedrich Lürssen Werft in Bremen von 1875, die Nordseewerke Emden von 1903 und die Yachtwerft Abeking & Rasmussen in Lemwerder von 1907 sowie viele andere deutsche Werftunternehmen sind hier zu nennen. Insgesamt entspricht es dem Geist des technischen Fortschritts und der Gründerzeit, daß am 23. Mai 1899 unter der Schirmherrschaft des deutschen Kaisers die Schiffbautechnische Gesellschaft in Berlin gegründet wurde.

2. Entwicklungslinien in Schiffahrt und Schiffbau

Der Entwicklungsprozeß in Schiffahrt und Schiffbau des 19. und 20. Jahrhunderts enthält neben starken, zum Teil sprunghaften Veränderungen auch einige Grundprinzipien, die stets ihre Gültigkeit behalten haben. Technisch-wirtschaftliche Entwicklungsprozesse sind evolutionär zu verstehen, d.h. als Erkenntnis- und Ertragsgewinn in Rückkopplung; freier Wettbewerb und Rivalität der Ideen einerseits und Kooperation andererseits fördern diese Prozesse. Es setzt sich nicht einfach der "Stärkste" durch, sondern derjenige, der sich am besten auf den jeweiligen Prozeß einstellt. Das Gleichgewicht zwischen den beiden Impulsen der aus Freiheit resultierenden Kreativität in Rivalität und der aus Kooperation folgenden Kommunikation ermöglicht auf diese Weise optimales Wirtschaften in einem gegebenen Markt als Regulativ zwischen Angebot und Nachfrage.

Handelsströme folgen aus der Tatsache, daß die rohstofflichen, menschlichen und kulturellen Ressourcen auf unserem Globus qualitativ und quantitativ ungleichmäßig verteilt sind. Die Verbindung der

Orte von Angebot und Nachfrage realisiert eine Transportkette, in der die Handelsgüter mittels verschiedener Verkehrsträger bewegt werden. Am einfachsten wäre dabei ein "ungebrochener" Transport mittels eines einzigen Verkehrsträgers vom Absender zum Empfänger. Tatsächlich aber müssen im "gebrochenen" Transport die Güter vorzugsweise in den Häfen von einem zum anderen Verkehrsträger mit hohen Kosten umgeschlagen werden.

Dieser Aufwand des Ladungsumschlags ist im kostenbewußten Seetransport der entscheidende Motor für die Entwicklung sowohl spezieller Schiffstypen als auch spezieller landseitiger Umschlagsanlagen. Dabei spielen nicht nur die Umschlagskosten eine Rolle, sondern auch die Liegegebühren sowie die Tatsache, daß im Hafen die Schiffskosten weiter anfallen. Nach dem bewährten Motto "Schnelle Reisen werden im Hafen gemacht!" sind deshalb kürzeste Hafenliegezeiten unabdingbar für einen wirtschaftlichen Schiffsbetrieb. Die Entwicklung der Schiffstypen erfolgt also stets unter zwei grundsätzlichen Randbedingungen:

1. Zwang zur Verringerung der Hafenkosten und
2. ausreichend großes, auf absehbare Zeit regelmäßiges Ladungsaufkommen zur Auslastung der Spezialschiffe.

2.1 Arbeitsteilung und Spezialisierung

Das für den Einsatz von Spezialschiffen erforderliche Ladungsaufkommen nach Menge und Stetigkeit konnte sich im Laufe der internationalen Industrialisierung entwickeln, weil die Arbeitsteilung, d.h. die Spezialisierung auf ein bestimmtes Produkt, seit jeher zunimmt, sowohl regional und national als auch international und global. Die Ursache des Spezialisierungstrends liegt in der höheren Leistungsfähigkeit des Spezialisten gegenüber dem Alleskönner. Die treibende Kraft dieses Trends lag in freien Wirtschaftssystemen schon immer im Wettbewerb und liegt heute zusätzlich in einem immer differenzierter werdenden, weltweiten Vernetzungs- und Kommunikationsprozeß bei einem Weltmarkt mit zunehmenden Strömen an Seetransportgütern und dem daraus folgenden Bedarf an Spezialschiffen.

2.2 Produktivität und Fertigungstiefe

Der Wettbewerb zwischen den Spezialisten sorgt dafür, daß jeder von ihnen versucht, seine Produktivität zu vergrößern. In industrialisierten Hochlohnländern führt das zu einer immer weiter steigenden Mechanisierung und Automatisierung der Arbeitsvorgänge. Dazu einige Zahlenbeispiele:

- Statistisch schlägt heute pro Jahr jeder Hafenarbeiter in Hamburg mehr als sechsmal soviele Tonnen (13.000 t pro Mann und Jahr) an Massen- und Stückgut um wie im Jahre 1960, bei Containern sogar das 35-fache (heute ca. 40 t pro Mann und Stunde).
- Der Rumpfstahl von Containerschiffen sank seit 1970 von 13,4 Tonnen pro Containerstellplatz auf weniger als die Hälfte, während die Zahl der pro Besatzungsmitglied beförderten Container auf etwa 300 verzehnfacht werden konnte.
- Die Jahrestransportleistung eines einzigen Großcontainerschiffes von heute ist äquivalent derjenigen von zehn konventionellen Stückgutschiffen von 1960 (deren auf heute übertragene Betriebskosten sind kaum abzuschätzen).

Der Aufwand bei der Produktherstellung läßt sich bekanntlich auch durch Verringerung der Fertigungstiefe vermindern, indem der Anteil an (internationalen) Zulieferungen erhöht wird – eine Maßnahme, von der auch Schiffswerften in letzter Zeit Gebrauch gemacht haben und die das internationale Verkehrsaufkommen enorm verstärkt hat.

2.3 Integration in Transportketten

Aus dem Zwang zur Produktivitätserhöhung folgt als dritte Entwicklungslinie die Integration des Schiffes in die Transportkette. Früher handelte es sich mehr um eine Summe von Einzelsystemen, von denen das Schiff eher einen eigenständigen Entwurf darstellte. Je weiter heute die Spezialisierung fortschreitet, desto konsequenter wird das Schiff in das Gesamtsystem der Transportkette integriert. Auf diese Weise ist es gelungen, enorme Verringerungen der Transportkosten zu erreichen. Durch Verbesserungen aller Verkehrsträger und besonders der Schiffe wurde der Transportkostenanteil auf einen kleinen Bruchteil der Gesamtkosten abgesenkt, was sich günstig auf die Wettbewerbsfähigkeit der Produkte auswirkte. Beispiele für diese Entwicklung sind Autocarrier, Holz-, Zellulose- und Papiertransporter sowie Containerschiffe, deren Konzeption und Rasterstruktur total in die Transportkette eingepaßt wurde. Das gleiche gilt für die zugehörigen, landseitigen Umschlagsanlagen, die nicht nur im Stückgutverkehr, sondern in Form von schnellen Terminals auch für Massengut- und Passagierschiffe (RoRo-Fähren) entsprechend angepaßt wurden.

Wesentlich für die Wirtschaftlichkeit moderner Transportketten ist deren logistische Optimierung. In wachsendem Umfang wird die teure, kapitalbindende Lagerfunktion in die Transportkette verschoben. Die perfekte Organisation solcher Transportketten nach dem Prinzip "Just in time" erfordert den Einsatz moderner Informations- und Kommunikationstechniken. Schiffe haben an diesem globalen Prozeß einen entscheidenden Anteil.

2.4 Homogenisierung der Ladung

Homogene Ladungsgüter sind besonders geeignet für mechanisierten Ladungsumschlag. Dies gilt besonders für alle flüssigen und daher pumpfähigen *Massengüter*, aber auch für trockene Schüttgüter, die an speziellen Massengut-Terminals bewegt werden. Die Einführung von Spezialschiffen auf dem Gebiet des Massengutes erfolgte relativ früh: Tanker seit dem Ende des 19. Jahrhunderts, Bulker in Form von Kohlenschiffen etwa seit der Jahrhundertwende. Bei beiden waren die genannten Randbedingungen wegen des wachsenden Energie- und Rohstoffbedarfs der Industrialisierung frühzeitig erfüllt: Steigender Aufwand für den Umschlag im Hafen und ausreichendes, regelmäßiges Ladungsaufkommen. Bis heute wurden diese Schiffe stetig weiterentwickelt.

Auch auf dem Sektor der *Passagiere* kann man eine Entwicklung zur "Homogenisierung der Ladung" feststellen. Lange Zeit blieb das Reisen mit Segelschiffen individuell und in relativ geringer Zahl, bis im 19. und 20. Jahrhundert mehrere Auswandererwellen für einen Massen-Charakter der Passagierströme sorgten, die in eigens errichteten, großen Auswandererhallen in Hamburg und Bremerhaven abgefertigt wurden. Daneben gab es die wohlhabenden Urlaubs- und Vergnügungsreisenden, die sich in wachsenden Zahlen bis zum zweiten Weltkrieg in Luxusklassen der Passagierdampfer, aber auch auf Post- und Frachtschiffen befördern ließen. Nach dem zweiten Weltkrieg nahm die Zahl der Urlaubs- und Geschäftsreisenden auf nie gekannte Ausmaße zu, wobei die Linienschiffe durch das Flugzeug abgelöst wurden, mit einer Ausnahme: PKW-Reisende ließen in großer Zahl RoRo-Passagier-Fährverbindungen entstehen. Aus den früheren Luxusdampfern gingen die heutigen Kreuzfahrtschiffe hervor, die allerdings keine Unterteilung in Klassen mehr kennen – auch in dieser Hinsicht eine Homogenisierung.

Die eigentlich schwierige, aufwendig zu stauende und umzuschlagende Ladung ist noch heute das *Stückgut*, weil es in jeder Hinsicht heterogen ist. Will man den Umschlag derartiger Güter mechanisieren, so muß man sie standardisieren. Hierzu verwendet man genormte Ladungsträger wie Paletten, Flats, Container, Roll-Trailer oder Bargen. Auch standardisierte Güter ohne Ladungsträger kommen häufig vor, wie z.B. Schnittholz, Papierrollen oder Zelluloseballen sowie PKW und LKW.

Diese vierte Entwicklungslinie, die Homogenisierung (Unitisierung) ursprünglich heterogener Ladung, ist eine Grundvoraussetzung für moderne Verkehrssysteme. Im Gegensatz zu anderen Entwicklungslinien, die stetig und langsamer verlaufen sind, stellt die Containerisierung seit etwa 1965 eine revolutionäre Entwicklung dar, vergleichbar im Schiffbau nur dem Übergang von Holz auf Stahl oder vom Segel- auf den Maschinenantrieb im 19. Jahrhundert. Die Entwicklung dieser Transporttechnologie ist noch nicht abgeschlossen und hat zur Anpassung ganzer Produktionsprozesse an die Containerisierbarkeit geführt. Als Stückgut im konventionellen Sinne sind nur noch Schwergutkollis sowie Flats mit sperriger Sonderladung übriggeblieben, die in Containerschiffe verladen werden.

2.5 Wandlung der Häfen

Entsprechend den aufgezeigten Entwicklungen des Transports haben sich die Seehäfen als bedeutende Schnittstellen zwischen See- und Landtransport enorm gewandelt. Dies soll am Beispiel des Hamburger Hafens verdeutlicht werden.

Der Hamburger Hafen ist ein offener, tideabhängiger Universal-Freihafen. Im Hinblick auf den Stückgutumschlag kann man – ähnlich wie auch in anderen älteren Seehäfen – drei Hauptzeitabschnitte unterscheiden, die den Wandel kennzeichnen:

a) Bis 1862 erfolgte der *Ladungsumschlag "im Strom"*. Die Segelschiffe machten an Duckdalben im Randbereich des Fahrwassers sowie später auch am Ufer fest, das dann ebenfalls mit Holzpfählen befestigt war. Der Ladungsumschlag erfolgte von Hand in Schuten, die zu Pferdefuhrwerken am Ufer oder zu den Speichern der Kaufleute an den Fleeten der Stadt gebracht und dort erneut umgeladen werden mußten. Es gab nur geringe mechanische Hilfsmittel für schwere Lasten, am Ende dieser langen Periode auch dampfgetriebene Kräne.

b) In den Jahren 1862 bis etwa 1970 erfolgte der *Ladungsumschlag "am Kai"*. 1862 begann der Ausbau des Sandtorhafens, des ersten Hafenbeckens mit langem, schmalem Kai, ausgerüstet mit Straßen- und Gleisanschlüssen, Kränen und Schuppen auf der Kaizunge. Bis zum 1. Weltkrieg wurden zahlreiche weitere Hafenbecken angelegt. Auch der 1888 eingerichtete Freihafen bewährte sich hervorragend.

Die vertikale und horizontale Fördertechnik entwickelte sich in dieser ganzen Zeit langsam und ohne Sprünge. Die menschliche Muskelkraft blieb in Gestalt von etwa 15.000 Hafenarbeitern wesentlicher Bestandteil für alle Lade-, Lösch-, Stau- und Distributionsvorgänge. Insgesamt ist es eigentlich erstaunlich, wie wenig sich in den hundert Jahren bis etwa 1970 an der Umschlagtechnologie in den Seehäfen geändert hatte.

Als wesentliche maschinelle, vertikale Fördermittel am Kai dieser Zeit sind zu erwähnen: der fahr- und drehbare, dampfbetriebene Brownsche Kran aus England zwischen etwa 1850 und 1900; Halbportalkräne ab 1890; zahlreiche Vollportal-Wippdreh-Kaikräne mit 2 bis 3 t Tragkraft; vereinzelt Schwergut- und Schwimmkräne mit 30 bis 150 t Tragkraft.

An horizontalen Fördermitteln gab es: im Kai- und Schuppenbereich noch bis in die 50er Jahre die Sackkarre; Schuten wurden noch zwischen den beiden Weltkriegen verwendet; in den 50er Jahren erschienen nach einfachen Elektrokarren die ersten motorgetriebenen Gabelstapler aus den USA, die sich so bewährten, daß sich schnell eine neue Technologie entwickelte: Ab den 60er Jahren unitisierte Ladung auf Paletten, entsprechende Anpassung der Schiffskonzeptionen mit Glattdeckluken, Rampen und Außenhautpforten hin zum RoRo-Schiff; parallel dazu ab etwa 1965 Einführung der Container-Technologie.

c) Seit etwa 1970 erfolgte der *Ladungsumschlag "am Terminal"* (Container oder RoRo). Die bis 1970 kontinuierliche Hafenentwicklung fand durch die Container-Technologie ihr abruptes Ende. Die neue Periode ist gekennzeichnet durch: Ablösung der bisherigen Kaizungen und Schuppen durch weiträumige Flächenterminals (etwa 20 Hektar Flächenbedarf pro Liegeplatz von weit über 300 m Länge), die durch Zuschütten der alten Hafenbecken gewonnen werden; Rückgang der Beschäftigtenzahlen auf etwa ein Drittel; riesige Investitionen, spektakulärer Anstieg der Produktivität; starke Zunahme der Schiffsgrößen, deshalb Elbvertiefung (gegen umweltpolitische Widerstände) und Schaffung neuer Tiefwasser-Terminals; Ersatz der konventionellen Kaikräne durch RoRo-Rampen bzw. moderne Containerbrücken mit bis zu 63 t Hubkapazität und 53 m Auslegerweite für 19 Reihen Deckscontainer bei 47 m Schiffsbreite, bis zu 14 m Tiefgang und 350 m Schiffslänge (Post-Panamax).

Der Trend im Containerumschlag geht in Richtung Vollautomatisierung, d.h. die jetzt noch von Fahrern gesteuerten Brückenkräne und Van-Carrier werden fahrerlos, die Identifikation und Positionierung der Container auf dem Terminal erfolgen automatisch. Bereits jetzt werden die etwa 4.000 bis 6.000 täglich umgeschlagenen Container eines Terminals durch ein satellitengestütztes Differentielles Global Positioning System und ein terminalgebundenes Laser-Radar-Ortungs-System positioniert. Die Leistungsfähigkeit der Container-Brückenkräne wird durch

Mehr-Katz-Trolley-Systeme sowie in fernerer Zukunft durch Gantry-Kräne und dockähnliche Schiffsliegeplätze erhöht

Was die *Gesamtfunktion der Häfen* betrifft, so stand bis in die 70er und 80er Jahre der Umschlag, das Stauen und Lagern sowie das Verteilen der Transportgüter im Vordergrund. Inzwischen aber haben Dienstleistungen mit wachsender Datenverarbeitung stark zugenommen. Die Häfen entwickeln sich von Universalhäfen zu logistischen Dienstleistungszentren für integrierte globale Transportketten und bieten hierfür logistische Komplettlösungen an.

2.6 Technologie, Werkstoffe und Hauptantrieb der Schiffe

Jahrhundertelang bis weit ins 19. Jahrhundert wurde, im Schiffbau ebenso wie in anderen Berufszweigen, die *Hand-Werkzeug-Technologie* der Handwerker eingesetzt. Grundlage des technischen Schaffens waren das von einer Generation zur anderen übermittelte Erfahrungswissen und das handwerkliche Können. An Werkstoffen wurden fast nur Naturstoffe verwendet: Holz für Rumpf und Takelage, Leinen für Segel, Hanf für Taue und Trossen. Der Antrieb der Schiffe erfolgte durch Segel.

Im Zeitabschnitt zwischen etwa 1760 und 1850 entwickelte sich aus dem Handwerk eine *Maschinen-Werkzeug-Technologie* im Laufe der sogenannten Industriellen Revolution, und zwar zuerst in England, das schnell zum weltweit größten Eisen- und Kohleexporteur wurde und Eisen bzw. später Stahl bald auch im Schiffbau verwendete, in dem England im 19. Jahrhundert weltweit führend war.

In Deutschland begann erst um 1860 langsam der Industrialisierungsprozeß. Nur einzelne größere deutsche Werften gingen am Ende des 19. Jahrhunderts als Aktiengesellschaften mit hohem Kapitalaufwand zum Bau von *Eisen- und Stahlschiffen* über, zuerst als Segelschiffe, später auch als schnell größer werdende Dampfschiffe.

In den etwa einhundert Jahren bis ungefähr 1960 setzte man in Deutschland die Möglichkeiten des Eisenschiffbaus nicht sehr schnell, sondern eher in stetigen Stufen um und blieb im wesentlichen, trotz des Einsatzes von Maschinen, bei eher handwerklicher Fertigung mit hoher Fertigungstiefe der Werften. Erst nach dem Ersatz der Niettechnik um 1960 durch das Schweißen sowie mit moderner Brenntechnik war die Voraussetzung zur Entwicklung produktiver industrieller Fertigungsmethoden mit dezentralem Sektionsbau gegeben.

Parallel dazu entwickelte sich die *Antriebs- und Energieerzeugungstechnik* für Schiffe als entscheidende Voraussetzung für wirtschaftlichen Schiffsbetrieb. Um 1870 hatte die deutsche Seehandelsflotte ihre größte Gesamtkapazität an Segelschiffen von knapp 1 Mio. BRT erreicht, die danach kontinuierlich abnahm, während die Tonnage an Dampfschiffen bis 1914 auf 5 Mio. BRT steil anstieg. Verwendet wurden Kolbendampfmaschinen, deren thermischer Wirkungsgrad bei etwa 10% lag. Seit 1894 kam der Dampfturbinenantrieb hinzu, der Anfang des 20. Jahrhunderts wegen seiner hohen Leistungsfähigkeit für große, schnelle Schiffe vorherrschend wurde, bei thermischen Wirkungsgraden zwischen etwa 15% (1914) und 35% (heute möglich). Wegen der viel geringeren Brennstoffkosten von mit Schweröl betriebenen Dieselmotoren und deren weit überlegenem Wirkungsgrad zwischen etwa 30% (1914) und etwas über 50% (heute) setzte sich jedoch der Dieselmotor immer mehr zum heute nahezu ausschließlich verwendeten Schiffsantrieb durch, wobei außer dem günstigen Brennstoffverbrauch besonders die stark verlängerten Standzeiten und die hohe Zuverlässigkeit der Motoren entscheidend wichtig sind. Von besonderer Bedeutung für schnelle unkonventionelle Schiffe sind in jüngster Zeit außerdem kompakte Hochleistungsmotoren mit geringem Raumbedarf und Leistungsgewicht sowie Gasturbinenantriebe geworden, auch in kombinierten Anlagen. Erwähnt werden muß an dieser Stelle schließlich noch die wichtige Rolle der Elektrotechnik, die gegen Ende des 19. Jahrhunderts über die Beleuchtungstechnik Einzug an Bord der Schiffe hielt und inzwischen eine enorme Weiterentwicklung hin zu steigender Wirtschaftlichkeit, Sicherheit und Automation der Maschinenanlagen bei stark reduzierter Besatzungszahl auf allen Schiffstypen erfuhr.

Insgesamt kann festgestellt werden, daß die Technologie des Schiffbaus insbesondere in Deutschland bedeutende, oft herausragende Beiträge in den generellen Industrialisierungsprozeß eingebracht hat.

2.7 Wachsende Größe und Geschwindigkeit der Schiffe

Als letzte allgemeine Entwicklungslinie sei der im 19. und 20. Jahrhundert bei Segelschiffen ebenso wie bei Dampf- und Motorschiffen zu beobachtende Trend zu wachsenden Größen und Geschwindigkeiten der Schiffe erwähnt. Größere Schiffe verursachen wegen des Skaleneffektes geringere Seetransportkosten pro Ladungseinheit, schnellere Schiffe erzielen durch mehr Rundreisen höhere Frachteinnahmen. Beides wurde und wird durch zahlreiche technische Neuerungen ermöglicht. Die Grenzen des Wachstums werden heute nicht mehr so sehr durch die Technik als vielmehr durch geographische und wirt-

schaftliche Gegentendenzen gezogen, nämlich durch Hafentiefen und beschränkte Ladungsmengen sowie durch zusätzliche Kosten bei größeren Schiffen für längere Liegezeit im Hafen, für die landseitige Transportkette infolge geringerer Zahl angelaufener Häfen und für den Brennstoffverbrauch, der etwa kubisch mit der Schiffsgeschwindigkeit steigt.

3. Schiffsentwurf/Schiffsystemtechnik, Rechentechnik und technische Qualifikation

Die heute im Schiffsentwurf benutzten Methoden und Rechenwerkzeuge gibt es erst seit wenigen Jahren, und ihre Weiterentwicklung ist noch in vollem Gange. Der Schiffsentwurf ist eine der letzten Teildisziplinen der Schiffstechnik, die dank der Rechnertechnik von eher handwerklicher auf eine industrialisierte Technologie umgestellt wurden. Wegen der vernetzten, generalistischen Arbeitsweise des Projektingenieurs, die dem Rechner anfangs nur bedingt zugänglich war, bürgerte sich die Bezeichnung *"Schiff-Systemtechnik"* statt "Schiffsentwurf" ein. Solange bis ins 18. Jahrhundert die Planungs- und Prognosetätigkeiten der Schiffbauingenieure rein empirisch blieben, fanden Schiffsentwurf und Schiffskonstruktion explizit gar nicht statt. Erst mit der Einführung theoretischer Kenntnisse in den Schiffbau ergab sich im 18. und 19. Jahrhundert die Möglichkeit, den Planungsprozeß sorgfältiger und aufwendiger zu gestalten.

In der zweiten Hälfte des 19. Jahrhunderts waren es in Deutschland zuerst große staatliche Marinewerften, die in Konstruktionsabteilungen den Bau der Schiffe zeichnerisch und konstruktiv berechnend vorbereiteten. Fortschritte und Methoden der Natur- und Ingenieurwissenschaften wurden zuerst im Schiffsmaschinenbau stärker in den Produktionsprozeß eingebunden, später auch im Schiffbau. Auch große Reedereien bauten technische Abteilungen auf, in denen Neubauvorhaben geplant wurden und die bis in die siebziger Jahre dieses Jahrhunderts beibehalten, seitdem jedoch in den meisten Fällen aufgegeben wurden. Auf größeren Werften spalteten sich infolge der stark gestiegenen Anforderungen Spezialabteilungen von der Konstruktion ab: Nachgeschaltet die Arbeitsvorbereitung, vorgeschaltet die Entwurfs- oder Projektabteilung. Deren Aufgabe bestand darin, einen Entwurf bis zum Abschluß des Bauvertrages zu erstellen und hierzu ein Angebot mit Bauvorschrift, Generalplan, Klasseplan, Preis, Termin und Finanzierungsplan zu erarbeiten. Im Unterschied zu den Spezialisten der Konstruktion sind im Entwurf Generalisten mit Kenntnissen der technischen Zusammenhänge des "Gesamtsystems Schiff" und des internationalen Schiffahrts- und Schiffbaumarktes sowie mit akquisitorischem Verhandlungsgeschick gefragt.

Die Produktivität auf deutschen Werften konnte in den letzten drei bis vier Jahren um über 30% erhöht werden, was allerdings einen erheblichen Personalabbau zur Folge hatte. Aber auch die Qualität der Produkte konnte wettbewerbsfähiger gemacht werden, wie folgende Beispiele verdeutlichen:

- Bei Containerschiffen konnte der Brennstoffverbrauch pro Container und Seemeile seit etwa 1970 um rund 70% abgesenkt werden (Erhöhung der Containerkapazität, Optimierung von Widerstand, Propulsion und Antriebsmotoren).
- Infolge Automation und Größensteigerung der Schiffe ist die Zahl der Besatzungsmitglieder pro 10.000 Tonnen Ladung seit 1980 von etwa 20 auf 2 zurückgegangen, während sich der Wert der Ladung auf bis zu 40 Mio. DM pro Mann vervielfacht hat.
- Infolge verbesserter Rechen- und Konstruktionsmethoden hat sich der Lukenöffnungsgrad von Containerschiffen, verglichen mit Frachtschiffen vor 30 Jahren, von 50 bis 60% auf 87% der Schiffsbreite erhöht; die Nutzung der vorhandenen Decksfläche für Containerladung verdoppelte sich auf 80%.

Gegenüber der Produktivitätserhöhung in der Fertigung muß die Effizienz in der Entwurfsphase noch wesentlich gesteigert werden, wenn die nachfolgenden Prozesse rechtzeitig mit Informationen versorgt werden sollen. Diese *Produktivitätssteigerung* kann nur erreicht werden, wenn eine ausreichende Zahl (hoch-)qualifizierter Projektingenieure eingesetzt und konsequent mit flexibler, effizienter Hard- und Software für rechnergestütztes Engineering ausgestattet wird. Investitionen an Mitarbeitern, Methoden und Werkzeugen in der frühen Entwurfsphase ergeben die größten Möglichkeiten zu Produktverbesserungen und Kosteneinsparungen und vermindern gleichzeitig das hohe Risiko, das mit frühen systemtechnischen Entscheidungen verbunden ist, bei denen 80 bis 90% der später anfallenden Herstellungskosten eines Schiffes festgelegt werden. Die zusätzlichen Kosten für Engineering sind verschwindend gering im Vergleich zu den Kosten möglicher Fehlentscheidungen. Allerdings können wesentliche Qualitätssteigerungen im Entwurfsbereich nur von Werften erreicht werden, die die volle Systemführerschaft besitzen. Auch dann lassen sich i.a. nur Teile der Kosten beeinflussen, vor allem Materialkosten (50 bis 60% der Gesamtkosten) und Arbeitskosten der Fertigung (20%).

Im klassischen Schiffsentwurf bis etwa 1965 wurden im frühen Projektstadium nur relativ wenige Einzelkomponenten eines Schiffes rational berechnet. Viele andere, z.B. hydrostatische, hydrodynamische oder Festigkeitsdaten, wurden zunächst empirisch nach statistischen Näherungsverfahren geschätzt und erst in der Konstruktionsphase genauer berechnet. Nachteil solcher halbempirischen Verfahren ist, daß sie "rückwärtsgewandt" sind und daher bei neuartigen Projekten nicht zu einer Innovation beitragen. Die einfachen Abschätzungsverfahren sollten daher heute nur zur Annahme allererster Eingangswerte, nicht aber im eigentlichen Entwurf benutzt werden.

In der modernen Schiffsystemtechnik müssen *alle* Hauptkomponenten des Schiffes im frühen Projektstadium, d.h. in den ersten vier Wochen, mit ausreichender Genauigkeit und Zuverlässigkeit prognostiziert werden. Nur so können die Produkteigenschaften optimiert, die Herstellungskosten minimiert und das Risiko der Entwurfsentscheidungen begrenzt werden. Eine besondere Rolle spielen dabei die nationalen und internationalen Vorschriften mit Forderungen nach Sicherheit für Mannschaft, Schiff, Ladung und Umwelt. Frühzeitige Abstimmung mit den genehmigenden Institutionen ist daher von großer Wichtigkeit für ausreichende Planungssicherheit.

Frühe Prognoserechnungen für die Hauptkomponenten des Schiffes werden heute mit schnell steigender Zuverlässigkeit durch die *Informationstechnik* in Verbindung mit *numerischen Simulationsverfahren* ermöglicht. Auf diese Weise wird der im Schiffbau *fehlende Prototyp* durch das im Rechner simulierte *"virtuelle Schiff"* ersetzt.

Am Beginn des *Rechnereinsatzes* etwa 1965 führte der Schiffbau als einer der ersten technischen Bereiche rechnergestützte Methoden in den Schiffsentwurf ein, z.B. für Schiffslinien und Kurvenblatt. In den siebziger und achtziger Jahren gab es mehrere Versuche zur Entwicklung von rechnergestützten Entwurfssystemen, die aber lediglich die halb-empirischen Näherungsmethoden im Rechner wiederholten. Erst die zunehmende Einführung numerischer Rechenverfahren zur Simulation physikalisch-technischer Zusammenhänge sowie die Weiterentwicklung der Informationstechnik haben in den neunziger Jahren zu einer Neuformulierung vieler Rechenprozesse geführt. Entwurfssysteme der Zukunft sollen in Form flexibler Werkzeuge (Methodenbanken) zufriedenstellende Simulationsmodelle bereitstellen und zugleich die typische Arbeitsweise des Projektingenieurs möglichst ohne Einschränkung widerspiegeln.

4. Schiffstypen

Jahrhundertelang haben sich die Schiffstypen der Handelsschiffahrt allein im Hinblick auf ihren Segelantrieb voneinander unterschieden und weiterentwickelt, was zu einer Vielfalt der Schiffstypen führte. In einer Übergangszeit der Maschinisierung im 19. und 20. Jahrhundert bezog sich die Unterscheidung der Schiffstypen zum Teil noch immer auf ihren Antrieb (Dampfmaschine, Dampfturbine, Dieselmotor). Inzwischen hat sich der Motorantrieb so vollständig durchgesetzt, daß hier im allgemeinen keine nähere Bezeichnung der Schiffstypen mehr notwendig ist. Diese bezieht sich seit Einführung der Spezialschiffe vielmehr auf die beförderte Ladungsart.

4.1 Segelschiffe und Übergang zu Dampf- und Motorschiffen

Segelschiffe wurden in Jahrhunderten rein empirisch entwickelt und erreichten zwischen etwa 1850 und 1870 mit den Klippern einen abschließenden Höhepunkt, bevor sie immer schneller von Dampfschiffen verdrängt wurden. Die Auswahl der Segel erfolgt im Hinblick auf die geforderten Segeleigenschaften in Anpassung an den Schiffstyp und das Fahrtgebiet sowie mit Rücksicht auf die Handhabung durch die Mannschaft. Die Aufteilung der Segel in Längs- und Höhenrichtung des Schiffes spielt eine ausschlaggebende Rolle, weil das Schiff bei allen Beladungs- und Windbedingungen und entsprechend angepaßter Segelfläche manövrier- und fahrtüchtig sein muß. Dabei konnte die erreichbare Geschwindigkeit des Schiffes allenfalls aus Erfahrung geschätzt, jedoch nicht vorhergesagt werden, weil die wirkenden Kräfte des Schiffes unbekannt waren und zudem stochastischer Natur sind. Mittlere Reisegeschwindigkeiten lagen zwischen 4 und 8, ganz selten bei 9 Knoten, Höchstgeschwindigkeiten bei etwa 9 bis maximal 12 Knoten, bei Klippern 14 bis ca. 18 Knoten in seltenen Fällen, die jedoch nur in etwa 5 bis 10% der Reisezeit bei hoher Windstärke von etwa Beaufort 7 erreicht wurden. Im Hinblick auf Stabilität und Seeverhalten des Schiffes sowie die Festigkeit der Takelage lag die absolute Grenze für kontrolliertes Segeln mit verringerter Segelfläche etwa bei Beaufort 8, mit voller Besegelung bei nur etwa 4 für kleinere 30m-Schiffe bzw. bei 5 für größere 70m-Schiffe. Das dabei auftretende hohe Risiko konnte vom Kapitän nur durch Erfahrung und Gefühl beurteilt werden, wobei man im Interesse einer hohen Frachtrate nicht selten bis an die äußerste Grenze ging.

Klipper wurden, zuerst in USA, dann in England, extrem für maximale Geschwindigkeiten auf Kosten des Ladevermögens (etwa zwischen 200 und 1.000 Tonnen) entwickelt, mit scharfem, schmalem und tiefem Rumpf, am häufigsten als Vollschiff mit bis zu 7 Rahsegeln übereinander. Verwendet wurden Klipper für hochwertige, verderbliche Fracht im kurzzeitigen Spekulationsgeschäft, wie z.B. Tee, Seide, Gewürze, Wolle, Zucker, Früchte, Weizen. Auch für den Transport von Post-Paketen, als Schmuggelfahrzeuge und zu deren Bekämpfung als Zollkutter sowie noch einige Zeit im Sklavenhandel wurden die Schiffe eingesetzt. Die Goldfunde in Kalifornien um 1850 und etwas später in Australien sowie der Krim-Krieg 1853 bis 1856 sorgten für anhaltende Nachfrage nach schnellen Schiffen ebenso wie die ersten Auswandererwellen von Europa nach Amerika.

Das Geschäft blühte jedoch nur solange, wie bis zu dreifach höhere Frachtraten mit Klippern gegenüber herkömmlichen Seglern zu erzielen waren. Durch besondere Prämien für die Tee-Ladung des jeweils ersten Schiffes entstanden die berühmten "Tea-Races" von China nach London über 16.000 Seemeilen in nur 99 Tagen. Sobald jedoch seit 1869 infolge Eröffnung des Suez-Kanals die Frachtraten sanken und gleichzeitig die inzwischen stark zunehmende Dampfschiffahrt völlig neue Möglichkeiten für immer größere und schnellere Schiffe bot, wurden die Klipper, auch wegen ihrer relativ geringen Tragfähigkeit, schnell unwirtschaftlich und verschwanden von den Weltmeeren, nicht ohne eine bis heute anhaltende, hohe Faszination wegen ihres ästhetischen Reizes, ihrer schönen Rumpfformen und ihrer hervorragenden Segelleistungen auf Schiffbauer und Laien auszuüben.

Ein nachfolgender, letzter Höhepunkt des Segelschiffbaus, insbesondere in Deutschland, waren die Anfang des 20. Jahrhunderts bestellten Vier- und Fünf-Mast-*Großsegler* für die damals profitable Massengutfahrt (Salpeter, Getreide, Kohle), wie z.B. das 1902 in Geestemünde für die Hamburger Reederei F. Laeisz erbaute einzige Fünf-Mast-Vollschiff "Preußen" als größtes Segelschiff der Welt mit folgenden Daten: Länge 133 m; Breite 16,4 m; Tiefgang 8,23 m; Seitenhöhe 9,90 m; Verdrängung 11.550 t; Tragfähigkeit 8.000 t; Segelfläche 5.560 m², 46 Segel; 48 Mann Besatzung; 5.081 BRT; bis zu 18 Knoten Geschwindigkeit; Höhe Großmast 68 m. Das Schiff wurde in der Salpeterfahrt nach Chile eingesetzt, konnte aber auf der Hinfahrt dorthin selten ausgelastet werden, so daß seine Wirtschaftlichkeit stark eingeschränkt war. 1910 strandete es im englischen Kanal nach einer Kollision. Weitere berühmte "Flying P-Liners" von Laeisz waren: "Potosi", "Pamir", "Passat", "Priwall", "Padua", getakelt als Fünf- oder Vier-Mast-Bark.

Nach dem ersten Weltkrieg versuchten einzelne deutsche Reeder, mit großen Seglern, auch mit Hilfsmaschinen, wieder in Fahrt zu kommen. Aber der Erfolg blieb hauptsächlich aus zwei Gründen aus: Während des Krieges hatten Fritz Haber und Carl Bosch in Deutschland ein Verfahren zur Gewinnung von Ammoniak aus Luftstickstoff für Düngemittel und Sprengstoff entwickelt, das jetzt die Salpeterfahrt unwirtschaftlich werden ließ; deutlich verbesserte Wirkungsgrade und Zuverlässigkeit der Dampfmaschinen hatten außerdem den Kohleverbrauch von Schiffen enorm gesenkt, so daß der Frachttransport mit Dampfern wachsender Größe immer wirtschaftlicher wurde.

Die Geschichte des *Dampfantriebes* von Schiffen beginnt 1788 mit einem Vergnügungsboot mit Schaufelradantrieb in Schottland. Raddampfer wurden Anfang des 19. Jahrhunderts in großer Zahl für den Flußverkehr in den USA gebaut, allerdings noch mit zahlreichen Unglücksfällen durch Kesselexplosionen. Gleichzeitig wurden Dienste mit Dampfbooten im englischen Küstenverkehr zwischen den Inseln sowie über den Ärmelkanal aufgenommen. 1853 waren bereits insgesamt 640 Dampfboote in der europäischen Küstenschiffahrt in Betrieb. Trotzdem wurde die Tonnage der inzwischen ebenfalls weiterentwickelten Segelschiffe erst zwischen 1860 und 1870 zum ersten Mal von Dampfschiffen in der Küsten- bzw. Hochseeschiffahrt übertroffen. In der Folgezeit beschleunigte sich die Entwicklung, so daß im Jahre 1910 die Dampfschiffstonnage die Segelschiffstonnage bereits um das Zwölffache übertraf.

Der wirtschaftliche Durchbruch für die Dampfschiffe, insbesondere für Langstrecken, konnte erst erzielt werden, nachdem zahlreiche technische Probleme der neuen Antriebsart schrittweise gelöst waren: Erhöhung der Leistung und des thermischen Wirkungsgrades; Ersatz des nicht hochseetüchtigen Schaufelradantriebes durch den Schraubenpropeller etwa ab 1840; Verwendung von Eisen für größere Überseeschiffe seit 1843; Verwendung von Zweifach-Expansions-Compound-Maschinen seit 1872, von Dreifach-Expansionsmaschinen seit 1883 und von Vierfach-Expansionsmaschinen seit der Jahrhundertwende, die in Verbindung mit wesentlich verbesserten Kesselanlagen nur noch halb soviel Kohle verbrauchten wie noch 30 Jahre zuvor. Allerdings wurde in dieser Zeit zugleich die Geschwindigkeit der neuen Schnelldampfer auf bis zu 23 Knoten gesteigert, so daß pro Tag hunderte von Tonnen Kohle in Handarbeit unter unmenschlichen Bedingungen verfeuert werden mußten. 1907 erreichte die Leistung dieser Dampfmaschinen bei der "Kronprinzessin Cecilie" mit 45.000 PS_i ihren höchsten Wert. Für die immer noch wachsenden Größen und Geschwindigkeiten der großen Passagier-Dampfschiffe wurde deshalb die von Charles Parsons in England entwickelte *Dampfturbine* verwendet, was in die Ära der großen Transatlantik-Schnelldampfer zwischen etwa 1907 und 1960 im Wettbewerb um das "Blaue Band" und mit Leistungen bis weit über 100.000 PS auf bis zu vier Schraubenpropellern überleitete. Die wesentlich kleineren Übersee-Frachtschiffe dagegen rüstete man seit 1838 ("Sirius") mit kombiniertem Segel- und Dampfantrieb und seit 1912 ("Selandia") mit den wesentlich sparsameren *Dieselmotoren* aus, die sich bis heute zum nahezu ausschließlich verwendeten Schiffsantrieb entwickelt haben.

4.2 Massengutschiffe

Seit dem Altertum wurde Erdöl (Petroleum) in Amphoren und Fässern bis um die Mitte des 19. Jahrhunderts in geringen Mengen auf Segelschiffen als Stückgut transportiert. Ab etwa 1860 wurden die in USA und am Kaspischen Meer geförderten Mengen so groß, daß ein effektiverer Transport in *Tankseglern* und *Tankdampfern* erforderlich wurde. Meilensteine sind das 1885 zum Tanksegelschiff umgebaute Dreimast-Vollschiff "Andromeda" des deutschen Ölreeders Wilhelm Riedemann mit 2.700 tdw sowie 1886 der erste transatlantische Tankdampfer "Glückauf" desselben Reeders mit 3.000 tdw, der erstmals mit Zellenunterteilung und hinten liegendem Maschinen- und Kesselraum in Schottland gebaut wurde. Um 1900 gab es weltweit bereits 180 Tankdampfer mit Tragfähigkeiten bis zu 6.000 tdw, 1905 den ersten Motortanker "Emanuel Nobel".

Im Verlaufe des 20. Jahrhunderts entwickelten sich die Rohöltanker zum größten Schiffstyp der Welt mit dem höchsten Tragfähigkeitsanteil der Weltflotte, wobei die jeweils größten Tanker wie folgt in Fahrt kamen: 18.000 tdw (1914), 23.000 tdw (1928-1940), 28.000 tdw (1949), 46.000 tdw ("Tina Onassis", 1953), bis zu 300.000 tdw (1966), 400.000 tdw (1973), 554.000 tdw (1976, ULCC "Batillus" mit über 400 m Länge, 63 m Breite und 28,6 m Tiefgang). 1971 transportierten weltweit 6.300 Tanker mit 170 Mio. tdw pro Jahr etwa 1 Mrd. t Erdöl und -produkte, Chemikalien, Flüssiggas und sonstige Flüssigkeiten. Durch Ölpreiskrisen und Exploration zahlreicher weltweit neuer Lagerstätten in den siebziger und achtziger Jahren wurde das Größenwachstum der Rohöltanker abrupt gestoppt und führte nach dem Zusammenbruch des Tankermarktes bis heute zum Einsatz deutlich kleinerer Einheiten bis zu etwa 250.000 tdw. Großen Einfluß auf den Entwurf von Tankerneubauten gewannen in jüngerer Zeit neue internationale Vorschriften, die nach massiven Umweltschäden infolge mehrerer spektakulärer Tankerunfälle wirksam wurden, z.B. die Vorschrift einer Doppelhüllenbauweise für alle Tanker.

Bulkcarrier sind als Spezialschiffe für trockene, lose Schüttgüter nur wenig später als die Tanker am Ende des 19. Jahrhunderts für die Verschiffung der schnell steigenden Kohle- und Erzmengen entwickelt worden. Ebenso wie Tanker benötigen Bulker eine hohe Tragfähigkeit und werden daher, auch im Hinblick auf die relativ geringe Geschwindigkeit beider Schiffstypen von nicht mehr als 16 Knoten, mit großer Völligkeit gebaut. Wegen der relativ zum Stückgut geringen Frachtraten der Schüttgüter müssen Bau- und Betriebskosten von Bulkcarriern niedrig sein; wesentlich ist daher die genaue Anpassung der Schiffsgröße und Umschlagsleistung an die jeweilige Transportaufgabe.

Die Tragfähigkeiten moderner Bulker liegen zwischen 20.000 und über 200.000 tdw, die Umschlagsleistung kann beim Beladen mit Förderbändern 15.000, beim Entladen mit hafenseitigen Greiferbrücken etwa 7.000 t pro Stunde erreichen. Zur Vermeidung von Trimmarbeiten beim Be- und Entladen werden die Laderäume mit schrägen oberen und unteren Wingtanks und Schottstühlen ausgestattet. Grundlegende Bedeutung für den Entwurf eines Bulkers hat die Annahme des Staukoeffizienten, der angibt, wieviel Raum eine Tonne des jeweiligen Schüttgutes beansprucht. Je nach Einsatzprofil kann die Bandbreite dieses Koeffizienten erheblich (zwischen etwa 0,3 m³/t für Erze und etwa 1,3 m³/t für Getreide oder Kohle bei Universal-Bulkern) oder null sein, falls nur eine Ladungsart gefahren werden soll. Da Schüttgüter stets in unsymmetrischen Ladungsströmen transportiert werden und daher leere Ballastfahrten der Schiffe zur Folge haben, wurden bzw. werden immer wieder Kombinationen mit Rohöl-, Auto- oder Containertransport versucht, um die Wirtschaftlichkeit, trotz dann höherer Baukosten, zu verbessern.

4.3 Passagierschiffe

Der größte Teil des Transportvolumens wurde um 1840 noch von den sogenannten *"Packet"-Schiffen* übernommen, die als Drei-Mast-Vollschiffe etwa 50 m lang und 1.000 BRT groß waren und ihren Namen von den zu Bündeln geschnürten Postpaketen der USA hatten, nach denen auch die 1847 gegründete deutsche Reederei HAPAG benannt worden war. Die Packet-Schiffe sind als Vorläufer der späteren *Post-* und *Schnelldampfer* anzusehen und beförderten außer Post auch andere Fracht, vor allem Auswanderer. Die Postbeförderung stellte für die Reeder einen großen Anreiz dar, weil die USA und

Großbritannien, ab 1885 auch Deutschland, für sichere Postverbindungen hohe Subventionen zahlten. Passagiere der 1. und 2. Klasse wurden auf dem hinteren Teil des Oberdecks der Segelschiffe untergebracht, während man für die wenig begüterten Auswanderer über dem Laderaum des Vorschiffes ein niedriges Zwischendeck eingezogen hatte, nach dem dieser Teil der Passagiere benannt wurde.

Mit dem Schnelldampfer ließ sich nach etwa 1860 die qualvolle vierwöchige Überfahrt auf weniger als zwei Wochen verringern, und die Passagepreise auf Dampfern wurden infolge deren Kapazitätssteigerung auch für einfache Auswanderer erschwinglich. Dabei gelang es den deutschen Reedereien, vor allem HAPAG (1847 in Hamburg gegr.) und NDL (1857 in Bremen gegr.), den Auswandererstrom über die deutschen Nordseehäfen zu lenken. Bei der Entwicklung der Passagierschiffe spielte der Nordatlantikverkehr eine Vorreiterrolle. Ausdruck der Führung in diesem Fahrtgebiet war jahrzehntelang die "Jagd um das *Blaue Band*", jene legendäre, rein symbolische Auszeichnung für die schnellste Atlantiküberquerung, die einen zeitweise phantastischen Wettbewerb auslöste, insbesondere zwischen den Reedereien Cunard und Norddeutscher Lloyd. Zwischen 1840 und der Jahrhundertwende nahmen die Geschwindigkeiten von etwa 9 auf etwa 23 Knoten zu, gleichzeitig die Schiffsgröße von etwa 1.000 auf etwa 15.000 BRT. Unterbrochen von den beiden Weltkriegen, steigerten sich die Rekorde schrittweise weiter bis zur "Queen Mary" (1936) mit 80.000 BRT, 200.000 PS und 30,5 Knoten und zur "United States" (1952) mit 53.000 BRT, 240.000 PS und 34,5 Knoten als letztem Schiff mit dem Blauen Band. Berühmte Schiffe der aufstrebenden deutschen Werftindustrie waren in dieser Reihe: "Kaiser Wilhelm der Große" (NDL, 1898), "Deutschland" (HAPAG, 1900), "Kronprinz Wilhelm" (NDL, 1902), "Kaiser Wilhelm II." (NDL, 1904), "Bremen" (NDL, 1929), "Europa" (NDL, 1930), unterbrochen durch "Lusitania" (1907) und "Mauretania" (1909) von Cunard. Parallel zu den Rekorden des Blauen Bandes gab es, gleichzeitig mit dem nach wie vor lukrativen Auswanderergeschäft, immer neue Rekorde an Komfort, luxuriöser Ausstattung und Service an Bord.

Die Ablösung des Linien-Passagierverkehrs in den sechziger Jahren durch den Luftverkehr markiert gleichzeitig den Beginn des Massentourismus infolge allgemein gestiegenen Wohlstandes und den Übergang zum modernen *Kreuzfahrtschiff*. Dieser in immer schnellerer Folge von Spezialwerften gebaute Schiffstyp ist gekennzeichnet durch mäßige Geschwindigkeiten um 21 Knoten, stark zunehmende

Größen bis zu 100.000 BRZ bei über 2.000 Passagieren ohne Klassen und einem Luxushotel entsprechende Ausstattung mit intensivem Freizeit- und Unterhaltungsangebot. Eine Variante der letzten Zeit stellen Kreuzfahrtschiffe mit höherer Geschwindigkeit (etwa 27 Knoten) dar, die nachts von einem Ziel zum nächsten fahren und so tagsüber mehr Zeit für kultur- und erlebnisorientierte Landgänge lassen.

Moderne *Linien*-Passagierdienste werden ausschließlich durch *Fährschiffe* unterhalten. Je nach Verkehrsaufkommen unterscheidet man reine Passagierfähren, Eisenbahnfähren und Roll-on/Roll-off-(RoRo)-Fähren. Letztere sind bei weitem am häufigsten und werden in Europa im Nord- und Ostseegebiet sowie im Mittelmeerraum intensiv und mit wachsender Zahl und Größe eingesetzt. Auf Grund schwerer Fährschiffsunfälle der letzten Zeit wurden verschärfte Vorschriften zur Kenter- und Sinksicherheit sowie für Rettungsmittel eingeführt. Seit einigen Jahren ist, parallel zu konventionellen Fährschiffen, ein sich verstärkender Trend zu *Schnellfähren* mit relativ kleinen Katamaranen zu beobachten, deren Baukosten wesentlich geringer als bei Großfähren sind und deren erhöhter Brennstoffverbrauch durch kürzere Transitzeiten und höhere Abfahrtfrequenzen wirtschaftlich ausgeglichen wird.

4.4 Stückgutschiffe und nachfolgende Spezialschiffe

Konventionelle Stückgutschiffe (General-Cargo Ships) waren schon immer die Lastesel der Weltmeere und haben diese Funktion heute an ihre Nachfolgetypen weitergegeben, hauptsächlich an das Containerschiff. Allgemein waren sie so konzipiert, daß sie ihre heterogene, pro Abfahrt in relativ beschränkter Menge anfallende Stückgutladung seefest und voneinander separierbar stauen und in vielen, aufeinander folgenden Häfen mit bordeigener Kraft, (Menschen, Ladegeschirr oder Bordkräne) umschlagen konnten. Dabei spielte die Hafenliegezeit eine untergeordnete Rolle gegenüber den Bau- und Unterhaltungskosten eines Schiffes. Fahrgäste wurden von diesen Schiffen in beschränkter Zahl zwecks Nebeneinnahmen mitgenommen, wobei lange Zeit 12 Fahrgäste die Grenze für höhere Sicherheitsforderungen bildeten. Inzwischen ist das Frachtschiff für Passagiere weitgehend unattraktiv geworden, weil Flüge schneller und billiger sind und die Hafenliegezeiten der Schiffe drastisch verringert wurden.

Seit Einführung des Dampf- und später Motorantriebs für Frachtschiffe gegen Anfang des 20. Jahrhunderts verlief die technische Entwicklung konventioneller Stückgutfrachter bezüglich ihrer Größe und Geschwindigkeit sowie des Ladungsumschlags sehr

stetig bis etwa 1965 (als die Containerisierung einen markanten Entwicklungssprung verursachte): Tragfähigkeiten bis zu 8.000 tdw und Geschwindigkeiten um 10 Knoten um die Jahrhundertwende; 1965 etwa 13.000 tdw, in seltenen Fällen 20.000 tdw, und 21 Knoten; die Zahl der Ladebäume vermehrte sich auf bis zu 25, ihre Hebekapazität variierte zwischen 5 und 30 t, für Schwergut etwa 125 t. Das Ladegeschirr wurde schrittweise verbessert, bis zu sieben Winden pro gekoppeltem Baumpaar konnten mit einem Joystick gesteuert werden; vereinzelt gab es schon drehbare Bordkräne; für Schwergut wurde das Stülckengeschirr, mit schrägstehenden Masten zur wahlweisen Bedienung zweier Luken, entwickelt. Zur Beschleunigung des Ladungsumschlags wurde der Unterstau durch Vergrößerung der Luken hin zum sogenannten "Offenen Schiff" verringert.

Je nach Einsatzart der Schiffe wurde lange Zeit zwischen Linien- und Trampschiffen unterschieden: Linienfrachter konnten an das gut bekannte Anforderungsprofil angepaßt werden, während Bedarfsschiffe wegen ihres ständig wechselnden Einsatzes für ein breites Einsatzprofil entworfen werden mußten. Infolge der Unitisierung der Ladung in Containern und der Ausweitung der Liniendienste haben sich die Konzeptionsunterschiede inzwischen eingeebnet.

Eine große Rolle haben zeitweise *Standardentwürfe* von Stückgutschiffen gespielt. Sie versuchten, die Baukosten durch eine einfache, modulare Konzeption mit größeren Serien zu verringern und dabei eine gleichmäßige Auslastung, bessere Planbarkeit der Fertigung und Rabatte beim Materialeinkauf zu erreichen. Der Beginn des Baus von Standardschiffen liegt in der Zeit der beiden Weltkriege, als England und die USA Programme gegen die Tonnageverluste durch deutsche U-Boote entwickelten, insbesondere im 2. Weltkrieg das 11.000 tdw große und 11 Knoten schnelle Liberty-Schiff mit Dampfmaschine (2.710 Stück), das 15,5 Knoten schnelle Victory-Schiff mit Dampfturbine (531 Stück) und der 16.400 tdw große T2-Tanker (525 Stück). Die Baukosten sanken im Laufe der Serie auf etwa 60%. Nach 1945 beeinflußten diese Schiffe noch jahrelang die Schiffahrt (noch 1966 waren 682 Liberty-Schiffe in Fahrt) und wurden dann von mehr oder weniger erfolgreichen "Liberty-Replacement"-Entwürfen aus Großbritannien, Japan und Deutschland abgelöst. Natürlich leiden Standard-Serienschiffe grundsätzlich unter mangelnder Anpassung an das jeweilige Fahrtgebiet; im heutigen reinen Käufermarkt des internationalen Schiffbaus lassen sich daher kaum noch Serien, sondern fast nur Unikate placieren.

In einer Übergangszeit zwischen etwa 1968 und

46

1975 wurden Stückgutschiffe zunehmend mit Stau- und Zurrvorrichtungen für Container ausgerüstet. Neubauten wurden auf Containermaße abgestimmt, vorhandene Schiffe in vielen Fällen verlängert. Je nach Fahrtgebiet erfolgte die Einführung des Containers verschieden schnell, insbesondere auf den Atlantikrouten so rapide, daß sich schon bald der Bau von speziellen Containerschiffen lohnte.

Containerschiffe sind als Vollcontainerschiffe in Zellenbauweise hinsichtlich Hauptabmessungen, Laderaumeinteilung und Stahlstruktur vollständig auf das Raster der in die Gesamttransportkette eingebundenen, nach ISO genormten Container ausgerichtet. Sie sind seit etwa 1970 zunehmend Ergebnis des Strebens nach immer höherer Produktivität auch im Seetransport, der in immer kürzeren Perioden so hohe Investitionen erfordert, daß nur Konsortien internationaler Reedereien im globalen Wettbewerb bestehen können. Diese Konzentration auf wichtigen Langstrecken hat eine Bündelung der Containerströme auf Großschiffen mit relativ geringen Transportkosten pro Container zum Ziel, mit anschließender regionaler Distribution zwischen den Haupthäfen und den Zielorten. Solange die hohen Wachstumsraten im internationalen Containerverkehr anhalten, ist daher mit einem ungebrochenen Trend zum Großcontainerschiff mit Kapazitäten bis 8.000 TEU und darüber zu rechnen, auf den sich große Häfen seit längerem eingestellt haben und der parallel von zahlreichen Feeder-Neubauten begleitet wird.

Technisch sind moderne Containerschiffe infolge des scharfen internationalen Wettbewerbs weitgehend ausgereift. Man kann daher nicht nur die Schiffsgrößen, sondern muß auch die vielen Fortschritte im Detail vor Augen haben, wenn man von Containerschiffsgenerationen spricht. Dagegen sah man sich auf deutschen Werften um 1970, als die ersten Zellen-Containerschiffe zu bauen waren, erheblichen Problemen gegenüber, zum Beispiel bezüglich der Festigkeit und der praxisgerechten Konstruktion, die alle zufriedenstellend gelöst werden konnten, obwohl Größe und Geschwindigkeit der neuen Schiffe in kürzester Zeit auf 2.000 bis 3.000 TEU und bis zu 33 Knoten zunahmen. Diese hohen Geschwindigkeiten wurden allerdings durch die Ölpreiskrisen unwirtschaftlich, und man kehrte von Zwei- oder sogar Dreischraubern zum Einschrauber zurück, bei dem es, trotz wieder ansteigender Geschwindigkeiten bis zu 25 Knoten bei Großschiffen, bis heute geblieben ist. Grenzen für diese Großschiffe werden derzeit eher auf wirtschaftlichem und logistischem als auf technischem Gebiet gesehen.

RoRo-Frachtschiffe haben sich parallel zu den Containerschiffen seit etwa 1970 ebenfalls aus dem Stückgutschiff entwickelt, in einigen Fällen auf dem Nordatlantik auch als kombinierte Schiffe gleichzeitig für rollende und Container-Ladung. Im Gegensatz zu den Fähren (Short-Sea RoRo-Ships) haben sich RoRo-Frachtschiffe aber nicht gegen das kostengünstigere Containerschiff durchsetzen können. Lediglich in speziellen, küstennahen Relationen Europas konnten sich RoRo-Frachter behaupten.

Kühlschiffe hat man schon im 19. Jahrhundert entwickelt und gebaut. Nach frühen Versuchen des Transports verderblicher Lebensmittel mit Natureis auf schnellen Segelschiffen absolvierte 1876 das erste Kühlschiff mit isolierten Laderäumen und von Tellier neu entwickelten, dampfgetriebenen Kältemaschinen eine Reise mit Kühlfleisch von Argentinien nach Frankreich: Es war die "Frigofique", ein 63 m langes, 6 Knoten fahrendes Dampf-/Segelschiff von 1.200 t. Seitdem ermöglichte eine inzwischen hochentwickelte Kühltechnik von Firmen wie Linde, Sabroe und Brown-Boverie immer effektivere Kühlketten vom Erzeuger zum Verbraucher für alle temperaturempfindlichen Lebensmittel bis hin zur Steuerung des Reifungsprozesses von Früchten mittels kontrollierter Atmosphäre (CA).

In Deutschland gab es von 1903 bis 1981 eine ganze Reihe namhafter Reedereien (seitdem nur noch wenige), die bis zu 69 Kühlschiffe (im Jahre 1964) unter deutscher Flagge betrieben, darunter ästhetisch ausgesprochen schöne Schiffe. Diese Schiffe sind gekennzeichnet durch ihren weißen, reflektierenden Außenanstrich und ihre elegante, schlanke Form bei relativ hoher Geschwindigkeit von 18 bis 22 Knoten für eine möglichst kurze Transitzeit.

Seit etwa 1980 setzten sich immer mehr Kühlcontainer durch, die die früheren kleinen Kühlräume in Stückgutschiffen ersetzen und auf dem Oberdeck konventioneller Kühlschiffe oder auf Containerschiffen mit elektrischem Anschluß gefahren werden. Inzwischen ist wegen der Transportkosten die Größe der Schiffe deutlich angestiegen, ihre Zahl daher zurückgegangen, obwohl das Transportvolumen von Kühlgütern stetig gewachsen ist. Insgesamt ist festzustellen, daß der Trend zum Containerschiff als Nachfolger der konventionellen Kühlschiffe anhält, weil Kühlcontainer mit eigenem Kühlaggregat (Integral-Container) den großen Vorteil einer geschlossenen Kühlkette haben. Moderne Kühlcontainerschiffe mit elektrischen Anschlüssen für 2.000 TEU Stellplätze auf und unter Deck bieten heute mit über 2 Mio. Kubikfuß Kühlraum die zehnfache Kapazität ehemaliger konventioneller Kühlschiffe.

4.5 Schnelle unkonventionelle Schiffe

Wasserfahrzeuge werden im allgemeinen als schnell bezeichnet, wenn ihre Froudezahl über 0,4 liegt, und als unkonventionell, wenn ihr Auftrieb auf andere Art als hydrostatisch erzeugt wird. Schon seit Ende des 19. Jahrhunderts versuchte man, mit Luftkissen- und Tragflügelbooten hohe Geschwindigkeiten zu erreichen, und setzt solche Fahrzeuge etwa seit den sechziger Jahren in wachsender Zahl in britischen und amerikanischen Küstengewässern sowie auf den großen russischen Stromsystemen im Passagierverkehr und im militätischen Bereich mit Geschwindigkeiten um bzw. über 100 km/Std. ein. Auch Katamaran-(Doppelrumpf-)Schiffe und SWATH-Schiffe (Small-Waterplane-Area Twin Hull) mit zwei torpedoförmigen, tiefgetauchten Verdrängungskörpern wurden entwickelt und eingesetzt. Das Hauptproblem dieser Fahrzeuge war die Notwendigkeit einer rigorosen Gewichtsreduzierung durch Verwendung von Aluminium sowie der Entwicklung kompakter, leistungsstarker, raumsparender Antriebsmotoren und geeigneter Propulsoren. Diese Entwicklung ist inzwischen weitgehend abgeschlossen, so daß es heute möglich ist, entsprechend dem steigenden Bedarf im Personen- und PKW-RoRo-Fährverkehr in Europa, Asien, Australien und USA immer größere schnellfahrende Einheiten zu bauen. Im reinen Frachtverkehr können dagegen solche Schiffe bisher noch nicht wirtschaftlich eingesetzt werden.

Die verschiedenen Fahrzeugtypen haben spezielle Vor- und Nachteile. Man versucht daher Kombinationen mit optimalen Eigenschaften zu entwickeln. Weitaus am häufigsten wird neben schnel-len Monohulls (Einrumpf-Verdränger-Schiffen) der *Katamaran*-Typ eingesetzt. Jedoch ist sein Seegangsverhalten normalerweise sehr ungünstig. Man versuchte daher mit Erfolg, seine Seegangseigenschaften durch eine scharfe Wave-Piercing-Form der Rümpfe in Kombination mit dem SWATH-Prinzip zu verbessern, unterstützt durch zusätzliche passive oder aktiv gesteuerte Tragflügel an der Innenseite der Rümpfe.

Auf diese oder ähnliche Weise sind inzwischen weltweit viele hunderte Katamaranfähren aller Größen zum Einsatz gebracht worden, wobei sich australische und norwegische Werften sowie deutsche und amerikanische Motorenhersteller als Marktführer etabliert haben. In Deutschland verkehren Katamarane seit wenigen Jahren auf der Elbe und nach Helgoland sowie auf der Ostsee. Die größten Katamarane werden zur Zeit von Stena Line in der Iri-

schen See eingesetzt: 1.500 Passagiere, 375 PKW, Länge 126 m, Breite 40 m, Gesamthöhe 27 m, Tragfähigkeit 1.500 t, 20 Mann Besatzung, Geschwindigkeit 40 Knoten, Hauptantrieb 68.000 kW durch 2 x 13.500 kW plus 2 x 20.500 kW Gasturbinen auf 4 Waterjets, maximale Ent- und Beladungszeit (einschließlich Versorgungsgütern) über vier Heckrampen nur 20 Minuten, ausgeklügeltes Anlege- und Festmachsystem.

Jüngste Großkatamarane zwischen Tasmanien und Australien haben zwar bei Längen unter 100 m geringere Kapazitäten, aber mit 43 bis 50 Knoten noch höhere Geschwindigkeiten als die Stena-Schiffe. Als Antrieb dienen je 4 Diesel mit zusammen 28.000 kW, die zwar höheres Gewicht, aber deutlich geringere Brennstoffkosten als Gasturbinen haben. Etwa bei diesen Schiffsgrößen und Geschwindigkeiten liegt die Leistungsgrenze für den Einsatz der wirtschaftlicheren Dieselmotoren.

5. Ausblick

Nach rasanten Entwicklungen in der jüngeren Vergangenheit sind gegenwärtig in Schiffahrt und Schiffbau keine großen Technologiesprünge zu erwarten – ausgenommen die Informations- und Automationstechnik, die alle Bereiche der globalen Wirtschaft zunehmend erfassen und revolutionieren wird. Dies reicht von der Logistik der Transportketten über den Betrieb der Schiffe mit weiter reduzierten Mannschaften und den Hafenumschlag bis zur industriellen, systemtechnischen Planung und Herstellung der Schiffe. Grundsätzlich neue Schiffstypen sind derzeit nicht erkennbar, wohl aber weitere schrittweise Produktivitätserhöhungen und Rationalisierungen aller relevanten Systeme durch technische Innovationen in der maritimen Industrie und Wissenschaft, zu denen der weiter zunehmende internationale Wettbewerb in diesen Bereichen alle Beteiligten zwingen wird. Die Grenzen des Wachstums werden dabei in aller Regel eher wirtschaftlicher als technischer Natur sein.

6. Literatur

Es wird auf den voraussichtlich in 2000 erscheinenden 3. Band der "Technikgeschichte des industriellen Schiffbaus in Deutschland" im Ernst Kabel Verlag, Hamburg, Herausgeber Lars U. Scholl, verwiesen, mit zahlreichen Abbildungen und weiterführender Literatur sowie ausführlicherer Behandlung des Themas durch den Autor.

Stochastische Betrachtung der Sicherheit und Zuverlässigkeit tragender Schiffskonstruktionen

Stochastic Methods for the Design of Safe and Reliable Shipstructures

Dr.-Ing. **Carsten Östergaard**, Germanischer Lloyd

Summary. Selected highlights of the treatment of safety problems in history leads over to present day safety and reliability methods, which aim at a rational assessment of the required safety level and the proof of its achievement by stochastic analysis. The paper concentrates on the ultimate longitudinal strength problem of ship structures. It is shown that stochastic modelling of the significant load and strength parameters raise a number of important questions, which, during the last 50 years of ship structural design, caused a number of expert arguments. They are considered worthwhile to be recognised in the paper. The presented examples of modern safety methods shall clarify still open questions and contribute to their solution. Eventually, based on the present day situation, probable future developments of stochastic safety and reliability methods of load carrying structures are set up.

1. Entwicklung stochastischer Betrachtungsweisen

Zur Entwicklung einer sicheren Konstruktion gehören im allgemeinen drei wesentliche Schritte:
1. Bestimmen der Lasten,
2. Bestimmen der Festigkeit und
3. Bewerten der Sicherheit nach den Verhältnissen von Lasten und Festigkeit.

Werte der Belastungs- und Festigkeitsgrößen tragender Konstruktionen können vor ihrer Realisierung nicht genau angegeben werden. Deswegen ist es sinnvoll, sie im Entwurf als Zufallsgrößen zu betrachten. Das bedingt, daß sich darauf aufbauende Darstellungen der Sicherheit oder Zuverlässigkeit auf stochastische Methoden stützen. Statistische Daten sowie Ergebnisse probabilistischer Analysen beschreiben dann den sicheren bzw. zuverlässigen Einsatz tragender Konstruktionen.

Bei dieser Betrachtung berechnet man zur Bewertung von Sicherheit oder Zuverlässigkeit die Wahrscheinlichkeit, mit der die Summe der zufälligen Belastungsgrößen unterhalb der Grenze der zufälligen Belastungsfähigkeit der Konstruktion bleibt. Diese Grenze ist für Zuverlässigkeits- oder Sicherheitsaussagen unterschiedlich zu definieren: Wenn ihre wahrscheinliche Überschreitung zum totalen Zusammenbruch der Konstruktion führt, so spricht man von einem Sicherheitsproblem. Wenn ihre wahrscheinliche Überschreitung aber nur zur vorübergehenden Unbrauchbarkeit der Konstruktion bzw. zu einer Funktionsstörung führt, die durch Reparatur zu beheben ist, so spricht man von einem Zuverlässigkeitsproblem. Die Grenze selbst wird im Zusammenhang mit einem Sicherheitsproblem Versagensgrenze genannt, bei einem Zuverlässigkeitsproblem spricht man statt dessen von der Fehlergrenze. Die Menge zuverlässiger Zustände wird damit als Untermenge der sicheren Zustände betrachtet.

Im folgenden werden wir die Begriffe Sicherheit und Zuverlässigkeit nach dieser Definition gebrauchen. Allerdings hat sich für die Analyse tragender Konstruktionen heute der Begriff Zuverlässigkeitstechnik weitgehend durchgesetzt, so daß in diesem Zusammenhang die klare Unterscheidung von Sicherheits- und Zuverlässigkeitstechnik nicht konsequent eingehalten werden kann.

1.1 Zur Entwicklung der Sicherheitstechnik

Das Bewußtsein für die Bedeutung der Sicherheit im konstruktiven Ingenieurbau hat eine lange Tradition, die wahrscheinlich erstmalig vor fast dreitausend Jahren mit Hammurabi, einem babylonischen König, der von 1728-1686 v.Chr. lebte, formalen Ausdruck fand. Unter seiner Herrschaft entstand das als Codex Hammurabi bekannte, in Stein gemeißelte allgemeine Gesetzeswerk, das heute im Louvre in Paris aufbewahrt wird. In früher Erkenntnis der Tatsache, daß technisches Versagen direkt oder indirekt mit menschlichem Versagen zu tun hat, legte dieser Codex z.B. vorbeugend für den Fall, daß eine Konstruktion im Gebrauch versagen sollte, Strafen fest. Ein weiteres frühes Beispiel für vorbeugendes Sicherheitsdenken bei Profanbauten liefert die vielleicht älteste Unfallverhütungsvorschrift im 5. Buch Mose 22 / 8, dessen Entstehung in etwa auf die Zeit zwischen dem 8. und 5. Jahrhundert datierbar ist: Wenn Du ein neues Haus baust, so mache eine Lehne darum auf Deinem Dache, auf daß Du nicht Blut auf Dein Haus ladest, wenn jemand herabfiele.

Eine von direkten Strafandrohungen freie Strategie der Gewährleistung von Bauwerkssicherheit entwickelte sich erst vor knapp tausend Jahren beim Bau der mittelalterlichen Sakralbauten. Häufig erstreckte sich deren Bauzeit über viele Dekaden oder sogar einige Generationen, so daß sich die Bauhandwerker, ursprünglich hervorgegangen aus Gruppen handwerklich versierter Wandermönche, in sog. Bauhütten organisieren und ein relativ strenges System der Aufteilung von Arbeit und Verantwortung nach aus Erfahrung erworbenem Kenntnisstand entwickeln konnten. Dieses, auch in sog. Gilden und Zünften entwickelte System, fand z.B. seinen Niederschlag in den Ordnungen der Steinmetzen, deren erste weltliche („zu Straßburg") aus dem Jahre 1459 stammt. (Die Berufsbezeichnung Steinmetz umfaßte lange Zeit sowohl die Tätigkeit des Baumeisters und Architekten als auch des Künstlers.)

Es wurde darin u.a. festgelegt, daß sich „ein jeder Steinmetz solle gebruderen der anders sich steinwerks gebrauchen will". Es bildeten sich also ortsungebundene, bereits seit 1226 reichsfrei genannte Bruderschaften, deren Mitglieder nach ihren jeweiligen Kenntnissen auch anderswo Arbeit fanden, so daß sich im Laufe der Zeit eine Art Berufsgenossenschaft bildete, die handwerkliche Prüfungen durchführte und ihren Mitgliedern sogar ethische und soziale Standespflichten auferlegte. Diese Form einer Qualitätssicherung am Bau, die man vielleicht mit dem Begriff Bauwerkssicherheit durch Standeskontrolle beschreiben kann, hat sich bis in die ersten Jahre des 18. Jahrhunderts bewährt und einige Prinzipien können wir noch heute sinngemäß in Handwerkszünften und -gilden oder im Denkansatz der ISO 9000 wiederfinden.

Dennoch wurde das Konzept, Sicherheitsdenken und -handeln durch Strafandrohung zu erreichen, nie ganz aufgegeben: So standen im Jahre 1586 bei der Errichtung des vatikanischen Obelisken auf dem Petersplatz in Rom, Scharfrichter in Bereitschaft, um bei eventuellem Fehlverhalten der maßgeblich Beteiligten sofort zur Tat zu schreiten. In heutiger Zeit, z.B. im Passus § 330 des deutschen Strafgesetzbuches, finden wir weiterhin Strafandrohungen für den Fall, daß gegen allgemein anerkannte Regeln der Technik verstoßen und dadurch Leib und Leben anderer Personen gefährdet wird. Neuerdings werden zusätzlich alle am Produkt Beteiligten, Hersteller wie Händler, durch sog. Produkthaftung auch finanziell auf die Gewährleistung ausreichender Sicherheit und Zuverlässigkeit verpflichtet. Bei technisch anspruchsvollen Konstruktionen hat sich außerdem ein unabhängiges Prüf- und Überwachungssystem entwickelt, das in verschiedenen Branchen unterschiedlich aufgebaut ist. Für den Schiffbau versehen diese und ähnliche Aufgaben seit mehr als 150 Jahren international tätige, nationale Klassifikationsgesellschaften, wie z.B. der Germanischen Lloyd, gegründet 1867.

Die Befolgung allgemein anerkannter Regeln der Technik nach bauaufsichtlich eingeführten Regelwerken verursachte lange Zeit keine praktischen Probleme, weil diese Regeln den Stand der technisch - wissenschaftlichen Entwicklungen oder Erfahrungen schnell genug aufnehmen und widerspiegeln konnten. Dies ist vor dem Hintergrund immer größerer und schneller aufeinander folgender technischer Entwicklungssprünge in heutiger Zeit eher selten der Fall, so daß neuerdings daran gearbeitet wird, den Stand technisch - wissenschaftlicher Erkenntnisse und darauf aufbauender Methoden direkt mit Bemessungsregeln zu verbinden. Dabei ist der Weg, Regelwerke hergebrachten Schemas weiter zu verwenden und statt gewachsener Erfahrungen mathematische Methoden zur rationalen Überarbeitung der in den Sicherheitsformaten verwendeten Sicherheitsfaktoren einzusetzen, unter den vorhandenen Möglichkeiten am gangbarsten, und zwar mit Hilfe der auf Statistik und Wahrscheinlichkeitstheorie beruhenden stochastischen Methoden.

Im Jahre 1971 rief das sog. Liaison Committee der sieben großen internationalen Gesellschaften des Bauwesens (CEB, CECM, CIB, FIP, IABSE, IASS, RILEM) das Joint Committee on Structural Safety (JCSS) ins Leben. Dessen Aufgabe sollte die Verbesserung des Wissens um Struktursicherheit und die Schaffung einer verläßlichen Grundlage für die Formulierung von Entwurfsempfehlungen sein. Das JCSS hat in fast 30-jähriger Arbeit eine Reihe allgemeiner Prinzipien für den sicheren und zuverlässigen Strukturentwurf und für die strukturelle Qualitätssicherung entwickelt und unzählige Arbeiten zu diesem Thema publiziert. Auch die Europäische Kommission hat mit der Gründung der European Safety and Reliability Association (ESRA), seit 1984 durch den sog. ESRA Newsletter in der Fachöffentlichkeit bekannt, zur Förderung und Verbreitung des neuen Sicherheitskonzepts beigetragen.

Bis dahin hatte die Vorschriftenentwicklung bereits einen langen Weg durchlaufen, der wenig oder nichts mit rationalen Vorgehensweisen, sondern bestenfalls mit Erfahrungen oder Expertenmeinungen zu tun hatte. Im Vorfeld des späteren Stahlbaus, der uns als Schiffbauer am meisten interessiert, wurde z.B. im Jahre 1849, nach dem Versagen der Gußeisen-Brücke über den Fluß Dee in England, durch eine Kommission verschiedenen Experten die Frage gestellt: What multiple of the greatest load do you consider the breaking weight of the girder ought to be? Die Antworten damals bekannter Fachleute lieferten, unter Nennung einer Reihe von Nebenbedingungen, Werte zwischen 3 und 7, s. z.B. Blockley (1980). Zu welchem Wert man sich in dieser Sache am Ende auch immer gemeinsam bekannt haben mag, die Methode, Expertenmeinungen zur Festlegung von Sicherheitsfaktoren in Vorschriften heranzuziehen, hat sich trotz der erwähnten Bemühungen des JCSS oder der ESRA bis heute gut behauptet, nicht immer zum Vorteil der jeweiligen Vorschrift.

Deutschland und Frankreich hatten als erste Nationen in den Jahren 1904 bzw. 1906 Vorschriften für Bauwerke aus Beton entwickelt. Andere Länder waren nach wenigen Jahren gefolgt, alle mit dem traditionellen Konzept der zulässigen Spannung im elastischen Verformungsbereich, das ja für den Stahlschiffbau bis heute maßgeblich ist. Erst 1978 begannen mit den CEB-FIP Empfehlungen unter dem Titel International System of Unified Standard of Practice for Structures Vereinheitlichungstendenzen im Bauwesen, die 1990 in den CEB-FIP Draft Model Code einmündeten. Dieser enthielt zwar die Forderung, daß die Wahrscheinlichkeit des Erreichens des Grenzzustandes akzeptierbar klein sein solle, doch keinen eindeutigen Hinweis darauf, was akzeptierbar klein sei. Gleichzeitig wurde das Konzept partieller Sicherheitsfaktoren, einschließlich zugehöriger Werte, entwickelt. Auch wurde vorgeschrieben, wie diese Faktoren in den Berechnungen zu berücksichtigen seien. Somit existierten zwei unterschiedliche Nachweise ausreichender Sicherheit bzw. Zuverlässigkeit in einer Vorschrift nebeneinander, aber eine konsistente Verbindung zwischen ihnen wurde nicht hergestellt. Dennoch hat diese Entwicklung, insbesondere die CEB-FIP Empfehlungen von 1978, den sog. Eurocode und andere Versuche dieser Art beeinflußt. Im Schiffbau hat bisher erst eine Klassifikationsgesellschaft mit der Herausgabe sog. Classification Notes einen Schritt in Richtung auf Bauvorschriften gewagt, die sich an den Möglichkeiten moderner Zuverlässigkeits- bzw. Sicherheitstechnik orientieren, DNV (1992). Die Unified Requirements der International Association of Classification Societies sind von stochastischen Konzepten dieser Art bisher weitgehend unbeeinflußt geblieben.

Im allgemeinen müssen wir heute feststellen, daß Vorschriften, selbst wenn sie vorgeben, auf stochastischer Betrachtungsweise aufzubauen, allenfalls den Gebrauch partieller Sicherheitsfaktoren einführen, ohne dabei die Basis stochastischer Ermittlung der partiellen Sicherheitsfaktoren aufzuhellen, Ferry Borges (1989). Insofern ist weder im Bauwesen noch im Schiffbau oder sonstwo ein grundsätzlicher Fortschritt in dieser Richtung erkennbar. Das ist der Grund, weshalb wir der Entwicklung partieller Sicherheitsfaktoren für die Längsfestigkeit von Schiffskonstruktionen im Abschnitt 4.1 dieses Vortrags etwas mehr Raum geben werden, als es im Verhältnis zu anderen wichtigen Problemen konstruktiver Sicherheit von Schiffen sonst vielleicht nötig erscheint.

Doch selbst die relativ moderne Vorgehensweise mit rational begründeten Werten für partielle Sicherheitsfaktoren, wird von vielen, heute praktizierenden Code-Entwicklern als Anachronismus empfunden, denn stochastische Methoden der Analyse und Bewertung der Bauwerkssicherheit können auch unmittelbar, ohne den Umweg über klassische und z.T. antiquierte Vorschriftenformate, für die sichere Bauwerksbemessung herangezogen werden, s. z.B. Ditlevsen und Madsen (1989). Das würde allerdings eine recht hohe Qualifikation im Umgang mit moderner Zuverlässigkeitstechnik beim Konstrukteur voraussetzen. Im Gegensatz zu anderen Ländern, wie USA, England, Norwegen und Portugal etc., oder zu anderen Fachrichtungen, wie dem Bauwesen und Flugzeugbau haben die schifftechnischen Studienpläne in Deutschland bisher wenig dazu beigetragen.

1.2 Definition des Sicherheitsanspruchs

Im Jahre 1924 schlug C. Forsell erstmalig vor, Bauwerkskosten zusammen mit den wahrscheinlichen Schadensfolgekosten (Versagenswahrscheinlichkeit mal Schadensfolgekosten), in Abhängigkeit von einem, die Sicherheit des Bauwerks kennzeichnenden Parameter zu minimieren: Das Minimum dieser Kosten sollte die Größe des letztlich zu berücksichtigenden Sicherheitsparameters bestimmen. Forsell wies damit z.B. nach, daß Brücken, die ausschließlich für den landwirtschaftlichen Verkehr genutzt werden, nicht die gleiche Sicherheit wie Brücken für den allgemeinen Verkehr benötigen würden. Seine Betrachtungsweise machte also grundsätzlich Sinn. Dennoch hat sie bisher selten Eingang in die gängige Baupraxis gefunden, denn einerseits ist die Berechnung der Wahrscheinlichkeit des Schadenseintritts nach wie vor schwierig oder unsicher, und andererseits haben Kosten beim Betrachter einen subjektiven Wert, der sich aus dem Betrag herleitet, den dieser zu riskieren imstande bzw. bereit ist, s. z.B. Raiffa und Schlaifer (1965) oder, zur Anwendung auf maritime Probleme, Devanney (1971).

Schließlich wurde in Verfolgung der von Forsell allgemein, und später z.B. von Abrahamsen (1962)

in die Schiffstechnik eingebrachten Überlegungen, bis heute kontrovers diskutiert, ob und ggf. wie der Wert menschlichen Lebens bei der Bewertung des wirtschaftlichen Schadens berücksichtigt werden kann. Im eingangs erwähnten Codex Hammurabi heißt es noch: Wenn der Einsturz (eines Hauses) den Tod eines Sohnes des Bauherrn verursacht, so sollen sie einen Sohn des Baumeisters töten. Kommt ein Sklave des Bauherrn dabei um, so gebe der Baumeister einen Sklaven von gleichem Wert. Menschen wurden damals unterschiedlich bewertet; ein Gedanke, der sich in der Geschichte der Menschheit zwar bis in unsere Zeit erhalten hat, der aber spätestens seit dem Ende des Dreißigjährigen Krieges (1618 - 1648) der Ethik europäischer oder allgemein westlicher Zivilisation, heute repräsentiert z.B. durch die Menschenrechte, weitgehend widerspricht. Die Versicherungswirtschaft wäre wohl imstande, menschliches Leben objektiv, d.h. in monetären Einheiten, zu bewerten, doch was für eine große Zahl von Menschen einfach erscheint, verursacht bei Individuen nach wie vor Akzeptanzprobleme.

Die Unterscheidung im Sicherheitsanspruch einiger Klassifikationsgesellschaften für Schiffe mit besonderen Verwendungszwecken, wie beim baulichen Brandschutz in Abhängigkeit von der Zahl der an Bord befindlichen Personen (bis zu bzw. über 36 Personen) oder bei wasserdichten Unterteilungen, unterschiedlich nach Fracht- und Passagierschiffen (bis zu bzw. über 12 Fahrgästen) etc., gibt jedoch Zeugnis davon, daß die höhere Zahl von potentiellen Opfern im Falle eines Schiffsunglücks Anlaß war und ist, den Sicherheitsanspruch mit der Zahl der Opfer über proportional zu korrelieren, und dabei auch Kosten oberhalb des Minimums in Kauf zu nehmen. Diese mit steigender Opferzahl wachsende Risikoaversion der Öffentlichkeit wird durch katastrophale Naturereignisse nicht durchweg bestätigt, sie ist dennoch weit verbreitet.

Wenn Kosten und Versagenswahrscheinlichkeit realistisch eingeschätzt würden, so ließe sich nach dem Forsellschen Konzept mittels Optimierung ein vernünftiges Maß für den Sicherheitsanspruch ableiten. Wir ergänzen, daß statt der wahrscheinlichen Schadenskosten z.B. auch eine Mortalitätsrate betrachtet werden kann. Für letztere hat Abrahamsen (1962) gezeigt, daß sie von der im Schiff verbauten Stahlmasse abhängt, also indirekt in Beziehung zu einem Kostenfaktor steht. Im einzelnen haben Krappinger und Sharma (1974) dieses Thema vor der Schiffbautechnischen Gesellschaft vertieft.

Zu einer Definition des Sicherheitsanspruchs kommt man meistens einfacher durch Sichtbarma-

chen der in Codes oder Bauvorschriften gerade noch akzeptierten Versagenswahrscheinlichkeit: Man ermittelt diese durch Nachrechnung bewährter Konstruktionen, die nach der betrachteten Vorschrift bemessen wurden und sich im späteren Betrieb bereits bewährt haben, und wendet sie dann als Sicherheitsanspruch auf neuere Konstruktionen, die durch die Vorschrift noch nicht erfaßt sind, an. Dabei ist zu berücksichtigen, daß Vorschriften häufig nur Minimalforderungen stellen, s. z.B. die Diskussion von H.-J. Hansen zu Östergaard et al. (1996). Im Zusammenhang mit der Nachrechnung von Bauwerken, die nach einer Vorschrift gebaut wurden, kann es vorkommen, daß sich bei Ableitung des Sicherheitsanspruchs nicht nur technische Inhalte der Vorschrift im Ergebnis niederschlagen, sondern daß sich z.B. auch von Kosten abhängige Rentabilitätsüberlegungen, die möglicherweise längst überholt sind, darin wieder finden. So hat beinahe zeitgleich mit Forsell der Ministerialdirektor a.D. und Wirkliche Geheime Rat v. Jonquières in einer Festrede zum 60-jährigen Bestehen des Germanischen Lloyd (1927) erklärt, daß „... der Germanischen Lloyd sich nicht allein und ausschließlich von technischen Gesichtspunkten leiten lassen durfte, sondern neben der Sicherheit des Seeverkehrs auch die Rücksicht auf die Rentabilität im Auge behalten mußte; denn ohne die von Kosten abhängige praktische Durchführbarkeit ist eine Vorschrift wertlos".

Wie immer man notwendige Sicherheit festlegt, systemoptimiert oder nach bewährten Vorbildern und Vorschriften, bzw. nach weiteren Möglichkeiten, die z.B. in Guedes Soares (1986) umfassend beschrieben und diskutiert wurden, die wenigen Vorbemerkungen hierzu konnten vielleicht zeigen, daß es sich lohnen wird, die Versagenswahrscheinlichkeit von Bauwerken als objektives Maß für Sicherheit in das gewählte Konzept aufzunehmen und diese Versagenswahrscheinlichkeit möglichst realistisch zu bestimmen.

1.3 Nachweis ausreichender Sicherheit

Von der Idee der wahrscheinlichen Schadenshöhe als bestimmendes Kriterium der Qualität einer Konstruktion nach Forsell bis zu ersten Schritten des Sicherheitsnachweises auf probabilistischer Grundlage sollten zwar nur zwei Jahre vergehen, doch fußten die Überlegungen von Mayer (1926) zur Sicherheit der Bauwerke formal noch auf einfachen Näherungen. Er hat aber Lasten und Festgkeitsgrößen statistisch beschrieben, was als der bedeutende erste Schritt in Richtung auf die moderne Sicherheitstechnik zu würdigen ist, auch wenn dieser Schritt lange Zeit in Vergessenheit ge-

riet. Die bis heute gültigen Aussagen zur Sicherheit oder Zuverlässigkeit wurden schließlich erst in den 1940er und 1950er Jahren formuliert, insbesondere in Arbeiten von Freudenthal (1940/1956). Freu-denthal hat als erster die deterministische Denkweise, nach der allein die höchste denkbare Belastung für die Versagenswahrscheinlichkeit eines Bauwerks kennzeichnend ist, gedanklich überwunden.

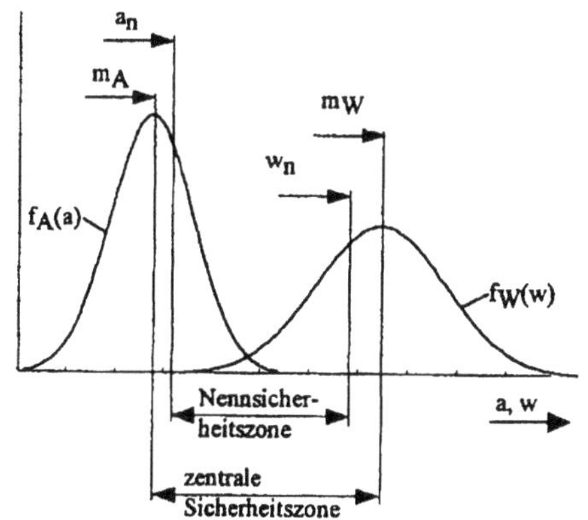

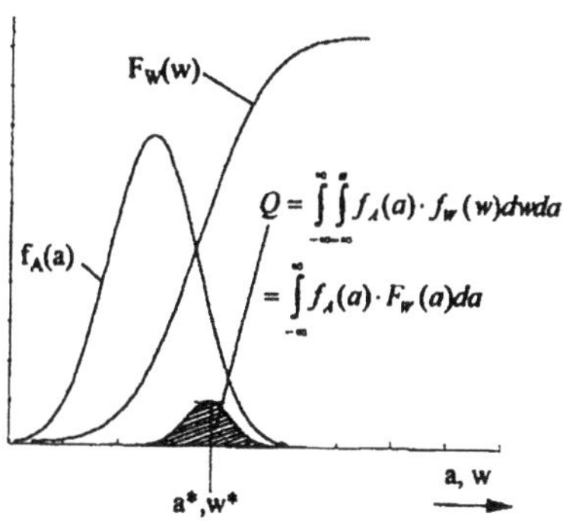

$$Q = \int_{-\infty}^{\infty} \int_{-\infty}^{\infty} f_A(a) \cdot f_W(w)\,dw\,da$$

$$= \int_{-\infty}^{\infty} f_A(a) \cdot F_W(a)\,da$$

Abb. 1: Wahrscheinlichkeitsverteilungen der Last A bzw. a und Festigkeit W bzw. w bestimmen die Versagenswahrscheinlichkeit Q (m: Mittelwert, Index n: Nennwert, f: Verteilungsdichte, F: Verteilungsfunktion)

Als Maß der Sicherheit oder Zuverlässigkeit wurde von Freudenthal die Wahrscheinlichkeit definiert, mit der irgend ein zufällig auftretender Wert a der Beanspruchung A (Last) größer als irgend ein zufällig vorhandener Wert w der Beanspruchbarkeit W (Festigkeit) ist. Diese als nicht bedingt bezeichnete Versagenswahrscheinlichkeit Q ergibt sich nach dem sog. totalen Wahrscheinlichkeitstheorem aus der Summe aller möglichen Produkte über die bedingten Wahrscheinlichkeiten F_W (a) = P[W≤w | w=a] = P[a>W | a], multipliziert mit der Wahrscheinlichkeit der zugehörigen Bedingungen, d.h. des Auftretens von a, also f_A (a)da = P[A=(a∈ da)], Abb. 1 rechts, zweite Formel. Wenn man die Beziehung von Last und Festigkeit in ihrer mechanischen Abhängigkeit von weiteren Parametern als sog. Strukturfunktion g($\underline{a},\underline{w}$) = g(a₁, a₂, ..., w₁, w₂,...), durch die das Festigkeitsproblem nach den Gesetzen der Mechanik beschrieben wird, darstellen, oder mehr als nur eine Last berücksichtigen wollte, so würde das Problem durch die notwendige Erhöhung der Zahl der Integrationen mathematisch und numerisch allerdings sehr schnell unlösbar.

In dieser Situation entwickelte Cornell (1969) eine Näherungsmethode, die auf die Betrachtung eines sog. Zuverlässigkeitsindexes führte. (Der Begriff Sicherheitsindex ist heute eher ungebräuchlich.) Dieser Index wurde an den ersten und zweiten Momenten der Wahrscheinlichkeitsdichte von Last und Festigkeit definiert und wurde als Näherungs-maß für die Fehler- oder Versagenswahrscheinlichkeit verwendet. Doch der Cornellsche Zuverlässig-keitsindex war nach Ditlevsen (1973) nicht invari-ant gegenüber unterschiedlichen Formulierungen der Fehler- oder Versagensgrenze g($\underline{a},\underline{w}$) = 0, d.h. dem geometrischen Ort aller Punkte, auf dem die Strukturfunktion gerade Null wird. Mit der Erweiterung des Zuverlässigkeitsindexes durch Hasofer und Lind (1974) wurde dieses sog. Invarianzpro-blem aber gelöst, so daß seither Näherungenlösun-gen als praktische Bearbeitungsmöglichkeit für das Freudenthalsche Grundkonzept entstanden sind, de-ren Verwendung immer dann realistisch ist, wenn mindestens erste und zweite Momente der Aus-gangsparameter vorliegen. Der Hasofer - Lindsche Zuverlässigkeitsindex läßt sich auch über die Line-arisierung in einem ausgezeichneten Punkt auf der Fehler- oder Versagensgrenze ermitteln. Dieser, z.B. als Entwurfspunkt mit den Koordinaten a* und w* in Abb. 1 bzw. u₁*, u₂* in Abb. 2 gekennzeich-nete Linearisierungspunkt, ist unter allen Punkten auf dieser Grenze derjenige, der mit relativ größter Wahrscheinlichkeit den Fehler- oder Versagensfall definiert.

Man spricht seither vom Level III - Konzept, wenn die Ausgangssituation umfassend und exakt nach Freudenthal mit dem totalen Wahrscheinlichkeits-theorem beschrieben wird, und vom Level II - Konzept, wenn man die Hasofer - Lindsche Nähe-rungslösung oder ihre späteren Verbesserungen meint. Als Level I wird das althergebrachte Sicher-heitskonzept mit (partiellen) Sicherheitsfaktoren bezeichnet, wobei diese Faktoren möglichst auf der Grundlage einer Level II - Analyse bestimmt wer-den sollten.

Auf dem Level II wurden Näherungsaussagen zur Sicherheit oder Zuverlässigkeit möglich, die schließlich auch die Berücksichtigung verschiede-

ner Wahrscheinlichkeitsverteilungen für die Ausgangsparameter und, mit Einschränkungen, sogar tendenzielle Bindungen (Korrelationen) zwischen ihnen dadurch zuließen, daß die korrelierten Parameter in den Raum unabhängiger, standardnormaler Parameter transformiert wurden, Hohenbichler und Rackwitz (1981), Abb. 2. Im Raum der standard - normal verteilten Zufallsgrößen wird der Entwurfspunkt auch als β-Punkt bezeichnet, da er dort als minimaler Abstand der Fehler- oder Versagensgrenze zum Koordinatenursprung erscheint. Auf diesen Punkt (a*, w*) beziehen sich vernünftigerweise partielle Sicherheitsfaktoren, die dann das

Verhältnis der Entwurfspunktkoordinaten zum (beliebig definierbaren) Nennwert (a_n,w_n) herstellen. So erhält man nach Level II - Methoden ein vernünftiges Level I - Sicherheitsformat für Vorschriften, denn im Entwurfspunkt sind nach Abb. 1, links, die meisten Werte a = w zu erwarten, die zum Versagen bzw. Fehler führen. Dieser Punkt wird nach geeigneten Algorithmen iterativ bestimmt. Dennoch kann jeder andere Punkt als Bezugspunkt für partielle Sicherheitsfaktoren gewählt werden, wovon heutige Vorschriften (nicht zu ihrem Vorteil) immer noch Zeugnis geben.

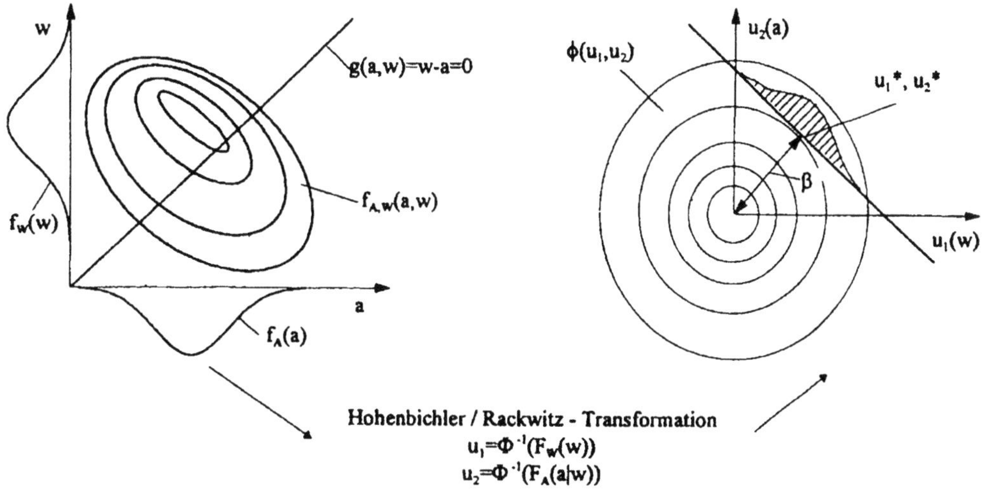

Abb. 2: 2D-Graph von Last A,a und Festigkeit W,w mit den zugehörigen Verteilungsfunktionen (u: Werte standard-normal-verteilter Zufallsgrößen, Φ: Standard-Normalverteilung)

Schließlich entstanden die als FORM - Methoden (First Order Reliability Methods) bekannt gewordenen Zuverlässigkeitsmethoden erster Ordnung auf der Grundlage der erwähnten linearen Fehlergrenzenapproximation (CEB, 1976), und später die sog. SORM-Methode, die als Zuverlässigkeitsmethode zweiter Ordnung auch eine nichtlineare Fehlergrenzenapproximation zuließ, Breitung (1984). Beide Methoden bilden in verschiedenen Standardversionen die Grundlage der heute weit über die Grenzen des Bauwesens international eingeführten Softwarepakete für die Sicherheitsanalyse tragender Konstruktionen. Die deutsche Forschung im Bauwesen, insbesondere am Laboratorium für den konstruktiven Ingenieurbau (LKI) der Technischen Universität München, hat Wesentliches zu dieser erfolgreichen Entwicklung beigetragen. Dem Anwender der FORM / SORM - Software obliegen zwei Aufgaben:

1. Er muß sein Problem so formulieren, daß die erwähnte Strukturfunktion vorliegt.
2. Er muß die stochastischen Eigenschaften der in

der Strukturfunktion verwendeten Beanspruchungsgrößen als Wahrscheinlichkeitsverteilungen mit den zugehörigen Parametern, z.B. Mittelwerten und Standardabweichungen, auf der Basis statistischer Erhebungen oder probabilistischer Prinzipien beschreiben.

Als Beispiel aus der Schiffstechnik sei die Arbeit von Östergaard (1993, 1995) genannt. Die Versagenswahrscheinlichkeit kann nun ebenso wie der Entwurfspunkt mittels Standard - FORM / SORM - Software ermittelt werden, z.B. STRUREL (1991-1998). Wenn bei der iterativen Suche nach dem Entwurfspunkt auf der Versagensgrenze wiederholt ganze Unterprogramme zur Darstellung der Strukturfunktion aufgerufen werden müssen, so kann das Problem allerdings schnell auf Rechenzeiten führen, die nicht mehr akzeptabel sind. In solchen Fällen empfiehlt es sich, die Fehler- oder Versagensgrenze vorab für den interessierenden Parameterraum punktweise darzustellen und diese Punkte als Stützstellen für Ersatzfunktionen (sog. Antwortflächen, z.B. als Hermite-Polynome) zu benutzen. Die damit definierbare Ersatz-Strukturfunktion erlaubt eine effektivere Suche nach dem Entwurfspunkt als es mit wiederholten Aufrufen der Ausgangssoftware möglich ist, z.B. Östergaard et al. (1991).

2. Stochastische Modelle im konstruktiven Schiffbau

Die Unsicherheit bezüglich der wahren Zahlenwerte der an Sicherheits- oder Zuverlässigkeitsproblemen beteiligten Parameter wird formal durch Wahrscheinlichkeitsverteilungen ihrer möglichen Werte beschrieben. Im allgemeinen sind sowohl Statistik als auch Wahrscheinlichkeitstheorie an der Modellbildung beteiligt, so daß statt des Begriffs Wahrscheinlichkeitsverteilung auch das auf griechischer Wurzel fußende Kunstwort stochastisches Modell gebräuchlich wurde (Jakob Bernoulli, *1654, †1705). Stochastik kann als Oberbegriff für Statistik und Probabilistik verwendet werden. Im fol-genden werden wir zur Ermittlung ausgewählter

stochastischer Modelle der wichtigsten Festigkeits- und Belastungsparameter und zu einigen, damit in Zusammenhang stehenden, ausgewählten Problemen Stellung nehmen.

2.1 Stochastische Modelle der Tragfähigkeit

Der deutsche Schiffbau hat in den Jahren nach Mayers Betrachtungen zur stochastischen Bauwerkssicherheit von 1926 zunächst wenig mit den Möglichkeiten der Statistik und Wahrscheinlichkeitstheorie angefangen. Noch in den 1940er Jahren war hierzu bei einigen einflußreichen Ingenieuren sogar eine ablehnende Haltung zu erkennen. Nur bei wenigen Vertretern der technischen Wissenschaften wurden die Möglichkeiten der Statistik nach dem damaligen Stand der Technik objektiv bewertet. Für beide Standpunkte gab es engagierte Befürworter, was sich an einer, in der deutschen schiffbaulichen Fachliteratur über einige Jahre geführten Auseinandersetzung zur Auswertung von Meß- und Beobachtungsreihen, ablesen läßt:

Tabelle 1: Ausgewählte Beiträge zur Diskussion über die statistische Bewertung von Messungen an Schotten in 1938 - 1942

Autor	Statistik	Thema	Publ.	Jahr
Lehmann; G.	pro	Neue statist. Methoden z. Ausw. der Reiseerg. von Seeschiffen	SSH	1938
Dahlmann, W.	-	Zur Festigkeit der Schotte	WRH	1939
Lehmann, G.	pro	Auswertung von Schottenversuchen	WRH	1940
Schnadel, G.	kontra	Festigkeitsversuch und Wahrscheinlichkeitsrechnung	SSH	1941
Lehmann, G.	pro	Festigkeitsversuch und Wahrscheinlichkeitsrechnung	WRH	1942
Wendel, K.	objektiv	Auswertung von Meß- und Beobachtungsreihen	SSH	1942
Schmehl, H.	pro	Die Auswertung von Schottversuchen	WRH	1942

SSH: Schiffbau, Schiffahrt und Hafenbau; WRH: Werft-Reederei-Hafen

Am Beginn dieser Auseinandersetzung standen ein Aufsatz über die Auswertung von Schottversuchen von Dahlmann (1939, Tab. 1) und ein darauf bezogener Beitrag von Lehmann (1940, Tab. 1), Deutsche Werft, Hamburg. Lehmann propagierte die Anwendung der Wahrscheinlichkeitsrechnung. Nachdem sich Schnadel (1941, Tab. 1), damals Vorstand des Germanischen Lloyd, in einer, zumindest aus heutiger Sicht, ungewöhnlich scharfen Form zur Sache geäußert hatte, folgte eine lange Reihe von teilweise polemischen Äußerungen einiger Leser zum selben Thema. Die in Tabelle 1 gelistete Auswahl enthält aber nur Beiträge, die für eine rückblickende Bewertung informativ sind.

Worum ging es? In der Arbeit Dahlmanns (1939, Tab. 1) wurden Ergebnisse von Schottversuchen vorgelegt, während in der Arbeit Lehmanns die Anwendung der Wahrscheinlichkeitsrechnung auf

die Auswertung dieser Schottversuche vorgeschlagen wird. Insbesondere nimmt Lehmann an, daß mit Hilfe statistischer Methoden aus Messungen mit großen Fehlern noch brauchbare Ergebnisse gewonnen werden können. Letzteres nennt Schnadel eine Selbsttäuschung. Zitat: Die Überschätzung der Wahrscheinlichkeitsrechnung bei der Festigkeitsforschung ist lediglich geeignet, den Ingenieur über die wirklichen Verhältnisse zu täuschen und ihn zu gefährlichen Fehlschlüssen zu verführen.

Einen wesentlichen Grund für die scharfe Ablehnung, die Lehmanns Analysen bei Schnadel provozierten, kann man wohl darin sehen, daß Lehmann aus den Meßdaten ein deutlich höheres Einspannmoment des Schottes im Deck für möglich hält als Schnadel. In Kenntnis dieses Hintergrundes machte sich Wendel, der über Meßdatenauswertung an der Technischen Hochschule Berlin bereits einen internen Bericht ausgearbeitet hatte, zunächst an die Aufgabe, die statistische Meßdatenanalyse etwas näher zu erläutern. Mit Bezug auf den eigentlichen Streitpunkt bei der Interpretation von Schottenmessungen betont Wendel (1942, Tab. 1) zusammenfassend die Notwendigkeit von Genauigkeitsbetrachtungen, die zweckmäßig an das Streuungsmaß der Meßwerte anzuschließen seien. Dies wurde nach Wendels Eindruck bei (seinerzeit) neueren Anwendungen im Schiffbau überhaupt nicht erkannt. Auch nicht von Lehmann, der zur Abstützung seiner Aussagen wesentlich mehr Meßwerte benötigen würde.

Schmehl versuchte dadurch zu vermitteln, daß er die als Ausgleichsverfahren bezeichnete Verwendung von „Kombinationsgewichten" auf die Meßdaten anwandte. In seiner Antwort betont Wendel ein weiteres mal, daß zur Meßdatenauswertung immer auch die Ermittlung der Vertrauensgrenzen gehöre. Er hat damit vor gut einem halben Jahrhun-

dert einen Sachverhalt erkannt, bei dessen Vernachlässigung auch die moderne Sicherheits- bzw. Zuverlässigkeitstechnik bisweilen zu recht kritisiert werden kann. Doch die Berücksichtigung stochastischer Unsicherheit ist ebenso eine der Stärken der angewandten Zuverlässigkeitstechnik, wie die Vernachlässigung stochastischer Unsicherheit eine der Schwächen ihrer Anwender genannt werden muß.

Zu den Parametern mit zufällig streuenden Werten gehören auf der Festigkeitsseite insbesondere geometrische Abmessungen und Materialeigenschaften, die infolge einer mehr oder weniger exakten Fabrikation innerhalb der Konstruktion lokal und räumlich variieren können. Bis heute sind diese Unsicherheiten bei der Definition von stochastischen Modellen relativ hoch. Die in Abb. 3 dargestellten stochastischen Modelle für Lasten und Festigkeit eines Containerschiffes nach Östergaard et al. (1996) reflektieren diese Unsicherheiten.

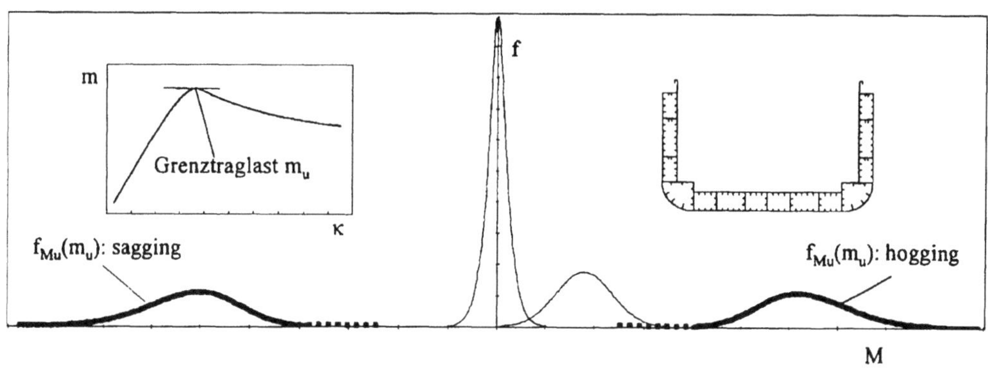

Abb. 3: Stochastische Modelle zur Längsfestigkeit eines Containerschiffes (hervorgehoben sind die stochastischen Modelle des Tragmomentes der Schiffskonstruktion bei vertikaler Biegemomentenbelastung im hogging- und sagging-Fall)

Betrachtet man die Fähigkeit des Schiffes, vertikale Biegemomentenbelastung zu ertragen, geht es letztlich um die Frage, unter welcher Last totales Längsfestigkeitsversagen der Konstruktion eintritt. Generell betrachtet man eine Reihe von in Längsrichtung durch Zug oder Druck belastete Konstruktionselemente, die nacheinander versagen, so daß mit dem letzten versagenden Element schließlich der gesamte Querschnitt versagt. Die an Abb. 3 ablesbaren Mittelwerte der Tragmomente im hogging- bzw. sagging-Fall fußen auf einem solchen Verfahren, Gordo und Guedes Soares (1996). Rutherford und Caldwell (1990) sind bei ihrer Nachrechnung eines realen Versagensfalls ähnliche Wege gegangen.

Bei der einfachsten Versagensform, dem plastischen Versagen unter Zug im Deck oder im Boden, besteht die Strukturfunktion im Festigkeitsteil aus

dem Produkt aus Zugfestigkeit und Querschnittsmodul, der bei gleichzeitiger Betrachtung von Biegemomenten vielleicht etwas irreführend als Widerstandsmoment bezeichnet wird. Der Querschnittsmodul läßt sich in einfachen Fällen auf Plattenabmessungen (Breite, Länge) und Dicken (von Platte und Steifen) zurückführen, so daß Mittelwerte und Standardabweichungen dieser geometrischen Parameter zusammen mit dem Variationskoeffizienten der Zugfestigkeitsspannung mittels Taylorreihenentwicklung zur Bestimmung von Mittelwert und Standardabweichung des Grenztragmomentes verwendet werden können. Auf diese, mit den ersten Schritten von Mayer (1926) vergleichbaren Art und Weise, hat z.B. Ivanov (1985) durch statistische Daten dieser stochastischen Parameter zur Darstellung von Variationkoeffizienten der Querschnittsmodule von Schiffen in Abhängigkeit von ihrem Alter beigetragen.

Die wichtigere Versagensform ist im allg. das Beulverhalten der Decks- bzw. Bodenkonstruktion. Zum Beulversagen im Deck hat Akita (1988) unter Bezugnahme auf statistische Daten zur Auslenkung der Platten im Deck, gemessen auf japanischen Werften, Wahrscheinlichkeitsverteilungen für die Versagensspannung aller nacheinander versagenden Platten im Verhältnis zu ihrer Zugfestigkeit abgeleitet. Bei Betrachtung des Beulens im Deck als Versagensmodus können auch Daten, die Kmiecik et al. (1995) in einer statistischen Untersuchung auf breiter Basis erfaßt haben, verwendet werden.

Eine weitergehende Arbeit von Hansen (1996), die sogar Testergebnisse bezüglich der Grenztragfähigkeit eines schiffsähnlichen Querschnitts einbezieht, liefert auf der Grundlage der Zuverlässigkeitsanalyse nebenher Importanzmaße für den Einfluß unterschiedlicher Konstruktionselemente auf das Grenztragmoment. Hiernach hat z.B. die Zugfestigkeit bei Tankern den überragenden Einfluß auf das Grenztragmoment, gefolgt (mit deutlichem Abstand) von Imperfektionen der Steifen und Platten oder dem Elastizitätsmodul. Bei Containerschiffen nehmen Imperfektionen der Steifen den zweiten Platz in der Hansenschen Importanzliste ein. Materialeigenschaften sind räumlich meistens so hoch korreliert, daß man mit einer einzigen Zufallsgröße für die ganze Konstruktion auskommt. Solche aus der Anwendung der Zuverlässigkeitsanalyse gewonnenen Importanzhinweise sind für den praktizierenden Ingenieur auch dann wichtig, wenn ihn die direkte Einbindung der Zuverlässigkeitsanalyse in seine konstruktiven Entscheidungen nicht interessiert.

Bei Anwendung in der Zuverlässigkeitstechnik sollten daher Unsicherheiten, die statistisch nicht genauer erfaßt werden können, nach einem Vorschlag von Ang und Cornell (1975) durch die Einführung künstlicher Unsicherheitsfaktoren mit Zufallscharakter in die Strukturfunktion aufgenommen werden. Die Verwendung einer linearen Funktion zweier Unsicherheitsparameter nach Ditlevsen (1982) stellt die Invarianz bei mathematischen Transformationen der Fehlergrenze sicher.

Natürlich enthält jede Berechnung neben der Datenunsicherheit auch eine gewisse, nicht zu vernachlässigende Unsicherheit bezüglich der Realitätsnähe des Berechnungsmodells selbst. Betrachten wir Zuverlässigkeitsprobleme, z.B. Probleme mit linear-elastischer Fehlergrenze, so kann es selbst bei Anwendung der Finite Elemente (FE-Technik) zu relativ großen Streuungen in den Ergebnissen kommen: Der Übergang von einer einfachen Theorie zu einer aufwendigeren muß nicht

immer mit der Reduktion oder gar dem Verschwinden der sog. Modellunsicherheit einhergehen. Die Anwendung der FE-Technik im Schiffbau der 1970-iger Jahre war zwar von dieser Hoffnung begleitet, führte anfänglich aber nicht selten auf unrealistische Aussagen. Das hatte verschiedene Gründe, die auch heute nicht außer acht gelassen werden. Soweit diese Gründe mit stochastischer Variabilität der Einflußgrößen zu tun haben, wurden sie in einer neueren Arbeit über stochastische FE-Technik von Matthies et al. (1997) ausführlich diskutiert

Der Zufallscharakter solcher Unsicherheitsfaktoren kann, wie bei einer mechanischen Einflußgröße der Strukturfunktion, mit einem stochastischen Modell erfaßt werden, und es fehlt nicht an Arbeiten, in denen stochastische Modelle dieser Art statistisch geschätzt wurden. So haben z.B. Östergaard et al. (1996) die sog. Modellunsicherheit bei Verwendung verschiedener, linear-elastischer Berechnungsmodelle durch Vergleichsrechnungen auf der Grundlage genau gleicher Lastfälle zu erfassen gesucht. Die Ergebnisse haben gezeigt, daß je nach betrachtetem Kontrollpunkt in der Struktur, modellbedingte Variationskoeffizienten von 10 % bis 50! % auftreten können.

2.2 Stochastische Modelle der Seegangslasten

Während das Bauwesen in nahezu allen Entwicklungsschritten der stochastischen Betrachtung der Bauwerkssicherheit die Gesamtheit relevanter Beanspruchungsgrößen, also die der Belastung ebenso wie die der Belastungsfähigkeit, gleichzeitig berücksichtigt hat, nahm die Schiffstechnik, wie wir im vorigen Abschnitt gesehen haben, von den stochastischen Eigenschaften der Festigkeitsparameter eine Weile kaum Notiz und behandelte fast ausschließlich die stochastischen Eigenschaften der Lasten, insbesondere der Seegangslasten. Hier konnte Mitte unseres Jahrhunderts ein bedeutsamer Fortschritt durch St.Denis und Pierson (1953) erreicht werden. St.Denis war Schiffbauer mit besonderem Schwerpunkt in der Hydromechanik und Pierson war Meteorologe und Ozeanograph. Beider Vortrag vor der Society of Naval Architects and Marine Engineers (SNAME) begann mit einer kurzen Würdigung seiner Entstehungsgeschichte, die interessant genug ist, um hier kurz angedeutet zu werden:

St.Denis hatte nach Ende des 2. Weltkrieges in den USA zusammen mit dem berühmten deutschen Schiffshydrodynamiker Weinblum eine Weile über Schiffsbewegungen in regelmäßigen Wellen gearbeitet, Weinblum und St.Denis (1951). Zu dieser Zeit war Lord Rayleighs Aussage, the basic law of the seaway is the apparent lack of any law, allgemein akzeptiert. Beide Forscher betrachteten, ebenso wie ihre Vorgänger W. Froude, Krilov, Lewis u.a., statt des natürlichen Seegangs regelmäßige, harmonische Einzelwellen, um deren Wirkungen am Schiff mathematisch einigermaßen präzise studieren zu können. Neben einer handhabbaren mathematischen Beschreibung der Schiffsform, nach der Weinblum ein Leben lang vergeblich suchte, fehlte ihnen zunächst noch das uns heute so selbstverständlich und simpel erscheinende Konzept, Wirkungen des natürlichen Seegangs am Schiff aus Wirkungen harmonischer Einzelwellen zusammenzusetzen.

Pierson kannte Theorien der Zufallsprozesse in anderen Wissenschaftszweigen, wie z.B. die Theorie von Rice (1944 / 45) über Random Noise, und er war durch praktische Anwendungen, z.B. von Tukey (1949) zu eigenen Überlegungen in der Ozeanographie inspiriert worden, Pierson (1952). Zusammen mit Neumann und James hat er 1955 eine breite Übersicht über den damaligen Stand dieses Teils der Ozeanographie gegeben: Die sog. Pierson-Neumann-James Methode beschrieb den natürlichen Seegang als Superposition von unendlich vielen, harmonischen Einzelwellen verschiedener Amplituden, Frequenzen und Richtungen: The sum of many simple sine waves makes a sea, Pierson et al. (1955).

Als sich St.Denis und Pierson in ihrem Bemühen zusammenfanden, den Seegang und das Verhalten von Schiffen im Seegang rational zu beschreiben, gelang ihnen, auf eindrucksvolle Art und Weise zu zeigen, daß Lord Rayleigh nicht recht hatte: Es gab ein grundlegendes Gesetz des stationären Seegangs, mathematisch und präzise, wenn auch stochastisch, und es gab die Theorie des Verhaltens linearer Systeme unter der Wirkung Gaußscher Zufallsprozesse, durch die sich Seegang und Seegangswirkung in erster Näherung recht gut darstellen ließen. Für die Anwendung war das Schiff zunächst als lineares System in regelmäßigen Wellen zu analysieren. Dann konnten alle Wirkungen des stationären natürlichen Seegangs stochastisch nach den gleichen Prinzipien bewertet werden, wie der Seegang selbst.

Das war der grundlegende Fortschritt, den St.Denis und Pierson mit ihrer bedeutenden Arbeit initiiert hatten. Für Jahrzehnte waren nun insbesondere Hydromechaniker mit der Vertiefung dieser Betrachtungsweise beschäftigt, was viele von ihnen auch motivierte, verbesserte hydromechanische Modelle des Schiffes in regelmäßigen Wellen zu entwickeln. Berühmte Arbeiten wie die von Korvin-Kroukovski

und Jakobs, Smith, Gerritsma und Beukelman, Smith und Salveson, Grim und Schenzle, Söding bis hin zu Salveson sowie Tuck und Faltinson widmeten sich der Entwicklung der Streifentheorie. Einen recht umfassenden Überblick über diese und andere Entwicklungen gibt Hutchison (1990). Der Germanische Lloyd war wahrscheinlich die erste Gesellschaft, die ihr ursprünglich für Meeresplattformen entwickeltes Panelverfahren, s. Östergaard und Röhl (1978), auf Schiffe erweitert hat, s. Papanikolaou und Schellin (1992) oder Östergaard und Schellin (1995), wobei aus guten Gründen längere Rechenzeiten als bei der Streifenmethode inkauf genommen wurden. Für die Zukunft steht nun die Entwicklung von Verfahren an, die von Volumenelementen im näheren Umfeld der Schiffsoberfläche Gebrauch machen. Dabei war und ist es bis heute durchaus üblich, die anschließende stochastische Bewertung hydrodynamischer Analysen mit einer gewissen Skepsis zu begleiten, wofür der folgende Kommentar eines der vielen bekannten Schüler Weinblums häufiger als ein typisches Beispiel zitiert wird: From these stochastic models, one can derive all kinds of interesting conclusions about the sea, some of which will be true, Ogilvie (1964).

Ein Grund für diese Skepsis lag u.a. wohl darin, daß bei der stochastischen Betrachtungen des Seegangs und seiner Wirkung am Schiff lange Zeit das Problem einer realistischen Beschreibung der Seegangsspektren diskutiert wurde. Doch soweit lineare Betrachtungen überhaupt realistisch sind kann dieses Problem heute als untergeordnet bzw. als gelöst betrachtet werden. Den Nachweis der Linearität lieferten nachfolgende Generationen engagierter Forscher für ein weites Feld praktischer Festgkeitsprobleme. Für speziellere Anwendungen gibt es neuerdings auch stochastische Bewertungsmethoden für nichtlineare Systeme in natürlichem Seegang. Unter ihnen sei auf eine Sammlung von Arbeiten hingewiesen, an denen insbesondere J.J. Jensen (1993) maßgeblichen Anteil sowohl auf hydromechanischem wie auf stochastischem Gebiet hatte.

Im Ergebnis können lineare wie nichtlineare Belastungsgrößen, die für das Schiff in einem stationären Seegang gewonnen wurden, nach einfachen Regeln der Statistik unter der Annahme bewertet werden, daß der Seegang langzeitlich eine ergodische Folge verschiedener kurzzeitig stationärer Seegänge, definiert durch ihre kennzeichnende Parameter bzw. zugehörige Energiespektren, ist. Letztere gaben der Vorgehensweise den populären Namen spektrale Betrachtungsweise. Die Ozeanographie hat längst die benötigten statistischen Daten für relative Häufigkeiten der die Spektren der stationären Seegänge kennzeichnenden Parameter ermittelt, z.B. Hogben und Lumb (1967). Damit können lineare Systeme nahezu problemlos bearbeitet werden. Bei nichtlinearen Systemen kann diese Arbeit mühevoll und zeitraubend sein. Nicht zuletzt aus diesem Grunde ist z.B. die stochastische Bewertungsmethode nichtlinearer Systeme von Rathje et al. (1998) im langzeitlich ergodischen Seegangsprozeß schnell zu einem nützlichen Werkzeug des Germanischen Lloyd herangereift.

Für die Entwicklung der Zuverlässigkeitstechnik im

Schiffbau bedeuteten die Arbeiten von St.Denis und Pierson und ihren vielen Nachfolgern den prinzipiellen Durchbruch stochastischer Bewertungen auf der Lastenseite, denn das für uns wichtige Ergebnis dieser Betrachtungen sind die auf dieser Grundlage darstellbaren stochastischen Modelle der Seegangslasten, also deren Wahrscheinlichkeitsverteilungen, die in der Zuverlässigkeitstechnik als Ausgangsdaten benötigt werden (Abb. 4), in der das nach der beschriebenen Methode berechnete Modell der Seegangslasten bei hogging und sagging etwas hervorgehoben ist.

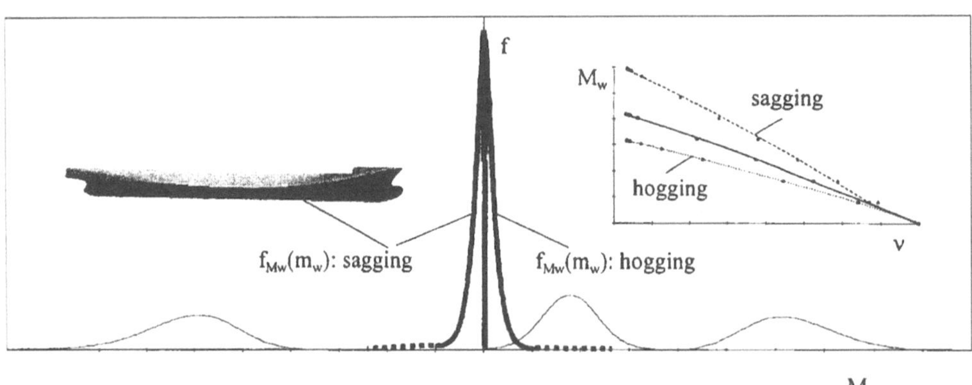

Abb. 4: Stochastische Modelle zur Längsfestigkeit eines Containerschiffes (hervorgehoben sind die stochastischen Modelle der vertikalen Seegangslasten der Schiffskonstruktion im hogging- und sagging -- Fall); v ist die relative Überschreitenshäufigkeit

Seegangslasten werden von verschiedenen Berechnungsingenieuren nach den gleichen Prinzipien aber verschiedenen Methoden (Modellen) berechnet. Das bedeutet auch hier eine zusätzliche, in der Zuverlässigkeitsanalyse zu berücksichtigende Modellunsicherheit. Schellin et al. (1996) haben versucht, anhand der Ergebnisse einer breit angelegten Studie zu den nach verschiedenen Modellen ermittelten seegangsbedingten Schnittlasten, diese Modellunsicherheit für das Containerschiff mit Zahlen zu belegen. Es wurden Variationskoeffizienten bei Entwurfsmomenten der Größenordnung 25 Prozent (mittschiffs) ermittelt. Insbesondere lagen die Unterschiede der Spannungsberechnungen nach der Streifen- bzw. Panelmethode bei 10 % bis 20 %, s. Östergaard und Schellin (1995). Natürlich könnte eine der verglichenen Methoden diejenige sein, die genau richtige Ergebnisse liefert. Doch selbst wenn die „wahre Methode" bereits identifiziert wäre, die für den Sicherheitsnachweis anzuwendende Methode wird bisher noch von keiner Vorschrift benannt, so daß berechnete Seegangslasten bzw. ihre Wirkungen an der Schiffskonstruktion generell mit Modellunsicherheiten in dieser Größenordnung zu bewerten sind.

2.3 Stochastische Modelle der Glattwasserlasten

Vor dem Hintergrund der Anwendung in der Zuverlässigkeitstechnik provozierte der bei Wellenlasten erzielte Fortschritt auch Untersuchungen, die sich der Entwicklung vergleichbarer stochastischer Modelle für Glattwasserlasten widmeten.

Unter den verschiedenen Einflußfaktoren auf Glattwasserschnittlasten haben Auftriebs- und Ladungsverteilung die größte Bedeutung. Die Einführung von Ladungsmanualen oder, später, von Ladungsrechnern zur Kontrolle maximaler Belastung, war die logische Konsequenz und gleichzeitig der Ausgangspunkt statistischer Erhebungen über Glattwasserbelastungen bei unterschiedlichen Schiffstypen. Lewis et al. (1973) haben an Histogrammen von Biegemomenten die Unterschiede zwischen Tanker- und Bulker- sowie Containerschiffsbelastungen im glatten Wasser verdeutlicht. Allerdings hatten sie nur jeweils ein Schiff auf etwa 60 Rundreisen analysiert. Auf mehr als ein Frachtschiff gleichen Typs bezog sich die Analyse von

Ivanov und Madjarov (1975), in der, vielleicht das erste mal, eine statistische Analyse der Glattwasserbiegemomente durchgeführt wurde. In der Folge mehrten sich solche Untersuchungen unter denen die von Söding (1979) insofern eine Sonderstellung beanspruchen konnte, als sie auf der Basis statistischer Containergewichte mit Hilfe einer probabilistischen Zufallsverteilung dieser Container zu einem Entwurfswert des Glattwasserbiegemomentes für Containerschiffe führte.

Praktische Bedeutung für die Sicherheitsanalyse tragender Schiffskonstruktionen haben insbesondere die Daten von Guedes Soares (1984), Guedes Soares und Moan (1988), Guedes Soares und Dias (1996) sowie Guedes Soares (1999) erlangt, wobei in die letztgenannte Quelle auch Containerschiffsdaten des Germanischen Lloyd, die auf langjährige Erhebungen von H.-J. Hansen zurückgehen, eingeflossen sind. Die Besonderheit dieser Daten liegt in ihrer systematischen Bewertung mit Bezug auf verschiedene Schiffstypen und Schiffsparameter (Tragfähigkeit und Schiffslänge) und mit Bezug auf die bei der statistischen Erhebung zu beachtenden Grenzwerte der vertikalen Biegung. Dadurch sind sie auch auf Werte der genannten Schiffsparameter anwendbar, die in den statistischen Erhebungen selbst nicht enthalten waren.

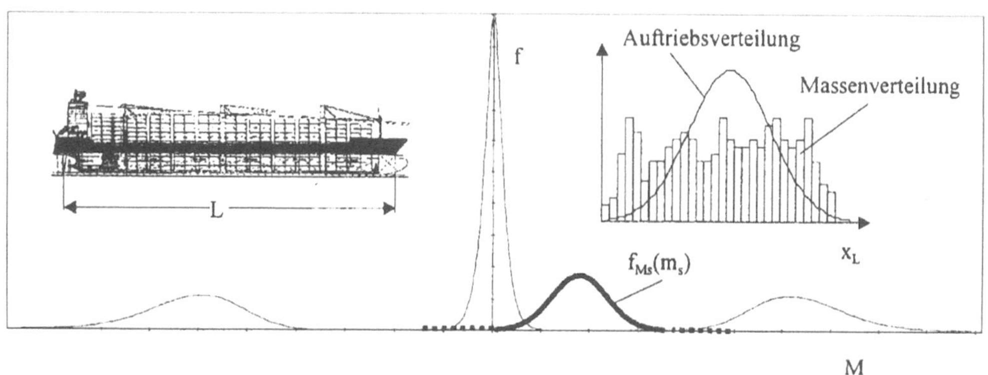

Abb. 5: Stochastische Modelle zur Längsfestigkeit eines Containerschiffes (hervorgehoben ist das stochastische Modell des Glattwasserbiegemomentes der Schiffskonstruktion, das für diesen Schiffstyp überwiegend hogging - Werte umfaßt)

Im Zusammenhang mit zufälligen Glattwasserbelastungen stellt sich die Frage, ob und ggf. wie das im Betrieb einzuhaltende, zulässige Biegemoment, für das ein Schiff von der Klassifikationsgesellschaft geprüft wird, bei der Definition des stochastischen Modells berücksichtigt werden muß? Hierzu hat Guedes Soares (1990) an Aufzeichnungen von Glattwasserbiegemomenten gezeigt, daß z.B. der zulässige Wert für Containerschiffe im hogging-Fall bei 238 Reisen einmal sogar zu 31% überschritten wurde. Solche Verhältnisse hat Guedes Soares durch partiell gestutzte Wahrscheinlichkeitsverteilungen modelliert und mittels Simulationsrechnungen gezeigt, daß zu der genannten 31%-igen Überschreitungen innerhalb einer 25-jährigen Betriebszeit, ein partielles Stutzen der Glattwasserbiegemomentenverteilung am zulässigen Wert auf etwa 25% gehört. Berücksichtigt man aber, daß selbst 100% erfolgreiche Kontrolle des Glattwasserbiegemomentes, d.h. 100 %-iges Stutzen der Glattwasserverteilung des Biegemomentes für die Verhältnisse an einem bestimmten Schiffsquerschnitt nicht ausschließt, daß an anderen, benachbarten Schiffsquerschnitten dennoch regelmäßige Überschreitungen des zulässigen Wertes auftreten, so erscheint es insgesamt realistisch, die Daten von vornherein in Form einer ungestutzten Verteilung wiederzugeben, um den Effekt des Überschreitens zulässiger Werte für alle Querschnitte des Mittschiffsbereichs nach der sicheren Seite hin abzufangen, Abb. 5. Die stochastische Betrachtung von Sicherheit oder Zuverlässigkeit soll ja möglichst alle Unsicherheiten berücksichtigen.

3. Sicherheit und Zuverlässigkeit im konstruktiven Schiffbau

Zuverlässigkeitsanalysen nach dem in Abschnitt 2.3 skizzierten Konzept des Bauwesens auf dem Freudenthalschen Niveau (Level III), wurden gegen Ende der 1960-iger Jahre auch im Schiffbau bekannter, insbesondere durch Nordenström (1969) und Mansour (1972). Weitere internationale Aktivitäten folgten, zu denen als wichtige Anwendung der FORM-Methode (Level II) eine Arbeit von Faulkner (1981) gehörte. Als Anfang rationaler Analyse der Sicherheit von Schiffskonstruktionen in der Praxis kann wahrscheinlich die Arbeit von Abrahamsen et al. (1970) bezeichnet werden, in der insbesondere die Rolle der unterschiedlichen Seegangs- und Glattwasserlasten für die Zuverlässigkeit der Konstruktion auf einem auch heute noch aktuellen Niveau diskutiert wurde.

Doch in Deutschland wurden diese Methoden weniger beachtet und noch seltener angewandt, wenngleich es auch Ausnahmen von der Regel gab: So hat E. Lehmann, heute Vorstand des Germanischen Lloyd, die konstruktive Sicherheitstechnik Anfang der 1980-er Jahre als Professor für Konstruktion und Festigkeit schiffbaulicher Konstruktionen in Hannover durch die Einrichtung einer Vorlesungsveranstaltung, durchgeführt von C. Östergaard als Lehrbeauftragten für das Thema Zuverlässigkeit von Konstruktionen, zeitweise gefördert. Auch K. Wendel hat die potentiellen Möglichkeiten modernerer Zuverlässigkeitstechnik von Konstruktionen wahrgenommen und Anfang der 1980-er Jahre als Herausgeber des Handbuches der Werften dadurch etwas bekannter gemacht, daß er die Vorlesungstexte von Östergaard im Handbuch abdruckte, Östergaard (1982 / 1984). Unter den deutschen Schiffskonstrukteuren und Wissenschaftlern, die sich in den 1980-iger Jahren dem Thema Zuverlässigkeitstechnik von Schiffskonstruktionen mit positivem Interesse gestellt haben, traten u.a. Fricke, Sadewasser und Sharma mit Diskussionsbeiträgen zu einem STG-Vortrag von Östergaard und Rabien (1981) zum Thema „Zuverlässigkeitstechniken für den Schiffsentwurf" hervor.

Im Vordergrund des Interesses stand zunächst das Längsfestigkeitsversagen der Schiffskonstruktion unter vertikaler Biegemomentenbelastung. Hierzu sind wichtige Versagensformen von Stiansen (1979) vor dem Hintergrund der Zuverlässigkeitsanalyse ausführlicher diskutiert worden. Jede Versagensform führt auf eine andere Strukturfunktion, so daß Längsfestigkeitsversagen auf ebenso viele Versagenswahrscheinlichkeiten führt, wie Versagensformen möglich sind. Wenn diese Versagensformen unabhängig voneinander auftreten, ergibt die Summe der einzelnen Versagenswahrscheinlichkeiten die gesuchte Gesamtwahrscheinlichkeit für Längsfestigkeitsversagen, sonst eine obere Grenze.

Der dadurch vorgegebene Aufwand läßt erahnen, warum die Zuverlässigkeitstechnik im Tagesgeschäft praktizierender Schiffbaugenieure kaum eingesetzt wurde. So ergaben sich bemerkenswerte Fortschritte bis hin zum heute erreichten, relativ zum Ausland bescheidenen Stand, nur allmählich unter dem kompetitiven Druck internationaler Entwicklungen. Insbesondere standen und stehen Level I - Anwendungen, d.h. rationale Überarbeitungen von Bauvorschriften nach Level II - Methoden, im Mittelpunkt des Interesses der Klassifikationsgesellschaften. Dabei ging und geht es insbesondere um die Einführung partieller Sicherheitsfaktoren in Bemessungsregeln, wobei neuerdings auch das eigentliche Sicherheitsproblem interessiert, bei dem die Grenztragfähigkeit der Schiffkonstruktion bei vertikaler Biegemomentenbelastung berücksichtigt wird. Wir werden das im folgenden am Beispiel erläutern.

Einleitend zu diesem Anwendungsgebiet der stochastischen Sicherheitsbetrachtung muß an die Notwendigkeit der Definition des Zuverlässigkeits- bzw. Sicherheitsformats erinnert werden. Darin werden im einfachsten Fall Nennwerte der Lasten definiert, die, nach Multiplikation mit je einem partiellen Sicherheitsfaktor, addiert werden. Von der so erhaltenen Gesamtlast wird dann gefordert, daß sie kleiner als ein zulässiger Festigkeitswert ist, der sich aus der berechneten Grenzlast, z.B. der Traglast, dividiert durch einen weiteren partiellen Sicherheitsfaktor, ergibt, Abb. 6. Je nach Problemstellung gibt es Abwandlungen von diesem einfachsten aller Sicherheitsformate.

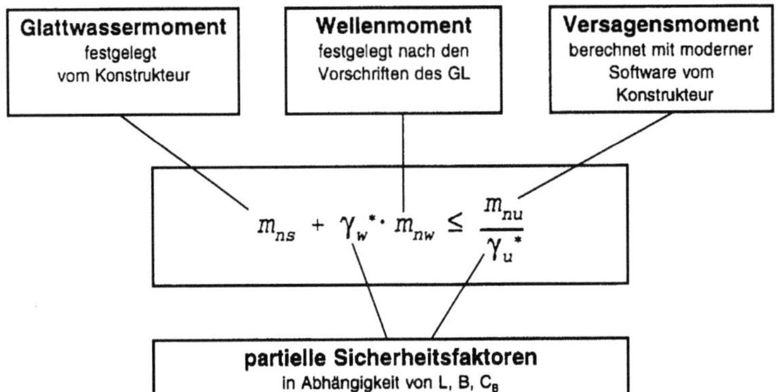

$$m_{ns} + \gamma_w^* \cdot m_{nw} \leq \frac{m_{nu}}{\gamma_u^*}$$

Abb. 6: Ein Sicherheitsformat mit partiellen Sicherheitsfaktoren γ^*, durch die gleiche Sicherheit für alle danach bemessenen Containerschiffe bewirkt werden soll

Die Berechnung der partiellen Sicherheitsfaktoren erfolgt nach dem Konzept der Ermittlung der Zuverlässigkeit wie in Abschnitt 2.3 beschrieben und illustriert, allerdings sind nun zwei Lasten in zufälliger Superposition zu berücksichtigen. Dabei werden die Koordinaten des Entwurfspunktes, die den wahrscheinlichsten Punkt für das Überschreiten der Fehlergrenze oder Versagensgrenze definieren, als Bezugspunkt für die Definition von partiellen Sicherheitsfaktoren gewählt, indem jede Entwurfspunktkoordinate mit dem zugehörigen Nennwert (z.B. dem Vorschriftenwert) ins Verhältnis gesetzt wird. Partielle Sicherheitsfaktoren sind damit vom Entwurfspunkt ebenso wie von der Definition der Nennwerte abhängig. So haben z.B. Mansour et al. (1984) bzw. White und Ayyub (1987) die Mittelwerte der Wahrscheinlichkeitsverteilungen der betrachteten Zufallsgrößen als Nennwerte verwendet, während Östergaard (1992) für die Definition der Nennwerte von den (mit der International Association of Classification Societies abgestimmten) Vorschriftenwerten des Germanischen Lloyd für Bau und Klassifikation stählerner Seeschiffe von 1985 ausging.

Die Besonderheit der Arbeit von Östergaard (1992) lag in der erstmaligen Darstellung partieller Sicherheitsfaktoren in Abhängigkeit von signifikanten Entwurfsparametern des Schiffes, d.h. von der Schiffslänge L, der Breite B, der Seitenhöhe H sowie vom Blockkoeffizienten C_B. Deshalb sind die Ergebnisse der Untersuchungen von Mansour et al. bzw. White und Ayyub mit denen von Östergaard nicht unmittelbar vergleichbar. Beide zeigen jedoch, daß ein in der Praxis entstandenes, konventionelles Vorschriftenformat keine einheitlichen Fehlerwahrscheinlichkeiten sicherstellt. Dieses

kann nur durch Anwendung von Level II - Methoden zur Entwicklung rationaler Level I - Sicherheitsformate mit partiellen Sicherheitsfaktoren erreicht werden.

In den vorgenannten und vielen ähnlichen Untersuchungen dieser Art wurde die Fehlergrenze noch als eine Obergrenze linear-elastischen Verhaltens des unter vertikaler Biegung höchst beanspruchten Konstruktionsdetails definiert. Also wurde im Sinne unserer eingangs gegebenen Definition ein Zuverlässigkeitsproblem behandelt, denn durch Reparatur einer lokalen Schädigung kann der ursprüngliche Zustand leicht wieder hergestellt werden. Die probabilistische Behandlung des eigentlichen Sicherheitsproblems, also die Betrachtung des vollständigen Versagens der Längsverbände unter gleichzeitiger Wirkung zufälliger Werte von Glattwasser- und Seegangslasten, stand zunächst noch aus.

Erst kürzlich haben Östergaard et al. (1996) eine weitere Untersuchung durchgeführt, in der die Festigkeit als vom Konstrukteur berechnetes Grenztragmoment des Schiffskörpers unter vertikaler Biegung definiert war, wobei man durchaus bezweifeln kann, ob das kurzzeitige Erreichen des Grenztragmomentes in einer Welle tatsächlich den Versagensfall charakterisiert. Ansonsten wurde für die Lasten im Prinzip das gerade beschriebene Konzept der rationalen Ermittlung von partiellen Sicherheitsfaktoren verfolgt, wobei sog. Grundverteilungen für die stochastischen Modelle der Belastungen aus Seegang und Glattwasser verwendet, und Sicherheitsfaktoren wieder in Abhängigkeit von signifikanten Entwurfsparametern des Schiffes angegeben wurden.

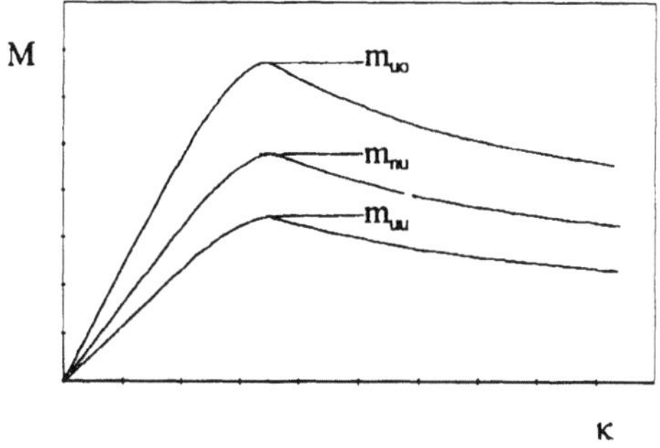

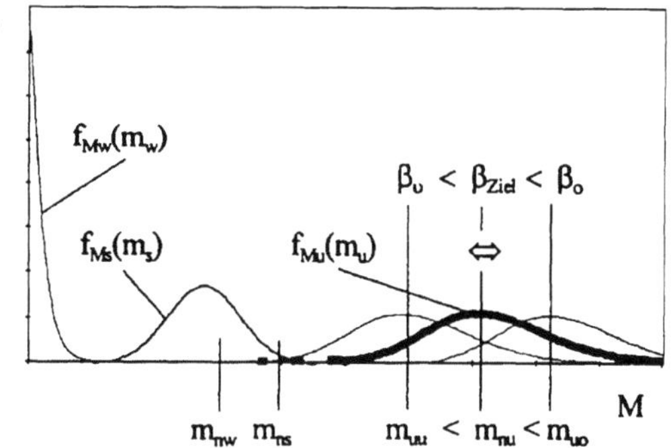

Abb. 7: Iterative Ermittlung der zum Zielwert des Zuverlässigkeitsindex β_{Ziel} gehörenden Entwurfswerte von Lasten und Festigkeit

Abb. 7 zeigt eine typische Ausgangssituation für diese Untersuchung. Wenn der Sicherheitsanspruch, gegeben durch den Wert β_{Ziel} erfüllt ist, werden mit dem zugehörigen stochastischen Modell der Festigkeit die partiellen Sicherheitsfaktoren

auf der Grundlage der für β_{Ziel} berechneten Entwurfswerte und der Nennwerte (z.B. nach bestehender GL-Vorschrift) für die untersuchten Schiffsparameter definiert. Diese Analyse wird für eine Reihe von Schiffen mit anderen Parametern wiederholt. Eine anschließende Regressionsanalyse führt auf die in der Bemessungsvorschrift zu verwendenden partiellen Sicherheitsfaktoren in Abhängkeit von den genannten Schiffsparametern L, B, H und C_B.

Die in der Abb.7 dargestellten Lastverteilungen sind sog. Grundverteilungen, also stochastische Modelle, wie sie nach den in Abschnitten 3.1 bis 3.3 kurz beschriebenen Methoden ermittelt wurden. Damit beziehen sich die partiellen Sicherheitsfaktoren auf eine stationäre Eigenschaft des Lastprozesses, die man irgend einer willkürlich wählbaren Wellenlast zuordnen kann, unabhängig davon, daß das Risiko des Versagens mit jeder überstandenen Wellenlast größer wird.

Aus jedem der betrachteten stochastischen Modelle können formal auch Wahrscheinlichkeitsverteilungen eines Größtwertes abgeleitet werden, wenn man von einer Anzahl von Wiederholungen verschiedener Werten der betrachteten Last in einem vorzugebenden Betriebszeitraum ausgeht. Extremalverteilungen, wenn so aus Grundverteilungen abgeleitet, ergeben immer die Verteilung des einen Maximums unter einer definierten Zahl von Stichproben, Gumbel (1958). Die Extremalverteilung ist also abhängig vom betrachteten Zeitraum. Sie ist im allgemeinen nicht die Verteilung der Last, die das Schiff bei seinem eventuellen Versagen erlebt, liefert aber eine Obergrenze der Versagenswahrscheinlichkeit.

Vor diesem Hintergrund hatten Abrahamsen et al. (1970) in ihrer Antwort auf eine entsprechende Einlassung A.M. Freudenthals wie folgt Stellung genommen: „We mean that all loads and not only the largest one during the life of the ship contribute to the probability of failure. The second or third or even the tenth largest load may cause failure." Dabei bezogen sie sich auf den Größtwert der Wellenlast im vorgegebenen Betriebszeitraum des Schiffes und begründeten damit die von ihnen bevorzugte Verwendung der Grundverteilungen beider Lasten. Ein Bild, das im Internet unter http://www.uscg.mil/hq/g%2Dm/moa/ma01a12.htm) abrufbar ist, scheint das optisch zu bestätigen, wobei wir für das dargestellte Liberty - Schiff ergänzen können, daß es wahrscheinlich wegen eines Sprödbruchs, also wegen zu geringer Festigkeit versagte. Hierzu bedurfte es keiner großen Last, schon gar nicht der denkbar größten im Betriebszeitraum. Dennoch lohnt sich die Diskussion der Konsequenzen der einen oder anderen Vorgehensweise, wie dies in der Zeitschrift Schiffstechnik, Heft 1 (2000) geschehen ist.

4. Ausblick

Wir haben einfachste Grundlagen moderner Sicherheits- und Zuverlässigkeitstechnik für tragende Schiffskonstruktionen sowie eine ausgewählte Anwendung kurz umrissen. Die Arbeit an diesen Problemen hat, wie wir gesehen haben, in der internationalen Schiffstechnik erst vor gut 30 Jahren begonnen und in Deutschland bis heute wenig Begeisterung geweckt. Dennoch wird sie weitergehen und in Zukunft sicher vermehrten Einfluß auf die Praxis der Schiffskonstruktion nehmen.

Dabei ist zu erwarten, daß auch andere wichtige Einflüsse auf die Schiffsfestigkeit unter vertikaler Biegung berücksichtigt werden, so z.B. die höherfrequenten globalen Slamminglasten

In allen Fällen wird sich die weitere Entwicklung darauf konzentrieren müssen, die zu aktuellen Problemen der Zuverlässigkeitsanalyse gehörenden stochastischen Modelle bereitzustellen. Hierzu gehört insbesondere die Aufzeichnung und die statistische Bewertung der für den sicheren Schiffsbetrieb relevanten Daten. Die weiteren methodischen Probleme ergeben sich im wesentlichen aus zwei Fragestellungen:

1. Wie kann nach diesem Konzept die Zeitabhängigkeit von Last oder Festigkeit angemessen behandelt werden?

Hierzu sind einige praktisch wichtige Entwicklungen über Inspektions-, Wartungs-, und Reparaturprobleme z.B. in Akita (1988), Schall (1990), Marley (1991), Östergaard et al. (1991), Östergaard (1991) und Pittaluga et al. (1997) zum Rißfortschritt, bzw. in Paik et al. (1997) und Yamamoto (1997) zur Korrosion angesprochen worden. Das große Gebiet der stochastischen Dynamik, zu dem als kleines Teilgebiet auch das in Abschnitt 3.2 behandelte klassische Thema der Seegangsprozesse gehört, wird, am derzeitigen Wissensstand und Interesse gemessen, den praktizierenden Schiffskonstrukteur wohl erst in ferner Zukunft eingehender beschäftigen.

2. Wie kann das Konzept auf Systeme, die aus gemeinsam belasteten und voneinander abhängigen Konstruktionselementen bestehen, erweitert werden?

Dieser Punkt hat bei stochastischen Sicherheits- oder Zuverlässigkeitsbetrachtungen meerestechnischer Konstruktionen eine intensivere Entwicklung durchlaufen als bei schiffbaulichen Konstruktionen. Das liegt unter anderem daran, daß die in der Meerestechnik häufiger vorkommenden Rahmentragwerke bei Versagen infolge hoher Einspannmomente sog. Fließgelenkfolgen bilden können, die es ermöglichen, potentielle Versagensmechanismen automatisch zu generieren und die Versagenswahrscheinlichkeit nach etablierten Methoden (z.B. Fehlerbaumanalyse) einzugrenzen, s. z.B. Guenard (1984). Im allgemeinen lassen sich Elemente tragender Konstruktionen aber nur als Teil der Konstruktion, nicht getrennt von ihr, analysieren, so daß die Konzepte der Systemzuverlässigkeitsanalyse, die sich bei operativen Systemen so gut bewährt haben, auf tragende Konstruktionen, insbesondere schiffbauliche, kaum zu übertragen sind.

Für Schiffe können sich zwar aufeinander folgende lokale Versagensereignisse ergeben, aber diese sind nur in seltenen Fällen mit den für Balkentragwerke entwickelten Methoden zu analysieren. In Östergaard (1986) ist als Ausnahme die Sicherheit des Rahmenspantes eines gestrandeten Tankers nach einem Balkentragwerkskonzept untersucht worden. Allgemeiner und für weitere Anwendungen möglicherweise zukunftsweisend ist die Arbeit von Murotso et al. (1995) angelegt.

So wird sich die weitere Entwicklung der stochastischen Sicherheitsbetrachtung des Grenztragverhaltens von Schiffskonstruktionen wohl noch einige Zeit auf das Schiff als Balken (mit variablen Querschnittswerten) unter verteilter Last konzentrieren: Neben der in Abschnitt 4.1 diskutierten vertikalen Biegemomentenbelastung ist das allgemeinere Problem statischer und dynamischer Druckbelastung aber noch nicht praxisnah analysiert worden. Die aus dem Seegang herrührende dynamische Druckbelastung führt zu horizontalen Schnittmomenten sowie Torsionbelastungen, die, je nach Schiffstyp und Problemstellung, besonderen Einfluß gewinnen können. Wenn es dabei gelingt, die Anwendung der Zuverlässigkeitsanalyse einfach und verständlich zu halten, wobei insbesondere unsere Hochschulen einen Beitrag zu leisten hätten, kann es längerfristig zur Einführung von Vorschriften kommen, die den Nachweis der Konstruktionssicherheit auf dieser Grundlage zulassen. Dabei würde es sinnvoll sein, Schiffskonstruktionen in Abhängigkeit von wichtigen Kostengrößen unter der Nebenbedingung der in der Vorschrift vorgegebenen Grenze der Versagenswahrscheinlichkeit, die für alle Schiffe gleich ist, zu optimieren.

Stochastische Betrachtungen der Sicherheit oder Zuverlässigkeit von Schiffskonstruktionen können sowohl zum tieferen Verständnis der Strukturentwicklung beitragen als auch rationale Entwurfsentscheidungen ermöglichen, denn sie geben schlüssige Antworten zu konstruktiven Fragen. Unter anderem zu folgenden:

1. Welches sind die wichtigsten Entwurfs- und Kontrollgrößen für den sicheren und zuverlässigen Betrieb von Schiffskonstruktionen?

2. Welche Bedeutung haben dabei unterschiedliche Entwurfs- und Kontrollgrößen für die Sicherheit oder Zuverlässigkeit der Gesamtkonstruktion und welche Relevanz kommt unterschiedlichen Konstruktionselementen an verschiedenen Stellen der Konstruktion zu?

3. Welche (statistischen) Informationen sind für die Beurteilung der Sicherheit von Schiffskonstruktionen von Belang?

4. Welche Maßnahmen helfen, daß möglichst alle Schiffskonstruktionen gleich sicher konstruiert, gebaut und betrieben werden können?

Einige Fragen dieser Art werden auch unter nicht stochastischer Betrachtungsweise strukturmechanischer Probleme gestellt. Vielleicht haben die ausgewählten Hinweise dieses Vortrags jedoch zeigen können, daß stochastische Betrachtungen zur Sicherheit und Zuverlässigkeit tragender Schiffskonstruktionen auf der Basis einer weit entwickelten theoretischen Grundlage in diesem Zusammenhang besonders effektiv genutzt werden können. Die Verhinderung konstruktiven Versagens vor dem Hintergrund eines vernünftigen Kostenrahmens für Bau, Inspektionen, Wartung und Reparatur von Schiffen, also zum Schutz der Seefahrer ebenso wie zur Erhaltung der Meeresumwelt und wertvoller Wirtschaftsgüter, sollte uns bestimmen, die jeweils beste aller Möglichkeiten zu nutzen. Das verlangt in Zukunft vor allem Beharrlichkeit bei der weiteren Entwicklung und Anwendung der stochastischen Sicherheitstechnik, damit Max Plancks etwas überspitzte Formulierung - jede neue Theorie wird sich erst durchsetzen, wenn alle Verfechter der alten gestorben sind - möglichst widerlegt wird.

5. Würdigung

Im Vortrag wurden ausgewählte Ergebnisse verschiedener BMBF- und EU-geförderter Forschungs- und Entwicklungsvorhaben der vergangenen Jahre verwendet. Für die Förderung dieser Vorhaben sei den zuständigen Behörden an dieser Stelle noch einmal gedankt.

6. Schrifttum

Abrahamsen, E.: Structural Safety of of Ships and Risks to Human Life. European Shipb. 6, 1962

Abrahamson, E., Nordensrröm, N., Rören, E.M.Q.: Design and Reliability of Ship Structures. SNAME Spring Meeting, 1970

Akita, Y.: Reliability and Damage of Ship Structures. Marine Structures, Vol. 1, No. 2, 1988

Ang, A.H.S., Cornell, C.A.: Reliability Basis of Structural Safety and Design. ASCE, Journ. Struct. Div., Vol. 100, No. ST9, 1975

Blockley, D.: The Nature of Structural Design and Safety. Chichester: Ellis Horwood Ltd., 1980

Breitung, K.: Asymptotic Approximations for Multinormal Integrals, J. Eng. Mech., Vol. 110, No.3., 1984

CEB: First-Order Reliability Concepts for Design Codes. CEB-Bulletin d'Inform., No. 112, 1976

Cornell, C.A.: Structural Safety Specifications Based on Second Moment Reliability Analysis. Symp. on Concepts of Safety of Structures and Methods of Design, IABSE, 1969

Devanney III, J.W.: Marine Decisions Under Uncertainty. MIT Report No. MITSG 71-1, Index No. 71-107-Nte, Cornell Maritime Press, Inc., Cambridge, Maryland 21613, 1971

Ditlevsen, O.: Structural Reliability and the Invariance Problem. Res. Report No. 22, Solid Mech. Div., Univ. of Waterloo, Canada, 1973

Ditlevsen, O.: Model Uncertainty in Structural Reliability. Structural Safety, Vol. 1, 1982

Ditlevsen, O., Madsen, H.O.: Proposal for a Code for Direct Use of Reliability Methods in Structural Design. Technical University of Denmark, Series A, No. 248, 1989

DNV: Structural Reliability Analysis of Marine Structures. Det Norske Veritas Classification AS, Classification Notes, No. 30.6, 1992

Faulkner, D.: Semi-Probabilistic Approach to the Design of Marine Structures. Extreme Loads Response Symposium, SNAME, 1981

Ferry Borges, J.: Probability Based Structural Codes; Past and Future. Techn. Univ. Lisbon, Nat. Lab. of Civil Eng., ISPRA Course on Structural Reliability, 1989

Forsell, C.: Economy and Construction (schwedisch). Sunt Fornoft, 1924

Freudenthal, A.M.: The Safety of Structures. Proc. ASCE, Vol. 71, No. 8, 1945

Freudenthal, A.M.: Safety and the Probability of Structural Failure. Trans. ASCE, vol. 121, 1956

Gordo, J.M., Guedes Soares, C.: Approximate Method to Evaluate the Hull Girder Collapse Strength. Marine Structures, Vol. 9, 1996

Guedes Soares, C.: Probabilistic Models for Load Effects in Ship Structures. Dr.-Thesis, The Norwegian Inst. of Technology, Div. of Mar. Structures, Rep. UR-84-38, 1984

Guedes Soares, C.: Basis for Establishing Target Safety Levels for Ship Structures. Design Philosophy Committee of ISSC, 1986

Guedes Soares, C.: Influence of Human Control on the Probability Distribution of Maximum Stillwater Load Effects in Ships. Marine Structures, Vol. 3, 1990

Guedes Soares, C.: Stochastic Modelling of Still Water Load Effects in Ship Structures. Journal Ship Research, Vol. 34, No. 3, 1999

Guedes Soares, C., Dias, S.: Probabilistic Models of Still Water Load Effects in Containerships. Marine Structures, Vol. 9, 1996

Guedes Soares, C., Moan, T.: Statistical Analysis of Still Water Load Effects in Ship Structures, Proc. SNAME, 1988

Guedes Soares, C., Dogliani, M., Östergaard, C., Parmentier, G., Pedersen, P.T.: Reliability Based Ship Structural Design. Trans. SNAME, Vol. 104, 1996

Guenard, Y.F.: Application of System Reliability Analysis to Offshore Structures. The John Blume Earthquake Engineering Center, Dept. Civ. Eng., Stanford University, Report 71, 1984

Gumbel, E.J.: Statistics of Extremes. Columbia University Press, New York, 1958

Hansen, A.M.: Strength of Midship Sections. Marine Structures, Vol. 9, N0. 3-4, 1996

Hasofer, A.M., Lind, N.C.: An Exact and Invariant First-Order Reliability Format. J. Eng. Mech. Div., ASCE, Vol. 100, 1974

Hogben, N., Lumb, F.E.: Ocean Wave Statistics. Nat. Physical Lab., London: HMSO 1967

Hohenbichler, M., Rackwitz, R.: Non-Normal Dependend Variables in Structural Safety. J. Eng. Mech. Div., ASCE, Vol. 107, 1981

Hutchison, B.L.: Seakeeping Studies: A Status Report. SNAME Transactions, Vol. 98, 1990

Ivanov, L.D.: Statistical Evaluation of the Ship's Hull Cross Section Geometrical Characteristics as a Function of Her Age. 1st Int. Symp. on Ship's Reliability, Varna 1985

Ivanov, L.D., Madjarov, H.: The Statistical Estimation of Still Water Bending Moments of Cargo Ships. Shipping World and Shipbuilder, Vol. 168, 1975

Jensen, J.J.: Non-linear Wave Load Predictions for Marine Structures. Dept. Ocean Eng., DTU Lyngby, 1993

Kmiecik, M., Jastrzebski, T., Kuzniar, J.: Statistics of Ship Plating Distortion. Marine Structures, Vol. 8, No. 2, 1995

Krappinger, O., Sharma, S.D.: Sicherheit in der Schiffstechnik, Jahrb. STG Bd. 68, 1974

Lewis, E.V. et al.: Load Criteria for Ship Structural design. Rep. No. SSC-240, Ship Structure Committee, 1973

Jonquièr v.: Festrede zum 60-jährigen Bestehen des Germanischen Lloyd, Meisenbach Riffahrt &

Co.A.-G., Berlin-Schöneberg, 1927

Mansour, A.E.: Probabilistic Design Concepts in Ship Structural Safety and Reliability, Trans. SNAME, Vol. 80, 1972

Mansour, A.E., Jan, H.Y., Zigelman, C.I., Chen, Y.N., Harding, S.J.: Implementation of Reliability Methods to Marine Structures. Trans. SNAME, Vol. 92, 1984

Marley, M.J.: Time Variant Reliability under Fatigue Degradation. Dissertation, Universität Trondheim (NTH), Inst. Marine Konstruksjoner, 1991

Matthies, H.G., Brenner, C.E., Bucher, C.G., Guedes Soares, C.: Uncertainties in Probabilistic Numerical Analysis of Structures and Solids - Stochastic Finite Elements. Structural Safety, Vol. 19, No. 3, 1997

Mayer, M: Die Sicherheit der Bauwerke und ihre Berechnung nach Grenzkräften anstatt nach zulässigen Spannungen. Springer, Berlin, 1926

Murotsu, Y., Okada, H., Hibi, S., Niho, O. Kaminaga, H.: A System for Collapse and Reliability Analysis of Ship Structures Using a Spatial Element Model. Marine Structures 8, 1995

Nordenström, N.: Probability of Failure for Weibull Load and Normal Strength. DNV Report No. 69-28-S, Det Norske Veritas, 1996

Östergaard, C.: Zuverlässigkeit von Konstruktionen mit Beispielen aus der Schiffstechnik. Handbuch der Werften Band 16 und 17, Schiffahrts-Verlag „Hansa" C. Schroedter und Co., Hamburg, 1982 und 1984

Östergaard, C.: Anwendung der Zuverlässigkeitstechnik auf tragende Konstruktionen. 22. Fortbildungskurs, Institut für Schiffbau der Universität Hamburg, 1986

Östergaard, C.: Materialermüdung bei Langzeitbeanspruchungen von Schiffen infolge lokalen hydrodynamischen Drucks. Diskussion zu Söding: Aktuelle ..., Jahrb. STG, Bd. 85, 1991

Östergaard, C.: Partial Safety Factors for Vertical Bending Loads on Containerships. J. OMAE, Vol. 114, 1992

Östergaard, C.: Reliability of Stranding Ships. Comett Course on Probabilistic Methods for Structural Design, Inst. Sup. Tècnico, TU Lisbon, 1993

Östergaard, C.: Collision and Grounding Mechanics. WEMT 95, Vol. 1, 1995

Östergaard, C.: Comments on Boitsov, G.V. and on Fricke, W.. Schiffstechnik,Bd.47, Heft 1, 2000

Östergaard, C., Röhl, O.: Sicherheit von Seebauwerken - Regeln und Risiken. Jahrb. STG, Bd. 72, 1978

Östergaard, C., Rabien, U.: Zuverlässigkeitstechniken für den Schiffsentwurf. Jahrb. STG, Bd. 75, 1981

Östergaard, C., Schellin, T.E.: Entwicklung eines hydrodynamischen Panelverfahrens. Jahrb. STG, Bd. 89, 1995

Östergaard, C., Rackwitz, R., Schall, G., Scharrer, M.: Wahrscheinlichkeit der Materialermüdung in Schiffskonstruktionen und rationale Inspektionsplanung. Jahrb. STG, Bd. 85, 1991

Östergaard, C., Dogliani, M., Guedes Soares, C., Parmentier, G., Pedersen, P.T.: Measures of Model Uncertainty in the Assessment of Primary Stresses in Ship Structures. Marine Structures, Vol. 9, No. 3-4. 1996

Östergaard, C., Otto, S., Teixeira, A., Guedes Soares, C.: A Reliability Based Proposal for Modern Structural Design Rules of the Ultimate Vertical Bending Moment of Containerships. Jahrb. STG, Bd. 90, 1996

Ogilvie, F.T.: Recent Progress Toward the Understand and Prediction of Ship Motions. 5th ONR Symposium on Nav. Hydrodynamics, Pub. ACR-112, 1964

Paik,J.K., Kim, S.K., Yang, S.H.: Ultimate Strength Reliability of Corroded Ship Hulls. RINA Transactions, Vol. 137, 1997, pp. 1-14

Papanikolaou, A.D., Schellin, T.E.: A Three-Dimensional Panel Method for Motions and Loads of Ships with Forward Speed. Schiffstechnik, Bd. 39, Nr. 4, 1992

Pierson, W.J.: A Unified Mathematical Theory for the Analysis of Propagation and Refraction of of Storm Generated Ocean Surface Waves - Parts I and II. Res. Div., College of Engineering, New York University, 1952

Pierson, J.W., Neumann, G., James, R.W.: Practical Methods for Observing and Forcasting Ocean Waves by Means of Wave Spectra and Statistics. US Navy Hydrogr. Office Pub. 603

Pittaluga, A., Cazzulo, R., Romeao, P.: Uncertainties in the Fatigue Design of Offshore Steel Structures. Marine Structures 4, 1991

Rackwitz, R., Fießler, B.: Structural Reliability Under Combined Random Load Sequences. Computers and Structures, Vol. 9, 1978

Raiffa, H., Schlaifer, R.: Applied Statistical Decision Theory. New York: McGraw-Hill, 1965

Rathje, H., Schellin, T.E., Otto, S., Östergaard, C.: Berechnung nichtlinearer Seegangslasten. STG-Sprechtag Schiffe im Seegang, Hamburg 1998

Rice, S.O.: Mathematical Analysis of Random Noise. The Bell System Technical Journal, Vol. 23, 1944, Vol. 24, 1945

Rutherford, S.E., Caldwell, J.B.: Ultimate Longitudinal Strength of Ships: A Case Study. SNAME

Transactions, Vol. 98, 1990

Schall, G.: Zum Zusammenhang zwischen Inspektion, Reparatur und Zuverlässigkeit von Tragwerken. Dissertation an der TH München, Inst. Bauwesen III, 1990

Schellin, T.E., Östergaard, C., Guedes Soares, C.: Uncertainty Assessment of Low Frequency Load Effects for Containerships. Marine Structures, Vol. 9, No. 3-4, 1996

Söding, H.: The Prediction of Still Water Bending Moments in Containerships, Schiffstechnik, Vol. 26, 1979

St. Denis, M., Pierson, W.J.: On the Motion of Ships in Confused Seas. Proc. SNAME, 1953

Stiansen, S.G., Mansour, A., Jan, H.Y., Thayamballi, A.: Reliability Methods in Ship Structures. RINA Spring Meeting, Paper No. 5, 1979

STRUREL - Users Manual: A Structural Reliability Analysis Program. München: RCP, 1991 - 1998

Teixera, A., Guedes Soares, C., Östergaard, C.: Partial Safety Factors for Containerships Based on Ultimate Bending Moments of Ship Hulls, GL-Report S 2498, 1995

Tukey, J.W.: The Sampling Theory of Power Estimates. ONR Symposium on Appl. of Autocorralation Analysis to Physical Problems, Woods Hole, Mass., 1949

Weinblum, G., St.Denis, M.: On the Motions of Ships at Sea. SNAME Transactions, Vol. 58, 1951

Yamamoto, N.: Studies on the Generation and Progression of Corrosion in Structural Hull Members. NK Technical Bulletin, Vol. 15, 1997, pp. 43-49

Schiffssicherheit im Wandel der Zeiten

Aspects of Ship Safety in Changing Times

Dipl.-Ing. **Anneliese Jost**, Germanischer Lloyd

Summary. The rapid technical development of the last 150 years in the marine industry has introduced a discussion about safety issues covering crew and vessels as well as safety of cargoes and the marine environment. This issue is accepted to have a need for a continuous development in line with the recent technical achievements and needs to be covered by international standards rather than national legislation in order to be covered equally regardless of a Flag State Administration. Such international standards have lead to international conventions such as the International Load Line Conventions (ILLC 1930 and ILLC 1966 and most recently the Load Lines Protocol), the International Convention on Safety of Lifes at Sea (SOLAS) and more recently the MARPOL-Convention aiming at protecting the marine environment.
Such conventions have not been arbitrarily developed but cover the gained experience with the development of technical methods and their malfunctioning in some cases (accidents) as well as the ever improving possibilities of a more adequate modelling of physical behaviour.

Einleitung

Mit der rapiden technischen Entwicklung der Schiffahrt in den letzten 150 Jahren ist die Forderung nach Sicherheit zunächst für Mannschaft (Menschen an Bord) und Schiff, im weiteren aber auch die Sicherheit für Ladung und Umwelt zu einem Thema geworden, das einerseits als Entwurfskriterium für die Werften von Bedeutung ist und gleichzeitig der ständigen Anpassung an neue Entwicklungen bedarf. Die Forderungen nach verbesserter Sicherheit können in der internationalen Schiffahrt nur wirkungsvoll sein, wenn sie nicht wettbewerbsverzerrend, möglichst gleichmäßig auf alle Schiffe gleichen Typs angewendet werden müssen (also unabhängig sind von nationalen Besonderheiten eines jeweiligen Flaggenstaates). Daher münden viele der technischen Sicherheitsvorgaben in international verbindliche Vereinbarungen, wie z.B. dem Internationalen Freibordabkommen (ILLC 30 bzw. ILLC 66), dem Internationalen Übereinkommen zum Schutze des menschlichen Lebens auf See (SOLAS) und dem Internationalen Übereinkommen zur Verhütung der Meeresverschmutzung durch Schiffe (MARPOL).

Diese Übereinkommen sind nicht willkürlich getroffen, sondern beruhen auf Erfahrungen, die aus Unfällen oder anders erkannten Defiziten gewonnen wurden, und nutzen die zum jeweiligen Zeitpunkt der Definition vorhandenen physikalischen Erkenntnisse des Problems, um die Folgen erkannter Mängel zu beherrschen. Sie sind in aller Regel Kompromisse zwischen den Vertragspartnern, da Sicherheit ethische Aspekte beinhaltet, die wiederum stark abhängig von den sozialen und kulturellen Traditionen des jeweiligen Staates sind.

Deshalb werden hier auch technische Entwicklungen außerhalb Deutschlands mit einbezogen, und da die Schiffssicherheit viele Facetten beinhaltet, die einerseits bauliche und andererseits betriebliche Aspekte des Schiffes betreffen, kann es sich in diesem Rahmen nur um einen kurzen Einblick handeln.

Internationale Übereinkommen (Konventionen) zur Schiffssicherheit

Schiffahrt hat seit jeher Risiken beinhaltet. Mit einem guten Schiff, einer guten Mannschaft und einer aus Sicht des zu erwartenden Wetters günstig gewählten Reisezeit konnten Risiken reduziert, jedoch nicht ausgeschlossen werden. Entwicklungen in der Schiffssicherheit haben daher immer mit Erfahrungen zu tun gehabt. Zunächst ist natürlich der Umgang mit den alltäglichen Gefahren wie z.B. Hunger, Durst und Seeräuberei zu erlernen, während den Risiken durch Wetter wie z.B. Wind, Seegang, Nebel, Vereisung und Strömung bei Klippen und Untiefen erst durch die Fortschritte der Technik begegnet werden kann. Durch die technische Entwicklung sind neue Gefahren entstanden oder haben an Bedeutung erheblich zugenommen. Durch maschinellen Antrieb, durch neue Ladungsarten und Ladungstechniken sowie durch die gestiegene Verkehrsdichte wird zunehmend häufiger über Gefahren wie Feuer, Explosionen, übergehende Ladung, Schiffskollisionen und Schiffsstrandungen berichtet. Ziel der Arbeit des Sicherheitsingenieurs ist es natürlich auch heute noch, aus den gemachten Fehlern, meist Unfällen, zu lernen und die Technik angemessen an die Beobachtungen anzupassen.

Es ist an vielen Beispielen ablesbar, daß Entwicklung in der Schiffsicherheit nicht besonders kontinuierlich vorangetrieben werden konnte, sondern einzelne Maßnahmen zur Risikominderung erst durch herausragende Unfälle ausgelöst werden (z.B. der Untergang der „unsinkbaren Titanic").

Je genauer jedoch ein Risiko beschrieben und erkannt wird, desto besser läßt sich ein Lastmodell daraus ableiten. Dieses Modell kann dann zur Entwurfsarbeit herangezogen werden, um das System Schiff/Mannschaft besser für dieses Risiko zu rüsten. Für manche Risiken wie den baulichen Brandschutz sind solche „Lastvorgaben" mittlerweile gut bekannt, für andere sind noch nicht einmal genügend genaue Risikobeschreibungen entwickelt (Stabilität unter Seegangseinflüssen). Um Lastmodelle zu beschreiben, ist weiterhin Forschungsarbeit notwendig. Daraus wird dann die Definition oder die Verbesserung der jeweiligen Kriterien.

Freibordkonvention und Schiffsvermessung

Ungefähr seit 1830 gab es in England Bestrebungen, die eine gesetzliche Regelung zur Beschränkung des Tiefgangs [1], d.h. der zulässigen Beladung, bei Handelsschiffen durchzusetzen versuchten. Die Gründe dafür waren vor allem sozialethische: die Forderung nach Sicherheit zum Schutz der Besatzungen. Im Widerspruch dazu standen wirtschaftliche Interessen der kommerziellen Handelsschiffahrt.

Zu dieser Zeit bestand die Handelsflotte überwiegend aus hölzernen Segelschiffen, die nicht mehr ausschließlich mittels handwerklich bestimmter (also empirisch entwickelter) Regeln gebaut wurden. Diese Segelschiffe wurden üblicherweise mit reichlich Reserveauftrieb konzipiert, d.h. es war oberhalb der Wasserlinie reichlich schwimmfähiges Volumen vorhanden. Der Freibord war nicht umstritten, da für Segelschiffe jede Reduktion von Freibord (also Vergrößerung der Zuladung) gleichbedeutend mit einer Reduktion der Dienstgeschwindigkeit war, weil die genutzte Segelfläche bei gleichen Windbedingungen früher reduziert werden mußte.

Auch die "Great Britain" und die noch etwas größere "Great Eastern", die ersten größeren eisernen Seeschiffe, wiesen in voll abgeladenem Zustand etwa zwei Drittel des Deplacement als Reserveverdrängung auf. Diese Schiffe waren Passagierdampfer, die wegen des großen Raumbedarfs der Fahrgäste nicht als Freibord-kritisch anzusehen sind. Wirtschaftlich realisierbar wurde die Ausnutzung von größeren Tiefgängen erst mit der Entwicklung von Frachtdampfern.

Damals waren die Kapitäne nicht mehr generell in Personalunion auch Eigner der Schiffe. Die Eigner solcher Frachtschiffe haben vorrangig das Interesse, den wirtschaftlichen Nutzen ihrer Schiffe zu steigern, ohne ein Risiko für die eigene Person einzugehen. Der wirtschaftliche Nutzen steigt proportional mit der transportierten Ladungsmenge, da das Risiko für Schiff und Ladung durch eine Versicherung abgedeckt werden muß.

Im Kampf gegen solche "Coffin"-Schiffe (engl.: schwimmende Särge) eiferte Samuel Plimsoll (1824-1898)[2], ein englisches Parlamentsmitglied, indem er die soziale Seite dieser Frage moralisch wirkungsvoll an die Öffentlichkeit brachte. In seinem Buch "Our Seamen" beschrieb er die mangelhafte Seetüchtigkeit britischer Frachter und kritisierte die Praxis der Überladung. Er setzte sein gesamtes Vermögen und seine Energie ein, um die große Zahl der britischen Schiffsverluste zu reduzieren und die Not der daraus resultierenden zahlreichen unversorgten Witwen und Waisen zu lindern.

Auch wenn als Reaktion auf diese Bemühungen in England im "The Merchant Shipping Act of 1876" das Anmarken einer Freibordmarke zwingend vorgeschrieben wurde, brachte dies zunächst nicht den gewünschten Erfolg: Die Reeder konnten diese Plimsoll-Marke nach Belieben anordnen, also z.B. auch am Schornstein. Es dauerte noch 14 weitere Jahre (1890), bis die Lage dieser Marke mittels verbindlicher Freibordtabellen im Verhältnis zum Deck vorgeschrieben wurde. Diese Tabellen waren zuvor in einem Load Line Committee 18 Monate beraten worden.

In Deutschland waren bis zu diesem Zeitpunkt keine Bestrebungen für allgemeine Freibordregeln in Gang gekommen. Es gab weit weniger seegehende Frachtdampfer als in England, was zumindest teilweise an der verzögerten industriellen Entwicklung lag. Es gab Vorschriften des Germanischen Lloyd (GL), die für bestimmte Schiffstypen auch Bestimmungen über Freiborde enthielten; und es gab Schottvorschriften für Passagierdampfer, die zu Beschränkungen des Tiefgangs führten. Ansonsten stand es jedem Schiffsführer in deutschen Häfen frei, sein Schiff nach eigenem Ermessen zu beladen.

Erst aufgrund einer Anregung Kaiser Wilhelm II im Jahre 1899 hatte die Hamburg-Amerika-Linie (HAPAG) freiwillig für ihre gesamte Flotte Tiefladelinien eingeführt. Kurz darauf begann auch die See-Berufsgenossenschaft See-BG, sich für überzeugende Freibordkriterien zu interessieren, die aber technisch befriedigend, d.h. physikalisch begründbar, und praktikabel sein sollten.

Zu diesem Zwecke wurde im Jahre 1900 eine Bestimmung erlassen, die den Tiefgang der Seeschiffe unter die Aufsicht der See-BG stellte. Damit wollte man zunächst Daten über die damals gängige Beladungspraxis ermitteln. Auf der Grundlage dieser Daten erarbeiteten einer der Vorstände des GLs, Middendorf und sein Nachfolger Pagel, Vorschläge für einen Entwurf deutscher Freibordregeln. Bei diesem Entwurf waren außer der Seitenhöhe des Schiffes Gesichtspunkte wie Seegang (Decksüberflutung, Wellenlänge), Windlasten und Reserveauftrieb berücksichtigt worden. Außerdem wurde auf die damals üblichen Merkmale der Schiffstypen eingegangen. Ausreichende Stabilität der Schiffe hingegen wurde vorausgesetzt

Ab 1906 etablierte die See-BG Freibordkontrollen deutscher Schiffe im Ausland. 1907/8 wurden mit der englischen Verwaltung Gespräche über eine Harmonisierung der jeweils gültigen Freibordtabellen geführt, die in die Verabschiedung gemeinsamer Tabellen und die gegenseitige Anerkennung der Freibordvorschriften und der erteilten Freibordmarken mündeten.

Die Vorschriften der See-BG über den "Freibord für Dampfer und Segelschiffe in der langen und atlantischen Fahrt sowie in der großen Küstenfahrt" von 1908 beinhalten u.a., daß an allen betroffenen Schiffen (Kiellegung ab dem 1. Januar 1909) ein vom GL erteilter Freibord anzumarken war. Hinsichtlich ausreichender Festigkeit des Schiffskörpers wurde auf die Bauvorschriften des GL verwiesen.

Bestrebungen, eine internationalere Vereinbarung (ein erstes internationales Freibordabkommen) zu treffen, kamen zwar 1913 in Gang, wurden aber wegen des Weltkriegs nicht umgesetzt. Nach dem Krieg wurde dieses Bemühen nur schleppend wieder aufgenommen. Es wurde zunächst ein Ostsee-Abkommen angestrebt, das 1929 verabschiedet wurde. Dieses Abkommen hatte kaum Bedeutung, da auf einer Londoner Konferenz am 5. Juli 1930 das erste "Internationale Übereinkommen über den Freibord von Kauffahrteischiffen" getroffen wurde.

An dieser Konferenz beteiligten sich 30 Nationen, die es anschließend auch national umsetzten. Damit galten die erarbeiteten Freibordvorschriften weltweit. Der erteilte Freibord war nicht länger eine Funktion der Seitenhöhe, sondern der Schiffslänge. In der Freibordberechnung waren die Freibordtabellen mit Korrekturen für Seitenhöhe, Völligkeit usw. anzuwenden. Daraus ergaben sich z.T. erhebliche Abweichungen der erteilten Freiborde (Tiefgänge) von den „Tafelfreiborden".

Weiterhin wird mit dieser Konvention der viel diskutierte "Tankerfreibord" eingeführt, d.h. für Tanker gab es eine eigene Freibord-Tabelle, die geringere Freiborde bei gleicher Schiffslänge fordert. Die Begründung dafür ist, daß dieser Schiffstyp ohne große Decksöffnungen auskommt und damit ein entsprechend kleineres Risiko für überkommendes Wasser hat, welches den Auftrieb und damit die Stabilität mindert.

Über diese Freibordkonvention wurde der STG von Erbach [4] vorgetragen. Aber es wurden keine quantitativen Vorschläge zur "richtigen" Größe des Freibords gemacht; vielmehr wurde auf den Verschlußzustand, also den wasserdichten Verschluß von Aufbauten, Niedergängen und Luken eingegangen, weil dieser Verschlußzustand als Voraussetzung für die Erteilung eines Freibordes erkannt worden war.

Die damals gültigen Schiffsvermessungsvorschriften wurden von Erbach [5] und Nilsson [6] hart kritisiert, weil die darin enthaltenen Bestimmungen über Verschlüsse z.T. den Bemühungen der Freibordkonvention widersprachen. Diese Bemerkungen sind, bezogen auf die Verhältnisse, kurz vor Inkrafttreten der Konvention von 1930 dargestellt. So wurde ein Beispiel zitiert, indem der Reeder eines Schiffes dieses zunächst als offenes Shelterdeckschiff nutzte, d.h. gemäß Vermessungsregeln brauchte ein bestimmter Teil des Raumes nicht "eingemessen" zu werden, weil er oberhalb des Freiborddecks, welches gleichzeitig Bezugsdeck für die Vermessung war, unverschlossen gefahren wurde. Als dieses Schiff in ein geschlossenes Shelterdeckschiff umgewandelt wurde, erhielt es einen um 18 Zoll vergrößerten Tiefgang. Dazu wurde berichtet, "daß die Schäden auf dem Deck wegen schweren Wetters und hoher See zweifellos an Anzahl und Umfang um das Vielfache zunahmen."

Schon 1901 hatte Rosenstiel [7] als Begründung für die Einführung von Tiefgangsbeschränkungen für Schiffe formuliert, daß überbrechende Seen und vornehmlich schnell aufeinanderfolgende Wellen auf Deck kommen, Decksöffnungen sowie Luken etc. einschlagen und in den Schiffsraum eindringen können, wodurch einerseits das Schiff und andererseits die Mannschaft stark gefährdet werden. Um diesem Risiko zu begegnen, wird ein genügend großes Reservedeplacement benötigt. Um also Sicherheit vor Überkommen von Wasser zu haben, wurden die Bedingungen zur Erteilung des Freibordes definiert.

Bis zur Verabschiedung der Freibordkonvention von 1930 war die zunächst sehr emotionale Diskussion über die notwendige Sicherheit (bis zur Einführung der ersten verbindlichen Tabellen) in eine mehr sachlich geführte übergegangen, deren Sinn mehr darin lag, Wettbewerbsgleichheit, also internationalen Standard zu entwickeln. Als mit der

Bemessung des Freibordes begonnen wurde, waren die physikalischen Zusammenhänge zwischen Freibord, Festigkeit und Stabilität (Intakt- sowie Leckstabilität), Seegang und Überkommen von Wasser im einzelnen noch unbekannt. Inzwischen waren sowohl statische Festigkeitskriterien als auch Sink- und Kentersicherheitskriterien entwickelt worden, die beim Bau von Schiffen Berücksichtigung fanden und in Konventionen (SOLAS) oder Klassifikationsregeln tiefgangsabhängig vorgeschrieben wurden. Erkenntnisse über die Erfassung von Seegangslasten und überkommendes Wasser jedoch waren noch nicht entwickelt, weil die Voraussetzungen dafür noch fehlten.

In allen Freibordregeln wurden kürzeren Schiffen kleinere Freiborde erteilt, und zwar nicht nur relativ, sondern auch absolut. Dies steht im Widerspruch zu dem physikalischen Verständnis, daß bei Wellenlängen, die in etwa mit der Schiffslänge übereinstimmen, das Risiko überkommenden Wassers besonders kritisch ist, und der Erfahrung, daß kleinere Wellenlängen häufiger vom Schiff erlebt werden. Unter diesen Aspekten ist es um so erstaunlicher, daß in der Entwicklung der Freibordtabellen die Freibordforderungen immer weiter nach unten korrigiert wurden.

Schnadel [8] unternahm als erster (1938) den Versuch, zur Festlegung eines notwendigen Freibordes die Schiffsbewegungen im Seegang zu ermitteln. Er verglich Messungen von Tauchbewegungen und Beschleunigungen, die er an Bord der "San Francisco" gemacht hatte, mit Berechnungen von beschleunigten Bewegungen in Wellen. Als Ergebnis schlug er vor, daß der Freibord für Schiffe bis 120 m Länge konstant 1,5 % der Länge sein sollte. Auch Skinner [9] forderte größere Freiborde für bis zu 120 m lange Schiffe, allerdings sollten es ca. 1,7 bis 2 % der Länge sein. Seine Begründung war die Beobachtung des Risikos großer Rollschwingungen.

Ungefähr ab 1950 erarbeitete Manley [10] aus Statistiken zwar die Aussage, daß die Anzahl der Verluste der Schiffe insgesamt rückläufig gewesen sei, ein Großteil der Schiffsverluste (ca. 80%) aber die Schiffsgröße betraf, die unter 90 m lang waren. Für Schiffslängen unter 60 m wurde sogar ein weiterer Anstieg des Risikos ermittelt. Für kleinere Schiffe bis etwa 100 m Länge wurde daher auch von ihm ein vergrößerter Freibord gefordert.

Etwa um dieselbe Zeit wurden in der Schiffstheorie u.a. durch Grim [11,12,13] Methoden entwickelt, die eine Beschreibung der Schiffsbewegungen im Seegang ermöglichten. Diese Ergebnisse wurden durch Seegangs-Modellversuche untermauert. Forschungen in der Ozeanographie lieferten mathematische Darstellungen von Seegangs-Spektren. Unter Verwendung der Wahrscheinlichkeitsrechnung konnte damit Krappinger [14] einen Vorschlag entwickeln, der die Wahrscheinlichkeit des Überkommens von Wasser als Sicherheitskriterium formulierte. Krappinger diskutierte jedoch nicht den Freibord am Hauptspant, sondern den am vorderen Lot. Er schlug als Sicherheitsmaß zwei Wahrscheinlichkeitskriterien vor, die die Zuverlässigkeit beschreiben, daß das Wetterdeck trocken bleibt. Aus dem Vergleich seiner Kriterien mit erteilten Freiborden (1930-Konvention) für geometrisch ähnliche Schiffe verschiedener Längen konnte die Forderung nach mehr Freibord für kleinere gestützt werden. Eine zusammenfassende Darstellung der Entwicklung der Schiffstheorie hat Grim [15] 1967 der STG vorgetragen.

Praktische Bedeutung hatten diese Erkenntnisse, weil damit Vorhersagen über vertikale Bewegungen des Schiffes im Seegang möglich wurden. Auf diese Weise wurde eine rechnerische Beurteilung der Häufigkeit des Ein- und Austauchens des Schiffsbuges und der Wahrscheinlichkeit des Überkommens von Wasser an Deck ermöglicht. Damit war man der Beschreibung der physikalischen Verhältnisse einen wesentlichen Schritt näher gekommen.

Konsequenterweise folgte der Versuch (Krappinger und Bakenhus), die Vorgaben der Freibordkonvention im Lichte der neueren Erkenntnisse und Erfahrungen zu überprüfen. Bei Versuchen mit Schiffen in unregelmäßigem Seegang und der Beobachtung des "Bugfreibords" erreichte man ein ähnliches Resultat wie das, welches Manley aus Statistiken gefunden hatte: Für kleine Schiffe (70 bis 100 m Länge) wäre der zu erteilende Freibord zu klein, d.h. das Risiko zu groß, daß Wasser an Deck kommt, während für Schiffslängen von ca. 150 m der Freibord am Bug als ausreichend erachtet wurde.

1959 nahm die International Maritime Consultative Organisation (IMCO) als Unterorganisation der UNO für Schiffahrtsfragen ihre Tätigkeit auf. Dies gab Anlaß, eine Überarbeitung der Freibordkonvention von 1930 zu planen. In diesem Zusammenhang standen u.a. auch die o.g. Arbeiten von Krappinger. Die Freibordkonferenz fand 1966 in London statt und endete mit der Verabschiedung einer neuen Konvention (ILLC 1966).

Mit Hilfe dieser Freibordkonvention sollten die Bedingungen für die Erteilung einer Freibordmarke von einem Schiff, dessen Risiken als akzeptabel eingestuft worden waren, auf andere, später gebaute Schiffe übertragen werden. Deshalb gelten diese Bestimmungen auch für alle Schiffe ab 24 m

Länge außer Kriegsschiffen, vorhandene Schiffe mit weniger als 150 BRT, nicht gewerbliche Schiffe und Fischereifahrzeuge.

Seit dem Inkrafttreten der 66er-Freibordkonvention haben sich allerdings sowohl die Schiffstypen als auch die Längen und Einsatzarten von Schiffen sehr gewandelt. Jeweils 1982 und 1988 wurden Anläufe unternommen, Ergänzungen der Freibordkonvention zu erarbeiten, in welche die gewonnenen Erfahrungen eingearbeitet waren. Diese "Protokolle" zur Konvention betreffen einerseits technische Entwicklungen bei Verschlüssen und andererseits Interpretationen zu den Berechnungsvorgaben des Freibordes. Formal verbindlich in Kraft treten diese Ergänzungen erst am 3. Februar 2000, da sie gemäß Artikel 29 mit einer Zweidrittel-Mehrheit der Vertragsstaaten in Kraft gesetzt werden mußten, welche erst mit den Unterschriften von Malta und Bahamas 1999 erfolgten.

In den 80er Jahren war die Schiffshydrodynamik erheblich weiterentwickelt worden, so daß mittlerweile Simulationsprogramme eine zu erwartende Relativbewegung zwischen Wasser und Schiff beschreibbar machen. Mit solchen Hilfsmitteln versucht u.a. Östergaard, eine physikalisch besser erklärbare Methode zur Definition für einen notwendigen Mindestfreibord zu finden. Ein solcher Vorschlag wird zur Zeit in einem neuen Anlauf zur Überarbeitung der Freibordkonvention diskutiert. Vorstellbar wäre, daß einerseits eine Formel für einen neuen Tafelfreibord entwickelt würde, andererseits aber auch die Simulationsphilosophie selbst Grundlage für die Erteilung von Freiborden werden könnte.

Schiffssicherheitsvertrag (SOLAS-Konvention)

Entwicklung der SOLAS Konvention

Zu Anfang dieses Jahrhunderts gab es keine einheitlichen, international verbindlichen Sicherheitsbestimmungen. Es existierten nationale Bestimmungen, die je nach den „Erfahrungen" und dem Stand der technischen Entwicklung der einzelnen Staaten unterschiedliche Aspekte der Schiffssicherheit regulierten. Die Weltausstellungen in London (1851), Wien(1879) und Paris(1900) hatten den technischen Fortschritt in den Blickpunkt der Menschen gelenkt, und der Untergang des deutschen Dampfers „Elbe" (1895) und des Passagierdampfers „Republic" der White Star-Line (1909) beeindruckte Öffentlichkeit und Schiffahrtsexperten gleichermaßen.

Die Sicherheit der Schiffe oblag damals ausschließlich den Reedereien selbst. Im 19. Jahrhundert hatten sich zwar Aufsichtsgesellschaften zur Sicherheit auf See gebildet (1828 Bureau Veritas BV, Paris; 1834 Lloyds Register LR, London; 1867 Germanischer Lloyd GL, Hamburg und 1896 American Bureau of Shipping ABS, New York). Diese Klassifikationsgesellschaften beaufsichtigen und bewerten Bau, Unterhalt und Reparaturen der Schiffe und stellen darüber Zertifikate aus, auf deren Grundlage Schiffe versichert werden können.

Aber die Klassifikation eines Schiffes war bis 1998 nicht zwingend vorgeschrieben und so wurde z. B. die 1912 in Dienst gestellte „Titanic" ohne solche Beaufsichtigung gebaut. Obwohl die „Titanic" nach dem modernsten Standard gebaut worden war, ging sie bei ruhigem Wetter und guter Sicht auf ihrer Jungfernfahrt verloren. Sie war mit voller Fahrt unter der Wasserlinie mit einem Eisberg kollidiert.

Nach den Untersuchungen dieser Katastrophe war eine wichtige Konsequenz die 1913 durch die britische Regierung einberufene erste internationale Konferenz, die sich mit international verbindlichen Sicherheitsstandards in der Passagierschiffahrt auseinandersetzte. Ergebnis der Bemühungen war ein erstes „Übereinkommen zum Schutz des menschlichen Lebens auf See".

Die auf der „Titanic"-Konferenz 1913 entwickelten Sicherheitsvorschriften bestanden aus verbindlichen Regelungen mit definierten Ausnahmemöglichkeiten für die folgenden Detailbereiche eines Fahrgastschiffsneubaus:

- Konstruktion (Unterteilung, baulicher Brandschutz)
- Rettungsmittel
- Funktelegraphieanlagen
- Nautik

Außerdem umfaßten diese Vorschriften verbindliche Vorgaben über Zeugnisse, welche die Erfüllung des Vertrages bestätigen, und legte einen Eispatrouillendienst fest.

In sehr kurzer Zeit war durch Vertreter aus mehr als 40 Nationen die umfangreiche Ausarbeitung dieser Konvention erreicht worden. Es war vorgesehen, daß der Vertrag nach der Ratifizierung zum 1. Juli 1915 in Kraft treten sollte. Da der Ausbruch des ersten Weltkrieges dies verhinderte, wurde erst 1929 eine überarbeitete Fassung mit nahezu unveränderten Sicherheitskriterien als erste SOLAS-Konvention verabschiedet.

Es folgten der 1929-SOLAS-Konvention 1948, 1960 und 1974 weitere Konferenzen in London, die den Fortschritten der Technik entsprechend die SOLAS- Konvention weiterentwickelten. Die wesentlichen Ergänzungen in diesen Konventionen waren die Entwicklungen im Brandschutz und solche, die Frachtschiffstypen-Entwicklungen betrafen (Getreideladungen, gefährliche Güter und nuklear betriebene Schiffe).

Obwohl SOLAS-Konferenzen in gewissen zeitlichen Abständen, wie im Text der ersten Konvention vorgesehen, regelmäßig abgehalten wurden, dauerte die Ratifizierung und Inkraftsetzung mit jeder Konvention länger. Die SOLAS 74 trat erst am 25. Mai 1980 in Kraft. In der zweiten Hälfte dieses Jahrhunderts traten wirtschaftliche Interessen und die Erkenntnis, daß Sicherheitsstandards nicht umsonst zu haben sind, immer klarer in den Vordergrund. In den Artikeln der 1974-Konvention wurde deshalb ein Konzept eingearbeitet, mit dessen Hilfe diese SOLAS-Konvention durch Ergänzungen legislativ unkompliziert erweitert und aktualisiert werden kann. Die heute gültige Fassung ist die SOLAS 74 einschließlich aller Ergänzungen bis 1998, entsprechend der technischen Entwicklung der Schiffstypen und der Erkenntnisse, die leider immer noch zu sehr durch Unfälle auf See bestimmt werden.

Beispiel Unterteilung

Unter Leckstabilitätsberechnung versteht man die Berechnung der Schwimmlage und Kentersicherheit eines Schiffes nach der Flutung einer Abteilung oder eines Raumes. Voraussetzung für eine solche Betrachtung ist baulich eine wasserdichte Unterteilung des Schwimmkörpers.

Die Forderung nach wasserdichter Unterteilung von Schiffskörpern in Deutschland wurde aufgrund zahlreicher Unfälle (z.B. "Cimbria" nach einer Kollision mit der "Sultan") schon um die Jahrhundertwende gestellt und ist seit Bestehen der Bauvorschriften für eiserne Seeschiffe 1877 in den Bauvorschriften des GL enthalten. Zunächst waren nur ein Kollisionsschott und das vordere und hintere Maschinenraumschott gefordert, später ab 1891 kam eine Empfehlung für wasserdichte Schotte im Laderaumbereich hinzu. Der empfohlene Schottabstand betrug 25 m.

Ende Januar 1895 kollidierte der Passagierdampfer des Norddeutschen Lloyd "Elbe" mit dem britischen Dampfer "Cathie" in der Nordsee. Das Sinken der "Elbe" innerhalb weniger Minuten und der Verlust von ca. 330 Menschenleben bewegte die Öffentlichkeit sehr und veranlaßte die See-BG dazu, seither für "Passagierdampfer in außereuropäischer Fahrt" den Einabteilungsstatus zu empfehlen. Dieser Status bedeutet, daß beim Fluten jeder beliebigen einzelnen Abteilung ausreichende Restschwimmfähigkeit nachgewiesen werden mußte. Die Festigkeit der wasserdichten Schotte sollte den Bauvorschriften des GL genügen.

Ein rechnerischer Nachweis des Einabteilungsstatus war nur mittels Näherungsverfahren möglich, auf die hier im Detail nicht eingegangen werden soll. Eine Weiterentwicklung solcher Verfahren stellen z.B. die Knüpffer-Diagramme dar [16]. Da all diese Sicherheitsbestimmungen wirtschaftliche Konsequenzen haben, nahm man einen Passus in die Vorschriften auf, der sich später als nachteilig erwiesen hat: "Schiffe, welche in Bezug auf die Anzahl, Stärke und Verteilung der Schotte den betreffenden Vorschriften der See-Berufsgenossenschaft entsprechen, brauchen nur die Hälfte des vorgeschriebenen Hilfsbootsraumes (für Rettungsboote) zu haben." Also wird der gewonnene Sicherheitsstandard durch den verminderten Bootsraum mindestens teilweise wieder aufgehoben.

International wurden Unterteilungsvorschriften erst nach dem Untergang der "Titanic" 1912 diskutiert. In der Fassung des Schiffssicherheitsvertrags von 1929 [17] sind die Kriterien der Unterteilungsrechnung und der Schottenkurve enthalten, wie sie auch in der neuesten Fassung der SOLAS (einschließlich der 1998 Ergänzungen) noch Gültigkeit haben.

Leckstabilitätsberechnungen können nach zwei unterschiedlichen Verfahren durchgeführt werden:
- nach dem Prinzip "hinzukommendes Gewicht"
- nach dem Konzept "fortfallender Auftrieb".

Solange die hydrostatischen Daten der Schiffsform und die Pantokarenen mit Hilfe von Integrationsmethoden "zu Fuß" erarbeitet werden mußten, war es naheliegend, den unveränderten Gesamt-Schiffskörper zu betrachten. Mit Hilfe der modernen Rechner kann und sollte die physikalisch richtige Methode der konstanten Verdrängung zu Grunde gelegt werden, insbesondere weil Kollisionen oder Grundberührungen mindestens zur Abminderung der Festigkeit der örtlichen Bauteile führen und daher diese nicht als "volltragend" angesehen werden können.

Im einzelnen sind Leckstabilitätskriterien heute schiffstypabhängig.

Fahrgastschiffe

Für konventionelle Fahrgastschiffe stehen zwei Verfahrensarten zur Erfüllung der Unterteilungs- und der Leckstabilitätsbestimmungen zur Auswahl, die jedoch jeweils vollständig erfüllt werden müssen. Außerdem wurde im Laufe der Entwicklung leichterer und schnellerer Schiffe ein besonderer Sicherheitsvertrag für solche Schiffe abgeschlossen. Er heißt HSC-Code [28] und gilt für alle Schiffe (Fracht- und Fahrgastschiffe), deren Maximalgeschwindigkeit entsprechend der Formel

$$v_{max} \geq 3.7 \cdot V^{1/6}$$

errechnet wird, wobei mit V das Volumen des Schiffes, bis zur Tiefladelinie gemessen, gemeint ist. Auf diese besonderen und je nach Einsatzbereich und Personenzahl unterschiedlichen Kriterien kann in diesem Zusammenhang nicht weiter eingegangen werden. Petersen [18] hat jedoch über diese neuen Vorschriften vor der STG berichtet.

A. Die deterministische Berechnungsmethode nach SOLAS.

Die Bestimmung der notwendigen Unterteilung (Ein-, Zwei- oder Dreiabteilungsstatus) erfolgt in Abhängigkeit von Schiffslänge, Anzahl der Passagiere und des Unterdecksvolumens. Mit steigendem Risiko wird generell ein höherer Unterteilungsgrad gefordert.

Die SOLAS-Unterteilungsregeln kennen nur Hauptquerschotte. Örtliche Unterteilungen, die sich über mehr als eine Abteilungslänge erstrecken, oder globale Längsunterteilungen können mit diesen Kriterien nicht berücksichtigt werden. Manche nationalen Verwaltungen sind daher zu weitgehenden Interpretationen dieser Bedingung bereit.

Bis zur Havarie der "Herold of Free Enterprise" 1987 wurde über Reststabilitätskriterien in SOLAS nur wenig Konkretes gesagt. Es wurde wohl die zulässige Endschwimmlage durch ein Tauchgrenzkriterium und einen maximalen Neigungswinkel vorgeschrieben, die Stabilität im Leckfall war für symmetrische Schwimmlagen auf ein Mindest-GM von 0,05 m gefordert. Für deutsche Schiffe wurden deshalb über die SOLAS- Forderung hinaus mindestens 0,03 m Resthebel über einem ungünstigsten Krängungsmoment im Leckfall (meist das Moment der auszusetzenden Boote) gefordert. Außerdem war bei Unsymmetrien der Nachweis zu erbringen, daß das Schiff nicht kentert. Nach dem Kentern der "Herold of Free Enterprise" im Hafen von Zeebrügge wurden die Reststabilitätskriterien für Fahrgastschiffe überarbeitet

B. Die probabilistische Berechnungsmethode nach dem "Äquivalent" (IMO Res. A.265)

Diese Methode des Lecksicherheitsnachweises beinhaltet zwei Nachweise:

- einen "deterministischen" Nachweis (Regel 5), in dem bauliche Konzepte vorgegeben sind, z.B. Mindestabstände von der Außenhaut und eine vorgeschriebene Mindest-Doppelbodenhöhe, und

- einen "probabilistischen" Nachweis (Wahrscheinlichkeitskonzept) [19]. Der darin geforderte Wahrscheinlichkeitswert ("required index") wird durch Schiffslänge und Fahrgastzahl bestimmt, wobei diese in Abhängigkeit vom vorhandenen Bootsraum unterschiedlich be-

rücksichtigt wird. Demgegenüber wird der erreichte Wahrscheinlichkeitswert ("attained index") durch Aufsummierung der Einzelwahrscheinlichkeiten errechnet, die jeweils einzelnen Räumen oder Raumgruppen durch das Verfahren zugeordnet werden. Die Einzelwahrscheinlichkeiten berechnen sich abhängig von der Lage der begrenzenden Quer- und Längsschotte, der Länge des berücksichtigten Raumes und den Reststabilitätskennwerten. Der erreichte Wahrscheinlichkeitswert muß für drei Tiefgänge gemittelt werden.

Dieses, von Wendel entwickelte, Wahrscheinlichkeitskonzept kann, im Gegensatz zum SOLAS-Konzept, jede Art der Unterteilung gebührend berücksichtigen. Andererseits ist der geforderte Wahrscheinlichkeitswert bei hohen Fahrgastzahlen aufgrund seiner Höhe ein sehr strenges Kriterium.

Der "Estonia"-Untergang im September 1996 regte eine erneute Diskussion über die Gültigkeit dieser Leckstabilitätsbestimmungen an. Es wurde diskutiert, ob der neue SOLAS-Standard, wie er seit 1988 besteht, ausreichend wäre und ob er in ausreichendem Maße auch für "vorhandene" Schiffe Anwendung finde. Diese letzte Frage läßt sich jedoch nicht beurteilen, da die "Estonia" im Sinne des neuen Standards ein "vorhandenes" Schiff war, welches den verbesserten Standard erst zu einem späteren Zeitpunkt hätte nachweisen müssen.

Allerdings ist durch die erneute Havarie eines RoRo-Fahrgastschiffes (sowohl die "Herold of Free Enterprise" als auch die "Estonia" rechnet man zu diesem Schiffstyp) sicher mit Recht die Frage nach spezifischen Risiken dieses Schiffstyps gestellt worden. Es hat mehrere Forschungsvorhaben gegeben, die sich in letzter Zeit mit dieser Frage technisch auseinandersetzten, z.B. das Joint North West European Research Project [20], an dem auch deutsche Experten beteiligt waren. Das Ergebnis dieses Vorhabens war der Vorschlag eines neuen Beurteilungskonzeptes, das "framework" genannt wurde. Dieses vorgeschlagene Konzept basiert auf einer probabilistischen Leckstabilitätsbeurteilung, in der alle bekannten Risiken gegeneinander abwägt werden und diese in globalem Zusammenhang minimiert werden. Man kann dies als eine moderne Formulierung des Gedankens bezeichnen, der hinter dem eben beschriebenen "Äquivalent" steht.

Bei der Diskussion um die Sicherheit von RoRo-Fähren wurden weitere Gesichtspunkte im Hinblick auf evtl. Besonderheiten dieses Schiffstyps erwogen. Einige in dieser Hinsicht relevante Themen waren:

- Stabilitätsbeeinflussung durch Wasser auf dem RoRo-Deck, welches als Schottendeck relativ dicht über der Sommerladelinie ist

- Lage und Bauart des Kollisionsschottes, insbesondere im Zusammenhang mit Bugpforten

- Wetterdichter Verschluß der Öffnungen (z.B. Türen und Luken), die von dem RoRo-Wagen-Deck nach unten führen

- Zuverlässigkeit der Verschlüsse der Bugpforten sowie anderer Außenhautpforten im Zusammenhang mit einem RoRo-Deck

All diese speziellen Diskussionspunkte flossen in die gesetzgeberische Arbeit bei der IMO ein, wurden dort z.T. sehr kontrovers beraten und führten, wenn sie mehrheitsfähig waren, zu SOLAS-Ergänzungen.

In einem Fall, der als erstens genannten "Wasser an Deck"-Problematik, fand das vorgeschlagene Kriterium keine ausreichende allgemeine Zustimmung der IMO-Mitglieder. Es wurde also nicht als SOLAS-Ergänzung beschlossen, sondern auf einer Regionalkonferenz als Regionalabkommen aller Nord- und Ostsee-Anrainer, als sogenanntes "Stockholm-Abkommen" [21] verabschiedet und bei der IMO als solches zirkuliert.

Dieses "Stockholm-Abkommen" fordert den Nachweis ausreichender Reststabilität im Leckfall auch unter der zusätzlichen Belastung von einer vorgegebenen Wassermasse an Deck. Auch dieser Standard muß für "vorhandene" RoRo-Fähren nachgerüstet werden. Damit wird spätestens im Jahre 2002 dieser Standard von allen international in den Seegebieten der Nord- und Ostsee eingesetzten Fähren zu erfüllen sein.

Das Leckstabilitätskriterium des "Stockholm-Abkommens" ist auch aus anderen Gründen bemerkenswert. Die Erfüllung dieser etwas willkürlich anmutenden quasi-statischen Zusatzbedingung kann wahlweise durch Berechnungen (herkömmlich) oder durch Seegangsversuche (Modellierung des Bewegungsverhaltens mit vorgegebenen Durchführungsbedingungen) nachgewiesen werden. Damit sind diese Kriterien, die ein Risiko erfassen, welches aus der Relativ-Bewegung zwischen Wasseroberfläche und dem Ro-Ro Deck des Schiffes entsteht, erstmals physikalisch relevant erfaßt worden.

Frachtschiffe

Im Zusammenhang mit der Benennung einzelner Risiken sind auch für Frachtschiffe Leckstabilitätskriterien entwickelt worden, allerdings je nach Schiffstyp unterschiedliche:

A. Leckstabilitätsvorschriften für die Erteilung von reduzierten Freiborden [22]
B. Vorschriften zur Verhütung von Meeresverschmutzungen (MARPOL) [23] durch Öl
C. Vorschriften für den Transport von Chemikalien [24]
D. Vorschriften für den Transport von Gasen [25]
E. Vorschriften für Spezialfahrzeuge [26]
F. Vorschriften für Frachtschiffe ab 100 m bzw. 80 m Länge [27]
G. Vorschriften für HSC-Frachtschiffe [28].

Für Schiffe mit Freibordvergünstigung mußte schon seit Inkrafttreten der Freibordkonvention, entsprechend dem Umfang ihrer Freibord-Vergünstigung Leckstabilität nachgewiesen werden. Obwohl Reststabilitätskriterien in vollem Umfang vorgeschrieben sind, decken diese Berechnungen keinen Tiefgangsbereich ab. Sie sind nur auf vollem Tiefgang und auf der Basis vereinfachender Annahmen über die Ausgangsschwimmlage zu machen.

Öltanker unterliegen seit Ende der 70er Jahre den Bestimmungen von MARPOL Annex I. Für solche Schiffe muß bis zu 150 m Länge Ein-Abteilung-Status und für längere Tanker der Zwei-Abteilung-Status nachgewiesen werden. Es ist sowohl mit Seiten- als auch mit Bodenbeschädigung zu rechnen. Der Nachweis ausreichender Sinksicherheit ist über den zu erwartenden Tiefgangsbereich zu führen. Er muß alle Ladungsdichten und Ladungskombinationen abdecken. Seit 1984 sind für alle festigkeitskritischen Frachtschiffe Ladungsrechner für den Nachweis der Festigkeitswerte im Betrieb vorgeschrieben. Zunehmend sind diese Rechner auch im Einsatz, um die Leckstabilität der einzelnen Beladungen zu berechnen.

Für Öltanker gibt es außerdem direkte Entwurfsvorgaben: Alle Tanker, die nach dem 6. Januar 1993 gebaut werden, müssen modernen Ölausflussbeschränkungsüberlegungen [29] und –bestimmungen genügen, d.h. sie müssen als Doppelhüllenschiffe gebaut werden. Alternativ gibt es ein Vergleichsberechnungsverfahren zur Berechnung der Ölaustrittswahrscheinlichkeit [30]. Auch diese Vorschriften sind anläßlich eines Unfalls (Exxon Valdez) entstanden und haben nicht ausschließlich positiven Einfluß auf die Stabilität: Soll bei Anordnung einer Doppelhülle Wasserballast-Volumen und Anzahl der Tanks konstant bleiben, so ergeben sich sehr breite Ballasttanks, die erhebliche freie Oberflächen beim Löschen und Laden verursachen. Darum wurde explizit für solche Ladevorgänge bei Öltankern ein Intaktstabilitätskriterium entwickelt (MARPOL, Annex I, Regel 25A)

Für Chemikalien- und Gastanker gelten seit 1985 ähnliche Bestimmungen, nur daß der Unterteilungsgrad von der Länge und der Einstufung der Gefährlichkeit der Ladung abhängig ist.

Auch Spezialschiffe unterliegen ähnlichen Kriterien. Unter Spezialschiffen versteht man Schiffe wie z.B. Forschungsschiffe, Ausbildungsschiffe, Fabrikschiffe, die mehr als 12 jedoch weniger als 200 Personen "Sonderpersonal" einschließlich Fahrgästen an Bord haben.

Alle diese Leckstabilitäts-Vorschriften sind deterministische Kriterien, d.h. es sind vorgegebene Verletzungen anzunehmen. Seit 1992 sind für alle anderen Frachtschiffe (SOLAS, Kapitel II-1, Teil B1) [27] mit einer Länge von mehr als 100 m Unterteilungslänge (ergänzt ab Juli 1997 für Schiffe ab 80 m Länge) probabilistische Leckstabilitätsvorschriften in Kraft. Das bedeutet, daß für solche Schiffe zwar die gleichen Reststabilitätskriterien zu erfüllen sind, es aber keine vorgeschriebenen Schadensausdehnung gibt. Statt dessen muß ein geforderter Wahrscheinlichkeitswert nachgewiesen werden ("required index"). Dabei ist es nicht vorgegeben, mit welchen Räumen bzw. Raumkombinationen diese Forderung erreicht wird.

Beispiel Brandschutz:

Unter den Risiken der Schiffahrt kommt zweifellos der Brandgefahr eine besondere Bedeutung zu, denn obwohl dieses offensichtliche Risiko gut bekannt ist - es wurde geschätzt, daß etwa 10 bis 15% der jährlichen Totalverluste der internationalen Handelsschiffahrt auf Feuer und Explosionen zurückzuführen sind -, kommen leider auch heute noch große Schiffsbrände vor und fordern gerade auch bei Passagierschiffen zum Teil eine große Zahl an Menschenverlusten.

Schon ganz zu Anfang der deutschen Passagierschifffahrt brannte 1858 die „Austria" aus. Dabei kamen mehr als 300 Personen ums Leben.

Dr. Zaps [32], der damalige Leiter der Hamburger Feuerwehr, berichtete 1938 vor der STG darüber, daß Aufsichtsbehörden und Reedereien sich bemühten die Schäden als Einzelfälle herunter zu spielen und versuchten die Bedeutung des baulichen Brandschutzes zu bagatellisieren im Hinblick auf die vermeintlich wirkungsvollen Löschmöglichkeiten und -praktiken.

1967 berichtet van den Blink [33] vor der STG in seinem Vortrag „Schiffsbrände" detailliert über Ursachen, Ausdehnung sowie Brandbekämpfung. So wie durch ihn wurden schon viel früher in gleicher Weise eine ganze Reihe von Forderungen aufgestellt, die in zwei Gruppen aufgeteilt werden

können: solche die Brände verhindern und andere zur Brandbekämpfung.

Um Maßnahmen zur Brandverhinderung entwickeln zu können muß die Ursache der Brandkatastrophen untersucht und aus den beobachteten Umständen gelernt werden. Konsequenterweise sind wiederholt Analysen von Brandkatastrophen erstellt worden, z.B. in Deutschland vom Bundesministerium für Verkehr für die Jahre 1961 bis 1985 (Tabelle 1).

Außerdem sind manche Brandrisiken gar nicht an Bord: So wurden durch einen Schuppenbrand in Hoboken (New York) am 30. Juni 1900 vier NDL Fahrgastschiffe vernichtet: die „Kaiser Wilhelm der Große", die „Bremen", die „Main „ und die „Saale".

Unbekannte Ursache	64
Rauchen in der Koje	61
E-Anlage: E-Geräte, Schalttafel, Kabel	55
Brennstoff/Öl auf Abgassystem	54
Öfen, Herde, Heizkessel und deren Abzüge	50
Schweißen oder Brennen	33
Ladungsbedingte Entzündung	30
Brandstiftung	24
Restliche Ursachen	91

Tabelle 1: Deutsche Schiffsbrände 1961-1985

Schließlich hat sich im Laufe der Jahre das Brandrisiko der Ladung selbst verändert. Waren es um die letzte Jahrhundertwende vielfach Brände oder Explosionen von Kohleladungen, die zu Totalverlusten führten (1894 „Gowan Bank", 1900 Ross-Shire", 1902 „Euterpe", 1905 „Oktavia", 1920 „Muskoka" und „Caroline", 1925 „Flora), so sind es heute Brände auf Containerschiffen, deren zum Teil gefährliche Ladung neben z.B. brennbarer Ladung auf einer Luke vielfältig zusammengesetzt sein kann.

Mit dem Wandel der Risiken und der Ursachenforschung sind die Brandschutzvorschriften ständig weiterentwickelt worden. In der SOLAS Konvention von 1929 ist Brandschutz in Kapitel II, Regel 16, „Brandschotte" sowie im Kapitel III, (Rettungsmittel), enthalten und beschreibt die Aggregate, die zur Feuerlöschung bereit zu halten waren. So befaßten sich die SOLAS-Konferenzen von 1948 und 1960 überwiegend mit Brandsicherheit von Fahrgastschiffen. Dabei bestand zwischen den beteiligten Nationen keineswegs Einigkeit über die geeignete Methode. Die Amerikaner bevorzugten die „Entholzung" der Wohnräume und führten mit

Ihrem Schnelldampfer „United States" eindrucksvoll den Verzicht auf die Verwendung brennbarer Werkstoffe vor. Die Engländer hingegen propagierten automatische Feuermelde- und Berieselungsanlagen bei freier Werkstoffauswahl. Das Ergebnis der damaligen Diskussionen war ein Kompromiß [34], der beide Methoden nebeneinander akzeptiert.

Leider blieben Brände auf großen Fahrgastschiffen damit nicht aus, und so wurden die Brandschutzbestimmungen auch nach 1960 weiter entwickelt und ergänzt. Wegen der immer noch großen Zahl der betroffenen Fahrgastschiffe wurde durchgesetzt, daß diese Vorschriftenergänzungen nicht nur auf Neubauten angewendet werden, sondern auch auf vorhandene Schiffe, die innerhalb eines bestimmten „Nachrüstungs"-Zeitraumes an die ergänzten Bestimmungen angepaßt werden müssen.

So wurden konstruktive Maßnahmen entwickelt und weiterentwickelt, die eine rasche Ausbreitung eines Feuers bestmöglichst verhindern sollen, eine Brandbekämpfung ermöglichen und welche sichere Fluchtmöglichkeiten zum freien Deck gewährleisten sollen: baulicher Brandschutz. Dazu gehört u.a. die Brandschutzunterteilung, die schon 1903 von der See-BG national entwickelt worden war: „Auf Dampfschiffen mit einer Länge von mehr als 100 Metern in langer und atlantischer Fahrt, die in der Regel mehr als 100 Personen an Bord haben, sind in allen durchlaufenden Decks über dem Schottendeck sowie in allen langen Aufbauten, in denen Ladung gefahren werden soll, in Abständen von höchstens 40 Metern stählerne Feuerschotte vorzusehen."

Mit der modernen Entwicklung in der Handelsschiffahrt, in der die Passagierschiffe nur noch eine sehr untergeordnete Rolle spielen, wurde ab den 70er Jahren auch international auf Brandschutzbestimmungen für Frachtschiffe eingegangen. In Deutschland hatte die SeeBG schon Anfang der 50er Jahre eine entsprechende Initiative ergriffen. Für den Wohnbereich der Frachtschiffe wurde ein den bestehenden Vorschriften für Fahrgastschiffe ähnliches Konzept entwickelt. Diese sind eine geeignete Isolierung zwischen Wohn- und Maschinenräumen, Fluchtwege-Konzepte und die Begrenzung des Feuers auf den Entstehungsort sowie Löschung möglichst dort.

Ein besonderes Kapitel im Brandschutz der Frachtschiffe sind die Brandschutzbestimmungen für Öl- und Produktentanker. Bei diesen Schiffen ist die Entgasung der Ladetanks von besonderer Bedeutung: Es fielen 1942 drei weitere Schiffe einer Explosion zum Opfer, die durch Rostklopfen auf der „Uckermark" ausgelöst wurde, nach offensichtlich nicht einwandfrei entgasten Ladetanks. Selbst beim Tankwaschen sind häufiger Explosionen aufgetreten, die vermutlich auf elektrostatische Aufladung bei diesem Vorgang zurückzuführen waren. Als Konsequenz wurden schließlich Inertgasanlagen vorgeschrieben.

Beispiel Rettungsmittel

Wie bereits ausgeführt gab es bis zum Zeitpunkt des Untergangs der „Titanic" (1912) keine international verbindlichen Sicherheitsregeln, also auch keine für die Ausstattung der Fahrgast- oder Frachtschiffe mit Rettungsmitteln. Es gab dafür nationale Vorschriften, z.B. in England und in Deutschland. In diesen Regeln war die bereits erwähnte Philosophie enthalten, die bei Erfüllung des damaligen Unterteilungsstandards auf die Hälfte des Rettungsbootsraumes verzichtete. Dahinter stand der Gedanke, daß alle Maßnahmen die zur sicheren Unterteilung und Doppelhülle der Schiffe unternommen werden, das Schiff „unsinkbarer" machen, wie Flamm [35] 1914 vor der STG berichtete. Gerade am Beispiel der „Titanic" wird deutlich wie angreifbar diese Philosophie ist.

Der bei Handelsschiffen eingeführte (nationale) Grad der Unterteilung und der verbesserte Verschlußzustand war durchaus geeignet, die Schiffe unsinkbar erscheinen zu lassen. Ihrer konsequenten Anwendung steht jedoch der wirtschaftliche Zweck der Schiffe entgegen. Also muß das restliche Risiko durch Rettung aus Seenot abgedeckt werden.

Obwohl die meisten der heute üblichen Rettungsmittel (Schwimmweste, Rettungsboote und –flöße) seit Alters her bekannt waren, dauerte die Erkenntnis bis in dieses Jahrhundert, daß für jede einzelne Person an Bord Rettungsmittel vorgesehen werden müssen. Auch die erste SOLAS-Konvention von 1929 definierte in Kapitel III zwar sehr genau die Bedingungen, die an Rettungsboote (Regeln 24 bis 37) je nach Fahrtgebiet zu stellen waren, die Kapazität der Boote jedoch wurde in Abhängigkeit der Schiffslänge angegeben (Regel 38 und 39). Entsprechendes galt für Schwimmwesten.

In Deutschland wurden Rettungsmittel, insbesondere die Ausstattung der Schiffe mit Rettungsbooten erstmals 1891 durch die See-BG vorgeschrieben. In den damaligen Unfallverhütungsvorschriften waren bereits detaillierte Bestimmungen dazu enthalten. Auch in Deutschland wurde erst mit der nationalen Umsetzung der SOLAS von 1929 gesetzlich verankert, daß für 100% der Personen an Bord Rettungsmittel vorgesehen werden müssen.

Für die damaligen Fahrgastschiffe war solch eine Forderung nur mit Schwierigkeiten zu erfüllen, da die Rettungsboote erhebliche freie Decksflächen beansprucht en und das Gewicht und die Anordnung der Boote zu Stabilitätsproblemen führten. Außerdem war das Aussetzen der Boote und selbst das Einbooten der Fahrgäste ein schwierig zu lösendes Problem. Alle diese Probleme führten zur Entwicklung von Schwerkraftdavits, die das Ausschwingen der vollbesetzten Boote in glattem Wasser bei bis zu 15° Neigung des Schiffes beidseitig mittels Schwerkraft ermöglichte. Bei dieser Konstruktion hängen die Boote in großer Höhe über den Decks, so daß wenig Einschränkungen in der freien Decksfläche in Kauf genommen werden mußten.

Normalerweise ist die endgültige Rettung aus Seenot erst gelungen, wenn die Havarierten durch ein anderes Schiff oder den Seenotrettungsdienst geborgen wurden. Deshalb ist die wesentliche Bedingung an Rettungsmittel die, das Überleben der Havarierten bis zu diesem Zeitpunkt zu sichern. Entsprechend wurden die üblichen Rettungsboote so gebaut und ausgestattet, daß die Betroffenen bestmöglichst vor den in dieser Situation drohenden Gefahren geschützt werden. Umwelteinflüsse waren Wetterbedingungen und Haifische ebenso wie Durst, Hunger, Kälte etc.. Außerdem wurden ein eigener Antrieb und Signalmittel als Ausrüstung vorgesehen.

Ähnlich den Entwicklungen der Schiffstypen, wurden Rettungsboote für besondere Schiffstypen entwickelt: offene und geschlossene Rettungsboote, solche aus GFK und „Freifallrettungsboote".

Trotz vieler Verbesserungen der Aussetzvorrichtungen für Rettungsboote zeigt sich zum Beispiel an Unfällen wie dem Untergang des Barge Carriers „München" am 13.12.1980, daß gerade bei ungünstigen Wetterverhältnissen im Seegang Rettungsboote ungenutzt aufgefunden werden, d.h. daß sie nicht eingesetzt werden konnten. Als Lösung für dieses Problem wurde ein vollständig geschlossenes und selbstaufrichtendes Rettungsboot entwickelt, das am Heck des Schiffes auf einer schrägen Ablaufbahn montiert wird. Dieses Boot wird vollbesetzt im freien Fall abgeworfen und kommt durch die beim Eintauchen vorhandene Geschwindigkeit, unabhängig vom Seegang und Wetter, sofort vom havarierten Schiff frei.

Außer Rettungsbooten sind Rettungsflöße und Rettungsinseln mit Rutschen zum schnellen Evakuieren und natürlich Schwimmwesten vorgeschrieben und entwickelt worden. Eine Lücke in diesen Hilfsmitteln zur Überbrückung der Zeit bis zur endgültigen Rettung ist jedoch die Schwierigkeit, die sich aus der Unterkühlung der im Wasser treibenden Personen ergibt. Im Fall des Untergangs der „Estonia" am 30.9.1994 war eine erhebliche

Anzahl Personen nicht ertrunken, sondern auf Grund von Unterkühlung nur noch tot geborgen worden.

Es hat viele Bemühungen zur Entwicklung von Kälteschutzanzügen gegeben. Für die Fischerei und den Offshore-Einsatz wurden Arbeitsanzüge mit entsprechenden Eigenschaften entwickelt. Für die Handelsschiffahrt jedoch steht die Isolierung im kalten Wasser als Kriterium im Vordergrund. Diese Anzüge sind schwer und unbeweglich und müssen im Wasser das Ausführen einfacher Arbeiten ermöglichen. Solche Anzüge wurden nach ihrer Entwicklung bei der Hamburgischen Schiffbau-Versuchsanstalt HSVA im Eiskanal erprobt. Sie sind seit dem 1.10.1985 auf allen deutschen Frachtschiffen vorgeschrieben. Bei offenen Rettungsbooten muß für jede Person an Bord ein Anzug vorgehalten werden, bei geschlossenen Rettungsbooten sind insgesamt drei Anzüge vorgeschrieben. Eine ähnliche Bestimmung wurde auch in SOLAS eingearbeitet. Die Entwicklung wirksamer Kälteschutzkleidung für Fahrgastschiffe bleibt ein zu lösendes Problem.

Beispiel Umweltschutz

Mit zunehmendem Welthandel zu Beginn der 50er Jahre stieg der Energie- und damit der Rohölverbrauch und -transport in den Industrieländern stark an. Es stieg nicht nur der Weltbestand in Tankschiffkapazität, sondern auch die Größe der gebauten Einheiten. 1953 war die „Tina Onassis" als Supertanker mit 45.000 tdw vom Stapel gelaufen. In weniger als 20 Jahren Entwicklung wurden Tanker bis ca. 500.000 tdw gebaut. Diese Entwicklung des wachsenden Rohöltransports spiegelt sich natürlich im gestiegenen Risiko von Tankschiffshavarien wieder.

Zwar hatte 1954 eine erste Konvention zur Begrenzung von Ölverschmutzungen stattgefunden, das Ergebnis jedoch war eine Vorschrift [36], die den Tankerentwurf bald sehr stark beschränkte, da die konstruktiven Bedingungen eine Größenbegrenzung von Tanks beinhaltete. Trotz dieser Entwurfseinschränkungen häuften sich die Meldungen über durch Kollisionen, Strandungen und Explosionen in Schwierigkeiten geratene Tanker.

Die mit Verkehrsdichte und Transportregionen zusammenhängenden Risiken der Kollisionen und Strandungen sind in ihrer Art und Bedeutung denen anderer Schiffe gleicher Größe ähnlich.

Die Gefahren durch Explosionen im Ladetankbereich sind jedoch Tanker-spezifisch. Das transportierte Rohöl enthält u.a. leicht flüchtige Bestandteile wie z. B. Methangas. Daß vor allem beim Be- und Entladen der Tanks sowie beim Tankwaschen explosible Gas-Luft-Gemische entstehen können, war früh erkannt worden. Bei diesen Vorgängen ist deshalb besonderes Augenmerk auf das Abblasen des Gases und das Verhindern von Zündmöglichkeiten zu legen.

Die Explosionen auf drei Großtankern „Marpessa", „Mactra" und „Kong Haakon VII" im Dezember 1969 veranlaßte die Fachwelt, die Unfallursachen, d.h. in diesem Falle die Zündmöglichkeiten im Ladetankbereich auf Öltankern, genauer zu erforschen. Mau [37] berichtete 1972 vor der STG von den erkannten Zündmöglichkeiten und ihrer Relevanz. Als Ergebnis wurden folgende Zündmöglichkeiten in Betracht gezogen:

- durch Stoß von fallenden Gegenständen
- durch Kompression des Gemisches
- durch Heizschlangen
- durch pyrophores Material,
- durch Induktionsströme von der Funkanlage
- durch elektrostatische Aufladung.

Nachdem die Gefahren also benannt und untersucht waren, wurden Vorschriften für den Bau und den Betrieb von Tankschiffen entwickelt,um diese zu vermeiden. Eine der Folgen dieser Tankerhavarien waren erhebliche Ölverschmutzungen an den Havarie-Orten. Um dieser Konsequenz der Tankerunfälle zu begegnen, wurde 1973 eine Konferenz zur Verhütung von Ölverschmutzung einberufen.

Bis dahin waren Öltanker der einzige Seeschiffstyp, der ohne durchgehende Dopppelböden gebaut wurde. Ebensowenig wurden Seitentanks vorgesehen. Da die Ladetanks für den Transport von Flüssigkeiten geeignet waren, wurde in diesen Tanks die bei Leerfahrten benötigte Ballastwassermenge gefahren. Deshalb grenzte bei diesen Schiffen die Ölladung direkt an die Außenhaut. Nach den Strandungen der „Torey Canyon" 1967 und der „Amoco Cadiz" 1978 wurden durchgehende Doppelböden auch für Öltanker gefordert. Über den Nutzen dieser Doppelböden jedoch war sich die Fachwelt uneinig, da solche Leerzellen im Ladetankbereich eines Öltankers auch Gefahren mit sich bringen. Bei Gasbildung in den Doppelböden würde die Explosionsgefahr erhöht und bei Strandungen könnte die Bergung havarierter Tanker durch die leckbedingte Flutung des Doppelbodens zusätzlich erschwert.

Die Tankerunfälle der 60er und 70er Jahre haben zu internationalen Umweltschutz Bemühungen geführt, deren Konsequenz die MARPOL-73/78-Konvention [23] ist. Immerhin hatten die USA schon 1976 gefordert, daß Öltanker ab 20.000 tdw im gesamten Ladetankbereich mit einem Doppel-

boden ausgestattet werden sollen. Sie konnten sich mit dieser Forderung jedoch auch bei der „Conference on Tanker Safety and Pollution Prevention 1978" nicht durchsetzen.

Die in der MARPOL-Konvention enthaltenen baulichen Vorschriften über die Konstruktion von Öltankern traten am 2.10.1983 in Kraft [38].

Im Hinblick auf die späteren Entwicklungen sind die Bestimmungen über die Doppelhülle am wichtigsten. Für Rohöltanker ab 20.000 tdw und Produktentanker über 30.000 tdw wurde eine teilweise Doppelhülle durch die Forderung nach getrennten Ballasttanks in schützender Anordnung vorgeschrieben. „Getrennt" meint in diesem Zusammenhang, daß diese Ballasttanks vollständig vom Ladeöl- und Brennstoffsystem getrennt sein müssen, d.h. daß sie nur für Ballastwasser nutzbar sein dürfen. Die Ladetanks werden durch die an der Außenhaut angeordneten Ballasttanks geschützt und bilden eine partielle Doppelhülle, deren Größe nach Größe des Tankschiffes bemessen werden muß.

Am 24. März 1989 lief die amerikanische „Exxon Valdez", ein 214.000 tdw großer Öltanker, kurz außerhalb des Hafens von Valdez/Alaska auf Grund. Dieses Schiff war 1986 in den USA gebaut worden und entsprach den beschriebenen MARPOL-Bedingungen einschließlich der partiellen Doppelhülle. Die im Prince William Sund ausgeflossene Ölmenge betrug in der Summe etwa 41.000 tdw und war damit größer als der theoretisch zu erwartende „hypothetische Ölausfluß" nach Regel 22-24.

Dieses Unglück hat die amerikanische Regierung zu einer legislativen Initiative gebracht, deren Ergebnis national der OPA 90 (Oil Polution Act, 1990) war. Dieses Gesetz gilt für alle Öltanker und schreibt vor, daß in amerikanische Gewässer nur noch Öltanker mit vollständiger Doppelhülle einlaufen dürfen. Diese Vorschrift gilt jedoch für neue Tankschiffe. Die Tanker mit Einfachhülle werden nach einem zeitlichen Rahmenplan nur noch wenige Jahre toleriert und müssen schließlich umgebaut oder außer Dienst gestellt werden. Ab 1. Januar 2015 sind dann in US-Häfen nur noch Doppelhüllentanker akzeptabel.

International wurde diese Entwicklung mit ergänzenden Regeln in MARPOL abgedeckt (Annex I, Regeln 13G und 13F), die Tanker mit an die Außenhaut grenzenden Ladungstanks für Neubauten beschränkt und die Lebensdauer vorhandener solcher Schiffe auf 25 Jahre beschränkt.

Internationale Standards

Es gibt eine Vielzahl Internationaler Standards in der Schiffahrt. Soweit sie bei der IMO entwickelt wurden, handelt es sich zu meist um IMO-Resolutionen (Entschließungen) oder Circulars (Mitteilungen). Es würde zu weit führen, auf alle Standards einzugehen. Stellvertretend soll auf die Entwicklung der Stabilitätskriterien eingegangen werden.

Da die grundlegenden Gesetze über Schwimmfähigkeit und Stabilität der Schiffe von Alters her bekannt sind, läge der Schluß nahe, daß die Bestimmung der Stabilitätseigenschaften und ein Kriterium, das ein Mindestmaß an Stabilität vorschreibt, längst gebräuchlich wären. Dieser Schluß ist jedoch falsch.

Tatsächlich spielte im traditionellen Schiffbau solch ein Kriterium keine Rolle, da Entwicklungen und Änderungen in kontinuierlichen kleinen Schritten vor sich gingen. Erst mit der Entwicklung verschiedenartiger Schiffstypen unter Vernachlässigung empirischer Entwicklungsphilosophien stellte sich die Frage nach den notwendigen Mindestwerten der Stabilität.

Beispielsweise wurden Schiffe entwickelt, die sich durch große Tragfähigkeit, also geringen Freibord, bei sonst ähnlichen Abmessungen auszeichneten. Diese Entwicklung geschah trotz des empirischen Wissens um die Notwendigkeit ausreichenden Reserveauftriebs des wirtschaftlichen Vorteils wegen. Nach einer Reihe von Schiffsverlusten untersuchte in England 1871 Barnaby [39] bereits den Einfluß von Schiffsbreite und Freibord auf die Hebelarmkurven. Trotzdem wurde dieses Thema zunächst nicht allgemein weiterverfolgt. Man war der Auffassung, daß die Einführung der Freibordmarke Handelsschiffe vor Überladung schützen würde und damit ausreichende Stabilität gewährleistet wäre.

1884 wurde in Deutschland Johows "Hilfsbuch für den Schiffbau" [40] zum ersten Mal herausgegeben. In diesem Buch sind die wesentlichen Grundlagen zur Ermittlung der statischen Stabilität und Kentersicherheit bereits beschrieben, d.h. zu dieser Zeit hielt man das Stabilitätsproblem für im wesentlichen gelöst. Der Begriff Stabilität selbst, der noch in der aufrechten Gleichgewichtsschwimmlage physikalisch korrekt gebraucht worden war, wurde im Zusammenhang mit Kentersicherheit schon sehr bald dahingehend abgewandelt, daß man darunter nicht den Vergleich zwischen krängenden und aufrichtenden Hebelarmen, sondern ausschließlich die Berechnung der aufrichtenden Hebelarme verstand.

In diesem Zusammenhang wurde zunächst daran gearbeitet, den Schiffskörper selbst und seinen Formeinfluß erfassen zu können. Entsprechende Erkenntnisse findet man z.B. in den späteren Auflagen des "Hilfsbuch für den Schiffbau" [41] und nach Gründung der Schiffbautechnischen Gesellschaft STG in deren Jahrbüchern. Hier sei z.B. die Arbeit von Bauer [42] erwähnt.

Nach dem Untergang einer Reihe von Fischkuttern erarbeitete der Germanische Lloyd 1903 in einer Untersuchung von 15 Fischkuttern [43] deren Kurven aufrichtender Momente und kam zu dem Ergebnis, daß die Unfälle jeweils auf Kenterung zurückzuführen seien. In den folgenden Jahren war entsprechend die Frage nach der Bewertung der Kentersicherheit stärker verfolgt worden.

Benjamin [44] empfahl 1913 als Beurteilungskriterium für ausreichende Stabilität die Fläche unter der Hebelarmkurve, die er "dynamische Wegkurve" nannte. In Deutschland wurde als Ziel beschrieben, daß jedem Kapitän als dem für die Stabilität seines Schiffes Verantwortlichen Hilfen zur Beurteilung an Bord zu geben seien. So machte die See-BG in einem Rundschreiben vom 6. Januar 1922 eine Ergänzung zum vorhandenen § 6 der UVV-See. Dieser Paragraph besagte zunächst: "Das Schiff darf nicht tiefer geladen werden, als die festgesetzte Marke gestattet, und auch dann nur bis zur Freibordmarke weggeladen werden, wenn es für die bevorstehende Reise hinreichend Stabilität besitzt."

Besagtes Rundschreiben ergänzte dazu folgendes: "Es wird empfohlen, bei jedem Neubau die Bauwerft zu veranlassen, daß sie für die wichtigsten in Betracht kommenden Beladungsfälle und Tiefgänge die Hebelarmkurven der statischen Stabilität aufstellt, sie dem Führer des betreffenden Schiffes aushändigt und erläutert und ihm ferner zum Vergleich und als Maßstab zur Beurteilung der Kurven die Hebelarmkurven eines solchen ähnlichen Schiffes überreicht, das sich bereits in der Praxis bewährt hat."

Mit dieser neuen Forderung setzte sich der 12. Deutsche Schiffahrtstag auseinander. In der erarbeiteten Stellungnahme wurde deutlich, daß mit der Einhaltung des See-BG Rundschreibens für geometrisch ähnliche Schiffe mit ähnlichen Beladungen das Vergleichsobjekt tatsächlich als Maßstab dienen sollte. Die kritischen Schiffe bzw. Ladefälle jedoch, die auf kein Vergleichsobjekt zurückgreifen können, sollten auch beurteilt werden können. Dazu müßte es der Schiffsleitung übertragen werden, überall "selbst das Stabilitätsmaß, wenn die praktischen Umstände es gestatten, zu ermitteln oder ... den Verlauf der Hebelarmkurven für die wichtigsten Beladungsfälle und Tiefgänge jederzeit aufzustellen."

Weiterhin waren die Experten des Seeschiffahrtstags der Meinung, daß die Schiffsführungen durchaus in der Lage seien, den Gesamthöhenschwerpunkt des Schiffes mit der jeweiligen Beladung zu bestimmen. Es wurden zweierlei Möglichkeiten in diesem Zusammenhang vorgeschlagen:

a) den Betriebskrängungsversuch
b) die Momentenrechnung

Damit wäre die Betrachtung der aufrichtenden Hebel schon 1922 theoretisch möglich gewesen. Weitere Arbeiten auf diesem Gebiet wurden ab 1933 in einem STG-Fachausschuß zum Thema "Stabilität und Schwingungen" geleistet. Die Unterlagen der 10 Jahre dauernden Arbeit dieses Fachausschusses wurden, soweit sie noch vorhanden waren, 1953 in einem Sonderband [45] der STG veröffentlicht. Obwohl die vier Autoren aus völlig unterschiedlichen Blickwinkeln, und zwar aus Sicht der Schiffstheorie, des Entwurfs und der Nautik das Stabilitätsproblem beleuchteten, herrschte Einigkeit unter ihnen in der Feststellung, daß die herkömmliche statische Betrachtungsweise unzulänglich sei.

1939 veröffentlichte der Finne Rahola [46] eine Untersuchung über Stabilitätskriterien, die aus Kenterunfällen von Schiffen bis zu 100 m Länge abgeleitet waren und Mindestforderungen für aufrichtende Hebelarme und -flächen enthielten. Man meinte, diese Kriterien als Zwischenlösung akzeptieren zu können, da ihre Relevanz aus der in der Kenterstatistik besonders häufig vertretenen kleinen Schiffe abgeleitet worden war.

Nach dem Krieg wurde insbesondere auf das Thema Kentersicherheit im Seegang eingegangen. Wendel machte den Vorschlag, die aufrichtenden Hebel im Seegangseinfluß dadurch zu erfassen, daß er die aufrichtenden Hebel im Wellenberg und Wellental gesondert berechnete und die sich daraus ergebende Mittelwertkurve als im Seegang maßgeblich ansah [47]. In vielen Fällen lag die Mittelwertkurve zumindest im Bereich größerer Neigungen unterhalb der Glattwasserhebelarmkurve. Diese Beobachtung verdeutliche die Ursache mancher untersuchter Kenterunfälle, bei welchen auf das Schiff im längslaufenden Seegang krängende Momente eingewirkt hatten.

Der Vorteil der von Wendel vorgeschlagenen Beurteilungsmethode war, daß dieses Kriterium von physikalischen Überlegungen ausging, während das Rahola-Kriterium eigentlich nur auf Schiffe anwendbar ist, die in der zugrunde liegenden Kenterstatistik erfaßt worden waren. Diese neuen "Wendel-Kriterien" fanden ihren Niederschlag in den Stabilitätskriterien der Bundesmarine, über welche Arndt [48] 1965 vor der STG berichtet hatte.

1965 veröffentlichte Boie [54] eine neuere Untersuchung über Kenterunfälle. Er untersuchte und beschrieb alle zwischen 1945 und 1965 bekannt gewordenen Kenterunfälle deutscher Schiffe und benannte 13 verschiedene Unfallursachen, u.a. "zu geringe aufrichtende Hebelarme" und "im Seegang gekentert" an erster bzw. zweiter Stelle.

1965 berichtete Seefisch über die Beurteilung der Stabilität in der Praxis [55]. Er begann mit der damaligen legislativen Situation, indem er zwar auf nationale und internationale Vorschriften verwies, die besagten, daß Stabilitätsunterlagen für den Bordgebrauch vorhanden sein müßten, daß jedoch noch immer keine zufriedenstellende Antwort auf die Frage nach Grenzen für Mindeststabilität gefunden worden sei, obwohl auch bei der IMCO dieses Problem erkannt und in Angriff genommen worden sei. Einig war man sich in der Erkenntnis, daß die Stabilitätskriterien unzureichend seien. So würde z.B. der Schiffswiderstand berechnet und danach die Antriebsleistung bestimmt. Auf die Stabilitätsproblematik übertragen, würde dies bedeuten, daß die krängenden Momente bestimmt werden müßten, um daraus die notwendigen aufrichtenden Momente zu errechnen. Dies setzt aber voraus, daß die einzelnen krängenden Momente erkannt und berechenbar werden. Dazu liegt es nahe, die Unfalluntersuchungen, ergänzt durch Augenzeugenberichte, zu nutzen, um krängende Momente zu unterscheiden und zu erklären [56].

Intakt-Stabilitäts-Kiterien

Einfach schien die Beschreibung der aufrichtenden und krängenden Hebel zur Zeit der großen Segelschiffe bis etwa zur Jahrhundertwende. So beschreibt Middendorf [57] zum Entwurf von solchen Schiffen, daß

$$A \cdot h = \varepsilon \cdot \text{Depl} \cdot \text{GM}$$

sein soll, d.h. das Produkt aus Segelfläche A $[m^2]$ und Hebelarm h (Abstand des Gesamtflächenschwerpunktes vom Schwerpunkt des Unterwasserlateralplanes) soll dem Produkt aus Schiffsmasse Depl. [t] und Metazentrischer Höhe GM [m] sowie dem Erfahrungswert ε gleichen. Für ε wurden je nach Art der Beladung und den gesetzten Segeln Werte vorgegeben. Damit konnte für eine bekannte Segelfläche und ein als richtig erachtetes ε eine Ballastoptimierung vorgenommen werden. So wird eine dem krängenden Moment proportionale Größe als Stabilitätsmaßstab angegeben.

Das älteste bekannte Kriterium ist also die Metazentrische Höhe, die ein Maß für den größtmöglichen Höhenschwerpunkt darstellt, bis zu dem das Schiff im Hafen beladen werden durfte. Ein Beispiel für ein nicht ausreichendes GM ist die Kenterung der "Principessa Jolanda" beim Stapellauf.

Diese so allgemeine Formulierung basierte auf der Ähnlichkeit der stabilitätsrelevanten Hauptabmessungen solcher Frachtsegler. Die großen Segelschiffe hatten ziemlich ähnliche Form, Aufbauten etc. und die Breiten/Seitenhöhen Verhältnisse sowie das Verhältnis Freibord zu Seitenhöhe wichen sehr wenig voneinander ab. Aus diesen Gründen war denn auch die Kurve der aufrichtenden Hebel sehr ähnlich. Mit dem Übergang vom Segelschiff zum Dampfer fiel das bis dahin bestimmende Stabilitätskriterium, das krängende Moment der Segel, weg. Im folgenden wurde die Technik der Berechnungen der aufrichtenden Hebel immer stärker verfeinert, bis etwa Anfang der 60er Jahre mit den elektronischen Rechenmaschinen Pantokarenen für nahezu jede Schwimmlage ohne nennenswerten Zeitaufwand errechnet werden konnten.

Seit der Jahrhundertwende hat sich eine Vielzahl von Schiffstypen und Schiffsgrößen entwickelt. Trotzdem versucht man allgemeingültige grundlegende Stabilitätskriterien für alle Schiffstypen zu entwickeln. Dabei sind einige unterschiedliche Arten der Stabilitätskriterien zu unterscheiden:

- allgemeine
- fahrtgebiet- bzw. wetterabhängige
- ladungsabhängige
- schiffstypabhängige
- umweltrelevante
- personenabhängige

Seit Gründung der IMCO wurde natürlich auch dort an allgemein gültigen Kentersicherheitskriterien gearbeitet. Dieses geschah zunächst aufbauend auf den Rahola-Kriterien. In der 1968 veröffentlichten IMO-Res.A.167 [58] waren entsprechend Kriterien entlang diesen Auswertungen aus Unfallstatistiken enthalten. Daraus ergab sich die eingeschränkte Anwendbarkeit dieser Stabilitätskriterien auf Schiffslängen bis maximal 100 m Länge. Eine Extrapolation der Erfahrungen auf größere Schiffe schien unzulässig. In ganz kurzer Zeit wurde dieses allgemeine Stabilitätskriterium z.T. auch ohne Berücksichtigung der genannten Größenbegrenzung eingesetzt.

Das Thema "Intaktstabilität" blieb weiterhin auf der Tagesordnung der IMO, und ist es bis heute geblieben. Man versuchte zunächst in Arbeitsgruppen, eine bessere Beschreibung der physikalischen Verhältnisse von besonderen Kriterien, wie z.B.

Wetterkriterien (Windlasten für Schiffe mit großen Windangriffsflächen) und speziellen ladungsrelevanten Stabilitätskriterien (Getreideladungen, Holzdeckslast, neuerdings auch RoRo-Schiffe) zu erarbeiten. Es wurden auch Kriterien für spezielle Fahrzeugtypen entwickelt:

- Pontons
- Versorgungschiffe
- Offshore-Konstruktion
- schnelle Schiffe ("HSC-Code" [35])
- Fischereifahrzeuge etc.
- Öl-, Chemikalien- und Gastanker
- Schiffe mit großen Personenmomenten

Alle diese Kriterien bauen auf den allgemeinen Stabilitätskriterien auf und sind als Ergänzung dazu gedacht. Sie sind, weil sie auf Kenterstatiken beruhen, mehr oder minder empirisch und beziehen sich auf statische Glattwasserbedingungen.

In Deutschland sind parallel allgemeine Stabilitätskriterien entwickelt worden, die außer auf den oben genannten Grundlagen auch auf Modellversuchen im Seegang beruhen. Diese Vorschriften "Bekanntmachung über die Anwendung der Stabilitätsvorschriften für Frachtschiffe, Fahrgastschiffe und Sonderfahrzeuge vom 24. Oktober 1984" sind allgemein verbindlich zur Beurteilung von Stabilität deutscher Schiffe.

Heutzutage ist das Erfüllen minimaler Stabilitätsanforderungen unter anderem ein Wirtschaftlichkeitskriterium. Darum werden Schiffsentwicklungen entlang dem Wortlaut dieser bestehenden Stabilitätsvorschriften betrieben, und es ist nicht immer durchsetzbar, mit physikalischem Verständnis und entsprechender Argumentation Stabilität von Schiffen zu beurteilen. Andererseits entfernen sich die heute entwickelten Schiffstypen immer weiter von denen mit welchen diese Kriterien entstanden. Dringend erforderlich sind daher Stabilitätskriterien, die an Hand des physikalischen Hintergrundes entwickelt werden. Genauso wichtig ist jedoch die internationale Durchsetzung solcher Kriterien.

Anfänge für solch zielgerichtete Forschungen sind gerade auch in Deutschland gemacht worden. Man denke z.B. an die oben beschriebenen Rollschwingungen in achterlicher See von Krappinger und Grim, aber auch an Modellversuche im unregelmäßigen Seegang, wie sie von Arndt und Roden [60] untersucht wurden. Neuere Entwicklungen betreffen einerseits Modellversuche, u.a. Hattendorf und Blume [61], und andererseits Simulationsberechnungen, Söding [62], Tonguc [63], Petey [64] u.a..

Erste Erfolge der Forschung in Deutschland wurden Mitte der 80er Jahre bei der IMO (International Maritime Organisation, 1983 aus IMCO durch

Umbenennung entstanden) vorgestellt. Es wurde beschlossen, daß mit diesem neuen Kriterium für Containerschiffe und andere breite und flache Schiffe zunächst Vergleichsberechnungen durchzuführen seien. Es war und ist nötig, Akzeptanz für neue Entwicklung zu erreichen, um sie als internationalen Standard durchsetzen zu können.

In den neuen IMO-Empfehlungen (IMO-Res. A.749 "Code on Intact Stability for All Type of Ships Covered by IMO Instruments"), die 1995 verabschiedet wurden, sind alle bisherigen Stabilitätskriterien zusammengefaßt worden. Neu hinzugekommen sind, allerdings nur als Empfehlung, die bei der HSVA aus Seegangsversuchen ermittelten Vorschläge für spezielle Stabilitätskriterien von Containerschiffen oder andere breite flache Schiffstypen.

Schlußwort

Trotz der vielen Entwicklungen im Bereich der Schiffssicherheit, die in diesem Umfang keineswegs vollständig dargestellt werden konnten, ist es leider immer wieder zu Katastrophen gekommen. Um die Folgen dieser Unfälle abzumildern und möglichst geringe Schäden für Menschen, Schiff und Umwelt zu erreichen wird weitere Forschungsarbeit notwendig sein. Obwohl viele Risiken sich durch Unfallforschung erkennen und als physikalisches Modell beschreiben ließen, sind bei weitem noch nicht alle Fragen beantwortet, d.h. es läßt sich noch nicht jede Gefahr auf ein akzeptables Niveau minimieren. Es bleibt zu hoffen, daß weitere Forschungsergebnisse Eingang in die regelmäßig in Aussicht genommene Überarbeitung der IMO-Empfehlung finden und so die bisherige Entwicklung weitergehen wird.

Schrifttum

[1] SCHAUSEIL, M.: "Zur Geschichte der Seeberufsgenossenschaft"

[2] PETERS, G.: "The Plimsoll Line"

[3] WENDEL, K. u .a.: "Schiffssicherheit", Sonderband 75Jahre STG

[4] ERBACH, R.: "Freibord und Sicherheit der Seeschiffe", STG Band 31

[5] ERBACH, R.: "Vermessung und Freibord der Frachtschiffe", STG Band 32

[6] NILSSON, N. G.: "Freibord und Schiffsvermessung. Ihre Verwandschaft", STG Band 32

[7] ROSENSTIEL: "Die Entwicklung der Tiefladelinien an Handelsdampfern", STG Band 2

[8] SCHNADEL, G.: "Ocean Waves, freeboard and strength of ships", TINA 1938, Seiten 387/407

[9] SKINNER: TINA 1949, 1951 und 1959

[10] MANLEY: TINA 1950, 1951, 1958, 1959

[11] GRIM, O.: "Berechnungen der durch Schwingungen eines Schiffskörpers erzeugten hydrodynamischen Kräfte", STG 1953

[12] GRIM, O.: "A method of a more precise computation of heaving and pitching ship model in still water", 3 Symp. On Naval Hydrodynamics 1960

[13] GRIM, O.: "Die Bewegungen und Belastungen des Schiffes im Seegang" STG 1967

[14] KRAPPINGER, O.: "Freibord und Freibordvorschrift", STG 1964

[15] GRIM, O.: "Die Bewegungen und Belastungen des Schiffes im Seegang", Bremen 1967

[16] KNÜPFFER, K.: "Sicherheit durch Unterteilung / Leckrechnung bei einfacher oder mehrfacher Beschädigung", STG Band 55, 1961

[17] "International Convention for the Safety of Life at Sea, 1929; signed at London, May 31, 1929

[18] PETERSEN, U.: "Der neue IMO High Speed Craft Code und sein Einfluß auf den Entwurf schneller Schiffe", STG 1994, Band 88

[19] RUSAS, S.; JOST, A.; FRANCOIS, C.: "A new damage stability framework based upon probabilistic methods", International Seminar on "The Safety of Passenger Ro-Ro Vessels, RINA 7 June 1996", London

[20] HORMANN, H.: "das neue Unterteilungskonzept für Fahrgastschiffe, Inhalt und Wirkung", STG 1974, Band 68

[21] Stockholmabkommen: IMO Circ. letter 1891:

[22] ILLC 1966, Reg 27 einschließlich IMO Res. A.320 und A.514

[23] MARPOL 73/78, Annex I

[24] International Code for the construction and equipment of ships carrying chemicals in bulk (IBC-Code, Chapter 2)

[25] International Code for the construction and equipment of ships carrying liquified gases in bulk (IGC-Code, Chapter 2)

[26] Code of safety for special purpose ships (IMO Res. A.534, Chapter 2)

[27] SOLAS 74/97 ,II-1, Part B-1, Reg. 25-1ff

[28] HSC Code: "International Code of Safety for High-Speed Craft, 1995"

[29] ABICHT, W.: "Bewertung von Tankerentwürfen hinsichtlich des Ölaustritts im Seiten- und Bodenleckfall", STG 1995, Band 89

[30] BÖCKENHAUER, M.; JOST, A.: "The new IMO-Guidelines under Regulation 13F of Annex I of MARPOL 73/78", STG 1995, Band 89

[31] HORMANN, H.; BRÜGGE, D.: "Sicherheit von Trockenfrachtern nach Beschädigung", STG 1989, Band 83

[32] ZAPS: „Erfahrungen über Schiffsbrände der etzten Jahre und Schlußfolgerungen für die notwendigen Sicherheitsmaßnahmen" , STG 1938, Band 39

[33] VAN DEN BLINK, M: „Schiffsbrände", STG 1967, Band 61

[34] HORMANN, H.: Referat STG FA „Schiffsentwurf und Schiffssicherheit". Hansa 1974, Nr.2

[35] FLAMM, O.: „Die Unsinkbarkeit moderner Seeschiffe", STG 1914, Band 15

[36] MAU, R.: „Unfälle auf Tankschiffen und sicherheitstechnische Maßnahmen", STG 1972, Band 66

[37] International Convention for the Prevention of Pollution of the Sea by Oil, 1954 as amended in 1962, 1969 and 1971

[38] BÖCKENHAUER, M.: „Konstruktive Maßnahmen zur Verhinderung der Meeresverschmutzung durch Öl - Entwicklungstendenzen"" STG 1991, Band 85

[39] BARNABY, N.: "On the Relative Influence of Breadth of Beam and Height of Freeboard in Lengthening out the Curves of Stability", TINA 1871, Seite 62

[40] JOHOW, H.: ",Hilfsbuch für den Schiffbau", 1.Auflage 1884, Seite 243ff

[41] JOHOW-FOERSTER: "Hilfsbuch für den Schiffbau", 5. Auflage1928, Seite 300/301

[42] BAUER: "Graphische Methoden zur Bestimmung der Gleichgewichtslagen im glatten Wasser", STG Band 2, 1900

[43] See-Berufsgenossenschaft: "Verwaltungsbericht für das Geschäftsjahr 1903"

[44] BENJAMIN, L.: "Über das Maß der Stabilität der Schiffe" STG Band 15, 1916

[45] HORN, F.; SÜCHTING, W.; KLINDWORT, E.; HEBECKER, O.: "Erkenntnisse und Erfahrungen auf dem Gebiet der Stabilität", Sonderband der STG 1953

[46] RAHOLA, J: "The Judging of the Stability of Ships and the Determination of the Minimum Amount of Stability", Helsinki 19398

[47] WENDEL, K.: "Stabilitätseinbußen im Seegang und durch Koksdeckslast", Hansa 1954

[48] ARNDT, B.: "Ausarbeitung einer Stabilitätsvorschrift für die Bundesmarine", STG 1965, Bd. 59

[49] GRIM, O.: "Rollschwingungen, Stabilität und Sicherheit im Seegang", VDI Zeitschrift 1958

[50] RODEN, S.: "Modellversuche in natürlichem Seegang", STG Bd 56, Seiten 132 ff

[51] KASTNER, S.:"Kenterversuche mit einem Modell im natürlichen Seegang", Schiffstechnik 48, 1962

[52] CHRISTOPH: Bericht beim STG Fachausschuß 1958, Band 52, Seiten 25-28

[53] THODE, H.: "Stabilität von Schiffen mit Holzdeckslast", STG 1962, Band 56, Seiten 104-131

[54] BOIE, C.: "Kenterunfälle der letzten Jahrzehnte", STG 1965, Band 59, Seiten 509 ff

[55] SEEFISCH, F.: "Stabilitätsbeurteilung in der Praxis", STG 1965, Band 59, Seiten 578ff

[56] WENDEL, K.: "Bemessung und Überwachung der Stabilität", STG 1965, Band 59

[57] MIDDENDORF, F.L.: "Bemastung und Takelung der Schiffe"

[58] IMO Res.A.167: "Recommendations on intact stability criteria for passenger and cargo ships under 100m in length"

[59] "Code of Safe Practice for Ships Carrying Timber Deck Cargoes, 1991"

[60] ARNDT, B.; RODEN, S. : "Stabilität bei vor- und achterlichem Seegang", Schiffstechnik 5 (1958) Nr 29, Seiten 92-99

[61] BLUME, P.; HATTENDORF, H.G. : "Ergebnisse von systematischen Modellversuchen zur Kentersicherheit, STG 1984, Band 78,

[62] SÖDING, H. : Ermittlung der Kentergefahr aus Bewegungssimulationen. Schiffstechnik 1987

[63] SÖDING, H.; TONGUC, E.: "Computing capsizing frequencies of ships in a seaway", Proc. Of Stab 86, Vol II, Add.1, Seite 51

[64] PETEY, F.: "Berechnung der Flüssigkeitsbewegung in teilgefüllten Tanks und Leckräumen", Schiffstechnik 1985

Zur Geschichte des deutschen Marineschiffbaus: Hochseeflotte 1897-1919. Spitzentechnik für ein Rüstungsprogramm mit technischer Fehleinschätzung

About History of German Naval Shipbuilding: High-Seas-Fleet 1897-1919. Top Technology for Naval Programs with Misconception of Technology

Dr. **Heinrich Walle**, Bonn

Summary. The elements propulsion, armament and armour were so far developed at the end of the 19th century that their optimisation had found some peak with the so called standard ship of the line. Not before the transition into the „All-Big-Gun-Ship" in 1906 did start the last step of developement of the big battleship as complex weapons system. The political intention has been to force England into negotiations by risking the loss of their fleet by the Highseasfleet centered around their mainbody of modern ships of the line. But it became obvious that respecting the geostrategic position of Germany it was technologically imposile to construct a fleet capable to meet this requirement. Instead of being led .into negotations, England felt the construction of the German fleet as a vital threat which she could not accept. The German naval policy did create weapons systems of high efficiency in the respect of tactics and technology but they were the result of failurous planing with dangerous consequences due to misconception of technology.

Schwarzqualmende Linienschiffe, die eine aufgewühlte See durchpflügen, das ist der bleibende Eindruck, den der Verfasser von einem Schulausflug im Jahre 1950 zum Römerkastell Saalburg bei Bad Homburg in Erinnerung hat. Dieser Eindruck - von dem um die Jahrhundertwende wiederhergestellten römischen Limeskastell so völlig verschieden - stammte von der großformatigen Reproduktion eines Gemäldes, das in der Gaststube des zur Saalburg gehörenden Ausflugslokals hing, das damals noch ganz so aussah, wie es um 1900 eingerichtet worden war. Daß hier kein Historienbild von der Varusschlacht, in der germanische Stämme eine römische Legion besiegten, sondern die Reproduktion eines Marinebildes, wohl von Willy Stöwer oder Hans Bohrdt, hing, ist ein typischer Ausdruck für den Flottenenthusiasmus im späten Wilhelminischen Deutschland.

Solche Bilder waren vor allem im Binnenland weit verbreitet. Das moderne Linienschiff der Jahrhundertwende war gerade hier ein unschlagbares Symbol nationaler Identifikation, militärischer Macht, technischen Fortschritts und industrieller Leistungs-

fähigkeit - Eigenschaften, welche über die Weltmeere in alle Länder der Erde zur Unterstreichung des Weltmachtanspruches des jungen Deutschen Reiches getragen werden sollten. Nicht von ungefähr dampfte auf dem Hundertmarkschein dieser Zeit ein Linienschiffsgeschwader in bedrohlicher Nähe an einer Germania auf felsigem Ufer vorbei und wurde der berühmte Kieler Knabenanzug nicht nur an der Küste als sichtbarer Ausdruck dieser Flottenbegeisterung getragen.

Bis zum Regierungsantritt Kaiser Wilhelm II. von 1888 gehörte die deutsche Marine zu den mittleren Flotten europäischer Mächte. Die an ihrer Spitze stehenden ehemaligen Heeresgenerale von Stosch (1872-1883) und von Caprivi (1885-1888) sahen - allerdings in unterschiedlicher Weise - in der Flotte nur den seewärts verlängerten Arm des Heeres und planten den militärischen Einsatz der wenigen in der Heimat stationierten gepanzerten Einheiten nur in küstennahen Operationen in Nord- und Ostsee. Als potentielle Gegner kamen damals nur die Flotten Frankreichs und Rußlands in Betracht. Ungepanzerte und leicht bewaffnete Schiffe, meist noch mit Besegelung, versahen ihre hoheitlichen und halbpolizeilichen Aufgaben in Übersee in politischer Übereinstimmung mit den übrigen europäischen Großmächten.

In Ermangelung von Stützpunkten und vor allem wegen der geringen Aktionsradien der damals noch technisch unvollkommenen Panzerschiffe waren Einsätze außerhalb des „nassen Dreiecks", wie das Seegebiet der deutschen Bucht genannt wird, kaum möglich. Erst unter dem ersten Seeoffizier als Chef der Admiralität, Vizeadmiral Graf Monts (1888), begann man die militärische Verteidigung zur See großräumiger zu konzipieren. Dieser prägte auch den Begriff einer „Hochseeflotte".

Wie kaum ein anderes Waffensystem repräsentiert das moderne Kriegsschiff den technischen Entwicklungsstand und die wirtschaftliche Leistungsfähigkeit einer Industrienation. Das galt damals mehr noch als heute. So ist das schwimmende Material der Kaiserlichen Marine ein deutlicher Indikator für den Übergang Deutschlands zur Industrienation, der sich im letzten Viertel des 19. Jh. endgültig vollzog.

Bis 1871 mußte der größte Teil der gepanzerten Einheiten von britischen und französischen Werften bezogen werden. Außer fünf Panzerfregatten ausländischen Ursprungs wurden bis 1878 die Panzerkorvette HANSA (1875) und die Turmschiffe PREUSSEN (1876), FRIEDRICH DER GROSSE (1877) sowie GROSSER KURFÜRST (1878) als erste auf deutschen Werften gebaute seegehende gepanzerte Schiffe in Dienst gestellt. Sie alle waren noch mit voller Besegelung ausgerüstet, mit deren Hilfe sie längere Distanzen zurücklegen sollten, um dann im Gefecht nur noch mit Maschinenkraft zu manövrieren.

Die vier „Ausfallkorvetten" der SACHSEN-Klasse, von 1878 bis 1883 fertiggestellt, waren die ersten Panzerschiffe ohne Besegelung, die, wie ihre amtliche Bezeichnung ausdrückte, nur zu küstennahem Operieren ausgelegt waren. Außer dem 1886 in Dienst gestellten „Kasemattschiff", der Panzerkorvette OLDENBURG, kamen bis 1896 noch sechs Küstenpanzerschiffe der SIEGFRIED-Klasse und zwei der ODIN-Klasse in Fahrt. Zwischen 1875 und 1881 setzte die Kaiserliche Marine noch zwölf Panzerkanonenboote ein, die allerdings nur im engeren Küstenvorfeld operieren konnten und sich nicht bewährten.

Das Kriegsschiff in seiner großen Typenvielfalt, vom schwer bestückten Linienschiff bis zum kleinsten Kanonenboot, war selbst wiederum Ergebnis eines technisch-wirtschaftlichen Entwicklungsstandes wie auch taktisch-politischer Forderungen.

Generell ist im damaligen Kriegsschiffbau eine Entwicklung des Dualismus von Bewegung und Feuer zu beobachten, wobei die Schaffung des dampfgetriebenen, rundum feuernden und gepanzerten Schlacht- bzw. Linienschiffes im Mittelpunkt stand, dessen militärische und politische Wirksamkeit sich im Geschwaderverband typengleicher Einheiten vervielfältigte.

In einem knappen Jahrzehnt, von 1885 bis 1895, reifte die zweite Komponente dieses Dualismus, die Schiffsartillerie, zum wirkungsvollsten Waffensystem zur See heran, was sie bis in den Zweiten Weltkrieg hinein bleiben sollte.

Die Entwicklung der Schiffsartillerie, die nach 1885 geradezu sprunghaft vorangetrieben wurde, war die Folge der Erfindung neuer Treibladungs-

mittel und verbesserter Stahllegierungen. Bis 1895 war das moderne Geschütz herangereift und hatte die Verbesserung von Lafetten, Türmen und Munition nach sich gezogen. Die gewaltigen Leistungssteigerungen der Schiffsartillerie von 1895 bis 1914 - Gefechtsentfernungen von 2.000 m bis 20.000 m - hatte dann seit der Jahrhundertwende die Schaffung moderner Feuerleitgeräte und -verfahren zur Folge.

Für die Nutzung der taktischen Möglichkeiten der verbesserten Artillerie war die witterungsunabhängige Bewegungsfähigkeit des Schiffes von entscheidender Bedeutung, so daß die Entwicklung leistungsfähiger Schiffsmaschinen forciert wurde. In den siebziger Jahren begann sich dieser Dualismus von Feuer und Bewegung abzuzeichnen, dessen augenfälligste Folge die Abkehr vom Segel als Kriegschiffantrieb war, die dann in den achtziger Jahren endgültig erfolgte. Durch Einführung der erheblich wirtschaftlicher arbeitenden Dreifachexpansionsmaschine konnte damals der Aktionsradius beträchtlich gesteigert werden. Auch hier spielten Artillerieeinflüsse eine unmittelbare Rolle, denn nach Fortfall der Takelage stand den Geschützen ein größeres Schußfeld zur Verfügung.

Im Wechselspiel der Verbesserung der Artillerie, der Antriebsanlagen und des Schiffbaus kam es in den neunziger Jahren zur Entwicklung eines „Standardschlachtschiffes", eines Linienschiffes mit einer Bestückung von vier schweren Geschützen in zwei Türmen vorn und achtern und einer starken Mittelartillerie, die beide auf gleicher Gefechtsentfernung - bei durchschnittlichen Sichtverhältnissen von ca. 7.000 m in der Nordsee - , die man damals entfernungsmeßtechnisch beherrschte, eingesetzt wurden. Damit war ein vorläufiger Endpunkt in der Entwicklung des Linienschiffs eingetreten, der ein Jahrzehnt lang vorhalten sollte.

Um 1890 war man unter dem Einfluß dieser technischen Entwicklung wieder zur Linientaktik übergegangen, die die Schaffung homogener Geschwader aus typgleichen Einheiten verlangte. Der Gegner konnte aus Richtungen von seitlich voraus bis seitlich achteraus mit dem ganzen Geschwader bekämpft werden, wobei durch verbesserte Signalmittel, geringere Sichtbehinderung durch die neuen rauchlosen Pulver, eine Feuerkonzentration des ganzen Geschwaders auf ein einzelnes Schiff vorgenommen werden konnte.

Der Übergang zum „All Big Gun Ship" mit dem Stapellauf von H.M.S. DREADNOUGHT im Jahr 1906 brachte Probleme der optimalen Geschützaufstellung mit sich, die durch überhöhte Aufstellung der Türme in Mittschiffsebene nach einigen tastenden Versuchen gelöst wurden. Infolge der Gefährdung durch den Gasdruck an der Rohrmündung ging man nur zögernd zu dieser Aufstellungsweise über, die 1906 auf U.S.S. MICHIGAN erstmalig angewendet wurde. Dies und die Vermehrung der schweren Geschütze von vier bis maximal zwölf Rohren hatte eine Verdoppelung des Deplacements zur Folge und stellte an die Schiffbauer besondere konstruktive Anforderungen, ganz zu schweigen von dem gewaltigen Anstieg der Baukosten.

Die Wirksamkeit solcher Waffensysteme war nur bei reibungslosem Zusammenspiel einer ganzen Schiffsbesatzung gewährleistet. Ohne die permanente Einhaltung eines bestimmten Ausbildungsstandes, der das Geschwader in seiner Ganzheit betraf, war dieses komplizierte Gebilde der Technik wertlos. Daher mußte man seit den neunziger Jahren Geschwader als institutionell dauerhafte Einrichtungen schaffen. Auf wirtschaftlichem Gebiet hatte diese Entwicklung schon Ende der achtziger Jahre zu einem so hohen Kostenaufwand geführt, daß eine Anwendung der technischen Errungenschaften im Flottenbau von der Festlegung beträchtlicher Mittel aus dem Steueraufkommen auf längere Zeiträume hinaus abhängig wurde.

So war eine Finanzierung nach der jährlichen Festlegung von Marinebudgets durch die Parlamente nicht länger möglich. Als erste Nation verabschiedete England 1889 die „Naval Defence Act", eine gesetzliche Regelung der Finanzierung eines ganzen Flottenbauprogrammes, das eine grundlegende Modernisierung der Royal Navy einleiten sollte und bis 1894 u.a. den Bau von zehn Linienschiffen vorsah. Bis 1914 folgten weitere Flottenbaugesetze. In Deutschland entsprach dem das 1898 im Reichstag eingebrachte erste deutsche Flottengesetz. 1900 nahm der Reichstag das zweite Flottenbaugesetz an. Novellen von 1906, 1908 und 1912 trugen der technischen Entwicklung, die in England 1905 durch den Übergang zum Bau von Großkampfschiffen (DREADNOUGHT-Sprung) gekennzeichnet war, Rechnung. Mit der zunächst aus technischen Gründen zur Finanzierung homogener Geschwader typgleicher Schiffe notwendig gewordenen Festlegung von fiskalischen Mitteln war auch eine politische Option für ein solches Rüstungsprogramm verbunden. Handelte es sich im Fall der Royal Navy zunächst nur um die Modernisierung eines bestehenden Rüstungspotentials, so ging es im Falle Deutschlands um die Neuschaffung einer Flotte.

Kaiser Wilhelm II. gab mit seiner persönlichen Flottenbegeisterung seit seiner Thronbesteigung im Jahr 1888 wichtige Impulse für diese Entwicklung, dennoch war es der Staatssekretär des Reichsmarineamtes Alfred von Tirpitz (1849-1930), der seit 1897 die politischen und organisatorischen Grundlagen für diese gewaltige Seerüstung legte. Der sich seit 1902 abzeichnenden Blockbildung der Großmächte gegen Deutschland glaubte man mit der Flotte ein letztes Druckmittel gegen England entgegensetzen zu können. Danach war weniger die Seeschlacht gegen die Royal Navy als vielmehr der politische Druckansatz gegen das Inselreich das eigentliche Ziel der Tirpitzschen Flottengründung.

Tirpitz' Flottenplan lag damit der sog. Risikogedanke zugrunde, wonach die deutsche Flotte so stark sein sollte, daß selbst die stärkste Seemacht bei einem Angriff ihre eigene Vormachtstellung riskieren würde. Was als Abschreckung gedacht war, sah England als Herausforderung an, auch wenn die deutschen Planungen an Umfang und Zahl der tatsächlich fertiggestellten Schiffe deutlich die der Engländer unterschritten. Als auslösenden Grund für diese Strategie haben Kaiser und Tirpitz immer wieder die Konkurrenz der englischen Wirtschaft auf den Weltmärkten angeführt. Dagegen spricht jedoch die Tatsache, daß damals England wichtigster Handelspartner des Deutschen Reiches war und vor allem die größten deutschen Reedereien mit ihren englischen Schwesterfirmen weitgehende Absprachen zur Vermeidung eines gefährdenden Konkurrenzkampfes getroffen hatten.

Der tiefere Grund für die gewaltigen Rüstungsanstrengungen zur See des späten Wilhelminischen Deutschland dürfte darin gelegen haben, daß man aufgrund der technischen Errungenschaften ein Machtinstrument schaffen konnte, womit sich der durch das rapide gestiegene Wirtschaftswachstum verursachte Machtanspruch auch nach außen dokumentieren ließ. Darüber hinaus ging es bei dem Flottenprogramm wohl auch um die Macht im Staate und um ihre Befestigung. Tirpitz wollte eine Legitimation von Herrschaft, ein neues Faszinosum für die Massen (Michael Stürmer). Die deutschen Überseekaufleute und Reeder standen solchem Schlachtflottenbau eher reserviert gegenüber. Für sie waren deutsche Kriegsschiffe wichtiger, die in Übersee die Sicherheit des Handelns gewährleisteten. Das war mangels verfügbarer Stützpunkte und verteidigungsfähiger Landbasen nur nach dem politischen Friedenskonzept des „Konzerts der Mächte", aber nicht in Konfrontation zur damals stärksten Seemacht der Welt möglich.

Um die zur Bewilligung der notwendigen Geldmittel benötigten Reichstagsmehrheiten zu erlangen, betrieb Tirpitz eine geradezu modern anmutende Werbetätigkeit in den damaligen Medien, die eine breite Schicht des deutschen Bürgertums im Binnenland für den Flottengedanken begeisterte. Die führenden deutschen Marinemaler haben sich mit ihrem Kunstschaffen in den Dienst dieser von ihnen als patriotische Pflicht empfundenen Aufgabe gestellt.

Mit der Flotte, in der Männer aus allen Teilen Deutschlands dienten, war auch ein beachtlicher Integrationsfaktor geschaffen worden, der vor allem nach der erheblichen personellen Aufstockung nach 1900 deutlich zutage trat. So identifizierte sich mit ihr besonders das deutsche Bürgertum, aus dessen Kreisen die Konstrukteure und auch der überwiegende Teil des Offizierkorps stammten. Durch die persönliche Flottenbegeisterung Wilhelms II. erfuhr diese Entwicklung besondere Impulse.

Mit der Gründung des „Deutschen Flottenvereins", der um die Jahrhundertwende mit einer Million Mitglieder der bis dahin stärkste Interessenverband war, hatte Tirpitz ein Propagandainstrument von hoher Effizienz geschaffen. In Bild und Schrift wurde ein Flottenenthusiasmus bewirkt, der sich bis in die entlegensten Gebiete des Reiches verbreitete, wie das am Anfang genannte Beispiel verdeutlicht und der weite Teile der binnenländischen Bevölkerung ergriff. Auch die Gründung der „Schiffbautechnischen Gesellschaft" von 1899 war eine Folge dieser Flottenpropaganda und stellte quasi eine Fachlobby der mit dem Bau der Kriegsschiffe befaßten Techniker aller Branchen dar. Das Unglückliche an dieser Entwicklung lag aber darin, daß hierdurch weniger ein Meeresbewußtsein erzeugt wurde, das auf die Notwendigkeit und Abhängigkeit des Reiches von überseeischen Handelsverbindungen hinwies, als vielmehr eine recht vordergründige Begeisterung für stählerne Giganten, eine militärische Machtdemonstration mit unheilvollen Folgen.

Durch eine Wechselwirkung technischer Errungenschaften und taktischer Forderungen waren, wie bereits dargelegt, Linienschiffe um die Jahrhundertwende zu kostspieligen komplexen Gebilden geworden. Hinzu kam, daß zum Zwecke einer optimalen Einsatzfähigkeit Flottenverbände aus gleichartigen Schiffen bestehen mußten. Das bedingte, wie bereits gesagt, die Abkehr von einer Planung, die nur die Bewilligung einzelner Schiffe vorsah. Daher mußte zur Finanzierung ganzer Geschwader die Bereitstellung der notwendigen Geldmittel für längere Zeiträume durch Gesetze geregelt werden. Was hier aus technischen Gründen notwendig war, hatte aber auch weitreichende politische Optionen zur Folge, deren Tragweite von den Zeitgenossen offenbar nicht voll erkannt wurde.

Nach dem ersten Flottengesetz von 1898, das bis 1903 Gültigkeit besitzen sollte, war ein Bestand von 19 Linienschiffen, acht Küstenpanzern und zwölf Großen Kreuzern vorgesehen. Das zweite Flottengesetz von 1900, das erst 1917 abgeschlossen sein sollte, sah einen Bestand von 38 Linienschiffen und 14 Großen Kreuzern vor. Nach diesen Planungen sollte der Kern der Hochseeflotte für zwei Jahrzehnte aus Linienschiffen nach dem Typ des Standardlinienschiffes bestehen, wie er seit 1895 erstmalig für die Kaiserliche Marine gebaut worden war, was zumindestens einer konzeptionellen Festschreibung in der Konfiguration eines modernen Waffensystems für zwei Jahrzehnte entsprochen hätte.

Die Erfahrungen in der Seeschlacht von Tsushima von 1905 zeigten, daß im Flottenkampf der Zukunft nur noch die schwere Artillerie auf große Entfernungen eine Entscheidung bringen konnte. Das hatte konzeptionell für die Großkampfschiffsentwicklung eine starke Vermehrung der schweren Artillerie unter Fortfall der Mittelartillerie und Erhöhung der Geschwindigkeit zur Folge. So entstanden zwei grundsätzliche Varianten von Großkampfschiffen: Das Linien- oder Schlachtschiff mit starker Armierung von bis zu zwölf Rohren der schweren Artillerie mit starker Panzerung und einer von bisher 18 Kn auf 21 Kn gesteigerten Geschwindigkeit und der Schlachtkreuzer mit einer Bestückung bis zu zehn Rohren, geringerer Panzerung aber einer Geschwindigkeit von 26 Kn. Gegenüber den bisherigen Standardlinienschiffen mußte nunmehr das Deplacement von durchschnittlich 10.000 ts auf 20.000 ts verdoppelt werden. Dies waren allerdings nur Ausgangswerte, die dann in der Folgezeit beträchtlich überschritten werden sollten. In England hoffte man mit dem Bau von H.M.S. DREADNOUGT und dem Schlachtkreuzer H.M.S. INVINCIBLE Waffensysteme von so hoher Qualitätssteigerung geschaffen zu haben, die einmal alle bisherigen Standardlinienschiffe nicht mehr bedrohungsgerecht erscheinen ließen und auch so teuer waren, daß andere Marinen schon aus Kostengründen diesen Übergang zum "All Big Gun Ship" nicht nachvollziehen konnten. Tirpitz reagierte aber auf diesen DREADNOUGHT-Sprung mit der Einbringung der Flottengesetznovellen von 1906, 1908 und 1912 nach der bis 1917 die Kaiserliche Marine über 41 Linienschiffe, davon 25 als Großkampfschiffe und 20 Große Kreuzer, davon acht als Schlachtkreuzer, verfügen sollte.

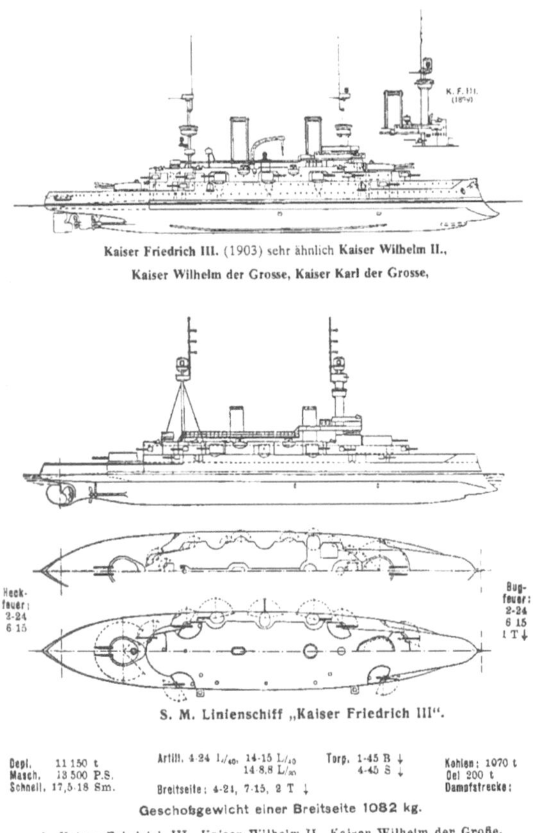

Abb. 1: Linienschiffe der KAISER-FRIEDRICH-III-Klasse

Die bereits erwähnten deutschen Panzerschiffe gehörten noch alle zur „Schwarzpulverära". Mit der Indienststellung der vier Einheiten der BRANDENBURG-Klasse, Linienschiffe von ca.10.000 ts und einer Bestückung von sechs Geschützen in drei Doppeltürmen im Kaliber von 28 cm, deren Munition erstmalig das seit 1889 auch in der Kaiserlichen Marine eingeführte rauchschwache Pulver enthielt, die zwischen 1890 und 1894 erbaut wurden, begann eine neue Epoche des deutschen Panzerschiffbaus. Die fünf Linienschiffe der KAISER FRIEDRICH III-Klasse, in den Jahren von 1895 bis 1901 gebaut, gehörten bereits dem Standardtyp des modernen Linienschiffs an, ca. 10.000 ts groß und mit einer schweren Artillerie von vier Rohren im Kaliber von 24 cm und einer Mittelartillerie von 18 bis 14 Geschützen im Kaliber von 15 cm bewaffnet. Bis 1908 wurden von dieser Konfiguration insgesamt zwanzig Einheiten

für die Kaiserliche Marine gebaut: WITTELS-BACH-Klasse (fünf Einheiten von 1899 bis 1903), BRAUNSCHWEIG-Klasse (fünf Einheiten von 1901 bis 1905), DEUTSCHLAND-Klasse (fünf Einheiten 1903 bis 1908). Bei diesen letzten beiden Schiffsklassen war das Kaliber der Artillerie auf 28 cm für die schwere Artillerie und auf 17 cm für die Mittelartillerie erhöht worden. Die Linienschiffe SCHLESWIG-HOLSTEIN und SCHLESIEN dieser letzten Klasse von Vor-DREADNOUGHTS standen nach zahlreichen Umrüstungen noch bis März bzw. Mai 1945 als aktive Kriegsschiffe im Einsatz.

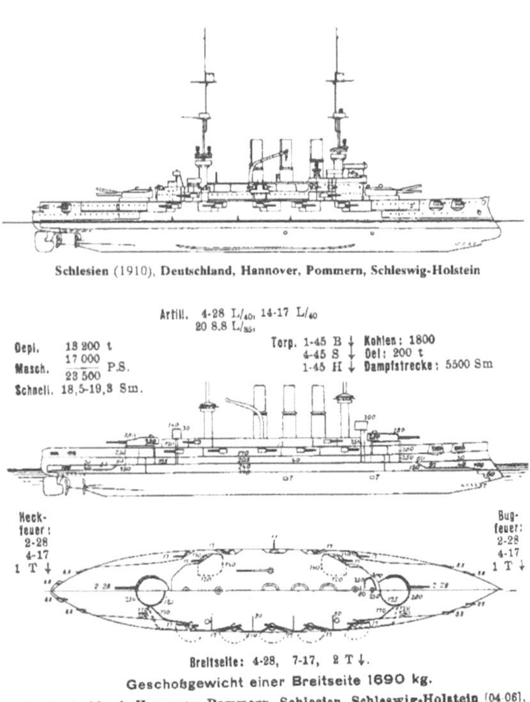

Abb. 2: Linienschiffe der DEUTSCHLAND-Klasse

Mit den vier Einheiten der NASSAU-Klasse, Linienschiffen von ca. 20.000 ts Deplacement und einer Bewaffnung von zwölf Rohren im Kaliber 28 cm in sechs Doppeltürmen, sowie einer Mittelartillerie von zwölf Einzelrohren im Kaliber 15 cm wurden in den Jahren von 1907 bis 1910 die ersten deutschen Großkampfschiffe des DREAD-NOUGHT-Typs gebaut. Ihnen folgten 1908 bis 1912 die vier Einheiten der OSTFRIESLAND-Klasse, Linienschiffe von 24.000 ts und einer Bewaffnung von zwölf Rohren im Kaliber 30,5 cm in sechs Doppeltürmen und einer Mittelartillerie von 14 Einzelrohren im Kaliber 15 cm. Von 1909 bis 1913 entstanden die fünf Schiffe der KAISER-Klasse: 27.000 ts Deplacement, zehn Geschütze im Kaliber 30,5 cm in Doppeltürmen, 14 Einzelrohre 15 cm, wobei erstmalig die beiden achteren Doppeltürme in Mittschiffsebene überhöht aufgestellt wurden; die Schiffe der KAISER-Klasse wurden auch erstmalig mit Turbinen ausgerüstet, wodurch Geschwindigkeiten über 20 Kn überhaupt erst erreichbar geworden waren. Es folgten von 1911 bis 1914 die vier Einheiten der KÖNIG-Klasse, ca. 28.000 ts groß, mit zehn Geschützen von 30,5 cm und 14 Einzelrohren von 15 cm bewaffnet, deren beide vorderen und achteren Doppeltürme in Mittschiffsebene überhöht Aufstellung fanden. Als letzte Linienschiffe wurden von 1913 bis 1916 die Großkampfschiffe BAYERN und BADEN fertiggestellt, sie kamen 1916/17 zur Flotte, ca. 32.000 ts groß mit vier Doppeltürmen mit Geschützen im Kaliber 38 cm und 16 Einzelrohren im Kaliber 15 cm bestückt.

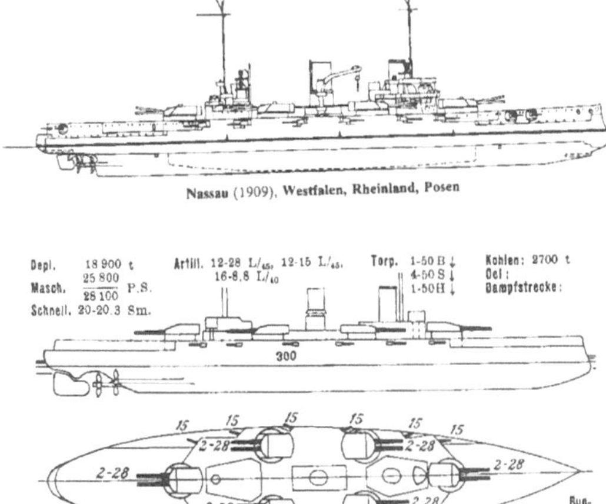

Abb. 3: Linienschiffe der NASSAU-Klasse

Außer diesen 19 Schlachtschiffen, die offiziell noch als Linienschiffe bezeichnet, wurden, bauten deutsche Werften von 1908 bis 1917 sieben Schlachtkreuzer, ebenfalls Großkampfschiffe mit einer Bestückung von acht bis zehn Rohren im Kaliber von 28 cm bis 30, 5 cm in Doppeltürmen und einer Mittelartillerie von 10 bis 14 Einzelrohren im Kaliber 15 cm: VON DER TANN (1908 bis 1910), ca. 21.000 ts, 8:28 cm, MOLTKE, GOEBEN, SEYDLITZ (1909 bis 1913) 25.000 ts bis 28.000 ts, 10:28 cm sowie DERFFLINGER, LÜTZOW und HINDENBURG ca. 26.000 ts (1912 bis 1917), 8:30,5 cm. Sie traten 1914, 1915 und 1917 zur Flotte. Die 1914 an die Türkei verkaufte GOEBEN blieb dort bis 1973 im aktiven Dienst und wurde 1976 verschrottet, nachdem alle Versuche fehlgeschlagen waren, dieses als letztes Exemplar eines Schlachtkreuzers übrig gebliebene Schiff als Museumsschiff in der Bundesrepublik Deutschland zu erhalten. Die Schlachtkreuzer verfügten nahezu über die gleiche Kampfkraft wie die Linienschiffe bzw. Schlachtschiffe, waren aber leichter gepanzert und etwas schneller, bis zu 28 Kn gegenüber 21 bis 22 Kn. Bei Kriegsausbruch 1914 hatte die Kaiserliche Marine insgesamt 19 Großkampfschiffe im Flottendienst, die Royal Navy deren 29.

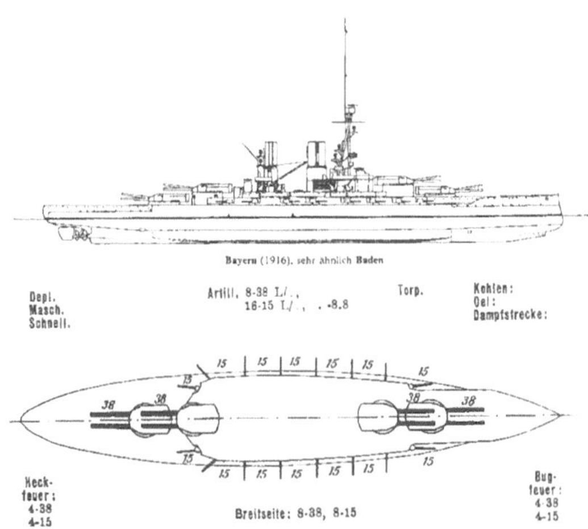

Abb. 4: Linienschiffe der BAYERN-Klasse

Die deutschen Kriegsschiffe waren den britischen technisch durchaus gleichwertig. Das geringere Geschützkaliber bei den deutschen Linienschiffen und Großkampfschiffen bedeutete keine artilleristische Unterlegenheit, da man mit diesen Geschützen auf die damals üblichen Gefechtsentfernungen die Panzerung der gleichaltrigen britischen Schiffe durchschlagen konnte. Die deutschen Geschütze verwendeten Messingkartuschen für die Treibladungen, was die Handhabungssicherheit beträchtlich erhöhte aber auch eine gesteigerte Feuergeschwindigkeit ermöglichte. Der Übergang zu einem höheren Kaliber in der schweren Schiffsartillerie hing von der technischen Möglichkeit der Industrie ab, die entsprechenden Messingkartuschen herstellen zu können. Aufgrund der stärkeren Ausbildung der inneren Raumaufteilung galten die deutschen Großkampfschiffe als standfester, d.h. unempfindlicher gegen Treffer. Eine gewisse Schwachstelle war der Umstand, daß aufgrund der Nichtverfügbarkeit über Erdölvorkommen im deutschen Machtbereich alle deutschen Linienschiffe auf Kohle als Brennstoff angewiesen waren; erst seit 1915 wurde bei den Großkampfschiffen eine Ölzusatzfeuerung eingeführt. Das beschränkte deren Aktionsradius und ließ Verfahren einer Brennstoffergänzung auf See aus technischen Gründen nicht zu.

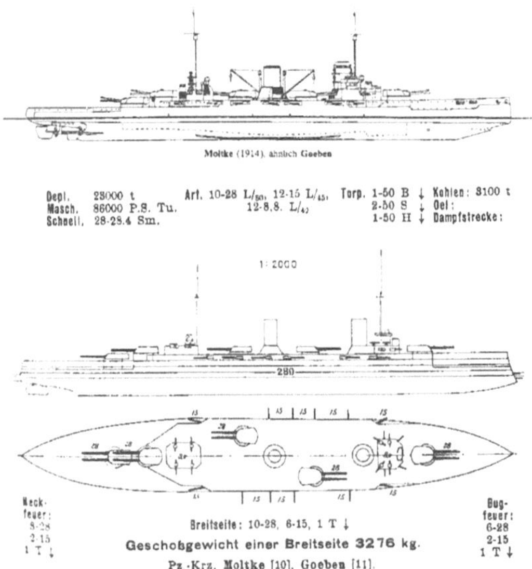

Abb. 5: Schlachtkreuzer MOLTKE / GOEBEN

Die Tirpitzsche Flottenplanung ging von der Auffassung aus, daß im Fall einer militärischen Auseinandersetzung der Gegner alles auf eine sofortige Vernichtung. des deutschen Seekriegspotentials ausrichten würde, und rechnete daher mit einer Seeschlacht im Bereich der mittleren Nordsee, wie es dann 1916 auch in der Skagerrakschlacht, die durch eine zufällige Begegnung der beiden Flotten zustande kam, der Fall war. Die Erfahrungen aus der Seeschlacht bei Tsushima hatten aber auch die extreme Verwundbarkeit des modernen Linienschiffes als komplexes Waffensystem erwiesen, da man feststellte, daß statistisch gesehen, eine solche Einheit nach vier schweren Treffen zwar nicht unbedingt versenkt, aber so schwer angeschlagen war, daß sie nicht mehr gefechtsklar war. Dies und der Umstand, daß sich die in einer Seeschlacht zwangsläufig ergebenden Verluste dieser technisch und wirtschaftlich aufwendigen Waffensysteme kurzfristig nicht ersetzen ließen, hatte eine zurückhaltende Strategie im Einsatz großer Flottenkörper zur Folge, wie dies in der Skagerrakschlacht auch auf beiden Seiten praktiziert wurde.

Als England dann 1912 zur Strategie einer Fernblockade überging und Deutschland von den seewärtigen Zufuhren abschnitt, auf die das Reich so dringend angewiesen war, zeigte sich, daß die Hochseeflotte schon aus technischen Gründen aufgrund des begrenzten Aktionsradius ihrer Schiffe nicht in der Lage war, den Zugang nach Übersee freizukämpfen. Das Deutsche Reich blieb damit während des ganzen Krieges 1914 bis 1918 und

darüber hinaus von seinen wichtigen Rohstoffzufuhren aus Übersee abgeschnitten.

Die Hochseeflotte mit ihren Schiffen, die zumeist erst während des letzten Jahrzehnts vor Ausbruch des Krieges entstanden waren, verkörperte zweifellos die hohe Leistungsfähigkeit der neuen deutschen Industrienation. Tirpitz' Risikogedanke hatte sich allerdings als Irrtum und die deutsche Flottenpolitik seit 1906 als folgenschwere Fehlplanung erwiesen. Eine Flotte, die bei der vorgegebenen geostrategischen Lage Deutschlands fähig gewesen wäre, das gegnerische Seemachtpotential dort zu vernichten, wohin es disloziert war, war technisch nicht zu realisieren. Damit konnte das politische Ziel, zu dessen Erreichung die Hochseeflotte geplant war, schon aus technischen Gründen nicht erreicht werden. England wurde nicht bündnisbereit, sondern der Gegensatz zu der die Weltmeere beherrschenden Nation wurde erst recht vertieft. Das britische Inselreich vermochte in einem geradezu gigantischen Kraftakt der Schiffsproduktion, der bis an die Grenze der wirtschaftlichen Leistungsfähigkeit ging, die durch die neue deutsche Flotte empfundene Bedrohung zu überwinden.

Die hier skizzierten Vorgänge waren letztlich nichts anderes als Folge einer Fehlbewertung moderner Technik und ihrer weitreichenden Verknüpfungen. In der Marine sah man bis in die 70er Jahre des 19. Jh., die Dampfmaschine eigentlich nur als einen für Manöver und Gefecht einsetzbaren Hilfsantrieb des Segelkriegsschiffes. Das zu ihrer Bedienung erforderliche Personal wurde deshalb nicht als Kombattanten, sondern als Hilfspersonal angesehen. Die Ingenieure, denen die Leitung der Maschinenanlagen oblag, galten mehr oder weniger als besser ausgebildete Handwerker. Als Folge der technischen Entwicklung und der zunehmenden Komplexität der Schiffstechnik wurde die Stellung der Ingenieure allmählich verbessert, sie erhielten Offizierstatus, waren aber weder gesellschaftlich noch laufbahnrechtlich bis 1918 den Seeoffizieren gleichgestellt. So war auch die Hebung des Ansehens der mit dem Schiffbau befaßten Techniker und der entsprechenden Ingenieurwissenschaften ein Ziel der 1899 gegründeten „Schiffbautechnischen Gesellschaft".

Für die Admirale der Kaiserlichen Marine, die alle noch in der Ära des Segelschiffes begonnen hatten und deren Auffassungen vom Offizierberuf durch die „Marinegenerale" Stosch und Caprivi geprägt worden waren, galten als Kämpfer und damit als vollwertige Soldaten nur die Männer des Decks- und Waffenpersonals. Daß die Ingenieuroffiziere auf den modernen Linienschiffen seit der Jahrhundertwende hochqualifizierte Techniker waren, deren Ausbildung der ihrer zivilen Kollegen gleichwertig war, und daß diese technischen Offiziere im Schiffsgefechtsdienst bei der Bekämpfung von Trefferwirkungen, wie Wassereinbrüchen, Feuer- und Dampfgefahr, die gleichen militärischen Tugenden unter Beweis zu stellen hatten wie ihre Kameraden vom Seeoffizierkorps, wurde nur sehr zögernd zur Kenntnis genommen. Obwohl man in der Marineführung seit der Jahrhundertwende Defizite in der technischen Ausbildung und im technischen Verständnis bei den Seeoffizieren feststellen mußte, führte dies nicht zu einer grundlegenden Reform der Ausbildung. Dies sollte erst fast sechs Jahrzehnte später in der Bundesmarine anders werden. In der Kaiserlichen Marine gab es keine Seeoffiziere, die über eine ingenieurwissenschaftliche Ausbildung verfügten. Alle Entscheidungen über Konzeption und Bewaffnung der modernen Kriegsschiffe wurden von Seeoffizieren bestimmt, die die Lösung technischer Einzelfragen an zivile Ingenieure übertrugen, die ihrerseits aber nicht an den grundlegenden Entscheidungen beteiligt waren. Wie aus der grundlegenden Darstellung von Werner Bräckow über das Marine-Ingenieur-Offizierkorps deutlich wird, hatte man bei der Kaiserlichen Marine den eigentlichen Begriff der Technik auf Antriebstechnik verengt, eine Haltung, die noch in den Anfangsjahren der Bundesmarine 60 Jahre später spürbar war.

Für die Schiffbautechnik waren die Werften mit ihren zivilen Ingenieuren zuständig, während die komplexe Technik der Schiffsartillerie als Waffenkunde betrachtet wurde, deren Entwicklung ebenfalls von zivilen Ingenieuren bestimmt wurde.

Michael Salewski stellte hierzu fest: „Sogar noch nach 1918 fanden sich in den klassischen Werken zur Seekriegslehre und -geschichte abfällige Bemerkungen zur Technik. Otto Groos bedauerte, daß ́die besten Köpfe ... von Organisation und Technik in Anspruch genommen ́ wurden, und Alexander Meurer urteilte über die französischen neuen Marinetechniken als ́eitle Sucht, vor allen anderen Nationen zu glänzen ́ und behauptete - 1925! - apodiktisch: Die Lebensfragen der Nation ́sind niemals durch die Technik, sondern nur durch die Tat ́ zu lösen."

An der Fallstudie über den Schlachtflottenbau in Deutschland wird einerseits eine bis zur technokratischen Perfektion gesteigerte Konsequenz der Rezeption technischen Fortschritts deutlich, während andererseits dieses gigantische maritime Machtpotential atavistisch emotionalen Zielsetzungen dienen sollte, die es aufgrund der Begrenztheit seiner technischen Parameter nicht erreichen konnte.

Mit anderen Worten, die Entwicklung des Großkampfschiffes bis 1914 vollzog sich in einem vielfältigen Wechselspiel technischer Möglichkeiten und taktischer Forderungen, wie beispielsweise dem sogenannten Wettlauf zwischen Panzer und Artillerie, in dem die Verbesserung der einen Komponente die Leistungssteigerung der anderen nach sich zog. Diesem Wechselspiel glaubten sich die für Konzeption und Einsatz moderner Kriegsschiffe Verantwortlichen in einem nahezu gesetzmäßigem Zwang unterworfen zu sein, ohne die hierdurch bedingten politischen Implikationen in ihrer Tragweite abschätzen zu können. Diese Technikrezeption war so eng, daß man völlig verkannte, daß dieses maritime Kampfpotential bereits durch seine Festlegung in der Planung in England als nicht hinnehmbare Herausforderung gesehen wurde und aufgrund seines technisch bedingt geringen Aktionsradius nur in der mittleren Nordsee einsetzbar war. Als man erkennen mußte, daß England, seine geostrategische Position nutzend, eine großräumige Blockade durchzuführen beabsichtigte, war es zu spät. Die Abschreckungswirkung der Hochseeflotte griff nicht, da der Gegner in der Lage war, sich ihrem Angriff allein schon durch Dislozierung zu entziehen, wie dies dann im Kriege auch geschah.

Andererseits war diese Hochseeflotte auch Ergebnis einer enormen Mobilisation von Gefühlen, wenn sie als Symbol nationaler technischer und industrieller Überlegenheit in den Dienst politischer Machtansprüche gestellt wurde, die das Ausland als unerträgliche Herausforderung empfand, deren Konsequenzen von den Zeitgenossen unterschätzt wurden.

Als es dann am 31. Mai 1916 vor dem Skagerrak zur großen Begegnung der gegnerischen Flotten kam, konnte der erhoffte Sieg nicht errungen werden, obwohl es der Hochseeflotte trotz zahlenmäßiger Unterlegenheit gelungen war, dem Gegner größere Verluste beizubringen (6.094 Gefallene und 115.025 ts versenkten Schiffsraumes) als sie hinnehmen mußte (2.550 Gefallene und 61.180 ts versenkten Schiffsraumes). Diese mit einer Beteiligung von 99 deutschen und 155 englischen Schiffen gigantische Seeschlacht führte zu keiner Kriegsentscheidung. Das Schwergewicht des Seekrieges verlagerte sich nunmehr mehr und mehr auf den Handelskrieg mit U-Booten, der trotz gewaltiger Erfolge und großer Opfer das Inselreich nicht auf die Knie zwingen konnte. Als Deutschland nach mehr als vierjährigem Ringen wirtschaftlich und militärisch erschöpft die Waffen strecken mußte, verlangten die Sieger bereits im Waffenstillstand die Internierung der Hochseeflotte. Kurz vor Friedensschluß versenkte sich die Flotte am 21. Juni 1919 in Scapa Flow selbst, um einer befürchteten Besetzung durch die Engländer zuvorzukommen.

In der Marine selbst wirkte die Faszination einer großen Flotte noch bis in die Flottenpläne von 1939 (Z-Plan) nach. Verbände von Großkampfschiffen mit erheblich gesteigerten Aktionsradien und die Möglichkeit einer Brennstoffversorgung im Einsatzgebiet sollten Operationen im Atlantik ermöglichen. Jedoch konnten bis Kriegsausbruch im Jahre 1939 solche Pläne nur ansatzweise verwirklicht werden, und als sich nach der Besetzung von Norwegen und Frankreich die geostrategische Lage Deutschlands grundlegend verbessert hatte, existierte keine Flotte.

Schrifttum:

1. HEINRICH WALLE: Technikrezeption der militärischen Führung in Deutschland im 19. und 20. Jahrhundert, in: Moderne Zeiten. Technik und Zeitgeist im 19. und 20. Jahrhundert, hrsg. von Michael Salewski und Ilona Stölken-Fitschen, Wiesbaden 1994, S. 93-118
2. MICHAEL SALEWSKI: Geist und Technik in Utopie und Wirklichkeit militärischen Denkens im 19. und 20. Jahrhundert, in: Militär und Technik. Wechselbeziehungen zu Staat, Gesellschaft und Industrie im 19. und 20. Jahrhundert. Im Auftrage des Militärgeschichtlichen Forschungsamtes hrsg. von Roland G. Förster und Heinrich Walle, Vorträge zur Militärgeschichte Bd.14, Herford-Bonn 1992, S. 73-97
3. Weltmachtstreben und Flottenbau, hrsg. von Wilhelm Schüssler, Witten/Ruhr 1956
4. WERNER BRÄCKOW: Die Geschichte des deutschen Marine-Ingenieurkorps, Oldenburg-Hamburg 1974
5. OTTO GROSS: Seekriegslehren im Lichte des Weltkrieges. Ein Buch für den Seemann, Soldaten und Staatsmann, Berlin 1929
6. ALEXANDER MEURER: Seekriegslehre in Umrissen. Seemacht und Seekriege vornehmlich vom 16. Jahrhundert ab, Berlin-Leipzig 1925
7. HEINRICH WALLE: Die Entstehung der modernen Schiffsartillerie. Marinerundschau 5/1980, S. 270-277
8. ELMAR B. POTTER, CHESTER W. NIMITZ: Seemacht. Eine Seekriegsgeschichte von der Antike bis zur Gegenwart, deutsche Fassung hrsg. im Auftrag des Arbeitskreises für Wehrforschung von Jürgen Rohwer, München 1974
9. Technikgeschichte des industriellen Schiffbaus in Deutschland, hrsg. von Lars U. Scholl, Band 1 und 2, Hamburg 1994 und 1996, Schriften des Deutschen Schiffahrtsmuseums, Band 34 und 35
10. AXEL GRIESSNER: Linienschiffe der Kaiserlichen Marine 1906-1918. Konstruktionen zwischen Rüstungskonkurrenz und Flottengesetz, Bonn 1999
11. AXEL GRIESSNER: Große Kreuzer der Kaiserlichen Marine 1906-1918. Konstruktionen und Entwürfe im Zeichen des Tirpitz-Plans, Bonn 1996
12. ERICH GRÖNER: Die deutschen Kriegsschiffe 1815-1945, fortgeführt von Dieter Jung und Martin Maass, Bd. 1. München 1982
13. FRANZ UHLE-WETTLER: Alfred von Tirpitz in seiner Zeit, Hamburg-Berlin-Bonn 1998
14. GUNTRAM SCHULZE-WEGENER: Deutschland zur See. 150 Jahre Marinegeschichte. Im Auftrag des Deutschen Marine Instituts hrsg., bearbeitet und erweitert von Heinrich Walle mit einer Zusammenfassung von Michael Salewski, Hamburg-Berlin-Bonn 1998

Die Entwicklung der Marinetechnik im Bereich der Überwasserkampfschiffe

The Development of Naval Shipbuilding in the Area of Surface Combat Ships

Dipl.-Ing. **Heinrich Schütz**, Bundesamt für Wehrtechnik und Beschaffung, Koblenz

Summary. Naval shipbuilding has been a cornerstone in the history of the STG from the very beginning. This paper deals with the field of surface combat ships with a major emphasis on their further development during the era of the Bundeswehr. The marginal conditions and the procedures which have to be observed in the development and procurement of ships as well as today`s status regarding individual components and overall design are presented. The description focuses on the integration and system aspects which are the characteristic features of naval shipbuilding. An outlook onto future focal areas and development trends concludes the presentation.

1. Einleitung

Der Kriegsschiffbau - mittlerweile wird der Begriff Marineschiffbau bevorzugt - hat von der Gründung der STG bis heute immer einen festen Platz im Leben und in´den Veranstaltungen der Gesellschaft gehabt. Viele Impulse und eine starke Wechselwirkung zum zivilen Schiffbau sind von ihm ausgegangen, und es ist regelmäßig - sieht man einmal von den politisch bedingten Unterbrechungen während der beiden Weltkriege und in den Nachkriegszeiten ab - in über 80 Vorträgen über seine Entwicklung vor den Mitgliedern dieser Gesellschaft berichtet worden. Unter diesen Vorträgen befanden sich in gewissen Zeitabständen auch immer wieder zusammenfassende Darstellungen und Bewertungen [1-4].

Die Gründung des Fachausschusses "Marinetechnik" vor etwa zwei Jahren in Ergänzung zu den übrigen Fachausschüssen unserer Gesellschaft war also nur folgerichtig. Der Fachausschuß präsentiert sich auf dieser Jubiläumsveranstaltung mit drei Vorträgen. Meine Aufgabe ist es dabei, das weite Gebiet der Entwicklung und des Baus von Überwasserkampfschiffen darzustellen. Bei diesem Versuch werde ich mich auf die letzten 25 Jahre beschränken und etwa dort einsetzen, wo Prof. Dr.-Ing. Strohbusch [5] anläßlich des 75jährigen Jubiläums unserer Gesellschaft im Jahre 1974 seinen Bericht abgeschlossen hatte. Es geht also in meinem Beitrag um die Frage, wie sich der deutsche Marineschiffbau in der Ära der Bundeswehr weiterentwickelt hat und wo er heute steht.

Überfordert sehe ich mich allerdings mit der Aufga-be, die parallel verlaufene Entwicklung des Marineschiffbaus in der DDR zu würdigen. Die Schiffbautechnische Gesellschaft, so möchte ich anregen, sollte dieses so wichtige Kapitel des deutschen Marineschiffbaus in das Programm einer ihrer kommenden Tagungen aufnehmen.

2. Rahmenbedingungen und Verfahrensweisen

Bis vor etwa 10 Jahren konzentrierte sich der Auftrag der deutschen Marine im wesentlichen auf die Landesverteidigung innerhalb des NATO-Bündnisses. Im Rahmen dieses Auftrages waren ihr eng begrenzte Aufgaben und als Operationsgebiet die europäische Nordregion mit Ost- und Nordsee zugeteilt. Für den Entwurfsingenieur ergaben sich daraus gut überschaubare Randbedingungen und Auslegungskriterien. Nach Beendigung des Kalten Krieges wich diese regionale Schwerpunktsetzung zugunsten weiträumiger und regional ungebundener Einsatzgebiete im Rahmen von Krisenoperationen. Zwar muß sich die deutsche Marine nach wie vor die Fähigkeit erhalten, in Randmeergebieten zu operieren, aber in Zukunft wird sie längere Wege gehen müssen, um diese Gebiete zu erreichen, und die Küsten, die sie ansteuert, werden ihr weitestgehend unbekannt sein.

Die Seekriegführung in flachen Küstengewässern - im englischen Sprachgebrauch mit "Littoral Warfare" bezeichnet - stellt wegen der massiven Bedrohung durch Minen, Flugkörper, landgestützte Flugzeuge und kleine, schnelle Überwassereinheiten, aber auch wegen der Gezeiten und Strömungen, der unterschiedlichen Schichtungen von Temperatur und Salzgehalt sowie der wechselnden Bodenbeschaffenheiten besonders hohe Anforderungen an den Schiffsentwurf. Die Kenntnisse und Erfahrungen hierüber sind gerade bei der deutschen Marine seit Jahrzehnten in besonderem Maße vorhanden, aber sie müssen den neuen Gegebenheiten angepaßt werden.

Dies gilt beispielsweise für die logistische Unterstützung der in die Krisengebiete zu entsendenden Schiffe - der Einsatzgruppenversorger Klasse 702 ist bereits eine Antwort hierauf - und für die Zusammenarbeit mit anderen Seekriegsmitteln sowie ande-

94

ren Teilstreitkräften und die daraus abzuleitende Ausstattung der Schiffe mit Kommunikationseinrichtungen. Darüber hinaus sind jetzt technische Entwurfsmerkmale wie Seeausdauer und Seefähigkeit, aber auch Details wie Kühlwassereintrittstemperaturen und Ansaugluftfilter für Motorenanlagen, unter ganz anderen Gesichtspunkten als in den vergangenen drei Jahrzehnten zu betrachten. Solche Randbedingungen werden den Entwurf zukünftiger deutscher Marineschiffe deutlich beeinflussen.

Nachdem die Deutsche Marine - dies ist der Name, den sie sich nach der Wende gegeben hat - nun auch Einsätze unter realen Bedingungen erlebt hat, beispielsweise mit Minensuchern im Golf und Fregatten in der Adria, haben Begriffe wie Funktionsfähigkeit und Betriebssicherheit eine ganz andere Qualität bekommen. Das Bewußtsein, Schiffe für den Ernstfall planen und bauen zu müssen, ist heute größer denn je.

Die Einsatzbedingungen für die deutschen Marineschiffe haben sich also gewandelt, der Weg aber, wie diese Schiffe zu planen, zu entwickeln und zu beschaffen sind, wird sich in den Grundzügen nur wenig verändern.

Deutsche Marineschiffe durchlaufen auf ihrem Werdegang in die Nutzung drei Phasen (Abb. 1) :

den Phasenvorlauf,
die Definitionsphase,
die Bauphase.

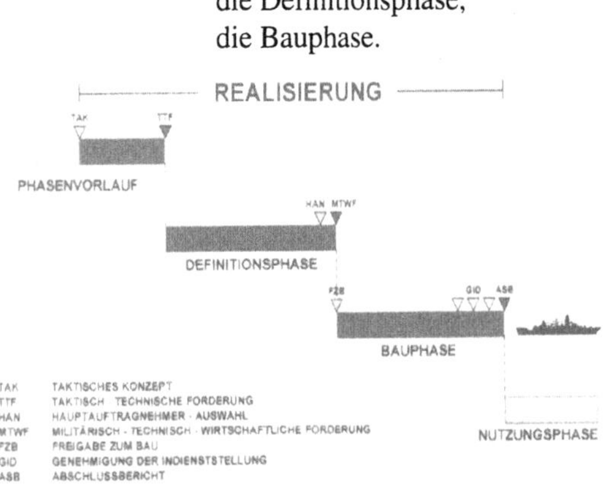

Abb. 1: Phasenfolge im Entstehungsgang von Marineschiffen

Konkrete Schiffbauvorhaben entwickeln sich während des Phasenvorlaufs in einer Studiengruppe der Marine. Diese stellt die Ausrüstungslücke fest und erarbeitet ein erstes amtliches Dokument, das sogenannte "Taktische Konzept" (TaK), in dem der Lösungsweg zur Behebung dieser Ausrüstungslücke aufgezeigt ist. Spätestens ab diesem Zeitpunkt muß das Vorhaben in den Bundeswehrplan aufgenommen sein.

Es folgt im zweiten Abschnitt des Phasenvorlaufs das Phasendokument "Taktisch-Technische Forderung" (TTF), welches das zukünftige Marineschiff einschließlich seiner Systemperipherie erstmals in groben Umrissen skizziert. In dem zwischen TaK und TTF liegenden Arbeitsabschnitt werden praktisch die wichtigsten Entscheidungen getroffen und damit auch die Konturen und die Kosten des neuen Waffensystems festgelegt. Kostenwirksamkeitsanalysen bringen deshalb in diesem Abschnitt die größten Effekte. Der Phasenvorlauf schließt mit der TTF und einer funktional ausgerichteten Leistungsbeschreibung ab.

Die Definitionsphase läßt sich im Entstehungsgang eines Marineschiffes als die Phase beschreiben, in der sich die Industrie, die später den Bau des Schiffes verantwortlich durchführen soll, mit den geforderten Funktionen des Waffensystems und mit dem vom Rüstungsbereich im Phasenvorlauf entwickelten Konzept auseinandersetzen muß. Im Zuge der Definitionsarbeiten ist der Entwurf so weit zu vertiefen, daß eine Bewertung der Restrisiken möglich ist und die Industrie sich in der Lage sieht, alle mit dem Bau verknüpften Leistungen und auch die übrigen systembezogenen Leistungen für die Herstellung der Versorgungsreife, für die Durchführung der Prüfungen und Nachweise, für die Schulung der Besatzung, für notwendige Infrastrukturmaßnahmen usw. zu spezifizieren und zu kalkulieren.

Am Ende der Definitionsphase steht ein Satz "Endgültiger Spezifikationen" und ein hierauf basierender schlußverhandelter Bauvertrag sowie das vom amtsseitigen Vorhabenmanagement erarbeitete Phasendokument "Militärisch-Technisch-Wirtschaft-liche Forderung" (MTWF).

Der schlußverhandelte Vertrag mit einem gesicherten Gesamtpreis und verbindlichen Terminen und das von der Leitung des Bundesministeriums der Verteidigung gebilligte Phasendokument sind die notwendige Voraussetzung für die Zustimmung der parlamentarischen Ausschüsse des Deutschen Bundestages für den Bau des Schiffes. Die Zustimmung des Parlaments und die sogenannte Stufenentscheidung "Freigabe zum Bau" machen den Weg für die Unterzeichnung des Bauvertrages frei.

Damit beginnt die Bauphase. Der Hauptauftragnehmer übernimmt von nun an die Verantwortung für die Baudurchführung und die Ablieferung eines funktionsbereiten und betriebssicheren Schiffes. Die Abnahme erfolgt auf der Grundlage der im Funktionsnachweis erbrachten Leistungen und nach der Erklärung der "Funktionsbereitschaft und Betriebssicherheit" durch eine Abnahmekommission, die sich im wesentlichen aus Fachleuten der technischen Dienststellen des Auftraggebers zusammensetzt. An die Abnahme schließen sich die Übernahme durch die Marine und die Indienststellung an. Die Genehmigung der Indienststellung ist zugleich die endgültige Zulassung des Schiffes zum Seeverkehr im Sinne der seerechtlichen Bestimmungen. Damit hat die Nutzungsphase des Schiffes begonnen.

Drei Merkmale sind es, die den deutschen Marineschiffbau in der Zeit der Bundeswehr geprägt und letztlich auch erfolgreich gemacht haben:

1. Die Notwendigkeit, aber auch die Fähigkeit, bereits das erste gebaute Schiff - also unter Verzicht auf den Bau eines aufwendigen Prototyps ohne langwierige Erprobungen - funktionsbereit und betriebssicher für die Nutzung bereitzustellen.

2. Das Zusammenfassen der Entwicklung und Beschaffung in der Bauphase - ein Schritt, der zu einer deutlichen Straffung des gesamten Realisierungsprozesses führt, aber sicherlich auch Risiken in sich birgt.

3. Die Übertragung der Gesamtverantwortung für den Bau und für das abzuliefernde Schiff einschließlich der in der Bauphase noch zu erledigenden Entwicklungsarbeiten auf einen industriellen Hauptauftragnehmer.

Während im Ausland die Elektronikindustrie mehr und mehr die Führerschaft auch bei Schiffbauvorhaben übernimmt, haben in Deutschland die Werften ihre Rolle als Hauptauftragnehmer beim Bau von komplexen Marineschiffen nicht nur behalten, sondern sogar noch ausbauen können. Dieses Können, das sich bei den deutschen Werften entwickelt hat und das wir im Marineschiffbau als Systemfähigkeit - seit kurzer Zeit ist auch der Begriff "Vorhabenfähigkeit" gebräuchlich, der die wirtschaftlichen Elemente einschließt - bezeichnen, ist sicherlich eine der Kernfähigkeiten in Deutschland, die es zu erhalten und in einen europäischen Rüstungsmarkt einzubringen gilt. Kostenbewußtsein und die Suche nach kostensenkenden Maßnahmen sind heute untrennbar mit jeder technischen Überlegung und jedem Entwurfsschritt verbunden, und es gibt praktisch keine technische Lösung, die nicht eingehend auf ihre Kosteneffektivität überprüft wird. Im Zuge derartiger Maßnahmen hat in den letzten Jahren eine rege Auseinandersetzung mit den im zivilen Schiffbau bzw. in der gewerblichen Schiffahrt angewandten Verfahren und Bauweisen eingesetzt. Die Wechselbeziehung zwischen Handels- und Marineschiffbau erschöpft sich dabei nicht nur in der Nutzung von spin-in- und spin-off-Effekten bei Komponenten und Bausteinen. Sie erstreckt sich auch auf die Bereiche Gesamtentwurf, Verfahren für Entwicklung und Bau, Prüfungen und Nachweise sowie Logistik und Betrieb.

Mit wachsender Verwendung von kommerzieller Technologie im Marineschiffbau gewinnt auch der Einsatz ziviler Vorschriften und Normen an Bedeutung. Während zivilbesetzte Hilfs- und Erprobungsschiffe der Bundeswehr mittlerweile ausschließlich nach diesen Standards gebaut werden, stehen ihrer Anwendung bei Kampfschiffen Grenzen entgegen, die sich aus den marinespezifischen Einsatzbedingungen und Anforderungen herleiten [6]. Für jedes konkrete Vorhaben müssen daher diese Grenzen und das Maß der anzuwendenden Vorschriften definiert werden. Der Grundsatz sollte dabei lauten : Soviel ziviler Standard wie möglich - militärischer Standard nur dort, wo unbedingt notwendig.

Die Auswahl der geeigneten Standards und deren Anwendung erfordern qualifiziertes Fachpersonal. Dies ist eine Rahmenbedingung, die seit einiger Zeit beiden Seiten - dem Rüstungsbereich ebenso wie der Industrie - erhebliche Sorgen bereitet. Nachwuchsgewinnung und Nachwuchsförderung auf diesem Fachgebiet müssen daher als vordringliche und ständige Aufgabe akzeptiert werden, wenn der Marineschiffbau als eine wesentliche Kernfähigkeit der deutschen Rüstungsindustrie erhalten bleiben soll. Die noch verbliebenen Kapazitäten zwingen zu einer Bündelung der Fähigkeiten und zu mehr Zusammenarbeit. Beispielhaft ist hierfür die Vorgehensweise, wie sie bei der Überarbeitung der Bauvorschriften für Schiffe der Bundeswehr gewählt wurde.

Die Bauvorschriften sind die technischen Regeln für den Bau, den Umbau und die Änderung der Marineschiffe. Sie ergänzen die gesetzlichen Vorschriften und die allgemein anerkannten Regeln der Technik in Bereichen, in denen die besonderen Belange des militärischen Schiffbaus dies erfordern. Insofern sind sie nicht nur Grundlage für den Entwurf und die Auslegung der deutschen Marineschiffe sondern auch maßgebend für die Schiffssicherheit und damit für die Zulassung zum Seeverkehr. Die Gesamtheit der Bauvorschriften beinhaltet einen hohen Qualitätsanspruch und genießt deshalb - in Verbindung mit den spezifischen Normen und Fähigkeiten der Werften - als "German Naval Standard" auch im Ausland hohe Anerkennung.

Seit einigen Monaten ist nun das Bundesamt für Wehrtechnik und Beschaffung dabei, in einer gemeinsamen Aktion mit dem Germanischen Lloyd und den deutschen Werften diese Bauvorschriften inhaltlich zu überarbeiten und in ein neues Gewand zu kleiden. Das bedeutet : Unter Wahrung des bisherigen hohen Qualitätsstandards und unter Berücksichtigung der spezifischen wehrtechnischen Belange sollen die Bauvorschriften dem neuesten Stand der technischen Entwicklung und den dem zivilen Schiffbau zu entnehmenden Elementen und Erkenntnissen angepaßt sowie letztlich auf kosteneffektive Bauweisen ausgerichtet werden.

3. Von der Waffenplattform zum Waffensystem

Als vor etwas mehr als 40 Jahren die neugegründete deutsche Marine - damals nannte sie sich noch Bundesmarine - mit Schiffen ausgerüstet werden mußte, war für grundlegende und gründliche Analysen über bedrohungsgerechte Einsatz- und Waffenkonzepte

keine Zeit gegeben. In erster Linie ging es darum, den jungen Soldaten eine schwimmende Plattform zur Verfügung zu stellen, und dies geschah in großer Eile und mit einfachen, knappen Mitteln. Dement-

sprechend glich die Flotte dieser frühen Jahre einem Sammelsurium von Weltkrieg II - Veteranen und angekauften, im Einzelfall auch einmal geliehenen Schiffen, die bei anderen Marinen eher zur Aussonderung angestanden hätten.

Auch die ersten neugebauten Marineschiffe waren mehr oder weniger aus Entwürfen der 40er Jahre hergeleitet und mit waffentechnischen Komponenten ausgerüstet, deren Stand sicherlich nicht den allerneuesten Erkenntnissen entsprach. Anders als der Handelsschiffbau, der gerade in den Jahren nach dem Krieg von vielen technischen Neuerungen geprägt war, schien der Marineschiffbau in Deutschland zu stagnieren. Von technischem Aufbruch und innovativen Lösungsideen konnte man zunächst wenig spüren.

	Typ / Klasse	Anzahl	Bauwerft	L - B üa. / Tg. max	Einsatzverdr.	D-höchstgeschw.	Besatzung	Indienststellg.	Bemerkung
Große Kampfschiffe	Zerstörer Kl. 101	4 Einh.	Stülcken	133,7 m - 13,4 m / 6,2 m	4680 t	über 30,0 Kn	268 Sold.	03/64 - 10/68	Außerdienstst. 03/90 - 12/94
	Fregatte Kl. 120	6 Einh.	Stülcken	109,9 m - 11,0 m / 5,1 m	2700 t	über 25,0 Kn	210 Sold.	04/61 - 06/64	Außerdienstst. 12/82 - 07/89
	Fregatte Kl. 122	8 Einh.	Blohm + Voss, TNSW, Bremer Vulkan, HDW, AG - Weser	128,0 m - 14,4 m / 6,0 m	3500 t	über 30,0 Kn	199 Sold.	05/82 - 03/90	F 122 - Niedersachsen wurde von AG - Weser gebaut
	Fregatte Kl.123	4 Einh.	Blohm + Voss, TNSW, Bremer Vulkan, HDW,	138,8 m - 16,7 m / 4,5 m	4500 t	ca. 30,0 Kn	220 Sold.	01/94 - 12/98	
	Fregatte Kl.124	3 Einh.	Blohm + Voss, TNSW, HDW, Lürssen	143,0 m - 17,4 m / 5,0 m	5600 t	29,0 Kn	243 Sold.	geplanter Zulauf 2002 - 2005	
Kleine Kampfschiffe	Schnellboot Kl. 140	20 Einh.	Lürssen, Kröger	42,5 m - 7,1 m / 1,55 m	168 t	ca. 40,0 Kn	38 Sold.	11/57 - 03/61	Außerdienstst. 12/71 - 03/75
	Schnellboot Kl. 141	10 Einh.	Lürssen, Kröger	42,5 m - 7,1 m / 1,61 m	178 t	38,5 Kn	38 Sold.	08/58 - 11/59	Außerdienstst. 06/75 - 11/76
	Schnellboot Kl. 142	10 Einh.	Lürssen, Kröger	42,5 m - 7,1 m / 1,59 m	173 t	39,0 Kn	39 Sold.	12/61 - 10/63	Außerdienstst. 07/82 - 06/84
	Schnellboot Kl. 143 Kl. 143 A	10 Einh. 10 Einh.	Lürssen, Kröger	57,5 m - 7,6 m / 2,5 m 57,6 m - 7,8 m / 2,2 m	387 t 390 t	ca. 38,0 Kn ca. 38,0 Kn	40 Sold. 34 Sold.	11/76 - 12/77 12/82 - 11/84	
Minenkampfboote	Küstenminensuchboot Kl. 320	18 Einh.	Burmester	47,1 m - 8,3 m / 2,5 m	380 t	16,5 Kn	42 Sold.	04/58 - 05/60	Umbau in: 12x MJBoot 331 6x HL 351
	Minenjagdboot Kl. 332	12 Einh.	Kröger, Lürssen, Abeking+Rasmussen	54,4 m - 9,2 m / 2,63 m	645 t	18,0 Kn	40 Sold.	12/92 - 01/96	
	Schnelles Minensuchb. Kl. 340/41	30 Einh.	Abeking+Rasmussen, Gebr. Schürenstedt	47,4 m - 7,0 m / 2,2 m	305 t	ca. 15,0 Kn	36 Sold.	01/60 - 10/63	Außerdienstst. 07/87 - 09/92
	Schnelles Minensuchb. Kl. 343	10 Einh.	Kröger, Lürssen, Abeking+Rasmussen	54,4 m - 9,2 m / 2,5 m	630 t	18,0 Kn	37 Sold.	06/89 - 05/91	Umbau in: 5x MJBoot 333 5x HL 352
	Binnenminensuchboot Kl. 393/94	18 Einh.	Kröger	38,0 m - 8,0 m / 2,2 m	250 t	12,0 Kn	25 Sold.	10/61 - 12/63 09/66 - 03/68	Außerdienstst. 04/92 - 03/95

Abb. 2: Auf deutschen Werften für die Bundesmarine bzw. Deutsche Marine gebaute Überwasserkampfschiffe

Dieser Zustand sollte sich dann aber etwa ab Ende der 60er Jahre ändern, als sich eine nachrükende Generation von Wehrtechnikern und Marineoffizieren systematisch daran machte, die technischen und taktischen, aber auch die verfahrensmäßigen Grundlagen für den Aufbau einer zeitgemäßen Flotte zu schaffen. Es galt, den Anschluß an den Stand der etablierten Marinen herzustellen, und dies erforderte veränderte Denkweisen und die Auseinandersetzung mit neuen Technologien. Insbesondere die zunehmende Bedrohung der Schiffe durch luftgestützte Waffen und die mittlerweile deutlich gesteigerten Leistungen und Reichweiten der Waffen und Sensoren verlangten nach immer kürzeren Reaktionszeiten und immer höherer Informations - und Datenverarbeitung. Schritt für Schritt entstanden so Schiffsentwürfe, die auf ein reales Bedrohungsspektrum zugeschnitten waren, die in ihrer Ausstattung mit der allgemeinen technischen Entwicklung mithalten konnten und deren Einsatzmittel - und dies ist sicherlich die wichtigste Erkenntnis - zu immer höherer Integration zwangen.

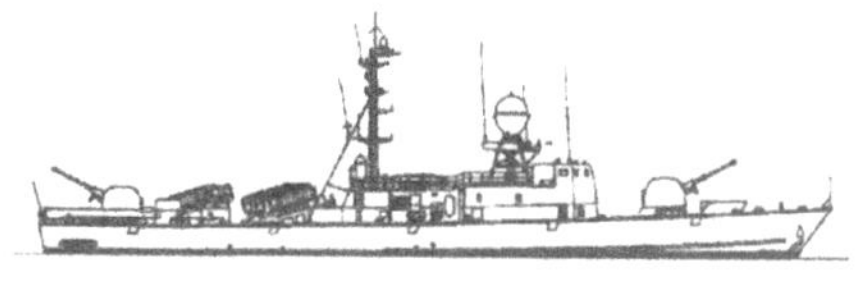

Schnellboot Klasse 143

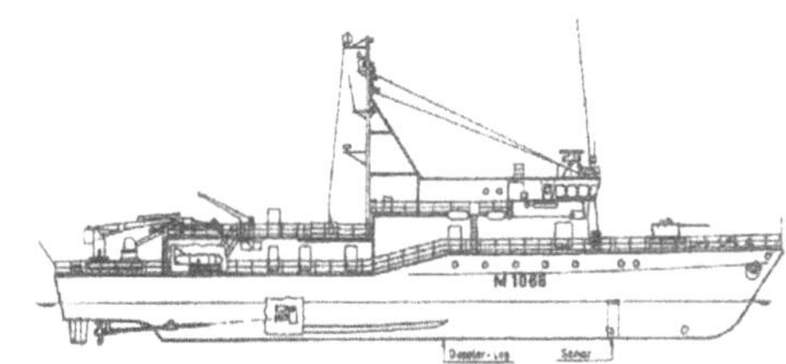

Minenjagdboot Klasse 332

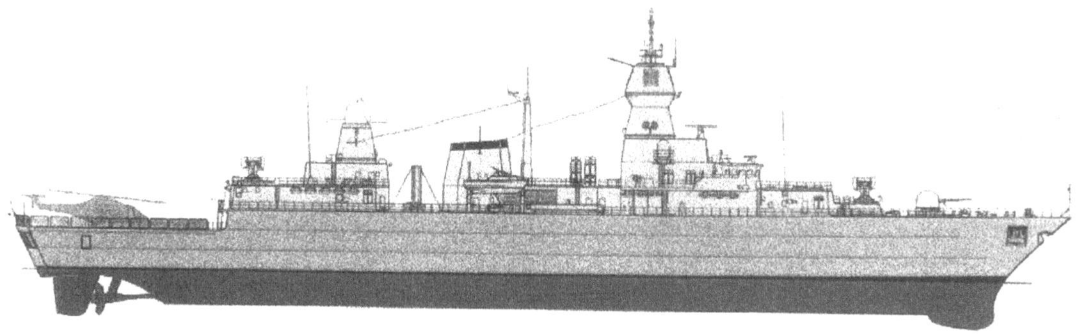

Fregatte Klasse 124

Abb. 3: Meilensteine im deutschen Marineschiffbau der letzten drei Jahrzehnte:
Schnellboot Klasse 143, Minenjagdboot Klasse 332, Fregatte Klasse 124

Das ehemals als Träger von Waffen konzipierte Kampfschiff entwickelte sich auf diesem Weg zu einem vollintegrierten Waffensystem, wobei das Maß und die Qualität der Integration ständig zunahmen.

Der Marineschiffbauer, der sich von jeher als Systemintegrator verstanden hatte, sah nun seine Aufgabe nicht mehr dann als beendet an, wenn die räumliche Zuordnung sowie die mechanische und elektrische Anbindung einer einzelnen Komponente gelöst waren. Es schlossen sich vielmehr weitere Integrationsschritte an, die sich in folgenden Stufen zusammenfassen lassen :

- Verbindung der Waffen und Sensoren zu Funktionsketten.
- Verknüpfung der einzelnen Funktionsketten zu einem Führungs- und Waffeneinsatzsystem (FüWES).
- Zusammenführung des Führungs - und Waffeneinsatzsystems mit dem schiffstechnischen Führungsbereich ("Plattformsystem") zu einem Gesamtsystem.

In Abb. 2 sind alle für die Bundeswehr in Deutschland gebauten Überwasserkampfkampfschiffe - die F 124 befindet sich noch im Bau - zusammengestellt. An drei dieser Schiffsklassen wird im folgenden aufgezeigt, wie sich der Grad der Integration und damit auch die Komplexität des Gesamtsystems Schiff in den letzten drei Jahrzehnten verändert hat. Die Bereiche "Schiffstechnische Automation" und "Führungs- und Waffeneinsatzsystem" machen dabei diese Entwicklung besonders deutlich. Die drei ausgewählten Schiffsentwürfe stehen für den Stand der Technik in dem jeweiligen Jahrzehnt. Sie repräsentieren zugleich die Schiffstypen, mit denen der deutsche Marineschiffbau im Bereich der Überwasserkampfschiffe in den letzten 30 Jahren Weltgeltung erlangt hat: Schnellboote, Minenkampfboote und Fregatten (Abb. 3).

Schnellboot Klasse 143 (S 143)

Der aus der Sicht des deutschen Marineschiffbaus richtungsweisende Entwurf der 70er Jahre war zweifellos das Schnellboot Klasse 143. In den Jahren 1976 und 1977 wurden 10 Boote dieser Klasse in Dienst gestellt, denen sich dann noch einmal ein zweites Los von 10 Booten Klasse 143A mit etwas modifizierter Ausrüstung anschloß. Bis heute sind dies die kampfkräftigsten Schnellboote auf der Welt geblieben, auch wenn es jetzt so aussieht, daß dieser Schiffstyp zumindest im Einsatzspektrum der Deutschen Marine zukünftig keinen Platz mehr finden wird.

Der Entwurf S 143 ist nicht nur deshalb so bemerkenswert, weil erstmals

- in ein auf deutschen Werften gebautes Kampfschiff ein Flugkörper-Waffensystem integriert und
- auf einem Boot dieser Art und Größe eine komplette Operationszentrale eingerichtet wurde,

sondern weil vor allen Dingen mit S 143 der Einstieg in die Technologie der Automatisierung wesentlicher Funktionsabläufe an Bord von Marineschiffen vollzogen und damit der Weg für schnellere Reaktionszeiten und niedrigere Fehlerquoten im Mensch-Maschine-System bereitet wurde.

Die auf S 143 in der Schiffstechnik eingesetzte Automation ist zwar noch nicht vergleichbar mit der Automation, wie wir sie auf modernen Marineschiffen der heutigen Generation vorfinden, aber die Grundelemente und -komponenten sind bereits in vielen Bereichen vorhanden. Hierzu zählen beispielsweise

- die zentrale Überwachungsanlage des Hauptbauabschnittes Schiffstechnik, also von Antrieb, E-Anlage und Schiffsbetriebsanlagen,
- die Energie-Erzeuger-Automatik und die Umschaltautomatik bestimmter Hauptgruppen im Bereich der elektrischen Versorgung,
- die automatische Umschaltung ausgewählter Netz- und Ladegeräte auf Batteriebetrieb bei Ausfall der Bordnetzspannung,
- die Steuerung und Regelung der Lüftungs-, Luftaufbereitungs-, ABC Schutz- und Heizungsanlagen sowie
- die diversen Meß-, Kontroll- und Warneinrichtungen für die Kraftwerke und Schiffsbetriebsanlagen (ca. 220 Meßstellen).

Folgerichtig ist auch der Schritt, die Motorenräume von Bedienungspersonal frei zu halten. Im Normalbetrieb wird die Antriebsanlage vom Brückenfahrstand im Steuerstand gefahren, während die Überwachung vom Schiffstechnischen Leitstand aus, der sich ebenfalls außerhalb der Motorenräume befindet, erfolgt.

Im Bereich der Waffen, Sensoren und Führungsmittel ist die Automatisierung noch konsequenter durchgeführt worden, und hier sind bereits die Grundele-

mente der Führungs- und Waffeneinsatzsysteme zu erkennen, wie sie dann in den 80er und 90er Jahren auf anderen Kampfschiffen zu immer größerer Leistungsstärke und Komplexität weiterentwickelt worden sind.

Das sogenannte AGIS-System (Automatisiertes Gefechts- und Informationssystem) ist das FüWES des Schnellbootes Klasse 143 (Abb. 4). Es verknüpft die Waffen mit
- dem kombinierten Antennensystem, der Rechenanlage, der Waffenverteilung sowie den Kommando- und Sichtgeräten der Radar-, Führungs- und Feuerleitanlage (WM 27/52),
- der optischen Richtsäule,
- der Flugkörper-Kommandotafel,
- der Artillerie-Leitanlage,
- der Link 11-Anlage,
- der Fernmelde-Aufklärungsanlage und
- Teilen der Navigationsanlage
zu einem integrierten Gesamtsystem.

Mit dem AGIS-System wird darüber hinaus die verzugslose Verbindung sowohl mit dem Marinehauptquartier als auch mit anderen Schiffen sichergestellt.

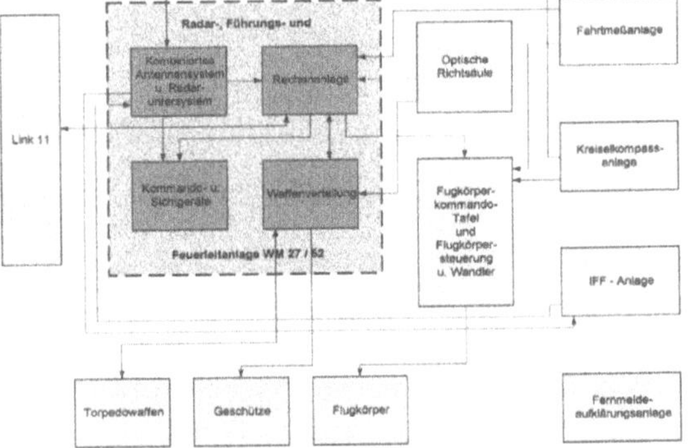

Abb. 4: Führungs- und Waffeneinsatzsystem (AGIS) des Schnellbootes Klasse 143

Minenjagdboot Klasse 332 (MJ 332)

Wenn in den 70er Jahren die neuen Schnellboote den deutschen Marineschiffbau geprägt hatten, so rückten in den 80er Jahren zunehmend die Minenabwehrboote in den Vordergrund - ein Schiffstyp, der in der deutschen Marine eine große Tradition aufzuweisen hat. Und ebenso wie der Schnellbootentwurf für zwei Schiffsklassen (S 143, S 143A) Verwendung fand und Basis für insgesamt 20 gebaute Boote war, wurde auch für die neue Generation von Minenabwehrbooten ein Grundentwurf gewählt, aus dem zwei Schiffsklassen - das Schnelle Minensuchboot (SM 343) und das Minenjagdboot (MJ 332) - und am Ende 22 gebaute Boote hervorgingen.

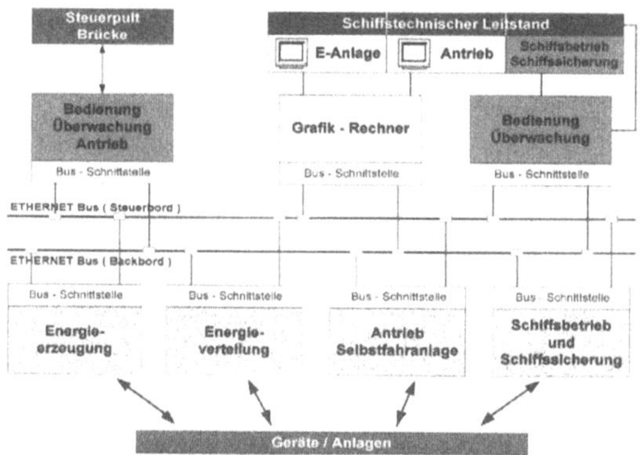

Abb. 5: Schiffstechnisches Automationskonzept des Minenjagdbootes Klasse 332

An dem Entwurf dieses Schiffstyps läßt sich die stürmische Weiterentwicklung der schiffstechnischen Automation nachvollziehen. Zum ersten Mal kommt auf einem deutschen Marineschiff ein rechnergestütztes Automationskonzept zum Einsatz (Abb. 5). Das dezentral und - wo erforderlich - auch redundant aufgebaute Konzept ist im wesentlichen dafür gedacht, das Bordpersonal zu entlasten und die Verfügbarkeit der Untersysteme zu erhöhen. Um dieses Ziel zu erreichen, werden neue Komponenten wie Farbdisplays, ein Bussystem und Einrichtungen zur Aufzeichnung und Speicherung von Betriebs- und Stördaten eingesetzt. Das Rechnersystem besteht aus 12 dezentralen Rechnern, welche die einzelnen Anlagen steuern und an ein ETHERNET-Bussystem angeschlossen sind. Das Bussystem ist aus Gründen der Redundanz je einmal auf Steuerbordseite und Backbordseite verlegt. Alle Betriebsabläufe werden kontinuierlich überwacht und auf Farbdisplays dargestellt. Im Zusammenwirken aller Rechner nimmt dabei der Grafikrechner den Platz eines Zentralrechners ein.

Im ersten Los sind 10 Schnelle Minensuchboote Klasse 343 gebaut worden, die bezüglich ihrer Minenräumaustattung noch ganz auf die konventionellen Mittel und Methoden der vorangegangenen Generationen von Minensuchbooten ausgerichtet sind.

Der eigentliche Innovationssprung in der Minenabwehrtechnik gelingt dann erst mit der zweiten Schiffsklasse, dem Minenjagdboot Klasse 332. Die Marine erhält mit diesem Schiff ein Waffensystem, das zur Ortung, Klassifizierung, Identifizierung und Vernichtung von Grund- und Ankertauminen mit den modernsten elektronischen Komponenten ausgestattet ist. Mittelpunkt und Seele des Minenjagdbootes ist die Minenjagdführungsanlage SATAM (System zur Auswertung und Darstellung taktische Daten im Minenkampf), die den Unterwassersensor mit dem Effektor - also die Minenjagdsonaranlage mit der unbemannten Unterwasserdrohne - und mit der Na-

vigationsanlage zu einem integrierten Gesamtsystem verbindet und deren Bedeutung und Funktion einem FüWES auf Kampfschiffen gleichzusetzen ist (Abb. 6). An der Minenjagdführungsanlage SATAM werden drei Hauptaufgaben durchgeführt: die Planung, die Durchführung und die Dokumentation der Minenjagdmission. Die Ergebnisse einer Mission können auf Festplatte, Magnetband, Drucker oder Plotter gespeichert und zur späteren Auswertung von Bord gegeben werden.

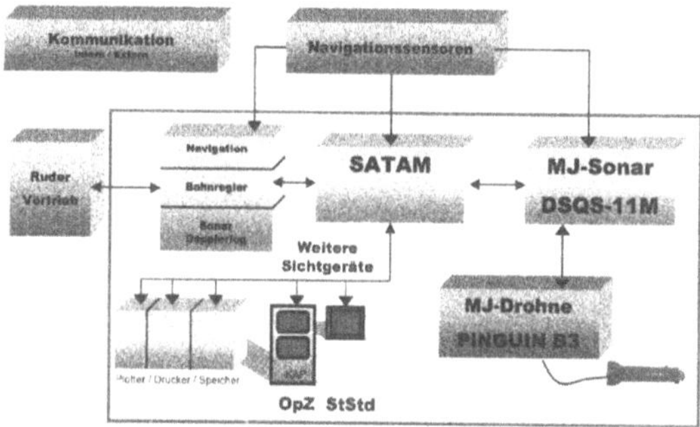

Abb. 6: Minenjagdsystem des Minenjagdbootes Klasse 332

Der hohe Integrationsgrad in den Abschnitten
- Schiffstechnik
- Navigation/Bahnregelung
- Minenjagdeinsatz

hat wesentlich dazu beigetragen, daß das Minenjagdboot Klasse 332 auch heute noch - über 15 Jahre nach seiner Konzeption - zu den modernsten dieser Art in der Welt zählt.

Fregatte Klasse 124 (F 124)

Am Ende der Evolution deutscher Marineschiffsentwürfe steht vorerst die Fregatte Klasse 124. Die Kiellegung des ersten Schiffes hat vor einigen Monaten stattgefunden; die Abnahme ist für Ende 2002 geplant.

Über die Grundzüge des Gesamtentwurfs F 124 ist auf der letzten STG-Hauptversammlung vorgetragen worden [7]. Die folgenden Ausführungen werden sich wiederum nur auf die Aspekte der Systemintegration konzentrieren. Insbesondere soll dabei aufgezeigt werden, welche Fortschritte sich bei diesem Entwurf der 90er Jahre auf dem Gebiet der schiffstechnischen Automation und des Führungs- und Waffeneinsatzsystems eingestellt haben.

Die Automation im schiffstechnischen Bereich muß in der Lage sein, die ihr zugeordneten Untersysteme und Anlagen sicher zu überwachen und zu steuern. Gleichzeitig ist es unerläßlich, daß sie wie alle übrigen lebenswichtigen Komponenten an Bord in das Standfestigkeitskonzept integriert ist. Bei der Fregatte 124 erden diese Forderungen durch das "Integrierte Überwachungs- und Steuerungssystem" (Integrated Monitoring and Control System, IMCS) erreicht. Das System (Abb.7) ist durch modularen Aufbau der Komponenten, verteilte Architektur und einen redundant verlegten Datenbus gekennzeichnet. Damit wird das bei MJ 332 entwickelte Grundkonzept unter Verwendung neuerer Technologiebausteine fortgesetzt.

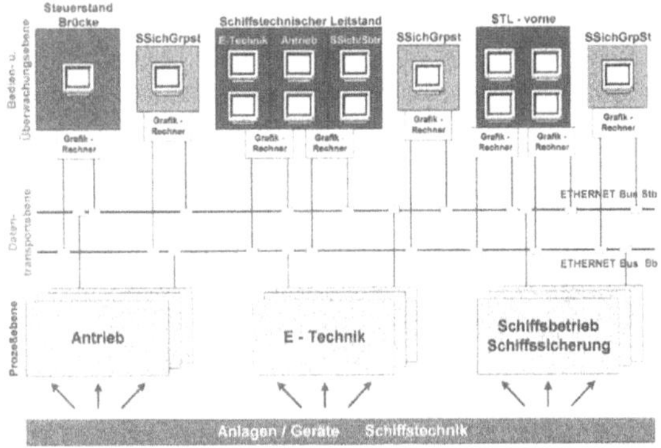

Abb. 7: Schiffstechnisches Automationskonzept (IMCS) der Fregatte Klasse 124

Im F-124-Automationskonzept sind drei Ebenen miteinander verbunden :

- Auf der Prozeßebene werden die Meßwerte erfaßt und verarbeitet. Dies geschieht auf F 124 in insgesamt 26 Unterstationen, die über das gesamte Schiff verteilt sind und von den Anlagen und Geräten abteilungsbezogen insgesamt ca. 6700 Signale aufnehmen.

- Über die Kommunikationsebene bzw. Datentransportebene werden die Unterstationen miteinander verbunden. Dadurch sind integrierte Automationsabläufe möglich, bei denen Informationen aus allen Bereichen der Schiffstechnik verknüpft werden müssen. Die Kommunikationsebene wird auf F 124 durch einen redundant im Schiff verlegten ETHERNET-Datenbus realisiert.

- Auf der Bedien- und Überwachungsebene werden die in der Prozeßebene verarbeiteten Daten zusammengeführt und dargestellt.

Das IMCS F 124 ist als vollständig Softwarebasiertes System konzipiert. Daher können die Überwachungs- und Steuerungsfunktionen der schifsstechnischen Anlagen den einzelnen Arbeitsplätzen frei zugewiesen werden. Im Extremfall kann die gesamte Schiffstechnik von einem Arbeitsplatz aus überwacht und bedient werden.

Zusätzlich ist in das IMCS ein System zur Unterstützung der Schadensabwehr und der Schiffsicherung integriert. Damit wird der Schiffsführung im Gefecht - aber auch bei z.B. betriebsbedingten Notfällen - die Schadenslage aufbereitet, und es werden lagebezogen Empfehlungen und Unterstützungsmaßnah-men

angeboten, die dann weitgehend automatisiert ablaufen. Zum Datenbus des Führungs- und Waffeneinsatzsystems ist im übrigen eine Schnittstelle vorgesehen, welche die Führung dieses sog. "inneren Gefechts" durch Verbesserung des Daten- und Informationsaustausches zwischen Operationszentrale und Schiffstechnischem Leitstand wesentlich effektiver gestaltet.

Die Fortschritte bezüglich des Führungs- und Waffeneinsatzsystems liegen bei der F 124 in der Architektur des Systems und in der konsequenten Anwendung von IT-Anteilen aus dem kommerziellen Markt.

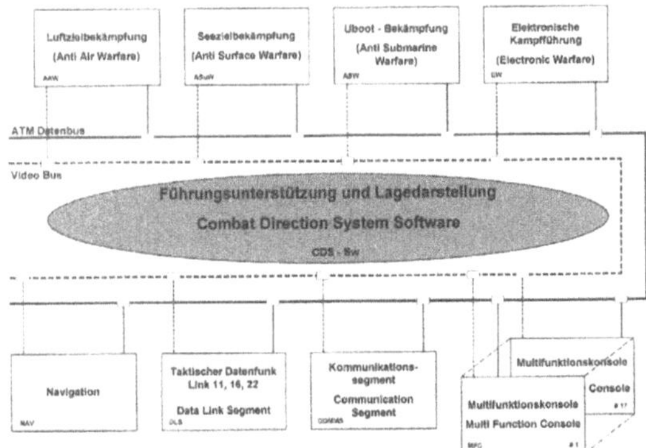

Abb. 8: Führungs- und Waffeneinsatzsystem der Fregatte Klasse 124

Erstmalig wird auf einem deutschen Marineschiff ein System mit einer verteilten Architektur realisiert (Abb. 8). Das System besitzt die Fähigkeit, sich bei Ausfall eines Prozessorknotens oder mehrerer Knoten automatisch zu rekonfigurieren. Technisch bedeutet dies:

- Es können jederzeit neue Untersysteme angeschlossen und funktional integriert werden.

- Die Anzahl der Prozessorknoten kann jederzeit erhöht werden, um so die notwendige Prozessorkapazität für eine funktionale Erweiterung der FüWES-Software bereitzustellen.

- Die hohe Redundanz trägt erheblich zur Verfügbarkeit des gesamten Einsatzsystems bei.

Operationell ergeben sich folgende Vorteile:

- Jede Funktion bzw. Aufgabe kann jederzeit an jeder beliebigen Bedienkonsole durchgeführt werden.

- Konsolen können so zusammengeschaltet werden, daß auf einem Teil der Konsolen eine Bedienerausbildung mit simulierten Szenarien durchgeführt wird, während der operationelle Betrieb parallel dazu weiterläuft.

Der ausgewählte Datenbus arbeitet auf ATM-Basis.

Das Betriebssystem, das den Datenaustausch zwischen den Anwenderprogrammen auf den Konsolen und den Sensoren, Effektoren und anderen DV-Segmenten steuert, heißt SIGMA SPLICE.

4. Stand der Entwicklungen

4.1 Gesamtentwurf und schiffbauliche Aspekte

Im vorangegangenen Abschnitt dieses Vortrages ist an drei Entwürfen beispielhaft aufgezeigt worden, welche sprungartige Entwicklung in den vergangenen 30 Jahren in den Bereichen "Schiffsautomation" und "Führungs- und Waffeneinsatzsystem" vollzogen wurde und wie sich dabei das Gewicht innerhalb eines Entwurfsteams immer mehr vom Schiffbauer und Schiffsmaschinenbauer hin zum Elektroniker und Informatiker verlagert hat.

Aus der Fülle der Entwurfsparameter und Entwurfsdetails sollen im folgenden nur einige wenige und insbesondere nur diejenigen herausgegriffen werden, die auch weiterhin richtungsweisend sein könnten.

Noch bis zum Ende des Zweiten Weltkrieges waren die Entwürfe der Überwasserkampfschiffe durch das von schweren Waffen, Panzerung, Treibstoff, Munition usw. eingebrachte Gewicht bestimmt. Als dann die Flotte der Bundesmarine aufgebaut wurde, hatte sich diese Gewichtsproblematik mehr und mehr in eine Flächen- bzw. Raumproblematik umgewandelt. Einerseits hatten die Forderungen nach Panzerung und Geschwindigkeit mittlerweile an Bedeutung verloren, andererseits verursachten neue und höhere Forderungen bezüglich der Unterbringung und Betreuung der Besatzung, der Betriebssicherheit, der Ausweitung von Verkehrs- und Fluchtwegen, der Standkrafterhöhung, der Aufstellung von Elektronikschränken, der Vergrößerung von Werkstätten-/Betriebs- und Funktionsräumen sowie ausreichender Abstände zwischen Sensoren, Antennen und Waffen einen deutlichen Mehrbedarf an Fläche und Volumen.

Heute ist praktisch eine dritte Stufe erreicht : Sieht man einmal von der Problematik der Kostenbegrenzung, mit der sich wohl alle Marinen auseinandersetzen müssen, ab, so wird der Entwurf moderner Überwasserkampfschiffe zunehmend durch den sogenannten "Topside Design" bestimmt, worunter die Anordnung der Komponenten an Oberdeck unter Berücksichtigung ihrer gegenseitigen Beeinflussung und einer maximalen Leistungserbringung zu verstehen ist. Dieser Trend ist in erster Linie auf die wachsende Zahl der Radaranlagen, die nach wie vor der Hauptsensor bei Überwasserschiffen sind, der Flugkörper- Abschußanlagen, der Rohrwaffen, der Funkantennen und der elektronischen Kampfmittel zurückzuführen. Alle genannten Anlagen beanspruchen für ihre Aufstellung ausreichende Flächen an Oberdeck, alle verlangen nach hinreichenden Abständen, damit sie sich nicht gegenseitig stören, und alle benötigen entsprechenden Installations- und Servicefreiraum.

Die Integration von Bordhubschraubern mit Flugdeck und Hangar - heute eine Standardeinrichtung auf Kampfschiffen ab Fregattengröße - verschärft diese Problematik noch. Da daneben auch die schiffstechnischen Einrichtungen wie Masten, Aufbauten, Deckshäuser, Schornsteine sowie Seeversorgungs- und Rettungseinrichtungen ihre Ansprüche nicht zurückgeschraubt haben, hat sich die Oberdecksauslegung eines Überwasserkampfschiffes zum Entwurfsproblem erster Ordnung entwickelt.

Neben der Integration von Sensoren, Waffen und Führungsmitteln sind die Gebiete Signaturreduzierung und Standkrafterhöhung wohl die nächstwichtigen Schwerpunkte im Entwurfsprozeß.

Die Palette der betroffenen Signaturen reicht je nach Schiffs-typ und Einsatzspektrum von der Schallausbreitung im Wasser über das magnetische Schiffsfeld bis hin zur Radar- und Infrarotsignatur. Begünstigt durch den Einsatz moderner Technologien und den Einbau von miniaturisierten Bausteinen in die Sensoren gewinnen heute mehr und mehr auch andere Effekte wie Seismik, Druck und UEP (Underwater Electrical Potential) an Bedeutung. Aufgabe des Entwurfsingenieurs ist es, diese Signaturmaßnahmen ausgewogen und kosteneffektiv in den Entwurf einzubringen.

Konstruktive Lösungen zur Herstellung einer ausreichenden Standkraft im Trefferfall haben den Schiffbauer schon immer beschäftigt. Sie betreffen in der Regel die Schockfestigkeit , die räumliche Trennung von Funktionen und Komponenten sowie die Einplanung von redundanten Systemen. Ziel solcher Maßnahmen ist es, das Ausmaß der Zerstörung für das Gesamtwaffensystem Schiff so zu reduzieren, daß seine Fahrfähigkeit erhalten bleibt und Kampfaufgaben zumindest eingeschränkt weitergeführt werden können.

Bei der Fregatte Klasse 124 ist die Standkraft so weit entwickelt, daß das Schiff Treffer von Flugkörpern oder Bomben mit bis zu 150 kg Sprengstoff überstehen kann. Zwei Elemente tragen hierzu wesentlich bei: doppelwandige Schotte und im oberen Decksbereich längslaufende Kastenträger. Zur Sicherung gegen Gasschlag und Splitter sind sechs solcher Doppelwandschotte sowie drei Kastenträger eingebaut (Abb. 9). Die Kastenträger stellen eine ausreichende Längsfestigkeit sicher und nehmen zugleich

102

lebenswichtige Versorgungsleitungen und den Datenbus auf.

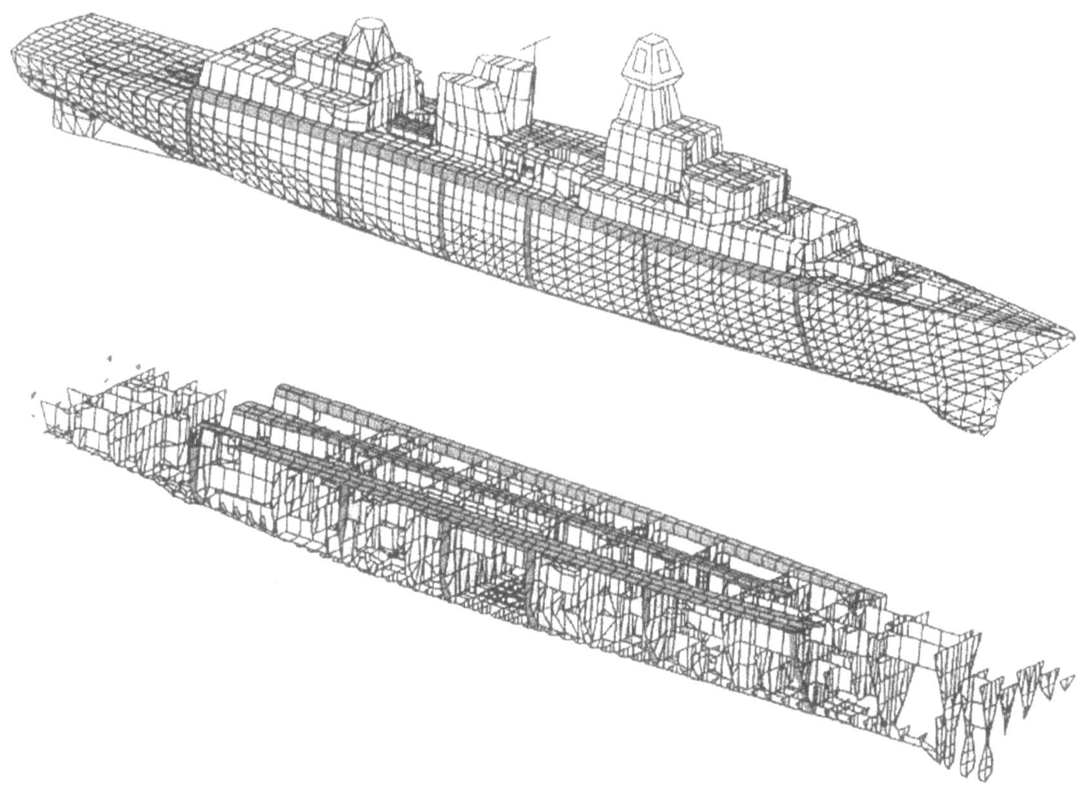

Abb. 9: Standkraftmaßnahmen auf der Fregatte F 124; Doppelwandschotte und Kastenträger

Die Erfahrungen aus den Neubauten des letzten Jahrzehnts lassen noch einen weiteren Schluß zu: Aufgrund der großen Technologiesprünge in vielen Bereichen und der daraus resultierenden Wechselwirkung von Waffe und Gegenmaßnahme muß der Entwurfsingenieur heute zur Kenntnis nehmen, daß die von ihm eingeplante und in eine bestimmte Systemstruktur eingebettete Sensoren- und Waffenkonfiguration nur einen zeitlich begrenzten Wert besitzt und früher oder später im Rahmen eines Umbaus oder schon im zweiten Los des Bauprogramms geändert werden muß. Der Entwurf ist daher von Anfang an so auszulegen, daß ausreichende Raum-, Gewichts- und Stabilitätsreserven vorhanden sind und die Änderung mit minimalem Aufwand durchgeführt werden kann.

4.2 Schiffsantriebs- und Schiffsbetriebsanlagen

<u>Antriebsanlagen</u>

Auf den Schiffen der Deutschen Marine dominiert der Dieselmotorenantrieb. Die hohe Kompetenz deutscher Motorenhersteller, eine große Leistungsdichte und eine enge Leistungsstufung der Motoren haben zu dieser Entwicklung entscheidend beigetragen. Auf den größten Kampfeinheiten, den Fregatten, kommen allerdings Kombinationen von Dieselmo-

toren und Gasturbinen als sog. CODOG- bzw. CODAG-Antriebe zum Einsatz (Abb.10).

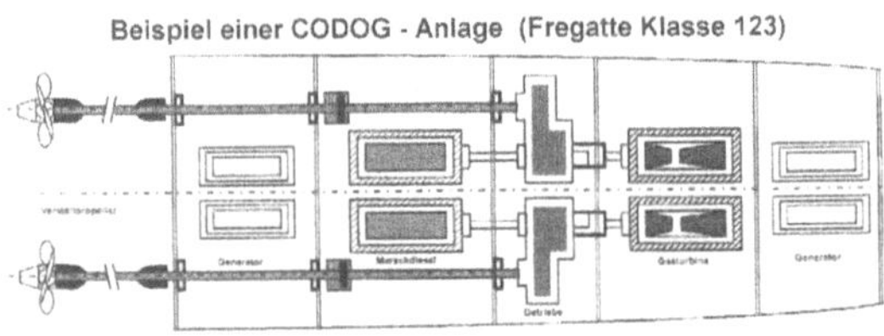

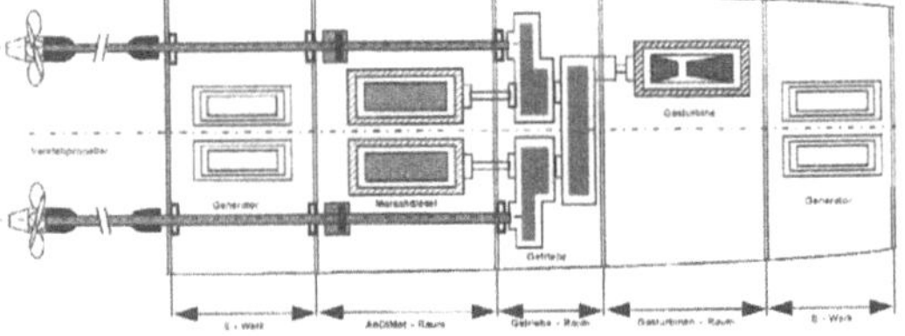

Abb. 10: Gegenüberstellung von CODOG- (F 123) und CODAG-Antriebsanlage (F 124)

CODOG (Combined Diesel <u>or</u> Gas Turbine) bedeutet, daß das Schiff nur mit den Dieselmotoren (bei Marschfahrt) oder nur mit den Gasturbinen (bei Höchstfahrt) angetrieben wird. Bei Schiffen mit CODAG (Combined Diesel <u>and</u> Gas Turbine) wird die Marschgeschwindigkeit wahlweise mit einem oder beiden Dieselmotoren erreicht. Zur Erreichung der Höchstgeschwindigkeit müssen Dieselmotoren und Gasturbine zusammen betrieben werden.

Der große Vorteil der CODOG-Anlage liegt in der klaren Trennung von drehzahlgeregelten Dieselmotoren und leistungsgeregelten Gasturbinen im Betrieb.

Das Konzept dieser Anlage ist dadurch gekennzeichnet, daß mehr Leistung beschafft und installiert wird, als zur Erreichung der Höchstgeschwindigkeit eigentlich erforderlich ist.

Dieser Nachteil entfällt bei einer CODAG-Anlage, bei der eine komplette Gasturbine mit der gesamten Peripherie wie: Verbrennungsluftfilter, Verbrennungsluftschacht, Abgasschacht, Kraftstoffzuführung mit Pumpe, Filter, Kraftstoffvorwärmer, Schmierölversorgung usw. eingespart werden kann. Selbst wenn bei diesem Konzept die Einzelleistungen der beiden Dieselmotoren und der Gasturbine angehoben werden müssen und zu den dann als Zwei-Gang-Getriebe ausgeführten Getrieben noch ein sogenanntes "Cross-Connection-/Verteiler-Getriebe" hinzukommt, so bleiben sowohl die Beschaffungskosten als auch die Betriebskosten doch deutlich hinter den Kosten für eine vergleichbare CODOG–Anlage zurück.

Hinsichtlich ihres Betriebsverhaltens und ebenso unter Beachtung von Aspekten der Standfestigkeit sind beide Anlagen als gleichwertig einzustufen.

ABC-Schutz, Kaltwassernetz

Das Dauer-Schutzluft-Klima-System (DSK),, mit dem seit Mitte der 70er Jahre alle Überwasserschiffe der Marine zum Schutz gegen atomare, biologische und chemische (ABC-) Waffen ausgerüstet werden, ist mittlerweile technisch ausgereift und zuverlässig. Zwar ist seit Beendigung des Kalten Krieges die atomare Bedrohung zurückgegangen, jedoch geht von den B- und C-Waffen nach wie vor eine erhebliche Gefährdung aus.

Da die Schiffe unserer Marine heute weltweit, also auch in tropischen Gewässern, eingesetzt werden können, muß bei Verwendung des DSK-Systems die Wärmeabfuhr aus dem Schiff besonders gelöst werden. Für Zwecke der Klimatisierung und der direkten Kühlung elektronischer Geräte ist daher ein komplettes Kaltwassernetz mit der erforderlichen Anzahl von Kaltwassersätzen vorzusehen.

Dieses Kaltwassernetz hat inzwischen wegen der großen Zahl der angeschlossenen Verbraucher und der hohen Kälteleistung eine Bedeutung und eine Komplexität erreicht, die der des E-Versorgungsnetzes nicht nachsteht. Bei vielen elektronischen Geräten kann heute der Verlust der Kühlung zum Totalausfall führen. Die Konzeption des Kaltwassernetzes gewinnt daher beim Entwurf moderner Kampfschiffe zunehmend an Bedeutung.

Umweltschutz

Die Deutsche Marine hat sich die Selbstverpflichtung auferlegt, alle Umweltschutzbestimmungen einzuhalten und von deren Ausnahmeregelungen keinen Gebrauch zu machen. Dies gilt für die internationalen Übereinkommen ebenso wie für die nationalen Umweltschutzgesetze, die in den Küstengewässern und Häfen zu beachten sind.

Für die Schiffe der Deutschen Marine bedeutet dies, daß ein erheblicher Aufwand betrieben werden muß, um unzulässige Umweltbeeinträchtigungen zu vermeiden. Die Einrichtungen hierfür haben teilweise erheblichen Einfluß auf den Schiffsentwurf, und sie erhöhen - nicht zuletzt wegen der relativ hohen Besatzungszahlen - die Gesamtkosten von Kampfschiffen beträchtlich.

Brandbekämpfung

Seewasserfeuerlöschanlagen sind seit jeher die wichtigsten Einrichtungen zur Brandbekämpfung an Bord von Schiffen. Zusätzlich wurden in den 70er Jahren Raumfeuerlöschanlagen mit dem Feuerlöschgas Halon eingebaut. Halon entfaltet seine hervorragende Löschwirkung bereits bei niedrigen Konzentrationen, gefährdet damit kaum die Besatzungsmitglieder, die sich noch im brennenden Raum befinden, und zieht keine nennenswerten Brandfolgeschäden nach sich.

Mit der FCKW-Halon-Verbotsverordnung von 1991 war dann jedoch die Verwendung von Halon wegen seiner die Ozonschicht schädigenden Wirkung nicht länger erlaubt. Die Marine reagierte mit einem konsequenten Halon-Ausstiegs-Konzept, das zunächst in Anlehnung an die Bestimmungen für Handelsschiffe die Einführung von CO_2-Raumflutungsanlagen vorsah.

Erprobungen auf der Fregatte 123 zeigten allerdings bald, daß die für Handelsschiffe geltenden Annahmen und Auslegungsrichtlinien nicht ohne weiteres auf Marineschiffe übertragbar sind, insbesondere wenn diese mit einem DSK-System ausgerüstet sind.

Als Alternative ist in der Folge die Druckwasserschaumsprühanlage (DSA) entwickelt worden. Durch die Filmbildung des zugesetzten Schaummittels wird bei dieser Anlage das Feuer schnell erstickt und eine Rückzündung verhindert. Auch tritt - anders als bei Gasfeuerlöschanlagen - durch das Wasser eine Kühlwirkung ein, so daß der gelöschte Raum schnellstmöglich wieder betreten werden kann. Allerdings ist es erforderlich, die elektrischen Anlagen durch die Wahl einer höheren Schutzart gegen das Eindringen von Löschwasser zu schützen. Alle neuen Überwasserschiffe der Marine werden heute mit dieser DSA ausgerüstet.

4.3 Schiffselektrotechnische Anlagen

"Automation" und "Vollelektrisches Schiff" sind die beherrschenden Themen der letzten Jahre im schiffselektrotechnischen Abschnitt. Beide Themen gehören im zivilen Schiffbau schon längst zum Stand der Technik, aber es bedurfte im Marineschiffbau noch einiger grundlegender Entwicklungsvorarbeiten, bevor auch dort die Akzeptanz erreicht war.

Die Entwicklung der Automation von der einfachen Meßwerterfassung bis hin zum Integrierten Überwachungs- und Steuerungssystem (IMCS) einschließlich Simulationsprogramm für die Bordausbildung ist im Abschnitt 3 aufgezeigt worden.

Die Automationsanlage, wie sie jetzt auf der Fregatte Klasse 124 realisiert wird, repräsentiert den Standard, der für die zukünftigen Schiffe der Deutschen Marine zu fordern sein wird. Sie dient der Überwachung und Sicherstellung des ungestörten Betriebs aller schiffstechnischen Anlagen und unterstützt gleichzeitig die Schiffsführung bei der Schadensabwehr. Durch ein intelligentes "Powermanagement" der Energieerzeugung und -verteilung wird auf Störungen reagiert, werden unterschiedliche Lastanforderungen ausgeglichen und unwichtige Verbraucher im Überlastfall abgeschaltet.

Das so entwickelte Automationskonzept erfüllt die Anforderungen nach
- höherer Standkraft
- reduzierten Signaturen
- geringerem Personalbedarf
- niedrigeren Lebenswegkosten

für das Gesamtsystem deutlich..

Die Voraussetzungen für den Entwurf und den Bau des ersten vollelektrischen Überwasserkampfschiffes sind mittlerweile hergestellt : In den Bereichen Leistungselektronik und elektrische Maschinen hoher Leistungsdichte hat es auf dem zivilen Markt beachtliche Entwicklungsfortschritte gegeben, so daß viele Bauelemente für das vollelektrische Schiff heute sogar handelsüblich bezogen werden können. Die im wehrtechnischen Bereich durchgeführten Komponentenentwicklungen wie

- neue permanenterregte Maschinen in Transversalflußtechnik und als Multi-Elektronik-Permanent-Magnetmotor

- kombinierte Gleich-/Wechselspannungsnetze im kV-Bereich (Fahr- und Bordnetz)

- Gleichrichter und Wechselrichter entsprechender Leistung

sind ebenfalls so gut wie abgeschlossen. Studien haben mit hinreichender Verläßlichkeit gezeigt, daß ein vollelektrisches Kampfschiff realisierbar ist und hinsichtlich Raum- und Gewichtsbedarf - ein Kriterium, das bisher für das kompakt gebaute Kampfschiff von besonderer Bedeutung war - aber auch hinsichtlich der Beschaffungskosten sowie der Kosten in der Nutzungsphase dem Vergleich mit konventionellen Schiffskonzepten standhält.

4.4 Integration von Waffen, Sensoren und Führungsmitteln

Der Innovationszyklus der Waffen und Sensoren liegt heute zwischen 10 und 20 Jahren. Man muß also davon ausgehen, daß sie während der Nutzungsdauer eines Schiffes einmal leistungsgesteigert oder komplett gegen neuentwickelte Anlagen ausgetauscht werden. Die Integration, der Einbau und der Ausbau dieser Komponenten - auch für Instandsetzungszwecke - wird durch die zunehmende Akzeptanz und Anwendung der Modulbauweise erheblich erleichtert.

Multifunktionsradare, welche die Funktionen "Suchen" und "Zielverfolgen" in sich vereinen, verdrängen heute mehr und mehr die klassischen Radaranlagen mit nur jeweils einer Funktion. Ihr Einbau stellt allerdings den Schiffbauer wegen der besonderen Anforderungen an die Aufstellung und wegen ihres erheblich höheren Platzbedarfs und Gewichts vor neue Herausforderungen.

Ebenso schwierig gestaltet sich die schiffbauliche Integration moderner tieffrequenter Sonaranlagen, die ausgesetzt und nachgeschleppt werden müssen und dafür einen beträchtlichen Geräteaufwand erfordern.

Für die FüWES-Infrastruktur (Rechner und Bussystem) wird in zunehmender Form auf kommerzielle Produkte (COTS) zurückgegriffen. Dieses spart Kosten und bietet zugleich die Möglichkeit, die noch immer sprungartigen Leistungsverbesserungen dieser Produkte auch im Marineschiffbau zu nutzen.

5. Trends – Der Blick nach vorn

Der Marineschiffbauer ist gut beraten, wenn er sein Schiff nicht maßgeschneidert für nur eine Aufgabe oder Funktion entwirft, sondern für unkomplizierte Umbaumaßnahmen offen hält und dabei ausreichende Nachrüstreserven einplant. Wachstumspotential für Nachrüstungen und Kampfwertsteigerungsmaßnahmen, und dieses in Verbindung mit modularer Gestaltung der Subsysteme, sowie die Ausdehnung der Nutzungsdauer werden generelle Leitlinien für den Schiffsentwurf sein.

Welche spezifischen Entwicklungstendenzen zeichnen sich nun im Marineschiffbau ab?

Soweit die Form des Schiffsrumpfs betroffen ist, wage ich die Prognose, daß der Einrumpf-Verdränger ein Renner bleiben wird. Wir werden immer wieder Lösungen mit unkonventionellen Rumpfformen wie Luftkissen-, Tragflächen-, Bodeneffekt-, Mehrrumpf- und Hochgeschwindigkeitsfahrzeuge für die unterschiedlichen Einsatzforderungen untersuchen und in die Überlegungen mit einbeziehen müssen, aber ihre Anwendung wird sich in der Regel auf Spezialfälle beschränken.

Die Signatur- und Stealtheigenschaften werden ein entwurfs- und kostenbestimmendes Element von Marineschiffen bleiben. Allerdings sollten Stealth-Gesichtspunkte die Gestaltung der Schiffsform nur soweit bestimmen, daß ein Optimum mit den Einflüssen der Antennen, Waffen und Sensoren hergestellt ist. Die Fregatte Klasse 124 hat auch in dieser Hinsicht gezeigt, wie es gehen sollte.

Auf dem Gebiet des Schiffsantriebs wird zu prüfen sein, ob auch bei Überwasserschiffen die Brennstoffzelle eine ernstzunehmende Alternative darstellt. Ihre Vorteile hinsichtlich Wirkungsgrad, Signatur und Umweltverträglichkeit sind offensichtlich; allein die hohen Anlagenkosten bremsen ihren weiteren Vormarsch auf Schiffen noch ab. Aber es ist durchaus vorstellbar, daß der Einsatz der Brennstoffzelle als Energieerzeuger für den Bordbetrieb schon bald erfolgen wird.

Im zivilen Schiffbau haben POD-Antriebe (Podded Propulsor Systems) bereits einen festen Platz. Sie sind heute bis zu Leistungen von 30 MW realisierbar, dabei einfach zu integrieren, und sie werden aufgrund ihrer vielfältigen Vorteile bezüglich Manövrierfähigkeit, Geräusch- und Schwingungsverhalten und nicht zuletzt auch wegen ihrer hohen Wirtschaftlichkeit wohl bald auch auf Marineschiffen zum Einsatz kommen.

Der Energiebedarf ist auf den Kampfschiffen - ähnlich wie auch in so vielen anderen Bereichen - enorm gestiegen. Sieht man einmal in einer sehr vereinfachten aber nachvollziehbaren Betrachtungsweise das einzelne Besatzungsmitglied als Maß für eine bestimmte auf dem Schiff zu erfüllende Funktion an, so hat sich in den vergangenen 40 Jahren die für eine solche Funktion an Bord zu installierende elektrische Leistung etwa verdreifacht (Abb. 11). Dieser Effekt wird noch dadurch verstärkt, daß in vielen Bereichen die Automation Einzug gehalten hat und die Besat-

zungszahlen immer weiter zurückgingen.

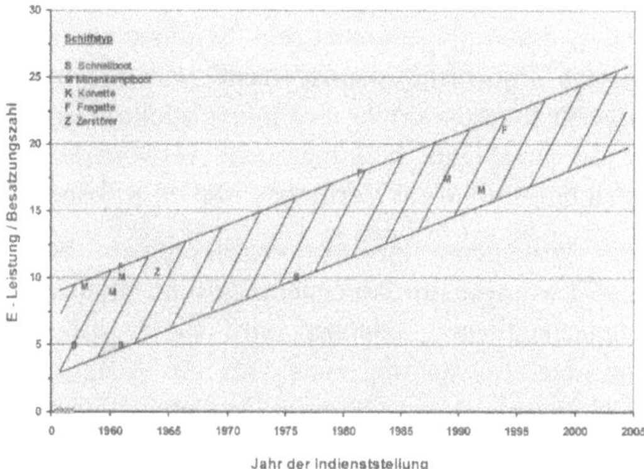

Abb. 11: Anstieg des Energiebedarfs für den Bordbetrieb auf Marineschiffen in 40 Jahren

Nicht zuletzt deshalb rückt im Zuge eines wirtschaftlichen Energiemanagements das vollelektrische Schiff immer mehr in den Mittelpunkt. Bei einem vollelektrischen Schiff wird die über Primärenergiewandler erzeugte Leistung allen Verbrauchern des Bord- und Fahrbetriebs, also auch dem elektrischen Antrieb, über das Bordnetz zur Verfügung gestellt. Ein solches Konzept macht nicht nur die Bereitstellung redundanter, überzähliger Leistungen überflüssig und vermindert dadurch deutlich die Beschaffungs- und Betriebskosten, sondern es bietet auch mehr Entwurfsfreiheit und mehr Optionen, die Standkraft des Schiffes zu erhöhen. Mit Blick auf den zukünftigen Einsatz von elektrischen Waffen ergibt sich darüber hinaus die Möglichkeit, die für solche Waffen benötigten hohen Leistungen kurzzeitig dem Bordnetz zu entnehmen, ohne daß dies zu unverträglichen Einbrüchen im Fahrbetrieb führt. Die nächste Generation von Marineschiffen wird sich dem Konzept des vollelektrischen Schiffes nicht entziehen können.

Die eigentlichen Innovationsimpulse gehen auch in der Zukunft von den zu integrierenden Komponenten für den Kampfeinsatz aus. Größere Effektivität läßt sich durch eine verbesserte Verknüpfung der einzelnen Systeme und deren Einbindung in ein effizientes Informations- und Datenaustauschsystem erzielen. Das Schlagwort hierzu heißt C4ISR-Architektur (Command, Control, Communications, Computers, Intelligence, Surveillance, Reconnaissance).

Ein Schwerpunkt der Anstrengungen wird zukünftig auf dem Gebiet der Kommunikation liegen. Der Erfolg einer militärischen Operation hängt zunehmend davon ab, ob die Dominanz auf diesem Gebiet hergestellt werden kann, d.h. ob frühzeitige, exakte und umfassende Informationen über die taktische und operationelle Lage vorliegen und entsprechend aufbereitet werden können. Das einzelne Schiff muß dabei in ein Kommunikations- und Datenaustauschsystem mit anderen Einheiten zur See, in der Luft und an Land eingebunden sein. Schlüsselelement in diesem "Informationsmanagement" wird die computergestützte Auswertung der Informationen sein, um so der jeweiligen Führungsebene verwertbare Entscheidungshilfen zur Verfügung stellen zu können.

Das gestiegene Informationsaufkommen bedingt neue Lösungen im Antennenspektrum. Die Anzahl unterschiedlicher Antennen wird weiter zunehmen und den Entwurfsingenieur bei der funktionsgerechten Aufstellung vor neue Probleme stellen. Die Mehrfachnutzung von Antennen und die Integration von Antennen in die Schiffsstruktur könnten zur Problemlösung beitragen.

Ein weiteres Feld mit wachsender Bedeutung ist der Einsatz unbemannter, autonomer Fahrzeuge. Die Deutsche Marine hat im Bereich der Minenbekämpfung bereits umfangreiche Erfahrungen mit Unterwasser- und Überwasserdrohnen sammeln können. Sie wird allerdings technisches und operatives Neuland betreten, wenn zukünftig auch Luftdrohnen als abgesetzte Sensoren von Schiffen aus eingesetzt werden. Ihre Integration wird das Problem des "Topside Design" noch vergrößern.

Weitere Einflüsse auf den Schiffsentwurf sind zu erwarten durch

- die Aufstellung und das Handling von abgesetzten Sonarsystemen,

- die Weiterentwicklung von Sensoren als Multifunktionssysteme und mit Fähigkeiten zur abbildenden taktischen Aufklärung (synthetische Apertur),

- den zunehmenden Einsatz von optronischen Aufklärungsmitteln (insbesondere von Wärmebildgeräten),

- die Forderung nach Fähigkeiten zur Landzielbekämpfung und zur Unterstützung von Operationen im Küstenvorfeld,

- die Einbindung in globale Systeme zur flächendeckenden Abwehr von taktisch-ballistischen Flugkörpern (TBMD, Theater Ballistic Missile Defense).

Einige der genannten Bausteine werden mit einiger Wahrscheinlichkeit auf den neu konzipierten Schiffen der Bundeswehr zu finden sein. Dies sind nach derzeitiger Planung und in dieser Reihenfolge das Wehrforschungs- und Erprobungsschiff Klasse 751, die Korvette Klasse 130 und die Fregatte Klasse 125.

Mit der Komplexität der neuen Schiffsvorhaben wachsen auch die Anforderungen an den Entwurf

und an die Verfahren zur Realisierung solcher Waffensysteme. Will man diese Herausforderungen meistern, so sind zukünftig zwei Voraussetzungen zu schaffen:

1. Rüstungsbereich und Industrie müssen ihre fachlichen Resourcen und Kompetenzen bündeln und - trotz möglicher Vertragsbarrieren - noch enger zusammenarbeiten als bisher.

2. Es sind verstärkt moderne Entwurfsverfahren und -instrumente unter Verwendung von Simulationstechniken einzusetzen. Das Stichwort hierzu heißt „Simulation Based Design and Virtual Prototyping".

Der amtliche Rüstungsbereich wird Impulsgeber für technische Innovationen bleiben müssen. Seine Aufgabe ist es, ähnlich wie die eines zivilen Reeders, Vorstellungen über die zukünftigen Aufgaben und Einsatzmöglichkeiten seiner Flotte zu entwickeln und dafür die notwendigen technischen Schritte einzuleiten.

Der Bau von Marineschiffen hat sich in den vergangenen 30 Jahren zu einer der Kernfähigkeiten der deutschen Rüstungsindustrie entwickelt. Diesen Stand gilt es zum Nutzen der Deutschen Marine - aber auch im Hinblick auf die Exportmöglichkeiten - zu halten und auszubauen. Verfahren und Methoden, die sich bewährt haben, sollten beibehalten ggf. auch verbessert werden. Aber ebenso wichtig ist es, technologische Trends zu erkennen und frühzeitig in die Entwurfsüberlegungen einzubringen. In der Vergangenheit ist dies in den meisten Fällen gut gelungen; das Vordringen der Informationstechnik in praktisch alle Bereiche des Schiffsentwurfs ist hierfür ein überzeugendes Beispiel. Es ist zu erwarten, daß gerade auf diesem Gebiet die Anforderungen noch höher und die organisatorischen, personellen und auch finanziellen Aufwendungen, insbesondere für die Softwareentwicklung, weiter steigen werden.

Die Komplexität und die Schwerpunkte des Marineschiffbaus haben sich seit den Anfängen der Bundeswehr deutlich verändert. Auch zukünftig wird es kein einfaches und auch kein immer gleichbleibendes Rezept für die Lösung der marinetechnischen Herausforderungen geben. Kontinuität und Wandel sind angesagt.

Ich danke den Mitarbeiterinnen und Mitarbeitern meiner Abteilung, die mich bei der Erarbeitung dieses Berichtes durch ihre mündlichen und schriftlichen Beiträge unterstützt haben.

6. Schrifttum

HADELER, W.: "Über die Entwicklung einiger

wichtiger Kriegsschiffstypen seit dem Weltkriege", Jahrb. STG, Bd. 43, 1941

FISCHER, K.: "Entwicklungen und Bauabsichten der deutschen Bundesmarine", Jahrb. STG, Bd. 51, 1957

MENZ, G.: "Technische Probleme und Erfahrungen beim Wiederaufbau der Bundesmarine", Jahrb. STG, Bd. 57, 1963

FUHRMANN, R.: "Schiffstechnische Probleme bei der Entwicklung von Kriegsschiffen", Jahrb. STG, Bd. 63, 1969

STROHBUSCH, E.: "Kriegsschiffbau", 75 Jahre STG, 1974

MERTINATIS, B.; PRANGE, D.; SCHÜTZ, H.: "Anwendung ziviler Standards im Marineschiffbau - Überlegungen und Erfahrungen", Jahrb. STG, Bd. 88, 1994

SADLER, K.-O.: "Entwurfsmerkmale für den Marine-Überwasser-Schiffbau",Jahrb. STG, Bd. 92, 1998

Ein Jahrhundert Unterseebootsbau

A Century of Submarine Building

Prof.Dr.-Ing. **Fritz Abels**, Lübeck

Summary. The development of German submarine construction during this period is described from the first submersibles with short submerged endurance and shallow diving depth via conventional diesel/battery-electric submarines with snorkel to modern air-independent non-nuclear submarines.

A brief historical review mentions some of the names associated with this development, together with task areas and indication of their importance.

There are considerable differences between the development and construction of submarines during the first half-century with two World Wars and over the last 40 years with the rebuilding of the German Navy in the scope of the WEU and NATO with their peacekeeping measures.

In addition, some civilian submersibles are presented while the outlook for the future shows the air-independent Class 212 and Class 214 submarines.

1 Überblick

Das Unterseeboot ist so alt wie unsere Schiffbautechnische Gesellschaft. Wenn auch die Entwicklungsgeschichte der Tauchfahrzeuge bis in das Altertum zurückreicht, so konnten doch erst um die Jahrhundertwende durch die Bereitstellung von batteriegespeisten Elektromotoren und Antriebsanlagen für die Überwasserfahrt die ersten einsatzfähigen Uboote gebaut werden. Der erste Vortrag überhaupt vor unserer Gesellschaft auf der ersten Hauptversammlung in Berlin im Jahre 1899 befaßte sich mit dem Unterseebootsbau. Der Mitbegründer und langjährige geschäftsführende Vorsitzende unserer STG, der Geheime Regierungsrat Professor Busley, sprach in einem vielbeachteten Vortrag über "Die modernen Unterseeboote" [1].

In den 100 Jahren epochemachender technischer Entwicklungen wurden bei klar definierten Aufgaben durch konsequente Anwendung jeweils vorhandener Technologien Unterseeboote geschaffen, die weltweite Anerkennung fanden. Zwischen Abb. 1 mit U1 und Abb. 2 mit der Klasse 212 liegen 90 Jahre Ubootsentwicklung.

Durch diese Entwicklungen entstanden auch Synergieeffekte für den Schiffbau und andere Industriezweige. Es seien beispielhaft zunächst nur die Einführung der Schweißtechnik im Schiffbau und die Entwicklung der Dieselmotoren für die Marine genannt.

Wenn auch dem Ubootsbau im Schiffbau immer eine Außenseiterrolle zufällt und wegen der Geheimhaltung vieles nicht bekannt wird, so ist doch besonders während der letzten Zeit genug veröffentlicht worden, um einen Überblick über ein Jahrhundert Unterseebootsbau zu geben. Hier soll in Einschränkung und schwerpunktsmäßig insbesondere über die Behandlung verschiedener Themen aus dem Ubootsbau vor der STG gesprochen werden. Das militärische Uboot spielt hierbei mit Abstand die wichtigste Rolle. Trotzdem werden auch einige zivile Entwicklungen sowie gebaute Tauchfahrzeuge und Geräteträger vorgestellt.

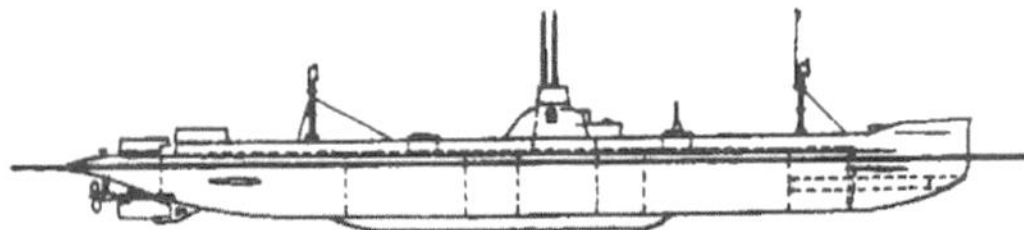

Abb. 1: Unterseeboot U1 von 1906

Abb. 2: Unterseeboot Klasse 212 von 1996

Da einiges im Ubootsbau sozusagen übergeordnet für das ganze Jahrhundert und für alle Entwicklungen gilt, soll hierüber zunächst in einem Überblick in einzelnen Abschnitten gesprochen werden.

1.1 Entwicklungsgeschichte

Hierüber schreibt Gabler [2, 4] ausführlich in seinem Buch "Unterseebootbau", das heute in der vierten Auflage in deutsch und englisch ein Standardwerk darstellt, und in der "Technikgeschichte des industriellen Schiffbaus in Deutschland", herausgegeben von Scholl [5]. Ein außergewöhnliches Buch ist eine handgeschriebene und handgezeichnete Abhandlung der Entwicklungsgeschichte von Lawrenz [6], der selbst in den 60er und 70er Jahren an der Entwicklung und dem Bau deutscher Uboote beteiligt war. Rössler [7, 8] beschreibt in mehreren Bänden sehr gründlich und ausführlich die technischen Entwicklungen in diesem Jahrhundert.

Englischsprachig berichten Arentzen und Mandel [9] sowie Jackson [10, 11] über diese Themen. In unserer Festschrift "75 Jahre Schiffbautechnische Gesellschaft" [12] aus dem Jahre 1974 wird auch über die Unterseeboote berichtet, allerdings gerade einmal auf einer von 436 Seiten; ein Zeichen der Einstellung und des Ansehens in der damaligen Zeit.

Heute berichten viele Veröffentlichungen in deutsch und englisch über die vielen Ideen und Versuche in den vergangenen Jahrhunderten, in die Tiefe der Meere hinabzutauchen. Dieses leitet über zu dem nächsten Abschnitt.

1.2 Schrifttum

Neben der bisher genannten Literatur werden am Ende dieses Berichtes alle vor der STG gehaltenen Vorträge dokumentiert, die mit der Ubootstechnik in Verbindung stehen [13 – 56]. Danach erscheinen einige Vorträge, die vor der Royal Institution of Naval Architects (RINA) in London [57 – 81] und vor der Society of Naval Architects and Marine Engineers (SNAME) in den USA [82] gehalten worden sind. Darüber hinaus werden weitere Veröffentlichungen genannt, die im Zusammenhang mit diesem Thema stehen. Ein ausführliches Literaturverzeichnis schließt den Vortrag von Abels-Rathjens-von Nitzsch [34] über Entwicklungen bei bemannten Unterwasserfahrzeugen ab, und eine umfangreiche Dokumentaton liegt im Ingenieurkontor Lübeck (IKL) und damit bei HDW vor.

1.3 Persönlichkeiten

"Nur Männer machen die Geschichte!" Dieser Ausspruch unseres ersten Vorsitzenden Professor Busley während seines Festvortrages zum 25jährigen Jubiläum ermuntert mich, einige Namen zu nennen, die sich um die Unterseebootstechnik verdient gemacht haben. Mir ist sehr wohl bewußt, daß sie nur stellvertretend stehen können für die große Zahl kompetenter Ingenieure, Konstrukteure und Fachleute vieler Disziplinen, durch deren Zusammenwirken erst das komplexe Waffensystem Uboot entstehen kann.

Die erste Hälfte unseres Jahrhunderts bis zum Jahr 1945 war gepägt durch die Entwicklungen der konventionell angetriebenen Boote vom Tauchboot für lange Überwasserfahrten zum Unterseebot mit Schnorchel für lange Tauchfahrten gegen Ende des 2. Weltkrieges. Starken Einfluß auf diese Entwicklungen hatten Techel und Schürer (Abb. 3 und

4).

Abb. 3: Hans Techel 1870 - 1944

Abb. 4: Friedrich Schürer 1881 - 1948

Techel war über drei Jahrzehnte Entwicklungs- und Konstruktionschef für den Ubootsbau auf der Germaniawerft in Kiel. Unter seiner Leitung wurden über 100 Uboote entworfen und gebaut. Im Jahr 1922 veröffentlichte Techel [83] eine ausführliche Schrift über den Bau von Unterseebooten auf der Germaniawerft. Zuletzt war er technischer Direktor des holländischen Ubootkonstruktionsbüros "Ingenieurkontoor for Schepsbouw" in Den Haag, der Vorgängerfirma des IKL.

Schürer zählt zu den bedeutensten Ubootkonstrukteuren der deutschen Marine. Als Marinebaubeam-

110

ter mit eigenem technischen Büro wirkte er fast zeitgleich zu Techel und stand mit ihm in enger Verbindung. Er hatte mit Sitz in Kiel die Entwürfe der Kaiserlichen Marine maßgeblich beeinflußt. Zwischen den beiden Kriegen entwarfen und planten Schürer und Mitarbeiter u.a. den legendären Uboottyp 7, von dem in verschiedenen Varianten über 700 Boote gebaut wurden.

Die Verdienste von Techel und Schürer würdigte die Bundesmarine, indem die beiden ersten Nachkriegsboote der Klasse 202 die Namen Hans Techel und Friedrich Schürer erhielten.

Abb. 5: Hellmuth Walter 1900 – 1980

Eine revolutionäre Antriebsanlage entwickelte Walter (Abb. 5) mit der nach ihm benannten Walter-Turbine als einer außenluftunabhängigen Antriebsanlage. Es wurde ein Walter-Versuchsboot gebaut, das bereits 1940 getaucht 28 kn lief. Walter führte den Schnorchelmast bei Ubooten ein, durch den dann die Boote nur noch tief getaucht und in Schnorcheltiefe unter der Wasseroberfläche fahren konnten. Mit der Entwicklung und dem Bau des Typs 21 war der Übergang vom Tauchboot zum wirklichen Unterseeboot geschafft. Dieser Typ wurde nach dem 2. Weltkrieg Vorbild für viele Ubootsentwürfe auf der ganzen Welt.

Der Wiederaufbau der Ubootwaffe nach dem 2. Weltkrieg wurde durch Baubeamte und Ingenieure aus der Industrie gepägt, die bereits die Vorkriegsentwicklungen begleitet und beeinflußt hatten. Hier sind an erster Stelle Aschmoneit und Gabler (Abb. 6 und 7) zu nennen. Das enge Zusammenspiel der beschaffenden Behörde in Kiel mit dem unabhängigen Entwicklungsbüro Ingenieurkontor Lübeck

(IKL) und den bauausführenden Werften in Kiel und Emden begünstigte den erfolgreichen Aufbau der Ubootindustrie für die Bundesmarine und das Ausland.

Abb. 6: Christoph Aschmoneit 1901 – 1984

Abb. 7: Ulrich Gabler 1913 – 1994

Eine ausführliche Würdigung dieser o.g. Herren finden Sie in unserer derzeitigen Jubiläumsschrift mit dem Titel "100 Jahre Schiffbautechnische Gesellschaft. Biografien zur Geschichte des Schiffbaus" [84].

Mitarbeiter und Nachfolger von Aschmoneit und Gabler waren Otte [17, 20] und Nohse [19, 85, 86], die das Wissen, die Erfahrungen, aber auch den Geist weitergaben und den Ubootsbau mit eigenen

Ideen und Engagement voranbrachten.

Den Ubootsbau auf der Werft HDW als Generalunternehmer vertrat über 40 Jahre Ude [64, 90, 91], der als Schiffbauer, Akquisiteur und Projektmanager für die Belange der deutschen Behörden und ausländischen Marinen zuständig war, und als Vertreter der Werft pflegte er die enge und vertrauensvolle Zusammenarbeit mit dem IKL.

1.4 Aufgaben

Warum tauchen die Menschen in die Tiefe der Meere hinab? Neben Neugierde und Forscherdrang haben von Anfang an militärische Aspekte die entscheidende Rolle gespielt. Das getauchte Uboot erfährt den Schutz des umgebenden Wassers mit seiner großen spezifischen Masse und ist dort nur schwer ortbar. Wenn auch die Ortungsmittel laufend verbessert werden, so verfügt das Uboot doch über wirkungsvolle Gegenmaßnahmen.

Das konventionell angetriebene Boot ist als Defensivwaffe in der Hand des zur See Schwächeren ein wirksames Mittel, einer Bedrohung auf See zu trotzen, und es bindet damit im Konfliktfall starke Überwasserstreitkräfte. Heute ist das Uboot in der Lage, Überwasserschiffe und Uboote zu bekämpfen, und es kann durch mitgeführte Flugkörper in Auseinandersetzungen auf Land eingreifen. In Zukunft wird es sich auch der Bedrohung aus der Luft erwehren können.

Zivile Unterwasserfahrzeuge sind überall dort sinnvoll einzusetzen, wo entweder die Aufgaben unter Wasser liegen oder wo ein Überwasserschiff als Transportmittel an der Wasseroberfläche behindert wird. Beispiele sind:

- Öl- und Gastransporte unter Eis in der Arktis
- Inspektions- und Schutzmaßnahmen an Offshore-Bauwerken
- Forschungs- und Inspektionsaufgaben am Meeresboden
- Touristen- und Tauchfahrzeuge in der Karibik und im Roten Meer
- Gütertransporte in Krisenzeiten

Bei freier und gefahrloser Wasseroberfläche ist das Uboot dem Überwasserschiff jedoch aus wirtschaftlichen Gründen unterlegen. Die Transatlantikreise oder den Öltransport unter Wasser wird es nicht geben.

1.5 Bedeutung

Die politischen Ereignisse mit zwei verlorenen Weltkriegen während der erste Hälfte dieses Jahrhunderts hatten starken Einfluß auf die Entwicklung der deutschen Ubootwaffe. Trotzdem kann es nicht Gegenstand der Technikgeschichte sein, die Ursachen der furchtbaren Kämpfe zur See mit großen Verlusten auf allen Seiten zu behandeln. Der Fronteinsatz der Boote hatte zu Erfahrungen geführt, die nach dem Zweiten Weltkrieg weltweit bei allen Marinen mit Ubooten berücksichtigt wurden.

Vier Regierungsformen – mit der Kaiserlichen Marine, der Reichsmarine, der Kriegsmarine und der Bundesmarine – im Zusammenhang mit den beiden Kriegen ergaben Unterbrechungen, die aber von den deutschen Werften als bedeutende Wachstumsindustrie von hohem technischen Niveau schnell ausgeglichen wurden: Bis heute ist der Unterseebootsbau eine Spitzentechnologie geblieben.

Die Synergieeffekte, mit denen der Ubootsbau die gesamte Technik befruchtet hat, sind bedeutend. Neben der bereits genannten Schweißtechnik und dem Dieselmotorenbau sind u.a. folgende Entwicklungen zu nennen:

- die konsequent durchgeführte Sektionsbauweise bei den Typen 21 und 23
- der erste chemische luftunabhängige Hochleistungsantrieb durch Walter mit Auswirkungen auf Luft- und Raumfahrt
- die in Deutschland erstmals fertiggestellten Schnorchelanlagen
- die Verbesserung der Signaturen bei Geräusch, Magnetik und Wärmeabstrahlung
- die Festigkeits- und Materialuntersuchungen für große Tauchtiefen
- das hydrodynamische Bewegungsverhalten der Boote im dreidimensionalen Raum
- die Unterwasser-Sensoren sowie die Führungsund Unterwasser-Einsatzsysteme
- die außenluftunabhängigen nichtnuklearen Antriebe mit den Brennstoffzellen und dem permanentmagnet-erregten Propellermotor für die Klasse 212.

Die Bedeutung des Ubootsbaus heute für den Schiffbau und die deutsche Industrie ist groß. Langsam setzt sich diese Erkenntnis durch. Wenn die Boote auch klein und meistens nicht zu sehen sind, so ist doch der Aufwand an Zeit und Geld erheblich. Interessant ist der Vergleich der Preise eines modernen Unterseebootes deutscher Fertigung mit den größten und modernsten Containerschiffen der Welt.

Abb. 8 spricht für sich. So war es vor mehreren Jahren: Zwei Containerschiffe waren billiger als ein Uboot. Vergleicht man heute die Preise im Containerschiffbau mit dem Preis von einem Uboot der

112

Klasse 212 von DM 650 Mio, Preisstand 1995, so muß man dafür wohl sechs oder mehr Containerschiffe bauen, soweit dergleichen Preise überhaupt noch zu erzielen sind. Obendrein wird mit dem Ubootsbau auch heute noch Geld verdient.

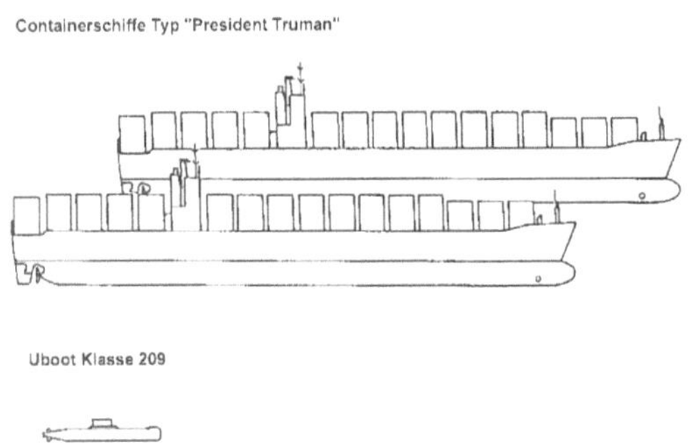

Abb. 8: Schiffe gleicher Preise

2 Ubootsbau bis 1945

2.1 Deutsche Ubootsentwicklung von 1904 bis 1918

Unser erster Vorsitzender Professor Busley berichtete 1899 zwar ausführlich über den Unterseebootsbau, kam dabei aber zu falschen Schlußfolgerungen. Er bestätigte den unterseeischen Fahrzeugen technische Minderwertigkeit und keine großen Aussichten für die Zukunft. Er gab der Kaiserlichen Marine Recht, sich nicht auf kostspielige Entwicklungen für den Ubootsbau eingelassen zu haben, sondern sich lediglich auf den Überwasserkriegsschiffbau beschränkt zu haben. Man sieht: Auch ein Vorsitzender unserer Gesellschaft kann sich irren!

Die zögerliche Aufnahme der Ubootsentwicklung in Deutschland Anfang dieses Jahrhunderts führte dazu, daß zunächst die Werftindustrie auf eigene Rechnung und für den Export Uboote entwickelte, die durch ihren Erfolg auch dann bei uns in Deutschland für den Anschub sorgten. Dieses Vorgehen wiederholte sich z.T. auch in der zweiten Hälfte dieses Jahrhunderts beim Wiederaufbau der Ubootwaffe für die Bundesmarine ab 1955, wo auch die Privatwirtschaft z.T. mit erheblichen Mitteln den Export von Ubooten und die Entwicklung der außenluftunabhängigen nichtnuklearen Unterseeboote vorangetrieben hat.

Im Jahre 1902 baute die Germaniawerft in Kiel das Versuchs-Uboot "Forelle" auf eigene Rechnung (Abb. 9). Aufträge aus Rußland und Norwegen folgten. Erst danach erhielten 1904 die Germaniawerft und 1906 die Kaiserliche Werft in Danzig die ersten Aufträge für den Aufbau der Ubootwaffe.

Vor unserer STG wurde lediglich 1913 von Berling [13] über die Entwicklung der Unterseeboote und ihrer Hauptmaschinenanlagen sowie 1914 von Weidert [14] über die Entwicklung der Sehrohre gesprochen. Antriebsanlagen und Sehrohre waren für das Operieren der damaligen Tauchboote von ausschlaggebender Bedeutung. Zu Kriegsbeginn 1914 waren in Deutschland 45 Boote fertiggestellt oder in Bau. Das Uboot U1 ist erhalten geblieben und heute im Deutschen Museum in München ausgestellt.

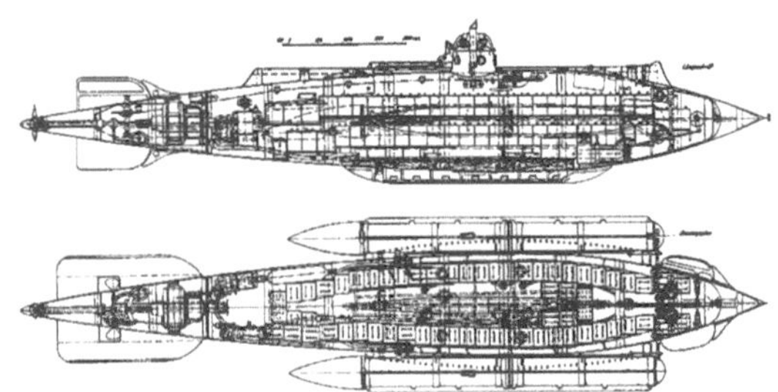

Abb. 9: Versuchs-Uoot "Forelle"

Die englische Blockade während des Krieges erzwang den Bau von drei Handels-Ubooten, U-Deutschland, U-Bremen und U-Oldenburg, die eine Verdrängung von etwa 1.600 t hatten.

Insgesamt wurden in der Zeit von 1904 bis 1918 in Deutschland 374 Unterseeboote gebaut.

2.2 Unterseebootsbau von 1919 bis 1945

Nach dem ersten Weltkrieg war der Ubootsbau in Deutschland verboten. Um jedoch die Erfahrungen zu erhalten und Weiterentwicklungen zu ermöglichen, gründeten zwei deutsche Werften 1922 in Holland die Firma Ingenieurkantoor voor Scheepsbouw N.V. (JvS). Ein Leiter dieser Firma war Dr. Techel. Es wurden in Holland zwei Boote für die Türkei und drei Boote in Finnland gebaut. Weitere Boote für den Export folgten.

Mit Hilfe dieser Firma IvS waren im Ausland die Prototypen für den Neuaufbau der deutschen Ubootwaffe ab 1935 gebaut und erprobt worden. Der Neuaufbau begann mit drei Typen:

- Typ 2 für die Ostsee
- Typ 7 für die Nordsee
- Typ 9 für den Atlantik

Am bekanntesten wurde der Typ 7 c, der vornehmlich im Atlantik eingesetzt wurde, obgleich hierfür nicht konstruiert (Abb. 10). Vom Typ 7 wurden 693 Boote gebaut; insgesamt wurden von 1935 bis 1945 1.171 Uboote gebaut, die große Zahl von Klein-Ubooten nicht mitgezählt.

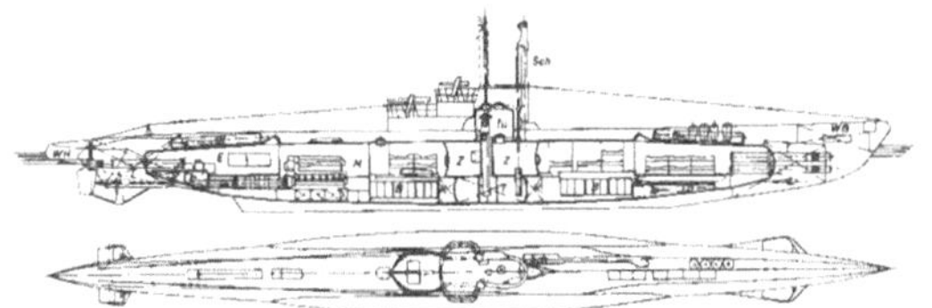

Abb. 10: Unterseeboot Typ 7c

Alle bisher genannten Boote waren Tauchboote, die vorrangig über Wasser fuhren und nur zum Angriff auf Sehrohrtiefe gingen oder tiefgetaucht sich der Bedrohung entzogen. Eingepeilte Funksprüche der Boote und die Einführung des Radars zur See und in der Luft zur Bekämpfung der Uboote drückten die Boote bei Tag und Nacht und bei jedem Wetter unter Wasser, so daß der Einsatz stark eingeschränkt war und große Verluste auftraten. Zu spät wurde der Schnorchel eingeführt, der den Betrieb der Dieselmotoren in Tauchfahrt auf Sehrohrtiefe erlaubte.

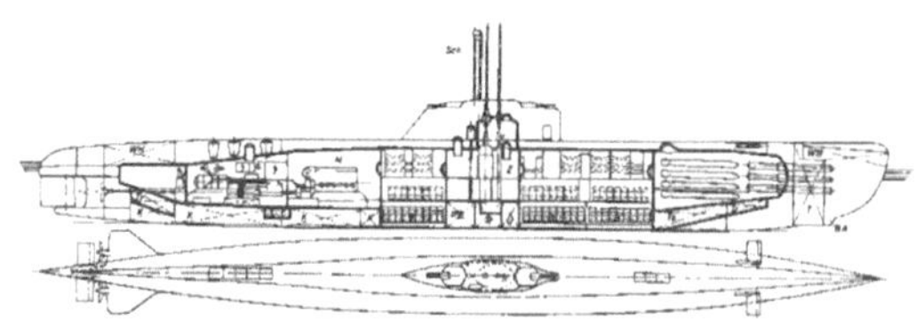

Abb. 11: Unterseeboot Typ 21

Zwangsläufig führte dieses zur Entwicklung vom Tauchboot zum reinen Uboot, das dauernd unter Wasser in tiefgetauchter und in Schnorchelfahrt bleiben konnte. Es entstand der bekannte große Typ 21 (Abb. 11) und ein kleinerer Typ 23. Gegen Ende des Krieges führten noch einige Boote vom Typ 23 mehrere Einsätze durch; der Typ 21 kam nicht mehr an die Front. Ein Boot dieses Typs liegt heute im Museumshafen in Bremerhaven.

Der nächste Schritt in der Ubootsentwicklung führte dann zu einem Einheitsantrieb für nahezu uneingeschränkte Unterwasserfahrt ohne Schnorchel. Von 1936 bis 1945 entwickelte Walter eine luftunabhängige Maschinenanlage hoher Leistung für Unterseeboote: die Walter-Turbinenanlage, die in Tauchfahrt in einem Verbrennungsprozeß einen flüssigen Sauerstoffträger benutzte. Ein erstes Versuchsboot erreichte bereits 1940 eine Unterwassergeschwindigkeit von 28 kn. Es folgte die Entwicklung der Walter-Uboote vom Typ 18 und Typ 26. Neben dem Walter-Antrieb für die höheren Fahrtstufen hatten diese Boote noch einen diesel-/batterie-elektrischen Antrieb, so daß es sich hierbei um einen Hybrid-Antrieb handelte. Diese Boote konnten nicht mehr fertiggestellt werden.

3 Ubootsbau ab 1955

3.1 Gebaute Boote

Nach Kriegsende entstand eine 10jährige Pause, in der im Ausland der Ubootsbau vom deutschen Typ 21 beeinflußt wurde. In allen Marinen wurde der Schnorchel eingeführt.

Ende der 50er Jahre wurde beim Wiederaufbau der Bundesmarine das konventionell diesel-/batterie-elektrisch angetriebene Unterseeboot mit Schnorchel in konsequenter Weiterentwicklung für die speziellen Aufgaben der deutschen Marine entworfen und gebaut. Bei den militärisch/technischen Forderungen gab es vier wesentliche Bedingungen, die den Entwurf und den Bau der Boote stark beeinflußten. Diese Bedingungen haben die typischen deutschen Ubootklassen entstehen lassen und waren folgende:

- die amagnetische streufeldarme Bauweise wegen der flachen Ostsee (Minen, Flugzeuge)
-   die Einhaltung einer Standardverdrängung nach WEU-Bestimmungen
- die Verringerung der Signaturen
- die Einhaltung der Kosten

Bis auf die Verdrängungsbeschränkung gelten diese Forderungen auch heute; verstärkt für die Signaturen und die Kosten. Eine kurze Definition: Signaturen sind die physikalischen Eigenschaften und Auswirkungen eines Schiffes, die durch Sensoren der unterschiedlichsten Art aufgefaßt werden können.

Die sechs wichtigsten Signaturen sind:
- Geräuschverhalten
- magnetische Eigenschaften
- hydrodynamisches Druckfeld
- Wärmeabstrahlung
- Radarrückstrahlung
- Sonarrückstrahlung

Die vier o.g. Forderungen führten zu den kleinen, außerordentlich leistungsstarken Ubooten der Klassen 205, 206 und 207, die in großen Stückzahlen für die Bundesmarine sowie für andere NATO-Länder gebaut wurden. Abb. 12 zeigt ein Uboot der Klasse 206.

Neben den vier o.g. Forderungen gab es eine Vielzahl von Entwicklungen auf den verschiedensten Gebieten im Unterseebootsbau [34]. Hierzu zählen die Waffen- und Führungssysteme, die Schwerortbarkeit, die Außenluftunabhängigkeit, Hydrodynamik und Festigkeit, Maschinenanlagen und Automatisierung, Sicherheit und Rettung sowie Fertigungsabläufe. Diese Entwicklungen führten zu bestimmten Entwurfsprinzipien, die bei allen Klas-

114

sen angewendet wurden und zu den Ubooten deutscher Prägung führten. Die Entwurfsprinzipien werden ausführlich in der genannte Literatur beschrieben.

Abb. 12: Unterseeboot Klasse 206

Abb. 13 zeigt ein Uboot vom Typ 1500 für Indien und Abb. 14 den Typ Dolphin für Israel, die neueste und letzte Entwicklung eines konventionell angetriebenen Ubootes.

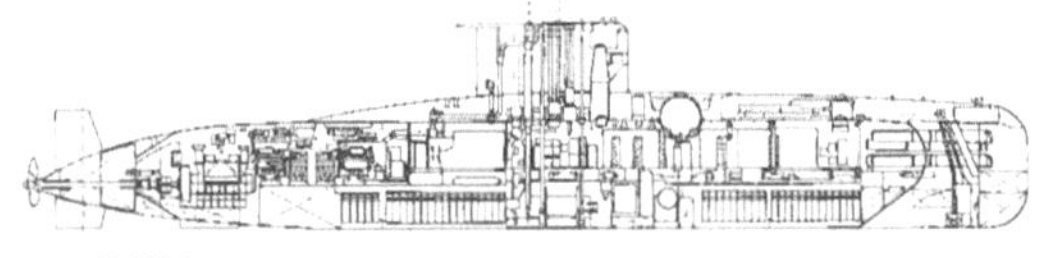

Abb. 13: Unterseeboot Typ 1500

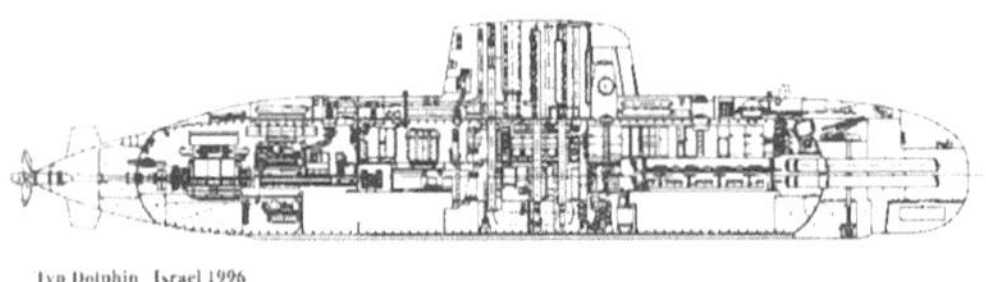

Abb. 14: Unterseeboot Typ "Dolphin"

Die Ergebnisse solcher Entwicklungsziele und Entwurfsprinzipien schlagen sich in den bisher gebauten oder in Auftrag befindlichen Ubooten nieder. Abb. 15 zeigt eine Liste der gebauten Boote. Sie enthält ebenfalls die Entwicklungsgeschichte des deutschen Ubootsbaus über die letzten 40 Jahre mit einigen besonderen Merkmalen:

Zunächst Beginn für die Bundesmarine, schon nach zwei Jahren erster Exportauftrag aus Norwegen, dann paralleler Bau auch für befreundete Marinen, danach schon bald über lange Zeit hauptsächlich Exportaufträge, wobei die Klasse 209 mit 54 Booten für 11 Länder in unterschiedlichen Größen mit dem jeweils neuesten Stand der technischen Entwicklungen der größte Erfolg war.

Dieses ergab Kontinuität und Auslastung, Erfahrungsaustausch mit den Kunden und Berücksichtigung ihrer Wünsche und Forderungen, dadurch letztendlich zufriedene Kunden, zu sehen an den vielen Stammkunden mit Wiederholungsaufträgen. Selbst der Bau im Kundenland wurde akzeptiert mit Unterstützung beim Bau, Zulieferungen aus Deutschland und Know-how-Transfer bei Konstruktion und Fertigung.

Klasse	Zahl	Land	Verdrängung	Ablieferung	Werft
201	3	BR DEUTSCHLAND	350 ts	1962	HDW
202	2	BR DEUTSCHLAND	130 ts	1965-66	ATLAS
205	5	BR DEUTSCHLAND	420 ts	1962-64	HDW
205 MOD	6	BR DEUTSCHLAND	420 ts	1966-69	HDW
206	18	BR DEUTSCHLAND	450 ts	1972-75	HDW/RNSW
207	15	NORWEGEN	435 ts	1964-67	RNSW
NARHVALEN	2	DÄNEMARK	420 ts	1970-71	STVKOPHGN
TYP 540	3	ISRAEL	540 ts	1976-77	VSG
ULA	6	NORWEGEN	940 ts	1989-92	TNSW
209/0	4	GRIECHENLAND	1100 t	1971-72	HDW
209/1	2	ARGENTINIEN	1200 t	1974	HDW/TANDANOR
209/1	2	PERU	1200 t	1974-75	HDW
209/1	2	KOLUMBIEN	1200 t	1975	HDW
209/1	2	TÜRKEI	1200 t	1975	HDW
209/2	2	VENEZUELA	1300 t	1976-77	HDW
209/2	2	ECUADOR	1300 t	1977-78	HDW
209/1	2	TÜRKEI	1200 t	1978-81	HDW/GÖLCÜK
209/1	4	GRIECHENLAND	1200 t	1979-80	HDW
209/1	4	PERU	1200 t	1980-83	HDW
209/2	2	INDONESIEN	1300 t	1981	HDW
209/1	1	TÜRKEI	1200 t	1984	HDW/GÖLCÜK
209/3	2	CHLE	1400 t	1984	HDW
TR 1700	6	ARGENTINIEN	2000 t	1984-	TNSW/AMMDG
209/3	5	BRASILIEN	1400 t	1988-	HDW/AMRJ
209/1	1	TÜRKEI	1200 t	1989	HDW/GÖLCÜK
TYP 1500	4	INDIEN	1650 t	1986-92	HDW/BOMBAY
209/1	9	SÜDKOREA	1200 t	1992-	HDW/DAEWOO
209/3	4	TÜRKEI	1400 t	1994-	HDW/GÖLCÜK
Dolphin	3	ISRAEL	1600 t	1997-99	HDW/TNSW
212	4	BR DEUTSCHLAND	1500 t	2003-06	HDW/TNSW
212	2	ITALIEN	1500 t	2004-05	FINCANTIERI
209/3	4	TÜRKEI	1400 t	2003-	HDW/GÖLCÜK

133 Boote für 16 Länder
ts = Standardverdrängung
t = Überwasserverdrängung

Abb.15. Gebaute Boote   Abels

STG 1999

Abb. 15: Gebaute Boote

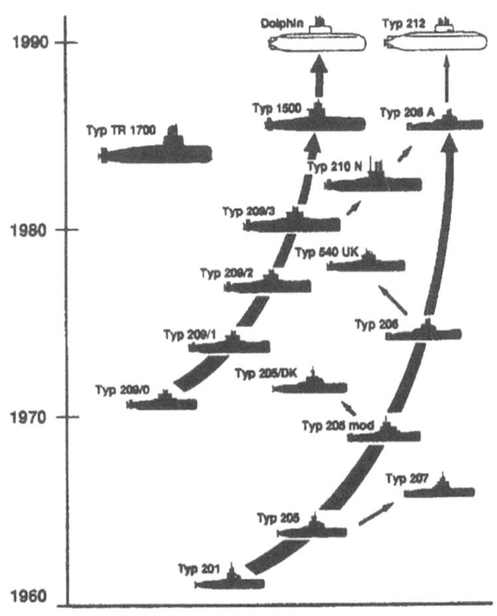

Abb. 16: Stammbaum

Abb. 16 rundet die Entwicklungsgeschichte mit dem Stammbaum der deutschen Uboote ab.

3.2 Schiffstechnische Entwicklungen

Neben der Entwicklung neuer Ubootsklassen und Ubootstypen über detaillierte Entwurfsarbeiten mit umfangreichen Systemintegrationen und neben dem Bau dieser Boote nach modernsten Fertigungsmethoden wurden laufend spezielle Entwicklungen einzelner Verfahren, Systeme und Komponenten durchgeführt. Hierüber wurde bereits im vorangegangenen Abschnitt gesprochen. In Einschränkung soll hier nur über die schiffstechnischen Entwicklungen berichtet werden, nicht über die Führungs- und Waffeneinsatzsysteme.

Damit kommen wir zu den Vorträgen über Themen aus dem Ubootsbau nach 1945 vor unserer Gesellschaft. Alle gehaltenen Vorträge sind im Literaturverzeichnis aufgeführt [17 – 56]. Es sind etwa 40 Vorträge; im Vergleich dazu gab es nur vier Vorträge in den ersten 50 Jahren. Sie sehen, vor der STG hat die Bedeutung des Ubootsbaues gewonnen. Es sei noch darauf hingewiesen, daß auch vor der RINA in London, der UDT in Frankreich, Deutschland, UK und Australien sowie vor der SNAME in USA von uns in mehreren Vorträgen über den deutschen Ubootsbau berichtet worden ist.

Die Durchsicht der Vorträge zeigt, daß über die Schwerpunkte der Entwicklungen zu der jeweiligen Zeit vorgetragen wurde: Zu Beginn über Rückschläge, die bei der großen Zahl parallel laufender Aufgaben nicht zu vermeiden waren; das gab Erfahrungen! Sehr früh wurden schon Lösungen für außenluftunabhängige Antriebe vorgestellt. Die Einhaltung vorgegebener Signaturen erforderte umfangreiche und langjährige Entwicklungsarbeiten auf den verschiedensten Gebieten, wie beispielsweise der amagnetischen Bauweise, der Geräuschminderung, der geringen Wärmeabstrahlung sowie geringer Sonar- und Radarrückstrahlung. Konstruktions- und Fertigungsmethoden wurden laufend den neuesten EDV-Entwicklungen angepaßt.

Die Belange der Sicherheit und Rettung erforderten umfangreiche Untersuchungen auf den Gebieten der statischen und dynamischen Festigkeit des Druckkörpers mit detaillierten Werkstofferprobungen ferritischer und amagnetischer Stähle sowie Kenntnisse des hydrodynamischen Bewegungsverhaltens von Ubooten in verschiedenen Fahrzuständen mit ihrem Einfluß auf das Geräuschverhalten.

Abb. 17 zeigt u.a. simulierte Drehkreisfahrten und Notmanöver bei einem Ruderklemmer hart unten sowie den Aufstieg nach Notanblasen eines Ubootes der Klasse 209. Das Foto der Abb. 18 zeigt ein Modell zur Ermittlung der Zeitstandfestigkeit von

Druckkörpern aus amagnetischem Uboot-Stahl.

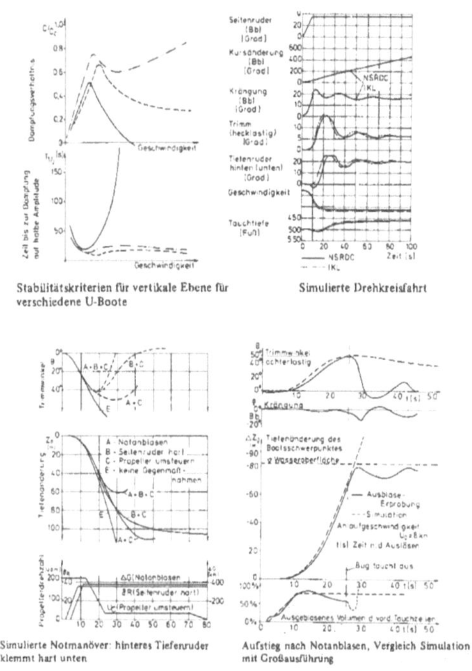

Abb. 17: Simulationen

Abb. 18: Druckkörpermodell

3.3 Zivile Unterwasserfahrzeuge

Es ist naheliegend, daß bei dem Erfolg im militärischen Unterseebootbau in Deutschland auch zivile Tauchfahrzeuge angefragt wurden. Bereits 1916 wurden drei Handels-Uboote, U-Deutschland, U-Bremen und U-Oldenburg gebaut. Marktführer war in den vergangenen Jahrzehnten die Firma Bruker Meerestechnik GmbH in Karlsruhe, die verschiedene Arbeits- und Rettungs-Uboote, mobile Tauchglockensysteme und autonome Tauchboote entwikkelt und gebaut hat. Abb. 19 zeigt ein Experimentaltauchboot vom Typ SEAHORSE mit außenluftunabhängigem Argon-Kreislaufdiesel-Antrieb [34, 92].

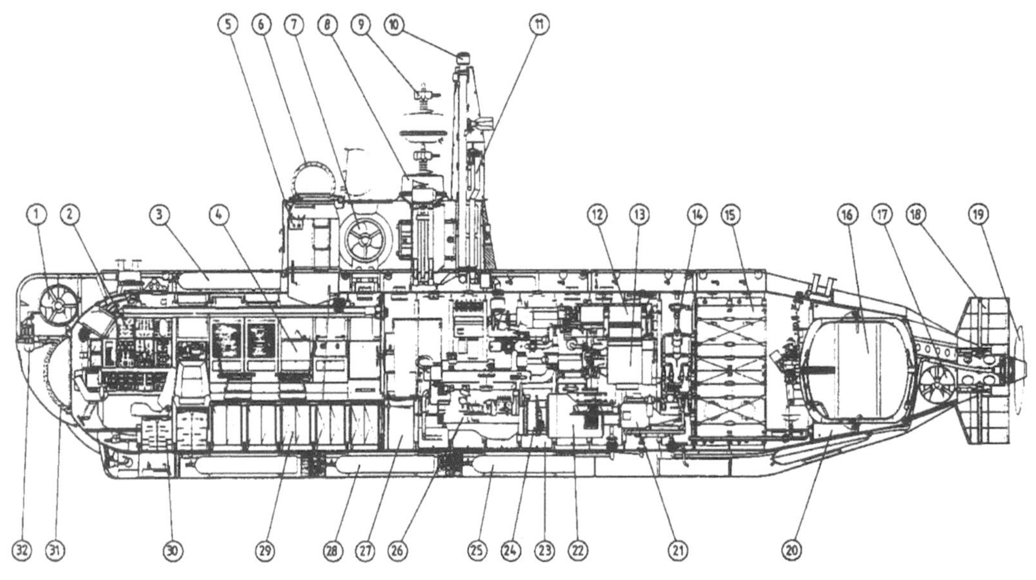

1 Bugstrahlruder	17 Querstrahlruder, Heck
2 Hauptfahrstand	18 Seitenruder
3 Sauerstoff	19 Hauptantriebspropeller
4 Besatzungsraum	20 Trimmtanks
5 Turm-Fahrstand	21 Hydraulikpumpe
6 Einstiegsturm, Sichtkuppel	22 E-Motor/Generator
7 Vertikalpropeller	23 Kraftstoff-Innentanks
8 Radargerät	24 Schaltkupplung
9 TV-Kamera, Blinklicht	25 Argon
10 Zuluft-Kopfventil	26 Dieselmotor
11 Abgasstutzen	27 Ballasttank
12 Abgaskühler	28 Druckluft
13 Abgaswäscher	29 Fahrbatterie
14 Lenzpumpen	30 Trimmtanks
15 Frisch-, Altlaugetanks	31 Sichtfenster
16 Flüssigsauerstofftank	32 Sonargerät

Abb. 19: Bruker-Experimentaltauchboot SEAHORSE

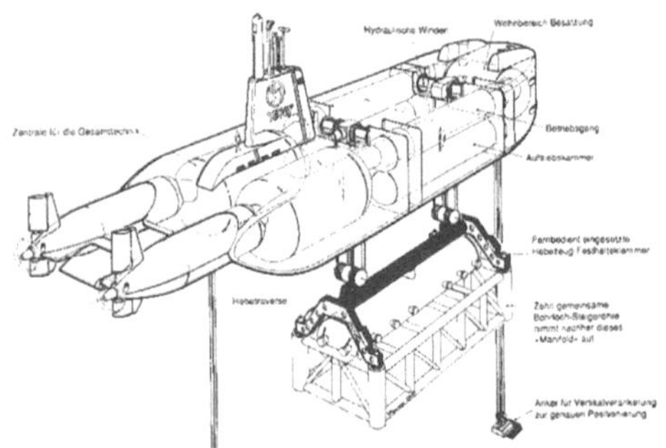

Abb. 20: Schwergutträger-Unterseeboot

Eine Fehlentwicklung mehrerer Firmen in den 80er Jahren führte zu dem Unterwasserarbeitssystem SUPRA, das ohne Kundenauftrag nur mit einer Absichtserklärung, einem letter of intent, am Markt vorbeientwickelt und -gebaut wurde. Nach Indienststellung hat es nicht eine Stunde offshore gearbeitet.

Die beiden Lübecker Firmen IKL und Gabler Maschinenbau entwickelten und bauten zwei kleine Tauchfahrzeuge und Arbeits-Uboote vom Typ TOURS. Zwar nicht gebaut, aber sehr weit entwikkelt wurden im IKL u.a. ein Schwergutträger-Unterseeboot für Transporte unter Eis (Abb. 20) sowie ein Untereis-Tanker und ein Untereis-Transportsystem. Dieses Transportsystem besteht aus einem Unterseeboot als Träger und Antriebseinheit sowie aus verschiedenen unbemannten Leichtern oder Bargen für Öl- oder Lasttransporte oder für Reparaturen und Instandsetzungen (Abb. 21). Die Arbeits-Uboote haben eine Verdrängung von 3.000 t bis 5.000 t, die Antriebsanlage kann konventionell oder außenluftunabhängig sein [92].

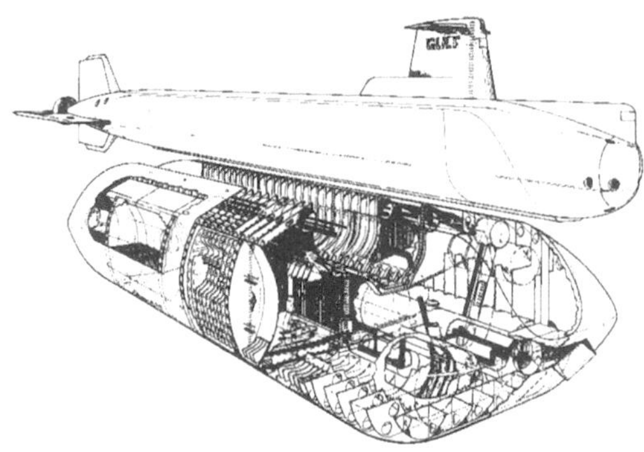

Abb. 21: Untereis-Transportsystem

3.4 Die Zukunft: Klasse 212 und 214

Um die jetzige Jahrhundertwende werden die neuen außenluftunabhängigen nichtnuklearen Unterseeboote der Klasse 212 gebaut. Sie schließen die Lücke zwischen den konventionellen Booten, die den heutigen Anforderungen nicht mehr genügen, und den atomar angetriebenen Unterwasserschiffen, die wegen ihres Nuklearantriebes und ihrer Atombewaffnung umstritten und kaum noch bezahlbar sind. Mit der Klasse 212 hat Deutschland eine führende Position erlangt. Diese Boote für die deutsche Marine und nachfolgende Exportaufträge der Klasse 212 und der aus U209 und U212 fortentwickelten ferritischen Ubootklasse 214 für den Export werden diese Stellung festigen.

Der Bauvertrag für den Bau von vier Booten wurde 1994 geschlossen. Hauptauftragnehmer wurde die Arbeitsgemeinschaft U212 (ARGE U212), ein Zusammenschluß der beiden Werften HDW und TNSW. Die Boote sollen von 2003 bis 2006 der Flotte zulaufen. Die Kostenobergrenze liegt bei 2,6 Milliarden DM für vier Boote.

Über die Technik ist bereits einiges vorgetragen und geschrieben worden [3, 4, 95]. Schütz und Ritterhoff [93, 94] beschreiben den Sachstand aus technischer Sicht und bezeichnen das Uboot Klasse 212 als ein Waffensystem auf dem Sprung in das nächste Jahrhundert.

Einschränkend soll hier aus der großen Zahl technischer Neuentwicklungen der Schritt zur Außenluftunabhängigkeit mit Hilfe von Brennstoffzellen, einem permanentmagneterregten Motor und einer konventionellen diesel-/batterie-elektrischen Anlage aufgezeigt werden. Diese Hybrid-Fahranlage vergrößert die Fahrbereiche um den Faktor 4 bis 6 je nach Baugröße (Abb. 22). Bei Klasse 212 liegt der Faktor in der Größenordnung von 5 im Vergleich zu einem gleichgroßen konventionellen Boot.

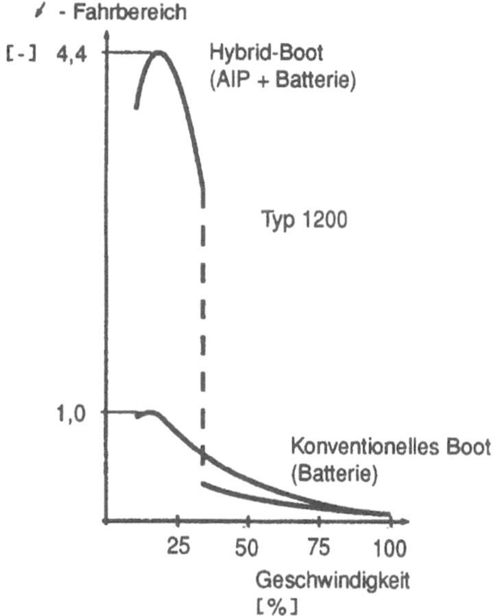

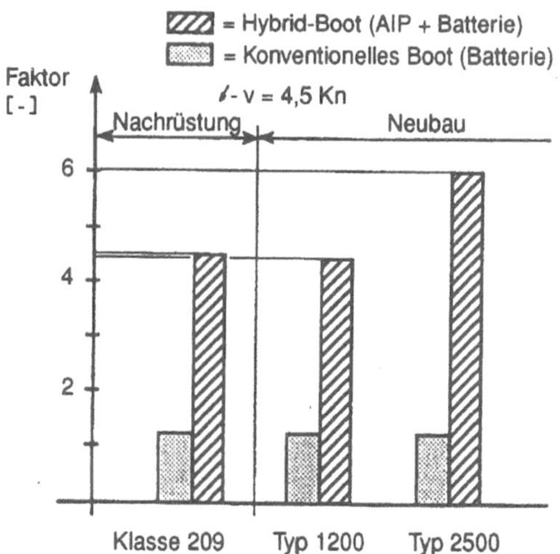

Abb. 22: Fahrbereiche beim Hybrid-Antrieb

Abb. 23 erläutert in einer Skizze die verschiedenen Fahranlagen mit ihrem Einfluß auf die Fahrbereiche. Das Mono-Boot operiert während seines gesamten Einsatzes ausschließlich außenluftunabhängig ohne zusätzlichen diesel-/batterie-elektrischen Antrieb. Das Hybrid-Boot verfügt über beide Antriebssysteme.

Eine kleine Ergänzung:
Diese Hybrid-Version ist auch die ideale Lösung für eine Umrüstung während der Midlife Conversion im Rahmen von kampfwertsteigernden Maßnahmen. Insbesondere bieten die erfolgreich operierenden Uboote der Klasse 209 hierfür die richtige Plattform. Der Unterwasserfahrbreich wird nach Einschieben einer neuen Antriebsanlagen-Sektion etwa 4,5mal größer.

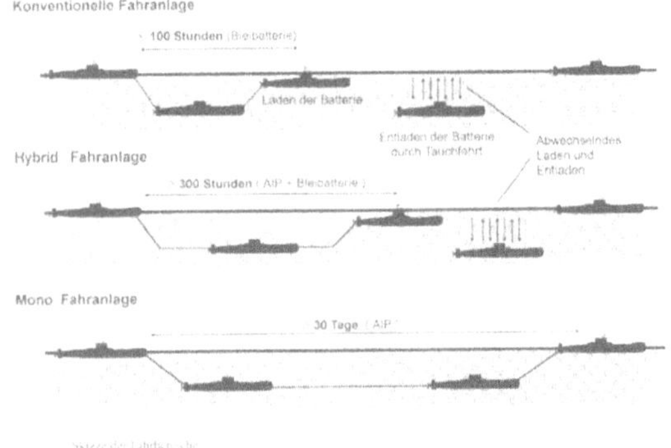

Abb. 23: Skizze der Fahrbereiche

4 Ausblick

Mit dem Bau der deutschen Unterseeboote der Klasse 212 (Abb. 24) erhält die deutsche Uboot-Industrie den unterstützenden Anschub für die Wahrung der Position und für neue Perspektiven im internationalen Ubootsbau. Seit geraumer Zeit interessieren sich ausländische Marinen für den Entwurf von U212. Konkret führte dieses im Januar 1997 zum Auftrag für den Bau von zwei Booten dieser Klasse für Italien in enger Zusammenarbeit mit der italienischen Werft Fincantieri.

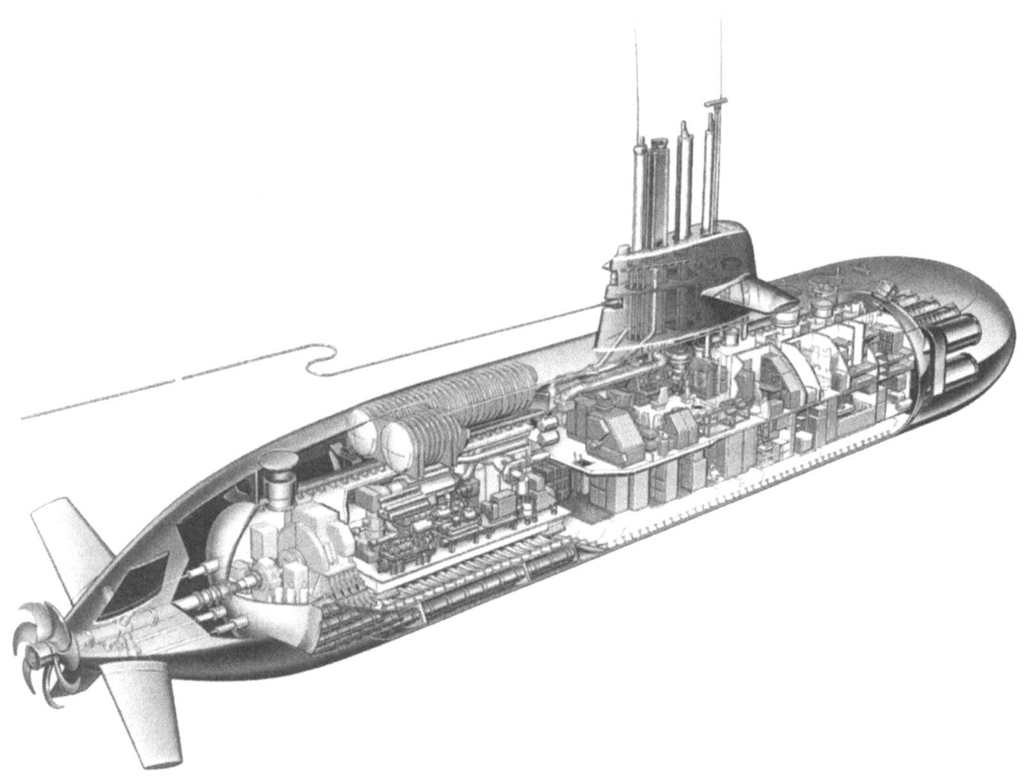

Abb. 24: Unterseeboot Klasse 212

In einem nächsten Schritt wurde auf der Basis der im Export mit über 50 verkauften Einheiten so erfolgreichen Ubootsklasse 209 ein zukunftorientierter, neuer außenluftunabhängiger Ubootsentwurf geschaffen, der 1997 die deutsche Klassenbezeichnung U214 erhielt. Der Hybridantrieb mit dem H_2O_2 –Brennstoffzellensystem erlaubt eine ununterbrochene tiefgetauchte Fahrt von drei Wochen mit Tauchtiefen bis zu 400 m.

Modulare Entwurfskonzeption bietet auf der Basis der deutschen Ubootklasse 212 mit ihren innovativen Schlüsseltechnologien die Möglichkeit, die verschiedenen nationalen System- und Komponentenkonfigurationen in die jeweilige Klasse 214-Version einzufügen. So können die berechtigten logistischen und industriellen Forderungen der Partnerländer flexibel in Konstruktion und Bau von Ubooten der Klasse 214 berücksichtigt werden.

Vor 30 Jahren ging aus den deutschen Ubootklassen die erfolgreiche internationale Klasse 209 hervor. Mit dem Bau der außenluftunabhängigen nichtnuklearen Klasse 212 bleiben der deutschen Marineindustrie das Know-how und die Systemfähigkeit erhalten. Internationalen Nachfolgebauten der Klasse 214 wird derselbe Erfolg gewünscht.

5 Schrifttum

[1] BUSLEY, C.: Die modernen Unterseeboote. Jahrbuch der Schiffbautechnischen Gesellschaft, 1.

Band 1900, S. 62 - 124

[2] GABLER, U.: Unterseebootbau. Bonn: Bernard & Graefe Verlag, 4. Auflage, 1997

[3] ABELS, F.: Entwicklung zu den außenluftunabhängigen nichtnuklearen Unterseebooten. In [2] Kapitel XVII, S. 139 - 157

[4] GABLER, U.: Submarine Design. Koblenz: Bernard & Graefe Verlag, 1986

[5] SCHOLL, L.U.: Technikgeschichte des industriellen Schiffbaus in Deutschland, Band 1. Hamburg: Ernst Kabel Verlag, 1994.

[6] LAWRENZ, H.-J.: Die Entstehungsgeschichte der U-Boote. München: J.F. Lehmanns Verlag, 1968

[7] RÖSSLER, E.: Geschichte des deutschen Ubootsbaus, Band 1 und 2. Koblenz: Bernard & Graefe Verlag, 2. Auflage, 1986

[8] RÖSSLER, E.: Die deutschen U-Boote und ihre Werften, Band 1 und 2. München: Bernard & Graefe Verlag, 1979

[9] ARENTZEN, E.S.; MANDEL, Ph.: Naval Architectural Aspects of Submarine Design. New York: SNAME, 1960

[10] JACKSON, H.A.: Fundamentals of Submarine Concept Design. New York: SNAME 1992, Annual Meeting, Technical Sessions, October 28-31, 1992, S. 15-1-15-22

[11] JACKSON, H.A.: A Report on the Development of Foreign Diesel-Electric Submarines. SNAME, New England Section, Portsmouth, New Hampshire, December 10, 1981

[12] Festschrift: 75 Jahre Schiffbautechnische Gesellschaft, 1899 - 1974

[13] BERLING, G.: Die Entwicklung der Unterseeboote und ihrer Hauptmaschinenanlagen. STG 14. Band 1913, S. 109 - 155

[14] WEIDERT, F.: Entwicklung und Konstruktion der Unterseebots-Sehrohre. STG 15. Band 1914, S. 174 - 227

[15] VOGEL, H.: Tiefseebergungen. STG 35. Band 1934, S. 378 - 422

[16] TECHEL, H.: Der "Ictineo" von Narciso Mouturiol. Beitrag zur Geschichte des Unterseebootes. STG 42. Band 1941, S. 132 - 146

[17] OTTE, K.-H.: Möglichkeiten einer künftigen Verwendung von Brennstoffzellen auf Schiffen. STG 59. Band 1965, S. 715 - 728

[18] WAAS, H.: Rückschläge im U-Bootbau und die daraus zu ziehenden Folgerungen. STG 61. Band 1967, S. 139 - 146

[19] NOHSE, L.: Verrohrung von Schiffsmaschinen-Anlagen mit Hilfe von Konstruktions-Modellen. STG 62. Band 1968, S. 269 – 280

[20] OTTE, K.H.; KERBE, H.: Einige Möglich-

keiten künftiger Antriebstechnik. STG 68. Band 1974, S. 135 - 156

[21] GABLER, U.: Sicherheit und Rettungseinrichtungen von Unterseebooten. STG 69. Band 1975, S. 9 - 17

[22] NIESSEN, E.: Wechselwirkung zwischen Berechnung, Werkstoff und Fertigung bei Druckkörpern. STG 73. Band 1979, S. 181 - 193

[23] ABELS, F.: Dreidimensionales Bewegungsverhalten von U-Booten und dessen Simulation. STG 73. Band 1979, S. 195 - 218

[24] SPETZLER, H.-Ch.: Regelung und Kontrolle der Atemluft in geschlossenen Räumen. STG 73. Band 1979, S. 219 - 232

[25] RITTERHOFF, J.: Einführung in das Thema "Der Bildschirm als Schnittstelle Mensch/Prozeß". STG 75. Band 1981, S. 63 – 70

[26] THOMSEN, W.: Grundlagen und Technologien der Bildschirmtechnik und Einsatzmöglichkeiten an Bord von Schiffen. STG 75. Band 1981, S. 81 - 91

[27] WINDLER, K.-H.: Maßnahmen zur elektromagnetischen Verträglichkeit an Bord von Marineschiffen. STG 77. Band 1983, S. 415 - 427

[28] ABELS, F.: Die Aufstiegskugel als Rettungssystem für Unterseeboote. STG 78. Band 1984, S. 99 - 109

[29] THOMSEN, W.; Bauer, H.; Adrian, E.: CAD-Anwendung im Ingenieurbüro. STG 81. Band 1987, S. 16 - 27

[30] RITTERHOFF, J.; RADTKE, D.: Marinetechnische Anforderungen an Prozeßleitsysteme für einen modernen U-Bootentwurf. STG 81. Band 1987, S. 75 - 78

[31] BRAND, V.J.E.: Zukunftsorientiertes Ship-Management-System für ein modernes U-Boot. STG 81. Band 1987, S. 78 - 79

[32] WINDLER, K.-H.: Auslegung von U-Boot-Bordnetzen. STG 81. Band 1987, S. 265 - 271

[33] BOHLMANN, H. J.: Vorausberechnung des Bewegungsverhaltens von Ubooten. STG 83. Band 1989, S. 16 – 22

[34] ABELS, F.; RATHJENS, D.; VON NITZSCH, H.: Enwicklungen bei bemannten Unterwasserfahrzeugen. STG 83. Band 1989, S. 421 - 438

[35] GRUHL, E.; KNAACK, K.; WINDLER, K.: Außenluftunabhängige Antriebe. STG 83. Band 1989, S. 439 - 448

[36] WITTEKIND, D.; FRANITZA, S.; NEIGENFIND, W.: Signaturanforderungen an Uboote.

STG 83. Band 1989, S. 449 - 456

[37] KERKHOFF, H.: Erfahrungen mit der Software BRAVO 3 am Beispiel Maschinenaufstellungen. STG 84. Band 1990, S. 33 - 37

[38] THOMSEN, W.: Rohrleitungskonstruktion – vom Schema bis zur Isometrie, STG 84. Band 1990, S. 37 - 41

[39] BÜNGER, A.: CA-Konstruktionen von Rohrhaltern und Armaturenfundamenten im U-Boot-Bau. STG 84. Band 1990, S. 42 - 46

[40] RITTERHOFF, J.; REUSS, H.: Versuch einer Definition der "Integrierten Automation". STG 84. Band 1990, S. 229 - 235

[41] WITTEKIND, D.K.: Die Rolle der Zwischenmasse bei doppelelastischer Lagerung von Aggegraten. STG 86. Band 1992, S. 311 – 316

[42] HOLLUNG, A.; RADTKE, D.: Die Entwicklung vom Steuerstand zum Lenkstand im deutschen Ubootbau. STG 87. Band 1993, S. 1 - 8

[43] HAMPE, Ch.: Echtzeitsimulation von Waffensystemen vor deren Indienststellung. STG 87. Band 1993, S. 8 – 13

[44] BARTH, U.: Uboot-Tiefensteuersimulator. STG 87. Band 1993, S. 13 – 21

[45] BEHRENS, J.: Neuentwicklungen für Uboote bei Ruderlagen- und Tiefensensoren sowie dazugehörige Redundanzen bei den Sensoren / Steuerungen. STG 87. Band 993, S. 22 - 27

[46] LUTTER, W.: Datenverteilung tür Sensoren und Systeme auf U-Booten. STG 87. Band 1993, S. 28 – 29

[47] HARTUNG, W.: Neue Hochenergiebatterien. STG 87. Band 1993, S. 35 – 41

[48] SAEGER, H.; RITTERHOFF, J.: Uboote und deutsche Industrie. STG 88. Band 1994, S. 14 – 20

[49] DIEKHOFF, H.-J.: Waffenwirkung auf Schiffsstrukturen. STG 88. Band 1994, S. 20 - 24

[50] SATTLER, G.: Außenluftunabhängige Antriebe – Stand und Technik. STG 88. Band 1994, S. 47 - 56

[51] REGENSDORF, U.: Kreislaufdieselsystem – Installation und See-Erprobung auf Ex-U1. STG 88. Band 1994, S. 56 – 62

[52] HODAPP, H.: KGT4, eine Gasturbine mit geschlossenem Kreislauf zur außenluftunabhängigen Stromerzeugung. STG 88. Band 1994, S. 62 - 68

[53] STRASSER, K.: PEM-Entwicklungsstand und Anwendungspotential. STG 88. Band 1994, S. 69 - 74

[54] KUBISCH, ST.; POMMER, H.; SATTLER, G.: Brennsotffzellenanlagen an Bord. STG 88. Band 1994, S. 75 - 78

[55] PREISS, H.: Die Bootsatmosphäre – Kontrolle und Aufbereitung. STG 88. Band 1994, S. 79 - 84

[56] BORCHERT, M.: U-Boote Klasse 212. STG 91. Band 1997

[57] Naval Submarines. London: The Royal Institution of Naval Architects, RINA International Symposium, London, May 1983, Vol. I and II

[58] ABELS, F.; NIESSEN, E.: The Pressure-Tight Bulkhead in the Submarine. In [57] Paper 5

[59] WINKLER, K.: Trends in the Design of Conventional Submarines. In [57] Paper 7.

[60] SAEGER, H.: Non-Nuclear Submarines and some Aspects of their Development in Germany. In [57] Paper 9

[61] JOST, V.M.W.: Exhaust Gas Turbocharged Submarine Engines. In [57] Paper 11

[62] RITTERHOFF, J.: Diesel-Electric Propulsion – Recent Developments and Future Technologies. In [57] Paper 12

[63] Warship 88, Conventional Naval Submarines. London: The Royal Institution of Naval Architects, RINA International Symposium, London, May 1988, Vol. I and II

[64] UDE, U.; PETERSEN, U.-K.: The Shipyard as General Contractor. In [63] Paper 2

[65] KORN, H.; AMMANN, H.: Modern Submarine Weapon Discharge System. In [63] Paper 16

[66] FRANITZA, S.: A Contribution to an Easy Appoximation of the Elastic General Instability Pressure of Ring-Stiffened Shells including Deep Frames. In [63] Paper 24

[67] WITTEKIND, D.; WÜBBELS, B.: A Closed Cycle Diesel Propulsion System for Submarines. In [63] Paper 25

[68] KNAACK, K.; SATTLER, G.: Comparison of Different Hybrid Propulsion Systems. In [63] Paper 30

[69] Warship 89, Mine Warfare Vessels and Systems 2. London: The Royal Institution of Naval Architects, RINA International Symposium, London, May 1989, Vol. I and II

[70] ABELS, F.; BUCHHOLZ, J.: Minelaying Equipment for Submarines. In [69] Paper 19

[71] Warship 91, Naval Submarines 3. London: The Royal Institution of Naval Architects, RINA International Symposium, London, May 1991, Vol. I and II

[72] KNAACK, K.; GRUHL, E.; PETERSEN, U.-K.: Advantages of Air-Independent Propulsion

Systems for Submarines being in Service. The German Approach. In [71] Paper 6

[73] SCHÄFER, W.F.: A New Submarine Coupling Combining Large Misalignment Capacity with Good Struture Born Noise Attenuation Properties. In [71] Paper 12

[74] BOHLMANN, H. J.: Analytical Method for the Prediction of Submarine Manoeuvrability. In [71] Paper 14

[75] SATTLER, G.: Waste and Sewage Treatment Aboard Conventional Submarines. In [71] Paper 26

[76] Warship 93, Naval Submarines 4. London: The Royal Institution of Naval Architects, RINA International Symposium, London, May 1993

[77] RITTERHOFF, J.: Electric Propulsion Systems for Submarines with Components of High-Power-Density (HPD)-Influences on Submarine Design Now and Tomorrow. In [76] Paper 13

[78] REGENSDORF, U.: Installation of and Sea Trials with the Closed Cycle Diesel on Board Ex-U1. In [76] Paper 18

[79] Warship 96, Naval Submarines 5, The Total Weapon System. London: The Royal Institution of Naval Architects, RINA International Symposium, London, May 1988, Vol. I and II

[80] SATTLER, G.; POMMER, H.: Storage of Reactants for PEM FC Systems Aboard Submarines. In [79] Paper 4

[81] ABELS, F.: The Rescue Sphere – A Rescue System for Submarines. London: The Royal Institution of Naval Architects, RINA / RAeS / SUT Conference on Escape, Survival and Rescue at Sea, October 1986, Paper 14

[82] ABELS, F.: German Submarine Development and Design. Arlington, VA, USA: SNAME / ASE Naval Ship Design Symposium, Setting Course for the 21st Century, February 1992, S. 4-1 – 4-20

[83] TECHEL, H.: Der Bau von Unterseebooten auf der Germaniawerft, München: J.F. Lehmanns Verlag, 4. unveränderte Auflage, 1969

[84] LEHMANN, E.: 100 Jahre Schiffbautechnische Gesellschaft. Biografien zur Geschichte des Schiffbaus. 1999

[85] NOHSE, L.: Submarine Propulsion - Conventional and Air-Independent. Naval Forces 4/1982

[86] NOHSE, L.; RÖSSLER, E.: Konstruktionen für die Welt. Geschichte der Gabler-Unternehmen IKL und Maschinenbau Gabler. Herford: Koehlers Verlagsgesellschaft mbH, 1992

[87] Naval Forces: A Special Supplement HDW Naval Division. International Forum for Maritime Power, No. VI/1982. Bonn: Mönch Publishing Group

[88] Naval Forces: A Special Supplement Thyssen Nordseewerke. International Forum for Maritime Power, No. III / 1985, Vol. I. Bonn: Mönch Publishing Group

[89] Naval Forces: A special Supplement HDW. International Forum for Martime Power, No. IV / 1986, Vol. VII. Bonn: Mönch Publishing Group

[90] UDE, U.: Conventionally Powered Submarines Today: Class 209. In [87]

[91] UDE, U.: Über- und Unterwasser-Marineschiffe. Hansa-Special "Marinetechnik", 1. März-Heft 1989, S. 286 - 288

[92] RAUTER, J.: Tauchboote enträtseln die Welt. Herford: Koehlers Verlagsgesellschaft mbH, 1994

[93] SCHÜTZ, H.: U212 – Sachstand aus technischer Sicht. Marineforum 5 – 1995, S. 11 – 18

[94] RITTERHOFF, J.; SCHÜTZ, H.: U-Boot Klasse 212. Ein Waffensystem auf dem Sprung in das nächste Jahrtausend. Wehrtechnik 6 / 95, S. 55 - 61

Technische Innovationen in der Geschichte der Binnenschiffahrt

Technical Innovations in the History of Inland Navigation

Rainer Schlott, Duisburg; Prof.Dr.-Ing. **Ernst Müller**, Versuchsanstalt für Binnenschiffbau, Duisburg; Prof.Dipl.-Ing. **Klaus Wietasch**, Gerhard-Mercator-Universität Duisburg

Summary. Installing the steam engine aboard an inland vessel introduces a new technical era in the history of inland navigation. The development since then is not a linear sequence of inventions that excel and replace each other but rather an of different development tendencies. The question whether an invention gets acceptance or even starts a new development section also depends on economical, political and legal conditions and the progress the competitive transport modes can achieve. Numerous interesting inventions like the chain propulsion system and the float of tubs thus remain dead branches within the history of technology. When we finally look at the present state of the art regarding the technology of building inland vessels we will recognise the future possibilities of this transport mode.

Die Anfänge der Dampfschiffahrt

Am 11. Juni 1816 meldete die Rheinisch-Westfälische· Zeitung: "Heute gegen Mittag erblickten wir hier auf unserem schönen Rheinstrom ein wundervolles Schauspiel. Ein ziemlich großes Schiff ohne Mast, Segel und Ruder kam mit ungemeiner Schnelle den Rhein heraufgefahren. Die Ufer des Rheines und die hier vor Anker liegenden Schiffe waren in einem Augenblick von der herbeiströmenden Volksmenge bedeckt." Die Euphorie ist verständlich: Man beobachtete die Ankunft der "Defiance", des ersten Dampfschiffes in Deutschland, das von Rotterdam kommend bis Köln fuhr.

Die Dampfmaschine hatte, bevor sie in ein Schiff eingebaut wurde, bereits eine längere Geschichte hinter sich. Schon im 17. Jahrhundert gab es Versuche und Entwürfe, Dampf zum Maschinenantrieb zu nutzen. Die erste Dampfmaschine wurde schließlich 1698 von dem englischen Bergwerksmechaniker Thomas Savery gebaut. Sie besaß einen für praktische Nutzanwendungen zu geringen Wirkungsgrad, doch war damit der Durchbruch gelungen. 1712 konnte die erste brauchbare atmosphärische Dampfmaschine von Thomas Newcomen in Betrieb genommen werden. Sie besaß einen so hohen Brennstoffverbrauch, daß sie außerhalb von Kohlenzechen nicht verwendbar war. Erst, als James Watt 1776 eine doppeltwirkende Dampfmaschine entwickelte, die sich für Kolbenpumpenbetrieb eignete, wurde auch ihr Einsatz für Verkehrsmittel ermöglicht.

Es dauerte nur wenige Jahre, bis die Erfinder die Anwendung auf dem Verkehrssektor erprobten: 1787 gab es die ersten erfolgreichen Versuche mit einem Dampfschiff, 1801 entstand der erste Dampfwagen und 1804 die erste Dampflokomotive - alles noch Erfindungen, die funktionierten, doch kaum praktisch nutzbar waren, zum Teil wegen technischer Probleme oder zu hoher Kosten.

Daß die Dampfmaschine zuerst in ein Schiff eingebaut wurde, lag hauptsächlich am Verkehrsweg. Die Unebenheiten und Steigungen der Straßen waren schwerer zu überwinden als die relativ gleichmäßigen Widerstände des Wassers. Dazu kam das hohe Gewicht der Maschinenfahrzeuge, das befestigte Straßen oder tragfähige Schienenwege voraussetzte.

Problemlos war aber auch der Beginn der Dampfschiffahrt nicht. Woran die meisten Versuchsfahrzeuge scheiterten, ist nicht in jedem Fall geklärt. Teilweise lag es an nicht ausgereiften Vortriebsmitteln, teilweise an wenig belastbaren Kesseln, manchmal unterschätzte man das Gewicht der Dampfmaschine.

Trotz allem gelang es 1787 an zwei Stellen unabhängig voneinander, Dampfboote zu bauen. Der Amerikaner John Fitch erprobte sein Boot auf dem Shuylkill, die Schotten Symington und Miller ließen ihre Konstruktionen auf dem Forth-and-Clyde-Kanal fahren. Symingtons "Charlotte Dundas" von 1802 wurde aber bald stillgelegt, weil man fürchtete, der Wellenschlag würde die Uferböschungen zu sehr schädigen. Auch Einwände sozialer Art gab es gegen die neue Entwicklung: Sie würde die Treidelschiffahrt beseitigen und damit die Schiffszieher und Pferdetreiber verarmen zu lassen.

Es war der Amerikaner Robert Fulton, dessen zweites Schiff, die 1807 gebaute "Clermont", nicht nur die Probefahrt auf dem Hudson überstand, sondern dort später auch zum regelmäßigen Verkehr eingesetzt wurde. In den USA gab es viele schiffbare Wasserstraßen, aber nur wenige und schlechte Landstraßen. Im Stromgebiet des Mississippi sollen 1840 deshalb bereits 1.000 Dampfschiffe in Betrieb gewesen sein.

Fulton ist nicht der "Erfinder" des Dampfschiffs -

schließlich waren die einzelnen Elemente von anderen entwickelt worden, aber er war der erste, der ein brauchbares Boot baute. Die Schwelle zur Rentabilität lag nicht, wie man wegen der fehlenden Konkurrenz maschineller Verkehrsträger denken könnte, besonders niedrig, sondern besonders hoch. Auf See konkurrierte man mit dem kostenlosen Wind, was angesichts der Maschinenpreise zunächst aussichtslos war. Im Binnenland fiel zumindest bergwärts der Treidlerlohn an. So ist es naheliegend, daß die Dampfschiffahrt auf den Binnengewässern begann.

Nun setzte auch andernorts der Bau von Dampfschiffen ein. In England und Schottland sollen 1815 zwischen 20 und 28 Dampfschiffe verkehrt haben. Das erste Dampfschiff, das in Deutschland zum Einsatz kam, war die im ostschottischen Kincardine gebaute "The Lady of the Lake". Im Juni 1816 wurde das nicht einmal 20 Meter lange Schiff auf der Unterelbe in Dienst gestellt und ein Jahr später nach England verkauft.

Schiffsdampfmaschinen waren zunächst mit stationären Dampfmaschinen identisch. Später gingen die Entwicklungen auseinander. Problematisch war zunächst die umständliche Bedienung und das hohe Gewicht der. anfangs benutzten Seitenbalanciermaschine. In den 1830er Jahren wurde sie deshalb von der direkt wirkenden Maschine abgelöst, die zuerst bei der englischen Marine Verwendung fand, sowie von der oszillierenden Maschine, von John Penn entwickelt, mit schwingenden Zylindern. Sie setzte sich durch, da sie gegenüber den vorherrschenden Seitenbalanciermaschinen bei gleicher Leistung ein wesentlich geringeres Gewicht besaß.

In Deutschland waren es die englischen Kaufleute Humphreys, die 1816 in Pichelsdorf bei Spandau, das erste deutsche Dampfschiff bauten, den Mittelraddampfer "Prinzessin Charlotte von Preußen". Ohne den festen Glauben an die Zukunft des technischen Fortschritts hätten sie diese Pioniertat sicher nicht unternommen. Sie setzten das Schiff zum Transport von Berliner Ausflüglern ein, was sehr schnell zum Bankrott führte.

Auch auf der Weser wurde schon früh ein Dampfschiff gebaut: 1817 machte die "Weser" ihre ersten Probefahrten und erreichte die beachtliche Geschwindigkeit von 9,3 km/h. Der Auftraggeber, der Bremer Kaufmann Friedrich Schröder, ließ bald ein zweites Dampfschiff bauen, das die Oberweser befahren sollte. 1818 lief es vom Stapel, und im folgenden Jahr fuhr es auch tatsächlich bis Münden, nicht nur mit Hilfe seiner schwachen 14-PS-Maschine, sondern zeitweise unter der Zuhilfenahme von Segel oder Pferdevorspann. Der zu große

Tiefgang des Schiffes beschränkte sein Einsatzgebiet auf die Strecke zwischen Bremen und Vegesack. Beide Schiffe, die bis 1833 die einzigen Dampfschiffe auf der Weser blieben, waren ökonomische Mißerfolge.

Abb. 1: F.A. Calau: Mitelraddampfschiff PRINZESSIN CHARLOTTE VON PREUSSEN (aus Jaeger: Prinzessin Charlotte von Preußen)

Die Werft dieses ersten Weserschiffs, die von Johann Lange in Vegesack, baute ab 1833 noch weitere hölzerne Raddampfer, wobei man erst einige Exemplare herstellen mußte, um die zweckmäßigsten Maßverhältnisse herauszufinden.

Die ersten Schiffe in Deutschland wurden von englischen Ingenieuren, manchmal auch mit englischen Werftarbeitern gebaut, auf jeden Fall aber mit englischen Dampfmaschinen ausgerüstet. Und wenn es auch, besonders an Rhein und Waal, deutsche Ingenieure in den Niederlanden waren, so waren es solche, die sich eine Weile im Mutterland der Industrialisierung aufgehalten hatten - meist mit dem Skizzenbuch in der Hand. Das lag an dem gewaltigen Vorsprung, den England besaß. Hier hatte die Industrielle Revolution um 1740 ihren Anfang genommen, eine Revolution, die zunächst jedoch weniger technischer, sondern vor allem organisatorischer Art war. Die zunehmende Ausrichtung der englischen Wirtschaft auf moderne Marktstrukturen bereitete den Boden für technische Neuerungen, die seit den 1760er Jahren einsetzten und u.a. die Verbesserung der Dampfmaschine durch Watt zur Folge hatten. England wurde zum technischen Vorreiter und blieb es mehr als hundert Jahre. Etwa 1880 hatte Deutschland seinen Rückstand aufgeholt.

Die Niederlande spielten als Technologietransferstation eine große Rolle. Der in Ostfriesland geborene, aber in den Niederlanden arbeitende Gerhard Moritz Roentgen hatte bei Rotterdam die Fijenoord-Werft errichtet, leistete Hilfestellung bei der

Gründung der Preußisch-Rheinischen Dampfschiffahrtsgesellschaft, und mußte dann zusehen, wie Franz Haniel für seine Ruhrorter Werft reihenweise Personal bei ihm abwarb. Auch andere deutsche Werften, die sich der Dampfschiffahrt zuwandten, holten Fachkräfte aus dem Ausland.

In Deutschland waren die Bedingungen für die Durchsetzung neuer Entwicklungen im Schiffahrtssektor sehr ungünstig. Hier blockierten noch immer Gesetze und Vorstellungen aus der Feudalgesellschaft organisatorische und technische Neuerungen, wie Wasserzölle, Schiffmühlenrechte, Stapelrechte, vor allem aber die Monopolrechte der Schifferzünfte. Und leicht zu beseitigen waren diese Relikte auch nicht, da die Zahl der deutschen Länder auch nach 1815 immer noch 42 betrug, deren Staatsgebiete wiederum aus nicht zusammenhängenden Territorien bestanden.

Wie wichtig die Aufhebung der Handels- und Verkehrshindernisse war, wurde auch von den Zeitgenossen gesehen. Erst fielen die innerstaatlichen Zölle, dann wurden zwischenstaatliche Flußschiffahrtsakten verabschiedet, die u.a. die Abschaffung aller Gildenrechte beinhalteten. 1831 wurde mit der "Mainzer Akte" eine europäische Vereinbarung für den Rhein getroffen. Die Schiffahrt konnte nun von jedem, der dazu in der Lage war, betrieben werden. Erst jetzt wurde ein durchgängiger Schiffsverkehr auf dem Rhein praktikabel. 1868 wurde die Mainzer Akte zur "Mannheimer Akte" revidiert. Damit waren sämtliche Stapelrechte und Abgaben aufgehoben und eine einheitliche Schiffsführerpatentpflicht eingeführt. Durch die Vielzahl deutscher Staaten mußten auch für die anderen Flüsse ähnliche Abkommen geschlossen werden. Bereits 1821 geschah dies für die Elbe, 1823 für die Weser, 1843 für die Ems und 1856/57 für die Donau.

1817 steuerte James Watt jr. die wiederum im schottischen Greenock erbaute "Caledonia" den Rhein hinab, erlitt aber einen Schaden an der Dampfmaschine, der bei Franz Haniel in Ruhrort repariert wurde. Haniel, Mitbegründer der späteren Gutehoffnungshütte und Besitzer von zahlreichen Rhein- und Ruhrschiffen, errichtete 1829 eine Werft am Rhein in Ruhrort mit deutschen Schiffbauingenieuren, die in den Niederlanden gelernt hatten, und mit einem englischen Kesselschmiedemeister. Das erste Produkt, der Seitenraddampfer "Stadt Mainz" aus dem Jahr 1830, war allerdings mit seiner unzulänglichen Mitteldruckmaschine nicht erfolgreich, aber schon die zwei Jahre später erbaute "Stadt Coblenz" konnte regelmäßigen Dienst versehen. Damit war das Dampfschiffzeitalter in Deutschland endgültig angebrochen. Bereits 1826 hatte sich in Köln die "Preußisch-Rheinische Dampfschiffahrtsgesellschaft" gegründet, die den Mittelrhein befuhr, während sie einer niederländischen Gesellschaft den Niederrhein gänzlich überließ. Sie mußte ihre ersten Schiffe noch aus den Niederlanden beziehen. Dünn war auch nach den Ruhrorter Anfängen der Dampferverkehr auf dem Niederrhein: 1841 gab es dort genau elf Dampfschiffe, von denen etwa sechs gleichzeitig den Rhein befuhren.

Bis man auf den anderen deutschen Gewässern Dampfschiffe zu Gesicht bekam, dauerte es noch eine Weile. Das erste Dampfschiff auf dem Main erschien 1828 in Frankfurt, 1841 mainaufwärts in Aschaffenburg und Würzburg. Von einem offenkundigen Siegeszug des Dampfschiffs konnte allerdings nicht die Rede sein. Zeitweise mußte Vorspannhilfe durch Pferde genommen werden, in Schweinfurt wurde dem Schiff gar ein Radkasten demontiert, damit es in die Schleusenkammer paßte. Auf der Donau fuhr das erste Dampfschiff mit Namen "Franz I." seit 1830, auf dem Bodensee sah man den ersten Dampfer 1831, drei Jahre später wurde auch die Dresdener Bevölkerung mit dem Phänomen bekanntgemacht. Auf der Oder mußte man bis 1838 warten, bis der in Stettin erbaute Raddampfer "Victoria" seine Fahrten zwischen Stettin und Küstrin aufnahm.

Noch waren die Wasserstraßen für die neue Technik nicht eingerichtet. Eine Niedrigwasserregulierung wurde bei den meisten Flüssen lange Zeit nicht durchgeführt, so daß die Dampfer wegen ihres Tiefgangs oft nicht fahren konnten, Schleusenabmessungen waren zu klein. Auch bei den wenigen Wasserstraßenneubauten jener Zeit unterschätzte man den Veränderungsschub, den die neue Technik auslöste. Der 1845 fertiggestellte Ludwig-Main-Donau-Kanal war in seinen Abmessung viel zu klein konzipiert und erwies sich deshalb nach kurzer Zeit als ökonomischer Reinfall.

Eisenschiffbau

1821 war - selbstverständlich in England - das erste Eisendampfschiff vom Stapel gelaufen, nachdem bereits 1787 in England das erste eiserne Boot gebaut worden war. Der neue Werkstoff war unvermeidlich, da Gewicht und Bewegungen der Dampfmaschine den Schiffskörper sehr in Mitleidenschaft zogen. So ging man bereits in den 1830er Jahren bei Reparaturen von Dampfschiffen dazu über, eiserne Verstrebungen in den Holzkörper einzusetzen. Bald wurden Schiffe in Kompositbauweise hergestellt, d.h. man stellte Eisenschiffe mit

Holzboden her. Auf der Elbe behielt man diese Bauweise wegen häufiger Grundberührungen noch lange bei. Schließlich kamen in den 1830er Jahren englische Eisenschiffe zum Einsatz, und kurz darauf begann man auch in Deutschland mit dem Eisenschiffbau. Vorreiter war die Werft der Preußischen Seehandlung in Moabit, die im Jahre 1835 mit dem 33 Meter langen Seitenraddampfer "Prinz Carl von Preußen" das erste deutsche Eisenschiff herstellte.

Die Rhein-See-Schiffahrt bot vor Erlaß der Rhein-Schiffahrtsakte kaum Hoffnung auf Rentabilität. Nach 1831 waren andere Bedingungen vorhanden, und so wurde das erste deutsche eiserne Seeschiff im Binnenland auf der Duisburger Rheinwerft Jacobi, Haniel und Huyssen von Sydell gebaut, ein Beweis für die innovativen Kräfte des Binnenschiffbaus zu dieser Zeit. Es handelte sich um die fast 30 Meter lange Brigg "Hoffnung", ein Rhein-See-Schiff der Kölnischen Dampf-Schleppschiffahrtsgesellschaft, das im August 1845 seine erste Fahrt antrat. Ihre Besonderheit war, daß sie für die Binnenfahrt einziehbare Kiele besaß.

Auswirkungen der Dampfschiffahrt und des Eisenschiffbaus auf den Schiffbaubetrieb

Erst beide neuen Entwicklungen - Eisenschiffbau und Dampfschiffahrt - zusammengenommen, revolutionierten die Schiffahrt. Die Auswirkungen dieser Veränderungen auf die Praxis des Schiffbaus waren massiv.

Auf den traditionellen Holzschiffwerften hatten Schiffbauer das Sagen, die Beruf und Kenntnisse oftmals von ihren Vätern und Großvätern erworben hatten. Das war das eigentliche Kapital des Schiffbauers, denn man arbeitete nur nach Erfahrung. Pläne und Entwurfsskizzen gab es nicht. Der Schiffbau war eine Tätigkeit für zahlreiche spezialisierte Holzhandwerker, die in einer Zunft zusammengeschlossen waren. Der Schiffbau fand ausschließlich im Freien statt - nahezu auf der grünen Wiese, denn die maschinelle Ausstattung der Werften war gering. Sie beschränkte sich auf ein paar Winden, Bockkräne und Flaschenzüge.

Die neuen Entwicklungen hatten dieses Bild völlig verändert: Nun waren Ingenieure, Kesselschmiede und Maschinenbauer gefragt. Daß mit Schiffbau und Maschinenbau jetzt zwei Kernbereiche existierten, die sich aufeinander abstimmen mußten, war im 19. Jahrhundert lange Zeit durchaus problematisch. Max v. Eyth, der Begründer der deutschen Seilschiffahrt, schrieb einmal: "Die Maschinenbauer und die Schiffbauer lassen den lieben Gott dafür sorgen, daß die Maschinen zum Schiff und das Schiff zu den Maschinen paßt."

Neben diesen Berufen mit spezieller Ausbildung kamen nun zahlreiche Werftarbeiter gänzlich ohne Ausbildung hinzu. Auch die Werftausrüstung hatte sich geändert: Diverse Maschinen waren erforderlich; die Schiffbauwerft wurde zum industriellen Betrieb. Schon optisch wirkte eine Eisenschiffswerft anders als ihre Vorgängerin: Zahlreiche Gebäude waren notwendig, eine Hellinganlage ebenso unverzichtbar wie eine eigene Kraftanlage. Damit wurde eine ganzjährige Tätigkeit überhaupt erst möglich. Dennoch hatte der Binnenschiffbau im 19. Jahrhundert noch nicht gänzlich den Status eines Industriebetriebs erreicht; Eisenschiffe blieben, wie vorher die Holzschiffe, Unikate.

Die Einführung der Dampfschiffahrt hatte erhebliche Folgen auf die Organisation der Schiffahrt. Dominierten vorher die Partikuliere, so bildeten sich jetzt, durch den großen Kapitalbedarf für Schiffsdampfmaschinen, Reedereien aus. Auch Genossenschaften gründeten sich, in denen sich Schiffer zwecks Kauf von Schleppern zusammenschlossen.

Einführung der Schleppschiffahrt

Die Nachrüstung von Lastschiffen mit teueren Dampfmaschinen war nicht rentabel: Der Platzbedarf für Kohle und Maschine reduzierte die Ladefähigkeit enorm, und die Schiffer waren nicht geschult. Deshalb war die Einführung der Schleppschiffahrt naheliegend: Man ersetzte einfach die Zugkraft der Treidler durch Schlepper. Dadurch gab es zwar für die Lastkähne längere Liegezeiten, aber der teure Schlepper war permanent einsetzbar.

Man brauchte an den existierenden Lastkähnen nicht viel zu ändern, die Verbindung mittels Drahtseilen war einfach, und man benötigte qualifiziertes Personal wie Heizer und Maschinisten nur auf den Schleppern.

1928 begann die Schleppschiffahrt zwischen Rotterdam und Düsseldorf mit der holländischen "Hercules". Auf der Oberweser fuhr der Schlepp- und Passagierdampfer "Roland" seit 1839, auf der Unterweser wurde die Schleppschiffahrt durch die in Buckau erbaute "Marschall Vorwärts" 1846 eingeführt, auf der Oder begann sie 1850.

Mit der Zeit stellten sich die Schwachstellen der Schleppschiffahrt heraus. Für jedes geschleppte Schiff war eine eigene Besatzung (mindestens ein bis zwei Mann) nötig, das Zusammenstellen der Schleppzüge war sehr zeitaufwendig. Bis in die 1870er Jahre war auch der Wirkungsgrad der Schlepperdampfmaschinen sehr gering.

Die Geschichte der Binnenschiffahrt ist nur verständlich, wenn man die anderen Verkehrsträger berücksichtigt. Im 19. Jahrhundert ist dies vor allem die Eisenbahn, die einen erheblichen Einfluß auf die Entwicklung der Binnenschiffahrt ausübte. Vor dem 19. Jahrhundert gab es keine Konkurrenz zwischen den Verkehrsträgern: Wenn es eine entsprechende Wasserstraße gab, wurde der Wasser- dem Landtransport vorgezogen. Auch die Eisenbahn war anfänglich vor allem als Zulieferer zur Schiffahrt auf den großen Flüssen gedacht. Mit dem Zusammenwachsen des Schienennetzes entwickelte sie sich aber immer mehr zu ihrem Konkurrenten. Dies hatte drei langfristige Auswirkungen auf die Binnenschiffahrt: Die Schiffahrt auf kleinen Flüssen und Kanälen wurde unrentabel, die Verbesserung und Vergrößerung der Schiffahrtswege wurde notwendig, und schließlich veränderte sich die Güterpalette der Binnenschiffahrt.

In früheren Zeiten war das Binnenschiff, das in den meisten Flußgebieten keine 100 Tonnen transportieren konnte, ein Universaltransportmittel gewesen: Geladen wurde praktisch alles, was nicht allzu leicht verderblich war. Der Landweg war zu Beginn der Frühen Neuzeit beschwerlich und teuer, die Straßen bessere Feldwege. Da bot sich der Wasserweg als Alternative an. Erst mit der Verbesserung der Landverkehrswege im 18. Jahrhundert verlor das Binnenschiff den Personenverkehr an die Postkutsche - sofern die Menschen nicht ohnehin zu Fuß gingen. Ermöglichte der Personentransport den Aufstieg der Dampfschiffahrt, so wurde er schon nach kurzer Zeit an die schnellere Eisenbahn abgegeben - ebenso wie der Transport hochwertiger Stückgüter.

Die Schiffahrt auf den kleineren oder nicht ausgebauten Flüssen ging im Laufe des 19. Jahrhunderts erheblich zurück: Auf Lippe, Unstrut, Fulda, schließlich sogar auf der zu Beginn des 19. Jh. so verkehrsreichen Ruhr verlor die Schiffahrt ihre Bedeutung. Ähnlich erging es den kleinen Kanälen. Der erst 1845 erbaute Ludwigskanal, der Main und Donau verband, war nur für 70-Tonnen-Schiffe befahrbar und deshalb bereits wenige Jahre nach seinem Bau ein Denkmal vergangener Zeit. Aber auch auf größeren Flüssen hatte die Schiffahrt zu kämpfen.

Eines der Handicaps der deutschen Binnenschiffahrt, das durch das Aufkommen der Eisenbahn offensichtlich wurde, bestand im Fehlen eines zusammenhängenden Binnenwasserstraßennetzes. Eine größere Anzahl von Kanälen gab es einzig in Preußen in der Umgebung von Berlin. Ursache war vor allem die politische Zersplitterung Deutschlands, die jedes Kanalprojekt zu einer quasi internationalen Angelegenheit machte. Erst nach der Reichsgründung im Jahr 1871 änderte sich das. Dennoch dauerte es bis 1899, bis der Dortmund-Ems-Kanal, der erste Kanalbau des entstehenden westdeutschen Wasserstraßennetzes, in Angriff genommn wurde.

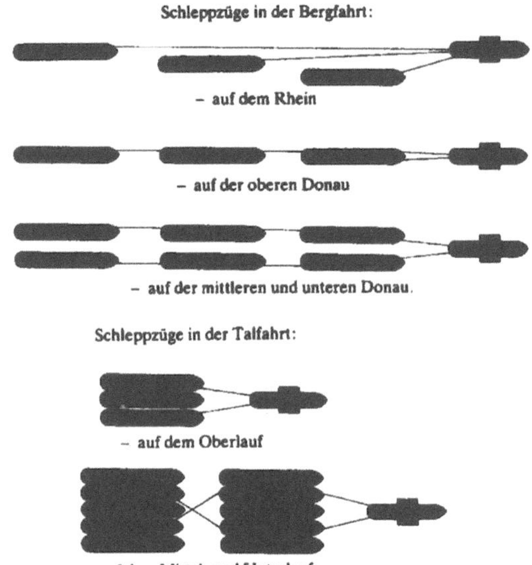

Abb. 2: Schleppzugverbindungen (aus Schönknecht-Gewiese: Auf Flüssen und Kanälen)

Mit dem Bau der westdeutschen Kanäle wurde dort 1914 ein staatliches Schleppmonopol eingeführt. Zum Schutz von Sohle und Ufern wurden nur Schlepper mit einer Maschinenleistung bis 360 Psi zugelassen. Erst 1967, als Schub- und Motorgüterschiffe die Schleppkähne längst ersetzt hatten, wurde das Monopol gestrichen.

Ketten- und Seilschiffahrt

Obwohl die Transportmengen wuchsen, war die Binnenschiffahrt durch die zunehmende Konkurrenz der Eisenbahn in eine Krise geraten. Problematisch waren vor allem die schwache Antriebsleistung und der geringe Wirkungsgrad der Schaufelraddampfer und die Tatsache, daß das hohe Gewicht der Maschinen einen großen Tiefgang bewirkte, der eine Fahrt auf den meistens noch nicht regulierten Flüssen verhinderte. In der Jahrhundertmitte begann man mit der Prüfung einer in Frankreich schon seit 1820 existierenden alternativen Fortbewegungsart: der Kettenschiffahrt.

Ihr Prinzip war einfach. In einem Fluß wurde eine Kette versenkt. Speziell dafür konstruierte Kettenschlepper nahmen mittels dampfmaschinengetriebenen Trommeln die Kette auf und zogen sich daran vorwärts.

Die Versuchsfahrten auf der Unterelbe im Jahre 1866 waren erfolgreich: Drei Viertel der Kohle wurde gegenüber Raddampfern eingespart. Bald darauf wurde die Kettenschiffahrt durch Bellingrath auf Mittel- und Oberelbe eingeführt, in den 1870er Jahren auch auf Neckar und Saale, während die Mainkettenschiffahrt erst 1886 begann, als die Technik schon fast überholt war. Erste unmittelbare Konsequenz der Kettenschiffahrt war, daß die immer noch existierende Treidelei endgültig eingestellt wurde.

Der Wirkungsgrad dieser Fortbewegungsart war höher als der eines Schaufelraddampfers, was sich gerade bei strömungsstarken Flüssen auszahlte. Hauptursache dafür, daß die Kettenschiffahrt der Dampfschleppschiffahrt vorgezogen wurde, war ein sehr geringer Tiefgang der Kettenschlepper. Dadurch wurde der Einsatz auch auf den zahlreichen im 19. Jahrhundert nur wenig ausgebauten Flüssen möglich. Aufwendig war dagegen die Instandhaltung der Kette, die sich verlängte und ausgebessert werden mußte oder gänzlich versank. Größter praktischer Mangel waren die Unterhaltung der Kette und die umständlichen Manöver, die bei der Begegnung von Kettenschleppzügen notwendig waren. Es gab verschiedene Lösungsmöglichkeiten. Auf dem Neckar baute man in einem Abstand von etwa 650 Metern an der Kette ein Kettenschloß ein, das einfach gelöst werden konnte. Der Taldampfer mußte dann aus der Kette gehen und den Bergdampfer vorbeilassen. Auf der Elbe befuhren die Kettenschlepper nur noch Teilstücke. Man richtete Koppelstellen ein, an denen die geschleppten Kähne von einem zum anderen Schlepper übergeben wurden. Da die Kettenschlepper nur eingeschränkt manövrierfähig waren und damit Flößen oder anderen Schiffen schlecht ausweichen konnten, rüstete man für die Talfahrt einige mit zusätzlichen Propulsionsorganen aus und betrieb die Fahrt an der Kette nur bergwärts.

Der aus Heilbronn stammende Ingenieur v. Eyth entwickelte, um die Kosten zu senken, ein etwas verändertes Verfahren. Er verwendete er ein leichtes und billiges Seil. Die Seilschiffahrt wurde in größerem Umfang seit 1873 nur auf dem Rhein praktiziert. Die Seilschlepper erzielten gegenüber den Radschleppern eine Kohlenersparnis von 80%. Allerdings waren die Kosten für den Erhalt des Seiles relativ hoch. Zwischen Ruhrort und Emmerich lagerte sich so viel Sand und Geröll auf dem Seil ab, daß es die Schlepper nur mit Mühe oder gar nicht mehr aus dem Wasser heben konnten. Hier gab man die Seilschiffahrt bald auf. Die gebirgige Strecke zwischen Bonn und Bingen wurde

immerhin noch bis 1903 so betrieben.

Doch auch die Kettenschiffahrt entwickelte sich weiter. Die Dresdener "Kette" erprobte 1891 ein neues Propulsionsorgan: Eine Pumpe, die unter dem Namen "Turbinenpropeller" in zwei ihrer Kettenschiffe eingebaut wurde. Sie erzielte damit ebenso gute Erfolge wie die bayerische Main-Kettenschiffahrt. Außerhalb der Kettenschiffe bewährte sie sich damals aber nicht, so daß mit dem Ende der Kettenschiffahrt auch dieser Wasserstrahlantrieb für einige Zeit verschwand.

Die Ursachen des baldigen Niedergangs der Seil- und Kettenschiffahrt waren vielfältig. Das Sinken des Kohlepreises, das Überangebot an Schleppkapazitäten am Ende des Jahrhunderts, vor allem aber die technischen Verbesserungen an den Schleppdampfern. In den 1880er Jahren entwickelte sich die Technik bei den Radschleppdampfern sprunghaft weiter. Der Einsatz von Verbunddampfmaschinen verbesserte den Wirkungsgrad, die PS-Zahlen wurden erhöht. 1885 ging die Werft Gebr. Sachsenberg in Roßlau zum Bau von Dreifachexpansionsmaschinen über. Erstmalig wurde eine solche in den Elbe-Radschleppdampfer "Königin Luise" eingebaut.

Problematisch blieb auch ein organisatorisches Moment: Die Seil- und Kettenschiffahrt konnte nur als Monopolsystem mit hoher Auslastung der Schlepper die großen Investitionskosten wieder hereinholen. Schon der Verlust eines Teils des Frachtaufkommens an die leistungsfähigere Konkurrenz zwang auf der Elbe, Stück für Stück der 624 km langen Kette aufzugeben. Auch am Neckar wurde sie mit dem Stromausbau überflüssig. Am selben Tag, an dem die Regulierung beendet war, wurde die Kettenschiffahrt eingestellt. Auf Saale und Elbe hielt sie sich bis in die 1920er Jahre, auf dem Neckar bis 1935, auf dem Main bis 1938. Lediglich an zwei Stellen an der Elbe, im Stadtgebiet von Magdeburg und im böhmischen Usti, konnte man noch bis 1948 Kettendampfer sehen.

Propulsion

Daß die Dampfschiffahrt auf den Binnengewässern eingeführt wurde, hatte vor allem eine Ursache, die Vortriebsanlage Schaufelrad war bei Wellengang auf See nicht sehr wirksam. Zudem war es sehr empfindlich gegen Beschädigungen. Anfänglich wurden auch andere Vortriebsmittel ausprobiert, beispielsweise eine Art Paddel. Schon im 18. Jahrhundert gab es Vorschläge zum Bau eines Schiffspropellers, zuerst aber setzte sich das Schaufelrad durch. Die Schaufeln waren zunächst fest am Rad installiert; die Nachteile beim Eintauchen liegen auf der Hand. Zwar erfand der Schotte Buchanan bereits 1813 ein Rad mit beweglichen Schaufeln, aber erst 1829 erhielt der Engländer Galloway ein Patent auf eine brauchbare Version. Dietze, ein genialer Ingenieur bei der Werft Gebr. Sachsenberg in Roßlau, gelang 1883 eine Verbesserung der Berechnung und Konstruktion der Schaufelräder. Eine Exzentersteuerung bewirkte das senkrechte Eintauchen der Schaufeln oder genauer den stoßfreien Eintritt der Schaufeln in das Wasser und den Austritt aus dem Wasser ohne Schöpfwirkung. Damit konnte der Wirkungsgrad der Anlage erhöht werden.

Abb. 3: Schlepper bei Magdeburg
(aus Binnenschiffahrtsmuseum Duisburg)

Die Anbringung des Rades am Schiff war in der Frühzeit der Dampfschiffahrt unterschiedlich: Die gebräuchlichste Form war die des Seitenraddampfers. Angefangen hatte es mit der "Prinzessin Charlotte von Preußen". Dieser Mittelraddampfer erforderte einen aufwendigen zweiteiligen Schiffskörper, was den Raum für Fracht oder Passagiere erheblich reduzierte. Seitenraddampfer waren von ihrer Leistungs- und Manövrierfähigkeit am besten, konnten aber nur auf breiten Wasserstraßen eingesetzt werden. Heckraddampfer wurden bei sehr schmalen Flüssen bevorzugt oder wenn geringe Schleusenbreiten einzuhalten waren, wie auf Weichsel, Oder, Netze und Warthe. Wegen der niedrigeren Zugkraft gegenüber Seitenraddampfern fanden sie jedoch in Deutschland nur geringe Verbreitung.

Einen neuen Weg beschritt der Österreicher Josef Ressel, der 1829 die erste gebrauchsfähige Schiffsschraube entwickelte. Es handelte sich um eine zweigängige archimedische Schraube, die er erfolgreich mit dem Boot "Civetta" erprobte. 1836 folgte ein Patent des Engländers Francis Smith. Auch er ging noch von einer durchgängigen, nicht von einer Flügelschraube aus. Überhaupt waren die ersten Propellerformen sehr unterschiedlich. Sie basierten auf nur teilgetauchten Propellern; es gab Konstruktionen mit zwei gegenläufigen oder unterbrochenen archimedischen Schrauben.

In Deutschland sah man einen Schraubendampfer zuerst am Rhein. Es war im Jahr 1845 die Seeyacht der englischen Königin Victoria. Das erste größere deutsche Schraubenboot "Fürst Moritz von Nassau" wurde erst 12 Jahre später von der Werft Peter Kriens in Duisburg gebaut. 1881 entstand mit der "Neptun" ein Fahrgastkatamaran für die Saale, der auf einer 9 m langen Antriebswelle sieben sechsflügelige Schrauben besaß. Die ersten Motorboote (ab 1885) benutzten ebenfalls Propeller. 1886 ließ Werner v. Siemens das Boot "Elektra" mit elektrischem Propellerantrieb herstellen.

Der Schiffspropeller begann, sich in der Seeschiffahrt ab etwa 1850 durchzusetzen. In der Binnenschiffahrt jedoch blieb man auf den großen Flüssen noch lange beim Schaufelrad, denn um mit der Schraube einen hohen Wirkungsgrad zu erzielen, war ein großer Durchmesser erforderlich, was wegen geringer Wassertiefen nicht immer zu realisieren war.

Um dem teilgetauchten Propeller oberhalb der Wasserlinie Wasser zuzuführen, wurde eine seitliche Abschirmung vorgenommen. Thornycroft verwirklichte das bereits 1884 an einem Nilschiff. Daraus entwickelte sich der sog. Propellertunnel im Hinterschiff der Binnenschiffe. Mit dieser Bauweise, die sich ab 1900 auch in Deutschland durchsetzte, wurde es ermöglicht, den Propellerdurchmesser größer zu halten als den Schiffstiefgang und so den erforderlichen Schub zu erzeugen, ohne Schub- und Leistungsbelastung des Propellers über Gebühr zu strapazieren.

Seit den 1930er Jahren, als Kort seine Düse vorstellte, hat der Düsenpropeller Einzug in die Binnenschiffahrt gehalten und sich hier weitgehend durchgesetzt. Roscher teilte 1939 in einem Vortrag vor der STG mit, daß "der erste 1931/32 auf dem Mittellandkanal eingesetzte Kort-Schlepper bei 6 km/h Schleppgeschwindigkeit mit 120 PS das gleiche leistete wie die bestehenden 180 PS-Schlepper des staatlichen Schleppmonopols".

Ende der 1920er Jahre wurde von den Ingenieuren Schneider und Voith ein Zykloidalpropeller entwickelt. Die um die Hochachse drehbaren Flügel des Voith-Schneider-Propellers rotieren in einer Richtung und erzeugen durch veränderte Anstellung gegenüber der Achse die Kraft in jeder gewünschten Richtung. Er ist dadurch ein idealer Propulsor für Hafenschlepper und andere Fahrzeuge, die eine hohe Manövrierfähigkeit besitzen müssen. Das erste mit einem Voith-Schneider-Propeller ausgerüstete Boot erhielt 1929 den Namen "Torqueo" - 'Ich drehe'.

Abb. 4: Schottel-Ruderpropeller (Schottel, Spay)

In den 1950er Jahren erprobte Becker mit der Motoryacht "Magdalena" auf der Schottelwerft in Niederspay den Schottel-Ruder-Propeller. Der gesamte Propeller bzw. Düsenpropeller ist um 360° um die Hochachse drehbar und somit ebenfalls ein ausgezeichnetes Antriebs- und Steuerorgan. Er kann ebenso wie der Voith-Schneider-Propeller unter dem Vorschiffbereich angebracht werden, was bei Schleppmanövern die Kentergefahr verringert. Auch er hat wegen guter Manövrier- und Stoppeigenschaften seine Anwendung vor allem bei Hafenschleppern und Binnenschiffen gefunden.

Ein wichtiges und für Schiffe ab einer Länge von mehr als 90 m vorgeschriebenes Steuerorgan ist das Bugstrahlruder, das von Jastram 1953 im Bereisungsschiff „Leo Sympher" vorgestellt wurde. Im Gegensatz zu den in der Seefahrt verwendeten Exemplaren sollten sie bei Binnenschiffen auch über Auslaßkanäle in Längsrichtung verfügen, um Vortriebskraft zu erzeugen, z.B. für das Ständig machen in der Strömung.

Seitenarme der Entwicklung

Ein Nachteil der Schleppschiffahrt bestand darin, daß das Zusammen- und Entkoppeln des Verbandes viel Zeit in Anspruch nahm. Die Erfindung des "Wandertaus" sollte diesen Nachteil beseitigen. Dazu wurden auf dem Leinpfad im Abstand von 70 - 80 m eiserne Ständer errichtet, die Leitrollen trugen. Auf diesen lief ein endloses Seil, das von einer stationären Dampfmaschine bewegt wurde. Die Schiffe machten ihre Treidelleine daran fest und wurden so fortbewegt. Dieses System funktionierte jedoch nur bei Strecken bis ca. 12 km, da sonst die Reibungsverluste zu groß wurden. Umgesetzt wurde dieses Verfahren deshalb lediglich im

Billy-Tunnel des Aisne-Marne-Kanals bei Reims.

Eine andere Möglichkeit, das alte Treidelverfahren auf maschineller Grundlage zu reaktivieren, war das elektrische Treideln. Hierfür verlegte man auf einem Leinpfad Schienen und ließ die Kähne von Elektrolokomotiven ziehen. 1905 wurde es auf dem Teltowkanal eingeführt, um die Anwohner vor dem Rauch der Dampfschlepper und die Flußsohle vor dem Strahl der Schiffsschrauben zu schützen. Aber die Problematik der Einrichtung von Leinpfaden, die Schwierigkeit, überall Oberleitungen anzubringen sowie Uferbebauungen, Brücken etc., beschränkten die Einsatzmöglichkeiten von Treidellokomotiven erheblich. Erfolgreich waren sie aber beim Ein- und Ausfahren der Schiffe an den Schleusen. Immerhin schätzte man die Bedeutung so hoch ein, daß auch bei der Errichtung des Mittellandkanals vor dem ersten Weltkrieg die Einrichtung der elektrischen Treidelei in Erwägung gezogen wurde.

Richard Koss, ein Ingenieur der Dortmund-Ems-Kanal-Verwaltung, entwarf in den 1910er Jahren ein alternatives Schleppsystem, die "Wassereisenbahn". Auf der Flußsohle wurden in der Höhe bewegliche Schienen verlegt, an denen sich das Schleppboot mittels Druckrollen voranzog. Geplant war ein elektrischer Antrieb mit Oberleitung. Auf dem Dortmund-Ems-Kanal wurde eine 3 km lange Versuchsstrecke eingerichtet, auf der dieses energiesparende Verfahren erprobt wurde. Problematisch aber wären wohl die hohen Kosten für die Einrichtung der Oberleitung gewesen, so daß das Verfahren, trotz jahrzehntelangem Engagement des Erfinders, nicht umgesetzt wurde.

Beginn der Motorschiffahrt

Der französische Mechaniker Etienne Lenoir baute 1866 als erster einen mit Gas betriebenen Verbrennungsmotor in ein Boot ein. In Deutschland gründeten Eugen Langen und Nikolaus August Otto 1869 eine Gasmotorenfabrik im heutigen Kölner Stadtteil Deutz. Dort waren Gottlieb Daimler und Wilhelm Maybach 10 Jahre lang beschäftigt, bis sie ihren eigenen Benzinmotor entwickelten und ihn 1885 in einem Pappboot auf dem Main ausprobierten.

Beide Firmen lieferten die Motoren für die ersten Motorboote, von denen es auf dem Rhein im Jahre 1902 bereits 58 Stück gab

Doch die Ottomotoren erhielten im Dieselmotor einen Konkurrenten, der sie schon bald im Schiffahrtsbereich überrundete. 1893 war Rudolf Diesel das erste Patent auf einen kaum lauffähigen

Motor erteilt worden. Es dauerte noch bis 1897, ehe Diesel einen brauchbaren Motor entwickelte. Sechs Jahre später entstand bei der Maschinenfabrik Augsburg der erste Schiffsdiesel.

Die Vorteile des Dieselmotors gegenüber der Dampfmaschine waren offensichtlich, aber die Kostspieligkeit des Treibstoffs schränkte seine Nutzung noch ein. So begann die Geschichte des Schiffsdiesels in Rußland bei den Patentnehmern Gebr. Nobel in St. Petersburg. Hier war der Ölpreis weltweit am niedrigsten, zu dem saßen die Nobels "an der Quelle": Sie waren selbst der zweitgrößte Ölproduzent der Welt. 1904 wurde von ihnen das erste größere Flußschiff, der Tanker "Vandal" mit drei Dieselmotoren ausgerüstet. Kurze Zeit später erhielt ihr Schwesterschiff "Ssarmat" den gleichen Antrieb. Größtes Problem dieser ersten Schiffsmotoren war die fehlende Umsteuerbarkeit. Aber bereits die 1905 auf dem Genfer See verkehrende "Venoge" verfügt über einen umsteuerbaren Dieselmotor.

Die Motorisierung kam langsam in Gang. Im Stromgebiet des Rheins wurden zunächst Personenboote von noch nicht einmal 30 Metern Länge mit Motoren ausgerüstet. Dabei spielten kleine Wasserstraßen wie die Lahn, der Ludwigskanal und der noch nicht ausgebaute Main eine Vorreiterrolle. 1902 kam auf dem Rhein das erste deutsche Gütermotorschiff "Eugen Lorenz" in Fahrt. Es besaß eine Ladefähigkeit von 55 Tonnen und einen Petroleummotor mit 23 PS. Diese Motorisierung war ausreichend, um am Binger Loch nur noch ein Pferd als Vorspann zu nehmen. 1907 erreichte die Motorisierung des Kahns "WTAG 58" einen vorläufigen Höhepunkt. Das Schiff von 67 m Länge mit 60 PS verkehrte im westdeutschen Kanalgebiet. Fünf Jahre später erhielt am Oberrhein der erste Schlepper einen Dieselmotor.

Im Rheingebiet war es der Ruhrorter Haniel-Konzern, der die Entwicklung vorantrieb. 1922 verließ der 1.540 PS starke und 54 m lange Dieselschlepper "Franz Haniel XXVIII" die Werft in Walsum. Der Konzern besaß u.a. eine Motorenfabrik, eine Werft und eine Reederei und konnte daher das Schiff nach eigenen Vorstellungen für den eigenen Gebrauch konzipieren. Zwei Jahre später stellte dieselbe Werft sechs Gütermotorschiffe für die Mannheimer Reederei Fendel her, womit das Dieselzeitalter auf dem Rhein endgültig eingeläutet war.

Motorisiert wurden in den ersten zwei Jahrzehnten kleinere Boote: vornehmlich Yachten, Personenfähren, Inspektions- und Lotsenboote. Erst langsam kamen Motoren auch bei Passagierschiffen zum Einsatz.

Von den Verbrennungsmotoren, die mit verschiedenen Brennstoffen (Gas, Benzin, Petroleum, Teeröl) arbeiteten, setzte sich in der Schiffahrt schließlich der Dieselmotor durch. Gegenüber der Dampfmaschine hatte er viele Vorteile: Heizer und Maschinist wurden überflüssig, seine Bedienung war einfacher, für die Antriebsmaschine und den Kraftstoff war weniger Platz nötig, der Motor war betriebsbereit, ohne daß er beständig unter Dampf gehalten werden mußte, und Dieselschlepper waren wegen ihrer leistungsfähigeren Motoren schneller.

Durch die Motorisierung war das Zeitalter der Selbstfahrer eingeleitet, doch nach wie vor dominierte die Schleppschiffahrt die Wasserstraßen, da eine Umrüstung der alten Kähne häufig nicht praktikabel war. Dazu kam die schlechte Wirtschaftskonjunktur der Zwischenkriegszeit. So führte die Entwicklung des Schiffsdiesels in der Binnenschiffahrt zunächst einmal dazu, daß neben Dampfschleppern auch Dieselschlepper gebaut wurden.

Der Wechsel von der Dampfmaschine zum Dieselmotor brachte nicht nur Vorteile: Dieselmotorschiffe besaßen anfangs schlechtere Manövriereigenschaften. Das machte sich vor allem bei Hafenschleppern negativ bemerkbar, da die harten Übergänge von der Voraus- zur Rückwärtsfahrt Stoßbelastungen erzeugten.

Die Kosten eines Kahnmotorisierung gab einer Erfindung Raum, die zur Produktionsreife kam, sich aber nicht durchsetzte: der "Wasser-Diesel-Traktor". Das Motorboot war in der Lage, einen Schleppkahn zu schleppen oder zu schieben. Außerdem konnte man den Motor auch für Tätigkeiten an Bord verwenden, die, da man nicht über Strom verfügte, sonst Handarbeit geblieben wären, wie etwa das Lenzen des Kahns. Der "Traktor", der etwa die doppelte Größe eines Ruderbootes besaß, machte die Schleppschiffahrt nicht überflüssig, sondern ergänzte sie. Gegen den Strom konnte er einen Kahn nur schieben, wenn die Strömung nicht allzu groß war. Solche Boote gab es im Osten Deutschlands als Bugsierer noch lange. Bis 1995 war ein solches "Stoßboot" auf den märkischen Wasserstraßen im Einsatz, und selbst heute findet man es noch bei den Frühjahrsregatten historischer Lastensegler auf dem Großen Müggelsee.

In Kriegen sind technische Entwicklungsschübe leichter durchsetzbar, sofern sie "kriegswichtige" Innovationen sind. So kam es während des 2. Weltkriegs zur Entwicklung des "Lastrohrflosses", eines Vorläufers der Container- und Schubschiffahrt. Diese Erfindung wurde nach ihrem Konstrukteur auch "Westphalfloß" genannt. Es handelt sich um Lastrohrdrillinge, die floßartig mit Schlaufen zu einer 225 m langen Einheit verbunden und vorne und hinten mit einer Antriebseinheit versehen wurden. Jedes Lastrohr hatte 3 m Durchmesser und 24 m Länge. Am Bug wurde die Hauptantriebseinheit gekoppelt, auf der sich auch der Schiffsführer befand. Eine Schubeinheit mit Steuermann wurde als Heck angehängt. Zwischen den Lastrohren befanden sich Schlaufen, die die Einheit beweglich machte.

Abb. 5: Lastrohrfloß

Die Vorteile der Erfindung lagen auf der Hand: Ein Schleppzug solcher Länge benötigte statt der sechs Mann Besatzung des Westphalflosses mindestens 16 Mann; die Schleusungszeiten waren, wegen der größeren Länge der Schleppverbände, ebenfalls länger.

Westphal plante sogar Lastrohrkanäle, die ausschließlich dem Schüttgutverkehr seiner Lastrohre ohne Menschen- oder Maschinenkraft dienen sollte. Realisiert wurden die Kanäle nicht, und auch von seinem Lastrohrfloß wurde nur ein einziges Exemplar hergestellt. Dieses, mit dem Namen "Paul-Marie", versah noch bis 1989, am Schluß unter dem Namen "Wintrans 50", seinen Dienst auf dem Mittellandkanal. In den Jahren 1964-1966 hatte man die Lastrohre durch Bargen von 9 m Breite und 24 m Länge ersetzt.

Eine weitere Entwicklung von Westphal - zusammen mit Kruse - war das seit 1957 bei der Ruhrorter Schiffswerft gebaute "Schwerlastfloß". Es handelte sich um quadratische Rohrwandmembranbodenleichter mit einer Seitenlänge von 15 m. Bis zu 10 Leichter wurden von dem Schubboot "Herkules" geschoben - ein Schubboot, das man aus zwei Monopolschleppern zu einem Katamaran zusammengebaut hatte.

Entwicklungen nach dem 2. Weltkrieg

Die Bedeutung rein technischer Erfindungen nahm gegenüber eher technisch-organisatorischen Veränderungen ab: So stellte die Einführung der Schubschiffahrt den ersten und die Verbreitung der Containerschiffahrt den zweiten wichtigen Eckpunkt dar. Erheblich waren aber die Veränderungen im Verkehrsaufkommen, die vor allem dem LKW zugute kamen, der sich von einem unbedeutenden zum dominierenden Verkehrsträger entwickelte.

Der zweite Weltkrieg beschleunigte den Strukturwandel in der Binnenschiffahrt. Die hohen Kriegsverluste an Schleppern und Schleppkähnen wurden in der Bundesrepublik Deutschland durch Neubauten von Selbstfahrern kompensiert. Zudem wurden Schleppkähne in großer Zahl nachmotorisiert. 1950 waren etwa 30% der westdeutschen Binnenschiffe selbstfahrende Motorschiffe, 1986 85%. Bereits ein Jahrzehnt nach Kriegsende hatte sich das Bild auf den deutschen Wasserstraßen grundlegend gewandelt. In der damaligen DDR rüstete man zahlreiche Kähne mit Z-Antrieben aus, die nach dem Prinzip des Außenbordmotors angebracht wurden.

Ein seit Beginn des Eisenschiffbaus praktiziertes Verfahren wurde nach 1945 aufgegeben: Das arbeitsintensive Nieten der Schiffskörper. Als die verschieden großen Niethämmer abgeschafft und Preßlufthämmer benutzt wurden, konnte zwar die Verarbeitung von bis zu 300 auf 1000 Nieten in der Stunde gesteigert werden, das Problem des hohen Arbeitsaufwandes aber blieb. Deshalb stellte die Einführung des Schweißens einen bedeutenden Schritt dar. Sie führte zu einer Gewichtsersparnis von 15%, auch die Kosten gegenüber dem Nieten wurden erheblich gesenkt. Zuerst wurde die Gasschmelzschweißung bei der Schiffskesselreparatur angewendet. Mit der elektrischen Lichtbogenschweißung, die seit 1920 praktiziert wurde, konnte das Nieten schrittweise aufgegeben werden. Den Kesseln folgten nichttragende Schiffsteile.

Das erste vollständig geschweißte deutsche Schiff war die auf der Teltow-Werft 1927 gebaute "Zehlendorf". Die meisten Binnenwerften gingen erst nach 1945 in kleinen Schritten zur Elektroschweißung über: Die Schellenberger-Werft in Wörth am Main in den 1950er Jahren, die Ruhrorter Schiffswerft 1962.

Wesentliches Merkmal industrieller Fertigungsweise ist der Serienbau, der lange Zeit in der Binnenschiffahrt keine Rolle spielte. Auch hier waren es die Rüstungsanstrengungen des 2. Weltkrieges, die der Sektionsbauweise zum Durchbruch verhalfen. Damit wurde der Serienbau praktikabler, die Baukosten gesenkt, die Arbeit vereinfacht und die Ausfälle durch schlechtes Wetter reduziert, da der Bau der Sektionen in die Halle verlegt werden konnte.

Als wesentlicher Schritt zur Motorisierung der Güterschiffahrt erwies sich die Typisierung der Motorschiffe durch den Zentralverein für deutsche Binnenschiffahrt zu Beginn der 1950er Jahre. Folgende Schiffe wurden einbezogen (Maße L x B x T_{max}):

Typ "Johann Welker"
(früher Rhein-Herne-Kanal-Selbstfahrer)
80 m x 9,5 m x 2,5 m, 1.290 tdw

Typ "Gustav Koenigs"
(früher Dortmund-Ems-Kanal-Selbstfahrer; entspricht dem motorisierten Groß-Plauer-Maßkahn)
67 m x 8,2 m x 2,5 m, 930 tdw

Typ "Karl Vortisch"
(früher Ostpreußenfahrt-Selbstfahrer)
57 m x 7,04 m x 2,5 m, 605 tdw

Typ "Oskar Teubert"
(früher Groß-Saale-Maß-Selbstfahrer)
53 m x 6,29 m x 2,5 m, 562 tdw

Typ "Theodor Bayer"
48 m x 5,05 m x 2,3 m, 370 tdw

In der DDR entwickelten sich parallel folgende Typen bei Gütermotorschiffen

80 m x 9 m, 1.050 tdw
80 m x 8,20 m, 1.069 tdw
67 m x 8,20 m, 845 tdw

Die Festlegung von Schiffstypen sollte eine optimale Ausnutzung der Schleusen gewährleisten und als Grundlage für den zukünftigen Ausbau der Wasserstraßen dienen. Der Zwang zur Wirtschaftlichkeit führte auf dem Rhein und seinen Nebenwasserstraßen bald zu größeren Schiffen. Die Länge änderte sich von 85 m über 95 m bis zu 110 m und zur Zeit maximal erlaubten 135 m für Großmotorgüterschiffe. Die Breite wurde von 9,5 m über 10 m bis maximal 11,45 m erweitert. Schiffe, die nur den Rhein befahren, weisen bereits Breiten von 15 m und mehr auf. Hier werden die Grenzen durch die Auskragung der Ladeeinrichtungen in den Häfen gesetzt. Diese Schiffe erreichen eine Tragfähigkeit von bis zu 6.000 t.

Bereits im 19. Jahrhundert hatte sich auf den nordamerikanischen Wasserstraßen die Schubschiffahrt als spezifisches Transportsystem entwickelt. Auf dem Mississippi koppelte man Leichter neben- und voreinander (heute bis sechzig Stück und mehr), die von einem Pushboat geschoben werden.

Die anders gearteten deutschen Wasserstraßen ließen eine einfach Übernahme dieses Systems nicht zu. Erste Versuche mit Schubschiffen in Deutschland fanden 1930 auf der Donau statt mit dem Verband "Uhu" des Bayerischen Lloyd, der aus einem Schubboot und zwei Leichtern bestand. Auf dem Rhein erschien der erste, von einer deutsch-niederländischen Firmengruppe initiierte Schubverband 1957. Hier war es das bei der Mainzer Ruthof-Werft gebaute Schubboot "Wasserbüffel", das mit einer Maschinenleistung von 1.260 PS die vier Leichter "Rheinschub 1-4" schob, die je 64 m lang und 9,2 m breit waren, wodurch eine Gesamtladefähigkeit von 5.240 t erreicht wurde. Auf dem Rhein und auf der Mosel entwickelte sich die Schubschiffahrt dann sehr rasch, was durch die steigenden Transportmengen vor allem bei Massengütern wie Erz, Kohle, Kali etc. bedingt war. Der Rationalisierungseffekt im Vergleich zu den Schleppzügen bestand in besseren Widerstands- und Manövriereigenschaften und in der Personaleinsparung, da nur noch das Schubboot, nicht aber der Leichter eine Besatzung benötigte.

Die großen Rheinschubboote mit einer Länge von 32 - 40 m, einer Breite bis zu 15 m und einem Tiefgang von 1,8 - 2 m haben Maschinenleistungen von 2.650 kW/3.600 PS bis zu 4.410 kW/6.000 PS. Propulsoren sind zwei oder drei Düsenpropeller.

Abb. 6: Schubverband mit sechs Leichtern auf dem Niederrhein

Diese Boote können 4 - 6 "Europa"-Leichter mit einer Gesamtladekapazität von 11.000 bzw. 17.000 t schieben. Das Zusammenstellen der Verbände wurde durch die Typisierung der Leichter vereinfacht. Auf dem Rhein und dem westdeutschen Kanalnetz verkehren heute im wesentlichen Leichter folgender Kategorien (L x B x T_{max}):

Typ "Europa I" (Pontonbug)
70 m x 9,5 m x 3,2 m, 1.680 tdw

Typ "Europa IIa" (Pontonbug)
76,5 m x 11,4 m x 3,9 m, 2.800 tdw

Typ "Europa IIb" (Keilspantbug)
76,5 m x 11,4 m x 3,9 m, 2.840 tdw

Typ "Europa IIc" (Keilspantbug)
76,5 m x 11,4 m x 2,5 m, 1.830 tdw

Der EuropaIIc-Typ wurde für flache Gewässer entwickelt - speziell für die Flüsse in Ostdeutschland, aber er kann auch auf dem Rhein eingesetzt werden. Die Breite aller "Europa II"-Leichter ist durch die Schleusenbreite von 12 m in den westdeutschen Kanälen vorgegeben.

Auf dem Rhein sieht man heute auch Koppelverbände, bestehend aus einem Motorgüterschiff, einem beigepackten Leichter (Bordwand an Bordwand) und zwei vorgekoppelten Leichtern. Diese Verbände sind in der Lage, ca. 10.000 t Ladung zu transportieren.

Mit dem Forschungsvorhaben "Binnenschiff der Zukunft" ist es in den 1980er Jahren gelungen, die Linien für ein Schiff zu entwickeln, das gegenüber allen bis dahin auf dem Rhein verkehrenden Schiffen eine Leistungsersparnis von 15 - 20 % erbrachte. Bei diesem Schiffstyp können je nach Einsatzzweck und -route die Länge zwischen 80 und 135 m festgelegt und die Vorschiffsform aus mehreren Varianten gewählt werden. Das Achterschiff kann als Ein- oder Zweischrauber konzipiert werden.

In der DDR nahm die Entwicklung einen anderen Verlauf. Das lag nicht nur an den dort vorhandenen Wasserstraßen, sondern auch an anderen Rahmenbedingungen. Die ostdeutschen Binnenwerften hatten bis zum Jahre 1953 zahlreiche Schiffsneubauten als Reparationsleistung an die UdSSR zu liefern. Dazu wurden einige Reparaturwerften zu Neubauwerften umgebaut. Es entstanden hier auch Seeschiffe, vor allem Fischereifahrzeuge. Später kamen zahlreiche Fahrgastschiffe für das große Wasserstraßennetz der Sowjetunion hinzu, u.a. eine Serie von 49 Schiffen der Boizenburger Werft, die eine Länge von 125 m hatten. Zu Beginn der 1960er Jahre wurde ein großes Neubauprogramm von Motorgüterschiffen des Typs „Gustav König" für den Eigenbedarf gestartet. Es entstand bald ein verlängerter Typ mit einer Länge von 80 m. Mit dem Aufkommen der Schubschiffahrt baute man auch im Osten einem Teil der Schiffe nachträglich Schubschultern an. Es entstanden schiebende Selbstfahrer.

Auch die Schubverbände mußten den Bedingungen der vorhandenen Wasserstraßen angepaßt werden. Die Maße einiger Leichter und Schubboote (L x B x T_{max}) lauten:

Flachgehendes Stromschubschiff Typ "Elbe"
28,7 m x 10,26 m x 0,85 m

Stromschubschiff SS III
23,65 m x 8,2 m x 1,10 m

Kanalschubschiff KS 300
16,50 m x 8,2 m x 1,55 m

Normalprahm SP 36
32,5 m x 8,2 m x 2,05 m, 430 tdw

Glattdeckprahm GSP 65
65 m x 9,5 m x 2,27 m, 1.066 tdw

Von diesen Normalprahmen wurden bis zu vier Einheiten zu einem Verband zusammengekoppelt.

Speziell für die Elbe ist 1996 von der Roßlauer Schiffswerft in Zusammenarbeit mit der VBD ein Containerschiff mit folgenden Daten entwickelt worden: 110 m x 11,4 m, Konstr.-Tiefgang 1,4 m, max. Tiefgang 2 m, Leertiefgang 0,65 m, Ladefähigkeit 950 t, max. Ladefähigkeit 1.690 t. Dieses Schiff ist in der Lage, bei geringem Wasserstand, wenn andere Schiffe wegen zu großen Tiefgangs nicht mehr fahren können, noch zwanzig 20-Fuß-Container zu befördern.

Die Nachtfahrt der Schubverbände wurde erst durch die Entwicklung des Flußradars möglich. In Deutschland gab es bereits 1904 das erste Radarpatent. Im 1. Weltkrieg wurde die militärische Bedeutung eines solchen Verfahrens entdeckt. Doch es dauerte noch bis 1955, bis die ersten Flußschiffe in Deutschland mit Radar ausgerüstet wurden.

Mit dem Container wurde eine Vereinheitlichung von Umschlag und Transportbedingungen des Stückgutes erreicht, dessen Verladung bis dahin sehr arbeitsaufwendig war. Über die Genese des Containers ist man sich in der Literatur nicht einig. Seine Wurzeln reichen, je nach Autor, bis ins 19. Jahrhundert oder ins Mittelalter zurück. Der moderne Container wurde aber erst in den 1950er Jahren in den USA an der Ostküste entwickelt. 1966 trafen mit der Fairland aus Port Elizabeth, New York, die ersten Container in Deutschland ein. 1969 gründeten 13 Reedereien in Duisburg die erste Containerschiffahrtslinie.

Die wesentlichen Konsequenzen aus dem Containereinsatz für die Binnenschiffahrt bestehen aber in folgendem: Das Güteraufkommen befindet sich im Wandel. Heute sind hochwertige Stückgüter stärker daran beteiligt, und ihr Anteil wird in Zukunft noch wachsen. Nur durch den Container kann sich die Binnenschiffahrt an der veränderten Güterstruktur beteiligen. Weiterer Vorteil des Containers ist seine besondere Eignung für den gebrochenen Verkehr. Der Umschlag zwischen den einzelnen Verkehrsträgern ist, mit der wachsenden Zahl der - teuren - Umschlagsanlagen, problemlos und ohne großen Kostenaufwand möglich.

Eine weitere Innovation ist die Entwicklung des Roll-on/Roll-off-Verkehrs. Das RoRo-System beruht darauf, daß Lkws samt Anhänger oder andere rollende Güter direkt auf ein Schiff auf- und wieder abfahren. Mit der Verteuerung des Rohöls seit den 1970er Jahren gewann auch die durch diesen Verkehr bewirkte Treibstoffersparnis an Bedeutung. Vorreiter war in Deutschland einmal nicht der Rhein, sondern die Donau: 1981 wurde eine Gesellschaft gegründet, die sich dem Ro-Ro-Verkehr zwischen Passau und Bulgarien widmete. 1978 lief als erstes deutsches Ro-Ro-Schiff die von der Krupp-Ruhrorter Schiffswerft gebaute "RoRo-Simmental" vom Stapel. 1982 folgte die in Deggendorf erbaute "Han Asparuh", ein Semikatamaran mit einer Länge von 114 Metern und einer Breite von 22,80 Metern.

Abb.7: Moderner Binnentanker

Die Binnenschiffahrt hat sich zwischen 1945 und heute sprunghaft entwickelt. Die Durchsetzung der Motorschiffahrt führte zu einer Flexibilisierung, die Schiffsgefäße wurden größer, die Umschlagszeiten haben sich enorm verkürzt, die Schubschiffahrt hat die Liegezeiten minimiert, Radar und Funk führten zu einem Continue-Verkehr auch bei Nebel und Dunkelheit. Die Wandlung der Wirtschaftsstruktur führte jedoch zu einem relativen Rückgang des binnenschiffahrtsrelevanten Ladungsaufkommens. Erbrachte die Binnenschiffahrt in den 1960er Jahren etwa 30 % der Transportleistungen, so sind es heute nur noch ca. 20 %. Durch Container- und Ro-Ro-Verkehre partizipiert die Binnenschiffahrt zwar im wachsenden Maße am Transport hochwertiger Stückgüter, aber die Verluste im Massenguttransport können dadurch nicht kompensiert werden.

Von den propulsionsverbessernden Maßnahmen wie Grimsches Leitrad, Grothues-Spork-Spoiler und Schneekluth-Zustromdüse hat sich nur die letztgenannte in der Binnenschiffahrt durchgesetzt. Die Zustromdüse hat in vielen Fällen das relativ hohe Vibrationsverhalten von Binnenschiffen stark herabgesetzt und ist besonders für Fahrgastschiffe zu empfehlen.

Zu erwähnen ist noch, daß für besonders flach gehende Schiffe der Schottel-Pumpjet als Vortriebsorgan entwickelt worden ist. Er hat sich speziell in extrem flachen Gewässern als wirkungsvoll erwiesen.

Neue Entwicklungen

Von Verladern und Schiffseignern werden mehr und mehr Schiffe für den durchgehenden Verkehr von Binnen- in Seewasserstraßen und umgekehrt gefordert. Solche Schiffe sind als Verdrängungsschiffe prinzipiell schon vorhanden, nur nicht mit den gewünschten Ladekapazitäten für die vorgesehenen Einsatzstrecken wie z.B. ein großes binnengehendes Seeschiff für die Fahrt auf großen Flüssen, das weit in das Hinterland hineinfährt, aber auch dem Seegang in der Biskaya standhalten kann. Die Hauptdaten müßten etwa folgende sein: Länge: 100 - 135 m, Breite 14 - 20 m, Tiefgang: 3 - 4 m, Tragfähigkeit bis 3.000 t. Bei einer Geschwindigkeit von 12 - 13 kn würde es eine Antriebsleistung von etwa 2.000 kW benötigen. Des weiteren ist die Neukonstruktion eines kanalgängigen binnengehenden Seeschiffes vorgesehen, dessen Abmessungen durch die Schleusenabmessungen vorgegeben sind, und die eines seegehenden Binnenschiffes, dessen Einsatz in Binnenwasserstraßen auch mit niedrigen Wassertiefen, aber auch in den Küstengewässern von Nord- und Ostsee bei Windstärken von Beaufort 6 - 7 möglich sein soll.

Wegen des zunehmenden Gütertransports auf den Straßen, aber auch für den Personentransport, müssen Alternativen auf den Binnenwasserstraßen angeboten werden, z.B. durch schnelle Einrumpffahrzeuge, Verdrängungs- und Gleitkatamarane, Luftkissenfahrzeuge, Bodeneffektfahrzeuge (Flugboote) und Tragflügelboote - letztere wurden bereits von Frhr. Schertel von Burtenbach in den 1930er Jahren bei der Roßlauer Werft konzipiert. Für schnelle Schiffe sind alle Binnenwasserstraßen, das gesamte Ostseegebiete, der Schelfbereich der Nordsee und weite Meeresgebiete vor den Küsten aller Erdteile Flachwassergebiete. Der einzusetzende Schiffstyp, seine Form, Größe und Geschwindigkeit werden sich nach den jeweiligen geographischen Gegebenheiten richten müssen und nach dem zu erwartenden Transportaufkommen. Die Geschwindigkeiten werden auf den Binnenwasserstraßen zwischen 30 und 70 km/h liegen, d.h. sie sollten für Verdränger im unterkritischen Geschwindigkeitsbereich sein, entsprechend einer Froudeschen Tiefenzahl (Fnh) unter 0,85, und für Gleiter im überkritischen Geschwindigkeitsbereich Fnh >> 1. Der Einsatz auch relativ großer schneller Schiffe mit einer Tragfähigkeit von bis zu 1.500 t ist durchaus möglich. Realer erscheint es, sich für den reinen Binnenverkehr gegenwärtig auf die Entwicklung kleiner, schneller Fahrzeuge mit einer Tragfähigkeit von etwa 200 - 300 t zu beschränken. Für den Durchgangsverkehr Binnenwasserstraße - Seewasserstraße sollte die Tragfähigkeit etwa doppelt so groß sein. Bodeneffektfahrzeuge werden auf den europäischen Flüssen und Kanälen keine Einsatzmöglichkeit finden, wohl aber auf großen Binnenseen und den europäischen Meeren. Infolge ihrer günstigen Leistungs-Geschwindig-keits-Relationen können solche Fahrzeuge eine Lücke füllen, die zwischen Schiff und Flugzeug vorhanden ist.

Abb. 8: Bodeneffektfahrzeug Typ "Hoverwing" bei der Erprobung vor der Insel Rügen

Der vorliegende Aufsatz hat die dynamischste Periode der Binnenschiffahrt punktuell nachgezeichnet, ohne Vollständigkeit anzustreben. Mit dem Beginn der Dampfschiffahrt ist sie in das industrielle Zeitalter eingetreten. Doch bis aus dem traditionellen Gewerbe ein industrieller Verkehrsträger wurde, mußte eine ganze Reihe technischer Entwicklungen eintreten, von denen einige sich als Sackgassen des Fortschritts erwiesen - zumindest vorläufig. Denn die Technikgeschichte ist für diejenigen, die sich mit ihr beschäftigen, auch ein Reservoir an Ideen. Und so kann zukünftig manches Projekt, das sich zu seiner Zeit nicht durchsetzen konnte, wieder aufgegriffen werden und weitere Forschung anregen.

Die Autoren danken Herrn Prof. H.H. Heuser für wertvolle Hinweise.

Schrifttum (Auswahl)

ACHILLES, F.: Seeschiffe im Binnenland. Schriften des Deutschen Schiffahrtsmuseums. Hamburg 1985.

BÜNDGEN, E.: Die Personenschiffahrt auf dem Rhein. Freiburg 1987.

Deutsche Wasser-Diesel-Traktoren GmbH, Hamburg (Hg.): An die Binnenschiffahrt. [um 1929]

Gotthard Sachsenberg Stiftung (Hg.): Die Sachsenbergs in Roßlau. Lich 2. Aufl. 1993.

GROGGERT, K.: Personenschiffahrt auf Spree und Havel. Berlin 1988.

HEUSER, H.H.; MÜLLER, ERNST: Verdrängungsschiffe auf flachem Wasser. Schiffstechnik, Band 33, Heft 1, April 1986.

JACOBI, RAINER: Vom Windmühlenflügel zum Verstellpropeller. Rostock 1988.

JAEGER, W.: Mittelrad-Dampfschiff Prinzessin Charlotte von Preußen 1816: Oldenburg, Hamburg 1977. Schriften des Deutschen Schiffahrtsmuseums, Bd. 7.

KIRCHNER, H.: Schiffahrts- und Schiffbaumuseum Wörth am Main. München 1994.

KOSS, RICHARD: Die Wassereisenbahn. Berlin, Leipzig 1927.

BOOS, R.; KRÜPFGANZ, R.: Historisches vom Strom, Bd. 1., Duisburg 1894

BOOS, R.: Historisches vom Strom, Bd. IX., Duisburg 1993.

MÜLLER, E.: Schnelle Frachtschiffe - Einsatz auch im Binnenland. Jahrbuch STG 89, 1995.

REUSS, H.-J.: 100 Jahre Dieselmotor. Stuttgart 1993.

RINDT, H.; TROST, H.: Dampfschiffahrt auf Elbe und Oder, den Berliner und märkischen Wasserstraßen. Hamburg 1984.

ROSCHER, E. K.: Wirtschaftliche und wissenschaftliche Bedeutung ummantelter Schiffsschrauben. Jahrbuch STG 40, 1939.

SCHMITT, K.: Robert Fultons erstes Dampfschiff. Herford, 1986.

SCHNEEKLUTH, H.: Hydromechanik zum Schiffsentwurf. 3. Auflage. Koehler-Verlag, Herford.

SCHOLL, L. U.: Hollands Bedeutung für die deutsche Dampfschiffahrt in der ersten Hälfte des 19. Jahrhunderts. Deutsches Schiffahrtsarchiv 3 (1978), S. 111-135.

SCHOLL, L. U. (Hg.): Technikgeschichte des industriellen Schiffbaus in Deutschland, Bd. 2. Hamburg 1996.

SCHÖNKNECHT, R.; GEWIESE, A.: Auf Flüssen und Kanälen. Berlin 1988.

SCHÖNKNECHT, ROLF; GEWIESE, ARMIN: Binnenschiffahrt zwischen Elbe und Oder.

Hamburg 1996.

SCHWARZ, T.; VON HALLE, E.: Die Schiffbauindustrie in Deutschland und im Ausland. 2 Bde. Berlin 1902. Reprint Düsseldorf 1987.

STROBEL, D.; DAME, G.: Schiffbau zwischen Elbe und Oder. Herford 1993.

TEUBERT; O.: Die Binnenschiffahrt. Ein Handbuch für alle Beteiligten. 2 Bde. Leipzig 1912, 1918. 2. Aufl. Leipzig 1932.

SZYMANSKI, H.: Die alte Dampfschiffahrt in Niedersachsen. Hannover 1958.

VOIGT, F.: Verkehr. Die Entwicklung des Verkehrssystems. 2 Bde. Berlin 1965.

WEBER, H.: Die Anfänge der Motorschiffahrt im Rheingebiet. Duisburg 1978.

WESSEL, H.A.: Das Lastrohrfloß - Die Wurzel der Schub- und Containerschiffahrt. Deutsches Schiffahrtsarchiv 12 (1989), S. 23-64.

WESTPHAL, E.: Das Westphal-Floss (Lastrohrfloss): Ein neues Wasserfahrzeug für Massengut. Bonn 1947.

WIETASCH, K.W. (Hg.): Duisburger Kolloquium. Schiffstechnik/Meerestechnik. 20 Bde. Duisburg 1980-1999.

ZESEWITZ, S.; DÜNTZSCH, H.; GRÖTSCHEL, T.: Kettenschiffahrt. Berlin 1987.

ZIBELL, H.G.; MÜLLER, E.: Binnenschiffe für extrem flaches Wasser. Handbuch der Werften, Bd. XXIII.

Artikel aus diversen Fachzeitschriften

Vom Seezeichendampfer "Bussard" zum Mehrzweckschiff "Neuwerk"

From Aids-to-Navigation Steamer „Bussard" to Multi-Purpose Vessel „Neuwerk"

Dipl.-Ing. **Wolf Kannowski**, Wasser- und Schiffahrtsdirektion Nord, Kiel

Summary. The replacement of sails by steam engines for ship propulsion and the economic boom in the first years of the German empire boosted marine transport and, above all, liner services. Accordingly, more safety on coastal waterways and harbour approaches was required. Navigation was made safer by additional lighthouses and better lightvessels as well by improving the fairway buoyage.

This accelerated the development of the buoy layer as a dedicated ship type. At first these were steamers with forward working deck, and with lifting gear as was commonly used on cargo ships. They were, however, used for different tasks already.

Changing state-of-the-art and operational requirements led to changes of propulsion, lifting gear, general design and of multi-purpose operation. Coal fired steam plants with simple propellers were succeeded by diesel and diesel electric drives, CP-propellers, Voith-Schneider propulsion and azimuting drives. Derricks and steam winches gave way to electric cranes with swell compensator and, presently, hydraulic cranes with telescopic jibs. Thus the modern successor of yesteryear's straight forward aids-to-navigation steamer is a highly sophisticated ship type which for economic reasons must be equally suitable to fulfil a variety of special tasks.

Vor der Schiffbautechnischen Gesellschaft werden seit ihrer Gründung vorrangig Vorträge über Handelsschiffe gehalten, von den großen Schnelldampfern seit Ballins Zeiten bis zu modernen schnellen Kreuzfahrtschiffen, und über verschiedene Marineschiffe. Es gibt jedoch noch weitere Schiffstypen – Sonderschiffe -, die verborgen in Nischen ihr Dasein verbringen.

Einer dieser Schiffstypen und seine technische Entwicklung wird nachfolgend an acht ausgewählten Schiffen vorgestellt: das Seezeichenschiff, bekannter als Tonnenleger. Der Schiffstyp wurde bisher nur wenig dokumentiert und kaum publiziert.

Der Tonnenleger wird in verschiedenen Lexika wie folgt definiert: „ein Schiff, das Tonnen auslegt". Diese Beschreibung erfaßt den Schiffstyp jedoch nur unzureichend und war richtig in den Jahrhunderten der Tonnenbojer und der Barsemeister (Leiter des Seezeichenwesens), der Schiffahrt unter Segeln (Abb. 1). Seit Einführung des mechanischen Schiffsantriebs übernahmen die Tonnenleger weitere, zusätzliche Aufgaben.

Abb. 1: Bremer Tonnenbojer um 1770 (Focke-Museum Bremen)

Der deutsch-französische Krieg 1870/71 hatte schließlich zur Gründung des Deutschen Reiches geführt und war von diesem siegreich beendet worden. Die Zahlungen, die Frankreich zu leisten hatte, lösten im jungen Deutschen Reich hektische wirtschaftliche Aktivitäten aus. Die Gründerjahre mit ihren positiven wie negativen Auswirkungen in vielen Bereichen setzten ein.

Einer dieser Bereiche war die Schiffahrt. Das seit ca. 1850 immer raschere Anwachsen der Dampfschiffahrt, die die veraltende Segelschiffahrt von Jahr zu Jahr mehr verdrängte, hatte einen grundlegenden Strukturwandel des Seetransportes eingeleitet. Der große Aufschwung, den der deutsche Handel seit 1871 nahm, führte zu einem wachsenden Schiffsverkehr in den Häfen. Daraus erwuchs für die beteiligten Regierungen der deutschen Küstenländer die Aufgabe, für die Sicherheit in den deutschen Gewässern Sorge zu tragen.

Durch vermehrtes Auslegen von schwimmenden Seezeichen (Feuerschiffen, Tonnen) und den Bau von Leuchttürmen auch im Küstenvorfeld wurde die Sicherheit der Seeschiffahrt verbessert. Damit änderte und erweiterte sich auch das Aufgabenfeld des Tonnenlegers.

BUSSARD

Ein klassischer Vertreter dieser Zeit ist der Seezeichendampfer "Bussard" (Abb. 2). 1905 erbaut von der früher für den Bau von Spezial- und Dienstfahrzeugen bekannten Werft von Jos. L. Meyer in Papenburg für die königliche Wasserbau-Inspektion Flensburg mit Heimathafen Sonderburg.

Abb. 2: Seezeichendampfer „Bussard" 1978
(WSD Nord)

Vor dem Aufbau ist das Transport- und Arbeitsdeck für die Tonnen angeordnet, unter dem sich ein kleiner Laderaum befindet. Zum Auslegen und Aufnehmen der Seezeichen ist das Schiff mit zwei Ladebäumen mit einer Nutzlast von 5 und 8 t und einer dampfbetriebenen Ladewinde ausgerüstet, dazu speziell zum Aufnehmen eingesandeter Tonnensteine mit zwei Bugrollen (Abb. 3).

Neben den Aufgaben des Tonnenlegers war die "Bussard" auch mit Schlepphaken und -bügel zum Schleppen von Feuerschiffen auf und von Station eingerichtet. Auch diente das Schiff den Versorgungsfahrten mit Personal und Material zu diesen Feuerschiffen und Leuchttürmen, zum Notlenzen havarierter Schiffe und ähnlicher für den Schiffsverkehr notwendiger Hilfsmaßnahmen. Die Rumpfform eignete sich zum Eisbrechen. Dazu kam die Kontrolle von Licht-, Funk- und Schallsignalen der Seezeichen einschl. deren Kennung.

Der Propeller wurde durch eine Dreifach-Expansions-Dampfmaschine mit 540 PSi angetrieben, die dem Schiff eine Geschwindigkeit von 12 kn gab. Der Dampf für Haupt- und Hilfsmaschinen wurde in einem kohlegefeuerten Zwei-Flammrohr-Kessel erzeugt.

Wichtiges Hilfsmittel beim Arbeiten auf den Tonnenpositionen war vor dem Aufkommen zusätzlicher Manövrierhilfen eine robuste Ankerwinde, da der Tonnenleger bei diesen Arbeiten jedes Mal zu Anker ging und mit laufendem Propeller in die Kette eindampfte, um sich so zu positionieren.

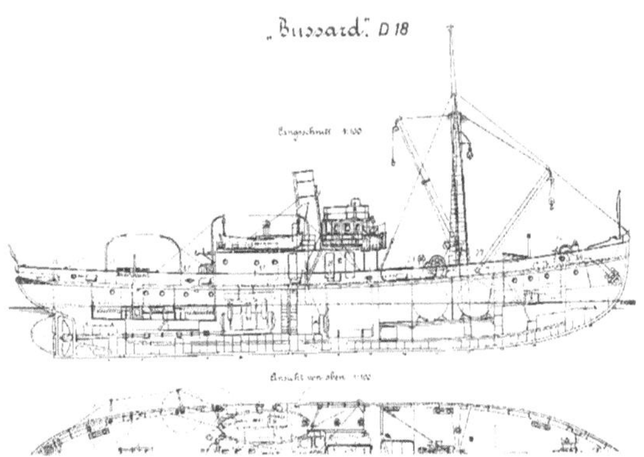

Abb. 3: Seezeichendampfer „Bussard" –
Längsschnitt (Kieler Schiffahrtsmuseum)

Die Erfindung von Pintsch-Berlin im vierten Quartal des 19. Jhd., mittels komprimierten Öl- oder Fettgases auf schwimmenden Seezeichen zuverlässige Fahrwasserbeleuchtungen zu entwickeln, erwies sich von größter Tragweite für das gesamte internationale Seezeichenwesen. Die "Leuchttonne" bestand aus einem kugelförmigen Schwimmkörper, der zugleich als Druckbehälter für das Fettgas diente. Eiserne Stützen trugen die Laterne. In Deutschland wurde die erste Leuchttonne 1881 auf der Jade in Betrieb genommen. Dieses Ölgas nach dem Pintsch-Verfahren wurde auf verschiedenen Tonnenhöfen selbst erzeugt und mit einem Druck von 10-15 atü in geschweißte Gaskessel an Bord von Schiffen oder Prähmen abgefüllt. Auch auf der "Bussard" waren für den Gastransport vier Gaskessel von je 9 m³ eingebaut, aus denen die Leuchttonne mittels Schlauch und Gaskompressor befüllt wurde. Als man in den 30er Jahren zu Stahlflaschen mit Drücken bis zu 150 atü überging, wurden auf "Bussard" die Gaskessel stillgelegt und 1943 ausgebaut.

Der Seezeichendampfer "Bussard" ist auch Zeitzeuge. Als nach dem 1. Weltkrieg Nordschleswig an Dänemark abgetreten werden mußte, wurde Kiel der neue Heimathafen. Von dort aus hat die "Bussard" ihren Seezeichendienst zwischen Flensburger Förde und Lübecker Bucht bis 1979 verrichtet und ist heute stationäres Museumsschiff in Kiel. Bei Seglern der Kieler Woche war die "Bussard" seit 1965 wohlbekannt als Start- und Zielschiff.

MELLUM (II)

Tonnenleger von der Art der "Bussard" wurden noch bis in die 20er Jahre gebaut und trugen die Hauptlast des Seezeichendienstes bis weit nach dem 2. Weltkrieg. 1935 entstand dann als Ersatzbau für "Mellum" I - 1892 erbaut auf der Werft von Jos.L. Meyer, Papenburg - ein Tonnenleger gleichen Namens bei den Lübecker Flender-

Werken mit einer modernen, dieselelektrischen Antriebsanlage (Abb. 4).

Abb. 4: TL „Mellum" – Modell 1935
(Flender Werft)

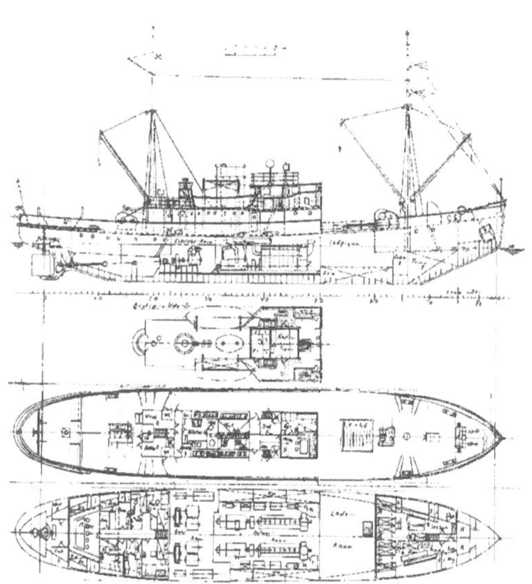

Abb. 5: TL „Mellum" - Längsschnitt (WSD Nord)

Der Tonnenleger "Mellum" wurde am 19.12.1935 für das Seezeichen- und Lotsenamt Wilhelmshaven in Dienst gestellt. Neben den Betonnungsaufgaben auf der Jade mußten auch Versorgungsfahrten zu den Leuchttürmen und Feuerschiffen "Außen-Jade" und "Minsener-Sand" durchgeführt werden.

Die Hauptantriebsanlage bestand aus zwei mittelschnellaufenden Zweitakt-Dieselmotoren, je 1000 PS (736 kW) mit angehängtem Gleichstromgenerator. Vier Fahrmotoren von je 300 kW arbeiteten paarweise über ein Getriebe auf zwei Propellerwellen und gaben dem Schiff eine Geschwindigkeit von 13,5 kn. Die Anlage konnte auch so betrieben werden, daß ein Dieselaggregat je einen Fahrmotor der beiden Wellen antreiben konnte.

Zwischen 1939 und 1945 wurde das Schiff für Seezeichenaufgaben an der norwegischen Küste und im englischen Kanal eingesetzt (Abb. 6).

Abb. 6: TL „Mellum" – Tarnanstrich 1941
(Marquardt)

1945 wurde die "Mellum" Großbritannien als Reparationsleistung zugesprochen. Da jedoch Großbritannien für seine Transporte nach Mitteleuropa durch die verminte Nordsee auf gut ausgetonnte Zwangswege angewiesen war, im 2. Weltkrieg jedoch viele Tonnenleger der Wasserstraßen-Verwaltung durch Kriegseinwirkung verlorengegangen waren, hat Großbritannien die "Mellum" an die Wasserstraßen-Verwaltung verchartert. 1950 wurde sie sogar als erstes deutsches Seeschiff mit einer Radaranlage ausgerüstet (Abb. 7).

Abb. 7: TL „Mellum" mit Radar 1950
(WSD Nord)

Die britische Besatzungsmacht hatte für Wilhelmshaven die Auflösung der Ämter und die Demontage der Anlagen angeordnet. Das Seezeichenamt wurde nach Brunsbüttelkoog verlegt, das damit auch neuer Heimathafen der "Mellum" wurde. Im März 1954 mußte die "Mellum" endgültig an Großbritannien abgegeben werden und wurde anschließend als stationäres Forschungsschiff "Broadwey" bei der Marine-Unterwasserwaffenstelle in Portland verwendet. 1978 wurde dann dieser ehemalige Tonnenleger außer Dienst gestellt und verschrottet.

140

KAPITÄN MEYER

Der 2. Weltkrieg und nachfolgende Reparationsleistungen hatten die deutsche Tonnenlegerflotte stark dezimiert. Das Wasserstraßenamt Tönning verlor 1944 innerhalb von fünf Tagen zwei Tonnenleger und deren Besatzungen durch Minentreffer. Zwischenzeitlich behalf man sich dann mit Kümos und umgebauten Fischdampfern für Seezeichenaufgaben. Auch von letzteren fiel die "Coldewey" im Juli 1949 durch Minentreffer aus. Erst 1948/49 konnte über einen Neubau nachgedacht werden. Doch mußten dabei die einengenden Bedingungen des Potsdamer Abkommens berücksichtigt werden. Das bedeutete, daß Schiffe nur bis zu einer bestimmten Größe gebaut werden durften, Antrieb nicht durch Dieselmotoren, sondern nur durch kohlegefeuerte Dampfmaschinen, dazu nicht schneller als 12 kn (Abb. 8).

Abb. 8: TL „Kapitän Meyer" 1950 (WSD Nord)

Unter diesen Bedingungen entstand 1949 bei der Seebeck-Werft in Bremerhaven der Tonnenleger "Kapitän Meyer" für das Wasser- und Schiffahrtsamt Tönning. Eine wichtige Neuerung konnte bei diesem Schiff jedoch vorgesehen werden. Erstmalig auf einem deutschen Tonnenleger wurde zum Übernehmen der Tonnen im Vorschiff ein feststehender, elektrisch betriebener Drehkran mit Seegangsfolgeeinrichtung aufgestellt. Derartige Kräne waren ursprünglich entwickelt worden für das Anbordnehmen von Wasserflugzeugen für den Postdienst nach Süd- und Nordamerika (Abb. 9).

Zur Erhöhung der Manövrierfähigkeit in den schmalen Küstengewässern Nordfrieslands erhielt der Tonnenleger eine Doppelwellenanlage und wurde mit zwei gekuppelten Seebeck-Oertz-Rudern ausgerüstet. Auf Grund der Erfahrungen durch den Minentreffer auf "Coldewey" wurde auf "Kapitän Meyer" ein wasserdichtes Schott zwischen Maschinen- und Kesselraum eingebaut, das jedoch den Maschinenbetrieb behinderte.

Dieser technische Zustand des Schiffes wurde in seiner aktiven Zeit in vielen Werftaufenthalten nicht nur erhalten, sondern auch modifiziert und erweitert. Der größte Umbau erfolgte 1965. Dabei wurde die Dampferzeugung von den kohlegefeuerten Flammrohrkesseln auf ölgefeuerte Wasserrohrkessel umgestellt. Dadurch wurde nicht zuletzt durch Personaleinsparung ein wirtschaftlicherer Betrieb ermöglicht.

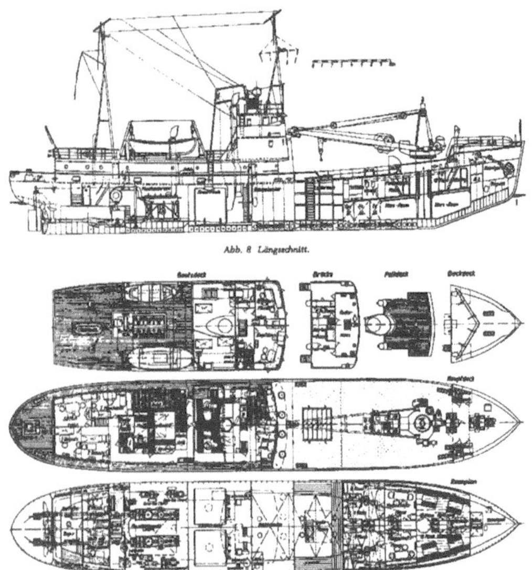

Abb. 9: TL „Kapitän Meyer" – Längsschnitt (WSD Nord)

Viele Jahre lang war die "Kapitän Meyer" der größte deutsche Tonnenleger und das stärkste Kranschiff Nordfrieslands, mit dem auch z.B. gesunkene Fischkutter geborgen, Kümos geleichtert und Dieselmotoren in Neubauten auf Werften eingesetzt wurden.

Eine enge Beziehung bestand zwischen dem Tonnenleger "Kapitän Meyer" und der Insel Helgoland (Abb. 10). Schon im März 1951 fanden die ersten Fahrten zur Insel statt. Die formelle Rückgabe Helgolands an die Bundesrepublik Deutschland erfolgte an Bord der "Kapitän Meyer". Und ein Wiederaufbau der Insel wäre ohne diesen Tonnenleger undenkbar gewesen. In unzähligen Versorgungsfahrten wurde anfangs vor allem Wasser, aber auch Personal, Versorgungsgüter, Material und Geräte transportiert. Und dazwischen fielen immer wieder Ablöse- und Versorgungsfahrten zu Feuerschiffen und vor allem Tonnenarbeiten an. Zuletzt betreute "Kapitän Meyer" 61 Leuchttonnen- und 64 unbefeuerte Tonnenpositionen.

Am 17.10.1983 wurde dieser Tonnenleger nach einer Dienstzeit von fast 34 Jahren, in denen er 323.600 sm zurückgelegt hat, außer Dienst gestellt und ist seither als fahrendes Museumsschiff in Wilhelmshaven beheimatet.

Abb. 10: TL „Kapitän Meyer" 1954 vor dem
zerstörten Helgoland (WSD Nord)

JOHANN GEORG REPSOLD

In den Jahren des Wiederaufbaues war auch die
Wasser- und Schiffahrtsverwaltung bestrebt, Ersatz
für ihre verlorengegangenen Spezialfahrzeuge zu
beschaffen. In den flachen und engen Fahrwassern
der Watten und Unterläufe der Flüsse waren nur
bedingt geeignete Schiffe vorhanden. So wurde
seit 1951 für diese Gewässer ein neues, flachgehendes Fahrzeug konzipiert, das gute Manövriereigenschaften aufweisen mußte (Abb. 11).

Abb. 11: TL „Norden" 1953 (WSD Nordwest)

Das Typschiff "Norden" kam 1953 in Fahrt. Auf
Grund der guten Erfahrungen mit diesem Tonnenleger wurden zwei weitere, verbesserte Schiffe
gebaut, 1959 die "Barsemeister Brehme" für die
Unterweser und zuletzt 1964 der Tonnenleger
"Johann Georg Repsold" als Ersatz für den Eisbrecher und Tonnenleger "Elbe" (Baujahr 1892) für
die Unterelbe. Neben dem nun bewährten Tonnen-
kran wurden weitere dem Stand der Technik entsprechende Komponenten eingebaut (Abb. 12).

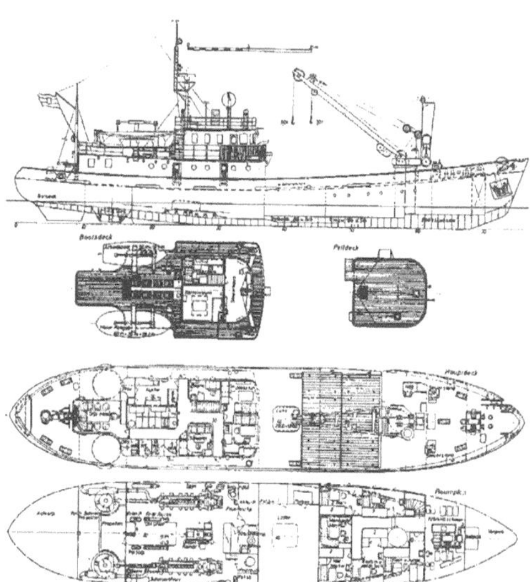

Abb. 12: TL „Norden" – Längsschnitt
(WSD Nordwest)

Den Spezialschiffen der Wasser- und Schiffahrtsverwaltung haftete von jeher der Mangel an, daß
die zur Erledigung ihrer Aufgaben erforderlichen
sehr guten Manövriereigenschaften vor allem bei
niedrigen Geschwindigkeiten mit einem Heckru-
der und dem üblichen Einwellenantrieb nur unvollkommen zu erreichen waren. Aufbauend auf den
Erfahrungen mit einigen Spezialfahrzeugen der
früheren Kriegsmarine wurden nun Voith-
Schneider-Propeller als Antrieb gewählt. Dessen
Vorteil ist, daß eine Doppelanlage mit entspre-
chendem Abstand querschiffs das Traversieren ermöglicht, wodurch die seitliche Abdrift durch
Strom und Wind beim Arbeiten an den Tonnen
verhindert wird.

Vor dem 2. Weltkrieg waren verschiedene technische Neuerungen auf Schiffen der Marine erprobt
worden. Da es in den Jahren des Wiederaufbaues
eine Marine nicht gab, versuchte die Wasser- und
Schiffahrtsverwaltung, teilweise diese Lücke zu
füllen. So wurden für den Antrieb der VS-Propeller
mittelschnellaufende Dieselmotoren eingebaut,
dabei sowohl Motoren als auch Propeller elastisch
gelagert. Außerdem wurde der Schiffskörper vollständig geschweißt und das gesamte Deckshaus in
Leichtmetall ausgeführt, um eine vorgegebene
Krängung bei Kranbetrieb und einen maximalen
Tiefgang nicht zu überschreiten.

Die beim Typschiff "Norden" im Vorschiff vor
dem Laderaum befindlichen Mannschaftsunter-
künfte wurden bei den beiden Nachbauten unter
das Tonnendeck unmittelbar vor den Aufbau verlegt und erhielten einen Zugang vom geschlossenen
Deckshaus aus.

Abb. 13: TL „Johann Georg Repsold" 1988
(WSD Nord)

Das Konzept dieser Schiffe und die eingebaute Technik – in kleineren Bereichen dem jeweiligen Stand der Technik angepaßt – war so erfolgreich, daß die beiden älteren Fahrzeuge erst 1997/98 durch moderne Tonnenleger ersetzt wurden. Die "Johann Georg Repsold" (Abb. 13) hat fast zwei Jahrzehnte lang ihren Dienst auf der Unterelbe verrichtet, bis sie im Oktober 1983 in das nordfriesische Wattenmeer mit Heimathafen Wittdün/Amrum verlegt wurde, um dort einen Teil der Seezeichenaufgaben des außer Dienst gestellten Tonnenlegers "Kapjtän Meyer" zu übernehmen und diese auch zukünftig für etliche Jahre durchzuführen.

DORNBUSCH (II)

Mit noch größeren Schwierigkeiten als die der Wasser- und Schiffahrtsverwaltung hatte nach dem 2. Weltkrieg der Seehydrographische Dienst der DDR zu kämpfen, schließlich handelte es sich dabei um eine Unterabteilung der Volksmarine. Mit umgerüsteten alten Schleppern, Fracht- und kleinen Fahrgastschiffen konnte der Seezeichendienst nur unzureichend durchgeführt werden. Erst Anfang der 60er Jahre, beschleunigt durch den neuen Überseehafen in Rostock, konnte an den Bau neuer Tonnenleger gedacht werden (Abb. 14).

So wurde nach einem kleineren Tonnenleger am 10.2.1964 der bei der VEB Peene-Werft in Wolgast gebaute Tonnen- und Kabelleger "Dornbusch" in Dienst gestellt. Das Schiff diente zum Auslegen, Einholen, zur Instandhaltung sowie Versorgung von Seezeichen, Leuchttonnen und Leuchtfeuern aller Art und ist mit Vorrichtungen zum Kabellegen, zur Instandhaltung von Seekabeln sowie Sucheinrichtungen von Schadensstellen an Seekabeln ausgerüstet (Abb. 15). Neben diesen Aufgaben konnte die "Dornbusch" auch als Hilfseisbrecher eingesetzt werden.

Auch bei diesem Schiff wurden aus Stabilitäts-

gründen Ruderhaus und Peildeck aus Leichtmetall gefertigt. Um den verschiedenen Aufgaben mit ihren unterschiedlichen Anforderungen gerecht zu werden, wurde eine dieselelektrische Anlage gewählt. Die Energieerzeugung erfolgt durch vier Dieselaggregate. Zwei Fahrmotoren treiben über ein Getriebe den Festpropeller.

Abb. 14: TL „Dornbusch" (Berger)

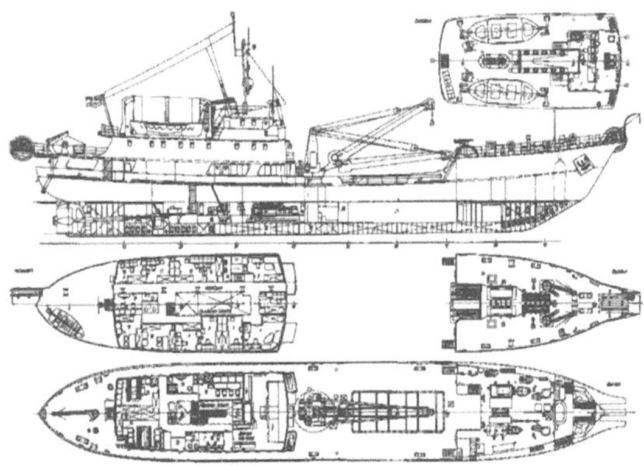

Abb. 15: TL „Dornbusch" – Längsschnitt
(Schiffbautechnik)

Tonnen- und Kabellegearbeiten erfordern eine gute Manövrierfähigkeit. Daher wurde die "Dornbusch" mit einem in das Balanceruder eingebauten Pleuger-Aktiv-Ruder ausgerüstet.

Die in dieses Schiff gesetzten Erwartungen konnten jedoch nicht erfüllt werden. Als Kabelleger ist das Schiff außer umfangreichen Erprobungen äußerst selten eingesetzt worden. Viele Probleme gab es mit der dieselelektrischen Fahranlage. Die Gleichstromgeneratoren und -fahrmotoren waren reparaturanfällig. Ein hoher Unterhaltungsaufwand und mangelnde Ersatzteilversorgung führten dazu, daß die "Dornbusch" 1980 durch einen gleichnamigen Neubau ersetzt und 1981 verschrottet wurde.

OTTO TREPLIN

Nach dem Ersatz verlorengegangener Schiffe konnte die Wasser- und Schiffahrtsverwaltung Anfang der 60er Jahre an die Erneuerung ihrer veralteten (Baujahre 1909 bis 1942) kohlegefeuerten Dampftonnenleger denken. Für ähnliche Aufgabenfelder in verschiedenen Revieren wurde wieder ein Typschiff konzipiert (Abb. 16). Für dieses Schiff wurden die zu dem Zeitpunkt bekannten technischen Lösungen für Hauptantrieb, Manövrierfähigkeit und Geräuschdämmung angewendet.

Abb. 16: TL „Otto Treplin" 1987 (WSD Nord)

Vor allem letztere erfordert gerade bei kleineren Schiffen, in denen relativ starke Motoren eingebaut werden, einen großen Aufwand und führt trotzdem nicht immer zu befriedigenden Ergebnissen. Um zu niedrigen Geräuschpegeln zu gelangen, wurden bei diesem neuen Tonnenlegertyp die Unterkunfts-, Betriebs- und Maschinenräume ganz anders als bisher angeordnet (Abb.17).

Alle Unterkunftsräume und das Ruderhaus wurden im Achterschiff und im Decksaufbau untergebracht. Davor liegen der Maschinenleitstand, daran schließt sich nach vorne der Hilfsmaschinenraum an. Der Hauptmaschinenraum als stärkste Lärmquelle wurde nach ganz vorne verlegt. Die Abgase werden dabei zusammen mit der Abluft des Maschinenraumes durch die Kransäule nach außen abgeführt, um niedrigere Temperaturen und eine bessere Abgasführung zu erhalten. Die Propellerwelle mit Stevenrohr wurde als Grimsche Welle gebaut. Durch alle diese Maßnahmen konnten die geforderten Werte für die Geräuschpegel erheblich unterschritten werden.

Für einen wirtschaftlichen Betrieb erhielt das Schiff zwei elastisch aufgestellte Hauptmotoren, die über ein Getriebe einen Verstellpropeller antreiben. Die Kühlung der Hauptdiesel und des Hafendiesels erfolgt über eine Außenhautkühlung. Für eine gute Manövrierfähigkeit bei Tonnenarbeiten und Ab- und Anlegemanöver wurden ein elektrisch angetriebenes Bugstrahlruder und ein Pleuger-Aktiv-Ruder eingebaut. Der dafür und für die Kran-Anlage notwendige Kraftstrom wird von zwei an den Hauptmotoren angehängten Generatoren erzeugt. Da das Schiff auch mit einer Drehflügelrudermaschine ausgerüstet ist, mit der das Ruder auf 90° angestellt werden kann, ist der Tonnenleger in der Lage, zu traversieren.

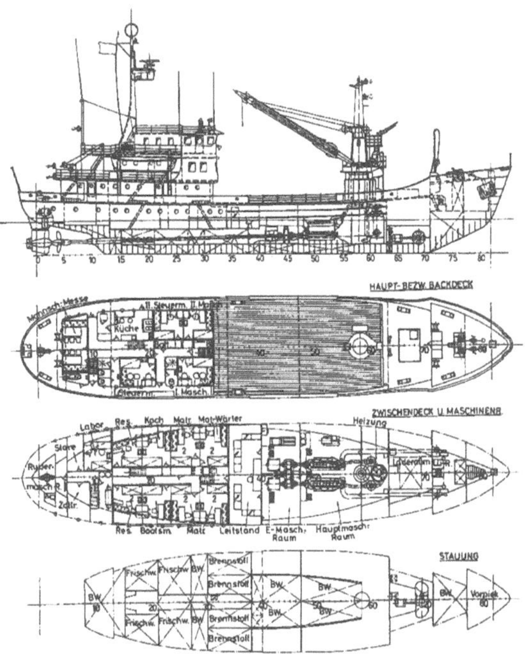

Abb. 17: TL „Otto Treplin" – Längsschnitt (WSD Nord)

Abb. 18: TL „Gustav Meyer" bei Feuerlöschübung (WSD Nordwest)

Dieser neue Tonnenleger "Otto Treplin" wurde am 7.9.1966 für den Seezeichendienst in der westlichen Ostsee zwischen Flensburger Förde und Lübecker Bucht in Dienst gestellt. Das Konzept des Schiffes hat sich bewährt, so daß noch drei Nachbauten folgten für Elbe ("Konrad Meisel"), Weser ("Bruno Illing") und Ems ("Gustav Meyer"). Änderungen und Erweiterungen der Aufgaben blieben auch bei diesen Tonnenlegern nicht aus. Im Rahmen der Ölunfallbekämpfung wurden die Schiffe

1982 mit Ex-Schutz nachgerüstet, der Tonnenleger "Gustav Meyer" für die Ems außerdem mit einer zusätzlichen leistungsfähigen Feuerlöschanlage (Abb. 18).

Auf Grund von Umstrukturierungen wurde die "Otto Treplin" im Sommer 1998 auf die Elbe verlegt und der dortige Tonnenleger "Konrad Meisel" an Südafrika verkauft, wo er unter dem neuen Namen "Isibane" ("Licht") weiterhin gleichartige Aufgaben erfüllt.

MELLUM (III)

Nach den ersten großen Ölunfällen im Nordseebereich und dem 1975 zwischen dem Bund und den Küstenländern abgeschlossenen "Verwaltungsabkommen zur Bekämpfung von Ölverschmutzungen" sind neue Aufgaben auf die Wasser- und Schiffahrtsverwaltung zugekommen. In ein entsprechendes Systemkonzept wurde auch der Neubau eines seegehenden Ölunfall-Bekämpfungsschiffes aufgenommen.

Bevor jedoch ein Neubau konzipiert werden konnte, sollten Erfahrungen auf diesem neuartigen Aufgabengebiet berücksichtigt werden, die mit dem Ölunfall-Bekämpfungsschiff "Scharhörn" gesammelt wurden, das aus dem ehemaligen Bohrinselversorger "Ostertor" umgebaut worden war.

Für den erwähnten Einsatz waren die Grundforderungen: Bau und Ausrüstung eines Mehrzweckschiffes zum Eindämmen und Abschöpfen von Öl sowie zum Leichtern und Abschleppen havarierter Tanker. Als eine Hauptforderung war außerdem zu erfüllen, das zukünftige Fahrzeug auch für andere Zwecke wirtschaftlich sinnvoll zu nutzen.

Da dieses Schiff bei einem Ölunfall rechtzeitig einsatzbereit und die Besatzung für diesen Einsatz mit dem Fahrzeug und seinem Spezialgerät vertraut sein mußte, bot sich für den Bereich der Wasser- und Schiffahrtsverwaltung an, daß dieses Schiff aufgrund
    der Größe des Arbeitsdecks,
    der Krananlage und
    der Manövrierfähigkeit
als Seezeichenschiff und
    der Maschinenleistung
auch als Eisbrecher einsetzbar sein sollte.

Dieses Mehrzweckschiff wurde am 4.7.1984 von der Elsflether Werft abgeliefert und als "Mellum" in Dienst gestellt. Für die Aufgabenerledigung erhielt die "Mellum" eine vielfältige technische Einrichtung und Ausrüstung (Abb.20).

Die Ölaufnahmeeinrichtung besteht aus zwei Sweeping-Armen, je 15 m lang, und zwei Förderpumpen mit je 350 m³/h Leistung. Das aufgenommene Öl-Wasser-Gemisch wird von sechs Ladetanks mit einem Fassungsvermögen von ca. 1000 m³ aufgenommen. Zu den Ölbekämpfungsgeräten gehören auch schwimmende Ölsperren und Skimmer, zur Leichterung transportable Pump-Aggregate und Hochseefender. Sämtliche dafür in Frage kommenden Einrichtungen erhielten eine explosionsgeschützte Ausführung.

Abb. 19: MZF „Mellum" 1998 (Kannowski)

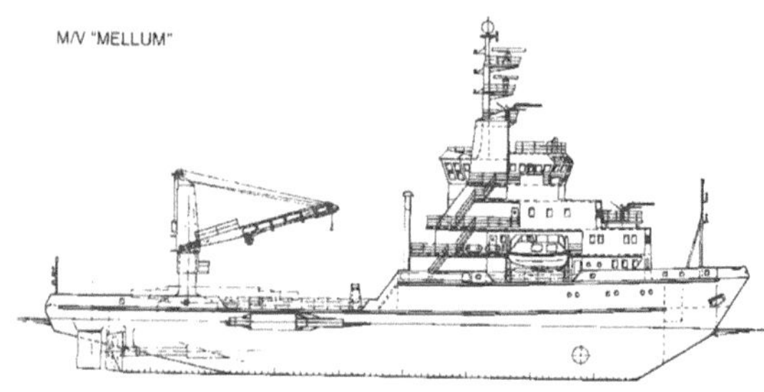

Abb. 20: MZF „Mellum" – Längsschnitt
(WSD Nordwest)

Eine Feuerlöschanlage für Wasser und Schaum mit vier Monitoren und einer Gesamtleistung von 960 m³/h wurde eingebaut. Zur Bergung und zum Schleppen havarierter Schiffe hat die "Mellum" die entsprechende Schleppausrüstung und kann einen Pfahlzug von 1100 kN aufbringen.

Um einerseits eine große Schleppleistung und eine hohe Geschwindigkeit zu gewährleisten, andererseits auch einen wirtschaftlichen Betrieb zu ermöglichen, sind vier Hauptmotoren eingebaut, von denen je zwei über ein Getriebe einen Verstellpropeller antreiben, die in Düsen arbeiten. Die Abwärme der Motoren wird über eine Außenhautkühlung abgeführt. Gute Manövrierfähigkeit wird durch zwei Flossenruder und ein großes Bugstrahlruder erzielt, die auch ein Traversieren ermöglichen.

Die Erstausstattung und -einrichtung entsprach

dem damaligen Stand der Erfahrungen bei der Ölunfall-Bekämpfung und dem Stand der Technik. Auf Grund von Aufgabenänderungen und technischen Neuerungen wurde die "Mellum" angepaßt und umgebaut. So erhielt das Schiff eine Separationsanlage, um von dem aufgenommenen Öl-Wasser-Gemisch weitestgehend nur Öl in die Ladetanks zu pumpen. Schleppfosten sind eingebaut worden, um beim Schleppen die Schlepptrosse fixieren zu können. Auch wurde das Schiff mit modernen Kommunikations- und Navigationsmitteln z.B. für Satellitenverbindung ausgerüstet.

Abb. 21: MZF „Mellum" beim Eisbrechen in der Ostsee (Elsflether Werft)

Der letzte große Umbau erfolgte 1995 zum Schadstoffunfall-Bekämpfungsschiff, um die "Mellum" auch bei anderen Schadstoffen als Öl einsetzen zu können. Dazu wurden Unterkunfts-, Betriebs- und Maschinenräume als Zitadelle hergerichtet und eine Schutzluftanlage installiert. So kann das Schiff auch in explosiver und toxischer Atmosphäre operieren. Weitere für derartige Einsätze erforderliche Ausrüstung wurde eingebaut. Die Feuerlöschanlage wurde um einen auf 34 m über WL teleskopierbaren Monitor mit einer Leistung von 1200 m³/h verstärkt.

Alle diese Um- und vor allem Einbauten vergrößerten das Schiffsgewicht, so daß Beeinträchtigungen in Seegangs- und Eisbrechfähigkeit der "Mellum" befürchtet werden mußten. Daher wurde das Schiff im Mai/Juni 1999 im Vorschiffsbereich um 7,5 m verlängert.

Neben den "normalen" Seezeichenarbeiten sind als Einsätze zu nennen:
- Seit dem Winter 1984/85 war das Schiff mehrfach in der Ostsee zum Eisbrechen (Abb. 21).
- Die "Mellum" wurde anfangs nur im Tagesdienst eingesetzt, seit Januar 1987 jedoch für Aufgaben der Schiffahrtspolizei im 24-Stunden-Dienst und ist seit dem 1.7.1994 zusammen

mit Schiffen anderer Bundesverwaltungen für die Küstenwache tätig.
- Bemerkenswert war auch die Hilfeleistung zur Bekämpfung der Ölverschmutzung im Persischen Golf vom 15.3. bis 7.6.1991 (Abb. 22).
- Den brennenden Holzfrachter "Pallas" hat die "Mellum" im Oktober 1998 16,5 Stunden lang im Sturm über 35 sm geschleppt, bis die Schlepptrosse brach.

Abb. 22: MZF „Mellum" beim Golf-Einsatz 1991 (WSA Wilhelmshaven)

NEUWERK (V)

Ausgehend von verschiedenen Unfällen mit Chemikalien, zuletzt 1989 bei dem niederländischen Kümo "Oostzee" mit leckenden Giftfässern, wurden die Überlegungen für die Bekämpfung anderer Schadstoffe intensiviert. Im Auftrag der Wasser- und Schiffahrtsverwaltung erstellte der Germanische Lloyd 1991 eine Studie über "Anforderungen an Chemikalienunfallbekämpfungsschiffe – Konstruktion und Betrieb". Deren Ergebnisse flossen in den Umbau der beiden Mehrzweckschiffe "Scharhörn" und "Mellum" und in das Konzept eines Neubaues ein, das folgende Mehrzwecknutzungen umfaßt:

- Aufnahme und Lagerung von Öl und anderen Schadstoffen
- Operieren in toxischer und explosionsfähiger Atmosphäre
- Notschleppen von Havaristen
- Feuerbekämpfungsmaßnahmen
- Übernehmen und Versorgen von Verletzten im Notarztraum
- Bearbeiten von Seezeichen
- Eisbrechen

Das Schiff wurde im Dezember 1995 bei der Volkswerft Stralsund in Auftrag gegeben und als "Neuwerk" am 11.7.1998 beim Wasser- und Schiffahrtsamt Cuxhaven in Dienst gestellt (Abb. 23). Es ist z.Zt. weltweit das einzige Schiff seiner

Art, das in explosiver und toxischer Atmosphäre operieren kann.

Abb. 23: MZF „Neuwerk" 1998 (WSD Nord)

Auf dem Wasser schwimmende Substanzen werden über zwei Skimmer, die von der Brücke aus automatisch aus- und eingefahren werden können, aufgenommen und über zwei Separationsanlagen in fünf Ladetanks (1000 m³) aus Edelstahl gepumpt.

Der Innenraum des Schiffes mit den Unterkunfts-, Betriebs- und Maschineräumen ist als Zitadelle ausgeführt, die über eine Schutzluftanlage mit dekontaminierter Außenluft versorgt wird. Auch umfangreiche Gasmeß- und -warneinrichtungen wurden installiert. Zum Aufspüren verlorengegangener Container, Fässer u.ä. wurde eine ausfahrbare Sonaranlage eingebaut. Die Feuerlöscheinrichtung wurde nach der GL-Klasse FF1 ausgeführt. Sie besteht vor allem aus zwei Monitoren mit einer Leistung von je 1200 m³/h, von denen einer auf 35 m über Wasserlinie teleskopierbar ist (Abb. 24).

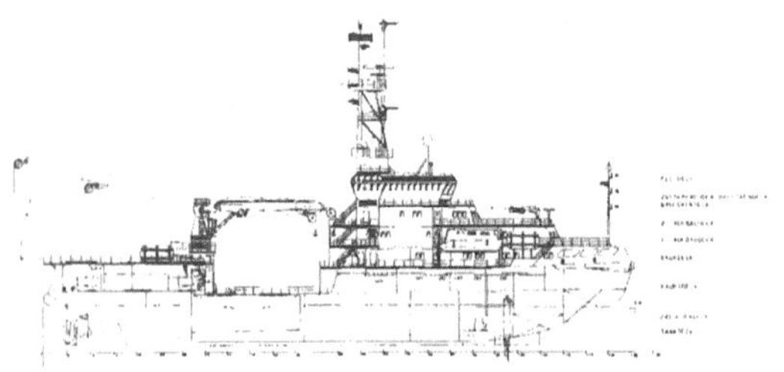

Abb. 24: MZF „Neuwerk" – Längsschnitt
(WSD Nord)

Für die notärztliche Versorgung von Verletzten wurde ein Notarztraum eingerichtet, der in Ausrüstung und Anordnung der Geräte einem Rettungswagen entspricht. Auch wurden für 34 Mann Bekämpfungspersonal (Feuerwehr, Chemiefachleute) zusätzliche Unterkünfte geschaffen.

Seezeichenarbeiten werden mit einem fernsteuerbaren Hydraulikkran ausgeführt, der mittels eines teleskopierbaren Auslegers auch Container und Fässer aufnehmen kann.

Der Antrieb des Schiffes erfolgt dieselelektrisch über zwei Ruderpropeller mit Düsen. Zur Schuberhöhung und besseren Manövrierfähigkeit ist im Vorschiff eine Pumpjetanlage eingebaut, so daß insgesamt ein Pfahlzug von 1113 kN erreicht wird. Damit und mit einer Schleppwindenanlage eignet sich die "Neuwerk" zum Notschleppen von Havaristen.

Die Schiffslinien wurden von der HSVA entwickelt, in umfangreichen Modellversuchen getestet und sowohl für gute Seegangseigenschaften als auch zum Eisbrechen optimiert; ein Räumkeil im Vorschiff und die Gestaltung des Hinterschiffes eignen die "Neuwerk" zum Eisbrechen. Durch den Einbau der Ruderpropeller wird auch im Eis eine gute Manövrierfähigkeit erreicht. Auch läßt sich durch das Anstellen der Ruderpropeller nach außen die gebrochene Rinne verbreitern, so daß für nachfolgende große Schiffe die Breite des Eisbrechers keinen Engpaß bedeutet (Abb. 25).

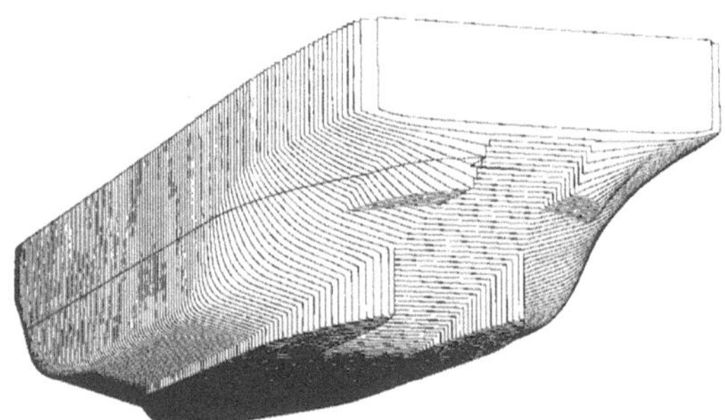

Abb. 25: MZF „Neuwerk" – Spantenriß (HSVA)

Die Energieerzeugung für Antrieb und Bordnetz erfolgt nach dem Kraftwerksprinzip durch vier Dieselaggregate. Für einen wirtschaftlichen Betrieb können die Aggregate einzeln oder parallel sowohl von der Brücke als auch vom Maschinenkontrollraum gefahren werden. Die Fahrmotoren für die Ruderpropeller und den Pumpjet können über eine Leistungselektronik stufenlos geregelt werden.

Erprobungen einschließlich derjenigen im Eis des Bottnischen Meerbusens im März 1999 und erste Einsätze haben die Richtigkeit des Konzeptes bestätigt.

Name		Bussard	Mellum (II)	Kapitän Meyer	Johann Georg Repsold	Dornbusch (II)	Otto Treplin	Mellum (III)	Neuwerk (V)
Baujahr		1905	1935	1950	1964	1964	1966	1984	1998
Bauwerft		Jos.L.Meyer	Flenderwerke	Seebeckwerft	Hitzlerwerft	VEB Peene-Werft	Jadewerft	Elsflether Werft	Volkswerft
Bauort		Papenburg	Lübeck	Bremerhaven	Lauenburg	Wolgast	Wilhelmshaven	Elsfleth	Stralsund
Baunummer		203	224	675	675	94	101	406	415
Baukosten		229.000 Goldmark	1.115.000 RM	1,248,982 DM	1,850,000 DM		3,516,530 DM	38,500,000 DM	82,500,000 DM
GL - Klasse		100 A4 K E	100 A4 K E	100 A4 K E+	100 A4 Nordsee E	DSRK AIK(Eis)	100 A4 K E2	100 A4 M E3	100 A5 E3 FF1 Tug
BRT/ BRZ		246.95	415.18	555.04	264.00	750.00	514.94	1702.70	3422
NRT/ NRZ		89.58	135.81	181.01	60.99		144.28	647.00	1026
Verdrängung max	[t]	335		838	330.00	942.00			5110
Verdrängung min	[t]			622	268.20		650.00	2200.00	3099
Länge üA	[m]	40.60	48.35	52.10	41.45	60.10	48.80	71.75	78.91
Länge CWL	[m]				39.65		45.00	68.30	
Länge pp	[m]	36.74	45.00	48.00	37.55	52.00		63.50	73.20
Breite üA	[m]	8.10	8.95	9.08	8.02	10.20	9.52	15.11	18.63
Breite a Spt	[m]	7.80	8.90	9.00	8.00	9.80	9.50	15.00	18.00
Seitenhöhe	[m]	4.20	4.50	4.65	3.00	4.80	4.65	6.50	6.50
Tiefgang min	[m]	2.84	3.30	2.65	1.70	3.35	3.20	5.25	5.00
Tiefgang max	[m]	3.30	3.50	3.21	1.80	3.95	3.50	5.76	5.80
Tonnendeck	[m²]			125	56		175	250	234.00
Antrieb		Dampf/1 Ks.Ko/1FP	DiEl 2 FP	Da/ 2 Ks.Ko,spä Ö	Diesel/ 2 VSP	DiEl/ 1 FP	Diesel / 1 CP	DV 2 CP m.Düsen	DiEl/ 2 RP m.Düsen
Leistung	[PS]	540	2x1000	2x375/ 2x500	2x350	4x550	2x750	4x2.250	3x4076
Leistung	[kW]		4x300			2x650			2x2.900
Propdrehzahl	[U/min]	120	200	138/ 145	130		300	185	198
Geschwindigk.	[kn]	12	13.5	12	10.9	13.2	13.8	15.5	14.9
Besatzung		13/	22	20/ 18	9	28(To)/ 36(Ka)	15/ 11	14/16	16
Hebezeug		Ladegeschirr 10 t	Ladegeschirr 12 t	Kran 8 t/ 8,5 m	Kran 9t/ 8,5m	Kran 13t/ 6,5m	Kran 10t/ 6,5m	Kran 12t/ 13m	Kran 22t/ 25m
		Bugrollen		m.Seegangsfolge	m.Seegangsfolge	m.Seegangsfolge	m.Seegangsfolge	m.Seegangsfolge	m.Seegangsfolge
					Bugrolle			Querstrahlruder 15,8t	
Zusatzeinrichtgn		4 Gastanks je 10m³	1.dtsch.Seeschiff	Bergppe 600m³/h	Feuerlösch 150m³/h	Pleuger-Aktiv-R.	Querstrahlruder	2 Flossenruder, 45°	Pumpjet 2.600 kW
		Gaskompressor	1950 mit Radar	MES		Kabellegeeinrichtg	Pleuger-Aktiv-R.	Feuerlösch 2.050m³/h	FF1 3.140 m³/h
					Bergppe 300 m³/h		Grim'sche Welle	Außenhautkühlg	Außenhautkühlg
		Schleppeinrichtung	Schleppeinrichtung		Deckshaus	Ruderhaus u. Peildeck a.	Feuerl.150 m³/h	Schadstoffunfall-	Schadstoffunfall-
					aus Leichtmetall	Leichtmetall	Außenhautkülg	bekämpfungseinr	bekämpfungseinr.
					Mot. elast. gel.			Schleppeinr.110 t	Schleppeinr. 113,5 t
					Schleppeinrichtung			Eisbrecher	Eisbrecher
In Betrieb		1906-1979	1935-1954	03.1950-10.1983	09.07.1964(Elbe)-	10.02.1964-1980	07.09.1966(Ostsee)-	04.07.1984-	11.07.1998-
Verbleib		Museumsschiff	09.03.54 Ablieltg	Museumsschiff	seit 10.83 Amrum	1980 a.D., 1981 verschr.	seit 10.07.98 Elbe		
		Kiel	als Reparat.an GB	Wilhelmshaven					
			stat.Forschgssch.						
			12.1978 verschr.						

SCHRIFTTUM

SCHMIDT, I.: Maritime Oldtimer - Museumsschiffe aus vier Jahrhunderten. Edition Leipzig 1986, S. 98/99

MARQUARDT, R.: "Mellum", ein Name mit Tradition. Schiffahrt international, Heft 12/97, S. 18/19

GEDAMKE, V.: Seezeichendampfer "Kapitän Meyer" des Wasser-und Schiffahrtsamtes Tönning. Schiff und Hafen 1950, Heft 11, S. 272-277

BOLLMANN, F.-W.; WAAS, H.: Erfahrungen mit dem Tonnenleger "Norden" und ihre Verwertung beim Neubau "Barsemeister Brehme". Hansa 96. Jg. (1959), Heft 33/34, S. 1749-1761

MÜLLER, W.; BRÄUER, K.: Tonnen- und Kabelleger MS "Dornbusch". Schiffbautechnik 15, Heft 3/1965, S. 118- 123

BOLLMANN, F.-W.: "Otto Treplin" und "Gustav Meyer" - Zwei neue Seezeichenschiffe für die Bundes- Wasser- und Schiffahrtsverwaltung. Hansa 104.Jg. (1967), Heft 7, S. 543-551

SMID, H.; SIEBENEICHER, J.; BÜLOW, E.: Ölunfallbekämpfungsschiff "Mellum" - Spezialschiff für Ölunfall-, Seezeichen- und Eisbrecheinsatz. Hansa 121.Jg. (1984), Heft 18, S. 1579-1590

SIEBENEICHER, J. et al.: Schadstoffunfall-Bekämpfungsschiff "Neuwerk". Hansa 135.Jg. (1998), Heft 10, S.30-40

WAAS, H.: Technischer Fortschritt bei den Schiffsneubauten der Wasser- und Schiffahrtsverwaltung. Jahrbuch der Schiffbautechnischen Gesellschaft, Bd. 46, 1952, S. 205-219

Archive der Wasser- und Schiffahrtsverwaltung

Eisbrechtechnik in Deutschland

Icebreaking Technology in Germany

Dr.-Ing. **Joachim Schwarz**; Dr. **Petri Valanto**, Hamburgische Schiffbau-Versuchsanstalt GmbH

Summary. The intentions to explore, exploit and transport natural resources from the American Arctic caused the ice research to boom in the early 70s. Germany took part in those activities with the establishment of new ice tank facilities at HSVA and with the ship yards' developments of innovative icebreaking ships.

The development of the hull shape of icebreaking ships is pursued by HSVA along three different lanes: by model tests in the ice tank, by full scale tests with icebreakers in Arctic ice and, by the development of numerical models to calculate the icebreaking resistance and to optimize the shape of icebreaking ships. The research work in ice technology, sponsored over many years by the Federal Ministry for Research, has recently resulted in three product lines: the ship shape of the icebreaking pollution combat ship NEUWERK, the construction of icebreaking tankers for Russia by AKER-MTW Wismar and the conceptual design for inland waterway icebreakers in order to use these channels year-round for shifting cargo from roads to waterways.

Finally is the icebreaking technology a main part of the marine transportation system for the transport of hydrocarbons out of the Russian Arctic; this project is being pursued on national and international level.

1. Einleitung

Die Geschichte des Eisbrechens geht in Deutschland bis in das Jahr 1871 zurück, als der sogenannte Eisbrecher I als Spezialschiff zum Brechen des Eises auf der Elbe zwischen Hamburg und Cuxhaven in Dienst gestellt wurde.

Charakteristisch für diesen und die anderen Eisbrecher, die in den folgenden 100 Jahren zur Unterstützung der Handelsschiffahrt bei Eisbedeckung in Deutschland und anderswo gebaut wurden sind

- relativ flache Stevenneigung
- geneigte Seitenwände
- kein paralleles Mittelschiff
- runde Hauptspantform

Mit der flachen Stevenneigung sollte der Eisbrecher teilweise auf die Eisdecke hinaufgleiten können, um das Eis mit seinem Gewicht nach unten zu brechen und dabei die relativ geringe Zug-/Biegefestigkeit des Eises zu nutzen. Die geneigten Seitenwände sollten das Schiff gegen seitliche Eispressungen schützen, und mit dem Vermeiden des parallelen Mittelschiffes sollte das Manövrieren im Eis erleichtert werden.

Diese Entwurfskriterien, die im Detail über die Jahrzehnte empirisch weiterentwickelt wurden, haben im Prinzip bis heute ihre Gültigkeit behalten.

Eine mehr wissenschaftlich geprägte Entwicklung von Eisbrechern setzte erst in den 60er Jahren ein, als in Rußland, Finnland, Kanada und den USA erste Eisbrecher für die Arktis konzipiert und gebaut wurden. Diese Eisbrecher hatten ursprünglich militärisch-strategische Aufgaben. Mit der Erschließung der Arktis als Rohstoffquelle - insbesondere Öl und Gas - traten wirtschaftliche Interessen von Regierungen und der Ölindustrie in den Vordergrund und lenkten die Entwicklung in Richtung Exploration, Gewinnung (Offshoretechnik) und Transport, d.h. auch hin zur Konzipierung eisbrechender Tanker.

Mit Beginn der 70er Jahre beteiligten sich auch deutsche Firmen - Werften, Reedereien, Ölgesellschaften und Forschungsinstitutionen - mit finanzieller Unterstützung durch das Bundesforschungsministerium an diesen Aktivitäten und erreichten schnell eine weltweit anerkannte Position.

Sinkende Rohstoffpreise, Umweltschutz sowie zu teure Produktions- und Transportkosten haben dazu geführt, daß man bei vielen Projekten über die Explorationsphase nicht hinauskam. Dadurch kühlte sich der Arktis-Boom der 70er und 80er Jahre deutlich ab, und viele Entwicklungszentren wurden wieder geschlossen oder heruntergefahren.

Mit dem politischen Wandel in der Sowjetunion vor 10 Jahren wurden die westlichen Ölgesellschaften jedoch auch im Norden Rußlands tätig, um gemeinsam mit der russischen Industrie die gewaltigen Öl- und Gasvorkommen in Sibirien nutzbar zu machen und damit auch zur Gesundung der russischen Wirtschaft beizutragen. Diese Aktivitäten werden seit zwei Jahren auch von der Europäischen Union unterstützt.

Dank einer zwar reduzierten, aber dennoch stetigen Forschungsförderung der Eistechnik durch das BMBF ist es der HSVA gelungen, die Forschungskapazitäten über die Durststrecke hinüberzuretten und jetzt bei steigender Nachfrage der nationalen und internationalen Industrie als Entwicklungszentrum für Polartechnik zur Verfügung zu stehen.

Im folgenden wird nach einem Rückblick auf die letzten 25 Jahre Eistechnik, auch ein Ausblick auf Trends in der Polartechnik gegeben sowie auf notwendige Maßnahmen, um die erreichte Position im

Spitzenfeld zu halten. Hierbei verfolgen wir das Ziel, mit der Entwicklung hochwertiger Technologien auch Aufträge für die deutsche Industrie zu gewinnen.

2. Bisherige Entwicklungslinien

2.1 HSVA-Versuchsanlagen

Bereits vor über 50 Jahren wurden bei der HSVA Modellversuche durchgeführt, wobei Paraffin auf der Oberfläche eines kleinen Beckens als Eisersatz diente. Ende der 50er Jahre ging man zu natürlich gefrorenem Eis über, das in seinen mechanischen Eigenschaften aber nicht maßstäblich verkleinert war. In einem 8 m langen und 1.8 m breiten provisorischen Eisbecken wurde die Wirkung von Unwuchtanlagen bei den sogenannten "Stampf-Eisbrechern" qualitativ untersucht. Erst 1972 wurde bei der HSVA mit Unterstützung durch das Bundesministerium für Forschung und Technologie BMBF ein Eistank gebaut, der mit 30 m Länge, 6 m Breite und 1.20 m Tiefe damals zu den modernsten in der Welt gehörte. Zunächst Salzwasser und später 1%ige Harnstofflösung wurden bei -20°C Lufttemperatur gefroren. Diese Salz- oder Harnstofflösungen zusammen mit maßstäblich verkleinerten Eiskristallen sorgten dafür, daß Biege- und Druckfestigkeit sowie die Elastizität des Eises entsprechend den Modellgesetzen von Froude und Cauchy verkleinert werden. Dabei wird angestrebt, daß das E/σ-Verhältnis dem in der Natur entspricht, nämlich Werte über 2.000 erreicht. Dies gelang anfangs nur bis zu Modellmaßstäben von 1:10; erst mit der Entwicklung eines neuen Modelleises Anfang der 80er Jahre [1], bei dem zusätzlich zur Salzlauge sehr kleine Luftblasen im Eis eingefroren und das säulenförmige Wachstum des Modelleises mechanisch mit einer Kratzvorrichtung gestört werden, erhielt die Modelleisdecke eine naturähnlichere Sprödigkeit und Dichte.

Anfang der 80er Jahre erforderte die fortgeschrittene Modellversuchstechnik (selbstangetriebene Eisbrecher- und Tankermodelle) einen größeren Eistank, den die HSVA mit Hilfe des BMBF und der Freien und Hansestadt Hamburg im Jahre 1984 realisierte. Mit 78 m Länge, 10 m Breite und 2.5 m/5.0 m Tiefe gehört der Eistank der HSVA wieder zu den drei größten in der Welt (Abb. 1). Der bisherige 30 m lange Eistank wurde zu einem Umwelt-Versuchsbecken umgebaut, in dem neben Kälte bis zu -20°C auch Strömung und Wellen erzeugt werden können. Er ist somit geeignet, Maßnahmen zur Bekämpfung von Ölunfällen in eisbedeckten Gewässern zu entwickeln.

Der großer Eistank, der Eis-Umwelttank und das Eis-Mechanik-Labor mit der drei-axialen Materialprüf-

maschine wurden 1996 Großforschungsanlage der Europäischen Union unter dem TMR-Programm (Training and Mobility of Researchers). Seitdem haben ca. 30 junge Wissenschaftler aus zahlreichen Ländern Europas in den eistechnischen Versuchsanlagen der HSVA ihre Forschungsarbeiten durchgeführt; die Nutzungs- und Reisekosten trägt die EU.

Abb. 1: Großer Eistank der HSVA

2.2 Eiskräfte auf Bauwerke

Sehr bald nach Gründung der Abteilung „Eistechnik" bei der HSVA im Jahre 1975 bildeten sich folgende Schwerpunktbereiche heraus:
- Eismechanik
- Eiskräfte auf Bauwerke
- Eisbrechende Schiffe
- Versuchstechnik im Modell und Großausführung
Später kam die numerische Eistechnik hinzu, über die in einem besonderen Kapitel berichtet wird.

In der Eismechanik wurde eine drei-axiale Festigkeitsprüfmaschine entwickelt und für die Bestimmung des Bruchkriteriums von Meereis genutzt [2]. Auch für die Untersuchung der Bruchzähigkeit wurde eigens eine Versuchsanlage konstruiert. Diese eismechanischen Versuchsanlagen werden z. Zt. im Rahmen des von der EU geförderten und von der HSVA koordinierten Forschungsvorhabens LOLEIF eingesetzt [3], [4], um die Bruchzähigkeit des Eises als Parameter für die Bestimmung von Eiskräften auf senkrechte Bauwerke zu ermitteln. In dem Projekt LOLEIF soll in Zusammenarbeit mit sieben Forschungsinstitutionen aus sechs europäischen Ländern sowie mehreren Ölgesellschaften nachgewiesen werden, daß die Eiskräfte auf Bauwerke deutlich niedriger sind, als man sie bisher bei der Bemessung von Bauwerken weltweit zugrunde legt. Anlaß für dieses FE-Vorhaben waren Untersuchungen am Iowa Institute of Hydraulic Research [5], Eiskraft-Messungen der HSVA an einer Bohrplattform in China [6] sowie Großausführungsmessungen in Kanada [7], bei denen überall deutlich niedrigere Eiskräfte gemessen wurden. In dem LOLEIF-Projekt werden Eiskräfte auf einen Leuchtturm in der nördlichen Ostsee gemessen und mit verschiedenen numerischen Modellen theoretisch bestimmt. Ziel ist es, Grundlagen für eine weltweit anerkannte Norm auszuarbeiten, an der auch kanadische, amerikanische und russische Wissenschaftler mitwirken.

2.3 Eisbrechende Schiffe

Besonderer Schwerpunkt der HSVA-Eistechnik ist die Entwicklung eisbrechender Schiffe. Dies begann 1974 mit dem EOS-Projekt der AG „Weser", in dessen Rahmen zunächst mit einer Geosim-Serie die Übertragbarkeit der Modellversuchsergebnisse auf die Großausführung untersucht wurde [8]. In einer zweiten Phase wurden durch Variation der das Vorschiff bestimmenden Winkel (Stevenneigungswinkel, Spantausfallwinkel und Wasserlinieneinlaufwinkel) für das Eisbrechen günstige Vorschiffsformen entwickelt [9]. Am Ende dieses Forschungsvorhabens erhielt die HSVA vom Forschungsministerium den Auftrag, die Schiffslinien und das Konzept für das neu zu bauende Polarforschungsschiff der Bundesrepublik Deutschland zu entwickeln. Dies führte zur direkten Anwendung der mit der AG-Weser optimierten Vorschiffsform für eisbrechende Schiffe, die besonders darauf abzielte, so wenig Eis wie möglich in die Propeller gelangen zu lassen. Das Polarforschungsschiff wurde bei HDW und Nobiskrug im Jahre 1981/1982 gebaut und erhielt den Namen POLARSTERN. Dieses Schiff ist nunmehr seit 17 Jahren sowohl in Antarktis als auch Arktis als Forschungsplattform zahlreicher naturwissenschaftlicher Disziplinen und zur Versorgung deutscher Polarstationen im Einsatz, ohne daß es zu nennenswerten Schäden und Ausfallzeiten gekommen ist. 1991 war die POLARSTERN sogar gemeinsam mit dem schwedischen Eisbrecher ODEN am Nordpol, während das dritte Schiff dieser Reise, der amerikanische Eisbrecher POLARSTAR wie so oft mit Propellerschaden auf halbem Wege umkehren mußte.

1984, 1985 und 1989 konnte die HSVA gemeinsam mit dem Germanischen Lloyd mit der POLARSTERN eisbrechtechnische Expeditionen nach Labrador und Spitzbergen durchführen, wobei u.a. nachgewiesen wurde, daß die Vorhersagen aus Modellversuchen über die Eisbrechfähigkeit recht gut mit der Wirklichkeit übereinstimmen [10].

Parallel zur Entwicklung der eher konservativen Eisbrechform der POLARSTERN wurde bei der HSVA in Zusammenarbeit mit den Thyssen Nordseewerken Emden an dem Thyssen-Waas-Eisbrechkonzept gearbeitet. Bei diesem Konzept, über das mehrfach auf STG-Tagungen berichtet wurde [11], handelt es sich um ein pontonförmiges Vorschiff, das

mit seinen seitlich scharfen Kanten über einen Scherbruch eine scharfkantige Fahrrinne bricht (Abb. 2). Von der U-Spantform in der Wasserlinie geht die Form des Vorschiffes nach unten/hinten in eine V-Form über, wodurch die gebrochenen Schollen durch ihren Auftrieb zur Seite unter die Eisdecke gleiten. Dadurch bleiben der Propellerbereich und auch die Fahrrinne hinter dem Schiff weitgehend eisfrei.

Abb. 2: Von MUDYUG gebrochene Rinne wird verbreitert

Die Modellversuche in ebenem Eis zeigten eine etwa 50%ige Verminderung der erforderlichen Antriebsleistung, um ebenes Eis bei gleicher Geschwindigkeit zu brechen. Diese fast unglaubliche Verbesserung der Eisbrechleistung wurde in zwei Wintern durch Versuche mit dem nach dem Thyssen-Waas-Prinzip umgebauten Eisbrecher MAX WALDECK jedoch bestätigt, woraufhin auch zwei russische Eisbrecher (MUDYUG und KAPITAN SOROKIN) von den Thyssen Nordseewerken umgebaut wurden. Die sich jeweils an die Umbauten anschließenden Versuche in der Arktis bestätigten die erwartete Überlegenheit der Erfindung von Waas in ebenem Eis und beim Durchfahren von Preßeisrücken. Nachteile zeigten sich bei der Fahrt in ihrer eigenen gebrochenen Rinne, in Scholleneis und Seegang von vorn [12].

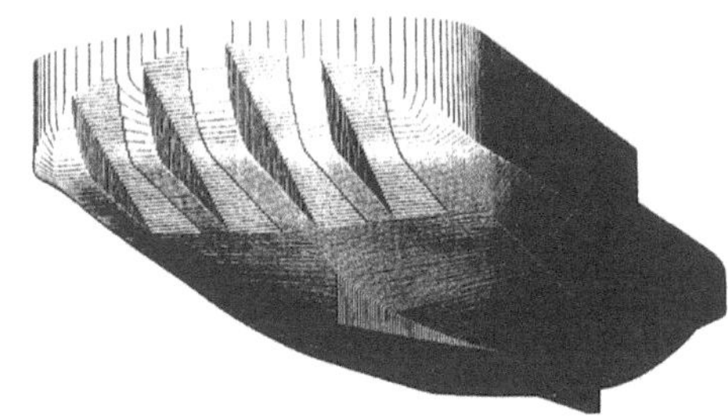

Abb. 3: Mögliche Weiterentwicklung eines Thyssen-Waas-Eisbrechers

Da es Ende der 80er und Anfang der 90er Jahre keinen Markt für eisbrechende Schiffe gab, haben die Thyssen Nordseewerke ihr Eisbrechverfahren nicht weiterentwickelt. Wenn gewisse Schwachstellen bei der Thyssen-Waas-Form berichtigt werden, gehört dieses Eisbrechverfahren nach wie vor zu den fortschrittlichsten der Eisbrechertechnologie. Abb. 3 zeigt eine mögliche Modifikation des ursprünglichen Thyssen-Waas-Vorschiffes, mit der man übrigens auch Ölunfälle bekämpfen kann.

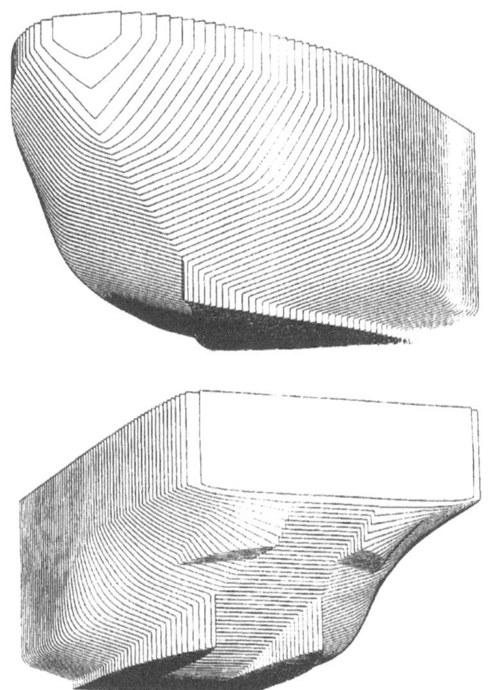

Abb. 4: Vor- und Hinterschiff der NEUWERK

Die Erkenntnisse aus den Großversuchen mit MUDYUG und KAPITAN SOROKIN sowie eigene langjährige Entwicklungsarbeiten führten bei der HSVA zu einer Vorschiffsform, die in der Wasserlinie ein gespreiztes V aufweist, dessen nahezu ebene, zu den Seiten hin aufgekimmte Flächen des Vorschiffes für gutes Eisräumen und zur Verminderung von „Slamming" führt. Das Räumen des gebrochenen Eises wird außerdem durch einen Räumkeil unterstützt (Abb. 4). Nach diesem HSVA-Konzept [13] wurde das eisbrechende Mehrzweckschiff der Bundesrepublik Deutschland NEUWERK bei der Volkswerft Stralsund gebaut. Die im März dieses Jahres in der nördlichen Ostsee durchgeführte Eiserprobung hat alle Beteiligten, einschließlich Beobachter aus Amerika und Europa, begeistert. Das ca. 80 m lange Schiff bricht mit 5.800 kW Fahrmotorenleistung 50 cm dickes Eis mit 30 cm Schneeauflage bei ca. 7 kn Geschwindigkeit. Dank der für die Eisfahrt angepaßten Ruderpropeller von Schottel und der besonderen Hinterschiffsform dreht das Schiff in 60 cm dickem Eis in 2.5 Minuten um 180° auf der Stelle; hierfür

braucht POLARSTERN ein Vielfaches an Zeit [14].

Seit einigen Jahren wird von einem Konsortium (Aker MTW, HSVA, GL, Rigel Schiffahrtsgesellschaft) unter Federführung der Aker MTW Werft GmbH Wismar an der Entwicklung eisbrechender Tanker für den Abtransport von Öl oder Gaskondensaten aus der russischen Arktis gearbeitet [15], [16]. Auch für dieses Projekt sind ähnliche Vorschiffslinien vorgesehen, wie sie bei der NEUWERK verwirklicht sind. Allerdings stellen sich bei einem Tanker wegen der Größe (Breite und Länge) sowie den sehr unterschiedlichen Tiefgängen (abgeladen oder in Ballast) andere Probleme als bei dem relativ kleinen Eisbrecher NEUWERK ($L_{üa}$ = 75,10 m).

Insbesondere ergeben sich Probleme beim Manövrieren in ebenem Eis und beim Zusammenwirken mit Eisbrechern, deren Breite deutlich geringer ist als die des Tankers. Das Manövrieren läßt sich durch „Reamer" verbessern, die an beiden Seiten des Vorschiffes eine Überbreite darstellen und somit eine Rinne brechen, die breiter ist als das Hauptschiff und dadurch die Drehbewegung des Tankers im Eis ermöglichen; Nachteile ergeben sich aus hydrodynamischen Gründen in der Offenwasserfahrt.

Insgesamt wurde die Eisbrechtechnik in den letzten 30 Jahren durch Forschung und Entwicklung so sehr verbessert, daß die Reduzierung der Antriebsleistung und ein verbessertes Manövrierverhalten durch die Ruderpropellertechnik die arktische Schiffahrt in den Bereich der Wirtschaftlichkeit rückt.

2.4 Binnenschiffahrt bei Eis

Die politische Vorgabe, den Gütertransport von der Straße auf Bahn und Wasserstraßen zu verlagern, läßt sich nur schleppend umsetzen. Flachwasser und Eis auf Wasserstraßen östlich von Hannover haben zur Folge, daß die Wasserstraße als unzuverlässig gilt und daher nur eingeschränkt von der Industrie genutzt wird. Um diese Situation zu verbessern, hat die HSVA nach mehreren vergeblichen Anläufen 1997 in Zusammenarbeit mit der WSD-Ost und der Deutschen Binnenreederei ein Forschungsprojekt durchgeführt, bei dem ein eisbrechendes Schubboot entwickelt und ein bestehender Schubleichter so modifiziert wurden, daß sie zum Brechen von Eis auf Kanälen bis 30-40 cm Eisdicke geeignet sind [17]. In einem Fortsetzungsvorhaben soll auf einer Teststrecke im Berliner Raum eines dieser neuen Eisbrechverfahren als Prototyp eingesetzt und erprobt werden

3. Numerische Eisbrechtechnik

3.1 Einleitung

Konstruktion und Bau eisgehender Schiffe können

sich in Deutschland nur auf innovative Lösungen, langfristige Produktentwicklung und kostengünstige Produktion gründen. Ihre wichtigsten Konkurrenten haben den Vorteil, eine langjährige Praxis sowie eine eindrucksvolle Referenzliste aufweisen zu können. Um im internationalen Wettbewerb auf diesem Gebiet in Zukunft bestehen zu können, werden die herkömmlichen Methoden nicht ausreichen. Vielmehr wird es nötig sein, moderne Technologien wie z.B. die numerische Eisbrechtechnik zu entwickeln, um damit Prozesse des Eisbrechens theoretisch analysieren zu können. Erst dadurch lassen sich gezielt weitere Verbesserungen der Eisbrecherform und Konstruktion erreichen.

Eine der Hauptaufgaben der HSVA ist es, als Forschungs- und Entwicklungsinstitut für die deutsche Werftindustrie zu wirken. Um dieser Aufgabe gerecht zu werden, ist es notwendig, technologisch gut gerüstet zu sein. Während die Eisversuchstechnik in der HSVA eine lange Tradition hat, war die theoretische Bearbeitung des Eisbrechens früher deutlich zu kurz gekommen. An der Verringerung dieses Defizits arbeitet die HSVA seit 1991 mit Unterstützung vom BMBF.

3.2 Theorie des Widerstandes eines Schiffes bei kontinuierlicher Bewegung im ebenen Eis

Der Widerstand des eisbrechenden Schiffes im ebenen Eis ist nur von relativ wenigen Forschern wissenschaftlich untersucht worden. Die früheren wissenschaftlichen Untersuchungen zu diesem Thema lassen sich in zwei Gruppen einteilen:
1. Arbeiten, die auf Versuchen in Modell- oder Großausführung basieren; und
2. solche, die auf hoch-entwickelten mathematischen Modellen aufgebaut sind.

Die der ersten Gruppe zuzurechnenden Untersuchungen waren nicht bzw. nicht hinreichend in der Lage, die physikalischen Phänomene, auf denen der Widerstand beruht, zu erklären. Den Untersuchungen der zweiten Gruppe ist dagegen anzumerken, daß die Forscher offensichtlich kaum Möglichkeiten hatten, die untersuchten Phänomene in der Großausführung zu beobachten. Dies führte dazu, daß mathematische Modelle entwickelt wurden, die das Geschehen in der Natur nur unzureichend darstellen. Die Modelle blieben häufig oberflächlich und wurden durch die Anwendung von empirischen Koeffizienten justiert, wobei die Genauigkeit der gemachten physikalischen Hypothesen undeutlich geblieben ist [18], [19].

Die Fortschritte in der Entwicklung der Rechnertechnik, der numerischen Analyse und der Meßtechnik, die in den 80er und 90er Jahren stattgefunden hat,

erlauben es heute, mit neuen Methoden das physikalische Eisbrechphänomen selbst zu untersuchen. Die obengenannten, auf empirischen Annäherungsformeln gegründeten und den ganzen Eisbrechwiderstand umfassenden Modelle traten in den Hintergrund, und die aktuelle Forschung konzentrierte sich zunehmend auf die umfassende Erklärung der physikalischen Phänomene. Die erste bedeutende Untersuchung in dieser Richtung war die Dissertation von Varsta [20] aus dem Jahre 1983.

Im Jahre 1987 begann das Wärtsilä Arctic Research Centre in Finnland mit einem ausgedehnten Projekt auf dem Gebiet des Eisbrechwiderstands, das jedoch wegen des Konkurses von Wärtsilä im Jahre 1989 vorzeitig abgebrochen werden mußte. Dieses Projekt erbrachte bedeutende neue Erkenntnisse über die einzelnen Bausteine, die für den Aufbau eines numerischen Modells notwendig sind. Im Teil 1 des Projekts entwickelte Valanto ein zweidimensionales numerisches Modell über das Brechen des Eises und die Rotation der gebrochenen Eisschollen an der Außenhaut des Schiffskörpers [19]. Im Teil 2 erforschte Liukkonen die Reibung zwischen den Eisschollen und der Außenhaut des Schiffskörpers, und zwar sowohl in Modell- als auch in Großausführung [21].

Der im Jahre 1991 begonnene Aufbau eines dreidimensionalen Modells in der HSVA zur Ermittlung des Widerstandes eines Schiffes im ebenen Eis stellte eine natürliche Fortsetzung der Entwicklung auf diesem Gebiet dar. Die bereits durchgeführten 2-D-Untersuchungen hatten auch für das 3-D-Problem des Eisbrechprozesses qualitative Informationen geliefert und zum prinzipiellen Verständnis der damit verbundenen physikalischen Phänomene beigetragen.

3.3 Entwicklungen in der numerischen Eisbrechtechnik in der HSVA

Der Eisbrechwiderstand kann aus wissenschaftlichen Gründen nicht in verschiedene Teilkomponenten zerlegt werden, da diese Teilkomponenten untereinander verkoppelt sind. Dagegen ist es möglich, die verschiedenen Phasen des Eisbrechprozesses jeweils einzeln zu untersuchen, d.h. zunächst das Brechen der Eisdecke und später die Bewegung der am Schiffskörper entlang gleitenden gebrochenen Schollen. Daraus ergibt sich eine natürliche Einteilung auch für die in der Entwicklung stehenden mathematischen Modelle:
(1) Der Eisbrechprozeß an der Konstruktionswasserlinie;
(2) Die Bewegung der gebrochenen Eisschollen unter dem Schiffskörper.

Im Teil 1 wird ein numerisches Modell entwickelt zur Berechnung des Quetschens der Eiskante gegen den Bug des fahrenden Schiffes, der resultierenden, transienten Bewegung der schwimmenden Eisdecke, des Abbrechens der Eisscholle und der Strömung der umliegenden Flüssigkeit, die von einem im ebenen Eis fahrenden Schiff verursacht werden (Abb. 5). Auch die Rotation der gebrochenen Schollen ist in diesem Teilmodell enthalten. Der entstehende hydrodynamische Druck und die Beschleunigungskräfte, die zum Widerstand beitragen, sind eingeschlossen. Nach heutiger Kenntnis umfassen die in dem Teilmodell zu beschreibenden Phänomene 60 bis 80% des Gesamtwiderstandes eines Schiffes im ebenen Eis. Zusätzlich beeinflußt der Brechvorgang an der Konstruktionswasserlinie die späteren Teile des Eisbrechprozesses durch Bestimmung der Größe und Form der am Schiffskörper gleitenden Eisschollen.

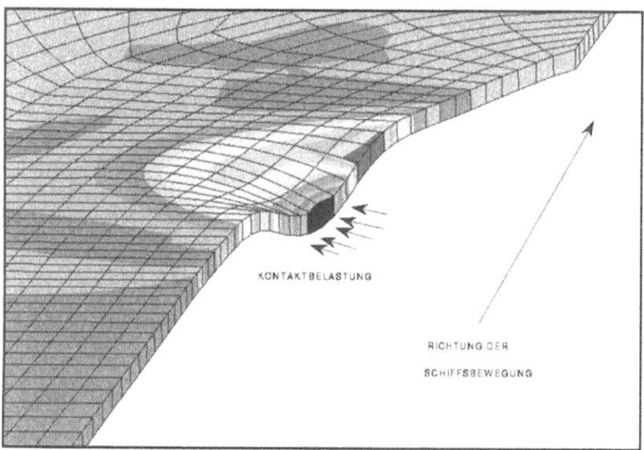

Abb. 5: Hauptspannungsverteilung [auf der Eisdecke an der Seite des Schiffes. Eisdicke 0.4 m, Schiffsgeschwindigkeit 6 kn. Belastungsdauer 0.07 s.

Die angewandte Theorie basiert auf der Annahme der instationären Potentialströmung zusammen mit einer relativ komplizierten Randbedingung an der Eis-Wasseroberfläche. Das numerische Modell besteht aus zwei Teilen: dem Verhalten der schwimmenden Eisdecke vor und nach dem Biegebruch in der Eisdecke. Vor dem Bruch ist die Durchbiegung sehr klein, und die Randbedingungen an der Eis-Wasseroberfläche werden am Bezugsort der Eisplatte erfüllt. Nach dem Bruch wird die Durchbiegung groß, und die Randbedingungen werden am Ort der unbekannten Eisscholle-Wasseroberfläche erfüllt.

Es wird eine Euler-Lagrange-Formulierung zusammen mit einer zeitabhängigen Koordinatentransformation angewandt, um die finite Bewegung der sich drehenden Eisschollen zu modellieren. Die kinematische und die dynamische Randbedingung an der Eis-Wasseroberfläche werden zusammen mit einem Prädiktor-Korrektor-Verfahren benutzt, um die

Lösung mit zunehmender Zeit zu ermitteln. Die dynamische Oberflächenbedingung tritt in die Lösung der Feldgleichung als eine Dirichlet-Bedingung ein. Finite Differenzen zusammen mit randangepaßten Koordinaten werden benutzt, um die Feldgleichung im sich verändernden physikalischen Flüssigkeitsraum mit dem Mehrgitterverfahren für jeden Zeitschritt zu lösen.

Die Bewegung des fahrenden Schiffes wird den ganzen Eisbrechprozeß hindurch als stationär angenommen. Eine nichtlineare Belastungsfunktion modelliert die aus der Vorausfahrt des Schiffes und der Durchbiegung der Eisplatte resultierende Kontaktkraft. Das Verhalten der schwimmenden Eisdecke und der gebrochenen Eisscholle kann bis zu dem Zeitpunkt berechnet werden, an dem das Schiff die Länge der gebrochenen Eisscholle zurückgelegt hat. Bis zu diesem Moment hat sich die Eisscholle in eine Position parallel zum Bug des Schiffes gedreht. Danach beginnt ein neuer Eisbrechzyklus.

Teil 2 umfaßt die Entwicklung eines numerischen Modells der Bewegung der am Schiffskörper entlang gleitenden gebrochenen Schollen, die hauptsächlich durch Trägheit, Auftrieb und Reibung zum Widerstand beitragen (Abb. 6). Diese Phänomene umfassen etwa 20 bis 40% des Gesamtwiderstandes im ebenen Eis. Zusätzlich ist diese Untersuchung wichtig für die Erfassung der Eismengen, die zur Interaktion mit dem Propeller führen und den Propeller-Wirkungsgrad beeinflussen.

Die Bewegung der Schollen wird aus einer Kombination von Impulsgleichungen für den Stoß und gewöhnlichen Impulsgleichungen berechnet. Dafür wird angenommen, daß die Schollenform bekannt ist und die Stöße annähernd plastisch sind.

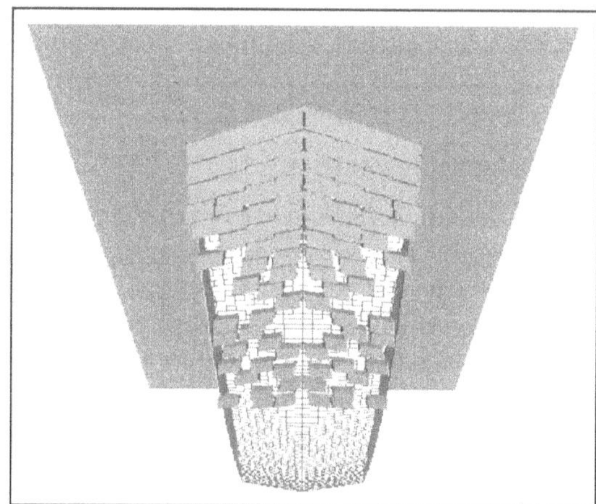

Abb. 6: Berechnete Bewegung der Eisschollen unter einer vereinfachten Eisbrecherform. Eisdicke 1.0 m, Schiffsgeschwindigkeit 8.7 kn.

Die Impulsgleichungen für den Stoß werden zur Korrektur der Geschwindigkeiten bzw. Drehgeschwindigkeiten der Schollen am Anfang jedes Zeitschrittes angewendet. Die Kraftstöße bzw. die Momente der Kraftstöße verursachen eine endliche Änderung der Geschwindigkeiten bzw. Drehgeschwindigkeiten. Alle Stöße sind schief-exzentrisch. Die Beschleunigungen und Drehbeschleunigungen werden aus dem Schwerpunkt- und dem Drallsatz gewonnen. Die Laufbahnen der Schollen werden durch doppelte Integration der Beschleunigung berechnet. Der von den Schollen verursachte Widerstand errechnet sich aus der normalen und der tangentialen Kontaktkraft. Dabei ist es nicht notwendig, die Kräfte zwischen den Schollen zu bestimmen. Das Verfahren führt wegen der Anwendung der Stoßhypothese von Newton immer auf lineare Gleichungssysteme, die numerisch schnell lösbar sind.

Modellversuche haben in bestimmten Bereichen des Rumpfes einen deutlichen, mit der Geschwindigkeit wachsenden Unterdruck zwischen Rumpf und einzelnen Schollen gezeigt [22]. Zusätzlich entsteht unterhalb der Schollen im Bugbereich ein positiver hydrodynamischer Druck.

Durch diese Druckunterschiede werden die Schollen gegen den Rumpf gedrückt, wodurch die normalen Kontaktkräfte zwischen den Schollen und der Außenhaut vergrößert werden. Die tangentiale Reibungskraft wächst auch und folglich auch der Schiffswiderstand. Für die genaue Bestimmung des Widerstandes ist es daher erforderlich, das dynamische Druckfeld um die Schollen zu berechnen.

Das numerische Modell zur Bestimmung des Druckfelds um die Schollen nimmt eine inkompressible und reibungsfreie Flüssigkeit und rotationsfreie Strömung an, um die hydrodynamischen Kräfte und Momente zwischen den Schollen zu bestimmen. Diese instationäre Strömung mit bewegten Rändern wird auf der Basis eines Panelverfahrens berechnet.

3.4 Zukunftperspektiven

In den bereits abgearbeiteten Forschungsvorhaben wurde gezeigt, daß numerische Berechnungen
(1) des Eisbrechprozesses vor einem modernen Eisbrecherbug an der Wasserlinie und
(2) der Bewegung der gebrochenen Eisschollen unter dem Schiff

durchführbar sind. Bisher haben die Berechnungen und Versuchsergebnisse gute Korrelation gezeigt. Die Probefahrt des Eisbrechers KAPITAN SOROKIN im Mai 1991 bot die Gelegenheit zur Beobachtung des Eisbrechprozesses in der Natur und zu Messungen der Länge der gebrochenen Eisschollen am

Bug des Schiffes. Die Fotos, Videoaufnahmen und Meßdaten haben bei der Verifizierung der numerischen Entwicklungen sehr geholfen [23].

Die erste Anwendung des Programmteils 1 zur Lösung praktischer Probleme fand im Winter 1998 statt. Es wurden Eisbelastungen an Schiffen bei Fahrt in verschiedenen Eisverhältnissen berechnet [24]. Die Korrelation zwischen berechneten und gemessenen Belastungen im ebenen Eis ist sehr zufriedenstellend. Mit dem numerischen Modell kann die Abhängigkeit der Kraftspitzen von Schiffsgeschwindigkeit, Eisdicke und Eisfestigkeit gut modelliert werden [25]. Zur Anwendung des Programms im Bereich Schiffswiderstand muß weitere Entwicklungsarbeit geleistet werden.

Im Teil 2 des Vorhabens sind ausführliche Messungen mit segmentierten Modellen im Eis durchgeführt worden. Der bereits vermutete, aber bisher nirgendwo anders gemessene Effekt des reduzierten dynamischen Drucks zwischen dem Schiffskörper und den entlang dem Schiffskörper gleitenden gebrochenen Eisschollen konnte in den Versuchen erstmals gezeigt werden. Der Widerstand des eisbrechenden Schiffes wird durch diesen Effekt bedeutend beeinflußt. Die Probefahrt des Schadstoffunfallbekämpfungsschiffes NEUWERK im März 1999 bot die Möglichkeit, die hydrodynamischen Drücke zwischen der Außenhaut des Schiffes und der unter dem Schiff gleitenden Eisschollen zu messen. Diese Messungen werden über den reduzierten dynamischen Drucks in der Großausführung weitere wertvolle Kenntnisse für die Weiterentwicklung des Pro-gramms geben.

Die bisherigen Ergebnisse zeigen, daß die numerische Vorhersage des Schiffswiderstandes und der Propeller-Eis-Wechselwirkung eines im ebenen Eis fahrenden Schiffes realistische Ziele sind. Im Vergleich zu Berechnungen sind Modellversuche im Eistank teuer, die Ergebnisse zeigen hohe Streuung, und die Genauigkeit der Widerstandsvorhersage ist gewöhnlich nicht besser als ±15%. Aus diesen Gründen werden brauchbare numerische Methoden attraktiv.

4. Zukünftige Entwicklungsschwerpunkte

4.1 Der Nördliche Seeweg – Öl aus der russischen Arktis

Die im Auftrage des Bundesverkehrsministeriums 1994 von der HSVA durchgeführte Studie über die technische und wirtschaftliche Möglichkeit der Nutzung des Nördlichen Seeweges [26] zeigte, daß der westliche Teil des Nördlichen Seeweges bereits heute ganzjährig mit Unterstützung der sehr starken russischen Atomeisbrecher von eisgehenden Handelsschiffen befahren wird. Auch ein Transit von Europa nach Fernost ist technisch ganzjährig möglich, aber mit derzeitiger Technologie nach westlichem Standard noch nicht wirtschaftlich. Es wird auch dargelegt, auf welchen Gebieten noch Entwicklungsarbeit nötig ist, um diese Wirtschaftlichkeit zu erreichen. Wichtiger als ein Transitverkehrs nach Fernost wird aber der Transport von Kohlenwasserstoffen aus dem nordwestlichen Sibirien zu sehen sein, wo Ölgesellschaften für den Abtransport von Öl und Gaskondensat Tanker einer Pipeline vorziehen.

Die EU hat dieses Thema aufgegriffen und im Rahmen des Projektes ‚Arctic Demonstration and Exploratory Voyage' ARCDEV den gegenwärtigen Stand des Transportsystems dokumentiert, indem 1998 ein eisbrechender Tanker aus dem Ob-Mündungsgebiet mit Unterstützung von Eisbrechern Gaskondensat nach Westeuropa abtransportiert hat. Diese Reise wurde von über 50 Wissenschaftlern vornehmlich aus Rußland, Finnland und Deutschland begleitet. Das Ergebnis bestätigt die Schlußfolgerungen der BMV-Studie, zeigt aber auch, welche technologischen Entwicklungen für den wirtschaftlichen Transport von Öl aus der Arktis notwendig sind.

4.2 Kompetenz-Zentrum POLARTECHNIK

Das BMBF hat vorgeschlagen, die in Deutschland vorhandenen Kapazitäten in der Polarforschung, der Polartechnik und der industriellen Anwendung in einem virtuellen Kompetenz-Zentrum POLAR-TECHNIK zusammenzuführen. Das Ministerium hat dem Verfasser die Aufgabe übertragen, dies zunächst für die Entwicklung eines Marinen Transportsystems für die Arktis zu koordinieren.

Dazu gehören neben der Wirtschaftlichkeitsbetrachtung Technologiebereiche wie
- Eisbrechtechnik/Schiffstechnik
- Hafen- und Umschlagtechnik
- Vorhersage der Eisverhältnisse
- Routenplanung
- Umweltschutz
- Navigation, Schiffsbetrieb
- Belastung von Bauwerken durch Treibeis

Derzeit wird mit einer Reihe von Werften, Reedereien, Ölgesellschaften, Ingenieurbüros, Forschungsinstitutionen und Universitätsinstituten ein entsprechendes Forschungs- und Entwicklungsprogramm erarbeitet, das vom BMBF gefördert werden soll. An diesem Projekt sollen auch ausländische Anwender und Forschungseinrichtungen in Rußland teilnehmen.

5. Schlußbetrachtung

Es ist zu erwarten, daß die Bedeutung der numerischen Eistechnik zunehmen wird, wenn die Form eisbrechender Schiffe optimiert oder Eiskräfte auf Bauwerke berechnet werden sollen. Man wird aber auf Versuche in Modell und Großausführung nicht verzichten können. Daher wird man nicht nur die numerischen Verfahren, sondern auch die Versuchstechnik weiterentwicklen müssen, um die Genauigkeit der Vorhersage zu erhöhen. Die in den letzten 20 Jahren eindrucksvolle Entwicklung eisbrechender Schiffe, was Schiffsform, Antriebs- und Manövrieranlagen betrifft, wird fortschreiten. In der HSVA sind die Voraussetzungen für eine Mitwirkung vorhanden. Die Entwicklungen werden sich aber nicht nur auf das eisbrechende Schiff beschränken, sondern zunehmend das ganze Transportsystem betrachten, wie dies im Kompetenzzentrum POLAR-TECHNIK mit der Entwicklung des marinen Transportsystems für die Arktis bereits geschieht. Mit dieser Systementwicklung erweitert sich auch das Betätigungsfeld einer Schiffbau-Versuchsanstalt. Systementwicklung fordert die Bereitschaft der einzelnen Partner aus den unterschiedlichen Technologiebereichen sowie aus Forschung und Anwendung zur partnerschaftlichen Kooperation auf nationaler und internationaler Ebene. Dieser Weg wird auch vom BMBF empfohlen, um die vorhandenen Potentiale der Grundlagenforschung, der Technologieentwicklung und der industriellen Anwendung für die Entwicklung neuer Produkte zu nutzen.

6. Schrifttum

1 EVERS, K.-U.; JOCHMANN, P.: An Advanced Technique to Improve the Mechanical Properties of Model Ice Developed at the HSVA Ice Tank. 12th Intern. Conf. on Port and Ocean Eng. under Arctic Conditions, Hamburg, 1993.

2 HÄUSLER, F.U.: Beitrag zur Ermittlung der Kräfte beim Eisbrechen unter besonderer Berücksichtigung der Anisotropie des Eises und seiner Versagenseigenschaften unter mehrachsiger Beanspruchung. Institut für Schiffbau Hamburg, Bericht Nr. 494, 1989.

3 SCHWARZ, J.: Low Level Ice Forces. IAHR Working Group on Ice Forces on Structures. 12th Intern. Symp. on Ice, Trondheim, 1994.

4 SCHWARZ, J.: Validation of Low Level Ice Forces. IAHR Symp., Potsdam, NY, 1998.

5 HIRAYAMA, K.; SCHWARZ, J.; WU, H.-C.: Model techniques for the investigation of ice forces on structures. 2nd Conf. on Port and Ocean Engineering under Arctic Conditions, Reykjavik, 1973.

6 WESSELS, E.; JOCHMANN, P.: Model - Full Scale Correlation of Ice Forces on a Jacket Platform in Bohai Bay. 9th Intern. Conf. on Port

and Ocean Engineering under Arctic Conditions, St. John's, 1991.

7 FITZPATRICK, J.: State of the Art of Bottom-Founded Arctic Steel Structures. Canadian Marine Drilling, Calgary, Alberta, 1994.

8 SCHWARZ, J.; KLOPPENBURG, M.: Widerstandsverhältnis zwischen Modell und Großausführung eisbrechender Schiffe. HSVA-Bericht E 82/76, 1976.

9 SCHWARZ, J.; JOCHMANN, P.: Untersuchungen systematisch veränderter Vorschiffsformen für eisbrechende Schiffe. HSVA-Bericht E 96/78, 1978.

10 SCHWARZ, J.; MÜLLER, L.: Eisbrechtechnische Expedition mit PFS POLARSTERN - Ziele und erste Ergebnisse. BMFT-Statusseminar - Entwicklungen in der Schiffstechnik, Hamburg, 1985.

11 SCHWARZ, J.; WILCKENS, H.; FREITAS, A.: Entwicklungsarbeiten an dem Thyssen-Waas-Eisbrecherkonzept in Modell und Großausführung. Jahrbuch der STG, Band 76, 1982

12 KLINGE, F.; HELLMANN, J.-H.: Conversion and Icebreaking Performance of the Soviet Icebreaker KAPITAN SOROKIN. 9th Int. Conf. on Port and Ocean Engineering under Arctic Conditions, St. John's, 1991.

13 RUPP, K.-H.; HELLMANN, J.-H.: Entwicklung eisbrechender Schiffsformen in der HSVA. "Hansa", No. 5, 1993, pp. 25-32.

14 Personal Communications

15 RUPP, K.-H.; SCHULZ, U.: Besonderheiten beim Entwurf eines eisbrechenden Öltankers für die Arktisregion. Jahrbuch der STG , Band 93, 1999.

16 GEHL, S.; SCHULTE, G.: Icebreaking Tanker for Arctic Regions. Unveröff. Bericht, 1999.

17 RUPP, K.-H.: Eisbrechende Fahrzeuge und deren Einsatzmöglichkeiten bei Eisbedeckung. Mitteilungsblatt der Bundesanstalt für Wasserbau, Nr. 79, 1998, pp. 59-75.

18 VALANTO, P.: On the Components of Resistance Encountered by Ships Operating in Level Ice in the Continuous Mode of Icebreaking. NA299 Individual Research, University of California, Berkeley. Unveröff., Juni 1986.

19 VALANTO, P.: Experimental and Theoretical Investigation of the Icebreaking Cycle in Two Dimensions. PhD-Dissertation, University of California, Berkeley, August 1989.

20 VARSTA, P.: On the Mechanics of Ice Load on Ships in Level Ice in the Baltic Sea. Doctoral thesis Helsinki University of Technology. Technical Research Centre of Finland, Publications No. 11, Espoo, 1983.

21 LIUKKONEN, S.: Friction Panel Measurements in Full-Scale and Model-Scale Icebreaking Ship Tests. 7th Intern. Conf. on Offshore Mechanics and Arctic Engineering OMAE, Houston, Februar 1988.

22 PUNTIGLIANO, F.: On the Ship Resistance under the Design Waterline in the Continuous Mode of Icebreaking in Level Ice. 15th Offshore Mechanics and Arctic Engineering Symposium, Yokohama, Japan, April 1997.

23 VALANTO, P.: Investigation of the Icebreaking Pattern at the Bow of the Ib Kapitan Sorokin on the Yenisei River Estuary in May 1991.13 th Offshore Mechanics and Arctic Engineering Symposium, Glasgow, Juni 1993.

24 VALANTO, P.; PUNTIGLIANO, F.: Grenztragfähigkeit. HSVA-Bericht CFD 5/98, 1998.

25 VALANTO, P.: A Calculation of the Ice Loads on DWL of the Swedish Coast Guard Ship KBV-181 and Corresponding Measurements with the MS Uisko. 15th Intern. Conf. on Port and Ocean Engineering under Arctic Conditions, Helsinki, August 1999.

26 SCHWARZ, J.: The Northern Sea Route. Jahrbuch der STG, Band 87, 1993.

Herausforderungen und Innovationen der Meerestechnik

Challenges and Innovations in Ocean Engineering

Prof.Dr.-Ing. **Günther F. Clauss**, Institut für Schiffs- und Meerestechnik, Technische Universität Berlin

Summary. 50 years of Ocean Engineering - the paper presents marine Wonders of the World - offshore structures in extremely harsh environment and deep water, designed to highest technological, economical and ecological standards. German shipyards and subcontractors contributed to this success, especially during the heydays of the North Sea at the end of the seventies. Research and development in special areas stands out for the competitive capacity of the German marine industry, national towing tanks and research institutes.

1. Einleitung

In seinem Werk 'De mundi miraculis' beschreibt der griechische Mechaniker Philon von Byzanz ca. 200 v. Chr. neben den ägyptischen Pyramiden, den hängenden Gärten der Semiramis, dem Tempel der Artemis in Ephesus, dem von Phidias geschaffenen Zeus von Olympia und dem Mausoleum zu Halikarnassos auch zwei Seebauwerke, den Leuchtturm bei Alexandria und den Koloß von Rhodos. Gut zwei Jahrtausende später - rechtzeitig zum 100-jährigen Jubiläum der STG - hat die meerestechnische Industrie Weltwunder hervorgebracht, die sich mit den antiken 'miraculi' messen können. Abb. 1 dokumentiert, wie meerestechnische Konstruktionen im Laufe der vergangenen 50 Jahre die Weltmeere bis zu Wassertiefen von 2.000 m eroberten [7, 8, 17]. Zur Erschließung der Erdöl- und Erdgaslagerstätten wurden
- Lagerstätten bis 2.800 m Wassertiefe erschlossen (Golf von Mexiko - deepest licensed lock, 1997)
- Explorationsbohrungen in 2.354 m tiefem Wasser niedergebracht (Chevron/Global Marine-Glomar Explorer - Atwater Valley, 1998)
- Unterwasserkomplettierungen in 1.615 m (Mensa, Shell, 1997), 1.709 m (South Marlim, Petrobras, 1998) und 1.853 m (Roncador, Petrobas, 1999)

installiert [5, 19, 24, 36].

Zur Erdöl- und Erdgasgewinnung wurden
- Stahlplattformen (Bullwinkle, 412 m) [17]
- Betonplattformen (Troll-Gas, 303 m) [39]
- flexible Turmplattformen (Petronius, 535 m)
- zugspannungsverankerte Halbtaucher (Ursa, 1.188 m) [6, 41]
- SPAR-Bojen (Genesis, 793 m) [38]
- Produktionshalbtaucher (Petrobras P 18, 910 m)
- Produktionsschiffe (Petrobras-Floating Production and Offloading System South Marlim, 1.420 m)

eingesetzt [47, 40, 46, 32, 44].

Fast unbemerkt hat sich - weit vor den Küsten der Kontinente - eine Revolution der maritimen Bau- und Konstruktionstechnik unter erschwerten Umweltbedingungen vollzogen [17].

- Bei Wellenhöhen von mehr als 30 m sowie Windgeschwindigkeiten über 200 km/h erfahren die Plattformen Horizontalkräfte, die etwa zehnmal größer sind als bei terrestrischen Bauwerken. Da ihr Angriffspunkt in der Nähe der Wasseroberfläche liegt, führt dies auf extreme Kippmomente, die durch Verankerung im Untergrund aufzunehmen sind. Die Belastungen sind zyklisch. Für die Dimensionierung der Bauteile sind also sowohl extreme Spitzenlasten als auch Betriebsfestigkeitsaspekte zu beachten, um Ermüdungsbrüche zu meiden.

- Die Standfestigkeit der Konstruktionen ist bei Stahlplattformen (jackets) mit 20 bis 40 Pfählen gesichert, die - bei Durchmessern von 2 bis 3 m - bis zu 150 m tief in den Meeresboden gerammt werden. Betonplattformen erreichen in der Regel bereits auf Grund des Eigengewichts eine ausreichende Stabilität. 4 bis 5 m tief reichende Schürzen an deren Fundament, dringen bis in die tragende Bodenschicht ein, wobei sie durch Bodenströmungen bedingte Erosionen verhindern. Im Sonderfall der Gullfaks-C-Plattform liegt die für die Stabilität der Struktur erforderliche Eindringtiefe der Schürzen erstmals bei 22 m, bei der Troll-Gasplattform sogar bei 36 m.

- Im Gegensatz zu Bauwerken an Land, vor deren Errichtung ein aufwendiges Fundament - meist aus Beton - vor Ort angelegt wird, müssen meerestechnische Konstruktionen in der Regel weit von ihrem Einsatzort gefertigt werden. Bei Betonplattformen ist das Fundament voll integriert, so daß diese nach dem Schleppen zur Lokation ohne weitere Vorbereitung unmittelbar abgesetzt werden können.

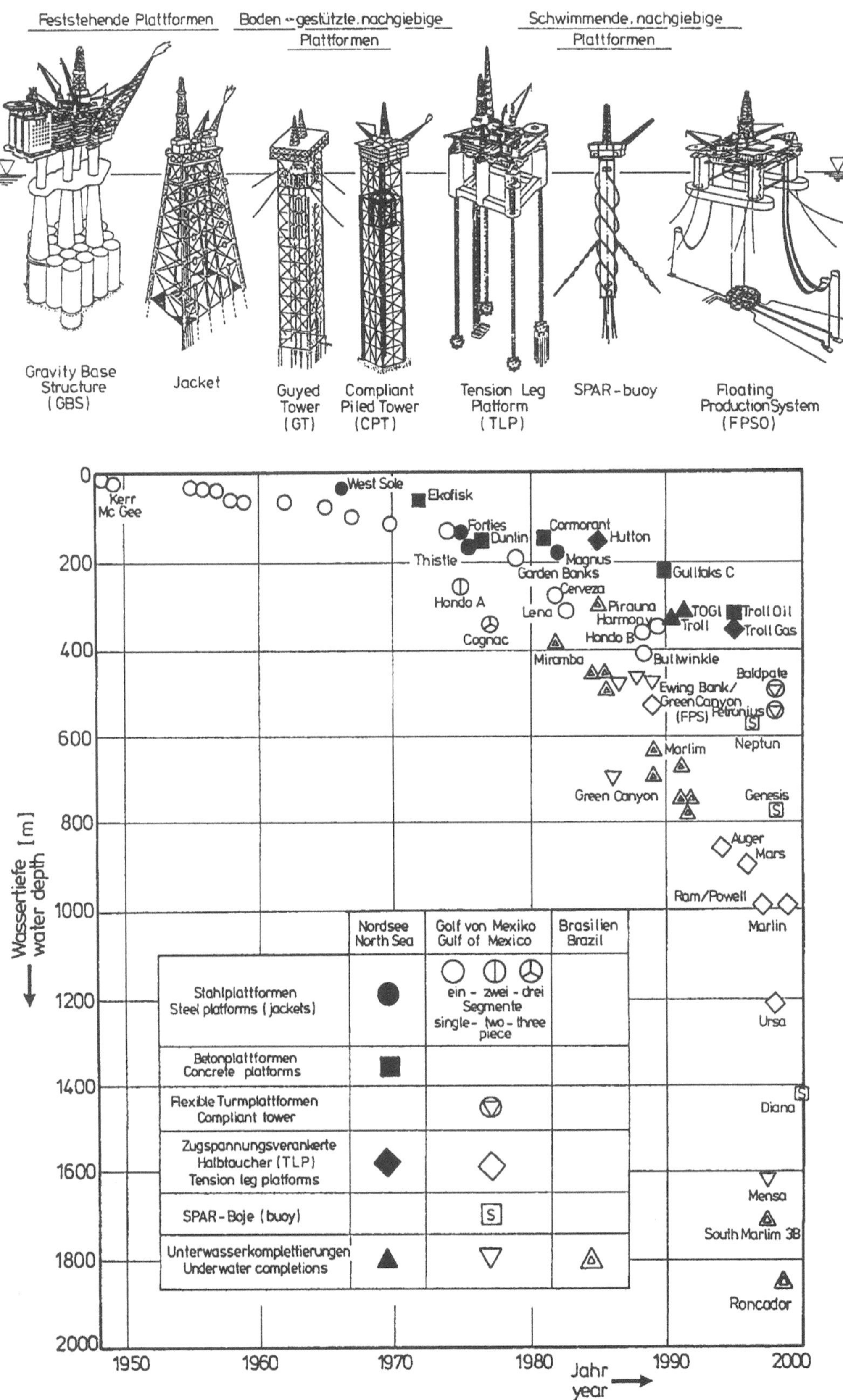

Abb. 1: Offshore-Produktionsanlagen: Grenztiefen (Offshore platforms and underwater completions)

- Bei Stahlplattformen ist die Gründung mit tief einzuschlagenden Pfählen so weit vorbereitet, daß die Bodenfixierung mit leistungsfähigen Rammvorrichtungen während kurzer Phasen günstigen Wetters erfolgen kann. Als weitere Besonderheit folgt hieraus, daß meerestechnische Konstruktionen bei Installation, oft auch bei Fertigung und Transit zur Lokation, schwimmfähig sein müssen, selbst wenn es sich im Betrieb um fest gegründete Plattformen handelt.

- Systemimmanent für Offshore-Konstruktionen ist das Arbeiten mit explosiven, brennbaren Medien wie Erdöl und Ergas, die unter hohem Druck stehen und im Vergleich zu Meerwasser erheblich höhere Temperaturen haben, so daß neben den bisher vorgestellten Belastungen Beiträge zu berücksichtigen sind, die von Kriecherscheinungen und thermischen Spannungen herrühren. Ferner sind katastrophale Ereignisse wie Explosionen und Feuer, Schiffskollisionen sowie Tragwerksversagen, u.U. mit der Folge des Auseinanderbrechens der Konstruktion zu berücksichtigen.

- Das Medium Wasser eröffnet die Möglichkeit, Gewichtskräfte teilweise oder vollständig durch den Auftrieb geschickt angeordneter Strukturelemente zu kompensieren. Die große statische Auftriebskraft in Wasser, im Vergleich zu Luft um den Faktor 800 höher, ermöglicht sogar die Konzeption extrem schwerer Konstruktionen, die - ähnlich Fesselballons - am Meeresboden pendelnd befestigt sind.

	Nördl. Nordsee	Golf v. Mexiko	Brasilien Campos Basin
100-Jahres-Sturm max. Wellenhöhe zugeordn. Periode	31 m 14 – 18 s	22 m 12 – 15 s	8,4 m 11 s
1-Jahres-Som.-Sturm max. Wellenhöhe zugeordn. Periode	14 m 9 – 11 s	weniger rauh als Nordsee	
Größte Strömungs-Geschwindigkeit An der Oberfläche Am Meeresboden	1,5 m/s 0,75 m/s	0,26 m/s stetig Mississippi-D. starke Ström. Erdrutschgef.	2,5 m/s 1,0 m/s
Höchste Windge-Schwindigkeit	41 m/s für 10 min. 10 m über Meeressp.	45 m/s Dauergeschwindigkeit	46 m/s

Tab. 1: Vergleich extremer Umweltdaten (Comparison of extreme environmental criteria)

Die Vielfalt der unter diesen Bedingungen gebauten meerestechnischen Konstruktionen ist regional durch unterschiedliche Umweltbedingungen vorgezeichnet: Wie Tabelle 1 zeigt, sind höchste Seegangsbelastungen in der Nordsee zu erwarten. Zusätzlich sind hier Betriebsfestigkeitsaspekte einzubeziehen - die Nordsee gilt als größte "`Ermüdungsmaschine'" der Welt. Im Golf von Mexiko

sind die großen Wassertiefen systembestimmend - hier finden sich die höchsten Strukturen der Welt.

Noch größere Wassertiefen weist der Offshorebereich Brasiliens auf. Da der Meeresboden hier jedoch steil abfällt, erfolgt die Erdölgewinnung über Unterwasserkomplettierungen, die mit schwimmenden Produktionsplattformen oder festen Plattformen in geringerer Wassertiefe verbunden sind. Sonderkonstruktionen sind schließlich für arktische Lokationen erforderlich, da hier Eislasten sowie Kollisionen mit Eisbergen entwurfsbestimmend sind.

2. Feststehende Stahl- und Betonplattformen – die letzten Dinosaurier der Offshore-Technik?

Abb. 2 zeigt die Entwicklung der pfahlgegründeten Stahlplattformen. Mit 492 m ist die Bullwinkle-Ölproduktionsplattform die höchste feste Offshore-Struktur der Welt und überragt sogar eines der höchsten Gebäude an Land, den Sears-Tower in Chicago, um 50 m. Das Jacket besitzt zehn Hauptstützen sowie einen Fundamentrahmen mit vertikalen Führungsrohren für Peripheriepfähle. Zwei Mittelstützen laufen parallel und dienen als Gleitschienen für den Stapellauf von einer speziell hierfür konzipierten Barge, 260 m lang und 63 m breit, mit einer 60 m langen Kippvorrichtung am Heck. Auf Lokation wurde die Plattform nach ihrem Stapellauf mit einem Schwimmkran aufgerichtet und auf dem Meeresboden abgesetzt. Im Anschluß hieran wurden Pfähle (Durchmesser D = 1.83 m) durch die Plattformhauptstützen bis zu Tiefen von ca. 135 m gerammt. Mit zusätzlichen Peripheriepfählen (Durchmesser 2.13 m), die bis zur Oberkante der Bodensektion reichen, werden so die mit den Seegangsbelastungen variierenden Wechselkräfte in verschiedene Ebenen der Konstruktion eingeleitet. Mit Fundamentabmessungen von 122 x 145 m hat die Bullwinkle-Plattform Grenzabmessungen für den Fertigungsprozeß erreicht. Da die Außenrahmen der Struktur abschnittsweise gefertigt und dann, in die Vertikale gedreht, mit dem nächsten Rahmenteil verschweißt werden, hängt die maximale Baugröße von der verfügbaren Kranhöhe und -kapazität ab. Hinzu kommt, daß bei noch größeren Wassertiefen die Biegeresonanzschwingung der entsprechend höheren Struktur auf 5 bis 6 s wächst, und damit schwer beherrschbare Seegangsbeanspruchungen zu erwarten sind.

Als Alternative zu feststehenden Stahlplattformen wurden insbesondere für Lagerstätten in der Nordsee feststehende Betonplattformen mit Schwerkraftgründung entwickelt. Abb. 3 zeigt die beiden gewaltigsten Strukturen, die GULLFAKS C und die TROLL-Gas-Plattform.

- Mit einem Transportgewicht von 1,5 Mio. t und einer Höhe von 380 m ist die GULLFAKS-C-Plattform das schwerste bisher von Menschen bewegte Objekt. Wie Abb. 3 zeigt, werden die Fundamente solcher Stahlbetonstrukturen in einem riesigen Trockendock gefertigt und dann in einen Fjord großer Wassertiefe geschleppt, wo Caissons und Säulen in Gleitschalung hochgezogen werden. Hierauf wird das Bauwerk auf großen Tiefgang gebracht und das separat gefertigte Stahldeck mit Pontons über der Struktur eingeschwommen und durch Deballastieren der Unterkonstruktion aufgesetzt. Mit voller Ausrüstung tritt die Plattform dann die über 100 km lange Schleppfahrt zur Lokation an, wo sie durch Fluten der Caissons abgesetzt wird. Hierbei dringen die Betonschürzen des Fundaments 22 m tief in den Meersgrund ein [17].

- Mit 472 m Gesamthöhe ist die Troll-Plattform erheblich größer, selbst wenn die Verdrängung

während des Ausschwimmens "nur" bei 1 Mio t liegt. Fundament- und Decksgewicht von Troll-Gas sind niedriger, weil sich anders als bei der Ölplattform Gullfaks C Produktionsprozesse in den 65 km entfernten landseitigen Raffineriekomplex Kollsnes auslagern lassen. Um die Stabilität sowie die Tiefgangsbeschränkungen beim Ausschleppen zu gewährleisten - 227 m dürfen nicht überschritten werden - wurde auf halber Höhe ein versteifender Querriegel integriert. Mit zehn Schleppern wurde Troll-Gas von ihrem Bauplatz im Tiefwasserfjord nahe Stavanger auf ihre Lokation 80 km nordwestlich Bergen verbracht und dort abgesetzt, wobei die Fundamentschürzen 36 m tief in den Meeresboden eindringen. 50 Jahre werden täglich ca. 80 Mio. Kubikmeter Erdgas über 40 Standrohre aus der 1.400 m unter dem Meeresboden liegenden Lagerstätte gefördert - insgesamt 1,3 Billionen Kubikmeter - und über 350 m tief liegende Pipelines nach Kollsnes transportiert, von wo das aufbereitete Gas über untermeerische Nordseeleitungen nach Emden und Zeebrügge in das Europäische Netz eingespeist wird. Allein aus dem Troll-Feld wird Europas Gasbedarf im Jahre 2010 zu 25% gedeckt [1].

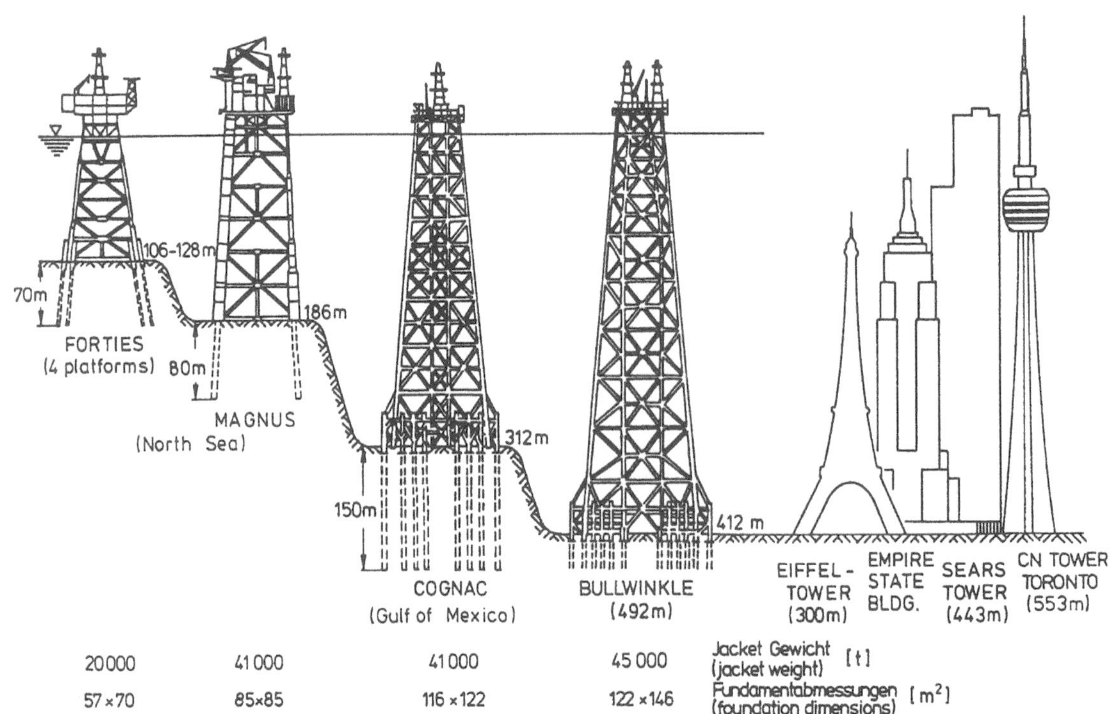

Abb. 2: Pfahlgegründete Stahlplattformen (Pile fixed jackets)

Zweifelsohne sind die Stahlplattformen Magnus in der Nordsee und Bullwinkle im Golf von Mexiko sowie die Nordsee-Betonplattform Gullfaks C und Troll-Gas die gewaltigsten Bauwerke der Welt, eindrucksvoll wie "Tyrannosaurus Rex". Ihre Größe korrespondiert mit der riesigen Förderkapazität

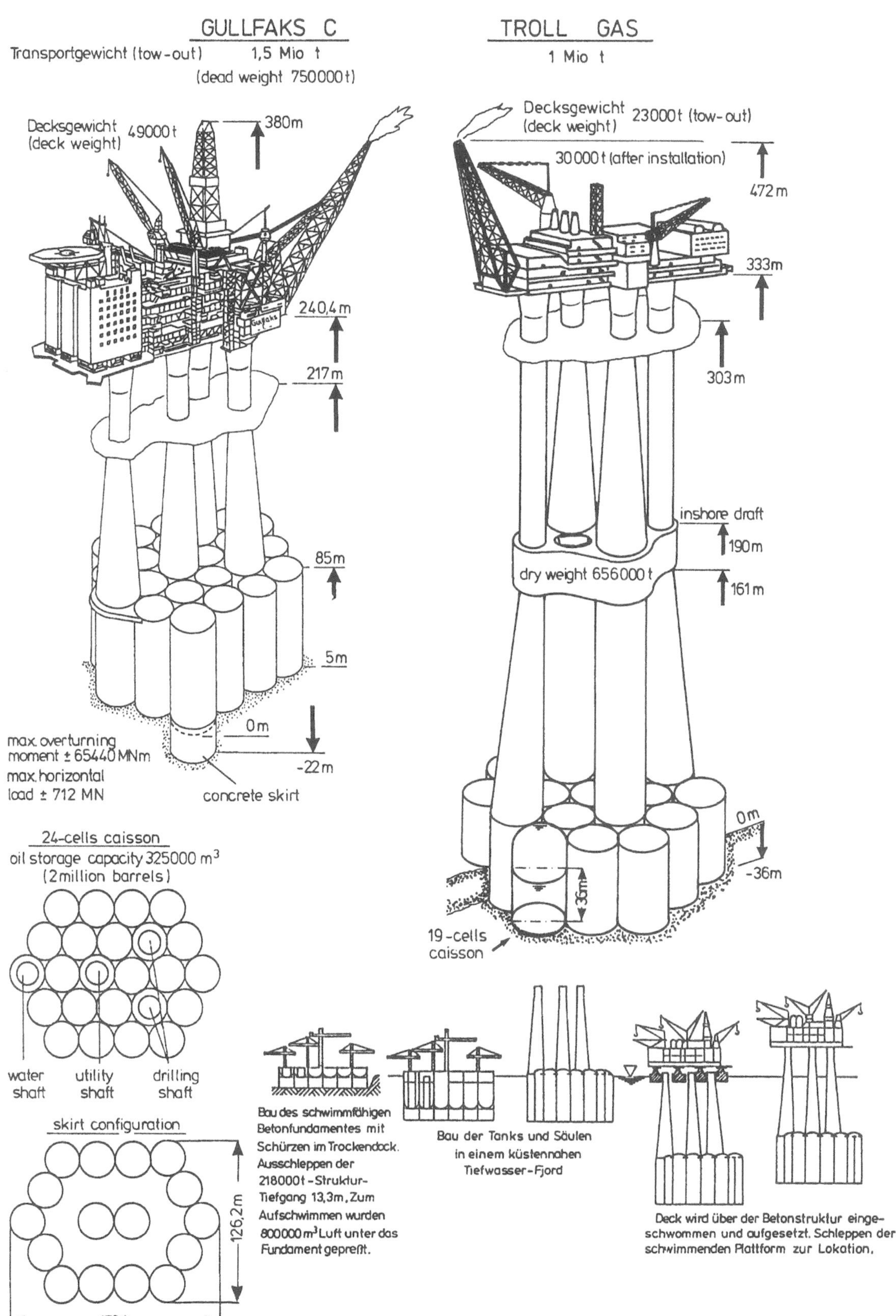

Abb. 3: Stahlbetonplattformen Gullfaks C und Troll-Gas (North Sea Concrete Gravity Base Structures)

seltener, extrem großer Offshore-Lagerstätten, und damit werden sie auch Unikate bleiben. Auch für arktische Bedingungen ist für große Offshore-Ölfelder der Einsatz einzelner, speziell konzipierter Produktionsplattformen optimal, wie HIBERNIA für die Grand Banks, 310 km südöstlich vor St. Johns auf Neufundland - eine 450.000 t Stahlplattform mit einem eisbrechenden Schutzwall, der auch driftenden Eisbergen standhalten muß (Abb. 4) [23].

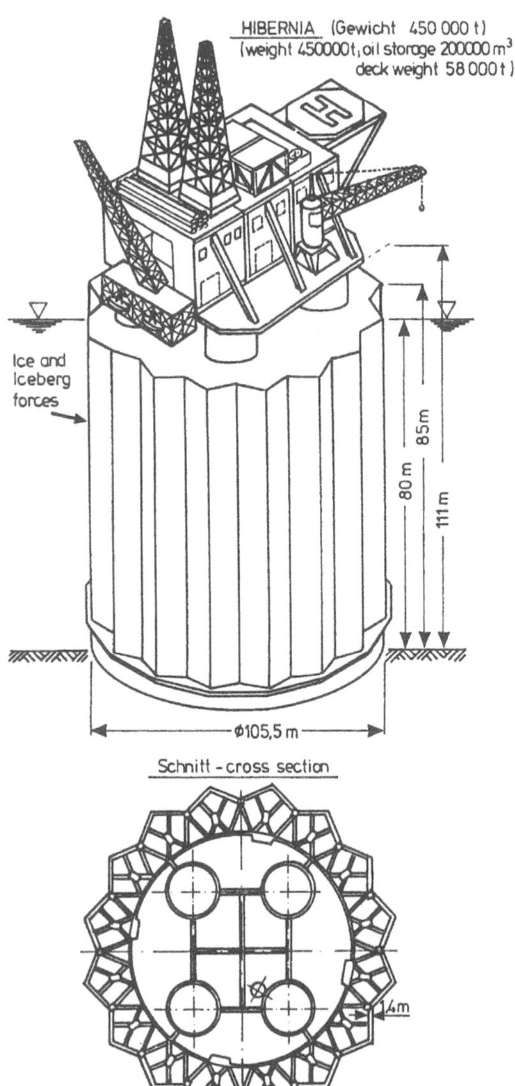

Abb. 4: Arktis-Betonplattform HIBERNIA, Grand Banks (Concrete Gravity Base Structure)

Sind Stahl- und Betonplattformen somit eine aussterbende Spezies? Dies ist klar zu verneinen! Mit weit über 5.000 Stahlplattformen unterschiedlichster Bauart sind diese Strukturen die erfolgreichste Klasse der Offshore-Bauwerke. In Zukunft werden Kleinplattformen aus Stahl und Beton zunehmend für marginale Felder zum Einsatz kommen, wobei modularer, standardisierter Serienfertigung wachsende Bedeutung zukommt. Abb. 5 zeigt Minimalplattformen, wobei die Forschungsplattform Nordsee als Hybridplattform mit Betonfundament und Stahlstruktur eine Sonderstellung einnimmt [17, 31]. Auch für Tiefwasserlokationen haben die vergangenen zehn Jahre überraschende Neuentwicklungen von Stahlplattformen ergeben. Zwar hatten starre Strukturen mit 400 bis 450 m Bauhöhe ihre Grenzeinsatztiefe erreicht, da Biegeresonanzschwingungen von 5 bis 6 s im Bereich signifikanter Seegangsenergie schwer zu beherrschen sind. Nachgiebige Konstruktionen haben sich jedoch als Zukunftskonzepte für große Meerestiefen erwiesen: Was sich biegt, kann nicht brechen.

3. Bodengestützte, nachgiebige Plattformen – grazile Giganten der Offshore-Technik

Um Resonanzkatastrophen schwach gedämpfter Strukturen im Seegang auszuschließen, müssen Eigenfrequenzen außerhalb des Erregerspektrums liegen, d.h. niedriger als 5 Sekunden oder höher als 20 Sekunden sein. Physikalisch läßt sich der oben geschilderte Sachverhalt aus der Bewegungsdifferentialgleichung ableiten: Die aus der Bewegung des schwimmenden Systems folgende Gesamtkraft, d.h. die Summe aus Massenkraft (Masse x Beschleunigung), Dämpfungskraft (Dämpfungskoeffizient x Geschwindigkeit) und Rückstellkraft (Rückstellkoeffizient x Auslenkung) steht im Gleichgewicht mit der Erregerkraft, die als harmonische Wellenkraft darstellbar ist:

$$m\ddot{s} + b\dot{s} + cs = F_a \cdot sin(\omega t)$$

Die Erregerkraft folgt aus der Seegangsbelastung und damit aus der Wellenbewegung. Dieser regellose Vorgang läßt sich als zufällige Überlagerung einer Vielzahl harmonischer Einzelwellen darstellen, die sich mit unterschiedlicher Höhe, Ausbreitungsrichtung und -geschwindigkeit superponieren, so daß das beobachtete Wellenfeld aufgrund seiner ständigen Veränderung chaotisch erscheint. Der geniale Ansatz, den irregulären Seegang in seine periodischen Komponenten zu zerlegen und jeder dieser harmonischen Elementarwellen entsprechend ihrer Höhe eine definierte Energie zuzuordnen, führt zu dem Ergebnis, daß sich die Gesamtenergie des Seegangs nicht ändert, wie unterschiedlich er sich auch durch zufällige Überlagerungen der einzelnen Komponenten manifestiert.

Auch die Seegangswirkung, d.h. die aus der Wellenbewegung folgende Erregerkraft, läßt sich als Überlagerung harmonischer Elementarwellen be-

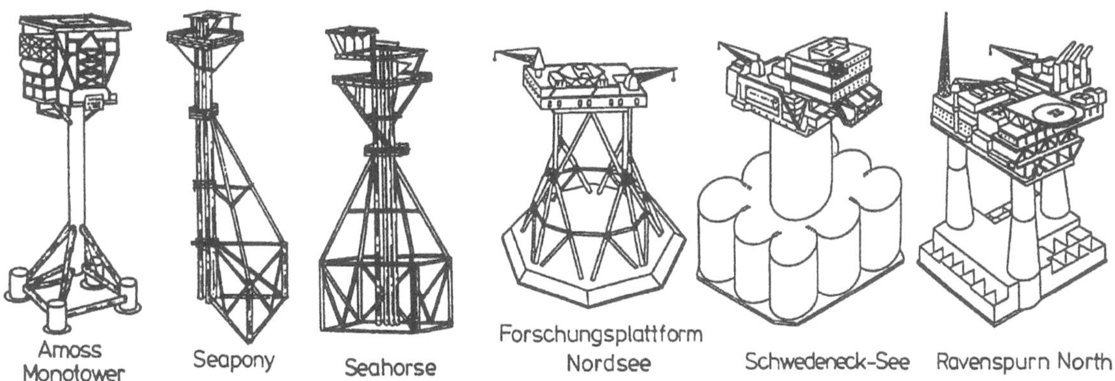

Abb. 5: Minimalplattformen aus Stahl und Beton (Minimum platforms)

schreiben, da sich die Wirkungen der Wellenbewegung für jede einzelne Komponente frequenzabhängig darstellen lassen. Unter der Wirkung sol cher harmonischer Seegangskraftkomponenten wird sich die Struktur periodisch bewegen. Im allgemeinen ist zwischen Bewegungsablauf und Kraft eine Phasenverschiebung zu erwarten, d.h. die höchste Auslenkung tritt nicht simultan mit der Maximalkraft auf. Für das ungedämpfte System er-gibt sich die harmonische Bewegung

$$s = \frac{F_a \cdot sin(\omega t)}{c - m\omega^2}$$

mit den Grenzfällen

• niedrige Eigenfrequenzen:

$$s = \frac{F_a}{c} \cdot sin(\omega t)$$

d.h. die resultierende Bewegung ist in Phase mit der Erregung, da die Rückstellkräfte dominieren,

• und hohe Erregerfrequenzen:

$$s = -\frac{F_a}{m\omega^2} \cdot sin(\omega t)$$

d.h. die resultierende Bewegung ist gegenphasig zur Erregerkraft, da die Massenkräfte dominieren.

Im Sonderfall bei der Resonanzfrequenz

$$\omega = \sqrt{c/m}$$

kompensieren sich Massen- und Rückstellkräfte, die Bewegung wächst unbegrenzt, sofern sie nicht gedämpft wird. Hohe Seegangskräfte sind in Bereichen großer Seegangsenergie zu erwarten. Welche Folgen dies für die Strukturbewegung hat, zeigt Abb. 6 schematisch für drei unterschiedliche Resonanzfrequenzen:

- Liegt die Resonanzfrequenz im hochfrequenten Bereich, wie bei feststehenden Stahlplattformen in geringen und mittleren Wassertiefen zu erwarten, so beobachten wir im Bereich hoher Seegangsenergie erzwungene Schwingungen

der Struktur. Die Resonanzbewegungen halten sich in Grenzen, da hier die Erregerkraft klein bleibt.

- Mit zunehmender Wassertiefe und Strukturgröße verringert sich die Rückstellkraft bei wachsender Masse. Beide Einflüsse führen zu einer Verschiebung der Resonanzfrequenz in Bereiche hoher Seegangsenergie mit katastrophalen Folgen für das Bewegungsverhalten, zumal sich links vom Resonanzmaximum Erreger- und Massenkräfte addieren, da Bewegung und Erregerkraft in Phase sind.

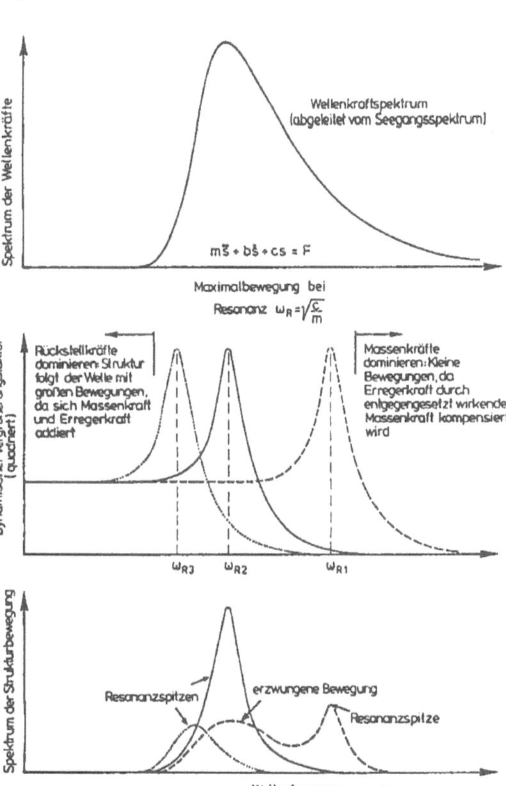

Abb. 6: Dynamik meerestechnischer Strukturen (Dynamics of offshore structures)

164

- Durch gezielte Reduktion der Rückstellkraft oder Erhöhung der Gesamtmasse läßt sich die Eigenfrequenz so drastisch reduzieren, daß der Bereich extremer Seegangsenergie übersprungen wird und sich die im niederfrequenten (langwelligen) Seegang auftretenden Resonanzbewegungen in akzeptablen Grenzen halten. Hiermit ist gleichzeitig der Vorteil verbunden, daß sich über den gesamten energieintensiven Bereich des Seegangs Erregerkräfte und Massenkräfte teilweise kompensieren, da die Bewegung gegenphasig zur Erregerkraft verläuft.

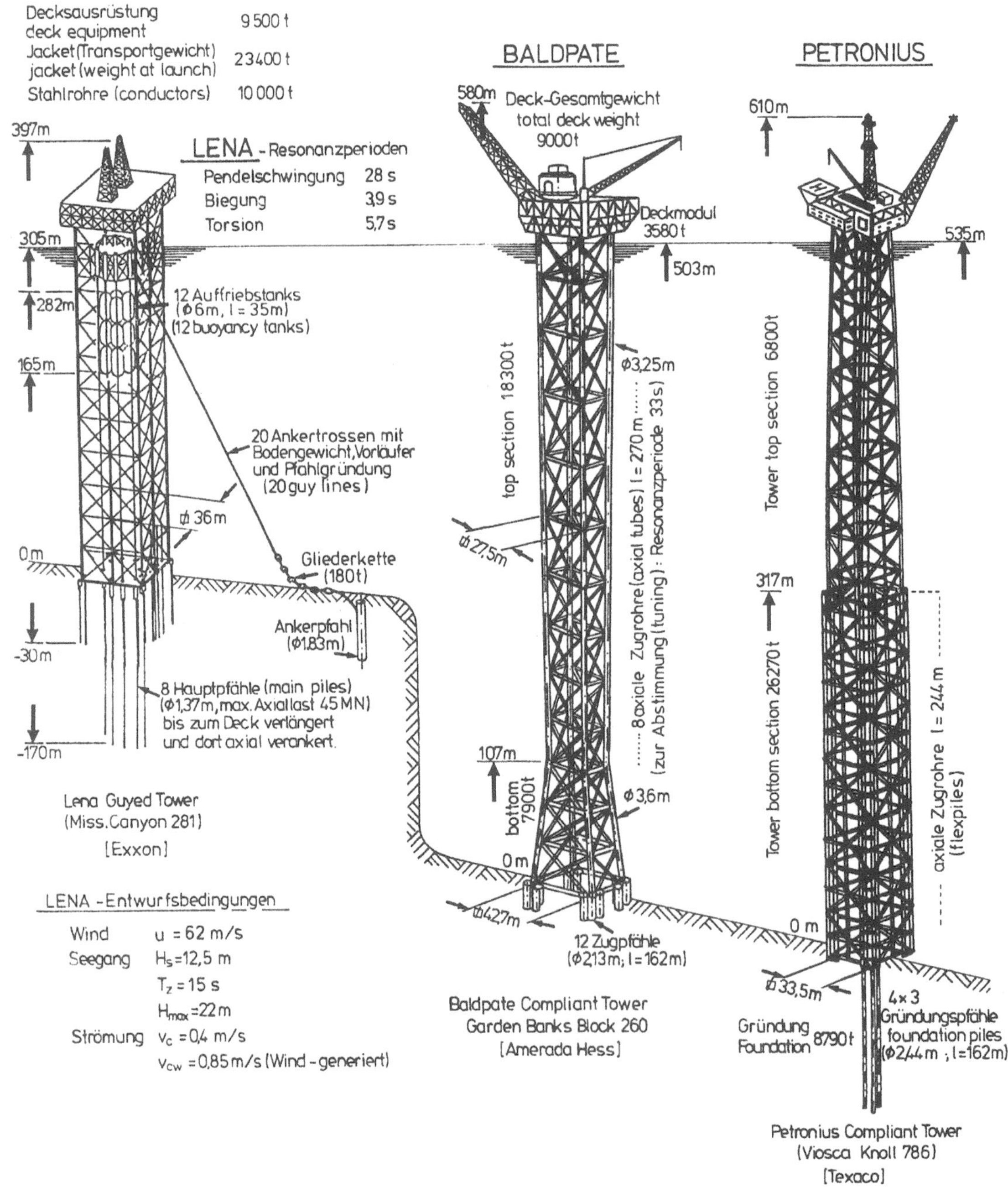

Abb. 7: Bodengestützte, nachgiebige Stahlplattformen (Guyed and compliant towers)

Unser kurzer Ausflug in die Dynamik meerestechnischer Konstruktionen zeigt, daß es eine Vielfalt konstruktiver Möglichkeiten gibt, auf dem Meeresboden stehende Produktionsplattformen zu optimieren. Abb. 7 zeigt bodengestützte, nachgiebige Plattformen, bei denen durch gezielte Reduktion der Steifigkeit und eine Optimierung der Massenverschiebung Pendelschwingungen im Bereich von 30 s erreicht wurden Im Vergleich zu den wuchtigen feststehenden Plattformen mit breitem Fundament und tiefgerammter starrer Pfahlgründung ist der schlanke, auf acht bis zum Deck verlängerten Hauptpfählen aufgeständerte LENA-Turm mit Auftriebstanks und Spreizverankerung eine elastische Struktur, die in extremem Seegang niederfrequent um seine Gleichgewichtslage schwingt. Die seilabgespannte Plattform hat den Vorteil, daß trotz großer Wassertiefe das hohe Plattformgewicht direkt auf den Meeresboden übertragen wird. Die Seegangsbelastungen sind erheblich geringer als bei festen Plattformen, da die Turmplattform leichter ist und nachgibt. Dabei werden geringere Bewegungen - auch Relativbewegungen in bezug auf die Bohrlochköpfe an Deck - in Kauf genommen. Das in einem weiten Umkreis sternförmig verspannte Verankerungssystem ist allerdings sehr aufwendig und kann zu Komplikationen bei Versorgungsoperationen führen [17].

Durch Strukturvereinfachungen und den Verzicht auf die Spreizverankerung lassen sich bedeutende Kosten einsparen, so daß sich mit dem Konzept der biegsamen Turmplattform hohe Zukunftserwartungen verbinden. Zwei ranke Riesen wurden 1997/98 im Golf von Mexiko installiert; mit 580 m bzw. 610 m überragen diese Strukturen alle Gebäude der Welt - selbst die 452 m hohen Petronas Twin Towers in Kuala Lumpur. Bei quadratischem Turmquerschnitt von 27,5 m bzw. 33,5 m Seitenlänge schwanken sie unmerklich in rauhesten Seegängen. Ihr dynamisches Verhalten wird durch ca. 250 m lange axiale Zugrohre im Inneren der Plattform so abgestimmt, daß die Resonanzperiode der Pendelschwingung mit 33 s weit außerhalb des energiereichen Seegangsspektrums liegt [18, 21].

4. Schwimmende Produktionssysteme mit Unterwasserkomplettierung

Strukturen wie die Bullwinkle-, Baldpate- und Petroniusplattform dokumentieren, daß die Offshore-Ölproduktion bereits zu beachtlichen Wassertiefen fortgeschritten ist. Für bodengestützte Strukturen sind hiermit offenbar Grenztiefen erreicht, da nicht nur Pendelschwingungen, sondern auch Biege- und Torsionsresonanzen schwer beherrschbar werden. Sind damit schon die technischen und wirtschaftlichen Grenzen erreicht? Auf der Grundlage existierender Produktionsanlagen gibt uns Abb. 1 eine Vorstellung vom derzeitigen Entwicklungsstand und zukünftigen Trend: Bisher sind feststehende Konstruktionen bis zu Wassertiefen von 535 m realisiert worden, wobei diese Tiefwasserstrukturen nur in den gemäßigten Regionen des Golfs von Mexiko gebaut wurden. In noch größeren Meerestiefen erfolgt die Ölgewinnung über

Unterwasserkomplettierungen, bei denen die Bohrlochköpfe mit Sicherheitsventilen sowie Steuer- und Regeleinrichtungen am Meeresboden installiert sind und von einer darüber schwimmenden Plattform oder von einer in geringer Wassertiefe installierten festen Plattform überwacht werden. Obwohl Überwasserkomplettierungen an Deck von Plattformen einfacher zu steuern und zu warten sind, werden Unterwasserkomplettierungen mittlerweile als sichere Standardeinrichtungen zur Erhöhung der Wirtschaftlichkeit von Offshore-Feldern eingesetzt. Wie Abb. 8 zeigt, dient die feste Plattform als logistisches Zentrum für einzelne oder in Gruppen zusammengefaßte Unterwasserkomplettierungen. Zur Wartung sind Spezialhalbtaucher im Einsatz.

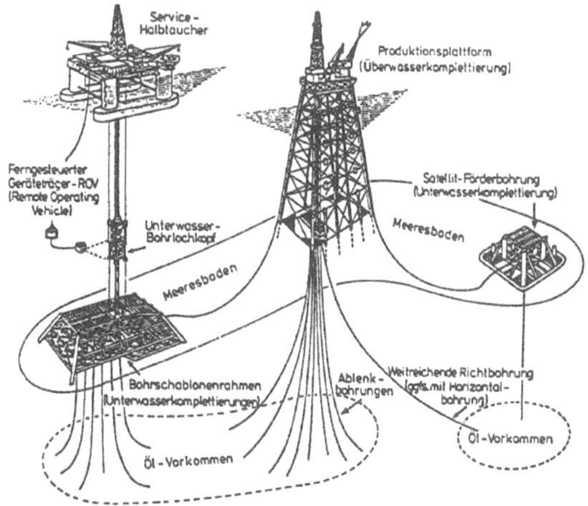

Abb. 8: Unterwasserkomplettierung als wirtschaftliche Erweiterung von Offshore-Produktionsanlagen (Offshore oil production options – surface and subseas completions

Bei noch größeren Wassertiefen sind Unterwasserkomplettierungen über flexible Riser mit schwimmenden Plattformen verbunden. Wie Abb. 9 am Beispiel des Nordseefeldes BALMORAL zeigt, lassen sich mehrere Unterwasserkomplettierungen in einem Bohrschablonenrahmen (template) zusammenfassen. Die Förderung erfolgt mit einem schwimmenden Produktionssystem über flexible Steigrohre (Riser). Wie unmittelbar zu erkennen, haben schwimmende Konstruktionen den Nachteil, daß sie neben den relativ problemlosen horizontalen Versetzungen im Seegang auch Vertikalbewegungen erfahren, so daß die fest mit dem Meeresboden verbundenen Steigrohre, die sog. Bohr- und Produktions-Riser, über Seegangsfolgeeinrichtungen mit der schwimmenden Plattform zu verbinden sind. Alternativ werden elastische Riser, oft in Verbindung mit speziellen Einpunktverankerungen eingesetzt, bei denen Ausgleichseinrichtungen ent-

166

fallen können. Schwimmende Systeme können hierbei an eine Unterwasserkomplettierung ankop- peln, wie dies in Abb. 9 für das erste Produktions- schiff PETROJARL 1 illustriert ist.

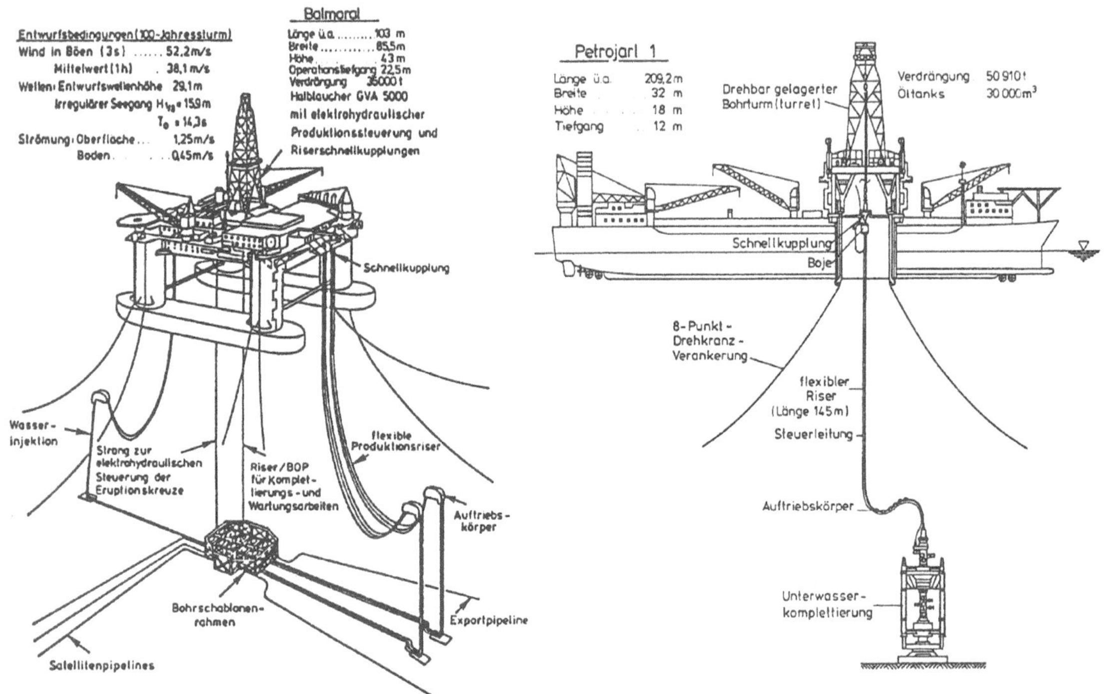

Abb. 9: Schwimmende Produktionssysteme mit Unterwasserkomplettierung (Semisubmersible- and ship-based floating production systems)

Schwimmende Offshore-Produktionssysteme (Floating Production, Storage and Offloading FPSO) werden bis zu großen Wassertiefen vor der Küste Brasiliens eingesetzt. Mit einer halbtaucher- gestützten Anlage erschließt Petrobras das Feld P18 in 910 m Wassertiefe, mit einem Produktions- schiff das South-Marlim-Feld in 1.420 m [3, 20, 43]

Auch im Atlantik, für die Felder Foinaven und Schiehallion sowie Clair westlich von Schottland, bei Wassertiefen bis 500 m, mit Windgeschwindig- keiten von 40 m/s, Strömungen um 4 kn und Ent- wurfswellenhöhen bis zu 32,7 m (Hs = 18 m) haben sich Produktionsschiffe als bestes Konzept erwie- sen [2, 26, 33]. Die hierfür entworfenen FPSO werden doppelschalig ausgeführt:

Foinaven: L = 240 m, B = 34 m, T = 13 m, Öltanks für 300.000 bbls = 47.700 m³, Wassertiefe 475 m - 10 Riser
Schiehallion: L = 230 , B = 45 m, T = 16 m, Öltanks für 900.000 bbls = 143.100 m³, Wassertiefe 375 m - 425 m - 14 Riser

Für die Öl- und Gasproduktion aus Tiefwasserre- gionen und marginalen Feldern sowie für Satelli- tenstationen in der Nähe erschlossener Mammut- felder hat sich die Technik der Unterwasserkom- plettierung hervorragend bewährt, wobei die Ent- wicklung flexibler Risersysteme viele Einsatzvari- anten schwimmender Produktionssysteme erst ermöglichte. Bei schwimmenden Produktionsanla- gen sind die Relativbewegungen zwischen den fest im Meeresboden fixierten Riserrohren und der bewegten Plattform zu kompensieren, was bis zu Doppelamplituden von 7.5 m möglich ist. Schiffe folgen der Wellenbewegung, so daß diese Grenz- bedingung schon bei mittelschwerem Seegang überschritten wird. Spezialkonstruktionen wie der in Abb. 9 gezeigte Halbtaucher weisen ein wesent- lich günstigeres Bewegungsverhalten auf, da sich durch Gliederung der Struktur in Säulen und voll- getauchte Körper die Seegangskräfte gegenseitig kompensieren. So bleiben die Erregerkräfte ver- gleichsweise gering, was bei den riesigen Massen dieser Strukturen zu sehr kleinen Bewegungen führt. Dies erklärt den Siegeszug des Halbtauchers mit Anwendungen als Schwimmkran, Rohrverlege- fahrzeug oder Bohrplattform, da der Betrieb auch in extremen Wetter- und Seegangsbedingungen störungsfrei möglich ist [17, 11, 9, 10].

Halbtaucher für Bohrbetrieb und Pipelineverlegung wurden in der 70er Jahren, den 'heydays of the North Sea', auch in Kiel und Hamburg gebaut, wie Abb. 10 zeigt [28, 29, 30]. Zukunftsweisende Konzepte aus diesen Jahren wie der Halbtaucher RS 35 mit geschlossenem Unterwasserring [11] waren Wegbereiter für Produktionsanlagen mit ringförmiger Unterwasserstruktur wie der Troll-Ölplattform, dem ersten Betonhalbtaucher mit einer Verdrängung von 192.000 t (Abb. 11) [42] sowie vielen zugspannungsverankerten Halbtauchern, die im folgenden Abschnitt vorgestellt werden.

Abb. 10: Werftaktivitäten bei Blohm+Voss 1976   (Shipyard Blohm+Voss in 1976)

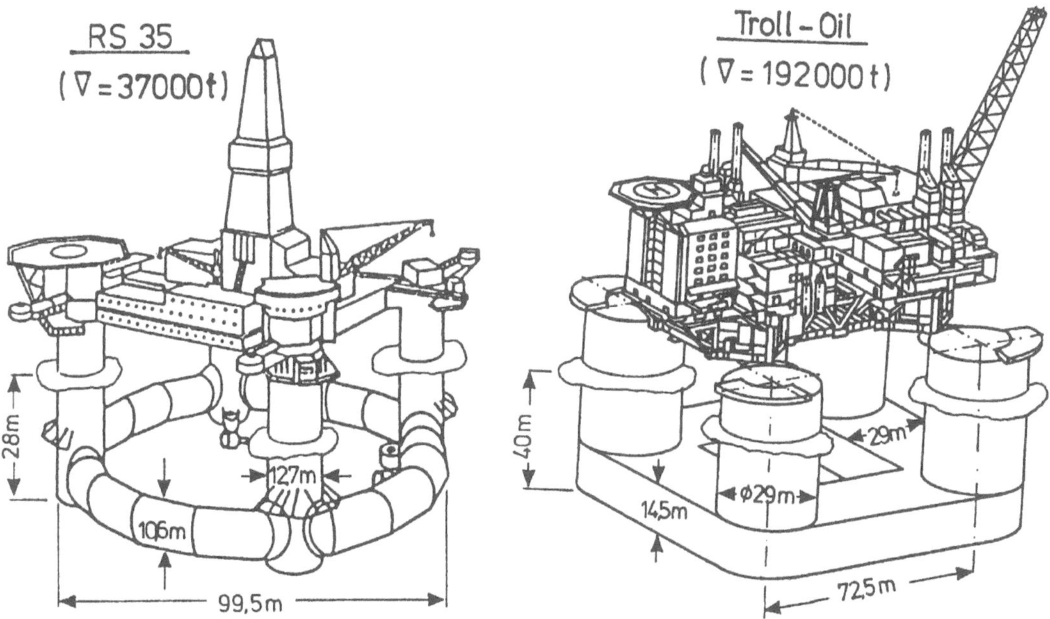

Abb. 11: Halbtaucher mit ringförmiger Unterwasserstruktur ERNO-RS 35 – TROLL-OIL 1995
(Ring shaped semisubmersibles)

5. Tension-Leg Plattformen (zugspannungsverankerte Halbtaucher)

Durch vertikale Zugspannungsverankerung lassen sich die günstigen Eigenschaften des Halbtauchers auch für die Ölproduktion in großen Wassertiefen nutzen. Wie Abb. 12 am Beispiel der Produktionsplattform JOLLIET zeigt, wird hier der zugspannungsverankerte Halbtaucher (TLP = Tension Leg Platform) durch bohrstrangähnliche Zugstangen unter die Wasseroberfläche gezogen, so daß selbst in tiefsten Wellentälern die Verspannung straff bleibt. Wie ein Fesselballon zerrt die Platform mit ca. 4.200 t an den pfahlgegründeten Fundamenten am Meeresboden und bewegt sich in horizontaler Schwimmlage pendelnd auf einer kreisbogenförmigen Bahn, wobei sich hohe Rückstellkräfte bei Auslenkung aus der Ruhelage ergeben. Die Produktionsriser reichen bis zum Plattformdeck, laufen also über den Ankersträngen in die Struktur ein. Bei Auslenkung der Plattform beschreiben diese Standrohre ebenfalls Kreisbögen, jedoch mit einem um 44 m größeren Radius als die Ankerstränge, so daß sie sich relativ zum Deck in vertikaler Richtung verschieben. Unter extremen Wetterbedingungen kann die mittlere Driftauslenkung bis zu 60 m betragen. Im 100-Jahres-Sturm folgen

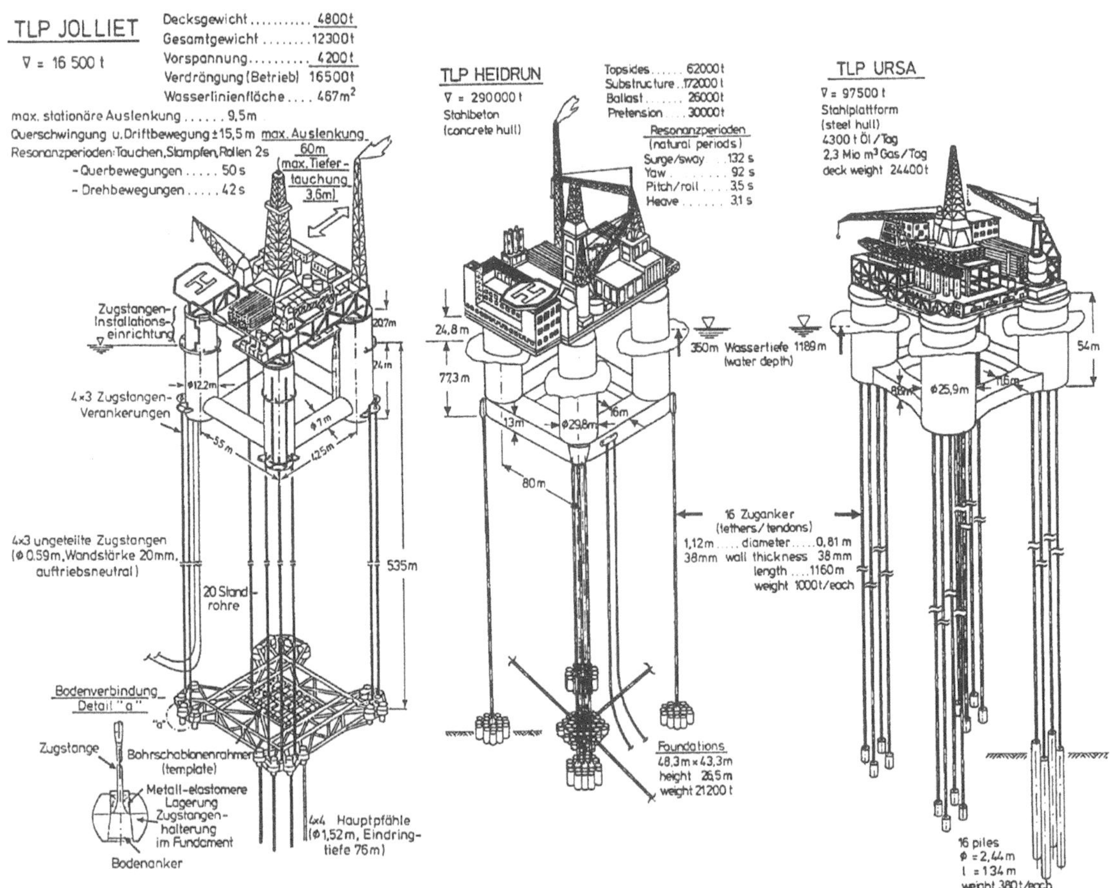

Abb. 12: Zugspannungsverankerte Halbtaucher (Tension Leg Plattforms)

vertikale Relativbewegungen der Standrohre von 0,28 m, die über Seegangsfolgeeinrichtungen zu kompensieren sind. Im Vergleich zu Vertikalbewegungen frei schwimmender Strukturen, deren Bohr- und Produktionsbetrieb durch übergroße Relativbewegungen zwischen Risern und Plattform zeitweise eingeschränkt werden muß, weist der zugspannungsverankerte Halbtaucher für die Ölproduktion aus großen Meerestiefen erhebliche Vorteile auf, zumal die Bohrlochköpfe mit zugehörigen Sicherungsschiebern (christmas tree) an Bord der Plattform, d.h. über Wasser, montiert sind. Mittlerweile sind neun Tension-Leg-Plattformen im Einsatz, u.a. die ebenfalls in Abb. 12 dargestellte gewaltige Beton-TLP Heidrun (Tiefgang 77,3 m, Verdrängung 290.000 t, Vorspannung 30.500 t) sowie die für die Wassertiefe von 1.188 m konzipierte Stahl-TLP URSA (Verdrängung 97.000 t) (Abb. 12) [6, 35].

6. SPAR-Bojen

Zwei Entwicklungslinien haben die Erschließung von Tiefwasserlagerstätten in den letzten Jahren geprägt:
- Zugspannungsverankerte Tension-Leg-Plattformen mit vorgespannten Förderrohren sowie Überwasserkomplettierungen
- Sternförmig verankerte Produktionsschiffe (FPSO) mit Unterwasserkomplettierungen.

Mit SPAR-Bojen zeichnet sich eine dritte Ent-

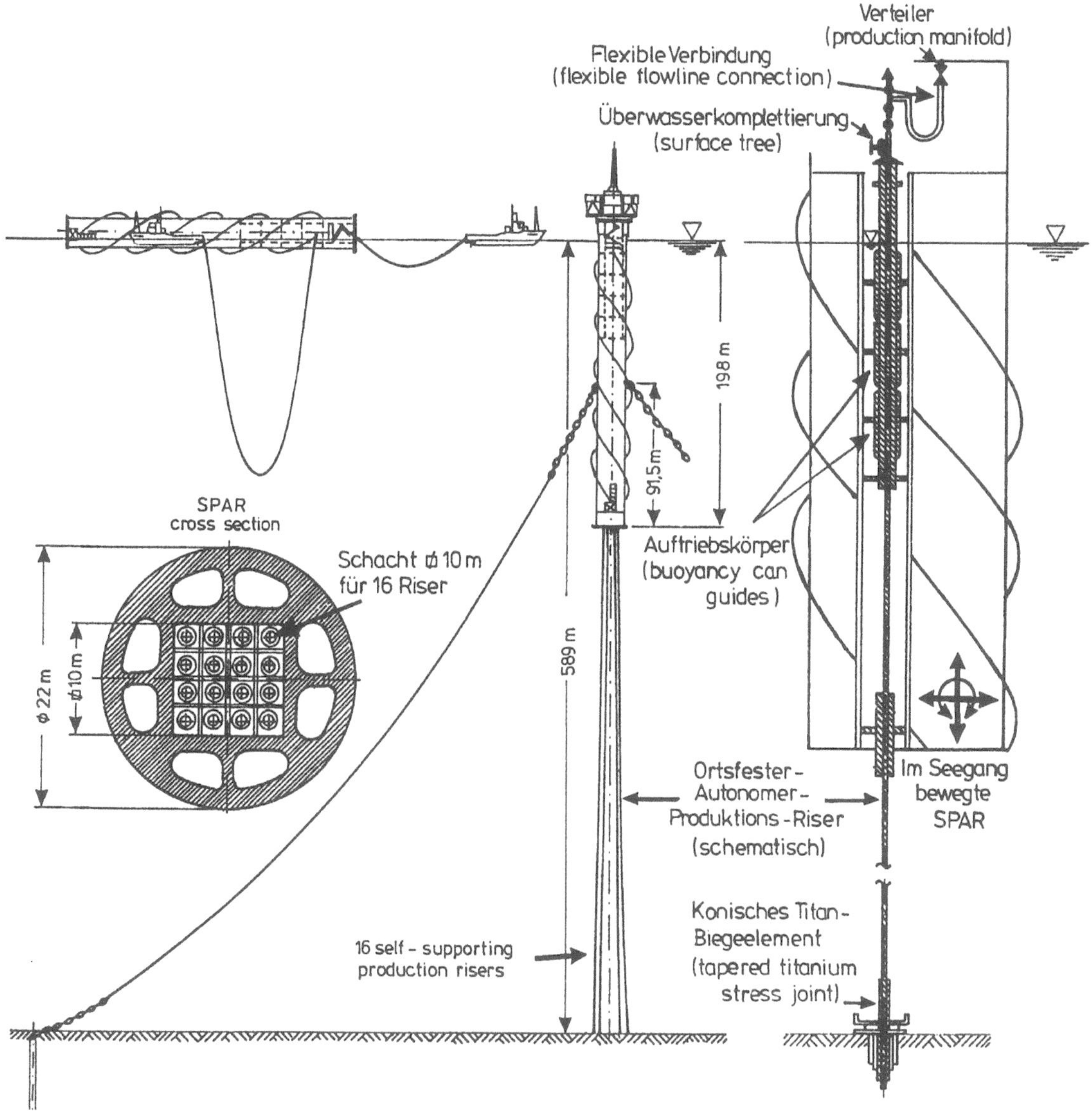

Abb. 13: SPAR-Boje NEPTUN (SPAR-buoy NEPTUN)

wicklungslinie ab. Wie Abb. 1 zeigt, sind zwei SPAR-Systeme bereits im Einsatz, weitere in Planung. Abb. 13 zeigt das Neptun-Projekt für eine Wassertiefe von knapp 600 m. Die gesamte Gewinnungseinrichtung ist in und auf einem vertikal verankerten Zylinder (Durchmesser 22 m, Tiefgang 198 m) installiert. 16 Produktionsriser führen vom Meeresboden in das Innere der SPAR, die über die Gesamtlänge einen offenen Zentralschacht von ca. 10 x 10 m aufweist. Wie Abb. 13 illustriert, ist jeder der 16 im Schacht aufschwimmenden Produktionsriser ein autonomes System mit Überwasserkomplettierung (surface tree), wobei die erforderliche Zugkraft durch integrierte Auftriebskörper generiert wird. Bei Seegangsbewegungen der Plattform ist das Risersystem im Inneren geführt und vertikal verschieblich. Mit Eigenfrequenzen für Transversal- und Nickschwingungen von 161 s bzw. 66 s sowie einer Tauchresonanzperiode von 28 s sind kaum Anregungen durch das Seegangsspektrum zu erwarten [22, 27].

7. Einsatzgrenzen von Offshore-Gewinnungssystemen

Lagerstättengröße, Wassertiefe und Umweltdaten sowie wirtschaftliche Kriterien definieren im wesentlichen die Auswahl und die Auslegung des Gewinnungssystems. Da gigantische Öl- und Gasvorkommen im Meer selten sind, werden gewaltige Stahl- und Betonplattformen wie Bullwinkle bzw. Troll-Gas die letzten Giganten des ausklingenden 20. Jahrhunderts bleiben - maritime Weltwunder oder die letzten Dinosaurier. Mit elastischen Turmplattformen sowie insbesondere mit Tension-Leg-Plattformen, SPAR-Bojen und schwimmenden Produktionssystemen (FPSO) wurden anpassungsfähige Konzepte entwickelt, deren Konzeption untrennbar mit der Riser- und Komplettierungstechnik verzahnt sind:

- über die Plattform oder durch Auftriebskörper verspannte Riser mit Überwasserkomplettierung auf Deckshöhe oder
- autonome Unterwasserkomplettierungen am Meeresboden.

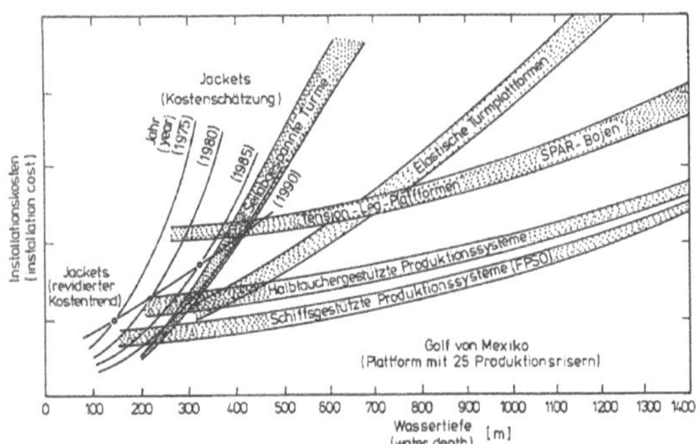

Abb. 14: Kostenschätzung für Produktionssysteme (Cost estimates for development systems)

In Abb. 14 wird der mutige Versuch unternommen, Trends der letzten 10 Jahre zu bewerten [17]. Das Diagramm, dessen Prognose sicherlich nur eine geringe Halbwertszeit hat, basiert auf Daten, die um 1990 für Wassertiefen bis 900 m veröffentlicht [34, 45, 25] und hier bis auf 1.400 m extrapoliert wurden. Für Jackets sind jeweils reale Kosten wie auch wassertiefenabhängige Kostenschätzungen für die Jahre 1975, 1980, 1985, 1990 angegeben. Deutlich ist zu erkennen, daß die jeweiligen Installationen in diesen Jahren - infolge von Erfahrungen und kreativen Neuentwicklungen - geringere Kostensteigerungen aufweisen, als die Prognosen befürchten ließen. Mit wachsenden Wassertiefen sind jedoch neue Konzepte gefragt - bodengestützte flexible Turmplattformen - sowie für extreme Meerestiefen TLP, SPAR-Bojen und schwimmende Produktionssysteme.

Gewaltig sind die Herausforderungen der Meerestechnik: Mit "Ingenium" und Kreativität, Erfahrung und unternehmerischem Wagemut schafft unsere Zunft - die Ingenieure - maritime Weltwunder, erfindet neue Konzepte und optimiert existierende Lösungen.

Einen Blick in die Zukunftswerkstatt gibt Abb. 15: Formoptimierungen, die mit automatisierten Optimierungsprogrammen in Verbindung mit hydrodynamischer Diffraktionsanalyse erzielt wurden [4, 14, 13]. Selbst für hydrodynamisch hoch entwickelte Konstruktionen wie den Zwei-Rumpf-Halbtaucher oder die von Maritime Tentech AS vorgestellte Großboje [37] ergeben sich beeindruckende Verbesserungen. Neue numerische Verfahren in Verbindung mit experimenteller Verifikation - einschließlich der gezielten Modellierung von Entwurfswellen im Seegang [15, 12, 16] - sowie flexible Fertigungsverfahren unter Einsatz verbesserter Werkstoffe werden auch in Zukunft zu überraschenden Neuentwicklungen in der Meerestechnik führen.

Bei der Forschungsförderung spielen DFG, BMBF, AIF sowie die EU eine herausragende Rolle. Hierbei geht es nicht allein um die Entwicklung neuer Verfahren und Produkte, sondern auch um die qualifizierte und praxisrelevante Ausbildung des wissenschaftlichen Nachwuchses an unseren Hochschulen für die maritime Industrie.

Daß auch die industrielle Meerestechnik in Deutschland neue Impulse erfährt, ist der Kooperation im europäischen Verbund zu verdanken. Halbtaucher (Kvaerner Warnow), SWATH-Schiffe (TNSW, A&R), Offshore-Komponenten (Aker MTW, Menck, Bornemann, Liebherr, Bentec, Bruker), Ölabschöpfsysteme (OHB, HDW-Nobiskrug, Lühring, JAFO) sowie spezielle Anlagen zur Pipelineverlegung (STN Atlas: Viking Piper, Solitaire) bzw. fortschrittliche Antriebe (Schottel-Siemens-Propulsor SSP, STN Atlas: Podded Propulsion System Dolphin). Lang und sicherlich unvollständig ist die Liste der bemerkenswerten Beispiele für Meerestechnikaktivitäten in Deutschland. Ingenieurgemeinschaften wie IMPaC, MECON, Schiffko und IMS sowie Germanischer Lloyd sind international im Offshoremarkt tätig; deutsche Öl- und Gasfirmen wie BEB, Ruhrgas, RWE-DEA, VEBA und Wintershall kooperieren in Offshorekonsortien oder betreiben Plattformen in der Nordsee (Mittelplate) und Ostsee (Schwedeneck). Selbst der VSM führt die Meerestechnik im Verbandsnamen.

Herausforderungen und Innovationen der Meerestechnik - atemberaubend ist die globale Entwicklung, eher bescheiden die gegenwärtige Situation in Deutschland. Aber schließlich war - wie Karl Valentin sagt - die Zukunft früher auch besser.

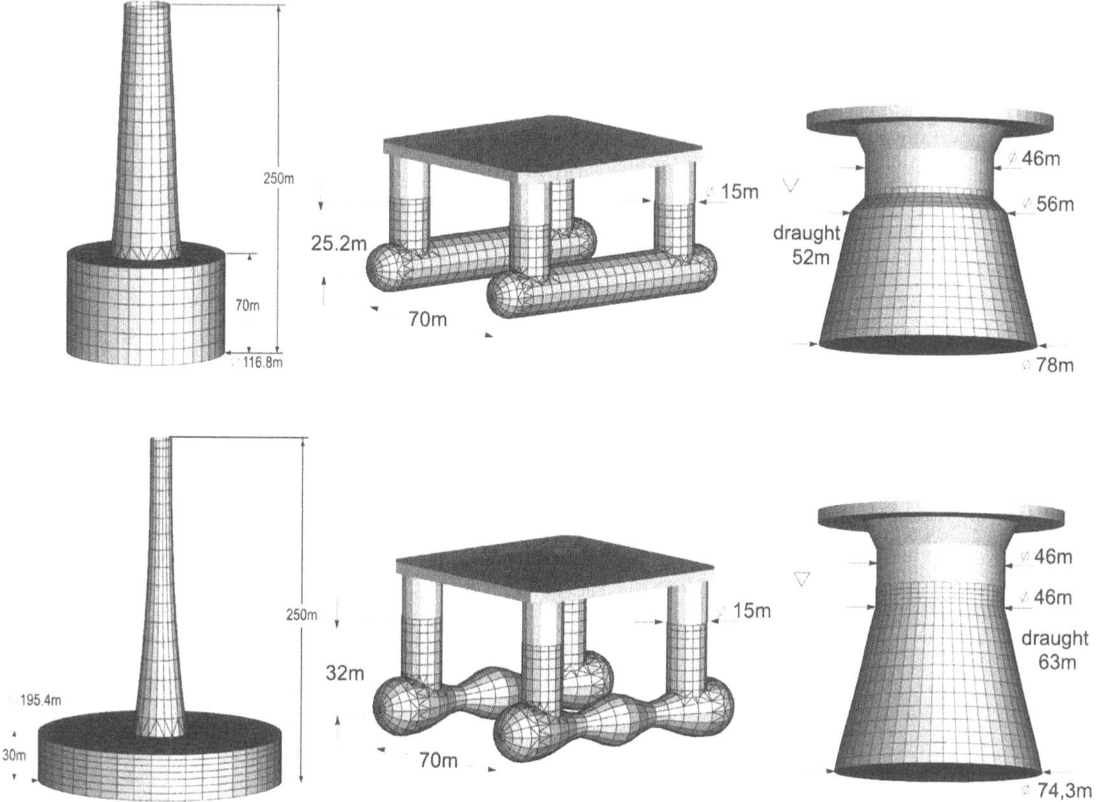

Abb. 15: Formoptimierung meerestechnischer Konstruktionen
(Form optimization of offshore structures)

8. Dank

Der Autor dankt Herrn Helmut Höhne (Zeichnungen) und Frau Dipl.-Ing. Katja Stutz (Manuskript) für die engagierte Unterstützung bei der Vorbereitung des Manuskripts.

9. Schrifttum

[1] Andenaes, E.; Skomedal, E.; Lindseth, S.: Installation of the Troll phase I gravity base platform. Offshore Technology Conf., Houston, 1996, 57-70. OTC 8122

[2] Ball, I.G.; Brookes, D.A.: Technical challenges of opening the Atlantic Frontier. Offshore Technology Conf., Houston, 1996. OTC 8031

[3] Bastos, B.L.: 20 years of drilling and completion experience in Campos Basin: A results review. Offshore Technology Conf., Houston, 1997. OTC 8488

[4] Birk, L.; Clauss, G.F.: Efficient development of innovative offshore structures. Offshore Technology Conf., Houston, 1999. OTC 10774.

[5] Bourgeois, T.M.; Godfrey, D.G.; Bailey, M.J.: Race on for deepwater acreage, 3500 meter depth capability. Offshore, October 1998, 40ff

[6] Chianis, J.; Poll, P.: Studies clear TLP cost, depth limit misconceptions. Offshore, July 1997, 42-44

[7] Clauss, G.F.: Entwicklungstendenzen der Offshoretechnik. Bauingenieur, 67, 1992, 447ff

[8] Clauss, G.F.: Theoretische und experimentelle Analyse meerestechnischer Konstruktionen. Jahrb. Schiffbaut. Ges., Band 87, 1993

[9] Clauss, G.F.: Offshore-Pipelineverlegung - State of the Art in Offshore-Pipelining. Jahrb. Schiffbaut. Ges., Band 88, 1994

[10] Clauss, G.F.; Riekert, T.; Coppens, I.A.: Einsatzgrenzen großer Offshore- Schwimmkrane. Jahrb. Schiffbaut. Ges., Band 84, 1990

[11] Clauss, G.F.: Multi-scale model tests with a ring-shaped semisubmersible. Offshore Technology Conf., Houston, 1978. OTC 3297

[12] Clauss, G.F.: Task-related wave groups for seakeeping tests or simulation of design storm waves. RealSea'98, Korea Res. Inst. of Ships and Ocean Eng. (KRISO), Taejon, 1998, 62-85

[13] Clauss, G.F.; Birk, L.: Hydrodynamic shape optimization of large offshore structures. Applied Ocean Research, 18, August 1996

[14] Clauss, G.F.; Birk, L.: Downtime minimization by optimum design of offshore structures. 7th PRADS, vol.11, September 1998, 1061-1070

[15] Clauss, G.F.; Kühnlein, W.L.: Seegangsversuchstechnik mit transienter Strukturanregung. Jahrb. Schiffbaut. Ges., Band 89, 1995

[16] Clauss, G.F.; Kühnlein, W.L.: Simulation of design storm wave conditions with tailored wave groups. 7th Int. Offshore and Polar Eng. Conf. ISOPE, Honolulu, 1997, 228-237

[17] Clauss, G.F.; Lehmann, E.; Östergaard, C.: Offshore Structures, vol. I: Conceptual Design and Hydrodynamics. Springer Verlag London, 1992

[18] Cottrill, A.: Baldpate lands in the limelight. Offshore Engineer, April 1998, 19-21

[19] DeLuca, M.: US Gulf deepwater discoveries slowing, but drilling steady. Offshore, August 1998, 47-54

[20] Formigli, J.; Porciuncula, S.: Campos Basin: 20 years of subsea and marine hardware evolution. Offshore Technology Conf., Houston, 1997

[21] Furlow, W.: Petronius faces delays. Offshore, December1998, 99

[22] Glanville, R.S.; Halkyard, J.E.; Davis, R.L.; Seen, A.; Frimm, F.: Neptun project: Spar history and design considerations. Offshore Technology Conf., Houston, 1997. OTC 8382

[23] Huynh, T.L.; Clark, W.J.; Luther, D.C.: Structu-ral design of the iceberg resistant HIBERNIA reinforced concrete GBS. Offshore Technology Conf., Houston, 1997, 379-395. OTC 8398

[24] Inglis, R.B.: Development concept selection for deep water fields. BOSS'97, 1997, 1-22

[25] Johnston, D.: Economic models - field development proposals require critical review of technical, economical merits. Offshore, December 1988, 42-44

[26] Kenison, R.C.; Hunt, C.V.: Why FPOs for the Atlantic Frontier. Offshore Technology Conf., Houston, 1996. OTC 8032

[27] Kocaman, A.; Verdin, E.; Toups, J.: Spar hull, mooring and topsides installation. Offshore Technology Conf., Houston, 1997. OTC 8385

[28] Kruppa, C.; Clauss, G.F.: West Germany - International Report - Offshore Technology. Ocean Industry, April 1975,109-116

[29] Kruppa, C.; Clauss, G.F.: Federal Republic of Germany: Offshore construction and research reaches record spending level. Ocean Industry, April 1976, 59-68

[30] Kruppa, C.; Clauss, G.F.: Federal Republic of Germany - International Report. Ocean Industry, April 1977, 106-110

[31] Landek, C.; Fryns, G.: Minimal platforms: Development, optimization of the stacked template structure. Offshore, 59, Jan. 1999, 72ff

[32] LeBlanc, L.: Fiftieth Anniversary of the US Offshore Oil & and Gas Industry. Offshore, May 1997, 82ff

[33] Leghorn, J.; Brookes, D.A.; Shearman, M.G.: The Foinaven and Schiehallion developments. Offshore Technology Conf., Houston, 1996

[34] Maus, L.D.; Finn, L.D.; Dancaczko, M.A.: Exxon Study shows compliant piled tower cost benefits. Ocean Industry, March 1986, 20-25

[35] Mitcha, J.L.; Morrison, C.E.; de Oliveira, J.G.: The Heidrun field - development overview. Offshore Technology Conf., Houston, 1996

[36] NN: Petrobas opens the lead in deepwater derby. Offshore, March 1999, 10

[37] Popov, S.: Tech Trends: New platform concept makes small fields development economic. Hart's Petroleum Eng. Intern., October 1997

[38] Popov, S.: The tide has turned in the Gulf of Mexico. Hart's Petroleum Eng. Intern., October 1997, 25-35

[39] Potter, N.: Troll and Heidrun: end of era or forerunners of a modern world. Offshore, August 1995, 131-134

[40] Pratt, J.A.: A half century of progress. BOSS'97, 1997, 1-17

[41] Riahi, M.L.: Deepwater exploration in the Gulf of Mexico. Hart's Petroleum Engineer International, April 1998, 47-54

[42] Rund, M.: The Troll Olje platform. Offshore Technology Conf., Houston, 1993. OTC 7307

[43] Vargas, R.J.B.; Coutinho, C.M.: Campos Basin: An evaluation about 20 years of operations. Offshore Technology Conf., Houston, 1997

[44] Veldman, H.: 50 years Offshore. Foundation for Offshore Studies, Delft, 1997

[45] Vugts, J.H.: Bottom founded platforms: an overview. 5th Int. Conf. on Deep Offshore Technology, (General session), 1989

[46] Vugts, J.H.: Offshore technology in perspective. PRADS'98, The Hague, 1998, 37-44

[47] Warren, T.N.: Offshore - the future deepens. BOSS'97, 1997, 1-10

Offshore: Ungewöhnliche Probleme, ungewöhnliche Lösungen

Offshore: Unusual Problems, Unusual Solutions

Dr.-Ing. **Wolf-Dieter Longrée**, IMPaC Offshore Engineering, Hamburg

Summary. Offshore projects of the oil and gas industry still present the majority of the world wide ocean technology tasks. Here are challenges and chances for industry and engineering.
Based on selected projects the special requirements for the engineering are highlighted.
The paper specifically addresses the extreme ends of the offshore technology: very deep waters and very shallow waters.

1. Einleitung

Die Offshore-Technologie übt auf den Ingenieur nach wie vor einen großen Reiz aus, weil die Kräfte der Natur die Ingenieurkunst stets aufs neue herausfordern. Zu allen Anforderungen treten heute drei Grundregeln besonders hervor:

- Höchste Verläßlichkeit von Anlagen über ihren gesamten Lebenszyklus
- Höchster Standard in Bezug auf Gesundheitsschutz, Sicherheit und Umweltschutz
- Höchste Kosteneffizienz.

Sicherlich ist das extrem tiefe Wasser - zwei- bis dreitausend Meter - fast eine terra bzw. aqua incognita. Das allein ist Faszination genug. Doch auch das sehr flache Wasser von null bis zwei oder auch vier Metern stellt uns Ingenieure vor ausgeprägte amphibische Herausforderungen, die durch die angesprochenen Grundregeln besonders akzentuiert werden. Die Konzentration auf die Grenz-Wassertiefen - extremes Tief- bzw. Flachwasser - erlaubt es am ehesten, ungewöhnliche Probleme und ungewöhnliche Lösungsansätze der Offshore-Technologie herauszuarbeiten und Besonderheiten aufzuzeigen, die von der in über 50-jähriger Offshore-Geschichte entwickelten Technologie abweichen.

Bild 1 zeigt eine Zusammenstellung beispielhafter Tief- und Flachgebiete mit ausgeprägten Explorations- und Produktionsaktivitäten. Bild 2 zeigt die erreichten und erwarteten Wassertiefen für Exploration und Produktion in Abhängigkeit von der geschichtlichen Entwicklung in semilogarithmischer Darstellung [2], sowie die hier angesprochenen Problembereiche.

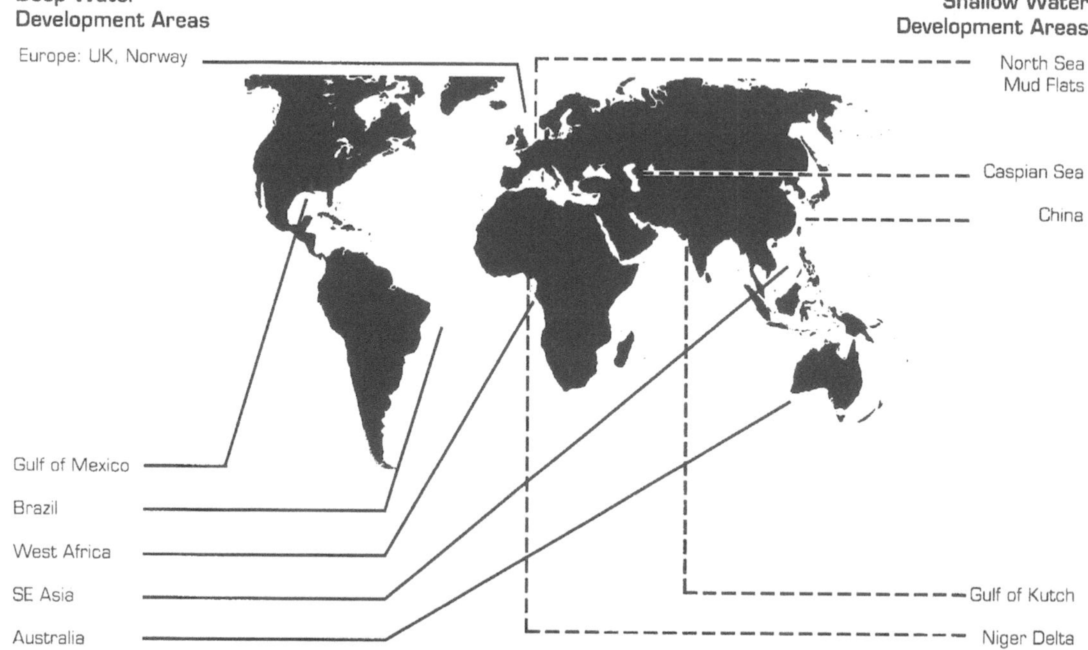

Bild 1: Wichtige Tiefwasser- und Flachwassergebiete für die Öl- und Gasförderung

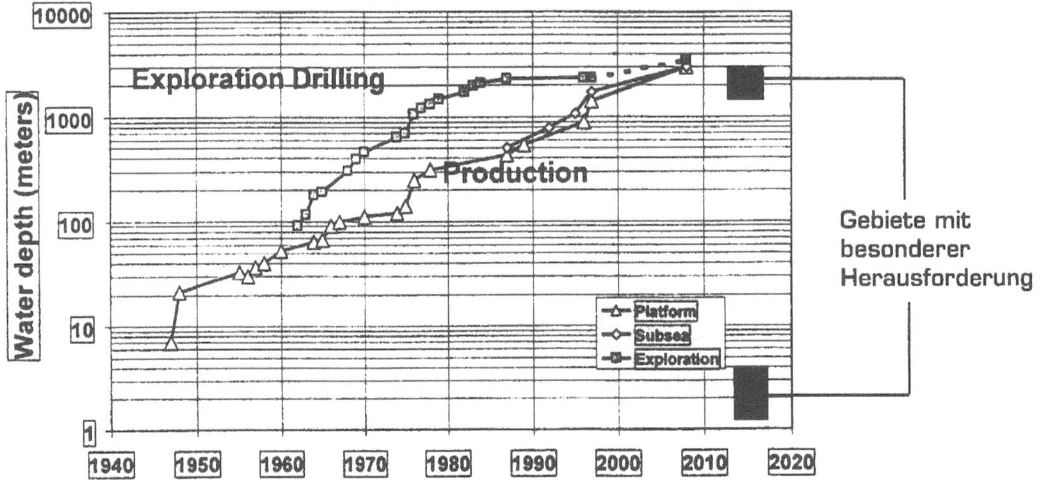

Bild 2: Erreichte bzw. erwartete Wassertiefen für Exploration und Produktion [2]

2. Tiefwasser-Feldentwicklung - eine starke Herausforderung für den Ingenieur

2.1 Was ist "Tiefwasser"?

Öl-Exploration und -Produktion bewegen sich zügig zu neuen Grenzgebieten. Tiefwassergebiete gehören dazu. Es gibt bisher keine Definition für den Begriff. "Tiefwasser". Früher betrachtete man 200 - 400 m als Tiefwasserbereich. Die Grenze, bis zu der Menschen tauchen können, spielt eine Rolle. So wurden Tauchtiefen von weit über 300 m erreicht. Nationale Gesetzgebungen begrenzen jedoch z.T. die Tauchtiefen, z.B. auf 250 m in Norwegen. Deshalb erscheint es sinnvoll, 300 m als Anfangspunkt und Obergrenze für "Tiefwasser" zu wählen. Dieser Wert wird auch von [1] bestätigt.

Ebensowenig gibt es eine feste Untergrenze für unsere Betrachtung. 2.000 m bis 3.000 m erscheinen z.Zt. vernünftig, da bis hier eine große Höffigkeit der Lagerstätten nachgewiesen wurde. Geologische Überlegungen lassen jedoch erwarten, daß die Höffigkeit unterhalb von 3.000 m abnimmt.

2.2 Ressourcen und Entwicklungen

Die Kohlenwasserstoff-Funde im tiefen Wasser nehmen rasant zu: Im *Golf von Mexiko* sind in den letzten sechs Jahren in Wassertiefen von 500 bis 1.800 m über 4 Milliarden Barrel nachgewiesen worden. Mehr als 50 Felder mit Wassertiefen von 300 m und mehr wurden als wirtschaftlich deklariert. Davon sind sieben Felder bereits entwickelt, in zehn weiteren Feldern laufen Entwicklungsarbeiten.

In Tabelle 1 sind typische Tiefwasser-Entwicklungsprojekte mit Angaben zu Ressourcen und angewandter Technologie für die wichtigsten Gebiete zusammengestellt [1], [2], [3].

Im brasilianischen *Campos Bassin* wurden über 3 Milliarden Barrel gefunden. Mehr als 140.000 bopd werden bereits aus Wassertiefen über 400 m gefördert. Petrobras erwartet, daß bis 2001 die Produktion um den Faktor 4 gesteigert werden kann (Tabelle 1).

Ein Tiefwasserzentrum stellt in *Europa* das Gebiet westlich der Shetland-Inseln dar. Seit der Entdeckung des Clair-Feldes im Jahr 1977 sind rund 100 Bohrungen abgeteuft worden, und die Entwicklungen von Foinhaven und Schiehallion (BP) deuten darauf hin, daß hier eine Ölprovinz entsteht. Die Wassertiefen verlaufen von 200 m schnell auf über 1.000 m. Die Umgebungsbedingungen sind herausfordernd. Während Wind- und Seegangsbedingungen denen der Nordsee ähneln, sind Strömungen hier bedeutend stärker und komplexer und reichen mit ihren Turbulenzen zudem bis auf den Meeresboden, u.a. hervorgerufen durch die Interaktion von warmem Golfstrom und kaltem arktischen Strom.

Ein weiteres europäisches Zentrum ist Norwegen - nicht nur mit den bekannten Feldern Snorre, Troll und Heidrun, sondern auch mit den Tiefwassergebieten Voering und More mit Wassertiefen über 1.200 m. Das Mittelmeer mit seinen bedeutenden Wassertiefen, beispielsweise AGIPs Aquila Feld mit einer Wassertiefe von 800 m, gehören ebenfalls in diese Kategorie.

In Zukunft dürfte *Westafrika* eine herausragende Stellung einnehmen. Dort wurden sehr große Funde in Nigeria, Gabun, Congo (200 - 2.000 m) und in Angola (500 bis 800 m und mehr) nachgewiesen.

Area/Field Name	Water Depth	Reservoir/Production Characteristics	Development Characteristics	Start of Product.
Brazil				
Marlim (Petrobras)	625 m 1.000 m		3-Phase-Development: Field Pilot started in 1991, 10 subsea completed wells SS FPF, Monobuoy Phase 2: 2 SS, more than 50 Subsea wells Phase 3: 4 FPSOs P-32, 33, 35 and 37 with a combined production capacity of 400,000 bopd and a storage capacity of 2,000,000 bbl each, Subsea Wells	1991
Albacora (Petrobras)	375 m, 525 m 1,150 m 1,300 m		Current Phase: 2 semisubs, 75 subsea wells will be drilled in total Future Phase: 63 subsea wells FPSO P-31	
Barracuda	855 m		Pilot phase: FSPO, 11 subsea completed wells Future development: 3 SPU at 750 m, 850 m, 950 m waterdepth, 119 subsea wells	
US / Golf of Mexico				
Lena (Exxon)	305 m		Guyed tower	
Baldpate (Amerada Hess)	502 m	Rec res estim. 130 mbbl, 45,000 bopd, 200 mscfd	Compliant piled tower	1998
Petronius (Texaco)	535 m	60,000 bopd, 100 mscfd	Compliant piled tower	1999
Joliet (Conoco)	540 m		1,600 t TLWP (Tension Leg Wellhead Platform)	
Auger (Shell)	870 m	Ultimate recovery est. 220 mbbl oil equivalent	TLP for permanent drilling and production	1994
Mars (Shell)	897 m	Rec res est. 500 mbbl oil equiv.; 140,000 bopd, 140 mscfd	TLP	1996
Ram-Powel (Shell)	980 m	Rec. Res est. 260 mbbl; 60,000 bopd; 200 mscfd	TLP	1997
Ursa (Shell)	1,159 m	Rec res estim. 400 mbbl oil equiv., 150,000 bopd, 400 mscfd; initial well rate up to 30,000 bopd and 80 mscfd	TLP 63,000 t	1999
Mensa	1,645 m	720 billion scf gas; 300 mscfd	3 wells connected to ss-manifold (5 miles away) tied back to shallow water platform West Delta 143 via 63 mile 12" flowline	1997
Neptune (Oryx)	350 m	25,000 bopd, 30 mscfd of gas	Spar with 3-level integrated deck, diameter 22 m, draft 200 m, 13,000 t	
Genesis (Chevron)	780 m	55,000 bopd, 72 mscfd	Spar, diameter 40 m, draft 214 m, weight of deck 25,000 t, weight of hull 30,000 t, oil storage 750,000 bbl	
Europe (UK)				
Foinhaven (BP)	400 m – 600 m 461 m	Rec res estim. 250 mbbl – 500 mbbl	FPSO (Petrojarl IV) turret mooring, 2 drilling centers (DC1: 8 subsea prod. wells, 2 gas injection wells, 4 water injection wells, DC2: 6 prod. Wells, 3 water inject. Wells); service life 25 years; Storage 302,000 bbl	1997
Schiehallion (BP)	350 m – 500 m 400 m	Rec res est. 250 mbbl – 500 mbbl; 142,000 bopd	FPSO, 29 subsea wells, storage 893,000 bbl	1998
Europe (Norway)				
Snorre	308 m		Steel TLP	
Heidrun	345 m		Concrete TLP	
Norne (Statoil)	380 m	170,000 bopd	FPSO; storage 742,000 bbl	
Voering Basin	1,400 m		Exploration activities in 1,270 m	1997
More Basin				
Europe (Mediterranean)				
Aquila (Agip)	850 m	19,000 bopd	FPSO; storage 550,000 bbl, estim. service life 7 years	1997
SE Asia / China				
Liuhua	305 m	65,000 bopd	1 FPS for drilling, workover and large power station 1 FPSO (Turred moored)	
Lufeng 22-1 (Statoil)	333 m		FPSO with submerged turret production disconnecting in bad weather conditions, 5 subsea horizontal production wells, artificial lift, storage 650,000 bbl	1998
SE Asia / Indonesia				
Aceh	1,200 m		Lightweight TLP considered	
SE Asia / Phillipines				
W Linapacan	350 m	30,000 bopd	FPSO; 3 initial wells subsea completed	
Malampays (Shell/Oryx)	900 m		Subsea wells tied back to shallow water GBS with storage for condensate	
SE Asia / Malaysia				
	1,200 m		Exploration activities	
SE Asia / Thailand				
West Africa / Nigeria				
Bonga (Shell)		Rec reserves 500 mbbl	FPS / subsea	2001
West Africa / Equ. Guinea				
Jade/Zafiro (Mobil	100 m – 600 m	Rec reserves 300 mbbl Phase 1: 40,000 bopd Phase 2: 90,000 bopd	FPSO; 8 satellite wells	 1997 1999

Tabelle 1: Typische Tiefwasser-Feld-Entwicklungen I

FPF = Floating Production Facility; FPSO = Floating Production, Storage and Offloading Vessel; TLP = Tension Leg Platform; SS = Semisubmersible; GBS = Gravity Base Structure; mbbl = million barrel; mscfd = million standard cubic feet of gas per day; bopd = barrel of oil per day

Area / Field Name	Water Depth	Reservoir / Production Characteristics	Development Characteristics	Start of Product.
West Africa / Angola				
Banzala (Chevron)		Rec reserves 100 mbbl	Platform	2000 expected
Dalia I (ELF)		800 mbbl	FPS / EPS / subsea	2001 expected
Dalia II (ELF)		Rec reserves 700 bbl	FPS / subsea	2001 expected
Girassol (ELF)		Rec reserves 700 mbbl	Very large FPSO; about 40 subsea wells; 3 drilling centres	2000/2001
Kuito (Chevron)		700 mbbl	FPS	1999
Landana (Total)		Rec reserves 500 mbbl	FPS / subsea	2001 expected
Minzu (Chevron)		Rec reserves 52 mbbl	FPS	2002 expected
West Africa / Congo-Brazzaville				
Moho (ELF				
Australia				
Liminara	385 m	170,000 bopd	FPSO permanently on location (20 years); 6 subsea wells from Laminaria plus 12 prod. Wells from Coralina Field, storage 1,400,000 bbl	1999

Tabelle 1: Typische Tiefwasser-Feld-Entwicklungen II

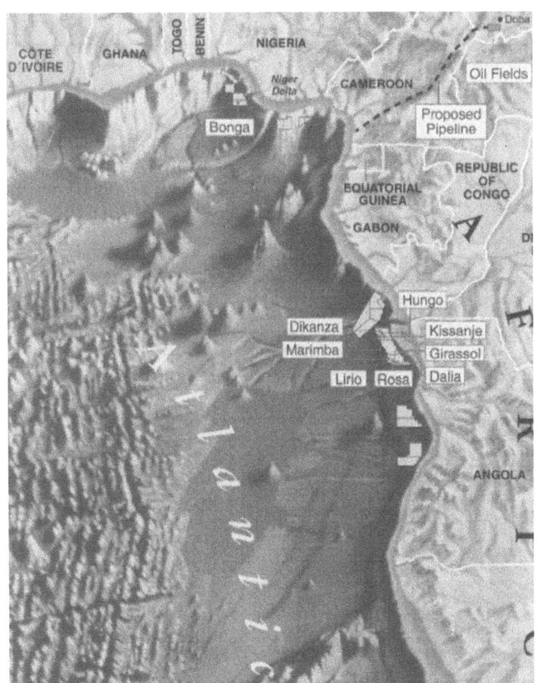

Bild 3: Tiefwassergebiete an der Westküste Afrikas [8]

Auch vor der Elfenbeinküste und vor Namibia finden Aktivitäten statt. Es wird geschätzt, daß weitere 20 Milliarden bbl in den geologischen Strukturen vorhanden sind. Damit würde Westafrika zu einer Haupt-Ölprovinz. Eine große Rolle bei Auswahl und Design der Produktionsanlagen spielen die milden Wetter- und Seegangsbedingungen. Feste Mehrpunkt-Verankerungen, d.h. ohne aufwendige "Turret" Systeme, können hier für die Floating Production, Storage and Offloading Units (FPSOs) eingesetzt werden. MOBIL begann die Förderung im Zafiro-Feld 1997 mit 40.000 bopd; 1998 wurde die Design-Kapazität auf 90.000 bopd erhöht. ELF hat im Frühjahr 1999 das außergewöhnlich große FPSO für das Girassol-Feld zum Bau vergeben. EXXON hat ausgeprägte Interessengebiete (Bild 3).

2.3 Wirtschaftlichkeitsüberlegungen

Tiefwasser-Feldentwicklungen sind aufgrund ihrer technologischen Frontstellung mit einem hohen Kostenaufwand verbunden. Investitionsgrößen von 1 Milliarde US-Dollar werden schnell erreicht und überschritten, was in Anbetracht der Feldgrößen akzeptabel sein mag. Dennoch sind derzeitige Förderkosten von bis zu 10 US$/bbl zu hoch, um eine Wirtschaftlichkeit auch bei niedrigen Ölpreisen zu gewährleisten.

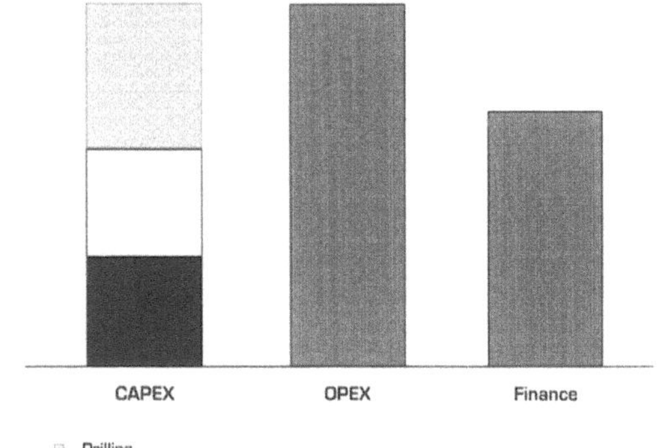

Bild 4: Größenordnungen von Investitionskosten, Betriebskosten und Finanzierungskosten

Die Auswertung verschiedener Informationen zeigt die Größenordnungen nicht nur der Investitionskosten, sondern auch der kumulierten Betriebskosten über den Lebenszyklus des Feldes und der Finanzierungskosten (Bild 4). Dabei bleibt festzuhalten, daß sich die zunächst ausschlaggebenden Investitionskosten zu etwa 30% auf die Bohrkosten, zu rd. 30% auf Unterwassereinrichtung und 40% auf die Produktionssysteme aufteilen.

Generell spielt der jeweils gültige Ölpreis in allen Projektentscheidungen eine überragende Rolle - gleich, ob im Tiefwasser oder im Flachwasser [4]. Energie-Fachleute gehen davon aus, daß die derzeitige Phase eines relativ niedrigen Ölpreises noch Entwicklungsaktivitäten reduziert (z.B. SHELL), während andere mit großen Anstrengungen weiter vorangehen (z.B. EXXON).Ohne große Prophetie lassen sich sicher drei Aspekte erkennen:

a) Der Ölpreis dürfte in einigen Jahren wieder auf eine interessante Höhe steigen; trotzdem muß der Förderpreis sinken, um nicht nur außergewöhn-liche große Reservoirs auszubeuten, sondern auch mittelgroße und marginale Felder zu entwickeln.

b) Die technischen Anforderungen im Tiefwasser erfordern einen *Technologieschub*, der sich in vielen Einzelheiten bereits andeutet.

c) Dieser Technologieschub kann auch auf andere Förderkonzepte übertragen werden, z.B. auf die Förderung im flachen Wasser.

2.4 Feldentwicklungskonzepte und technologische Herausforderungen

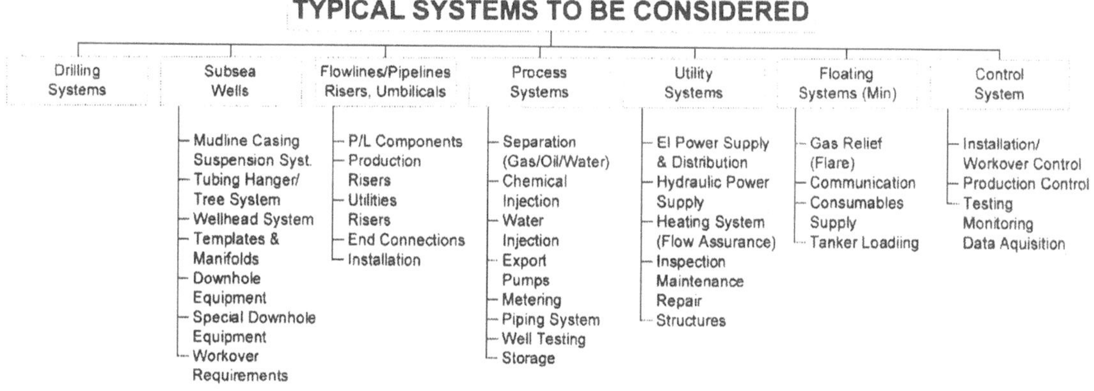

Bild 5: Hauptsysteme für Tiefwasser-Entwicklungen

2.4.1 Feld-Layout

Die Komplexität einer Öl- oder Gas-Feldentwicklung wird annähernd deutlich, wenn man die Hauptsysteme betrachtet, so wie in der Übersicht in Bild 5 dargestellt. Die baulichen Hauptkomponenten ergeben sich beispielhaft aus Bild 6 (vgl. für Einzelheiten Tabelle 1). Das zu wählende Produktionsschema mit unterschiedlichen Komplettierungsmethoden hat grundsätzlichen Einfluß auf das spätere Feld-Layout (Bild 7).

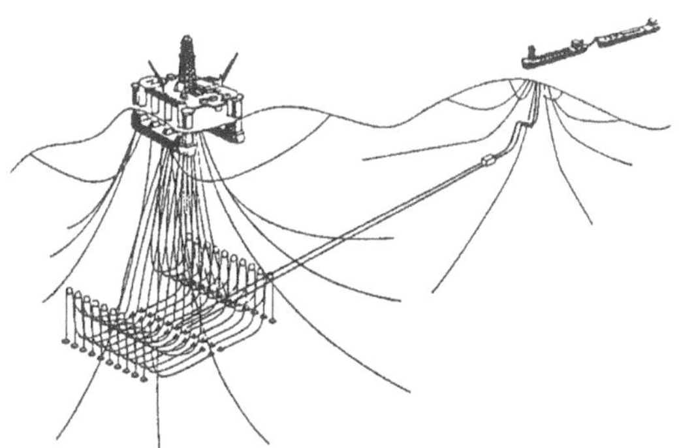

Bild 6: Tiefwasser-Feld-Layout [Liuhua]

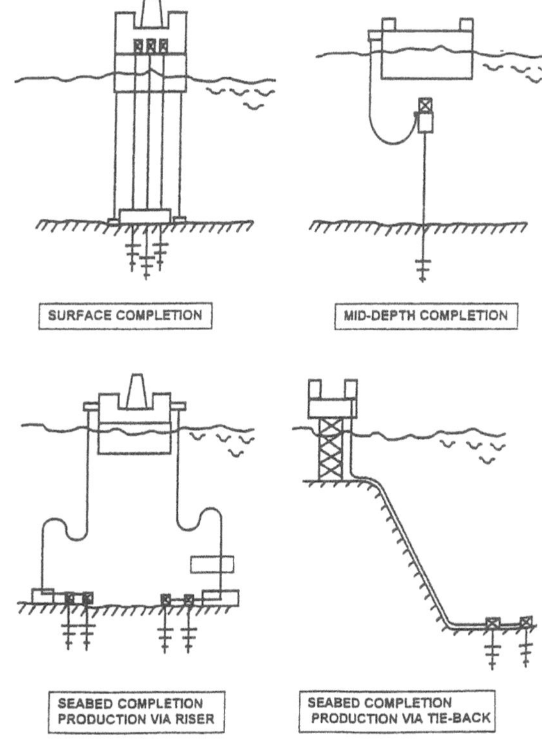

Bild 7: Produktionsschemen für Tiefwasser

2.4.2 Neue Technologien

Exploration	Production	Storage	Transport	Loading / Unloading
High Reliability of Facilities during whole life cycle				
High Standard for Health, Safety and Environment				
High Cost Efficiency				
Sustainable high production rates per well / high ultimate recovery wells	Well stream boosting by electr. submersible pumps	Subsea storage of 1 mbbl of oil or more	Flow assurance of gases and liquids	Loading of cryogenic gases
Riserless or subsea drilling	Well stream boosting by multiphase pumps		Pipeline installation	
	Subsea separation			
	Seabed raw water injection			
	Seabed heat exchanger			
	Subsea electr. power distribution			
	Multiphase metering			
	Disposal of associated gas (re-injection, gas to liquids)			
	Floating LNG production			

Tabelle 2: Typische technologische Herausforderungen in Tiefwasser-Entwicklungen

Der Schritt zum tiefen Wasser hat eine Reihe von neuen Technologien in Gang gesetzt bzw. wird durch Entwicklungen an anderer Stelle wirtschaftlich erst ermöglicht. Einige dieser Technologien seien hier angedeutet (Tabelle 2):

Exploration
- Hohe Produktionsraten sind ein Schlüssel zu einer erfolgreichen Tiefwasser-Entwicklung. In den letzten Jahren drastisch verlängerte Horizontalbohrstrecken sowie Verbesserungen bei der Komplettierung erhöhen die maximale Ausbeutung und verringern die Anzahl der erforderlichen Bohrungen. Die Erhöhung der Bohrreichweite erlaubt in vielen Fällen die Anwendung von trockenen Bohrlochköpfen für die Feldentwicklung z.B. mit TLPs, SPARs usw.
- Verbesserte Lagerstätten-Modellierung und moderne seismische Methoden erlauben ein effektives Petroleum Engineering.

Produktion und Transport
- Absicherung der Fließfähigkeit:
  Im tiefen Wasser liegen die Wassertemperaturen in der Nähe des Gefrierpunktes. Wachsablagerungen oder Hydrate in Pipelines und Flowlines bilden sich schnell. Bislang übliche Lösungen wie die Injektion von Chemikalien und/oder Isolierung müssen den speziellen Tiefwasser-Verhältnissen angepaßt werden.
- Überbrückung der Wassersäule:
  In allen Tiefwasser-Entwicklungen müssen eine Reihe von Komponenten die gesamte Wassertiefe überbrücken, z.B. Riser zur Produktion und zum Bohren, Umbilicals für Steuerungsleitungen, Verankerungssysteme etc. Die sehr großen Wassertiefen erfordern ein neues oder verbessertes Gerät, um die hohen Kräfte bei der Installation von Komponenten, Pipelines und Flowlines aufzunehmen.
- Behandlung von Begleitgas:
  Begleitgas ist i.a. im Überschuß vorhanden. Die Behandlung dieses Gases stellt immer wieder ein Grundproblem dar. Häufig ist die Re-Injektion die einzige Möglichkeit, das Gas loszuwerden, solange nicht eine geeignete Infrastruktur für die Vermarktung des Gases vorhanden ist. Abfackeln ist ökologisch nicht zu vertreten. Weitere Möglichkeiten sind geeignete Konversionen zu Flüssigkeiten, die wiederum erst bei sehr grossen Mengen attraktiv sind und völlig neue Konzepte erfordern.
- Unterwasserkomponenten:
  Zahlreiche neue Komponenten, wie Mehrphasenpumpen, Unterwasserseparatoren, Wärmetauscher, Elektroausrüstungen, Tauchkreiselpumpen, Mehrphasen-Meßgeräte, sind für den Tiefwassereinsatz in der Entwicklung notwendig bzw. werden dringend benötigt.

Lagerung und Verladung
- Wenn die Ölproduktion unmittelbar verschifft werden soll, sind sowohl eine Zwischenlagerung der Produktion als auch geeignete Verladeein-richtung erforderlich. Gefordert ist häufig eine Lagerkapazität von 1 Million Barrel.

Sicherheit und Umweltschutz
  Wie einleitend gesagt, nehmen die Anforderungen an Sicherheit und Umweltschutz immer mehr zu.

2.4.3 Tiefwasser-Feld-Entwicklung

Bild 8: Tiefwasser-Feld-Layout (Exxon)

EXXON stellt eine Option zur Entwicklung eines Ölfeldes in Westafrika in Bild 8 [3] dar. Hier ist das Zusammenwirken der Hauptkomponenten erkennbar:

- deep draft caisson vessel, in Analogie zum SPAR-Konzept, mit abgeteuften Horizontalbohrungen,
- floating production vessel mit riser,
- tanker loading point,
- Verbindungsleitungen, die nicht den Meeresboden erreichen.

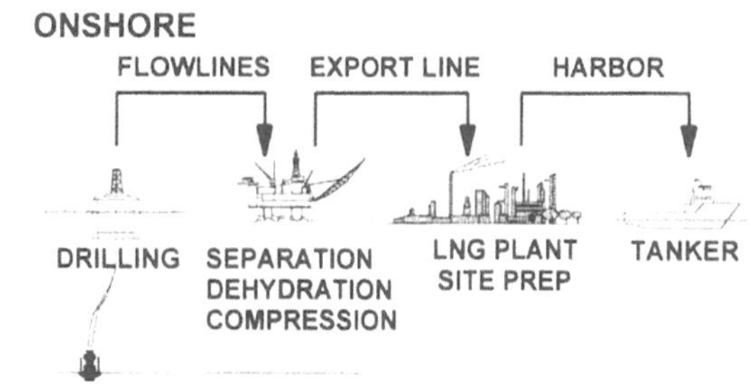

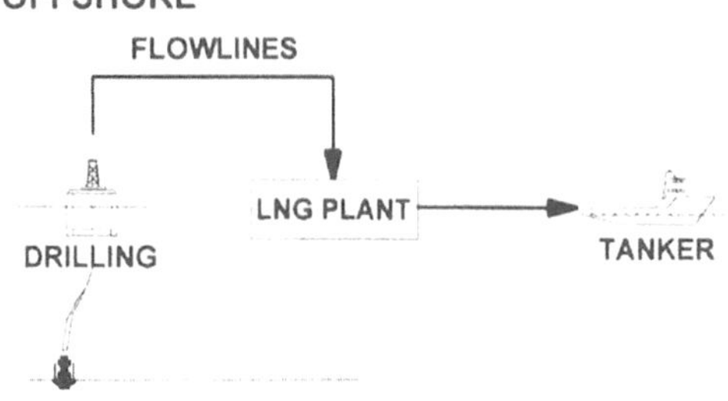

Bild 9: Floating LNG Plant (Mobil)

2.4.4 Floating LNG Plant

Um ein großes Offshore Gasfeld attraktiv zu entwickeln, präsentierte MOBIL auf der World Gas Conference, Kopenhagen 1997, das Konzept des Floating LNG Plant (Bild 9): Eine quadratische Betonbarge (160 m x 160 m) mit Moonpool in der Mitte wird im Feld verankert. Die Anlage ist ausgelegt für 1 bcfd Feed Gas mit einer Produktion von 6 Millionen t/d LNG und bis zu 55.000 b/d Kondensat.

Das Konzept bietet große ökonomische Vorteile gegenüber der bisherigen Methodik, da separate

Fördereinrichtungen vor Ort, Pipeline zum Land, LNG Anlage an Land, Hafenanlage zur Verladung des LNG, hier in einer Einheit zusammengefaßt werden.

2.4.5 Ausblick

Obwohl die dargestellten Beispiele nach wie vor eine Tendenz zur "Großtechnologie" aufweisen, läßt sich für den Technologieschub der nächsten Dekade folgendes absehen:

- verbesserte Kosteneffizienz,
- kleinere Einheiten als von den Feldentwicklungen der Nordsee bekannt,
- mehr Komponenten unter Wasser.

Insgesamt zeichnet sich die Tendenz ab, die gesamte Förderanlage unter Wasser zu bringen. Dieser Ansatz ist bereits vor Jahren aufgebracht worden. Bild 10 zeigt eine derartige Zusammenstellung.

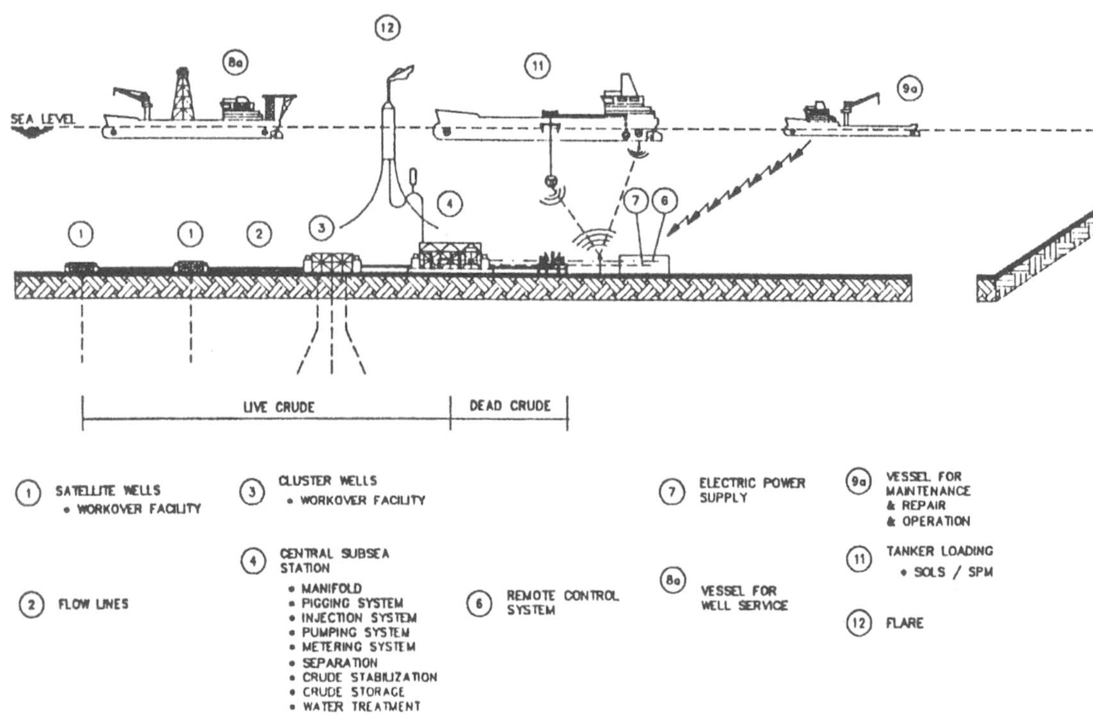

Bild 10: Tiefwasser-Feld-Layout (Surface Independent Systems)

3. Sehr flaches Wasser - eine geringere Herausforderung ?

3.1 Was ist "sehr flaches Wasser"?

Auch hier gibt es keine einheitliche Definition für die Wassertiefe. Erst eine Durchsicht typischer Projekte und Problemstellungen vermittelt Werte, die bei null bis vier Metern liegen dürften. Charakteristisch sind die nahezu amphibischen Anforderungen. Hier haben gerade norddeutsche Firmen wegen ihrer Nähe zum Wattenmeer eine gute Vorstellung von den Besonderheiten.

3.2 Ressourcen und Entwicklungen

Flachwassergebiete wie vorstehend definiert gibt es an vielen Stellen auf der Welt. Die ausgedehnten Sumpf-Gebiete in Nigeria und Louisiana gehören ebenso dazu wie das Gebiet im nördlichen Gulf of Kutch (Indien) und das nördliche Kaspische Meer.

Auch hier sind große Lagerstätten zu finden. Im Kaspischen Meer - allerdings insgesamt betrachtet - werden sehr große förderbare Reserven in Höhe von 34 bis 200 Milliarden Barrel Öl und 7.500 Milliarden m^3 Gas erwartet. Das entspricht in seiner Bedeutung der Nordsee.

Zum Vergleich: das Mittelplate Feld ist mit rund 27 Millionen Tonnen [8] (ca. 200 Millionen bbl) förderbaren Reserven das größte Ölfeld Deutschlands.

Interessant ist, daß viele dieser Gebiete im Bereich der Urstromtäler der großen Flüsse liegen und sich durch ihre Sedimentstrukturen auszeichnen. Es ist aufgrund der geologischen Zusammenhänge kein Zufall, daß zahlreiche Tiefwasser-Lagerstätten nur unweit dieser Flachwasser-Lagerstätten liegen (Bild 1).

3.3 Technologische Herausforderungen und Feldentwicklungskonzepte

3.3.1 Aufgabenstellungen

Exploration	Production	Storage	Transport	Loading / Unloading
High Reliability of Facilities during whole life cycle				
High Standard for Health, Safety and Environment				
High Cost Efficiency				
Access with heavy equipment	Access with heavy installation equipment		Pipeline installation	
Rescue methods, esp. in harsh environment	Rescue methods, esp. in harsh environment		Specialized Shuttle Tanker	
Stability against horizontal loads in ice conditions	Disposal of associated gas			
	Gas to power			

Tabelle 3: Typische technologische Herausforderungen in Flachwasser-Entwicklungen

Die zu lösenden Probleme bei der Entwicklung von Öl- und Gasfeldern in Flachwassergebieten beinhalten u.a. (Tabelle 3):

- Verladung
  Seegehende Tanker haben wegen ihres Tiefgangs keinen Zugang zu einer unmittelbaren Verladestelle im Feld. Daher sind Sonderlösungen mit Flachwasser-Hafenanlagen oder lange Export-Pipelines erforderlich.
- Transport von Öl und Gas
  Im flachen Wasser wird eine besondere Verlegetechnik beim Pipelinebau benötigt. Eventuelle Shuttle-Tanker müssen mit ganz besonders geringem Tiefgang auskommen.
- Produktions- und Bohranlagen
  Produktions- und Bohranlagen - i.a. bestehend aus Großmodulen mit Gewichten zwischen 500 und 1.000 t - müssen an die Lokation gebracht werden.
- Träger für alle Anlagen an der Lokation:
  Künstliche Insel, abgesetzte Barge oder aufgeständerte Plattform stellen Alternativen dar. Unmittelbar damit verbunden ist die Frage nach An- und Abtransport der Module und späterem Zugang im Betrieb.
- Ökologisch sensible Flachwassergebiete:
  Gerade hier stellen die Umweltschutzanforderungen besondere technische Herausforderungen an den Ingenieur. Hinzu können noch zusätzlich erschwerende Umweltbedingungen kommen - wie die kaspischen Eisverhältnisse.
- Spezielle Umweltbedingungen:
  Wasserspiegelschwankungen infolge Tide oder Windstau können in der Größenordnung von mehreren Metern liegen (im Gulf of Kutch bis zu 8 m und mehr). Daneben stellen Eisverhältnisse (wie z.B. im Kaspischen Meer) erhebliche Probleme für die Standsicherheit von Bohr- und Förderanlagen dar.

3.3.2 Bohrkonzept: North Caspian Project

1997 unterzeichnete OKIOC (Offshore Kazakhstan International Operating Company), ein Zusammenschluß der Firmen SHELL, AGIP, Britsh Gas plc. BP, MOBIL, STATOIL, TOTAL und Kazakhstan Caspishelf (KCS), ein Production Sharing Agreement mit der Republik Kasachstan, um zunächst mehrere Explorationsbohrungen niederzubringen. Das Konzessionsgebiet umfaßt rd. 6.000 km² und liegt im nördlichen Kaspischen Meer (Bild 11) in der Nähe des bekannten Onshore-Feldes Tengiz, in dem Chevron Operator ist. Drilling Contractor ist Parker Drilling, die früher als Mallard Bay Drilling firmierten.

Die Wassertiefe auf der ersten Lokation (Kashagan East) beträgt 3,74 m. Zu den o.a. Flachwasserproblemen kommen spezielle Probleme des Kaspischen Meeres hinzu: Die Baumöglichkeiten sind einge-schränkt, da dort nur wenige qualifizierte Werften arbeiten und die Zugänge zum Kaspischen Meer in Bezug auf Wassertiefe und schiffbare Breite limitiert sind. So können z.B. mehr als 16,5 m breite Einheiten nur in Teilen zerlegt in das Kaspische Meer gebracht werden.

IMPaC hat die Konzeptentwicklung für die erste Bohrplattform im nördlichen Kaspischen Meer vorangetrieben und wirkt in zahlreichen Einzelaufgaben mit (Bild 12), [5], [6], [7].

Das ausgewählte Konzept besteht aus einer Swamp-Barge als Zentraleinheit (Rig 257), die von Nigeria nach Louisiana verbracht und dort umgebaut wurde. Seitliche "Sponsons" wurden vorgesehen, um zusätzliche Ausrüstung aufzunehmen und gleichzeitig die notwendige Eisverstärkung der Außenwände zu erreichen (bis 32 mm Wanddicke). Die Sponsons enthalten u.a. die Rampen und Einhausung für drei amphibische Spezialfahrzeuge (ARKTOS), die zur denkbaren Evakuierung von 100 Mann Sommer wie Winter eingesetzt werden können.

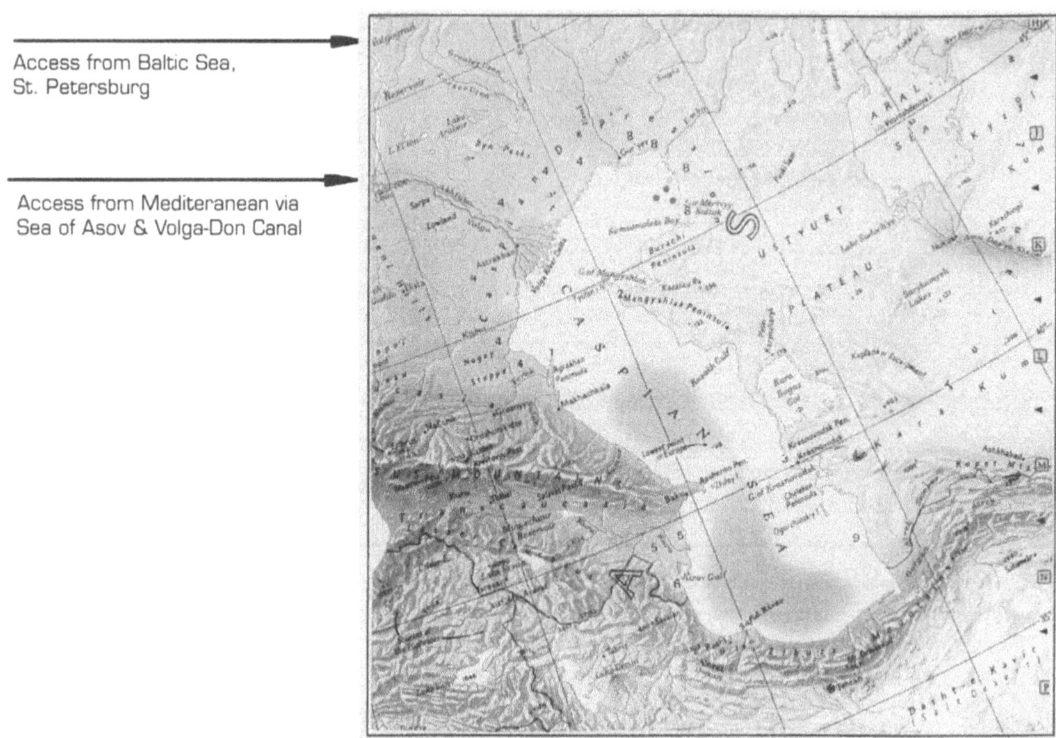

Bild 11: Flachwasser-Lokationen der OKIOC im Kaspischen Meer

Bild 12: Flachwasser-Explorations-Konzept (OKIOC)

Der Transport der Zentraleinheit erfolgte mit einem Dockschiff von Louisiana zum Schwarzen Meer. Von dort wurde die Barge dann auf eigenem Kiel durch den Wolga-Don-KaZnal nach Astrachan geschleppt. Die Sponsons wurden bei der Lindenau-Werft in Kiel gebaut und über Ostsee und Wolga geschleppt.

Der Zusammenbau erfolgt bei Aker Maritime in Astrachan, Rußland. Die Barge mit den Dimensionen 84,5 m x 52,7 m wird damit zu "world's largest posted barge". Im schwimmenden Zustand wird die Plattform bei einem Tiefgang von 2,25 m ein Gewicht von 7.500 t haben. Auf Lokation, im abgesenkten Zustand, wird das Gesamtgewicht der Plattform dann über 25.000 t betragen. Dieses Gewicht ist notwendig, damit die Plattform nicht von den extremen horizontalen Eiskräften von bis zu 35 MN horizontal verschoben werden kann.

Bild 12 zeigt die vorinstallierte Berme mit installierten Pfählen zum Vorab-Brechen des Eises. Bild 13 zeigt einen Eisversuch mit einer modellierten Eisdicke von 1,1 m im Testtank der Hamburgischen Schiffbau-Versuchsanstalt (HSVA). Bild 14 zeigt den 1.100 t schweren Steuerbord-Sponson un-mittelbar nach dem Tow-out bei Lindenau.

Bild 13: Eisversuche für OKIOC

Bild 14: Steuerbord-Sponson nach dem Tow-Out

3.3.3 Konzepte für Produktionen und Transport

<u>Künstliche Insel</u>

Ein echtes Flachwasserkonzept mit künstlicher Insel zur Produktion von Öl ist die Mittelplate-Feldentwicklung. Sie ist ausführ-lich in der Literatur dargestellt ([8] und [9]). Bild 15 verdeutlicht die Komplexität bei Transport und Installation der Module, für die IMPaC verantwortlich zeichnete.

Bild 15: Transport und Installation von Modulen bei der Mittelplate

<u>Plattform</u>

Ein Flachwasser-Plattform-Konzept stellt das Escravos-Lagos-Pipeline-Projekt dar. Drei Kompressorstationen, auf Plattformen je 125 m x 25 m, in Wassertiefen um 3 m waren in den Creeks des Escravos River, Nigeria, zu installieren.

Die Plattform-Module wurden in Holland vorgefertigt, mit einem Dockschiff nach Nigeria transportiert, im offenen Wasser der Escravos-Mündung entladen und auf eigenem Kiel zur Lokation verschleppt. Vorinstallierte Pfähle waren zur Aufnahme der Decks bestimmt. Mit zwei Spezial-Hebe-Pontons ("Tom" und "Tina") wurde sodann Modul für Modul aus dem Wasser gehoben und auf die Pfahl-Unterkonstruktion gesetzt (Bild 16). Wenn auch die Installationsmethode von der der Mittelplate abwich, so waren doch die dahinterstehenden Gedankengänge und Konzeptionen zur Bewältigung der Aufgabe ähnlich.

Bild 16: Escravos-Lagos Pipeline Project: Plattforminstallation (Kompressorstation)

<u>Plattform KCDP-B</u>
Ein weiteres Projekt in Nigeria sei erwähnt. Das Wasser ist mit 20 m Tiefe nicht "sehr flach", doch das Projekt ist wegen seiner Bezüge zu o.a. technologischen Herausforderungen bemerkenswert. Die Plattform KCDP-B, rd. 35 sm südlich von Port Harcourt, wurde von einem Versorger mit rd. 10 kn Geschwindigkeit gerammt (Bild 17).

Bild 17: Schäden an der KCDP-B

Zwei Maßnahmen wurden umgehend eingeleitet:
a) Eine Notreparatur, um temporär die Standsicherheit zu sichern, auch wenn die Ermüdungsfestigkeit eingeschränkt ist,
b) Ein Teil-Neubau der Plattform. Hierbei war zu beachten, daß die laufende Förderung möglichst wenig beeinträchtigt wird. Vor allem darf die Sicherheit der Conductor Pipes und der Riser bei der Installation der neuen Plattform nicht beeinträchtigt werden.

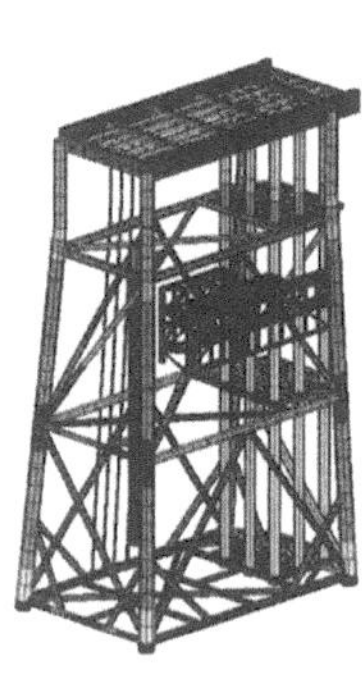
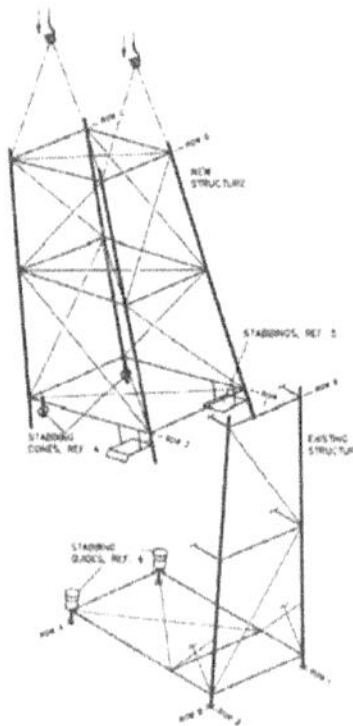

Bild 18: FE-Modell und Reparaturkonzept

Die Ingenieurarbeiten wurden von IMPaC in enger Abstimmung mit SHELL durchgeführt. Bild 18 zeigt ein Neubaukonzept, das verschiedene z.T. ungewöhnliche Elemente miteinander verknüpft:

- Die Bohrlochventile werden so verschlossen, daß die Bohrlochköpfe abgenommen werden können. Dies geschieht in gleicher Weise wie schon bei der Kuzey Marmara Decks-Installation (Bild 19) und [10].
- Das unbeschädigte Deck wird abgenommen.

- Die beschädigten Plattformteile werden unter Wasser geschnitten und entfernt. Die untere Ebene des Jackets bleibt als Schablone erhalten.
- Das neue Teil-Jacket wird auf die Schablone gesetzt und vernagelt.
- Das Deck wird nach einer Überholung wieder aufgesetzt.

Die Plattform KCDP-B ist Teil des KC Plattformkomplexes. Er besteht aus zwei Förderplattformen, einer Prozeßplattform und einer Fackelplattform, mit einer Auslegungsförderrate von 30.000 bopd. Die Produktion geht über eine 10"-Export-Leitung an Land und weiter nach Bonny Island (Bild 20).

Die genannten Arbeiten gehören zu einem größeren Arbeitskomplex, bei dem die gesamte Anlage überholt wird und auf voll automatisierten Betrieb umgestellt wird. Die Betrachtung aller Systeme inklusive der Hazop-Untersuchung und einer IPF-Klassifizierung (Instrumented Protection Function) gehört dazu.

Bild 19: Kuzey-Marmara-Gas-Feld-Entwicklung – Installation des Decks

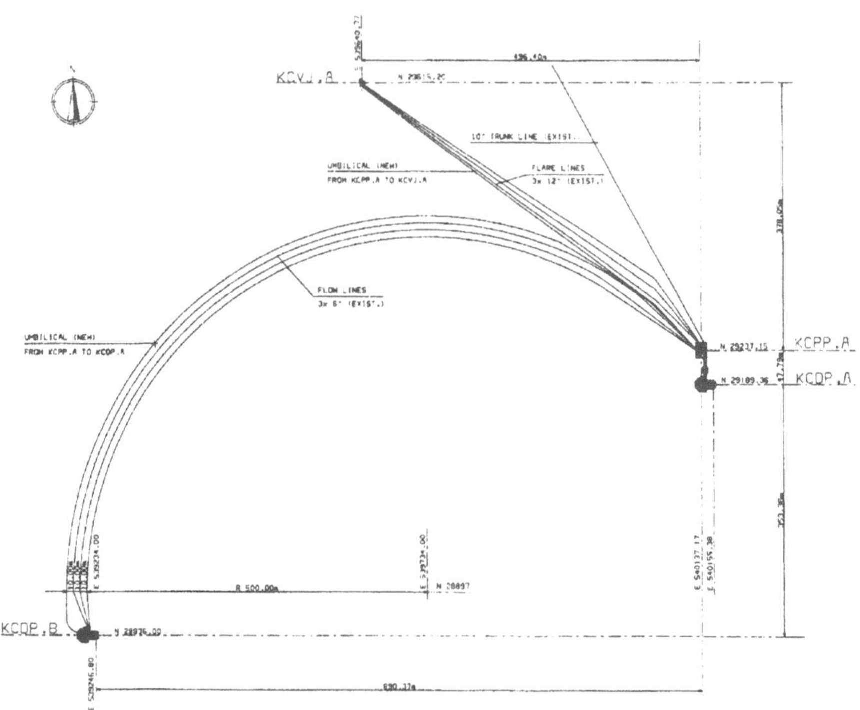

Bild 20: KC-Feld-Layout

3.3.4 Konzept für eine Pipeline-Verlegung

Der Landfall der Europipe (Statoil) mit seinen umfangreichen Problemen im deutschen Wattenmeer ist in der Literatur dargestellt worden [11]. Bild 21 zeigt einen Längsschnitt durch die sensible Strecke mit Tunnel, Tie-in Chamber und Flachwasseranschluß. Das Bild verdeutlicht auch die neuartige

186

Methode, die Zwillingspipeline in den Tunnel ein-
zuschwimmen.

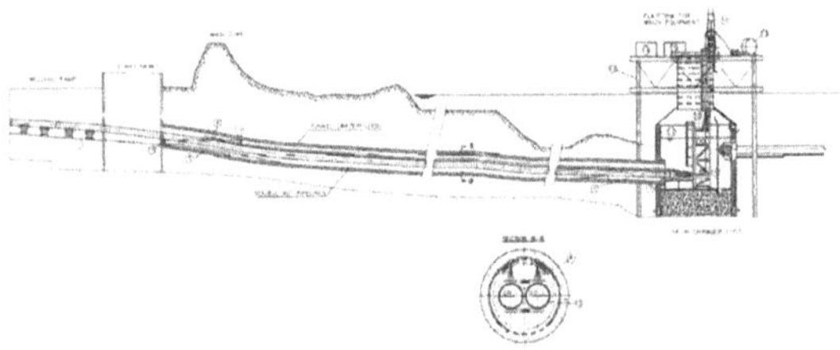

Bild 21: Europipe – Einschwimmen der Zwillingspipeline in die Tunnelsektion

3.3.5 Konzept für die Zwischenlagerung von Öl

Bild 22: Unterwassertank im Prinos-Feld, Ägäis

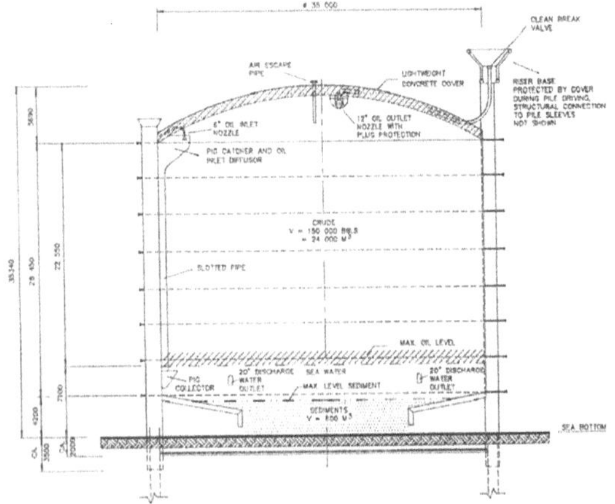

Bild 23: Unterwassertank für 200 m Wassertiefe

Für die Zwischenlagerung von Öl stellte sich ein
interessantes Problem in nicht ganz so flachem
Wasser. Im Prinos Feld, Nord Ägäis (30.000 bopd,
30 m Wassertiefe, Erdbebengebiet), zeigte sich,
daß das Drain System mit Abscheidung nicht ausreichend arbeitete und daß ein zu hoher Prozentsatz
an Kohlenwasserstoffen in die See austrat. Aufgrund der völligen Decks-Auslastung der Plattform
sowie der Erdbebenproblematik war es nicht möglich, zusätzliche Ausrüstung zur Separation auf die

Plattform zu bringen. Daraufhin wurde ein Unterwassertank als Unterwasser-Separator konzipiert,
der in 30 m Tiefe vor die Prozeßplattform auf dem
Meeresboden installiert wurde. Bild 22 zeigt den
Tank vor seiner Installation.

Ausgehend von den Erfahrungen mit diesem Tank,
insbesondere mit der Vielzahl von zu berücksichtigenden Systemen wie Chemikalien-Injektion, Pum-
pensystem, Entgasungssystem, Probeentnahmesys-
tem etc. konnte in weiteren Untersuchungen gezeigt
werden, wie sich solche Tanks als Zwischenlager-
tanks einsetzen lassen. Bild 23 zeigt eine der
Lösungen für 200 m Wassertiefe, die für eine große
Ölgesellschaft untersucht wurde.

3.3.6 Offshore-Verladung von Flüssiggasen

Die Verladung von cryogenen Gasen an einer
Ladebrücke ist Stand der Technik. Ganz anders
aber ist es um die Verladung kalter Gase offshore
bestellt.

Die Firma Reliance, Bombay, hatte die Aufgabe
gestellt, 200.000 t/a Flüssig-Ethylen - das ist immerhin ein Drittel der Welttransportkapazität von
Flüssig-Ethylen - zu ihrer Chemieanlage in Hazira,
ca. 250 km nördlich von Bombay, anzulanden.
Konventionelle Methoden kamen aufgrund der
extremen Flachwasser-Problematik (Wassertiefe
unter 2 m), die zudem mit 5-8 m Tidehub erschwert
wurde, nicht in Frage. Im Zusammen-hang mit
einem Engineering, das sich über alle Teilbereiche
der Ethylen-Anlandung erstreckte (inklusive der
Konzeption dreier LEG-Shuttle-tanker), entwickelte IMPaC ein Shuttletanker-Verladesystem.

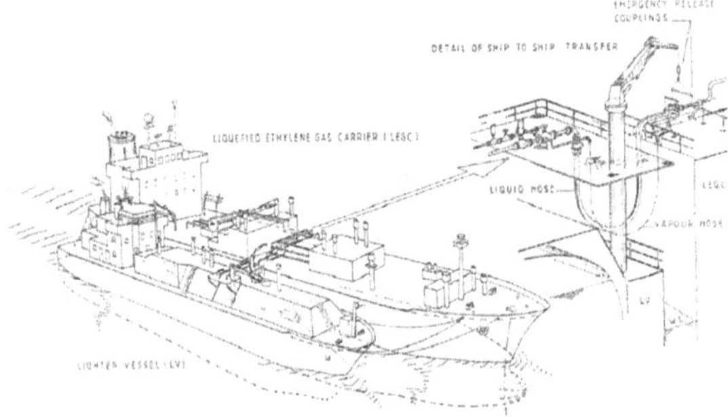

Bild 24: Flüssig-Ethylen-Leichterung (Reliance)

Mechanische Ladearme zur Verladung vom seegehenden Tanker auf den Shuttletanker sind wegen
ihrer Masse im Offshore-Einsatz nicht akzeptabel.
Daher wurden Möglichkeiten zum Einsatz von
Schläuchen untersucht - eine Lösung, die bis dahin
nur in extremen Notfällen verwandt worden ist. Eine sorgfältige Auswahl der Materialien, eingehende Tests, Klassifikation der Schläuche und
ein passendes Übergabesystem haben dann den
Einsatz ermöglicht [12]. Mit dem System sind

inzwischen mehr als 3.000 Übergabeoperationen unter allen zulässigen Wetterbedingungen erfolgreich durchgeführt worden (Bild 24).

4. Warum Betrachtung der Extreme?

Die Gegenüberstellung von technologischen Problemen für sehr große Wassertiefen sowie sehr geringe Wassertiefen übt einen eigentümlichen Reiz aus. Augenscheinlich sind die Probleme völlig unabhängig voneinander. So treten typische Tiefwasserprobleme wie der extreme hydrostatische Druck am Seeboden nur dort auf.

Sicherlich ergeben sich die technologischen Probleme im Flachwasser auch daraus, daß trotz der Exploration in den Sumpfgebieten Louisianas in den 40er und 50er Jahren die Flachwassergebiete in gewisser Weise als Nische angesehen wurden. Neu jedoch sind die Fragen der extremen Horizontalkräfte durch Eis, die Fragen der Installation von schweren Modulen und der umweltschonenden Pipelineverlegung.

Für beide Bereiche gleich sind die Fragen der minimalen Emission von Kohlenwasserstoffen im Abgas bzw. Abwasser. Selbstverständlich gibt es eine stetige gegenseitige Befruchtung der Technologien in allen Fragen der Prozeßanlagen und der Hilfsanlagen. Spezieller schon sind Überlegungen der Technologienutzung von Unterwasser-Bohrloch-Einrichtungen im Flachwasser unterhalb des Seebodens, um z.B. Eiskräften auszuweichen.

Eine Gemeinsamkeit liegt in jedem Fall im "Ungewöhnlichen". Die technologischen Probleme im Tiefwasser sind ungewöhnlich, weil hier technisches Neuland beschritten wird. Zahlreiche Aufgaben des Flachwassers führen gleichfalls in technisches Neuland. Gemeinsam bei den Grenzwassertiefen bleibt der Trend zu

- kleineren und effektiveren Prozeßanlagen.
- Reduzierung von Hilfsanlagen.
- Autonomie des Betriebes mit minimaler menschlicher Intervention. Dies hat wiederum erheblichen Einfluß auf die Gestaltung und den Umfang der Hilfsanlagen.
- leichtere Komponenten.

Dieses Papier würde sein Ziel erreichen, wenn junge Ingenieure angeregt würden, ihren Blick zu schärfen für ungewöhnliche Problemlösungen, hinaus über die direkte Extrapolation des bisher Gemachten.

5. Dank

Für die freundliche Genehmigung, Projektdaten zu veröffentlichen, möchte der Verfasser seinen Dank richten an SHELL Petroleum Development Company of Nigeria, MOBIL Technology Company, OKIOC und EXXON.
Weiterhin gilt der Dank den IMPaC Mitarbeitern, die durch ihre Arbeit viele der ungewöhnlichen Probleme ungewöhnlich gelöst und die Erstellung dieses Papiers unterstützt haben.

6. Schrifttum

[1]   PREEDY, J.E.: "Deepwater Developments / New Technology"; OCS FPSO Course, 1998 Houston

[2]   BAILEY, M.J.; HAAN, E.A.: "Predicting the Technical Innovations Required to Economically Develop New Deep Water Fields Worldwide in the Next 10 Years"; Deep Tec Conference, Januar 1999, Aberdeen,

[3]   The Lamp, Exxon, Vol. 80 No. 4

[4]   LONGREE, W.D.: "Offshore Structures and Engineering Aspects of Low Cost Development"; Oil Gas, European Magazine, 2/88

[5]   BECKMANN, J.: "Louisiana Swamp Barge Converted to Drill off Kazakhstan"; Offshore, September 1998

[6]   BRADBURY, J.: "Giant Approaches Kazakhstan's Black Gold"; Euroil, September 1998

[7]   KÜHNLEIN, W.: "North Caspian Project: Exploration in 4 m Wassertiefe als große Herausforderung?" TU Berlin, Februar 1999

[8]   HOFFMANN, E.: "Mittelplate 'in der Zange'; Deutschlands größtes Erdölfeld in der Entwicklung"; Erdöl, Erdgas, Kohle, 6/1998

[9]   JUNGK, K.: "Transport und Verschub von Großmodulen für das Offshore-Projekt Mittelplate A"; Erdöl, Erdgas, Kohle, 1988, Heft 11

[10] "German Contractors Keep Role in Turkish Offshore Gas Project"; Offshore, August 1998

[11] McKAY, J.; RISCHMÜLLER, P.: "Pipelines in Shallow Waters"; Offshore Engineer, February 1995

[12] JUNGK, K.; PRASAD, P.M.S.: "Offshore Ship-to-Ship Transfer of Liquefied Ethylene"; Schiff & Hafen / Seewirtschaft, Heft 2/1991

Sicherheitskonzepte, Sicherheitssysteme und Anlagenüberwachung auf meerestechnischen Installationen

Safety Concepts, Safety Systems and Controlling of Plants on Offshore Installations

Dr.-Ing. **Hans Hinrichsen** und Dipl.-Ing. **Joachim Zipfel**, Germanischer Lloyd Offshore and Industrial Services, Hamburg

Summary. The paper presents an overview with regard to production and processing plants on offshore installations. The process steps starting at the well via the x-mas tree to the separators and the downstream oil/gas/water tretament plants are described, hazard potentials are indicated.
How to deal with hazard potentials of such complex facilities installed in limited space is described and the necessity of risk analysis is explained. Multidiscipline safety related systems, Distributed Control Systems (DCS), Supervisory Control and Data Acquisition Systems (SCADA) and the dedicated safety equipment are described. It is named where offshore technology was and is the pioneer for safety in the marine field.

Seit mehr als 50 Jahren wird im Meer unterhalb des Meeresbodens nach Kohlenwasserstoffen (Öl und Gas) gesucht und bei erfolgreicher Suche das Öl und Gas gefördert und zum Land transportiert. Aus der Küstennähe verlagerte sich das Suchen und Fördern in immer tieferes Wasser und damit auch zu größerer Entfernung zum Land. Aus dem Anwachsen der Wassertiefe und den größer werdenden Entfernungen zur Küste ergaben sich zwangsläufig immer neue Herausforderungen an die meerestechnischen Installationen. Die größeren Wassertiefen machten auf der einen Seite aufwen-digere schwimmende oder feste Stahl- bzw. Betonkonstruktionen erforderlich und erforderten wegen der größeren Distanz zur Küste gleichzeitig umfangreichere Anlagen auf diesen "Träger"-Installationen. Es muß nicht weiter ausgeführt werden, daß die "Träger"-Installationen Mittel zum Zweck sind, d.h. Anlagen zu tragen, mit deren Hilfe die Kohlenwasserstoffe unterhalb des Meeresbodens aufgespürt, gefördert und zum Teil aufbereitet werden, und die Möglichkeit bieten, die Energieträger an Land zu transportieren.

Abb. 1: Plattform mit Anlagen in der Weite des Meeres

Für das Aufsuchen der Öl- und/oder Gasfelder unterhalb des Meeresbodens werden aufwendige Messungen mit hochwertigen Meßeinrichtungen durchgeführt. Für diese Arbeit werden in der Regel schwimmende Einheiten verwendet. Auch die ersten Probebohrungen werden von schwimmenden Einheiten - zu denen in diesem Fall auch die Jack-ups zu zählen sind - durchgeführt. Bei erfolgreicher Suche und gute Förderraten versprechenden Probeförderungen beginnt die eigentliche Phase des Fördern und Abtransportes, deren erforderliche Anlagen und Sicherheitsproblematik im folgenden beschrieben werden.

Es wird unterschieden in:
- Fördern
- Trennen
- Aufbereiten (Verarbeiten)
- Übergabe.

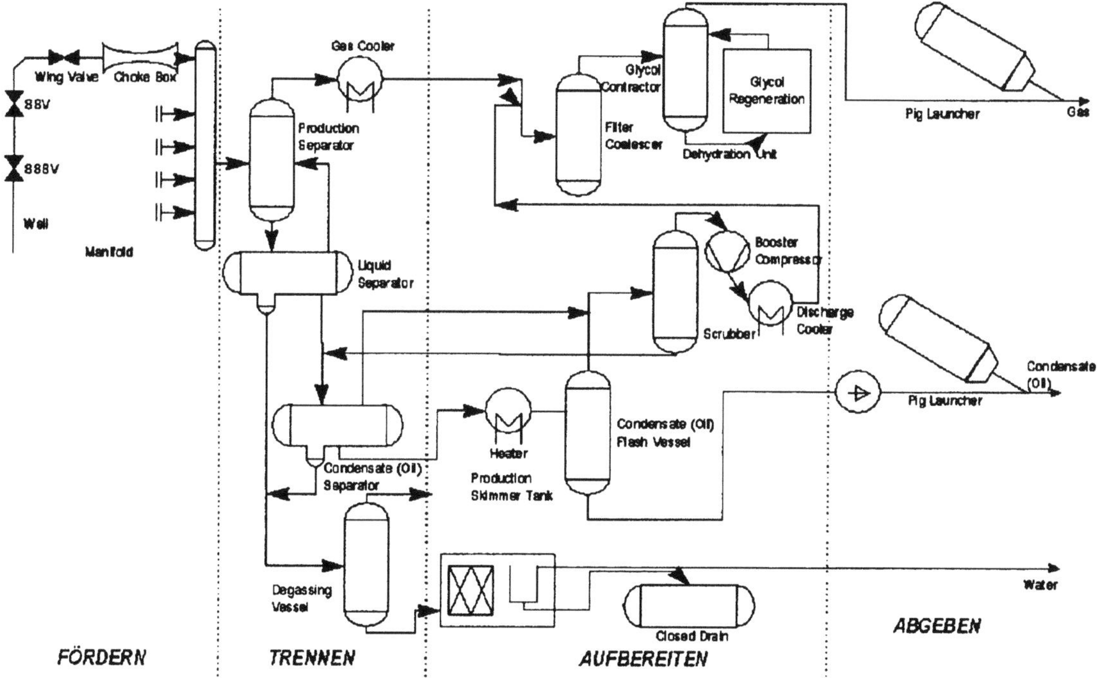

Abb. 2: Prozeßablauf

Fördern

Das Fördern erfolgt über die Förderstränge, die Wells, die von der Plattform aus in den Meeresboden bis zur Lagerstätte durch Bohrungen eingebracht werden. Es wird je nach Reservoirgröße und Tiefe eine entsprechende Anzahl von Fördersträngen installiert.

Das Reservoir mit seiner riesigen Menge von Öl und/oder Gas und in der Regel einem hohen Druck - 500 bar sind nicht ungewöhnlich - ist durch die Förderstränge mit der Meeresoberfläche, der Plattform, den Anlagen, den Menschen, der Umwelt verbunden.

Diese Verbindung muß regelungstechnisch so ausgerüstet sein, daß sowohl im Normalbetrieb als auch im Not- und Katastrophenfall die Verbindungen manuell und/oder automatisch unterbrochen werden können. Hierzu dienen die Ventile: Wing Valve, Master Valve und Downhole Safety Valve (Bild 2). Das Downhole Safety Valve oder auch Sub-Surface Safety Valve genannt befindet sich im Rohrstrang ca. 300 m unterhalb des Meeresbodens und schließt automatisch, falls z.B. der darüberliegende Rohrstrang abreißt, was im Falle einer Schiffskollision möglich wäre.

Mit Hilfe der "Wells" wird das Gemisch aus Öl, Gas und Wasser auf die Plattform gefördert, wobei der Anteil der drei Komponenten bei den einzelnen Reservoirs jeweils zwischen 0% und 100% betragen kann. Über den Zeitraum der Ausförderung des Reservoirs kann sich die Zusammensetzung ändern. Ebenso ändert sich der Förderdruck des Reservoirs. Damit die nachgeschalteten Anlagen bei konstantem Druck betrieben werden können, wird über die Drossel (Choke) der Druck in den nachgeschalteten Anlagen (downstream) konstant gehalten. Die Anlagen nach der Drossel werden bei einem Druck um 100 bar betrieben. Dieser Druck bestimmt sich aus den Kosten für die nachgeschalteten Anlagen, dem Abtransportsystem und nicht zuletzt aus den Überlegungen, wie weit das Reservoir ausgefördert werden soll bzw. kann.

Der Einfluß der Kosten für die Anlagenkomponenten wird deutlich, wenn z.B. Druckbehälter mit Durchmessern bis zu 5 m, Höhen bis zu 35 m und besondere Anforderungen an die Korrosionsbeständigkeit der Stähle erforderlich sind. Ein solcher Behälter hätte z.B. eine Wandstärke bis zu 180 mm. Der Einfluß des Transportsystems auf den Betriebsdruck ergibt sich z.B. bei Abtransport durch Rohrleitungen durch den Druckverlust, den das Öl oder Gas in den Rohrleitungen erfährt.

Abb. 3: Druckbehälter aus dem Qatar-Projekt

Trennen

Öl/Gas/Wasser wird nicht als Gemisch abtransportiert, es muß in seine Bestandteile aufgetrennt, separiert, werden. Im Separator werden Öl, Gas und Wasser voneinander grob separiert; die Reinheit der Stoffe ist nicht ausreichend; sie müssen weiter aufbereitet werden.

Aufbereitung

<u>Gas</u>

Das Gas enthält noch Ölpartikel, Gas-Kondensate, Wasserdampf und Gase wie z.B. CO_2 oder H_2S, die möglicherweise nicht mit abtransportiert werden sollen. Gründe hierfür sind Heizwert des Gases, Korrosion in den Rohrleitungen, Kosten für umfangreichere Transportsysteme. Es müssen je nach Beschaffenheit des Gases - das abzutransportierende Gas soll einen hohen Methangehalt (CH_4) haben - Anlagen für die

- Extraktion von höhersiedenden Kohlenwasserstoffen wie Propan, Butan, Äthan
- Entschwefelung (H_2S Entfernung)
- Entfernung von CO_2
- Die Trocknung (Entfernung von Wasserdampf)

installiert werden.

<u>Öl</u>

Das Öl enthält noch Restgas und häufig Schwefel sowohl als Schwefelwasserstoff (H_2S), Schwefelkohlenstoff oder andere Schwefelverbindungen. Je nach Abtransportsystem ist eine weitere Aufbereitung erforderlich, z.B. können Anlagen erforderlich sein für

- Entschwefelung
- Entgasung
- Trocknung.

<u>Wasser</u>

Das aus dem Bohrloch mit geförderte Wasser (Produced Water) ist nicht erwünscht und wird, falls seine Reinheit und die Bestimmungen es zulassen, ins Meer gegeben. Verunreinigungen machen eine Aufbereitung erforderlich. Anlagen werden benötigt für

- Entölung
- Entgasung (auch H_2S-Entfernung).

Aus Kostengründen oder Reservoirbeschaffenheit kann das Produced Water auch ins Reservoir reinjiziert werden. Hierfür sind dann die entsprechenden Druckerhöhungspumpen erforderlich.

Verarbeitung

Das Verarbeiten der Gase (downstream plants) erfolgt nicht offshore. Es gibt jedoch bereits Offshore-Anlagen für die Verflüssigung von Methangas, die LNG-Erzeugungsanlagen. Studien wurden gemacht für Offshore-Methanol- oder Ammoniakerzeugung und Verstromung. Hierauf soll nicht weiter eingegangen werden.

Abtransport

Gas

Das Gas wird durch Transportrohrleitungen zum Land gebracht. Je nach Entfernung und Dimensionierung der Rohrleitungen werden Kompressoren auf der Plattform oder auf der Strecke zum Land benötigt.

Öl

Durch die Aufbereitungstechnik bedingt hat das aufbereitete Öl einen geringeren Druck als z.B. das aufbereitete Gas. Bei Abtransport durch Tanker oder durch Abgabe in Zwischenlager offshore ist der niedrige Druck ohne Bedeutung bzw. gewünscht. Bei Abtransport durch Rohrleitungen wird das Öl über die Rohölpumpen an Land gepumpt.

Hilfs- und Nebenanlagen

Der vorher gegebene Überblick über die Anlagen auf einer Öl-/Gas-Förder- und Aufbereitungsplattform ist in keiner Weise als vollständig anzusehen. Es wurden nicht erwähnt:
- Energieerzeugung (z. B. Turbinen/Generatoren)
- Wasseraufbereitung (Kühlwasser, Trinkwasser)
- Instrumentenlufterzeugung
- Fackelsysteme
- Wohnanlagen
- Notenergieerzeugung
- Klima/Lüftungsanlagen.

Für diese Art Anlagen sind häufig separate Plattformen erforderlich.

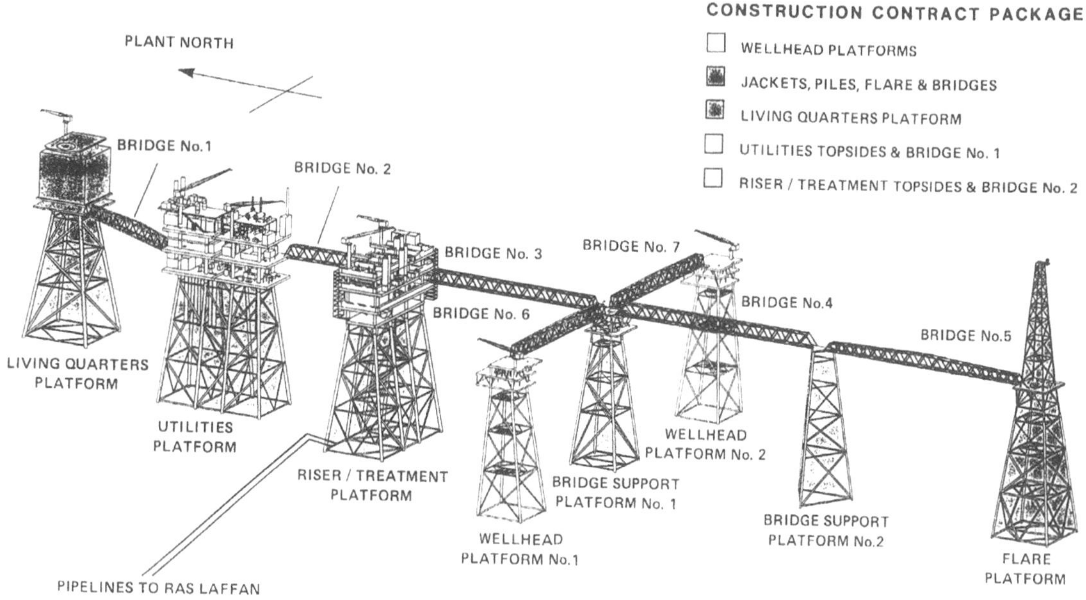

Abb. 4: Schematische Anordnung der Plattformen

Gefährdungspotentiale

Die Gefährdungspotentiale bei Offshore-Öl-/Gas-Förder- und Aufbereitungsanlagen sind ohne Berücksichtigung der Randbedingungen ähnlich wie bei entsprechenden Landanlagen. Die Medien können
- brennbar
- explosiv
- toxisch
- umweltverschmutzend

sein und Brände, Explosionen, Vergiftungen der Menschen oder Verschmutzung der Umwelt (Luft und Wasser) hervorrufen. Das Gefährdungspotential verstärkt sich auf Offshore-Installationen durch

(Bild 5)
- Große Installationsdichte von Bauteilen, in denen die gefährlichen Substanzen gelagert, behandelt oder transportiert werden
- Installationen auf mehreren Ebenen
- Direkte Aneinandergrenzung von unterschiedlichen Bereichen wie Förderanlagen, Prozeßanlagen, Versorgungsanlagen, Wohnbereichen, Schiffsanleger, Hubschrauberlandeplatz
- erschwerte Einsatzbedingungen für Anlagen und Komponenten durch typische Offshorebedingungen wie Wind, Seegang, Temperatur, Vereisung, Aggressivität des Wassers und der Luft

192

- erschwerte bzw. beschränkte Zugangsmöglich-
  keiten für Hilfs- und Rettungsmannschaften
- erschwerte bzw. eingeschränkte Fluchtmöglichkeiten für das Betriebspersonal, insbesondere
  bei Brand- und Explosionsstörfällen.

Um Störfälle zu vermeiden, muß zunächst untersucht werden, wodurch diese ausgelöst werden
können.

<u>Störung intern durch:</u>
- Betriebsfehler
- Bedienungsfehler
- Materialfehler
<u>Störung von außen durch:</u>
- Umweltbedingungen wie Seegang, Erdbeben
- Schiffskollision
- Hubschrauberunfall

Abb. 5: Qatar Installationsdichte

Sicherheitskonzept

Bei den Offshore-Förder- und Prozeßanlagen handelt es sich um sehr komplexe Systeme, deren Sicherheit von vielen Faktoren beeinflußt wird.

Im Groben:
- Standort der Installation
- Art der Installation
- Art der Anlagen
- Zuordnung und Aufstellung der Anlagen zu-
  einander
- Transporteinrichtungen.

Im Detail: Auswirkungen der Einzelkomponenten
auf die Teilsysteme und deren Auswirkung auf das
Gesamtsystem, wobei hierunter der gesamte Anla-
genkomplex zu verstehen ist. Diese Verknüpfung
von Sicherheitsbauteilen mit Sicherheitssystemen
und der Gesamtsicherheit für
- Personen
- Umwelt
- Investitionen

erfordert ein umfangreiches Sicherheitskonzept, in
dem die Ziele und die Anforderungen für die technische Sicherheit der Anlagen, der Schutz der Umwelt und der sichere Betrieb der Anlagen festgelegt
werden. Dies schließt die Forderung nach einem
Sicherheits-Management-System (SMS) mit ein.

In der Offshore-Industrie ist es nicht mehr ausreichend, Anlagen den Regelwerken entsprechend zu
entwerfen, zu bauen und zu betreiben. Es müssen
schon frühzeitig begleitende Sicherheitsstudien und
Risikoanalysen angefertigt werden. Eine ausführliche, umfangreiche Dokumentation ist erforderlich
und nicht zu vermeiden, sofern es sich um internationale Projekte unter Beteiligung der führenden
Erdölgesellschaften handelt.

Bereits in der Anfangsphase des Projektes werden
Gefahrenabschätzungen, Preventive Hazard Analysis (PHA), gemacht, und bei Identifizierung eines
zu großen Restrisikos wird das Projekt entweder

abgebrochen oder nach einer sicheren Lösung gesucht. Parallel hierzu wird ein Sicherheits-Management-System (SMS) aufgebaut, das in den einzelnen Phasen des Projektes die Aktivitäten der beteiligten Partner wie eigenes Personal, Ingenieur-Büros, Zulieferer, Fertiger und Inbetriebsetzer hinsichtlich Qualifikation des Personals, der angewandten Berechnungs- und Fertigungsmethoden und die Zusammenarbeit der Beteiligten überwacht, beeinflußt und sichergestellt (Bild 6).

Im internationalen Bereich werden spezielle Sicherheitsstudien durchgeführt, um nachzuweisen, daß insgesamt das Risiko, welches mit dem Betrieb der Anlage einhergeht, so gering wie möglich ge-

halten ist (ALARP: As Low As Reasonable Practicable):

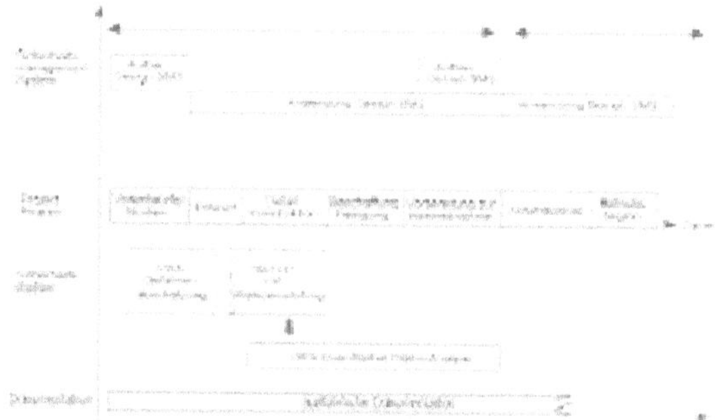

Abb. 6: Projektablauf

Einstu-fungs Klasse	Personen-Schäden	Umwelt-Schaden Ölaustritt	Material-Schaden	Häufighkeit				
				Sehr gering	gering	mittel	hoch	Sehr hoch
1	Schnitte, Zerrungen, Prellungen	<100 t	Betroffenes Gerät	A	A	A	ALARP	ALARP
2	Augenverletzungen, Knochenbrüche	100 – 500 t	Geräte im Bereich des Schadens	A	A	A	ALARP	N.A.
3	Innere Verletzungen, Amputationen	500 – 1.000 t	Größere Bereiche um den Schadensort	A	A	ALARP	N.A.	N.A.
4	1 Toter	1.000 – 2.000 t	Plattformschäden	ALARP	ALARP	ALARP	N.A.	N.A.
5	Viele Tote	>2.000 t	Plattformverlust	ALARP	ALARP	N.A.	N.A.	N.A.

A: Risiko akzeptabel.

N.A.:   Risiko nicht akzeptabel. Designänderung erforderlich.

ALARP: Weitere Analysen müssen durchgeführt werden, um zu untersuchen, ob das Risiko mit vernünftigem Aufwand weiter reduziert werden kann.

Eine quantitative Risikoanalyse ist aufwendig, sie ist jedoch die einzige Möglichkeit, ein Risiko zu quantifizieren und damit vergleichbar mit anderen Lösungsmöglichkeiten zu machen. Die durchzuführenden Schritte sind folgende:
- Alle möglichen Gefährdungen werden erfaßt (HAZOP-Studie)
- Erfaßte Gefährdungen werden analysiert (Risk Ranking, Qualitative Screening)
- Bestimmung von Eintrittswahrscheinlichkeiten (Fehlerbaumanalyse)
- Ermittlung von Auswirkungen (Ereignisbaumanalyse, Dispersionsberechnungen)
- Berechnung von Einzelrisiken und Zusammenfassung zum Gesamtrisiko
- Sensitivitätsanalyse
- Analyse von Designänderungen.

Auf der Basis solcher Risikoanalysen werden die Entscheidungen gefällt, ob die Entwürfe fortgeführt oder geändert werden müssen. Während des Projektablaufes können mehrere solcher Analysen erforderlich sein. Die Erfordernis steigt erfahrungsgemäß bei neuen Anlagetypen. Aber auch bei Verwendung erprobter Anlagen sind Studien erforderlich, weil jede Gesamtanlage ein Unikat ist. Das

Zusammenspiel der Teilsysteme bzw. die geänderten Randbedingungen zu erprobten Anlagen ist jeweils unterschiedlich.

In der Vorbereitungsphase für die Inbetriebnahme wird mit dem Aufbau des Betriebs-Sicherheits-Management-Systems (Betriebs-SMS) begonnen. Dieses SMS ist ein wichtiger Baustein während des Betriebes des Gesamtsystems. SMS überwacht die Qualifikation des Betriebspersonals, die anzuwendenden Verfahrensanweisungen, das Zusammenarbeiten der am Betrieb beteiligten Partner für Betrieb, Inspektion, Wartung, Versorgung und Anbindung an Behörden und andere Institutionen.

Der meerestechnische Bereich hat schon frühzeitig hohe Anforderungen an die Sicherheit und die Zuverlässigkeit der Förder- und Prozeßanlagen gestellt. Speziell die Forderungen nach Risikoanalysen, Sicherheits-Management-Systemen und Dokumentation der Maßnahmen ist hier hervorzuheben.

Anlagenüberwachung

Um den hohen Anforderungen an die Sicherheit der Offshore-Anlagen nachzukommen, sind umfangrei-

194

che Überwachungs-, Regelungs- und Abschaltanlagen erforderlich. Dazu gehören:

Betriebssysteme (Ständig aktive Systeme)
- Übergreifendes Leitsystem (Supervisory Control and Data Akquisition, SCADA)
- Prozeßleitsystem (PLS)
- Last Management System
- Steuerung von Einzelkomponenten (Brenner, Turbinen)

Sicherheitssysteme (Schlafende Systeme)
- Brandmeldeanlagen
- Gaswarnanlagen
- PA-Systeme
- Notabschaltsysteme (ESD)
- Abblasesystem (Blow Down System)
- Bohrlochabsicherung (Wellhead Control)
- Rettungsmittel (Boote etc.)

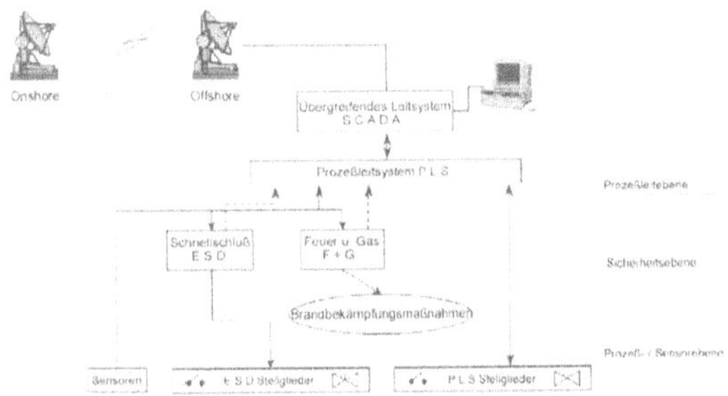

Abb. 7: Betriebs- und Sicherheitssysteme

Rechnereinsatz

Während in früheren Zeiten die Systeme elektrisch festverdrahtet ausgeführt wurden, kommen bei Neuinstallationen fast ausschließlich rechnergestützte Systeme zu Einsatz.
Hier kann gegenwärtig noch zwischen zwei Rechnerkonzeptionen unterschieden werden, nämlich
- Prozeßrechner
- Speicherprogrammierbare Steuerungen (SPS),
auch wenn die Unterschiede zunehmend verwischen.

Bei redundant ausgeführten Prozeßrechnern läuft der redundante Rechner üblicherweise im "Hot Standby"-Betrieb, d.h. bezogen auf den Prozeß ist immer nur ein Rechner aktiv. Der redundante Rechner übernimmt im Bedarfsfalle unverzüglich die Aufgaben des Hauptrechners.

Demgegenüber bestehen redundante SPS aus mehreren unabhängigen Kanälen, deren Ausgangssignale verglichen werden, d.h. es arbeiten zwei oder drei SPS unabhängig nebeneinander. Am Ende der Signalverarbeitung erfolgt mittels eines Vergleichers die Signalauswertung, also die Entscheidung, inwieweit das Ergebnis richtig ist und wie bei Diskrepanzen verfahren werden soll. SPS

in sicherheits-gerichteten Anwendungen müssen besonderen Anforderungen genügen. Sofern keine baumustergeprüften Komponenten verwendet werden, sind extensive Einzelprüfungen erforderlich.

Alle hochsensiblen rechnergestützten Systeme werden aus unterbrechungsfreien Stromversorgungen gespeist. Normalerweise sind auch die Netzgeräte redundant ausgeführt. Selbstverständlich sind Sicherheitssysteme unabhängig von anderen Systemen auszuführen. Hier wird im Offshorebereich stärker drauf geachtet als im Onshorebereich.

Betriebsysteme

Übergreifende Leitsysteme (Supervisory Control and Data Aquisition SCADA)
Die Offshore-Förder- und Prozeßanlagen sind wie dargelegt durch Transportsysteme wie Tanker oder Pipeline mit Verarbeitungsanlagen onshore verbunden. Das erfordert:
- Abstimmung der Ölproduktion auf den Bedarf der Onshoreanlagen
- Wirtschaftliche Optimierung der Öl-/Gas-Förderung
- Koordinierung von Wartungsaktivitäten
- etc.
Den Prozeßleitsystemen (offshore wie onshore) wird häufig ein sogenanntes SCADA-System übergelagert. Hierbei handelt es sich um ein verteiltes Rechnersystem, das Offshore- und zugehörige Onshoreaktivitäten bezogen auf den Produktionsfluß des Gesamtkomplexes steuert.

Es können auch Befehle zur Steuerung der Produktion übertragen werden. Sicherheitsrelevante Stellbefehle wie z.B. Schließen eines Sicherheitsventiles infolge eines Pipelineschadens dürfen hingegen nicht über das SCADA-System geführt werden. SCADA-Systeme arbeiten üblicherweise nicht sicherheitsgerichtet bzw. sind für diese Aufgabe nicht geprüft und zugelassen. Ist eine Übertragung von sicherheitsrelevanten Stellbefehlen zwischen Offshore und Onshore erforderlich, z.B. zum Schutz einer Pipeline, werden hierfür gesonderte Sicherheitsmaßnahmen getroffen.

Prozeßleitsyteme (PLS)
Wie bei jeder prozeßtechnischen Anlage werden auch in der Offshoretechnik Prozeßleitsysteme eingesetzt, um die Anlagen zu steuern. Prozeßleitsysteme sind keine Sicherheitssysteme. Sie müssen unabhängig von diesen ausgeführt werden. Es handelt sich hierbei in der Regel um die größten Rechneranlagen auf einer Offshoreinstallation, und zwar um die größten in der jeweiligen Offshore-Einheit.

Die Betreiber haben verständlicherweise ein sehr großes Interesse an diesen Systemen, so daß nur hochverfügbare Systeme eingesetzt werden, die aber nicht unbedingt sicherheitsgerichtet sein müssen. Die Prozeßleitsysteme führen in einigen Bereichen die gleichen Funktionen durch wie die Sicherheitssysteme, sie müssen jedoch unabhängig voneinander betrieben werden und dürfen nicht gekoppelt werden.

<u>Lastmanagement-System</u>
Es dient zur elektrischen Lastverteilung bei Parallelbetrieb mehrerer Stromerzeugeraggregate. Im Bedarfsfall können Aggregate automatisch zu- oder abgesetzt werden bzw. weniger wichtige Verbraucher vom Netz abtrennt werden.

<u>Steuerungen für Einzelkomponenten</u>
Eine Brennersteuerung z.B. dient dazu, Start, Betrieb und Stop eines Brenners zu steuern bzw. zu regeln. Darüber hinaus werden sicherheitsrelevante Funktionen integriert, so daß die Steuerung einen sehr hohen Stellenwert bekommt.

Es ist selbstverständlich, daß Betriebssysteme unabhängig von Sicherheitssystemen auszuführen sind.

Sicherheitssysteme

<u>Brandmeldeanlagen</u>
bestehen aus Sensoren (Rauch, Temperatur und Flammenmelder) und der zugehörigen Zentrale. In der Zentrale (SPS) erfolgt die Auswertung der Meldung und die Ansteuerung der
- Alarme
- Anzeigeebene (Blindschaltbild, Display)
- Feuerlöschsysteme, Sprinkler, Wasservorhänge
- CO_2-Inergen-Systeme
- Start von Feuerlöschpumpen
- Prozeßabschaltungen (über ESD-System)
- Schließen von Zu- und Abluftklappen, Abschaltung von Lüftern.

Der sicherheitstechnische Stellenwert hängt neben der Prozeßanlage auch stark von der Betriebsphilosophie und damit von der Personalstärke des Betriebes ab. Es kommen im internationalen Bereich zunehmend redundant ausgeführte SPS zum Einsatz.

<u>Gaswarnanlagen</u>
Der Aufbau der Gaswarnanlagen erfolgt im Prinzip wie die Brandmeldeanlagen. Bei kleineren Anlagen werden die beiden Zentralen in einer SPS zusammengefaßt. Auf der Sensorseite ist grundsätzlich nach toxischen Gassensoren und solchen zur Erkennung von brennbaren Gasen zu unterscheiden (Bild 8).

Zweck der Gaswarnlagen ist neben der allgemeinen Erkennung von Gefahrenzuständen (Leckagen) und

der damit verbundenen Alarmierung die Einleitung von bestimmten Schalthandlungen:

- Schließen von Zu- und Abluftklappen für gefährdete Räume, Abschaltung von Lüftern
- Abschaltung von Betriebsmitteln, die Funken bilden können oder die kein Gas ansaugen dürfen wie z. B Dieselmotoren und Gasturbinen.

Der sicherheitstechnische Stellenwert kann höher sein als der einer Brandmeldeanlage. Dies gilt sowohl unter Personenschutz wie auch unter Anlagenschutzgesichtspunkten. Es kommen nur noch redundant ausgeführte Anlagen zum Einsatz.

Abb. 8: Gassensoren Qatar

<u>PA-Systeme (Public Address Systems)</u>
Public-Address-Systeme sind Lautsprecheranlagen, die für verschiedene Informationszwecke genutzt werden, u.a. auch für sicherheitsrelevante Alarmierungen sprachlicher, optischer und akustischer Art. Sie besitzen einen hohen Sicherheitsstellenwert, d.h. sie werden in das Sicherheitskonzept des Gesamtsystems einbezogen. Darüber hinaus wird zwischen strategisch wichtigen Stellen eine bidirektionale Kommunikationsverbindung installiert, z.B. zwischen Kontrollraum und Bohrstand.

<u>ESD-System</u>
Das ESD-System stellt den Kern der sicherheitsrelevanten Abschaltketten dar. Es handelt sich bei neueren Anlagen um eine SPS, mit deren Hilfe

definierte Notschalthandlungen aufgrund von Fehlzuständen eingeleitet werden.

Es ist nach verschiedenen Abschaltebenen zu unterscheiden (Bild 9):

- "Bedeutungsloser" Not-Stop z.B. infolge Schmierölmangel (level 4)
- Prozeßabschaltungen ohne Druckentlastung (level 3)
- Prozeßabschaltungen mit Druckentlastung bei Abblase-Funktion (level 2)
- Totale Plattformabschaltung, Schließen jeglicher Öl- oder Gaszufuhren, Abschaltung aller nicht ex-geschützten elektrischen Einrichtungen, sofern dies nicht durch andere Anlagen erfolgt (level 1).

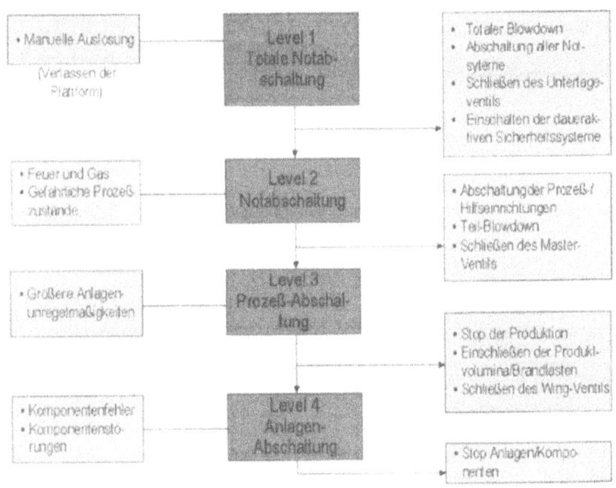

Abb. 9: Notabschaltebenen

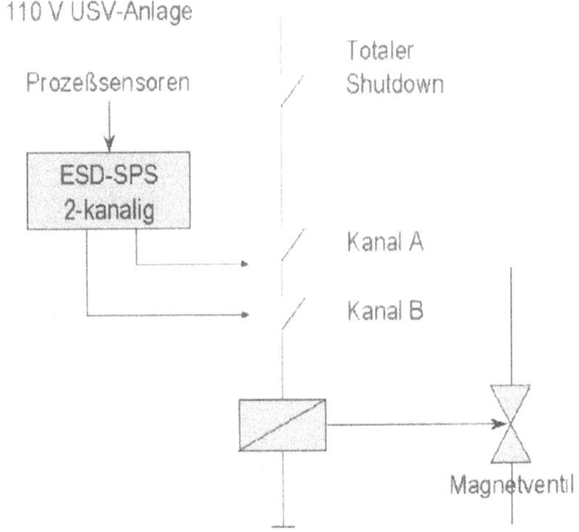

Abb. 10: Wirkung ESD-System auf Prozeß

Das ESD-System hat sicherheitstechnisch den höchsten Stellenwert. Die Anforderungen an die SPS sind daher besonders hoch. Auch bei den modernsten Anlagen ist bisher eine rechnerunabhängige Rückfallposition vorgesehen. Besteht die Sicherheitsfunktion allein in der Überdruckabsicherung eines Anlagenabschnittes taucht in der Fachwelt häufig der Name HIPPS (High Integrity Pressure Protection System) auf.

<u>Abblasesysteme (Blowdown Systems)</u>

Zweck der Abblasesysteme ist es, eine Druckentlastung von Anlagenabschnitten wie Druckbehältern oder Rohrleitungen nach einer Sicherheitsabschaltung zu ermöglichen. Dabei geht es nicht nur um die allgemeine Druckentlastung, um die Behälter vor den Gefahren eines Feuers zu schützen, vielmehr gilt es auch, die Brandlasten zu reduzieren. Insgesamt wird so ein sicherer Zustand erreicht. Zu diesem Zweck sind besondere Rohrleitungen installiert, die das Gas in ein Fackelsystem leiten, wo es sicher verbrennt oder unverbrannt in die Atmosphäre entspannt wird. Derartige Abblasesysteme werden entweder in herkömmlicher Weise manuell angesteuert oder automatisch durch ein Sicherheitssystem. Üblicherweise würde die automatische Abschaltung über das o.a. ESD-System erfolgen.

<u>Bohrlochabsicherungen</u>

Zusätzlich zu ESD- und Blow-Down-System erfolgt eine Bohrlochabsicherung mittels eines Well Head Control Panels (WHCP). Dabei handelt es sich um eine hydraulisch/pneumatische Anlage, die mittels Druck die federkraftschließenden Ventile am Eruptionskreuz sowie das Untertageventil offen halten. Bei Druckabfall schließen diese Ventile sofort und schützen zum einen die nachgeschalteten Anlagen gegen Überdruck, zum anderen verhindern sie ein unkontrolliertes Ausströmen von Öl oder Gas in die Umwelt. Die Ansteuerung des WHCP erfolgt über direkt auf das Panel wirkende high/low Piloten, die unabhängig von jeglicher elektrischer Energie arbeiten, und zusätzlich über Magnetventile, welche z.B. von dem übergeordneten ESD-System angesteuert werden.

Offshore als Vorreiter in der Sicherheitstechnik

Die Gefahren, die vom Prozeß herrühren, sind onshore wie offshore ähnlich. Unterschiede bestehen in den Randbedingungen und den daraus resultierenden Möglichkeiten, die Gefahren abzuwehren und zu bekämpfen. Hinzu kommen die enormen Investitionspotentiale, die es zu schützen gilt. Dies hat dazu geführt, daß Offhoreinstallationen zwar vom Design her stets konservativ ausgeführt worden sind, bezogen auf die Sicherheitsphilosophie jedoch häufig Vorreiter waren und sind.

<u>Risikobetrachtung</u>

In der Offshorewelt ist es seit längerem üblich bzw. wird von Betreibern, Behörden oder Klassifikationsgesellschaften gefordert, daß Risikobetrachtungen, Gefahrenanalysen, HAZOP, oder wie immer man die Untersuchungsmethode auch nennt, bereits im frühen Projektstadium angestellt werden. Man geht sogar soweit, daß derartige Untersuchungen auch bei bestehenden Anlagen nachgeholt werden.

Bohrlochabsicherung

Alle Wellhead-Ventile werden über ein Wellhead Control Panel angesteuert, das hydraulisch oder pneumatisch arbeitet und auch ohne elektrische Energie funktionsfähig bleibt. Darüber hinaus wirkt in der Regel eine Feuerschleife mit Schmelzsicherung auf dieses Panel.

Automatische ESD-Systeme

Während es onshore auch heute noch üblich ist, ESD-Systeme manuell anzusteuern, geht man im Offshorebereich an vielen Stellen dazu über, diese Sicherheitsabschaltung automatisch ablaufen zu lassen. Bei manchen Ölgesellschaften werden daher die internen Offshoredesignvorgaben auch für Onshoreanlagen zugrunde gelegt.

Gaswarntechnologie

Gaswarnanlagen haben auf Offshoreinstallationen einen weitaus höheren sicherheitstechnischen Stellenwert. Dies gilt insbesondere für die Detektion von toxischen Gasen, da die Fluchtmöglichkeiten stark eingeschränkt sind. Auf Offshoreinstallationen wird darüber hinaus auch der Gefahrenfall betrachtet, daß sichere Bereiche seitens des Explosionsschutzes aufgrund größerer Gaswolken unsicher werden können.

Brandmeldeanlagen mit automatischen Abschalthandlungen

Ähnlich wie die ESD-Systeme werden auch die Feuerlöschmaßnahmen bzw. Brandbekämpfungsaktivitäten auf Offshoreinstallationen zunehmend automatisch angesteuert. ESD-Schalthandlungen werden nicht mehr wie bisher als Folge von detektierten Bränden manuell eingeleitet; vielmehr geht man dazu über, diese Schalthandlung automatisch ablaufen zu lassen.

Zusammenfassung

Die besondere Sicherheitsproblematik von meerestechnischen Installationen für die Förderung und Aufbereitung von Öl und Gas erfordert eine auf diese Problematik zugeschnittene sicherheitstechnische Betrachtungs- und Arbeitsweise. Schon in der frühen Projektphase wird Gefahrenabschätzung gemacht und der weitere Projektablauf dementsprechend gesteuert. Während der gesamten Projektabwicklung werden Sicherheitsstudien und Risikoanalysen qualitativ und quantitativ angefertigt, die den Entwurf der Anlagen entsprechend beeinflussen bzw. Änderungen hervorrufen. Der gesamte Projektablauf wird einem Sicherheits-Management-System unterworfen, so daß sichergestellt ist, daß jede Phase des Projektes den im Sicherheitskonzept festgelegten Zielen und Anforderungen genügt und Abweichungen davon sofort erkannt, beurteilt und - falls erforderlich - korrigiert werden können.

Der Bereich Meerestechnik ist hier neue Wege gegangen und hat die Betrachtungsweise der Sicherheitstechnik für solcherart Anlagen maßgeblich beeinflußt.

Strömungsberechnungen in der Schiffstechnik

Fluid Flow Computations in Naval Architecture

Prof.Dr.-Ing. **Heinrich Söding**, Technische Universität Hamburg-Harburg

Summary. A survey of the state of the art in computational fluid dynamics (CFD) for ship design is given, with special emphasis on contributions from Germany. The two major methods in practice are finite volume methods for viscous flows and boundary-element methods for inviscid flows. Recent applications to ships and appendages illustrate the power of CFD as a practical tool. Within a decade, CFD is expected to largely replace conventional experimental techniques for everyday problems.

1. Einführung

Die Stahlstruktur von Schiffen wird heute fast ausschließlich durch Berechnungen dimensioniert; Versuche sind nur ab und zu erforderlich, z.B. zum Nachweis der Betriebsfestigkeit neuer Details und für Forschungszwecke. Die Strömungskräfte an Schiffen werden dagegen noch überwiegend experimentell bestimmt. Dies liegt nur zum Teil an Mängeln der Berechnungsverfahren; überwiegend liegt es an bisher noch zu wenig Erfahrungen mit solchen Berechnungen und an dem erst noch zu gewinnenden Vertrauen der Strömungsberechner und der Auftraggeber in diese Berechnungen.

Warum setzen sich Berechnungen in der Strömungsmechanik erst jetzt, rund 30 Jahre später als in der Festkörpermechanik durch? Ein wichtiger Grund dafür ist, daß die Verschiebungen der materiellen Punkte in Strömungen sehr groß oder - bei stationären Strömungen - sogar unendlich groß werden; deshalb muß man Geschwindigkeiten statt Verschiebungen als wichtigste zu berechnende Unbekannte wählen. Dies verursacht in der Regel nichtlineare Bewegungsgleichungen, was in Verbindung mit der kleinen Viskosität zur Turbulenz der technischen Strömungen führt; und diese bildet eine Haupt-Schwierigkeit bei der Berechnung. Eine weitere Schwierigkeit, die ebenfalls von der geringen, aber endlichen Viskosität der Flüssigkeit verursacht wird, sind Grenzschichten, denn sie erfordern es, extrem unterschiedliche Abmessungen der 'Elemente' (Berechnungszellen) in Richtung parallel zu Wänden und senkrecht auf Wänden vorzusehen.

Diese Schwierigkeiten werden heute weitgehend, aber nicht völlig beherrscht. Dies soll an einigen Beispielen gezeigt werden, die in den letzten zwei Jahren, z.T. erst vor einigen Tagen, berechnet wurden. Für manche der behandelten Probleme gibt es ebenso gute Ergebnisse auch von anderen Arbeitsgruppen, die hier nicht erwähnt werden können. Daneben gibt es aber auch sehr viel schlechtere Rechenergebnisse. Eine Zusammenstellung publizierter Berechnungsergebnisse, ohne Beschränkung auf die besten Verfahren, würde ein sehr viel schlechteres Bild ergeben, als ich es hier darstelle. Was ich im Folgenden schildere, sind Ergebnisse guter Berechnungsverfahren, aber nicht Zufallstreffer oder durch Anpassung an experimentelle Ergebnisse beeinflußte Berechnungen.

2. Schiffswiderstand

Als Beispiel dienen hier moderne Schiffsformen, deren Widerstand sehr viel schwieriger zu berechnen ist als der der üblichen Vergleichsschiffe nach Wigley oder Serie 60. Erfolgreich behandelt wurden auch Schiffe mit Tunnelheck; diese werden hier aber nicht angeführt.

2.1 Einsatzgruppenversorger

Abb. 1 und 2 zeigen Hinter- und Vorschiff von zwei Schiffs-Varianten eines Versorgers (L = 159 m, V = 20 kn), der von der Flensburger Schiffbau-Gesellschaft (FSG) entworfen wurde. Die von Peric und Azcueta [1] mit dem Programm 'Comet' berechneten Bilder geben einen Eindruck von den bei der Berechnung der viskosen Umströmung benutzten Netzen und den detaillierten Ergebnissen, die solche Berechnungen liefern. In diesem Fall wurde das Programm 'Comet' benutzt, das die turbulente viskose Schiffsumströmung nach einem Finite-Volumen-Verfahren (FV) durch Lösen der Reynolds-gemittelten Navier-Stokes-Gleichungen (RANSE) bestimmt. Die freie Oberfläche wird dabei durch Berechnung der Wasser- und Luftströmung um das Schiff nach einem sogenannten hoch-auflösenden Trennflächen-Erfassungs-Schema (HRIC), einer Abart der Flüssigkeits-Volumen-Methode (VOF), erfaßt. Die feinen Berechnungs-Gitter enthielten etwa 850.000 Zellen. Die Rechenzeit für jeweils eine Geschwindigkeit beträgt leider noch einige CPU-Tage auf einem billigen Rechner. Durch das leichte 'Verschmieren' der Wasseroberfläche über einen endlichen Höhenbereich verläuft die durch die Fahrt des Schiffes verformte Wasserlinie nicht exakt durch Unterkante Spiegel.

Alternativ kann man den Schiffswiderstand auch mit Paneelmethoden, d.h. mit Methoden für Potentialströmungen, berechnen. Auch hierbei wurden in den letzten Jahren erhebliche Fortschritte erzielt: Bei meinem Programm 'Kelvin', einem nichtlinearen Rankine-Paneelverfahren zur Berechnung von Schiffsumströmungen mit freier Oberfläche, wird ein neues Verfahren zur Druckintegration über die Schiffsoberfläche eingesetzt, das genauere Widerstandsberechnungen ermöglicht [2]; und die Methoden zur Erfüllung der nichtlinearen Randbedingungen an der Wasseroberfläche und zur automatischen Anpassung der Körper- und Wasseroberflächen-Netze an die jeweilige Tauchung des Schiffes wurden bei diesem Programm erheblich verbessert [3].

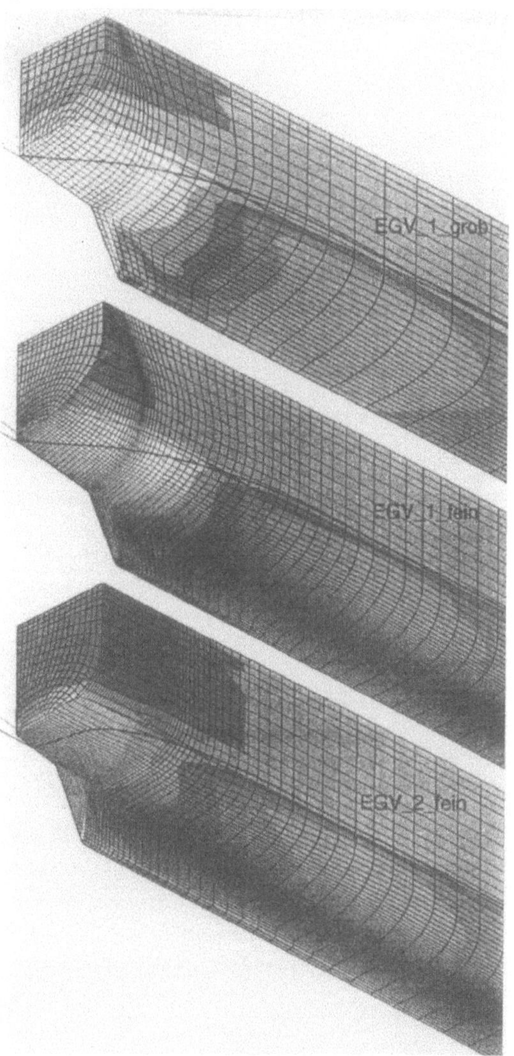

Abb. 1: Zwei Netzvarianten und zwei Hinterschiffsvarianten eines Versorgers (Wasserlinie ohne und mit Wellenbildung sowie Verteilung des dynamischen Druckes). [1]

Vorteil von Paneel-Methoden ist der viel geringere Aufwand: Wenn die Schiffsform in geeigneter Weise numerisch beschrieben vorliegt, sind für die

Vorbereitung einer solchen Rechnung höchstens wenige Stunden nötig, und die Computer-Rechenzeit beträgt nur etwa eine Stunde pro Geschwindigkeit. Allerdings können Paneel-Methoden direkt nur den Wellenwiderstand berechnen. Sie entsprechen damit weitgehend dem Modellversuch, denn auch bei Schiffsmodellversuchen ist der viskose Modell-Widerstand von dem des Schiffes so verschieden, daß er nach empirischen Formeln (z.B. nach ITTC 1957) umgerechnet werden muß. Dieselben Formeln benutze ich in 'Kelvin' auch, um zu dem direkt berechneten Wellenwiderstand den Reibungswiderstand zu addieren. Allerdings wird dabei statt des Quadrats der Schiffsgeschwindigkeit das etwas größere, über die benetzte Schiffsoberfläche gemittelte Quadrat der (reibungsfrei berechneten) Wassergeschwindigkeit entlang der Außenhaut angesetzt, und statt der statisch benetzten Schiffsoberfläche wird die aktuelle, mit Beachtung der Wellenbildung und des Squat berechnete benetzte Schiffsoberfläche verwendet.

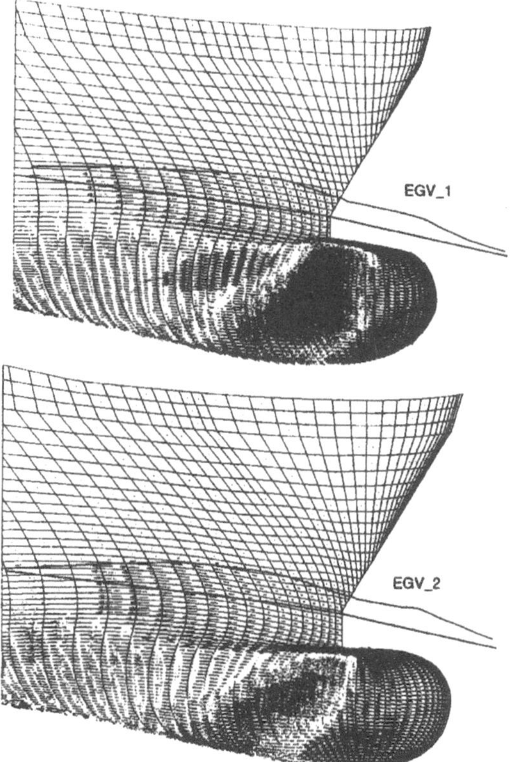

Abb. 2: Wellenkontur und Verlauf der Wandschubspannung im Vorschiff von zwei Varianten eines Versorgers. [1]

Für die oben genannten zwei Schiffs-Varianten wurden auch Berechnungen mit 'Kelvin' durchgeführt. Abb. 3 zeigt für die zweite Formvariante das benutzte Paneelnetz und Isobaren des hydrodynamischen Drucks auf der Schiffsoberfläche; Abb. 4

zeigt das berechnete Wellenfeld um das Schiff.

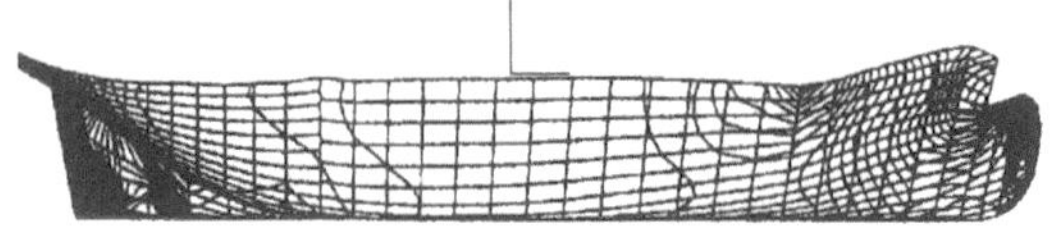

Abb. 3: Paneeleinteilung des Versorgers (Variante 2) bis zur verformten Wasseroberfläche und Isobaren des hydrodynamischen Drucks. Höhe 3-fach vergrößert. Berechnet mit 'Kelvin

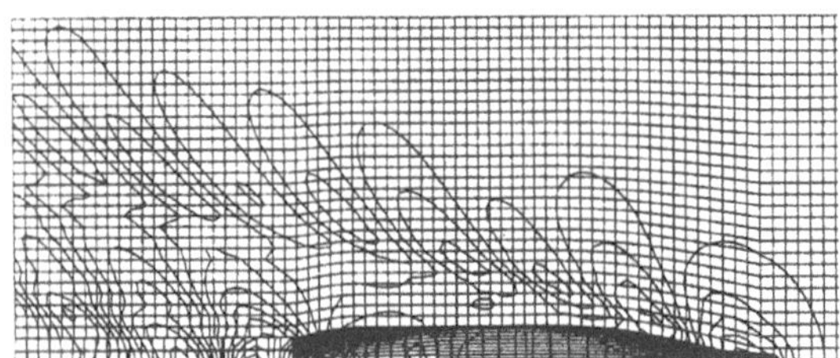

Abb. 4: Wellenfeld um den Versorger (Variante 2) nach 'Kelvin'-Berechnungen. Abstand der Höhenlinien 0,25 m

Tabelle I vergleicht die nach beiden Berechnungsmethoden erhaltenen Ergebnisse für die Widerstandsanteile des naturgroßen Schiffes bei F_n =

0,251 zusammen mit Prognosen aus Modellversuchen. Da die 'Comet'-Berechnungen für das Modell durchgeführt wurden, habe ich die Ergebnisse entsprechend der Formfaktor-Methode umgerechnet, indem ich den berechneten Modell-Reibungswiderstand im Verhältnis der ITTC-Reibungsbeiwerte für Schiff und Modell verkleinert habe. Als Ergebnisse des Programms 'Kelvin' werden jeweils zwei verschiedene Werte angegeben; sie wurden mit einem gröberen, weiter reichenden Berechnungsnetz an der Wasseroberfläche mit insgesamt (auf Körper- und Wasseroberfläche) etwa 1.800 Paneelen, sowie mit einem feineren, weniger weit reichenden Netz mit rund 2.900 Paneelen bestimmt. Von den Modell-Prognosedaten wurden 6% für den Einfluß der Propellerwellen und der Wellenböcke abgezogen. Während der im Modellversuch gefundene Unterschied zwischen beiden Versionen bei den 'Comet'-Berechnungen genauer als nach 'Kelvin' getroffen wird, stimmen die absoluten Werte des Widerstands nach 'Kelvin' genauer mit den Modell-Prognosen überein.

Tabelle I: Vergleich berechneter und aus Modellversuchen prognostizierter Widerstände

Schiffsversion	1	2	(2 – 1)/2
Druckwiderstand nach Comet [kN]	183	222	18%
Gesamtwiderstand nach Comet [kN]	580	632	8%
Wellenwidersztand nach Kelvin [kN]	201 bzw. 230	260 bzw. 292	23% bzw.21%
Gesamtwiderstand nach Kelvin [kN]	616 bzw. 645	693 bzw. 726	11%
Gesamtwid.-Prognose aus Modellv. [kN]	628	683	8%
Abweichung Comet von R_T-Prognose	-8%	-8%	--
Abweichung Kelvin von R_T-Prognose	-2% bzw. +3%	+2% bzw. +6%	--

2.2 Sharma-Tanker

Hier werden nicht Schiffs-Widerstände, sondern Modell-Widerstandsbeiwerte miteinander verglichen. Sie gelten für den von Sharma [4] untersuchten wulstlosen Tanker (L = 233 m) auf Ballast-Tiefgang bei F_n = 0,205. Die Berechnungen wurden mit zwei anderen FV-Verfahren für Strömungen mit freier Oberfläche durchgeführt: Einer VOF-Methode von Schumann [5], bei der die Bewegungsgleichungen der reibungsfreien Flüssigkeit (Euler-Gleichungen) gelöst wurden, und einem RANSE-Löser 'Neptun' von Cura Hochbaum [6], der die freie Oberfläche nach der Level-Set-Methode behandelt. Abb. 5 zeigt das fo-tografierte Wellenbild am Bug des Modells und eine entsprechende Visualisierung der Berechnung; Abb. 6 zeigt, wie sich der reibungsfrei berechnete Widerstandsbeiwert über der Zeit entwickelt; das Schiff wurde während der ersten 40 s beschleunigt und dann mit konstanter Geschwindigkeit weiterbewegt.

Abb. 5: Foto der Bugwelle am Modell und Visualisierung des entsprechenden Berechnungsergebnisses. [5]

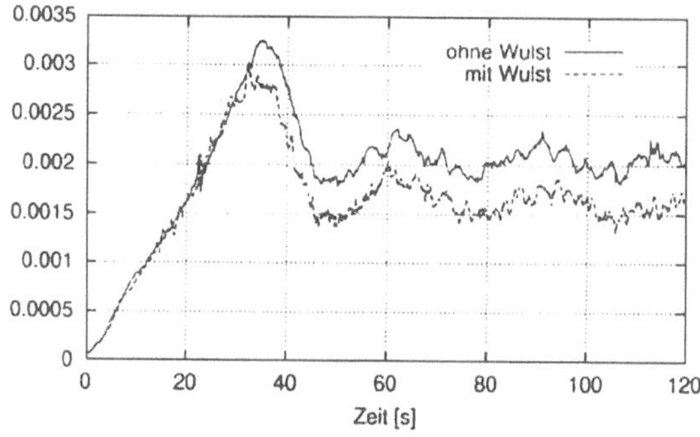

Abb. 6: Zeitliche Entwicklung des Widerstands-beiwertes eines Tankers ohne und mit Wulst. [5]

In den Abb. 7 und 8 sind Ergebnisse von Berech-nungen mit der Level-Set-Methode von Cura [6] dargestellt.

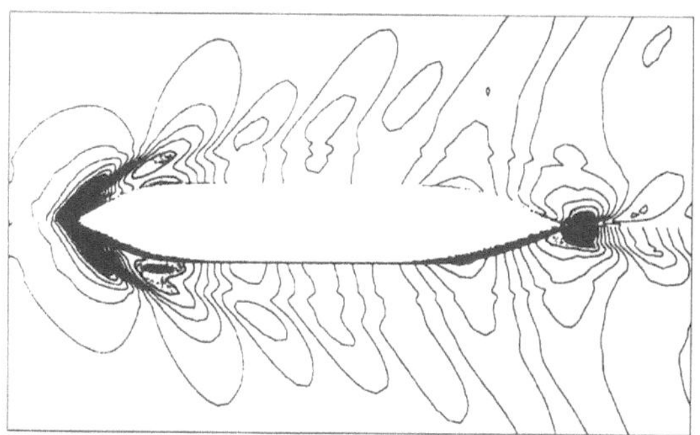

Abb. 7: Berechnete Höhenlinien der Wasserober-fläche um einen Tanker; oben mit, unten ohne Viskosität. [6]

Tabelle II zeigt die Ergebnisse. Der C_P-Wert nach Schumann ist die Differenz zwischen den Werten für freie und starre, ebene Wasseroberfläche; der letzte Wert ist wegen numerischer Fehler ungleich 0. Da Schumann ohne Reibung gerechnet hat, habe

ich in der ersten Zeile für C_V den Plattenreibungs-beiwert nach ITTC 57 eingesetzt. In der letzten Zeile gibt C_P die Differenz der Widerstands-Beiwerte für das Modell an der freien Oberfläche (C_T) und für das tief getauchte Doppelmodell (C_V) an. Der viskos bedingte Druckwiderstand steckt demnach in Zeile 2 in C_P,während er in Zeile 3 in C_V enthalten ist und in Zeile 1 ganz fehlt. Daß beide berechneten Gesamt-Widerstandsbeiwerte trotzdem sehr genau mit dem gemessenen Wert übereinstimmen, kann man als glücklich ansehen; aber von solchen sich nahezu aufhebenden Fehlern profitiert auch die Modellversuchstechnik, zumin-dest in anderen Experimenten.

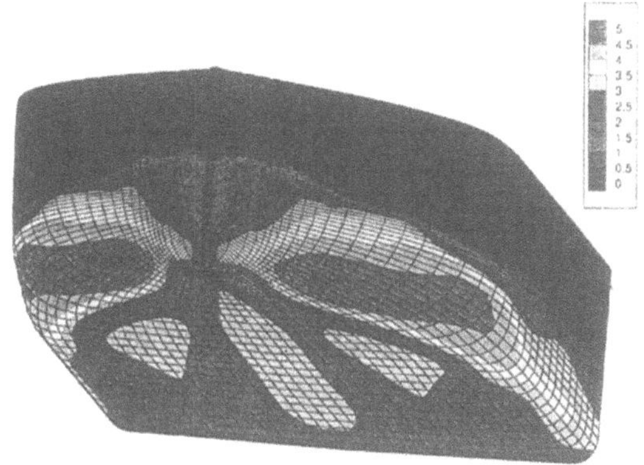

Abb. 8: Verteilung des Reibungsbeiwerts ($10^3\,C_f$) am Vorschiff eines Tankers. [6]

Tabelle II: Vergleich berechneter und gemessener Modell-Widerstandsbeiwerte

	$10^3\,C_P$	$10^3\,C_V$	$10^3\,C_T$
Schumann, VOF	1.62	3.02	4.62
Cura Hochbaum, Level-Set	1.85	2.90	4.75
Sharma, Experiment	1.20	3.52	4.72

2.3 RoRo-Schiff

Tabelle III: Widerstand eines RoRo-Schiffes

	Variante	Widerstand in kN infolge			R_T-Unterschied
		Wellen	Reibung	Wellen+Reibung	gegenüber Modellv.
Programm Kelvin	A	268	458	726	+2%
Modellversuch	A	300	413	713	---
Programm Kelvin	B	195	464	659	-3%
Modellversuch	B	---	---	682	---

Um Fehlbeurteilungen durch zufällige Überein-stimmung berechneter und gemessener Widerstän-de unwahrscheinlicher zu machen, zeigt Tabelle III einen weiteren Vergleich zwischen dem aus Mo-dellversuchen prognostizierten Widerstand und dem (von der FSG berechneten) Ergebnis des Pro-gramms 'Kelvin' für zwei Versionen eines moder-nen Roo-Schiffes (L = 182 m, V = 21,5 kn). Da Wellen- und viskoser Widerstand im Versuch nicht

gemessen werden können, bedeuten die entspre-chenden Eintragungen in den auf Modellversuchen beruhenden Prognosewerten den Rest- bzw. den Plattenreibungswiderstand. Die Abweichungen zwischen der Berechnung mit 'Kelvin' und der Modellversuchs-Prognose sind eher kleiner als die erwartete Genauigkeit der Prognose auf Grund der Modellversuche.

2.4 Widerstandsminimierung

Die in den letzten Jahren, z.T. erst in den letzten Monaten erreichte gute Genauigkeit in der Widerstandsprognose ermöglicht es, sinnvolle Optimierungen der Schiffsform im Hinblick auf geringen Widerstand durchzuführen. Solche Optimierungen wurden zwar in der Vergangenheit und in der Gegenwart vielfach vorgestellt; die Ergebnisse werden aber von Praktikern des Schiffsentwurfs - ich meine mit Recht - nicht sehr ernst genommen. Folgende Gründe sind dafür maßgeblich:

- Der Optimierungsalgorithmus minimiert den berechneten Widerstand, nicht den wirklichen Widerstand. Wenn - wie das bisher fast immer der Fall war - die gefundenen Widerstandsverringerungen der optimierten Schiffsform gegenüber der Ausgangsform kleiner als die Fehlermarge des Berechnungsverfahrens sind, ist es denkbar, daß das Optimierungs-Verfahren nicht das wirkliche Widerstandsminimum gefunden hat, sondern den betragsmäßig maximalen, negativen Fehler des Berechnungsverfahrens.
- Die aufzuwendende Rechenzeit erlaubte bisher nur, einige wenige (<10) Form- oder Verzerrungsparameter zu optimieren, weil der Optimierungsalgorithmus und das Berechnungsverfahren unabhängig voneinander entwickelt wurden. Wenn man jedoch die Widerstandsänderungen infolge kleiner Formveränderungen bezüglich der Formveränderungen linearisiert, läßt sich durch entsprechende Abänderung des Rechenverfahrens für die Widerstandsbestimmung die Rechenzeit auf weniger als 1/1000 verringern. Praktisch heißt das: Wenn eine Paneel-Berechnung des Schiffswiderstands durchgeführt worden ist, kann man mit Paneel-Methoden den Einfluß von kleinen Verschiebungen sämtlicher Knotenpunkte des Schiffskörper-Netzes auf den Widerstand in etwa vier Minuten berechnen. Das läßt die Wirkung von lokalen Formveränderungen erkennen, im Gegensatz zu den großräumigen Verzerrungen der Schiffsform, die bisher, mangels ausreichender Anzahl von optimierten Parametern, auf ihren Effekt für den Widerstand untersucht wurden.
- Bisher wurde eine vollautomatische Optimierung angestrebt. Die Optimierer hatten aber offenbar von den Anforderungen, die eine Schiffsform erfüllen muß und von denen der Widerstand nur eine einzige ist, nur allzu grobe Kenntnisse. Die optimierten Formen waren daher für die Praxis in der Regel unbrauchbar. Sie gaben bestenfalls Hinweise darauf, in welcher Richtung Formverbesserungen zu suchen seien. Mir scheint es besser, statt den Computer die Form selbst optimieren zu lassen, dem Formentwickler anzuzeigen, um wieviel eine Breitenänderung an irgendeiner Stelle des Schiffskörpers den Widerstand verändert. Auf Grund solcher Daten sollte dann die Formveränderung von Hand vorgenommen werden, um dabei auch alle anderen Anforderungen zu erfüllen, ohne diese explizit, in einer für den Optimierungsalgorithmus verständlichen Form, formulieren zu müssen.

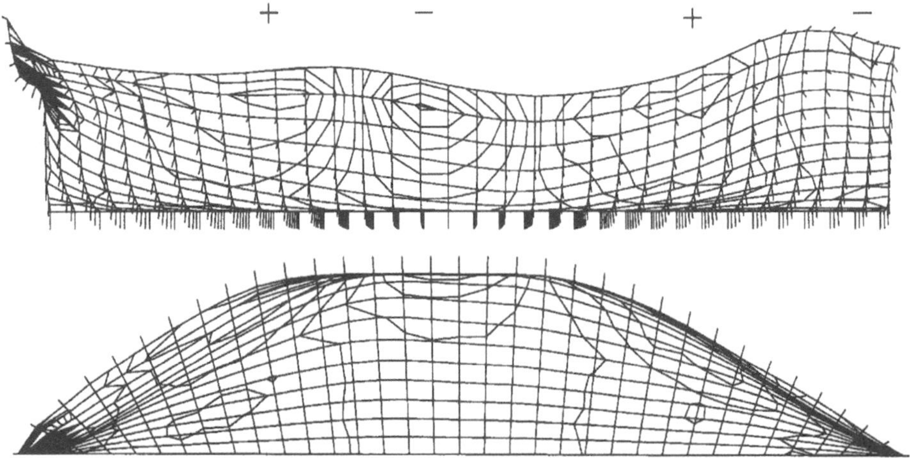

Abb. 9: Gesamtwiderstandsänderung pro Verschiebung der Außenhaut in Richtung der kurzen Striche, dargestellt durch Isolinien im Abstand von 0.1 kN pro 4 cm Verschiebung eines Paneel-Eckpunkts. Serie 60, $C_B = 0.6$

Abb. 9 zeigt - verzerrt 1:3 - die Seiten- und Bodenansicht des Serie-60-Schiffes mit $C_B = 0{,}6$ zusammen mit dem für die Berechnung benutzten Paneel-netz. Die kurzen Striche an jedem Paneel-Eckpunkt zeigen an, in welcher Richtung gedachte (aber tatsächlich sehr viel kleinere als die geplotteten)

Verschiebungen der Eckpunkte nach außenbords vorgenommen wurden. Wie stark sich der Gesamtwiderstand durch Verschiebung je eines Paneel-Eckpunktes verändert, wird durch Isolinien der Widerstandsänderung angezeigt. – bezeichnet Stellen, an denen sich der Widerstand durch Vergrößerung der Verdrängung am stärksten herabsetzen läßt, während er sich bei + am stärksten erhöht. Der Abstand der Iso-Linien beträgt 0.1 kN für eine Eckpunkt-Verschiebung um 4 cm. Praktisch wird man meist größere Gruppen von Eckpunkten verschieben. Wieviel Verschiebung sich empfiehlt, kann allerdings nicht aus solchen Plots erkannt werden, sondern muß durch erneute Nachrechnung geprüft werden. Ich erwarte, daß solche Plots für die Formentwicklung bald als unbedingt notwendig angesehen werden.

In der Praxis kommt es mehr auf die Größe $R_t(1-w)/(1-t)$ mit w = Nachstromziffer und t = Sogziffer an. w und t werden deutlich durch die Heckwelle beeinflußt. Deshalb ist als nächster Schritt die Berechnung von t und eine Abschätzung von w sowie das Einbeziehen des Propellers in die Berechnung der Oberflächenwellen vorgesehen.

3. Kentersicherheit von lecken RoRo-Schiffen

Eine spezielle Art von Modell-Versuchen wurde durch die Stockholm-Vereinbarung für RoRo-Schiffe eingeführt: Will man nicht sehr strenge Vorschriften für die statische Stabilität lecker Ro-Ro-Schiffe erfüllen, muß man durch Modellversuche in quer einfallendem unregelmäßigem Seegang nachweisen, daß das lecke Modell unter festgelegten Bedingungen nicht kentert.

Hier soll die Frage behandelt werden: Kann man das Ergebnis solcher Kenterversuche auch rechnerisch vorhersagen? Denn selbst wenn Berechnungen als Ersatz für Versuche nicht zugelassen sind, so erlaubt eine vorherige Berechnung doch, viel schneller als mit Modellversuchen zu prognostizieren, welche metazentrische Höhe erforderlich ist und ob bzw. welche wasserdichten Unterteilungen auf dem Fahrzeugdeck (oder den Decks) vorgesehen werden müssen.

Ein Berechnungsverfahren für diese Fragen liegt seit langem vor [7, 8], wurde aber früher selten angewendet. Seit dem Unfall der 'Estonia' und dem Erlaß der Stockholm-Vorschriften ist das Interesse stark gestiegen. Vom Standpunkt der Strömungsberechnung ist für das Nachrechnen dieser Versuche vor allem wichtig, wie das Wasser in Leckräumen und auf dem RoRo-Deck, angeregt durch die Schiffsbewegungen, hin- und herschwappt und wieviel Wasser durch die Öffnungen in der Außenhaut, z.B. infolge einer Kollision, ein- und ausströmt, wenn die äußere, vom Seegang bewegte Wasseroberfläche höher bzw. niedriger ist als die Oberfläche des Leckwassers im Schiff.

Von Chang und Blume [9] wurden umfangreiche Vergleiche zwischen Modellversuchen und dem genannten Berechnungsverfahren durchgeführt. Drei RoRo-Modelle wurden untersucht, jedes in vielen unterschiedlichen Schwimmzuständen, Leckfällen und mit verschiedener Decksunterteilung. Abb. 10 zeigt zwei Leckfälle eines dieser Modelle. Die metazentrische Höhe wurde variiert, um die untere Grenze für GM festzustellen, bis zu der das lecke Schiff kentersicher ist.

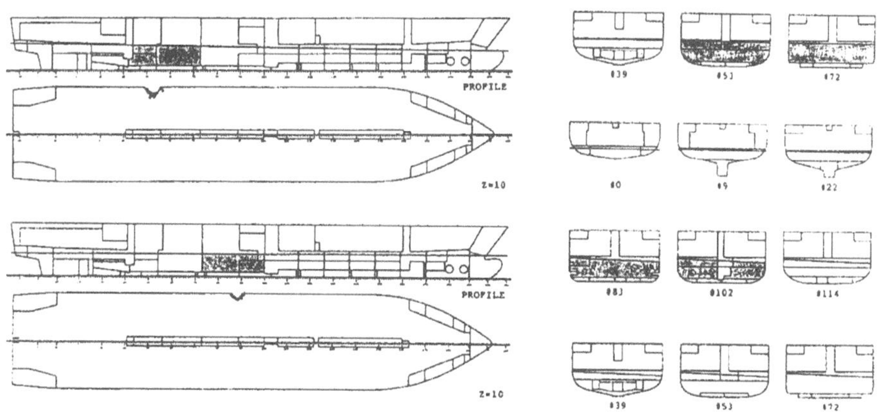

Abb. 10: Zwei Leckfälle eines RoRo-Schiffes

Abb. 11 zeigt diese Grenz-GM-Werte für die Leckfälle nach Abb. 10 bei verschiedener Ausgangs-Schwimmlage und Decksunterteilung. Es zeigt sich, daß das Grenz-GM nach Modellversuch und nach Berechnung recht genau übereinstimmt. Die Übereinstimmung ist besonders bemerkenswert, wenn man die große Empfindlichkeit des Grenz-GM für kleinste Änderungen der Schwimmlage in Rechnung stellt: Eine Vorkrängung des Schiffes um 1 Grad verändert das Grenz-GM nach den Modellversuchen (bei T = 5,9 m, erster Leckfall, ohne Querschotte auf dem Fahrzeugdeck) um 0,66 m,

also deutlich mehr als die größten Unterschiede zwischen Simulation und Versuch! Etwa ebenso gute Übereinstimmungen ergaben sich für andere Schwimmlagen, andere Decksunterteilungen und bei den anderen Modellen.

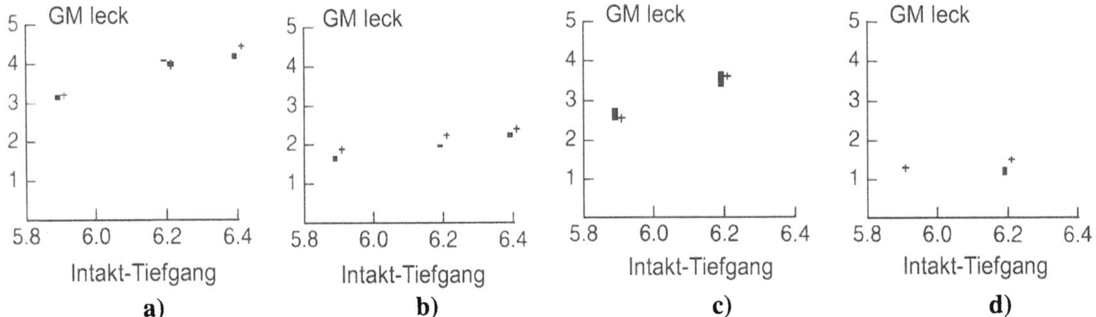

Abb. 11: GM für im Leckfall gerade noch kentersicheres Roro-Schiff nach Modellversuchen (Rechtecke) und Computer-Simulation (Kreuze) abhängig vom Tiefgang des intakten Schiffes für die zwei Leckfälle nach Abb. 10; a) bzw. c) ohne, b) bzw. d) mit zwei Querschotten auf dem Wagendeck. [10]

4. Propeller

Bei der Berechnung der Umströmung von Propellern macht deren (im Vergleich zum Schiffsrumpf) kompliziertere Form und die daraus resultierende komplizierte Generierung von Berechnungsnetzen die größten Schwierigkeiten (Abb. 12 und 13). Vor allem bei den heute üblichen Propellern mit großer Rücklage entstehen unangenehm verwundene und parallelogrammartig verzerrte Paneele oder Wirbelmaschen bei Berechnungen mit Potential-Methoden bzw. entsprechend 'schräge' Flüssigkeitszellen bei FV-Methoden; diese verschlechtern die Genauigkeit und - bei FV-Methoden - die Konvergenz. Andererseits wird die Berechnung erleichtert

durch die Tatsache, daß die dimensionslosen Kraft-Beiwerte des Propellers mehrere 100 mal größer sind als die Widerstands-Beiwerte von Schiffen. Beim Widerstand heben sich die Druckkräfte im Vor- und im Hinterschiff nahezu auf, so daß der Widerstand sehr empfindlich auf Ungenauigkeiten im berechneten Druckfeld reagiert. Dies ist bei Propellern nicht so. Daher können heute Schub und Drehmoment bei der Propeller-Freifahrt mit sehr guter Genauigkeit berechnet werden, wie Abb. 14 und 15 zeigen. Bei Potentialmethoden müssen dabei allerdings empirische Korrekturen für Reibungseinflüsse angebracht werden.

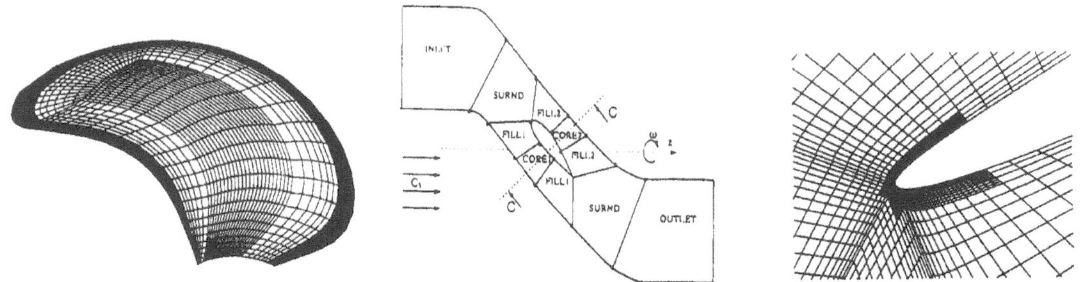

Abb. 12: FV-Berechnungs-Netz um einen Propellerflügel. [13]

Wenn das Nachstromfeld hinter einem Schiff im Bereich des Propellers bekannt ist, kann man auch die instationären Kräfte und Momente am Propeller im Nachstrom sowie die vom Propeller auf der Außenhaut des Schiffshecks induzierten Druckschwankungen berechnen Das Problem bei solchen

instationären viskosen Berechnungen ist die Rechenzeit, weil statt einer stationären Strömung für die Propeller-Freifahrt jetzt eine instationäre Strömung zu berechnen ist. Zusätzlich erhöht sich die Rechenzeit durch die größere Anzahl von Berechnungszellen, weil jetzt - im Gegensatz zum Frei-fahrtversuch - der gesamte Propeller und die gesamte ihn umgebende Flüssigkeit modelliert werden müssen, nicht nur ein Flügel und ein Sektor der Flüssigkeit.

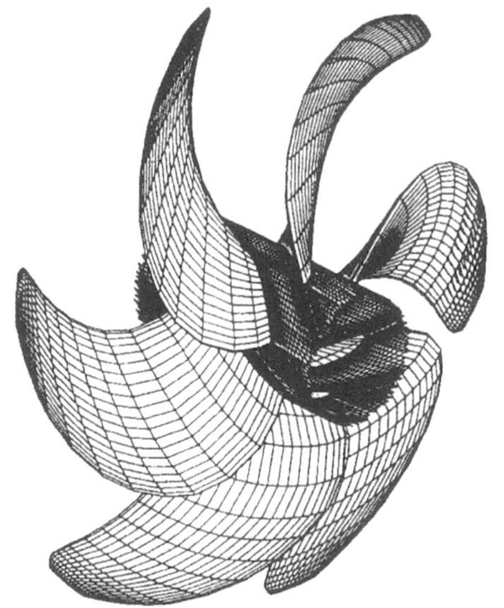

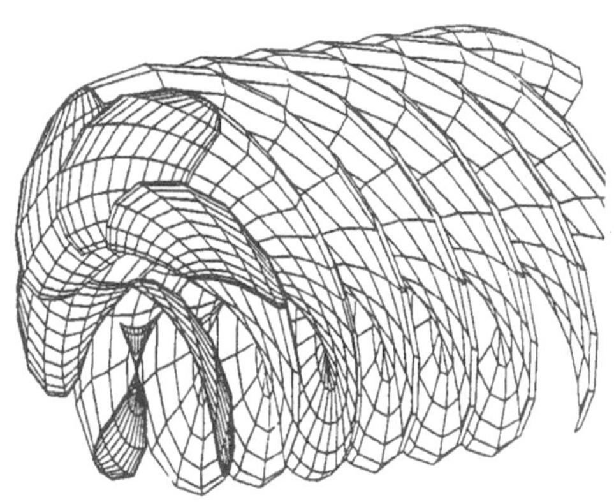

Abb. 13: FV-Netz und Wirbelmaschensystem. [11, 12]

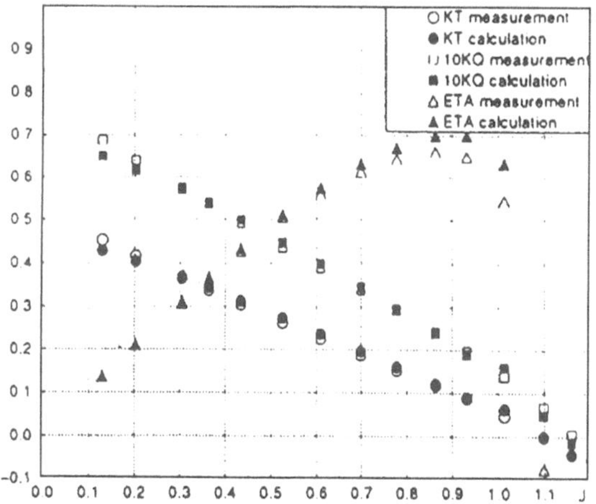

Abb. 14: Schub- und Momentenbeiwert des Propellers aus Abb. 12. FV-Berechnung und Messung. [13]

Leider sind mit den gezeigten Druckschwankungen auf der Außenhaut die vom Propeller erregten Vibrationen nicht realistisch berechenbar, weil in der Praxis der größte Teil dieser Druckschwankungen durch Kavitation am Propeller hervorgerufen wird; die Berechnung wurde jedoch ohne Kavitation durchgeführt. An Berechnungen mit Kavitation wird zur Zeit gearbeitet.

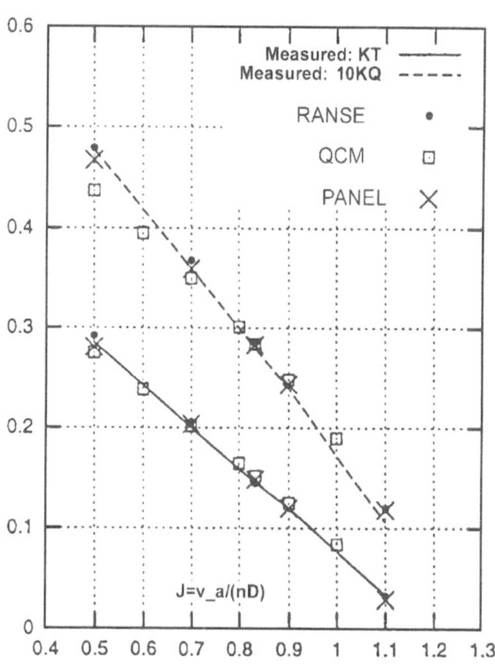

Abb. 15: Schub- und Momentenbeiwert eines Propellers nach Messungen und drei Berechnungsverfahren. [12]

5. Flüssigkeitsbewegungen in Tanks

Das Schwappen von Flüssigkeiten in Tanks hat viel Ähnlichkeit mit der Flüssigkeitsbewegung auf dem Deck lecker Schiffe. Bei den Lecksicherheitsuntersuchungen besteht die Haupt-Schwierigkeit aber in der starken gegenseitigen Beeinflussung der Schiffsbewegungen, der Wasserbewegungen auf Deck und in Leckräumen und dem Ein- und Ausströmen von Leckwasser durch die Öffnung(en) in der Außenhaut; dagegen wird bei der Berechnung des Schwappens von Tankflüssigkeit die Schiffsbewegung normalerweise vorab, ohne Kopplung mit der Tankflüssigkeit, berechnet. Schwieriger bei der Berechnung des Schwappens ist dagegen, daß es sich meist um eine dreidimensionale zeitabhängige Strömung handelt; dagegen kann die Wasserbewegung über das Deck lecker Schiffe wegen der flachen Füllung meist über die vertikale Koordinate gemittelt werden, so daß nur eine zweidimensionale Strömung zu berechnen ist. Gemeinsam ist beiden Berechnungen, daß es sich um stark beschleunigte Flüssigkeits-Bewegungen handelt. Auf den ersten Blick mögen solche Fälle besonders schwierig erscheinen; tatsächlich sind stark beschleunigte Strömungen relativ unempfindlich für Reibungs- und Turbulenzeffekte, und

sie reagieren nicht so empfindlich auf numerische Ungenauigkeiten wie stationäre oder wenig beschleunigte Strömungen.

Technisch interessieren die Schwapp-Bewegungen vor allem wegen der von ihnen verursachten Belastungen der Tankstruktur. Fälle, bei denen die Flüssigkeitsoberfläche platt gegen die Tankdecke stößt, sind für die Struktur besonders kritisch. Realistische Vorhersagen der Belastungen erfordern es in solchen Fällen, die Elastizität des Tanks und meist auch die Strömung des Gases über der Flüssigkeit zu berücksichtigen. Solche Berechnungen sind mir nicht bekannt. Einfacher wird es, wenn Stöße weitgehend ausgeschlossen sind, z.B. durch eine entsprechende Form des Tanks oder durch Schlagschotte, welche die Flüssigkeitsbewegung dämpfen. Ein Beispiel für eine solche, allerdings zweidimensionale, Berechnung zeigt Abb. 16 von Schumann [14]. Hierzu gibt es keine Meßergebnisse zum Vergleich; es ist aber anzunehmen, daß die Rechenergebnisse die Wirklichkeit gut wiedergeben. Wenn es nicht auf die Details der Strömung ankommt, sondern - z.B. bei einem Schlingerdämpfungstank - nur auf die Gesamtkraft, mit der die Flüssigkeit den Tank belastet, ist die Lösung zweifellos zuverlässig.

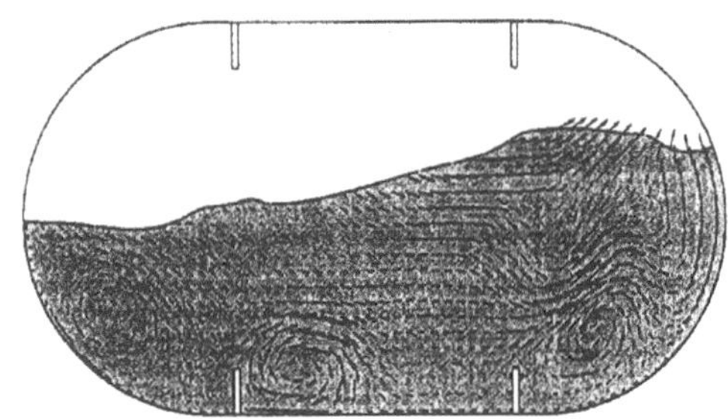

Abb. 16: Flüssigkeitsbewegung in einem Tank mit innen-liegenden Steifen. FV-VOF-Berechnungen. [14]

6. Schlußfolgerungen

Die Rolle von Strömungsberechnungen bei der Prognose der Manövrierfähigkeit von Schiffen wird in einem Beitrag von Oltmann, Cura und Söding [15] erläutert. Zusammen mit den hier behandelten Beispielen ergibt sich daraus, daß man eine Vielzahl von hydrodynamischen Fragen schon heute ohne Versuche, nur mit Berechnungen sinnvoll behandeln kann. Die rasche Weiterentwicklung der Berechnungsverfahren und der damit gesammelten Erfahrungen dürfte dazu führen, daß in einigen Jahren für die Schiffbau-Praxis nur noch ausnahmsweise Modellversuche nötig sind. Was dazu vor allem noch fehlt, sind gute rechnerische Äquivalente zu Propulsions-Versuchen. Sie werden in wenigen Jahren, wenn nicht Monaten, vorhanden

sein.

Bei Strömungsberechnungen ist es üblich, an Bequemlichkeit und Wissenschaftlichkeit viel höhere Anforderungen zu stellen als an Experimente. So betrachtet man oft als äußerste Grenze der gerade noch erträglichen Unbequemlichkeit, was ich Heinzelmännchen-Kriterium nenne: Ein Programm, am Abend gestartet, soll am nächsten Morgen, wenn man wieder ins Büro kommt, fertig gerechnet haben.

Ein Beispiel: Die geschilderten Widerstandsberechnungen durch Ranse-Löser mit freier Oberfläche erforderten etwa 200 CPU-Stunden pro Geschwindigkeit. Sie erfüllen damit nicht das Heinzelmännchen-Kriterium und gelten als noch nicht praktikabel. Will man jedoch für 20 verschiedene Schwimmlagen-Geschwindigkeits-Kombinationen Berechnungen durchführen, könnte man 20 PCs dafür einsetzen. Dies erfordert noch nicht einmal 1/100 des Kapitals, den ein Schlepptank kostet, sowie kaum Personalkosten, weil die Rechnungen nur ab und zu kontrolliert werden müssen. Und für die Vorbereitung der Rechnung (Netzgenerierung) sowie 10 Tage Wartezeit auf das Ende der Berechnungen ist insgesamt weniger Zeit erforderlich als für die Modellherstellung und das Schleppen. Auch die Kosten der Modellherstellung sind wesentlich größer als die für die Netzgenerierung. Damit ist selbst diese noch als unpraktikabel angesehene Berechnung schon schneller und billiger als Modellversuche.

Und wie steht es mit der sogenannten Wissenschaftlichkeit, die eigentlich bedeutet, daß das Ergebnis auch bei neuen, ungewohnten Aufgabenstellungen zuverlässig sein soll? Bei Widerstands- und Propulsionsversuchen kombiniert man Ergebnisse von mindestens drei verschiedenen Versuchsanordnungen miteinander (Propellerfreifahrt-, Widerstands- und Propulsionsversuch), um Maßstabs-Fehler des Propulsionsversuchs halbempirisch herauszurechnen, wobei etwa ein Dutzend Korrekturen an den gemessenen Werten angebracht werden und zum Schluß noch ein im einzelnen unerklärlicher 'Korrelationskoeffizient' addiert wird. Dagegen sind Strömungsberechner schon unruhig, wenn sie erkennen, daß sich zwei verschiedene Fehler nahezu aufheben. Korrekturen, wie sie im Versuchswesen allgemein akzeptiert werden, würden bei Berechnungen als unseriös gelten.

Es ist natürlich richtig, daß man sich bemüht, Unbequemlichkeiten und Unzuverlässigkeiten der Berechnungen Schritt für Schritt zu beseitigen. Dabei macht man zur Zeit sehr schnelle Fortschritte. Falsch ist es aber, die in der Regel viel größeren Unbequemlichkeiten und etwa ebenso großen Unzuverlässigkeiten von Prognosen aus Modellversuchen und deren hohe Kosten und den langen Zeitbedarf klaglos zu akzeptieren. Richtiger wäre es, von Fall zu Fall die Vor- und Nachteile von Berechnungen und Modellversuchen miteinander zu vergleichen und daraus das beste Vorgehen abzuleiten.

7. Schrifttum

1 PERIC, M.; AZCUETA, R. (1999): Berechnung der viskosen Strömung um zwei Rumpfvarianten. Unveröffentlichter Bericht

2 SÖDING, H. (1993): A method for accurate force calculations in potential flow,. Ship Techn. Res. 4, 176-186

3 SÖDING, H. (1996): Fortschritte bei der Berechnung des Wellenwiderstands von Schiffen. Vortrag 5. SVA-Forum, Oktober

4 SHARMA, S.D. (1970): Sonderversuche mit einem Tankermodell. Jahrb. Schiffbaut. Ges., Bd. 64

5 SCHUMANN, C. (1998): Berechnung von reibungsfreien Schiffsumströmungen unter Verwendung einer 'Volume of Fluid'-Methode zur Beschreibung der freien Wasseroberfläche. TUHH, Arbeitsbereiche Schiffbau, Bericht 600

6 CURA HOCHBAUM, A. (1999): Berechnung des Gesamtwiderstandes eines Schiffes, HSVA-Bericht Nr. 1632

7 KRÖGER, P. (1986): Rollsimulation von Schiffen im Seegang. Schiffstechnik 33, 187-216

8 PETEY, F. (1988): Ermittlung der Kentersicherheit lecker Schiffe im Seegang, Schiffstechnik 35, 155-172

9 CHANG, B.-C.; BLUME, P. (1998): Survivability of damaged ro-ro passenger vessels. Ship Techn. Res. 45, 105-117

10 CHANG, B.-C. (1998): On the survivability of damaged ro-ro vessels using a simulation method. TUHH, Arbeitsbereiche Schiffbau, Bericht 597

11 STRECKWALL, H. (1999): Numerical prediction of visous propeller flows. Ship Techn. Res. 46, 35-42

12 STRECKWALL, H. (1999): Numerical techniques for propeller design. 31st WEGEMT School, Hamburg

13 ABDEL-MAKSOUD, M.; MENTER, F.; WUTTKE, H. (1998): Viscous flow simulations for conventional and high-skew marine propellers. Ship Techn. Res. 45, 64-71

14 SCHUMANN, C. (1998): Calculation of the motion of liquid in a cargo tank, Ship Techn. Res. 45, 39-46

15 OLTMANN, P.; SÖDING, H.; CURA HOCHBAUM, A. (1999): Manövrieren – Standortbestimmung und Perspektiven. Jahrb. Schiffbaut. Ges., Bd. 94

Schiffsformoptimierung unter Verwendung numerischer und experimenteller Techniken in der Praxis

Practical Ship Hull Form Optimisation Using Numerical and Experimental Techniques

Dr.-Ing. **Gerhard Jensen**; Dipl.-Ing. **Friedrich Mewis**, Hamburgische Schiffbau-Versuchsanstalt GmbH

Summary. The paper describes the increasing application of numerical flow simulation in ship hull form design. It is shown that the application of potential flow calculations for the steady wave making prediction has substantially decreased the number of bulbous bow variations tested. The application of RANSE-solvers for the prediction of wake and viscous drag, the interaction between propeller, hull and appendages, as well as for the design of appandages is also shown.

Also the application of numerical methods for the prediction of sea-keeping performance, especially with respect to slamming loads is explained.

Besides these numerical methods advanced experimental methods for the measurement of wake fields, for the alignment of shaft brackets and for propulsion and optimisation of rudder propellers (podded drives) are introduced. Beyond the great importance of experimental methods for power prediction, they are especially indispensible where complex interactions in dynamical processes are investigated like in manoeuvring, or for the determination of the ingress of water into the hold of hatch cover less container vessels.

Finally the authors express their view on the future development, including an estimate of the respective time frame.

1. Einführung

Was ist eine optimale Schiffsform? Eine optimale Schiffsform ist die Schiffsform, mit der eine Transportaufgabe oder bei militärischer Nutzung ein sonstiger Einsatz bestmöglich, d.h. unter Beachtung von Bau- und Betriebskosten am wirtschaftlichsten, gelöst werden kann. Das bedeutet, daß nicht unbedingt die Schiffsform mit dem kleinsten Leistungsbedarf die beste ist. Vielmehr ist die Zielfunktion viel schwerer zu bestimmen. Aus Sicht der Werft ist häufig die Schiffsform die beste, mit der sich alle Vertragsbedingungen bei geringsten Baukosten erfüllen lassen. Doch auch mit dieser Zielfunktion unter Beachtung der Nebenbedingungen kann kaum ein formaler Optimierungsprozeß gestartet werden, weil der Zusammenhang zwischen Baukosten und Schiffsform zu schwach ist. Daher findet in der Praxis, meist unbewußt, ein mehrstufiger Optimierungsprozeß statt. Die Festlegung von Hauptabmessungen, Geschwindigkeit

und Antriebsleistung erfolgt häufig in einem Verhandlungsprozeß zwischen Reeder und mehreren Werften, bei denen diese, auf ihren Erfahrungen aufbauend und oft lediglich mit empirischen Verfahren, ihren Vorentwurf und ihre Vorkalkulation entwickeln. Der Reeder mit seinen Vergleichen verschiedener Angebote zwingt sie dabei typischerweise immer weiter an die dem globalen Stand der Technik entsprechenden Grenzen des Machbaren heran.

Die eigentliche Schiffsformentwicklung im Entwurf erfolgt häufig erst nach Vertragsunterzeichnung und zielt dabei typischerweise nur darauf ab, Vertragserfüllung zu erreichen. Aufgrund des vorangegangenen Prozesses zur Findung der Vertragsspezifikationen wird so allerdings in gewissem Sinne ein technisch-wirtschaftliches Optimum erreicht.

Numerische Verfahren zur Strömungsberechnung sind heute und sicher auch auf absehbare Zeit zu aufwendig und zu ungenau, die Wechselbeziehungen zwischen Schiffsform und anderen Entwurfs- und Konstruktionseinflüssen sind zu komplex, um in einem vollständig automatischen Verfahren die Schiffsform zu finden.

Daher werden numerische wie experimentelle Verfahren typischerweise nur für noch genauer spezifizierbare Teilaufgaben wie Größe und Form des Bugwulstes, Gestaltung der Schultern, Ausrichtung der Anhänge etc. eingesetzt.

Die Entwicklung und Nutzung numerischer Rechenverfahren zur Formbewertung von Schiffen hat keineswegs – wie noch vor 10 Jahren prophezeit – zu einer generellen Verringerung von hydrodynamischen Versuchen in den Tanks der Schiffbauversuchsanstalten geführt, wohl aber zu einer Verlagerung der Versuchstätigkeit bzgl. einfacher Serienversuchen hin zu komplizierten Sonderversuchen. Während z.B. noch vor ein bis zwei Jahrzehnten häufig eine große Zahl von Widerstandsversuchen mit systematisch variierten Schiffsformen, z.B. Bugwulstformen, durchgeführt wurden, um ein Schiff bezüglich seines Widerstandes zu optimieren, wird diese Aufgabe heute schneller, preiswerter und letztendlich auch besser mit Hilfe der unten beschriebenen Potentialströmungsmethoden gelöst. Eine vollständig richtige Berechnung des Widerstandes ist heute prinzipiell möglich, der Aufwand und die Unsicherheit erfordern aber am Ende einer Optimierung immer noch den Modellversuch. Noch weitaus schwieriger ist diese Situation in Bezug auf die komplizierten Wechselwirkungen bei der Propulsion oder den stark nichtlinearen Zusammenhängen bei der Schiffsbewegung in steilen Seegängen.

Die Autoren sind daher der Meinung, daß die direkten numerischen Simulationen der Strömung zwar eine weiter zunehmende Bedeutung für den praktischen Entwurf haben werden, sie werden aber die experimentellen Methoden in einem vorhersehbaren Zeitraum nicht verdrängen. Dieser Vortrag befaßt sich daher mit beiden in der Schiffsformentwicklung eingesetzten Bereichen.

2. Numerische Methoden

Seit mehr als 10 Jahren wird an Universitäten und Versuchsanstalten an der numerischen Strömungssimulation als Ergänzung zu experimentellen Methoden geforscht. Üblicherweise wird hierfür das englische Kürzel CFD für Computational Fluid Dynamics benutzt. In diesem Vortrag wollen wir hier allerdings nicht nur die direkte numerische Berechnung aus den Grundgleichungen der Strömungsmechanik verstehen, sondern auch die Verfahren, die teilweise empirische Koeffizienten benutzen. Dank maßgeblicher Förderung durch das Bundesforschungsministerium wurde in Deutschland, insbesondere bezüglich der praktischen Anwendungen bei der Entwicklung von Schiffen und Propellern, eine internationale Spitzenstellung erreicht.

Die allgemeingültige Grundlage für die Berechnung der Strömung sind die Navier-Stokes-Gleichungen. Die direkte numerische Lösung dieses Systems gekoppelter, nichtlinearer Differentialgleichungen ist heute und auf absehbare Zeit für praktisch interessierende Reynoldszahlen nicht möglich. Man verwendet daher stets Vereinfachungen:

Wenn man Druck und Geschwindigkeit in einen zeitlichen Mittelwert und einen durch die Turbulenz in der Strömung verursachten Schwankungsanteil aufteilt, ergeben sich aus den Navier-Stokes-Gleichungen die Reynolds-Gleichungen. Durch zeitliche Mittelung erhält man die sog. Reynolds-Averaged-Navier-Stokes Equation (RANSE). Die Reynoldsgleichungen erfordern zusätzlich die Einführung eines Turbulenzmodells, daß den Zusammenhang zwischen Reynoldsspannungen und mittleren Geschwindigkeiten herstellt. Diese Differentialgleichungen sind zumindest bei entsprechend einfachem Turbulenzmodell auch für die typischen Reynoldszahlen von Schiffen lösbar.

Vernachlässigt man die Reibung, so erhält man aus den Navier-Stokes-Gleichungen die Euler-Gleichungen, die aber für die numerische Behandlung fast noch ebenso kompliziert sind wie die RANS-Gleichungen.

Wenn man zur weiteren Vereinfachung noch annimmt, daß die Strömung rotationsfrei ist (was praktisch außerhalb der Grenzschicht und von Ablösegebieten mit guter Näherung gilt), ergeben sich wesentlich einfachere lineare Differentialgleichungen. Durch Einführung eines skalaren Geschwindigkeitspotentials und aufgrund der Entkopplung von Kontinuitäts- und Impulserhaltungsgleichung läßt sich in diesem Fall daß Problem auf die Bestimmung einer einzigen skalaren Feldgröße (des Potentials) reduzieren. Es ergibt sich die Laplace-Gleichung, eine homogene, lineare Differentialgleichung zweiter Ordnung.

Für die schiffbaulichen Berechnungen haben sich zwei Lösungsmethoden etabliert:

- Randelemente-Verfahren zur Berechnung der Potentialströmung (keine Reibung)

- Finite-Volumen-Verfahren zur näherungsweisen Berechnung von zähen Strömungen (RANSE-Löser) und zur Lösung der Euler-Gleichungen

Die Randelemente-Verfahren berücksichtigen zwar nur einen Teil der physikalischen Effekte, sind aber numerisch um mehrere Größenordnungen effektiver und werden weit verbreitet in der Praxis eingesetzt.

Aber auch die Finite-Volumen-Verfahren, die in der Handhabung und vom zeitlichen Aufwand schwieriger sind, werden aber schon für viele praktische Aufgaben heute eingesetzt.

2.1 Wellenwiderstand

Der Wellenwiderstand kann durch die Gestaltung der Schiffsform erheblich beeinflußt werden.

Die verbreitetsten numerischen Verfahren sind Randelemente-Verfahren. Dabei wird die Reibung vernachlässigt und angenommen, daß die freie Wasseroberfläche glatt zusammenhängend bleibt (keine brechenden Wellen). Im numerischen Verfahren werden dann iterativ die Randbedingungen am Schiffskörper (kein Durchfluß) und an der Wasseroberfläche (kein Durchfluß, Druck = Luftdruck) erfüllt. Selbstverständlich sind die Schwimmlage und die Wellen Teil der Lösung und werden im Iterationsverfahren bestimmt.

210

Es sind verschiedene Programme mit gewissen Stärken und Schwächen im Einsatz, z.B. SHALLO /1/, RAPID /2/, SHIPFLOW /3/ und KELVIN /4/. SHALLO ist in Deutschland besonders weit verbreitet, während SHIPFLOW eine größere internationale Verbreitung hat. Diese Programme liefern auf einem leistungsfähigen PC oder einer Workstation in wenigen Minuten Ergebnisse und sind daher gut für Optimierungen geeignet, so daß der Hauptaufwand in der Beschreibung der Schiffsform und der Netzgenerierung liegt. Da die eigentlich interessierende Größe, der Wellenwiderstand, relativ unzuverlässig berechnet wird, werden in der praktischen Anwendung typischerweise die berechneten Wellenfelder (Abb. 1) und die Wellenerhebungen am Rumpf und in einigen Längsschnitte neben dem Schiff betrachtet.

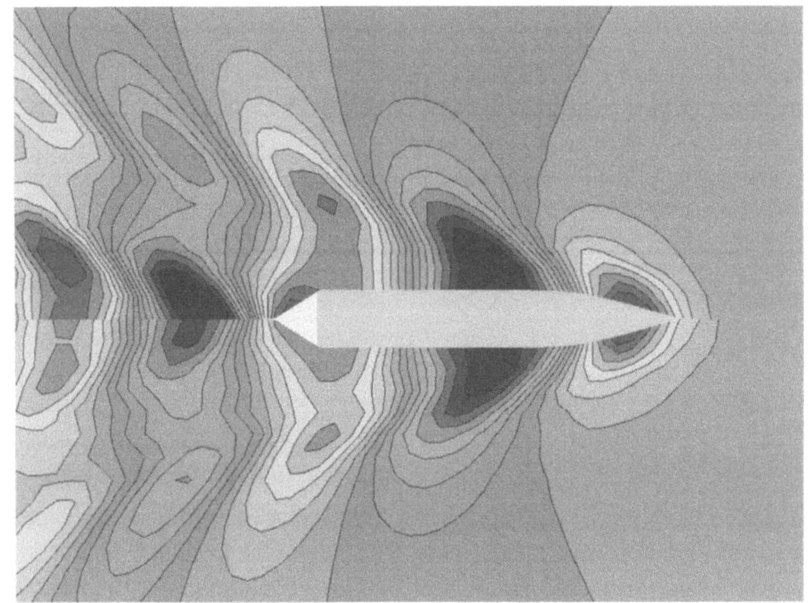

Abb. 1: Blohm+Voss Fast Cruise Liner,
Wellenfeld für Vorentwurf (oben) und Ausführung (unten)

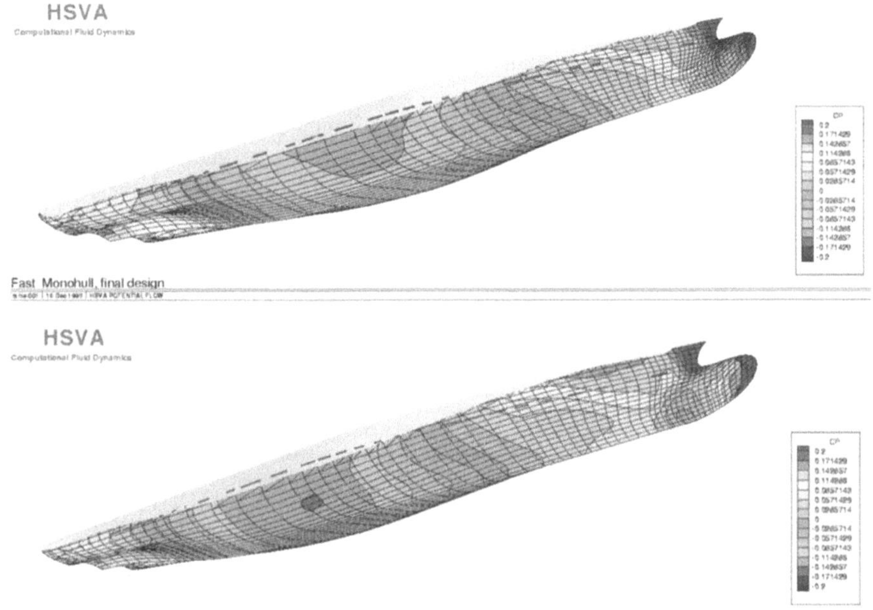

Abb. 2 : Druckverteilung potentialtheoretisch

Die Druckverteilung auf dem Körper (Abb. 2) gibt wertvolle allgemeine Hinweise über die Güte der Form, z.B. ob Knicke in Strömungsrichtung verlaufen oder ob es im allgemeinen Beulen gibt.

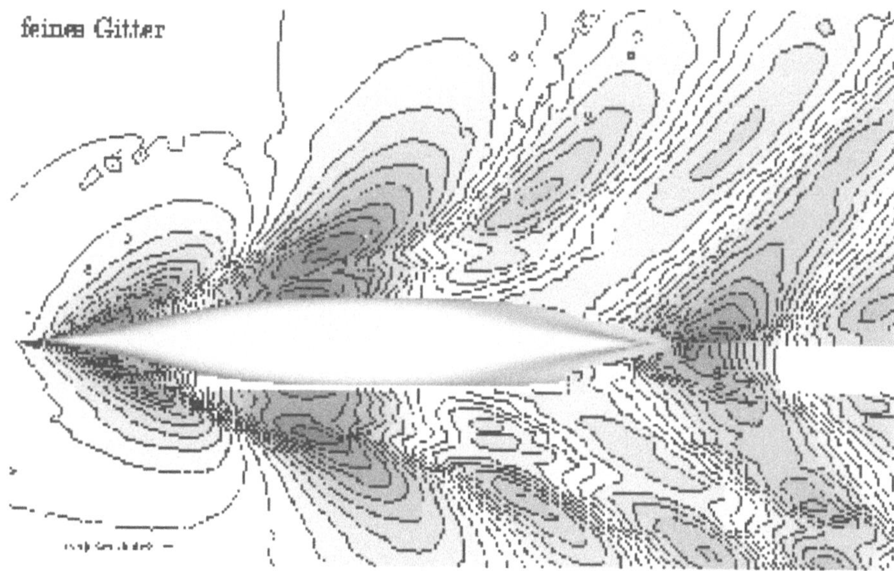

Abb. 3: VOF-Berechnung des Wellenfeldes im Vergleich zu Messungen

Eine typische Schwäche dieser Verfahren tritt bei eingetauchten oder eintauchenden Spiegeln auf. Hierbei kommt es entweder zum turbulenten Nachlauf, oder in anderen Fällen kommt die abgelöste Strömung zu sehr steilen seitlichen Gradienten der Oberfläche mit entsprechend brechenden Wellen. Bei stumpfer Wasserlinie kommt es darüber hinaus häufig auch am Bug zu erheblichen Wellenbrechungen.

Um solche Strömungsphänomene auch numerisch bearbeiten zu können, werden Verfahren entwickelt, die mit finiten Volumen arbeiten. Man führt dazu eine Zerlegung des Strömungsgebiets in kleine Teilvolumina ein, und die eigentlich kontinuierlichen Feldgrößen werden durch diskrete Einzelwerte ersetzt. Die Differentialgleichungen werden durch entsprechende Differenzenschemata approximiert. Nach der räumlichen Integration von Masse und Impuls über jede Einzelzelle werden in einem Iterationsverfahren die entsprechenden Flüsse über die Zellgrenzen zum Ausgleich gebracht (sog. SIMPLE-Verfahren). Die Unterschiede der zahlreichen Verfahren unter dieser Überschrift liegen in den Details der Differenzenschemata, den Iterationsverfahren und damit zusammenhängend mit der Möglichkeit, unterschiedliche Netztopologien zu verwenden. Hierbei liegt die Hauptproblematik wiederum in dem unbekannten Flüssigkeitsrand an der freien Wasseroberfläche.

Bei der überwiegenden Anzahl von Verfahren fällt die freie Oberfläche (FO) mit einem Gitterrand zusammen. Dadurch können die Randbedingungen an der FO leicht erfüllt werden. Bei der Iteration zur Bestimmung des stationären Wellenfelds muß jedoch in jedem Iterationsschritt ein großer Teil des numerischen Gitters neu erzeugt werden, um es der sich bewegenden FO anzupassen. Zudem lassen sich auf diese Weise nur glatte Wasseroberflächen und wenig gekrümmte Schiffsformen berechnen, wodurch wesentliche mögliche Vorteile gegenüber Randelemente-Verfahren ausfallen. Nahezu ausgeschlossen sind dann z.B. teilgetauchte Bugwülste und extremer Spantausfall.

Um diese Probleme zu beseitigen, wird an Verfahren gearbeitet, die ein festes Gitter verwenden und die FO durch Flüssigkeitsfüllgrade in jeder Gitterzelle modellieren. Dazu muß das Gitter bis über die FO definiert werden. Es gibt aber keine grundsätzlichen Einschränkungen bzgl. der Form der Flüssigkeitsoberfläche, so daß auch brechende Wellen und Spritzer grundsätzlich darstellbar sind. Es ergeben sich dann natürlich teilgefüllte Zellen, so daß die Erhaltungsgleichungen nicht mehr in ihrer einfachsten Form verwendet werden können. In dem in der HSVA entwickelten Verfahren /5/ werden die am Austausch beteiligten benetzten Zellränder durch eine Interpolation der Füllgrade an den umgebenden Zellen in jedem Iterationsschritt bestimmt. In dem am Institut für Schiffbau (IfS) entwickelten Verfahren COMET wird auch die Luftströmung mit modelliert /6/. Abb. 3 stellt das mit dem in der HSVA entwickelten VOF-Verfahren berechnete Wellensystem im Vergleich zu Messungen für ein Schiff mit CB = 0,6 dar. Die Rechenzeit für das Netz mit insgesamt 326.000 Elementen betrug 50 Stunden auf einer hp715-Workstation. Eine entsprechende Rechnung mit dem Randelemente-Verfahren SHALLO dauert nur wenige Minuten.

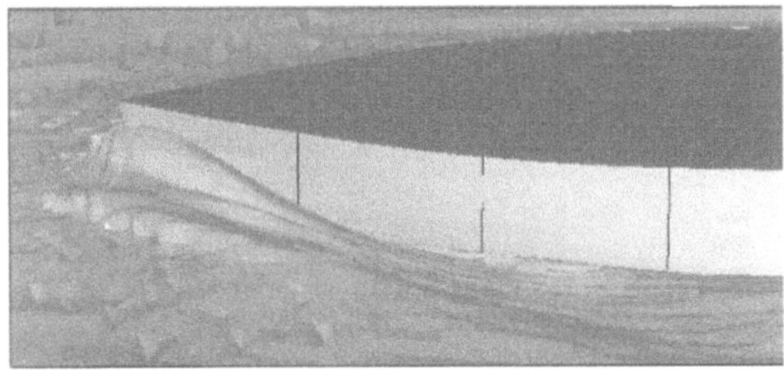

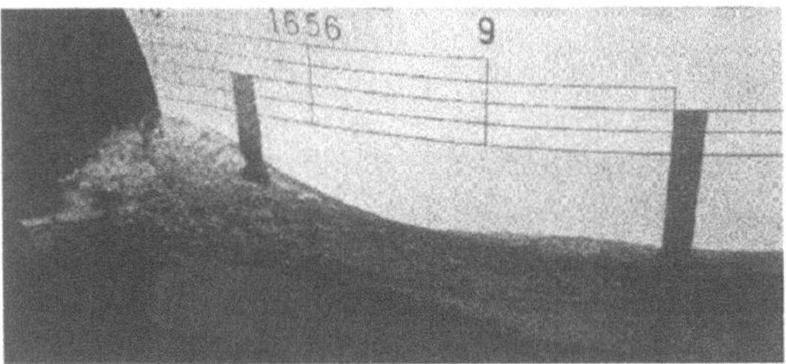

Abb. 4 : VOF-Berechnung und Wellenfoto
für ein Tankervorschiff

In Abb. 4 wird eine berechnete Bugwelle im Vergleich zum Wellenfoto für einen völligen Tanker gezeigt. Man sieht, daß mit dem Finite-Volumen-Verfahren sogar die durch den Halskragenwirbel entstehende Strömung vor dem Schiff berechnet werden kann.

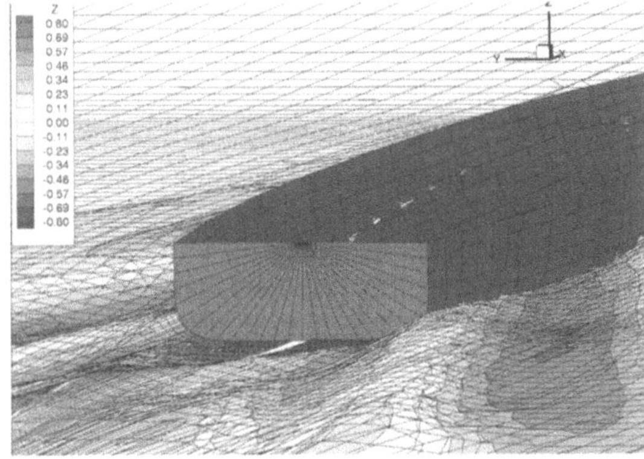

Abb. 5: Wellenbildung am Spiegel eines
Halbgleiters

Abb. 5 zeigt eine perspektivische Sicht auf den Spiegel eines halbgleitenden Schiffes bei Fn = 0,5. Mit dem Finite-Volumen-Verfahren können die Details der Umströmung der Spiegelhinterkante errechnet und aufgelöst werden.

2.2 Zäher Widerstand und Nachstrom

Zähigkeitsbedingte Schubspannungen an der Außenhaut sowie der zähigkeitsbedingte Druckwiderstand machen bei den meisten Schiffen mehr als die Hälfte des Gesamtwiderstands aus. Zwar macht das Integral der Schubspannungen (Reibungswiderstand), das mit hervorragender Genauigkeit über empirische Formeln abgeschätzt werden kann, hiervon wiederum den größten Teil aus. Aber auch

der Druckwiderstand und insbesondere die von Zähigkeitseffekten dominierte Zuströmung zum Propeller (Nachstromverteilung) sind von größter Wichtigkeit für den Schiffsentwurf. Da für ihre Analyse mindestens die RANS-Gleichungen gelöst werden müssen, konzentriert sich Forschung und Entwicklung auf die Weiterentwicklung und Anwendung der Finite-Volumen-Verfahren.

Bei der numerischen Lösung der RANS-Gleichungen wird, wie oben erwähnt, ein Turbulenzmodell verwendet, dessen Auswahl einen wesentlichen Einfluß auf die Qualität der Lösung hat, insbesondere in Zusammenhang mit den in räumlicher Strömung um glatte Körper beobachteten Formen der Strömungsablösung, wie sie bei Schiffen üblich sind. Wie der Vergleich in Abb. 6 zeigt, kann der Nachstrom sehr gut vorausberechnet werden. Daher werden solche Berechnungen, die innerhalb weniger Tage (einschl. Netzgenerierung) durchgeführt werden können, regelmäßig zur Schiffsformoptimierung eingesetzt, obwohl die quantitative Bestimmung des zähen Formwiderstands noch nicht ganz die praktisch erforderliche Genauigkeit erreicht. Es ist aber zu erwarten, daß dies in wenigen Jahren der Fall sein wird.

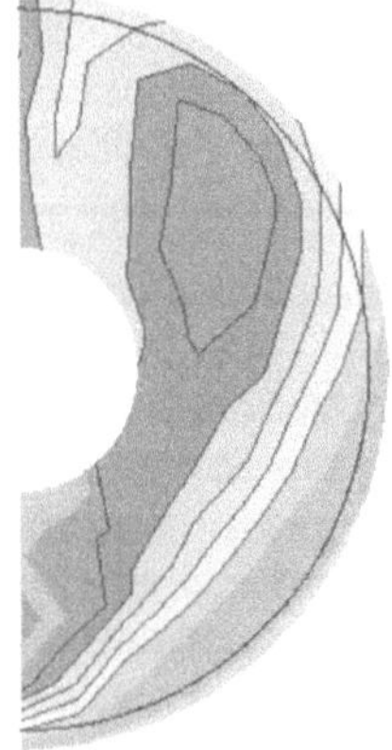

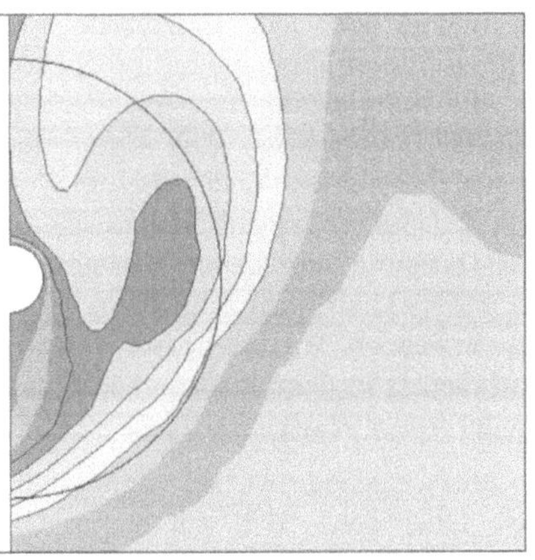

Abb. 6: Gemessener (oben) und berechneter (unten) Tankernachstrom im Vergleich

Besonders nützlich sind solche Rechnungen auch bei der Untersuchung von Strömungsdetails. Aus der Druckverteilung auf den Wellenbockarmen (Abb. 7) erkennt man zum Beispiel deutlich, daß die Profile nicht optimal in der Strömung liegen und in welche Richtung sie gedreht werden müssen.

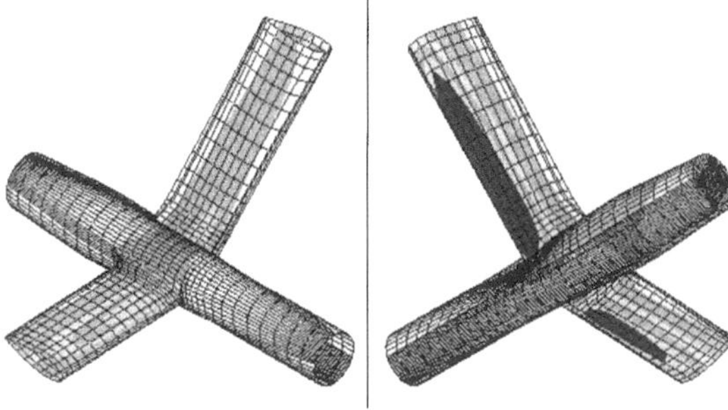

Abb. 7: Druckverteilung an den Wellenbockarmen (oben außen, unten innen) eines Kreuzfahrtschiffes

Aufgrund des erheblichen Aufwandes für die Gittergenerierung und die eigentliche Berechnung werden solche Verfahren noch nicht in automatischen Optimierungsalgorithmen eingesetzt, sondern es kommt immer noch darauf an, daß der Ingenieur die richtige Bewertung macht, um seinen Entwurf zu verbessern. Dafür stehen ihm aber viel mehr Detailinformationen zur Verfügung als nach einem normalen Widerstands- und Nachstromversuch.

2.3 Propulsion

Der minimale Leistungsbedarf am Propeller ist das hauptsächliche Optimierungsziel bei der Schiffsformoptimierung. Wellenwiderstand, zäher Widerstand und Nachstrom sind eigentlich nur Details des Gesamtproblems. Eine andere Komponente ist die Propellerfreifahrt, die für heute übliche Schiffspropeller im Bereich ihres Auslegungspunktes mit numerischen Verfahren mit sehr guter Genauigkeit berechnet werden kann. Nach der im Schiffbau üblichen Betrachtungsweise muß man nun noch die integralen Wechselwirkungsgrößen Sog und Nachstrom kennen, um eine Leistungsprognose zu machen. Gerade diese Wechselwirkungen können in der Praxis erheblich durch Details der Hinterschiffs-, Ruder und Propellergeometrie beeinflußt werden. Zu ihrer Bestimmung wird bei numerischen Verfahren folgendes relativ einfaches Modell verwendet:

In einer RANSE-Rechnung wird der Propeller durch ein Kraftfeld, das seine geschätzte Schubverteilung ersetzt, simuliert. Eine solche Rechnung ist kaum aufwendiger als eine normale RANSE-Rechnung, wie sie zum Beispiel zur Berechnung des Nachstroms verwendet wird. Mit dieser Rech-

nung läßt sich die Wechselwirkung mit allem, was vor dem Propeller liegt, gut annähern, nicht aber so ohne weiteres die wichtigen Wechselwirkungen mit dem Ruder.

Maksoud /7/ verfolgt eine vollständige RANSE-Berechnung, bei der die Schiffskörperumströmung (ohne Wellenbildung) zusammen mit der Strömung am Propeller berechnet wird. Aufgrund der Relativbewegung zwischen Schiff und Propeller ergeben sich besondere Anforderungen an die Gitter, und die Berechnung muß instationär, d.h. durch zeitliche Integration, durchgeführt werden. Es wird daher noch einige Zeit dauern, bis solche Berechnungen routinemäßig angewendet werden können.

Chao entwickelt zur Zeit ein etwas einfacheres Verfahren, bei dem innerhalb einer RANSE-Berechnung der Schiffsumströmung der Propeller durch ein bewährtes Tragflächenverfahren simuliert wird. Es wird erwartet, daß so alle wichtigen Wechselwirkungen gut erfaßt werden und der Rechen- und Gittergenerierungsaufwand beherrschbar bleibt.

2.4 Manövrieren

Bei der Entstehung der Strömungskräfte am manövrierenden Schiff spielen sowohl für das Ruder als auch für den Schiffskörper Zähigkeitseffekte eine wichtige Rolle. Am IfS wurden erhebliche Fortschritte bei der Abschätzung der Kräfte auf Ruder im Propellerstrahl durch Kombination von RANSE- und Randelemente-Berechnungen erreicht /8/. In der HSVA wurde für die Berechnung der Strömung um einen Schiffsrumpf bei Schräganströmung oder im stationären Drehkreis ein RANSE-Löser weiterentwickelt und erhebliche Fortschritte erreicht /8/, so daß auch numerische Verfahren immer wichtiger für die praktische Anwendung werden.

2.5 Seeverhalten und Kräfte

Seit langem werden Streifenmethoden für die Berechnung der Starrkörperbewegungen, der Biegemomente und des Seegangszusatzwiderstands erfolgreich verwendet. Solche Berechnungen sind weit verbreitet in der Auswahl von Hauptabmessungen und Schifssformen. Entsprechende Berechnungen bei Objekten ohne Vorausgeschwindigkeit lassen sich wesentlich besser mit Randelemente-Verfahren erzielen. Nichtlineare Bewegungssimulationen basieren für die Berechnung der Kräfte auf den Schiffskörper i.a. auch auf potentialtheoretischen Berechnungen. Es werden dann aber für spezielle Wirkungen wie z.B. die Bewegung von Wasser in Tanks oder Leckräumen andere numerische Modelle verwendet, um die inneren Kräfte zu berechnen. Für die Optimierung von inneren Ein-

214

teilungen von RoRo-Passagierschiffen zur Erfüllung des Stockholm-Agreement ist z.B. das Programm ROLLS geeignet, das gute Übereinstimmung mit entsprechenden Modellversuchen zeigt.

Für die Berechnung von örtlichen Belastungen mit
hoher Genaugkeit sollten aufgrund der Spritzer
mindestens die Euler-Gleichungen gelöst werden.
Schumann zeigt z.B. Berechnungsergebnisse für
das Eintreten eines Containerschiffsbugs in eine
Welle (Abb. 8). Aufgrund des sehr hohen Rechenaufwandes für solche Berechnungen werden diese
wohl erst in einigen Jahren für die praktische
Schiffsformoptimierung einsetzbar sein.

Abb. 8: Slamming-Simulation mit einem
Containerschiff, zwei Zeitschritte

3. Experimentelle Methoden

Die experimentellen Methoden haben ähnlich wie
die numerischen Verfahren erheblich von den Fortschritten in der Datenverarbeitung und in der Elektronik profitiert. So konnten leistungsfähige Versuchsanstalten ihre Produktivität erheblich steigern.
Für die Herstellung von Schiffs- und Propellermodellen sind numerisch gesteuerte Fräsmaschinen,
deren Programme direkt auf Basis von CAD-Daten
erzeugt werden, Stand der Technik. Aber auch in
der Versuchssteuerung, Meßtechnik und Datener-
fassung sowie in der Versuchsauswertung ist die
Datenverarbeitung zentraler Bestandteil, wie weiter
unten gezeigt wird.

3.1. Widerstandsversuche

Der Widerstandsversuch ist heute mehr ein Teil in
der Kette der erforderlichen Versuche für die Erstellung eines kompletten Datensatzes für den
Propellerentwurf als ein Mittel der Optimierung.
Die eigentliche Optimierung wird anders, als zur

Zeit noch bei den Numerikern üblich, viel richtiger
unter Propulsions-Bedingungen durchgeführt, weil
dann gleich der häufig bedeutende Einfluß der sich
ändernden Wechselwirkungen zwischen Propulsi-
onsorgan-Anhängen und Schiffskörper im Optimierungsprozeß mit erfaßt wird.

Trotz dieser Argumente gegen den Widerstandsversuch wird der Widerstandsversuch auch heute
noch als Mittel zur Schiffsform-Optimierung verbreitet eingesetzt. In manchen Fällen, z.B. bei sehr
schnellen Booten und Schiffen, wird die Größe des
Modells durch technische Möglichkeiten wie Tank-
länge und erreichbare Schleppgeschwindigkeit
eingeschränkt, so daß in vielen Fällen Propulsionsorgane viel zu klein wären, um sinnvolle Propulsionsversuche durchzuführen. Die Entscheidung, ob
Widerstands- oder Propulsionsversuche ausgeführt
werden, kann außerdem auch noch durch den Preis
beeinflußt werden, der in der Regel für Widerstandsversuche geringer ist.

3.2. Propulsionsversuche

Der Propulsionsversuch läßt sich noch nicht in
seiner gesamten komplexen Wirkungsweise mit
gleicher Genauigkeit und vergleichbarem Aufwand
numerisch simulieren wie der Widerstandsversuch,
so daß eine Optimierung von Schiff und Propeller
im Zusammenspiel ihrer gegenseitigen Wirkungen,
den sogenannten Wechselwirkungen, noch immer
genauer und preiswerter im Propulsionsversuch im
Modelltank vorgenommen wird. Hoffnungsvolle
Ansätze zur numerischen Lösung dieses Problems
sind vorhanden (Siehe oben). Es ist zur Zeit nicht
abzusehen, wie schnell die Entwicklung der numerischen Programme und der Computertechnik zu
zuverlässigen Propulsionsberechnungen führen, die
einmal den Routine-Propulsionsversuch überflüssig machen werden.

Zur Zeit steht der Propulsionsversuch als wichtiges
Glied in der Kette der notwendigen Untersuchungen zur Beschaffung der Unterlagen für den Propellerentwurf noch unangefochten gleich zweimal
im normalen Optimierungsprozeß: Nach der numerischen und ingenieurmäßigen Gestaltung des
Schiffskörpers und der Auswahl und Anordnung
der Propulsionsorgane werden Propulsionsversuche mit vorhandenen Propellern, den sogenannten
Stockpropellern, durchgeführt, die dazu dienen, die
Wechselwirkungskoeffizienten, Sogziffer, Nachstromziffer und Gütegrad der Anordnung zu bestimmen und eine Aussage zur erreichbaren Geschwindigkeit bzw. zum Leistungsbedarf zu erhalten. Ein zweiter Propulsionsversuch wird häufig
mit dem Modell des aktuellen Propellers durchgeführt, bevor die Kavitationsuntersuchungen beginnen. Bei diesem zweiten Propulsionsversuch wird

der endgültige Leistungsbedarf ermittelt sowie das Drehzahl-Leistungs-Verhältnis festgestellt, das manchmal noch zur Korrektur der Propellersteigung führt.

Auch bei gründlicher Voroptimierung der Schiffsform kommt es vor, daß mit der konzipierten Antriebsleistung die vertraglich vereinbarte Schiffsgeschwindigkeit nicht erreicht wird. In solchen Fällen ist nach wie vor die Ingenieurerfahrung von größter Bedeutung, weil eine Vielzahl von Maßnahmen ergriffen werden können, um die letzten notwendigen Prozente zu erreichen. Die Palette der möglichen Maßnahmen reicht von großräumigen Schiffsformänderungen, ganz neuen Schiffsentwürfen bis hin zu lokalen Änderungen, aber auch Änderungen der Anordnung der Propulsionsorgane, Modifikation der Propulsionsorgane oder auch Anbringung von zusätzlichen Strömungsleiteinrichtungen vor oder hinter dem Propeller. Im Nachfolgenden werden einige Beispiele erfolgreicher Optimierungsergebnisse wiedergegeben.

Die Wechselwirkungen zwischen Schiffskörper, Propeller und Ruder können beim Einschraubenschiff von wesentlicher Bedeutung für den Leistungsbedarf sein. Durch Verschiebung der Propellerlage oder des Ruders in Längsrichtung, also Veränderung des Abstands zwischen Schiffskörper und Propeller, Propeller und Ruder oder auch durch Veränderung der Rudergeometrie sind Änderungen der Antriebsleistung in der Größenordnung von jeweils bis zu 2% möglich. Dieses nicht unerhebliche Potential läßt sich durch systematische Propulsionsversuche mit relativ geringem Aufwand ausschöpfen. Das Gleiche gilt für Costabirnen am Ruder, durch die nach wie vor Leistungseinsparungen möglich sind. In Abb. 9 ist ein Beispiel für ein großes Containerschiff wiedergegeben, bei dem durch Rudermodifikation und Costabirne zusammen eine Verringerung der Leistung um 3,4% erzielt wurde.

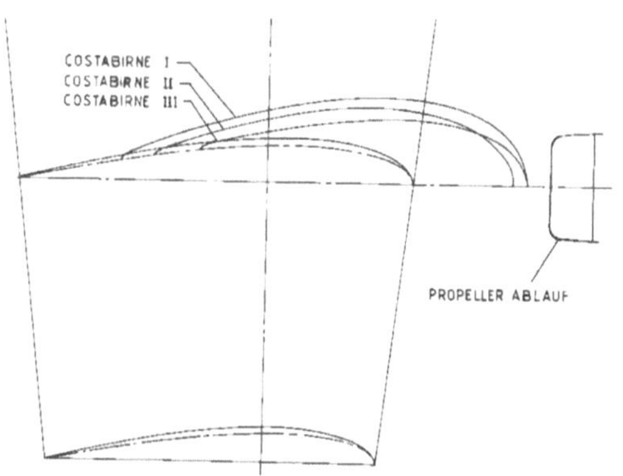

Abb. 9: Anordnung von Costabirnen

Eine weitere meist erfolgversprechende Maßnahme ist eine Verschiebung des eingetauchten Spiegels nach hinten durch einen sogenannten „Ducktail“, was einer Heckverlängerung entspricht. Einsparungen von bis zu 3% sind gemessen worden.

Mit Staukeilen können bei Schiffen mit höheren Froudezahlen erhebliche Leistungseinsparungen erzielt werden. Abb. 10 zeigt eine Staukeilausführung an einer schnellen RoRo-Fähre, mit der bei Fn = 0,36 ein Leistungsgewinn von 8% erzielt wurde.

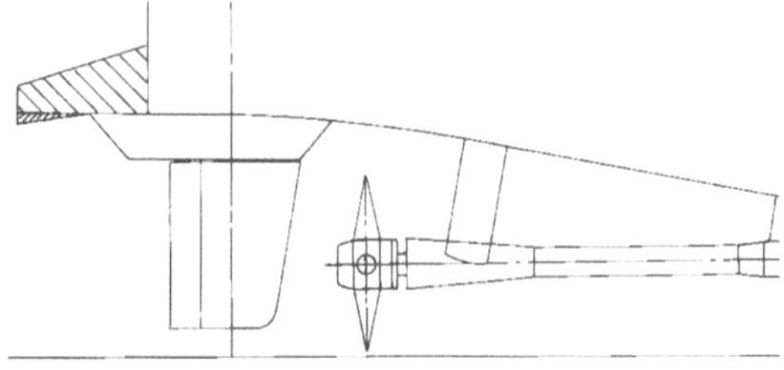

Abb. 10: Staukeil

Bei Zweischraubenschiffen steht immer die Frage nach der propulsionsgünstigen Propellerdrehrichtung sowie dem dazugehörigen optimalen Ruderwinkel, die sich im Propulsionsversuch leicht beantworten läßt. In Abb. 11 ist ein Beispiel für die oben erwähnte RoRo-Fähre dafür wiedergegeben.

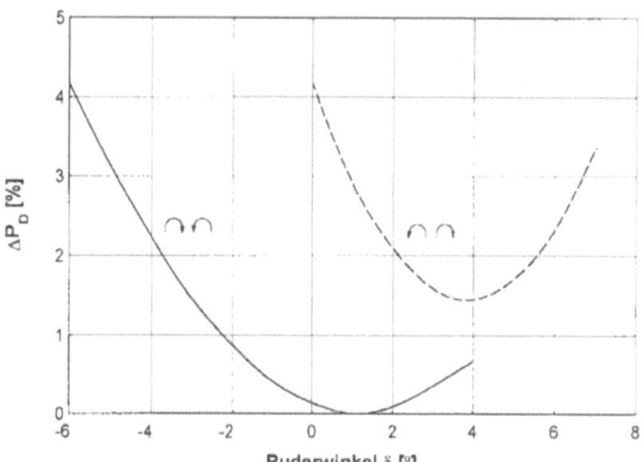

Abb. 11: Einfluß des neutralen Ruderwinkels eines Zweischraubers auf den Leistungsbedarf

In den letzten Jahren haben sich verstärkt Pod-Antriebe durchgesetzt, die weitere Optimierungsspielräume besitzen. Neben der eigenen Form und Gestaltung der äußeren Hülle des Pod-Antriebes sind der Anordnung des Antriebsaggregates im Hinterschiff wesentlich weniger Grenzen gesetzt als beim herkömmlichen Zweischrauber. So ist die Lage in Längs- und Querrichtung eigentlich frei wählbar, aber auch die Anstellwinkel in vertikaler Richtung und horizontaler (Ruderwinkel) sind optimierbar. Die Abb. 12 zeigt ein Beispiel für eine derartige Optimierung für ein Kreuzfahrtschiff mit zwei Pod-Antrieben.

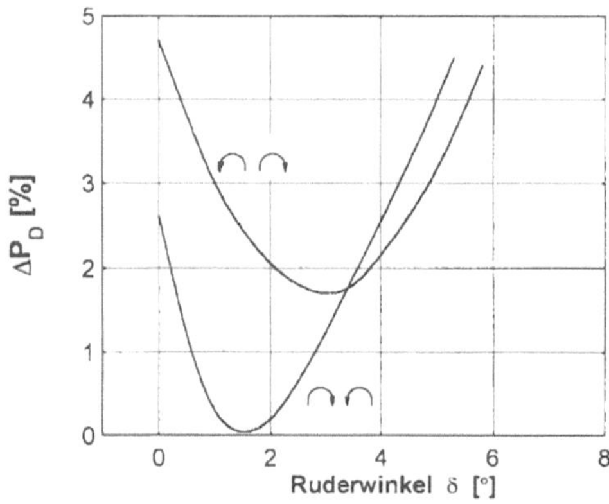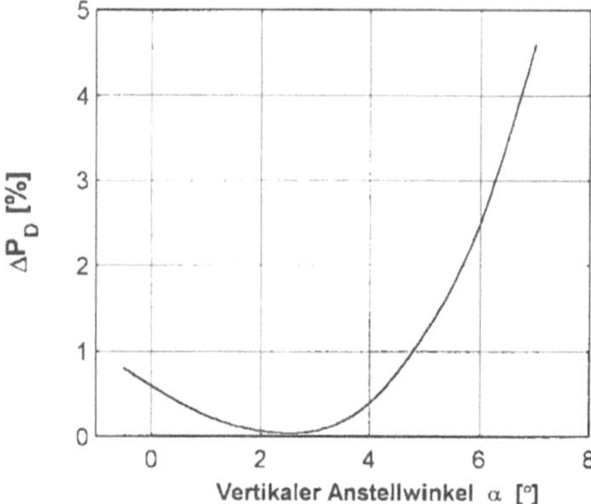

Abb. 12: Einfluß des Anstellwinkels auf die Leistung des POD-Antriebs

3.3. Nachstrommessungen

Die Kenntnis des Nachstromfeldes in der Propellerebene gehört zu den Grundlagen, die für einen erfolgreichen Propellerentwurf erforderlich sind. Im Gesamtkonzept der Schiffsformoptimierung ist immer eines der Ziele, ein möglichst ausgeglichenes Nachstromfeld dem Propeller anzubieten, so daß die propellererzeugten Druckimpulse so klein wie zur Lösung der Aufgabenstellung erforderlich werden können. Nachstromfelder können heute schon mit ausreichender Genauigkeit, aber hohem Aufwand berechnet werden, so daß abzusehen ist, daß die Anzahl der Nachstrommessungen im Schlepptank in nächster Zukunft nachlassen wird. Zur Zeit werden numerische Nachstromfelder wegen des hohen Rechenaufwandes noch nicht in automatischen Optimierungsalgorithmen benutzt, wohl aber Formvarianten miteinander verglichen und nach aus Erfahrungswerten festgelegten Kriterien im Zusammenspiel mit Druckimpulsberechnungen für eine Vorauswahl von Schiffsformvarianten benutzt.

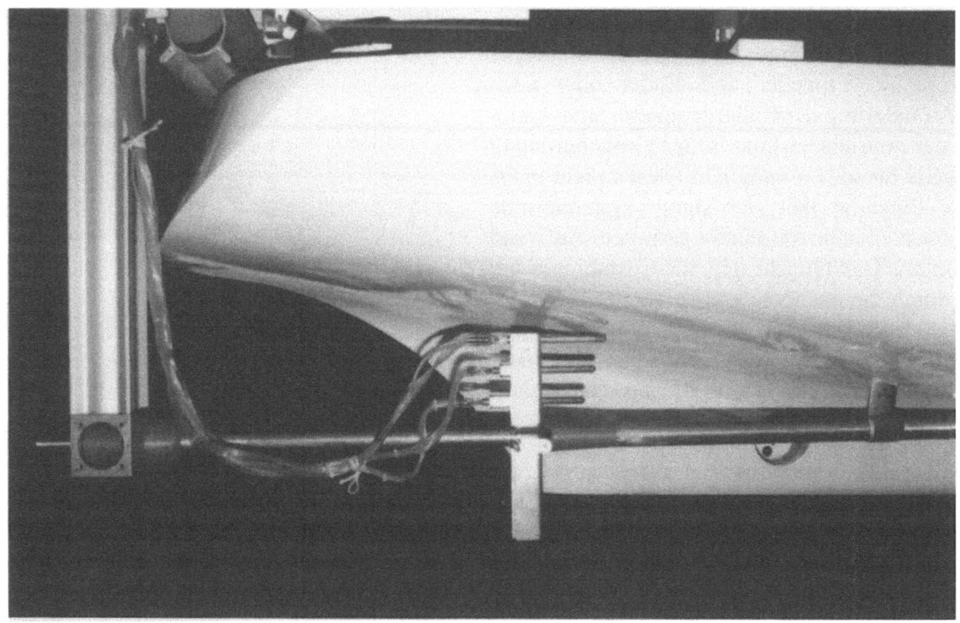

Abb. 13: 5-Loch-Sonden-Anordnung zur Bestimmung der Ausrichtung von Wellenbockarmen

In den meisten Fällen werden zur Zeit aber noch Nachstrommessungen mit dem Modell der aktuellen Schiffsform im Schlepptank vorgenommen und die so gewonnenen Nachstromfelder dem Propeller-Entwerfer zur Verfügung gestellt.

Die heute verwendete Meßtechnik gestattet das Aufmessen aller drei Geschwindigkeitskomponenten in der Propellerebene auf ausreichend vielen Radien, so daß ein sogenanntes 3d-Nachstromfeld erzeugt wird. Im Gegensatz zu noch vor wenigen Jahren werden die drei Geschwindigkeitskomponenten auch tatsächlich für den Propellerentwurf gebraucht und genutzt. Bei entsprechend schneller Auswertsoftware auf dem Schleppwagen steht den Kunden schon am Ende des Versuchs das Nachstromfeld zur Verfügung, was von außerordentlichem Vorteil für die schnelle Gesamtbeurteilung des Strömungszustandes des Schiffes ist.

Die richtige Anstellung der Wellenbockarme bei Zweischraubenschiffen mit Wellenböcken ist für das Kavitationsverhalten, aber auch für den Leistungsbedarf von besonderer Bedeutung. Zur Ermittlung dieser Winkel wird in der HSVA der 3d-Nachstrom in der Ebene der Wellenbockarme aufgemessen (Abb. 13). Im allgemeinen wird ein mittlerer Winkel für den gesamten Wellenbockarm gewählt, wenn die Verdrehung nur gering ist wie in Abb. 14. Bei stärkerer Verdrehung der Strömung werden die Wellenbockarme, im besonderen bei Marineschiffen, verdrillt ausgeführt.

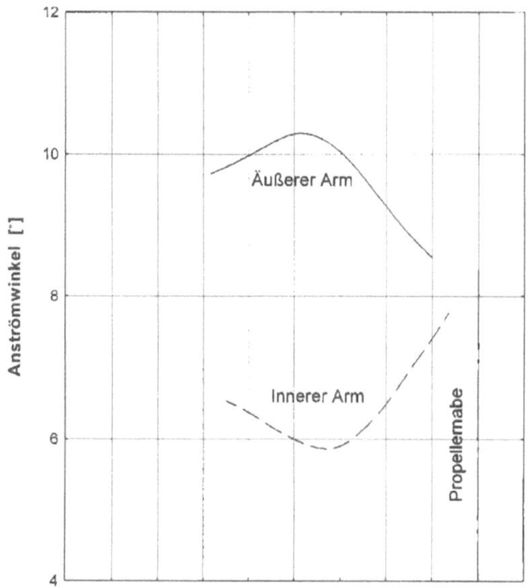

Abb 14: Optimale Ausrichtung der Wellenbockarme

3.4. Manövrieren

Bei der hydrodynamischen Gesamtoptimierung eines Schiffes spielen die Forderungen zum Manövrierverhalten häufig eine entscheidende Rolle. Zur Absicherung des Drehvermögens werden im allgemeinen die Steuerorgane aus Erfahrungswerten so ausgewählt, daß die Forderungen erfüllt werden. Bei herkömmlichen Schiffen liegen ausreichend Erfahrungswerte vor, um die Auslegung der Steuerorgane vorzunehmen. Bei besonderen Bauformen und neuen Schiffsentwicklungen sind Manövrierversuche zur Absicherung guter Steuereigenschaften erforderlich. Im Ergebnis dieser Manövrierversuche werden die Steuerorgane mit Hilfe von Berechnungsverfahren so ausgelegt, daß die erforderliche Manövrierfähigkeit erzielt wird (Siehe dazu Oltmann, Söding und Cura Hochbaum /8/).

Bei völligen oder kurzen Schiffen (kleines L/B) ist das Problem der Gierstabilität von besonderer Bedeutung. Insbesondere widerstandsgünstige Hinterschiffe neigen zur erhöhten Gierinstabilität,

die das Kurshalten auch mit Hochleistungsrudern schwer macht. In solchen Fällen muß die Hinterschiffsform in einem weit nach vorn reichenden Bereich verändert werden, um die Gierstabilität zu erhöhen. Diese Formänderungen sind meist mit einer Widerstandserhöhung verbunden, die zu einem höheren Leistungsbedarf führt. Der gesamte Optimierungsprozeß führt hier zu einem Ergebnis, das in der Regel ein Kompromiß zwischen guten Widerstands- bzw. Propulsions-Eigenschaften und ausreichender Kursstabilität ist.

3.5. Seeverhalten

Das Seeverhalten eines Schiffes kann von existentieller Bedeutung für das Schiff und die Besatzung sein. Insbesondere gekoppelt mit dem Manövrierverhalten (Broaching) kann es für die Sicherheit von Bedeutung sein. Experimentelle Untersuchungen und Optimierungen beziehen sich daher meist auf die folgenden Fragen:

<u>Kentersicherheit in nachlaufender See</u>
Hier wird insbesondere bei Schiffen mit höheren Froudezahlen häufig der Einfluß der Hinterschiffsform und der Kontrollorgane auf das Mindest-GM für den sicheren Betrieb in nachlaufender See untersucht.

<u>Überkommendes Wasser</u>
Diese Frage ist insbesondere bei lukendeckellosen Containerschiffen von großer Bedeutung. Der Nachweis entsprechend IMO/SOLAS ist durch entsprechende Modellversuche zu führen. Dabei werden Lukensülle, Back und Schanzkleid häufig in mehreren Schritten variiert, bis die überkommenden Wassermengen unter den Grenzwerten liegen.

<u>Lecke RoRo-Passagierschiffe</u>
Nach dem unter dem Stichwort „Stockholm-Agreement" bekannten Anhang zu SOLAS muß für RoRo-Passagierschiffe im Bereich von Nord- und Ostsee sowie des Englischen Kanals die Überlebensfähigkeit im Leckfall durch hydrostatische Berechnungen unter Berücksichtigung von einer bestimmten Wassermenge auf dem Fahrzeugdeck oder durch entsprechende Versuche mit lecken Modellen im Seegang nachgewiesen werden. Die Optimierungen zielen hierbei auf die innere Einteilung (Längs- bzw. Querschotte) und das erforderliche Mindest-GM.

Die Forderung und die Anforderungen an das Seeverhalten nehmen insbesondere auch von Betreiberseite zu und schließen auch Komfortkriterien ein, die durch entsprechende Modellversuche nachzuweisen sind.

3.6. Kavitation

Die Minimierung der Kavitationserscheinungen an

Propellern und Bauteilen und damit in Verbindung stehend die Verringerung der propellererregten Druckimpulse sind ein wichtiger Teil des hydrodynamischen Optimierungsprozesses, der erheblichen Einfluß auf die Gestaltung des Hinterschiffes besitzt. Kavitationsversuche und Druckimpulsmessungen in Kavitationstunneln, die es gestatten, ganze Schiffsmodelle hineinzustellen und zu untersuchen, bilden nach wie vor die Grundlage für diesen Teil des Optimierungsprozesses. Propellermodifikationen, aber auch Schiffsformänderungen sind häufig das Ergebnis dieser Untersuchungen. Über den aktuellen Stand der Kavitationsforschung berichten Friesch und Weitendorf /9/.

4. Schlußbemerkung

Die Anforderungen an die Entwicklung von Schiffsformen sind in den letzten Jahren gestiegen. Die Versuchstechniken und die numerischen Strömungssimulationen sind aber erheblich weiterentwickelt worden. Für die überschaubare Zukunft kann erwartet werden, daß numerische und experimentelle Verfahren, die jedes für sich seine Stärken und Schwächen haben, komplementär verwendet werden, um so optimale Lösungen und die größtmögliche technische Sicherheit zu erreichen.

5. Literatur

/1/ JENSEN, G.: Berechnung der stationären Potentialströmung um ein Schiff unter Berücksichtigung der nichtlinearen Randbedingung an der Wasseroberfläche. Institut für Schiffbau, Bericht Nr. 484, 1988

/2/ RAVEN, H.C.: A Practical Nonliner Method for Calculating Ship Wave Making and Ship Wave Making Resistance. 19th Symposium on Naval Hydrodynamics, Seoul 1992

/3/ LARSSON, L.: CFD as a Tool in Ship Design. CFD-SRI Workshop, Tokyo 1994

/4/ SÖDING, H.: Advances in Panel Methods. 21st Symposium on Naval Hydrodynamics, Trondheim 1996

/5/ SCHUMANN, C.: Berechnungen von Schiffsumströmungen mit brechenden Wellen. HSVA- Bericht 1624, Juni 1998

/6/ MUZAFERIJA, S.; PERIC, M.: Computation of Free Surface Flows Using Finite Volume and Moving Grids. Numer. Heat Transfer, Part B, 32, 369-384, 1997

/7/ MAKSOUD, M.; MENTER, F.; WUTTKE, H.: Viscous Flow Simulations for Conventional and High-Skew Marine Propellers. Schiffstechnik, Mai 1998

/8/ OLTMANN, P.; SÖDING, H.; CURA HOCHBAUM, A.: Manövrieren – Standortbestimmung und Perspektiven. Jahrbuch Schiffbaut. Ges., Bd. 94, 1999

/9/ FRIESCH, J.; WEITENDORF, E.A.: Kavitation im Schiffbau. Jahrb. Schiffbaut. Ges., Bd. 94, 1999

Zur Entwicklung der Schiffshydrodynamik im 20. Jahrhundert

On the Development of Ship Hydrodynamics in the 20th Century

Prof.Dr.Ing.Dr.h.c. **Horst Nowacki**, Technische Universität Berlin

Summary. This paper presents a condensed retrospective of the major progress in ship hydrodynamics during this century. The selection of topics concentrates on the resistance of ships, the interaction between hull and propeller and the dynamics of ships in a seaway. The overview is taken primarily from the viewpoint of contributions made from the sphere of activities of Schiffbautechnische Gesellschaft, though against the background of developments in other disciplines and countries. The retrospective is necessarily selective and highlights only the important milestones in the history of scientific ideas and technological developments in ship hydrodynamics during this long time span.

1 Einleitung

Die Entwicklung der Schiffshydrodynamik im langen Zeitraum des jetzt endenden Jahrhunderts wird hier überwiegend aus wissenschaftsgeschichtlicher Sicht, wenn auch mit den wesentlichen Auswirkungen auf den Stand ihrer technischen Anwendung, rückblickend und knapp zusammenfassend dargestellt. Eine tiefere Kenntnis der Vergangenheit kann uns die Gegenwart verstehen und die Zukunft besser gestalten helfen.

In diesem Beitrag werden die Themen des Widerstands von Schiffen, der Wechselwirkung zwischen Schiffsrumpf und Propeller sowie der Dynamik des Schiffes im Seegang als Zweige der Schiffshydrodynamik behandelt, die wichtigen Teilgebiete der Propulsion und des Manövrierens von Schiffen werden in anderen Beiträgen gewürdigt. Die Darstellung eines so umfangreichen Stoffes erfordert strenge Selektion des Wesentlichen und dafür ein methodisches Vorgehen, um die etwas subjektive Auswahl nach einem gewissen Leitmotiv zu treffen. Dies erfordert eine Arbeitshypothese. Thomas S. KUHN [1], der amerikanische Wissenschafts-Philosoph, hat für die Geschichtsschreibung der Wissenschaft strenge Maßstäbe gesetzt, indem er ein Vorgehen frei von „präsentistischen und ethnozentrischen" Vorurteilen fordert. D.h. wir sollen weder die Gegenwart in die Vergangenheit projizieren, indem wir z.B. nur das heute noch Relevante zitieren, noch sollen wir die Sicht unseres engeren wissenschaftlichen Kulturkreises favorisieren. Vielmehr sollen authentische Quellen aus der Sicht ihrer Zeit und Umgebung gedeutet werden. Auch aus diesen Gründen kann man die Entwicklung der Schiffshydrodynamik nur aus internatio-naler und interdisziplinärer Perspektive angemessen darstellen.

Ferner entwickelt KUHN ein Phasenmodell für den Ablauf der Wissenschaftsgeschichte, das jedenfalls für naturwissenschaftliche, grundlagennahe Disziplinen gelten soll. Hiernach schreitet die Entwicklung der Wissenschaft langfristig nicht stetig durch kumulatives Anwachsen des Wissens fort, indem einmal gewonnene Erkenntnis durch späteren Wissensfortschritt nie wesentlich angetastet wird, sondern es gibt an den wichtigen Wendepunkten Unstetigkeiten, die über Krisen zu neuen Paradigmen führen. Nach KUHNs Phasenmodell erkennt man drei Phasen des Ablaufs:

- *Die vorparadigmatische Phase*, in der eine Erscheinung intensiv beobachtet wird, aber noch kein allgemeiner Konsens über ein Erklärungsmodell herrscht, sondern oft mehrere Schulen bestehen, bis eine Schule sich mit einem einstweilen besten Paradigma durchsetzt.

- *Die normale Phase,* in der ein Paradigma von der Wissenschaft anerkannt und auf zu lösende Probleme schulmäßig angewendet wird.

- *Die Ausnahmephase*, in der das Paradigma gegenüber neuen Beobachtungen zu Anomalien führt, die sich zu Krisen verschärfen können. Dann kann ein Paradigmenwechsel eintreten, wenn es dem neuen Modell gelingt, die beobachtete Erscheinungswelt besser und widerspruchsfrei zu erklären.

Über diesen Prozeß, der i.a. in langen normalen Phasen und kurzen Ausnahmephasen abläuft, entsteht ein wissenschaftlicher Fortschritt in dem Sinne, daß die Problemlösekapazität zunimmt, ohne daß daraus ein Anspruch auf endgültige Wahrheit abgeleitet werden kann, da ja noch weitere Paradigmenwechsel bevorstehen können.

Es soll nun hier keineswegs der Versuch unternommen werden, die Entwicklung der Schiffshydrodynamik systematisch aus der Sicht von KUHN zu deuten, zumal er seine Hypothese auch nicht für angewandte Wissenschaften aufgestellt hat. Jedoch liefert mir die Frage nach den Paradigmenwechseln, die auch unser Fach vielfach durchlaufen hat, ein Kriterium, wesentliche Ereignisse zu erkennen und hervorzuheben.

In diesem Rahmen will ich gleichzeitig exemplarisch aufzeigen, wie sich im Laufe des 20. Jahrhunderts in der Schiffshydrodynamik zwei wesentliche, langfristige Entwicklungen vollzogen bzw. angebahnt haben:

- Von linearen Modellvorstellungen auf vielen Gebieten, die sich vielfach glänzend bewährt haben, jedoch auch an Grenzen gestoßen sind, zu zunehmend nichtlinearen Deutungen,

- von deterministischen zu stochastischen Sichtweisen, ohne die eine moderne Schiffshydrodynamik, vor allem für das Schiff im Seegang, nicht mehr denkbar ist.

Das Hervorheben dieser Trends soll die Darstellung erleichtern, ohne andere wichtige Ideen hintanzustellen. Eine übersichtliche Darstellung des chronologischen Verlaufs der Entwicklung der Schiffshydrodynamik im Rahmen der Arbeiten der STG hat 1974 schon AMTSBERG [200] gegeben.

2 Ausgangsstand

Die Schiffshydrodynamik auf exakter, naturwissenschaftlicher Grundlage entstand im 18. Jahrhundert, aufbauend auf der Begründung der rationalen Mechanik und Hydromechanik durch NEWTON [2], die BERNOULLIs [3,4] und EULER, u.a. in [6]. Im Laufe des 18. und 19. Jahrhunderts machte die Strömungsmechanik in den Grundlagen vielfältige Fortschritte, wovon auch ihre Anwendung auf Schiffe großen Nutzen zog. Den bis 1900 erreichten Ausgangsstand in der Schiffshydrodynamik gilt es knapp zu beschreiben, um den Beitrag des neuen Jahrhunderts besser würdigen zu können.

Zu den Begründern der Schiffstheorie zählen, ohne Zweifel unabhängig voneinander, Pierre BOUGUER (1746 [5]) und Leonhard EULER (1749 [6]). Beide haben die Grundlagen für die Hydrostatik und Stabilitätslehre von Schiffen gelegt. Auf EULER gehen auch die Bewegungsgleichungen der Schiffsschwingungen und des Manövrierens von Schiffen zurück.

Jedoch scheiterten noch beide Ahnherren unseres Faches an der grundlegenden Aufgabe der Bestimmung des Widerstands von Schiffen. Zwar hatten beide, hierin mit NEWTON übereinstimmend, die Struktur des Widerstandsgesetzes, zumindest für frontal mit der Geschwindigkeit V angeströmte Platten der Fläche A, mit

$$R_T \sim \rho \, V^2 A$$

grundsätzlich richtig erkannt, jedoch mißlang die theoretische Bestimmung des Koeffizienten. Einerseits lieferte die von EULER begründete Theorie der Strömungen idealer, d.h. reibungs- und drehungsfreier, Flüssigkeiten für einen tiefgetauchten Körper ja paradoxerweise den Widerstand null (D'ALEMBERT [7]), andererseits bestätigten Versuche, wie sie auch D'ALEMBERT [8] mit Schiffsmodellen durchführte, im wesentlichen ein quadratisches Widerstandsgesetz. Beide Wissenschaftler EULER und D'ALEMBERT haben diesen Widerspruch erkannt und ehrlich zugegeben. Das Dilemma konnte erst mehr als ein Jahrhundert später mit dem zunehmenden Verständnis für den Zähigkeits- und Wellenwiderstand von Schiffen überwunden werden.

Die klassische Hydromechanik idealer Flüssigkeiten, ausgehend von EULER und LAGRANGE, blühte zunächst in der Potentialtheorie auf. Diese gelangte nach wichtigen mathematischen Vorarbeiten, u.a. von GAUSS (1813) und GREEN (1828), zu großer Bedeutung in der Physik, da die Laplacesche Zustandsgleichung ja gleichzeitig für die Phänomene der Gravitation (NEWTON), des elektrischen Feldes (FARADAY, MAXWELL) und des Strömungsfeldes idealer Flüssigkeiten gültig ist. Angeregt durch MAXWELLs Arbeiten zum Begriff der Kraftfeldlinien elektrischer Ladungen war RANKINE [9] der erste, der das Konzept von punktweisen Quellen und Senken zum Aufbau von Stromlinienfeldern und damit von ebenen sowie achsensymmetrischen Strömungskörpern in der Schiffstheorie zur Anwendung brachte. Diese Idee wurde schon von RANKINE [10] selbst auf mehrere, frei angeordnete Punktquellen ausgedehnt, um möglichst beliebige Körperformen zu erzeugen, und bereits 1894 von D.W. TAYLOR in [11] auf linienhafte Quellbelegungen verallgemeinert. Fast prophetisch begann TAYLOR diesen Beitrag damals mit dem Satz:

"Ohne Zweifel wird der Tag kommen, wo der Schiffbauer, wenn die Linien und die Geschwindigkeit eines Schiffes gegeben sind, in der Lage sein wird, den Druck und die Geschwindigkeit des Wassers an jedem Punkt der benetzten Oberfläche zu berechnen".

Auch für Singularitätenbelegungen von Körperoberflächen bzw. Rändern, die wir heute vor allem zur Berechnung der Potentialströmung um beliebige Körperformen heranziehen, waren die wesentlichen Grundlagen von Mathematikern wie DIRICHLET, NEUMANN, HILBERT und FREDHOLM bereits im vorigen Jahrhundert geschaffen worden.

Für die so wichtige Anwendung der Potentialtheorie auf drehungsbehaftete, reibungsfreie Strömungen verdanken wir die Grundideen HELMHOLTZ [12]. Angeregt durch die Beobachtung von Trennungsschichten in Flüssigkeiten, an denen die Tangentialgeschwindigkeiten unstetig verlaufen, stellte er fest, daß solche Erscheinungen nach dem Konzept der Wirbelbewegungen erklärbar und durch Einführung lokaler Wirbelsingularitäten als Potentialwirbelströmungen mit Hilfe komplexer Potentiale berechenbar sind. Von THOMSON [13] bereichert um den Begriff der Zirkulation bildeten diese Modelle später die Grundlage für die Entwicklung von Profil- und Tragflügeltheorie und für die Erklärung des aerodynamischen Auftriebs.

Auch für die Berechnung von Strömungen in viskosen Fluiden wurden wesentliche Voraussetzungen bereits im 19. Jahrhundert geschaffen. Von NAVIER [14], DE SAINT-VENANT und STOKES [15] stammt die Formulierung der Bewegungsgleichungen zäher Flüssigkeiten, d.h. der Zustandsgleichungen viskoser Fluide, die heute unter dem Namen Navier-Stokessche Bewegungsgleichungen geläufig sind. Die von HAGEN (1839) und POISEUILLE (1840/41) in Rohrströmungen schon beobachtete Instabilität des Strömungstyps, die wir heute unter dem Namen Umschlag laminar/turbulent kennen, wußte REYNOLDS [16] nach gründlichen eigenen Versuchen physikalisch zu deuten und durch eine bei geometrisch ähnlicher Konfiguration geltende Kennzahl zu charakterisieren, die später ihm zu Ehren mit Reynolds-Zahl bezeichnet wurde. Damit war ein Grundstein der Ähnlichkeitsmechanik für die Versuchstechnik in zäher Flüssigkeit gelegt.

Trotz dieser beachtlichen Fortschritte im Verständnis viskoser Fluide und anspruchsvoller mathematischer Theorien von Wasserwellen an der freien Oberfläche (GERSTNER (1802), CAUCHY (ab 1815), STOKES (ab 1847) u.a.) herrschte auch Mitte des neunzehnten Jahrhunderts noch ziemlich hilflose Empirie bei der Widerstandsbestimmung und Leistungsprognose von Schiffen. Für die Formgebung war die Admiralitätskonstante Stand der Technik, die Propellertheorie stand noch in den Anfängen, der Entwurf von Schiffen mit Dampfantrieb stand noch vor vielen offenen Fragen (GAWN in [17]).

Dies verdeutlicht die Bedeutung der Pionierleistungen von William FROUDE:

- Fundierung des "law of comparison" (1867), der Grundlage für mechanische Ähnlichkeit des schwerkraftbedingten Wellenwiderstands durch Versuchsdurchführung bei korrespondierender Geschwindigkeit (bzw. gleicher Froudescher Zahl). Dieses Ähnlichkeitsgesetz war schon 1852 von REECH in Frankreich angegeben, aber nicht im Schiffbauversuchswesen eingesetzt worden.

- Durchsetzung der Idee eines wissenschaftlichen Modellversuchswesens für Schiffe, Errichtung der ersten modernen Schleppversuchsanstalt in Torquay (1872).

- Einführung der Froudeschen Hypothese der Aufteilbarkeit des Gesamtwiderstands in einen schwerkraftbedingten Anteil, der nach dem Froudeschen Modellgesetz auf die Großausführung umgerechnet wird, und einen zähigkeitsabhängigen Anteil, der anderen Ähnlichkeitsgesetzen folgt (s. Abschnitt 3.1).

Die Froudesche Methode ist bis heute die bewährteste Grundlage der Modellversuchsextrapolation auf das Schiff in Großausführung geblieben und hat eine zuverlässige Prognose des Leistungsbedarfs von Schiffen ermöglicht, obwohl die Froudesche Hypothese nur eine Näherungsannahme ist, die noch immer kontrovers diskutiert wird, da sie die Wechselwirkung zwischen Wellen- und Zähigkeitseffekten vernachlässigt. An Verbesserungsvorschlägen hat es im 20. Jahrhundert nicht gefehlt.

Mit den Arbeiten von William FROUDE und seinem Sohn R.E. FROUDE waren schon im 19. Jahrhundert die Voraussetzungen gegeben, den Widerstand und die Propulsion von Schiffen, aber auch ihr Verhalten im Seegang und beim Manövrieren experimentell systematisch zu untersuchen und wissenschaftlich zu analysieren. Damit konnte der lange Lernprozeß der Schiffshydrodynamik auf der Grundlage interpretierbarer Beobachtung neu beginnen, der sich bis in die Gegenwart fortsetzt und die Entwicklung zuverlässiger analytischer und numerischer Modelle erst ermöglicht hat. Das belegen die Erkenntnisse des 20. Jahrhunderts.

Auch die Theorie des Wellenwiderstands von Schiffen hat ihre Wurzeln noch im 19. Jahrhundert. Wie von FROUDE schon klar erkannt, bilden Schiffsformen charakteristische Wellensysteme von divergierenden und transversalen Wellenzügen aus, deren Interferenzen, insbesondere zwischen Bug- und Heckwellensystemen, sich durch die Formgebung spürbar beeinflussen lassen. KELVIN [18], der für eine sich geradlinig bewegende, punktförmige Druckstörung an der Wasseroberfläche das typische Wellenbild lineartheoretisch herleitete, verdanken wir eine wichtige anschauliche Teilerklärung dieses Phänomens. In der Berechnung des Wellenwiderstandes war es die wegweisende Arbeit des Australiers MICHELL [19], die unter konsequenter Linearisierung der Randbedingungen an der freien Oberfläche und am Schiffskörper eine physikalisch aussagekräftige Approximation des Wellenwiderstandes von Schiffen lieferte. Diese Untersuchung eilte dem technischen Entwicklungsstand ihrer Zeit weit voraus und hat bis zu ihrer Einordnung und Verbesserung die Anstrengungen vieler Jahrzehnte gekostet.

3 Meilensteine im 20. Jahrhundert

3.1 Versuchswesen, Leistungsprognose

3.1.1 Gründerjahre

Die Gründung der Schiffbautechnischen Gesellschaft und die Schaffung erster Schiffbauversuchsanstalten in Deutschland fallen wohl nicht zufällig in die gleiche Zeitphase um die letzte Jahrhundertwende. Der deutsche Schiffbau hatte zwar schon vor dieser Phase einen international anerkannt hohen Stand erreicht, z.B. auch im Bau von schnellen Passagierschiffen wie "Kaiser Wilhelm der Große" (1898), "Deutschland" (1900), "Kronprinz Wilhelm" (1902), die einige Zeit sogar das Blaue Band hielten. Es setzte sich aber dennoch zunehmend die Auffassung durch, daß eine gesicherte technische Zukunft nur auf der Grundlage eines tieferen wissenschaftlichen Verständnisses physikalischer Erscheinungen am Schiff möglich war. Im Bereich der Schiffshydrodynamik hatte das Schiffbauland England zu diesem Zeitpunkt einen großen wissenschaftlichen Vorsprung, der nicht zuletzt auf die Begründung des Modellversuchswesens durch William Froude seit 1872 zurückging.

Die wissenschaftliche Entwicklung der Schiffshydrodynamik beginnt mit der Beobachtung und Messung von Strömungserscheinungen am Schiff bzw. am maßstäblichen Modell. Erst danach kann eine überprüfbare Entwicklung physikalischer Erklärungen und analytischer Modelle beginnen. Darauf bauen, wie in anderen Wissenschaften, Erfahrungen auf, die dem Entwurf und der systematischen Formentwicklung dienen können.

Daher war die Gründung erster deutscher Schiffbauversuchsanstalten ein notwendiger, jetzt fälliger Schritt, den in Deutschland Reeder wie Werften, aber auch die Marine forderten und unterstützten. Mit der Eröffnung von Schlepptanks in Übigau (1892), Bremerhaven (1900), Berlin (1903) und bald darauf Hamburg (1915) war der Grund gelegt, in der Schiffshydrodynamik nun selbständig zu forschen und eigene Erfahrungen zu sammeln. Eine interessante, ausführliche Darstellung dieser Frühzeit des Versuchswesens und seiner weiteren Entwicklung in Deutschland gibt G. TIMMERMANN [20]. Tafel 1 zeigt ein internationales Spektrum erster Gründungen bis etwa zum Ersten Weltkrieg.

Tafel 1: Gründungen erster Schiffbauversuchsanstalten

Jahr	Ort	Begründer	Abmessungen L x B x T (m)
1872	Torquay	W. Froude	50 (85) x 11 x 3,1
1887	Haslar	R.E. Froude	122 x 12 x 5,5
1889	La Spezia	Brin	146 x 6,0 x 3,0
1892	Übigau I	Bellingrath	63 x 5,0 x 1,38
1894	St. Petersburg	Kryloff	120 x 6,7 x 3,0
1898	Washington	D.W. Taylor	117 x 13,5 x 4,8
1900	Bremerhaven	Schütte (NDL)	164 x 6,0 x 3,7
1903	Berlin	Schlichting / Dix	170 x 6,0 (8,2) x 3,5
1903	Übigau II	Engels	95 x 6,5 x 3,5
1906	Paris	Bertin	160 x 10 x 4,0
1906	Ann Arbor	Sadler	91,5 x 6,7 x 3,2
1907	Nagasaki	Mitsubishi	121,9 x 6,1 x 3,5
1909	Teddington	Yarrow, Nat. Phys. Lab.	152 x 9,1 x 3,7
1913	Hamburg	Foerster	350 x 16 x 6,75 (4,5)
1916	Wien	Gebers	180 x 10 x 5,0

In der Anfangszeit galt die oberste Priorität der Entwicklung der apparativen und methodischen Voraussetzungen. Hier zeugen Namen wie BELLINGRATH, SCHÜTTE, WELLENKAMP, ENGELS, GEBERS, SCHAFFRAN und KEMPF von Pionierleistungen und Erfolgen, welche die Versuchstechnik auf sicheren Boden stellten.

Hauptaufgabe des Modellversuchswesens war zunächst die Entwicklung einer zuverlässigen Methodik der Leistungsprognose für die Großausführung.

Dabei war zu Anfang noch nicht einmal die Froudesche Methode der Extrapolation unumstritten. Es bedurfte einiger kontroverser, energisch geführter Auseinandersetzungen, auch vor der STG, und nachweisbarer Erfolge, z.B. von SCHÜTTE [21], GEBERS [22], ehe sich diese Methodik ganz durchsetzte, zumal bis zur besseren Beherrschung von Tankgrößen- und Maßstabseffekten noch längere Zeit verstrich.

Dennoch herrschte im ersten Jahrzehnt dieses Jahrhunderts eine optimistische Aufbruchsstimmung für das Versuchswesen vor, dem deutlich einige Skepsis hinsichtlich der Leistungen hydrodynamischer Theorie gegenüberstand. Das Stimmungsbild wird wohl durch folgende Zitate aus STG-Vorträgen gut charakterisiert:

AHLBORN (1904), [23]:

"Auch weiß heute noch niemand, wie das Wasser um Schiff und Ruder, die Luft um Segel und Flügel flutet, und welches die Wirkungen im einzelnen sind, die in ihrer Gesamtheit den Widerstand ausmachen".

SCHÜTTE (1905) in seiner Diskussion zu AHLBORN [24]:

"Für uns Schiffbauer sollte es vor allen Dingen darauf ankommen, daß die *Froudesche* Widerstandstheorie auf ihre Richtigkeit hin geprüft und weiter ausgebildet wird. Meine Herren, ich glaube kaum, daß es je einen Gelehrten geben wird, der Ihnen auf rein theoretischer Basis den wellen- und wirbelbildenden Widerstand errechnet, wie er bei geometrisch so komplizierten Körpern auftritt, wie sie das Schiff und seine Treibmittel sind".

Hieraus spricht etwas anderes als nur sokratische Bescheidenheit.

3.1.2 Froudesche Methode

Die Froudesche Methode der Extrapolation von Modellversuchsergebnissen auf die Großausführung beruht insgesamt auf drei wesentlichen Annahmen:

- Aufteilbarkeit des Gesamtwiderstands in zwei Anteile, für die verschiedene Ähnlichkeitsgesetze gelten (Froudesche Hypothese). Seine Hypothese lautet (für Modell und Großausführung)

$$R_T = R_F + R_R$$

mit R_T = Gesamtwiderstand

R_F = Reibungswiderstand

R_R = Restwiderstand = $R_W + R_{WIRBEL}$

R_W = Wellenwiderstand

R_{WIRBEL} = wirbelbildender Widerstand

- Der Reibungswiderstand wird für das Modell indirekt aus Plattenversuchen und für das Schiff möglichst aus Großversuchen (Korvette H.M.S. "Greyhound") bzw. geeignet extrapolierten Modellversuchen bestimmt.

- Der Restwiderstand wird nach dem Froudeschen Modellgesetz bei korrespondierender Geschwindigkeit (gleicher Froude-Zahl) am Modell gemessen auf die Großausführung umge-

rechnet. Das Froudesche Gesetz gilt speziell für schwerkraftbedingte Strömungserscheinungen. (Froude kannte noch nicht den Begriff des zähigkeitsbedingten Druckwiderstandes R_{PV} und hielt den wirbelbildenden Widerstand, den er auf Druckabfall im Heckbereich durch Wirbelbildung zurückführte, für dem quadratischen Geschwindigkeitsgesetz gehorchend, so daß er im Restwiderstand subsumiert werden konnte).

Diese in der Froudeschen Methode zunächst eng miteinander verflochtenen Annahmen enthalten zugleich das Erfolgsgeheimnis und die Grenzen der physikalischen Gültigkeit des Verfahrens. Einerseits wurde eine zuverlässige Leistungsprognose für die Großausführung erst mit Hilfe der näherungsweise unterstellten Aufteilbarkeit verschiedener Widerstandsursachen möglich, um so die Ähnlichkeitsgesetze zwischen Modell und Großausführung auf die Anteile getrennt anwenden zu können. Da diese Annahme i.a. in hinreichender Näherung zutrifft, gelingt mit entsprechenden Gedankenmodellen und Daten für die Anteile eine Extrapolation des Widerstands und der Antriebsleistung. Dadurch wird der Vergleich verschiedener Formkonzepte und werden systematische Formentwicklungen erst möglich. Diese praktischen Erfolge verdankt die Schiffshydrodynamik dem Froudeschen Verfahren.

Andererseits läßt die Froudesche Hypothese widerstandsbildende Anteile nicht zu, die gleichzeitig von Schwerkraft und Zähigkeit beherrscht werden (wave-viscous interaction). Sie verstellt somit etwas den Blick auf eine vollständige physikalische Erklärung und damit technische Beherrschung der lokal relevanten Strömungseffekte am Schiff. Hierzu zählen zumindest einzelne Effekte im Hinterschiff mit Interaktionen zwischen Wellenbild und viskoser Strömung.

So erklärt sich, daß die Entwicklung der Schiffshydrodynamik im 20. Jahrhundert gekennzeichnet war durch eine kritische Auseinandersetzung mit dem Froudeschen Verfahren, durch eine allmähliche Vervollkommnung einzelner Hilfsannahmen, aber auch durch bleibende wissenschaftliche Vorbehalte gegenüber der Froudeschen Hypothese.

3.1.3 Grenzschichttheorie

Eine analytisch formulierte, numerisch auswertbare Modellbildung für Strömungen und Kräfte in viskosem Medium und damit auch für den Zähigkeitswiderstand von Schiffen, Zähigkeitswirkungen an Propellern, Anhängen usw. wurde erst durch die Pionierleistung PRANDTLs mit der Begründung der Grenzschichttheorie (1904) eröffnet [25]. Erinnern wir uns, daß diese Erscheinungen mit Hilfe der Theorie von Strömungen in idealen Flüssigkeiten nicht erklärt werden konnten, die in krassem

Widerspruch zum Experiment stand, während die für viskose Medien als Zustandsgleichung maßgeblichen Navier-Stokesschen Gleichungen nur für wenige Spezialfälle analytisch exakt gelöst werden konnten. Die Bedeutung dieser Jahrhundertidee spürt man in der v. KARMAN zugeschriebenen Diskussionsbemerkung: "Die Grenzschichttheorie muß PRANDTL in einem besonders erleuchteten Augenblick seines an Erleuchtungen so reichen Schaffens konzipiert haben".

Die Grenzschichttheorie ist eine Näherungsmethode zur Lösung der nichtlinearen Zustandsgleichung marginal viskoser Strömungen gewöhnlicher Fluide wie Luft und Wasser. Der Grundgedanke ist, anschaulich betrachtet, brilliant einfach: Das Strömungsgebiet wird in zwei Bereiche eingeteilt, den wandnahen Bereich, wo die Reibungskräfte gegenüber den Trägheitskräften von gleicher Ordnung sind, und den Außenbereich, wo die Zähigkeitswirkungen vernachlässigbar sind, so daß dort die Gesetze idealer Flüssigkeit gelten. An ihrer gemeinsamen Grenze sollen die Zustände beider Bereiche asymptotisch ineinander übergehen. In Wandnähe, also in der "dünnen Grenzschicht", vereinfachen sich die Navier-Stokesschen Gleichungen, die von elliptischem Typ sind, in dieser Näherung zu den Prandtlschen Grenzschichtgleichungen von parabolischem Typ, der leichter zu integrieren ist; denn in der Grenzschicht pflanzen sich die Wirkungen nur stromab fort.

Diesen formalen Ansatz verbindet PRANDTL mit der fundamentalen, auf Experimente gestützten Adhäsionsbedingung an der Wand. D.h. die Flüssigkeit haftet an der Wand, während die Geschwindigkeit am äußeren Rand der Grenzschicht asymptotisch in den Zustand der Außenströmung übergeht.

Sind Druck und Geschwindigkeit der Außenströmung vorgegeben, so lassen sich die Grenzschichtgleichungen integrieren. Die Ergebnisse sind eine asymptotisch geltende Näherung für genügend hohe Reynolds-Zahlen, kleine Grenzschichtdicken und kleine Querkomponenten der Strömung (cross flows). Der laminare und der turbulente Fall ordnen sich einheitlich in dieses Vorgehen ein, wenn auch mit unterschiedlichen Geschwindigkeitsgesetzen innerhalb der Grenzschicht. Aus den Gradienten der Geschwindigkeitsprofile an der Wand ergeben sich die Wandschubspannungen und daraus durch Integration über die Körperoberfläche der Reibungswiderstand.

Die Bedeutung von PRANDTLs Grenzschichttheorie verdient besondere Würdigung vom Standpunkt der Strömungsphysik, aber auch vom mathematischen Zugang her.

Physikalisch gelang es erst auf dieser Grundlage, die Ursachen des Zähigkeitswiderstandes, auch in einem Medium kleiner Viskosität, genauer in Strömungen hoher Reynolds-Zahl, einleuchtend und rational zu erklären. Gleichzeitig liefert diese Theorie eine anschauliche Erklärung für das Phänomen der Strömungsablösung, wenn auch nicht für das Geschehen jenseits der Ablösestelle. Damit schafft dieses Gedankenmodell eine einheitliche Sicht auf eine große Klasse von Erscheinungen der Strömungstechnik und auch auf den Schiffswiderstand in realem Medium. Die vielen Anstöße, welche die Schiffshydrodynamik der weiteren Entwicklung der Grenzschichttheorie verdankt, lassen sich hier nicht näher vertiefen. Eine schöne Übersicht über den bis 1958 erreichten Stand in den Grundlagen gibt die Arbeit von WIEGHARDT [26].

Aber auch für die *Angewandte Mathematik* in der Kontinuumsmechanik stellt die Grundidee der Grenzschichttheorie ein schulemachendes Beispiel dar. PRANDTLs Ansatz ist vom heutigen Standpunkt als ein Spezialfall eines singulären Perturbationsproblems mit einer Lösung durch angepaßte asymptotische Reihenentwicklungen (matched asymptotic expansions) anzusehen. Von diesem allgemeineren Standpunkt aus betrachtet löst man ein nichtlineares Partielles Differentialgleichungs-Problem näherungsweise dadurch, daß man das Lösungsgebiet unterteilt und in jedem Teilgebiet durch Entwicklung nach einem kleinem Störungsparameter eine asymptotisch gültige Näherungslösung aufbaut (z.B. Innen- und Außenlösung), die man an der Übergangsstelle nach formal strengen Regeln aneinander anpaßt.

Andere erfolgreiche Anwendungen des gleichen Prinzips, auch für die Schiffshydrodynamik relevant, sind z.B.:

- Theorie dünner Profile (kleines Dickenverhältnis), LIGHTHILL (1951)

- Tragflügeltheorie der tragenden Linie (großes Seitenverhältnis)

- Quasi-stationäre Theorien (kleine reduzierte Frequenz)

Die formalen Gemeinsamkeiten dieser großen Problemklasse und die Regeln für ein methodisches Vorgehen wurden erst später deutlich (s. z.B. VAN DYKE [27]), bilden heute jedoch auch die Grundlage vieler neuerer Entwicklungen in der Schiffshydrodynamik. So gesehen stehen PRANDTLs Arbeiten auch am Anfang der Erschließung nichtlinearer Aufgaben der Strömungsmechanik.

3.1.4 Plattenreibungslinien

Unter Plattenreibungslinie wird hier die Auftragung des Plattenreibungsbeiwerts $C_F = R_F / (0.5\ \rho\ V^2 S)$ über der Reynolds-Zahl verstanden (S = benetzte Oberfläche).

Für die Leistungsprognose der Großausführung nach der Froudeschen Methode spielt die Verfügbarkeit einer zuverlässigen Abschätzung des Reibungswiderstands für Modell und Großausführung im Versuchswesen eine zentrale Rolle. Daher hatte die Präzisierung der Linien des Plattenreibungswiderstands für die voll turbulente Scherströmung an einer ebenen Platte während der ersten Hälfte des Jahrhunderts eine große Bedeutung. Man arbeitete zunächst weiter mit den Daten von FROUDE, später von D.W. TAYLOR und GEBERS. Jedoch litten die älteren Versuchsreihen unter experimentellen Fehlern, die Ergebnisse streuten ziemlich stark. Als Fehlerquellen werden häufig genannt: Laminaritätseffekte, Welleneinflüsse bei endlicher Plattendicke und ungenügender Zuschärfung der Enden, Einfluß der endlichen Plattenbreite mit Effekten der Seitenkanten (LAP [28]). Außerdem war es praktisch unmöglich, Plattenversuche bei hohen Reynoldszahlen, wie sie an der Großausführung von Schiffen auftreten (10^9 und höher), durchzuführen. Daher mußten die Reibungslinien aus den vorliegenden Daten meist weit extrapoliert werden. Eine gewisse Abhilfe hierzu schafften erst die Daten von KEMPF [29] aus Pontonversuchen, in denen die Plattenreibung an ebenen, seitlich an einem 76,8 m langen, geschleppten Ponton angebrachten Platten und damit bei Reynolds-Zahlen um 10^8 gemessen werden konnte.

Grundlegende Besserung schaffte erst die Korrelation der Meßergebnisse mit Reibungslinien, deren Struktur aus Grenzschichtrechnungen entlehnt war. So trug SCHOENHERR [30] die ihm damals (1932) verfügbaren Meßergebnisse an Platten und Pontons zusammen und stellte dafür eine approximierende Reibungslinie auf, deren Gesetz auf v. KARMANschen Ähnlichkeitshypothesen der Turbulenz und damit verbundenen Geschwindigkeitsprofilen in der Grenzschicht beruhte. Sie fand als Schoenherr-Linie und später ab 1947 als ATTC-Linie in den USA weite Anwendung. In Deutschland fanden im Schiffbau und in der Aerodynamik die Reibungslinien von PRANDTL-SCHLICHTING [31] und SCHULTZ-GRUNOW [32] Verbreitung, die auch auf grenzschichttheoretischen Grundlagen, jedoch auf unterschiedlichen Annahmen für die Geschwindigkeitsgesetze in der turbulenten Grenzschicht (Wandgesetz, Außengesetz) beruhten.

Aber die Kritik an der Zuverlässigkeit des Datenmaterials, das allen Reibungslinien zugrundelag, ließ nicht nach, und als die Internationale Tankleiterkonferenz (ICSTS) 1948 in London versuchte, eine neue Standard-Reibungslinie zu vereinbaren, scheiterte das zunächst. Von HUGHES [33] wurden in England daraufhin sorgfältige neue Platten- und Pontonversuche (bis R_n = ca. $3 \cdot 10^8$) durchgeführt, die von ihm von den verschiedenen endlichen Seitenverhältnissen auf unendliches Seitenverhältnis extrapoliert wurden. Daraus entstand eine neue Reibungslinie, die HUGHES als Grundlinie für den turbulenten Widerstand einer glatten, ebenen Fläche in zweidimensionaler Strömung bezeichnete. Sie lag um mehr als 10 Prozent unter bekannten Reibungslinien und blieb daher umstritten.

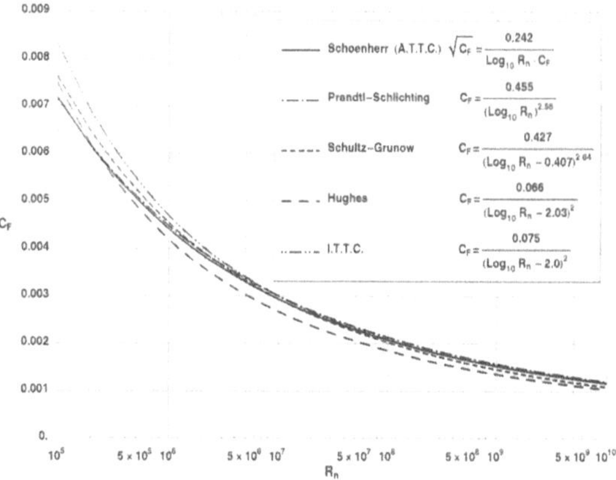

$$\sqrt{C_F} = \frac{0.242}{\mathrm{Log}_{10}\,R_n \cdot C_F}$$

$$C_F = \frac{0.455}{(\mathrm{Log}_{10}\,R_n)^{2.58}}$$

$$C_F = \frac{0.427}{(\mathrm{Log}_{10}\,R_n - 0.407)^{2.64}}$$

$$C_F = \frac{0.066}{(\mathrm{Log}_{10}\,R_n - 2.03)^2}$$

$$C_F = \frac{0.075}{(\mathrm{Log}_{10}\,R_n - 2.0)^2}$$

Abb. 1:   **Plattenreibungsbeiwert, turbulente Strömung.**

Inzwischen übte man aber auch aus anderer Sicht, nämlich vom Standpunkt der Formfaktormethode (s. nächsten Abschnitt) aus, Kritik an der Verwendung einer reinen Plattenreibungslinie im Rahmen der Froudeschen Methode. Man war sich bewußt, daß der Reibungswiderstand des Schiffes, der nach einer mit dem Ähnlichkeitsgesetz von Reynolds verträglichen Formel zu extrapolieren war, aus verschiedenen Gründen größer als bei der ebenen Platte sein mußte. Daher fiel es der International Towing Tank Conference 1957 nicht mehr so schwer, zu einem pragmatischen Kompromiß zu gelangen und eine sog. "ITTC 1957 model-ship correlation line" zu verabschieden, die nicht strikt als Reibungslinie für eine Platte oder eine bestimmte Form zu verstehen ist, sondern als Extrapolator angesehen wird. Sie liegt um ca. 12% über der Hughes-Linie und kommt der Schoenherr-Linie sehr nahe. Sie wurde von der ITTC 1957 als "Interimslösung für praktische Ingenieurzwecke" bezeichnet, wird aber bis heute im Rahmen des erweiterten Froudeschen Verfahrens eingesetzt. Ironischerweise konnte man sich auf eine einzige Extrapolator-Linie erst einigen, als wissenschaftlich schon feststand, daß grundsätzlich jede Schiffsform ihren eigenen Extrapolator braucht.

3.1.5 Aufteilung des Widerstands

Je weiter sich das Verständnis für die Mechanismen des Reibungswiderstands an Platten entwickelte, um so klarer wurde bald erkannt, daß die Froudesche Aufteilung des Schiffswiderstands für Extrapolationszwecke einer tieferen physikalischen Analyse der Widerstandsursachen nicht genügte. So wies FÖTTINGER [34] vor der STG schon 1924 darauf hin, daß Wechselwirkungen zwischen Wellen- und Zähigkeitswirkungen bestehen können, die für die Physik, aber auch für die Extrapolation von Bedeutung sein können. Mit seinen eigenen Worten zitiert:

"Wir haben daher bis jetzt keine strenge Gewähr, daß beim *Froude*versuch wirklich überall mechanisch ähnliche Wellen hergestellt werden: denn zweifellos findet eine *gegenseitige Rückwirkung* zwischen Wellen- und Wirbelbildung statt". Und weiter:

"Überhaupt ist die Zerlegung des Gesamtwiderstandes in Wellen-, Wirbel- und turbulenten Reibungswiderstand stets mit einer starken, wenn auch sinnvollen *Willkür* behaftet, da diese Anteile eigentlich untrennbar zusammenhängen".

Der Bemühung, den Wellen- und Zähigkeitswiderstand experimentell zu trennen, verdanken wir auch FÖTTINGERs geniale Idee des Tiefschleppversuchs mit dem gespiegelten Doppelmodell (Abb. 2), an dem kein Wellenwiderstand auftritt, so daß der zähigkeitsbedingte Widerstandsanteil im gesamten Geschwindigkeitsbereich gemessen werden kann. Offenbar sind auf seine Anregung hin an der Hamburgischen Schiffbau-Versuchsanstalt schon 1923 solche Versuche durchgeführt worden.

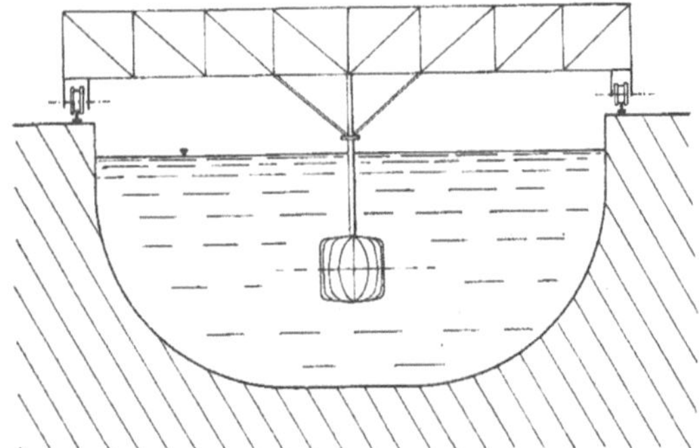

Abb. 2: **Versuchsanordnung mit tiefgetauchtem Doppelmodell nach FÖTTINGER [35].**

Eine grundlegende Neuorientierung der Aufteilung des Schiffswiderstands nach systematischen physikalischen Gesichtspunkten verdankt die Schiffshydrodynamik in Deutschland vor allem den Arbeiten von HORN (z.B. in [35]). Später haben sich diese grundsätzlichen Auffassungen auch international durchgesetzt, wie auch WEINBLUM [36] in rückblickender Würdigung anerkennend hervorhob. Sie bilden bis heute weitgehend die Grundlage der Forschung auf diesem Gebiet.

In heutiger Notation lassen sich die Widerstandsbeiwerte nach diesem Konzept im Hinblick auf getrennt zu beobachtende und analysierbare Erscheinungen in folgende Anteile gliedern:

$$C_T = C_W + C_V + C_S$$

worin

C_T, C_W, C_V, C_S = Gesamt-, Wellen-, Zähigkeits- und Spritzerwiderstandsbeiwerte

$C_T = R_T / (0.5 \rho V^2 S)$,
S = benetzte Oberfläche, und entsprechend für die anderen Beiwerte

Lassen wir den Spritzerwiderstand vorerst beiseite und heben wir in der Abhängigkeit von den Ähnlichkeitskennzahlen F_n und R_n die jeweils wichtigere durch Unterstreichung hervor, so wird vereinbart:

$$C_T(F_n, R_n) = C_W(\underline{F_n}, R_n) + C_V(F_n, \underline{R_n})$$

Im Versuchswesen wird für Extrapolationszwecke C_V i.a. nach Tangential- und Druckkraftanteilen zerlegt:

$$C_V = C_F + C_{PV},$$

meist mit

$$C_F = C_{FO} + C_{FF} = C_{FO}(1 + k_F)$$

worin die Beiwerte

C_F für den Reibungswiderstand der Schiffsform,

C_{FO} für den Reibungswiderstand der unendlich breiten, ebenen Platte (bzw. den Extrapolator)

und C_{FF} für die Vergrößerung des Reibungswiderstands einer Schiffsform gegenüber der ebenen Platte durch ihre endliche Breite und gekrümmte Form (Reibungsformeffekt) gelten.

Der Faktor $1 + k_F = C_F / C_{FO}$ ist der Reibungsformfaktor der Schiffsform gegenüber C_{FO}.

In dieser Aufteilung sind die Wechselwirkungen zwischen Wellen- und Zähigkeitseffekten bei HORN grundsätzlich in C_W und C_V enthalten. Am deutlichsten dürften sie bei C_W und C_{PV} in Erscheinung treten.

Auf dieser Grundlage konnte die Erforschung des Schiffswiderstandes über viele Jahrzehnte fortschreiten, und konnte man die physikalischen Ursachen für die einzelnen Anteile systematisch nach getrennten Gedankenmodellen untersuchen. Das Fernziel der vollständigen Synthese des Gesamtwiderstands aus diesen Anteilen konnte bisher jedoch nicht erreicht werden.

3.1.6 Geosimanalyse

Die Entwicklung der Extrapolationsmethode erhielt zuerst durch TELFER [37] Mitte der zwanziger Jahre neue Anstöße, um das Froudesche Verfahren abzulösen bzw. zu verallgemeinern. TELFERs brilliante Idee war es, Widerstandsversuche nicht nur mit einem, sondern mit mehreren geometrisch ähnlichen, aber verschieden großen Modellen des großen Schiffes durchzuführen, den sog. "geosims". Man nannte Telfer danach halb scherzhaft, halb anerkennend "den Vater der Modellfamilie". Durch die Verwendung mehrerer Modelle kann man die Leistungsprognose als eine bivariante Extrapolationsaufgabe mit F_n und R_n als unabhängigen Variablen ansehen, und damit grundsätzlich anders behandeln als Froude.

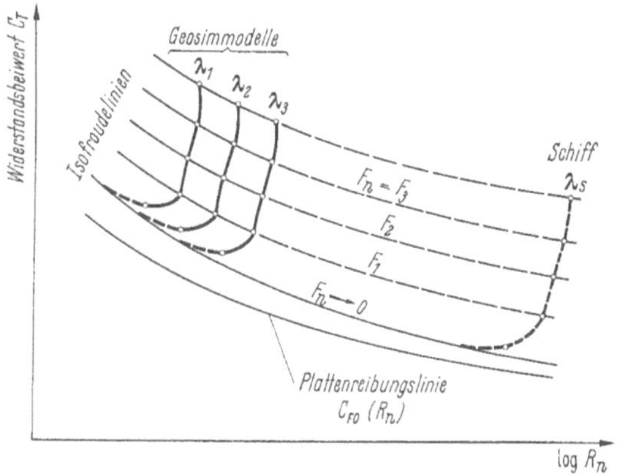

Abb. 3:   Prinzipskizze zur Umrechnung des Widerstandsbeiwerts C_T vom Modell aufs Schiff nach der Geosim-Methode (nach SHARMA [40]).

Abb. 3 illustriert das Prinzip. Danach betrachtet man die gemessenen C_T-Werte mehrerer Modelle mit verschiedenen Maßstäben λ_i als Stützstellen einer Funktion von F_n und R_n, hier aufgetragen über R_n, die sich stetig bis zum Schiff (Maßstab λ_s) erstreckt. Isofroudelinien, d.h. Linien gleicher Froude-Zahl F_n, würden bei Gültigkeit der Froudeschen Hypothese vertikal parallel verschoben zueinander verlaufen. Das gilt auch noch im Grenzübergang zu sehr kleinen Geschwindigkeiten ($F_n \rightarrow 0$), wo der Wellenwiderstand verschwindet und asymptotisch eine Linie $C_V (R_n)$ entsteht, die für die Geosimfamilie spezifisch ist und von Telfer als Extrapolator empfohlen wird. Wegen der Streuung der Meßdaten bei niedrigen Schleppgeschwindigkeiten korreliert man diese Linie meist mit einer Plattenrei-

bungslinie C_{FO}. Im Fazit verwendet die Geosim-Extrapolation nach Telfer also für jede Schiffsform einen eigenen Extrapolator und löst sich vom Froudeschen Verfahren einer universellen Reibungslinie, basierend auf der Platte. Im Prinzip ermöglicht die Geosim-Analyse eine individuelle Extrapolation nicht nur für jede Schiffsform, sondern sogar für jede Froude-Zahl. TELFER hat jedoch auf der Suche nach einer universellen Extrapolation die Parallelität der Isofroudelinien untereinander und auch zur Plattenreibungslinie angenommen

$$\frac{\partial C_T}{\partial R_n} = \frac{d C_V}{d R_n} = \frac{d C_{FO}}{d R_n}$$

und verzichtet damit auf die Möglichkeit einer F_n-Abhängigkeit des Extrapolators durch echte Wechselwirkung zwischen Zähigkeits- und Welleneffekten.

Dies schmälert nicht den Wert der tieferen Einsicht, die eine Geosimanalyse nach TELFER vermittelt. Davon zeugen viele wertvolle Fallstudien an Geosims verschiedenster Formen wie Simon Bolivar (NSMB, 1938), Lucy Ashton (BSRA, 1954), Victory Ship (NSMB, 1954), Meteor und Tanker (VWS, 1965). Die Ergebnisse dienen der grundsätzlichen Bewertung der Extrapolationsverfahren und zugleich der Aufdeckung von Maßstabseffekten und Anomalien der Extrapolation.

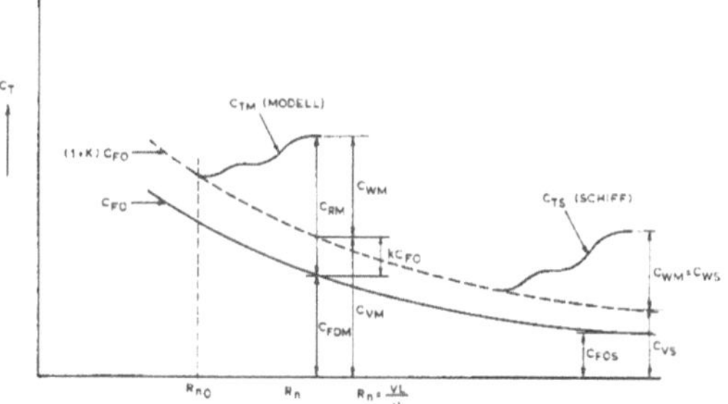

Abb. 4:   Extrapolation nach der Formfaktormethode (nach PNA [134]).

3.1.7 Extrapolatoren

Angestoßen durch Telfers Grundidee und durch Einsichten aus der Grenzschichttheorie mehrten sich die Bemühungen, Extrapolatoren zu entwickeln, die für jede Schiffsform den Zähigkeitswiderstand C_V möglichst spezifisch erfassen sollten. Dies führte zur Formfaktor-Extrapolationsmethode nach HUGHES [38], die seit 1957 von der ITTC als Erweiterung zum Froudeschen Verfahren exploriert wurde. Hierbei wird der Extrapolator $C_V = (1+k) C_{FO}$ angesetzt und der Formfaktor aus einem Modellversuch bei niedriger Geschwindigkeit ($C_W \rightarrow 0$) bestimmt (Abb. 4). Dabei hat sich besonders die asymptotische Extrapolation für $F_n \rightarrow 0$ in der Auftragung nach PROHASKA [39] bewährt. Die

ITTC hat in einer Untersuchung des Performance Committee 1978 bestätigt, daß die Formfaktormethode bei üblichen Schiffsformen meist zu verbesserter Genauigkeit der Leistungsprognose führt.

Versuche von HUGHES [38] schienen die Annahme eines von R_n unabhängigen Formfaktors zu bestätigen. Dies blieb jedoch umstritten, da C_V auch den viskosen Druckwiderstand enthält, der speziell bei Ablösung Maßstabseffekten unterliegt.

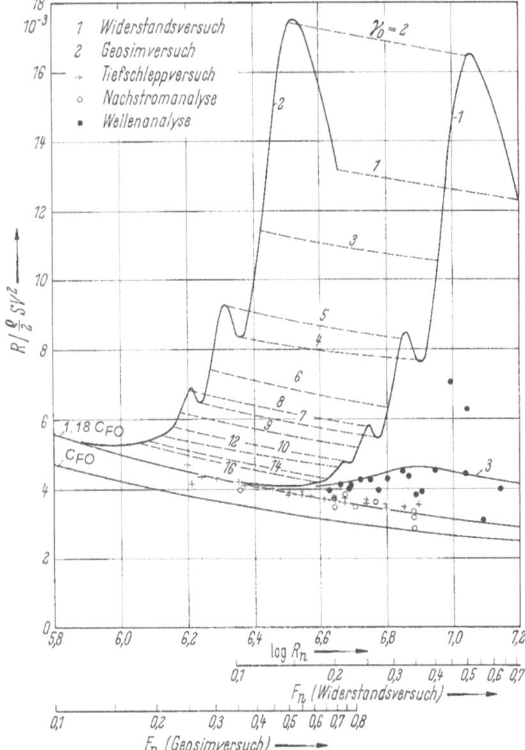

Abb. 5: **Vergleiche des Widerstandsbeiwertes nach verschiedenen Versuchsmethoden für ein Inuid (nach SHARMA [40]).**

Eine sehr klare, übersichtliche Bilanz der Problematik der Widerstandsaufteilung und der Extrapolation hat SHARMA [40], gestützt auf sorgfältige Analyse eigener Versuche und fremder Ergebnisse gezogen. Die Auswertungen zeigen, daß die Isofroudelinien in Geosimserien *nicht* durchweg äquidistant verlaufen (Abb. 5), so daß eine von der Froudezahl abhängige Extrapolation erforderlich ist, was darauf schließen läßt, daß Wechselwirkungen zwischen Wellen- und Zähigkeitswirkungen in der Extrapolation nicht generell vernachlässigbar sind. Die Extrapolationsverfahren nach FROUDE, TELFER und HUGHES gehen jedoch alle von der ungenauen Prämisse aus, daß

$$\frac{\partial^2 C_{WV}\,(F_n, R_n)}{\partial F_n\, \partial R_n} = 0$$

mit C_{WV} = wave-viscous interaction resistance coefficient

= Wechselwirkungsterm des Widerstands

Die Forschung im Bereich der Computational Fluid Dynamics (CFD) beginnt in letzter Zeit, sich dieser noch immer offenen Frage anzunehmen mit dem Ziel, die lokale Struktur dieser Wechselwirkungserscheinungen besser kennenzulernen.

In Abb. 5 (nach SHARMA [40]) werden die Widerstandsbeiwerte nach verschiedenen Versuchsmethoden verglichen. Die Kurven 1 und 2 zeigen den Beiwert des Gesamtwiderstandes für zwei verschiedene Modellmaßstäbe, verbunden durch *nichtparallele* Linien gleicher Froude-Zahl. Die Kurve 3 gibt den Unterschied im Wellenwiderstandsbeiwert zwischen Formfaktormethode und Wellenschnittanalyse an, abgesetzt von der Linie des Extrapolators 1,18 C_{FO}. Dieser Unterschied bedarf weiterer Erklärung. Dabei kann u.a. die Wechselwirkung zwischen Zähigkeits- und Wellenströmung eine Rolle spielen, wie auch SHARMA [40] vermutet.

3.2 Zähigkeitswiderstand

3.2.1 Definition

Der Zähigkeitswiderstand des Schiffes umfaßt den Reibungswiderstand, d.h. die Wirkung der Wandschubspannungen, und den zähigkeitsbedingten Druckwiderstand, der durch Verkümmerung des Druckwiederanstiegs im Heckbereich, ggf. begleitet durch Ablösung, entsteht. Er kann idealisiert ohne Verformung der freien Oberfläche (wie beim tiefgetauchten Doppelmodell) oder mit gleichzeitiger Wellenströmung betrachtet werden (wie im Schleppversuch).

Von der Rolle des Zähigkeitswiderstands im Modellversuchswesen und seiner Bestimmung an Platten (nur Reibungswiderstand) und durch Geosimversuche war in Abschnitt 3.1 schon die Rede.

3.2.2 Rauhigkeit

Der Einfluß der Rauhigkeit der Oberfläche auf den Zähigkeitswiderstand spielt bei Schiffen eine wichtige Rolle, sowohl um diesen Widerstandsanteil durch geeignete Maßnahmen gering zu halten, als auch um ihn bei der Leistungsprognose zuverlässig zu berücksichtigen. Daher waren die Messung des Widerstands rauher Platten und die daraus abgeleiteten Rauhigkeitszuschläge im Versuchswesen schon früh von praktischer Bedeutung.

Ausgangspunkt für die Entwicklung von Berechnungsverfahren waren zunächst die umfangreichen Göttinger Rohrwiderstandsversuche an glatten und sandrauhen Rohre. Dabei wurde eine regelmäßige

Sandrauhigkeit der Korngröße k_s angebracht, während technisch auftretende Rauhigkeiten nach Hilfsversuchen auf ihre "äquivalente Sandrauhigkeit" umgerechnet werden (SCHLICHTING [41]). Mit Hilfe der Grenzschichttheorie gelang es nun, nicht nur für glatte und rauhe Rohre durch Integration der Grenzschichtgleichungen das Widerstandsgesetz in voll turbulenter Strömung abzuleiten, sondern nach einer schönen Analogie zwischen Rohr- und Plattenströmung, bei der i.w. die Ähnlichkeitsgesetze für die Geschwindigkeitsprofile anzupassen sind, diese Ergebnisse auch auf die glatte und rauhe Platte zu übertragen (v. KARMAN [42]). Dies ist auch die Grundlage der Widerstandsbeiwerte für rauhe Platten nach PRANDTL-SCHLICHTING [31] (Abb. 6). PRANDTL und SCHLICHTING verwendeten dabei in der Plattengrenzschicht als Wandgesetz und als Außengesetz ein logarithmisches Geschwindigkeitsprofil. Von SCHULTZ-GRUNOW [43] wurde ein anderes Außengesetz zugrundegelegt.

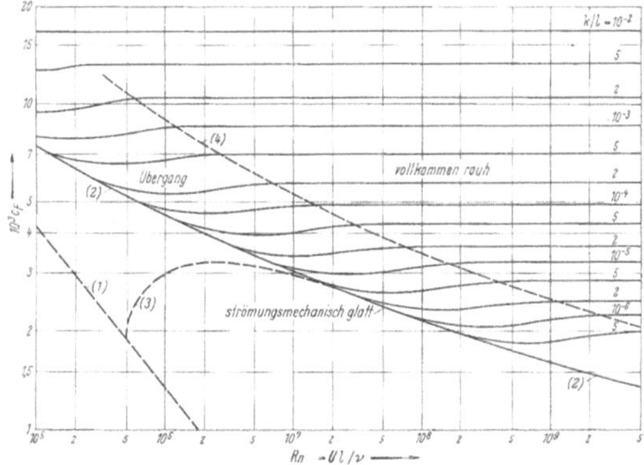

Abb. 6: **Widerstandsbeiwerte C_F der parallel angeströmten, sandrauhen, ebenen Platte, (1) laminar glatt, (2) turbulent glatt, (3) laminar-turbulent glatt, (4) Grenze zu vollkommen rauh, Sandkornrauhigkeit k/l, l = Plattenlänge (nach TRUCKENBRODT, Fluidmechanik).**

Die Übertragung dieser Ergebnisse und Verfahren von Platten auf schlanke Profile und Rotationskörper mit rauher Oberfläche wurde von SCHOLZ [44] in einer schönen, klaren Arbeit 1951 der STG vorgestellt. Er entwickelte für diese Klasse von Formen, wo mit dem Dickenverhältnis und den entsprechenden Übergeschwindigkeiten der Rauhigkeitseinfluß zunimmt, ein Quadraturverfahren für die Impulsverlustdicke und den turbulenten Reibungswiderstand. Dabei verwendete er als Näherung Potenzgesetze anstelle der logarithmischen Geschwindigkeitsprofile.

GRANVILLE [45] hat in einer gründlichen Analyse, ausgehend von einem Mehrschichtenmodell für die Grenzschicht ähnlich v. KARMAN [42], die Frage der Geschwindigkeitsgesetze in der Grenz-

schicht der rauhen Platte neu untersucht und kommt zu etwas abweichenden, aktuelleren Werten für Wandschubspannung und Formparameter der Grenzschicht an rauhen Platten, auch anwendbar im Falle technischer, unregelmäßiger Rauhigkeit.

Insgesamt stimmen die Vorhersagen nach grenzschichttheoretischen Verfahren mit Versuchsergebnissen gut überein. Im Versuchswesen hat der Rauhigkeitseinfluß an Schiffen an Bedeutung verloren, seit die ITTC 1957 dazu übergegangen ist, den Zuschlag C_A ("model-ship correlation allowance") für die Leistungsprognose des Schiffes nicht mehr primär mit Rauhigkeitseinflüssen zu begründen. Dennoch bleiben diese Einflüsse von Interesse für die Fertigungsqualität und im Schiffsbetrieb. Von der experimentellen Seite ist hierzu auf die schon etwas ältere übersichtliche Arbeit von KEMPF und KARHAN [46] hinzuweisen.

3.2.3 Formfaktoranalyse

Der Zähigkeitswiderstand eines Schiffes oder Verdrängungskörpers ist größer als derjenige der Platte gleicher Länge und gleicher benetzter Oberfläche infolge der verschiedenen Druck- und Geschwindigkeitsverläufe. Dies wirkt sich sowohl auf den Reibungswiderstand als auch auf den Druckwiderstand des Körpers, speziell bei Ablösung, aus. Im Versuch stellt man an tiefgetauchten Doppelmodellen oder Rotationskörpern den Reibungswiderstand der Form als Differenz des Gesamtwiderstands und des Druckwiderstands aus Druckmessungen fest. In der Berechnung erhält man über potentialtheoretische Druckverteilung und Grenzschichtverfahren eine Näherung für den Reibungswiderstand bis zur Ablösestelle. In beiden Fällen ergeben sich Aussagen über den Reibungsformeffekt C_{FF}/C_{FO}. (Durch Fortsetzung der Berechnung in den Nachlauf nach SQUIRE und YOUNG [73] ergibt sich auch die Impulsverlustdicke weit hinter dem Körper und damit eine theoretische Näherung für $C_V = C_F + C_{PV}$. Daraus folgt ein viskoser Gesamtformfaktor $1+k = C_V / C_{FO}$).

Nach dieser Methodik sind in den dreißiger Jahren, u.a. von LAUTE [47], GRAFF [48] und AMTSBERG [49], sehr gründliche Messungen an Schiffen, Doppelkörpern und Rotationskörpern sowie Berechnungen für Rotationskörper vorgenommen worden. Diese ergaben guten Aufschluß über die Formabhängigkeit des Reibungswiderstandes, jedoch blieb der Zusammenhang zwischen Form und Druckwiderstand, speziell bei Ablösung, noch offen. Einen gewissen Abschluß erreichte diese Methodik zur Bestimmung des Formfaktors mit dem Quadraturverfahren von SCHOLZ [44] und den von ihm ermittelten Formfaktoren für schlanke ebene Profile und Rotationskörper (Abb. 7), die eine Orientierung über die Größenordnung dieses

Effekts in Abhängigkeit vom Dickenverhältnis d/l dieser Formen geben.

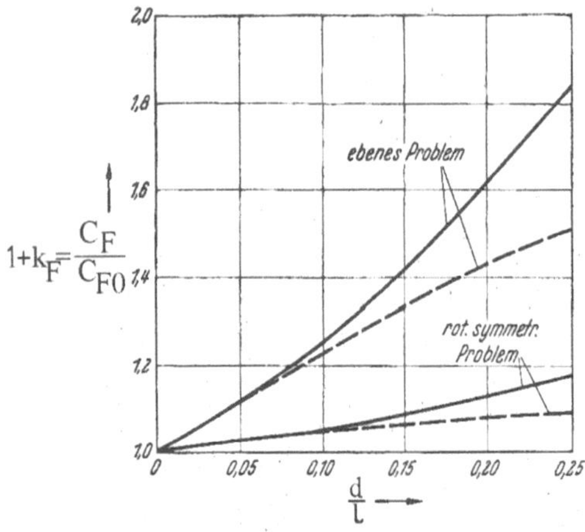

Abb. 7: Reibungsformfaktor $1 + k_F$ nach SCHOLZ [44] in Abhängigkeit vom Dickenverhältnis d/l für Rotationskörper und ebene Profile (ausgezogen nach Grenzschichtrechnung, gestrichelt nach Näherungsformel).

Heute liefern viele CFD-Verfahren für Schiffe und komplexe Körperformen den Formfaktor als Nebenergebnis von Strömungsberechnungen. Er hat seine Bedeutung für die Bewertung des Zähigkeitswiderstandes nicht verloren.

3.2.4 Grenzschicht an einfachen Ersatzkörpern und an Schiffen

Aus den Grenzschichtgleichungen als partiellen Differentialgleichungen der wandnahen Strömung entstanden schon frühzeitig Näherungsverfahren, in denen die Entwicklung der Grenzschicht durch einige integrale Parameter wie Verdrängungs-, Impulsverlust- und Energieverlustdicke sowie Wandschubspannung gekennzeichnet wird, und zwar zunächst für Profile und Rotationskörper (z.B. POHLHAUSEN [50]). Dabei wird über die Grenzschichtdicke integriert. Die elliptische Differentialgleichung des zähen Fluids geht dabei in eine parabolische Differentialgleichung für die Grenzschicht über, die meist näherungsweise durch Quadraturverfahren gelöst wird (z.B. TRUCKENBRODT [51]). Als Ergebnis erhält man den Verlauf der Grenzschichtdicken, kann die Profile der Geschwindigkeitsverteilung hieraus rekonstruieren und die Ablösungsstelle abschätzen. Eine Übersicht über den mit dieser Methodik erreichten Stand bis 1968 gibt der Tagungsbericht der Stanford-Konferenz [52].

Die Anwendung numerischer Integrationsverfahren auf komplexe Körperformen und auf Schiffe erfordert die Berücksichtigung dreidimensionaler Strömungseffekte, insbesondere von Druckgradienten und Geschwindigkeiten quer zur Hauptströmungsrichtung (cross flows) innerhalb der Grenzschicht sowie der Energieumsetzungen bei Stromliniendivergenz am Körperheck. Für diese Aufgaben wurden in der Schiffshydrodynamik vor allem in den siebziger und achtziger Jahren zahlreiche Integralverfahren für die Schiffsgrenzschicht entwickelt. Einen guten Überblick über den Zwischenstand bis 1980 gibt der Bericht des Göteborger Workshops [53], in dem ausführliche Vergleiche zahlreicher Verfahren mit Meßergebnissen dokumentiert sind. Die Grenzschichttheorie gibt uns auch für das Schiff klare und übersichtliche Einsichten, wo ihre Näherungen ("dünne Grenzschicht") zutreffen, d.h. meist für mehr als 90% der Schiffslänge. Jedoch versagt sie am Heck im Bereich des Druckwiederanstiegs, der Aufdickung der Grenzschicht und erst recht bei Ablösung. Es hat an Versuchen nicht gefehlt, die Gültigkeit der Grenzschichtlösungen etwas zu erweitern, indem für "dicke" Grenzschichten Effekte höherer Ordnung (Druckgradient quer zur Grenzschicht u.ä.) in analytischer oder numerischer Näherung berücksichtigt werden (z.B. [54]). Jedoch helfen solche Korrekturen nur ein Stückchen weiter, die Integralverfahren erfassen jedoch nicht die komplexe lokale Struktur der Strömung unmittelbar vor dem Körperende, wo sie für den viskosen Druckwiderstand und die Ablösungserscheinungen maßgeblich ist. So bahnte sich schon in Göteborg 1980 und noch stärker in Osaka 1985 [55] ein Umschwung zu differentiellen Verfahren der Strömungsanalyse an.

Die integralen Grenzschichtverfahren bleiben in ihrem Gültigkeitsbereich über große Teile der Schiffsoberfläche wertvoll durch ihre Anschaulichkeit, wegen ihres begrenzten Rechenaufwandes und als Teilgebietslösungen im Rahmen zonaler Verfahren (LARSSON [50]).

3.2.5 Differentielle Analyseverfahren

Differentielle Verfahren gehen von der Lösung der nichtlinearen partiellen Differentialgleichung der viskosen Strömung aus, und zwar in der Schiffshydrodynamik gewöhnlich nach Zeitmittelung der turbulenten Schwankungsgrößen, nach Diskretisierung und Algebraisierung mit numerischen Näherungsverfahren. Im turbulenten Bereich, der für Modell und Schiff relevant ist, treten an die Stelle der Navier-Stokes-Gleichungen die zeitgemittelten Reynolds-Gleichungen (RANSE = Reynolds Averaged Navier-Stokes Equations).

An der Schwelle zu diesen Entwicklungen stehen ohne Zweifel die wegweisenden experimentellen Arbeiten von WIEGHARDT und KUX [57]. Diese hatten im Windkanal für eine völlige Tankerform (C_B = 0.85) bei R_n = $5 \cdot 10^6$ mit Fünfloch-Sonden die zeitgemittelten Strömungsgeschwindigkeiten mit allen Komponenten in zehn Spantebenen, die

Mehrzahl in der Nähe des hinteren Lots, so dicht (3x3 mm Maschenweite) aufgemessen, daß die neun Geschwindigkeitsableitungen durch numerische Differentiation mit hinreichender Genauigkeit berechnet werden konnten. Damit konnte auch das Feld des Rotationsvektors für eine Schiffsform zum ersten Mal in großer Vollständigkeit experimentell bestimmt werden, wodurch Aussagen über die Struktur der viskosen Strömung in diesem schwierigen Heckbereich ermöglicht wurden.

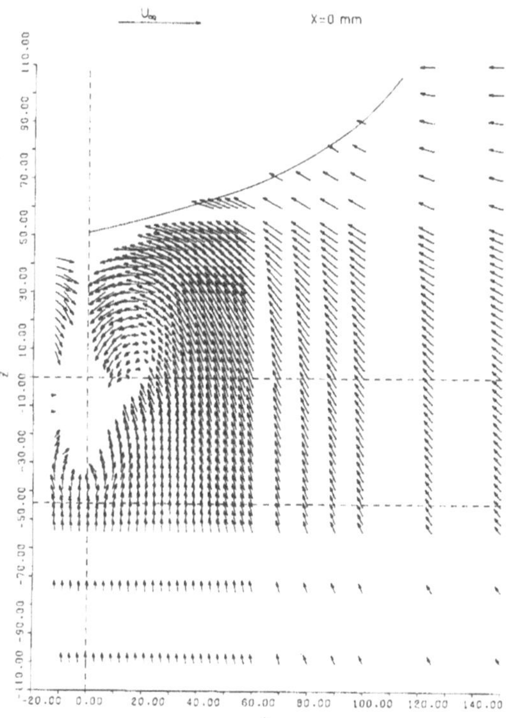

Abb. 8: **Querkomponenten der Strömung in einer Spantebene am Heck, HSVA-Tanker (nach WIEGHARDT und KUX [57]).**

Diese Ergebnisse sind von grundlegender Bedeutung:

1. Sie zeigen die lokale Feinstruktur der viskosen Strömung, für die der Vektor der Rotation ein wichtiges Maß ist. Man erkennt einerseits die Entstehung eines Längswirbels im Heckbereich (Abb 8), der sich bis in den Nachlauf fortsetzt, außerdem aber auch eine starke Rotation. Der Rotationsvektor steht fast senkrecht zur Geschwindigkeitsrichtung, so daß er i.a. nur wenig gegenüber der Spantebene nach hinten geneigt ist. Ein solches verwirbeltes Strömungsfeld kann weder mit Potentialwirbeln noch mit Grenzschichtverfahren erklärt werden.

2. Makroskopisch zeigt die Strömung am Heck jedoch eine komplexe Struktur an Ablösungserscheinungen, wie schon aus Anstrichbildern aus dem Windkanal bekannt (Abb. 9, KUX

[58]). Grundsätzlich kann sich im dreidimensionalen Fall die Ablösungstopologie blasenförmig, linienhaft, aber auch punktförmig in einem Wirbelzopf entwickeln. Die Erfassung solcher kinematischen Strukturen ist ebenfalls am ehesten von differentiellen Analysemodellen zu erwarten.

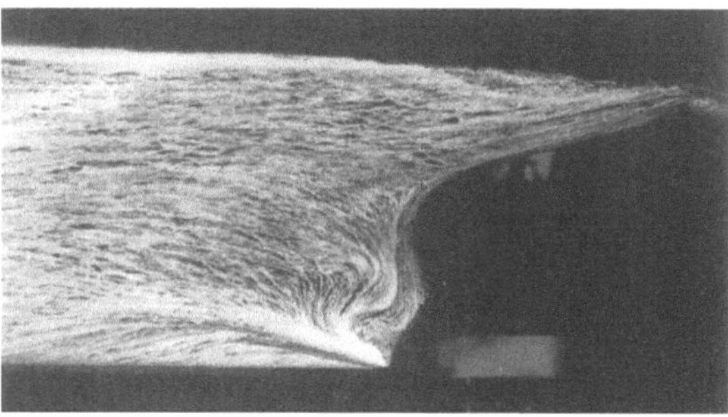

Abb. 9: **Anstrichbild der Ablöseströmung am HSVA-Tankerheck aus dem Windkanal (nach KUX [58]).**

Die Versuchsergebnisse von WIEGHARDT und KUX ergaben daher einen weiteren starken Anstoß für die Entwicklung von RANSE-Lösungen für Schiffe und bilden bis heute einen wichtigen Testfall für die Validierung solcher Verfahren.

Die Entwicklung von differentiellen Verfahren und von numerischen Lösern für die RANS-Gleichungen ist seit bald zwei Jahrzehnten zu einem wichtigen Zweig der Computational Fluid Dynamics geworden und auch in der Schiffshydrodynamik schon weit fortgeschritten, aber noch längst nicht abgeschlossen. Auf internationalen Arbeitstreffen in Göteborg 1990 [59], Iowa City 1993 [60] und Tokyo 1994 [61] wurde ausführlich über den erreichten Stand berichtet. Eine gute Gesamtübersicht gibt auch BERTRAM [62]. Auf Einzelheiten wird hier verzichtet.

Doch lohnt ein Blick auf die Grundannahmen der Modellbildung für die numerische Behandlung der viskosen Strömung um Schiffe. Im Zuge der Zeitmittelung der Navier-Stokes-Gleichungen gehen aus den konvektiven Termen die örtlichen Ableitungen der sog. Reynolds-Spannungen hervor; die Reynolds-Spannungen sind Zeitmittelwerten von Produkten der Schwankungsanteile der Geschwindigkeitskomponenten proportional. Sie bilden zunächst unbekannte Funktionen. Zu ihrer Bestimmung braucht man Hilfshypothesen, die als Turbulenzmodelle bezeichnet werden. Für den Fall der voll ausgebildeten, isotropen Turbulenz wurde bisher oft die Boussinesq-Hypothese verwendet: Hiernach sind die Komponenten des Reynolds-Spannungstensors proportional zu den Komponenten des Tensors der mittleren Geschwindigkeitsgradienten und zu einer skalaren Funktion μ_t, die als Scheinviskosität (Wirbelviskosität) bezeichnet wird. Zu ihrer Bestimmung werden im Turbulenzmodell zusätzliche Hilfsgleichungen aufgestellt, in denen weitere unbekannte Funktionen enthalten sind. So führt z.B. das verbreitete k-ε-Modell die turbulente kinetische Energie k und deren Dissipationsrate ε als Ortfunktionen ein, die mit μ_t zusammenhängen, und fordert lokal am Volumenelement bestimmte Erhaltungssätze. Beim k-ε-Modell bestehen diese Hilfsbeziehungen selbst wieder aus zwei gekoppelten Differentialgleichungen. Das Turbulenzmodell und die Reynolds-Gleichungen sowie die Kontinuitätsgleichung bilden zusammen ein gekoppeltes, nichtlineares Gleichungssystem, aus dem die mittleren Zustandsgrößen numerisch-iterativ bestimmt werden können.

Die Modellbildung, insbesondere für Schiffe, kann noch nicht als abgeschlossen angesehen werden. Die Turbulenzmodelle unterliegen Einschränkungen, insbesondere in Wandnähe, der Boussinesq-Ansatz ist umstritten. Für Validierungszwecke fehlen sorgfältige experimentelle Untersuchungen an Schiffsformen in ausreichender Zahl. Für Schiffsströmungen mit freier Oberfläche fehlen geeignete Daten praktisch ganz.

Auf der numerischen Seite machen die Lösungsverfahren für RANS-Gleichungen gute Fortschritte. In der Schiffshydrodynamik dominieren Diskretisierungen nach Finite-Volumen-Verfahren. Die Anpassung der Gitter an die Strömungssituation ist entscheidend für die Beherrschung von Fehlern. Der Trend geht zunehmend zu flexiblen, blockstrukturierten oder unstrukturierten, anpaßbaren Gittern. In der numerischen Umsetzung treten weitere Näherungen bei Interpolationen im Netz (Differenzenschemata) und bei Integrationen in der Bilanz über die Elemente auf.

Der geschilderte, vielstufige Modellbildungs- und Näherungsprozeß bedarf sehr sorgfältiger numerischer *Verifizierung* (Übereinstimmung der Zahlenergebnisse mit den Modellannahmen, Fehlerempfindlichkeitsstudien) und physikalischer *Validierung* (Übereinstimmung der Ergebnisse des Modells mit Daten der realen Strömung im Experiment). Man muß sich stets vor Augen halten, daß die Ergebnisse von CFD-Rechnungen zunächst nur eine neue "virtuelle Realität" herstellen, die Beobachtungen auf der Basis des Modells zuläßt, aber die Überprüfung der Modellbildung nicht ersetzt.

Der notwendige Lernprozeß mit dem verfeinerten Beobachtungsinstrument der CFD-Methoden ist international voll im Gange. Es gibt ermutigende Erfolge mit vielen Teilergebnissen (z.B. [61], [63]), Abb. 10, auch für den Zähigkeitswiderstand insgesamt. Allerdings muß man komplexe Strömungsstrukturen am Heck und insbesondere Wechselwirkungen zwischen Wellen- und Zähigkeitseffekten

noch mit Vorsicht bewerten, die Entwicklung ist noch sehr im Fluß [61]. Weitere Experimente zur Validierung der CFD-Modelle wären hierfür sehr wichtig.

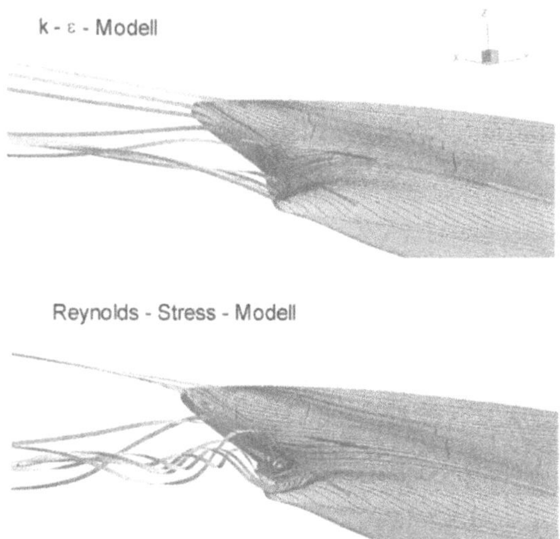

Abb. 10: **Feldlinien der Wandschubspannungen und Strombänder für den HSVA-Tanker (nach SOTIROPOULOS und PATEL [63]).**

Für Entwurfszwecke braucht man auch nach Anlegen der CFD-Lupe noch immer eine einfache, kausale Gesamterklärung für den Widerstand und seine Ursachen. Hier gilt als Motto der Satz von St. Exupéry: "Jede technische Entwicklung geht vom Primitiven über das Komplizierte zum Einfachen, und eine technische Entwicklung ist erst dann vollkommen, wenn man nichts mehr weglassen kann".

3.3 Berechnung der Potentialströmung

Dem 19. Jahrhundert verdanken wir i.w. die Begründung der Potentialtheorie und vor allem die Einsicht, daß die Berechnung der Umströmung eines Körpers in einer idealen Flüssigkeit, die sog. zweite Randwertaufgabe der Potentialtheorie (NEUMANN-Aufgabe), für Körper beliebiger Form (nur unter Einschränkung durch die HÖLDER-Bedingung) lösbar und auf die Lösung einer Integralgleichung für die Dichte σ (q) einer stetigen Singularitätenverteilung (z.B. Quellen) auf der Körperoberfläche zurückführbar ist. Die Integralgleichung, die aus der Körperrandbedingung hervorgeht, ist von der Form:

$$\sigma\,(\mathbf{p}) - \ddot{e} \iint_S \sigma(\mathbf{q})\,\hat{E}\,(\mathbf{p},\mathbf{q})\,dS = g\,(\mathbf{p})$$

$\mathbf{p}, \mathbf{q}$ = Aufpunkt-, Quellpunktvektoren

Diese lineare, inhomogene Integralgleichung 2. Art ist als FREDHOLMsche Integralgleichung bekannt; FREDHOLM hat die Existenz von Lösungen unter sehr allgemeinen Bedingungen nachgewiesen [64].

Der Kern K (**p**, **q**) wird für **p** $\rightarrow$ **q** singulär, bleibt jedoch integrabel. In der Störfunktion g (**p**) steckt der Einfluß äußerer Strömungen, z.B. durch gerad- oder krummlinige, beliebig gerichtete Anströmungen, infolge von Propellern, anderen Schiffen oder Störursachen.

In den Anfängen der Schiffshydrodynamik wurde zumeist, RANKINE [10] und TAYLOR [11] folgend, mit Punkt- oder Linienbelegungen der Körperachse für Profile und Rotationskörper gearbeitet, deren Singularitäten vorgegeben bzw. systematisch variiert wurden, so daß die Körperformen daraus durch Stromlinienbestimmung ermittelt werden konnten. Die direkte Aufgabe, die Singularitätenverteilung aus der vorgegebenen Körperform zu bestimmen, wurde erst später aufgegriffen. In Deutschland sind die Arbeiten von LOTZ [65] und RIEGELS [66] frühe Beispiele numerischer Lösungsverfahren für vorgegebene Strömungskörper. DREGER [67] hat diese Aufgabe auch für den Rotationskörper mit Propeller gelöst. In diesen Arbeiten bis 1960 wurde die Integralgleichung noch ohne Computereinsatz mit Hilfe näherungsweiser Quadraturverfahren gelöst.

Einen Umbruch für die numerische Bewältigung dieser Randwertaufgabe für beliebige Körpergeometrie und damit Schiffsformen brachte die Anwendung von Computern ab ca. 1960 mit sich. Von SMITH und PIERCE [68] sowie HESS und SMITH [69] stammt die Grundidee, die Fredholmsche Integralgleichung numerisch näherungsweise durch Diskretisierung der Körperoberfläche in Panele zu lösen, wobei sie in ein lineares abgebraisches Gleichungssystem übergeht. HESS und SMITH verwenden zur Vereinfachung ebene Panele mit konstanter Belegungsstärke (Näherung nullter Ordnung). Die induzierten Geschwindigkeiten im Feld sind durch ein Integral über die Quellwirkungen bestimmt, das an der Körperoberfläche, d.h. für die Tangentialgeschwindigkeiten, ebenfalls singulär wird. Auch diese Form wird nach Diskretisierung algebraisch ausgewertet.

Auch wenn die direkte Lösung der Integralgleichung durch Quadratur und Iterationsverfahren anfangs noch eine Rolle spielte (NOWACKI [70]), so hat sich das algebraisierende Verfahren nach HESS und SMITH international überall durchgesetzt, zumal die entsprechende Software weitgehend frei zur Verfügung steht. Generell kann man feststellen, daß damit die Berechnung von Potentialströmungen an Schiffen (ohne freie Wasseroberflächen) praktisch mit hinreichender Genauigkeit als gelöst angesehen werden kann.

Weitere Verbesserungen an den Lösungsverfahren bieten überwiegend numerische Vorteile:

- Desingularisierung durch Absenkung der Singularitäten dicht unter die Körperoberfläche (WEBSTER [71]),

- Abspaltung des singulären Bereichs des Integrals für die Tangentialgeschwindigkeit und Behandlung durch ein "Kugelpanel" (JENSEN [72]),

- Panelverfahren höherer Ordnung unter Verwendung gekrümmter Panele mit nicht konstanter Belegung (z.B. NI [100]), die jedoch i.a. keine sehr großen Einsparungen an Rechenzeit ergeben haben,

- Patchmethode (SÖDING [74]), bei denen die Quellwirkung eines Patch-Elements auf einen Quellpunkt etwas im Körperinnern zusammengezogen wird, während die Körperrandbedingung an einem Patch im Mittel, d.h. durch verschwindenden Volumenfluß, erfüllt wird. Hiervon werden große Rechenzeitvorteile berichtet.

3.4 Wellenwiderstand

3.4.1 Lineare Theorie

Am Ausgang des 19. Jahrhunderts lagen bereits die schönen Einsichten von KELVIN [18] über das Wellensystem eines geradlinig fortschreitenden Druckpunktes und von MICHELL [19] über den Wellenwiderstand eines genügend "dünnen" Schiffes vor. Beide Arbeiten standen am Anfang der Entwicklung der linearisierten Theorie des Wellenwiderstands von Schiffen, in der die Randbedingung an der freien Oberfläche und die Körperrandbedingung in konsequenter Weise linearisiert werden.

Die Weiterentwicklung der linearen Theorie verdankt dann zunächst HAVELOCK [75] über den langen Zeitraum von 1908 bis 1958 viele tiefere mathematische Erkenntnisse und neue Impulse. Von ihm stammt u.a. die Vorstellung von Singularitäten mit Zusatztermen, die gleichzeitig die Körper- und freie Oberflächen-Randbedingung erfüllen, den sog. HAVELOCK-Quellen, die als Bausteine für den Aufbau linearer Lösungen dienen können [76]. Auch die Auswertung der Wellenwiderstandsintegrale in vielen speziellen Anwendungen hat er systematisch vorangetrieben [77].

Nach den grundlegenden, experimentellen Arbeiten von WIGLEY, z.B. in [78], waren es auch über viele Jahre vor allem die wegweisenden Beiträge von WEINBLUM, die eine Verbindung zwischen der akademischen Theorie des Wellenwiderstandes und seiner Anwendung im Schiffsentwurf herstellten. In WEINBLUMs Arbeiten flossen die Ideen der Analytiker wie MICHELL und HAVELOCK und des Systematikers TAYLOR zusammen, und er untersuchte vertieft und umfassend die Abhängigkeit zwischen Schiffsform und Wellenwiderstand. Hiervon zeugen auch viele Vorträge vor der STG wie [79], [80], [81].

Die lineare Theorie war ihren Voraussetzungen nach nicht in der Lage, größere Amplituden von Schiffswellen quantitativ richtig vorherzusagen, und hatte durch Vernachlässigung viskoser Wechselwirkungen auch Schwierigkeiten im Hinterschiffswellensystem und mit den Phasenlagen in der Superposition von lokalen Wellensystemen. Sie ergab dennoch qualitativ richtige Erklärungen für die Ursachen des Wellenwiderstands.

WEINBLUM verstand es, aus der linearen Theorie, deren Einschränkungen ihm stets bewußt waren, die physikalisch gültigen und für die Formgebung relevanten allgemeinen Trends systematisch herauszufiltern. Auf diesem Wege hat die Theorie viel zu dem Gefühl für die Formgebung nach Kriterien des Wellenwiderstands beigetragen, das für die Formkonzepte seiner Epoche kennzeichnend war.

Die klassische lineare Wellenwiderstandstheorie hatte bis ca. 1960 einen hoch entwickelten, weit ausgereiften Stand erreicht, der auch von der Durchdringung des Themas durch prominente Angewandte Mathematiker viel profitiert hatte. Die bis dahin erreichte Erkenntnis ist in mehreren übersichtlichen Zusammenstellungen gut dokumentiert (LUNDE [82], MARUO et al. [83], WEHAUSEN und LAITONE [84], MICHELSEN et al. [85]).

3.4.2 Wellenbildmessung und –auswertung

Einen neuen Forschungsweg eröffneten etwa um dieselbe Zeit mehrere Initiativen, auf experimentellem Wege mehr über das Schiffswellenbild insgesamt zu erfahren und so eine lange vernachlässigte Quelle für das Verständnis des realen physikalischen Vorgangs der Schiffswellenbildung zu erschließen. Hierzu gehören einerseits die umfangreichen und sorgfältigen Aufmessungen von Schiffswellenfeldern durch INUI [86] und seine Schule mit Hilfe von taktilen, photographischen und photostereogrammetrischen Methoden. Die Auswertung des Widerstands aus dem Wellenbild erfolgt lineartheoretisch (mit Korrekturen) unter Bezug auf den Begriff der Elementarwellen nach HAVELOCK. Andererseits begann man etwa gleichzeitig, Schiffswellenfelder durch ebene Wellenschnitte längs oder quer zur Fahrtrichtung des Modells mit Drahtsonden oder sogar akustischberührungsfrei aufzumessen. Die Auswertung von Wellenschnitten weit hinter dem Schiff oder genügend weit seitlich vom Schiff, wo die lokale Störung abgeklungen ist, geschieht hier auf der Grundlage der Darstellung lineartheoretischer freier Wellensysteme nach HAVELOCK und beruht auf

dem Impulssatz, womit es möglich wird, aus einem einzigen Wellenschnitt die Charakteristik des gesamten Wellenbildes der Schiffsform zu erschließen. Aus der Wellenschnittanalyse erhält man über Fourieranalyse Amplitudenspektren der freien Wellen, aus denen der Wellenwiderstand hervorgeht, der dem gemessenen Wellenbild (entlang des Schnitts) im Energieinhalt äquivalent ist. Zur Abbruchfehlerabschätzung greift man ferner auf asymptotische Entwicklungen des Schiffswellensystems im Fernfeld zurück. Hiermit hat man eine unabhängige, experimentell basierte Methodik gewonnen, mit der es gelingt, den Wellenwiderstand getrennt von lokalen, nichtlinearen und viskosen Effekten im Fernfeld zu messen. Selbstverständlich wirken die Nahfeldeffekte im Fernfeld nach, aber sie wirken sich nicht auf die Analysemethode aus. Das schafft eine wichtige neue Informationsquelle über die Wellenwiderstandseigenschaften einer Form.

Die Methodik der Wellenschnittanalyse wurde nach einer Anregung von KORVIN-KROUKOVSKY (1960) ziemlich gleichzeitig von EGGERS, SHARMA, WARD, GADD und HOGBEN u.a. aufgegriffen. Gute Übersichten finden sich in SHARMA [40], EGGERS, SHARMA und WARD [87].

Inzwischen liegen zahlreiche Erfahrungen mit der Wellenschnittanalyse vor. Man stellt i.a. fest, daß der Wert des Wellenwiderstands aus dem Wellenbild hinter dem aus dem Froudeschen Verfahren systematisch zurückbleibt, daß jedoch die Art der Froudezahlabhängigkeit dabei erhalten bleibt. Auch stimmen Ergebnisse aus gemessenen und mit neueren nichtlinearen, CFD-Verfahren gerechneten Wellenschnitten i.a. gut überein. Daher ist, wie auch SHARMA [40] meint, zu vermuten, daß ein physikalischer Effekt den Unterschied zwischen Kraftmessung und Wellenanalyse erklärt. Die Ursachen sind noch weiter zu untersuchen, Umsetzungen zwischen Wellen- und Ablösungsströmungen können eine Rolle spielen. Inzwischen weiß man auch, daß Effekte der Wellenbrechung, d.h. starke Nichtlinearitäten an der freien Oberfläche, dazu beitragen, Wellenenergie am Schiff in Energie des viskosen Nachlaufs umzuformen, so daß die Aufteilung der Widerstandsanteile sich relativiert (s. nächsten Abschnitt). Unabhängig davon liefert die Wellenanalyse eine eigene Aussage, sei es nach Messung oder heute auch nach CFD-Verfahren, die das Schiffswellenbild charakterisiert und mit der Schiffsform korreliert.

Das ergibt wertvolle Indizien für die Formgebung und ist auch schon seit langem in Optimierungsverfahren gezielt ausgenutzt worden (z.B. PIEN und MOORE [88]). Damit sind schöne Erfolge, z.B. bei der Optimierung der Lage und Größe von Bugwülsten erzielt worden. Die Methodik dieses Vorgehens kann in modernen CFD-Systemen weiter ausgefeilt werden.

3.4.3 Wellenbrechungswiderstand

Aus direkter Beobachtung kennt man die Erscheinung sehr steiler und örtlich brechender Schiffswellen, besonders ausgeprägt an völligen Bugformen. Die Bedeutung solcher Effekte für den Schiffswiderstand und seine Anteile wurde erst durch Aufmessung des Strömungsfeldes am Schiff und vor allem im Nachlauf des Schiffes voll bewußt. Die aus der Aerodynamik bekannte, im Windkanal eingesetzte Technik der Impulsbilanz nach BETZ [89] bzw. JONES [90] für den Zähigkeitswiderstand wurde von SHARMA [40], BABA [91] u.a. für Schiffsmodelle an der freien Oberfläche eingesetzt, wobei auch die Effekte der Wellenbrechung auf den zähen Nachlauf in der Aufmessung des statischen bzw. des Gesamtdrucks in einer Meßebene hinter dem Modell miterfaßt werden.

Auf diese Weise gelang es BABA und fast gleichzeitig SHARMA [92] nachzuweisen, daß Wellenbrechung am Schiff spürbare Nachwirkungen im Nachlauf hinter dem Schiff hinterläßt und einen relevanten Widerstandsanteil erzeugen kann, den SHARMA als Wellenbrechungswiderstand bezeichnet hat. In der Tat ist die Vermeidung von Wellenbrechung an völligen Bugformen wie bei Tankern, insbesondere in der Ballastfahrt, ein wichtiges Entwurfsziel für diese langsamen, völligen Schiffe. Sie erklärt i.w. den Erfolg vorspringender Bugwülste in der Reduzierung des Widerstands um den Wellenbrechungsanteil bei diesem langsamen Schiffstyp. Eine nähere Analyse der Ursachen und Größenordnung dieser Erscheinungen geben ECKERT und SHARMA [92].

3.4.4 Der Bugwulst

Der Bugwulst hat wie kaum ein anderes Entwurfselement der Schiffsform in diesem Jahrhundert das Interesse der Schiffshydrodynamiker und der breiten Öffentlichkeit gefesselt. In der Vielseitigkeit seiner Gestaltung und Anwendung bedurfte es immer wieder neuer Erklärungen und Argumente, um seine Wirksamkeit zu begründen und sein nicht für jeden Geschmack ästhetisches Aussehen zu rechtfertigen. Eine schöne historische Übersicht über die Entwicklung von Vorsteven- und Wulstformen gibt STROHBUSCH [93].

Wenn auch vielleicht Formen des Rammsporns an Kriegsschiffen als Vorgänger der Wulstidee gelten können, so hat doch zumindest D.W. TAYLOR schon früh den hydrodynamischen Nutzen des Wulstes erkannt und in der amerikanischen Marine bei schnellen Verdrängungsschiffen seit dem Schlachtschiff "Arkansas" (1909) zur Anwendung gebracht. Wulstformen wirken bei höheren Froudezahlen durch günstige Interferenz ihrer Wellen mit dem Rumpfwellensystem. Sie kamen daher auch bei Schnelldampfern in der Transatlantikfahrt wie der "Bremen", "Europa", "Rex", "Conte di Savoia", "Normandie", "United States" erfolgreich zum Einsatz. Bei Frachtschiffen mittlerer Froudezahlen kamen Bugwülste zunächst seltener zum Zuge (allerdings bei Blohm & Voss auch schon in den dreißiger Jahren), in den letzten Jahrzehnten sind sie jedoch auch aus dem Bereich schneller Containerschiffe, Kühlschiffe, sogar Trawler nicht mehr wegzudenken (Abb. 11).

Abb. 11: **Hoch angeordneter, eingestrakter Bugwulst mit nach unten verjüngten Querschnitten (Werksfoto Blohm & Voss, nach STROHBUSCH [93]).**

Paradigmatisch neu war allerdings der Einsatz von Bugwülsten an völligen Schiffen niedriger Froudezahl (0.14 bis 0.16) wie Tankern und Massengutschiffen. Hier sind nach den Vorstellungen der klassischen linearen Wellenwiderstandstheorie nur geringe Wellenwiderstände und daher keine großen Verbesserungen zu erwarten. De facto zeigten aber praktische Erfolge mit Bugwülsten an Tankern schon in den fünfziger und sechziger Jahren, besonders früh erkannt von der Esso Tankschiff Reederei und der Standard Oil Co. of New Jersey, auf eindrucksvolle Weise die Vorteile dieses Formelements für den Widerstand auch von langsamen Schiffen. Dies wurde von verschiedenen Seiten auch experimentell bestätigt und theoretisch begründet. Hierzu trugen die japanische Schule um INUI und TAKAHEI [86], [94], in Amerika auch COUCH und MOSS [95] und in Deutschland vor allem ECKERT und SHARMA [96] besonders bei.

Heute kann als gesichert gelten, daß der Bugwulst auch bei langsamen Schiffen wesentliche Verbesserungen im Widerstand erbringen kann, indem er zur Vermeidung von Wellenbrechung, zur Abmilderung der Staudruckzone am Vorsteven und allgemein zur günstigen Welleninterferenz mit den Rumpfwellensystemen am Bug, an den Schultern und im Hinterschiff eingesetzt wird. Die Formgebung des Wulstes ist noch sehr variabel, mitunter extrem vorspringend, und wird nach Überlegungen von günstigster Lage, Größe und Querschnittsform optimiert. Dafür dienen Versuchsreihen oder heute auch CFD-Prognosen in der Voruntersuchung. Einen praktisch wertvollen Beitrag zur Systematisierung der Formvarianten von Wulsttypen haben die Untersuchungen von KRACHT [97] geliefert.

Auch die Bedenken, die man früher hinsichtlich schlechter Seefähigkeit des Wulstes durch heftigen Seeschlag beim Einsetzen des Bugs im Seegang äußerte [93], haben sich im praktischen Betrieb großer völliger Schiffe nicht bestätigt [96]. Die Erfolge des Bugwulstes in seinen vielfältigen Anwendungsformen sind ein wertvoller Beitrag der Schiffshydrodynamik zum Schiffsentwurf.

3.4.5 Nichtlineare Theorie und CFD-Verfahren

Die Anwendung von CFD-Verfahren zur Berechnung des Wellenwiderstands war noch lange nach MICHELL und HAVELOCK von der linearen Theorie ausgegangen, wenn auch zunächst von INUI [86] und seiner Schule erweitert durch die Erfüllung der Körperrandbedingung auf der Körperoberfläche, also nicht mehr nur für "dünne" Schiffe. Damit war der Boden der konsequenten linearisierten Theorie bereits verlassen. Von DAWSON [98] wurden zuerst 1977 CFD-Panelverfahren unter Diskretisierung auch der freien Oberfläche für das lineare Wellenwiderstandsproblem entwickelt. DAWSON verwendete ebene Panele in der ungestörten freien Oberfläche, belegt mit Rankine-Quellen noch zu bestimmender Stärke ganz entsprechend wie auf der Körperoberfläche, und erfüllte die Freie-Oberflächen-Randbedingung an den Kollokationspunkten der Rankine-Panele.

Damit war die Randwertaufgabe insgesamt algebraisiert und auf die Lösung eines linearen Gleichungssystems zurückgeführt. SÖDING, JENSEN und MI [99] lösten die entsprechende lineare Aufgabe etwas später mit Hilfe von Rankine-Panelen, die ein wenig oberhalb der freien Oberfläche angeordnet sind, was die Auswertung der induzierten Geschwindigkeit erleichtert. Der Schritt zum nichtlinearen Fall war damit gut vorbereitet.

Mit den Arbeiten von NI [100] und JENSEN [72, 101], die fast gleichzeitig erschienen, wurde dann der Grund gelegt, den Wellenwiderstand unter Erfüllung der nichtlinearen Randbedingung numerisch zu berechnen. Es wird auch hierbei mit Rankine-Panelen gearbeitet und die nichtlineare Freie-Oberflächen-Randbedingung in diskreten Punkten der freien Oberfläche unter Berücksichtigung der Wellendeformation in einem Iterationsprozeß eingehalten. Bald darauf wurden ähnliche Verfahren auch von KIM und LUCAS [102] und RAVEN [103] entwickelt.

Die Methodik der numerischen Behandlung des nichtlinearen Wellenwiderstandsproblems ist inzwischen weit fortgeschritten, wie auch Benchmark-Berechnungen auf internationalen Workshops belegen [61], und hat sich in mehreren Potentialströmungs-Softwaresystemen (wie SHIPFLOW, SHALLO, RAPID) niedergeschlagen. Die Ergebnisse werden meist mit Versuchsauswertungen nach der Froudeschen Methode validiert, vereinzelt liegen auch Wellenschnittvergleiche vor. Die Übereinstimmung mit Messungen ist i.a. sehr zufriedenstellend, jedenfalls weit besser als nach der linearen Theorie und meist genau genug für Entwurfsbeurteilungen. Daher werden diese Berechnungen immer routinemäßiger im Vorentwurf und im Vorfeld von Schleppversuchen eingesetzt, zumal der Wellenwiderstand auf gezielte Formänderungen gut anspricht. Dennoch ist die richtige Handhabung der Methodik noch keineswegs trivial. Fragen wie Netzanpassung, Panelgröße, Konvergenz, Einstellung von Trimm und Tauchung sowie Schwierigkeiten bei niedrigen Froudezahlen (viele, niedrige Wellen) und am Spiegelheck bedürfen nach wie vor sehr sorgfältiger Bearbeitung.

Insbesondere vernachlässigen diese Verfahren noch weiterhin den Zähigkeitseinfluß. Zu dieser Problematik werden erst CFD-Verfahren besseren Aufschluß geben können, welche die Wechselwirkung zwischen Wellen- und Zähigkeitseffekten im physikalischen Modell enthalten.

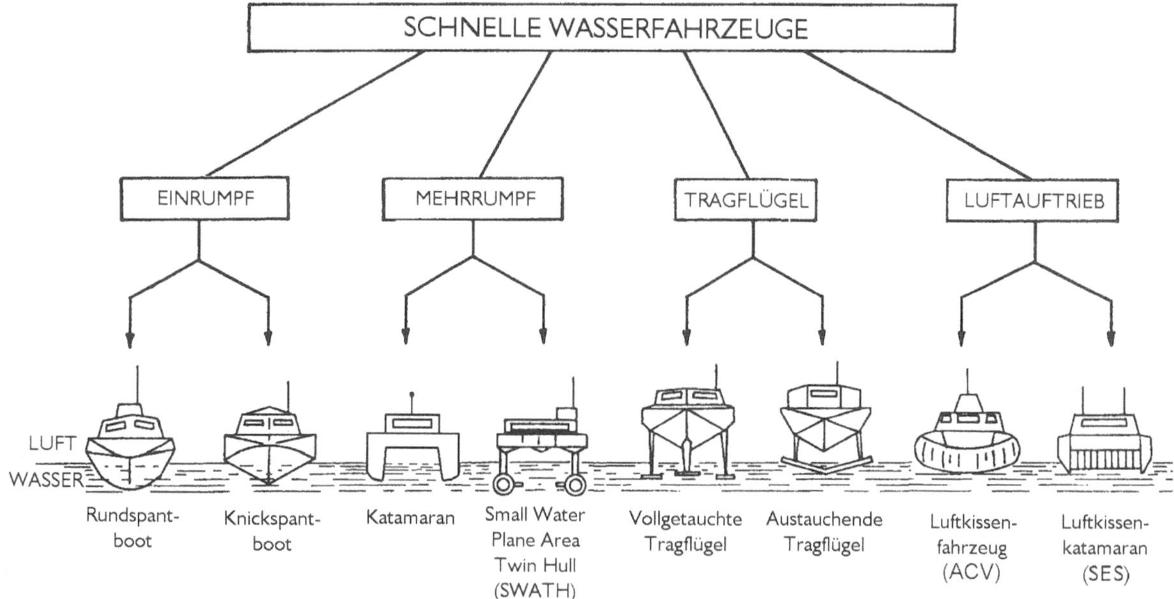

Abb. 12: **Typen schneller Wasserfahrzeuge (in Anlehnung an PNA [134]).**

3.5 Schnelle Schiffe

3.5.1 Schiffstypen

Schnelle Schiffe, die vom Standpunkt der Klassifikationsgesellschaften und der IMO besonderer Vorschriften bedürfen, sind für diesen Zweck so definiert, daß sie bei gegebener Größe eine bestimmte Dienstgeschwindigkeit überschreiten, z.B. bei Det norske Veritas etwas willkürlich, aber einfach die Grenze von $F_n = 0.7$ [104]. In hydrodynamischer Hinsicht spielen bei den meisten schnellen Schiffstypen besondere physikalische Effekte wie der dynamische Auftrieb, das Gleiten oder das aerostatische Auftriebsprinzip eine Rolle, so daß sich auch besondere, anfangs als unkonventionell angesehene technische Lösungen entwickelt haben, etwa beim Tragflügelboot oder beim Luftkissenfahrzeug. Im Laufe dieses Jahrhunderts sind viele solche Schiffstypen entstanden, für den schnellen Passagier- und Frachttransport sowie für militärischen Einsatz weiterentwickelt und oft bis zu einer hohen Reife gebracht worden sind. Diese Schiffstypen gehören heute zur Normalität, was immer wieder neue, unkonventionelle Konzepte nicht ausschließt.

Vom Standpunkt des Prinzips der Auftriebserzeugung gehören zu den schnellen Schiffen folgende Typen (Abb. 12):

Rundspantboote (Verdränger oder Halbgleiter) .. O
Knickspant- oder Gleitboote V
Tragflügelboote .... T
Mehrrumpfschiffe (Katamarane, SWATH) .... M
Luftauftriebsschiffe .... H

Ihre günstigsten Einsatzbereiche kann man nach RADER [105] nach der hydrodynamisch maßgeblichen Volumen-Froudezahl

$$F_{nV} = \frac{V}{\sqrt{g\,\nabla^{1/3}}}, \quad \text{mit } V = \text{Volumen (m}^3)$$

etwa einteilen nach

$F_{nV} < 2.3$: Rundspantboote

$F_{nV} = 2.3 - 2.7$: Alle Bootstypen

$F_{nV} > 2.7$: Gleiter, Tragflügelboote, Katamarane, SWATH, Hovercraft.

Den bei diesen Schiffstypen bis etwa 1980 erreichten technischen Stand in hydrodynamischer Hinsicht beurteilt man summarisch nach der spezifischen Leistung (Abb. 13, RADER [105], ohne Typ M):

$$\frac{R_T}{\Delta} \cdot \frac{1}{\varsigma_D}$$

mit $\quad R_T, \Delta$ = Widerstand, Verdrängung

$\quad\quad \varsigma_D$ = Propulsionsgütegrad

Viele schnelle Schiffstypen hängen in ihrer Gestaltung entscheidend von ihren Antriebssystemen ab und sind durch die Entwicklung von Antriebsaggregaten mit geringem spezifischem Leistungsgewicht erst ermöglicht geworden. Auf diesen Aspekt kann im folgenden aus Platzgründen leider nicht näher eingegangen werden.

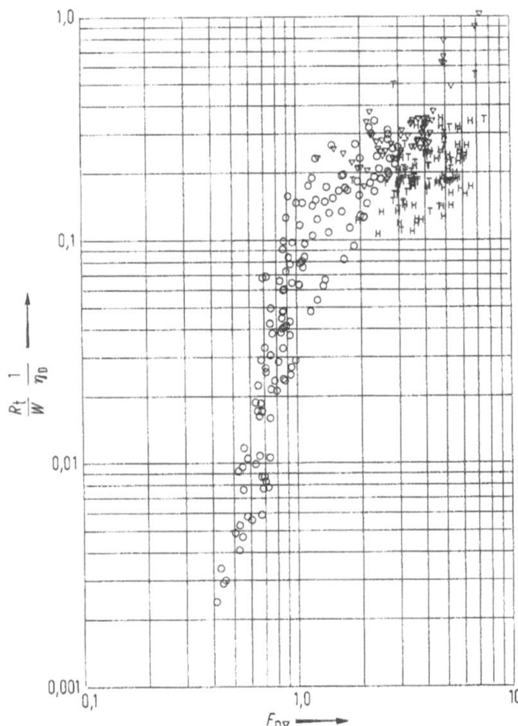

Abb. 13: Spezifische Leistung von Wasserfahrzeugen in Abhängigkeit von der Froude-Zahl (nach RADER [105]).

3.5.2 Rundspantboote

Dieser Bootstyp ist durch konvexe Spantformen im Vorschiff mit ausgeprägter Kimmabrundung, im Hinterschiff durch nach hinten ansteigende Schnitte, meist mit Staukeil, und durch ein Spiegelheck gekennzeichnet. Er hat sich seit Anfang des Jahrhunderts teils aus dem Motorjacht- und Rennbootsbau entwickelt, worin in Deutschland Gottlieb DAIMLER und Friedrich LÜRSSEN zu den Pionieren zählen, teils auch aus militärischen Anwendungen im Schnellbootbau (WITSCHEL [106]). Nach dem Zweiten Weltkrieg hat auch die Entwicklung von Sport- und Freizeitbooten, Hochseeyachten, Offshore-Versorgern und schnellen Überwachungsfahrzeugen dieser Bootsklasse neue Impulse gegeben.

Rundspantboote erreichen Geschwindigkeiten, bei denen ein dynamischer Auftrieb durch teilweises Gleiten (ab $F_n > 0.5$) und, damit verbunden, der Spritzerwiderstand eine Rolle spielen. Hierauf wird im folgenden Abschnitt noch näher eingegangen. Strömungsfeld und Schwimmlage dieses Schiffstyps prägen bei teilweisem Gleiten eigene Gesetzmäßigkeiten aus, die durch Zunahme des Einflusses von Spritzerwiderstand und Trimmlage und Abnahme der Bedeutung des Wellenwiderstands gekennzeichnet sind. Für die Formgebung und für die Leistungsprognose dieses Bootstyps ist daher eine

eigene, detaillierte Systematik der Widerstandsanteile erforderlich, welche die Kräfte und Angriffslinien der Widerstände am Rumpf, an den Anhängen und am Überwasserschiff richtig klassifiziert.

Für diese Zwecke haben die wertvollen Arbeiten von MÜLLER-GRAF [107 - 109] aktuelle, systematische Grundlagen geschaffen. Er verweist für die Prognose auf systematische Serien, Regressionsanalysen und aktuelle Modellversuche. Auch für notwendige Korrekturen für die Fahrt auf flachem und/oder seitlich begrenztem Wasser gibt er wichtige, praktische Hinweise [109], die z.T. auf den grundlegenden Arbeiten von GRAFF [110] beruhen.

3.5.3 Spritzerwiderstand

Für die Beherrschung der Formgebung von schnellen Schiffen ist das Verständnis der Spritzerbildung und die Prognose des Spritzerwiderstands unerläßlich. Schon HORN hat darauf hingewiesen, daß dieser Widerstand einen eigenen Anteil bildet, der sich nicht dem Wellenwiderstand zurechnen läßt. Denn die im Spritzer enthaltene Energie wird durch Zerstäubung und Verwirbelung dissipiert und hinterläßt kein eigenes Wellenbild.

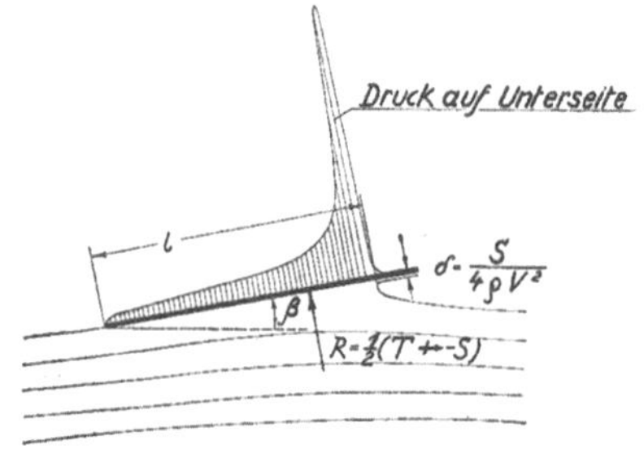

Abb. 14: Ebene, unendlich breite Gleitfläche mit unendlich kleinem Anstellwinkel β (nach WAGNER [112]).

Eine physikalische, modellhafte Erklärung für die Entstehung des Spritzers für den Fall des schnellen Gleitens von Platten und gekielten Gleitflächen hat 1932/33 WAGNER [111, 112] gegeben. Er hat zunächst für die ebene, unendlich breite Platte eine Näherungstheorie der Spritzerbildung und des Gleitvorgangs aufgestellt, die asymptotisch für kleine Anstellwinkel gilt. Die Strömungsgebiete auf der Unterseite der Platte werden in einem Hauptbereich hinter dem weit vorn liegenden Staupunkt und einen kleinen Spritzerwurzelbereich davor aufgeteilt (Abb. 14). Im Hauptbereich gilt eine schöne Analogie zur Druckseite eines dünnen Tragflügels, von dem man bei kleinem Anstellwinkel die Ergebnisse dort übernehmen kann. Im Gebiet der Spritzerwurzel wird eine getrennte, asymptotisch für kleine Spritzerdicke geltende Lösung entwickelt. Durch Druckintegration ergeben sich Auftrieb und

Spritzerwiderstand. Dieses Vorgehen hat WAGNER dann auf Platten endlicher Breite mit induzierten Abwärtsgeschwindigkeiten im Abstrom (analog zum Tragflügel endlicher Breite), auf gekielte Gleitflächen sowie auf den Fall mit Erdschwere ausgedehnt (Abb. 15).

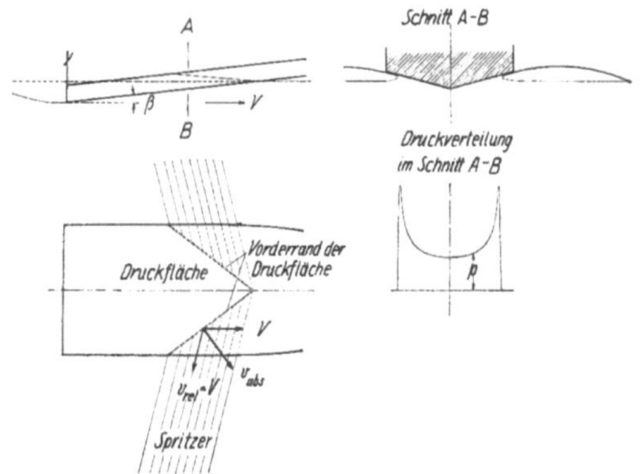

Abb. 15: **Vorgänge beim Gleiten einer gekielten, prismatischen Gleitfläche, $v_{rel} = V$ = Geschw. des Spritzers relativ zur Gleitfläche, v_{abs} = absolute Geschw. des Spritzers (nach WAGNER [112]).**

Damit hat WAGNER eine physikalische Näherungstheorie geschaffen, welche die Ursachen des Spritzerwiderstands erklärt und die Grundlage für seine Bestimmung, ergänzt durch Versuchsdaten, liefert. Die Bedeutung dieser Idee soll PRANDTL mit der Bemerkung gewürdigt haben, "er habe seit der Arbeit von HELMHOLTZ keine hydrodynamische Abhandlung mit gleichem Interesse gelesen wie die von Wagner" (Zitat nach [36]). Die geistige Verwandtschaft zwischen PRANDTL und WAGNER liegt sicher auch darin begründet, daß auch WAGNER eine nichtlineare Randwertaufgabe dadurch gelöst hat, daß er eine asymptotische Näherung mit Gültigkeit in einem begrenzten Feld entwickelt hat.

3.5.4 Knickspantboote

Aus der Entwicklung von Kufen für Wasserflugzeuge und von Flugzeugrümpfen lagen schon früh Erfahrungen vor, daß es mit geknickten Spantformen, ebenen Bodenflächen und glatten Kanten an der Kimm und am Spiegelheck möglich war, den Zustand des vollen Gleitens ($F_n > 1.2$) zu erreichen, bei dem der Wellenwiderstand und die benetzte Bodenfläche stark reduziert werden. Hierfür lagen von SCHAFFRAN [113] und später vor allem von SOTTORF [114] wegweisende experimentelle Ergebnisse vor. Mit der Weiterentwicklung von Motorensystemen niedrigen Leistungsgewichts wurde diese Formgebung für kleine und mittlere Bootsgrößen mit Geschwindigkeiten von 50 bis zu 70 kn realisierbar und attraktiv.

Mit den Ergebnissen von WAGNER [112] hatte man auch einen theoretischen Ansatz für den Spritzerwiderstand und damit den Einstieg in die Auslegung gekielter Gleitflächen. Jedoch riß diese Entwicklung in Deutschland nach dem Ende des Zweiten Weltkriegs zunächst ab. Vor allem in den USA, wo bei Sportbooten sowie in zivilen und militärischen Anwendungen eine große Nachfrage nach schnellen Booten entstand, wurde die Entwicklung jedoch intensiv weitergeführt und vervollkommnet. Dazu gehörte auch die Verbesserung der Seefähigkeit von Gleitbootrümpfen mit höherer Aufkimmung.

Ausgehend von den Erkenntnissen von WAGNER entwickelte SAVITSKY [115] eine Entwurfsmethodik, zunächst für den Fall ebener, prismatischer, gekielter Gleitflächen. Durch Korrekturen können auch andere prismatische Bodenformen berücksichtigt werden. Mit Verfahren zur Bestimmung der Kräfte an den Anhängen und am Propulsionssystem ist die Entwurfsmethodik vervollständigt worden (HADLER [116]). Außerdem liegen systematische Versuchsergebnisse und andere Entwurfsunterlagen vor. MÜLLER-GRAF hat den aktuellen Stand in [107 - 109] übersichtlich zusammengestellt.

3.5.5 Tragflügelboote

Die Grundidee des Tragflügelboots ist seit dem vorigen Jahrhundert bekannt (Graf de Lambert, 1891), in Italien wurde 1906 von Forlanini ein kleines, funktionsfähiges Fahrzeug (Verdr. 1,65 t, Geschw. 70 km/h, Leistung 75 PS) auf dem Lago Maggiore vorgeführt. Ausgereifte Konstruktionen für etwas größere Verdrängungen entstanden in Deutschland vor Ende des Zweiten Weltkriegs nach Patenten von TIETJENS und Frhr. v. SCHERTEL (Schertel-Sachsenberg-System). Die Erfolge dieses schnellen Schiffstyps als Passagierfähre begannen erst ab etwa 1950 mit den Booten der Supramar nach dem Schertel-Sachsenberg-Konzept. Es wurden z.B. vom Boot PT 20 um 1954 bei einem Deplacement von 25 t mit 800 kW Leistung 63 km/h erreicht und damit die Eignung des Bootstyps für den schnellen Wasserverkehr bestätigt. Die Entwicklung des Tragflügelboots von den Anfängen bis zum ausgereiften Stand hat vor der STG besonders BÜLLER mit vielen interessanten Vorträgen begleitet, z.B. [117, 118]. Im Ausland wurde dieser Bootstyp besonders in der UdSSR und in den USA weiterentwickelt.

Hydrodynamisch stellt der Entwurf von Tragflügelbooten hohe Ansprüche. Ziel ist das Erreichen der Austauchgeschwindigkeit durch Überwindung des Rumpfwiderstandsbuckels und ein stabiler Betrieb im ausgetauchten Zustand, nachdem der Widerstand des Rumpfes wegfällt (Abb. 16). Zu lösen sind insbesondere Fragen der Quer- und Längsstabilität, auch im Seegang, und des Antriebs. Bei der Fahrt im Seegang, insbesondere in nachlaufender See, erfordern die Veränderungen der Anstellwinkel der Tragflügel durch Orbitalbewegungen kritische Beachtung. Von entscheidender Bedeutung ist die Gestaltung der Tragflügelprofile für niedrige Gleitzahl und sicheren Betrieb bei hohen Geschwindigkeiten und mit ausreichender Festigkeit. Kavitationsfreiheit der Profile ist über 50 kn nicht mehr zu gewährleisten; bei höheren Geschwindigkeiten kommen vollkavitierende und ggf. basisventilierte Profile zum Einsatz. Die Entwurfs- und Berechnungsmethode für diesen Fahrzeugtyp ist inzwischen weit fortgeschritten (s.a. [108]).

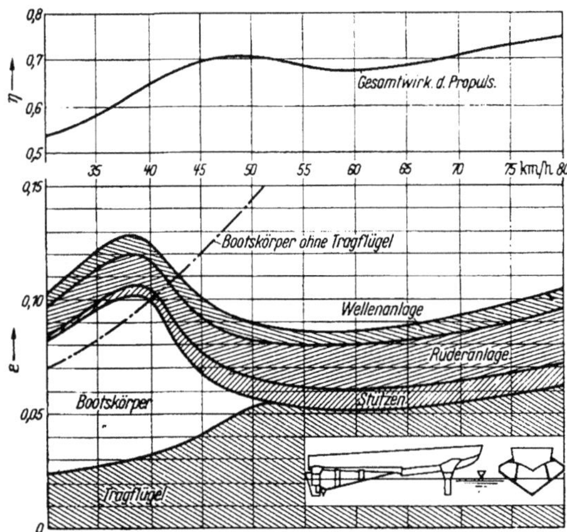

Abb. 16: **Gleitzahl** ε = W/G **(Widerstand / Gewicht) und Propulsionsgütegrad** η **für ein Tragflügelboot von 80 t (nach BÜLLER [117]).**

3.5.6 Katamarane

Der Katamaran, ein Doppelrumpfschiff, das seine Verdrängung auf zwei meist schlanke, langgestreckte Einzelrümpfe aufteilt, ist wohl zuerst durch seine Anwendungen im Segel- und Motor-Yachtbau angeregt worden, wo seine große Decksfläche und hohe Querstabilität ihm Vorteile verschafft. In den letzten Jahrzehnten findet er auch eine rasch zunehmende kommerzielle Anwendung bei schnellen Fahrgast- und PKW-Fähren und im schnellen Frachtverkehr. Auch hierbei sind gute Stabilität und große Decksfläche wichtige Vorzüge.

Hydrodynamisch hat der Katamaran gegenüber dem Einrumpfschiff das Handicap größerer benetzter Oberfläche, so daß er bei langsamen Geschwindigkeiten im Nachteil ist. Man legt ihn meist als Gleitkatamaran für Froude-Zahlen von 0.8 bis 1.4 aus, wo die Formgebung wie bei Gleitbooten hydrodynamischen Auftrieb erzeugt. Entscheidend für den Erfolg ist eine günstige Wechselwirkung zwischen den beiden Rümpfen, die vom Abstand zwischen ihnen und ihrer Form abhängig ist. Jeder Rumpf induziert am Nachbarn ein Störgeschwindigkeitsfeld, außerdem interferieren die beiden Wellensysteme. Die Gesamtwirkung kann positiv oder negativ ausfallen. Hierauf hat auf der Basis linearer Theorie EGGERS [119] bereits 1955 hingewiesen. Heute wird diese Wechselwirkung in CFD-Verfahren oder durch Versuchsserien untersucht. Im Rahmen des Forschungsvorhabens für schnelle und unkonventionelle Schiffe (SUS) des Bundesministeriums für Bildung, Wissenschaft, Forschung und Technologie (BMBF) wurden von der Versuchsanstalt für Wasserbau und Schiffbau für Gleitkatamarane systematische Versuchsergebnisse mitgeteilt (MÜLLER-GRAF [120]).

Leider ist das Seeverhalten von Katamaranen, vor allem bei Stampfschwingungen, von der Eigenperiode her ungünstig, so daß der Bewegungszustand schon bei mittleren Seezuständen unbehaglich wird.

3.5.7 SWATH

Das Small Waterplane Area Twin Hull (SWATH)-Schiff ist ein Doppelrumpfschiff, dessen Verdrängungsrümpfe so tief getaucht angeordnet sind, daß ihr Wellenwiderstand nur noch gering ist, während auf ihnen dünne, langgestreckte Stützen kleiner Querschnittsfläche angebracht werden, welche die Wasseroberfläche durchstoßen und den Aufbau tragen, durch den die beiden Rümpfe über Wasser verbunden sind.

Das Fahrzeug wird auch als Doppelrumpf-Halbtaucher bezeichnet. Das SWATH-Schiff hat so zwar eine große benetzte Oberfläche und damit mehr Reibungswiderstand als ein Einrumpfschiff, aber es hat auch günstige Voraussetzungen für niedrigen Wellen- und Spritzerwiderstand. Seine große Decksfläche und angemessene Querstabilität machen es für schnelle Passagier- und Fahrzeugfähren sowie für den schnellen Transport hochwertiger Fracht ähnlich attraktiv wie den Katamaran.

Wenn auch die Grundidee, den Verdrängungskörper des Schiffes weit abzusenken, viele Ahnherren hat (s. z.B. SHARMA [123]), so beginnt doch die moderne Ära des SWATH-Konzeptes erst um 1978 mit der Erprobung eines Prototyps, der "Kaimalino", durch die U.S. Navy [121]. Auch in Japan wurde das Konzept, insbesondere von Mitsui, früh aufgegriffen [122] und bis zur kommerziellen Einsatzreife entwickelt. In Deutschland hat das Interesse der Industrie und der Anwender an diesem Schiffstyp erst in den letzten Jahren, begünstigt durch das SUS-Programm des BMBF, stärker zugenommen [123]. Inzwischen sind SWATH-Schiffe auch in Deutschland im Bau.

Der Entwurf von SWATH-Schiffen stellt vielfältige Optimierungsfragen, so nach der Formgebung der Rümpfe und Stützen, dem günstigsten Stützenabstand für vorteilhafte Interferenz, der Anordnung von Propellern und Rudern, der Beherrrschung der Gewichtsbilanz u.a.m. Für hydrodynamische Aufgaben haben sich daher schon früh Berechnungs- und Entwurfsverfahren entwickelt, die sich bis heute weiter vervollkommnen und auch CFD-Verfahren einbeziehen (KUSAKA et al. [124], SALVESEN et al. [125], PAPANIKOLAOU et al. [126], BERTRAM [127], MÜLLER-GRAF [108]). Für diesen Schiffstyp lohnen sich wegen seiner vielen freien Entwurfsvariablen, die auch stark von der Größe und Geschwindigkeit des Schiffes abhängen, in besonderem Maße Optimierungsstudien in der frühen Projektphase (NOWACKI et al. [128]).

Das SWATH-Schiff ist ein lohnendes Konzept für den schnellen Wasserverkehr mit günstigen hydrodynamischen Eigenschaften. Sein größtes Handicap ist der erforderliche Tiefgang, der nicht auf allen Gewässern verfügbar ist. Dagegen besitzt es, wie andere Halbtaucher, eine ausgezeichnete Seefähigkeit, speziell im Vergleich zu Katamaranen und Einrumpfschiffen. Es gilt auch noch im mittleren Seegang als eine stabile Arbeitsplattform und wird daher für Arbeitsaufgaben auf See, auch bei langsamen Fahrtgeschwindigkeiten, eingesetzt. Die Gefahr von Längs-Nick-Instabilitäten scheint inzwischen beherrschbar, sei es durch feststehende Flossen, sei es durch aktive Stabilisierung (HOLBACH [129]), KRACHT [130]).

3.5.8 Luftkissenschiffe und –katamarane

Die Klasse der Schiffstypen, die nach dem Prinzip des aerostatischen Auftriebs in einem Luftkissen konstruiert werden, um ihren Rumpf ganz oder teilweise aus dem Wasser zu heben und dadurch den Reibungs- und Wellenwiderstand stark zu verringern, besteht aus den Luftkissenschiffen und den -katamaranen. Das erste bemannte Fahrzeug dieses Typs (SR.N1) wurde unter Lizenz der Firma Hovercraft Development Ltd. in Großbritannien entwickelt und 1959 der Öffentlichkeit vorgestellt. Es beruhte auf dem Prinzip des Luftkissenfahrzeugs (Air Cushion Vehicle, ACV), bei dem das Luftkissen in seinem ganzen unteren Umfang durch eine flexible Schürze umgeben ist. Dieser Schiffstyp kann, über dem Boden oder Wasser schwebend, auch amphibisch einsetzbar gestaltet werden Er wurde in Großbritannien und anderen Ländern weiter vervollkommnet und hat sich im zivilen Bereich vor allem bei Personen- und Kraftfahrzeugfährschiffen eingebürgert. Vor der STG berichteten 1971 KRUPPA und ÖSTERGARD [131] über die

Grundlagen und Entwicklungstendenzen des Luftkissenfahrzeugs.

Eine Alternative, die ebenfalls auf aerostatischem Auftrieb beruht, aber den großen Luftdurchsatz des Luftkissenfahrzeugs reduziert und andere Nachteile der voll schwebenden Anordnung vermeidet, ist der Luftkissenkatamaran, eine spezielle Form des Surface Effect Ship (SES). Hier wird das Luftpolster zwischen zwei Katamaranrümpfen aufgebaut, die angehoben werden, aber nicht voll austauchen. Der Luftkissenraum muß dann nur noch vorn und hinten durch Schürzen abgedichtet werden. Der Antrieb kann in den Rümpfen untergebracht werden, es kommen Spezialpropeller und Strahlantriebe in Frage. Auf amphibische Eigenschaften muß dieser Schiffstyp ohnehin verzichten. Auch dieser Fahrzeugtyp, der seit etwa 1960 gebaut wird, hat sich im Einsatz bei schnellen, meist kleineren Fahrzeugen bis etwa 200 t im Passagiertransport, in der Marine und im Schutz von Hoheitsgewässern gut bewährt. Größere Einheiten werden projektiert. Eine gründliche Übersicht über den Entwurf von Luftkissenkatamaranen gab WESSEL [132] vor der STG 1994, wo auch über die Entwicklung und Erprobung des SES-Versuchsfahrzeugs MEKAT/ CORSAIR berichtet wurde. Über Seegangseigenschaften des SES berichtete KNÜPFFER [133].

Bei Widerstand und Antrieb sind bei beiden Fahrzeugtypen mit Luftauftrieb viele besondere hydro- und aerodynamische Probleme zu lösen. Dabei spielen der Wellenwiderstand des Luftkissens und ggf. der Rümpfe, bei hohen Geschwindigkeiten aber vor allem der Reibungs- und Luftwiderstand eine wesentliche Rolle [134].

3.6 Flaches und seitlich beschränktes Wasser

Die Strömungserscheinungen am Schiff auf flachem und u.U. auch seitlich begrenztem Wasser bilden ein eigenes großes Spezialgebiet der Schiffshydrodynamik. Die wissenschaftliche Entwicklung geht auf das 19. Jahrhundert zurück und hat im wesentlichen zwei Wurzeln, die hydraulisch-wasserbauliche und die schiffshydrodynamische. Im Wasserbau waren Strömungen auf flachem Wasser und im Kanal mit Verengungswirkungen und die Einflüsse begrenzter Wassertiefe auf Wellenlängen und Orbitalbahnen seit langem wohlbekannt (AIRY (1845), [137]). Auch verstand man das Phänomen der Schwallwellenausbreitung auf flachem Wasser der Tiefe h näherungsweise mit der Geschwindigkeit $\sqrt{g\,h}$ (s. [84]). Es lag nahe, diese Anschauungen auch auf Schiffe anzuwenden. Den schiffshydrodynamischen Ansatz der linearisierten Wellentheorie nach MICHELL [19] hat zunächst HAVELOCK aufgegriffen und auf Schiffe in flachem Wasser angewandt [135], [136]. Damit steuerte er ein Modell zur Analyse der charakteristischen Schiffswellenfelder auf flachem Wasser bei [84].

In Deutschland hat stets ein besonderes Interesse an den Fragestellungen der Hydrodynamik von Schiffen auf begrenztem Fahrwasser geherrscht, sei es für Anwendungen auf Binnengewässern und Kanälen, sei es auch für flache Küstengewässer wie in Nordsee und Ostsee. Davon zeugen auch zahlreiche Aktivitäten in den Anfangsjahren des Versuchswesens (ENGELS und GEBERS [22], KREY [138], WEITBRECHT [139], KREITNER [140]). Diese Arbeiten gingen noch überwiegend von wasserbaulichen Anschauungen aus. Das vorliegende Versuchsmaterial bestätigte die Bedeutung der Froudeschen Tiefenzahl $F_{nh} = V / \sqrt{g\,h}$ für die Umströmung des Schiffes auf flachem Wasser, insbesondere für das Wellenbild und den Wellenwiderstand. Man unterschied immer deutlicher zwischen unterkritischen ($F_{nh} < 0,8$), kritischen ($0,8 < F_{nh} < 1,1$) und überkritischen ($F_{nh} > 1,1$) Geschwindigkeitsbereichen mit ganz unterschiedlichem Wellenbild und Widerstandsverhalten.

Auf der Basis der vorliegenden Versuchsmaterials entwickelte O. SCHLICHTING [141] halbempirische Korrekturen für den Flachwassereinfluß auf den Widerstand, die für den unterkritischen Fall von der Hypothese ausgingen, der Wellenwiderstand auf flachem Wasser sei dann dem Tiefwasserwert gleich, wenn die Wellenlängen gleich sind. Daraus ergibt sich eine Geschwindigkeitskorrektur oder Verschiebung der Widerstandskurve. Die Methode konnte als Näherung für leichte Flachwassereinflüsse gelten.

Ein tieferes Verständnis für die Problematik ging auch hier wieder von Anstößen der Theorie aus. Die Arbeiten von SRETENSKY [142] und WEINBLUM [143] ergaben prägnante Deutungen des Flachwasser-Wellenwiderstandsintegrals (nach SRETENSKY - MICHELL) und der Strömungserscheinungen, vor allem im kritischen und überkritischen Bereich. Die Öffnung des Kelvinwinkels des Schiffswellensystems auf 90° bei $F_{nh} \rightarrow 1$ und das Verschwinden der Querwellen bei überkritischer Fahrt als Teilursache für das Abnehmen des Wellenwiderstands in diesem Bereich werden von der Theorie schön bestätigt. Flachwassereinfluß, wie beschrieben, und Kanalbreiteneffekt sind verschiedener Ursache und von der Theorie her eindeutig zu trennen, wie später auch SCHUSTER [144] sehr klar belegte.

Nach dem Zweiten Weltkrieg lenkten zunächst die Arbeiten von INUI [145] die Aufmerksamkeit erneut auf ungelöste Probleme im kritischen Geschwindigkeitsbereich. Er wies darauf hin, daß die Ausbildung des Schiffswellensystems nahe $F_{nh} \rightarrow 1$ ein instationäres Strömungsphänomen ist, bei dem sich die Querwelle am Bug allmählich aufbaut, aber nach voller Entwicklung auch nach vorn vom Schiff lösen und abwandern kann, sofern ihre Stauwellengeschwindigkeit, lokal betrachtet, die Schiffsgeschwindigkeit übertrifft. Dieser Vorgang wiederholt sich dann periodisch. Diese Erscheinungen wurden von GRAFF experimentell sehr gründlich untersucht, analysiert und erklärt [146]. Er bestätigte den instationären Charakter der Strömung mit periodisch veränderlichem Widerstand im kritischen Bereich. Die Strömung enthält hier komplexe Nichtlinearitäten und Instabilitäten.

Die Technologie und das wissenschaftliche Verständnis von Fahrzeugen für flaches und seitlich beschränktes Fahrwasser hat inzwischen einen hohen Stand erreicht, in Deutschland nicht zuletzt durch die Beiträge der Versuchsanstalt für Binnenschiffbau in Duisburg seit 1954. Einen klaren Überblick über den erreichten Erkenntnisstand gibt GRAFF [110] exemplarisch für schnelle Verdrängungsschiffe, die ja sowohl unter- als auch überkritisch operieren. Er teilt die Erscheinungen in 4 Bereiche:

$F_{nh} < 0,6$: Nur Übergeschwindigkeitseinflüsse auf R_v

$F_{nh} = 0,6$ bis $0,85$: Auch Zunahme von R_w durch Zunahme der Wellenlänge

$F_{nh} = 0,85$ bis $1,1$: Kritischer Geschwindigkeitsbereich, Widerstandsbuckel, Trimm hecklastig stark zunehmend

$F_{nh} > 1,1$: Überkritischer Bereich, günstiges Wellenbild.

In jedem Bereich herrschen verschiedene Strömungsbedingungen, Wellenbilder und Widerstandsgesetze (Abb. 17). Auch der Zähigkeitswiderstand nimmt auf flachem Wasser durch höhere Übergeschwindigkeit zu und erfordert besondere Beachtung. Ein durchgängiges analytisches Modell, das alle Flachwassereinflüsse umfaßt, gibt es aus verschiedenen Gründen bisher nicht.

Man beginnt jedoch auch für Flachwassersituationen mit numerischen Verfahren und CFD-Methoden, Wellenströmung und viskose Wirkungen näher zu untersuchen. Nach gründlicher Validierung dürfte man auch auf diesem Gebiet zu zuverlässigen Berechnungsverfahren gelangen. S. hierzu SÖDING, BERTRAM, JENSEN [147], KUX und MÜLLER [148]

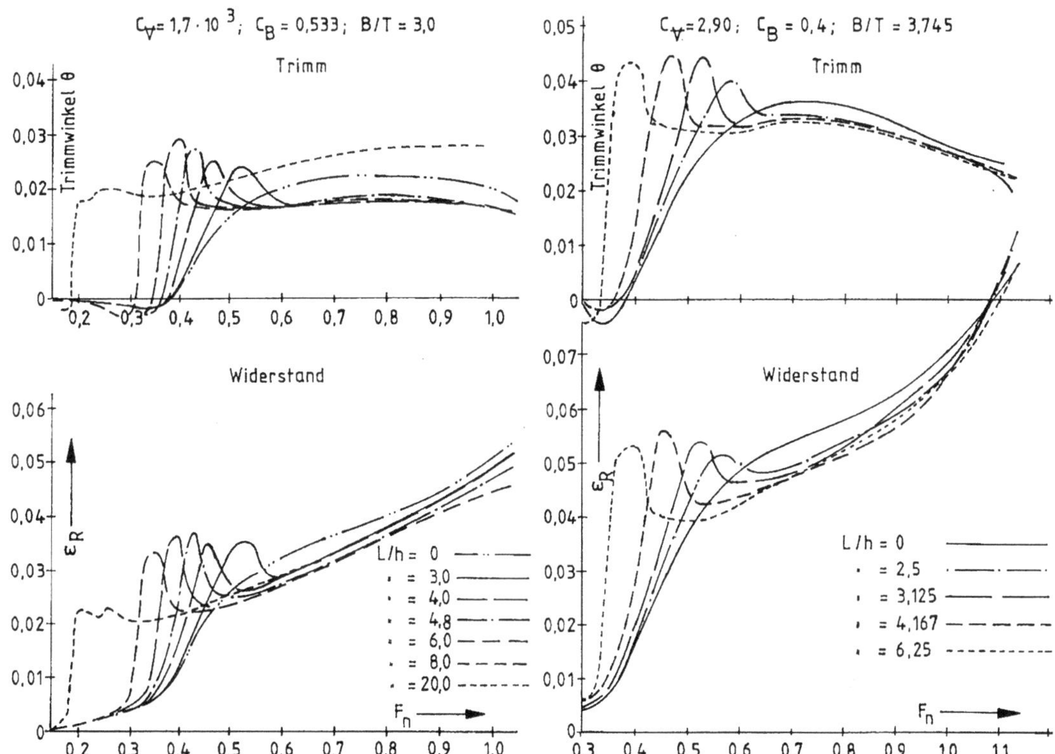

Abb. 17: Widerstands- und Trimmverlauf für zwei schnelle Verdrängungsschiffe auf tiefem und flachem Wasser (nach GRAFF [110]), ε_R = Gleitzahl des Restwiderstands, L/h = Länge / Wassertiefe.

3.7 Propulsion

Auf eine nähere Darstellung der Entwicklungen im Bereich der Propulsion sowie, daran angrenzend, auf dem Gebiet der propellererregten Schwingungen muß hier leider aus Platzgründen verzichtet werden, obwohl beide Themen ohne Zweifel zentrale Themen der Schiffshydrodynamik sind. Sie stehen sogar in engster Verbindung mit den hier dargestellten Zweigen dieser Wissenschaft. Erkenntnisse und Methoden aller Zweige dieses Faches haben sich gegenseitig stark befruchtet. Eine angemessene Würdigung der Entwicklungen in der Schiffshydrodynamik muß daher auch diese Themen umfassen.

Im gegebenen Rahmen verweise ich hierzu auf den Beitrag von BLAUROCK auf dieser Veranstaltung sowie auf die Monographie von ÖSTERGAARD zur Geschichte der Schiffspropulsion in [149].

3.8 Wechselwirkung zwischen Schiffsrumpf und Propeller

Die Wechselwirkung zwischen Schiffsrumpf und Propeller kommt zum Ausdruck in den Geschwindigkeitsfeldern und Kräften, mit denen diese beiden Subsysteme aufeinander einwirken. Beschränken wir uns auf die stationären zeitlichen Mittelwerte dieser Größen, so sind Nachstrom und Sog die Erscheinungen, in denen sich die Wechselwirkung konkretisiert.

Prima facie umfaßt der Nachstrom das vom Schiff herrührende Geschwindigkeitsfeld, insbesondere in seiner Auswirkung auf den Propeller, während der Sog, vereinfacht betrachtet, die Wirkung des Propellers durch eine Kraft darstellt, die am Schiff angreift. Bei näherem Hinsehen enthalten beide Effekte aber Rückkopplungen, so daß man sie kausal simultan betrachten muß, d.h. jede unter der Voraussetzung, daß die andere gleichzeitig wirkt.

Die Begriffe Nachstrom und Sog haben bereits W. und R.E. FROUDE, vermutlich angeregt durch RANKINE (INA 1865), verwendet und ins Modellversuchswesen eingeführt. R.E. FROUDE beschreibt in [150] die Definitionen von Sog und Nachstrom und ihre Bestimmung aus Modellversuchen; dabei wurde der (effektive) Nachstrom schon im Tank von Torquay nach der klassischen Schubidentitätsmethode, d.h. durch Korrelation zwischen Propellerfreifahrt- und Propulsionsversuch, ausgewertet. Auch wurde in [150] bereits der Schiffseinflußgrad $\eta_H = (1\text{-}t) / (1\text{-}w)$ als Maß für den Einfluß der Wechselwirkung auf den Propulsionsgütegrad η_D eingeführt und verwendet:

$$\eta_D = \eta_O \cdot \eta_H$$

mit $\quad \eta_O$ = Propellerwirkungsgrad und

$$w = 1 - \frac{V_A}{V_S} = \text{Nachstromziffer}$$

$$t = 1 - \frac{R_T}{T} = \text{Sogziffer}$$

wobei $\quad V_A, V_S =$ Propellerfortschritts-, Schiffsgeschwindigkeit

$\quad\quad\quad R_T, T =$ Gesamtwiderstand, Schub

Damit war ein Anfang gemacht, die Größen der Wechselwirkung durch Entwurfsmaßnahmen möglichst günstig zu gestalten. Das Ziel war auch damals schon die Minimierung der erforderlichen Antriebsleistung des Schiffes.

In den folgenden Jahrzehnten durchlief die Wissenschaft von Nachstrom und Sog eine *vorparadigmatische Phase*. Es wurden viele wertvolle Beobachtungen angestellt und Messungen zusammengetragen (PRÖLL in [151], KEMPF in [152]), ohne daß sich zunächst eine fundierte Theorie ausbildete.

Die Anfänge einer analytischen Modellbildung gehen in Deutschland auf FRESENIUS in [153] und HELMBOLD in [154] zurück. Beide teilten die Gesamtströmung an Schiff und Propeller bereits in Effekte auf, die in idealer Flüssigkeit auftreten würden, ´und solche, die in viskoser Strömung herrschen. Den eigentlichen Durchbruch zu einer vollständigen physikalischen Systematik schafften aber erst HORN in [155] und etwas später sein Schüler DICKMANN in [156]. Sie teilten Nachstrom- und Sogziffern in je drei Anteile auf, die kausal physikalischen Strömungstypen bzw. Kräftearten zugeordnet sind:

$$w = w_P + w_V + w_W$$

$$t = t_P + t_V + t_W$$

wobei die Indizes P, V, W auf Potential-, viskose und Wellenströmung des Schiffes verweisen.

HORN und DICKMANN betrachteten diese Anteile sowohl in idealisierter Form einzeln und getrennt voneinander als auch gleichzeitig und in ihrer Gesamtheit wirkend. Speziell geht die Berücksichtigung des Wellenfeldeinflusses auf diese Forscher zurück.

Geht man nun von der Absicht aus, die Anteile nicht nur einzeln zu erklären, sondern durch Synthese aus den Modellen für die Anteile die gesamten Wechselwirkungseffekte aufzubauen, dann hat die Arbeitshypothese von HORN und DICKMANN für die Wechselwirkungstheorie die gleiche Bedeutung wie die Froudesche Hypothese für die Widerstandstheorie. Der Potentialanteil tritt prinzipiell nur in idealer Flüssigkeit in modellgetreuer Form auf, während die viskosen und wellenbedingten Anteile zwar jeweils primär von einem Ähnlichkeitsparameter, R_n bzw. F_n, abhängig sind, aber sekundär sich doch gegenseitig beeinflussen. Daher bedarf die Näherungsannahme der Aufteilbarkeit von Nachstrom und Sog genauso der pragmatischen, experimentellen und theoretischen Rechtfertigung wie die Froudesche Hypothese.

Es ist nun das historische Verdienst von HORN und in vertiefter Begründung vor allem von DICKMANN, daß ihnen der Nachweis gelang, daß die Arbeitshypothese – wie man heute sagen würde – "fast" zutrifft, jedenfalls insoweit, als die Analyse der einzelnen Anteile mit gewissen Korrekturen für ihre gegenseitige Beeinflussung jedenfalls in eine Richtung weist, die zu einer richtigen Gesamtbewertung der Wechselwirkung und ihrer Konsequenzen für den Entwurf führt. Quantitativ genaue Vorhersagen von Nachstrom und Sog waren mit damaligen Mitteln noch nicht möglich; aber es wurde der Grund gelegt für analytische Methoden mit Ersatzmodellen für den Propeller wie zunächst die Punktsenke (RANKINE, R.E. FROUDE, HORN) oder die Senkenscheibe (DICKMANN). Damit gelang es auch erstmals, den Einfluß der Propellerbelastung in die Sogberechnung einzubeziehen.

Für den bis 1940 erreichten Stand lassen sich die wesentlichen Aussagen der Wechselwirkungstheorie kurz wie folgt zusammenfassen:

- Nachstrom und Sog haben mehrere physikalische Ursachen und lassen sich nur bei differenzierter Betrachtung ihrer Bestandteile kausal erklären.

- Nachstrom und Sog hängen miteinander ursächlich zusammen, jedoch auf eine komplexe Weise, die erst bei Analyse der einzelnen Wirkmechanismen sichtbar wird.

- Der Potentialsog ist der dominierende Soganteil. Er läßt sich in idealer Flüssigkeit analytisch-numerisch bestimmen. Damit hat man ein sehr nützliches Gedankenmodell für das Verständnis der Auswirkungen von Entwurfsmaßnahmen auf den Sog.

- Der Unterschied zwischen nominellem Nachstromfeld (ohne Propeller) und effektivem Nachstromfeld (mit arbeitendem Propeller) ist wesentlich und kann von der Theorie mindestens qualitativ richtig erklärt werden.

- Der zähe Nachstrom trägt beim Einschrauber maßgeblich zum Propulsionsgütegrad bei ("Reibungsrückgewinn").

- Der Einfluß der vom Schiff induzierten Wellen auf Nachstrom und Sog ist häufig nicht vernachlässigbar. Sie können sich positiv oder negativ auf den Leistungsbedarf auswirken, so daß der Entwurf sorgfältig hierauf abgestimmt werden sollte.

- Gegenseitige Beeinflussung zwischen Zähigkeits- und Welleneffekten in Nachstrom und Sog lassen sich grundsätzlich nicht ausschließen.

Es wird deutlich, daß so differenzierte Aussagen zu den Wechselwirkungserscheinungen nur mit Hilfe der geleisteten analytischen Modellbildung möglich waren.

In den folgenden Jahrzehnten richtete sich das Forschungsinteresse immer mehr darauf, auf numerischem Wege zutreffende Prognosen für die Wechselwirkungsgrößen zu stellen. Besonders bei der Berechnung des Potentialsogs, und damit des größten Soganteils, wurden mit immer weiter verfeinerten Modellen für Körper- und Propellerströmung schöne Erfolge erzielt. In diese Phase fallen die Arbeiten von DREGER [67], AMTSBERG [156], POHL [157], BEVERIDGE [158] und NOWACKI [70].

Als nicht abschließend geklärt mußte man trotz der grundlegenden Vorarbeiten von DICKMANN noch lange die Bestimmung des Welleneinflusses auf Nachstrom und Sog in realem Fluid, d.h. die Dreifachwechselwirkung zwischen Schiff, Propeller und freier Oberfläche, ansehen. Es war naheliegend, daß die Welle, wie sie im Heckbereich des Schiffes mit arbeitendem Propeller existiert, ein Geschwindigkeitsfeld im Umfeld des Hecks sowie in der Propellerebene induziert. Es ist weniger klar, wie sich das Wellenbild am Heck unter den Einflüssen des zähen Nachstroms und des arbeitenden Propellers ausprägt. Besonders schwierig ist die Frage, wie sich denn viskose Effekte, z.B. Ablösung, und welleninduzierte Effekte gegenseitig beeinflussen. Dieser offenen Fragen hat sich die Forschung in der Zeit um 1970 durch Arbeiten von NAKATAKE [159] sowie NOWACKI und SHARMA [160] intensiver angenommen. In letzterer Untersuchung wurden für eine WIGLEY-Rumpfform umfangreiche Vergleiche zwischen Messungen und verschiedenen Berechnungsverfahren von Widerstand, Nachstromgrößen, Sog und Wellenschnitten ohne und mit arbeitendem Propeller vorgenommen. Es zeigten sich in diesem Falle deutliche, von der Froude-Zahl systematisch abhängige Einflüsse welleninduzierter Erscheinungen auf Nachstrom und Sog (z.B. in Abb. 18). Bei einzelnen Geschwindigkeiten traten sogar so deutliche und so geartete Effekte auf, daß ein Zusammenhang zwi-

schen Wellenströmung und Stabilitätsverhalten des zähen Nachstroms am Hinterschiff zu vermuten ist. In jedem Falle wurde bestätigt, daß der Einfluß der freien Oberfläche in einer tieferen Analyse von Nachstrom und Sog nicht vernachlässigt werden darf.

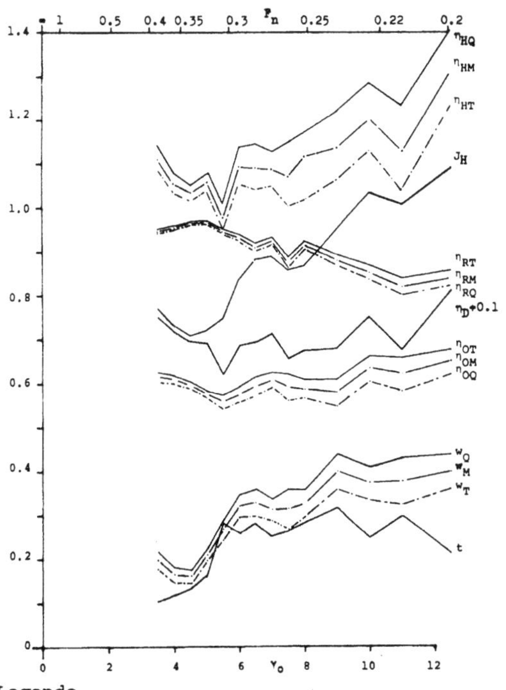

Abb. 18: **Wechselwirkungsgrößen über $\gamma_0 = 1 / (2 F_n^2)$ am Selbstantriebspunkt des Schiffes für eine WIGLEY-Form (nach NOWACKI/ SHARMA [160]).**

Nach dem bisher erreichten Stand der Wechselwirkungstheorie gelingt die physikalische Erklärung und analytische Modellierung der Anteile von Nachstrom und Sog, jedoch noch nicht die vollständige numerische Berechnung der Gesamtwirkungen. Daher sind systematische Versuchsergebnisse nach wie vor eine notwendige Orientierungshilfe. Dabei sind lokale Messungen an vielen diskreten Punkten in der Propellerebene und davor aussagekräftiger für den Entwurf, wenn der Zusammenhang zwischen Schiffsform, Propelleranordnung, Nachstrom und Sog zu klären ist, als Auftragungen von Mittelwerten. Einen Beitrag zur

Systematik des nominellen Nachstromfelds für viele Heckformen lieferten z.B. HADLER und CHENG [161].

Jedoch bahnt sich in den letzten Jahren auch an, daß es in absehbarer Zeit gelingen kann, mit CFD-Verfahren, zunächst für Modell-Reynoldszahlen, Nachstromfeld und Druckverteilung in realem Fluid mit freier Oberfläche mit Propeller numerisch zu bestimmen. Dafür müssen jedoch zunächst noch alle die Fragen wie Turbulenzmodellierung, Stabilitätseffekte im Hinterschiff, Einfluß der freien Oberfläche auf die zähe Strömung (wave viscous interaction) physikalisch einwandfrei geklärt werden, die auch beim Widerstandsproblem noch nicht abschließend bewältigt sind.

Grundsätzliche Kritik an der beschriebenen Methodik der klassischen Wechselwirkungstheorie wurde von SCHMIECHEN [162] mehrfach u.a. deshalb geübt, weil es sich bei den Wechselwirkungsgrößen per Definition um innere Wirkungen des Systems Schiff-Propeller handelt, die in der Gesamtbilanz des Systems nicht ausgewiesen werden müssen. Bei engen Kopplungen von Schiff und Propeller wie bei Strahlantrieben oder integrierten Düsen verlieren sie, wie er mit Recht feststellt, sogar ihren eigentlichen Sinn und sind auch im Versuch nicht eindeutig definierbar. SCHMIECHEN [162] hat daher eine neue rationale Theorie der Wechselwirkung zwischen Rumpf und Propeller entwickelt, welche die Wechselwirkungsgrößen über z.T. neue, axiomatisch eingeführte Begriffe definiert und meßtechnisch so interpretiert, daß er "Nachstrom" und "Sog" aus Propulsionsversuchen allein bestimmen kann. Die Methodik liefert in ihrem Kontext schlüssige Aussagen. Es wird jedoch auch weiterhin darauf ankommen, die Wechselwirkungseffekte in ihren physikalischen Ursachen so zu beschreiben, daß der Einfluß von Entwurfsmaßnahmen an Rumpf und Propeller erklärt werden kann. Dafür scheint die Zerlegung in mehrere Ursachen nach HORN und DICKMANN nach wie vor zweckmäßig.

3.9 Das Schiff im Seegang

3.9.1 Bewegungsgleichungen

Die Dynamik der Kräfte und Bewegungen des Schiffes als eines starren Körpers in seinen je drei translatorischen und rotatorischen Freiheitsgraden geht vom Schwerpunkt- und vom Drallsatz der Dynamik nach EULER aus. Diese Sätze werden i.a. auf den Schwerpunkt und auf die Hauptträgheitsachsen des starren Körpers bezogen. Sie enthalten die gyroskopischen Kopplungsterme, die beim Schiff i.a. von geringer Bedeutung sind, und lassen es zu, beliebige Arten von äußeren, auf das Schiff einwirkenden Kräften und Momenten zu berück-

sichtigen. Sie liefern ein i.a. gekoppeltes System von Differentialgleichungen, bei dem die Bestimmung der Größe der einzelnen Einflüsse das eigentliche Problem der Schiffshydrodynamik ist.

EULER [6] hat hiermit bereits einfache Spezialfälle von Schiffsschwingungen, nämlich die Tauch-, Stampf- und Rollschwingungen, betrachtet und Schwingungsperioden bei kleinen Auslenkungen geschätzt. Die Rückstellkräfte und -momente waren ihm geläufig, ihm fehlte allerdings der Begriff der hydrodynamischen Massen und Dämpfungen. Etwa ein Jahrhundert später hat sich William FROUDE [163] experimentell und analytisch vor allem mit der Rollschwingung befaßt. Ihm waren die Nichtlinearitäten der Rückstellmomente bewußt, und er erkannte bereits die Bedeutung der abgestrahlten Wellen für die Dämpfung. Er untersuchte den Einfluß regelmäßiger Wellen als Ursache der Schwingungserregung, wenn auch noch ohne Berücksichtigung der Wirkung des Schiffes auf die Druckverteilung in der durchlaufenden Welle (Diffraktion). Die gleiche Vereinfachung machte auch noch KRYLOFF [164] (FROUDE - KRYLOFF-Hypothese, 1898). Im übrigen formulierte KRYLOFF die Bewegungsgleichungen des Schiffes in allen Freiheitsgraden, wenn auch ohne Kopplungsterme.

Dieser Wissensstand, der vor einem Jahrhundert erreicht war, geriet in der Schiffshydrodynamik eine Zeit lang etwas in Vergessenheit. Die allgemeinen Bewegungsgleichungen wurden in der Flugmechanik wiederentdeckt und später auch für die Bewegungen von U-Booten in der Tauchfahrt weiterentwickelt. Für das Schiff im Seegang gewannen sie erst wieder an Bedeutung, als die Berechnung der hydrodynamischen Terme in den Bewegungsgleichungen weiter fortgeschritten war.

3.9.2 Kräfte am Schiff

Auf das Schiff wirken insgesamt Massenkräfte, Rückstellkräfte, hydrodynamische Bewegungskräfte und Erregerkräfte bzw. -momente. Die hydrostatischen Rückstellkräfte sowie die Massenkräfte des Schiffes kann man leicht ermitteln, schwieriger ist dagegen die Bestimmung der hydrodynamischen Kräfte, die durch die Bewegung des Schiffes entstehen, und der von außen einwirkenden Erregerkräfte, insbesondere durch den Seegang.

Für die theoretische Bestimmung der hydrodynamischen Bewegungskräfte und der Erregerkräfte gibt es grundsätzlich die Möglichkeiten:

- Analytische Lösungen für einfache Ersatzkörper, z.B. für das Ellipsoid (s. z.B. WEINBLUM und ST. DENIS [165]),

- Näherungslösungen wie die Streifenmethode, in der die dreidimensionalen Flüssigkeitsbewegungen infolge der transversalen Bewegungen des Schiffskörpers durch ebene Strömungen in den Spantebenen angenähert werden, möglichst mit geeigneten Korrekturen.

- Numerische Lösungen des dreidimensionalen Strömungsproblems.

Ein wichtiger Anteil der Bewegungskraft ist die hydrodynamische Massenkraft, d.h. der zu den Beschleunigungen proportionale Anteil, der in der Bewegungsgleichung mit der Beschleunigung phasengleich ist. Die hydrodynamische Masse entspricht der Wirkung des Drucks auf die Körperoberfläche bei beschleunigter Bewegung und kann durch Lösung einer potentialtheoretischen Randwertaufgabe für die gegebene Form bestimmt werden. Lösungen für einfache Körper wie Ellipsoid und Zylinder lagen schon früh vor (LAMB [166]) und zeigten, daß die hydrodynamischen Massen (in Wasser) für Translationen quer zum Körper von gleicher Größenordnung wie die Körpermassen waren. Dies war eine wichtige Erkenntnis für die Berechnung der Schiffsbewegungen.

Die zweidimensionale Randwertaufgabe für schiffsähnliche Spantformen wurde mit Hilfe der konformen Abbildung zuerst von LEWIS [167] gelöst. LEWIS verwendete eine Funktion mit zwei freien Parametern für die konforme Abbildung vom Zylinder auf die Spantform und erzeugte damit eine Familie von Formen, die sog. LEWIS-Spanten, die eine Variation in der Spantvölligkeit und im Seitenverhältnis zuließen. Aus der konformen Abbildung ergibt sich die Strömung in der Spantebene und damit deren zugeordnete hydrodynamische Masse.

In einem schönen Vortrag vor der STG, dessen Ergebnisse bis heute Gültigkeit haben, hat WENDEL [168] 1950 den damaligen Stand der Bestimmung hydrodynamischer Massen und hydrodynamischer Massenträgheitsmomente für Körper und für ebene Querschnitte übersichtlich zusammengestellt und durch eigene Beiträge wesentlich erweitert. Für Spantquerschnitte (Abb. 19) geht er wie LEWIS von der konformen Abbildung aus, verallgemeinert dieses Verfahren aber unter Anwendung der Schwarz-Christoffel-Transformation auch auf Querschnitte mit Schlingerkiel, auf eckige Querschnitte und auf andere spezielle Formen. Er schließt die Bestimmung der hydrodynamischen Massenträgheitsmomente ein, die für die Rollschwingung von Bedeutung sind, und diskutiert auch den Einfluß beschränkter Wassertiefe sowie skizzenhaft der freien Oberfläche und damit der Schwingungsfrequenz. Viele dieser Anstöße reiften

erst in der späteren Entwicklung weiter aus. WENDEL nennt auch als Alternative zur Methodik der konformen Abbildung die Möglichkeit der direkten Lösung der Randwertaufgabe für beliebige vorgegebene Ränder. Auch dieser Ansatz wurde später mit viel Erfolg aufgegriffen, wie wir noch erwähnen werden.

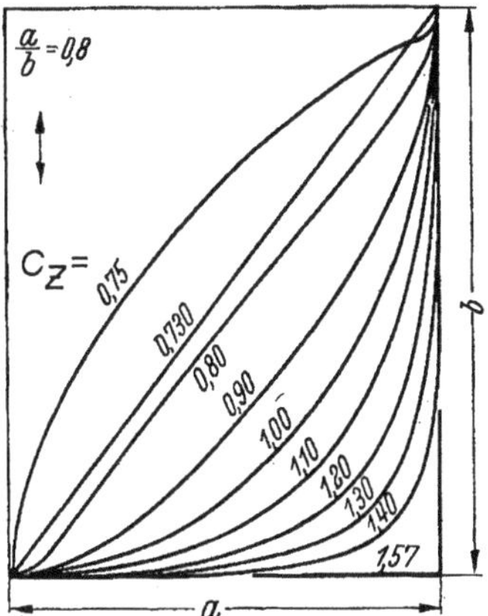

Abb. 19: **LEWIS-Spantformen und Trägheitskoeffizienten C_Z = hydrodynamische Masse des Spantquerschnitts / Masse des Kreisprofils gleicher Breite (nach WENDEL [168]).**

Der nächste wesentliche Fortschritt in der Berechnung der hydrodynamischen Bewegungskraft lag in der Berücksichtigung der freien Oberfläche. Bei einem in der freien Oberfläche periodisch mit der Frequenz ω schwingenden Querschnitt (Tauchen, Querbewegung oder Rollen) entstehen seitlich ins Unendliche abwandernde Wellen (Radiationsproblem), deren Energiebedarf dem schwingenden System entzogen wird, was sich als Dämpfung geltend macht. Die Berechnung dieser Strömung unter Berücksichtigung der Randbedingungen am Körper und der (meist linearisierten) Randbedingungen an der freien Oberfläche führt mathematisch auf die Lösung einer gemischten Randwertaufgabe der Potentialtheorie, für die es mehrere Lösungsverfahren gibt. Kennt man die Lösung, so kann man für gegebene Schwingungsamplitude und -frequenz die Amplitude der abwandernden Wellen und daraus die Dämpfungsenergie bzw. Dämpfungskraft bestimmen. Die Bewegungskraft läßt sich in diesem Fall durch Phasenaufteilung in Massen- und Dämpfungskraft zerlegen. Man gewinnt damit gleichzeitig die frequenzabhängige hydrodynamische Masse für den an der Oberfläche schwingenden Querschnitt.

Dieses zweidimensionale, lineare Radiationsproblem wurde für die Tauchschwingung des Kreiszylinders zuerst von URSELL [169] gelöst (1949). Er verwendete ein System von periodisch zeitabhängigen Singularitäten, nämlich von Quelle, Dipol und Multipolen, im Ursprung des Querschnitts, um die

Randbedingungen am Körper und an der freien Oberfläche gleichzeitig zu erfüllen. Seine Ergebnisse verdeutlichten die Frequenzabhängigkeit von hydrodynamischer Masse und Dämpfung und bilden noch immer eine klassische Referenz.

Die zweidimensionale Radiationsaufgabe für schiffsähnliche Spantformen, und zwar in den Freiheitsgraden Tauchen, Quer- und Rollbewegung, wurde 1953 von GRIM [170] gelöst. Sein Verfahren ähnelt der Multipolentwicklung , dabei wird die Körperrandbedingung an endlich vielen Punkten näherungsweise erfüllt. GRIM hat seine Ergebnisse für Masse und Dämpfung für eine große Familie von LEWIS–Spantformen systematisch ausgewertet und damit eine wichtige Grundlage für Schwingungsberechnungen nach der Streifenmethode zur Verfügung gestellt.

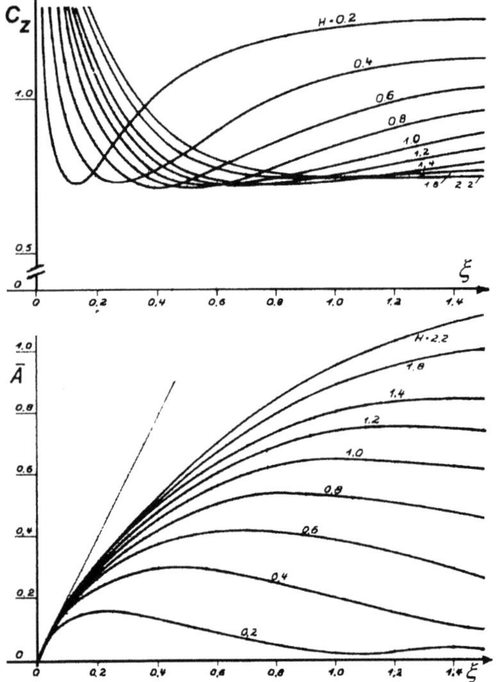

Abb. 20: **Koeffizienten der hydrodynamischen Masse C_Z und des Amplitudenverhältnisses $\bar{A}$ für die Tauchschwingung von LEWIS-Spanten für den Spantvölligkeitsgrad $C_M = 0{,}9$ und verschiedene Seitenverhältnisse $H = B/(2T)$ über dem Frequenzparameter (nach GRIM [197]).**

Man erkennt z.B. in Abb. 20 in der Auftragung der Größen C_Z und $\bar{A}$ über dem dimensionslosen Frequenzparameter $\xi = B\,\omega^2 / (2\,g)$ deutlich den Einfluß der Frequenz auf die Anteile der Bewegungskraft. Dabei ist der Massenbeiwert C_Z = hydrodynamische Masse des Querschnitts / Masse des Halbkreises gleicher Breite, das Amplitudenverhältnis $\bar{A}$ = Amplitude der abwandernden Wellen / Bewegungsamplitude des Körpers. Der Beiwert der Dämpfungskraft ist proportional zu $\bar{A}^2$. Bei

Schwingungen des Schiffes im Seegang liegen die Frequenzen oft im Bereich großer Werte von $\bar{A}$ und damit wesentlicher Dämpfung. Bei elastischen Schiffsschwingungen treten viel höhere Frequenzen auf, die hydrodynamische Dämpfung wird sehr gering. Im Grenzübergang für $\omega \to \infty$ geht die Dämpfung gegen null, die hydrodynamische Masse gegen ihren Wert im tiefgetauchten Fall.

International wurde die Multipol-Methode stetig weiterentwickelt, z.B. in Arbeiten von TASAI (1959), PORTER (1960), DE JONG (1973). Ein alternativer Lösungsweg, der auf der direkten Lösung der Randwertaufgabe mit Singularitätenbelegungen der Körperoberfläche beruht, wurde 1967 von FRANK [171] eingeführt. FRANK verwendet Quellpotentiale, angebracht auf diskretisierten Segmenten des Körperumfangs, von einer Form, die gleichzeitig die Bedingung an der freien Oberfläche erfüllt. Die Stärke dieser Singularitäten wird numerisch dadurch bestimmt, daß die Körperrandbedingung in der Mitte jedes Segments erfüllt wird (Close-Fit-Methode). Beliebige Körperformen können auf diesem Wege approximiert werden, die Methode gilt als schnell und genau. Allerdings treten in dieser Methodik bestimmte "irreguläre Frequenzen" auf, bei denen eine eindeutige Lösung nicht gelingt. Das Problem kann durch verschiedene Maßnahmen umgangen werden (z.B. nach OGILVIE und SHIN [172]). Auch diese Technik wurde inzwischen von verschiedenen Autoren weiterentwickelt (z.B. POTASH (1971), TROESCH (1979)).

Insgesamt stehen damit mehrere bewährte Verfahren zur Verfügung, um die hydrodynamische Masse und Dämpfung ebener Querschnitte zu berechnen.

Die Erregerkräfte entstehen durch die Wirkung der einfallenden Welle auf das festgehaltene Schiff. Diese Wirkung wird potentialtheoretisch gewöhnlich - für das Schiff genauso wie für seine Querschnitte in der Streifenmethode - aus zwei Anteilen aufgebaut: Ein Potential erzeugt die einfallende, hierfür meist als regelmäßig angenommene Welle; es liefert die Froude-Kryloff-Kraft. Dieses Potential verletzt die Körperrandbedingung. Ein zweiter Anteil besteht aus dem Diffraktionspotential, das so bestimmt wird, daß beide Potentiale zusammen die Körperrandbedingung erfüllen. Die direkte Berechnung des Diffraktionspotentials aus dieser Bedingung ist allerdings numerisch oft aufwendig. Daher ist es ein glücklicher Umstand, daß man die Diffraktionserregerkräfte auch indirekt über die sog. HASKIND-Beziehungen bestimmen kann, wenn für die vorliegende Aufgabe das Radiationspotential und das Potential der einfallenden Welle bekannt sind. Diesen Weg beschreibt NEWMAN in [173].

Somit haben sich in dem kurzen Zeitraum zwischen 1950 und 1970 alle wesentlichen Voraussetzungen entwickelt, um die für die Streifenmethode benötigten hydrodynamischen Bewegungs- und Erregerkräfte an ebenen Querschnitten numerisch zu bestimmen. Dieses Wissen war die Voraussetzung für den Erfolg der Streifenmethode, die inzwischen in vielen, etwas unterschiedlichen Ausprägungen die Anwendungen beherrscht. Eine gute Übersicht über den bis 1970 erreichten Stand dieser Entwicklung geben SALVESEN, TUCK und FALTINSEN [174].

Entwicklungen zur Bestimmung der Kräfte am Schiff im Seegang für den linearisierten, dreidimensionalen Fall mit numerischen Verfahren sind noch sehr im Fluß. Anstöße kommen aus der Meerestechnik, aber auch der Schiffstechnik, von den Rankine-Panel-Methoden mit Lösungen im Frequenzbereich und im Zeitbereich. Einen aktuellen Überblick haben BERTRAM und YASUKAWA [175] 1996 gegeben.

3.9.3 Die Streifenmethode

Die anschaulich sofort einleuchtende Idee, für langgestreckte Körper, die sich quer zu ihrer Längsachse bewegen, die Strömung und die bei der Querbewegung wirksamen Kräfte *streifenweise*, d.h. näherungsweise in den ebenen Querschnitten als ebene Strömungen, zu berechnen, ist sicher schon älter. So erwähnt schon MUNK (in DURAND [176], 1936) die Anwendung einer Streifenmethode zur Bestimmung der Luftkräfte, speziell Bewegungskräfte bzw. Massen, an Luftschiffen für Bewegungen in Querrichtung. LEWIS [167] wendete das gleiche Prinzip zur Bestimmung der hydrodynamischen Massen bei elastischen Transversalschwingungen des Schiffskörpers an.

Die moderne Streifenmethode für das Schiff im Seegang wurde jedoch erst 1957 von KORVIN-KROUKOVSKY und JACOBS [177] eingeführt. Sie umfaßt auch die Einflüsse der freien Oberfläche und damit der Schwingungsfrequenz sowie der Fahrgeschwindigkeit des Schiffes. Dadurch unterscheidet sich diese Streifenmethode in der Aufgabenstellung von ihren Vorgängern. Die Streifenmethode ist somit ein Näherungsverfahren zur Berechnung der Strömungen und Kräfte am schwingenden, fahrenden Schiff, in welchem der dreidimensionale Strömungszustand durch ebene Flüssigkeitsbewegungen in den Querschnitten approximiert und die Einflüsse der Fahrgeschwindigkeit und der Schwingungsfrequenz näherungsweise berücksichtigt werden.

KORVIN-KROUKOVSKY und JACOBS [177] begründeten die Streifenmethode für den Fall des Tauchens und Stampfens in regelmäßigen Wellen von vorn oder achtern zunächst auf pragmatische Weise. Die Fahrgeschwindigkeit V wird dabei in jedem Streifen direkt, d.h. ohne die Verdrängungswirkung des Schiffes, berücksichtigt, was zu wichtigen Beiträgen in den Dämpfungs- und Koppelgliedern führt. Die experimentelle Validierung führte zu verbesserter, wenn auch nicht vollständiger Übereinstimmung der Theorie mit den Messungen.

Die Kritik gegenüber diesem Anfangsstand der Streifenmethode beruhte auf Versuchserfahrungen und formalen Einwänden. In Versuchen waren die Vorhersagen zwar zufriedenstellend für Wellen von vorn und hohe Begegnungsfrequenzen zwischen Schiff und Welle. Aber bei nachlaufenden Wellen, wo sehr niedrige Begegnungsfrequenzen auftreten können, war die Übereinstimmung der Streifenmethode mit Versuchen nicht hinreichend. Außerdem traten bei hoher Fahrgeschwindigkeit größere Fehler auf. Diese Erfahrungen deuteten darauf hin, daß dreidimensionale Effekte bei niedrigen Schwingungsfrequenzen und bei hohen Fahrgeschwindigkeiten besonders kritisch sind. Ferner zeigten TIMMAN und NEWMAN [179] formal auf, daß die Kopplungskoeffizienten zwischen Tauchen und Stampfen in der ursprünglichen Streifenmethode bestimmte Symmetrieeigenschaften verletzten. Daher wurde in den folgenden Jahren intensiv an der Verbesserung der Streifenmethode gearbeitet, auch mit dem Ziel, ihr formal eine exaktere Begründung zu geben.

Eine vertiefte, gründliche Beschreibung der Problemstellung aus mathematischer Sicht gab 1964 OGILVIE [180]. Er zeigte auch auf, wie sich mit der Theorie dünner Schiffe oder der Theorie schlanker Körper u.U. exaktere Rechtfertigungen für die Streifenmethode entwickeln lassen. Vom Standpunkt dieser perturbationstechnisch fundierten, dreidimensionalen Näherungsverfahren lassen sich die Vereinfachungen der Streifenmethode neu beleuchten und durch Korrekturen für dreidimensionale Einflüsse verbessern. Etwas später gelang es OGILVIE und TUCK [181], mit Hilfe einer Theorie schlanker Körper bis zur zweiten Ordnung, die Streifenmethode aus der Sicht der Perturbationsmethodik rational zu fundieren und eine Lösung zu entwickeln, in der einerseits die Symmetriebeziehungen nach TIMMAN-NEWMAN berücksichtigt sind, andererseits die Wechselwirkungen zwischen den Potentialen des Schiffes für die Schwingungsbewegung und für die Fahrgeschwindigkeit exakter erfaßt werden. Diese Entwicklung hat viele weitere Anstöße gegeben, die im Laufe der Jahre zu weiteren Ergänzungen und Verbesserungen der Streifenmethode geführt haben.

Erweiterte Streifenmethoden erschienen u.a. von GERRITSMA und BEUKELMAN [182], SÖDING [183], BORODAI und NETSVETAYEV [183]. Einen vorläufigen Abschluß fand diese Entwicklungsphase mit der Fassung der Streifenmethode nach SALVESEN, TUCK und FALTINSEN[185], die international weite Verbreitung gefunden und einen gewissen Standard gesetzt hat. Wichtige deutsche Beiträge zur Verbesserung der Streifenmethode stammen in dieser Zeit aus den Arbeiten von GRIM [186], vor allem für niedrige Schwingungsfrequenzen, und ABELS [187].

Inzwischen wurde auch für die gekoppelten Freiheitsgrade der Roll-, Quer- und Gierbewegung ein entsprechender Stand erreicht (TROESCH [188]). Mit den Arbeiten von NEWMAN und SCLAVOUNOS (z.B. [189]) ist es auch gelungen, eine Vereinheitlichung zwischen Streifenmethode und Theorie schlanker Körper herbeizuführen, welche die Stärken beider Ansätze verbindet. Insgesamt kann man den Stand dieser Näherungsverfahren als weit ausgereift ansehen, selbst wenn gewisse Grenzen und Einschränkungen bestehen bleiben. Damit wird die Vorhersage der Antwort des Schiffes auf eine Erregung durch regelmäßige Wellen heute weitgehend beherrscht.

3.9.4 Der unregelmäßige Seegang

Der natürliche Seegang hat, wie Lord Rayleigh bemerkte, nur ein Gesetz, und zwar, daß er anscheinend kein Gesetz hat. Daß es dennoch gelungen ist, die physikalischen Eigenschaften des Seegangs und das Verhalten des Schiffes im natürlichen Seegang statistisch zutreffend zu beschreiben, muß als einer der großen Erfolge dieses Jahrhunderts gelten. Die entscheidende Idee, die ein neues Verständnis eröffnete, war gewiß die Betrachtung des Seegangs als eines Zufallprozesses.

Die wesentlichen Grundlagen für die Behandlung von Zufallsprozessen sind zuerst für Zwecke der Nachrichtentechnik in der statistischen Theorie der Kommunikation geschaffen worden. Hier stehen am Anfang Arbeiten von Norbert WIENER, der bis 1930 die Verallgemeinerte Harmonische Analyse [190], mit der man den Zufallsprozeß durch sein Spektrum beschreiben konnte, entwickelt hatte, und danach die wichtige Theorie stationärer Zeitreihen schuf [191]. Von diesen Grundlagen ging um 1950 die Ozeanographie aus, um Seegangszustände statistisch zu erfassen und spektral zu beschreiben. Hieraus ging in einer Arbeit von PIERSON [192] die Methodik der Beschreibung von Seegangszuständen durch Energiespektren hervor.

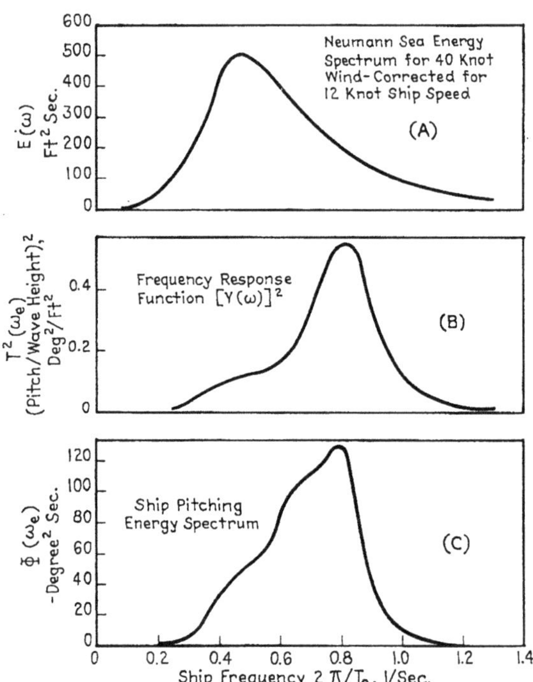

Abb. 21: Energiespektrum des Seegangs, Frequenzantwortfunktion und Stampf-Energiespektrum des Schiffes für ein Serie 60-Schiffsmodell, C_B = 0.6 (nach LEWIS und NUMATA [198].

Schon 1953 begann dann mit dem klassischen Artikel von ST. DENIS und PIERSON [193] die moderne Ära der probabilistischen Theorie der Bewegungen und Belastungen des Schiffes im Seegang: Diese Theorie hat eine Schlüsselbedeutung für die weitere Entwicklung in der Schiffshydrodynamik und ihren technischen Anwendungen. Ihre wichtigsten Annahmen, die von ST. DENIS und PIERSON auf Anhieb getroffen wurden, sind die folgenden:

- Der Seegang ist ein stationärer, normalverteilter Zufallsprozeß, wenigstens in begrenztem örtlichem und zeitlichem Rahmen. (Ausnahmen von der Normalverteilung treten bei stark nichtlinearen Wellen auf).

- Der Zufallsprozeß läßt sich durch sein Energiedichtespektrum charakterisieren, auch sogar daraus rekonstruieren, in welchem für jede Frequenz ein Energieinhalt, proportional zum Quadrat der Wellenamplitude, definiert ist. (Die Phasen der Komponenten des Spektrums sind zufallsverteilt).

- Das Schiff wird als lineares dynamisches System im Seegang behandelt. Der Seegang als Ursache der Schiffsbewegungen wird als stationärer, normalverteilter Zufallsprozeß angesehen, dann ist auch die Antwort des Schiffes in allen linear assoziierten Zustandsvariablen ein stationärer, normalverteilter Zufallsprozeß.

Auf diesen Annahmen beruht nun das inzwischen klassische Verfahren zur Prognose der Schiffsantwort auf die Erregung durch einen natürlichen Seegang nach ST. DENIS und PIERSON:

Antwortspektrum = Seegangsspektrum x Frequenztransformation x (Vergrößerungsfunktion)^2

Die Seegangsspektren werden ozeanographisch ermittelt, die Vergrößerungsfunktion stellt die Antwort des Schiffes auf eine regelmäßige Welle dar, die Frequenztransformation ergibt die Umrechnung von Seegangswellenfrequenz auf Begegnungsfrequenz für gegebene Geschwindigkeit und Fahrtrichtung des Schiffes relativ zu den Wellen. Ein Beispiel zeigt Abb. 21.

Obwohl die getroffenen Annahmen, insbesondere die Linearisierungen, nicht streng zutreffen, sind die Aussagen der probabilistischen Theorie nach diesen Ansätzen durch vorliegende Erfahrungen für kleine und mittlere Seegangszustände und Schwingungsamplituden voll gerechtfertigt worden. Für extreme und stark nichtlineare Situationen sind andere Vorgehensweisen geboten.

3.9.5 Statistische Prognosen

Auf der Basis der Antwortspektren für die Zustandsvariablen des Schiffes im Seegang sind statistische Folgerungen zu allen Größen möglich, die über eine lineare Übertragungsfunktion mit der Dynamik des Schiffes zusammenhängen. Hierzu gehören nicht nur die Bewegungen, Geschwindigkeiten und Beschleunigungen in allen Freiheitsgraden, sondern auch die lokalen, dynamischen Belastungen infolge der Bewegungen sowie, daraus abgeleitet, der Gesamtbelastung der Struktur (Längsbiegemoment u.a.). Für den hier angenommenen stationären, normalverteilten Zufallsprozeß gilt (bei schmaler Bandbreite des Spektrums), daß die Häufigkeit der Doppelamplituden des Prozesses einer Rayleigh-Verteilung folgt. Daraus leiten sich statistische Aussagen über die Häufigkeit bestimmter Zustände und insbesondere über die Wahrscheinlichkeit des Überschreitens bestimmter Extremwerte ab. Damit gewinnt man ein großes Instrumentarium zur statistischen Bewertung der relevanten Antwortzustände des Schiffes im Seegang.

Als Beispiel für die Vorhersage seltener und ggf. extremer Ereignisse nach statistischen Methoden sei die Analyse der Häufigkeit und Heftigkeit von Seeschlag (slamming) nach OCHI [194] erwähnt. Einen ausgezeichneten Überblick über die probabilistischen Grundlagen der Schiffsdynamik geben PRICE und BISHOP [195].

3.9.6 Impuls-Antwort

Anfang der sechziger Jahre hat CUMMINS [196] zu Recht daran erinnert, daß die vorherrschende Verwendung periodischer, sinusförmiger Störfunktionen zur Bestimmung der Systemantwort des Schiffes eine einseitige Bevorzugung des Frequenzraum-Standpunktes gegenüber Zeitraumbetrachtungen sei. Er konnte ebenso wie etwas später OGILVIE [180] ferner zeigen, daß die gewöhnlich verwendeten Bewegungs-Differentialgleichungen i.a. nur für den Fall sinusförmiger Erregung vollständig sind, während man bei beliebiger Störfunktion die Vorgeschichte der Bewegung in einem Faltungsintegralausdruck berücksichtigen muß. Die Bewegungsgleichungen des Schiffes bei beliebiger Störfunktion sind daher eine Integro-Differentialgleichung.

Aus diesen Überlegungen eröffnete sich die Möglichkeit, die Antwort des Schiffes als eines (näherungsweise) linearen Systems für nichtperiodische Erregung *im Zeitraum* zu untersuchen. Daraus entstand die sog. Impuls-Antwort-Methode, bei der eine geeignete, meist nur kurze Zeit wirkende Störung erzeugt und die daraus entstehende Antwort des Systems gemessen oder berechnet wird. Enthält die Störung, spektral analysiert, die volle Bandbreite der relevanten Erregerfrequenzen, dann umfaßt auch die Antwort eine vollständige Systemidentifikation. Grundsätzlich ist diese Information voll äquivalent zur Übertragungsfunktion im Frequenzraum und kann somit in diese Darstellung umgerechnet werden. Damit erhält man auch die Koeffizienten der Bewegungsgleichungen. Auf diesem Wege genügt *ein* repräsentatives Experiment mit nichtperiodischer Erregung, um aus der Zeitraum-Antwort den Frequenzgang des linearen Systems zu erschließen.

Diese Methodik zur Systemidentifikation linearer Systeme über ihre Impuls-Antwort ist in anderen Disziplinen durchaus geläufig. In der Schiffshydrodynamik hat sie sich bisher trotz gewisser Erfolge im Versuchswesen, von denen CUMMINS berichtet hat, noch nicht weit verbreitet. Das mag z.T. an den hohen Genauigkeitsanforderungen liegen, mit denen Störursache und Systemantwort aufzuzeichnen und auszuwerten sind. In den letzten Jahren hat CLAUSS [199] für meerestechnische und schiffstechnische Anwendungen eine Impuls-Antwort-Versuchstechnik entwickelt, die auf transienten Wellenpaketen als Störursache beruht, und damit erfolgreiche Systemidentifikation im Seegang betrieben. Die Grundidee der Impuls-Antwort-Methodik, verbunden mit moderner Meßtechnik und Numerik, hat gewiß in Zukunft ein breiteres, noch zunehmendes Anwendungspotential, u.U. auch in Großversuchen.

W. Froude, 1810-1878   D.W. Taylor, 1864-1940   L. Prandtl, 1875-1953

Abb. 22: Begründer der Schiffshydrodynamik.

4 Zusammenfassung

Die Schiffshydrodynamik als Wissenschaft hat sich im Laufe des 20. Jahrhunderts in der Breite und Tiefe ihres Erkenntnisstandes zu voller Blüte und Reife weiterentwickelt. Hierzu haben neben den Begründern unseres Faches, zu denen W. Froude, Taylor und Prandtl zählen (Abb. 22), in diesem langen Zeitraum auch viele hervorragende deutsche Wissenschaftler aus dem Einflußfeld der Schiffbautechnischen Gesellschaft beigetragen. An eine lange Reihe wichtiger Beiträge erinnern auch die Namen in Abb. 23.

Diese Entwicklung war reich an neuen Ideen, spannenden Auseinandersetzungen und an tiefen physikalischen Einsichten. Die Ergebnisse dieser Entwicklung bilden die Grundlage für nachweisbare technische Erfolge in der Gestaltung von Schiffen.

Will man die wichtigsten Schritte dieser Entwicklung hervorheben, so kann man *als Stationen des Paradigmenwechsels* besonders erwähnen:

- Begründung der Grenzschichttheorie (PRANDTL, 1904).

- Fundierung der Tragflügeltheorie (PRANDTL, 1918/19).

- Weiterentwicklung der Wellenwiderstandstheorie, zunächst in linearisierter Form (HAVELOCK, WIGLEY, WEINBLUM u.a.), dann auf numerisch-nichtlinearem Niveau (NI, JENSEN u.a.).

- Erweiterung und Ergänzung des Froudeschen Verfahrens durch eine verallgemeinerte Sicht auf die Extrapolationsmethodik (TELFER, HUGHES, SHARMA u.a.).

- Entwicklung der Theorie des Gleitens und Vorhersage des Spritzerwiderstands (WAGNER, 1932/33).

- Beherrschung der Phänomene des dynamischen und des aerostatischen Auftriebs als Grundlage für die Technik schneller Fahrzeuge.

- Weiterentwicklung der Theorie des Schiffsverhaltens auf flachem und seitlich begrenztem Wasser, Erkenntnis der Phänomene im kritischen Geschwindigkeitsbereich.

- Begründung einer physikalisch-kausal differenzierten Theorie der Wechselwirkung zwischen Schiffsrumpf und Propeller (HORN, DICKMANN, 1937-1939).

- Erschließung der Lösung von (zumindest schwach) nichtlinearen Randwertaufgaben der Schiffshydrodynamik durch Näherungsverfahren der singulären Pertubationsmethodik (mit matched asymptotic expansions). Dazu zählen auch moderne Streifenmethoden und Theorien schlanker Körper zur Bestimmung von Kräften am Schiff im Seegang.

- Einführung probabilistischer Betrachtungsweisen und Modelle für das Verhalten des Schiffs im Seegang (ST. DENIS, PIERSON, 1953).

Neben diesen wichtigen Meilensteinen der Neuorientierung der physikalischen Sicht in der Schiffshydrodynamik sind auch wichtige Veränderungen in den Methoden und Instrumenten unseres Faches festzustellen, die ich als *Medienwechsel* bezeichnen möchte:

- In der ersten Hälfte des Jahrhundert lag die Priorität ohne Zweifel auf der Vervollkommnung des Versuchswesens als notwendige Grundlage für exakte und systematische Beobachtung der physikalischen Erscheinungen. Hierzu gehörte auch die Absicherung der Prognosemethoden.

- Seit der Mitte des Jahrhunderts und vor allem seit der Einführung des Computers hat sich eine höhere Bewertung analytischer Aussagen und numerischer Ergebnisse durchgesetzt. Damit hat man ein neues effektives und ökonomisches Instrument der Beobachtung gewonnen, das durch moderne Visualisierungstechniken sogar in der Anschaulichkeit mit Versuchen konkurriert. Die Notwendigkeit, dabei die Grenzen der analytisch-numerischen Modelle im Auge zu behalten und die physikalischen Wirkprinzipien nicht zu übersehen, wurde bereits hervorgehoben.

- Mit den technischen Fortschritten hochgenauer, auch berührungsloser Meßtechnik (insbesondere LDV-Systeme) und ermutigenden Erfolgen auch bei Großausführungsmessungen am Schiff, wie z.B. von KUX [53] berichtet, bahnen sich aber auch neue Chancen an, moderne Meßverfahren und moderne analytisch-numerische Methoden auf dem Computer effektiv zu verbinden. Diese Chancen sollte man nutzen, um wie bisher neue Erkenntnisse aus neuen Beobachtungen und neuen Erklärungen zu gewinnen.

Kehren wir am Schluß zu der Fragestellung nach dem wissenschaftlichen Fortschritt der Schiffshydrodynamik im 20. Jahrhundert durch Paradigmenwechsel im Sinne von KUHN zurück, so können wir feststellen, daß ihre Fähigkeit, die physikalischen Erscheinungen nach rationalen Gedankenmodellen zu deuten und damit technisch zu beherrschen, in eindrucksvollem Maße zugenommen hat. Aber auch wir hinterlassen dem nächsten Jahrhundert nicht nur eine reiche Erbschaft an Erkenntnis, sondern auch einige Hypotheken an unbewältigten Fragen. Und das ist gut so.

5 Dankwort

Der Verfasser dankt herzlich allen Personen, die ihm bei der Sammlung, Sichtung und Diskussion des umfangreichen Quellmaterials für diese historische Übersicht tatkräftig unterstützt haben. Besondere Anerkennung für kritische und konstruktive Kommentare zum entstehenden Beitrag haben sich die Herren Dr. J. KUX, Dr. B. MÜLLER-GRAF und Prof. S. D. SHARMA verdient. Auch die Unterstützung bei der Erstellung der Bildunterlagen durch die Herren J. HEIMANN und B.-L. KÄTHER wird dankbar anerkannt.

Schrifttum

1 Kuhn, T.S.: The Structure of Scientific Revolutions, Chicago, 1962.

2 Newton, I.: Philosophiae Naturalis Principia Mathematica, London, 1686.

3 Bernoulli, D.: Hydrodynamica, Straßburg, 1738.

4 Bernoulli, J.: Hydraulica, Opera Omnia IV, 1742.

5 Bouguer, P.: Traité du Navire, Paris, 1746.

6 Euler, L.: Scientia Navalis, Petersburg, 1749.

7 D• Alembert, J.H.R.: Essai d• une nouvelle théorie de la résistance des fluides, Paris, 1752.

8 D• Alembert, J.H.R.; de Condorcet, M.-J.; Bossut, C.: Nouvelles Expériences sur la Résistance des Fluides, Paris, 1777.

9 Rankine, W.J.M.: On Plane Waterlines in Two Dimensions, Phil. Trans. Roy. Soc., London, 1863.

10 Rankine, W.J.M.: On Stream-Line Surfaces, Trans. INA, 1870.

11 Taylor, D.W.: On Ship-Shaped Stream Forms, Trans. INA, 1894.

12 Helmholtz, H. von: Über Integrale der hydrodynamischen Gleichungen, welche den Wirbelbewegungen entsprechen, Crelles Journ. reiner und angew. Math., 1858.

13 Thomson, W. (Lord Kelvin): On Vortex Motion, Trans. Roy. Soc. Edinburgh, 1869.

14 Navier, L.M.H.: Mémoires sur les lois du mouvement des fluides, Mém. de l• Acad. Roy., 1823.

15 Stokes, G.G.: On the Theories of the Internal Friction of Fluids in Motion, Trans. Cambr. Phil. Soc., 1845.

16 Reynolds, O.: An Experimental Investigation of the Circumstances which Determine Whether the Motion of Water Shall be Direct or Sinuous, and the Law of Resistance in Parallel Channels, Phil. Trans. Roy. Soc., 1883.

17 Duckworth, A.D.: The Papers of William Froude, Collected into One Volume by The Institution of Naval Architects, INA, London, 1955.

18 Thomson, W. (Lord Kelvin): On Ship Waves, Proc. Inst. Mech. Eng., 1887.

19 Michell, J.H.: The Wave Resistance of a Ship, Phil. Mag., 1898.

20 Timmermann, G.: Die Suche nach der günstigsten Schiffsform, Schriften des Deutschen Schiffahrtsmuseums, Bd. 11, Gerhard Stalling Verlag, Oldenburg/Hamburg, 1979.

21 Schütte, J.: Untersuchungen über Hinterschiffsformen, speziell über Wellenaustritte, ausgeführt in der Schleppversuchsstation des Norddeutschen Lloyd an Modellen des Dop-

pelschrauben-Schnelldampfers "Kaiser Wilhelm der Große", J. STG 2, 1901.

22 Engels, H.; Gebers, F.: Über Schleppversuche mit Kanalkahnmodellen in unbegrenztem Wasser und in drei verschiedenen Kanalprofilen, ausgeführt in der Übigauer Versuchsanstalt, J. STG 8, 1907.

23 Ahlborn, F.: Hydrodynamische Experimentaluntersuchungen, J. STG 5, 1904.

24 Ahlborn, F.: Die Wirkung der Schiffsschraube auf das Wasser, J. STG 6, 1905.

25 Prandtl, L.: Über Flüssigkeitsbewegung bei sehr kleiner Reibung, Verh. III. Intern. Math. Kongr., Heidelberg, 1904.

26 Wieghardt, K.: Betrachtungen zum Zähigkeitswiderstand von Schiffen, J. STG 52, 1958.

27 Van Dyke, M.: Perturbation Methods in Fluid Dynamics, Academic Press, 1964.

28 Lap, A.J.W.: Fundamentals of Ship Resistance and Propulsion, International Shipbuilding Progress, Rotterdam, Publ. No. 129a of N.S.M.B., 1956.

29 Kempf, G.: Neuere Ergebnisse der Widerstandsforschung, Werft-Reederei-Hafen, 1929.

30 Schoenherr, K.E.: Resistance of Flat Surfaces Moving through a Fluid, Trans. SNAME, 1932.

31 Prandtl, L.; Schlichting, H.: Das Widerstandsgesetz für rauhe Platten, Werft-Reederei-Hafen, 1934.

32 Schultz-Grunow, F.: Neues Widerstandsgesetz für glatte Platten, Luftfahrtforschung 17, 1940.

33 Hughes, G.: Friction and Form Resistance in Turbulent Flow and a Proposed Formulation for Use in Model and Ship Correlation, Trans. INA, 1954.

34 Föttinger, H.: Fortschritte der Strömungslehre im Maschinenbau und Schiffbau, J. STG 25, 1924.

35 Horn, F.: Theorie des Schiffes, in Auerbach & Hort, Handbuch der Physik und Techn. Mechanik, Leipzig, 1929.

36 Weinblum, G.: Über die Unterteilung des Schiffswiderstandes, Schiff und Hafen 22, 1970.

37 Telfer, E.V.: Ship Resistance Similarity, Trans. INA, 1927.

38 Hughes, G.: Friction and Form Resistance in Turbulent Flow and a Proposed Formulation for Use in Model and Ship Correlation, Trans. INA, 1954.

39 Prohaska, C.W.: A Simple Method for the Evaluation of the Form Factor and Low Speed Wave Resistance, Proc. 11th ITTC, 1966.

40 Sharma, S.D.: Zur Problematik der Aufteilung des Schiffswiderstandes in zähigkeits- und wellenbedingte Anteile, J. STG 59, 1965.

41 Schlichting, H.: Experimentelle Untersuchungen zum Rauhigkeitsproblem, Ing.-Archiv 7, 1936.

42 v. Kármán, T.: Mechanische Ähnlichkeit und Turbulenz, Trans. 3rd Intl. Congr. for Appl. Mech., Stockholm, 1930.

43 Schultz-Grunow, F.: Der hydrodynamische Reibungswiderstand von Platten mit mäßig rauher Oberfläche, insbesondere von Schiffsoberflächen, J. STG 39, 1938.

44 Scholz, N.: Über eine rationelle Berechnung des Strömungswiderstandes schlanker Körper mit beliebig rauher Oberfläche, J. STG 45, 1951.

45 Granville, P.S.: The Frictional Resistance and Turbulent Boundary Layer of Rough Surfaces, J. of Ship Research, 1958.

46 Kempf, G.; Karhan, K.: Zur Oberflächenreibung von Schiffen, J. STG 45, 1951.

47 Laute, W.: Untersuchungen über Druck- und Strömungsverlauf an einem Schiffsmodell, J. STG 34, 1933.

48 Graff, W.: Untersuchungen über den Ablösungswiderstand völliger Schiffsformen, J. STG 35, 1934.

49 Amtsberg, H.: Untersuchungen über die Formabhängigkeit des Reibungswiderstandes, J. STG 38, 1937.

50 Pohlhausen, K.: Zur näherungsweisen Integration der Differentialgleichungen der laminaren Reibungsschicht, ZAMM 1, 1921.

51 Truckenbrodt, E.: Ein Quadraturverfahren zur Berechnung der laminaren und turbulenten Reibungsschicht bei ebener und rotationssymmetrischer Strömung, Ing.-Archiv 20, 1952.

52 Kline, S.J. et al.: Computation of Turbulent Boundary Layers, Proc. AFOSR-IFP-Stanford 1968, Stanford Univ. Press, 1968.

53 Larsson, L. (Herausg.): SSPA-ITTC-Workshop on Ship Boundary Layers, Proceedings, SSPA-Report No. 90, Göteborg, 1980.

54 Toda, Y; Tanaka, I.; Otsuka, Y.: An Integral Method for Calculating Three-Dimensional Boundary Layer with Higher-Order Effect, Osaka[55], 1985.

55 Tanaka, I. et al. (Herausg.): Proc. Osaka Intl. Coll. on Ship Viscous Flows, Osaka, 1985.

56 Larsson, L.: CFD in Ship Design - Prospects and Limitations, Schiffstechnik 44, 1997.

57 Wieghardt, K.; Kux, J.: Nomineller Nachstrom auf Grund von Windkanalversuchen, J. STG 74, 1980.

58 Kux, J.: Berechnungsverfahren der Schiffshydromechanik -Vergleich der Ergebnisse mit Messungen, J. STG 83, 1989.

59 Larsson, L.; Patel, V.C.; Dyne, G. (Herausg.): Ship Viscous Flow, Proc. of 1990 SSPA-CTH-IIHR Workshop, Göteborg, 1991.

60 N.N.: Advance Papers of 6th Intl. Conf. on Numerical Ship Hydrodynamics, Iowa City, 1993.

61 Kodama, Y.(Herausg.): Proc. CFD Workshop Tokyo, Ship Research Inst., Tokyo, 1994.

62 Bertram, V.: Numerische Schiffshydrodynamik in der Praxis, Habilitationsschrift, TU Berlin, 1994.

63 Sotiropoulos, F.; Patel, V.C.: Application of Reynolds-Stress Transport Models to Stern and Wake Flows, J. of Ship Res. 39, 1995.

64 Fredholm, I.: Sur une nouvelle méthode pour la résolution du problème de Dirichlet, Öfversigt af Kongl. Svenska Vetenskaps-Akademiens Förhandlingar, Stockholm, 1900.

65 Lotz, I.: Zur Berechnung der Potentialströmung um quergestellte Luftschiffskörper, Ing.-Archiv 2, 1931.

66 Riegels, F.: Die Strömung um schlanke, fast drehsymmetrische Körper, Mitt. aus dem Max-Planck-Inst. für Strömungsforschung, Göttingen, 1952.

67 Dreger, W.: Ein Verfahren zur Berechnung des Potentialsogs, Schiffstechnik, 1959.

68 Smith, A.M.O.; Pierce, J.: Exact Solution of the Neumann Problem: Calculation of Non-Circulatory Plane and Axially Symmetric Flows about or within Arbitrary Boundaries, Rept. E.S. 26988, Douglas Aircraft Co., 1958.

69 Hess, J.L.; Smith, A.M.O.: Calculation of Non-Lifting Potential Flow about Three-Dimensional Bodies. Rept. E.S. 40622, Douglas Aircraft Co., 1962.

70 Nowacki, H.: Potentialtheoretische Strömungs- und Sogberechnungen für schiffsähnliche Körper, J. STG 57, 1963.

71 Webster, W.C.: The Flow about Arbitrary, Three-Dimensional Smooth Bodies, J. of Ship Res., 1975.

72 Jensen, G.: Berechnung der stationären Potentialströmung um ein Schiff unter Berücksichtigung der nichtlinearen Randbedingung an der freien Wasseroberfläche, Diss., IfS-Bericht 484, Univ. Hamburg, 1988.

73 Squire, H.B.; Young, A.D.: The Calculation of the Profile Drag of Airfoils, ARC Rept. and Mem. No. 3374, 1951.

74 Söding, H.: A Method for Accurate Force Calculations in Potential Flow, Schiffstechnik 40, 1993.

75 Wigley, C. (Herausg.): The Collected Papers of Sir Thomas Havelock on Hydrodynamics, Office of Naval Research, Washington, 1963.

76 Havelock, T.H.: Some Cases of Wave Motion due to a Submerged Obstacle, Proc. Royal Soc. A, vol. 93, 1917.

77 Havelock, T.H.: Wave Resistance Theory and its Applications to Ship Problems, Trans. SNAME 59, 1951.

78 Wigley, W.C.S.: Ship Wave Resistance, Progress since 1930, Trans. INA 77, 1935.

79 Weinblum, G.: Anwendungen der Michellschen Wellenwiderstandstheorie, J. STG 31, 1930.

80 Weinblum, G.: Schiffsform und Wellenwiderstand, J. STG 33, 1932.

81 Weinblum, G.; Wustrau, D.; Vossers, : Schiffe geringsten Widerstandes, J. STG 51, 1957.

82 Lunde, J.K.: On the Linearized Theory of Wave Resistance for Displacement Ships in Steady and Accelerated Motion, Trans. SNAME 59, 1951.

83 Maruo, H.; Jinnaka, T.; Nishiyama, J.; Bessho, M.; Inui, T.: Advances in Calculation of Wave-Making Resistance of Ships, 60th Anniversary Series, Vol. 2, Soc. of Naval Arch. of Japan, 1957.

84 Wehausen, J.V.; Laitone, E.V.: Surface Waves, Encycl. of Physics, Vol. 9, Fluid Dynamics, Springer-Verlag, 1960.

85 Michelsen, F.C. (Herausg.): Intern. Seminar on Theoretical Wave-Resistance, Ann Arbor, 1963.

86 Inui, T.: Wave-Making Resistance of Ships, Trans. SNAME 70, 1962.

87 Eggers, K.; Sharma, S.D.; Ward, L.W.: An Assessment of Some Experimental Methods for Determining the Wavemaking Characteristics of a Ship Form, Trans. SNAME 75, 1967.

88 Pien, P.C.; Moore, W.L.: Theoretical and Experimental Study of Wave-Making Resistance of Ships, Intl. Sem. on Theor. Wave-Resistance, Univ. Michigan, Ann Arbor, 1963.

89 Betz, A.: Ein Verfahren zur direkten Ermittlung des Profilwiderstandes, Z. für Flugtechnik und Motorluftschiffahrt 16, 1925.

90 Jones, B.M.: The Measurement of Profile Drag by the Pitot-Traverse Method, Rept. & Mem. No. 1688, Cambridge Univ. Aer. Lab., 1936.

91 Baba, E.: A New Component of Viscous Resistance of Ships, J. Zosen Kiokai 125, 1969.

92 Eckert, E.; Sharma, S.D.: Bugwülste für langsame, völlige Schiffe, J. STG 64, 1970.

93 Strohbusch, E.: Vorstevenformen und Bugwulst, Marinerundschau, 1976.

94 Takahei, T.: A Study of the Waveless Bow, Part 1 and 2, J. Zosen Kiokai, 1969 and 1961.

95 Couch, R.B.; Moss, J.L.: Application of Large Protruding Bulbs to Ships of High Block Coefficient, Trans. SNAME 74, 1966.

96 Eckert, E.; Sharma, S.D.: Bugwülste für langsame, völlige Schiffe, J. STG 64, 1970.

97 Kracht, A.: Der Bugwulst als Entwurfselement an Schiffen, J. STG 70, 1976.

98 Dawson, C.W.: A Practical Computer Method for Solving Ship-Wave Problems, 2. Intl. Conf. in Num. Ship Hydrodynamics, Berkeley, 1977.

99 Jensen, G.; Söding, H.; Mi, Z.X.: Rankine Source Methods for Numerical Solutions of the Steady Wave Resistance Problem, 16th Symp. for Naval Hydrodynamics, Office of Naval Research, Berkeley, 1986.

100 Ni, S.Y.: Higher Order Panel Methods for Potential Flow with Linear or Nonlinear Free Surface Boundary Condition, Diss., Chalmers Univ., Göteborg, 1987.

101 Jensen, G.: Berechnung des Wellenwiderstandes für praktische Schiffsformen, J. STG 82, 1988.

102 Kim, Y.-H.; Lucas, T.R.: Nonlinear Ship Waves, 18th Symp. for Naval Hydrodynamics, Office of Naval Research, Ann Arbor, 1990.

103 Raven, H.C.: A Practical Nonlinear Method for Calculating Ship Wavemaking and Wave Resis-tance, 19th Symp. for Naval Hydrodynamics, Office of Naval Research, Seoul, 1992.

104 Naujeck, A.; Kraus, A.: Der "Cargo Cat" – Über Möglichkeiten und Grenzen des Frachttransports auf schnellen Schiffen, J. STG 8, 1992.

105 Rader, H.P.: Wasserfahrzeuge für hohe Geschwindigkeiten, J. STG 74, 1980.

106 Witschel, H.: Schnellbootbau 1900-1985, J. STG 79, 1985.

107 Müller-Graf, B.: Leistungsvorhersage für Rund- und Knickspantboote, J. STG 74, 1980.

108 Müller-Graf, B.: General Resistance Aspects of High Speed Small Craft, WEGEMT School on Small Craft Technology, Athen, 1997.

109 Müller-Graf, B.: Zur Hydrodynamik des Verdrängens und des Gleitens auf tiefem und auf flachem Wasser, 19. Duisburger Kolloquium "Das Schiff für überkritische Fahrt", Duisburg, 1998.

110 Graff, W.: Die Hydrodynamik schneller Verdrängungsschiffe auf tiefem und flachem Wasser, J. STG 74, 1980.

111 Wagner, H.: Über Stoß- und Gleitvorgänge an der Oberfläche von Flüssigkeiten, ZAMM, 1932.

112 Wagner, H.: Über das Gleiten von Wasserfahrzeugen, J. STG 34, 1933.

113 Schaffran, K.: Über die Aufstiegsverhältnisse von Wasserfahrzeugen und Flugbooten, J. STG 17, 1916.

114 Sottorf, W.: Versuche mit Gleitflächen, Werft-Reederei-Hafen, Teil I: 1929, Teil II: 1932, Teil III: 1933.

115 Savitsky, D.: Hydrodynamic Design of Planing Hulls, Marine Technology 1, 1964.

116 Hadler, J.: The Prediction of Power Performance on Planing Craft, Trans. SNAME 74, 1966.

117 Büller, K.J.: Das Tragflügelboot, J. STG 46, 1952.

118 Büller, K.J.: Möglichkeiten zur Weiterentwicklung von Tragflügelbooten, J. STG 72, 1978.

119 Eggers, K.: Widerstandsverhältnisse von Zweikörperschiffen, J. STG 49, 1955.

120 Müller-Graf, B.: Die hydrodynamischen Eigenschaften der VWS-Gleitkatamaran-Serie '89, J. STG 88, 1994.

121 Hightower, J.D.; Seiple, R.L.: Operational Experiences with the SWATH-Ship SSP "Kaimalino"; AIAA/SNAME Advanced Marine Vehicle Conf., San Diego, 1978.

122 Oshima, M.; Narita, H.; Kunitake, Y.: Experiences with 12m Long Semi-Submerged Catamaran (SSC), Advanced Marine Vehicles Conf., Baltimore, 1979.

123 Kraus, A.; Naujeck, A.: Schneller Ladungstransport: Ein Vergleich von Katamaran und SWATH-Schiff, J. STG 87, 1993.

124 Kusaka, Y.; Nakamura, H.; Kunitake, Y.: Hull Form Design of the Semi-Submerged Catamaran Vessel, 13th Symp. on Naval Hydr., Office of Naval Res., Tokyo, 1981.

125 Salvesen, N. et al.: Hydro-Numeric Design of SWATH Ships, Trans. SNAME 91, 1983.

126 Papanikolaou, A.; Nowacki, H.; Zaraphonitis, G.; Kraus, A.; Androulakakis, M.: Concept Design and Optimisation of A SWATH Passenger / Car Ferry, Trans. IMAS 89, Athen, Institute of Marine Eng., London, 1989.

127 Bertram, V.: Wellenwiderstandsberechnung für SWATH-Schiffe und Katamarane, J. STG 86, 1992.

128 Nowacki, H.; Holbach, G.; Papanikolaou, A.; Zaraphonitis, G.: Konzept und hydrodynamischer Entwurf einer schnellen SWATH-Fähre für das Mittelmeergebiet, J. STG 84, 1990.

129 Holbach, G.; Nowacki, H.: SWATH Fin Design, Proc. 5th IMDC/STG-Sommertagung, Delft, 1994.

130 Kracht, A.: "Nickmomentenfreie" SWATH-Formen, J. STG 88, 1994.

131 Kruppa, C.; Östergaard, C.: Über Luftkissen-fahrzeuge, J. STG 65, 1971.

132 Wessel, J.: Entwurf von Luftkissenkatamara-nen, J. STG 88, 1994.

133 Knüpffer, K.: SES 700-Projekt eines schnel-len Erprobungsfahrzeugs, J. STG 82, 1988.

134 Lewis, E.V. (Herausg.): Principles of Naval Architecture, 2. Revision, SNAME, 1988.

135 Havelock, T.H.: The Effect of Shallow Water on Wave Resistance, Proc. Roy. Soc. A, vol. 100, 1921.

136 Havelock, T.H.: Wave Resistance, Proc. Roy. Soc. A, vol. 118, 1927.

137 Airy, G.B.: Tides and Waves, Enc. Metropo-litana, Vol. 5, pp. 241-396, London, 1845.

138 Krey, H.: Fahrt der Schiffe auf beschränktem Wasser, Z. Schiffbau, 1913.

139 Weitbrecht, H.M.: Über den Schiffswider-stand auf beschränkter Wassertiefe, J. STG 22, 1921.

140 Kreitner, J.: Über den Schiffswiderstand auf beschränktem Wasser, Werft-Reederei-Hafen, 1934.

141 Schlichting, O.: Schiffswiderstand auf be-schränkter Wassertiefe, J. STG 35, 1934.

142 Sretensky, L.: On the Wave-Making Resistan-ce of a Ship Moving along in a Canal, Phil. Mag. 22, 1936.

143 Weinblum, G.: Wellenwiderstand auf be-schränktem Wasser, J. STG 39, 1938.

144 Schuster, S.: Untersuchungen über Strö-mungs- und Widerstandsverhältnissen bei der Fahrt von Schiffen in beschränktem Wasser, J. STG 46, 1952.

145 Inui, T.: Japanese Developments of the Theo-ry of Wavemaking and Wavemaking Resistance, 7th Intl. Conf. on Ship Hydrody-namics, Oslo, 1954.

146 Graff, W.: Untersuchungen über die Ausbil-dung des Wellenwiderstandes im Bereich der Stauwellengeschwindigkeit in flachem, seit-lich beschränktem Fahrwasser, Schiffstechnik 9, 1962.

147 Söding, H.; Bertram, V.; Jensen, G.: Numeri-sche Berechnung von Absenkung und Trimm von Schiffen durch Fahrt in flachem Wasser, J. STG 83, 1989.

148 Kux, J.; Müller, E.: Einfluß des flachen Was-sers auf die Schiffsumströmung am Beispiel des Series - 60 - Schiffes, J. STG 86, 1992.

149 Östergaard, C.: Schiffspropulsion, Beitrag in L.U. Scholl (Herausg.): Technikgeschichte des industriellen Schiffbaus in Deutschland, Bd. 2, Ernst Kabel Verlag, Hamburg, 1996.

150 Froude, R.E.: A Description of a Method of Investigation of Screw-Propeller Efficiency, Trans. INA, 1883.

151 Pröll, A.: Beiträge zur Theorie der Schiffs-schraube, J. STG 11, 1910.

152 Kempf, G.: Strahldruck und Sogmessungen, J. STG 17, 1916.

153 Fresenius, R.: Das grundsätzliche Wesen der Wechselwirkung zwischen Schiff und Pro-peller, Z. Schiffbau, 1921.

154 Helmbold, H.B.: Beitrag zur Theorie der Nachstromschrauben, Ing.-Archiv, 1931.

155 Horn, F.: Measurement of Wake, Trans. North East Coast Inst., vol. 54, 1937/38.

156 Amtsberg, H.: Untersuchungen an Rotations-körpern zur Wechselwirkung zwischen Schiffskörper und Propeller, J. STG 54, 1960.

157 Pohl, K.-H.: Über die Wechselwirkung zwi-schen Schiff und Propeller, J. STG 55, 1961.

158 Beveridge, J.L.: Analytical Prediction of Thrust Deduction for Submersibles and Sur-face Ships, Journal of Ship Res. 13, 1969.

159 Nakatake, K.: On the Interaction between the Ship Hull and the Screw Propeller, japanisch, J. of Seibu Zosen Kyokai, 1967 und 1968.

160 Nowacki, H.; Sharma, S.D.: Free-Surface Ef-fects in Hull Propeller Interaction, Proc. 9th Symp. on Naval Hydrodynamics, Paris, Office of Naval Res., Arlington, 1972.

161 Hadler, J.B.; Cheng, H.M.: Analysis of Expe-rimental Wake Data in Way of Propeller Plane of Single and Twin-Screw Ship Models, Trans. SNAME 73, 1965.

162 Schmiechen, M.: Nachstrom und Sog aus Propulsionsversuchen allein. Eine rationale Theorie der Wechselwirkung zwischen Schiffsrumpf und –propeller, J. STG 74, 1980.

163 Froude, W.: On the Rolling of Ships, Trans. INA 3, 1861.

164 Kryloff, A.: A General Theory of the Oscilla-tions of a Ship on Waves, Trans. INA 40, 1898.

165 Weinblum, G.; St. Denis, M.: On the Motions of Ships at Sea, Trans. SNAME 58, 1950.

166 Lamb, H.: Hydrodynamics, 1. Aufl.: 1879, 6. Aufl.: 1932, Cambridge Univ. Press / Dover Publ.

167 Lewis, F.M.: The Inertia of Water Surroun-ding a Vibrating Ship, Trans. SNAME 37, 1929.

168 Wendel, K.: Hydrodynamische Massen und hydrodynamische Massenträgheitsmomente, J. STG 44, 1950.

169 Ursell, F.: On the Heaving Motion of a Cir-cular Cylinder on the Surface of a Fluid, Quart. Journal of Applied Math., vol. 2, 1949.

170 Grim, O.: Berechnung der durch Schwingun-gen eines Schiffskörpers erzeugten hydrody-namischen Kräfte, J. STG 47, 1953.

171 Frank, W.: Oscillations of Cylinders in or below the Free Surface, DTRC-Rept. 2375, Bethesda, MD, 1967.

172 Ogilvie, T.F.; Shin, Y.S.: Integral-Equation Solutions for Time-Dependent Free Surface Problems, Trans. Soc. Nav. Arch. Japan, 1978.

173 Newman, J.N.: The Exciting Forces on a Moving Body in Waves, J. Ship Res., 1965.

174 Salvesen, N.; Tuck, E.O.; Faltinsen, O.: Ship Motions and Sea Loads, Trans. SNAME 78, 1970.

175 Bertram, V.; Yasukawa, H.: Rankine Source Methods for Seakeeping Problems, J. STG 89, 1996.

176 Durand, W.F. (Herausg.): Aerodynamic Theory, zuerst erschienen 1934 – 1936 bei Julius Springer, nachgedruckt von Dover Publ., New York, 1963.

177 Korvin-Krouvovsky, B.V.; Jacobs, W.R.: Pitching and Heaving Motion of a Ship in Regular Waves, Trans. SNAME 65, 1957.

178 Sharma, S.D.: Der Wellenwiderstand eines flach getauchten Körpers und seine Beeinflussung durch einen aus dem Wasser herausragenden Turmaufbau, Schiffstechnik, Bd. 15, 1968.

179 Timman, R.; Newman, J.N.: The Coupled Damping Coefficients of Symmetric Ships, J. Ship Res. 5, 1962.

180 Ogilvie, T.F.: Understanding and Prediction of Ship Motions, Fifth Symp. Naval Hydr., Bergen, Office of Naval Res., 1964.

181 Ogilvie, T.F.; Tuck, E.O.: A Rational Strip Theory of Ship Motions, Part I, Univ. of Michigan, Dept. of Naval Arch. and Marine Eng., Rept. 013, 1969.

182 Gerritsma, J.; Beukelman, W.: Analysis of the Modified Strip Theory for the Calculation of Ship Motions and Wave Bending Moments, Intl. Shipbu. Progr. 14, 1967.

183 Söding, H.: Eine Modifikation der Streifenmethode, Schiffstechnik 16, 1969.

184 Borodai, I.K.; Netsvetayev, Y.A.: Ship Motions in Ocean Waves, Sudostrojenie, Leningrad, 1969.

185 Salvesen, N.; Tuck, E.O.; Faltinsen, O.: Ship Motions and Sea Loads, Trans. SNAME 78, 1970.

186 Grim, O.: Durch Wellen an einem Schiffskörper erregte Kräfte, Proc. Symp. on the Behaviour of Ships in a Seaway, Wageningen, 1957.

187 Abels, F.: Die Druckverteilung an einem festgehaltenen Schiffsmodell in regelmäßigem Seegang, J. STG 53, 1959.

188 Troesch, A.W.: Sway Roll, and Yaw Motion Coefficients Based on a Forward Speed Slender Body Theory, Pars I + II, J. Ship Res. 25, 1981.

189 Newman, J.N.; Sclavounos, P.: The Unified Theory of Ship Motions, Proc. 13th Symp. Naval Hydro., Tokyo, Office of Naval Res., 1980.

190 Wiener, N.: Generalized Harmonic Analysis, Acta Mathematica, 1930.

191 Wiener, N.: The Extrapolation, Interpolation, and Smoothing of Stationary Time Series with Engineering Applications, John Wiley and Sons, New York, 1949.

192 Pierson, W.J., Jr.: A Unified Mathematical Theory for the Analysis of Propagation and Refraction of Storm Generated Ocean Surface Waves, New York Univ., 1952.

193 St. Denis, M.; Pierson, W.J., Jr.: On the Motions of Ships in Confused Seas, Trans. SNAME 61, 1953.

194 Ochi, M.K.: Prediction of Occurrence and Severity of Ship Slamming at Sea, Proc. 5th Symp. Naval Hydr., Bergen, Office of Naval Research, 1964.

195 Price, W.G.; Bishop, R.E.D.: Probabilistic Theory of Ship Dynamics, Halsted Publ., London, 1974.

196 Cummins, W.E.: The Impulse Response Function and Ship Motions, Schiffstechnik 9, 1962.

197 Grim, O.: Die Schwingungen von schwimmenden, zweidimensionalen Körpern, HSVA-Bericht Nr. 1171, Hamburg, 1959.

198 Lewis, E.V.; Numata, E.: Ship Model Tests in Regular and Irregular Seas, ETT Rept. No. 567, Davidson Laboratory, 1956.

199 Clauss, G.F.; Kühnlein, W.L.: Seegangsversuchs-technik mit transienter Strukturanregung, J. STG 89, 1995.

200 Amtsberg, H.: Schiffshydrodynamik, Beitrag im Gedenkband „75 Jahre Schiffbautechnische Gesellschaft, 1899-1974", Herausgeber: STG, Hamburg, 1974

Abb. 23: Deutsche Schiffshydrodynamiker im 20. Jahrhundert

Entwicklung der Manövriertechnik in den zurückliegenden 100 Jahren

Development of Maneuvring Technology within the Past 100 Years

Dr.-Ing. **W. Kay Meyerhoff**, Pinneberg; Dipl.-Ing. **Josef Walter**, Deutsche Binnenwerften, Berlin; Dipl.-Ing. **Friedrich Weiß**, F. Weiß FEG, Ahrensburg

Summary: Manoeuvring technolology combines the disciplines of naval architecture, engineering and hydrodynamics. Applications in ship control systems and in offshore technology became also relevant more recently. The paper describes important steps in manoeuvring technology since the foundation of the Schiffbautechnische Gesellschaft. Equipment technology and its fundamentals and, in particular, German contributions will be given primary attention. However, international interrelations in shipbuilding and offshore technology do not allow a portrayal from an isolated national standpoint. The role of the Schiffbautechnische Gesellschaft will be emphasised in view of the occasion. The paper closes with an attempt of outlining future development trends.

1 Einführung

Eine zusammenfassende Wertung der Entwicklung der Manövriertechnik seit der Gründung STG hat es bisher nicht gegeben. Dies mag darin begründet sein, daß die Manövriertechnik in ihrem Zusammenwirken von Schiffbau, Maschinenbau, Elektrotechnik, Regelungstechnik und Hydrodynamik erst in jüngerer Zeit als eigenständiges Fachgebiet innerhalb der STG erscheint. Die z.Zt. überarbeitete und demnächst als DIN erscheinende Norm [1] definiert Manövrieren als:

„Gesamtheit der Manöver, Manövrierversuche und sonstigen Verfahren wie Berechnungen, Simulationen etc. zur Ermittlung der Manövriereigenschaften. Manövrieren schließt Maßnahmen zur Einhaltung des Fahrtustandes bei äußeren Störungen ein.“

Dies umfaßt außer See- und Binnenschiffen auch Unterseeboote und Torpedos. Unter Manövriertechnik sollen im folgenden sowohl das Manövrieren als auch die zum Manövrieren eingesetzten technischen Vorrichtungen angesprochen sein. Alles dies ist im Fachausschuß Manövrieren seit seiner Gründung vertreten. Der ging 1977 auf Betreiben von Brix aus der Untergruppe Manövrieren hervor, die als einzige in der Arbeitsgruppe Schiffbau-Versuchsanstalten (AGSV) seit 1969 regelmäßig tagte. Ihr Erfolg lag wohl auch darin begründet, daß

ihr erster Leiter Thieme von Anfang an das ganze Spektrum der Manövriertechnik einlud. Die Untergruppe und später der Fachausschuß entwickelten einen intensiven Informationsaustausch. Praktisch alle Beiträge sind veröffentlicht.

Es wäre unrealistisch, sich in diesem Rahmen eine umfassende Wertung von einem Jahrhundert Manövriertechnik vorzunehmen. Auch eine Beschränkung auf die Rolle, die die STG hier gespielt hat, könnte nicht helfen. Es mußte vielmehr eine Auswahl erfolgen, unvermeidlich eine subjektive Auswahl. Die Autoren bitten schon vorab Betroffene, lebende und nicht mehr lebende, um Nachsicht, wenn Beiträge zur Manövriertechnik zu Unrecht unzureichend oder nicht berücksichtigt sind.

Der Rückblick ließ sich leicht in drei Abschnitte gliedern, nämlich den Stand zur Zeit der Gründung der STG kurz vor der Jahrhundertwende, den Zeitabschnitt bis in den zweiten Weltkrieg, gekennzeichnet durch eine stetige Entwicklung, und die zunehmend stürmische Entwicklung seit dem Wiederaufbau nach dem zweiten Weltkrieg bis heute.

2 Stand am Ende des 19. Jahrhunderts

Das Ende des 19. Jahrhunderts war im Schiffbau durch den Übergang von den Segel- zu den Dampfschiffen gekennzeichnet, wobei die größten je gebauten Segelschiffe erst um die Jahrhundertwende gebaut wurden. Gleich im ersten Jahrbuch der STG findet sich die umfassende Darstellung der Steuervorrichtungen (heute eher als Rudermaschinen zu bezeichnen) durch Middendorf [51]. Diese Arbeit umfaßt 125 Seiten und zusätzlich 125 Abbildungen und widmet sich ausschließlich der technischen Ausführung und der Dimensionierung. Middendorf beginnt mit einem historischen Rückblick und behandelt dann getrennt Rudermaschinen für Segel- und für Dampfschiffe.

Bei den Rudermaschinen für Segelschiffe fällt auf, daß praktisch alle bis zu den größten von Hand betätigt wurden. Das galt auch für die bei Middendorf gezeigte Rudermaschine der Fünfmastbark "Potosi", einen sogenannten Schraubenapparat. Die "Potosi" war damals mit über 111 m Länge das größte Segelschiff. Es bestand die Möglichkeit, das Ruder sowohl von der Brücke als auch direkt am Schraubenapparat mit Hilfe von jeweils zwei Steuerrädern zu betätigen. Die Verbindung von der Brücke zum Schraubenapparat erfolgte durch Reepleitung. Eine Notsteuerung war durch Rudertaljen möglich, die an eine zusätzlich vorhandene Pinne angesetzt werden konnten.

Die mit der begrenzten Leistung der Männer an den Steuerrädern unter Berücksichtigung der hohen möglichen Fahrtgeschwindigkeiten erreichbare Ruderlegegeschwindigkeit muß offenbar ausreichend gewesen sein. Dies sollte nicht zu sehr überraschen, da bei mehrmastigen Seglern der Kurs zum Wind im wesentlichen durch den Trimm der Segel bestimmt ist.

Der Hauptteil des Vortrags gilt den Rudermaschinen für Dampfschiffe. Man hat in der Mitte des 19. Jahrhunderts bei den ersten Dampfschiffen wie bei den Seglern der Zeit das Ruder zunächst nur vom Hinterschiff aus betätigt. Dabei gibt Middendorf an, daß Kommandos von der Brücke durch Zuruf gegeben wurden. Für die Fernsteuerung von der Brücke wurden dann zunächst Axiometerleitungen, später auch hydraulische Telemotoren und elektrische Fernbedienungen eingesetzt.

Bei der Beschreibung der verwendeten Rudermaschinen bezieht sich Middendorf häufig auf englische Patente. Seit dem ersten, nie realisierten Sickels-Patent aus dem Jahre 1859 setzte eine schnelle Entwicklung ein: Der Vortrag zeigt und beschreibt mehr als dreißig Typen von dampfbetriebenen Rudermaschinen. Außer Dampfapparaten werden auch hydraulische, pneumatische und auch elektrische Rudermaschinen beschrieben. Middendorf bezeichnet hydraulische Rudermaschinen als die aussichtsreichste Form, die Technologie aber als noch nicht ausgereift.

Für die Konstruktion und Berechnung der Rudermaschinen benötigte man als Lastannahme das Ruderschaftmoment. Dazu benutzte Middendorf die auf Euler zurückgehende Formel für die Ruderkraft. Mit Hilfe des Hebels zum Angriffspunkt der Ruderkraft, der im Flächenschwerpunkt angenommen wurde, errechnete man das Moment. Zur Auslegung der Rudergröße wird nichts ausgesagt. Zur Konstruktion des Ruders selbst sagt Middendorf ebenfalls nichts aus, stellt jedoch fest, daß Schäden an

Ruder und Ruderschaft sehr selten sind.

Ruder bei Segelschiffen und bei dampfgetriebenen Handelsschiffen waren allgemein am Totholz bzw. Rudersteven angelenkte Plattenruder. Bei Kriegsschiffen waren auch Halbschweberuder gebräuchlich.

Im selben Jahr berichtete der erste Vorsitzende der STG Busley [20] über Unterseeboote. Er bezeichnete Längsstabilität und Tiefensteuerung als problematisch. Zum Trimmen wurden Laufgewichte oder Propeller mit vertikaler Welle benutzt. Tiefenruder gab es seit 1863, Regelzellen fehlten damals jedoch.

3 Von der Jahrhundertwende bis zum Zweiten Weltkrieg

In den vier Jahrzehnten von der Gründung der STG über den ersten bis zum zweiten Weltkrieg ist ein zunehmendes Bewußtsein hinsichtlich Manövrierfähigkeit zu erkennen. Man kann erahnen, daß dies durch zunehmende Verkehrsdichte, Größenwachstum der Schiffe und höhere Geschwindigkeiten ausgelöst wurde. Eine Rolle spielten wohl auch die besonderen Anforderungen bei Kriegsschiffen einschließlich der Unterseeboote und bei Torpedos, auch wenn hierüber weniger bekannt geworden ist. Wesentliche Impulse kamen auch aus der Luftfahrt.

3.1 Versuchswesen und theoretische Modelle

Schäden bei Torpedobooten und auch Linienschiffen weckten Zweifel an den Lastannahmen. Dies war der Auslöser für Messungen durch Wellenkamp, über die 1909 Schwarz vorgetragen hat [63]. Die Lastannahmen basierten, wie schon bei Middendorf zu lesen, auf der von Weisbach und Rankine modifizierten Euler-Formel.

Wellenkamp entwickelte eine Methode zur Messung des Ruderschaftmoments, und zwar über die Deformation der Bolzen der Rudermaschine, sowie zur Bestimmung der Bahn des Schiffes im Drehkreis einschließlich des Driftwinkels. Dies war eine der ersten, wenn nicht überhaupt die erste Messung des Ruderschaftmoments. Die Bahn des Schiffs und die Drift wurden mit Hilfe eines Gyroskops, eines Loggs und einer Leine zu einer nachgeschleppten Boje bestimmt. Auf Grund der Messungen liefert der Vortrag eine detaillierte und zeitlich zugeordnete Beschreibung der Vorgänge im Drehkreis. Es konnte gezeigt werden, daß das Maximum des Ruderschaftmoments beim Stützen, und zwar bei einem Ruderwinkel von 15 - 20° auftrat. Schwarz zitiert, daß bereits Prätorius 1903 rückgerechnet habe, daß die Ruderkraft beim Stützen etwa vier- bis fünfmal so groß sein müßte wie nach der Euler-Formel.

Über den Einfluß der Drehrichtung der Propeller auf die Manövrierfähigkeit bei Doppelschraubendampfern im Stand hat Walter 1911 vor der STG berichtet [79]. Es wurden Erfahrungen der Royal Navy, der Österreichischen Marine sowie des Norddeutschen Lloyd zusammengetragen. Beim Norddeutschen Lloyd betraf dies zwei Paare von Schwesterschiffen Außerdem wurden Modellversuche durchgeführt. Der Einfluß der Drehrichtung auf die Geschwindigkeit wurde als gering bezeichnet. Propeller, die bei Vorausfahrt über oben nach innen schlagen, zeigten in den meisten Fällen schlechtere Manövrierfähigkeit im Stand.

In seiner Berliner Antrittsvorlesung [27] ging Föttinger u.a. auch auf das Problem der Zirkulation um Treib-, Trag- und Ruderflächen ein sowie auf den Magnus-Effekt mit seiner Anwendung beim Flettner-Rotor.

In seinem Vortrag von 1926 hat Schwarz [64] über die Unterschiede zwischen den Anforderungen an die Fähigkeit zum schnellen, wirksamen Abweichen vom Kurs und an die Kursbeständigkeit vorgetragen. Es wurden die Zusammenhänge zwischen den Rumpfparametern L/B und L/T, der Größe der Ruderfläche, der Form des Ruders und der Ruderlegezeit angesprochen. Schwarz ging auch auf die Unterschiede zwischen Seglern und propellergetriebenen Schiffen ein. Er wies darauf hin, daß bei Seglern die Ruderwirkung durch das Totholz verstärkt wird. Diese Wirkung sei bei Schiffen mit einem Propeller durch den Schraubenbrunnen unterbrochen; dafür aber werde das Ruder durch den Propeller verstärkt beaufschlagt.

Im Jahre 1934 baute die Hamburgische Schiffbau-Versuchsanstalt ein Manövrierbecken mit 60 m Durchmesser, das vor allem die Ausrichtung auf Drehkreisversuche belegt. Ein Rundlaufgerät wurde zwei Jahre später eingerichtet. Um 1927 formulierte Kempf einen neuartigen definitiven Manövrierversuch als Grundlage für eine systematische Datensammlung. Diesen Versuch bezeichnete Kempf selbst als Schlängelfahrt. Er wird in DIN 81208 Teil 8 [1] als 10°-10°-Schlängelversuch bezeichnet. Für diesen Versuch werden in seiner ursprünglichen Ausgestaltung nur Kompaß und Stoppuhr benötigt. Ziel der Datensammlung war es, eine

Norm und Bewertung für die Ausweichfähigkeit zu entwickeln. Die Ergebnisse der über 16 Jahre durchgeführten Datensammlung mit insgesamt 133 Schlängelversuchen an 75 Schiffen wurden in [40] veröffentlicht. Beurteilungsmaß war die dimensionslose Kursschwingungsperiode. Der Schlängelversuch ist seitdem einer der wichtigsten Manövrierversuche.

3.2 Manövriereinrichtungen und Ruder

Auf Großkampfschiffen wurden zum ersten Mal 1906 Doppelruder angeordnet. Bei Kriegsschiffen wurden schon seit der Jahrhundertwende Halbschwebe- und Spatenruder als Profilruder ausgeführt. Das Hinterschiff der aus dem Kreuzer "Leviathan" abgeleiteten Taylor-Serien war für ein Halbschweberuder ausgelegt. Handelsschiffe erhielten dagegen noch bis um 1920 allgemein am Totholz angelenkte Plattenruder.

Über die Entwicklung der Torpedowaffe berichtete Michelsen [50] der STG im Jahre 1912. In der sogenannten Apparatekammer wurden außer der Antriebsmaschine die Seiten- und Tiefenruder gesteuert. Für den Kurs verfügten Torpedos über einen kreiselgestützten Geradlaufapparat. Über Kreisel und ihre Verwendung auf Schiffen hatte Anschütz-Kämpfe vor der STG im Jahre 1909 vorgetragen [4]. Selbststeueranlagen für Schiffe waren durch den Kreiselkompaß möglich geworden, wurden aber zunächst von der Handelsschiffahrt abgelehnt. Dies änderte sich erst langsam nach 1920.

Um 1922 stellte Flettner sein Ruderkonzept vor, bei dem das frei drehbare Ruder durch eine Hinterkantenflosse aktiviert wurde. Dem Vorteil der reduzierten Rudermaschinenleistung stand die nichtdefinierte Stellung des Ruders gegenüber. Über eine Anwendung des Flettner-Ruderprinzips auch auf Segel hat Flettner 1923 [26] vor der STG vorgetragen.

Überhaupt sahen die zwanziger und dreißiger Jahre die Einführung des Verstellpropellers und des Voith-Schneider-Propellers sowie die Entwicklung von leistungsfähigen Ruderkonstruktionen. Bei den Rudern lag aber offenbar das Hauptinteresse auf einer Verbesserung der Propulsion, aber auch auf einer Verringerung des Ruderschaftmoment durch Balancierung. Zu den Ruderausführungen gehören u.a.:
- Oertz-Ruder,
- Star-Contra-Ruder,
- Simplex-Balance-Ruder.

Star-Contra-Ruder wurden erstmals schon 1865 von Rigg vorgeschlagen, sie wurden z.B. bei Kucharski behandelt [42]. Über Contra-Ruder als eine Abwandlung seiner Contra-Propeller trug Wagner 1928 [78] vor. Dabei stand die Propulsionsverbesserung durch Drallrückgewinnung klar im Vordergrund, ebenso wie beim Oertz-Ruder.

Einen umfassenden Überblick über die Erkenntnisse zur Wirkung des Ruders, den Einfluß des Schiffes sowie Gesichtspunkte für den Entwurf gab Kucharski 1930 vor der STG [42]. Dabei nutzte der Autor auch die umfassenden Untersuchungsergebnisse der Aerodynamik. Ausführlich wird auf das Simplex-Balance-Ruder eingegangen, das offenbar vom Autor zusammen mit der Deutschen Werft entwickelt wurde. Es wurde über lange Zeit bis in die Nachkriegszeit in großer Zahl gebaut. Durch die Balancierung war das Ruderschaftmoment reduziert und vergleichmäßigt. Die Lage der Drehachse ließ sich gut mit Profilen des NACA-00-Typs oder ähnlichen kombinieren.

Für die Vorteile einer Doppelruderanordnung bei Zweischraubern, die zu der Zeit keineswegs allgemein gesehen wurden, warb van Dieren im Jahre 1934 [74]. Vor allem Propulsionsvorteile gegenüber dem Mittelruder sowie Verbesserungen hinsichtlich Gierstabilität und Wendigkeit stellte er heraus.

Der Binnenschiffbau hat durch seine Anforderungen hinsichtlich begrenzter Wassertiefe und hoher Manövrierfähigkeit besondere Lösungen hervorgebracht. Im Jahre 1934 gab Burkowitz [19] in seinem Vortrag vor der STG über den Antrieb von Binnenschiffen dem Voith-Schneider-Propeller Zukunftschancen. Drei Jahre später erwähnte Beschoren [9] die Verwendung von Voith-Schneider-Propellern auf dem Schubschiff "Uhu" für die Donau, wobei der Vorteil der hohen Manövrierfähigkeit ausschlaggebend gewesen sei. Die erste Anwendung auf dem Rhein erfolgte 1939 auf dem Fahrgast-Motorschiff "Köln" der Köln-Düsseldorfer.

3.3 Ergebnis

In den 40 Jahren von der Gründung der STG bis zum zweiten Weltkrieg ist eine stetige Entwicklung in der Manövriertechnik zu erkennen, wie sie wegen der Gesamtentwicklung in der Schiffbautechnik und im Schiffsverkehr notwendig war. Die Erfahrungen der Aerodynamik wurden für das Manövrieren genutzt. Es lag am

Ende dieses Zeitabschnitts die lineare mathematische Beschreibung des manövrierenden Schiffes vor. An definitiven Manövrierversuchen kannte man lange Zeit nur den Drehkreis und den Stoppversuch. Durch den Schlängelversuch hat Kempf das Instrumentarium maßgeblich verbessert. Außerdem wurden auch in Deutschland Einrichtungen für Manövrier-Modellversuche sowohl mit frei manövrierenden als auch mit gefesselten Modellen geschaffen. Bei den Manövriereinrichtungen setzten sich für größere maschinengetriebene Schiffe die elektrisch angetriebenen hydraulischen Rudermaschinen mit elektrischer Übertragung von der Brücke weitgehend durch. Ebenso setzten sich Profilruder durch.

4 Vom Ende des Zweiten Weltkriegs bis heute

Die Zeit nach dem Ende des zweiten Weltkriegs war durch den Wiederaufbau nach den großen Kriegszerstörungen geprägt. Diese Phase gab besondere Chancen für Neuentwicklungen, denn durch die Zerstörungen war ein immenser Bedarf an Neu- und Umbauten entstanden, vor allem auch in der Binnen- und Kleinschiffahrt. In diesen Bereichen gab es im Gegensatz zum Seeschiffbau fast keine Beschränkungen durch die Siegermächte.

4.1 Hochleistungsruder

Die Bezeichnung Hochleistungsruder wird für Ruder gebraucht, die einem Schiff bessere Steuer- und Manövriereigenschaften verleihen können als die bis dahin üblichen Ruder. Sie wurde und wird für Ruder mit sehr unterschiedlichen Eigenschaften und Leistungen benutzt. Mit Zunahme von Schiffsgröße und Verkehrsdichte wuchsen die Anforderungen an die Manövrierfähigkeit der Schiffe vor allem bei verminderter Geschwindigkeit in engen Gewässern und auf den geräumten, minenfreien Zwangswegen. Hinzu kam zunehmend der Wunsch nach Unabhängigkeit von Schlepperhilfe im Revier und im Hafen. Zur Verbesserung der Ruderleistung wurden leistungsfähigere Profile, Ruderflossen und Grenzschichtbeeinflussung durch Rotoren eingesetzt.

Ruderprofile

In seinem STG-Vortrag von 1961 stellte Thieme [71] Windkanalergebnisse für eine große Zahl auch neuartiger Ruderprofile vor. Er zeigte, daß dicke Ruderprofile bei etwa demselben Auftriebsgradienten erheblich später ablösen und damit größere Seitenkräfte erzielen können. Eine weitere Steigerung der Seitenkräfte wurde durch Hohlflankenprofile erreicht. Beide Steigerungen gehen mit schlechteren Gleitzahlen einher. Die IfS-Hohlflankenprofile neigen vor allem auch wegen ihrer stumpfen Nase zu früherem Kavitationseinsatz. Die Weiterentwicklung zu den Mischprofilen der HSVA konnte diesen Nachteil reduzieren [18], wobei auch NACA-Laminarprofile Pate standen. Mit ihrer größeren Rücklage der größten Dicke kommen sie dem Einsatz für Halbschweberuder entgegen.

Es ist festzustellen, daß praktisch gleichzeitig Halbschweberuder Verbreitung fanden. Damit konnte man schlanke Profilruder mit hohem Seitenverhältnis ohne Hackenlagerung konstruktiv wirksam ins Hinterschiff integrieren, auch wenn dieses stärker freigeschnitten war. Die hydrodynamischen Nachteile des Halbschweberuders können jedoch durch leistungsfähigere Ruderprofile nur bedingt kompensiert werden [67].

Ein wesentlicher Aspekt bei den Rudern ist nach wie vor ihr Einfluß auf Widerstand und Propulsion. Dies schloß bis auf das Flossenruder die meisten in der Binnenschiffahrt gebräuchlichen Ruderformen und -anordnungen für Seeschiffe aus [37, 47].

Flossenruder

Ein Flossenruder wurde erstmals von Lumley in mehreren Varianten vorgeschlagen und gebaut [5, 48]. Beim Flossenruder ist der hintere Teil des Ruders als drehbare, gegenüber dem eigentlichen Ruderkörper verstellbare Flosse ausgebildet.

In Deutschland hat W. Becker, zunächst in Koblenz und später in Hamburg, das Verdienst, das Flossenruder mit mechanisch im festen Verhältnis zum Ruderwinkel angesteuerter Flosse zur Marktreife entwickelt zu haben. Die Querkraft läßt sich damit erheblich steigern, nämlich auf fast das Doppelte. Becker-Ruder wurden zunächst bei Binnenschiffen eingesetzt. Sie fanden Eingang in die Seeschiffahrt, als mit der KSR Lagerung das Größenproblem entschärft war [11] und Vollschweberuder in allen Größen als Flossenruder gebaut werden konnten.

1977 folgte das Jastram-Flossenruder, dessen Flosse unabhängig vom Ruderwinkel gesteuert werden kann [80]. Dadurch ist die Flosse ggf. zum Kurssteuern bei neutraler Ruderlage zu verwenden. Bei abgeschalteter oder ausgefallener Hauptrudermaschine läßt sich das Ruder als Notruder wie ein Flettner-Ruder betreiben.

Weitere Konstruktionsprinzipien mit fester Winkelübersetzung realisieren die Flossenruder von Barkemeyer und von Hinze.

Rotorruder und T-Ruder

Drehen im Stand und drehungsfreies Schieben bis zum Traversieren läßt sich bei Einschraubenschiffen mit Bugstrahler nur erfüllen, wenn das Ruder den Propellerstrahl so weit umlenkt, daß die resultierende Kraft für Propeller, Rumpf und Ruder bis querab zeigt. Genügend große Flossenruder können dies bei Anordnung hinter dem Propeller realisieren. Das Jastram-Rotorruder mit abschaltbarem Rotor in der Rudernase erreicht ein Anliegen der Strömung am Ruder bei Ruderwinkeln bis zu etwa 60° [14]. Eine weitere Leistungssteigerung erreicht die Kombination von Rotor- und Flossenruder in der Form des T-Ruders [81].

Andere Hochleistungsruder

Ruderdüsen mit und ohne Steuerfläche sind nach ihrer Wirkung zu den Hochleistungsrudern mit erhöhtem Ruderauftrieb zu rechnen, insbesondere in der Form als Ruderdüsen mit integriertem Becker-Ruder.

Binnenschiffsruder

Sonderformen von Hochleistungsrudern werden vor allem bei Binnenschiffen eingesetzt. Neben einer hohen Manövrierfähigkeit in Vorausfahrt ist das Ziel eine gute Steuerfähigkeit beim Stoppen auch bei Talfahrt, die mit einteiligen Rudern in der Regel durch die Anordnung von Flankenrudern vor dem Propeller sichergestellt wird.

Erwähnt werden soll hier stellvertretend das Schilling-Ruder. Es ist durch ein Tragflügelprofil mit dünnem Schwanz und Staukeil sowie Endscheiben oben und unten gekennzeichnet. Durch die Endscheiben werden die Querkraft und damit die Manövrierfähigkeit wesentlich verbessert. Es wird als Ein- und Zweiflächenruder gebaut.

Ein weiteres Ziel von einigen Hochleistungsrudern bei Binnenschiffen ist die Erzeugung von zusätzlichen Brems- und Steuerkräften zur Verminderung des Stoppwegs [37, 47].

Weitere Entwicklungen

Rotorruder haben sich auch im schweren Eisbetrieb gut bewährt. Das T-Ruder konkurriert mit dem Heckquerstrahler, sowohl hinsichtlich seiner Wirkung als auch seiner Kosten.

Die Steuerbarkeit von Einschraubenschiffen

beim Stoppen und bei Rückwärtsfahrt ist praktisch nicht durch Hochleistungsruder zu verbessern, wohl aber durch Bugstrahler.

Entwicklungsbedarf liegt eher im Bereich der Betriebssicherheit von Ruderanlagen z.B. für Schiffe mit gefährlicher Ladung, wo eine vollständige Redundanz erforderlich wäre. Paetow und Oltmann stellten vor der STG 1994 [57] ein Sicherheitsruder für den E3-Tanker mit zwei getrennt angetriebenen Teil-Ruderblättern vor.

4.2 Rudermaschinen für Hochleistungsruder

Schon bei konventionellen Rudern können größere Ruderlagen Vorteile für das Manövrieren bringen. Dies gilt um so mehr für Hochleistungsruder. Die Überlegenheit von Hohlflankenrudern beruht vor allem auf dem späteren Abreißen der Strömung. Im Drehkreis ist dies nur mit größeren Ruderwinkeln zu nutzen, denn die bei Drehung auftretende Drift verringert den tatsächlichen Anströmwinkel am Ruder. Die ersten Hohlflankenruder zeigten dann auch ihre Vorteile zunächst beim Stützen. Für Hohlflankenruder und Flossenruder lassen sich Ruderwinkel von ±45° mit hydraulischen Differentialkolben- und Tauchkolben-Rudermaschinen realisieren [7, 25].

Rotorruder und Rotorruder mit Flossen können Ruderwinkel von 60° und mehr mit Vorteil nutzen. Sehr große Ruderwinkel werden darüber hinaus auch im Hinblick auf das Stoppen eingesetzt. Beyer behandelte 1976 in seinem Vortrag [10] Rudermaschinen für übergroße Ruderwinkel. Für Ruderwinkel über ±45° wurden bis zur Entwicklung der hydraulischen Kreiskolben- und Drehkolben-Rudermaschinen Zahnkranz-Rudermaschinen mit elektrisch angetriebenem Ritzel eingesetzt [7]. Übergroße Ruderwinkel werden auch mit Tauchkolbenmaschinen erreicht, deren Mittelteil als Zahnstange ausgebildet ist und in ein auf dem Ruderschaft sitzendes Ritzel eingreift. Probleme ergeben sich bei diesen Bauformen aus der Notwendigkeit des spielfreien Zahneingriffs [25]. Hinze wies in der Diskussion zu [10] darauf hin, daß eine Beschränkung auf Ruderlagen von ±35° bei Binnenschiffen ohnehin nicht üblich war.

4.3 Querstrahler

Querstrahler gehören zu den aktiven Manövriereinrichtungen, d.h. sie können Kräfte zum Manövrieren unabhängig vom Vortrieb erzeugen. Einige Formen sind auch als Hilfsantriebe zu verwenden. Seit dem STG-Vortrag von Jastram 1958 [36] fanden Querstrahler in der Seeschiffahrt schnell Verbreitung. Sie werden vor allem als Bugstrahlsteuer ausgeführt, um zusammen mit Propeller und Ruder bei niedrigen Fahrtstufen und im Stand Manöver zu ermöglichen, die sonst Schlepperhilfe erforderten.

Schon bei geringer Fahrt des Schiffes wird einerseits der Zustrom zum Pumpenlaufrad gestört, andererseits der austretende Strahl abgelenkt und dadurch ein Unterdruckfeld am Rumpf erzeugt. Eine Bestimmung des wirksamen Schubs bei Fahrt nach Richtung und Größe ist bisher nur durch Versuche oder nach Versuchsergebnissen mit ähnlichen Anlagen möglich [13, 54].

Vom ersten von Barnaby [5] im Jahre 1863 vorgestellten Konzept bis zu den von Jastram 1958 beschriebenen Formen wurden nur wenige Anlagen, meistens mit geringer Leistung gebaut. Der von Jastram vorgestellte Querstrahler der "Walter Körte" wurde in der Version mit einem Propeller als Bugstrahlsteuer fast unverändert zur Standardlösung für Seeschiffe. Daneben entwickelte sich für einige der sogenannten Pumpenstrahler ein Markt bei Spezialfahrzeugen.

Die heute vermehrt bei Binnenschiffen installierten aktiven Bugsteuerorgane sollen vor allem die Steuerfähigkeit beim Aufstoppen und im Rückwärtsbetrieb sicherstellen. Sind sie schwenkbar oder als Mehrkanalsteuer ausgebildet, können sie auch als autonome Vortriebe für Hafenmanöver genutzt werden, wie sie für Binnentanker zunehmend gefordert werden.

Querstrahler können in solche mit wechselnder und solche mit gleichbleibender Durchflußrichtung unterteilt werden.

<u>Querstrahler mit wechselnder Durchflußrichtung</u>

Als Standardgehäuseform hat sich das gerade Querrohr mit Kreisquerschnitt durchgesetzt. Es hat scharfkantigen, konischen oder abgerundeten Anschluß an die Schiffsaußenhaut. Der begrenzte Durchflußquerschnitt erfordert schnellaufende Axiallaufräder (Propeller). Diese sind etwa in der Mitte des Querrohrs angeordnet und werden über ein Winkelgetriebe oder durch einen koaxial im Querrohr angeordneten Elektro- bzw. Hydraulikmotor angetrieben. Die Ausführung mit gegenläufigen Propellern [36] wurde von Jastram nach kurzer Zeit aufgegeben. Schubumkehr wird durch Umkehr der Drehrichtung oder der Steigung des Propellers erreicht. Eine Schubdosierung kann durch Drehzahl- oder Steigungsänderung erfolgen. Die Propeller haben symmetrische Blattprofile. Verstellpropeller erhalten unverwundene Blätter [60]. Um Strömungsverluste [32, 60] zu begrenzen, werden Querrohre möglichst gerade und kurz ausgeführt. Kavitation begrenzt die maximale Druck-differenz am Propeller auf weniger als 20 – 25% des statischen Drucks auf Wellenmitte und damit die Strahlgeschwindigkeit.

Querstrahler mit gleichbleibender Durchflußrichtung

Querstrahler mit gleichbleibender Durchflußrichtung in der Pumpe erfordern eine Steuerung der Strahlaustrittsrichtung durch Klappen oder Drehschieber. Relativ niedrige Geschwindigkeiten im Gehäuse werden erst in der Strahldüse auf die mehr als doppelt so hohe Austrittsgeschwindigkeit beschleunigt. Die niedrige Geschwindigkeit im Gehäuse vermindert die Verluste durch die Strömungsumlenkungen [32].

Für flachgehende Fahrzeuge verwendet man Querstrahler mit vertikaler Laufachse und geringstmöglichem Abstand zwischen Ansaugöffnung im Boden und Laufrad. Bei tiefergehenden Fahrzeugen saugt der Querstrahler aus einem Querkanal, der die Störungen im Zustrom des Laufrads bei Fahrt des Schiffes reduziert.

Die Bauform erfordert langsamer laufende Axial- oder Halbaxiallaufräder mit großem Nabendurchmesser und Leiteinrichtungen im Abstrom des Laufrades [18, 60]. Diese Laufradformen erlauben Pumpendrücke von maximal 50 bis 100% des statischen Drucks vor dem Laufrad, und entsprechend höhere Strahlgeschwindigkeiten. Dadurch kann das umbaute Volumen von Pumpenstrahlern etwas kleiner sein als das von Standardquerstrahlern, der maschinenbauliche Aufwand ist höher und die erforderliche Leistung ist wegen der höheren Strahlgeschwindigkeit höher. Dadurch sind diese Anlagen teurer als die Standardform. Sie werden dort verwendet, wo die Standardform z.B. Forderungen nach geringer Tauchtiefe, wenig Schubverlust bei Fahrt oder niedrigem Geräuschniveau nicht erfüllt. Die folgenden Typen wurden vielfach in Spezialfahrzeuge eingebaut:

- Gutsche-Bugruder mit Ansaug-Querkanal und Drehschieber [32]
- Omni-Thruster mit Ansaug-Querkanal und Klappensteuerung [18, 47]
- Clausen-Naviprop mit Klappensteuerung für Binnenschiffe [47]
- Schottel-Jet mit Drehschieber, Bodenansaugung und Querkanälen [18, 47].

Sie werden zunehmend durch die Azimut-Pumpenstrahler verdrängt, mit denen auch die hohen Anforderungen an neue Zweihüllen-Binnentanker ohne aufwendige Ruderanlagen zu erfüllen sind.

Eigenschaften der Standardquerstrahler

Durch den Ansaugunterdruck und die relativ hohe Umfangsgeschwindigkeit ist der Propeller ohnehin kavitationsbelastet. Durch Störungen infolge von Rand- und Einschlagwirbeln und von Wirbelablösungen an Gondel, Stützen und Einlaufgitter ist die Kavitationsgefährdung örtlich noch höher [60]. Der Standschub eines Standardquerstrahlers liegt um 20 – 25% unter dem eines Düsenpropellers gleichen Durchmessers und gleicher Leistung. Ursache sind Reibungs- und Wirbelverluste an Querrohrwand, Einbauten, Einlauf und Gitter sowie die Reaktion der Zumischströmung des austretenden Strahls mit der umgebenden Außenhaut [18].

In Fahrt führt die Queranströmung des Einlaufs zu einem Einschlagwirbel, der sich bei kurzen Rohren bis zum Propeller erstreckt. Der Propeller wird dadurch im Mittel höher belastet. Ein kavitationsfreier Betrieb ist unter diesen Bedingungen auch im Stand nur bei leichtester Belastung, in Fahrt nur bei Umfangsgeschwindigkeiten bis etwa 12 m/s möglich [82]. Bei höherer Fahrt tendiert ein nicht angetriebener und nicht gebremster Propeller zum freien Trudeln, was mit Kavitation verbunden sein kann [18].

Durch Kavitation sind Standardquerstrahler im Betrieb laut. Trotzdem bleiben Standardquerstrahler eine wirksame Manövrierhilfe für den unteren Geschwindigkeitsbereich.

Die Hauptziele der Weiterentwicklung der Querstrahler werden folgend kurz behandelt:

Hoher spezifischer Schub: Im Zusammenhang mit dem Jastram Bugstrahlruder für den Tonnenleger "Walter Körte" wurden im Auftrag des Verkehrsministeriums und unter der Projektleitung von Waas in der HSVA Modellversuche zur Wirkung der für den spezifischen Schub wichtigen Formparameter durchgeführt.

Die Versuche wurden durch Messungen mit der Großausführung verifiziert [75, 76].

Die Auswirkungen der Formparameter auf den spezifischen Standschub wurden von Pieper in einem Berechnungsverfahren für Querstrahler zusammengefaßt [59, 60]. Die Prandtlsche Mischstrahltheorie wurde von Weiß auf die schubmindernde Wirkung des Strahlaustritts angewendet [18].

Niedriger Fahrtwiderstand: Der Fahrtwiderstand läßt sich durch quer zur Fahrtströmung angeordnete Schutzgitterstäbe verringern. Für einen günstigen Propellerzustrom sind ringförmig angeordnete Gitter vorzuziehen [60].

Hohe Belastbarkeit durch späten Kavitationseinsatz: Der Kavitationseinsatz läßt sich durch Ausbildung der Querrohranschlüsse und Gitter in gewissem Maß beeinflussen. Vor allem wirkungsvoll wären hohe Steigung und niedrige Umfangsgeschwindigkeit des Propellers sowie größere Tauchung [60].

Höherer Anlagenschub: Eine Vergrößerung des Schubs der Anlage wird durch eine Vergrößerung des Querstrahlers oder durch Mehrfachanordnung erreicht. Die erste Maßnahme wird vor allem durch die minimale Tauchung der Querrohroberkante begrenzt. Doppelanlagen ergeben bei kleinem Längsabstand der Querrohre auch eine erhebliche Verbesserung des Schubs bei Fahrt [18].

Verminderung des Schub- und Steuermomentenabfalls bei Fahrt: Das Steuermoment von Bugstrahlern fällt meistens mit zunehmender Fahrt weniger stark ab als der effektive Schub. Bei den üblichen Strahlgeschwindigkeiten erreichen Schub und Moment ihr Minimum bei 6 bis 8 Knoten Fahrtgeschwindigkeit und nehmen bei höherer Geschwindigkeit wieder zu [12, 15, 18, 46, 47, 54]. Die Arbeiten von Brix zur Verminderung des Schub- und Steuermomentenabfalls von Bugstrahlern sind in seinem STG-Vortrag von 1975 [15] und in [16] zusammengefaßt. Von den untersuchten Möglichkeiten ist das Ausgleichsrohr am bekanntesten geworden [13], das die bei Fahrt an der Außenhaut entstehenden Druckfelder teilweise ausgleicht. Bei Querstrahlern mit höheren Strahlgeschwindigkeiten verschiebt sich der Schub- und Steuermomentenabfall zu höheren Fahrtgeschwindigkeiten [18].

Niedriger Geräusch- und Vibrationspegel: Eine Verringerung des Geräusch- und Vibrationspegels ist in gewissem Maße durch sorgfältige Auslegung des Querstrahlers zu erreichen. Bewährt haben sich auch elastisch gelagerte konische Düseneinsätze im Propellerbereich [60]. Schon bei geringsten Fahrtstufen erzeugt die gestörte Propellerzuströmung verstärkt Kavitationsgeräusche. Da die Geräusche auch über das Wasser auf die umgebende Außenhaut übertragen werden, wirken Isoliermaßnahmen nur begrenzt. Als wirkungsvoll hat sich die Lufteinblasung in den Propellerzustrom erwiesen. [82].

Verwendbarkeit für flachgehende Schiffe: Die Anpassung des Standardquerstrahlers an flachgehende Schiffe scheitert oft an der notwendigen Tauchung des Querrohrs. Dies führte zu geknickten Bauweisen, teilweise mit gequetschten Rohrenden. Nach unten geknickte Querrohre sind immer nur Notbehelf [16].

Verwendbarkeit für eisgehende Schiffe: Die Verwendung von Querstrahlern im Eis wurde im Auftrag von Jastram und der HSVA an zwei eisgehenden Schiffen in der Arktis erprobt. Die Versuche mit dem Querstrahler des Versorgers "Werdertor" [12] im Scholleneis zeigten, daß bei einem Querstrahler mit üblichen Schutzgittern die Gitter durch Eisschollen verstopften. Versuche mit dem Polarforschungsschiff "Polarstern" zeigten mit der üblichen Gitterform noch schlechtere Ergebnisse. Nach Ersatz der Gitter durch einfache Kreuze konnte der Querstrahler auch in schwerstem Eis betrieben werden, wenn Eisblockaden im Querrohr schnell erkannt und durch Rückspülen beseitigt wurden [83].

4.4 Richtbare aktive Manövriereinrichtungen

Der in den dreißiger Jahren entwickelte Voith-Schneider Propeller war wohl die erste über volle 360° richtbare aktive Manövriereinrichtung für Schiffe. Er ist im Abschnitt 3.2 angesprochen. Inzwischen gibt es eine vielversprechende Abwandlung in Form des Zykloidalruders, das Funktionen eines Propellers mit denen eines passiven Ruders kombinieren kann. Es ist bisher nicht realisiert.

J. Becker entwickelte in der Schottel-Werft den Ruderpropeller in Form des 360° drehbaren Propellers. Die Manövrierfähigkeit der damit ausgerüsteten Schiffe verbesserte sich vor allem auch bei Rückwärtsfahrt entscheidend. Als 'Schottel-Navigator' – eine Art großer Außenbordmotor – war er die kostengünstige Lösung, Schleppkähne in Motorschiffe umzubauen. Diese Möglichkeit wurde europaweit in großen

Stückzahlen genutzt. Der Ruderpropeller wurde weiterentwickelt zunächst als Hauptantrieb für Schubboote und kleine Spezialschiffe . Die weitere Entwicklung führte vor allem in den Offshore-Bereich und zu Größen bis 6000 kW pro Antrieb.

Hier ist noch eine Neuentwicklung der letzten Jahre zu nennen: Der Ruderpropeller mit Elektroantrieb im Unterwassergehäuse. Entwickelt wurden diese Manövrierantriebe in Finnland als sogenannter Azipod sowie durch Schottel-Siemens. Vor allem bei Kreuzfahrtschiffen sind diese Anlagen erfolgreich im Einsatz.

Als weitere Entwicklungen sind die Wasserstrahlvortriebe mit richtbarer Düse und das Pleuger-Aktiv-Ruder anzuführen. Beim Aktivruder wurde in der Mitte des Ruderblattes ein mit einem Elektromotor angetriebener Propeller in einer Düse angeordnet. Dadurch kann bei jedem Ruderwinkel ein zusätzlicher Schub zur Verbesserung der Querkraft aufgebracht werden.

Ein weiterer wichtiger Schritt in der Entwicklung aktiver richtbarer Manövriereinrichtungen war die Entwicklung der Jet-Anlagen, wie z.B. des Schottel-Pump-Jets. Auslöser für diese Entwicklung waren die Pioniere der Bundeswehr, die für die Bewegung von Faltbrücken und Schwimmpontons hochmanövrierfähige und extrem flachgehende Boote benötigten. Die erste Idee war, eine Kreiselpumpe waagerecht anzuordnen und den Strahl aus der Ausströmöffnung zu nutzen. Dies erwies sich als sehr günstig, sowohl für die Manövrierfähigkeit als auch für extreme Flachwasserbedingungen, allerdings bei mäßigem Wirkungsgrad. Seitdem wurden die Pump-Jets wesentlich verbessert. Im Einsatz sind Anlagen bis 2700 kW als Hauptantrieb für extrem flachgegehende Binnen- und Wattschiffe und als Bugmanövriereinrichtung auch für Seeschiffe. In Verwendung sind auch Jets, bei denen im Schiffsboden ein 360° drehbares Schaufelgitter den Strahl in die gewünschte Richtung lenkt.

4.5 Schiffsführungseinrichtungen

Die Anfänge mit Selbststeueranlagen für Schiffe wurden unter 3.2 schon angesprochen. Torpedos waren immer zwingend auf Selbststeuerung angewiesen, jedoch ist über ihre Probleme und Lösungen wohl auch aus Geheimhaltungsgründen wenig bekannt geworden.

Die ersten Selbststeueranlagen arbeiteten mechanisch, sie wurden später von elektrischen Geräten abgelöst. Nachteile der ersten Proportionalsteuerungen versuchte man u.a. durch konstante Ruderwinkel und durch Totbereiche abzubauen. Die Entwicklung von Kursreglern bis zur Brückenautomation zeichnete sich in den Vorträgen vor der STG ab. Im Jahre 1960 trug Richter [61] über Selbststeuer vor. Er wies darauf hin, daß die genaue Kenntnis der Strecke Voraussetzung ist. Richter führte dazu Frequenzgangversuche mit der Großausführung durch, zeigte aber, daß der Anschwenkversuch ausreichend Information lieferte. Kundler berichtete im Jahre 1969 [43] unter dem Titel: 'Elektronische Kursregler'. Dabei handelte es sich um PID-Regler in Analogtechnik. Er ging dabei auf Sicherheit und Zuverlässigkeit sowie auf die Wirtschaftlichkeit ein und beschrieb die Anpassung an die unterschiedlichen Betriebszustände des Schiffes. Im selben Jahr sprach Schmiechen [62] über adaptive Regler.

Im Jahre 1982 hielt Berking [8] einen Vortrag unter dem Titel 'Moderne Kursregler'. Er behandelte darin die Reglerauslegung und Anforderungen an die Kompaßdaten. Im selben Jahr sprach Mierau [52] über Stand und Zukunftsaussichten der Brückenautomation aus der Sicht des Nautikers.

Bahnregelung, d.h. vom Regler durchgeführte Navigation entlang von Bahnpunkten ist heute Stand der Technik, wobei die Qualität der Bahnführung durch das Navigationssystem, die übrigen Sensoren, die Manövriereinrichtungen sowie die äußeren Störungen bestimmt wird. Ein Spezialfall ist sicher der hochgenaue Bahnregler der Minenjagdboote Klasse 332 für die extrem niedrigen Geschwindigkeiten während der Minenjagd [45].

Die Entwicklung bei den Unterseebooten zeigen zwei Vorträge vor der STG. Im Vortrag von Abels aus dem Jahre 1979 [2] lag das Interesse vor allem bei der Simulation des Bewegungsverhaltens. 1993 zeichneten Hollung und Radtke [33] die Entwicklung bis zum integrierten, von einer Person zu bedienenden Lenkstand.

Die wachsende Bedeutung der Offshore-Technologie zeigte sich in den Vorträgen von Eisfeld [24], Jansen [38] und v. Thiemen [73] zum dynamischen Positionieren.

Über IMO-Forderungen an schnelle Fahrzeuge und ihre Auswirkungen sprach 1994 Petersen [58]. Für vier Systeme, darunter das 'Directional Control System', wird danach eine 'Failure Mode and Effects Analysis' bzw. Äquivalentes gefordert. Über die besonderen Anforderungen bei schnellen Fahrzeugen und die Lösung der integrierten Cockpitbrücke trug Claus [21] ebenfalls im Jahre 1994 vor. Er stellte dabei vor allem Defizite bei den Genauigkeiten der Sensoren auf schnellen und z.T. hochmanövrierfähigen Fahrzeugen heraus.

Über technische und wirtschaftliche Aspekte unbemannten Seetransports sprach 1996 Kaeding [39].

4.6 Mathematische Modelle und Versuchstechnik

Während der Ursprung des Drehkreisversuchs sehr weit zurückreicht, wahrscheinlich bis zum Beginn der Dampfschiffe, sind andere international übliche Versuche viel jünger und genau zu datieren. So hat Kempf wie schon erwähnt den Schlängelversuch erstmals 1944 veröffentlicht [40]. Den Spiralversuch hat Dieudonné 1949 beschrieben [23]. Inzwischen sind eine Reihe von Versuchen standardisiert [1]. Der aktuelle Stand und die Zukunft der theoretischen und experimentellen Methoden zur Behandlung des Manövrierverhaltens ist der Gegenstand des Vortrags von Oltmann, Söding und Cura Hochbaum [56].

Lange Zeit beschränkten sich die mathematischen Beschreibungen des manövrierenden Schiffes auf einen linearen Ansatz. Das traf auf die klassische Arbeit von Davidson und Schiff aus dem Jahre 1946 [22] ebenso zu wie auf die von Horn aus dem Jahre 1951 [34]. Diese Ansätze waren zur Beurteilung der Gierstabilität und zur Berechnung von Drehkreisen bei gierstabilen Schiffen hinreichend. Der direkten Messung waren dabei nur die vier der Geschwindigkeit und der Drehgeschwindigkeit zugeordneten Derivativa zugänglich. Die Trägheitsterme mußten abgeschätzt werden. Zur Messung dienten Schrägschleppversuche am Schleppwagen und Versuche an einem Rundlaufgerät. Eine Alternative zum Rundlauf war das aus der Luftfahrt übernommene Schleppen von gekrümmten Modellen. Darüber haben in Deutschland Künzel und Weinblum [44] berichtet. Die Technik wurde in der frühen Nachkriegszeit von Thieme [70] angewendet.

Ein Oszillator, der dem Modell eine harmonische Drift-, Gier- oder kombinierte Bewegung aufzwingt, erlaubt es, bei kleinen Amplituden alle acht linearen Derivativa zu messen. Die ersten Oszillator-Versuche wurden von Horn und Walinski [35] durchgeführt. Dieser Pioniertat blieb die große Resonanz versagt. Die erfuhr vielmehr das nach demselben Prinzip arbeitende und zunächst für Unterseeboote entwickelte PMM-System, über das fast gleichzeitig berichtet wurde [29]. Im Zuge der Planungen für einen deutschen Manövrier-und Seegangstank wurde von Meyerhoff als eine der Alternativen ein $XY\Omega$-Wagen bzw. ein Oszillator mit großer Amplitude betrachtet [49]. Dieses Gedankenmodell ist Vorläufer des CPMC der HSVA, über den Oltmann und Wolff [55] vor unserer Gesellschaft vorgetragen haben. Entsprechende Einrichtungen sind auch in großen Umlauftanks wie dem UT2 in Berlin und dem HYKAT in Hamburg installiert [28].

Neben den Gesamtkraftwirkungen interessierten zunehmend einzelne Anteile der Kräfte sowie Wechselwirkungen. Dazu gehören die Ruderversuche von Thieme [71]. Müller und Landgraf trugen 1975 [53] über Binnenschiffsruder im Propellerstrahl vor. Der Vortrag von Baumgarten und Müller aus dem Jahre 1979 [6] befaßte sich mit dem Einfluß des Propellerstrahls auf die Druckverteilungen am Ruder und die Kräfte.

Windkraftmessungen an Schiffsmodellen im Windkanal waren Gegenstand eines Vortrags von Wagner im Jahre 1967 [77]. Den komplexen Steuerwirkungen, die sich bei Ein- und Zweischraubern im Stand und während des Stoppens überlagern, widmete sich ein Vortrag von Sharma [65].

Mit dem Forschungsschiff "Meteor" wurde ein großes Programm von schiffbaulichen Untersuchungen durchgeführt. Zwei Vorträge vor der STG befaßten sich mit dem Ruder und dem Manövrieren. Im Vortrag von Suhrbier [69] ging es vor allem um die Klärung möglicher Maßstabseffekte durch die Gegenüberstellung mit Modellversuchen. In der Diskussion zu diesem Vortrag setzte sich Gutsche für den Begriff der Gierstabilität ein (statt Kursstabilität), der inzwischen weitgehend gebräuchlich ist. Der Vortrag von Thieme [72] war eine Fortführung und hatte u.a. das Ziel, Zahlenmaterial für eine bessere Ausnutzung des Ruders durch größere Endlagenwinkel und erhöhte Ruderlegegeschwindigkeit zu präsentieren.

Stegemann [68] und Kläschen [41] berichteten über Manövrieruntersuchungen für die Kleinen Versorger der Klasse 701. Dazu gehörten Modell- und Großversuche. Diese Schiffe haben zwei Propeller und Mittelruder, was u.a. zu unbefriedigendem Verhalten gerade bei der Querabversorgung mit Spanntrossengeschirr führte.

In seinem Vortrag von 1984 [66] entwickelte Söding einen Rechenansatz für die Vorhersage von Manövern im Entwurfsstadium, wenn Modellversuche noch nicht in Frage kommen. Gronarz setzte sich in zwei Vorträgen [30,31] mit der Simulation von Manövriervorgängen auf flachem Wasser auseinander. Die Weiterentwicklung der mathematischen Modelle, vor allem auch in Hinblick auf nichtlineare Einflüsse wie z.B. in [3], fand nicht direkten Niederschlag in den Jahrbüchern unserer Gesellschaft.

5 Ausblick

Der Rückblick macht deutlich, daß die Manövriertechnik in den letzten Jahrzehnten eine stürmische Entwicklung erlebt hat. Es wäre sicher unrealistisch anzunehmen, daß damit etwa eine Sättigung erreicht ist. Erwartungen an die weitere Entwicklung der Manövriertechnik sollen durch die folgenden, absehbaren Trends umrissen werden:

- Automation auch des Manövrierens wird zur Entlastung der Besatzung und gleichzeitiger Erhöhung der Sicherheit weiter zunehmen. Dazu gehören auch hochgenaue Bahnregler und Kollisionsvermeidesysteme.

- Die Dichte des Schiffsverkehrs wird weiter zunehmen, weil er zumindest bei mäßigen Geschwindigkeiten unübertroffen wirtschaftlich ist. Das wird die schon jetzt kritischen Engpässe der Schiffahrt weiter verschärfen.

- Die Schiffsgröße wird nur noch unbedeutend zunehmen, jedoch kann man eine Zunahme der mittleren Schiffsgröße erwarten.

- Der Anteil sehr schneller Schiffe wird auf bestimmten Routen noch zunehmen. Damit wird die ohnehin vorhandene Inhomogenität des Schiffsverkehrs weiter verstärkt.

- Die Manövrieranlagen werden weiter vervollkommnet, um den steigenden Ansprüchen zu genügen. Die Möglichkeiten von maßgeschneiderten Lösungen für besondere Ansprüche werden weiter verbessert. Allerdings wird sich wie bisher nur das durchsetzen, was notwendige Fähigkeiten besser erfüllt und was dem Betrieb eines Schiffes angemessen ist.

- Mindest-Anforderungen an die Manövrierfähigkeit und an ihre Kenntnis werden im Zuge erhöhter Sicherheitsansprüche weiter verschärft werden. In Verbindung damit werden Fragen der Redundanz der Manövrieranlagen an Bedeutung gewinnen.

- Experimentelle und rechnerische Methoden zur Ermittlung und Vorhersage der Manövriereigenschaften werden weiter verbessert, unterstützt durch immer leistungsfähigere Rechenanlagen, aber der Nachweis durch Erprobungen wird unverzichtbar bleiben.

6 Schlußbemerkung

Es ist zu hoffen, daß die hervorragende Rolle deutlich geworden ist, die unsere Gesellschaft in diesem internationalen Zusammenwirken gespielt hat. Es ist der Schiffbautechnischen Gesellschaft und uns abschließend zu wünschen, daß sie die Herausforderung annimmt, eine solche Rolle auch weiterhin zu erfüllen.

7 Schrifttum

1 Manövrieren von Schiffen. VG 81208, 1 - 22

2 ABELS, F.: Dreidimensionales Bewegungsverhalten von U-Booten und dessen Simulation. J. STG 73 (1979), S. 195

3 ABKOWITZ, M.A.: Lectures on Ship Hydrodynamics – Steering and Manoeuvrability. Hydro- og Aerodynamisk Laboratorium, Lyngby, Report Hy–5 (1964)

4 ANSCHÜTZ-KAEMPFE: Der Kreisel als Richtungsweiser auf der Erde mit besonderer Berücksichtigung seiner Verwendbarkeit auf Schiffen. J. STG 10 (1909)

5 BARNABY, N.: On the Steering of Ships. Tr. INA 4 (1863), S. 56

6 BAUMGARTEN, B.; MÜLLER, E.: Druck- und Kraftmessungen an Rudern mit und ohne Propellerstrahl. J. STG 73 (1979)

7 BECKER, S.: Ruderanlagen. 75 Jahre STG 1899 – 1974, S. 332

8 BERKING, B.: Moderne Kursregler. J. STG 76 (1982), S. 127

9 BESCHOREN, K.: Über das Schleppen in der Binnenschiffahrt. J. STG 39 (1938)

10 BEYER, R.: Rudermaschinen für übergroße Ruderwinkel. J. STG 70 (1976), S. 389

11 BEYER, R.: Ein Beitrag zur Ermittlung optimaler Hauptabmessungen für die KSR-Lagerung von Becker-Hochleistungsrudern. Schiff & Hafen 29 (1977), S. 596

12 BEYER, R.: Querstrahlsteuer bei extremen Einsatzbedingungen im Eis, mit neuentwik-

kelter Geräuschdämpfung. Schiff & Hafen 30 (1978), S.954

13 BRIX, J.: Querstrahlsteuer mit Druckausgleichskanälen A.S.T.. Hansa 109 (1972)

14 BRIX, J.; WEISS, F.: Ein Rotorruder für praktischen Einsatz . Jastram Ruderrotoren. Schiff & Hafen 27 (1975), S. 886

15 BRIX, J.: Moderne Querstrahlsteuer als Manövrierhilfen Technische Fortschritte. J. STG 70 (1976), S. 373

16 BRIX, J.: Querstrahlsteuer. Forschungszentrum des Deutschen Schiffbaus, Bericht 80 (1978)

17 BRIX, J.: Strahlsteuer und Hochleistungsruder. Handbuch der Werften XVIII (1986), Schiffahrtsverlag Hansa, S. 80, 90

18 BRIX, J. et al.: Manoeuvring Technical Manual. Seehafen Verlag (1993)

19 BURKOWITZ, K.: Antrieb von Binnenschiffen. J. STG 36 (1935), S. 284

20 BUSLEY, C.: Die modernen Unterseeboote. J. STG 1 (1900), S. 63

21 CLAUS, J.: Navigationskonzepte für schnelle Schiffe – Die integrierte Cockpitbrücke und die erforderliche Sensorik. J. STG 88 (1994), S. 459

22 DAVIDSON, K.S.M.; SCHIFF, L.I.: Turning and Course-Keeping Qualities of Ships. Tr. SNAME 54 (1946), S. 152

23 DIEUDONNE, J.: Note sur la Stabilité du Régime de Route des Navires. Bull. ATMA 48 (1949), S. 463

24 EISFELD, H.-P.: Erfahrungen mit dynamischen Positionier-Systemen auf Tauchmutterschiffen und Offshore-Versorgern. J. STG 78 (1984), S. 7

25 V. ESSEN, H.J.: Ruderantriebsanlagen – Arten und Wirkungsweisen. Schiff & Hafen 34 (1982/4), S. 93

26 FLETTNER, A.: Die Anwendung der Erkenntnisse der Aerodynamik zum Windantrieb von Schiffen. J. STG 25 (1924)

27 FÖTTINGER, H.: Fortschritte der Strömungslehre im Maschinenbau und Schiffbau. J. STG 25 (1924), S. 295

28 FRIESCH, J.: Die Nutzung des Hydrodynamik- und Kavitationstunnels HYKAT im Bereich der Wehrtechnik See. J. STG 88 (1994), S. 34

29 GERTLER, M.: The DTMB Planar-Motion-Mechanism System. Symp. Towing Test Facilities, Instrumentation and Measuring Techniques, Zagreb (1959)

30 GRONARZ, A.: Manövrierverhalten völliger Schiffe auf flachen Wasser – Hydro-

dynamische Koeffizienten und Simulationsrechnungen. J. STG 82 (1988), S. 80

31 GRONARZ, A.: Simulation von Manövriervorgängen auf flachem Wasser. J. STG 83 (1989), S. 235

32 GUTSCHE, F.: Diskussionsbeitrag zu [36]

33 HOLLUNG, A.; RADTKE, D.: Die Entwicklung vom Steuerstand zum Lenkstand im deutschen Ubootbau. J. STG 87 (1993)

34 HORN, F.: Beitrag zur Theorie des Drehmanövers und der Kursstabilität. J. STG 45 (1951), S. 78

35 HORN, F.; WALINSKI, E.A.: Untersuchungen über Drehmanöver und Kursstabilität von Schiffen. Schiffstechnik 5 (1958), S. 173 und 6 (1960), S. 9

36 JASTRAM, H.: Bugstrahlruder. J. STG 52 (1958), S. 220

37 JASTRAM, P.: Tendenzen der Ruderentwicklung. Das manövrierende Schiff 1982, 3. Kolloquium Schiffstechnik / Meerestechnik der Uni Duisburg, S. 9

38 JANSEN, K.E.: Maschinenbauliche Aspekte dynamisch positionierender Einrumpfschiffe. J. STG 77 (1983), S. 31

39 KAEDING, P.: Unbemannter Seetransport – Diskussion technischer und wirtschaftlicher Aspekte. J. STG 90 (1996), S. 292

40 KEMPF, G.: Manövriernorm für Schiffe. 248. Mitteilung der Hamburgischen Schiffbau-Versuchsanstalt, Hansa 81 (1944), S. 372

41 KLÄSCHEN, H.: Ergebnisse der Manövrieruntersuchungen am Beispiel Versorger Klasse 701 – Teil 2. J. STG 74 (1980), S. 59

42 KUCHARSKI, W.: Neuere Gesichtspunkte für den Entwurf von Schiffsrudern . J. STG 32 (1931), S. 206

43 KUNDLER, W.: Elektronische Kursregelung auf Schiffen. J. STG 63 (1969)

44 KÜNZEL, H.; WEINBLUM, G.: Über die Kursstabilität von Schiffen. Schiffbau 39 (1938), S. 181

45 LAABS, H.: Bahnregelung für extrem langsam fahrende Schiffe. Wehrtechnik 1/92 (1992), S. 46

46 LAUCKS, R.: Voith-Schneider-Peopeller und Voith-Schneider-Propeller als Bugsteuerpropeller. Handbuch der Werften Bd. VII (1963), Schiffahrtsverlag Hansa

47 LIMBACH, K.: Unkonventionelle Steuerorgane, eine Übersicht. Schiff & Hafen 26 (1974), S. 346 und 27 (1975), S. 321

48 LUMLEY, H.: On the Steering of Ships.

Tr. INA 5 (1864), S. 128

49 MEYERHOFF, K.: Untersuchung zur Frage der Notwendigkeit von Versuchen mit gefesselten Modellen und Folgerungen für das Schlepp-system des projektierten M.S.-Tanks. Arbeits-Gruppe HSVA-IfS Bericht 12 (1968)

50 MICHELSEN: Entwicklung der Torpedowaffe. J. STG 14 (1913), S. 192

51 MIDDENDORF, F.L.: Die Steuervorrichtungen der Seeschiffe, insbesondere der neueren großen Dampfer. J. STG 1 (1900)

52 MIERAU, J.W.: Aktueller Stand und Zukunftsaussichten der Brückenautomation aus der Sicht des Nautikers. J. STG 74 (1980), S. 211

53 MÜLLER, E.; LANDGRAF, J.: Ruder im Schraubenstrahl. J. STG 69 (1975), S. 361

54 NORRBY, R.: Die Wirkung des Bugstrahlruders bei Fahrt. Schiff & Hafen 19 (1967), S. 364

55 OLTMANN, P.; WOLFF, K.: "Computerized Planar Motion Carriage", Anlagenbeschreibung und erste Betriebserfahrungen. J. STG 70 (1976), S. 413

56 OLTMANN, P.; SÖDING, H.; CURA HOCHBAUM, A.: Manövrieren – Standortbestimmung und Perspektiven. Jubiläum 100 Jahre Schiffbautechnische Gesellschaft (1999)

57 PAETOW, K.H.; OLTMANN, P.: Das Sicherheitsruder für den E3 Tanker. J. STG 88 (1994), S. 229

58 PETERSEN, U.: Der neue IMO High Speed Craft Code und sein Einfluß auf den Entwurf von schnellen Schiffen. J. STG 88 (1994), S. 399

59 PIEPER, W.: Auslegung von Querstrahl- und Aktivruder-Anlagen. Handbuch der Werften Bd. VII (1963), Schiffahrtsverlag Hansa, S. 153

60 PIEPER, W.: Zur Auslegung von Querstrahlsteuern. Schiff & Hafen 32 (1980/4), S. 90

61 RICHTER, J.: Über die Kursregelung von Schiffen. J. STG 54 (1960), S. 175

62 SCHMIECHEN, M.: Adaptive Regler an Bord von Schiffen?. J. STG 63 (1969)

63 SCHWARZ, T.: Über Rudermomentmessungen und Drehkreisbestimmungen von Schiffen. J. STG 11 (1910), S. 694

64 SCHWARZ, T.: Die Kursbeständigkeit des Schiffes und ihre Bedeutung für die Schiffahrt. J. STG 28 (1927), S. 212

65 SHARMA, S.D.: Bemerkungen über die Steuerwirkung von Propellern. J. STG 76 (1982), S. 111

66 SÖDING, H.: Bewertung der Manövriereigenschaften im Entwurfsstadium. J. STG 78 (1984), S. 179

67 SÖDING, H.: Kräfte am Ruder. Handbuch der Werften XVIII (1986), Schiffahrtsverlag Hansa, S. 47

68 STEGEMANN, U.: Ergebnisse der Manövrieruntersuchungen am Beispiel Versorger Klasse 701 – Teil 1. J. STG 74 (1980)

69 SUHRBIER, K.: Ruderkraftmessungen und Manövrierversuche auf dem Forschungsschiff „Meteor". J. STG 59 (1965), S. 401

70 THIEME, H.: Schrägschleppversuche mit einem geraden und einem gekrümmten Barkassenmodell. Schiff & Hafen 8 (1956), S.274

71 THIEME, H.: Zur Formgebung von Schiffsrudern. J. STG 56 (1962), S. 381

72 THIEME, H.: METEOR-Meßfahrten 1967: C. Manövrieren und Ruderkräft., J. STG 62 (1968), S. 175

73 V. THIENEN, K.: Dynamische Positionierung für universelle Anwendung. J. STG 74 (1980), S. 237

74 VAN DIEREN, E.: Rudermaschinen mit Doppelruder und schrägstehenden Ruderschäften. J. STG 36 (1935), S. 143

75 WAAS, H.: Diskussionsbeitrag zu [36]

76 WAAS, H.: Der Tonnenleger "Walter Körte". Hansa 95 (1958), S. 719

77 WAGNER, B.: Windkräfte an Überwasserschiffen. J. STG 61 (1967), S. 226

78 WAGNER, R.: Rückblick und Ausblick auf die Entwicklung des Contrapropellers. J. STG 30 (1929), S. 195

79 WALTER, M.: Einfluß der Drehrichtung der Schrauben bei Doppelschraubendampfern auf die Manövrierfähigkeit bei stilliegendem Schiff. J. STG 13 (1912), S. 388

80 WEISS, F.: Das Jastram Flossenruder, ein neuartiges abschaltbares Hochleistungsruder für Seeschiffe. Schiff & Hafen 30 (1978), S. 361

81 WEISS, F.: Manövrierkonzept der MOBIL JADE. Schiff & Hafen 32 (1980/4), S. 100

82 WEISS, F.; VOSS, H.: Maßnahmen zur Geräuschminderung an Querstrahlsteuern. Schiff & Hafen 36 (1984/9), S. 225

83 WEISS, F.: Versuche mit Querstrahlsteuern im Eis. Schiff & Hafen 39 (1987/4), S. 42

Manövrieren - Standortbestimmung und Perspektiven

Manoeuvring – Present and Future

Dr.-Ing. **Peter Oltmann**, Hamburgische Schiffbau-Versuchsanstalt; Prof. Dr.-Ing. **Heinrich Söding,** Technische Universität Hamburg-Harburg; Dr.-Ing. **Andrés Cura Hochbaum**, Hamburgische Schiffbau-Versuchsanstalt

Summary. The contribution describes the status of the hydrodynamic field of manoeuvring behaviour with particular reference to
- the numerical simulation of ship manoeuvres from the standpoint of ship design and of crew training,
- facilities for manoeuvring model tests, and
- the assessment of manoeuvring performance (safety aspects).

Suggestions for possible and necessary new developments in manoeuvring simulation will be given, whereby an extension of simulation algorithms to four and six degrees of freedom is considered. Furthermore the future role of CFD methods for the setting up of necessary coefficients for simulation algorithms and the simulation of manoeuvring actions is discussed.

1 Einführung

Eine intensivere wissenschaftliche Auseinandersetzung mit der Problematik des manövrierenden Schiffes setzt um die Jahrhundertwende ein, s. Norrbin (1960). Sie läuft damit praktisch parallel zur Geschichte der STG.

Der vorliegende Beitrag beschränkt sich vorrangig auf die hydrodynamischen Aspekte der Manövrierfähigkeit. Vorgestellt wird die Entwicklung bei den Bewegungsgleichungen für eine numerische Simulation von Manövern und bei der Versuchstechnik zur Bestimmung der zugehörigen hydrodynamischen Koeffizienten. Ferner wird auf die Entwicklung eingegangen, die in der jüngeren Vergangenheit im Bereich der Computational Fluid Dynamics (CFD) stattgefunden hat. Des weiteren wird über die Aktivitäten berichtet, die sich mit einer Bewertung der Manövrierfähigkeit befassen. Das überaus wichtige Gebiet der aktiven und passiven Manövrierorgane wird durch den Beitrag von Meyerhoff, Walter und Weiß (1999) abgedeckt, der darüber hinaus auch den Bereich „Automatische Schiffsführung" berücksichtigt. Für andere Spezialthemen sei auf die Kompendien von Crane et al. (1989) und Blendermann et al. (1993) verwiesen. Auf eine Betrachtung unkonventioneller Fahrzeuge (SES, SWATH, etc.) wird verzichtet.

Obwohl es interessant gewesen wäre, den jeweiligen Fortschritt auf den ausgewählten Gebieten zu dokumentieren, muß dies aus Platzgründen unterbleiben. Zum Ausgleich wird auf zwei Arbeiten hingewiesen, die sich ausführlich mit der Entwicklung des Manövrierens beschäftigen, Norrbin (1960) und Oltmann (1972). Die erstgenannte Arbeit enthält eine umfangreiche Zusammenfassung von Veröffentlichungen seit dem Ende des vorigen Jahrhunderts. Darüber hinaus werden Ausführungen über die Bewegungsgleichungen eines schwimmenden Körpers gemacht und Fragen der Gierstabilität unter Anwendung elementarer Methoden der Regelungstechnik diskutiert. Die zweite Arbeit schließt die Lücke zwischen 1960 und 1972. Sie enthält, neben einem ebenfalls umfangreichen Schrifttum, eine ausführliche Herleitung der Bewegungsgleichungen für einen starren Körper in allen sechs Freiheitsgraden. Die zu diesem Zeitpunkt vorliegenden quasistationären, nichtlinearen Bewegungsgleichungen werden kritisch verglichen, und es werden Hinweise für eine Bestimmung bzw. Abschätzung der Bewegungskoeffizienten gegeben.

2 Bewegungsgleichungen und ihre Anwendung

Die Entwicklung der Rechentechnik hat wesentlich dazu beigetragen, das Verhalten komplexer Systeme zu berechnen und die damit verbundenen physikalischen Zusammenhänge zu verstehen. Dies gilt auch für die Manövriertechnik. Die rechnergestützte Simulation im Zeitbereich, die derzeit die am weitesten verbreitete Methode zur Bestimmung bzw. Abschätzung der Steuer- und Manövriereigenschaften von konventionellen Schiffen, Ubooten und anderen Wasserfahrzeugen ist, setzt in etwa Ende der fünfziger Jahre ein, s.a. Oltmann (1972). Dabei wurde zunächst auf existierende Simulationstechniken für Unterwasserfahrzeuge und Flugzeuge zurückgegriffen, welche teilweise noch Analogrechner verwendeten. Die in diesen anfänglichen Methoden verwendeten hydrodynamischen Koeffizienten stammten fast ausschließlich aus Kraftmessungen an gefesselten Schiffsmodellen.

Welches sind nun die wichtigsten Anwendungsfälle für numerische Simulationen in der Schiffsmanövriertechnik? Barr (1993) gibt darauf folgende Antwort:

1. Schiffsentwurf sowie Forschung und Entwicklung,

2. Entwurf und Auswahl von zusätzlichen Einrichtungen (z.B. Querstrahler),

3. Entwurf von und Untersuchungen für Wasserstraßen und Häfen sowie

4. Training von Schiffspersonal oder Lotsen.

Hinzufügen könnte man noch, weil zunehmend wichtiger werdend:

5. Manöversimulation an Bord als Entscheidungs- oder Planungshilfe.

Punkt 1 beinhaltet die Abschätzung oder Beurteilung der Eigenschaften eines Schiffsentwurfs im Hinblick auf

1. Routine- und Notmanöver,

2. Kurshaltefähigkeit, Steuerbarkeit und Positioniervermögen ,

3. Verhalten unter Extrembedingungen, z.B. bei einem Ausfall von Hauptantrieb und/oder Ruderanlage.

Diesbezügliche Simulationen lassen sich wirtschaftlich und gut in zeitlich verkürzter Berechnung (fast-time simulation) durchführen, da es sich bei den meisten Manövern um vorgegebene Kontrollstrategien handelt. Ein Beispiel ist die sog. Schlängelfahrt (heute meistens als Z-Manöver bezeichnet) nach Kempf (1944), deren Ruderstrategie eindeutig durch die Vorgabe des maximalen Ruderwinkels und des Schaltwinkels beschrieben ist. Wird dagegen der Mensch direkt in den Simulationsprozeß (Regelungskreislauf) einbezogen, ist immer die Echtzeit-Simulation anzuwenden, da die Entscheidung für bestimmte Ruder- oder Maschinenbefehle wesentlich vom Zeitverhalten des Systems Schiff beeinflußt wird.

Ein charakteristisches Beispiel für die Anwendung von Echtzeit-Simulationen sind die Schiffsführungssimulatoren, die verstärkt zur Ausbildung von Schiffspersonal, zum Vertrautmachen von Lotsen mit neuen Schiffstypen und für die Durchführung von Studien zum Bau neuer bzw. zur Modifizierung bestehender Wasserwege und Häfen eingesetzt werden. Nach Barr (1993) werden von den meisten Schiffsführungssimulatoren neben den Grundvoraussetzungen (gekoppelte Bewegungsgleichungen in mindestens drei Freiheitsgraden, hydrodynamische Koeffizienten für tiefes Wasser und Module für Ruder und Propulsoren) auch folgende Einflüsse berücksichtigt:

1. Flaches Wasser

2. Windkräfte

3. Seegangskräfte 2. Ordnung (Driftkräfte und –momente)

4. Gleich- und ungleichförmige Uferböschungen

5. Wechselwirkungen mit passierenden Schiffen

Zentrales Element eines jeglichen Simulationsmo-dells oder Simulators sind die zugehörigen Bewegungsgleichungen, da sie es sind, die die Tauglichkeit und die mögliche Genauigkeit bestimmen. Die überwiegende Anzahl der bekannten Modelle beschreibt lediglich die Längs-, Quer- und Gierbewegung (3 Freiheitsgrade). Die Rollbewegung als vierte Komponente wird relativ selten betrachtet, obwohl sie z.B. bei modernen Containerschiffen auch bei Manövern in glattem Wasser einen beträchtlichen Einfluß hat. Noch seltener sind Simulationsmodelle, die alle sechs Freiheitsgrade abdecken, wobei man allerdings zwischen Modellen für Unterwasserfahrzeuge und für Oberflächenfahrzeuge unter Berücksichtigung von Seegang unterscheiden muß. Für erstere wurden von Gertler und Hagen (1967) Standardgleichungen für die Simulation von Ubootsmanövern vorgelegt und 1979 von Feldman revidiert. Diese Gleichungen wurden, mit gewissen Einschränkungen bzw. Ergänzungen, auch von Abels (1979) und Bohlmann (1989) verwendet.

Ein weiteres wichtiges Unterscheidungsmerkmal ist die Form der Bewegungsgleichungen. Der ITTC (1993) folgend, lassen sich die mathematischen Modelle einteilen in:

1. Eingangs/Ausgangsmodelle, die einen direkten Zusammenhang zwischen Kontrollparametern (z.B. Ruderwinkel) und der Reaktion des Schiffes (z.B. Giergeschwindigkeit) in Form von Differentialgleichungen herstellen. Meist handelt es sich um linearisierte Gleichungen, die z.B. von der Voraussetzung ausgehen, daß die Längsgeschwindigkeit während des ganzen Manövers konstant bleibt. Diese Gleichungen werden vielfach bei Stabilitätsbetrachtungen und bei der Darstellung von Regelungsvorgängen (automatische Kurssteuerung) eingesetzt. Für Manöversimulationen haben sie keine Bedeutung.

2. Ganzheitliche Modelle, vielfach auch als Global- bzw. Regressionsmodelle bezeichnet. Sie approximieren die auf das Schiff wirkenden Kräfte und Momente durch modifizierte Taylor-Reihen für die wichtigsten kinematischen und geometrischen Variablen (Geschwindigkeiten, Beschleunigungen, Ruderwinkel, etc.). Dand (1987) merkt dazu an, daß derartige Modelle zwar ein taugliches Werkzeug für Trainingzwecke darstellen, aber für Entwurfszwecke weniger gut geeignet sind.

3. Modulare Simulationsalgorithmen. Darin werden Rumpf, Propeller, Ruder, Antriebsanlage, Querstrahler sowie äußere Einwirkungen als separate Module, z.T. mit entsprechenden Wechselwir-

kungen, betrachtet. In einem derartigen Modell kann z.B. der Rumpf mit verschiedenen Rudern kombiniert und der Einfluß auf die Manövriereigenschaften bestimmt werden.

Die Identifikation der hydrodynamischen Koeffizienten in den umfassenden Simulationsmodellen (Kategorie 2 und 3) erfolgt vor allem durch Kraftmessungen an gefesselten Schiffsmodellen. Da es sich bei den Bewegungsgleichungen um Kraft- und Mometenansätze handelt, kann man deshalb von einer „direkten" System-Identifikation sprechen (DSI). Die Alternative besteht darin, die Eingangs- und Ausgangsdaten eines frei manövrierenden Schiffsmodells, oder auch eines Schiffes, zur Bestimmung der hydrodynamischen Koeffizienten zu verwenden. Der zeitliche Verlauf des Ruderwinkels entspricht dabei der Eingangsfunktion, während die daraus resultierenden Bahnverläufe mit den zugehörigen Geschwindigkeits- und Beschleunigungskomponenten die Ausgangsfunktionen darstellen. In diesem Fall spricht man von einer „indirekten" System-Identifikation (ISI). Diese Methode wird jedoch relativ selten angewendet, da die Genauigkeitsanforderungen insbesondere an die Ausgangsdaten sehr hoch sind. Als Beispiel sei hier der Ansatz von Oltmann (1978) genannt, der sich in der praktischen· Anwendung auf Schiffsmodelle sehr bewährt hat.

Im folgenden werden einige relevante Simulationsmodelle vorgestellt, die den Kategorien 2 und 3 zuzuordnen sind. Bei den Regressionsmodellen sind zunächst die drei Basismodelle zu nennen, die sich über einen langen Zeitraum als dominierend erwiesen haben. Es sind dies die Algorithmen von Abkowitz (1964), Norrbin (1971) und der japanischen Mathematical Model Group (JMMG), für die stellvertretend eine Arbeit von Kose (1982) genannt sei. In dem Modell von Abkowitz werden die Wechselwirkungen zwischen Schiff und Wasser sehr formal durch Taylor-Reihenentwicklungen dargestellt, die eine Trennung in Rumpf-, Propeller- und Ruderanteile nicht zulassen. Gleichwohl hat es sich bei der Simulation gängiger Rudermanöver bestens bewährt. Dies zeigen z.B. die von Wolff (1981) durchgeführten Modellversuche und Simulationen, deren Grundlage ein modifiziertes Abkowitz-Modell ist. Das Modell von Norrbin ist weniger methodisch, sondern mehr nach physikalischen Grundsätzen aufgebaut, wobei auch Korrekturterme für flaches und seitlich begrenztes Wasser eingeführt wurden. Der sehr detaillierte JMMG-Algorithmus ist insofern erwähnenswert, als er den Wechselwirkungen zwischen Rumpf, Propeller und Ruder ausdrücklich Rechnung trägt.

Allen bislang genannten Modellen ist gemeinsam, daß sie nur die Bewegung in der Horizontalebene beschreiben.

Die Tatsache, daß wegen der IMO-Kriterien die Bestimmung der Manövriereigenschaften eines Schiffes bereits im Entwurfsstadium immer dringlicher wird, hat dazu geführt, daß der modulare Modelltyp immer dominierender wird. Was die modularen Simulationsmodelle betrifft, muß man allerdings feststellen, daß die einzelnen Module in den verschiedenen Modellen überwiegend nicht vergleichbar und infolgedessen auch nicht austauschbar sind, vgl. ITTC (1993). Dieser Umstand hat bereits Hove und Onassis (1990) zu dem Vorschlag veranlaßt, ein Standardsystem zu definieren, dem die Modelle angepaßt werden könnten.

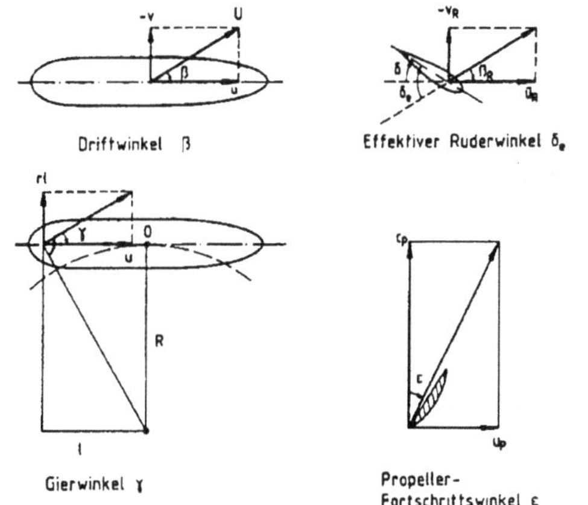

Abb. 1: Hydrodynamische Anströmwinkel für Rumpf, Ruder und Propeller

Wenngleich auch sehr unterschiedlich, sollen zwei Ansätze vorgestellt werden, die zum Zeitpunkt ihrer Entstehung als wegweisend galten und auch noch heute mit Erfolg eingesetzt werden. Zum einen ist es das 4-Quadranten-Modell, das zuerst von Sharma (1982) vorgestellt wurde. Ausführlichere Beschreibungen finden sich in den Arbeiten von Oltmann und Sharma (1984) sowie Sharma und Oltmann (1989). Grundidee des Ansatzes war, eine numerische Simulation von kombinierten Maschinen- und Rudermanövern in allen vier Quadranten, d.h. für alle Kombinationen von Fahrtrichtung und Propellerdrehzahl, durchführen zu können. In letzter Konsequenz wurden vier Winkel definiert, s. Abb. 1, die es gestatten, den gesamten Bereich der fünf wichtigsten Systemvariablen (Längsgeschwindigkeit u, Seitengeschwindigkeit v, Giergeschwindigkeit r, Propellerdrehzahl n und Ruderwinkel δ) auf je vier Quadranten dieser Winkel zurückzuführen. Dieses Winkelkonzept wurde von anderen Autoren übernommen, z.B. Chislett (1996). Zum anderen ist es das Berechnungsverfahren von Söding (1981, 1984). Das Verfahren basiert im wesentlichen auf Strömungsberechnungen, die durch einige empirische Korrekturwerte ergänzt werden. Außerdem wird die Rollbewegung mit in die Berechnung einbezogen. Allerdings werden alle von der Rollbeschleunigung und der Rollgeschwindigkeit verursachten Kräfte und Momente vernachlässigt, und es wird vorausgesetzt, daß beim Manövrieren in glattem Wasser die Krängung nur kleine Korrekturen der Quer- und Gierbewegungen verursacht. Das Verfahren von Söding wurde von Krüger (1998) übernommen und in einigen Punkten verbessert.

Bei einigen Schiffstypen (Container-, Fähr- und Passagierschiffe) hat die Rollbewegung auch beim Manövrieren in glattem Wasser einen merklichen Einfluß. Es ist infolgedessen verwunderlich, daß sich relativ wenige Arbeiten mit dieser Problematik beschäftigt haben, Eda (1980), Hirano und Takashina (1980) sowie Son und Nomoto (1981). In der jüngeren Vergangenheit wurde, nicht zuletzt wegen der IMO-Aktivitäten, das Interesse wieder geweckt. Oltmann (1993) erweiterte das bereits erwähnte ISI-Modell, Oltmann (1978), um die Rollbewegung und zeigte anhand von Simulationsrechnungen, welchen Einfluß die metazentrische Höhe GM auf das Manövrierverhalten hat. Kijima und Furukawa (1998) präsentieren Ergebnisse von Kraftmessungen an einem Containerschiffsmodell zusammen mit einem mathematischen Ansatz für Rumpfseitenkraft und -giermoment. Dieser Ansatz weicht erheblich von dem Ansatz ab, den Son und Nomoto (1981) vorgelegt haben. Allerdings erscheinen die zusätzlich vorgelegten Simulationsergebnisse plausibel. Von Oltmann (1999) wurde der Versuch unternommen, das 4-Quadranten-Modell von Sharma (1982) um die Rollbewegung zu erweitern. Die notwendige Koeffizienten-Identifikation erfolgt über Daten, die mit dem bereits genannten ISI-Modell, Oltmann (1993), ermittelt wurden. Die vorgelegten Ergebnisse für ein modernes Containerschiff sind vielversprechend.

3 Koeffizientenbestimmung

Wesentliche Voraussetzung für eine Simulation von Schiffsmanövern ist die Kenntnis der schiffsspezifischen hydrodynamischen Koeffizienten des jeweiligen mathematischen Modells. In Kapitel 2 wurde bereits angesprochen, daß man generell zwischen direkter und indirekter Identifikation unterscheiden kann, wobei es das Ziel ist, das gesamte Modell zu identifizieren. Darüber hinaus gibt es halb-empirische Methoden, zumeist Regressionsformeln, die es ermöglichen, einzelne wichtige Koeffizienten bereits im Vorwege des Entwurfvor-

ganges abzuschätzen. Des weiteren sind auch theoretische Verfahren zur Identifikation bekannt, z.B. Söding (1984).

Da eine detaillierte Übersicht und Beschreibung der allgemein verfügbaren Versuchseinrichtungen für die Durchführung von Versuchen zur überwiegend direkten Identifikation (Schrägschleppvorrichtungen, Rundlaufgeräte, PMM-Anlagen, XY-Wagen) bereits vorliegt, Sharma (1986), wird im folgenden nur die Modellversuchseinrichtung kurz dargestellt, die mit Fug und Recht als Prototyp einer neuen Generation von Versuchseinrichtungen für Manövrieruntersuchungen bezeichnet werden kann. Es handelt sich dabei um den „Computerized Planar Motion Carriage" (CPMC) der HSVA, der 1975 in Betrieb genommen wurde. Die folgende Beschreibung wurde der Arbeit von Sharma und Oltmann (1989) entnommen:

„Der CPMC, der im Bedarfsfall an den großen Schleppwagen der HSVA angekoppelt wird, besitzt verschiedene einzigartige Fähigkeiten, die ihn den meisten anderen existierenden Versuchseinrichtungen weit überlegen machen. Durch die Überlagerung des Schleppwagenantriebs mit drei zusätzlichen, unabhängigen Antrieben in Tanklängsrichtung x_0, in Tankquerrichtung y_0 und drehbar um die Hochachse z wurde erreicht, daß der CPMC innerhalb seiner dynamischen Grenzwerte jede beliebige Bewegung in der Horizontalebene ausführen kann. Die Regelung der drei CPMC-Antriebe mit digitaler Sollwertvorgabe wurde außerdem so ausgelegt, daß sowohl periodische als auch aperiodische Bewegungen unter sich ändernden Lastverhältnissen mit hoher Genauigkeit realisiert werden können. ... Der CPMC operiert in zwei wesentlich verschiedenen Betriebsarten. Dabei können zum einen die hydrodynamischen Kräfte an einem wahlweise in vier oder sechs Freiheitsgraden gefesselten Schiffsmodell gemessen werden, das längs einer zeitlich vorgegebenen Bahn zwangsgeführt wird (Betriebsart A). Zum anderen besteht die Möglichkeit, daß der CPMC einem programmgesteuert frei manövrierenden Schiffsmodell exakt nachfährt und den Manövrierverlauf in allen sechs Freiheitsgraden digital erfaßt (Betriebsart B). Durch das Zusammenspiel von Betriebsart A und B ist es möglich, nahezu jeden mathematischen Ansatz für die hydrodynamischen Kraftwirkungen zu identifizieren und auf seine Gültigkeit zu kontrollieren. Detailliertere Beschreibungen des CPMC zusammen mit Beispielen von Versuchsergebnissen finden sich in den Arbeiten von Grim et al. (1976) sowie Oltmann und Wolff (1976).

Es sollte nicht unerwähnt bleiben, daß es inzwischen durch eine einfache Zusatzvorrichtung, über die eine konstante externe Schleppkraft F_D in Modellängsrichtung aufgebracht wird, möglich ist, bei Versuchen mit dem frei manövrierenden Schiffsmodell eine gezielte Anpassung an den Selbstpropulsionspunkt der Großausführung vorzunehmen und dadurch eine Reduzierung vorhandener, zähigkeitsbedingter Maßstabseffekte zu erreichen. Beispiele für diese Versuchstechnik sind in der Arbeit von Oltmann et al. (1980) enthalten."

Das Konzept des CPMC hat weltweit Nachahmer gefunden. Die jüngste Anlage dieser Art der spanischen Versuchsanstalt in El Pardo übertrifft mit ihrer Queramplitude von 13.00 m sogar noch den Prototyp der HSVA (6.50 m), Loureiro und Lechuga (1993).

Während bei Schiffsmodellen sowohl die direkte als auch die indirekte System-Identifikation anwendbar ist, kann bei der Großausführung nur die indirekte eingesetzt werden. Aufgrund der hohen Genauigkeitsanforderungen an die Bahndaten, s.a. Abschnitt 2, waren die lange Zeit vorherrschenden radiometrischen Ortungsverfahren, wie Decca-Hifix, Loran-C usw., nicht prädestiniert für eine zufriedenstellende Identifikation. Die Situation hat sich verbessert, nachdem die Armee der USA ihr satellitengestütztes Global Positioning System (GPS) für zivile Zwecke freigegeben hat, s. Buchholz (1989). Nach der Erweiterung auf das sog. Differential GPS (DGPS) werden Genauigkeiten erzielt, die im Bereich von ± 1.0 m liegen. Damit ist der Weg für eine umfassende indirekte System-Identifikation mit der Großausführung geebnet.

Man muß leider feststellen, daß es wegen der komplizierten Strömungsvorgänge am Schiff und der Wechselwirkungen zwischen den einzelnen Systemkomponenten trotz modernster Rechnertechnik noch immer nicht voll gelungen ist, die hydrodynamischen Kräfte allein rechnerisch genau genug zu ermitteln. Um zumindest im Entwurfsstadium eines Schiffes die Möglichkeit einer Abschätzung der Gierstabilitätseigenschaften zu haben, wurden von einigen Autoren halbempirische Näherungsformeln für die wichtigsten linearen Koeffizienten der Bewegungsgleichungen in der Horizontalebene vorgelegt. Es seien hier die Arbeiten von Clarke et al. (1983) und von Kijima et al. (1990) angeführt. Letztere enthält auch Näherungsformeln für einige nichtlineare Koeffizienten. Die Regressionsformeln von Clarke et al. sind auch in dem Beitrag von Söding (1993) aufgeführt, in dem gleichfalls der Gierstabilitätsindex C' beschrieben und definiert wird. Die Anwendung dieses Indexes auf moderne Container- und Fährschiffe ist insofern problematisch, als er streng genommen nur für Bewegungen in der Horizontalebene gilt. Kommt zusätzlich die Rollbewegung in Betracht, kann es zu Fehleinschätzungen kommen, Oltmann (1999).

4 CFD-Anwendungen

Die Hauptschwierigkeit bei der Vorhersage des Manövrierverhaltens besteht darin, daß die Gierstabilität und damit auch die Manövrierbewegungen, vor allem bei kleinen Ruderwinkeln, sehr empfindlich von den Angriffspunkten der hydrodynamischen Kräfte infolge Querbewegung und Gierbewegung abhängen: Eine Änderung der Angriffspunkte um einige Prozent der Schiffslänge oder entsprechende Berechnungsungenauigkeiten können vielfach den Wechsel von stabilem zu instabilem Verhalten bewirken bzw. vortäuschen. Deshalb sind sehr genaue Prognosen der Kräfte und Momente notwendig, um einigermaßen richtige Aussagen über das Manövrieren zu erhalten. Eine entsprechende Empfindlichkeit zeigt sich auch bei Experimenten; z.B. können zufällige, schwache Drehbewegungen bei Beginn eines Rudermanövers die weitere Bahn des Schiffes selbst bei extremen Ruderwinkeln deutlich beeinflussen (Abb. 2).

Möglichkeiten zur Berechnung der hydrodynamischen Kräfte und damit zur Prognose der Manövrierbewegungen ohne Versuche sind, geordnet nach wachsender Komplexität:

1. Reibungsfreie Berechnungen nach der Theorie schlanker Körper für den Schiffsrumpf, ergänzt durch empirische Ansätze für Reibungseinflüsse am Rumpf und für die (vom Propellerstrahl und vom Rumpf beeinflußte) Ruderkraft

2. Methode der tragenden Linie oder tragenden Fläche zur Berechnung der Rumpf- oder der Ruderkraft, oder gemeinsame Behandlung von Rumpf und Ruder

3. Paneelmethoden getrennt für Ruder im Propellerstrahl und/oder den Rumpf, oder für Rumpf und Ruder gemeinsam. Paneelmethoden berücksichtigen die genaue Form des umströmten Körpers, aber Reibungseinflüsse müssen wie bei 1. und bei 2. durch empirische Ansätze approximiert werden.

4. Berechnung der viskosen turbulenten Strömung um Ruder im Propellerstrahl oder um den Rumpf, oder um Rumpf und Ruder gemeinsam. Dazu werden meist Finite-Volumen-Methoden benutzt, die die Reynolds-gemittelten Navier-Stokes-Gleichungen (RANSE) lösen. Der Propeller kann geometrisch modelliert oder, einfacher und ungenauer, durch Ansatz von auf die Flüssigkeit wirkenden Kräften ersetzt werden.

278

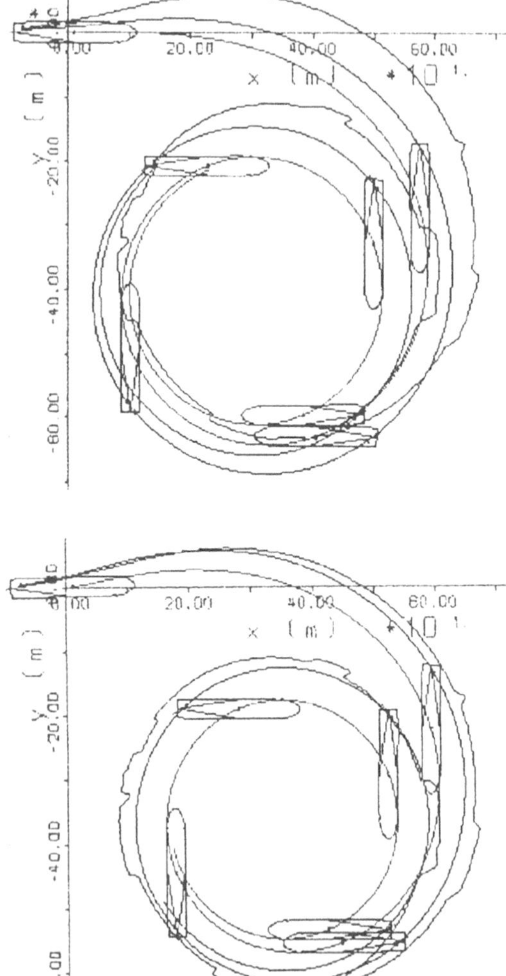

Abb. 2: Simulierte (glatt) und gemessene (zackig) Drehkreise eines Frachtschiffes, δ= 35°, beginnend mit idealer (oben) bzw. gestörter (unten) gerader Fahrt, nach Krüger (1998).

5. Berechnung der viskosen turbulenten Strömung um Rumpf, Propeller und Ruder gemeinsam durch Lösen der RANSE

Diese Methoden können zur Bestimmung von Koeffizienten wie bei der Auswertung von Versuchen benutzt werden; oder man kann sie in jedem Zeitschritt der Simulation anwenden. Die letztere Vorgehensweise ist bei dem schnell rechnenden Vorgehen nach 1. üblich; für Berechnungen nach 5. kostet dies noch zu viel Rechenzeit. Durch Kombination der verschiedenen Berechnungsmöglichkeiten für Ruder, Propeller und Rumpf, getrennt oder gemeinsam, mit direkter Anwendung bei der Simulation oder zur Koeffizientenberechnung, ergibt sich eine Fülle von Möglichkeiten. Im folgenden

werden einige praktisch realisierte Möglichkeiten angesprochen.

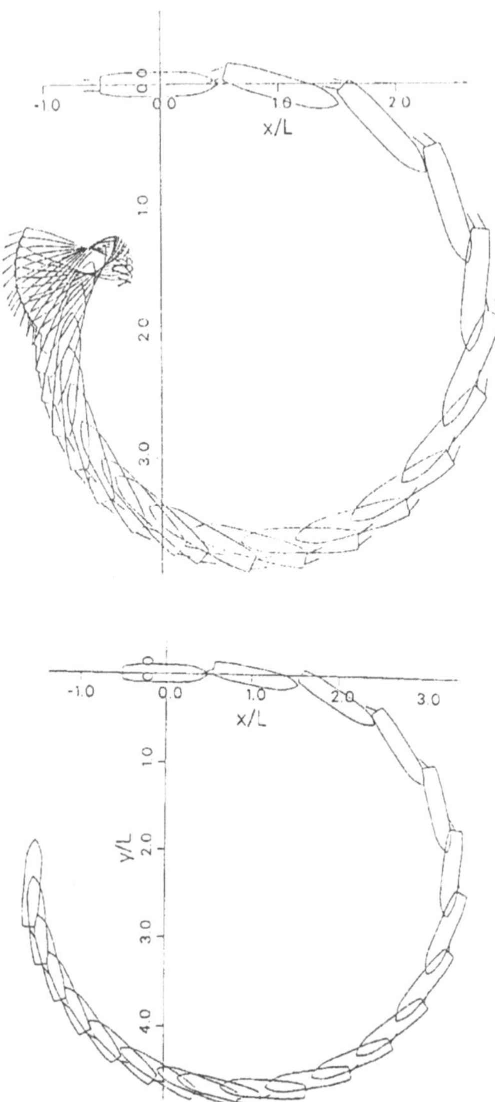

Abb. 3: Drehkreis eines Zweischraubers, oben mit Doppelruder, unten mit Mittelruder, δ= 35°. Steuerbordpropeller arbeitet rückwärts, simuliert von Janke-Zhao (1994).

Söding (1984) berechnet Rumpfkräfte nach der Theorie schlanker Körper mit teilweise empirischen Korrekturen für die Zirkulationsverteilung um den Rumpf, den ablösungsbedingten Widerstand und die Krängung. Die Ruderkraft im Propellerstrahl wird nach der Theorie der tragenden Linie vor der Simulation berechnet und während der Simulation über der Propellerbelastung interpoliert. Aus stark vereinfachten, potentialtheoretisch berechneten Fällen werden Korrekturfaktoren für den Verlauf der Propellerstrahlkontraktion, für den Einfluß der endlichen Strahlbreite auf die Ruderkräfte und für die Wechselwirkung zwischen Rumpf und Ruder abgeleitet. Das Wasser wird dabei als tief vorausgesetzt, und die Wellenbildung an der Wasseroberfläche wird vernachlässigt.

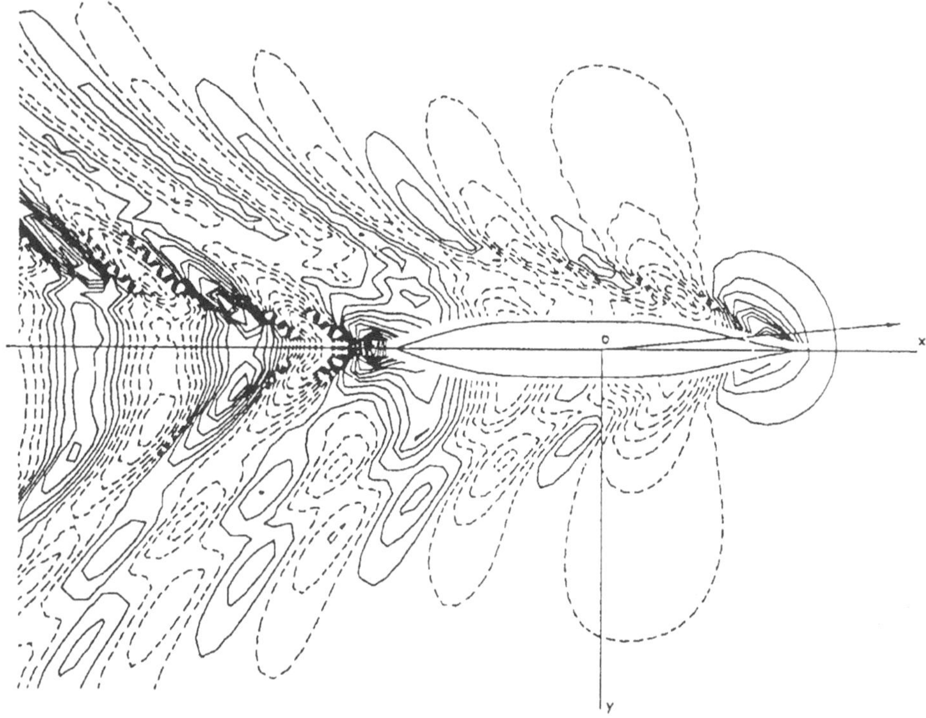

Abb. 4: Höhenlinien im Abstand $0.9 \cdot 10^{-3}$ L für das Wellenbild hinter einem Series 60 Schiff (C_B= 0.6) bei 5° Driftwinkel (F_n= 0.25), nach Zou und Söding (1994).

Zhao (1986) erweitert dies Verfahren auf flaches Wasser. Die Rumpfkräfte werden nach der Theorie schlanker Körper auf flachem Wasser von Newman (1969) berechnet; die Ruderkräfte werden wieder nach der Methode der tragenden Linie, mit Spiegelung am Wasserboden, berechnet. Da sich die Ruderkräfte durch das flache Wasser nur mäßig erhöhen, die hydrodynamischen Rumpfkräfte und -momente aber auf flachem Wasser gegenüber Tiefwasser stark zunehmen, reagieren Schiffe auf flachem Wasser meist viel träger auf das Ruder. In späteren Arbeiten erweitert Zhao ihr Verfahren auf Zweischrauber sowie für Stopp- und Rückwärtsmanöver, Janke-Zhao (1994). Ein Beispiel für das Verhalten von Zweischraubern zeigt Abb. 3.

Zou und Söding (1994) machen diese Verfahren wirklichkeitsnaher, indem sie die Wellenbildung an der Wasseroberfläche und die davon verursachten Kräfte und Momente mitberechnen (Abb. 4). Sie benutzen dazu eine Abwandlung der Rankine-Paneelmethoden zur Bestimmung des Wellenwiderstands von Schiffen, ergänzt durch die Methode der tragenden Fläche zur Erfassung des Rumpf-Quertriebs. Bis zu Froude-Zahlen von 0.3, d.h. für fast alle Handelsschiffe, ist der Effekt der Wellenbildung jedoch gering und von wechselndem Vorzeichen.

Während die bisher genannten Methoden die Ruderkraft nach der Methode der tragenden Linie berechnen, bestimmen Chau (1997), Abb. 5, und M. el Moctar (1998), Abb. 6, die Kraft auf ein freifahrendes Ruder mit Finite-Volumen-Verfahren durch Lösung der RANSE. Der Vergleich mit Windkanalmessungen zeigt, daß Widerstand, Auftrieb und Ruderschaftmoment in homogener Strömung bis zum Höchstauftrieb sehr genau berechnet werden können; größere Abweichungen treten erst beim Überschreiten des Höchstauftriebswinkels auf. Der Höchstauftriebswinkel selbst wird erstaunlich genau, bei M. el Moctar mit Fehlern unter 2 Grad, gefunden. Die Erweiterung auf eine gemeinsame Berechnung von Ruder, Propeller und Schiffsrumpf ist zur Zeit in Arbeit. Eine wichtige Schlußfolgerung aus diesen Arbeiten ist, daß es lohnt, Rudermaschinen mit großen Ruderwinkeln (bis etwa 60 Grad) einzusetzen, um das Ruder entsprechend kleiner ausführen zu können und trotzdem normale Ruderwirksamkeit zu erhalten. Außerdem hat sich gezeigt, daß man den Höchstauftriebsbeiwert eines Ruderprofils mit zweidimensionalen RANSE-Verfahren abhängig von der Reynoldszahl leicht bestimmen kann und daß dieser Wert mit dem in der wirklichen, dreidimensionalen Strömung, vermutlich auch bei ungleichförmiger Zuströmung, bis auf etwa 5 % (kleiner in 3D) übereinstimmt.

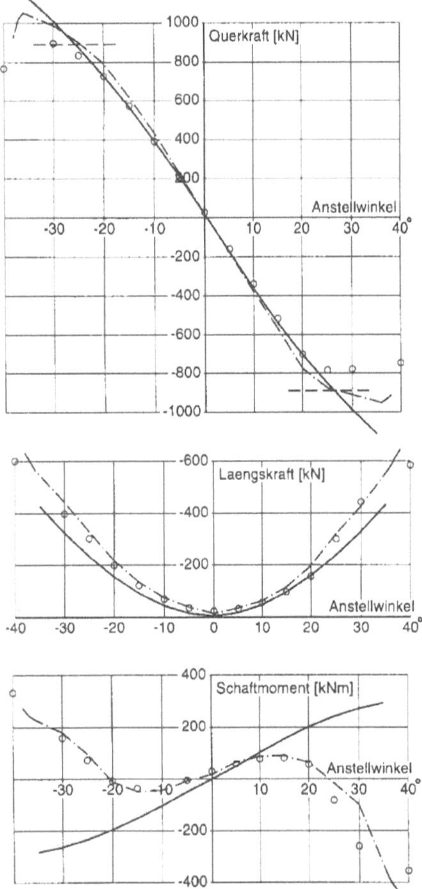

Abb. 5: Beiwerte von Auftrieb, Widerstand und Moment von freifahrenden Rudern verschiedener Seitenverhältnisse Ar nach Berechnungen von Chau (1997) und nach Messungen von Whicker und Fehlner (1958). Profil NACA 0015, $R_n = 1.82 \cdot 10^6$.

Die letzte Tatsache erlaubt es, die Ruderkräfte, auch für Ruder im Propellerstrahl, bis zum so abgeschätzten Höchstauftrieb (gestrichelte Linien in Abb. 7) mit Paneelmethoden recht genau zu berechnen. Diese Methoden erfordern viel weniger Vorbereitungs- und Rechenzeit als RANSE-Berechnun-gen. Ein für Ruder entworfenes „direktes" Paneelverfahren wird von Söding (1998) vorgestellt (Abb. 7, ausgezogen). Dabei werden spezielle Anpassungen vorgenommen, um brauchbare Ergebnisse auch in der ungleichmäßigen Zuströmung mit Drall hinter einem Propeller zu erhalten, obwohl die Paneelmethode (ebenso wie die Methode der tragenden Linie) für solche Fälle, genau genommen, nicht richtig ist.

Dies dürfte die Ursache für das von der Paneelmethode nicht richtig berechnete Schaftmoment am

Ruder sein. Eine Ranse-Berechnung von M. el Moctar (unveröffentlicht, strichpunktiert in Abb. 7) liefert dagegen auch für das Schaftmoment erstaunlich gute Übereinstimmung mit Modellversuchsergebnissen (Kreise).

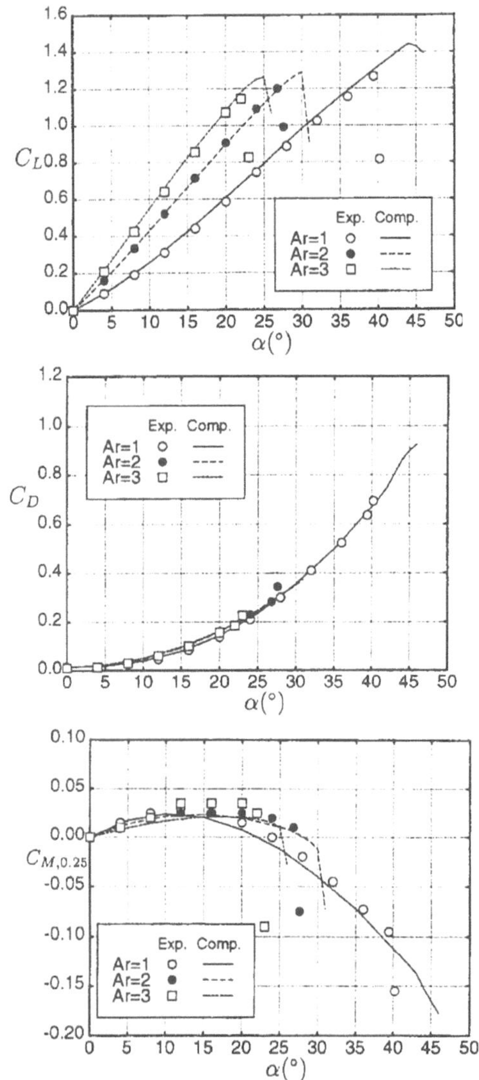

Abb. 6: Wie Abb. 7, jedoch nach Berechnungen von Ould El Moctar (1998).

Krüger (1998) kombiniert die zuvor beschriebenen Methoden von Söding für die Rumpfkräfte (Theorie schlanker Körper mit empirischen Korrekturen) und die Ruderkräfte (Paneel-Methode) mit einer eigenen Berechnung des Propellerstrahls nach der Methode der tragenden Linie. Dies, zusammen mit einer Reihe von Verbesserungen im Detail (z.B. zur Richtung der Zuströmung zum Ruder abhängig von der Quer- und Drehgeschwindigkeit des Schiffes), ergibt für die von ihm untersuchten Schiffe eine erstaunlich gute Vorhersage der Probefahrtmanöver, ohne daß Korrekturen oder Kennwerte verwendet werden, die bei einem Neubau noch nicht bekannt sind (Abb. 2). Dazu mußte allerdings nicht nur das Rechenverfahren verbessert werden, sondern auch die Versuche mußten sorgfältiger als üblich durchgeführt und ausgewertet werden.

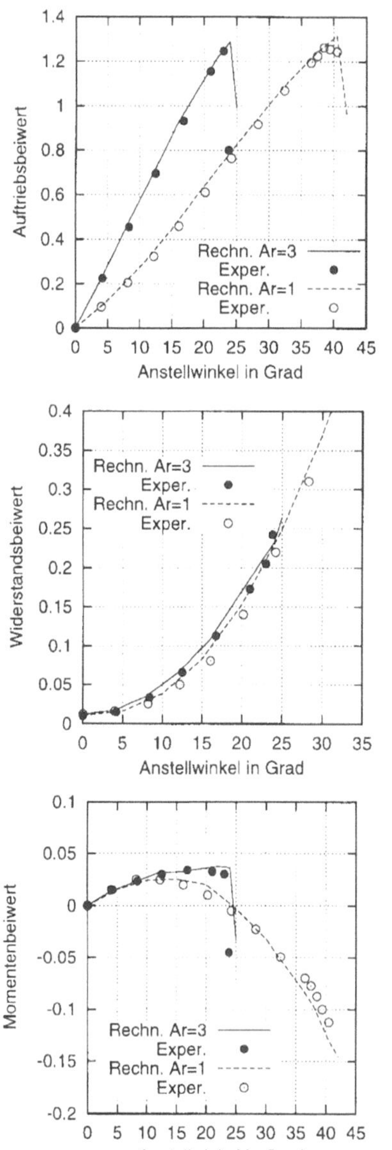

Abb. 7: Längs-, Querkraft und Schaftmoment eines Ruders hinter Schiff und Propeller und unter einer festen Flosse. Kreise nach Messungen der SVA Potsdam, ausgezogen nach Paneel-Berechnungen von Söding (1998), strichpunktiert nach RANSE- Berechnungen von M. el Moctar.

Aufgrund der beschriebenen Verbesserungen bei der Berechnung der Ruderkraft, einschließlich Wechselwirkung mit Propeller und Rumpf, verbleibt als größte Quelle von Ungenauigkeiten der Schiffsrumpf mit Schlingerkielen und eventuell weiteren Anhängen. Es ist nicht zu erwarten, daß eine Paneelmethode wesentlich bessere Ergebnisse als die Methode des schlanken Körpers bringt; wesentliche Fortschritte sind dagegen von viskosen Berechnungen durch Lösung der RANSE zu erwarten. Cura (1998) berechnete die Strömung um Schiffsmodelle in stationärer Drift- bzw. Kreisfahrt und erzielte eine gute Übereinstimmung mit Meßergebnissen. Gegenüber den ersten bei der STG berichteten Anwendungen, Cura (1997), wurde die Qualität der Vorhersage sowie die Komplexität der untersuchten Fälle deutlich erhöht. Das Ruder wird bisher jedoch nur durch eine dünne Platte approximiert, und die Wellenbildung an der freien Oberfläche und die durch die Fahrt bedingte Veränderung der Schwimmlage (der Squat) werden bisher vernachlässigt.

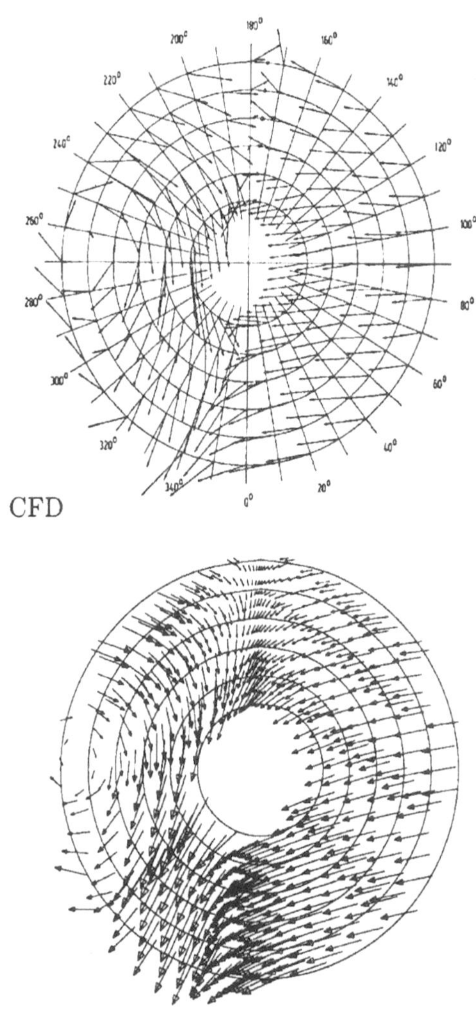

Abb. 8: Nachstromfeld in der Propellerebene für das Mariner-Schiff in Driftfahrt, $\beta = 12°$, $F_n = 0.20$, $R_n = 1.0 \cdot 10^7$.

Abb. 8 zeigt das gemessene und berechnete Nachstromfeld in der Propellerebene des Mariner-Schiffes bei einer Schräganströmung von 12°. Der starke Wirbel in der 9-Uhr-Stellung wird nach Lage und Stärke korrekt wiedergegeben. Die berechnete Seitenkraft Y' und das Giermoment N' am Rumpf dieses Schiffes in stationärer Kreisfahrt bei verschiedenen Giergeschwindigkeiten r' werden in Abb. 9 mit Messungen verglichen. Alle drei Größen wurden in der üblichen Weise dimensionslos gemacht. Die außergewöhnlich gute Übereinstimmung ist etwas glücklich, denn die Unterschiede zwischen Rechnung und Messung betrugen bei Geradeausfahrt mit Driftwinkeln bis etwa 15 %. Das reicht leider nicht aus, um den Gierstabilitätsindex C' richtig vorherzusagen; dazu dürfte die Berücksichtigung aller Anhänge und des Propellerstrahls sowie der Wellenbildung am Schiff und des Squat nötig sein. Für rollfreudige Schiffe ist C' > 0 leider kein hinreichendes Kriterium für Gierstabilität.

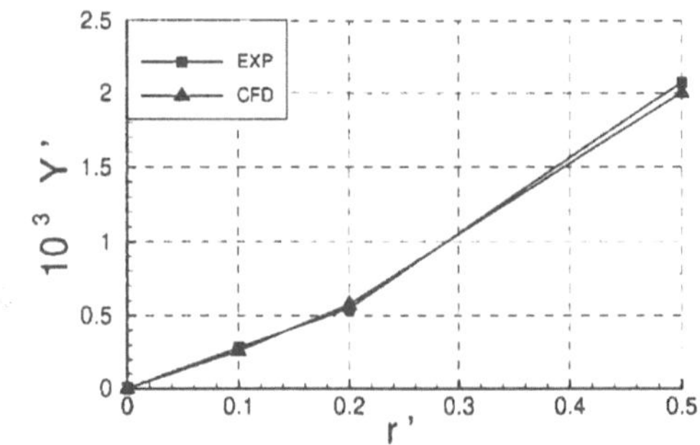

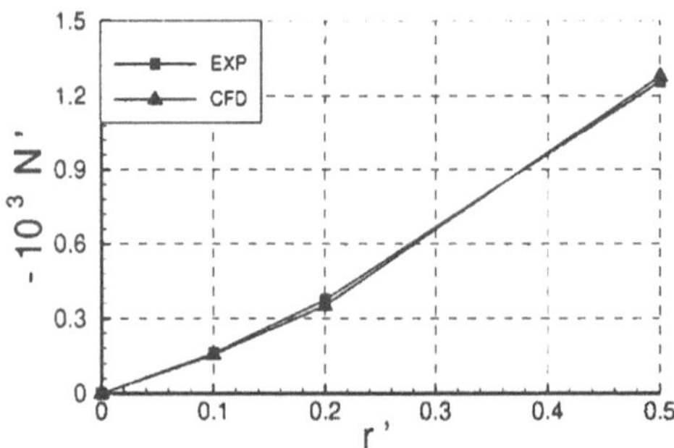

Abb. 9: Seitenkraft und Giermoment für das Mariner-Schiff bei Kreisfahrt, F_n= 0.20.

Abb. 10 zeigt die Strömung um das Series 60 Schiff bei Fahrt mit 10° Driftwinkel. Das Rechenverfahren ist in der Lage, die Entstehung und Ablösung von Wirbeln (am Bug, entlang der Kiellinie und der Kimm) und Ablösungen mit Rezirkulation am Vorsteven richtig vorherzusagen. Der in Abb. 10 sichtbare Wirbel im Hinterschiff korrespondiert zu den in Abb. 11 gezeigten Isotachen der Axialgeschwindigkeit in der Ebene 0.9L hinter dem vorderen Lot. Die Übereinstimmung zwischen Rechnung und Messung ist auch hier recht gut; der Wirbel wird nur etwas zu schwach vorhergesagt.

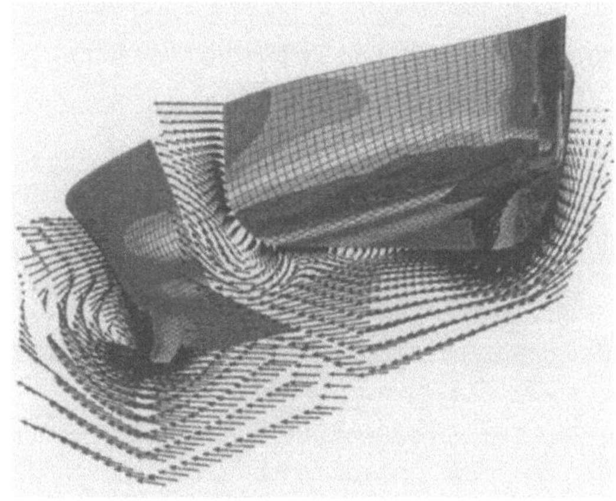

Abb. 10: Strömungsmerkmale an der Leeseite des Series 60 Schiffes in Driftfahrt.

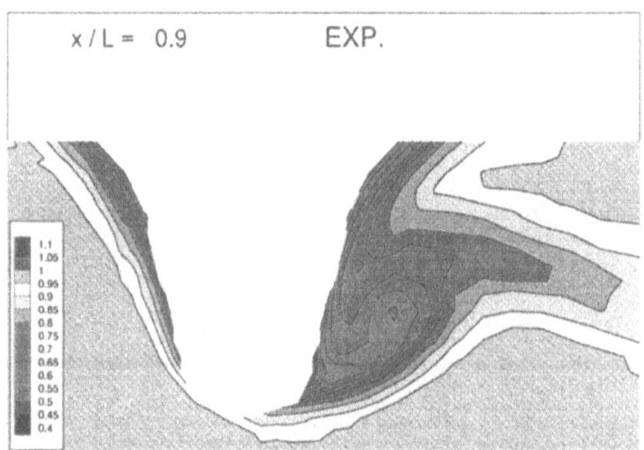

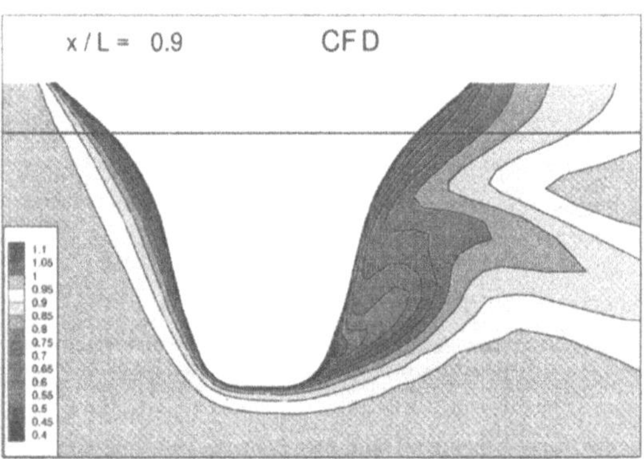

Abb. 11: Axialgeschwindigkeit am Spant 0.9 L vom VL des Series 60 Schiffes, β= 10°, F_n= 0.16, R_n= 2.67·10⁶.

Die besprochenen stationären Anwendungen von RANSE-Lösern können als nützlich für eine Übergangszeit angesehen werden. Es wird weiter daran gearbeitet, die Berechnungen für die Großausführung durchzuführen, den Vorbereitungs- und Rechenaufwand herabzusetzen und geeignete Methoden zu finden, um die Ergebnisse zu Koeffizienten umzusetzen, die bei der Simulation zur Bestimmung der Rumpfkräfte benutzt werden können. Das größte Potential der RANSE-Verfahren steckt jedoch in ihrem Einsatz zur Bestimmung der äußeren Kräfte und Momente in jedem Zeitpunkt einer Manöversimulation. Erste Schritte in dieser Richtung sind bereits von Sato et al. (1998) eingeleitet worden. Durch die gleichzeitige Berechnung der Bewegung und der Strömung um das Schiff, unter Berücksichtigung von Propeller, Ruder und anderen Anhängen und mit Beachtung der Wellenbildung und des Squat, würde sich die Qualität der Simulationen erheblich verbessern lassen. Obwohl dies in den nächsten 5 Jahren noch nicht realisierbar erscheint, bestehen kaum Zweifel, daß diese Vorgehensweise einmal die herkömmlichen Verfahren ablösen wird. Die Weichen für solche vollständigen Simulationen werden schon jetzt in begonnenen und beantragten Forschungsvorhaben gestellt.

5 Bewertung der Manövrierfähigkeit

Generell gibt es zwei Möglichkeiten für eine Bewertung der Manövrierfähigkeit von Schiffen. Die erste ist dabei die traditionelle Methode, bei der Daten von ähnlichen Schiffen zum Vergleich herangezogen werden. Diese Vorgehensweise wurde von Kempf´ (1944) eingeführt, wobei Daten für mehr als 70 Schiffe vorgelegt wurden. Darüber hinaus schlug er bereits damals vor, das 10°/10° Z-Manöver als Standardmanöver zu etablieren. Die Kempfsche Tradition wurde nach dem Kriege in der HSVA fortgesetzt, s.a. Brix (1972). Heute steht eine Datenbank mit dimensionslosen Parametern unterschiedlicher Z-Manöver für mehr als 100 moderne Schiffe zur Verfügung.

Die zweite Möglichkeit besteht darin, quantitative Standards für unterschiedliche Manövriereigenschaften vorzugeben. Dies war und ist das erklärte Ziel der International Maritime Organization (IMO), die nach langwierigen Vorarbeiten zumindest vorläufige Standards verabschiedet hat, IMO (1993), die zunächst für fünf Jahre gelten sollten. Basis sind das 10°/10° und das 20°/20° Z-Manöver, die Drehkreisfahrt mit maximaler Ruderlage sowie das Stoppmanöver. Da der schiffbauliche Alltag zeigt, daß die Forderungen bezüglich des 1. und 2. Überschwingwinkels im 10°/10° Z-Manöver oftmals nur schwer zu realisieren sind, ist in Abb. 12 das entsprechende IMO-Kriterium wiedergegeben. Sie zeigt die oberen Grenzwerte für beide Winkel in Abhängigkeit von der Schiffslängenfahrzeit L_{pp}/V_0.

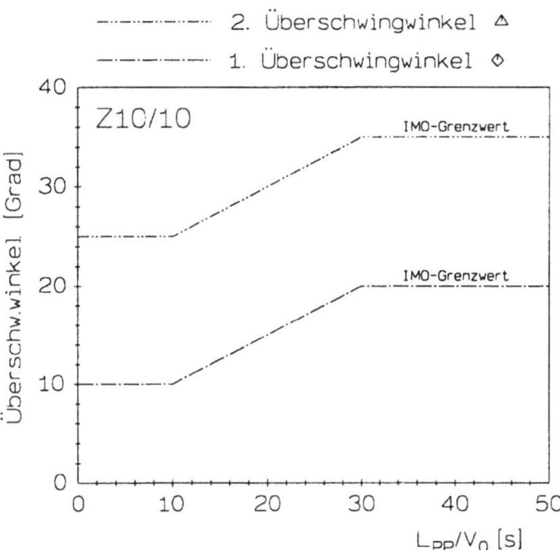

Abb. 12: IMO-Kriterien bezüglich des 10°/10° Z-Manövers.

Bevor dargestellt wird, welche Entwicklung im Rahmen der IMO stattgefunden hat und wie schwer sich die zugehörigen Gremien mit einer Einigung auf bestimmte Kriterien getan haben, sei auf die klassische Arbeit von Gertler und Gover (1960) verwiesen. Ihre allgemein gehaltenen Forderungen an die Manövriereigenschaften von Schiffen lauten:

„*1.* The ability to maintain course with a small amount of heading error, course error, and rudder activity.
2. The ability to initiate a course change rapidly.
3. The ability to check a course change rapidly with small overshoots in heading angle and width of path.
4. The ability to execute an efficient steady-turning manoeuvre with small tactical diameter, advance, and transfer.
5. The ability to accelerate and decelerate rapidly yet retaining good control.
6. The ability to manoeuvre in and out harbours ahead and astern at slow speeds without tug assistance.“

Darüber hinaus geben die Autoren die Empfehlung, daß im Falle einer vorliegenden Gierinstabilität der betroffene Ruderwinkelbereich nicht größer als ±2° sein sollte. Dies ist aus heutiger Sicht eine zu strenge Forderung.

Die IMO formulierte 1985 [22] ähnlich allgemeine Anforderungen. Sie lauten: „All ships should have manoeuvring qualities which permit them to keep course, to turn, to check turns, to operate at acceptably slow speeds and to stop, all in a satisfactory manner.“

Zulässige Grenzwerte wurden von der IMO erstmals 1990 [23] vorgelegt. So wird beispielsweise für das Stützvermögen gesagt, daß der 1. Überschwingwinkel im 10°/10° Z-Manöver 12° bis 15° nicht überschreiten sollte. Bezüglich des Kurshaltevermögens heißt es:

„It is proposed that the ship should possess a course keeping ability which permits a helmsman to steer the ship or to maintain a satisfactory course, and therefore that, during controlling action, no more than 30° phase advance should be required of the helmsman to ensure adequate course keeping."

Dies ist eine mehr oder weniger akademische Anforderung, die in praxi nur schwer nachzuprüfen ist. 1991 schlägt die IMO [24] vor, daß die ersten Überschwingwinkel im 10°/10° und 20°/20° Z-Manöver 15° bzw. 25° nicht überschreiten sollten. Bezüglich des Kurshaltevermögens wird jetzt festgestellt, daß im Falle einer vorliegenden Gierinstabilität der betroffene Ruderwinkelbereich bestimmte Werte nicht überschreiten sollte. Das liest sich dann wie folgt:

„For unstable ships, as identified by the results of pull out manoeuvres, spiral tests should be conducted to prove that the characteristics of the loop do not exceed certain values. The maximum acceptable width of the loop will be a function of the ship length-to-speed ratio, but it should not exceed a certain fraction of the height of the loop."

Auf definitive Grenzwerte konnte und wollte man sich noch nicht festlegen.

1991/92 unterbreitet Japan einen Vorschlag, IMO [25, 26], der die Kurshaltefähigkeit und das Stützvermögen abdecken soll. Der Vorschlag deckt sich mit dem Standard für den 1. Überschwingwinkel des 10°/10° Z-Manövers in seiner neuesten Version, Abb. 14. Darüber hinaus entscheidet der Unterausschuß Ship Design and Equipment, IMO [27], daß der Spiralversuch nicht länger berücksichtigt werden soll. Er stimmt dem japanischen Vorschlag prinzipiell zu und setzt ein Limit für den 2. Überschwingwinkel im 10°/10° Z-Manöver von 25°. Die letztere Maßnahme wird schließlich nochmals revidiert, IMO [28]. Im Jahre 1994 macht die IMO [29,30] in ihren Richtlinien für die Anwendung der Standards einen sehr wichtigen Zusatz, indem sie festlegt, daß die Standards für einen Zustand auf voll abgeladenem Tiefgang mit minimaler metazentrischer Höhe gelten sollen, s. dazu Oltmann (1993).

In Anbetracht der Bedeutung der Manövrierfähigkeit für die Sicherheit eines Schiffes nimmt es nicht wunder, daß auch Kritik an den Standards der

IMO geübt wird.

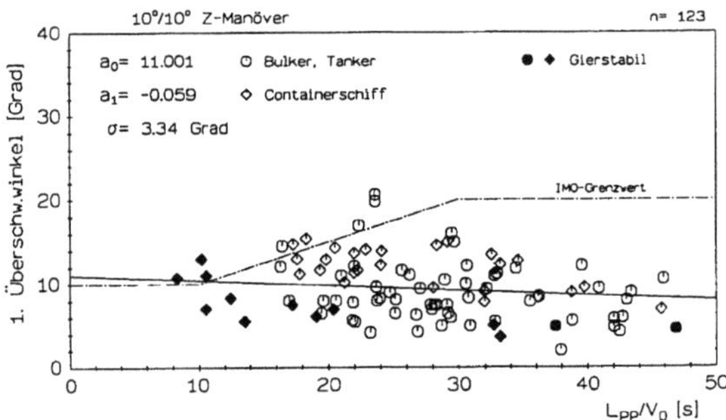

Abb. 13: 1. Überschwingwinkel des 10°/10°-Z-Manövers über der Schiffslängenfahrzeit.

Um zu zeigen, daß die IMO-Grenzkurven nicht der Realität entsprechen, führt Oltmann (1998) zuerst einen Vergleich mit Daten aus der HSVA-Datenbank durch. Ausgewählt wurden Versuchsdaten von dynamisch korrekt eingetrimmten Modellen . Das Ergebnis für den 1. Überschwingwinkel (Z 10°/10°) ist in Abb. 13 wiedergegeben. Dabei wurden die Daten von gierstabilen Schiffen hervorgehoben. Man erkennt anhand der zusätzlich eingezeichneten Regressionsgeraden, daß bei existierenden Schiffen ein entgegengesetzter Trend zur IMO-Linie besteht. In einem zweiten Schritt führte Oltmann eine Simulationsstudie auf der Basis von 56 Koeffizientensätzen für einen nichtlinearen Simulationsalgorithmus, Oltmann (1978,1993), durch. Für alle betrachteten Schiffe gilt, daß sie gierinstabil sind. Berechnet und ausgewertet wurden das 10°/10° und das 20°/20° Z-Manöver sowie der Spiralversuch. Es wird u.a. gezeigt, daß eine ausgeprägte lineare Korrelation zwischen einigen Parametern des Z-Manövers besteht.

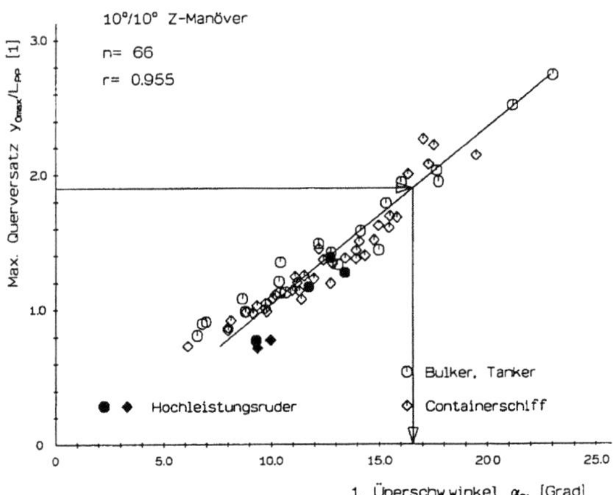

Abb. 14: Korrelation zwischen maximalem Querversatz und 1. Überschwingwinkel des 10°/10°-Z-Manövers.

Ein Beispiel zeigt Abb. 14, die den dimensionslosen Querversatz y_{0max}/L_{pp} in Abhängigkeit vom 1. Überschwingwinkel für das 10°/10° Z-Manöver wiedergibt. Gestützt auf die durchgeführten Berechnungen und Korrelationsbetrachtungen wird vorgeschlagen, für den 1. Überschwingwinkel im 10°/10° Z-Manöver einen von der Geschwindigkeit unabhängigen oberen Grenzwert von 17° festzulegen.

Insgesamt gesehen muß man sich dem Stoßseufzer von Barr (1993) anschließen, der sinngemäß feststellt, daß Standards, wie auch immer sie aussehen, dazu beitragen, daß beim Entwurf eines Schiffes die Manövrierfähigkeit nicht länger sträflich vernachlässigt wird

6 Zusammenfassung und Ausblick

Es kann festgestellt werden, daß bei den Simulationsalgorithmen, die nur die horizontalen Bewegungen betrachten, die Entwicklung abgeschlossen ist. In Zukunft wird Algorithmen, die alle sechs Freiheitsgrade berücksichtigen oder zumindest die Rollbewegung einbeziehen, und modularen Algorithmen der Vorzug gegeben werden.

In der Manövrierversuchstechnik ist mit dem Computerized Planar Motion Carriage der HSVA eine Versuchseinrichtung geschaffen worden, deren Grundkonzept noch heute aktuell ist. Der praktische Betrieb hat allerdings gezeigt, daß im freifahrenden Modus die mechanische Vorrichtung zur Ermittlung der Steuergrößen für die Folgeregelung bei heftigen Rollbewegungen sehr störanfällig ist. Hier könnte ein berührungsfrei arbeitendes System von Vorteil sein. Es gibt am Markt bereits optische Systeme, die eine Vermessung in sechs Freiheitsgraden mit der erforderlichen Genauigkeit erlauben. Deren zusätzlicher Einsatz könnte sowohl die Flexibilität erhöhen als auch bestehende Beschränkungen bezüglich der Modellgeschwindigkeit kompensieren.

Die Methoden zur Berechnung der Strömungskräfte an Rumpf, Propeller und Ruder sind so weit entwickelt, daß recht gute Prognosen der Manövrierbewegungen allein auf Grund von Berechnungen möglich sind. Eine Ausnahme bildet die dynamische Gierstabilität, die bislang noch nicht zuverlässig genug bestimmt werden kann. Die Berechnungsmethoden sind in rascher Entwicklung begriffen. Ziel dabei ist es, ihre Genauigkeit zu steigern und den Aufwand für die Berechnungen zu verringern.

Mit den vorläufigen quantitativen Standards der International Maritime Organization bezüglich des Manövrierverhaltens wurde ein erster Schritt in die richtige Richtung getan. Eine eingehende Beschäf-

tigung mit der Problematik macht jedoch deutlich, daß diese Standards teilweise redundant und auch widersprüchlich sind. Eine Revision erscheint deshalb zwingend notwendig.

7 Schrifttum

1 ABELS, F.: Dreidimensionales Bewegungsverhalten von U-Booten und dessen Simulation. Jahrbuch STG 73 (1979), S. 195-218.

2 ABKOWITZ, M.A.: Lectures on Ship Hydrodynamics - Steering and Manoeuvrability. Hydro- and Aerodynamics Laboratory, Lyngby, Denmark Report Hy-5 (1964).

3 BARR, R.A.: A Review and Comparison of Ship Maneuvering Simulation Methods. Trans. SNAME, Vol. 101 (1993), pp. 609-635.

4 BLENDERMANN, W. et al.: Manoeuvring Technical Manual (J.E. Brix, Editor). Seehafen Verlag, Hamburg (1993).

5 BOHLMANN, H.J.: Vorausberechnung des Bewegungsverhaltens von Ubooten. Jahrbuch STG 83 (1989), S. 16-22.

6 BRIX, J.: Dimensionslose Größen der Manövriereigenschaften von Schiffen. Jahrbuch STG 66 (1972), S. 407-422.

7 BUCHHOLZ, H.: Satellitengestützte Navigation und Vermessung im Küstenbereich. Jahrbuch STG 83 (1989), S. 240-246.

8 CHAU, S.-W.: Numerical Investigation of Free-Stream Rudder Characteristics Using a Multi-Block Finite Volume Method. Institut für Schiffbau, Hamburg, Bericht Nr. 580, Juli 1997.

9 CHISLETT, M.S.: A generalized math model for manoeuvring. Proc. Intern. Conference on Marine Simulation and Ship Manoeuvrability, Copenhagen, Denmark (1996), pp. 593-606.

10 CLARKE, D.; GEDLING, P.; HINE, G.: The Application of Manoeuvring Criteria in Hull Design Using Linear Theory. Trans. RINA, Vol. 125 (1983), pp. 45-68.

11 CRANE, C.L.; EDA, H.; LANDSBURG, A.C.: Controllability. Principles of Naval Architecture (E.V. Lewis, Editor). SNAME, Jersey City, NJ (1989), Vol. III, pp. 191-417.

12 CURA HOCHBAUM, A.: Berechnung viskoser Schiffsumströmungen. Jahrbuch STG 91 (1997).

13 CURA HOCHBAUM, A.: Computation of the Turbulent Flow Around a Ship Model in Steady Turn and in Oblique Motion. 22nd Symposium on Naval Hydrodynamics, Washington, D.C. (1998).

14 DAND, I.W.: On Modular Manoeuvring Models. Proc. Intern. Conference on Ship Manoeu-

vrability – Prediction and Achievement, RINA, London, U.K. (1987), Paper No. 8.

15 EDA, H.: Rolling and Steering Performance of High Speed Ships – Simulation Studies of Yaw-Roll-Rudder Coupled Instability. Proc. 13th Symposium on Naval Hydrodynamics, Tokyo, Japan (1980), pp. 427-439.

16 FELDMAN, J.: DTNSRDC Revised Standard Submarine Equations of Motion. DTNSRDC, Washington D.C., Report SPD-0393-09 (1979).

17 GERTLER, M.; GOVER, S.C.: Handling Quality Criteria for Surface Ships. First Symposium on Ship Manoeuvrability, David Taylor Model Basin, Washington, D.C., Report No. 1461, Oct. 1960, pp. 211-240.

18 GERTLER, M.; HAGEN, G.R.: Standard Equa-tions of Motion for Submarine Simulati-on. NSRDC, Washington D.C., Report No. 2510 (1967).

19 GRIM, O.; OLTMANN, P.; SHARMA, S.D.; WOLFF, K.: CPMC – A Novel Facility for Planar Motion Testing of Ship Models. Proc. 11th Symposium on Naval Hydrodynamics, London, U.K. (1976), pp. 115-131.

20 HIRANO, M.; TAKASHINA, J.: A Calculation of Ship Turning Motion Taking Coupling Effect Due to Heel into Consideration. Trans. West-Japan Soc. of Naval Architects, No. 59 (1980), pp. 71-81.

21 TEN HOVE, D.; ONASSIS, I.: Modular Ship Manoeuvring Models. Proc. Intern. Conference on Marine Simulation and Ship Manoeuvrability, Tokyo, Japan (1990), pp. 363-368.

22 IMO Maritime Safety Committee Circular 389: Interim Guidelines for Estimating Manoeuvring in Ship Design. London, Jan. 1985.

23 IMO Document DE 34/4: Manoeuvrability of Ships and Manoeuvring Standards. Report of the ad hoc working group. London, June 1990.

24 IMO Document DE 34/WP.7: Manoeuvrability of Ships and Manoeuvring Standards. Report of the ad hoc working group, London, March 1991a.

25 IMO Document DE 35/4: Manoeuvrability of Ships and Manoeuvring Standards. London, Oct. 1991b.

26 IMO Document DE 35/INF.14: Manoeuvrability of Ships and Manoeuvring Standards. London, Jan. 1992a.

27 IMO Document DE 35/WP.4: Manoeuvrability of Ships and Manoeuvring Standards". London, March 1992b.

28 IMO Resolution A.751 (18): Interim Standards for Ship Manoeuvrability. London, Nov. 1993.

29 IMO Document DE 37/WP.2: Manoeuvrability of Ships and Manoeuvring Standards. London, Feb. 1994a.

30 IMO Maritime Safety Committee Circular 644: Explanatory Notes to the Interim Standards for Ship Manoeuvrability. London, June 1994b.

31 International Towing Tank Conference: Report of the Manoeuvrability Committee. Proc. 20th ITTC, San Francisco, California (1993), Vol. I, pp. 309-361.

32 JANKE-ZHAO, Y.-X.: Manoeuvring Motion Simulation of Twin-Screw Ships. Ship Technical Research, Vol. 41 (1994) No. 1, pp. 3-16.

33 KEMPF, G.: Manövriernorm für Schiffe. HANSA, 81. Jahrg. (1944) Heft 27/28, S. 372-377.

34 KIJIMA, K.; NAKARI, Y.; TSUTSUI, Y.; MATSUNAGA, M.: Prediction Method of Ship Manoeuvrability in Deep and Shallow Waters. Proc. Intern. Conference on Marine Simulation and Ship Manoeuvrability, Tokyo, Japan (1990), pp. 311-318.

35 KIJIMA, K.; FURUKAWA, Y.: Effect of Roll Motion on Manoeuvrability of Ships. Proc. Intern. Symposium and Workshop on Forces Acting on a Manoeuvring Vessel , Val de Reuil, France (1998).

36 KOSE, K.: On a new mathematical model of manoeuvring motions of a ship and its application. Intern. Shipbuilding Progress, Vol. 29 (1982), pp. 205-220.

37 KRÜGER, S.: Manöversimulationen auf der Basis von Großausführungsmessungen. Jahrbuch STG 92 (1998).

38 LOUREIRO, A.M.; LECHUGA, L.P.: The Laboratory of Ship Dynamics of El Pardo Model Basin. ROTACION, March 1993.

39 M. EL MOCTAR, O..: Numerical Determination of Rudder Forces. Proc. Euromech No. 374, Poitiers (1998), pp. 107-117.

40 MEYERHOFF, K.; WALTER, J.; WEISS, F.: Entwicklung der Manövriertechnik in den zurückliegenden 100 Jahren. Jubiläum 100 Jahre STG (1999).

41 NEWMAN, J.N.: Lateral Motion of a Slender Body Between Two Parallel Walls. Journal of Fluid Mechanics, Vol. 39 (1969), pp. 97-115.

42 NORRBIN, N.H.: A Study of Course Keeping and Manoeuvring Performance. Statens Skeppsprovningsanstalt (SSPA), Göteborg, Sweden, Report No. 45 (1960).

43 NORRBIN, N.H.: Theory and Observations on the Use of a Mathematical Model for Ship Manoeuvring in Deep and Confined Waters. Statens Skeppsprovningsanstalt (SSPA), Göteborg, Sweden, Report No. 68 (1971).

44 OLTMANN, P.: Zur Manövrierfähigkeit von Schiffen. Hamburgische Schiffbau-Versuchsanstalt (HSVA), Bericht Nr. F 21/70 (1972).

45 OLTMANN, P.: Bestimmung der Manövriereigenschaften aus den Bahnkurven freimanövrierender Schiffsmodelle. Institut für Schiffbau, Hamburg, Bericht Nr. 364, Febr. 1978.

46 OLTMANN, P.: Roll – An Often Neglected Element of Manoeuvring. Proc. Intern. Conference on Marine Simulation and Ship Manoeuvrability, St. John's, Canada (1993), Vol. 2, pp. 463-471.

47 OLTMANN, P.: Reflections on the Assessment of the Manoeuvring Behaviour of Ships. Proc. Intern. Conference on Ship Motions & Manoeuvrability, RINA, London (1998), Paper No. 10.

48 OLTMANN, P.: Manoeuvring Simulation – A Four-Quadrant Model in Four Degrees of Freedom. Hamburg Ship Model Basin, Report No 1629, 1999.

49 OLTMANN, P.; SHARMA, S.D.: Simulation of Combined Engine and Rudder Maneuvers Using an Improved Model of Hull-Propeller-Rudder Interactions. Proc. 15th Symposium on Naval Hydrodynamics, Hamburg, Germany (1984), pp. 83-108.

50 OLTMANN, P.; SHARMA, S.D.; WOLFF, K.: An Investigation of Certain Scale Effects in Maneuvering Tests with Ship Models. Proc. 13th Symposium on Naval Hydrodynamics, Tokyo, Japan (1980), pp. 779-801.

51 OLTMANN, P.; WOLFF, K.: "Computerized Planar Motion Carriage", Anlagenbeschreibung und erste Betriebserfahrungen. Jahrbuch STG 70 (1976), S. 413-441.

52 SATO, T.; IZUMI, K.; MIYATA, H.: Numerical Simulation of Maneuvering Motion. 22nd Symposium on Naval Hydrodynamics, Washington, D.C. (1998).

53 SHARMA, S.D.: Kräfte am Unter- und Überwasserschiff. 18. Fortbildungskurs, Institut für Schiffbau, Hamburg, März 1982.

54 SHARMA, S.D.: Manövrierfähigkeit und Steuerorgane – Kap. E: Versuchstechnik. Handbuch der Werften, Band XVIII, Hamburg (1986), S. 57-66.

55 SHARMA, S.D.; OLTMANN, P.: Simulation von Schiffsmanövern. Sicherheit und Wirtschaftlichkeit großer und schneller Handelsschiffe (GEISLER, O.; KEIL, H., Herausgeber). VCH Verlagsgesellschaft mbH, Weinheim (1989), S. 63-90.

56 SÖDING, H.: Forces on Rudders Behind a Maneuvering Ship. Proc. III. Int. Conf. on Numerical Ship Hydrodynamics, Paris (1981), pp. 415-426.

57 SÖDING, H.: Bewertung der Manövriereigenschaften im Entwurfsstadium. Jahrbuch STG 78 (1984), S. 179-204.

58 SÖDING, H.: Body Forces. Manoeuvring Technical Manual (J.E. Brix, Editor). Seehafen Verlag, Hamburg (1993), pp. 177-189.

59 SÖDING, H.: Limits of Potential Theory in Rudder Flow Predictions. 22nd Symposium on Naval Hydrodynamics, Washington, D.C. (1998).

60 SON, K.; NOMOTO, K.: On the Coupled Motion of Steering and Rolling of a High Speed Container Ship. Journal of the Society of Naval Architects of Japan, Vol. 150 (1981), pp. 232-244.

61 WHICKER, L.F.; FEHLNER, L.F.: Freestream Characteristics of a Family of Low-aspect-ratio, All-movable Control Surfaces for Application to Ship Design. David Taylor Model Basin, Washington, D.C., Report No. 933, 1958.

62 WOLFF, K.: Ermittlung der Manövriereigenschaften fünf repräsentativer Schiffstypen mit Hilfe von CPMC-Modellversuchen. Institut für Schiffbau, Hamburg, Bericht Nr. 412, Dez. 1981.

63 ZHAO, Y.-X.: Berechnungen von Manövrierbewegungen auf flachem Wasser. Jahrbuch STG 80 (1986), S. 261-275.

64 ZOU, Z.-J.; SÖDING, H.: A Panel Method for Lifting Potential Flows Around Three-Dimensional Surface-Piercing Bodies. Proc. 20th Symposium on Naval Hydrodynamics, Santa Barbara, California (1994).

Festigkeitsanalyse schiffbaulicher Konstruktionen

Strength Analysis of Ship Structures

Prof.Dr.-Ing.Dr.-Ing.E.h.Dr.h.c. **Eike Lehmann** und Dr.-Ing. **Wolfgang Fricke**, Germanischer Lloyd, Hamburg

Summary. The structural design of ships, i.e. the determination of scantlings of the individual components, was performed on an empirical basis for a long time. Even the construction rules of the classification societies established in the 19th century contained design formulae and tables which depended mainly on the principal ship dimensions. In the course of the past hundred years, the picture has changed completely. The rapid technical development and growing ship sizes demanded for design procedures and solutions to problems that were based on mechanical principles. Various tests and full-scale measurements were performed in order to study the behaviour of ship structures and to develop rational design procedures. The evolving theories of structures offered a scientific basis for strength analyses and, thanks to the increasing effectiveness of numerical methods and data processing, it has become possible to determine the deformations and stresses even in very complex ship structures with sufficient accuracy. The paper gives an overview about this development and an outlook on future opportunities.

1. Einleitung

Neben den Fragen der Propulsion (Widerstand, Propeller) und der Schiffssicherheit (Lecksicherheit, Kentern) gehört die Festigkeitsanalyse zu den großen klassischen Aufgaben des Schiffbaus. Während für erstere Probleme weltweit sog. Schiffbau-Versuchsanstalten entstanden sind und erfolgreich arbeiten, sind es für letztere Probleme die Klassifikationsgesellschaften, welche sich bemühen, hier einen Fortschritt zu erzielen.

Schultz (1974) hat anläßlich der 75-Jahrfeier der STG einen detaillierten Überblick gegeben, wobei dieser sich ausschließlich auf die Arbeiten konzentriert hat, die in den Jahrbüchern abgedruckt sind.

Hier soll nun versucht werden, in einem kurzen Abriß die Entwicklung über die letzten hundert Jahre zu geben, um den gewaltigen Fortschritt zu zeigen, aber auch die noch offenen Wünsche zu skizzieren.

Strukturanalyse ist eigentlich eine typische Grundlagendisziplin der Festkörpermechanik. Sie hat sich sowohl im Bereich des Bauingenieurwesens als auch im Flugzeugbau, Anlagenbau und Maschinenbau, auf die jeweiligen Belange abgestimmt, entwickelt. So wundert es nicht, daß man die Metho-

den der Festigkeitsanalyse weitestgehend unabhängig vom eigentlichen Objekt anwenden kann, ja heute z.B. bei den numerischen Verfahren der finiten Elemente, Randelemente usw. Analyseprogramme verwendet, die überhaupt keine spezielle Anwendung mehr kennen und in gleicher Weise im Schiffbau, Flugzeugbau oder allg. Maschinenbau angewendet werden. So ist eine eigenständige schiffbauliche Festigkeitsanalyse gar nicht mehr im Bereich der Methodenentwicklung, sondern vielmehr im Bereich der Modellbildung zu sehen. Hier allerdings ist auch heute noch ein wesentlicher Forschungsbedarf zu erkennen. Überhaupt ist die Festigkeitsanalyse immer eine Hilfswissenschaft des eigentlichen Konstruierens gewesen. Auch heute noch werden die meisten Konstruktionen mehr zum Nachweis ausreichender Festigkeit analysiert, als daß die Analyse wirklich als ein Teil des Konstruktionsprozesses angesehen wird. Optimierungen mittels einer integralen Strukturanalyse sind selten geblieben und haben bis heute keinen so rechten Durchbruch erlebt.

Ein Grund ist die überwiegende Unikatsfertigung, aus der sich letztlich durch die Konstruktionsbewährung in der Praxis bereits Schritt für Schritt gewisse Optimierungen ergeben haben. Ganz wesentlich dabei ist der Einfluß der Klassifikationsgesellschaften, die durch ihre heute stark harmonisierten Vorschriften gewissermaßen einen Weltfestigkeitsstandard sicherstellen, den die überwiegende Mehrheit der Wissenschaftler auch als solchen anerkennt, zumal die Klassifikationsgesellschaften durch eigene Forschung sicherstellen, daß ihre Vorschriften dem jeweiligen Stand der Technik entsprechen.

2. Bemessung nach Tabellen und Leitzahlen

Das Prinzip der Leitzahlen wurde erstmalig von Friedrich Schüler, dem ersten technischen Direktor des Germanischen Lloyd, in der ersten Bauvorschrift 1867 für hölzerne Seeschiffe verwendet. 1877 wurden auf der Grundlage dieses Prinzips Vorschriften für eiserne und 1890 für stählerne Schiffe erstellt.

Laas (1928) hat über die historische Entwicklung detailliert berichtet. Die Leitzahlen wurden 1910 modifiziert, da durch die wachsenden Schiffsgrößen Ungereimtheiten entstanden waren. Während man bis dahin die Querbauteile nach der sog. Quernummer festlegte, wurden alle längslaufenden Bauteile nach der sog. Längsnummer bestimmt. 1910 änderte man das System und verwendete nur noch eine modifizierte Längsnummer mit der Seitenhöhe H statt des Umfanges U.

Schon früh erkannte man die Bedeutung des Verhältnisses L/H. Wie man elementar errechnen kann, ist das Verhältnis der maximalen Durchbiegung w zur Schiffslänge L proportional zu L/H:

$$\frac{w}{L} \approx \frac{\sigma_{zul}}{E} \cdot \frac{L}{H}$$

Der GL hat schon in seinen frühen Vorschriften das Verhältnis L/H auf 12 beschränkt, um zu verhindern, daß die Schiffe zu große Durchbiegungen erleiden (σ_{zul} ist die zulässige Spannung und E der Elastizitätsmodul).

Mit Hilfe der Hauptabmessungen, Leitzahlen und Verhältniswerte wertete man laufend die gebauten Schiffe aus. Aus bewährten Schiffen wurden die Abmessungen eines bestimmten Bauteils in Abhängigkeit der genannten Parameter in Diagrammen aufgetragen. Durch Mittelwertbildung erhielt man Kurven, die man dann in Tabellen zusammenstellte. Dadurch erhielt man zuverlässige, durch bewährte Konstruktionen abgesicherte Abmessungsverhältnisse.

Natürlich gab es auch im Lauf der Zeit Kritik an diesem Verfahren. So wurden die Spantprofile nach der Quernummer Q = (U + B)/2 ausgewählt. Damit erhielten bis 1910 zwei Schiffe die gleichen Spantprofile, auch wenn das eine sehr hoch, aber schmal und das andere breit, aber niedrig war, wenn sich die gleiche Quernummer ergab.

Dennoch war man mit einer solchen Vorgehensweise, so lange die zu bauenden Schiffe in den Hauptabmessungsverhältnissen sich nur gering von den gebauten unterschieden, einigermaßen sicher, gebrauchsfähige Fahrzeuge zu erhalten. Ein weiterer Vorteil bestand darin, daß mit so angelegten Vorschriften auch theoretisch wenig vorgebildete Konstrukteure zuverlässige Konstruktionen entwerfen konnten. Daher hat man noch lange nach dem Zweiten Weltkrieg dieses System in den Vorschriften der Klassifikationsgesellschaften beibehalten.

3. Längsfestigkeit

Die Notwendigkeit, den Schiffskörper auf eine ausreichende Gesamtfestigkeit hin zu untersuchen, entstand mit der Entwicklung der eisernen Dampfschiffe, etwa ab dem zweiten Drittel des 19. Jahrhunderts. Gleichwohl sind hierfür bedeutende Vorarbeiten bereits wesentlich früher geleistet worden. Um die Gesamtfestigkeit zu berechnen, mußte man sich zunächst ein realistisches Bild von der Verteilung von Gewicht und Auftrieb verschaffen. P. Bouguer (1746) war der erste, der sich hierzu Gedanken gemacht hat (Reed 1872). Das Unterwasserschiff idealisierte er durch zwei symmetrisch um den Hauptspant angeordnete halbe Kegel. Damit erhält er eine parabelförmige Auftriebsverteilung, was doch sehr von der Realität abweicht.

Da Bouguer das Modell der Balkentheorie nach Navier (1826) noch nicht kannte, hat er auch nicht den Versuch gemacht, durch Integration der Auftriebs- bzw. Gewichtsverteilung eine Biegemomentenverteilung zu ermitteln, denn aus dem Biegemoment alleine ließ sich ohne Balkentheorie keine Werkstoffanstrengung wie Dehnungen oder Spannungen ableiten. Hierzu hat es fast noch eines Jahrhunderts bedurft, bis die Berechnung der Längsfestigkeit im heutigen Sinne gebräuchlich wurde.

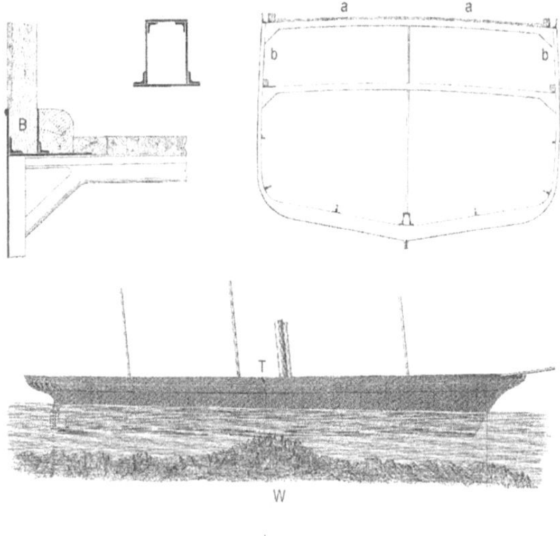

Bild 1: Schiff in der Mitte aufsitzend. Nach Fairbairn (1860).

Interessanterweise ist der erste ernsthafte Versuch, dieses zu tun, nicht für den Bemessungsfall gemacht worden, sondern für die Abschätzung des Auseinanderbrechens, also einer Grenzlastbetrachtung. Sie stammt von dem englischen Ingenieur und Industriellen W. Fairbairn. Fairbairn (1860) betrachtet das Schiff in den zwei kritischen Situationen so, daß es in der Mitte aufsitzt und damit eine sog. "hogging-Belastung" erfährt, und so, daß das Schiff jeweils an den Enden aufliegt, also eine sog. "sagging-Beanspruchung" erleidet (Bild 1 und

Bild 2).

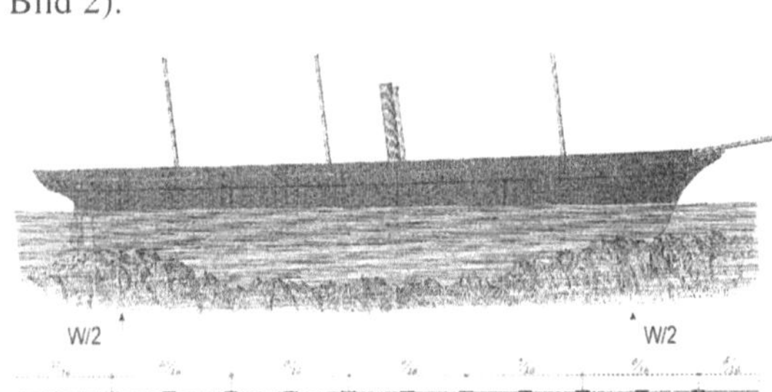

Bild 2: Schiff an den Enden aufsitzend

Fairbairn berechnet die Kraft W, die als Auflagerkraft genügt, um den Rumpf zum Durchbrechen zu bringen mit

$$W = \frac{a \cdot d \cdot c}{l} \, [tons] \, , \text{ wobei}$$

l   die Schiffslänge in ft. ist,

a   die wirksame Querschnittsfläche der zur Längsfestigkeit beitragenden Bauteile in $inch^2$ im Zugbereich, also im hogging-Fall der Bereich der oberen Gurtung und im sagging-Fall des Bodenbereiches,

d   die jeweilige wirksame Seitenhöhe,

c   eine Konstante mit der Dimension tons pro $inch^3$ mal ft ist.

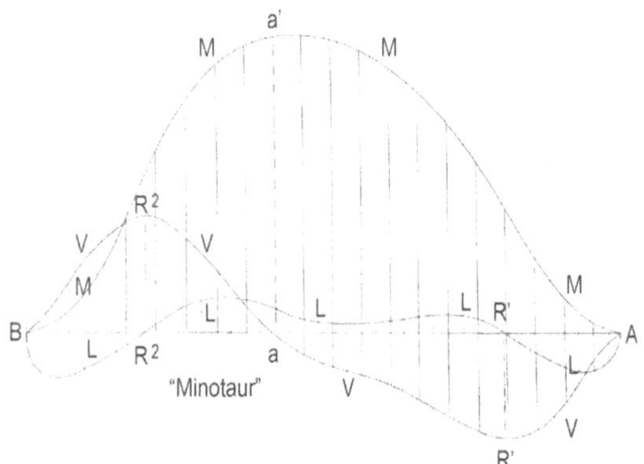

Bild 3: Glattwasserbiegemoment (M), Querkraft (V) und resultierende Streckenlast (L)

Fairbairn vergleicht sodann diese Kraft W mit dem Deplacement des Schiffes. Ergeben sich Auflagerkräfte in der gleichen Größenordnung des Schiffsgewichtes, dann kann es offensichtlich nicht zum Durchbrechen des Schiffsrumpfes kommen.

Eine sehr einleuchtende Argumentation, zumal die Formel zur Berechnung dieser Auflagerkräfte W alle wichtigen Einflußparameter beinhaltet. Offensichtlich gelangte Fairbairn zu dieser Formel durch eine Momentenberechnung aus dem äußeren Moment proportional zu $W \cdot l$ und der Aufnahmefähigkeit eines solchen Momentes durch die Schiffsstruktur mit $a \cdot d \cdot c$.

Die eigentliche Längsfestigkeitsberechnung, aufgeteilt in Glattwasser- und Wellenzusatzbelastung, einschließlich der heute noch üblichen grafischen Darstellung, ist erstmalig von M. Rankine (1866) beschrieben und von Reed in mehreren Arbeiten ausführlich dargestellt worden (Reed 1872, 1873).

Bild 3 zeigt den Fall der Glattwasserbiegemomente und Querkräfte der britischen "Minotaur-Klasse", gebaut 1867/68. Diese gepanzerten Kriegsschiffe mit Dampf- und Segelantrieb waren ungewöhnlich lang und demgemäß für eine Längsfestigkeitsuntersuchung besonders geeignet.

Dennoch erkennt man, daß - typisch für Kriegsschiffe - die Glattwasserbelastung gegenüber den Wellenzusatzbelastungen gering ist (Bild 5 und Bild 6). Die max. Werte sind dabei wie folgt:

	Glattwasser	Wellenberg	Wellental
Q_{max}/D	1/22	1/7	1/14
M_{max}/DL	1/88 hogging	1/28	1/53

D ist das Deplacement und L die Schiffslänge.

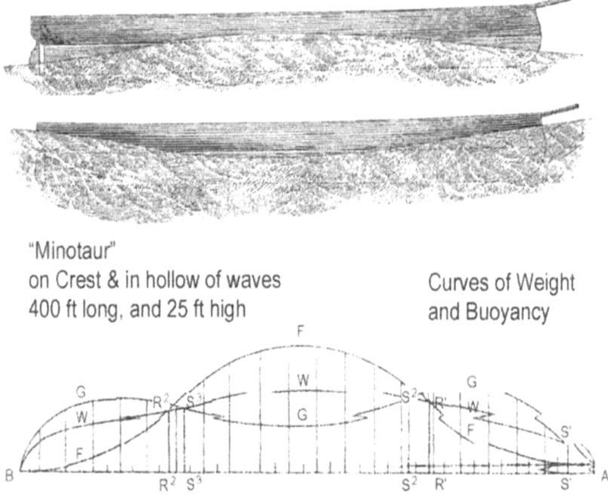

Bild 4: Seegangsbelastung

Man kann gut erkennen, daß die Wellental- deutlich kleiner als die Wellenbergbelastung ist.

Schon bei diesen ersten Rechnungen des Wellenbiegemomentes hatte man als ungünstigsten Fall den der Wellenlänge gleich der Schiffslänge erkannt. Die Wellenhöhe wurde mit L/16 gewählt (Bild 4). Während diese Arbeiten sich auf Schiffe der Königlichen Britischen Marine beziehen, hat W. Johns (1874) für Handelsschiffe erstmals die Beanspruchungen durch den Seegang untersucht. Die Frage, welche Wellenhöhe anzunehmen sei, ist dann viele Jahrzehnte Gegenstand umfangreicher Überlegungen gewesen, wobei besonders die Klassifikationsgesellschaften im Laufe der Jahre die unterschiedlichsten Festlegungen trafen, Murray (1966). Gebräuchlich war lange Jahre die Formel:

$$\text{Wellenhöhe} = 0.05 \cdot L + 0.5 \, [m]$$

Die Fragen der Längsfestigkeit erhielten mit dem Bau der großen Passagierschiffe eine besondere Bedeutung, da die Schiffe außer der Größe noch zahlreiche Aufbauten besaßen, über deren Wirksamkeit man sich nicht so recht im klaren war.

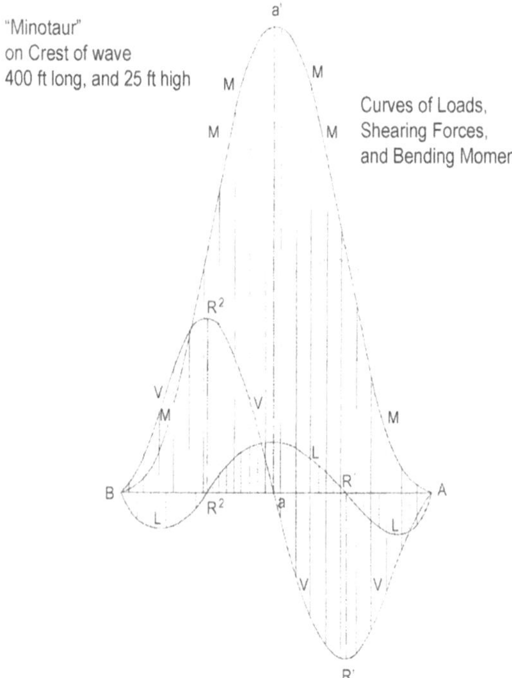

Bild 5: Biegemomente und Querkräfte im Seegang, Lastfall "Hogging"

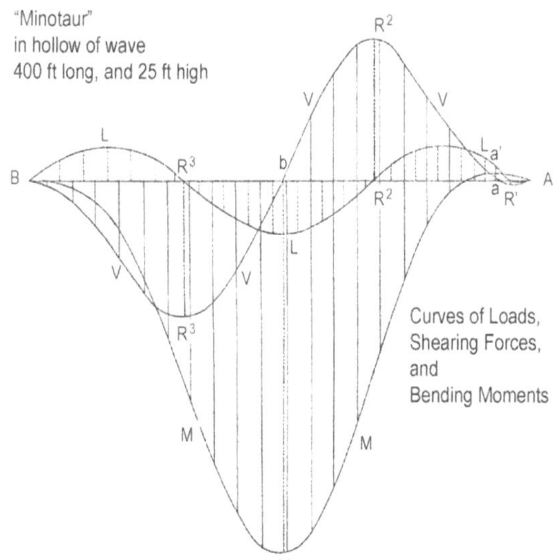

Bild 6: Biegemomente und Querkräfte im Seegang, Lastfall "Sagging"

Sehr gebräuchlich war es, den Schiffsquerschnitt auf einen Biegeträger hin zusammenzufassen, dessen Breite sich durch die Querschnittsfläche der jeweiligen Bauteile ergibt, Radermacher (1900).

Mit Hilfe dieser äquivalenten Träger läßt sich gut

die Verteilung der Querschnitte erkennen (Bild 7). Da die älteren Atlantikdampfer noch weitgehend hölzerne Decks hatten, beschränkte sich die Versteifung dieser Decks auf die Decksstringer. Damit ergaben sich Widerstandsmomente im Boden, die wesentlich größer als diejenigen bezüglich der oberen Gurtung waren. Bei den späteren Atlantikdampfern, die eiserne bzw. stählerne Decks besaßen, erreichte man eine Materialverteilung, die zu etwa gleichen Widerstandsmomenten im Boden und der oberen Gurtung führten, wobei man zunehmend die oberen Decks kräftiger ausführte, was im Sinne der Balkentheorie zu günstigeren Trägheitsmomenten bei gleichem Materialaufwand führt (Haack, Busley, 1986). Damit ergaben sich dann auch absolut größere Widerstandsmomente und deutlich kleinere Spannungen.

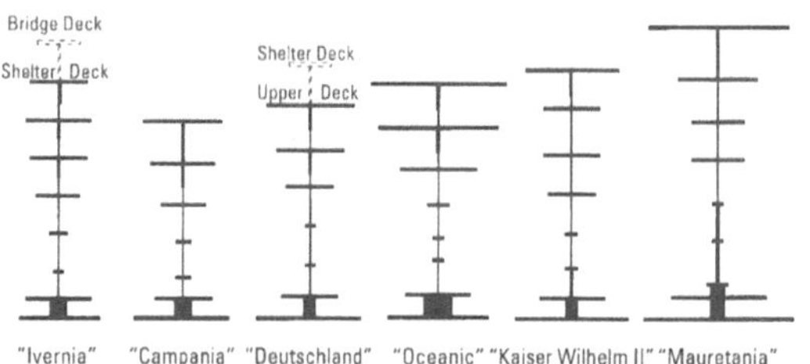

Bild 7: Materialverteilung in Schnelldampfern kurz nach der Jahrhundertwende. Nach Meuwissen (1907).

Am Ende des 19. Jahrhunderts waren bei den schlanken Torpedobootzerstörern Festigkeitsprobleme aufgetreten, die eine mangelnde Längsfestigkeit vermuten ließen. Nachdem dann 1901 der englische Torpedobootzerstörer "Cobra" in der Nordsee bei schwerem Wetter auseinandergebrochen war, beauftragte die britische Admiralität Prof. J. Biles, die Festigkeit solcher schlanken Fahrzeuge experimentell zu untersuchen, nicht zuletzt experimentell, weil man die übliche Längsfestigkeitsberechnung damit absichern wollte.

Um einen Lastfall "hogging" und einen Lastfall "sagging" zu erhalten, pallte man den Torpedobootzerstörer "Wolf" zunächst mittschiffs und dann jeweils an den Enden auf. Durch schrittweises Auspumpen des Docks konnte man so entsprechende Biegemomente in dem Schiffskörper erzeugen. Die Ergebnisse waren so, daß man einen wesentlich kleineren Elastizitätsmodul als für das Grundmaterial annehmen müßte, um eine rechnerische Übereinstimmung mit den Meßergebnissen zu erhalten.

Biles ging dabei vom vollem Mittragen der Verbände aus. Nicht weniger als 25 Jahre haben die Messungen von Biles die Fachleute beschäftigt. Sowohl in England selbst, aber auch in Holland und in Deutschland hat man verschiedenste Erklärungsversuche unternommen.

Schnadel (1931) hat akribisch die einzelnen Einflüsse, wie die mittragende Breite I. Art und II. Art sowie Schubdurchsenkung, Teileinspannung der Plattenfelder etc. berücksichtigt und dann eine Übereinstimmung mit den Messungen Biles feststellen können. Damit konnte Schnadel aber auch nachweisen, daß die bisherigen Verfahren beruhend auf der Modellvorstellung eines Biegebalkens unter Berücksichtigung spezifischer Eigenschaften des Schiffskörpers eine ausreichend genaue Vorhersage der Festigkeit des Schiffskörpers liefern. Offen dabei blieb, welche Seegangslast, sprich Wellenhöhe, anzusetzen ist.

Dabei waren eigentlich zwei Fragen zu beantworten: Erstens, wieweit die Annahme einer quasistatischen Wellenbelastung realistisch ist, und zweitens, wie sich die im Prinzip probabilistische Natur des Seegangs in einem Berechnungsansatz berücksichtigen läßt.

Schnadel hat hierzu die berühmte Meßfahrt der "San Francisco" initiiert, wobei er sowohl seinen Berliner Kollegen Prof. Horn als auch Prof. Lienau, seinen Doktorvater aus Danzig, sowie eine weitere Reihe von Fachleuten, wie Dr. Weinblum, Dipl.-Ing. Weiß u.a. mit für diese Meßreise interessieren konnte. Diese Meßreise ist ausführlich in den Jahrbüchern der STG beschrieben. In bezug auf die Längsfestigkeit zeigte sich, daß man auch unter Beachtung des sog. Smith-Effektes, der zu einer kleineren wirksamen Wellenhöhe führt, meist kleinere Wellenbiegemomente mißt als sich nach der erwähnten Berechnungsweise ergeben. Diese beruhigende Tatsache hat dazu geführt, daß die übliche Längsfestigkeitsberechnung bis auf den heutigen Tag im wesentlichen unverändert angewendet wird.

Die Frage der Wellenhöhen findet in einem deterministischen Berechnungskonzept natürlich keine befriedigende Antwort, und so hat man sich auf eine Festlegung in Prozenten der Wellenlänge, sprich Schiffslänge, festgelegt. Die wirklichkeitsnahe Anschauung über die Bemessung der Längsfestigkeit auf der Basis einer stochastischen Seegangsbelastung blieb unseren Tagen vorbehalten.

Mit den Erkenntnissen der Längsfestigkeit ging natürlich auch die konstruktive Ausbildung der Festigkeitsverbände einher.

Wesentliche Frage neben der Wahl der Plattendicken für Deck, Außenhaut und Boden ist natürlich die Anordnung von Aussteifungen, Lehmann (1994).

Während man sich zunächst an der Konstruktion der hölzernen Schiffe orientierte, kamen erst langsam die Erkenntnisse der beanspruchs- und werkstoffgerechten Konstruktion zum Tragen und dann später durch die Schweißtechnik die Fragen der schweißgerechten Konstruktion.

Bild 8: Längsspantbauweise (Die vertikalen Stelzen gehören zu der Montageeinrichtung des Helgen.)

Bild 9: Querspantbauweise eines großen Dampfers in Nietkonstruktion

Die bedeutendste konstruktive Neuerung war die Einführung der Längsspanten, die mit den Namen Scott-Russell und Isherwood verbunden ist und besonders bei größeren Fahrzeugen schon bald große Bedeutung erlangt hat (Bild 8). Aber auch die aus dem Holzschiffbau kommende Querspantbauweise hat sich besonders bei Fahrgastschiffen bewährt (Bild 9).

Heute verwendet man fallweise eine Kombination beider Prinzipien. Im Deck und Boden werden Längsspanten und in der Außenhaut Querspanten verwendet. Damit erreicht man günstige Verhältnisse in bezug auf die Längsfestigkeit und besonders bei schlanken Schiffsformen - z.B. im Vor- und Achterschiff - eine günstige Baubarkeit.

4. Querfestigkeit

Obwohl man viele Jahrzehnte lang die Schiffe nach Leitzahlen der Klassifikationsgesellschaften entworfen hatte, hat man schon frühzeitig die gewöhnliche Balkentheorie auch auf lokale Tragwerke anzuwenden versucht. Die Schwierigkeit bestand dabei, daß schon relativ einfache Tragwerke, wie geschlossene Rahmen, Durchlaufträger oder Stockwerkrahmen, bereits statisch hochgradig unbestimmte Systeme darstellen, deren Berechnung erhebliches Können voraussetzt. Der erste Autor, der auf Probleme der Querfestigkeit hinwies, war W. John von Lloyd's Register (John, 1877), ohne allerdings ein entsprechendes Rechenverfahren anzugeben. Dieses haben T.C. Read und P. Jenkins, ebenfalls von Lloyd's Register, 1882 erstmalig getan (Bild 10).

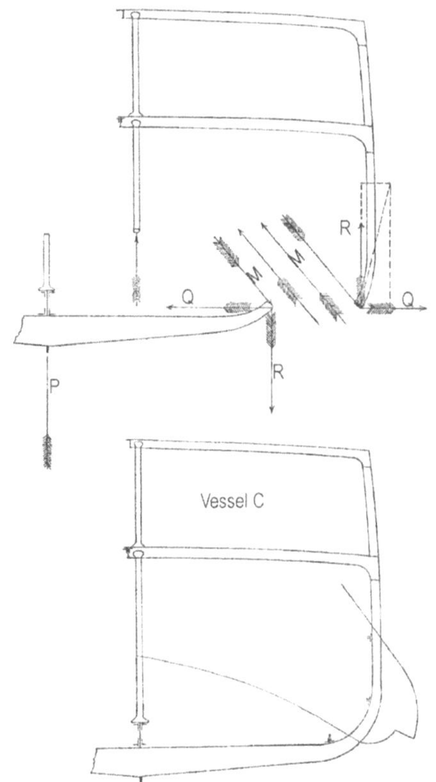

Bild 10: Erster Versuch der Berechnung eines Raumspantes von Read und Jenkins (1882).

Das Rechenverfahren beruht auf der Vorstellung, den Querrahmen im Bereich der Kimm aufzuschneiden und die unbekannten Schnittkräfte und Momente als äußere Lasten einzuführen. Sodann wird mit Hilfe der Differentialgleichung der Biegelinie des gekrümmten Balkens jeweils die Verformung der beiden Teilsysteme unter den erwähnten Schnittlasten berechnet und gleichgesetzt. Hieraus erhält man dann den Verlauf des Biegemomentes für die Bodenwrange und das Raumspant.

Diese sehr anspruchsvolle Berechnung wurde gleich für mehrere Schiffe durchgeführt. Obwohl damit die wesentlichen Biegemomente der Querverbände zu ermitteln waren, handelt es sich nicht um eine vollständige Querfestigkeitsberechnung. Die Anwendung des Satzes von Castigliano hat Bruhn (1901) auf der Grundlage des Prinzips vom Minimum der Formänderungsarbeit vorgeschlagen. Demnach ist die partielle Ableitung der Formänderungsarbeit nach einer statisch unbekannten Kraft- oder Momentengröße gleich Null (Bild 11).

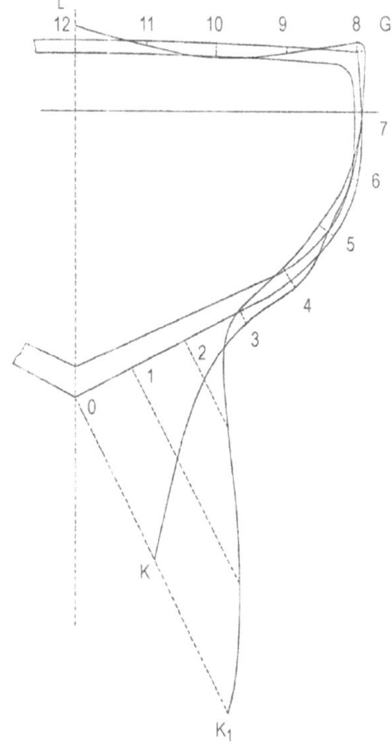

Bild 11: Berechnung eines Querrahmens mit dem Verfahren von Castigliano durch Bruhn (1901). Die beiden Kurven sind die Biegemomente für die Lastfälle beladen und im Ballast.

Nach numerischer Integration der einzelnen Gleichungselemente, z.B. mit Hilfe der Simpson-Regel, läßt sich das Gleichungssystem für die erwähnten Schnittkräfte auflösen. Das Verfahren ist zwar etwas leichter anzuwenden als das von Read und Jenkins, ist aber in dieser Form ebenfalls auf einfache Rahmen ohne Verzweigung begrenzt. Daß das Prinzip vom Minimum der Formänderungsarbeit aber viel allgemeiner gilt, legt Bruhn (1904) schon bald danach mit der ersten kompletten Querfestigkeitsberechnung einschließlich Verzweigungen dar, um ein Zwischendeck zu berücksichtigen (Bild 12). Dieses Verfahren ist dann über 50 Jahre Standardverfahren geblieben und häufig verwendet und beschrieben worden (Murray, 1916, Dahlmann, 1925).

Zur Berechnung von Stockwerksrahmen, Durchlaufträgern oder Trägerrosten sind die im Stahlbau üblichen Verfahren gerne angewendet worden, so

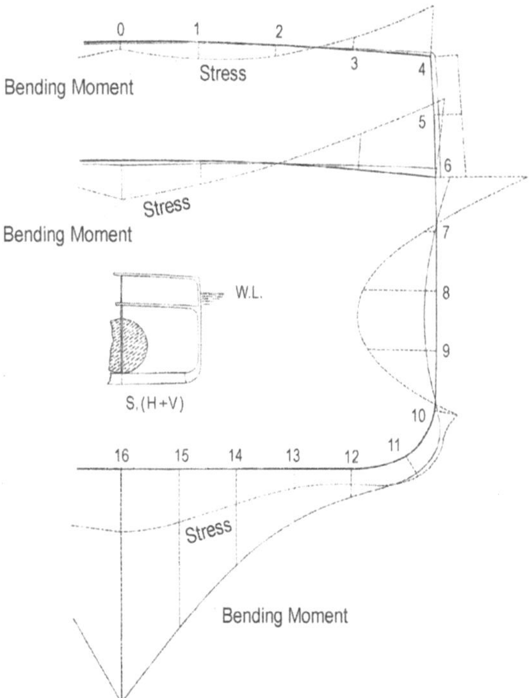

Bild 12: Vollständige Querfestigkeitsrechnung von Bruhn (1904) einschließlich der Momentenverzweigung durch ein Zwischendeck.

das sog. δ-Verfahren auf Trägerroste oder die sog.Clapeyronschen Gleichungen auf Durchlaufträger oder die Momentenausgleichsverfahren von Cross und Kani. Alle Verfahren beruhen letztlich direkt oder indirekt auf der Auflösung von linearen Gleichungssystemen bzw. auf Vorgehensweisen, wie man sich die Auflösung erleichtert. So ist das Verfahren von Kani, welches dem Cross-Verfahren ähnlich ist, identisch mit dem in der Numerik bekannten Verfahren von Gauß-Seidel zur Auflösung von linearen Gleichungssystemen mit dominanten Hauptdiagonalwerten. Alle diese Verfahren haben heute keine Bedeutung mehr, da man mit der Methode der finiten Elemente ein Verfahren besitzt, welches jede Form von Strukturen nach methodisch einheitlicher Weise behandeln kann und nahezu automatisiert mit dem Rechner durchgeführt wird.

5. Torsionsfestigkeit

Die Torsionsfestigkeit des Schiffskörpers ist lange Zeit nicht besonders beachtet worden. Einerseits waren die Lukenöffnungen meist so klein, daß die Torsionssteifigkeit des Schiffskörpers auch beim Auftreten größerer Torsionsmomente sich nur gering und meist auch nur durch erhöhte Kerbspan-

nungen in den Lukenecken bemerkbar machten, andererseits war eine theoretische Behandlung mangels einer, die geometrischen Verhältnisse eines Schiffsrumpfes ausreichend erfassenden Theorie selbst in Ansätzen unbekannt. Daher sind zunächst nur experimentelle Untersuchungen von Lienau in Danzig und Schnadel in Berlin zwischen den beiden Weltkriegen durchgeführt worden.

Erst mit der Entwicklung der offenen Containerschiffe, die nur sehr geringe Torsionssteifigkeit besitzen, ist das Problem bemessungsrelevant geworden. Mit der sog. Wölbkrafttheorie von Wlassov ist eigentlich erstmalig deutlich geworden, daß unter bestimmten Bedingungen Torsionsmomente nicht nur zu Schubspannungen führen, sondern auch beachtliche Normalspannungen, sog. Wölbnormalspannungen, die zu den entsprechenden Normalspannungen der Längsfestigkeit phasengerecht zu addieren sind, berücksichtigt werden müssen (Wlassov, 1961; Bild 13).

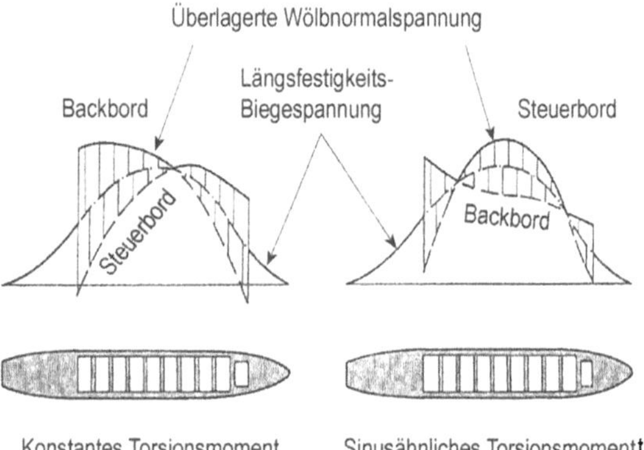

Bild 13: Obwohl die Natur der Wölbnormalspannungen gegenüber den üblichen Längsfestigkeitsspannungen gänzlich anders ist, hat man diese als Additiv zu der üblichen Längsfestigkeitsspannung zu behandeln, zumal die Hüllkurve aller möglichen Verteilungen über die Schiffslänge ähnlich der üblichen Verteilung der Längsfestigkeitsspannung ist (Nießen, 1969).

Die Wölbkrafttheorie, die von Wlassov für prismatische Träger entwickelt worden ist, läßt sich nur bedingt auf reale Schiffe anwenden, de Wilde (1968), da sowohl die Festlegung der Randbedingungen, d.h. die Festlegung einer sachgerechten Wölbbehinderung durch Vor- und Achterschiff, als auch die veränderliche Querschnittsgeometrie sowie die Störungen durch Querverbände nur näherungsweise Berücksichtigung finden können. Dennoch hat in den Anfängen des Containerschiffbaus insbesondere der Germanische Lloyd mit Hilfe dieser Theorie ein Bemessungsverfahren entwickeln können, auf dessen Basis man Containerschiffe sicher bemessen konn-te (Schultz, 1969; Nießen, 1969; Hansen, 1978). Man hat verschiedentlich versucht, diese Wölbkrafttheorie zu verfeinern (Hapel, 1967) und durch Messungen abzusichern sowie empirische Näherungsformeln zur Abschätzung der torsionsbedingten Verformungen und Spannungen einzuführen (Fricke und Köster, 1992). Letztlich ist sie aber heute abgelöst worden durch die Rechenmodelle der finiten Scheiben-, Platten- und Balkenelemente, die keine speziellen Unterschiede zwischen Längs-, Quer- oder Torsionsbelastung machen, sondern je nach Feinheit der Netzteilung globale oder auch lokale Spannungen und Verformungen ermitteln können.

Konstruktiv unterscheiden sich die in der oberen Gurtung festigkeitsmäßig praktisch offenen Containerschiffe von üblichen Trockenfrachtern im wesentlichen dadurch, daß man versucht, durch möglichst viele geschlossene Zellen im Vor- und Hinterschiff, aber auch im Mittschiffsbereich und zwischen den Luken eine ausreichende Torsionssteifigkeit zu erhalten. Natürlich werden die Lukengrößen an die Containerabmessungen so angepaßt, daß nur ein vertikaler Transport beim Be- oder Entladen entsteht. Moderne Entwürfe sehen vier bis fünf Lagen von Containern auf den Lukendeckeln vor, was zu zusätzlichen Festigkeitsproblemen an Lukendeckeln geführt hat. Neuerdings verzichtet man gelegentlich auf Lukendeckel, um den Umschlag noch mehr zu optimieren.

6. Örtliche Festigkeitsfragen

Örtliche Festigkeitsfragen sind im Laufe der Jahre hinzugekommen. Hier sind es die Fragen der Festigkeit der Nietverbindungen, spezielle Fragen der Balkentheorie sowie das Verhalten von lateral belasteten Plattenstrukturen wie Schotten, Außenhaut und Boden sowie Tanks.

Die ersten sog. eisernen Schiffe besaßen ein hölzernes Spantwerk, auf das man eiserne Platten schraubte. Später ersetzte man auch die hölzernen Spanten und die Bodenkonstruktion durch solche aus Eisen. Mit dem Anwachsen der Schiffe mußten die Nietverbindungen z.B. der Außenhautplatten erhebliche Belastungen übertragen, so daß die Festigkeit von Nietverbindungen in den Mittelpunkt der Betrachtungen geriet. Die Fragen, wieviele Nietreihen, mit welchen Nietdurchmessern und welchem Abstand erforderlich sind, waren mit dem Stand des Wissens im vorherigen Jahrhundert nur experimentell zu beantworten. Hier hat Lloyd's Register die ersten wirklich brauchbaren Testreihen durchgeführt (Mumford, 1860), die viele Jahre hindurch richtungsgebend gewesen sind. Aufbau-

end auf den Untersuchungen von C. Bach (1892) hat dann das Reichsmarineamt der Kaiserlichen Marine im königl. Materialprüfungsamt in Berlin-Lichterfelde um die Jahrhundertwende ausführliche Testreihen durchgeführt (Bild 14), die von Pietzker (1914) veröffentlicht wurden. Wesentliches Ergebnis war, daß man in der Kaiserlichen Marine den üblichen Nietverbindungen eine Festigkeit wie 60 % des Grundmaterials, unabhängig von der konstruktiven Ausführung der Nietverbindung, zugestand, bei öldichten Bauteilen sogar nur die Hälfte der Festigkeit des Grundmaterials.

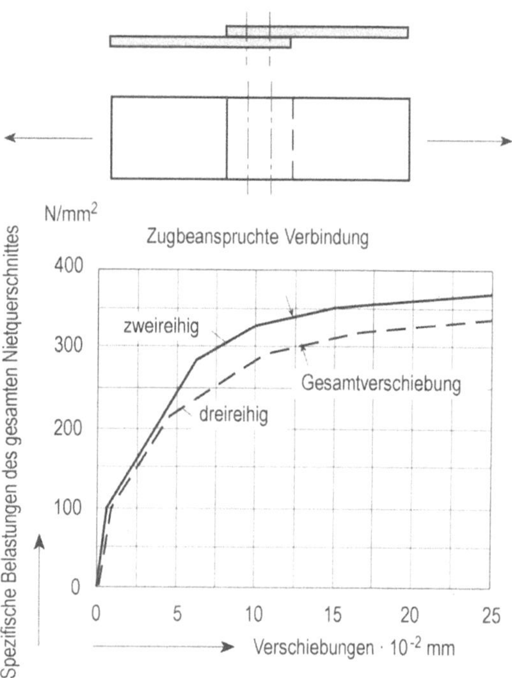

Bild 14: Von Pietzker (1914) durchgeführte Bruchversuche von Nietverbindungen. Die Kraft ist auf den Nettoquerschnitt der verwendeten Nieten bezogen.

Sorgfältige Beobachtungen hatten nämlich ergeben, daß es überwiegend darauf ankam, eine hohe Anpreßkraft beim Nieten zu erzielen, damit die wesentliche Kraftübertragung durch Reibschluß erfolgt. Damit hing die übertragbare Kraft entscheidend auch von der handwerklichen Qualität des Nietvorganges ab, d.h. es kam doch zu hohen Streuungen der Festigkeit der realen Nietverbindungen. Einflüsse der Nietform, des Durchmessers und Werkstoffes konnten bei den erwähnten Versuchen nicht klar und systematisch belegt werden, was an dem relativ groben Testverfahren und den erwähnten Streuungen gelegen haben mag.

Im Lauf der Entwicklung hat man die unterschiedlichsten Versuche gemacht, die Tragfähigkeit von Nietverbindungen zu verbessern (Biles, 1923), ohne jedoch eine dem Grundmaterial entsprechende Festigkeit zu erhalten. Allerdings stand in gleicher Bedeutung die Art der praktischen Vernietung selbst. Durch geschickte Anordnung der Überlappungen oder Laschen sowie hoher Paßgenauigkeit war die Qualität der Nietverbindungen bestimmt (Schlick, 1890).

Die einfache Vernietung mit einer oder mehr Nietreihen führt unter Belastung dazu, daß der Stoß sich unter der Wirkung der in den Platten vorhandenen Normalkräfte, die ja versetzt wirken, sich verdreht (Bild 15). Dieses kann man etwas ausgleichen durch leichtes Anknicken der einzelnen Platten, was auch die Anbringung der Versteifungsprofile sehr erleichtert. Dieses wird auch durch sog. Joggeln, für das die Firma Doxford in England sogar eine besondere Joggelmaschine entwickelte, erleichtert. Dieser Effekt der Unsymmetrie tritt auch bei der sog. einseitigen Laschenverbindung auf, der man eigentlich nur durch eine Doppellasche begegnen kann. Die Forderung der Wasser- bzw. Öldichtigkeit der Verbindung war im übrigen nur mit erheblichem Aufwand an Sonderkonstruktionen, insbesondere bei sich kreuzenden Verbänden und sog. toten Gängen an der Außenhaut verbunden.

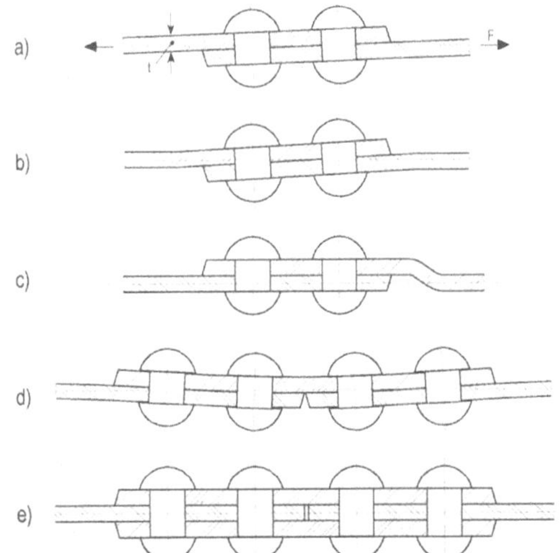

Bild 15: Verschiedene Nietverbindungen im Schiffbau a) Einfacher Stoß
b) Stoß mit angeknickten Platten
c) Gejoggelte Verbindung
d) Laschenverbindung
e) Doppellaschenverbindung

Eine seit vielen Jahrzehnten immer wieder behandelte Frage war die der sog. "Mittragenden Breite", die bei der Anwendung der klassischen Balkentheorie auf schiffbauliche Tragwerke entstehen kann. In der Balkentheorie wird vorausgesetzt, daß in den Gurten eine konstante Spannung herrscht,

was bei den üblichen Doppel-T-Profilen des Stahlbaues auch uneingeschränkt gilt. Die meisten schiffbaulichen Biegeträger bestehen aber aus Walzprofilen oder geschweißten Profilen, die einseitig an Platten angeschweißt sind. Das bedeutet, daß zumindest ein Gurt häufig breiter sein kann als z.B. die Steghöhe des Profiles. Das führt dazu, daß die Gurtspannung vom Steg aus abfällt und somit die Voraussetzung der Balkentheorie nicht erfüllt ist. Es geht also darum, eine Gurtbreite zu bestimmen, die bei konstanter Spannungsverteilung die gleiche Gurtkraft aufnimmt wie der tatsächliche Gurt.

Eine fast schon legendäre Faustformel für die mittragende Breite ist von Pietzker (1914) eingeführt worden. Danach sind als wirksame Gurtbreite das vierzig- bis fünfzigfache der Gurtdicke anzusehen. Die Begründung hierfür sieht Pietzker in der entsprechenden Auswertung der zeitgenössischen Untersuchungen. Obwohl diese Abschätzung sehr grob ist, wird sie noch heute verwendet.

Dieses Problem, welches auch außerhalb des Schiffbaues von v. Kárman (1924) sowie Metzer (1925) u.a. behandelt worden ist, hat viele Jahrzehnte die Fachleute wie Schnadel (1926), Schade (1953), Petershagen (1966), Wolf (1982) und Lehmann (1983, 1988) beschäftigt und kann heute als ausreichend geklärt angesehen werden, zumal das Rechenmodell "Balken" in der modernen Modellierung von Rechenmodellen zugunsten von "Scheibenmodellen" in den Hintergrund tritt. Bei entsprechend verfeinerten Rechenmodellen wird eine solche Definition einer mittragenden Breite gar nicht mehr benötigt.

Mit der Einführung von wasserdichten Schotten, die natürlich - da sie nicht ständig dem Wasserdruck ausgesetzt sind - nur einer einmaligen Belastung standhalten mußten und daher möglichst leicht gebaut sein sollten, versuchte man, auch dieses rechnerisch zu belegen. Den ersten rechnerischen Versuch hierzu gab Read (1886). Er betrachtet die Beplattung als Membran, welche sich mit konstanter Krümmung zwischen den Aussteifungen unter dem Wasserdruck verwölbt. Er berechnet sozusagen die Haltekräfte, unter denen die Platte sich im Gleichgewicht befindet.

Die Betrachtung erscheint, auch wenn Read elastisches Verhalten vorausgesetzt hat, hochmodern, bei der man das eigentliche Tragverhalten einer Platte im wesentlichen auf das Membrantragverhalten bezieht. Yates (1891) versucht, zu der erwähnten Membranbetrachtung noch eine überschlägige Biegebeanspruchung zu addieren. Schon wenig später legt Bryan (1894) eine vollständige, auf der

Kirchhoffschen Plattentheorie beruhende Darstellung vor, ohne allerdings praktische Berechnungen durchzuführen. In Deutschland ist es dann nach dem Ersten Weltkrieg Schnadel gewesen, der sich intensiv mit der Anwendung der Plattentheorie auf schiffbauliche Probleme beschäftigt hat. Neben den Biegeproblemen, die bei großen Verschiebungen auch Membraneffekte beinhalten, sind es vor allem das Beulverhalten und das Verhalten oberhalb der sog. Eulerschen Knicklast, die Schnadel und später Schultz untersucht haben. Schnadel hat schon Ende der zwanziger Jahre hierzu wesentliche Anwendungen auf schiffbaulice Probleme publiziert (Schnadel, 1929, 1930a, 1930b).

Die theoretische Formulierung dieser Probleme mittels Kármanscher Differentialgleichungen war dabei eigentlich nicht besonders schwer. Das Problem, welches letztlich aber allen Gleichgewichtsdifferentialgleichungen der Statik eigentümlich ist, ist, daß man diese nur sehr unvollkommen an die Geometrie schiffbaulicher Konstruktionen anpassen kann, da geeignete Lösungsansätze nicht zu finden sind. Auch hier konnten die ersten numerischen Methoden der Differenzen- und Mehrstellenverfahren wesentliches ändern. Noch einmal erlangten Untersuchungen über das Verhalten von Platten nach dem Zweiten Weltkrieg Bedeutung (Schultz, 1962, 1964), zumal nunmehr auch wesentliche Rechenhilfe durch die elektronischen Rechner zur Verfügung zu stehen begann. Gleichzeitig wurde es aber auch immer deutlicher, daß die Elastizitätstheorie nicht ausreicht, das Tragverhalten insgesamt zu erfassen, da im elastoplastischen Bereich noch erhebliche Tragreserven vorhanden sind, die weitergehende Theorien benötigen.

Die Bemessungspraxis verwendet heute meist auf elastizitätstheoretischen Ansätzen beruhende Vorschriften und Normen, wobei elastoplastische Effekte durchaus auch Berücksichtigung finden, allerdings nicht in Form einer geschlossenen Theorie, sondern mehr in Form von mit Versuchen abgesicherten Näherungen.

7. Rechnergestützte numerische Methoden

Die bereits angesprochenen modernen Methoden zur Festigkeitsanalyse schiffbaulicher Konstruktionen wären ohne die dramatische Entwicklung der elektronischen Datenverarbeitung seit den 1950er Jahren nicht möglich gewesen. Bereits in den 1960er Jahren waren vielfältige Anwendungen in der Industrie zu verzeichnen, bezüglich der Festigkeitsanalysen zuerst im Bauwesen und in der Luftfahrttechnik. Erstmals war es möglich geworden, mit Hilfe von numerischen Methoden komplexe

Probleme sowohl mit hoher Genauigkeit zu lösen als auch unter Variation der Geometrie- und Lastparameter weite Anwendungsbereiche abzudecken. Im Schiffbau betrafen Anwendungen u.a. die erwähnten Probleme der mittragenden Breiten, das Tragverhalten von Platten sowie Beul- und Knickprobleme.

Eine große Herausforderung stellte damals die Behandlung hochgradig statisch unbestimmter Systeme dar. Die Berechnungen hierzu, die auf Matrizenformulierungen und auf die Lösung großer Gleichungssysteme hinauslaufen, wurden mit jeder Rechnergeneration zunehmend verfeinert und leistungsfähiger. Generell boten sich zwei Verfahren an: Das Kraftgrößenverfahren, bei dem Kräfte, Momente und/oder Spannungen als Unbekannte betrachtet werden, sowie das Weggrößenverfahren mit Verformungen bzw. Verzerrungen als Unbekannte. Zu den Verfahren der ersten Art gehört das Verfahren der Clapeyronschen Gleichungen, während zur zweiten Art die heute weitverbreitete Methode der finiten Elemente zählt. Der große Erfolg der Methode der finiten Elemente ist letztlich darauf zurückzuführen, daß die Formulierung der Steifigkeitrmatrizen für die verschiedensten Elementtypen eine praktisch universelle Anwendung der Methode erlauben. Für geometrisch komplexe Strukturen wie Schiffskonstruktionen ist die Methode geradezu prädestiniert.

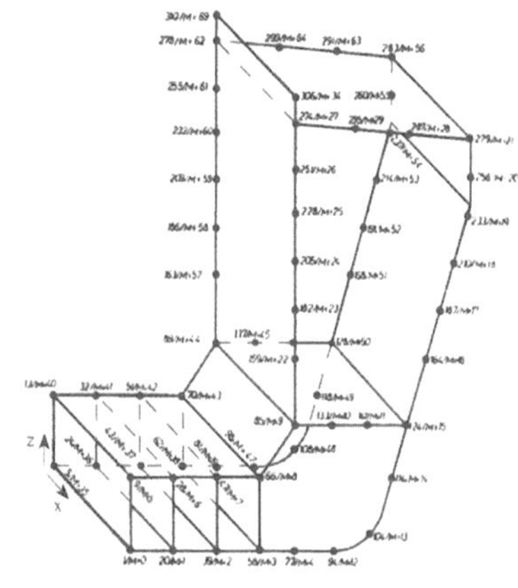

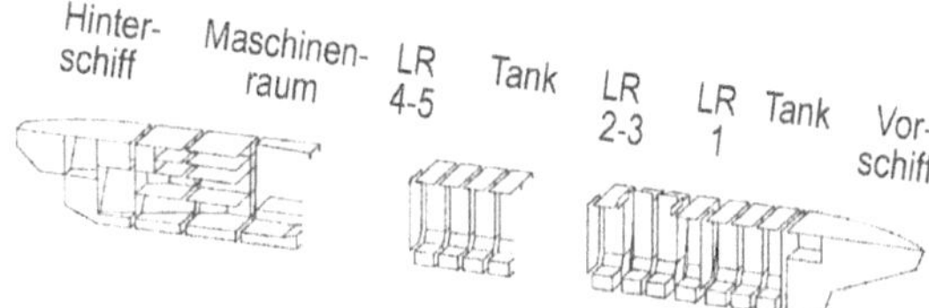

Bild 16: FE-Modell eines Eis-Massengutschiffes (Bumb et al., 1972)

Nachdem in der zweiten Hälfte der 1960er Jahre eine Reihe von grundlegenden Arbeiten zur Finite-

Elemente-Methode (FEM) erschien, ließen auch erste Anwendungen im Schiffbau nicht lange auf sich warten, die sich zuerst auf Stab- und Balkentragwerke sowie auf Scheibenprobleme konzentrierten (Lehmann, 1969). Rechenzeit- und -kapazitätsprobleme wurden anfangs durch spezielle Elementformulierungen wie z.B. durch halbanalytische Ansätze gelöst (Lehmann, 1976).

Die Anwendung der FEM auf die Gesamtfestigkeit des Schiffskörpers stellte die Ingenieure anfangs vor große Schwierigkeiten. Einerseits war die Dateneingabe für die geometrisch komplizierten Strukturen aufwendig und schwierig, andererseits ließ die Leistungsfähigkeit der Rechner noch keine allzu großen Gleichungssysteme zu, so daß die Konstruktionen stark vereinfacht modelliert werden mußten. Eine der ersten Anwendungen zu Gesamtanalysen in Deutschland betraf die Entwicklung eines Eis-Massengut-Schiffes (Bumb et al., 1972), bei dem die Substrukturmethode zum Einsatz kam und standardisierte Superelemente für größere Bereiche des Schiffskörpers vorgeschlagen wurden (Abb. 16). Außerdem begleitete die FEM in den 1970er Jahren die Entwicklung von Großtankern, Containerschiffen, Gastankern und Barge-Carriern. Im Vordergrund stand jeweils das Verhalten von neuartigen und immer größeren Schiffsstrukturen, beispielsweise das Tragverhalten und die Schubverteilung in den Hauptverbänden von Großtankern oder die Verteilung der Lagerkräfte unter den Tanks von LPG- und LNG-Schiffen. Auch die Entwicklung von Mehrzweck-Fracht-schiffen mit immer längeren Lukenöffnungen wäre ohne die FEM so nicht möglich gewesen (Abb. 17). Neben der überlagerten Wirkung der vertikalen Schiffskörperbiegung, Torsion sowie der Querbelastung stellte sich hier das nichtlineare Kontaktproblem aus der Wechselwirkung zwischen dem Schiff und den Lukendeckeln, durch welche die Verformungen eingeschränkt werden (Payer und Pleß, 1985).

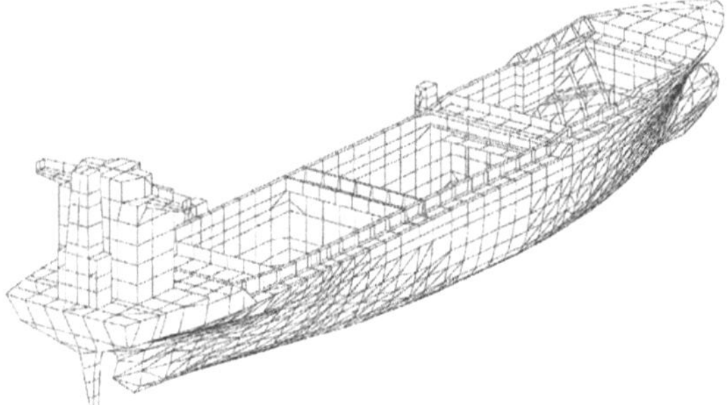

Bild 17: FE-Modell eines Vielzweckfrachters
(Payer und Pleß, 1985)

In der Folgezeit wurde die globale Festigkeitsanalyse von Schiffskörpern zum Standard bei Neuent-

wicklungen und weitgehend optimierten Konstruktionen. Durch die relativ grobe Modellierung und die Verwendung von Scheiben- und Stabelementen blieb jedoch die Berechnung der Spannungen und Verformungen auf "globale" Wirkungen beschränkt. Lokale Verformungen und Biegespannungen in Platten und Steifen mußten jeweils gesondert betrachtet und ggf. überlagert werden, was einen hohen Arbeitsaufwand und Probleme bei der Bewertung mit sich brachte. Mit zunehmender Rechnerleistung und automatischer Netzgenierung lassen sich aus Gesamt- oder Teilmodellen des Schiffskörpers vermehrt auch die Biegespannungen in den Steifen direkt berechnen, so daß unmittelbar eine Bewertung der überlagerten Beanspruchungen ermöglicht wird (Fricke et al., 1998).

Ein breiter Anwendungsbereich der FEM ergab sich auch bei der Analyse von örtlichen Spannungserhöhungen. Erste Untersuchungen betrafen schiffbautypische Details wie Lukenecken, Ausschnitte und Spantdurchführungen (Lehmann und Nießen, 1970; Hansen, 1974; Broelmann et al., 1975). Aus den Berechnungen ergaben sich zum Teil unerwartet hohe örtliche Beanspruchungen, die entweder durch Vergleiche mit bewährten Konstruktionen bewertet wurden oder eine Formoptimierung und Gestaltungsempfehlungen nach sich zogen. Auch hier ermöglichte die zunehmende Rechnerleistung und automatische Netzgenerierung die Berechnung von örtlichen Spannungserhöhungen bei systematischer Variation der Geometrie- und Lastparameter (Fricke u.a. 1991). Eine Verbindung zwischen globaler und örtlicher Strukturanalyse ermöglicht die Technik der adaptiven Netzverfeinerung, die von Reißmann u.a. (1993) unter Verwendung von speziellen Elementen mit gemischten Interpolationsansätzen auf schiffbauliche Strukturen angewendet wurde. Die örtlichen Beanspruchungen lassen sich direkt jedoch nur auf der Basis von Betriebsfestigkeitsbetrachtungen, auf die im nachfolgenden Kapitel eingegangen wird, sowie unter Beachtung des nichtlinearen Tragverhaltens bewerten.

Die Möglichkeiten nichtlinearer Strukturanalysen hat Payer (1976) schon früh beschrieben, wobei allgemein zwischen werkstofflich und geometrisch bedingten Nichtlinearitäten unterschieden wird. Während bei den ersteren das Spannungs-Dehnungs-Diagramm des Werkstoffes die wesentliche Eingangsgröße ist und das Versagen i.a. durch großräumiges Plastizieren und Fließgelenkbildung gekennzeichnet ist, wird bei den letzteren das Versagensverhalten durch Zusatzbeanspruchungen infolge großer Verformungen und durch Instabilitäts- und Durchschlagerscheinungen geprägt, was hohe Anforderungen an den Lösungsalgorithmus stellt. Für eine zutreffende Berechnung des Versagensverhaltens müssen häufig beide Arten der Nichtlinearität berücksichtigt werden, wie Vergleiche zwischen Berechnungen und Versuchen an schiffbaulichen Komponenten (Abb. 18) gezeigt haben (u. a. Lehmann, 1989; Lehmann und Zhang, 1991). Die Hauptanwendungen betreffen den Nachweis einer ausreichenden Sicherheit gegenüber Gesamtversagen bzw. Zusammenbruch, wobei sowohl Fragen zu Neukonstruktionen als auch zu vorgeschädigten und reparierten Konstruktionen von Interesse sind (Röhr und Zhang, 1996).

In jüngster Zeit wendet man sich zunehmend auch der Strukturanalyse bei unbeabsichtigten oder seltenen Ereignissen wie Situationen in extremem Seegang oder Unfällen zu. Den Aktivitäten der Automobilindustrie zur Erhöhung des passiven Aufprallschutzes folgend wurden auch im Schiffbau Verfahren zur Berechnung des Kollisionswiderstands und -verhaltens entwickelt und angewendet. Neben einem vereinfachten Verfahren zur Abschätzung der Energieaufnahme bei Schiffskollisionen (Egge und Böckenhauer, 1989) wurde eine Methode zur Berechnung des progressiven Zusammenfaltens von Bugwülsten (Lehmann und Yu, 1995) entwickelt. Für beliebige Kollisions- und Strandungssituation zeigt sich wiederum die FEM als sehr gut geeignet, das Teilversagen der einzelnen Bauteile und die aufgenommene Verformungsenergie rechnerisch zu bestimmen. Dieses haben Vergleiche mit Versuchen ergeben (Scharrer und Egge, 1997), die letztendlich zur Absicherung der Verfahren und zur Ermittlung spezieller Materialkennwerte unabdingbar sind.

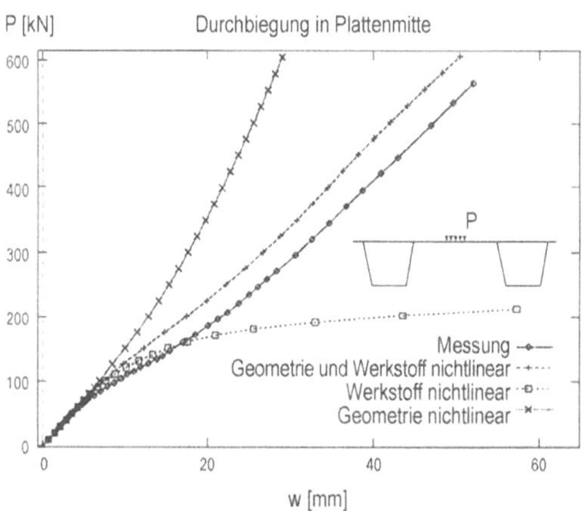

Bild 18: Meß- und Berechnungsergebnisse für ein Modell eines Ro-Ro-Schiffsdecks (Lehmann und Zhang, 1991)

8. Betriebsfestigkeit

Probleme hinsichtlich der Betriebsfestigkeit, d.h. der Festigkeit gegenüber der Materialermüdung bzw. Anrißbildung infolge der im Betrieb veränderlichen Lasten und Beanspruchungen, traten insbesondere gegen Ende der 1960er und Anfang der 1970er Jahre auf, als die Größen der Tank- und Massengutschiffe rapide anstiegen und neue Schiffstypen wie Containerschiffe und Gastanker auftauchten. In großer Zahl traten damals Rißschäden in großen Öltankern auf, die erhebliche Reparaturkosten verursachten (Haaland, 1967; Tietgen, 1974). Aber auch andere Schiffstypen waren betroffen, z.B. Marineschiffe mit Aufbauten aus Aluminiumlegierungen (Schütz und Winkler, 1970).

Mit den Schäden gewann der Begriff der Betriebsfestigkeit, der dreißig Jahre zuvor im Flugzeugbau geprägt wurde, schlagartig im Schiffbau an Bedeutung. Nach Veröffentlichungen von Schönfeldt (1975) und Petershagen (1976) wurden die ersten Betriebsfestigkeitsanforderungen in die Vorschriften des Germanischen Lloyd aufgenommen. Normalerweise basieren Betriebsfestigkeitsnachweise auf dem Wöhlerlinienkonzept, d.h. der Betriebsfestigkeit unter konstanter Beanspruchungsamplitude bzw. -schwingbreite (Wöhlerlinie), sowie der Schadensakkumulationshypothese nach Palmgren-Miner zur Berücksichtigung variabler Beanspruchungsamplituden, wie sie typischerweise durch den Seegang hervorgerufen werden (Petershagen et al., 1994 und 1996).

Von besonderer Bedeutung bei Betriebsfestigkeitsanalysen ist die Definition der zugrunde liegenden Spannungsart. Vor allem in Verbindung mit Schweißkonstruktionen wurde und wird meistens das Nennspannungskonzept verwendet, das auf einer ungestörten Spannung vor dem Schweißdetail beruht, die i.a. elementar berechnet werden kann. Mit den zunehmend verbesserten Möglichkeiten der FEM zur Analyse örtlicher Spannungserhöhungen an Schweißkonstruktionen ließ sich auch die strukturbedingte Spannungserhöhung an den anrißgefährdeten Nahtübergängen ermitteln, was zur Anwendung des Strukturspannungskonzeptes auf typisch schiffbauliche Konstruktionen führte (Frikke und Petershagen, 1991). Die hierbei ausgeklammerte Spannungserhöhung im Nahtübergang selbst läßt sich nach dem Kerbspannungskonzept von Radaj (1985) mit einer sehr feinen Modellierung des Nahtübergangs unter Annahme eines fiktiven Ersatzradius (an Stahl: 1 mm) ermitteln und bewerten. Bei Anwendungen auf schiffbauliche Konstruktionen wurde neben der FEM auch die Methode der Randelemente verwendet.

Im Kerbgrund, sei es an Schweißnahtübergängen oder Ausschnitträndern, kommt es in Schiffsstrukturen zu örtlichen Plastizierungen und Veränderungen des Werkstoffverhaltens. Extrem hohe zyklische Beanspruchungen, die z.B. aus der Kombination von Lade-/Lösch-Zyklen mit anschließenden seegangsbedingten Lasten entstehen, können zur sog. niedrigzyklischen Ermüdung führen, die an Spantdurchführungen im Bodenbereich von Großtankern in den 1970er Jahren beobachtet wurde. Für die Berechnung und Bewertung derartiger Beanspruchungen an Ausschnitträndern wurde das Kerbgrundkonzept eingeführt und auf schiffbauliche Konstruktionen angewendet (Paetzold, 1985; Fricke, 1985), Abb. 19.

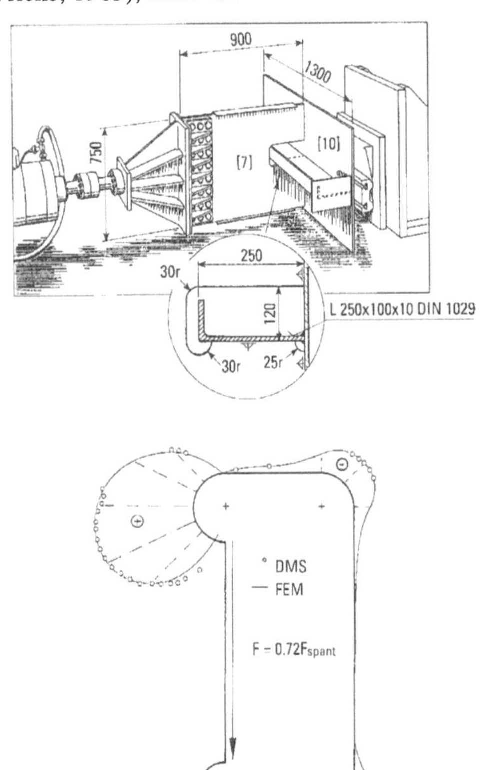

Bild 19: Gemessene und berechnete Dehnung am Rand eines Spantausschnitts (Paetzold, 1985)

Die örtlichen elastisch-plastischen Spannungen und Dehnungen können unter Annahme des zyklischen Werkstoffgesetzes mit Näherungsbeziehungen (z.B. Neuber-Regel) ermittelt werden und mit Hilfe von Schädigungsparameter-Wöhlerlinien (z.B. nach Smith, Watson und Topper) unter Berücksichtigung von Fertigungseinflüssen bewertet werden. In jüngster Zeit wird versucht, das Kerbgrundkonzept auch auf Schweißverbindungen anzuwenden (Prowatke et al., 1993), wobei die Schwierigkeit besteht, das zyklische Verhalten von drei Werkstoffzonen (Grundwerkstoff, Wärmeeinflußzone, Schweißgut) richtig zu erfassen.

Alternativ zu den auf Wöhlerlinien und der Palmgren-Miner-Regel basierenden Konzepten bietet die Bruchmechanik weitere Möglichkeiten zur Abschätzung der Lebensdauer. Ausgehend von einem definierten Anfangsriß kann der Rißfortschritt unter zyklischer Belastung mit der Beziehung von Paris-Erdogan abgeschätzt werden. Dieses Konzept bietet sich vor allem zur Bewertung von Imperfektionen im Hinblick auf die Gebrauchseignung der Konstruktion an (Petershagen, 1991). Anwendungen auf schiffbauliche Konstruktionen betreffen verschiedene Schweißkonstruktionen (Petershagen, 1991; Naubereit, 1995) sowie gerundete Ausschnittränder (Fricke und Müller-Schmerl, 1995).

Neben der Berechnung örtlicher Beanspruchungen in Schiffskonstruktionen stellt die Ermittlung realitätsnaher Belastungen für die Betriebsfestigkeitsanalyse ein großes Problem dar. Denn wegen der in der Wöhlerlinie enthaltenen exponentiellen Abhängigkeit zwischen Lebensdauer und Spannungsamplitude bedeutet eine Spannungsänderung um 10 - 20% eine Verdopplung oder Halbierung der Lebensdauer.

Bei vereinfachten Vorgehensweisen wird aus extremen Seegangssituationen die maximale Spannungsschwingbreite an einem Strukturdetail berechnet und für die Langzeitverteilung ein Standardkollektiv angenommen, in der Regel bei Seegangswirkungen die sog. Geradlinienverteilung. Bislang wurde dieses deterministische Verfahren in den meisten Fällen angewendet, wobei zu beachten war, daß sich in Strukturanalysen des gesamten Schiffskörpers die extremen Beanspruchungen je nach Bauteil und Detail aus unterschiedlichen Seegangssituationen ergeben können. Genauere Ergebnisse verspricht dagegen die Anwendung der Spektralmethode und der statistischen Langzeitverteilung des Seegangs. Ausführliche Berechnungen hierzu wurden von Fricke et al. (1994 und 1998) für ein Containerschiff und einen Produktentanker vorgestellt. Für die Berechnung der Strukturantwort auf die Elementarwellen verschiedener Frequenzen und Begegnungswinkel führt dieses auf die Analyse von mehreren hundert Lastfällen mit dem Gesamtmodell des Schiffskörpers. Die lokalen Beanspruchungen an den Strukturdetails wurden unter Berücksichtigung der lokalen Drucklasten vor allem für die Schiffsseiten ermittelt, wo sich Rißschäden an Längsspantdurchführungen in letzter Zeit häufen.

9. Ausblick

Die Entwicklungen der letzten Jahre mit dem Ziel, die Beanspruchungen in den Strukturdetails möglichst genau und umfassend zu berechnen, werden sicherlich noch Jahre oder Jahrzehnte in Anspruch nehmen, bevor in der Konstruktionsphase mit einer integrierten Strukturanalyse bis ins Detail gehende Aussagen unter Berücksichtigung des gesamten Lebenszyklus getroffen werden können. Hierzu gehört vor allem die realitätsnahe Ermittlung sämtlicher relevanter Lasteinflüsse sowie weiterer betrieblicher Einflüsse. Mit Hilfe moderner Informationstechnologie wird das Produkt "Schiff" schon in der Konzeptphase virtuell simuliert werden, so daß der Nachweis erbracht werden kann, daß sich die gewählte Konstruktion in allen betrieblichen Situationen zufriedenstellend verhält. Erst mit einer vollständigen Berücksichtigung aller zu erwartenden sowie auch der unerwarteten, aber möglichen Lastsituationen erscheint eine weitgehende Optimierung der Konstruktion sinnvoll. Hierzu gehören selbstverständlich auch seltene, extreme Ereignisse sowie unfallartige Situationen.

In den verfeinerten Analysen müssen vor allem auch fertigungs- und betriebsbedingte Einflüsse genauer berücksichtigt werden. So ist z.B. über die fertigungsbedingten Eigenspannungen und über ihre Veränderung während der Betriebszeit bislang wenig bekannt, obwohl schweißbedingte Eigenspannungen sowie deren Veränderung durch Betriebslasten schon heute prinzipiell berechnet werden können. Darüber hinaus stellt sich gerade in schiffbaulichen Strukturen das Problem der Korrosion. Hier stehen geeignete Berechnungsmodelle und -verfahren noch aus.

Streuende Einflüsse und Unsicherheiten werden heute zunehmend unter Verwendung zuverlässigkeitstheoretischer Ansätze rational erfaßt. Moderne Sicherheitskonzepte beruhen auf abgesichertem statistischen Datenmaterial und einer Quantifizierung der Versagenswahrscheinlichkeiten. Die Umstellung von Vorschriftenformaten mit zulässigen Spannungen und pauschalen Sicherheitsfaktoren hin zu zuverlässigkeitsorientierten Formulierungen unter Verwendung von partiellen Sicherheitsfaktoren ist zur Zeit voll im Gange (Abb. 20). Dadurch erhält man mehr Transparenz und Einsicht in vorhandene Streuungen und Unsicherheiten und kann rationaler auf neuartige Entwicklungen und veränderte Einflußfaktoren mit entsprechend modifizierten partiellen Faktoren reagieren. Noch bessere Möglichkeiten zur Abschätzung der Zuverlässigkeit bieten aber auch hier die Simulationstechniken.

Weiter gehört zu einer ganzheitlichen Bewertung die Einbeziehung der Ergebnisse aus Inspektionen. Entwicklungen hierzu zielen auf die Einbindung der Festigkeitsanalyse in die Inspektionsplanung, wie dieses schon bei meerestechnischen Bauwerken praktiziert wird. Im Schadensfall wird nicht nur die betroffene Struktur unter Beachtung der Reparaturmaßnahme bewertet, sondern auch Schlußfolgerungen im Hinblick auf ähnliche Strukturbereiche innerhalb der Konstruktion bzw. auf Schwesterschiffe gezogen. Letztlich läuft dieses auf die Absicherung der Festigkeitsanalysen durch die Überwachung der Großausführungen hinaus, was ergänzend zu Laborversuchen angesichts der nach wie vor vorhandenen Unsicherheiten und Streuungen schon immer notwendig war und auch sein wird.

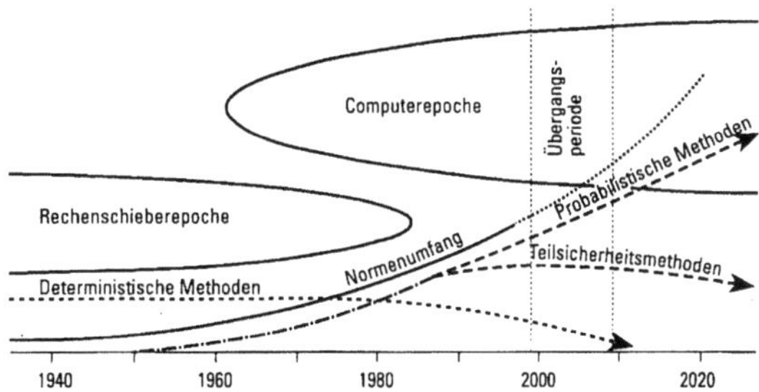

Bild 20: Entwicklung von Normen, Rechenhilfsmitteln und Bemessungskonzepten (Marek und Gustar, 1999)

10. Schrifttum

BACH, C. (1892): Nietversuche. Zeitschrift des Vereins deutscher Ingenieure 1892, 1894, 1895

BILES, I. (1923): The Design and Construction of Ships. Charles Griffin, London

BOUGUER, P. (1746): Traité du Navire, de sa Construction et de ses Mouvements. Paris

BROELMANN, J.; FLÖRCKE, V; REUPKE, J.; LEHMANN, E. (1975): Untersuchung an der Detailkonstruktion Längsspantdurchführung am Tankerrahmen. Hansa, 112. Bd.

BRUHN, I. (1901): The Transverse Strength of Ships. Trans. Inst. of Nav. Arch., Vol. XLIII, London

BRUHN, I. (1904): Some Points in Connection with the Transverse Strength of Ships. Trans. Inst. of Nav. Arch., Vol. XLVI, London

BRYAN, G.A. (1894): On the Theory of Thin Plating and its Applicability to Calculation of the Strength of Bulkhead Plates and Similar Structures. Trans. Inst. of Nav. Arch., Vol. 35, London

BUMB, E.O.; KIRKHAMM, D.; RISSE, M. (1972): Anwendung der FEM in Verbindung mit der Substrukturtechnik zur Festigkeitsberechnung der Laderaumverbände eines Eis-Massengut-Schiffes (EMS) unter seitlichem

Eisdruck. Hansa, 109. Jg.

DAHLMANN, W. (1925): Festigkeit der Schiffe I. Springer-Verlag

EGGE, E.D.; BÖCKENHAUER, M. (1989): Berechnung des Kollisionswiderstandes von Schiffen sowie seine Bewertung bei der Klassifikation. J. STG, 83. Bd.

FAIRBAIRN, W. (1860): On the Strength of Ships. Trans. Inst. of Nav. Arch., Vol. 1, London

FRICKE, W. (1985): Bestimmung der örtlichen Dehnung für schiffbauliche Konstruktionsdetails. J. STG, 79. Bd.

FRICKE, W.; BORCHARDT, H.; GRITL, D.; POHL, S. (1991): Bewertung der Betriebsfestigkeit schiffbaulicher Strukturdetails mit Hilfe von Formzahlen. J. STG, 85. Bd.

FRICKE, W.; PETERSHAGEN, H. (1991): Anwendung örtlicher Konzepte auf die Betriebsfestigkeit schiffbaulicher Schweißkonstruktionen. In: Berechnung, Gestaltung und Fertigung von Schweißkonstruktionen im Zeitalter der Expertensysteme. DVS-Bericht, Bd. 133, DVS-Verlag, Düsseldorf

FRICKE, W.; KÖSTER, D. (1992): Festigkeitsgesichtspunkte bei großen Containerschiffen. J. STG, 86. Bd.

FRICKE, W.; SCHARRER, M.; VON SELLE, H. (1994): Integrated Fatigue Analysis of Ship Structures. Proc. 5th Int. Marine Design Conference (IMDC) und STG-Sommertagung, Delft

FRICKE, W.; MÜLLER-SCHMERL, A. (1995): Berücksichtigung des Rißfortschrittsverhaltens bei der Bemessung zyklisch beanspruchter Konstruktionen. J. STG, 90. Bd.

FRICKE, W.; RATHJE, H.; VON SELLE, H. (1998): Festigkeitsaspekte von Tankerkonstruktionen. J. STG, 92. Bd.

HAACK, R.; BUSLEY, C. (1986): Die Technische Entwicklung des Norddeutschen Lloyds und der Hapag. Klassiker der Technik, VDI-Verlag

HAARLAND, A. (1967): Damages to Important Structural Parts of the Hull. European Shipbuilding 6, pp. 109 - 115

HANSEN, H.-J. (1978): Festigkeitsprobleme an Containerschiffen aus der Sicht einer Klassifikationsgesellschaft. J. STG, 72. Bd.

HAPEL, K.-H. (1967): Torsion von Stäben mit dünnwandigen Querschnitten. Diss. Berlin

JOHN, W. (1874): On the Strength of Iron Ships. Trans. Inst. of Nav. Arch., Vol. XV, London

JOHN, W. (1877): On Transverse and other Strains in Ships. Trans. Inst. of Nav. Arch., Vol. XVIII, London

VON KARMAN, TH. (1924): Die mittragende Breite. Beiträge zur Technischen Mechanik

LAAS, W. (1928): Siebzig Jahre Bauvorschriften des Germanischen Lloyd. J. STG., 29. Bd.

LEHMANN, E. (1969): Übersicht über die Berechnung schiffbaulicher Konstruktionen mit Hilfe der Methode der finiten Elemente. Hansa, 107

LEHMANN, E.; NIESSEN, E. (1970): Über Lukenecken von Containerschiffen. Hansa, 107

LEHMANN, E. (1976): Analytische und halbanalytische Finite Elemente zur Konstruktionsberechnung schiffbaulicher Tragwerke. J. STG, 70. Bd.

LEHMANN, E. (1983): Die mittragende Breite des Decksstreifens neben den Luken. Schiffstechnik, Bd. 30, S. 41

LEHMANN, E. (1988): Mittragende Breite unter Einzellasten. Schiff + Hafen, Heft 1, S. 63

LEHMANN, E. (1989): Traglast in Versuch und Berechnung. J. STG, 83. Bd.

LEHMANN, E.; ZHANG, L. (1991): Tragverhalten von Ro-Ro-Schiffsdecks, ausgesteift mit Trapezprofilen. J. STG, 85. Bd.

LEHMANN, E. (1994): Die konstruktive Entwicklung der Seeschiffe. In: Technikgeschichte des industriellen Schiffbaus in Deutschland, Bd. 1, Ernst Kabel Verlag

LEHMANN, E.; YU, X. (1995): Progressives Zusammenfalten von Bugwülsten. J. STG, 89. Bd.

MAREK, P. ; GUSTAR, M. (1999): Probabilistische Verfahren in der Bemessung von Stahltragwerken. Stahlbau 68, Heft 1

METZER, W. (1925): Die mittragende Breite. Diss., Aachen

MEUWISSEN, J. (1907): Investigations relating to Strength, Scantlings, Docking and Stability. The Shipbuilder, Issue on the Cunard Express Liner "Mauretania"

MUMFORD, W.T. (1860): Lloyd's Experiments upon Iron Plates and Modes of Riveting Applicable to the Construction of Iron Ships. Trans. Inst. of Nav. Arch., Vol. I, London

MURRAY, A.I. (1916): Strength of Ships. Longmans, Green Co., London

MURRAY, I.M. (1966): Development of Basis of Longitudinal Strength Standards for Merchant Ships. Trans. Royal Inst. of Nav. Arch., Vol. 108, London

NAUBEREIT, H. (1995): Rißwachstumsuntersuchungen an Schiffskonstruktionen bei regelloser Beanspruchung zur Berechnung der Rißlänge in Abhängigkeit von den Lastzyklen. J. STG, 90. Bd.

NAVIER, L.M.A. (1826): Résumé des Leçons données à l'Ecole des Ponts et Chaussées sur la Application de la Mécanique l'Etablissement des Constructions et de Machines. Paris

NIESSEN, E. (1969): Beiträge zum Torsionsproblem von Schiffen mit sehr großen Decksöffnungen. J. STG, 63. Bd.

PAETZOLD, H. (1985): Beurteilung der Betriebsfestigkeit auf der Grundlage des örtlichen Konzepts. J. STG, 79. Bd.

PAYER, H.G. (1976): Nichtlinearitäten in der Schiffsfestigkeitsanalyse. J. STG, 70. Bd.

PAYER, H.G.; PLESS, E. (1985): Konstruktion und Dimensionierung von offenen Schiffen mit langen Luken. J. STG, 79. Bd.

PETERSHAGEN, H. (1966): Beiträge zur Behandlung von Sonderproblemen bei schiffbaulichen Biegeträgern. J. STG., 59. Bd.

PETERSHAGEN, H. (1976): Kriterien zur Bemessung der Schiffskonstruktion. J. STG, 70. Bd.

PETERSHAGEN, H. (1991): Das Fitness-for-Purpose-Konzept und seine Anwendung auf die Schiffskonstruktion. J. STG, 85. Bd.

PETERSHAGEN, H.; FRICKE, W.; PAETZOLD, H. (1994): Betriebsfestigkeit schiffbaulicher Konstruktionen. Handbuch der Werften, Band XXII

PETERSHAGEN, H.; FRICKE, W.; PAETZOLD, H. (1996): Betriebsfestigkeit schiffbaulicher Konstruktionen - Beispiele. Handbuch der Werften, Band XXIII

PIETZKER, F. (1914): Festigkeit der Schiffe. 2. Auf., Verlag E.S. Mittler, Berlin

PROWATKE, G.; FISCHER, L.; WEYDLING, C. (1993): Zur Abschätzung der Wöhlerlinien von Schweißverbindungen nach dem Kerbgrundkonzept. J. STG, 87. Bd.

RADAJ, D. (1985): Gestaltung und Berechnung von Schweißkonstruktionen - Ermüdungsfestigkeit. DVS-Verlag, Düsseldorf

RADEMACHER, C. (1900): Festigkeitsberechnungen der Schiffe. J. STG., 1. Bd.

RANKINE, W.I.M. (1866): Shipbuilding, Theoretical and Practical. London

READ, T.C. (1886): On the Strength of Bulkhead. Trans. Inst. of Nav. Arch., Vol. XXVII, London

READ, T.C.; JENKINS, P. (1882): On the Transverse Strains of Iron Merchant Vessels. Trans. Inst. of Nav. Arch., Vol. XXIII, London

REED, E.J. (1872) a): The Distribution of Weight and Buoyancy in Ships. Naval Science, Vol. I, London

REED, E.J. (1872) b): The Strains of Ships in Stillwater. Naval Science, Vol. I, London

REED, E.J. (1873): The Strains of Ships at Sea. Naval Science, Vol. II, London

REISSMANN, C.; MÖLLER, P.; TISCHER, A. (1993): Globale Schiffsfestigkeitsanalyse mit adaptiver FE-Netzverfeinerung in lokalen Bereichen. J. STG, 87. Bd.

RÖHR, U.; ZHANG, L. (1996): Reanalyse der Grenztragfähigkeit von geschädigten und reparierten Bauteilen. J. STG, 90. Bd.

SCHADE, H. (1953): The Effective Breadth in Ship Structural Design. Trans. SNAME

SCHARRER, M.; EGGE, E.D. (1997): Untersuchungen zum Kollisionswiderstand von RoRo-Schiffen. J. STG, 91. Bd.

SCHLICK, O. (1890): Handbuch für den Eisen-Schiffbau. Verlag A. Felix, Leipzig

SCHNADEL, G. (1926): Die Spannungsverteilung in den Flanschen dünnwandiger Kastenträger. J. STG., 27. Bd.

SCHNADEL, G. (1929): Über das Knicken von Schiffsplatten. J. STG., 30. Bd.

SCHNADEL, G. (1930 a): Knicken von Schiffsplatten. Werft, Reederei, Hafen, XI. Jg.

SCHNADEL, G. (1930 b): Die Überschreitung der Knickgrenze bei dünnen Platten. III. Int. Kong. für technische Mechanik, Stockholm

SCHNADEL, G. (1931): Elastizitätstheorie und Versuch. J. STG., 32. Bd.

SCHÖNFELDT, H. (1975): Konstruktive Gestaltung und Richtlinien für die Berechnung von hochbeanspruchten Aluminiumverbänden von Schiffen. J. STG, 69. Bd.

SCHÜTZ, W.; WINKLER, K. (1970): Zu Bemessung schwingbeanspruchter Aluminium-Schweißnahtverbindungen. Aluminium 46, S. 311 - 321

SCHULTZ, H.-G. (1962): Zur Tragfähigkeit druckbeanspruchter orthotroper Platten. J. STG., 56. Bd.

SCHULTZ, H.-G. (1964): Neue Ergebnisse der Schiffsfestigkeitsforschung. J. STG., 58. Bd.

SCHULTZ, H.-G. (1969): Festigkeitsprobleme im Großschiffbau. J. STG., 63. Bd.

SCHULTZ, H.-G. (1974): Festigkeit. In: 75 Jahre Schiffbautechnische Gesellschaft 1899-1974

TIETGEN, H.P. (1974): 9. Schiffbau-Kolloquium Werftindustrie - Germanischer Lloyd, Teil 1B: Analyse vorgefundener Schäden. Schiff und Hafen 26, S. 442 - 443

DE WILDE, G. (1968): Structural Problems in Shops with large Hatch Openings. Int. Shipbuilding Progress

WLASSOV, S. (1961): Thin-walled Elastic Beams. Israel Program for Scientific Transl., Jerusalem

WOLF, E. (1982): Über eine Erweiterung des Begriffes der mittragenden Breite und Konsequenzen im Schiffbau. Schiffstechnik, Bd. 29, S. 63

YATES, J.A. (1891): The Internal Stresses in Steel Plating due to Water Pressure. Trans. Inst. of Nav. Arch., Vol. XXXII, London

Entwicklung der Schwingungs- und Schallvorhersagen im Schiffbau

Development of Vibration and Noise Prediction in the Shipbuilding Industry

Dipl.-Ing. **Iwer Asmussen**, Dipl.-Ing. **Holger Mumm** und Dipl.-Ing. **Jürgen Jokat**, Germanischer Lloyd, Hamburg

Summary. After the introduction of steam engines for ship propulsion, vibration problems were soon reported to occur on some ships in service. The first publications considering the phenomenon date back to the 80ies of the 19th century. Noise aspects were dealt with considerably later. Especially because of workmen's health protection demands, maximum allowable noise levels were introduced by the middle of the 20th century. This situation required engineers to deal with vibration and noise aspects during the design phase of a vessel. Prediction methods were developed and used in design to obtain a ‚silent‘ ship. This paper describes the history of such prediction methods, starting with simple estimation formulas and ending with advanced computer aided simulation methods frequently used in today's shipbuilding practice.

Otto Schlick

1. Einleitung

Zum besseren Verständnis der Phänomene in den Bereichen Schiffsschwingungen und Schiffsakustik ist ein historischer Rückblick hilfreich. Hierdurch werden noch heute angewendete Methoden transparent, bei gleichzeitiger Erhöhung des Respekts vor den Leistungen früherer Generationen von Ingenieuren.

Seit der Einführung der Dampfmaschine und des Propellers zum Antrieb von Schiffen traten diese auch als Erreger von Schwingungen und Schall in Erscheinung, die im Einzelfall zu Strukturschäden führten bzw. den Komfort der Besatzung oder Passagiere beeinträchtigten. Dieses Phänomen trat verstärkt im letzten Drittel des 19. Jahrhunderts insbesondere auf Torpedobooten auf, hervorgerufen durch die Einführung schnellaufender Kolbendampfmaschinen. Zunächst wurden diese Probleme allein den größeren installierten Leistungen zugeschrieben; die Bedeutung der Massenkräfte war noch nicht voll erkannt. In diesem Zusammenhang wurde auch den Schiffbauern vorgeworfen, sie würden zu leichte, schlecht konstruierte Schiffe bauen, ein Vorurteil, das sich z.T. bis heute gehalten hat.

2. Ausgangssituation

Die ersten systematischen Untersuchungen zu Schiffsschwingungen wurden von Otto Schlick präsentiert. Im Jahre 1884 erfolgte seine erste Veröffentlichung zu dieser Thematik [1]. In dieser Veröffentlichung beschreibt er ausführlich die physikalischen Grundzüge von Schiffsschwingungen. Er erkennt die Haupteinflußfaktoren wie Erregerkräfte, Steifigkeit der elastischen Schiffsstruktur (Rückstellkräfte), Masse des Schiffes sowie die Dämpfung.

Zusätzlich hat er auch das Phänomen der Resonanz erkannt, indem er sagt, daß ein hohes Schwingungsniveau nicht (nur) auf hohe Erregerkräfte bzw. weiche Schiffsstrukturen zurückzuführen ist, sondern daß jede elastische Struktur eine definierte Eigenfrequenz hat und besonders dann zum Schwingen angeregt wird, wenn diese mit der Frequenz der Erregung zusammenfällt. Er bezieht sich hiermit insbesondere auf die 2-Knoten-Schwingung des Schiffskörpers und macht sich Gedanken zum Aufstellungsort der Dampfmaschine, d.h. zur Wirksamkeit der Erregerkräfte. Er berichtet von seinen

Erfahrungen über Abhilfemaßnahmen zur Verringerung von extrem starken Resonanzschwingungen bei Volldrehzahl auf einem kleineren Passagierdampfer. Die hohen Schwingungen wurden zunächst dem 3-flügeligen Propeller mit großem Durchmesser zugeschrieben, der durch einen 4-flügeligen Propeller geringeren Durchmessers ersetzt wurde, jedoch mit einer um 5 bis 6 U/min erhöhten Drehzahl. Das Ergebnis war positiv, aber, wie von Schlick analysiert, aus anderen Gründen als vermutet: Durch die etwas höhere Drehzahl wurde die Resonanz mit der Dampfmaschinenerregung bei voller Drehzahl vermieden.

Schlick hatte auch erkannt, daß durch eine Änderung des Phasenbezugs von Maschine und Propeller das Schwingungsverhalten beeinflußt werden kann. Diese Maßnahme war Ende des vergangenen Jahrhunderts deshalb besonders wirksam, weil Propeller und Dampfmaschine nicht sehr genau gefertigt werden konnten, wodurch erhebliche Massenkräfte mit der einfachen Drehzahl erzeugt wurden. An anderer Stelle empfiehlt er die Ladung anders zu verteilen, um somit die Eigenfrequenz des Schiffes zu ändern. Weiter weist er auf die Bedeutung hoher Steifigkeit der Maschinenfundamente hin, um lokale Bodenschwingungen zu vermeiden.

Er konstatierte auch, daß weiterführende Erkenntnisse auf dem Gebiet der Schiffsschwingungen nur mit Hilfe entsprechender Messungen zu erlangen wären. Konsequenterweise hat er in [1] das erste einfache Instrument zur Aufzeichnung von Schiffsschwingungen beschrieben.

Zusammenfassend ist zu der 1884-Veröffentlichung von Schlick zu sagen, daß er die physikalischen Grundprinzipien der Schiffsschwingungen umfassend und klar beschrieben hat. Lediglich das Phänomen des mitschwingenden Wassers wurde von ihm nicht erkannt. Der Einfluß der hydrodynamischen Masse auf die Eigenfrequenzen wurde erst etwa 40 Jahre später beschrieben.

Als weitere Persönlichkeit, die auf dem Gebiet der Schiffsschwingungen als Pionier tätig war, ist sicherlich auch Sir Alfred Yarrow zu nennen. Im Jahre 1892 veröffentlichte er eine Arbeit [2], in der er die physikalischen Hintergründe zur Entstehung von Massenkräften durch die sich bewegenden Teile des Kurbeltriebs einer Kolbendampfmaschine erklärt. Er beschreibt auch ein schon sehr ausgereiftes Meßgerät zur Erfassung von Schwingungen: Eine sich um die Hochachse drehende, mit Papier bespannte Rolle ist auf einer schweren Platte befestigt, die ihrerseits elastisch in einem Rahmen hängt, an dem auch der Schreiber angeschlossen ist.

Bei Schwingungsaufnahmen bewegt sich nun der Rahmen mit dem Schreiber entsprechend den Strukturschwingungen und überträgt deren Verlauf auf das Papier der Rolle, die von den Vibrationen weitgehend unbeeinflußt ist.

Mit diesem Gerät hat Yarrow auf Torpedobooten in mehreren Hochlaufmanövern der Dampfmaschine sowohl mit an- als auch mit abgekuppeltem Propeller nachgewiesen, daß die erzeugten Schwingungen hauptsächlich durch die Maschine verursacht wurden. Aufgrund der Tatsache, daß mit bzw. ohne Propeller fast das gleiche Schwingungsniveau erzeugt wurde, schloß er, daß die Massenkräfte die Haupterregerquelle sein müßten. Ausgehend von dieser Erkenntnis erarbeitete er einen Vorschlag, wie die resultierenden Massenkräfte durch das Anbringen von Kontergewichten an den Kurbelwangen reduziert werden können.

Abb. 1: Großausführungsversuche an einem Torpedoboot [2]

Bei diesen Hochlaufmanövern hat er auch Resonanzüberhöhungen des Schiffskörpers bei 200, 400, 600 und 800 U/min festgestellt. Hiermit hatte er die Existenz der 2-, 3-, 4- und 5-Knoten-Schwingung nachgewiesen und diese fotografisch visualisiert. Abb. 1 zeigt neben dem Wellenbild eine Seitenansicht des schwingenden Schiffskörpers. Bei sorgfältiger Betrachtung wird die Form der 3-Knoten-Schwingung deutlich, die bei entsprechender Maschinendrehzahl angeregt wurde.

3. Eigenschwingungen

Schlick ist es nicht nur, der zuerst eine systematische Arbeit über Schiffsschwingungen veröffentlicht, sondern er publiziert 1894 vermeintlicherweise auch die erste Formel zur Berechnung der Eigenfrequenz der 2-Knoten-Biegeschwingung [3]:

306

$$N = \Phi \sqrt{\frac{I}{\Delta L^3}}$$

I Flächenträgheitsmoment am Hauptspant
Δ Deplacement
L Länge

Die Ehre der Erstveröffentlichung wird ihm allerdings von dem Franzosen Normand streitig gemacht, der in einem schriftlichen Diskussionsbeitrag zu Schlicks Vortrag auf seine diesbezügliche Publikation hinweist [4]. Die wesentlichen Parameter Masse und Steifigkeit gehen in diese Berechnungsformel ein. Der Faktor Φ ist anhand der Erfahrung mit ähnlichen Schiffen abzuschätzen. Obwohl man sich zu dieser Zeit noch nicht über den herausragenden Einfluß der hydrodynamischen Masse im klaren ist, gelingen Schlick auf Basis der Korrelation mit Großausführungs-Meßergebnissen recht zuverlässige Prognosen.

Die Tatsache, daß die gemessenen Eigenfrequenzen i.a. niedriger als nach der Biegetheorie des Balkens erwartet liegen, erklärt man sich damit, daß nicht alle Längsbauteile effektiv zur Biegesteifigkeit des Querschnitts beitragen. In den Berechnungsformeln wird meist ein "äquivalenter" empirisch abgeleiteter E-Modul verwendet, der dieser Erklärung Rechnung tragen soll.

Schon 1895 veröffentlicht Schlick Formeln sowohl zur Berechnung höherer Vertikalbiegeschwingungsgrade als auch zur Abschätzung der Eigenfrequenz der Grundtorsionsschwingung [5]. In der dieser Arbeit entnommenen Abb. 2 sind die betrachteten Schwingungsformen schematisch dargestellt. Zum Vergleich ist in Sequenz 1 eine Animation des unteren Vertikalbiegeschwingungsgrades sowie der Torsionseigenschwingung eines Post-Panmax-Containerschiffs gegeben. Natürlich kommen die Vorteile moderner Berechnungsmethoden für diesen niedrigen Frequenzbereich nicht deutlich zum Tragen.

Gümbel veröffentlicht 1901 in einer sehr sorgfältigen theoretischen Abhandlung über Schiffsschwingungen eine verblüffend einfache Faustformel zur Abschätzung der unteren Biegeeigenfrequenz [6]:

N · L = 10000   N : Eigenfrequenz in [U/min]
L : Schiffslänge in [m]

Angewendet auf ein Schiff von 200 m Länge ergibt sich beispielsweise eine Eigenfrequenz von 0,8 Hz; für ein abgeladenes Containerschiff ein durchaus plausibler Wert. [7]

In den kommenden beiden Jahrzehnten beschäftigen sich die Wissenschaftler mit relativ geringfügigen Änderungen des Formelwerks. Zwei wesentli-

che neue Komponenten werden von Nicholls eingebracht [7]. Er geht für die verschiedenen Phasen des Schwingungsvorgangs von einem Gleichgewicht zwischen potentieller und kinetischer Energie aus, siehe auch Abb. 3.

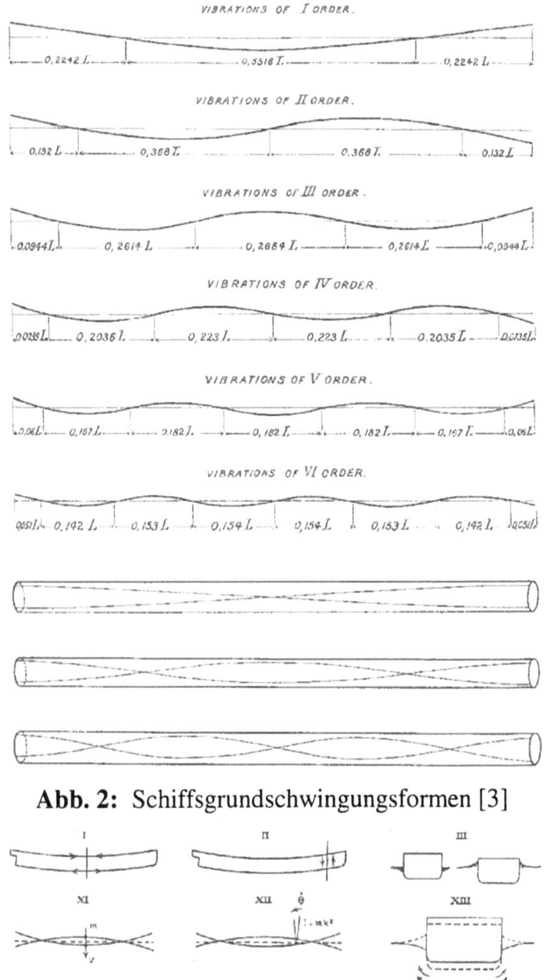

Abb. 2: Schiffsgrundschwingungsformen [3]

Abb. 3: Energieanteile beim Schwingungsvorgang [7]

Er berücksichtigt, im Gegensatz zur bis dahin üblichen Praxis, die potentielle Energie, die in der Schubverformung des Querschnitts "gespeichert" ist, ebenso wie die kinetische Energie des umgebenden Wassers, mit anderen Worten die hydrodynamische Masse, die er mit Hilfe empirischer Korrekturfaktoren einbezieht. Somit werden erstmalig alle wichtigen Einflußfaktoren zur Berechnung der unteren Schwingungsgrade eines Biegebalkens berücksichtigt. In den kommenden Jahren beschäftigt man sich vor allem damit, den Berechnungsablauf zu beschleunigen und auf Basis von Messungen eine abgesichertere Datenbasis zu bekommen. Aufgrund des hohen Rechenaufwandes kann der nächste Schritt erst nach Einführung der EDV getan werden. Die erste Berechnung der Eigenschwingungen eines Schiffes mit einem Computer dürfte 1950 für den Zerstörer "USS Niagara" am Taylor Model Basin durchgeführt worden sein [8]. Natürlich basierten diese Berechnungen noch nicht auf einer FEM-Formulierung o.ä., sondern weiterhin auf der Balkentheorie. 1956 stellt Csupor eine Methode zur Berechnung der Biege-, aber auch der Torsionsschwingungen des Schiffskörpers vor [9]. Er bildet die Torsionssteifigkeit des Schiffskörpers mit Hilfe exzentrisch angeordneter Balken, die jeweils über eine gewisse Schiffslänge über konstante Querschnittseigenschaften verfügen, nach. Diesem Grundgedanken der FEM entspricht auch die Darstellung seiner Berechnungsmethode in Matrizenschreibweise.

Die Möglichkeiten zur Berechnung höherer, im allgemeinen auch komplizierterer Schwingungsformen auf Basis von Balkenmodellen erweisen sich allerdings als sehr beschränkt. Der nächste Qualitätssprung wird diesbezüglich durch die Einführung der FEM erreicht. Mit dreidimensionalen Nachbildungen der Schiffsstruktur bzw. der entsprechenden Massenbelegungen können die Eigenformen sehr viel genauer bestimmt werden. Die Entwicklung effizienter Berechnungsmethoden wird in dieser Hinsicht vor allem bei den Klassifikationsgesellschaften vorangetrieben, siehe u.a. auch [10]. Ein anderer Vorteil der FEM besteht natürlich darin, daß auch ungewöhnliche Schiffsgeometrien untersucht werden können. Als Beispiel seien die Grundschwingungsformen einer Motoryacht angeführt, die in Sequenz 2 dargestellt sind.

4. Hydrodynamische Massen

Wie in den vorhergehenden Kapiteln geschildert, wurde der starke Einfluß des umgebenden Wassers auf das Eigenschwingungsverhalten von Schiffen über einen relativ langen Zeitraum verkannt. Anfang des 20. Jahrhunderts war bereits bekannt, daß ein getauchter Körper, der beschleunigt wird, die Trägheitskraft der ihn umgebenden Flüssigkeit überwinden muß. Lamb beschreibt z.B. in [12] ausführlich die theoretischen Hintergründe der hydrodynamischen Masse und gibt auch Berechnungsformeln für einfache Querschnitte an. Allerdings fand diese Tatsache erst etwa 40 Jahre nach Erscheinen der ersten Abschätzformeln für die Schiffskörpereigenfrequenzen Berücksichtigung. Aus dem Vergleich von Rechnung und Messung war man sich zwar durchaus bewußt, daß noch eine "ungekannte Größe" im Spiel sein mußte, versuchte jedoch die Diskrepanzen damit zu erklären, daß im Falle von Schwingungen nicht alle Längsbauteile effektiv zur Biegesteifigkeit des Schiffsquerschnitts

beitrügen (genietete Schiffe). Jedoch konnte auch diese Annahme nicht den Widerspruch erklären, daß die Schwingungsknoten der gemessenen Eigenformen stets weiter zur Schiffsmitte hin verschoben auftraten als berechnet. Wie bereits beschrieben, bezieht zuerst H.W. Nicholls (1924) den Einfluß der hydrodynamischen Massen in die Berechnungsformeln für Schiffseigenfrequenzen ein [7]. Der Autor beschreibt auch Modellversuche, die er zur experimentellen Bestimmung der hydrodynamischen Massen durchführte. Für prismatische Zylinder mit rechteckigem bzw. dreieckigem Querschnitt kommt er zu folgenden Abschätzformeln:

Rechteck-Querschnitt   Dreieck-Querschnitt

$$\frac{M_A}{\Delta} = 0{,}37\,\frac{B}{T} + 0{,}20 \qquad\qquad \frac{M_A}{\Delta} = 0{,}70$$

M_A Hydrodynamische Zusatzmasse
Δ Deplacement
B Breite des Zylinders
T Tiefgang des Zylinders

Nicholls selbst zweifelt an der Übertragbarkeit dieser Modellversuchsergebnisse auf die Großausführung, die jedoch aus heutiger Sicht gegeben war. Entsprechend der Faustregel, daß die hydrodynamische Zusatzmasse des unteren Schiffskörpervertikalschwingungsgrades etwa dem Deplacement bei dem jeweiligen Tiefgang entspricht ($M_A/\Delta \approx 1{,}0$), kommt man nach obigen Formeln bei einem $B/T \approx 3$ auf $M_A/\Delta = 1{,}31$ (Rechteck) bzw. $0{,}70$ (Dreieck). Das Ergebnis für den Schiffsquerschnitt liegt also in der Mitte der Resultate für den Rechteck- und Dreieck-Querschnitt.

Der Durchbruch bei der Berechnung der hydrodynamischen Zusatzmassen gelingt wenig später F. M. Lewis in den USA [13]. Unter der grundlegenden Annahme, daß die an einem teilgetauchten Schiffsquerschnitt angreifenden Trägheitskräfte gleich der Hälfte der an einem vollgetauchten "Doppelmodell" auftretenden Kräfte des Querschnitts sind, entwickelt er ein potentialtheoretisches Verfahren, das streng zweidimensional ist. Es wird nur die Umströmung des Schiffsquerschnitts in der Spantebene betrachtet, nicht aber die Ausweichströmung in Schiffslängsrichtung. Zur Korrektur werden schiffsformabhängige Faktoren verwendet. In der Anwendung wird der Schiffskörper in Segmente gleicher Spantform geteilt, für jedes Segment die zusätzliche Masse berechnet und im Verlauf der Gewichtskurve berücksichtigt. Bis zum heutigen Tage findet diese Methode aufgrund ihrer Einfachheit breite Anwendung in der Praxis.

Im Laufe der Jahre beschäftigen sich weitere Autoren mit der potentialtheoretischen Behandlung dieses Strömungsproblems [14], [15].

Die Einführung numerischer Methoden zur Berechnung der Zusatzmassen begann etwa ein halbes Jahrhundert nach Lewis. In Verbindung mit einer FE-Darstellung der Schiffsstruktur wurden FE-Formulierungen für das Flüssigkeitsgebiet [16] oder auch Rand-Elemente-Methoden gewählt [17]. Aufgrund der einfacheren Diskretisierung des Flüssigkeitsmodelles verbunden mit erheblichen Rechenzeitvorteilen scheint sich in jüngster Zeit die Rand-Elemente-Methode in der Berechnungspraxis durchzusetzen [18].

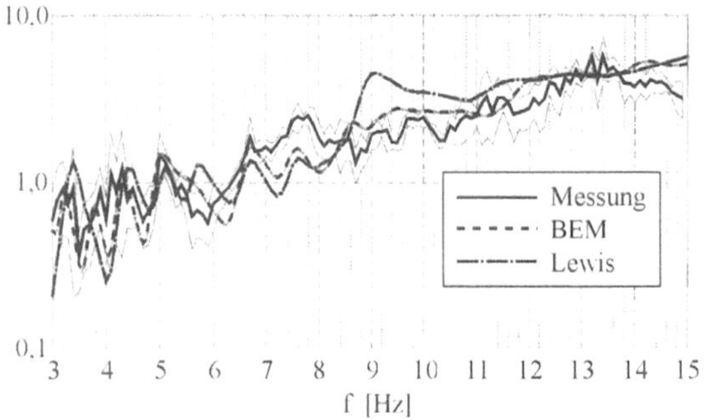

Abb. 4: Vergleich berechneter und gemessener Schwingschnellen am Spiegel eines Containerschiffes

Zur Illustration der Verteilung der hydrodynamischen Massen für verschiedene Frequenzbereiche sind in Sequenz 3 zwei verschiedene Druckverteilungen dargestellt. Die hydrodynamischen Drücke entstehen infolge einer erzwungenen Schiffsschwingung bei 1,9 Hz bzw. 9,6 Hz. Die Amplituden der Schiffsschwingung wurden für eine Erregung durch einen im Hinterschiff angeordneten Schwingungserreger für vertikale Erregerkräfte von 1,0 kN bzw. 25,7 kN berechnet. Während offensichtlich bei Anregung mit 1,9 Hz eine 3-Knoten-Schwingung des Schiffskörpers hervorgerufen wird, treten bei der Anregung mit 9,6 Hz - einer typischen Propellerblattfrequenz - nennenswerte hydrodynamische Drücke fast nur im Hinterschiffsbereich in Erscheinung. Je höher die Erregerfrequenz, desto weniger kann von einem zweidimensionalen Strömungsvorgang am Schiffsquerschnitt ausgegangen werden. Trotzdem liefert die Lewis-Methode auch für Schwingungsberechnungen bei höheren Frequenzen erstaunlich gute Resultate. Abb. 4 zeigt die prognostizierten und die gemessenen Vertikalschwingschnellen eines 200 m langen Containerschiffes bei Erregung durch einen Unwuchterreger. Die Prognosen erfolgten auf Basis eines Modells, das die hydrodynamischen Zusatzmassen nach [13] sowie nach [18] berücksichtigt. Der prinzipielle Verlauf der berechneten Kurven unterscheidet sich nicht wesentlich.

5. Maschinenerregung

Die ersten Veröffentlichungen über globale Schwingungsprobleme Ende des 19. Jahrhunderts handeln alle von durch Dampfmaschinen hervorgerufene Vibrationen. Schlick schlägt bereits in seiner bahnbrechenden Veröffentlichung von 1884 [1] vor, daß die tragenden Verbände im Bereich der Maschinenfundamentierung besonders kräftig dimensioniert sein sollten.

Die oszillierenden Massen der Kolbendampfmaschinen erzeugten freie Kräfte und Momente mit Erregerfrequenzen, die häufig im Bereich der Eigenfrequenz der 2- oder 3-Knoten-Vertikalbiegeschwingung des Schiffskörpers lagen. Zunächst versuchte man, die Eigenfrequenzen der 2-Knoten-Schwingung mit Hilfe einer empirischen Formel zu bestimmen und die Drehzahl der Dampfmaschine mit genügend weitem Sicherheitsabstand zu wählen. Dies war in den meisten Fällen insofern möglich, als eine starke Variation der Eigenfrequenzen für wechselnde Beladungszustände zumeist nicht vorhanden war, da es sich bei den problematischen Schiffen meist um Marine- oder Passagierschiffe handelte.

Sowohl Schlick als auch englische Wissenschaftler führen zur Klärung weiterer Fragen Modellversuche durch [4], [11]. Den Versuchsaufbau von Schlick zeigt Abb. 5. Er besteht aus einem etwa 3 m langen und 30 cm breiten Holzbrett, das an sehr weichen Federn in einem starren Rahmen aufgehängt ist. Die Massenverteilung wird durch entsprechend angeordnete Gewichte realisiert, und ein Maschinenmodell ist ebenfalls vorhanden. Diese frühe Form der "Simulation" erlaubt es Schlick auch, die Zylinder der Dampfmaschine, die aufgrund ihrer unterschiedlichen Größe verschiedene Massenkräfte abgeben, in einer Reihenfolge anzuordnen, die die geringstmögliche Vibrationsanregung verspricht. Die Kurbelwelle der Modellmaschine ist weiterhin mit zueinander verstellbaren Wangen ausgestattet, so daß beliebige Kurbelfolgen im Versuch nachgefahren werden können. Letztendlich führten diese Versuche zur Entwicklung von Dampfmaschinen, deren freie Kräfte und Momente bis zur unbedeutenden Restgröße kompensiert waren (Schlick-Yarrow-Tweedy-System).

Der Massenausgleich funktionierte so gut, daß Dampfmaschinen, nach diesem Prinzip konstruiert, keinen Anlaß zu Beschwerden mehr gaben. Durch diesen großen Erfolg in der Bekämpfung von Schiffsschwingungen wurden Stimmen laut, auch die verbleibenden propellererregten Schwingungen auf ein Minimum zu reduzieren.

Ab etwa 1900 etabliert sich die Dampfturbine im Schiffbau. Der anfänglichen Euphorie über das vorteilhafte Schwingungsverhalten der mit Dampfturbinen ausgerüsteten Schiffe folgt die Ernüchterung über "die außerordentlich hohe Frequenz der Vibrationen von Turbinendampfern", die für "die Passagiere und die Mannschaft großes Unbehagen zur Folge hat" [19]. Die erhöhten Propellerdrehzahlen führen zu Erregerfrequenzen zwischen etwa 25 und 50 Hz, einem Frequenzbereich, für den vor der Anwendung moderner Methoden, wie z.B. der FEM, keine Eigenfrequenzberechnung möglich war.

Die Einführung des Dieselmotors führt zu einer neuen Qualität maschinenerregter Schwingungen. F.M. Lewis schildert 1927 [20] erste Probleme mit höherfrequenten Schwingungen. Auch die Schallbelästigung durch den Dieselmotor findet in diesem Artikel Berücksichtigung. Die freien Massenmomente 1. und 2. Ordnung können durch entsprechende Anordnung von Kompensatoren auf ein vernachlässigbares Niveau reduziert werden. Jedoch ist bis zum heutigen Tage das freie, gleichsinnige Querbiegemoment als Erregergröße zu berücksichtigen [21], [22].

Eine zuverlässige Prognose der gekoppelten Hauptmaschinen-Innenboden-Schwingungen konnte nur auf Basis der verbesserten Voraussage der Eigenschwingungsformen erfolgen, die erst durch Einführung der FEM möglich wurde. Während man anfänglich die über alle Zylinder aufsummierten Maschinenerregerkräfte vereinfacht als freie Kräftepaare aufbrachte und interne Erregerkräfte zu einem bestimmten Prozentsatz als frei wirkend aufgefaßt wurden, ging man in neuerer Zeit zur Simulation der Erregerwirkungen im Einzelzylinder über, um alle wesentlichen Wechselwirkungen zu erfassen [23], [24]. In Abhängigkeit von der Zündfolge des jeweiligen Motors und dem Resonanzverhalten der größeren elastischen Subsysteme des Schiffs kann auf das gekoppelte Schwingungsverhalten von Schiff und Motor geschlossen werden. Zur Illustration sind in Sequenz 4 die gekoppelten Schwingungsformen der Hauptmaschine, des Hinterschiffs und des Deckshauses für verschiedene Erregerordnungen gezeigt.

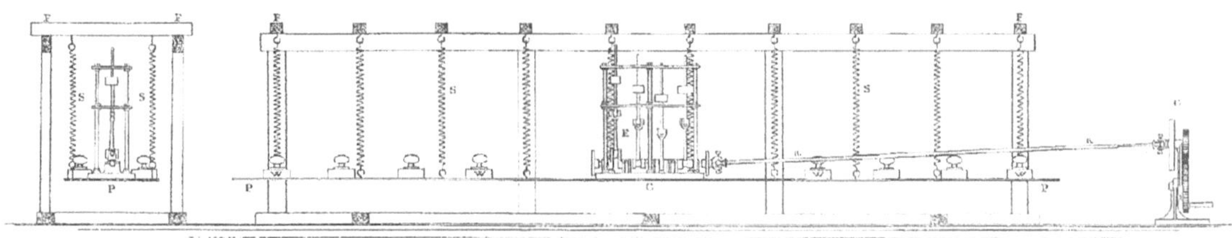

Abb. 5: Schwingungsmodellversuch [4]

6. Propellererregung

Wiederum ist es Schlick, der 1901 als Wegbereiter eine systematische Untersuchung über propellererregte Schwingungen vorlegt [25]. Er berichtet, daß auf dem Transatlantik-Liner "Deutschland", etwa 200 m lang und angetrieben von 20.000 kW, bei 1,1 Hz eine deutliche 2-Knoten-Vertikalbiegeschwingungsresonanz festzustellen war. Der schwebungsartige Charakter der Schwingungen bringt ihn auf die Idee, daß es sich um ein Zusammenspiel von Backbord- und Steuerbordpropeller bzw. der beiden entsprechenden Antriebsmaschinen handeln könnte. Ein elektrischer Kontakt, appliziert auf jeder der beiden Kurbelwellen, liefert ihm die exakte Lage der Kurbelwellen und der Propellerflügel zueinander. Wie erwartet zeigt sich, daß die beiden Hauptmaschinen nicht exakt gleich schnell laufen, sondern kleine Drehzahldifferenzen vorhanden sind. Er zeigt auf, daß die Schwingungen nicht zu Zeitpunkten am stärksten sind, an denen die Massenkräfte der beiden Dampfmaschinen in die gleiche Richtung wirken. Somit können die Maschinen nicht Ursache der Schwingerscheinungen sein, diese ist vielmehr in der überlagerten Wirkung der Propeller zu sehen. Die Erregerfrequenz entspricht einem Impuls pro Propellerumdrehung, und die Stärke der Schwingungen ist abhängig von der Position bestimmter Blätter von Backbord- und Steuerbordpropeller zueinander. Entspricht die Stellung der Blätter "A" der in Abb. 6 gezeigten Position, sind die Schwingungen minimal. Befinden sich Flügel "A" auf Backbord in der 10-Uhr-Position und Flügel "B" in der 2-Uhr-Stellung, nehmen sie ihren Größtwert an. Wie Schlick aufzeigt, ist die Ursache in der ungenauen Fertigung der Propellerflügel "A" zu suchen, die in der betreffenden Zeit nicht ausgereift genug war.

Auf der "Deutschland" dominieren die Vertikalschwingungen, weil die Drehfrequenz der Wellen etwa der 1. Biegeeigenfrequenz des Schiffskörpers bei 1,1 Hz entspricht. Aber auch Horizontal- und

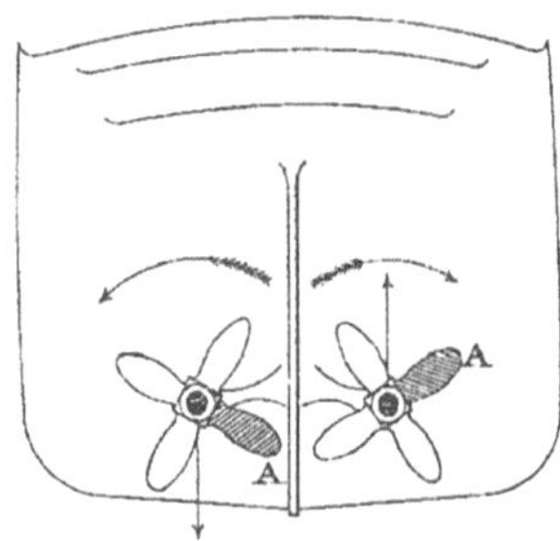

Abb. 6: Überlagerte Wirkung von Bb- und Stb-
Propeller [25]

Torsionsschwingungen konnten von Schlick nachgewiesen werden, allerdings erregt mit der Blattfrequenz. Er erkennt, daß alle Propellerflügel in der
10-Uhr- bzw. 2-Uhr-Position (backbord bzw. steuerbord) ihren stärksten Widerstand erfahren und
sich je nach Winkellage der Propeller zueinander
zu einer maximalen Horizontalkraft verbunden mit
einem Torsionsmoment oder zu einem Größtwert
der Vertikalkraft überlagern. Da nun die Torsions-
eigenfrequenz des Schiffskörpers etwa bei der
Blattfrequenz lag, wurde sie besonders stark für
Winkeldifferenzen von 45° zwischen den Propellern angeregt und führte zu störenden Torsionsschwingungen des Hinterschiffs.

Den nächsten Meilenstein in der Untersuchung von
propellererregten Schwingungen stellt die Veröffentlichung von F.M. Lewis im Jahr 1935 dar [26].
Er arbeitet den Unterschied zwischen über die
Wellenleitung in das Schiff eingeleitete Erregerkräfte ("bearing forces") und den auf die Außenhaut wirkenden Druckimpulsen heraus ("pressure
forces"). Er weist auch schon darauf hin, daß die
Druckschwankungen bezüglich des zu erwartenden
Schwingungsniveaus gegenüber den Wellenlei-
tungskräften den dominierenden Anteil darstellen.

In dieser Zeit sind vor allem Passagierschiffe, ausgerüstet mit zwei oder auch vier Propellern, von
Interesse. Lewis stellt hierzu fest, daß bei Mehrschraubern Wellenböcken gegenüber Wellenhosen
der Vorzug zu geben sei, da Wellenböcke eine sehr
viel kleinere Angriffsfläche für die Druckimpulse
bieten.

Die Wichtigkeit weiterführender Untersuchungen
wird im gleichen Jahr durch die Jungfernfahrt des
Transatlantik-Liners "Normandie" bestätigt, die in
einem Desaster bezüglich der Schwingungs- und
Schalleigenschaften endet [27], [28]. Als Ursache
stellt sich das schlechte Nachstromfeld, bedingt
durch eine unsachgemäße Gestaltung der Wellenhosen, heraus. Nach umfangreichen Modellversuchen in der HSVA wird die "Normandie" mit anderen Wellenhosen ausgestattet, bekommt neue Pro-

peller und wird im Propellerbereich verstärkt. Bei
dem Umbau werden 2.400 t Stahl eingebracht!

Die weitere Erforschung der Propellererregerwir-
kungen geht hauptsächlich in den Versuchsanstalten vonstatten. Vor allem die HSVA und das
Taylor Model Basin engagieren sich stark. Sowohl
Breslin [29] als auch Pohl [30] leiten, basierend auf
der Potentialtheorie, Formeln zur Berechnung der
Druckimpulse her. Die Wichtigkeit der Kavitationserscheinungen wird erst später erkannt. Isay veröffentlicht eine Theorie der Hydroakustik [31] zeitgleich mit Berichten über Vergleiche zwischen
Modellversuch und Rechnung, bei denen die Kavitation eine wesentliche Rolle spielt [32]. Mit den
vor allem in Hinsicht auf höhere Blattharmonische
wichtigen Kavitationsvorgängen im Spitzenwirbel
beschäftigt sich erstmals Weitendorf [33].

Vor Einführung sehr leistungsfähiger Rechner war
deshalb nicht an eine rechnerische Simulation des
Vorgangs zu denken. Folgerichtig beschritt Holden
den Weg, ein Prognoseverfahren zu entwickeln, das
auf empirischen Daten beruht. In [34] stellt er eine
Methode dar, die eine Abschätzung der Druckschwankungen auf Basis der Hauptpropellerdaten
sowie des Nachstroms ermöglicht.

Im Laufe der 80er Jahre werden erste numerische
Verfahren zur Berechnung der Propellererreger-
kräfte entwickelt, u.a. [35] und [36]. Es muß jedoch
festgestellt werden, daß alle rechnerischen Verfahren bis zum heutigen Tage als unsicher angesehen
werden müssen. Eine wesentliche Verbesserung
wird wahrscheinlich erst dann zu erwarten sein,
wenn die rechnerische Voraussage des Großausfüh-
rungsnachstroms mit größerer Zuverlässigkeit
möglich ist.

Die Blattfrequenz heutiger Propeller liegt i.a. so
hoch, daß keine unteren globalen Eigenformen
angeregt werden. Vielmehr zeichnen sich die ange-
regten Eigenschwingungen meist durch Kopplung
einer Grundform des Deckshauses mit einer höheren Schwingungsform des Schiffskörpers aus. In
Sequenz 5 ist zur Illustration die Form der erzwungenen Schwingung eines Post-Panmax-Container-
schiffes dargestellt, die in Blattfrequenz bei etwa
10 Hz hervorgerufen wird. Es wird deutlich, daß
eine Vertikalbiegeschwingung des Hinterschiffs mit
einer Torsionsschwingung des Deckshauses gekoppelt ist. Die Berechnung solcher Schwingungsformen ist nur auf Basis der FEM möglich.

7. Erzwungene Schwingungen

In der Frühzeit der Schwingungsberechnungen in
der Schiffstechnik wurde der Schwerpunkt auf

Resonanzvermeidung gelegt. Da meist niedrigfrequente Erregerkräfte einfacher Drehzahl der Kurbel- bzw. Propellerwelle dominierten, bestand die Aufgabe in der Vermeidung von Resonanzen mit den unteren Schiffskörperschwingungsgraden. Die Einhaltung bestimmter Schwingungsniveaus war nicht das Ziel. Dies erklärt vielleicht, daß die bereits 1901 von L. Gümbel vorgestellten Formeln zur Berechnung erzwungener Schwingungen eines elastischen Biegebalkens keinen Eingang in die Berechnungspraxis fanden [6]. Wie an der dieser Arbeit entnommenen Abb. 7 des Amplituden- und Phasengangs eines Einmassenschwingers zu erkennen, hatte man über den Einfluß der Dämpfung bereits zu diesem Zeitpunkt sehr klare Vorstellungen.

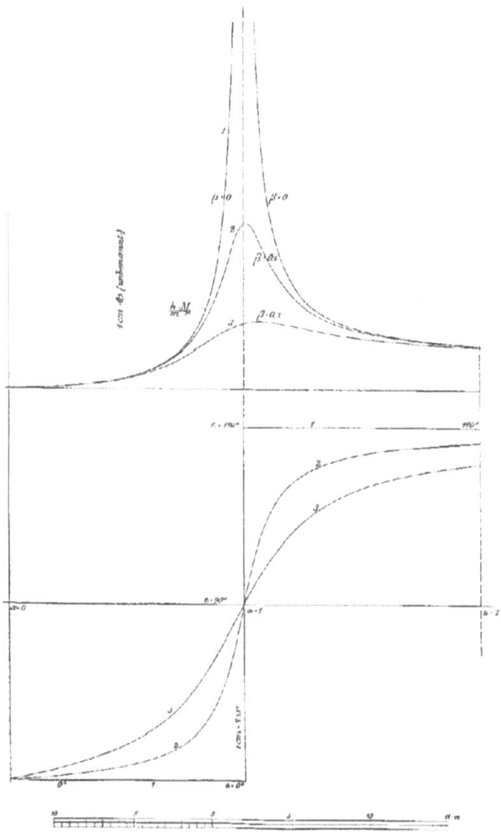

Abb. 7: Amplituden- und Phasengang eines Einmassenschwingers [6]

Etwa 30 Jahre später widmet sich J. Lockwood Taylor wieder eingehender der Thematik. In [37] beschreibt er die vermutlich erste Messung der Dämpfung von Schiffsschwingungen, die er während des Ausschwingvorgangs eines Frachtschiffes nach dem Stapellauf vornimmt. Die Amplitude reduziert sich proportional zu $e^{-0.066\,t}$ ($t[s]$). Er stellt weiterhin fest, daß die Dämpfung mit wachsender Frequenz steigt und durch die Kapillarwellen, die während der Schwingung an der Wasseroberfläche entstehen, keine nennenswerte Dämpfung hervorgerufen wird. Durch Kenntnis der Dämpfungskennwerte sieht Taylor sich in die Lage versetzt, die Amplituden der zu erwartenden Schwingungen für Erregung durch die Massenkräfte der Maschine mit ausreichender Genauigkeit zu prognostizieren. Er schränkt diese Möglichkeit zwar auf Schiffe ein, über deren Dämpfungseigenschaften er ausreichend Erfahrung hat, jedoch stellt dies eine neue Vorgehensweise in der Schwingungsberechnung dar. Folgerichtig wird auch erstmals ein Grenzwert zur Beurteilung von Schwingungen genannt. Taylor empfindet eine Schwingbeschleunigung von $0,5\ ft/s^2$ als tolerabel für Besatzung und Passagiere, was den Grenzwerten in der heutzutage oft verwendeten ISO 6954 [38] schon sehr nahe kommt. Taylor und die Wissenschaftler seiner Generation beschrieben Horizontalschwingungen als sehr viel unangenehmer als solche mit vertikaler Bewegungsrichtung.

Eine Verbesserung der Prognoseverfahren für erzwungene Schwingungen erfolgte mit der Einführung genauerer Berechnungsmethoden des Eigenschwingungsverhaltens sowie der Möglichkeit zur gesicherten Abschätzung höherfrequenter Erregerwirkungen. Letztendlich wurde durch die Einführung effektiver numerischer Methoden zur Berechnung erzwungener Schwingungen, wie z.B. der Eigenformüberlagerungsmethode, eine detaillierte Prognose des zu erwartenden Schwingungsniveaus möglich. Illustriert sei dies an Sequenz 6, in der die Schwingschnellen auf einem Fahrgastschiffsdeck, verursacht durch die Propellererregung mit Blattfrequenz, dargestellt sind. Bereiche örtlicher Schwingungsüberhöhungen können somit erkannt und frühzeitig Abhilfemaßnahmen eingeleitet werden.

8. Schall

Obwohl in älteren Veröffentlichungen, z.B. in [20] und [27], vereinzelt über Beeinträchtigungen durch Schall auf Schiffen berichtet wird, steht zunächst die Lösung akuter Schwingungsprobleme im Vordergrund. Neben dem Wärmeschutz kommen deshalb auch keine speziellen Schallschutzmaßnahmen zum Einsatz. Diese finden erst in den 50er Jahren Eingang im Schiffbau. Konsequenterweise sammelte sich in dieser Zeit auch das meiste Wissen in der Zulieferindustrie. Der Umfang an notwendig erachteten Schallisoliermaßnahmen wurde aus den Erfahrungen mit gebauten Schiffen abgeleitet. Vor diesem Hintergrund entstand viel Detailwissen bei den aus dem Hochbau rekrutierten Spezialisten, die auch die physikalischen Hintergründe durchschauten, in Veröffentlichungen jedoch nur zögerlich über Einzelheiten berichteten. Zur Vermeidung der Weitergabe von Know-How wurde ihnen vielfach verboten, öffentlich über ihre Erfahrungen zu referieren. So ist auch zu erklären, daß viele Entwicklungen zum Schallschutz auf Schiffen sowohl national als auch international parallel bzw. doppelt erfolgten.

1959 ergriff die STG im Fachausschuß "Schiffsvibrationen" die Initiative und trug das bis dahin vorhandene Wissen über Schallbekämpfungsmaßnahmen auf Schiffen zusammen. Diese Arbeit führte im Jahre 1963 zur Herausgabe der STG-Richtlinie 2201 [39], die eine breite Anwendung im Schiffbau fand. In dieser Richtlinie sind auf 40 Seiten sehr viele konstruktive Hinweise z.B. zur Verringerung von Körper- und Luftschallemissionen hervorgerufen durch Propeller, Getriebe sowie Haupt- und Hilfsmaschinen gegeben. Weiter werden Maßnahmen, für die elastische Lagerung von Dieselmotoren, Aggregaten, Deckshäusern, Abgasrohren, Außenhautplatten über dem Propeller, Fußböden, Motorkapselung etc. beschrieben.

Zusätzlich ist eine sehr detaillierte Literaturstudie gegeben, die deutlich zeigt, daß sehr viel Spezialwissen vorhanden war. Eine ganzheitliche Betrachtungsweise, wie z.B. für ein Prognoseverfahren erforderlich, wurde wegen der hohen Komplexität der Gesamtzusammenhänge jedoch noch nicht angegangen. Dieses änderte sich mit den Aktivitäten der Berufsgenossenschaften. Parallel zu den Arbeiten des STG-Fachausschusses befaßte sich die SBG mit der Festlegung von Grenzwerten bezüglich Schall und veröffentlichte 1961 vorläufige Richtlinien über zulässige Lautstärken auf Seeschiffen [40]. Für die Werften hatte diese Richtlinie zur Konsequenz, daß sie ganz gezielt Isoliermaßnahmen festlegen mußten, um die Einhaltung dieser Grenzwerte zu gewährleisten.

Vor diesem Hintergrund entstanden Ende der 70er und in den 80er Jahren die ersten ganzheitlichen Prognoseprogramme zur Vorhersage des Schallpegels in beliebigen Räumen an Bord von Schiffen. Hierbei wird generell in folgenden Schritten vorgegangen:

- Erfassung der Quelldaten, d.h. Feststellung der "Stärke" der einzelnen Schallquellen

- Berechnung der Schallübertragung auf den einzelnen Wegen innerhalb des Schiffskörpers

- Ermittlung des Einflusses von Sekundärmaßnahmen (Isolationsmaßnahmen) in der Nähe der einzelnen Schallempfänger

- Kombination der von den einzelnen Quellen auf den verschiedenen Übertragungswegen am Ort des Empfängers erzeugten Schallpegel

Interessanterweise sind es nicht Isolierfirmen, die die ersten Prognoseprogramme veröffentlichen, vielmehr waren es wissenschaftliche Institute und Klassifikationsgesellschaften, die sich dieser Aufgabe annahmen. Obwohl das Wissen insbesondere bei Isolierfirmen gebündelt war und hier auch intern Prognoseprogramme angewendet wurden, wurden diese nicht der Öffentlichkeit zugänglich gemacht. Als Beispiel hierfür sei v. Kolzenberg genannt, der erst 1986 [41] über seine Erfahrungen berichtete, obwohl er bereits lange vorher bei einer Isolierfirma Lärmpegel prognostiziert hatte.

International entstanden in den folgenden Ländern weitgehend unabhängig voneinander die ersten Prognoseprogramme: Niederlande (TNO) [42], England (BSRA) [43], Schweden (UoT) [44], Polen (PRI) [45], Norwegen (DNV) [46], Deutschland (TUB) [47].

Die Anwendung dieser Programmsysteme erfordert erhebliche Detailkenntnisse, da sehr viel Erfahrung der jeweiligen Institutionen in die Entwicklung eingeflossen ist. Ohne Kenntnis dieses Erfahrungsschatzes können leicht Fehlentscheidungen getroffen werden mit möglichen weitreichenden finanziellen Auswirkungen. Diese Kenntnis verleitete einen polnischen Autor [45] zu der Aussage:

"None of the published foreign noise prediction methods can be used directly. The relevant algorithms are unknown outside the research centres where they have been developed and their use by Polish shipyards has always the character of an expensive service."

Entsprechende Vorhersageprogramme werden bis heute zur Abschätzung der Schallpegel auf Schiffen angewendet. Gegenüber den genannten Programmsystemen sind weitere dazugekommen, z.B. auch eines vom Germanischen Lloyd. Entsprechend der Zunahme an Erkenntnissen findet eine kontinuierliche Weiterentwicklung bzw. Anpassung einzelner, den Lärmpegel beeinflussender Parameter in diesen Programmen statt. So sind z.B. in den letzten Jahren beim Germanischen Lloyd bedeutende Entwicklungsschritte unternommen worden, die Körperschallausbreitung auf Schiffen realitätsnäher zu erfassen. Hierzu wurde ein neuartiges Verfahren entwickelt, vorhandene Finite-Elemente-Modelle der Schiffskonstruktion, die zur Berechnung der Festigkeit oder von Vibrationen erstellt wurden, zur Lösung des Körperschallausbreitungsproblems einzusetzen. Das Verfahren beruht auf einer Berechnung der Energieausbreitung in der Struktur und verbindet diskrete Energiebeziehungen an Diskontinuitäten mit Differentialgleichungen für die Ausbreitung in homogenen oder numerisch homogenisierten Bereichen [48].

9. Schrifttum

[1] SCHLICK, O.: On the Vibration of Steam Vessels, I.N.A., 1884.

[2] YARROW, A. F.: On Balancing Marine Engines and the Vibration of Vessels, I.N.A., 1892.

[3] SCHLICK, O.: Further Investigations on the Vibrations of Steamers, I.N.A., 1894.

[4] NORMAND, J. A.: Des vibrations des navires et les moyens de les attenuer, Mémorial de Génie Maritime, 1892.

[5] SCHLICK, O.: On Vibrations of Higher Order in Steamers and on Torsional Vibrations, I.N.A., 1895.

[6] GÜMBEL, L.: Ebene Transversalschwingungen freier stabförmiger Körper mit variablem Querschnitt und beliebiger symmetrischer Massenverteilung unter der Einwirkung periodischer Kräfte mit spezieller Berücksichtigung des Schwingungsproblems des Schiffbaues, STG, 1901.

[7] NICHOLLS, H.W.: Vibration of Ships, I.N.A., 1924.

[8] MATHEWSON, A. W.: Calculation of the Normal Flexural Modes of Hull Vibration by the Digital Process, TMB report 706, 1950.

[9] CSUPOR, D.: Methoden zur Bestimmung der freien Schwingungen des Schiffskörpers, STG, 1956.

[10] PAYER, H.G.; ASMUSSEN, I.:Vibration Response on Propulsion-Efficient Container Vessels, SNAME, 1985.

[11] MALLOCK, A.: On the Vibrations of Ships and Engines, I.N.A., 1895.

[12] LAMB, H.: Hydrodynamics, Cambridge University Press.

[13] LEWIS, F.M.: The Inertia of the Water Surrounding a Vibrating Ship, SNAME, 1929.

[14] GRIM, O.: Reduktionsfaktor für die Berücksichtigung der räumlichen Strömung bei der Berechnung der hydrodynamischen Masse, Schiffstechnik Bd. 7, 1960.

[15] WENDEL, K.: Hydrodynamische Massen und hydrodynamische Massenträgheitsmomente, STG, 1950.

[16] ORSERO, P.; ARMAND, J.L.: A Numerical Determination of the Entrained Water in Ship Vibration, International Journal for Numerical Methods in Engineering 13, 1978.

[17] KALEFF, P.: Berechnung hydroelastischer Probleme mit der Singularitäten FE-Methode, Institut für Schiffbau, Hamburg, Bericht 401, 1980.

[18] RÖHR, U.; MÖLLER P.: Elastische Schiffskörperschwingungen in begrenztem Fahrwasser, STG, 1997.

[19] SCHLICK, O.: Unsere gegenwärtige Kenntnis der Vibrationserscheinungen bei Dampfschiffen, STG, 1912.

[20] LEWIS, F.M.: Vibration and Engine Balance in Diesel Ships, SNAME, 1927.

[21] VOIGT: Einige neuere Erkenntnisse und Erfahrungen bei Schiffsvibrationen, STG, 1947.

[22] FOTHERGILL: Vibrations in Marine Engineering, I.E.S.S., 1952.

[23] ASMUSSEN, I.; MUMM, H.: Effektive Erregerlasten aus den Gaskräften langsamlaufender Schiffshauptmaschinen, FDS-Bericht Nr. 215/1990.

[24] MUMM, H.; ASMUSSEN, I.: Simulation of Low-Speed Main Engine Excitation Forces in Global Vibration Analysis, International Conference on Noise & Vibration in the Marine Environment, London, 1995.

[25] SCHLICK, O.: On Some Experiments Onboard the Atlantic Liner Deutschland, INA 1901.

[26] LEWIS, F.M.: Propeller Vibrations, SNAME, 1935.

[27] COQUERET, F.; ROMANO, P.: Some Particulars Concerning the Design of the Nomandie and the Elimination of Vibration, SNAME, 1936.

[28] KEMPF, G.: Verringerung der Vibration bei der Normandie, STG, 1942.

[29] BRESLIN, P.; TSAKONAS, S.: Marine Propeller Pressure Field Due to Loading and Thickness Effects, SNAME, 1959.

[30] POHL, K.H.: Das instationäre Druckfeld in der Umgebung eines Schiffspropellers und die von ihm auf benachbarten Platten erzeugten periodischen Kräfte, Schiffstechnik 6, 1959.

[31] ISAY, W.-H.: Theoretische Grundlagen der Hydroakustik des Schraubenpropellers, Ing.-Archiv 356.

[32] DENNY, S.B.: Comparison of experimentally determined and theoretically predicted pressures in the vicinity of a marine propeller, Naval Ship Research and Development Center Rep. 2349.

[33] WEITENDORF, E.A.: Der kavitierende Spitzenwirbel eines Propellers und die daraus resultierenden Druckschwankungen, Schiffstechnik 24, 1977.

[34] HOLDEN, K.D.; FAGERJORD, O.;
FROSTAD, R.: Early Design Stage Approach
to Reducing Hull Surface Forces Due to Propeller Cavitation, SNAME, 1980.

[35] KERWIN, J.E.; LEE, C.S.: Prediction of
Steady and Unsteady Marine Propeller Perfor-
mance by Numerical Lifting-Surface Theory,
SNAME Transactions, 1978.

[36] CHAO, K.Y.; STRECKWALL, H.: Berechnung der Propellerumströmung mit einer Vor-
tex-Lattice-Methode, STG, 1989.

[37] LOCKWOOD TAYLOR, J.: Vibration of
Ships, I.N.A., 1930.

[38] International Standard ISO 6954: Mechanical
vibration shock-guidelines for the overall evaluation of vibration in merchant ships.

[39] STG-Richtlinie 2201: Bauliche Maßnahmen
gegen Schiffslärm, STG, Hamburg, 1963.

[40] See-Berufsgenossenschaft: Zulässige Lautstärken auf Seeschiffen, Hansa, 1961.

[41] KOLZENBERG von, M.: Abschätzung
und/oder Prognose des propellererregten Kör-
perschalls, 10 Jahre Anwendungspraxis, Schiff
& Hafen, 38, 1986.

[42] BUITEN, J.; AARTSEN, H.: Simplified
Method for Predicting Sound Level A in Ac-
commodation Spaces Aboard Sea-going Motor
Ships, Internoise 79, Warschau, 1979.

[43] WARD, G.; HOYLAND, A.: Ship Design and
Noise Levels, Trans. North East Coast Inst.
Eng. Shipbuild. 95, 1979.

[44] PLUNT, J.: Methods for Predicting Noise
Levels in Ships, Part I: Noise Level Prediction
Methods for Ships Based on Emperical Data.
Part II: Prediction of Structure Borne Sound
Transmission in Complex Structures With the
SEA Method. Ph. D.-Thesis, Chalmers Uni-
versity of Technology, Göteborg, Sweden,
1980.

[45] SZCZERBICKI, E.; SZUWARZYNSKI, A.:
Noise Prediction on Ships, Archives of Acoustics 6, 1982.

[46] NILSSON, A.C.: A Method for the Prediction
of Noise and Velocity Levels in Ship Constructions, J. Sound and Vib. 94, 1984.

[47] HECKL, M.: Entwicklung von Methoden zur
Schallpegelprognose für den Unterkunfts- und
Maschinenraumbereich von Schiffen, FDS-
Bericht Nr. 193, 1988.

[48] ASMUSSEN, I.; CABOS, C.; JOKAT, J.:
Anwendung der Noise-FEM auf die Körperschallausbreitung auf Schiffen, STG, 1997.

Die erwähnten Sequenzen der Animation sind im Internet unter der Adresse
http://www.GermanLloyd.org/STG 100 Jahre Schwingungsanimationen/
zu finden

Fügen im Schiffbau - Wechselwirkungen zwischen Konstruktion und Fertigung

Joining in Shipbuilding-Interactions between Design and Production

Dipl.-Ing. **Dieter Raschka**, Germanischer Lloyd, Hamburg
Prof. Dr.-Ing. **Hansjörg Petershagen**, Technische Universität Hamburg-Harburg

Summary. Based on the development of joining procedures and their application in the ship production influences of joining on design and strength of ship structures are described. Most important are the requirements for a production-kind structural design. Shape and mechanical properties lead to special aspects in the dimensioning of joints compared with the procedures of a general strength assessment. Safety with regard to fatigue and brittle fracture plays an important role in this respect. A tendency for a change from empirical concepts towards an application of rational methods based on fracture and notch stress mechanics is clearly observed. Increasing knowledge of important parameters as well as the application of modern computing techniques are essential for this development, which is also reflected in the development of design codes, e.g. in the rules of classification societies.

1. Einleitung - Entwicklung der Fügemethoden

Die Entwicklung der Fügemethoden beginnt mit dem Bau der Wasserfahrzeuge selbst. Denkbar ist auch, daß bereits bekannte Fügemethoden, z.B. aus dem Hausbau oder der Herstellung von landwirtschaftlichen Geräten, auf den Bau von Wasserfahrzeugen übertragen worden sind. Sieht man von der Herstellung von Einbäumen, dem Aushöhlen von Baumstämmen, einmal ab, so ist der Bau von Wasserfahrzeugen ohne die Möglichkeit des Fügens von Einzelbauteilen, wie beispielsweise einzelner Planken oder der Verbindung von Planken mit Spanten, nicht denkbar. Aber auch bereits bei dem relativ dünnwandigen Einbaum aus dem Vaaler Moor waren Krummholzspanten zur Erhöhung der Festigkeit eingebaut und mit der Außenhaut - allerdings aus Dichtigkeitsgründen nur oberhalb der Wasserlinie - „verbolzt" worden [1]. Nur dadurch war die relativ dünnwandige Bauweise möglich geworden. So war von Anfang an der Bau von Wasserfahrzeugen auch immer in starkem Maße abhängig von den verfügbaren Fügemethoden.

Es ließe sich diese interessante Entwicklung beliebig ausführlich fortsetzen - über das Plankenschiff und seine Fügemethoden, das „eiserne" Schiff mit seinen Nietverbindungen bis hin zum stählernen, voll geschweißten Schiff von heute. Dies würde jedoch den Rahmen dieses Vortrages bei weitem übersteigen und muß daher den Historikern vorbehalten bleiben. Vielleicht aber doch zwei kurze Hinweise auf recht anschauliche Darstellungen des jeweiligen Entwicklungsstandes: Durch den Fund und die Nachbauten der Bremer Hansekogge von 1380 sind die bei deren Bau angewandten Fügemethoden bekannt geworden [2]. Und in den u.W. ersten Bauvorschriften des Germanischen Lloyds für hölzerne Schiffe aus dem Jahre 1869 [3] - zwei Jahre nach seiner Gründung - ist der damalige Stand der Fügetechnik mittels „comprimierten" Holznägeln und eisernen und kupfernen Bolzen wie auch schon die Bemessung dieser Fügeverbindungen recht ausführlich beschrieben.

Beschränken wir uns hier auf den Stahlschiffbau und seine Fügemethoden - im wesentlichen das Schweißen -, wobei der eine oder andere Rückblick auf das Nieten gestattet sei, nicht zuletzt deshalb, weil gerade beim Übergang von der Nietung zur Schweißung teilweise recht dramatische Entwicklungssprünge auf konstruktivem wie auf fertigungstechnischem Gebiet sichtbar werden. Der Stahlschiffbau beginnt noch zur Segelschiffszeit etwa zum Ende der 60er Jahre des vorigen Jahrhunderts, in England etliche Jahre eher. In seinen zuvor zitierten Vorschriften aus dem Jahre 1869 empfiehlt der Germanische Lloyd „bis zur Fertigstellung eigener Vorschriften" für den Bau von „eisernen" Schiffen u.a. „die Regeln des Lloyd's Register zur Nachahmung". Diese eigenen Vorschriften erschienen dann erstmalig 1876/77 [4]. Natürlich waren die „eisernen" Schiffe voll genietet, bei Kompositschiffen findet man auch Schraubverbindungen zwischen Holz und Eisen.

Die Entwicklung der Schweißtechnik im Schiffbau begann vor mehr als 80 Jahren. Sie ist recht anschaulich in einem 1950 bei Girardet erschienenen Heftchen von Krekeler "Das Schweißen im Schiffbau" beschrieben [5]. Danach begann man damals mit der Anwendung zunächst des Feuerschweißens und dann des Gasschmelzschweißens bei der Reparatur und Neufertigung von Schiffskesselanlagen, - maschinenteilen und -armaturen. Aufgrund der guten mechanischen Gütewerte und insbesondere der Dichtigkeit der Verbindungen interessierten sich auch die Schiffbauer für letzteres Verfahren. Sie hofften, es anstelle der schwierigen und komplizierten Nietverbindungen bei wasser- und öldichten Räumen sowie bei abzudichtenden Spantdurchführungen anwenden zu können. Versuche in dieser Richtung blieben jedoch wegen der verhältnismäßig großen Wärmezone des Gasschmelzschweißverfahrens und der dadurch bedingten hohen Schrumpfungen und Verwerfungen erfolglos.

Bis heute	Dübeln, Nageln Schrauben, Leimen (Holzschiffbau)
Ab etwa 1837	Nieten (Stahlschiffbau), später zunehmend in
bis etwa 1964	Verbindung mit dem Schweißen
Ab etwa 1910	Erste Versuche mit dem Gasschmelz-(dicht-)schweißen
1911	Kjellberg erhält ein Patent für umhüllte Stabelektroden
1917	Instandsetzungsschweißungen (E) in den USA
1920	Erste ganz E-geschweißte Barkasse „ESAB IV"
Ab etwa 1924	Verschweißen von Profilen und Versteifungen,
bis etwa 1927	wasserdichten Schotten, unteren Decks und Aufbauten
Ab etwa 1927	Schweißung der Stöße von Hauptlängsverbänden,
bis etwa 1930	Längsnähte als „Rißfänger noch genietet
Ab etwa 1931	Allmählicher Übergang zum Schweißen auch der Nähte
Ab etwa 1940	Einführung mechanisierter Schweißverfahren („Ellira")

Abb. 1: Entwicklung der Fügemethoden

Für den Bau des Schiffskörpers konnten nur solche Verfahren zum Ziele führen, deren Schrumpfungen und Verwerfungen im Vergleich zur Gasschmelzschweißung wesentlich geringer waren. Dies schien mit der elektrischen Lichtbogenschweißung gegeben zu sein, die vor etwa 70 Jahren so weit entwickelt war, daß gebrauchstaugliche Schweißverbindungen mit ausreichender Sicherheit hergestellt werden konnten. Damit begann eine Umwälzung, bei der das ursprüngliche Ziel der Schiffbauer, die Schweißung als Dichtungsmittel zu nutzen, sehr bald durch das Streben nach völlig geschweißten Schiffen abgelöst wurde. Dieser Übergang vom genieteten zum völlig geschweißten Schiff konnte sich natürlich nur schrittweise vollziehen, mußten doch sowohl die Konstrukteure als auch die Fertigungsleute von überlieferten Bauweisen Abschied nehmen, sich mit dem neuen Verfahren vertraut machen und vor allem damit Erfahrungen sammeln.

In obiger Schrift wird die Entwicklung zum völlig geschweißten Schiff in drei bzw. vier Stufen wie folgt eingeteilt (Abb. 1):
Stufe 1, etwa 1924 bis 1927: Verschweißen der Profile und Versteifungen mit den Beplattungen. Schweißung der Beplattungen sämtlicher wasserdichter Schotte, aller unteren Decks sowie Wände und Decks der Aufbauten.

Stufe 2, 1927 bis 1930: Schweißung aller Stöße der Hauptlängsverbände, während die Nähte (als "Rißfänger") noch genietet blieben. Schweißung der Querschotte mit den angrenzenden Bauteilen.

Stufe 3, ab 1931: Allmählicher Übergang zum Schweißen der Nähte der Hauptlängsverbände. Hierzu ein Zitat aus der Blohm+Voss-Chronik 1977 von Prager [6] über den Bau des Schnelldampfers "Potsdam" 1935 für den Norddeutschen Lloyd: "Erstmals hatte man rund 70.000 m Lichtbogenschweißraupen auf die Stöße (gemeint sind wohl Querstöße und Längsnähte, die Verf.) der Außenhaut und der Decksplatten aufgetragen. Das bereits bei "Gorch Fock" (1933) und "Tsingtau" (1934) teilweise angewandte Elektroschweißen machte beim Bau der "Potsdam" die Einsparung von 1,2 Millionen Nieten möglich. Wichtig war vor allem die Einsparung an Gewicht, was ein Plus von 1.000 tdw Tragfähigkeit bedeutete".

Aufgrund der schnellen Entwicklung im zweiten Weltkrieg kann man eine vierte Stufe ab 1940 feststellen, die insbesondere von den USA-Werften aufgenommene Serienfertigung von Handelsschiffen in Sektionsbauweise unter Verwendung mechanisierter Schweißverfahren. Dort hatte man schon 1917 ein umfangreiches Programm zum Bau von Handelsschiffen aufgelegt, in dem die Fertigung weitestgehend auf Schweißen umgestellt werden sollte. Die ersten Probesektionen waren bereits gefertigt, als mit Ende des 1. Weltkrieges im November 1918 das Programm eingestellt wurde. So stürzte man sich nach Ausbruch des 2. Weltkrieges zur Beschleunigung des im Jahre 1937 aufgestellten Flottenprogramms geradezu auf die Schweißtechnik (Dohrmann [7]). In kurzer Zeit wurden mehr als 4000 überwiegend geschweißte Liberty- und Victory-Schiffe sowie T2-Tanker gebaut. Während bei den ersten drei Stufen der jeweiligen Anwendung eingehende Versuche vorausgingen und man nicht eher an die Großausführung heranging, bis genügend Kenntnisse und Erfahrungen vorlagen, ließ die kriegsbedingte Forderung, Frachtschiffe in möglichst kurzer Bauzeit bei sparsamstem Stahlverbrauch in großer Stückzahl herzustellen, dies nicht zu. Die einsetzende sprunghafte Enwicklung führte dann auch zu einer Reihe von größeren Schadensfällen, deren Ursachen im werkstofflichen, konstruktiven und ausführungstechnischen Bereich zu suchen waren und auf die noch zurückzukommen sein wird.

Soweit die Entwicklung der Schweißtechnik im Schiffbau bis zum Ende des zweiten Weltkrieges, so wie Krekeler, Schmidt-Bach und Kauhausen sie beschreiben. Bis zum Petersberger Abkommen vom November 1949, in welchem zwar die Baubeschränkungen gelockert, u.a. jedoch immer noch maximale Größe und Geschwindigkeit von Neubauten deutscher Schiffe festgelegt waren, wurden den - meist zerstörten - Werften von den Alliierten neben Instandsetzungsarbeiten nur Wiederinstandsetzungen gehobener Schiffe und eine Reihe von meist noch genieteten Fischdampferneubauten als Ersatz für die veraltete Flotte erlaubt. Am Anfang der 50er Jahre fällt der Wiederbeginn des deutschen Schiffbaus, eng verbunden mit dem damals noch überwiegend im nationalen Bereich tätigen Germanischen Lloyd, mit dem eigenen Erleben der Chronisten zusammen.

Fügetechnisch vollzieht - oder wiederholt - sich in dieser Zeit der endgültige Übergang von der Nietung zur Schweißung. Die Verfasser haben in der ersten Hälfte der 50er Jahre noch die Fertigung voll genieteter Neubauten (u.a. Fischdampfer) erlebt, aber auch schon voll geschweißte Schiffe wie beispielsweise die komplett erneuerten Hinterschiffe von zu "Selbstfahrern" umgebauten ehemaligen Binnen-Schleppschiffen, dies übrigens in einer damals schon sehr modernen Bauweise mit Längsspanten auf Querrahmen. Ende der 50er Jahre, am Beginn der Ingenieurtätigkeit der Verfasser, wurden auf der heute nicht mehr existierenden Stülckenwerft, neben noch teilgenieteten Handelsschiffen, bereits voll geschweißte Marineschiffe - die Geleitboote der Köln-Klasse - gebaut, denen bald darauf die Zerstörer der Hamburg-Klasse folgten. Ein Beispiel eines teilgenieteten Schiffes aus dieser Zeit ist der bei der Lübecker Maschinenbau-Gesellschaft (LMG) gebaute Hoppersaugebagger "CAUVERY" für den Hafen von Madras. Mangelnde Schweißerfahrung der für dieses Fahrzeug infrage kommenden Reparaturwerften führte dazu, die Außenhülle mit den angrenzenden Bauteilen zu nieten, während die Verbindungen im Schiffsinneren geschweißt wurden. Die letzten Nietverbindungen an Neubauten, an die ein Verfasser sich erinnert, sind die "teilgenieteten" Deckstringer-Scheergang-Verbindungen der in den Jahren 1963/64 bei Stülcken gebauten Trockenfrachter von ca. 160 m Länge für Kolumbien (Abb. 2).

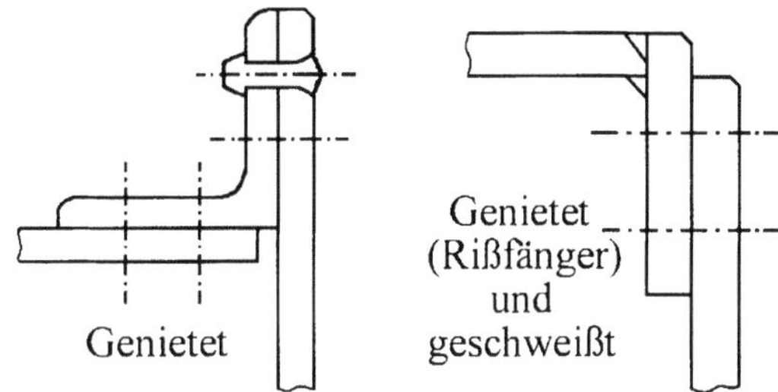

Abb. 2: Übergang Nieten – Schweißen

- Lichtbogenhandschweißen
- Metall-Lichtbogenschweißen mit Fülldrahtelektrode
- Schwerkraftschweißen
- Unterpulverschweißen mit Drahtelektrode
- Metall-Inertgasschweißen
- Metall-Aktivgasschweißen
- Metall-Aktivgasschweißen mit Fülldrahtelektrode
- Wolfram-Inertgasschweißen
- Folienahtschweißen
- Abbrennstumpfschweißen
- Gasschmelzschweißen
- Reibschweißen
- Schweißen mit hoher mechanischer Energie (Reibrührschweißen)
- Sprengschweißen
- Elektroschlackeschweißen
- Elektrogasschweißen
- Laserstrahlschweißen
- Lichtbogenbolzenschweißen
- Flammhartlöten
- Ofenhartlöten
- Kleben/Leimen

Abb. 3: Fügeverfahren im Schiffbau

Die Entwicklung der schweißtechnischen Verfahren selbst hier aufzuführen, würde erneut den Rahmen dieses Vortrags sprengen. Prinzipiell läßt sich sagen, daß - von wenigen Ausnahmen, wie z.B. dem Netzmanteldrahtschweißen, abgesehen - im Schiffbau nach wie vor alle bekannten „klassischen" Schweißverfahren, daneben aber auch ganz moderne Verfahren, wie beispielsweise das Laserstrahlschweißen oder das Reibrührschweißen, eingesetzt werden. Abb. 3 gibt eine Übersicht über die wichtigsten im Schiffbau angewandten Schweißverfahren.

Das Entwicklungsziel eines wirtschaftlichen Schweißens verfolgt man auf zweierlei Weise: zum einen durch weitergehende Mechanisierung und Leistungssteigerung, zum anderen durch geringeren Wärmeeintrag und Verzug, was den Umfang der manuellen Nacharbeiten reduziert. Abb. 4 zeigt beispielhaft einige derzeit laufende oder beantragte F+E-Vorhaben, die diesem Ziel dienen sollen. Von besonderer Bedeutung ist dabei die Förderung durch das Bundesministerium für Bildung, Wissenschaft, Forschung und Technologie (BMBF).

- UP-Senkrechtschweißen mit horizontaler Elektrodenzuführung
- Sensorgeführtes Twin-Arc-Schweißen von Kehlnähten (modifizierter Traktor)
- Laserstrahlschweißen von verdeckten T-Stößen
- Rotierender Lichtbogensensor zur Nahtverfolgung, Orientierungsanpassung und Füllgradregelung
- UP-Schweißen mit reduzierter Streckenenergie
- Kombiniertes Laserstrahl-Lichtbogen-Hybridschweißen

Abb. 4: Schweißen, F+E-Vorhaben (Beispiele)

2. Festigkeitsaspekte des Fügens

Fügestellen weisen, unabhängig vom angewandten Fügeverfahren, stets Besonderheiten in ihrem Festigkeitsverhalten auf. Ein wesentlicher Schritt beim Fügen stählerner Schiffsverbände war auch im Hinblick auf das Festigkeitsverhalten der Übergang vom Nieten zum Schweißen.

Kennzeichnend für die Nietverbindung sind die gegenüber dem Grundwerkstoff niedrigeren übertragbaren Kräfte und die dadurch erzwungenen Bauformen. Als typisches Beispiel dafür sei die Anordnung versetzter Stöße in der Außenhülle (Abb. 5 nach [7]) genannt. Sie erwies sich als wesentliches Hindernis auf dem Weg zum modernen Sektionsbau. Erst die volle Gleichbewertung der Festigkeit des geschweißten Stumpfstoßes mit der des Grundwerkstoffs und die damit eröffnete Möglichkeit der Anordnung von Ringstößen (Abb. 5 unten) führte zum Durchbruch dieser Bauweise. Es sei nicht verschwiegen, daß in anderen Anwenderbereichen noch vor nicht allzu langen Jahren hartnäckig Bedenken gegen das Anordnen von Ringstößen vorgebracht wurden.

Eine einmalige Gelegenheit, die besonderen Festigkeitsaspekte der Schweißverbindung kennenzulernen, brachte das bereits angesprochene Flottenbauprogramm der USA im 2. Weltkrieg mit sich. An diesen Schiffen zeigte sich eine Reihe typischer Schäden bis hin zum Auseinanderbrechen ganzer Schiffe (Abb. 6 nach [8]). Derartige spektakuläre Fälle traten auch in der Zeit nach dem 2. Weltkrieg noch auf, wenn auch selten. Genannt seien die Fälle "World Concorde" [9] und "Kurdi-

stan" [10]. Bemerkenswert ist, daß die äußeren Umstände der drei Fälle ganz unterschiedlich waren. Der in Abb. 6 gezeigte Fall ereignete sich bei glattem Wasser im Hafen, die "World Concorde" brach in schwerem Seegang auseinander, und im Fall "Kurdistan" kamen ein mittlerer Seegang und Fahrt in kalter Umgebung zusammen. In allen drei Fällen steht aber spröder Bruch als Ursache des endgültigen Versagens fest.

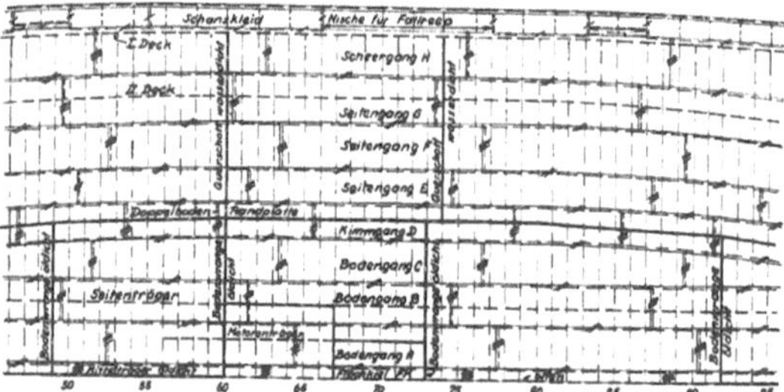

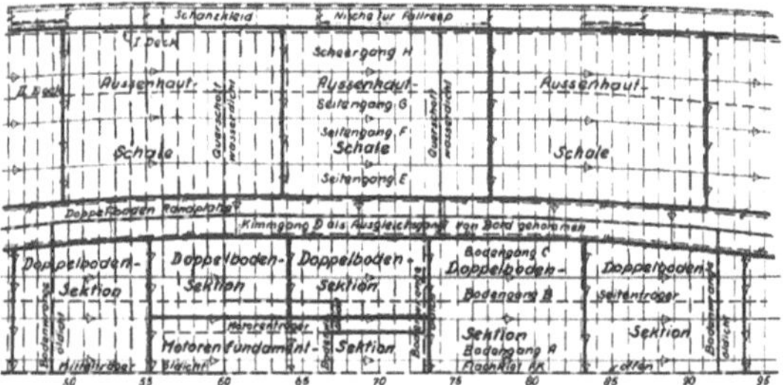

Abb. 5: Genietete – geschweißte Außenhaut

Abb. 6: Schadensfall T2-Tanker

Maßgeblich für das Entstehen spröder Brüche ist die Kombination der Einflußgrößen globales Spannungsniveau, örtliche Kerbwirkung, Werkstoffzähigkeit und Temperatur. Folgerichtig wurde aus dem "Liberty"-Experiment die Konsequenz einer Verbesserung der Werkstoffqualität bei gleichzeitigem Bemühen um Begrenzung von Kerbwirkungen gezogen. In beiden Richtungen mußte, dem Stand der Kenntnisse entsprechend, seinerzeit zunächst weitgehend empirisch vorgegangen werden. Eine erfahrungsgemäß hinreichende Werkstoffzähigkeit wurde durch Mindestanforderungen an die Charpy (ISO)-V-Schlagarbeit definiert. Als maßgeblich erwiesen sich die Anforderungen an die Kerbschlagzähigkeit z.B. bei der Einführung neuer Schweißverfahren wie dem Elektro-Schlackeschweißen und dem Laserstrahlschweißen. Dieses heute noch im wesentlichen gültige Konzept hat sich, trotz gelegentlicher Schadensfälle, insgesamt bewährt. In jüngster Zeit wird es fallweise und künftig sicherlich zunehmend, durch bruchmechanische Betrachtungsweisen ergänzt oder ersetzt.

Eine ganz andere Entwicklung nahm dagegen die Behandlung von Kerben. Hier sind konstruktiv und fertigungstechnisch bedingte Kerbwirkungen zu unterscheiden. Gerade im Bereich der geschweißten Verbindungen sind Überlagerungen beider Effekte zu beobachten. Die Abbildungen 7 und 8 nach [8] zeigen einen solchen Fall, der zu einem Riß führte. Empirisch begründete Maßnahmen zur Begrenzung der Kerbwirkung betrafen einerseits die Festlegung zulässiger Kerbspannungen (Kerbfaktoren), z.B. im Bereich von Lukenecken, andererseits Anforderungen an die Fertigungsqualität.

Abb. 7: Schwingriß an einer Wasserpforte

Verschiedentlich wurde die Frage aufgeworfen, welche Bedeutung Schwingbeanspruchungen als Ursache von Anrissen der Schiffskonstruktion zuzumessen sei. So äußert Vedeler in [11] die Ansicht, daß dem Studium des Phänomens Schwingfestigkeit künftig größere praktische Bedeutung zukäme als dem des Sprödbruchs.

Bei einer Vermutung mußte es vor fast 40 Jahren in dieser Hinsicht allerdings aus verschiedenen Gründen bleiben. Zum einen ist, anders als bei Sprödbrüchen, eine Analyse von Bruchflächen im Hinblick auf Schwingbrüche nur selten möglich. Meist

hat Korrosionsangriff die Merkmale dieser Bruchform bis zur Unkenntlichkeit zerstört. Zum anderen

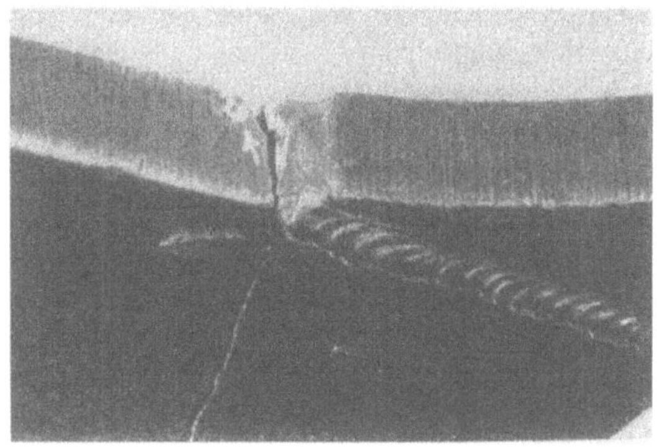

Abb. 8: Details Schwingriß

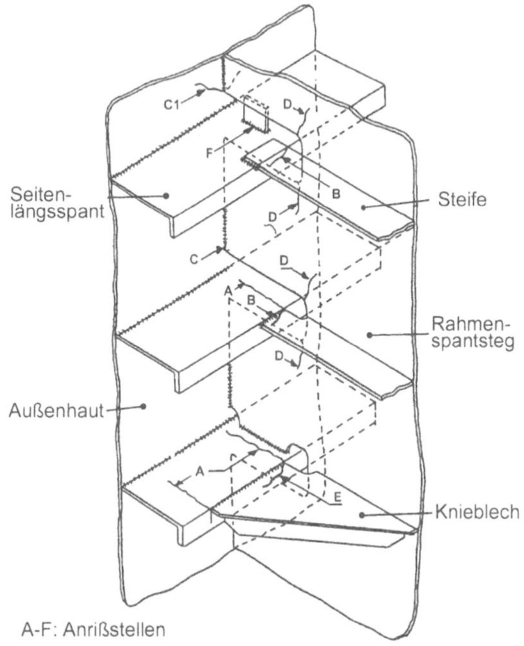

Abb. 9: Anrisse an Längsspanten

aber fehlten die Voraussetzungen für eine quantitative Bewertung der Schwingfestigkeit geschweißter Schiffskonstruktionen. Immerhin hatten die zur Sicherung gegen Sprödbruch geschilderten Maßnahmen teilweise auch positive Auswirkungen auf die Schwingfestigkeit der Konstruktion, so daß sich Schäden durch Rißbildung in vertretbaren Grenzen hielten. Das Bild änderte sich ab etwa Mitte der 60er Jahre durch eine zunehmende Auslastung der tragenden Schiffskonstruktion, ermöglicht durch sich rasant erweiternde Möglichkeiten einer rechnergestützten Spannungsanalyse. Parallel dazu stieg der Einsatz höherfester Stähle in der tragenden Schiffskonstruktion. So bestand die Stahlkonstruktion des Öltankers "Tiiskeri" [12] zu 60% aus Stahl mit einer Mindest-Streckgrenze von 355 N/mm^2.

320

Als wesentlich ist dabei festzuhalten, daß die Betriebsfestigkeit geschweißter Stahlkonstruktionen von der Streckgrenze weitgehend unabhängig ist. Mit ansteigendem Niveau zulässiger Spannungen wird damit die Konstruktion zunehmend betriebsfestigkeitskritisch. Typische, als Schwingrisse anzusprechende Schäden im Außenhautbereich von Öltankern zeigt Abb. 9 nach [13].

Eine Pionierrolle bei der Einführung quantitativer Betriebsfestigkeitsnachweise für schiffbauliche Konstruktionen kommt dem Germanischen Lloyd zu. In der Ausgabe 1978 des ersten Bandes seiner Schiffbauvorschriften findet sich erstmals ein solcher Nachweis. Er lehnt sich an die DINorm 15018 für den Kranbau an und benutzt die Form des Nennspannungsnachweises. Unter der Nennspannung wird eine mit Hilfe ingenieurmäßiger Beziehungen, z.B. der Theorie des Biegebalkens, ermittelte Spannung verstanden, die Kerbwirkungen nicht enthält. Diese müssen anhand von Versuchsergebnissen berücksichtigt werden. Dazu werden, nach Kategorien geordnet, Standard-Kerbfälle angegeben. Das ganze System hat die Vorteile einer einfachen Handhabbarkeit und der Möglichkeit einer nicht sehr aufwendigen Erweiterung auf zusätzliche Konstruktionsformen und Lastfälle. Schwierigkeiten ergeben sich jedoch, wenn eine Nennspannung nicht sinnvoll definierbar ist oder geeignete Versuchsdaten fehlen. Es ist daher, wie auch in anderen Anwenderbereichen, ein Trend hin zu einer Bewertung auf der Basis örtlicher Spannungen an der anrißkritischen Stelle zu beobachten. Um dabei der Vielzahl verschiedener in der Schiffsstruktur auftretender Konstruktionsdetails bei vertretbarem Berechnungsaufwand gerecht werden zu können, wird zunehmend das sogenannte Strukturspannungskonzept favorisiert. Dabei wird die Spannung an der anrißkritischen Stelle nicht direkt berechnet, sondern durch Extrapolation bestimmt (Abb. 10). Etwas vereinfacht gesagt wird damit die Wirkung der konstruktiven Kerbe erfaßt, die der technologisch bedingten Kerbe hingegen nicht. Sie muß in einer Entwurfskurve berücksichtigt werden.

Leider haben sich in der bisherigen Entwicklung unterschiedliche Formulierungen des Strukturspannungskonzeptes herausgebildet. Eine Vereinheitlichung, etwa im Rahmen der International Association of Classification Societies (IACS) wäre im Interesse der Anwender außerordentlich wünschenswert.

Weiterer Entwicklungsbedarf besteht in verschiedener Hinsicht. So bedarf die Belastungsseite mit ihrer oft komplizierten Überlagerung globaler und lokaler Komponenten weiterer Klärung und anwendergerechter Aufbereitung. Mit zunehmender Verwendung von Leichtmetall in der tragenden Konstruktion schneller Schiffe ergibt sich die Notwendigkeit, Bewertungen damit verbundener typischer Verbindungsformen wie z.B. der Stöße von Integralplatten zu schaffen. Als besonders wichtig für die Anwendung ist ein Teilprojekt "Identifikation ermüdungskritischer Bereiche in Schiffskonstruktionen" im Rahmen des derzeit anlaufenden vom BMBF geförderten Vorhabens "Wettbewerbsvorteile durch informationstechnisch unterstützte Produktentwicklung im Schiffbau (WIPS)" anzusehen.

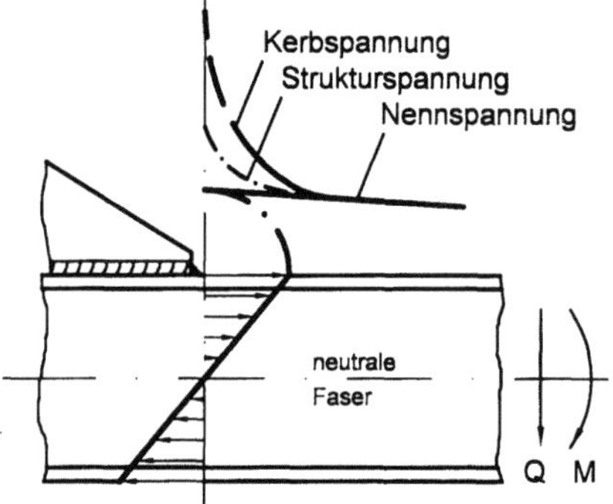

Abb. 10: Spannungsdefinitionen

3 Wechselwirkungen zwischen Konstruktion und Fertigung

Aufgabe des Konstrukteurs ist es, funktionsgerechte Bauwerke zu entwerfen und zu konstruieren. Funktionsgerechte Schiffskonstruktionen müssen im wesentlichen den Betriebsanforderungen ausreichender Festigkeit und Steifigkeit sowie Dichtigkeit genügen. Neben diese Anforderungen tritt die Forderung nach fertigungsgünstigen Konstruktionen, die mit immer schärfer werdendem internationalem Konkurrenzdruck ständig an Bedeutung gewinnt.

Im Zusammenhang mit dem Fügen als Teil der Fertigung ist dabei nicht nur das Schweißen selbst, sondern der Montagevorgang auf allen Stufen der Fertigung in Betracht zu ziehen. Daraus ergeben sich, ohne Anspruch auf Vollständigkeit, die im folgenden erörterten Gesichtspunkte zum Einfluß der Fertigung auf die Konstruktion unter Wahrung der Anforderungen an die Funktion des Bauwerks Schiff.

3.1 Fertigungsgünstige Verbindungsformen

Ziel der Gestaltung der Verbindungsform muß es sein, Nahtvolumen und Wärmeeinbringen möglichst gering zu halten. Direkte Kosten (Schweißzeit, Schweißzusatzwerkstoff) wie indirekte Kosten durch Beseitigen thermisch bedingter Verformungen (Richtarbeiten) lassen sich damit positiv beeinflussen.

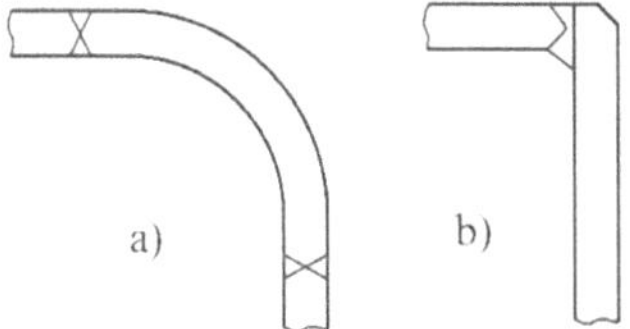

Voll geschweißte Verbindungen

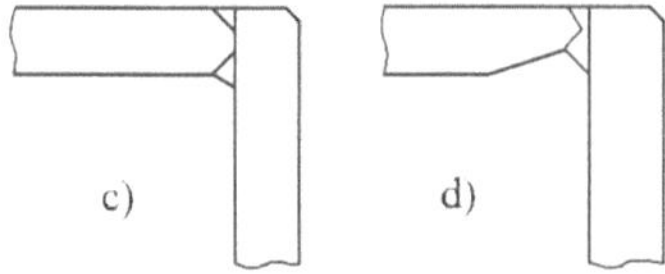

Verbindungen mit veringertem
Nahtvolumen

Abb. 11: Verbindung Deckstringer – Scheergang

So sind, entgegen üblicher Schiffbaupraxis, durchgeschweißte Stumpfnähte nicht immer erforderlich [14]. Zu beachten ist dabei aber der Gesichtspunkt einer eingeschränkten Prüfbarkeit der Naht im Hinblick auf die Gütesicherung. Ein Beispiel, das zugleich die Entwicklung schweißtechnischer Konstruktionen im Schiffbau illustriert, ist die Verbindung Deckstringer - Scheergang (Abb. 11). Im Vergleich zu Abb. 2 zeigt Ausführung *a* den endgültigen Übergang zur geschweißten Form unter konsequenter Anwendung der festigkeitsgünstigen Stumpfnahtverbindung in einer runden Scheergangsecke. Gesichtspunkte der Fertigung wie Anpassen an Querschotte und Rahmenstege und aufwendige tütenförmige Übergänge im Vor- und Hinterschiff führten neben Platzproblemen auf dem Oberdeck offener Schiffe zu der voll durchgeschweißten Form *b*. Das Streben nach verringertem Nahtvolumen spiegelt sich in Form *c* wider. Die erforderliche Zuschärfung des Deckstringers stellt jedoch einen zusätzlichen Arbeitsgang dar, der zudem noch zusätzliche Probleme in Form von Anrissen im Nahtübergang zur Folge hatte.

Beidseitig durchlaufend geschweißte Kehlnahtverbindungen sind wegen der technologisch erforderlichen Mindestnahtdicken aus Sicht der Festigkeit oft überdimensioniert. Unterbrochene Nähte in Form von Ketten-, Zickzack- oder Ausschnittschweißung bieten hier, zumindest bei E-Handschweißung, Einsparpotentiale. Sie enthalten jedoch zugleich Kerbstellen, die ihren Einsatz in stark schwingbeanspruchten Bereichen wie Vorschiff, Hinterpiek und Fundamenten von Kolbenmaschinen verbieten. Ungünstige Verzugswerte ergeben sich beim unterbrochenen Schweißen der Verbindung zwischen

Platte und Profil. Einseitig durchlaufende Kehlnähte [15] weisen ein deutlich besseres Schrumpfverhalten auf. Zu lösen ist aber noch das Problem des Korrosionsschutzes für diese Nahtform.

3.2 Neuartige Schweißverfahren

Die Einführung neuartiger Schweißverfahren in die Schiffsfertigung kann Untersuchungen zur Absicherung hinreichender Gütewerte notwendig machen, die über den Rahmen üblicher Verfahrensprüfungen erheblich hinausgehen. Ein Beispiel dafür ist die Laserstrahlschweißung. Abb. 12 zeigt eine laserstrahlgeschweißte Stumpfnaht. Nahtform und -gefüge weichen von konventionell geschweißten Verbindungen so grundlegend ab, daß Betriebsfestigkeit und Zähigkeit in besonderen Untersuchungen nachgewiesen werden mußten. Dabei bereitete vor allem der Zähigkeitsnachweis im Zusammenhang mit hohen Härtewerten und einer sehr unkonventionellen Eigenspannungsverteilung Probleme.

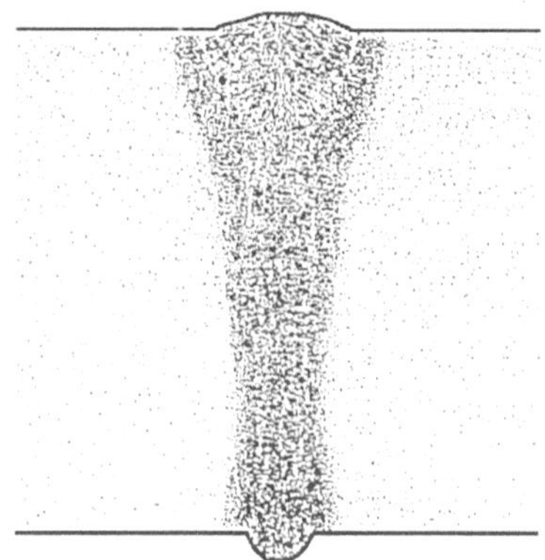

Abb. 12: Laserstrahlgeschweißte Naht

3.3 Montagegünstige Bauformen und Verbindungen

Vereinfachung der Montage ist ein erklärtes Entwicklungsziel. Dabei ergeben sich oft neuartige Bauformen, deren Festigkeitseigenschaften in speziellen Untersuchungen nachgewiesen werden müssen. Ergänzend zu rechnerischen Beanspruchungsanalysen ist hier der Bauteilversuch ein wichtiges Werkzeug. Als Beispiel zeigt Abb. 13 das Modell einer eingeschweißten Lukenecke für Containerschiffe. Diese sicherlich als unkonventionell zu bezeichnende Konstruktion ist hinsichtlich ihrer Betriebsfestigkeit sorgfältig abzusichern, wobei vor allem die Frage nach der erforderlichen Qualität der Schweißverbindung und der Notwendigkeit einer Nachbearbeitung durch Schleifen zu beantworten ist.

Ein wesentlicher Schritt zur Steigerung der Produktivität in der Schiffsfertigung ist der von den Werften mit bereits beachtlichen Erfolgen eingeschlagene Weg der anpaßarmen Genaufertigung. Hier stellt sich u.a. die Frage nach dem Verschweißen vereinzelt auftretender Bereiche von Sektionsstößen mit überbreiten Wurzelspalten. Die Absicherung ausreichender Betriebsfestigkeit und Sprödbruchsicherheit für diese Fälle ist Gegenstand eines zur Zeit anlaufenden Forschungsvorhabens. Bemerkenswert ist hier besonders die für den Schiffbau neuartige Anwendung bruchmechanischer Methoden zur Bewertung der Zähigkeit.

Abb. 13: Lukenecke Containerschiff

3.4 Die Spantdurchführung

Längsspantdurchführungen durch Querrahmen, Bodenwrangen usw. sind gewissermaßen die "unendliche Geschichte" in der Entwicklung geschweißter Schiffskonstruktionen. Große Anzahl und hohe Betriebsbeanspruchung mit der Folge einer Reihe von Schäden machen sie zu einem wirtschaftlich wie gestalterisch wichtigen Element, in dessen Entwicklung sich alle Aspekte der Wechselwirkung zwischen Konstruktion und Fertigung widerspiegeln. Abb. 14 enthält eine Auswahl aus der Vielfalt der Ausführungsformen.

Ausgehend von der genieteten Konstruktion (a) zeigt (b) eine konventionelle Schweißkonstruktion, bei der die Auflagerkraft aus dem Längsspant durch Riegelblech und Kopfsteife aufgenommen wird.

Verringerung der Anzahl von Bauteilen ist das Motiv zum Übergang auf Form (c), bei der das Riegelblech entfällt. Eine ausreichend genaue Fertigung ist allerdings Voraussetzung, um nicht den erreichten Vorteil durch zu großen Umfang an Nacharbeit wieder zu verlieren.

Bei der allen hier gezeigten Bauformen zugrunde liegenden Baufolge - Fertigung versteifter Paneele mit anschließendem Aufsetzen der Querbauteile - ist die Verbindung von Kopfsteife und Längsspant für die Montage ungünstig. Eine montagegünstige Bauform (d) wird erreicht, wenn die Kopfsteife seitlich versetzt zum Längsspant angeordnet wird. Sie trägt dann zwar nicht mehr zur Aufnahme der Auflagerkraft bei, erfüllt aber ihre Funktion als

Beulsteife nach wie vor [16]. Dazu entfallen anrißkritische Stellen am Längsspant.

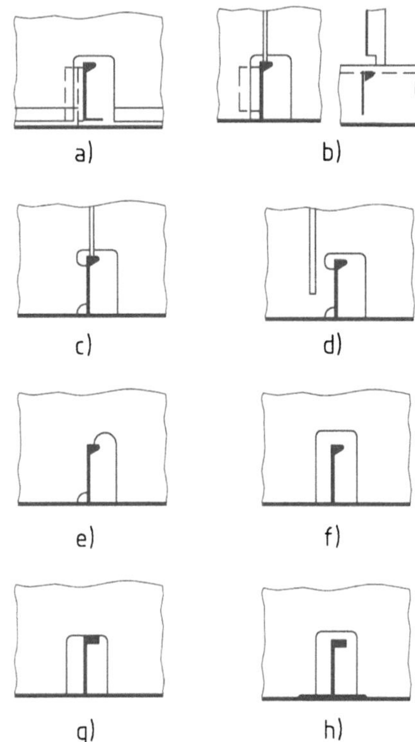

Abb. 14: Längsspantdurchführungen

Verfahrensbedingt ist die Form (e), die als robotergerechte Konstruktion für Profile mit kleineren Steghöhen entwickelt wurde. Sie weist gegenüber Form (d) eine wesentlich geänderte Spannungsverteilung mit einem neuen anrißkritischen Punkt auf dem Profilrücken auf.

Eine extrem fertigungsgünstige Form stellt (f) dar. Hier ist das Längsspant vollständig freigeschnitten. Damit wird das Prinzip verlassen, Querkräfte durch Stegverbindungen zu übertragen. Untersuchungen [17] im Rahmen des BMBF-geförderten Vorhabens "Life Cycle Design" ergaben jedoch eine ausreichende Festigkeit, auch im Hinblick auf Schwingbeanspruchung, für Einrichtungsdecks.

Schließlich ist mit (g) eine Form gezeigt, wie sie bei kleinen Profilen in Leichtmetallkonstruktionen schneller Schiffe benutzt wird. Hier wird die Auflagerkraft über den Profilrücken übertragen. Eine denkbare noch einfachere Konstruktion (h) überträgt bei vollständigem Freischnitt des Längsspants wie bei (f) die Auflagerkraft nur noch über die Platte. Die Strangpreßtechnik ließe sich hier dazu benutzen, die Tragfähigkeit dieser Bauform durch Aufdickung der Platte im Bereich des Stegausschnitts zu erhöhen.

4 Entwicklung des Regelwerks

Einen Überblick über die Entwicklung des Regelwerkes am Beispiel der Schweißvorschriften des Germanischen Lloyd gibt Abb. 15.

1876	Erste Vorschriften für „eiserne" Seeschiffe
1931	Erste Bestimmungen über elektrische Schweißung
1932	Richtlinien für die Zulassung zur Schweißung von Steven, Ruderpfosten und Ruderarmen
1949	Vorschriften für elektrische Schweißung von Schiffen (als Ergänzung zu den Bauvorschriften)
1963	1967, 1970, 1973, 1983, 1992 und 1999 aktualisierte Neuausgaben der Schweißvorschriften
1965	Erste Vorschriften für höherfeste Schiffbaustähle
1978	Berechnungsvorschriften für Schweißverbindungen
1996	Richtlinien für die Zulassung des Laserstrahlschweißens

Abb. 15: Entwicklung des Regelwerks

Erstmalig findet die Schweißtechnik - nach den zur Verfügung stehenden Unterlagen - 1931 Erwähnung in den Vorschriften des Germanischen Lloyd. In den 1941er-Vorschriften für Klassifikation und Bau von stählernen Seeschiffen wird auf die "Bestimmungen über elektrische Schweißung 1931" und "Richtlinien für die Zulassung zur Schweißung von Steven, Ruderpfosten und Ruderarmen 1932" verwiesen. Auch werden darin die "Vorschriften für Schmelzschweißung an Dampfkesseln, Druckbehältern und wichtigen Teilen der Maschinenanlage 1942" zitiert. In den zuvor genannten 1941er-Bauvorschriften ist darüber hinaus über das Schweißen nur wenig zu finden, hier dominiert noch die Nietung, sowohl für den Schiffskörper wie auch für Dampfkessel. Lediglich bei den Druckluftbehältern "zum Betriebe von Verbrennungsmotoren ..." werden neben genieteten und nahtlosen Mänteln auch solche in geschweißter (und hartgelöteter) Ausführung behandelt. Standard-Schweißverfahren waren damals offensichtlich die Wassergasschweißung und die Feuerschweißung. Die elektrische Schweißung und die Gasschmelzschweißung sind - mit den damals wohl gebotenen Vorbehalten - jedoch ebenfalls schon erwähnt, außerdem die heute als "Fertigungschweißung" bekannte und nach wie vor unverzichtbare Ausbesserung von Werkstoffehlern wie beispielsweise von Rissen und Lunkern in Stahlgußstücken.

Die erste "richtige" Vorschrift des Germanischen Lloyd für die elektrische Schweißung von Schiffen ist diejenige aus dem Jahre 1949. Sie enthält bereits alle wesentlichen Elemente schweißtechnischer Gütesicherung, wie wir sie, entsprechend dem heutigen Stand der Schweißtechnik überarbeitet und erweitert, auch in den derzeit gültigen Schweißvorschriften finden. "Schweißdrähte" - gemeint sind Schweißzusätze - mußten den Lieferbedingungen der Deutschen Reichsbahn entsprechen; dafür gab es noch keine eigenen Vorschriften. Etwas ungewöhnlich für heutige Verhältnisse ist auch die noch geforderte Zustimmung des Reeders zur Anwendung der elektrischen Schweißung an wichtigen Teilen des Schiffes sowie der Hinweis darauf im Register und im Zertifikat. Ansonsten finden sich Angaben über die Zulassung der Betriebe, die Qualifikation der Schweißaufsicht und der Schweißer, über Probeschweißungen - heute würden wir Verfahrensprüfungen sagen - sowie über die Gestaltung, Bemessung und Ausführung der Schweißverbindungen. Die Bemessung von unterbrochenen Kehlnähten erfolgte durch Umrechnung der Nietteilung. Über die "Röntgenprüfung zur Sicherstellung einwandfreier Schweißung" ist erst in einer späteren Ergänzung etwas zu finden. Bis dahin beschränkte sich die Kontrolle der Schweißarbeiten auf visuelle Prüfungen sowie auf stichprobenweise Arbeitsprüfungen im Zweifelsfall, bei denen "Probestäbe ... durch Drücken oder Schlagen so verbogen werden sollen, daß der Bruch in der Schweißung eintritt" und die Bruchflächen beurteilt werden können.

Zwischen dieser 1949er-Schweißvorschrift und der derzeit geltenden Ausgabe 1992 hat es diejenigen von 1963 (als Teil der Bauvorschriften), 1967, 1970, 1973, und 1983 gegeben, zwischenzeitlich dazu auch Nachträge. In diese Zeit fielen die Einführung der höherfesten Schiffbaustähle (etwa 1965), die Abkehr von den Bundesbahn-Zulassungen für Schweißzusätze und -hilfsstoffe zugunsten eigener mit den übrigen Klassifikationsgesellschaften abgestimmter und auf die Schiffbaustähle zugeschnittener Zulassungsprüfungen, der Ersatz der Schiffbau- und Stevenschweißerprüfungen durch diejenigen nach DIN 8560 und 8561 und später EN 287 sowie die Verwendung einer Vielzahl für den Schiffbau neuer Werkstoffe und der Einsatz neuer Schweißverfahren auf den Werften. Dazu kamen Erfahrungen mit bewährten und nicht bewährten Ausführungen. Alles dies erforderte ein ständiges Mitgehen mit dem Stand der Technik und die entsprechende Anpassung der Vorschriften

5 Schrifttum

(1) TIMMERMANN, G.: Vom Einbaum zum Wikingerschiff. Schiff und Hafen 8 (1956), Heft 3, S. 218

(2) BAYKOWSKI, U.: Die Kieler Hansekogge. RKE-Verlag, Kiel

(3) Bau-Vorschriften des Germanischen Lloyd für hölzerne Schiffe. Rostock, 1869. GL-Archiv

(4) Reglement für die Classification und Vorschriften für den Bau von eisernen Schiffen. Germanischer Lloyd, Rostock, 1877. GL-Archiv

(5) KREKELER, K.: Das Schweißen im Schiffbau (mit Beiträgen von SCHMIDT-BACH, H. und KAUHAUSEN, E.). Verlag W. Girardet, Essen, 1950

(6) PRAGER, H. G.: Blohm + Voss, Schiffe und Maschinen für die Welt. Koehlers Verlagsgesellschaft, Herford, 1977

(7) DOHRMANN, H.: Die Schweißtechnik und ihre Auswirkung auf die konstruktive Gestaltung im Schiffbau. Schiff und Hafen, Heft 1/1955

(8) DOHRMANN, H.: Untersuchung von Schadensfällen an geschweißten amerikanischen Handelsschiffen (Bericht). Schweißen und Schneiden, Heft 3/1955, S. 95

(9) McCALLUM J.: A Case History – The World Concorde. RINA Spring Meetings 1981, Paper No.2

(10) CORLETT, E.C.B.; COLMAN, J.C.; HENDY, N.R.: Kurdistan – The Anatomy of a Marine Desaster. RINA Meeting April 28, 1987

(11) VEDELER, G.: To what extent do brittle fracture and fatigue interest shipbuilders today? Det Norske Veritas Publication No. 32, 1962

(12) 114.430-tdw-Tanker "Tiiskeri". HANSA Nr. 6/1970, S. 449

(13) Condition Evaluation and Maintenance of Tanker Structures. Tanker Structure co-operative Forum, Witherby & Co Ltd., London, 1992

(14) PETERSHAGEN, H.: Nichtdurchgeschweißte Nähte im Schiffbau – Festigkeitsnachweise und Stand der Anwendung. DVS-Berichte Band 162/1994, S. 232

(15) HINRICHSEN, B.: Weiterführende Untersuchungen an einseitig geschweißten Kehlnähten. FDS-Bericht Nr. 268, 1996

(16) FRICKE, W.: Festigkeitsuntersuchungen an Doppelböden mit unterschiedlicher Beulsteifenanordnung. FDS-Bericht Nr. 145, 1983

(17) WERNICKE, R.: Festigkeit von neuartigen Konstruktionsdetails. Bericht im Rahmen des BMBF-geförderten Vorhabens "Life Cycle Design, November 1997.

Entwicklung der schiffbaulichen Werkstoffe
Development of the Marine Materials

Prof.Dr.rer.nat. **Erich Hargarter,** Hamburg

Summary. Since the STG has been founded the change from the wooden ships to the steelbuilded ships took place. The only steel, which at that time had been used, was an unalloyed and unkilled carbon steel. The transition from riveting to welding and the failure in consequence of this change made the use of killed and double-killed steels necessary. The weldable higher strength shipbuilding steels and the hot-rooled weldable fine grain structural steels are a further progress. Later on the austenitic and the austenitic-ferritic steels were introduced for building tankers for chemicals. The change from the conventional welding to the laser welding was an important step for reducing the weight and the production hours of a ship. Aluminium alloys today were successfully used for the construction of yachts, sailing-boats and smaller high-speed vessels. In marine copper is substituted by copper-tin alloys and copper-nickel-iron alloys. 1936 the first time plastics were used in the navy for the production of tubes. Now-adays fibrous strengthed plastics were more used in shipbuilding.

1 Die Entwicklung der Schiffbaustähle

Zur Zeit der Gründung der STG wurde zum Bau der Stahlschiffe auf allen Werften eine einzige Stahlsorte verwendet, ein unlegierter „unsilizierter" (unberuhigt vergossener) Siemens-Martin-Stahl. Im Vergleich zu dem bisher verwendeten Holz als Schiffbauwerkstoff konnte aber beim Stahl als einem homogenen und quasiisotropen Material mit konkreten Festigkeits- und Verformungskennwerten wie Zugfestigkeit, Streckgrenze und Bruchdehnung gerechnet werden. Nicht nur die Festigkeit spielte jetzt eine dominierende Rolle, sondern auch die Zähigkeit und die Kalt- und Warmumformbarkeit. Bei den ersten Stählen war eine Zugfestigkeit von 400 bis 450 N/mm² gefordert. Streckgrenzenwerte waren zunächst noch nicht berücksichtigt. Um die Umformbarkeit zu gewährleisten, wurden Mindestbruchdehnungen im Zugversuch verlangt und Mindestbiegegrößen beim Faltversuch. Dieser Faltversuch wurde bei dem Stahl im Anlieferungszustand und nach dem Abschrecken von „Rotglut" durchgeführt [1]. Der Kohlenstoffgehalt lag zwischen 0,10% und 0,18%. Als „gefährliche" Elemente im Stahl waren die Gehalte an Phosphor und Schwefel auf 0,06% limitiert. Der Stahl mußte den Ansprüchen für Bleche, Profile, Schmiede- und Stahlgußteile und Nieten entsprechen.

Die Marine stellte 1905 erhöhte Anforderungen bezüglich Zugfestigkeit und Streckgrenze [1]. In ihren Materialvorschriften wird hochfester Stahl mit einer Zugfestigkeit von ca. 320 bis 500 N/mm² und einer 0,3%-Dehngrenze von mindestens 320 N/mm² erwähnt. In den Vorschriften von 1908 werden die Werte etwas relativiert. Die Mindestzugfestigkeit muß nun 500 N/mm² und die 0,2%-Dehngrenze mindestens 300 N/mm² betragen. Diese höherfesten Stähle wurden teils für die Längsverbände, teils für den ganzen Schiffskörper verwendet [2].

Der unlegierte Siemens-Martin-Stahl wurde bis in die 30er Jahre als der wichtigste Stahl für die Herstellung der Schiffskörper verwendet. Die deutsche Stahlindustrie bot drei Stahlsorten mit unterschiedlichen Festigkeits- und Verformungswerten für Schiffsbleche an:

Schiffbaustahl I: Zugfestigkeit 340 - 420 N/mm;
Schiffbaustahl II: Zugfestigkeit 420 - 500 N/mm;
Schiffbaustahl III: Zugfestigkeit 520 - 620 N/mm.

In der Hauptsache wurde in der Handelsschiffahrt der Schiffbaustahl II in der unberuhigten Form verwendet. Die negativen Eigenschaften des unberuhigten Stahls, nämlich Seigerungen und Alterungsneigung, spielten beim Nieten eine untergeordnete Rolle. Auch die erhöhte Sprödbruchneigung wurde nicht berücksichtigt, wie die verformungslosen Risse bei einigen Schäden zeigten.

Bei der Marine wurde seit den 20er Jahren der beruhigt vergossene Schiffbaustahl II verwendet.

Die Eigenschaften des Schiffbaustahls I entsprachen dem damaligen allgemeinen Baustahl St 34, Schiffbaustahl II entsprach dem damaligen St 42 und Schiffbaustahl III dem St 52. Bei diesen drei Stahlqualitäten wurden schon relativ hohe Mindestbruchdehnungen verlangt. Auch eine normalisierende Glühung war zum Teil vorgeschrieben. Die höheren Festigkeitswerte wurden durch eine Erhöhung des Kohlenstoffgehalts erzielt. Die Ni-Cr- und Ni-legierten Stähle fanden wegen der zu hohen Kosten und der notwendigen Wärmebehandlung keine Anwendung im Schiffbau [3].

In der Regel wurde für den gesamten Schiffkörper ein einheitlicher Stahl verwendet [4]. Der GL begann mit der Differenzierung der geforderten Zugfestigkeits- und Bruchdehnungswerte für Platten und Profile und für Ruderteile. Er forderte auch schon 1934 Mindestfestigkeitswerte in Längs- und Querrichtung der Bleche von 410 - 500 N/mm² und Bruchdehnungswerte in Abhängigkeit von der Blechdicke [5]. Auch Kalt- und Abschreckbiegeversuche waren vorgeschrieben.

Für Vor- und Hintersteven, Wellenböcke und Ruder wurden in der Hauptsache Stahlgußteile aus Kohlenstoffstählen mit Zugfestigkeitswerten von 380 bis 600 N/mm² verwendet.

Der Übergang vom Nieten zum Schweißen stellte höhere Anforderungen an den verwendeten Stahl. Der Schiffbaustahl II war wohl schweißgeeignet, aber die Anwendung des Schweißens führte zunächst zu einigen Fehlschlägen, so daß sich die Erkenntnis durchsetzte, es müssen zusätzliche Eigenschaften zu den bisherigen Zugfestigkeits-, Streckgrenzen- und Bruchdehnungswerten wie z.B. Kerbschlagzähigkeit, chemische Zusammensetzung, Desoxidationsart und Fertigungsverfahren berücksichtigt werden, denn eine Schweißverbindung besitzt aufgrund der Eigenspannungen, der möglichen Alterung der Stähle und der damit zusammenhängenden Abnahme der Zähigkeit ein anderes Werkstoffverhalten als eine genietete Naht. Vor allem die Sprödbruchempfindlichkeit der Stähle wurde beim Übergang vom Nieten zum Schweißen nicht berücksichtigt, was u.a. zu spektakulären Schäden in den Jahren 1942 - 1951 führte. Als Folge davon wurden Analysevorschriften eingeführt, der Kohlenstoffgehalt auf maximal 0,23% limitiert und der Mangangehalt erhöht. Ferner wurde festgelegt, daß ab einer Blechdicke von 10 mm beruhigt vergossener Stahl und ab 25 mm Feinkornbaustahl verwendet werden soll. Ab einer bestimmten Blechdicke sollte der Stahl normalgeglüht werden, um ein gleichmäßiges und feinkörniges Gefüge zu erzielen. Nach Buchholtz [6] ist der Schiffbaustahl damit vorerst definiert, wie auf der STG-Sommertagung 1952 vorgetragen wurde. Damit wurde der Forderung der Schiffbauer nach guter Schweißbarkeit des Schiffbaustahls und einer befriedigenden Trennbruchsicherheit bei den in unseren Breiten üblichen Temperaturen Rechnung getragen.

Ein Problem für die Konstrukteure war die Vielzahl der zur Verfügung stehenden Stahlqualitäten. Es gab ca. 100 verschiedene Stahlsorten. Gleichzeitig waren die Vorschriften der einzelnen Klassifikationsgesellschaften nicht harmonisiert. Auf der Sommertagung 1954 wurde dieses Thema von W. Janssen [4] aufgegriffen.

Während früher beim Bau eines Schiffes eine einheitliche Güte verwendet wurde, erfolgte nun eine Einteilung der Güteklassen in Abhängigkeit der Blechdicke bzw. der Verwendung im Schiff. Die meisten Klassifikationsgesellschaften schlugen drei Güteklassen in Abhängigkeit der Blechdicke vor. Der GL empfahl die Güteklasse S1 (Blechdicke <12,5 mm), S2 bei Blechdicke 12,5 - 25,5 mm und S3 bei >25,5 mm. Sie unterschieden sich dadurch, daß die Güteklassen S2 und S3 einen limitierten Kohlenstoffgehalt von maximal 0,23 % und einen Mindest-Mangangehalt aufweisen mußten. Die Zugfestigkeit sollte in allen drei Güten bei 410-500 N/mm² liegen. In Abhängigkeit von der Blechdicke waren Bruchdehnungswerte vorgeschrieben. Als weitere mechanisch-technologische Abnahmeprüfung war der Biegeversuch vorgeschrieben. Die Güteklasse S3 mußte Feinkornstahlqualität besitzen, mit Si und Al beruhigt und normalgeglüht sein.

Die Werften hatten zunächst aus konstruktiven und wirtschaftlichen Gründen Bedenken gegen diese Vereinheitlichung der Schiffbaustähle.

Ein weiterer Fortschritt in der internationalen Vereinheitlichung der Schiffbaustähle und in der weitergehenden Festlegung von wichtigen Werkstoffkennwerten waren die Vorschriften der „International Association of Classification Societies" (IACS). Darin gab es zunächst die fünf Gütegrade A bis E. In dieser Vorschrift wurden die Abnahmebedingungen verschärft. Bei den höherwertigen Gütegraden C bis E wurden die Bestimmungen der Austenitkorngröße und der Kerbschlagzähigkeiten in Abhängigkeit von der Temperatur gefordert. Auch das Kohlenstoffäquivalent, das eine Aussage über die Aufhärtungsgefahr des Stahls beim Schweißen macht, wurde eingeführt.

Der nächste Schritt in Richtung auf eine bessere Erfassung der Qualität der Stähle war die Einführung einer Mindeststreckgrenze von 235 N/mm² und einer Bruchdehnung von 22% sowie die Absenkung der Prüftemperatur für den Kerbschlagbiegeversuch. Die Anzahl der Gütegrade für diese „normalfesten" Schiffbaustähle wurde auf vier reduziert.

Die Forderung nach Gewichtseinsparung und Erhöhung der Tragfähigkeit der Schiffe führte zur verstärkten Anwendung „höherfester Stähle". Dabei handelt es sich um Stähle mit Streckgrenzen bis zu 390 N/mm². Im Schiffbau werden dabei Stähle mit einer Streckgrenze von 355 N/mm² und einer Zugfestigkeit von 490 - 620 N/mm² angewendet. Wegen der erhöhten Anforderungen an die Zähigkeit der Stähle wurden für den Kerbschlagbiegeversuch bei den einzelnen Prüftemperaturen die geforderten Schlagarbeitswerte gegenüber den normalfesten

Stählen erhöht und auch Werte in Querrichtung der Bleche verlangt, d.h. daß sie für verschiedene Zähigkeitsanforderungen geliefert werden konnten.

Die höheren Festigkeits- und Zähigkeitswerte werden durch einen erheblich gesteigerten Mangangehalt (0,90 - 1,60 %) und einen reduzierten Kohlenstoffgehalt erreicht. Diese Stähle sind Al-Si-beruhigt und enthalten Mikrolegierungsbestandteile, insbesondere Vanadium, Niob und Titan. Aus arbeitstechnischen Gründen sind die Gehalte an Cr, Cu, Ni und Mo nach oben limitiert. Diese höherfesten Stähle werden für die wesentlichen Teile des Längsverbandes eines Schiffes verwendet. Die Gewichtseinsparung kann bei einem Bulkcarrier bis zu 15 % und bei Containerschiffen noch mehr betragen.

Die gestiegenen Anforderungen an Streckgrenze, Zähigkeit und Schweißbarkeit führten zur Entwicklung der „höherfesten schweißgeeigneten Feinkornstähle", die auch im Sonderschiffbau und für die Meerestechnik eine zunehmende Rolle spielen.

Die „Mutter" dieser Stahlgruppe, der Baustahl St 52 mit einer Streckgrenze von R_{eH} = 360 N/mm² und einer Zugfestigkeit von R_m = 520 N/mm² fand schon vor dem 2. Weltkrieg bei der Marine Anwendung [7]. E. Lehmann weist darauf hin, daß die beachtlichen Tauchtiefen der deutschen U-Boote auf der Verwendung dieses Stahles beruhen. Dieser Stahl war nach dem Siemens-Martin-Verfahren erschmolzen, durch Al-Zusatz besonders beruhigt vergossen und feinkörnig. Die Stahlindustrie hatte ihn schon ab 1930 entwickelt.

Diese schweißgeeigneten höherfesten Feinkornstähle werden in Oxygenkonvertern bzw. Elektroöfen geschmolzen und erhalten durch eine nachgeschaltete Pfannenmetallurgie eine besonders große Freiheit von schädlichen Begleitelementen des Eisens, vor allem von Schwefel und Phosphor. Dadurch wird eine erhöhte Sicherheit gegen den gefürchteten Terrassenbruch nach dem Schweißen erzielt.

Die Stähle werden in der Regel normalgeglüht. Die gewünschte Reduzierung des Kohlenstoffäquivalentes im Hinblick auf die Verbesserung der Schweißeignung, vor allem der Reduzierung der Vorwärmtemperatur unter Beibehaltung der gewünschten hohen Festigkeits-, Verformungs- und Zähigkeitskennwerte der Stähle, führte zur Einführung der „thermomechanisch gewalzten Schiffbaustähle" mit und ohne Intensivkühlung. Durch die Intensivabkühlung wird die Korngröße sehr verkleinert, das Stahlgefüge gleichmäßiger und frei von Zeiligkeit.

Die TM-gewalzten Bleche weisen gegenüber den normalgeglühten Feinkornstählen eine erhöhte Zähigkeit auf, lassen sich ohne Vorwärmen schweißen und besitzen eine bessere Oberflächeneigenschaft [8]. Ihre positiven Eigenschaften können allerdings nur genutzt werden, wenn durch konstruktive Maßnahmen die Betriebsfestigkeit der Schweißkonstruktion erhöht wird [7].

Im Sonderschiffbau werden „wasservergütete schweißbare Feinkornstähle" mit Mindeststreckgrenzenwerten bis zu 900 N/mm² eingesetzt.

Beim Transport von Flüssiggas muß das verflüssigte Gas unterhalb der Verdampfungstemperatur des Gases gehalten werden. Die Siedetemperatur der wichtigsten Gase liegen zwischen -42° C und -165° C. Die Tanks für den Transport der verflüssigten Gase müssen aus Stählen gefertigt werden, deren Zähigkeit auf die Betriebstemperatur des Tanks abgestimmt ist. Die Zähigkeit des Werkstoffs und der Schweißverbindung muß bis unterhalb der niedrigsten Betriebstemperatur des Tanks gegeben sein. Für diesen Verwendunszweck wurden die „kaltzähen Stähle" eingesetzt.

Für den Einsatz mit Betriebstemperatur bis -50° C bei den LPG-Tankern wurden Mangan-legierte Feinkornbaustähle mit Nickelzusätzen von 0,5 % bis 0,8 % entwickelt. Der abgesenkte Kohlenstoffgehalt und der Nickelgehalt erhöhen die Zähigkeit und verbessern die Verarbeitbarkeit. Die Mindeststreckgrenze von 285 bis 355 N/mm² ermöglicht gewichtssparende Konstruktionen. Für Anwendungstemperaturen bis -100° C wurden Ni-legierte Vergütungsstähle mit 3,5 % Ni entwickelt. Flüssiggasbehälter für den Äthantransport werden aus einem 5 %igen Nickelstahl hergestellt. Tanks für Erdgas (LNG) oder Stickstoff werden überwiegend aus einem ferritischen 9 %igen Nickelstahl hergestellt. Er besitzt eine Streckgrenze von 490 N/mm² und ermöglicht eine Leichtbauweise. Er ist bis zu sehr tiefen Temperaturen zäh.

Die „nichtrostenden austenitischen Stähle" sind für den Einsatz bis zu den niedrigsten Betriebstemperaturen einsetzbar. Ausschlaggebend dafür ist ihre hohe Zähigkeit und gute Verarbeitbarkeit. Sie werden eingesetzt, wenn außer Rohölgas (LPG) und Erdgas (LNG) auch bestimmte Chemikalien in diesen Tanks transportiert werden. Vor allem für Chemikalientanker werden die nichtrostenden austenitischen Cr-Ni- und Cr-Ni-Mo-Stähle eingesetzt. Sie werden massiv oder auch als ein- oder doppelseitig plattierte Bleche verwendet.

Bis Ende der sechziger Jahre wurden für die meisten Schiffstanks unlegierter Stahl mit einer 1,5 -

2,5 mm dicken Plattierung aus nichtrostendem Stahl verwendet, während die Zwischenwände in Längs- und Querrichtung meist aus massiven nichtrostenden Blechen hergestellt wurden. Wegen der aufwendigen Schweißungen wurde der plattierte Stahl immer mehr durch massiven nichtrostenden Stahl ersetzt. Der Nachteil der üblichen austenitischen nichtrostenden Stähle ist die relativ geringe 0,2%-Dehngrenze von ca. 200 N/mm². Durch die Entwicklung „aufgestickter, nichtrostender Stähle" mit einem Stickstoffgehalt von 0,14 % bis 0,25 % wurde die 0,2%-Dehngrenze um ca. 50 % erhöht. Diese höherfesten nichtrostenden Cr-Ni-Mo-N-Stähle brachten Vorteile bei Tanks für flüssige Güter hoher Dichte [9]. Ihre Nachteile sind die relativ geringen Festigkeitswerte, die mögliche Anfälligkeit gegen interkristalline Korrosion im Bereich der Schweißnähte und ihre Empfindlichkeit gegen Spannungsrißkorrosion. In Gegenwart von Chloriden kann Lochkorrosion auftreten.

In den letzten Jahren werden im Chemikalientankerbau „Duplex-Stähle" eingesetzt. Diese ferritisch-austenitischen nichtrostenden Stähle mit 22 % Cr, 5 % Ni und 3 % Mo weisen gegenüber den austenitischen nichtrostenden Stählen höhere Streckgrenzen- und Zugfestigkeitswerte, bessere Zähigkeit, hohen Wiederstand gegen Spannungsrißkorrosion und gute allgemeine Eignung für den Einsatz bei korrosiven Stoffen auf.

Da das korrosive Verhalten dieses Stahls stark abhängig ist von der Behandlung beim Schweißen, traten danach Korrosionsschäden auf, die dazu führten, daß einige Werften und Reedereien bei der Anwendung dieser Stähle zurückhaltend waren. Die Schulung der Schweißer und eine gute Bauaufsicht haben dazu geführt, daß die Vorbehalte abgebaut werden konnten. Dieser Stahl gewinnt zunehmend an Bedeutung.

2 Entwicklung der Leichtmetall-Werkstoffe

Eine systematische Anwendung des Aluminiums und seiner Legierungen setzt erst in den vierziger Jahren ein, obwohl schon 1891/92 erstmals Aluminium für den Bau einer Yacht und einer Barkasse Anwendung fand. Der Einsatz von Aluminiumwerkstoffen im Schiffbau beruht auf ihren besonderen physikalischen, chemischen und technologischen Eigenschaften und deren folgerichtiger Nutzung. An erster Stelle spielt das geringe spezifische Gewicht bei relativ hoher Festigkeit eine Rolle. Das ermöglicht leichte Konstruktionen, was sich ihrerseits wieder auf die Schwerpunktslage auswirkt und damit die Stabilität, den Tiefgang und die Fahrgeschwindigkeit der Schiffe verbessert. Daher wurden die Al-Werkstoffe nach dem 2. Weltkrieg zum Bau

von Aufbauten von vor allem Fahrgastschiffen verwendet. Als Beispiel können die Aufbauten des Seebäderschiffs „Wappen von Hamburg" und des Fährschiffes „Theodor Heuss" genannt werden. Auch die tragenden Teile in den oberen Decks der in der letzten Zeit gebauten großen Passagierschiffe sind aus Aluminiumwerkstoffen erstellt worden. Für den Bau schneller Mehrrumpf - oder Oberflächen-Effekt-Schiffe werden zunehmend Al-Legierungen eingesetzt.

Ein großes Anwendungsgebiet des Aluminiums ist seit den 70er Jahren der Bau von Yachten und Hochleistungs-Sportbooten und von kleineren schnellen Schiffen wie Zoll-, Polizei- und Seenot-Rettungs-Fahrzeugen. Des geringen Gewichts wegen werden zunehmend Lukendeckel, Isolierdeckel, Fallreeps, Raumauskleidungen und Getreideschotts aus Al-Material hergestellt.

Die Fortschritte in der Schweißtechnik erleichterten die Anwendung. C. Boie beschreibt im ersten Handbuch der Werften 1950 [10], daß wegen der Anwendung eines Flußmittels beim Schweißen zunächst nur horizontale Schweißnähte angewandt werden konnten und daß auf der Deutschen Werft in Hamburg schon das Argon-Arc-Schweißverfahren eingesetzt wurde. Die anfänglichen Schwierigkeiten wurden überwunden, so daß dann in allen Schweißpositionen und ohne Nachbehandlung der Schweißverbindungen die Al-Werkstoffe geschweißt werden konnten. Auf die Probleme der Schweißbarkeit des Aluminiums wurde 1965 auf der Werkstofftagung in Düsseldorf von A. Matting und M. Neitzel hingewiesen [11].

Um die Wirkung der beim Schweißen auftretenden Verwerfungen und Schrumpfspannungen zu kompensieren, wurden in den letzten Jahren stranggepreßte Großprofile mit Breiten bis zu 80 cm und Längen bis zu 32 m für den Schiffbau entwickelt.

Ein neues Anwendungsgebiet ist der Kabinenausbau. Hier werden Leichtbauplatten, die aus dünnen Al-Metallbahnen zu Sandwichplatten verklebt werden, eingesetzt.

Ein Problem bei der Anwendung von Al-Legierungen im Schiffbau war die Gefahr der Kontaktkorrosion, wenn die Al-Legierung in elektrisch leitendem Kontakt mit Stahl verbunden war. Dieses Problem wurde durch die Anwendung der sogenannten TRI-CLAD-Streifen gelöst. Hierbei handelt es sich um Verbindungselemente, die aus Schichten aus Stahl-Reinaluminium-Aluminiumlegierung durch Explosionsschweißen hergestellt wurden [12].

Im Schiffbau werden die für den Einsatz in Seewasser- und Seeatmosphäre geeigneten nicht aushärtbaren Al-Mg-Legierungen AlMg3 benutzt. In den letzten Jahren wird zunehmend AlMg4,5Mn eingesetzt, da diese Legierung eine bessere Eignung für den Einsatz in Seewasser aufweist, eine relativ gute Schweißeignung besitzt und in der Schweißnaht nur ein geringer Festigkeitsverlust auftritt. Auch die aushärtbare Legierung AlMgSi wird wegen der höheren Festigkeit im Schiffbau eingesetzt, auch im stranggepreßten Zustand.

Eine Erweiterung des Einsatzes von Al-Legierungen im Schiffbau bietet die Ausnutzung der guten Umformbarkeit dieser Werkstoffe durch die Produktion größerer schiffbaulicher Konstruktionselemente durch Pressen, Schmieden oder Gießen, die ohne großen Schweißaufwand eingebaut werden können.

3 Entwicklung der Titanwerkstoffe

Die Titanwerkstoffe sind Materialien, die erst im letzten Quartal dieses Jahrhunderts eingesetzt werden. Die Überlegenheit der Titanwerkstoffe im Vergleich zu anderen Werkstoffen des Schiffbaus beruht auf ihrem geringen spezifischen Gewicht bei gleichzeitig hoher Festigkeit und guten Korrosionseigenschaften. Im Schiffbau sind diese Werkstoffe wegen ihrer außerordentlichen Beständigkeit in Meerwasser und auch wegen ihres unmagnetischen Verhaltens von Interesse.

Die un- und niedriglegierten Titansorten werden vor allem als Rohre für Kondensatoren, Wärmetauscher und Meerwasserentsalzungsanlagen eingesetzt. Die ursprünglich nahtlosen Rohre sind heute ersetzt durch geschweißte Rohre, bei denen die Korrosionsbeständigkeit der Schweißnaht und der Wärmeeinflußzone gleichwertig der des Grundwerkstoffes ist.

Von den hochlegierten Titanwerkstoffen, vor allem mit Zusätzen von Aluminium (3 - 6%) und Vanadium (2,5 - 6%) hat sich die Legierung Ti Al6V4 beim Bau von Unterwasserfahrzeugen für große Tiefen bewährt. Die 0,2%-Dehngrenze dieser Legierung liegt bei 830 N/mm² und die Zugfestigkeit bei 900 N/mm². In Japan ist 1981 das Tiefseefahrzeug „Shinkai 2000" für den Einsatz bei 2.000 m Tiefe aus dieser Legierung gebaut worden. Auch in Frankreich und in den USA sind solche Fahrzeuge aus Titanwerkstoffen hergestellt worden. In Rußland wurde bei der letzten U-Boot-Generation der ganze Schiffskörper aus Titan hergestellt.

In Deutschland sind die Vorteile dieser Werkstoffgruppe für den Schiffbau noch nicht genutzt worden.

4 Entwicklung der Kupferwerkstoffe

Kupfer weist wegen seiner Fähigkeit, auch in Seewasser eine Korrosionsschutzschicht aufzubauen, eine gewisse Beständigkeit in Seewasser auf. Durch Legierungszusätze kann die Resistenz dieser Schutzschicht in starkem Maße verbessert werden. Kupferlegierungen werden als Werkstoffe für seewasserführende Rohre, Kondensatorrohre, Wärmetauscher, Gleit- und Wellenbezüge, Pumpen und Propeller im Schiffbau verwendet.

Für Rohrleitungen sowohl für Frischwasser als auch für Seewasser wurde schon von Anfang des Jahrhunderts an Kupfer benutzt. Schon vor dem ersten Weltkrieg wurden hohe Anforderungen an die Qualität des Rohrwerkstoffes gestellt. So soll nach der Materialvorschrift der Deutschen Kriegs-Marine, Ausgabe 1915, der Kupfergehalt für nahtlose Rohre mindestens 99,4 % betragen, und Rohre für Speisewasservorwärmer und Ölkühler müssen mindestens 69 % Cu und den Rest Zn enthalten. Für Oberflächenkondensatoren der Kriegsschiffe und Torpedoboote wurden Kondensatorrohre aus „Kupferbronze" mit einem Kupfergehalt von 98 % verwendet. Ein Fortschritt waren die Kondensatorrohre aus Messing mit 60 % Cu und Rest Zinn, dem „Muntzmetall", und die Legierung 70 % Cu, 1 % Zinn, Rest Zink, dem „Marinemessing". Vor allem durch den Zusatz des Zinns wurde die Korrosionsbeständigkeit erhöht. Während vor dem 1. Weltkrieg Zusätze von Wismut und Arsen nur in Spuren vorhanden sein durften, wurden sie nach den 20er Jahren bewußt zulegiert, um die Entzinkung der Messingrohre zu verhindern.

Die höheren Strömungsgeschwindigkeiten des Kühlwassers erforderten eine höhere Festigkeit der Schutzschicht auf den Rohren. Dieses wurde durch Zugabe von ca. 2 % Al und geringen Mengen Arsen erreicht und führte zu dem „Aluminiummessing" CuZn20Al, das zwischen den beiden Weltkriegen in England erfolgreich eingesetzt wurde. Auch in Deutschland ist diese Legierung unter dem Namen „Yorcalbro" heute noch im Einsatz. Seewasserführende Rohre aus Kupfer (SB- oder SF-Cu) werden seit Mitte der 60er Jahre nicht mehr eingesetzt.

Seit Anfang der 60er Jahre wurden wegen der Zunahme der Korrosionsschäden an den seewasserführenden Rohren zunächst bei der Marine die Cu-Ni-Legierungen CuNi10Fe1Mn und CuNi30Fe1Mn eingeführt. Diese weisen eine bessere Eignung für den Einsatz in Seewasser auf. Nach Anfangsschwierigkeiten bei der Verarbeitung, vor allem beim Schweißen, sind diese Werkstoffe die Standardmaterialien für seewasserführende Rohrleitungen.

Als Gleitlagerwerkstoffe fanden die Kupferlegierungen schon sehr früh Eingang im Schiffbau. Bis nach dem 1. Weltkrieg wurden für Lagerschalen, Wellenrohre, Wellenbezüge, Wellenböcke „Bronzen" mit einem Anteil von 4 % Zink und ca. 10 % Zinn verwendet. Sie wurden ersetzt durch weiche hochbleihaltige Bronzen, die „Rotgußsorten". Höherer spezifischer Flächendruck führte zu dem Einsatz der „harten Bronzen" und „Mehrstoffbronzen". Für spezifische Flächendrücke bis 250 N/mm² werden heute die Mehrstoffaluminiumwerkstoffe eingesetzt.

Neben Stahlguß stellen die Kupferlegierungen den Hauptanteil der Propellerwerkstoffe dar. Seit Anfang des Jahrhunderts gab es die „Manganbronze", eine Kupfer-Zink-Legierung mit Zusätzen an Mangan und Eisen und Aluminium. Die „Hochdehnungsbronze" wurde speziell als Propellerwerkstoff für die Eisfahrt entwickelt. Zwischen den beiden Weltkriegen war vor allem die Nickel-Aluminium-Bronze mit 5 % Nickel im Einsatz. Sie erlaubt eine höhere Belastung durch Kavitation und ungünstige Seewasserbedingungen. Ein weiterer Fortschritt war die Einführung der Nickel-Aluminium-Bronzen nach dem Krieg, z.B. 6-CuAl11Ni mit einem Mangangehalt von 1,5 % und die hochmanganhaltigen Nickel-Aluminium-Bronzen.

Die Kupfer-Nickel-Eisen-Legierung CuNi10Fe1Mn findet zunehmend Anwendung als Konstruktionswerkstoff für Schiffs- bzw. Bootshüllen. 1968 wurde das erste 16 m lange Boot in den Niederlanden aus Blechdicken von 4 mm geschweißt. In den siebziger Jahren wurden in Mexiko und Großbritannien mehrere Schiffe aus diesem Material hergestellt. In Italien wurde dieser Werkstoff 1984 zum Bau eines Feuerlöschbootes verwendet [13]. Der Vorteil dieses Materials ist der zu vernachlässigende Materialabtrag und die Bewuchsresistenz.

Das Korrosionsverhalten der heute im Schiffbau verwendeten metallischen Werkstoffe in Seewasser und Seeatmosphäre bei freier Korrosion und im Kontakt mit anderen metallischen Werkstoffen wird in der 1998 herausgegebenen Norm DIN 81249 beschrieben [14]. Diese DIN-Norm wurde in einem Ausschuß unter der Leitung und aktiver Mitarbeit von Mitgliedern des STG-Fachausschusses „Werkstoffe und Korrosion" erstellt.

5 Entwicklung der Kunststoffe

Die Kunststoffe fanden erst relativ spät Anwendung im Schiffbau. Das lag zum einen daran, daß die Anwendung dieser Werkstoffe ein werkstoffgerechtes Konstruieren und ein werkstoffgerechtes Verarbeiten verlangen, und zum anderen daran, daß die Kenntnisse über die Vor- und Nachteile dieser Werkstoffgruppe noch nicht genügend bekannt waren. Da ihr Einsatz aber Einsparungen von Gewicht, Fertigungskosten und Erhaltungskosten bedeutet, wurden die Kunststoffe auch im Schiffbau immer mehr eingesetzt. Es mußten vor allem die Einwände gegen die geringe Temperaturbeständigkeit und die Brennbarkeit der meisten Kunststoffe überwunden werden. Um den Einsatz der Kunststoffe im Schiffbau machten sich der 1955 gegründete „Arbeitskreis für Kunststoffe im Schiffbau" der STG und der Ausschuß „Kunststoffe" der Normenstelle der Marine verdient.

Die Thermoplaste PVC-hart und PVC-weich fanden zuerst Anwendung im Schiffbau und zwar als Rohrleitungen für Trinkwasser, Abwasser, Seewasser und Kühlwasser. Hierbei spielte vor allem die Gewichtseinsparung und die fehlende Korrosion die größte Rolle für die Verwendung. Die Marine war hierbei Schrittmacher. So setzte sie schon vor und während des 2. Weltkrieges auf einigen Schiffen PVC-Rohre ein. Auch kunststoffumhüllte Kabel wurden bei der Marine verwendet. Nach dem 2. Weltkrieg wurden in zunehmendem Maße PVC-Rohre im Schiffbau eingesetzt wie z.B. 1958 auf der „Bremen", in der ca. 2.200 m PVC-hart-Rohre eingebaut wurden [15]. Der Kunststoff PVC-weich begann in den 50iger Jahren, Anwendung als Fußbodenbelag, Fußleisten und Wandverkleidungen zu finden.

Die Polyamide werden im Schiffsmaschinenbau u.a. als Lagerwerkstoffe verwendet. Polykarbonate werden zur Herstellung von Fenstern, Oberlichtern und Lichtdecken eingesetzt [15]. Tauwerke werden aus Polypropylen und Polyäthylen hergestellt.

Die faserverstärkten Kunststoffe besitzen eine größere Bedeutung im Schiffbau als die nicht verstärkten Kunststoffe. Es handelt sich dabei um Duroplaste, die mit Verstärkungsmaterial aus Glas, Kohlenstoff oder einem aromatischen Polyamid versehen sind.

Die eingesetzten Kunststoffe sind Polyesterharz, Epoxidharz und Phenoplaste, die meistens mit Glasfasern verstärkt sind. Dieser faserverstärkte Kunststoff hat ab den vierziger Jahren in den USA zunehmend den Werkstoff Holz im Schiffbau verdrängt. In der Bundesrepublik Deutschland wurde er erst in den 50iger Jahren als Ersatzwerkstoff für Türen, Treppen, kleine Lukendeckel und Schwimmbäder eingesetzt. Die Eigenschaften geringes spezifisches Gewicht, einfache Herstellung komplizierter Flächen, gute Wetterbeständigkeit, leichte Pflege, geringe Wartung, Seewassereignung, fehlende Korrosion und leichte und kostengünstige Reparaturen überzeugten dann die Schiffbauer von der Eignung dieser Werkstoffgruppe zur Verwendung im Schiffbau. Dazu kommt noch das amagnetische Verhalten der glasfaserverstärkten Kunststoffe. Diese Eigenschaften machten diese Materialien zunächst vor allem für die Marine interessant.

Die US-Marine baute ab 1958 alle Boote bis zu einer Länge von 15 m aus glasfaserverstärktem Kunststoff. Später wurde die Länge bis über 20 m ausgedehnt, und 1972 wurde in Großbritannien ein Minensucher mit einer Länge von 46 m aus faserverstärktem Kunststoff (FVK) gebaut [16]. In der Bundesrepublik setzte 1954 mit dem Bau eines Motorbootes die Anwendung im Sportfahrzeugbau ein. Auch heutige Großwerften begannen ihren Wiederaufbau mit dem Bau kleinerer Jollen aus Kunststoff. Die heute noch auf den deutschen Binnenseen sehr häufig zu findende Jolle „Conger" wurde z.B. zunächst auf einer heutigen Großwerft in Hamburg gebaut.

Der Rettungsbootsbau wurde dann neben dem Sportsbootsbau das Hauptanwendungsgebiet der faserverstärkten Kunststoffe im Schiffbau. Hier spielen vor allem die selbstlöschenden Polyesterharze eine große Rolle.

Für die Fischerei wurden im Ausland bereits ab 1962 Fischkutter aus FVK hergestellt. Deutschland folgte 1970. Ein Nachteil beim Bau größerer Schiffe aus FVK ist die aufwendige Auslegung und Fertigung. Die Probleme wurden gelöst durch die Anwendung der Finiten-Elemente-Methode bei der Dimensionierung des Rumpfes, der Ausbildung der Außenhaut als Sandwich mit großer Kerndicke und der Verwendung von Prepregs. Dieses sind Fasermaterialien, die im Vorwege mit den Kunststoffen getränkt sind. Die Aushärtung erfolgt dann unter Druck und Wärme. Besonders Bauteile, die hohen Belastungen ausgesetzt sind, werden aus Kohlenstofffaserprepregs und sogenannten Honigwaben, die eine gute Schub- und Druckfestigkeit gewährleisten, im Vakuumverfahren mit Wärmeaushärtung hergestellt [16]. Dieses Verfahren findet vor allem beim Bau von Regattasegelyachten Anwendung.

Ein Hindernis für die Verwendung der Kunststoffe im Schiffbau sind die nationalen und internationalen Brandschutzvorschriften bei gewerblich genutzten Schiffstypen, in denen „nicht brennbare" Werkstoffe verlangt werden. Daher können hier nur bei nichttragenden Strukturen FVK eingesetzt werden, wie z.B. Radarmasten oder Deckhäuser [12].

Für schnelle, unkonventionelle Fahrzeuge, wie z.B. Katamarane, Luftkissenfahrzeuge und Tragflügelboote, bei denen die Gewichtsreduzierung eine der Hauptforderungen ist, sind FVK als Baumaterialien für den Bootskörper zugelassen.

Ein weiteres Gebiet der Kunststoffanwendung ist das Kleben, daß auch aus Gründen der Gewichtseinsparung für die neuen schnellen Schiffe von Interesse ist.

6 Schrifttum

1. Handbuch Stahl und Eisen des Vereins Deutscher Eisenhüttenleute 1937, Abschnitt Q 35, Schiffbaustähle
2. STROHBUSCH, E.: Kriegsschiffbau. 75 Jahre STG, 1899-1974
3. SCHULZ, E.H.: Neuere Fortschritte in der Metallurgie des Stahles für Schiffskörper und -kessel. Jahrbuch STG, 30, 1929
4. JANSSEN, W.: Vereinheitlichung von Schiffbaustahlgüten. Jahrbuch STG, 48, 1954
5. Germanischer Lloyd: Vorschriften für Klassifikation und Bau von stählernen Seeschiffen. August 1934
6. BUCHHOLTZ, H.: Baustahlfragen im modernen Handelsschiffbau. Jahrbuch STG, 46, 1952
7. LEHMANN, E.: Die Entwicklung des eisernen Schiffbaumaterials. Jahrbuch STG, 89, 1995
8. KAISER, H.-J. u.a.: Einsatz moderner un- und niedriglegierter Stähle im Schiffbau und in der Meerestechnik. Jahrbuch STG, 90, 1996
9. SWALES, G.L.; TODD, B.: Nichtrostende Stähle für Chemikalien-Tankschiffe. Hansa, 16, 1971
10. BOIE, C.: Leichtmetalle im Schiffbau. Handbuch der Werften, Band 1, 1950
11. MATTING, A.; NEITZEL, M.: Festigkeit von Aluminiumschweißverbindungen. Jahrbuch STG, 59
12. KEIL, H.: Das Schiff und seine Werkstoffe. Inst. für Schiffbau der Universität Hamburg, Bericht Nr. 587, Dez.1997
13. PIRCHER, H. u.a.: Einsatz CuNi10FeMn-plattierter Bleche für Schiffs- und Bootskörper. Thyssen techn. Berichte, Heft 3/85
14. HARGARTER, E.: Vorstellung der künftigen DIN 81249, Korrosion in Meerwasser und Meeresatmosphäre. Jahrbuch STG, 99, 1996
15. BRENNECKE J.: Geschichte der Kunststoffe im Schiffbau. 75 Jahre STG, 1974
16. MÜLLER, L.: Faserverstärkte Kunststoffe im Boots- und Schiffbau. Handbuch der Werften, Band XX, 1990

Schiffspropulsoren - Ihre Entwicklungen, Leistungen und Probleme

Ship Propulsors – Their Development, Power and Problems

Dipl.-Ing. **Jörg Blaurock**, Hamburg

Summary. The historical evolution of the different ship propulsion devices during the last century starting at the transition period from wind to machine powered vessels up to now.
Simultaneous treatment of the hydrodynamic processes related to the propulsion by means of physical and mathematical tools. Development of propeller theory and today's design procedures. Demonstration of problems as: requirement for high efficiency, low noise and vibration level, resistance against influence of the environment, easy handling etc.
State of the art: which are the most common propulsors and what is their performance.
Outlook: which developments are going on, potential demand to ships of the future which may require new and more sophisticated propulsors.

1. Einleitung

Um die Jahrhundertwende (1900) war die Schiffsschraube als bestes der damals bekannten Vortriebs-Organe in Verbindung mit zumeist einer Kolbendampfmaschine als Leistungslieferant bei vielen Schiffstypen als Antrieb etabliert. Daneben kamen in der Binnenschiffahrt noch Schaufelräder zum Einsatz.

Trotz dieses technischen Standes der Antriebstechnik muß zu dieser Zeit der Anblick des Mastenwaldes in großen Häfen noch prächtig gewesen sein (zumindest aus unserer heutigen diesbezüglich romantisch verklärten Sicht). Der Segelschiffbau war auf seinem technischen Höhepunkt. Große Rahsegler wurden noch im weltweiten Handel von Europa nach Nord- und Südamerika und Asien eingesetzt. Auch in der Fischerei war das Segel noch stark vertreten. Es war jedoch abzusehen, daß sich der Segelantrieb gegen den maschinellen nicht mehr lange würde behaupten können. Im Kriegsschiffbau und in der transatlantischen Passagierschiffahrt hatten die Maschinen die Segel bereits vollständig verdrängt.

In einer längeren Entwicklungsphase mit vielen Erfindungen, Vorschlägen, Ideen und auch Fehlschlägen zur Gestaltung von Schiffspropellern (Ressel 1829, Ericsson 1836, Smith 1836 u.v.m.) hatte sich bis 1900 eine Standardform der Schiffsschraube herauskristallisiert.

Folgend das Beispiel für eine Schraube von vor 100 Jahren:

Der Schnelldampfer „Kaiser Wilhelm II" des NDL, gebaut 1899 beim Stettiner Vulcan (Bau Nr. 250), hatte zwei Schrauben von 7,2 m Durchmesser und vier Flügeln mit einer Leistungsaufnahme von jeweils 21.000 PS bei 80 U/min. Das Schiff erreichte hiermit eine Geschwindigkeit von 22.5 kn. Betrachtet man die dürftigen Kenntnisse über die Stömungsvorgänge und die theoretischen Hilfsmittel, die den Ingenieuren zur damaligen Zeit zur Verfügung standen, um entsprechende Propeller zu konstruieren, verlangt dies heute dem Propellerentwerfer noch gehörigen Respekt ab.

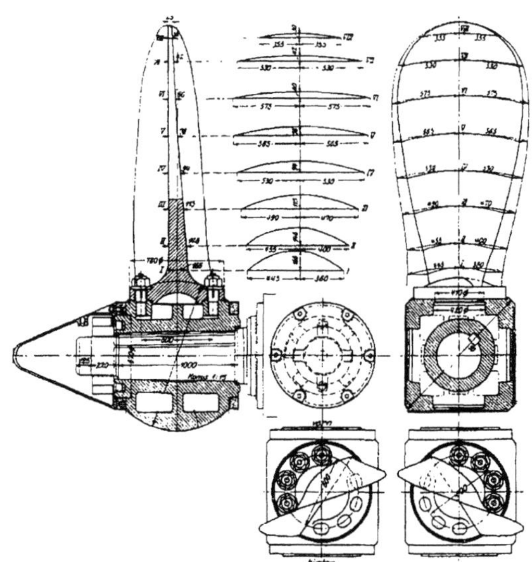

Abb. 1: Nabe und Flügel eines Schraubenpropellers um 1900
Ausgelegt für: P = 21.000 PS   Durchmesser = 7,20 m
           n = 80 U/min   Flügelzahl = 4
           V_s = 22,5 kn

Vom optischen Eindruck her scheint sich bis heute nichts Gravierendes an dieser Konstruktion geändert zu haben. Dies täuscht aber. Feinheiten der Flügelgeometrie, die von entscheidender Bedeutung für das hydrodynamische Verhalten aber auch die Festigkeit sind, lassen sich nicht erkennen. Über das Material macht ein solches Bild gar keine Aussage, wie das Folgende zeigt.

2. Geschichtliche Entwicklung

Die von Rankine, Greenhill, Fitzgerald, Thornycroft, den beiden Froudes u.a.m. begründete und weiter ausgebildete Theorie der Schiffsschraube bezieht sich auf ideale Propeller unendlicher Flügelzahl und ähnlich allgemein gefaßte Randbedingungen. Sie sagt etwas über die Wirkung der Schraube auf ihre Umgebung aus, nichts jedoch über die Strömungsvorgänge um die Flügel selbst. Die damalige Theorie hat das Verständnis um den gesamten Mechanismus der Schrauben zwar gefördert, war für die Praxis aber wenig hilfreich.

Es war dem Ingenieur, der eine Schraube auslegen mußte, überlassen, auf der Basis von Erfahrungen und Experimenten die in jedem Einzelfall zweckmäßigste Form und Größe der Schraube herauszufinden.

Um die Jahrhundertwende wurden sehr wohl schon Versuche mit Modellen von Schiffen gemacht, um den Widerstand und damit den Leistungsbedarf bzw. eine widerstandsgünstige Form zu finden. Hierfür gab es um 1900 in Deutschland Versuchsanstalten in Übigau, Berlin und Bremerhaven. Versuche mit Modellpropellern hielt man zumindest damals noch nicht für sinnvoll oder notwendig, weder für konkrete Anwendungsfälle noch für die Erforschung ihrer Wirkungsweise.

Zur Berücksichtigung der Verluste durch die Propeller, seinen Wirkungsgrad und den ganzen mechanischen Antriebsstrang wurde als notwendige Leistung der Antriebsmaschine das Doppelte der Schleppleistung angenommen, die durch den Schleppversuch für das entsprechende Schiff ermittelt wurde.

Dies grobe Verfahren befriedigte auch damals verständlicherweise nicht alle Ingenieure, und es wurden vereinzelt Anstrengungen unternommen, die Wirkungsweise des Propellers näher zu erforschen. Man bezeichnete damals die Summe der Unkenntnisse um den Propeller als das „Propellerproblem".

1904 führte Ahlborn in Hamburg mit Modellpropellern Standversuche in einem Wasserbecken durch. Durch Einbringen von Luft oder Sägespänen in das Wasser versuchte er die Strömungsverläufe im Bereich des Propellers sichtbar zu machen und so Einblicke in die Strömungsvorgänge zu gewinnen.

Etwa gleichzeitig wurden auf der damals bedeutendsten deutschen Schiffswerft, dem Stettiner Vulcan, Initiativen ergriffen, die Vorgänge am Propeller ebenfalls auf experimentellem Wege näher zu untersuchen, um die Propeller der dort gebauten Schiffe besser auslegen zu können.

Wagner baute ein schwimmendes Gerät, vergleichbar etwa einem heutigen Propellerfreifahrtgerät, mit dem er an Propellermodellen in Freifeldversuchen Schub, Drehmoment, Drehzahl und Geschwindigkeit messen konnte. Hiermit konnte man das Verhalten eines in seiner Geometrie vorgegebenen Propellers im voraus ermitteln und u.U. Änderungen vornehmen. Um weitere Einblicke in die eigentlichen Strömungsvorgänge zu gewinnen, wurde von ihm zusätzlich ein Umlauftank ähnlich dem eines heutigen Kavitationstunnels gebaut. Dieser hatte ein Beobachtungsfenster, durch das der Propeller beobachtet werden konnte. Die Strömung wurde durch Einbringen von Luft oder Sägespänen sichtbar gemacht.

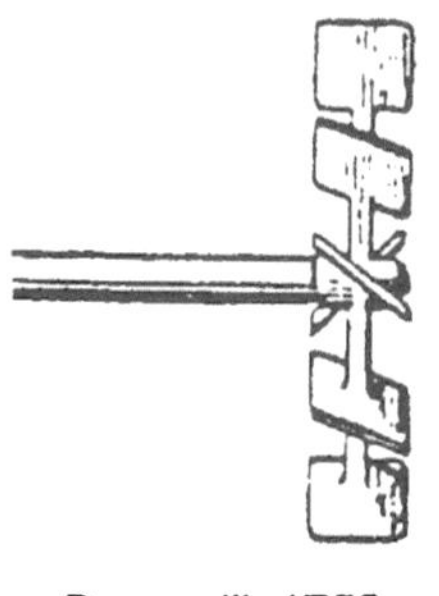

Bernoulli 1752

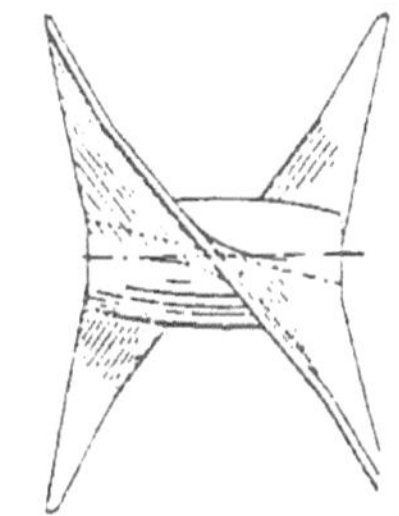

Smith 1836

Ericson 1836

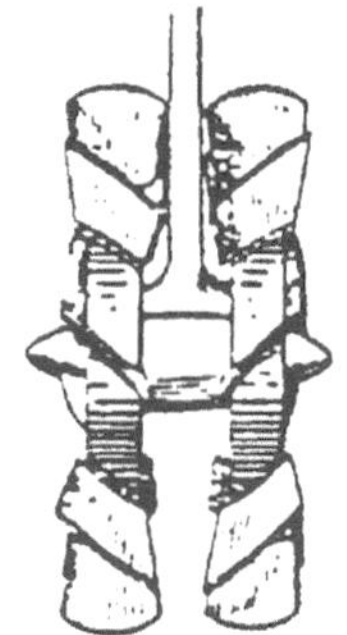

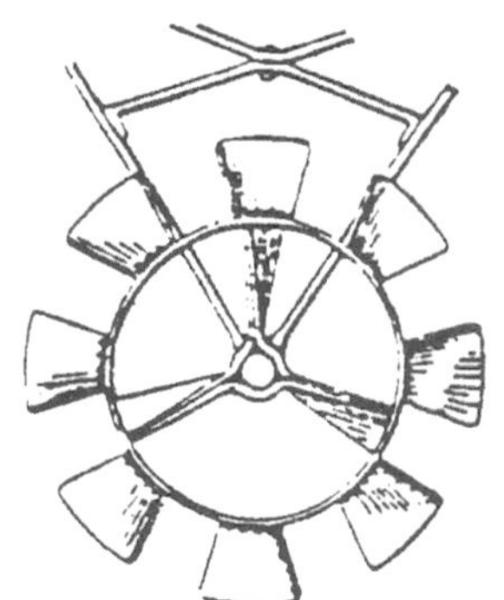

Abb. 2: Vorfahren unserer Propeller Ideen und erste Versuche

Es war vorgesehen, auch den Druck des den Propeller umgebenden Wassers abzusenken, um Kavitation (man nannte sie damals auch Schaumbildung) der Realität entsprechend darstellen zu können. Der Druck konnte jedoch nur bis zu einem Wert von etwa 0.5 bar abgesenkt werden, da es nicht gelang, den Tank ausreichend abzudichten.

Gemessen wurden mit ausschließlich mechanischen Vorrichtungen Drehmoment, Schub, Wassergeschwindigkeit, Drehzahl, selbst stroboskopische Aufnahmen zur Verbesserung der Sichtbarmachung der Strömung und der Kavitation konnten gemacht werden.

Damals selbstverständlich und heute kaum vorstellbar: Der Modellpropeller selbst als auch das Pumpenrad für den Wasserumlauf wurden mit einer Dampfmaschine angetrieben.

Beobachtete Kavitation wurde vor allem als Negativfaktor für den Wirkungsgrad angesehen, was im Prinzip richtig ist. Es wurde fälschlicherweise der Schluß gezogen, daß Propeller mit zur Spitze hin abfallender Steigung einen besseren Wirkungsgrad hätten, weil die Spitzenwirbelkavitation dort später auftritt, ein Indiz dafür, wie wenig über die physikalischen Vorgänge um die Propellerflügel damals noch bekannt war.

Zeise ließ sich 1889 eine Schraube patentieren, die neben anderen besonderen Merkmalen auch eine von der Nabe zur Spitze hin abfallende Steigung hatte. Daß diese Schraube anderen gegenüber als wirkungsvoller angesehen wurde und es wahrscheinlich auch war , lag nicht hieran, sondern an der Tatsache, daß ihre sonstige Konstruktion der heutigen Schraube schon sehr nahe kam, im Gegensatz zu anderen, mit denen sie damals verglichen wurde.

1919 (und 1930) hielt Weber vor der STG zwei Vorträge über die Modellgesetze, deren Kenntnis und korrekte Einhaltung bei der Durchführung von Modellversuchen zwingend geboten ist.

Schaffran veröffentlichte 1916 seine in der VWS Berlin durchgeführten systematischen Propellerversuche. Hiermit hatte man ein Werkzeug an der Hand, Propeller hinsichtlich Leistungsaufnahme, Drehzahl usw. richtig zu dimensionieren. Der Vollständigkeit halber muß erwähnt werden, daß auch R.E.Froude und D.W.Taylor in England und den USA systematische Versuche mit Schiffsschrauben durchgeführt hatten.

Signifikante Fortschritte in der Schraubentheorie gab es ab 1918 durch Arbeiten von Föttinger, Prandtl und Betz. Unter zusätzlicher Anwendung des Satzes von Kutta-Joukowski konnte eine Verbindung zwischen Strömungsgeschwindigkeiten und Kraftwirkungen hergestellt werden. Seit dieser Zeit sind die Vorgänge um die Propellerflügel im Großen und Ganzen physikalisch korrekt beschrieben, auf denen dann weitere Untersuchungen und vor allem auch praktikable Entwurfsverfahren für Propeller aufgebaut werden konnten.

Bis zu dieser Zeit geschah die Auslegung von Propellern auf der Basis von Erfahrung mit Schrauben gebauter Schiffe und einfachen Rechenvorschriften unter Benutzung geeigneter Erfahrungskonstanten.

1913 war in Hamburg auf Initiative der Schiffbauindustrie eine Versuchsanstalt gebaut worden, die sich unter der Leitung von Kempf besonders auch des Propellers als Untersuchungsobjekt annahm. Viele Forscher befaßten sich in den dreißiger und vierziger Jahren in Deutschland mit Schiffspropellern wie Gebers, Horn, Kempf, Lerbs, Gutsche,

Helmbold, um nur einige zu nennen. Grundlegende Untersuchungen aus der Aerodynamik und an Luftschrauben, durchgeführt durch Prandtl, Betz, v.Karman u.a. befruchteten und ergänzten die Arbeiten der Schiffbauer an ihren Propellern, zum Teil wurde von den Aerodynamikern auf diesem Gebiet Pionierarbeit geleistet.

Der Schraubenpropeller war inzwischen in seiner Wirkungsweise soweit erforscht, daß das Erreichen eines guten Wirkungsgrades kein ernsthaftes Problem mehr darstellte, vielmehr traten andere Probleme in den Vordergrund wie vom Propeller ausgehende Schwingungen und Kavitation mit ihren negativen Folgen, Problemkomplexe, die nach wie vor hochaktuell sind. Kavitation machte sich vor allem durch Einbrüche in der Leistungaufnahme der Propeller (ein Zeichen für zu klein gewählte Flächenverhältnisse) und durch Erosion bemerkbar.

Es wurde als notwendig erkannt, vermehrt auch das Umfeld, nämlich das Geschwindigkeitsfeld, in dem der Propeller arbeitet, mit in die Betrachtungen einzubeziehen. Die Ungleichförmigkeit der Zuströmung führt zu instationären Vorgängen um die Propellerflügel, die sich in Form von Schub- und Drehmomentenschwankungen, aber auch in dynamischen Kavitationserscheinungen auswirken. Diese Vorgänge theoretisch zu beschreiben und auch rechnerisch beim Entwurf eines Propellers zu berücksichtigen, stellte eine neue Herausforderung dar.

Zur Beantwortung der vielen offenen Fragen die Kavitation am Propeller betreffend gelang es Lerbs, Mittel zum Bau eines Kavitationstunnels einzuwerben. Mit Unterstützung bei der Auslegung durch das Kaiser-Wilhelm-Institut in Göttingen wurde er 1931 in der HSVA in Betrieb genommen. Lerbs trieb die Forschung auf dem Gebiet der Kavitation intensiv voran und nahm weltweit auf diesem Gebiet eine Spitzenstellung ein.

Eine Zäsur, zumindest in Deutschland, brachte das Ende des Krieges. Forschung auf dem Gebiet des Schiffbaues wurde Deutschland von den Siegermächten für einige Zeit grundsätzlich untersagt, Versuchseinrichtungen teilweise geschleift oder demontiert und abtransportiert, wie es bei der HSVA geschah.

1955 stellte Lerbs ein Propeller-Entwurfsverfahren vor, das es ermöglichte, die induzierten Geschwindigkeiten mit Hilfe des Gesetzes von Biot-Savart bei gegebenen Zuflußgeschwindigkeiten zum Propeller und beliebig gewählter gebundener Zirkulation über die Flügelspannweite zu berechnen.. Zu deren Ermittlung werden sog. Induktionsfaktoren eingeführt. Dieses Verfahren wurde zu einem Klassiker, der heute noch Bestandteil der gebräuchlichsten Entwurfsverfahren für Schraubenpropeller ist.

Ein großes Verdienst von Lerbs war es - und dies ist auch eine Erklärung für die Verbreitung und Akzeptanz dieses Verfahrens -, daß er seine Erkenntnisse für den "normalen" Ingenieur der Praxis verständlich und auch direkt anwendbar aufbereitete und darstellte.

Die Entwurfsrechnung für einen Schraubenpropellers nach dem Verfahren der tragenden Linie unter Verwendung der Induktionsfaktoren-Methode ist korrekt für gleichförmige Zuströmung. Zur Berücksichtigung der Ungleichförmigkeit der Zuströmung bedarf es danach noch der Modifikation der zuvor gefundenen Geometrie durch den Entwerfer, um das Kavitationsgeschehen akzeptabel zu gestalten

Ebenfalls 1955 behandeln Dickmann und Weissinger in einem Vortrag vor der Gesellschaft die Düsenschrauben. Mittels einer Impuls- und Energiebetrachtung zeigen sie, daß die Optimumbedingungen der Düsenschraube identisch ist mit der einer Axialpumpe. Dies führt zu einer optimalen Zirkulationsverteilung über die Flügelspannweite. Entlang der Düse wird eine elliptische Verteilung von Ringwirbeln angesetzt, die sich in in den freien Ringwirbeln des Strahles fortsetzen. Das Strömungsfeld dieses Wirbelsystems wird nach dem Gesetz von Biot-Savart berechnet. Vergleiche von Rechenergebnissen nach dieser Methode mit Düsenschrauben-Versuchen zeigten gute Übereinstimmungen.

In der HSVA wurde 1961 wiederum von Lerbs nach seinen Plänen ein neuer, jetzt deutlich größerer Kavitationstunnel gebaut. Um Forschungen auf dem Gebiet der Kavitation, wo es nach wie vor viele offene Fragen gab, weiterführen zu können.

Zwischenzeitlich war es , zumindest wenn höhere Anforderungen gestellt wurden, zur Routine geworden, vor Baubeginn Kavitationsversuche durchzuführen, die Auskunft über die Gestalt der sich ausbildenden Kavitation geben und zeigen, ob der Propellerentwurf gegebenenfalls überarbeitet werden muß.

Die Praxis verlangte nach einwandfrei arbeitenden Propellern, was aber nur dann halbwegs sichergestellt werden konnte, wenn auch die Bedingungen, unter denen der Propeller arbeitete, akzeptabel waren. Konkret bedeutet dies, daß das Nachstromfeld so wenig ungleichförmig wie möglich ist. Um dies zu erreichen, muß bei der Formgestaltung des Hinterschiffes auf diese Forderung eingegangen werden. Signifikant war der Wegfall der Ruderhacke (etwa 1965) oder später zusätzlich die

wulstartige Ausbildung des Hinterstevens vor dem Propeller (AG-Weser-Heckwulst), um das Nachstromfeld soweit wie möglich einem rotationssymmetrischen nahezubringen. Hiermit konnten sowohl das Niveau der vom Propeller ausgehenden Erregerlasten gesenkt als auch das Kavitationsgeschehen positiv beeinflußt werden.

Neue Probleme traten etwa 1970 auf, als die Schiffe in der Handelsflotte größer, vor allem aber auch schneller wurden. Man strebte bei Containerschiffen Geschwindigkeiten von bis zu 28 kn an, Werte die im Frachtverkehr bis dahin unbekannt waren. Die Folge war, daß auch die Propeller sowohl größer wurden, als auch immer größere Leistungsdichten und niedrigere Kavitationszahlen verdauen mußten. Hier hat neben anderen die Fa. Zeise in Altona Pionierarbeit geleistet, aber auch kräftige Rückschläge durch vermehrt aufgetretene Flügelbrüche einstecken müssen. Die Ursachen der aufgetretenen Probleme waren nicht nur hydrodynamischer, sondern auch metallurgischer Art.

Heute stellen Propeller mit großen Abmessungen (bis etwa 9 m Durchmesser) und hohen umzusetzenden Leistungen kein ernsthaftes Problem mehr dar, auch wenn der Entwerfer immer noch bis zur endgültigen Erprobung und den ersten Bewährungen im praktischen Betrieb zeitweise von Kopfschmerzen geplagt wird.

Die rasante Entwicklung der Rechner in den letzten 20 Jahren hat auch hier ihre Spuren hinterlassen. Der Propeller wird einbezogen in das gesamte hydrodynamische System Schiff, wodurch es möglich geworden ist, die gesamten Strömungsvorgänge auch im Detail zu betrachten, zumindest qualitativ. Rechenprogramme sind ein äußerst nützliches Hilfsmittel und können dem Propeller-Entwerfer extrem zeitaufwendige Rechenarbeit abnehmen, manche Untersuchungen werden durch Rechner überhaupt erst möglich. Sie können ihm jedoch nicht bei der nach wie vor gefragten kreative Arbeit ersetzen. Je nach Standpunkt mag man dies bedauern oder auch nicht.

3. Spezielle Propulsoren und Konstruktionen

Es gibt eine Vielfalt von Propulsoren und der Verbesserung der Propulsion dienenden Konstruktionen, die sich im Laufe der Entwicklungen jeweils auf die sehr verschiedenen Anforderungen zugeschnitten herausgebildet haben. Folgend wird auf wichtige und interessante Varianten, wegen der großen Vielfalt jedoch nicht auf alle und auch nicht auf alle Besonderheiten im Detail eingegangen.

3.1. Schaufelräder

Verbreitetster Propulsor war etwa 1920 der Schraubenpropeller. Daneben war aber fast nur noch auf

Binnengewässern das Schaufelrad anzutreffen. Auf Seeschiffen ging sein Einsatz bereits gegen Mitte des 19. Jahrhunderts zu Ende. Diese Entwicklung war bedingt durch die Weiterentwicklung sowohl der Dampfmaschine, deren Leistungscharacteristika mehr und mehr auch auf die Propeller zugeschnitten waren. Auch der Bau brauchbarer Untersetzungsgetriebe und die Weiterentwicklung der Schiffsschraube selbst beschleunigten diese Entwicklung. Letztlich waren es die negativen Eigenschaften der Schaufelräder selbst, die besonders bei Seeschiffen zum Tragen kamen, wie die Empfindlichkeit des Rades selbst, schlechtes Verhalten bei Seegang und Probleme durch Änderungen der Radeintauchungen bei Tiefgangsänderungen, Probleme bei Eis usw..

Als Binnenschiffsantriebe für z.B. Flußschlepper oder im Passagierverkehr auf Flüssen und Seen waren sie jedoch den Schrauben gegenüber durchaus konkurrenzfähig, teilweise sogar klar überlegen, z.B. bei Schiffen mit geringem Tiefgang und bei Fahrt in extrem flachen Gewässern. Schraubenpropeller können unter diesen Randbedingungen nur kleine Durchmesser und damit schlechte Wirkungsgrade haben, des weiteren kann die eingebrachte Antriebsleistung, insbesondere bei Schleppern, auch bei Mehrschraubenantrieb nicht voll untergebracht werden. Schaufelräder dagegen werden hierdurch in ihren Abmessungen nicht beschnitten, ja sie können bei relativ geringer Tauchung sogar am effektivsten arbeiten. Unter günstigen Bedingungen sind Wirkungsgrade von 55-70% erreichbar.

Die Funktion des Schaufelrades beruht auf einem völlig anderen Prinzip als das des Schraubenpropellers.

Beim Schraubenpropeller und seinen vielen Abwandlungen wird der Schub durch Auftrieb an Tragflügeln erzeugt, die durch das Wasser bewegt werden. Beim Schaufelrad wird der Widerstand von mit Maschinenkraft durch das Wasser bewegte Platten oder Schaufeln als Vortrieb erzeugende Kraft genutzt.

Verständlicherweise können die für Schraubenpropeller entwickelten Theorien und Berechnungsverfahren nicht für das Schaufelrad verwendet werden. Ihre Gestaltung basierte anfangs ausschließlich auf Erfahrungen mit zuvor gebauter Rädern. Anfang des Jahrhunderts begann man, durch Modellversuche zuverlässigere Daten für die Gestaltung zu gewinnen. Versuche dieser Art sind sehr aufwendig und nur in sehr kleinem Umfang in der Literatur zu finden. In Deutschland haben Schaffran 1919 und Gebers 1952 solche Messungen veröffentlicht.

Das Schaufelrad gehört heute der Geschichte an. Vereinzelt fahren noch auf Seen und Flüssen z.B. in der Schweiz und Deutschland alte mit Schaufelrädern angetriebene Fahrgastschiffe.

3.2. Voith-Schneider-Propeller

Voith-Schneider-Propeller arbeiten nach dem gleichen Grundprinzip wie die Schraubenpropeller, d.h. es wird der durch Bewegung von Tragflügeln im Wasser entstehende Auftrieb zur Schuberzeugung genutzt Die einzelnen Propellerflügel sind um ihre Hochachse drehbar auf einem sich drehenden Kreisring angeordnet und führen während einer Umdrehung um ihre Hochachse zwangsgeführt eine schwingende Bewegung aus, so daß je nach augenblicklicher Stellung des einzelnen Flügels Auftrieb in einer gewollten Richtung entsteht.

Die Steuerung der Flügel geschieht über Lenkerstangen, die mit einem um die Hochachse drehbar und exzentrisch gelagerten Ring verbunden sind. Ihre Bewegungen sind so koordiniert, daß alle Flügel Schub in gleicher Richtung erzeugen.

Gegenüber dem normalen Schraubenpropeller hat er einen komplizierten Mechanismus, der während des Betriebes ständig in Bewegung ist, was ihn zwangsläufig empfindlich macht. Er verfügt über eine Reihe von besonderen Eigenschaften, die in seiner Funktionsweise begründet sind, wie:

- Er kann seine Schubrichtung schnell ändern (schneller als Verstellpropeller) und dies in jede gewünschte Richtung von 0 bis 360°.

- Er kann die Größe des Schubes bei konstant gehaltener Drehzahl von voll voraus über Null bis voll zurück stufenlos verändern. Die Steuerung sowohl der Größe des Schubes als auch der Schubrichtung geschieht durch Änderung von Größe und Richtung des exzentrischen Ringes.

- Durch die zwei zuvor genannten Eigenschaften kann er bei paarweiser Anordnung die Funktion eines Ruders vollständig mit übernehmen und macht dadurch den Einbau eines Ruders überflüssig. Auch ohne Fahrt zu machen kann das durch ihn angetriebene Fahrzeug eindeutig gesteuert werden

- Durch die beschriebene Kombination der Eigenschaften eines Vortriebsorgans und eines Ruders läßt sich das durch V-S-Propeller angetriebene Fahrzeug in beliebiger Richtung bewegen, traversieren oder, wenn gewollt, auch konstant auf einer Stelle positionieren.

Durch diese genannten Eigenschaften bietet er sich in idealer Weise zum Antrieb von z.B. Fähren, Tonnenlegern, Minensuchern und ähnlichen Fahrzeugen an.

Die Realisierung dieses technisch recht aufwendigen Propulsionsorgans war nach dem Stand der Technik zum Zeitpunkt seiner Einführung etwa 1930 auf der Basis von Erfahrungen möglich, die man im Wasserturbinenbau gesammelt hatte. 20 Jahre früher wäre man technisch wahrscheinlich noch nicht in der Lage gewesen, diese Idee für einen Propeller zu realisieren, und sie wäre wie viele andere Ideen, die zum falschen Zeitpunkt auftauchten, in der Versenkung verschwunden.

Im Gegensatz zum normalen Schraubenpropeller lassen sich die Flügel nicht durch in ihrer Spannweite veränderliche Steigung dem Nachstrom des Schiffes anpassen. Die Flügel haben bedingt durch den Umstand, daß sie bei einem Umlauf zyklisch wechselnd in der einen und dann wieder in der anderen Richtung Auftrieb erzeugen, über die gesamte Spannweite jeweils gleiche Steigung. Der Auftrieb wird durch Anstellung der Profile relativ zur lokalen Anströmrichtung, nicht durch Wölbung erzeugt.

Die Art der Konstruktion des V-S-Propellers setzt einen flachen Schiffsboden voraus.

Dadurch, daß jede Schaufel bei einem Umlauf die gleiche Wassermasse zweimal, jedoch immer in jeweils entgegengesetzter Richtung durchschneidet, können die entstehenden Strömungsquerkomponenten, die nicht zur Schuberzeugung beitragen, also Verluste darstellen, wieder teilweise zurückgewonnen werden. Dies entspricht im Prinzip der Minimierung der Drallverluste beim Schraubenpropeller, wie sie durch hintereinander angeordnete gegenläufige Propeller erreicht wird.

Durch die Gestalt dieses Propellers kann selbst auf flachgehenden Schiffen eine große Propellerfläche realisiert werden, was wegen des dann kleinen Schubbelastungsgrades zu guten Propellerwirkungsgraden führt. Nachteilig wirkt sich der damit einhergehende große Platzbedarf aus.

Der V-S-Propeller hat sich seit seiner Einführung bis heute für bestimmte Anwendungsfälle, wie Fähren, Hafenschlepper, Tonnenleger u. ähnliche Fahrzeuge, die viel manövrieren und positionieren müssen, einen festen Platz gesichert.

3.3. Verstellpropeller

Verstellpropeller stellen eine besondere Ausführungsform des Schraubenpropellers dar, dessen Kennfeld um eine Dimension erweitert ist, nämlich der nach Bedarf veränderbaren mittleren Steigung.

Die Idee des Propellers mit verstellbaren Flügeln ist so alt, wie der Propeller selbst, jedoch eine wirklich nutzbare Ausführungsform in Gestalt der heute noch üblichen Technik des hydraulischen Verstellens wurde erstmalig 1932 durch Escher-Wyss realisiert, wobei man sich auf die Erfahrungen im Wasserturbinenbau stützen und somit einige Kinderkrankheiten vermeiden konnte. Seit dem ist er wegen seiner flexiblen Eigenschaften zu einer der Standardausführungen des Schraubenpropellers geworden.

Die Steigung kann innerhalb bestimmter Grenzen durch Verdrehen der Flügel um ihre Hochachse stufenlos verändert werden. Dies ermöglicht, ihn unterschiedlichsten Betriebsbedingungen, aber auch dem Kennfeld der Antriebsmaschine jederzeit optimal anpassen zu können. Durch die Möglichkeit, auch negative Steigungen einstellen zu können, ist es bei Umsteuermanövern nicht mehr nötig, die Antriebsmaschine zu stoppen und andersherum wieder anzulassen. Binnen kurzer Zeit (ca. 25 sec) läßt sich durch entsprechende Veränderung der Steigung eine vollkommene Schubumkehr erzielen.

Schnelles Umsteuern bedeutet bessere Manövrierfähigkeit und damit auch höhere Sicherheit. Fähren, RoRo-Schiffe und ähnliche Fahrzeuge können, besonders wenn sie mit zwei Propellern ausgerüstet sind, optimal auch unter erschwerten Randbedingungen manövrieren, an- und ablegen und dies ohne Unterstützung durch Schlepper.

Eine weitere zusätzliche Nutzungsmöglichkeit ist das Betreiben von Wellengeneratoren im Konstantdrehzahlbetrieb, wobei die Regelung der Leistungsumsetzung durch Verändern der Steigung unter Beibehaltung einer immer gleichen Drehzahl erreicht wird.

Die hydrodynamische Auslegung der Geometrie der Flügel eines Verstellpropellers geschieht im Prinzip wie bei einem entsprechenden Festpropeller, jedoch müssen einige Qualitätsabstriche in Kauf genommen werden.

Wegen der Forderung nach Umsteuerbarkeit des Propellers müssen die Flügel bei Verändern der Steigung von voraus auf zurück einander passieren können. Hierdurch ist das Flächenverhältnis auf etwa max. 0.74 begrenzt. In Fällen, in denen aus Kavitations- oder anderen Gründen ein deutlich größeres Flächenverhältnis erforderlich wäre, verbietet sich ihre Verwendung.

Ein weiteres Problem besteht darin, daß wegen der Starrheit des Flügels in sich bei der Veränderung der mittleren Steigung weder der Steigungsverlauf noch die Wölbung in irgendeiner Weise mit verändert werden kann. Optimiert werden diese Parameter normalerweise für den Haupbetriebspunkt, d.h. für die mittlere Entwurfssteigung. Bei einer deutlich hiervon abweichenden anderen Steigungseinstellung sind dann die Steigungs- und Wölbungsverläufe nicht mehr den augenblicklichen Strömungsverhältnissen angepaßt, und es kann sehr ungünstiges bis inakzeptables Kavitations- und Vibrationsverhalten auftreten. Um dieses zumindest weitestgehend zu vermeiden, sind Kompromisse in der Formgestaltung einzugehen, wodurch dann auch im Hauptauslegepunkt der Flügel nicht so gute Eigenschaften haben kann, wie sie ein vergleichsweise für diesen Punkt ausgelegter Festpropeller hätte. Teilweise läßt sich dieses Problem durch Vorgabe von Sperrbereichen im Betrieb des Propellers entschärfen, die allenfalls kurzfristig durchfahren werden dürfen.

Wegen des großen Platzbedarfes des Verstellmechanismus in der Nabe ist die Flügelzahl normalerweise nach oben auf fünf begrenzt. In Sonderfällen wurden mit entsprechend größerem Konstruktions- und Kostenaufwand auch schon bis zu sieben Flügel realisiert.

Typische Anwendungen finden sich bei Frachtschiffen mittlerer Größe, Fähren, RoRo-Schiffen, Kreuzfahrtschiffen oder Fregatten.

3.4. Kort-Düse

Diese nach ihrem Erfinder Kort genannte Düse, die um einen Propeller angeordnet wird, entstand ursprünglich durch Tunnelung des Schiffsbodens oberhalb des Propellers, um ihm mehr Wasser zuzuführen, und mit einer Aufweitung des Tunnels hinter dem Propeller, um hier die Strömung zu verzögern und entsprechend Druck aufzubauen, wodurch die Schubkraft erhöht wird.

Die so in das Schiff integrierte Tunnelung oder Halbdüse zeigte die erhoffte Wirkung, war aber platzaufwendig und teuer in der Fertigung. Durch Weiterentwicklung dieser Grundidee entstand dann die volle Tunnelung rund um den Propeller, nämlich die Düse. Sie war insgesamt noch wirkungsvoller, billiger in der Fertigung und konnte auch bei verschiedenen Hinterschiffsformen verwendet werden.

Ihre erste Anwendung fand sie 1933. Sie wurde damals wie auch heute noch bei Schleppern, Binnenschiffen, Trawlern oder sonstigen Fahrzeugen genutzt, bei denen der Schubbelastungsgrad des Propellers hoch ist. Ursprünglich waren die Schubgewinne nicht so groß, wie sie heute erreicht werden. Dies lag daran, daß die Formgestaltung der Düsen noch schlecht war und der durch sie erbrachte Gewinn zu einem großen Teil von den Reibungsverlusten an der Düse selbst wieder aufgefressen wurden. Durch Weiterentwicklung der Düsenformen konnten sowohl der Gewinn durch die Düse erhöht als auch die Reibungsverluste

weiter reduziert werden. Durch diese Leistungssteigerungen konnten Düsen auch bei weniger stark belasteten Propellern noch mit Gewinn eingesetzt und somit die Anwendungsmöglichkeiten erweitert werden.

Kort selbst, dann aber Horn, Dickmann und Weissinger und später auch Gutsche haben sich mit der Düse und ihrer Wirkung theoretisch eingehend auseiandergesetzt.

Ist der Schubbelastungsgrad des Propellers groß, lassen sich mit einem Propeller plus Düse bei gleichem Leistungsaufwand Schubgewinne von bis zu 25% und mehr gegenüber einem Propeller alleine erzielen.

Ordnet man die Düse um ihre Hochachse drehbar an, kann sie die Funktion des Ruders mit übernehmen. Düsenpropeller haben bei Schleppern, Binnenschiffen und häufig auch bei Azimuth-Thrustern (Schottel-Propeller) ein fest etabliertes Anwendungsgebiet.

Die Düse ist kein selbsständiges Propulsionsorgan. Sie ist eine Ergänzung zum Schraubenpropeller, die unter bestimmten Randbedingungen die Effektivität der Schraube erhöht .

Die Geometrie eines in einer Kortdüse arbeitenden Propellers muß auf das Zusammenwirken mit der Düse abgestellt werden. Typisch anders können z.B. im äußeren Flügelbereich die Blattkontur und die Steigungswerte sein.

Ein immer wiederkehrendes Problem bei Düsenpropellern ist Kavitation im Spalt zwischen Flügelspitze und Düse. Besonders bei starker Belastung der Flügelspitze, was einhergeht mit höheren Steigungswerten im Bereich der Flügelspitzen und einem besseren Wirkungsgrad, tritt in dem Spalt besonders im Bereich großen lokalen Nachstroms Kavitation auf, die im inneren Düsenring zu starken Erosionen führen kann. Als Gegenmaßnahme wird bei entsprechenden Düsen die Innenseite der Düse oft mit einem Ring aus erosionsresistenterem Material eingesetzt, z.B. aus Chrom-Nickel-Stahl.

3.5. Drallverlust-Minimierung

Das verständliche Bestreben, permanent bessere Wirkungsgrade mit dem Propeller selbst oder mit dem System Schiff plus Propeller zu erzielen, führte immer wieder zu Anstrengungen, die mit der Wirkungsweise des Propellers notwendigerweise verbundenen Drallverluste auf ein Minimum zu reduzieren. Dies ist mit dem Propeller allein nicht möglich, es bedarf immer irgendwelcher Zusatzeinrichtungen, die den Drall, dessen Energie normalerweise für den Schiffsvortrieb verloren ist, in irgendeiner Form zur Erzeugung von zusätzlichem

Schub nutzen.

Eine dieser Vorrichtungen war der von Wagner 1906 vorgestellte Contrapropeller. Es sind dies Leitflossen, die im Propellerstrahl von der Propellermittellinie her nach außen gerichtet sind. Sie sehen in ihrer Summe aus wie ein Propeller, daher der Name, waren aber starr und nicht drehend mit dem Schiffskörper verbunden. Sie waren so geformt und in der Strömung angeordnet, daß die in Fahrtrichtung des Schiffes gerichtete Komponente der an ihnen erzeugten Kräfte als Zusatzschub wirkte.

Haas, Ebelt u.a. schlugen andere Leitbleche vor. Diese wurden am Hinterschiff vor dem Propeller angebracht oder sogar in das Hinterschiff derart integriert, daß es unmittelbar vor dem Propeller unsymmetrisch wurde. Hier können die ersten Anfänge des asymmetrischen Hinterschiffes erkannt werden. Bei Mehrschraubern wurden Wellenbockarme als Leitbleche ausgeformt, z.B. bei Torpedobooten.

Alle vor dem Propeller angebrachten Leitflächen sollten dem in den Propeller strömenden Wasser einen Vordrall geben, der der Drehrichtung des Propellers entgegengesetzt ist. Leitflächen, die hinter dem Propeller angeordnet waren, sollten den Drall aus dem Propellernachlauf herausnehmen. Dieser Effekt wird grundsätzlich auch durch jedes Ruder erzielt, das hinter einem Propeller angeordnet ist, jedoch nicht in optimaler Weise. Später wurden Ruder entsprechend formoptimiert, um diesen Effekt zu verstärken (Star-Contra-Ruder). Im Jahre 1928 waren bereits 428 Schiffe mit einer Gesamttonnage von 2.6 Mill. tdw mit sog. Contrapropellern versehen. Dies entsprach etwa 4% der Welttonnage. Nach damaligen Veröffentlichungen wurden hierdurch Leistungseinsparungen von 10-15% erzielt. Diese Werte erscheinen etwas zu hoch gegriffen. Warum sich die Leitflächen damals nicht weiter durchsetzten und wieder verschwanden, ist nicht bekannt.

In den 60er Jahren griffen einige Ingenieure diese alten Ideen wieder auf, entwickelten sie weiter und versuchten, sie auch in die Praxis umzusetzen. Als Beispiele seien das Leitrad, erdacht von Grim, und das asymmetrische Hinterschiff wie von Nönnecke vorgeschlagen genannt. Keine dieser Ideen wurde anfangs von der Schiffbau-Industrie angenommen.

Stellvertretend sei auf das Leitrad etwas eingegangen: Das Leitrad nach Grim ist ein unmittelbar hinter dem Propeller angebrachtes Rad, bestehend aus Nabe und Flügeln. Es dreht sich frei um die Propellerachse und wird nicht mechanisch angetrieben. Der Gesamtdurchmesser des Leitrades ist etwa 25% größer als der des Propellers. Der im Propellerstrahl befindliche Teil der Flügel ist als Turbinenschaufel ausgebildet, der äußere als Propellerflügel. Der Drehsinn ist der gleiche wie der des Propellers, seine Drehzahl aber nur etwa 40%.

1984 schienen alle technischen Probleme zum Bau und Betrieb gelöst, und es wurde mit der Fertigung von Leiträdern begonnen.

Leider stellte sich beim ersten vom Bremer Vulkan mit einem Leitrad ausgerüsteten Containerschiff "Pharos" nach relativ kurzer Betriebszeit ein Totalschaden ein. Das Leitrad ging während des normalen Betriebes des Schiffes während der Fahrt ohne äußere Einwirkungen verloren. Zurück blieb nur der Wellenstumpf des Leitrades. Eine gründliche Analyse des Schadens ergab, daß das Lager versagt haben mußte. Möglicherweise ist Wasser an den Dichtungen vorbei ins Innere der Nabe gedrungen und hat sich mit dem Schmierfett vermischt und zum Versagen der Wälzlager (die rechnerisch für eine Lebensdauer von 200 Jahren ausgelegt waren) geführt. Weitere ähnliche Ausfälle folgten. Der wohl spektakulärste Schaden trat bei der "QE2" auf. Sie erhielt zwei Leiträder, die jeweils hinter einem Verstellpropeller angeordnet waren. Gegen den Rat von Grim, der wegen des kleinen Schubbelastungsgrades der Propeller kaum Gewinn durch die Leiträder erwartete, wurden sie installiert. Mit riesigem Werbeaufwand wurde dieses Schiff damals umgebaut. Es erhielt eine komplett neue Antriebsanlage. Die Leiträder wurden bei allen Werbeaktionen für das umgebaute Schiff mit in den Vordergrund gestellt. Um so größer war dann der ideelle Schaden für das Leitrad als Propulsionsorgan, als schon auf der Probefahrt beide Leiträder fast alle Flügel verloren hatten, was erstaunlicherweise auf der Probefahrt selbst gar nicht bemerkt wurde. Nach der Probefahrt inspizierten britische Marinetaucher das Unterwasserschiff auf möglicherweise angebrachte Sprengladungen, da ein Mitglied des englischen Königshauses das Schiff besichtigen wollte. Die Taucher wunderten sich über die doch recht seltsam und ungewöhnlich anmutenden Propulsionsorgane und berichteten hierüber. So wurde der Schaden eigentlich nur zufällig entdeckt. Ursache für diese Brüche waren Schwingungen, die die Leitradflügel, angeregt durch ungewöhnlich starke Kavitation an den Propellerflügeln, ausführten.

Bis auf wenige Ausnahmen waren bis dahin auf deutschen Werften etwa 50 Leiträder installiert worden. Neue Leiträder wurden seitdem bis heute nicht mehr projektiert oder gebaut. Dies ist zu bedauern, da dieses Organ hydrodynamisch alle Erwartungen erfüllt hatte und Kraftstoffeinsparungen von teilweise 10% und deutlich darüber bewirkt hatte. Nach einigen Änderungen an der Lagerung und der Konstruktion insgesamt glaubte der Hersteller der Leiträder damals, die ersten Kinderkrankheiten überwunden zu haben. Diese Meinung teilten aber offenbar die Werften und vor allem die Reeder nicht. Vielleicht werden Leiträder nach Grim, wenn die Kosten für Treibstoffe wieder deutlich steigen sollten, noch einmal eine Renaissance erleben.

3.6. Gegenläufige Propeller

Eine andere Möglichkeit, die Drallverluste zu reduzieren, ist die Verwendung von zwei konzentrisch hintereinander angeordneten Propellern, die entgegengesetzte Drehrichtungen haben.

Gegenläufige Propeller tauchten als Idee schon zu Beginn der Propellerentwicklung auf. Ihr Zweck war ursprünglich, die beim Schraubenpropeller notwendigerweise auftretenden Querkräfte zu kompensieren, so bei Perkins 1825 mit halbgetauchten Propellern und 1836 bei Ericsson. Wegen des komplizierten Mechanismus des Antriebs hatten sie damals natürlich keine Chance. Interessant wurden sie später als Antrieb für Torpedos, bei denen der durch sie bewirkte Momentenausgleich genutzt wurde, um zu verhindern, daß sich diese Geräte beim Antrieb um ihre eigene Achse drehten. Den Wirkungsgradgewinn wegen der sich zum Teil kompensierenden Drallverluste nahm man zusätzlich mit. Wegen ihres guten Wirkungsgrades wurden immer wieder Anläufe unternommen, sie auch für zivile Zwecke zu nutzen. Trotz des großen maschinenbaulichen Aufwandes bei den konzentrisch laufenden Wellen, bei Lagern und Getrieben haben sie sich heute in einem kleinen Anwendungsfeld etabliert, so werden CR Propeller für Sportboote und im kommerziellen Bereich bei Azimuth-Antrieben verwendet.

Im Großschiffbau wurden immer wieder Studien für einen solchen Antrieb durchgeführt. Mitsubishi wagte dann 1993 die Realisierung eines CR-Propellerantriebes bei einem 258.000-tdw-VLCC. Die Propeller mit Durchmessern von 9,9 bzw. 8,8 m und 5 bzw. 3 Flügeln verliehen dem Schiff mit einer Gesamtantriebsleistung von 20.600 kW eine Geschwindigkeit von 15,2 kn. Das Lob vor allem des Herstellers des Schiffes nach den Probefahrten war groß. Es bleibt abzuwarten, ob sich das System im Dauereinsatz bewähren wird und weitere vergleichbare Anwendungen folgen werden.

3.7. Waterjet

Für den Antrieb schneller Wasserfahrzeuge werden seit 15 Jahren vermehrt Wasserstrahlantriebe verwendet.

Der Wasserstrahlantrieb, auch Waterjet genannt, ist eine in den Schiffsrumpf integrierte Axialpumpe, die sich durch einen Ansaugkanal, z.B. von unter dem Schiffsboden, Wasser ansaugt und nach einer Druckerhöhung nach hinten wieder ausstößt.

Mit ihm lassen sich hohe Geschwindigkeiten bis etwa 60 kn erreichen. Kavitation kann bei richtiger Auslegung bis zu Geschwindigkeiten von 40 kn vermieden werden. Oberhalb dieser Geschwindigkeit ist der Waterjet dem Schraubenpropeller im Wirkungsgrad überlegen. Durch Umlenkvorrichtungen für den Austrittsstrahl läßt sich das Fahrzeug mit dem Waterjet ausgezeichnet manövrieren und bei Umlenken des Strahl um 180 ° auch reversieren. Ruder werden damit überflüssig. Fahren auch bei kleinen Geschwindigkeiten ist möglich, allerdings hat hier der Waterjet einen extrem schlechten Wirkungsgrad.

Gleitfahrzeuge lassen sich, bedingt durch die Pumpencharakteristik, ohne Probleme vom Verdrängungs- in den Gleitzustand bringen, wobei es mit Schraubenpropellern wegen des Widerstandsbuckels u.U. seriöse Probleme geben kann.

Anwendungsgebiete sind der Personentransport (Fähren), Polizei- oder Militärische Fahrzeuge und Luxusyachten.

Waterjets werden zuweilen als Zusatzantriebe (Booster) verwendet, um im Bedarfsfall Höchstgeschwindigkeiten zu erreichen, wobei der normale Antrieb im niedrigeren Geschwindigkeitsbereich nur mit Schraubenpropellern geschieht.

3.8. Surface-Piercing-Propeller

Ein Exot unter den Schraubenpropellern ist der Surface-Piercing-Propeller. Mit seiner Hilfe ist es möglich, kleinere Fahrzeuge, wie Polizei- und Zollboote, Sport- und Rennboote auf Geschwindigkeiten von bis zu etwa 70 kn oder darüber zu bringen, was mit klassischen voll getauchten Schraubenpropellern, auch mit einem Waterjet nicht zu erreichen ist. Er unterscheidet sich von einem normalen Schraubenpropeller dadurch, daß er von oben her nur zu einem Teil ins Wasser eindringt. Bei Betrieb mit hohen Drehzahlen wird die Saugseite voll belüftet. An ihr herrscht Atmosphärendruck, und Kavitation kann also nicht auftreten.

Besonderheiten dieses Propellers sind:
- er kann auch bei geringer Wassertiefe verwendet werden
- er unterliegt keinen Einschränkungen durch Kavitation
- er kann durch Veränderung der Eintauchung in seinem hydrodynamischen Verhalten beeinflußt werden
- es treten, bedingt durch die besondere Funkti-

onsweise, starke Querkräfte auf, weshalb nur paarweiser Einsatz (1 x rechts-, 1 x links-drehend) sinnvoll ist
- er wird am Ende des Schiffes angeordnet, hinter dem Propeller sollte kein Teil des Schiffes mehr die Wasserlinie durchstoßen

Diese Art von Propeller erfordert besondere Profilformen sowohl aus hydrodynamischen als auch aus Festigkeitsgründen. Für den Betrieb im Hauptarbeitspunkt (hohe Geschwindigkeit) ist nur die Form der Druckseite von Bedeutung. Die Eintrittskante muß scharf sein. Eine möglichst hohe Flügelzahl sorgt für ruhigen Lauf.

Eine Ausführung als Verstellpropeller ist technisch aufwendig und teuer, ermöglicht aber eine optimale Anpassung des Propellers an die verschiedenen Arbeitsbedingungen, also nicht nur die bei hohen Geschwindigkeiten, sondern auch beim Hochfahren. Im Anfahrzustand des Fahrzeuges bis zum Beginn des Gleitens arbeiten die Flügel dieses Propellers, sofern sie fest installiert sind, vollgetaucht, d.h. auch Ihre Saugseite ist wie bei allen anderen Propellern auch, voll benetzt. Dementsprechend hat er ein völlig anderes hydrodynamisches Verhalten als bei Hochgeschwindigkeitfahrt, wofür die Flügelgeometrie gestaltet ist. Der Propeller dreht erheblich schwerer. Die Profile haben im voll benetzten Zustand extrem schlechte Gleitzahlen und damit einen schlechten Wirkungsgrad. Die Anpassung der hydrodynamischen Eigenschaften des Propellers an die jeweiligen Erfordernisse läßt sich dadurch erreichen, daß die Flügel in ihrer Steigung verstellbar ausgeführt werden. Alternativ - und das ist der Normalfall - lassen sich die Propeller relativ zum Fahrzeug vertikal und zumeist auch noch horizontal durch hydraulische Stempel bewegen und ihre Lage relativ zur jeweiligen Wasserlinie verändern und damit ihr hydrodynamisches Verhalten den Erfordernissen anpassen. Um den Propeller entsprechend bewegen zu können, wird etwa zwei bis drei Durchmesser vor dem Propeller ein Kreuzgelenk in die Antriebswelle eingebaut. Der Teil der Welle hinter dem Kreuzgelenk und die Hydraulikstempel liegen außerhalb des Bootskörpers.

Damit die Propeller definiert in die Wasserlinie eintauchen können, muß das Fahrzeug, wie bei Gleitern üblich, in einem flachen Heck auslaufen und mit einer Abreißkante vor dem Propeller enden.

Außer horizontal gerichteten Querkräften treten auch solche in vertikaler Richtung auf, insbesondere bei starker Wellenneigung und durch Vertrimmung des Fahrzeuges selbst. Durch die hydraulischen Stempel läßt sich die relative Lage der Pro-

peller zur Wasseroberfläche stufenlos regulieren und damit die hydrodynamischen Eigenschaften des Propellers den jeweiligen Erfordernissen anpassen.

Brauchbare Entwurfsverfahren liegen noch nicht vor. Die Auslegung erfolgt auf empirischem Wege, z.B. unter Einsatz von Modellversuchen.

Ein Anwendungsbeispiel ist das bei Blohm+Voss gebaute SES-Erpobungsfahrzeug "CORSAIR", das mit zwei Surface-Piercing-Propellern mit verstellbaren Flügeln angetrieben wurde.

3.9. POD-Antrieb

In den letzten Jahren begann sich eine besondere Art der Anordnung von Schraubenpropellern zu etablieren. Ein Schraubenpropeller plus zugehörige Antriebsmaschine (hier ein Elektromotor) werden zu einer Einheit, einem sog. POD, zusammengefaßt und zumeist drehbar um eine Hochachse unter dem Schiffsboden am Hinterschiff angeordnet. Der Propeller kann, sofern die Schiffsform entsprechend gestaltet und der POD an einer günstigen Stelle am Hinterschiff angeordnet wird, die Propellerachse nicht unbedingt exakt parallel zu Mitte Schiff und WL verläuft, nahezu ideale Zuströmbedingungen vorfinden. Aus u.a. diesem Grund wurden bereits vor ca.15 Jahren in den USA für die Navy Schiffe mit einem solchen Vortrieb projektiert. Die Propeller können bis zu deutlich höheren Geschwindigkeiten kavitationsfrei und damit geräuscharm arbeiten. Ferner kann der Propeller wegen der gleichmäßigeren Zuströmverhältnisse u.U. mit einem kleineren Flächenverhältnis ausgestattet werden und somit einen besseren Wirkungsgrad erreichen. Vorläufer ist der sog. Schottel-Ruderpropeller, bei dem jedoch der Antriebsmotor nicht in das Aggregat integriert ist, sondern der Propeller über Wellen und Umlenkgetriebe von einer im Schiff stehenden Maschine angetrieben wird.

Von der Schiffsform her besonders geeignet sind für den POD Rümpfe von Zweischraubern. Hiermit zeichnen sich auch schon die Kandidaten ab, für die sich diese Form des Vortriebs anbietet, z.B. für Fähren, RoRo-Schiffe und auch große Eisbrecher, wie bereits erfolgreiche Realisierungen in den letzten Jahren gezeigt haben.

Besonderheiten dieser Vortriebsart sind:

Der POD übernimmt die Funktion des oder der Ruder vollständig mit, wenn er drehbar um eine Hochachse gelagert wird. Manövrieren ist schnell und optimal möglich.

Durch Verwendung eines Elektromotors entsprechender Charakteristik ist es möglich, alle gewünschten Fahrzustände von voll voraus bis voll zurück als auch insbesondere bei kleinen Geschwindigkeiten mit einem Festpropeller zu realisieren, was normalerweise nur mit Verstellpropellern möglich ist.

Das zur Erzeugung der elektrischen Energie erforderliche Kraftwerk kann an jeder beliebigen Stelle innerhalb des Schiffsrumpfes untergebracht werden. Es braucht zudem keine Rücksicht auf die aus hydrodynamischen Gründen für den Propeller gewählte Drehzahl genommen zu werden. Hieraus ergeben sich größere Freiheiten bei der Raumaufteilung innerhalb des Schiffes. Wegen des Wegfalls der Propellerwellen und der anderen Art der Anordnung der Propeller wird sich nach einer gewissen Zeit u.U. eine auf diese Vortriebsvariante zugeschnittene modifizierte Hinterschiffsform ergeben.

Mit der Entwicklung und Herstellung solcher PODs haben sich in den letzten Jahren mehre Firmen befaßt. Die sich hieraus ergebende Konkurrenzsituation läßt ein schnelles Reifen dieser Vortriebseinheit zugunsten der späteren Anwender erwarten.

Die hydrodynamische Auslegung des Propellers birgt keine besonderen Schwierigkeiten und kann mit den bekannten Verfahren bewerkstelligt werden; es ist eigentlich nur eine andere Anordnung. Die Antriebsmotoren müssen jedoch Bedingungen erfüllen, die hier so speziell sind, daß sie besonders gestaltet werden müssen. Gefordert sind geringes Volumen bei hoher Leistung und kleiner Durchmesser, um sie in einem möglichst widerstandsarm und damit schlank gestalteten Gehäuse unterbringen zu können. Eine weitere nicht minder wichtige Forderung ist hohe Zuverlässigkeit.

4. Entwurf eines Schraubenpropellers

Der Entwurf eines Propellers ist ein komplexer Vorgang. Zunächst seien die Hilfsmittel, die hierfür zur Verfügung stehen sollten, aufgeführt. Es sind dies Rechenprogramme für die hydrodynamische Auslegung wie Traglinien-Programm (z.B. Induktionsfaktorenmethode nach Lerbs), des weiteren ein Tragflächen-Programm, mit dem aufbauend auf dem Traglinien-Programm Steigung und Wölbung unter Berücksichtigung der Längenausdehnung der Profilschnitte auf allen Radien errechnet werden können.

Weiter sind Programme zur Berechnung der Kavitationsausbildung, der durch die Kavitation erzeugten Druckschwankungen und von Erregerlasten wünschenswert. Die Auslegung hinsichtlich der Festigkeit geschieht in der Regel nach den Richtlinien der Klassifikationsgesellschaften, in Sonderfällen, z.B. bei ungewöhnlichen Flügelformen, ist der Einsatz eines Finite-Elemente-Programmes vonnöten. Weitere unabdingbare Forderung ist Erfahrung im Umgang mit diesen Programmen.

Zunächst sind die Eingangsdaten, speziell das Nachstromfeldes am Ort des Propellers, entsprechend aufzubereiten. Das Nachstromfeld wird in der Regel hinter einem Modell des Schiffes aufgemessen. Die Meßwerte sind wegen der beim Modellversuch zu kleinen Reynolds-Zahl verfälscht und müssen entsprechend korrigiert werden. Liegen Nachstromdaten nicht vor, müssen Annahmen auf der Basis bekannter Werte ähnlicher Schiffe getroffen werden.

Die Anforderungen an den Propeller sind mannigfaltig und teilweise einander entgegengesetzt, so daß ihnen nur teilweise in der gewünschten Form nachgekommen werden kann. Es sind dies:

- Anpassung seiner Größe und Form an die gegebenen Platzverhältnisse
- Exakte Umsetzung der vorgegebenen Leistung und Drehzahl in Schub, d.h. Anpassung der hydrodynamischen Kennwerte des Propellers an das Kennfeld der Antriebsmaschine
- Hoher Wirkungsgrad
- Keine oder Kavitation nur in Formen, die dem Propeller oder dem Schiff auf Dauer keinen Schaden zufügen
- Geringe Vibrations-Erregungen (Schub- und Drehmomentenschwankungen, Druckschwankungen infolge des vom Propeller erzeugten instationären Druckfeldes)
- Geringe Geräuschentwicklung
- Kein Singen
- Ausreichende Festigkeit
- Resistenz des Propellermaterials gegen chemische und elektrolytische Prozesse
- Resistenz des Materials gegen Kavitationserosion
- Widerstandsfähigkeit soweit wie möglich gegen mechanische Attacken durch z.B. Eis oder Treibholz
- u.U. Veränderbarkeit seiner Betriebseigenschaften bei sich wechselnden Arbeitsbedingungen (Verstellpropeller)
- Reparaturfreundlichkeit
- Geringes Gewicht
- Niedrige Herstellungskosten

Diese Liste ist lang und bunt, aber nicht vollständig. Zum Glück müssen diese Forderungen in den seltensten Fällen vollständig und bis zur letzten Konsequenz erfüllt werden.

Je nach Einsatzfall des zu entwerfenden Propellers können die gesetzten Prioritäten sehr unterschiedlich sein. Einige der Forderungen sind immer zu erfüllen, wie z.B. die Forderung nach ausreichender Festigkeit, richtiger Anpassung an das Kennfeld der Antriebsmaschine und den jeweils vorgegebenen Arbeitsbedingungen.

Vor Beginn des Entwurfes - es ist dies nicht eine Entwurfsrechnung, sondern eine Prozedur aus Berechnungen, Entscheidungen, Überprüfungen und Nachrechnungen in interaktiven Schleifen - sollte eine Prioritätenliste der Anforderungen aufgestellt werden. Je nach den konkreten Forderungen kann das Ergebnis eines Propellerentwurfes sehr unterschiedlich ausfallen. Es seien einige Beispiele genannt:

Beispiel 1:

Propeller für ein großes Containerschiff, das vorwiegend für den Transport von Ladung über große Distanzen eingesetzt werden soll:

Hier steht die Wirtschaftlichkeit im Vordergrund. Dies führt zu Propellern mit möglichst großem Durchmesser in Verbindung mit ebenfalls großen Antriebsmaschinen, Dieselmotoren mit niedrigen Drehzahlen, die sehr hohe Wirkungsgrade haben und ohne Getriebe den Propeller direkt antreiben. Es sind derzeit ausschließlich Festpropeller wegen der überwiegend langen gleichbleibenden Betriebsbedingungen. Daß diese Propeller ruhig laufen (erreicht durch entsprechend gewählte Flügelzahl und Anpassung der Geometrie an die lokalen Zuströmverhältnisse) und akzeptable Kavitationseigenschaften haben müssen, sind weitere wichtige Forderungen.

Beispiel 2:

Handelsschiffe, die überwiegend auf großer Küstenfahrt und viel Revierfahrt eingesetzt werden, erhalten oft Verstellpropeller (Fähren, Ro-Ro-Schiffe, Feeder):

Verstellpropeller ermöglichen bei Konstantdrehzahlbetrieb den Einsatz von Wellengeneratoren, des weiteren kann mit ihnen in der Revierfahrt und beim häufigen An- und Ablegen leichter und zumeist auch ohne Schlepperassistenz manövriert werden.

Die Flügelgeometrie wird aus hydrodynamischen Gründen und wegen der anderen Befestigung der Flügel auf der Nabe z.T. anders aussehen, als die von Festpropellern. Bei Veränderung der Arbeitsbedingungen und damit einhergehender Steigungseinstellung der Flügel werden sich die Anström- und Belastungsverhältnisse an den Profilschnitten stark verändern. Eigentlich müßte je nach Veränderung der mittleren Steigung sowohl der Steigungsverlauf als auch die Wölbungen mit verändert

werden, um optimale Strömungsverhältnisse (vor allem Kavitationsbedingungen) zu schaffen. Dies ist, da der Propellerflügel in sich ein starres Gebilde darstellt, nicht möglich. Somit ist man gezwungen Kompromisse einzugehen, und zwar derart, daß sowohl der ausgeführte Steigungsverlauf und auch die Wölbungen der Profile zumindest für die häufigsten vorkommenden Flügelstellungen zu noch akzeptablen Kavitationsformen führen. Eine zusätzliche Erschwernis kann die Beschränkung der Größe der Flügelflächen sein, die beim Umsteuern einander passieren können müssen. Die Gestaltung der Form des Überganges des Flügels in den Teller ist aus Festigkeitsgründen und zur Vermeidung von Kavitation besonders schwierig.

Beispiel 3:

Ein völlig anderes Anforderungsprofil ergibt sich bei Marinekampfschiffe, wie U-Boote, Zerstörer, Minensucher:

Bei diesen Fahrzeugen hat die Forderung nach optimaler Geräuscharmut oberste Priorität.

Die Hauptquelle der vom Propeller abgestrahlten Geräusche ist die Kavitation. Für bestimmte Fahrzustände ist folglich absolute Kavitationsfreiheit gefordert. Schon kleinste Ansätze von Kavitation lassen sich mit entsprechenden Meßgeräten akustisch wahrnehmen.

Die Gestaltung der Flügelgeometrie läuft darauf hinaus, daß Kavitation bei einer möglichst hoch angesetzten Geschwindigkeit überhaupt erst einsetzt. Dies führt zu völlig anders gestalteten Flügeln als bei Propellern für Handelsschiffe und geht zu Lasten vor allem des Wirkungsgrades. Tritt Kavitation oberhalb dieser Grenzgeschwindigkeit auf, wird sie in ihrer Gestalt nicht immer so sein, daß z.B. keine Erosion auftritt. Um trotzdem Erosion bei hohen Geschwindigkeiten zu vermeiden, kann die Betriebszeit von z.B. Fregatten bei Höchstgeschwindigkeit auf ein bestimmtes Zeitlimit pro Jahr begrenzt werden.

Moderne Fregatten sind mit Verstellpropellern ausgestattet, um ihnen im Einsatz optimale Manövrierfähigkeit zu verleihen. Beim Manövrieren mit veränderter Steigungseinstellung und damit einhergehend auch verzögerter und beschleunigter Fahrt ist kavitationsfreies und damit geräuscharmes Operieren nicht mehr möglich. An Propeller dieser Art und auch an die Arbeit ihrer Gestaltung werden höchste Anforderungen gestellt.

Eine sehr spezielle Art von Geräuschen, die bei Propellern auftreten kann, ist das sogenannte Singen. Es ist dies ein intensiver Ton in einer ausgeprägten Frequenz, der auch für die Besatzung äußerst unangenehm bis unerträglich sein kann. Das

Singen wird verursacht durch bestimmte Strömungsvorgänge vor allem an der Flügelaustrittskante, die Teile eines Flügels zu Schwingungen in lokalen Eigenfrequenzen anregen. Singen läßt sich nicht sicher von vornherein unterbinden. Tritt es auf, kann es durch besondere Ausgestaltung der Flügelaustrittskanten (Anbringen von Fasen, Sägezähnen, kleine Stufen usw.) unterdrückt werden.

Der Entwurf eines Propellers sollte nie als ein vom Schiffsentwurf losgelöstes Problem gesehen werden. Ein optimales Ergebnis kann nur erzielt werden, wenn schon im frühen Stadium des Schiffsentwurfes, insbesondere bei der Gestaltung der Schiffslinien und der Anhänge der Forderung nach möglichst gleichförmiger Zuströmung zum Propeller Rechnung getragen wird. Durch die Schiffslinien kann maßgeblich auf gute Zuströmverhältnisse zum Propeller Einfluß genommen werden. Ein auf minimalen Widerstand ausgelegtes Schiff muß nicht unbedingt auch die günstigsten Zuströmverhältnisse zum Propeller haben. Es kann angeraten sein, zugunsten guter Nachstromverhältnisse einen etwas höheren Schiffswiderstand zu akzeptieren.

Ergänzend zu den Programmen zum direkten Entwurf von Propellern stehen heute zur Beschreibung komplexer Strömungsvorgänge um komplizierte Formen auch unter Einbeziehung der Zähigkeit des Fluids weitere Programme zur Verfügung. Sie sind dank leistungsfähiger Rechner einsetzbar und dienen nicht dem unmittelbaren Entwurf von Propellern, können aber sehr wohl zur Darstellung der häufig sehr komplexen Strömungsvorgänge um einen arbeitenden bereits entworfenen Schraubenpropellers und seiner weiteren Umgebung verwendet werden. Die oft sehr guten qualitativen Darstellungen der Strömungsvorgänge, Drücke usw. lassen eine Bewertung des Propellers, noch besser den Vergleich zur Bewertung verschiedener Entwürfe zu. Leider sind die Ergebnisse oft quantitativ noch nicht genau genug. Sie sind äußerst nützliche Zusatzwerkzeuge, werden weiterentwickelt und lassen auch mit zunehmender Leistungsfähigkeit der Rechner immer bessere Leistungen erwarten.

Die beschriebenen Entwurfs- und Überprüfungsmethoden, dargestellt durch Modellversuche, Rechenprogramme und kreative Geistesarbeit sind sehr zeit- und kostenaufwendig und auch so speziell, daß sie in der Industrie noch nicht immer in der wünschenswerten Weise eingesetzt werden oder in Ermangelung entsprechender Programme und Spezialisten. Für viele Anwendungsfälle sind die Anforderungen allerdings auch nicht so hoch, daß ein solcher Aufwand notwendig ist.

Im Marineschiffbau oder beim Bau großer Contai-

nerschiffe, die zudem noch in Serie gebaut werden, ist der Aufwand sehr wohl gerechtfertigt, notwendig und wird auch (meist) getrieben.

Durch den immer stärkeren Einsatz von Computern und eine Vielzahl heute verfügbarer Rechenprogramme hat sich auch die Vorgehensweise zum Propellerentwurf geändert.

Arbeitete man sich früher Schritt für Schritt konsequent auf eine Geometrie des zu bauenden Propellers hin, so ist es heute durchaus möglich, viele grobe Entwürfe zu erstellen, diese dann auf die zu erwartenden Eigenschaften zu überprüfen und den besten nach entsprechenden sinnvollen Veränderungen im Detail auszuwählen. Nachrechenverfahren stellen dabei teilweise eine wirtschaftliche Alternative zu Modellversuche dar oder sind eine sinnvolle Ergänzung.

Abb. 3: So kann heute ein Propeller aussehen: Zweckmäßig und ästhetisch

5. Ausblick

Der Schraubenpropeller mit seinen klassischen Varianten (Verstellpropeller, Festpropeller, beide mit und ohne Düsen) wird auch in absehbares Zukunft der verbreitetste Propulsor sein. Besonders für schnelle Fahrzeuge wird der Waterjet vermehrt Anwendung finden. Kleine und sehr schnelle Fahrzeuge, wie Zoll- oder Polizeifahrzeuge oder Privatyachten, auch in Form von SES-Fahrzeugen werden häufiger mit Surface-Piercing-Propellern angetrieben werden.

Von größter wirtschaftlicher Bedeutung wird zukünftig der POD-Antrieb sein. Hier betreiben etliche große Propellerhersteller zumeist in Zusammenarbeit mit Spezialisten im Bau von Elektromotoren intensive Entwicklungsarbeit. Es zeichnet sich ab, daß POD-Antriebe bei großen Passagierschiffen, Fähren, Fregatten oder vergleichbaren

Marinefahrzeugen, Polar-Eisbrechern u.ä. dem Verstellpropeller ein ernsthafter Konkurrent werden. Die Kombination von Festpropeller und Elektromotor macht den POD zu einem starken Konkurrenten des Verstellpropellers, da der Elektromotor der ideale Antriebsmotor für den Festpropeller ist. Entwicklungsbedarf besteht hier vor allem für den Antriebsmotor, der aus hydrodynamischen Gründen eine hohe Leistungsdichte und kleinen Durchmesser haben sollte.

6. Schrifttum

N.N.: Die Schiffbautechnische Versuchsstation des Norddeutschen Lloyd, Druckschrift des NDL, ca. 1902

Ahlborn, F.: Die Wirkung der Schiffsschraube auf das Wasser, JSTG, Bd. 5, 1905

Wagner, R.: Versuche mit Schiffsschrauben und deren praktische Ergebnisse, JSTG., Bd. 6, 1906

Geissler, R.: Der Schraubenpropeller, Berlin, 1918

Schaffran, K.: Modellversuche mit Schaufelrad-Propellern, JSTG, Bd. 19, 1918

Föttinger, H.: Neue Grundlagen für die Behandlung des Propellerproblems, JSTG, Bd. 19, 1918

Betz, A.: Schraubenpropeller mit geringstem Energieverlust, Göttingen, 1919

Weber, M.: Die Grundlagen der Ähnlichkeitsmechanik und ihre Verwertung bei Modellversuchen, JSTG, Bd. 20, 1919

Teubert, W.: Der Flußschiffbau, Leipzig, 1920

Kucharski, W.: Die Einführung des Contrapropellers, WRH, 1922, Heft 22

Pröll, A.: Kritische Betrachtungen zu den Theorien des Schraubenpropellers, JSTG, Bd. 22, 1923

Zilcher, R.: Leistung und Wirtschaftlichkeit von Flußschleppern verschiedener Antriebsart, WRH, 1927, Heft 24

Weber, M.: Das Allgemeine Ähnlichkeitsprinzip der Physik und sein Zusammenhang mit der Dimensionslehre und der Modellwissenschaft, JSTG, Bd. 31, 1930

Betz, A.: Grundsätzliches zum Voith-Schneider-Propeller, in: Hydrodynamische Probleme des Schiffsantriebs, Hamburg, 1932

Kort, L.: Der neue Düsenschraubenantrieb, WRH, 1934, Heft 4

Gutsche, F.: Die Entwicklung der Schiffschraube im Licht der neuzeitlichen Strömungslehre, VDI-Zeitschrift, 1937

Horn, F.: Beitrag zur Theorie ummantelter Schiffsschrauben, JSTG, Bd. 41, 1940

Gebers, F.: Das Schaufelrad im Modellversuch, mit einem Beitrag von F. Horn, Wien, 1952

Horn, F.; Amtsberg, H.: Entwurf von Schiffsdüsensystemen (Kortdüsen), JSTG, Bd. 47, 1953

van Manen, J.D.: Ergebnisse systematischer Versuche mit Schiffsdüsensystemen, JSTG, Bd. 47, 1953

Dickmann, H.E.; Weissinger, J.: Beitrag zur Theorie optimaler Düsenschrauben, JSTG, Bd. 49, 1955

Lerbs, H.: Ergebnisse der angewandten Theorie des Schiffspropellers, JSTG, Bd. 49, 1955

Krappinger O.: Breite Propeller an der Oberfläche von tiefem und flachem Wasser, JSTG, Bd. 53, 1959

Volpich, H.: Schaufel- und Flügelräder am Modell und in der Praxis, JSTG, Bd. 53, 1959

Gutsche, F.: Düsenpropeller in Theorie und Experiment, JSTG, Bd 53, 1959

Morgan W.B.: The design of Counter-Rotating Propellers, using Lerbs's Theory, Trans. SNAME 68, 1960

Grim, O.: Propeller und Leitrad, JSTG, Band 60, 1966

N.N.: 100 Jahre ZEISE 1868–1968, Jubiläumsschrift, Hamburg, 1968

Kracht, A.; Nolte, A.: Modellversuch für gegenläufige Propeller, FDS-Bericht Nr.20, Hamburg 1971

Meier-Peter, H.: Engineering Aspects of Contrarotating Propulsion Sytems for Seagoing Merchant Ships, JSTG, Bd. 66, 1972

Blaurock, J.: Propeller plus Vane Wheel, an unconventional Propulsion System, Proc. ISSHES-83, Madrid, 1983

Wulle, A.: Der Stettiner Vulcan, Herford, 1989

Blaurock, J.: An Appraisal of Unconventional Aftbody Configurations and Propulsion Devices, Marine Technology, Vol.27, No.6, 1990

Sehr viele Autoren: Contra Rotating Propeller, Mitsubishi Survey, 1993

Kavitation im Schiffbau

Cavitation in Shipbuilding

Dr.-Ing. **Ernst-August Weitendorf**, Ehemals Hamburgische Schiffbau-Versuchsanstalt GmbH, Hamburg

Dipl.-Ing. **Jürgen Friesch**, Hamburgische Schiffbau-Versuchsanstalt GmbH, Hamburg

Summary Cavitation, i. e. the filling of voids in the fluid with vapor by negative pressure, may effect ship performance by thrust breakdown, erosion, vibration and noise. After different types of propeller cavitation a historic overview on the phenomenon initially mentioned by Parsons and Barnaby is given together with the development of cavitation test facilities. Following the similarity laws for cavitation, full scale investigations on propellers will be looked on which form one basis for the cavitation correlation between model and full scale. Attached to this is the creation of cavitation from nuclei as one cornerstone of the problem. Finally, after a short outlook on nowadays experimental investigations, further necessary practical and research developments for the control of erosion and vibration by cavitation will be mentioned jointly with computational possibilities.

1. Einleitung

Gegen Ende des 19. Jahrhunderts tauchte bei Schraubenpropellern das Problem auf, daß projektierte höhere Schiffsgeschwindigkeiten nicht erreicht wurden. Der englische Torpedoboot-Zerstörer „Daring" erzielte 1894 nur 24 statt 27 kn (Thornycroft und Barnaby, 1895). Erst die Vergrößerung der Flächen der Schraubenflügel um 45% brachte Erfolg. Dem lag Barnabys Vorstellung zugrunde, daß für einen gegebenen Propeller eine bestimmte Grenzgeschwindigkeit, bzw. maximale Zugspannung, des Wassers existiert, bei der ein Zusammenbruch seines Zuflusses auftritt. Nach einer Idee von Thornycroft entspricht das einem Schub pro Quadratzoll der projizierten Schraubenfläche von $11\frac{1}{4}$ lbs/inch^2 bei der „Daring" (Barnaby, 1897). Das Geschehen am Propeller wurde auf Vorschlag von R. E. Froude (Thornycroft und Barnaby, 1895) als „Cavitation" (lat.: cavus, -a, -um, deutsch: hohl) bezeichnet.

Berühmt wurden die 1894 begonnenen, schwierigen Versuche mit der „Turbinia" (Parsons, 1897). Nach sieben verschiedenen Propellern wurde 1895 mit drei Schrauben auf einer einzigen Welle nur die enttäuschende Geschwindigkeit von $19\frac{3}{4}$ kn erreicht. Erst nach vielen Überlegungen, auch über das Phänomen Kavitation u. a. mit Heißwasser in einem Kochtopf und einem kleinen Kavitationstunnel, dem Vorläufer moderner Tunnel, wurde im April 1897 mit je drei Schrauben auf jeweils drei Wellenleitungen eine Geschwindigkeit von $32\frac{3}{4}$ kn erzielt. Burrill (1951)

hat anhand historischer, bis dahin unveröffentlichter Unterlagen die innovative Ingenieurleistung Parsons in der traditionellen Parsons Gedächtnis-Vorlesung 1950 ausführlich beschrieben.

Kavitation verursacht zusätzlich Erosion und Geräusche auch an Pumpen (Saito et al., 1998), Wasserturbinen (z. B. Stoffel, 1992), in Ventilen und Rohrleitungen (Lecoffre and Archer, 1998), und sogar Schäden an künstlichen Herzklappen (Graf, 1992). Diesen negativen Aspekten steht die Nutzung der Kavitation in der physikalischen Chemie durch Ultraschall oder in der Umwelttechnik gegenüber. Da das Gebiet der Kavitation so weitreichend ist, ist eine vollständige Darstellung, wie bei Eisenberg (1953), Knapp et al. (1970) oder Young (1989), selten möglich. So können auch hier nur die wichtigsten Meilensteine bei der Kavitation des Schraubenpropellers, d. h. vor allem experimentelle neben historischen Ergebnissen, dargestellt werden.

2. Erscheinungsformen, Auswirkungen und physikalischer Hintergrund der Kavitation

In Abb. 1a ist eine stroboskopische Aufnahme des Großausführungs-Propellers der „Sydney Express" (Weitendorf und Keller, 1978) mit ausgeprägter Schichtkavitation und dünnen Spitzenwirbeln und in Abb. 1b bis 1f sind verschiedene Formen von Wirbelkavitation gezeigt. Die Schichtkavitation ist wegen ihrer Volumenänderung instationär, sie erregt dadurch Vibrationen an der Schiffsaußenhaut. In Abb. 1b sind zwei weitere Kavitationsformen zu erkennen: Ein nach oben gerichteter Propeller-Schiffsrumpf-Wirbel (engl.: Propeller-Hull Vortex PHV; Huse, 1972; Sato et al., 1986) und ein zentraler kavitierender Nabenwirbel. Bei der PHV-Kavitation springt ein kavitierender Hohlwirbel auf angrenzende Bauteile über und verursacht starke, unregelmäßige Vibrationen. Allerdings tritt diese Kavitationsart nur bei geringer Anströmgeschwindigkeit auf. In Abb. 1c ist ein dicker Spitzenwirbel mit Knoten und in Abb. 1d vor dem Ruder das Platzen eines Wirbels zu erkennen; auf den ersten hat Weitendorf (1973) und den zweiten English (1979) zuerst hingewiesen. Auch an der eintretenden Kante moderner High-Skew Propeller, wie in Abb. 1e und 1f tritt Wirbelkavitation (z.T. mit Schichtkavitation) auf. Alle Arten der

Wirbelkavitation verursachen bei Volumenänderungen Vibrationen höherer Ordnungen. Schließlich ist als Kavitationsart noch die Wolkenkavitation zu erwähnen, die in Abb. 1a um den Wirbel herum im Gebiet seines Platzens vor dem Ruder und auch in Abb. 1f unterhalb der massiven Wirbelkavitation an der eintretenden Kante zu sehen ist. Von der Wolkenkavitation (Emerson, 1972; Bark, 1998) gehen Geräusche und Erosionswirkungen aus, letztere beim Auftreffen auf feste Oberflächen.

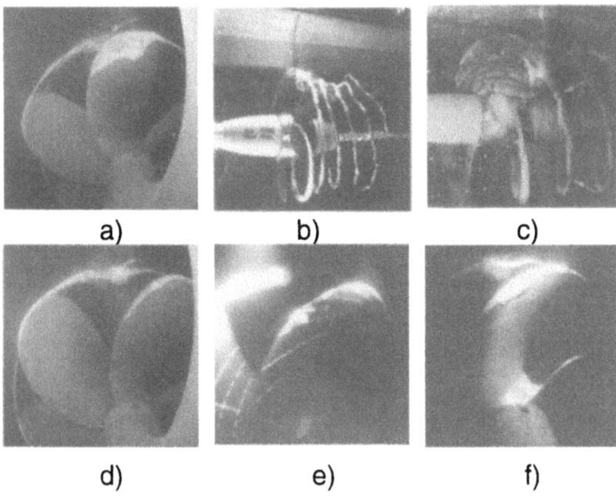

Abb. 1: Kavitationsarten
a) Schichtkavitation; b) PHV und Nabenwirbel; c) und d) Spitzenwirbel; e) und f) Wolkenkavitation

Barnabys erwähnte Vorstellung über den Kavitationsbeginn durch Überschreiten einer maximalen Zugspannung des Wassers trifft als gültige Erklärung immer noch zu. Den Kavitationsbeginn hatte bereits Euler (1754) so vorausgesagt: «Aber wenn es sich ereignen sollte, daß an irgendeiner Stelle des Rohres diese Größe [der absolute Druck] negativ wird, so würde das Wasser die Rohrwandung verlassen und dort einen leeren Raum lassen; ... » Fast 150 Jahre bis zu den Schwierigkeiten mit der „Daring" und der „Turbinia" war Eulers Vorhersage unbeachtet geblieben. Während summarische Kriterien zur Beurteilung des Kavitationsbeginns (vgl. Lerbs, 1936), wie maximaler Schub pro projizierte Propellerfläche nach Barnaby, zur grundlegenden Klärung wenig beitrugen, haben von ca. 1908 bis 1924 Untersuchungen an sich erweiternden Venturi-Düsen (Föttinger, 1932) und Druckmessungen an Kreisabschnitts- und Tragflügelprofilen (Ackeret, 1930; Walchner, 1932) zu detaillierteren Kenntnissen über den Kavitationseintritt geführt. Die Druckmessungen und Kavitationsversuche von Ackeret (1930) für u. a. fünf verschiedene Profile haben gezeigt, daß für Kavitationszustände eine lineare Proportionalität zwischen der Differenz von statischem minus Dampfdruck und dem Staudruck der Anströmgeschwindigkeit besteht. Dabei gibt es äußere Bedingungen für den Kavitationsbeginn. Aus den Druckverteilungsmessungen und

Kavitationseinsatzbeobachtungen an den Profilen ergab sich, daß der Kavitationseintritt erfolgt, wenn die Summe aus statischem Druck p_0 und maximalem Unterdruck ($-p_{min}$) am Profil gleich dem Dampfdruck p_v bei der herrschenden Temperatur wird. Die äußeren Bedingungen sind in der dimensionslosen Zahl σ_i durch die ungestörte Flüssigkeit vorgegeben:

$$\sigma_i = \frac{p_0 - p_v}{0{,}5\rho V^2} = \frac{p_{atm} + \rho g h - p_v}{0{,}5\rho V^2} \ ,$$

wobei p_v der Dampfdruck bei der herrschenden Temperatur, p_0 der statische, p_{atm} der Atmosphären-Druck, h die Tauchtiefe und V die Geschwindigkeit ist.

Der negative Druckbeiwert hängt vom Profil ab:

$$-c_{p\,min} = \frac{p_0 - p_{min}}{0{,}5\rho V^2} \ ,$$

wobei $-p_{min}$ der maximale Unterdruck am Profil ist.

Der Kavitationseintritt findet also bei $\sigma_i = -c_{pmin}$ statt. Die dimensionlose Zahl σ als allgemeiner Parameter kavitierender Strömungen hat Thoma (1925) offenbar als erster mittels Ähnlichkeitsbetrachtung für Gefällehöhen von Wasserturbinen in die Kavitationsproblematik eingeführt.

Man kann also das Kavitationsgeschehen in folgenden Worten ausdrücken:

Als Kavitation wird ein physikalischer Prozeß bezeichnet, bei dem dampf- und/oder gasgefüllte Hohlräume in strömenden oder schwingenden Flüssigkeiten entstehen und wieder zusammenfallen, wobei der Strömungsdruck den Dampfdruck p_v bei gegebener Temperatur des Wassers erreicht oder unterschreitet und anschließend wieder übersteigt.

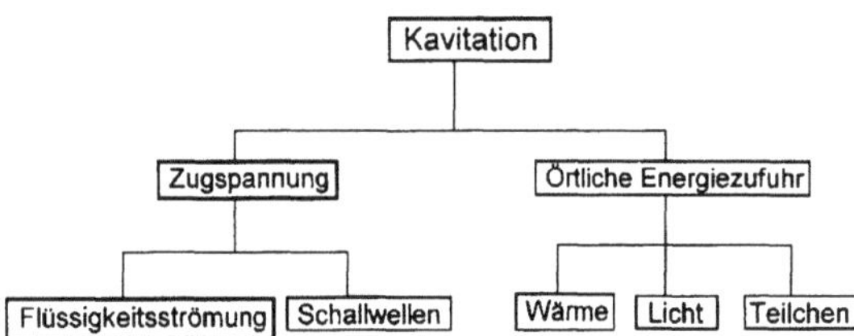

Abb. 2: Klassifizierung verschiedener Kavitationsvorgänge nach Lauterborn (1980)

Diese Definition enthält außer der Strömungskavitation auch den einleitend erwähnten Ultraschall bzw. die akustische Kavitation, die Lauterborn (1980) u. a. neben der sog. optischen Kavitation in einem Schema erfaßt hat (Abb. 2).

Bereits Barnaby und später Harvey et al. (1947), dann auch Lauterborn, sprachen von Zugspannungen im Wasser. Nach Harveys Versuchen mit ca. 700 bar

Druck für einige Minuten und Entlastung auf atmosphärischen Druck siedet Wasser erst bei 230° C, was 28 bar Zugspannung entspricht. Das bei dem hohen Druck in Lösung gedrückte Gas hinterläßt nur kleinste, für die Bruchspannung verantwortliche Fehlstellen im Wasser. Das sind u.a. mikroskopisch kleine Blasen, die als Kavitationskeime anzusehen und die als Einzelblasen Gegenstand blasendynamischer Untersuchungen sind. Als erste bedeutende Arbeiten hierzu gelten die von Cook (Parsons and Cook, 1919) sowie Rayleigh (1917), die die Differential-Gleichung der Wandgeschwindigkeit einer einzelnen Kavitationsblase enthalten.

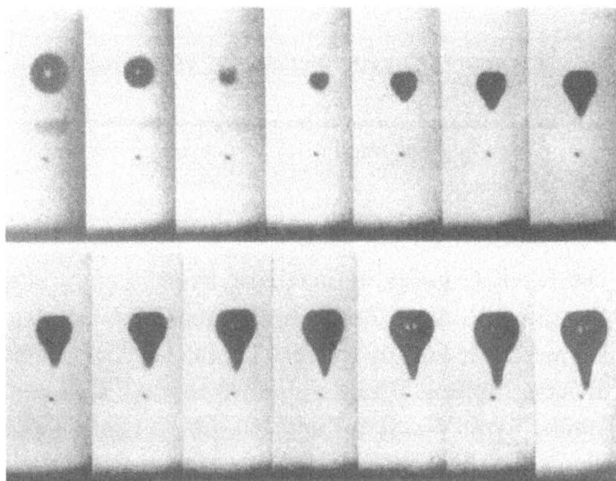

Abb. 3: Strahlbildung (Jet) einer anfangs kugeligen Blase nach Lauterborn (1976/80)

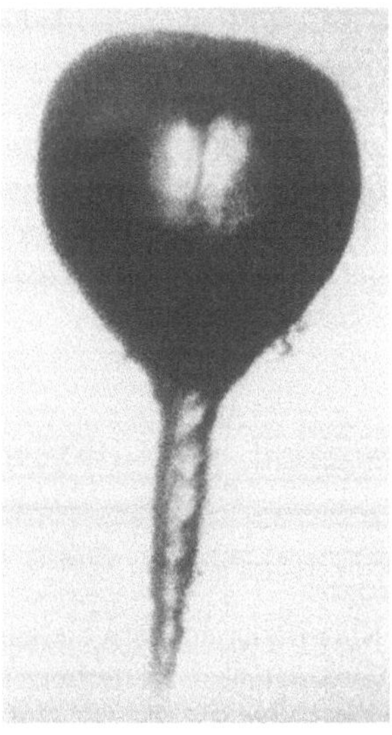

Abb. 4: Strahlbildung einer Blase während der ersten Wiederaufweitung nach einem Kollaps

Nach photografischen Aufnahmen einer durch Funkenentladung erzeugten Kavitationsblase (Harrison, 1952) haben in neuerer Zeit Lauterborn (1980) und Mitarbeiter (Ohl et al., 1998) Untersuchungen an durch Laserlicht erzeugten Einzelblasen durchgeführt und deren Schall und Erosionswirkungen stu-diert.

Abb. 3 zeigt eine Sequenz mit einer Bildfrequenz von 300.000 Bildern/sec für eine Einzelblase mit Zusammenfall und Strahlbildung (Jet), der in Abb. 4 in Vergrößerung gezeigt ist. Neueste Aufnahmen weisen Frequenzen von über $20 \cdot 10^6$ Bildern/sec auf (Lauterborn, 1997). Strahlbildung und damit verbundene Schockwellen werden für die Erosionwirkung von Kavitationsblasen verantwortlich gemacht.

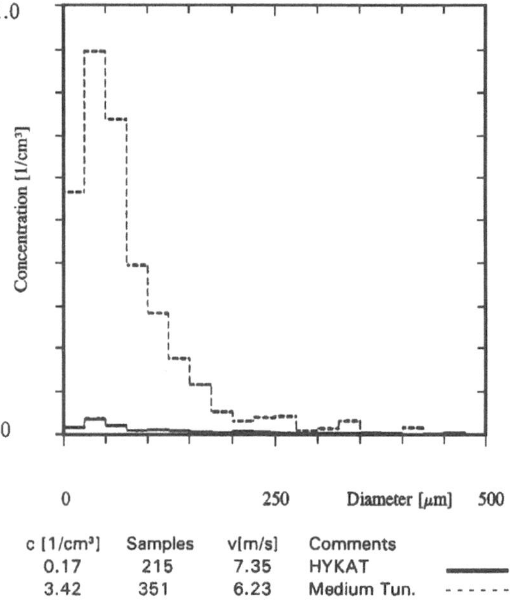

c [1/cm³]	Samples	v[m/s]	Comments	
0.17	215	7.35	HYKAT	———
3.42	351	6.23	Medium Tun.	- - - - -

Abb. 5: PDA-Mikroblasenverteilung für „Sydney Express"-Propeller in zwei Tunneln mit begastem Wasser

Wenn für die Größe der Zugspannung im Wasser u.a. Einzelblasen bzw. Kavitationskeime verantwortlich sind, in die hinein das Wasser bei Unterschreiten des Dampfdruckes verdampft, so sind zur Charakterisierung der Wasserqualität in Kavitationstunneln Spektren von Mikroblasen bei der Beurteilung von Versuchen wesentlich. Messungen mit einem Phasen-Doppler-Anemometer aus zwei HSVA-Tunneln sagen aus (Abb. 5), daß je nach Art der Tunnel und ihren Einbauten die Keimkonzentrationen, die das Kavitations-Verhalten beeinflussen, unterschiedlich sein können (Weitendorf und Tanger, 1999). Daraus ergibt sich die wichtige Bedeutung von Kavitationskeimen bei der Beurteilung von Ergebnissen aus verschiedenen Versuchsanlagen.

3. Die Entwicklung von Kavitations-Versuchsanlagen

Der erste, im Jahre 1895 von Sir Charles Parsons konstruierte und gebaute Kavitationstunnel (Abb. 6) enthielt schon fast alle Bestandteile eines modernen Kavitationstunnels:

- eine Meßstrecke, in der der zu untersuchende

Propeller eingesetzt wird
- Einrichtungen zur Wasseraufbereitung (Temperatur)
- Einrichtungen (Drehspiegel und Bogenlampe) zur stroboskopischen Ausleuchtung der Modellpropeller

Abb. 6: Der erste Parsonsche Kavitationstunnel (1895)

Verglichen mit heutigen Kavitationstunneln, fehlte nur der Antrieb für den Wasserumlauf und die kontinuierliche Druckregulierung. Das Wasser wurde durch den ca. 5 cm großen Modellpropeller in Umlauf gebracht. Schon 1910 baute Parsons einen zweiten Tunnel für die Untersuchung von Modellpropellern mit bis zu 30 cm Durchmesser (Abb. 7).

Abb. 7: Der größere von Parsons gebaute Tunnel (1910)

Dieser Tunnel kann als Prototyp für Anlagen mit einem Resorbertank für blasenfreies Wasser angesehen werden. Er hatte eine rechteckige Meßstrecke von 75 auf 80 cm, eine Vakuum-Kammer oberhalb der Meßstrecke und ein Dynamometer zur Messung von Schub, Drehmoment und Drehzahl. Zwischen

den Kriegen entstanden Tunnel am David Taylor Model Basin in USA (1929), in Wageningen in Holland (1938) und am MIT in Boston (1938).

Den ersten Umlauftank in Deutschland baute man beim Stettiner Vulkan. Dieser Tunnel hatte eine liegende Bauweise und eine Verbindung zu einer Vakuumpumpe. Er hatte nur einen Antrieb für den Versuchspropeller, es gab keinen Impeller in dieser Anlage (Wagner, 1906).

Die Untersuchungen von Ackeret 1930 wurden in einem kleinen Umlaufkanal am Kaiser-Wilhelm-Institut für Strömungsforschung in Göttingen durchgeführt. Dieser Tunnel ließ eine Veränderung der Kavitationszahl durch Variation von Druck und Geschwindigkeit zu (Abb. 8).

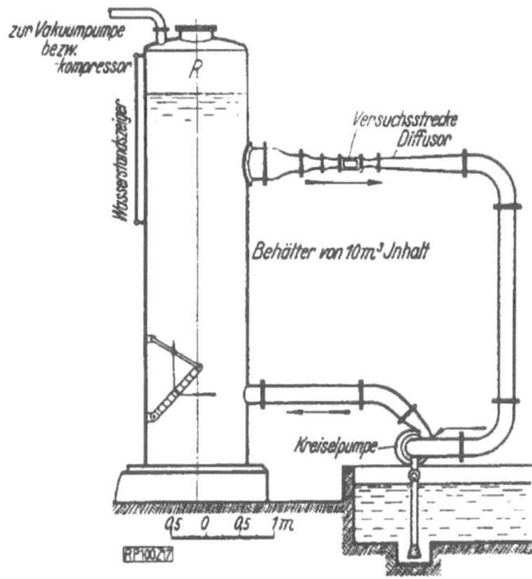

Abb. 8: Der Ackeretsche Tunnel von 1927

In der HSVA begann Lerbs 1929 mit der Konstruktion eines modernen Kavitationstunnels (Lerbs, 1931a; Kempf / Lerbs, 1932). Dieser Tunnel (Abb. 9) kann als Vorgänger der meisten konventionellen Kavitationstunnel, d.h. von Kavitationstunneln ohne freie Wasseroberfläche, angesehen werden. Die Anlage wurde als geschlossener, senkrecht stehender Ringkanal entworfen und mit einer Vakuumpumpe für die Druckminimierung und einem Heizmantel zur Steigerung der Dampfspannung versehen. Dieser Tunnel war etwa 6 m hoch, hatte einen fast runden Meßstreckenquerschnitt (Durchmesser 560 mm) und eine maximale Geschwindigkeit von 12,5 m/s in der Meßstrecke. Der Druck ließ sich auf 30 mbar absolut reduzieren. Er kostete damals 45000 Reichsmark und wurde 1931 eingeweiht. Auslöser zum Bau waren neben notwendigen Forschungen über die Kavitation im Schiffbau vor allem die an den Propellern des Schnelldampfers „BREMEN" aufgetretenen Kavitationsschäden (siehe Kap. 6).

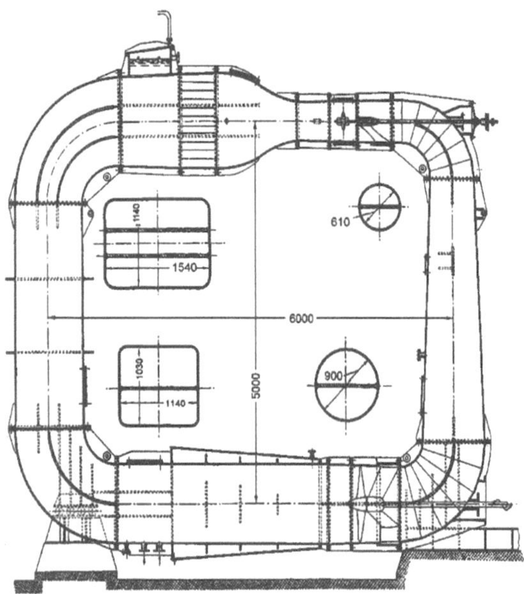

Abb. 9: Der erste HSVA-Tunnel von 1930

Im Jahre 1939 begann Lerbs die Konstruktion eines zweiten, sehr großen Kavitationstunnels mit einem rechteckigen Meßstreckenquerschnitt von 2,4x1,2 m. Darin sollten die Propeller für die Mehrschraubenschiffe der Kriegsmarine im Nachstrom untersucht werden. Der Tunnel wurde 1943 fertiggestellt, jedoch kurze Zeit später bei den schweren Luftangriffen auf Hamburg stark beschädigt. Die Reparatur dauerte bis 1945. In diesem Jahr wurde er von der englischen Besatzungsmacht demontiert und in Haslar wieder aufgebaut. Dort werden heute noch Versuche für die englische Marine in dieser damals einzigartigen Anlage ausgeführt. Abb. 10 zeigt den Tunnel während des Baus im Jahre 1941.

Abb. 10: Der zweite HSVA-Tunnel von 1941

Nach dem 2. Weltkrieg wurden bei der Weiterentwicklung der Kavitationsversuchsanlagen im Grundsatz zwei Prinzipe verfolgt:

A. Kavitationstunnel, wie oben beschrieben, mit schnellaufenden Modellpropellern, bei denen der Nachstrom des Schiffes durch Siebe oder Dummymodelle des Hinterschiffes simuliert wird. Nach diesem System funktionieren die meisten Versuchsanlagen weltweit. Der Vorteil liegt darin, daß durch hohe am Propeller zu verwirklichende Reynoldszahlen gute Übereinstimmung der Kavitationserscheinungen mit der Großausführung erzielt werden kann. Ein entscheidender Nachteil ist, daß mit den Sieben nur ein Teil der Komponenten der Zuströmung verwirklicht werden kann und daß die Siebe selbst zu kavitieren beginnen.

B. Vakuum- oder Umlauftanks mit freier Wasseroberfläche, bei denen langsam laufende Modellpropeller - entsprechend dem Froudeschen Gesetz - hinter ganzen Schiffsmodellen untersucht werden. Nach diesem System werden Versuche bei der VWS Berlin im UT2 (Abb. 11) oder im Vakuumtank in Wageningen bei MARIN durchgeführt. Der Vorteil, bis auf Maßstabseffekte beim Nachstrom, liegt darin, daß die Zuströmung zum Propeller alle Srömungskomponenten enthält, daß jedoch bedingt durch die kleinen Reynoldszahlen und die Maßstabseffekte der Blasendynamik die Kavitationserscheinungen zu schwach ausgebildet werden.

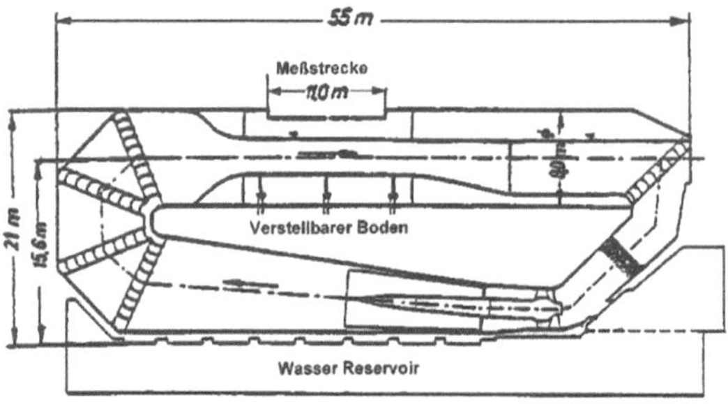

Abb. 11: Der Umlauftunnel der VWS in Berlin (1974)

Deshalb haben neuere Entwicklungen in den 80er Jahren zu einer Kombination beider Systeme geführt, derart, daß große Kavitationstunnel ohne freie Wasseroberfläche gebaut wurden, bei denen schnellaufende Modellpropeller hinter ganzen Schiffsmodellen untersucht werden können. Die Anlagen wurden darüber hinaus mit modernsten Meßeinrichtungen zur Bestimmung der Wasserqualität, der Zuströmung und der Strömungssichtbarmachung ausgerüstet. Darüber hinaus wurden die Anlagen mit Möglichkeiten zur Veränderung der Wasserqualität durch Be- und Entgasen des Tunnelwassers versehen. Derartige Anlagen entstanden in Schweden, den USA, in Frankreich und in Deutschland. Für die Marine bekam der Zusammenhang zwischen Kavitation und Geräuschentwicklung immer stärkere Bedeutung, so daß die Anlagen in den USA und in

Deutschland Versuche bei sehr geringen Eigengeräuschen bis hin zu hohen Frequenzen zulassen.

Der Hydrodynamik- und Kavitationstunnel HYKAT der HSVA (Abb. 12) hat eine Meßstrecke mit rechteckigem Querschnitt von 2,8 mal 1,6 m bei einer Länge von 11 m, in der vollständige bis 12,5 m lange Schiffsmodelle untersucht werden können. Die Modellpropellerdurchmesser liegen dann bei 250 bis 300 mm. Die maximale Geschwindigkeit in der Meßstrecke beträgt ca. 12 m/s, der Druck kann zwischen 0,25 und 2,5 bar absolut variiert werden. Damit können entsprechend niedrige Kavitationszahlen verwirklicht werden.

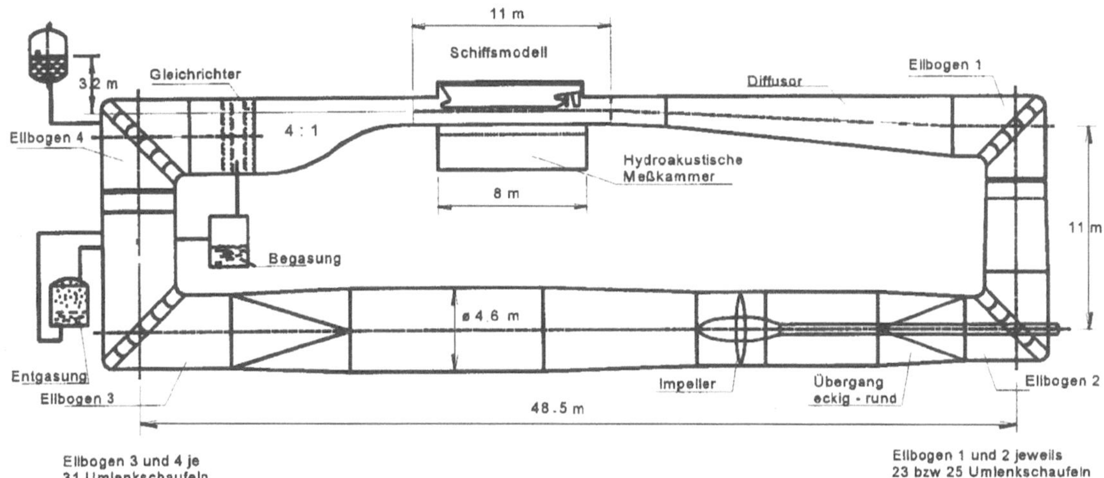

Abb. 12: Hydrodynamik- und Kavitationstunnel HYKAT

Darüber hinaus wurden weltweit Tunnel mit freier Wasseroberfläche gebaut, die vor allem zu Untersuchungen von Spezialpropulsoren, wie teilgetauchten Propellern und Waterjets, genutzt werden. Solche Anlagen stehen z.B. in Kristinehamn bei KaMeWa und am Institut für Strömungstechnik an der TU Berlin. Eine ausführliche Zusammenstellung und Kurzbeschreibung der meisten Kavitationstunnel findet man in der Liste der Versuchseinrichtungen der ITTC (1981).

Der Versuch einer Bewertung verschiedener größerer Versuchsanlagen und der darin erzielten Ergebnisse ist von Weitendorf, Friesch und Song, 1987 unternommen worden.

4. Über Ähnlichkeitsgesetzte und Versuchsvorschriften

Neben der geometrischen Ähnlichkeit von Modell (M.) und Großausführung (G.) resultiert die Versuchsvorschrift für die Geschwindigkeit aus der Gleichheit der Froudeschen Zahl Fr, d. h. dem Verhältnis der Trägheits- zur Schwerkraft (Froude, 1855), und der Reynolds-Zahl Re (Reynolds, 1883), d.h. dem Verhältnis von Trägheitskraft zur Reibungskraft, also aus

$$Fr = \frac{V}{\sqrt{g \cdot L}} \quad und \quad Re = \frac{V \cdot L}{v}$$

mit V = Geschwindigkeit, L = Schiffs-Länge (bzw. Propeller-Durchmesser), g = Erdbeschleunigung, und v = kinematischen Zähigkeit.

Da sich Fr-Zahl und Re-Zahl wegen der Länge L (jeweils in Zähler und Nenner) widersprechen, wird bei Untersuchungen, wo die Schwerkraft überwiegt, die Konstanz der Fr-Zahl für M. und G. bevorzugt.

Zu Beginn dieses Jahrhunderts hatte Taylor (1906) festgestellt, daß das allgemeine Ähnlichkeitsgesetz der Dynamik, das den Vergleich zwischen Trägheitskräften und allen anderen Kräften entsprechend Newtons Grundgesetz erlaubt, auch für Propeller Gültigkeit besitzt. Daraus läßt sich als Verhältnis aus Schubkraft T zu Trägheitskraft der Schubbeiwert K_T ableiten:

$$K_T = \frac{T}{\rho \cdot n^2 \cdot D^4}$$

mit n der Drehzahl und D dem Durchmesser, wobei die gleiche Fortschrittsziffer

$$J = \frac{V}{n \cdot D}$$

die Ähnlichkeit der Geschwindigkeitsdreiecke am Propeller für M. und G. garantiert.

Parsons hat in seinem zweiten Tunnel die Geschwindigkeiten und Drücke entsprechend dem Froudeschen Gesetz eingestellt (Burrill, 1951). Die Propellerbelastung wurde damals über den scheinbaren Slip

$$s_s = \frac{n \cdot H - V_s}{n \cdot H}$$

mit n = der Drehzahl, H = der Steigung und V_S = der Schiffsgeschwindigkeit eingeregelt.

Erfolgreiche Propeller hatten einen Slip $s_S = 0,10$ bis 0,12. Eine Druckregulierung entsprechend der Kavitations-Zahl σ nach Kap. 2 erfolgte in beiden Parsons'schen Tunneln noch nicht; vielmehr wurde im ersten Tunnel das Wasser zusätzlich zum abgepumpten Atmosphärendruck fast bis zum Siedepunkt erhitzt (beim Sieden sind Atmosphären-und Dampfdruck gleich); im zweiten Tunnel wurde stets der Vergleich von zwei Ergebnissen vorgenommen, z.B. für den Schub oder den Wirkungsgrad einmal bei atmosphärischem Druck und zum anderen bei dem erreichbaren Vakuum von 0,45 lbs/inch^2 (30 mbar absoluten Druck) für den statischen Druck über dem Propeller (Burrill, 1951). Mit dieser Vorgehensweise bei Kavitationsversuchen hat man erstaunliche Ergebnisse erzielt, allerdings mit weiter Slipvariation, z. B. $s_S = 0,08$ bis 0,28 (vgl. Cook's Diskussion und Bilder der Druckseite der „Bremen" zum Kempf-Lerbs Vortrag bei INA 1932).

Nachdem Weber (1930) vor der STG das Allgemeine Ähnlichkeitsprinzip der Physik und daraus die Herleitung der Modellgesetze, z. B. die Newton'sche Ähnlichkeit mit konstanten J- und K_T-Werten, sowie Ackeret (1930) die Gültigkeit der Konstanz der Kavitations-Zahl • für G. und M. bewiesen hatten, wurden die Kavitationsversuche im ersten HSVA Tunnel so durchgeführt (Lerbs, 1932). Diese, gegenüber der Froude'schen, neue Versuchsdurchführung hat vor der INA (Kempf/Lerbs, 1932) zunächst eine umfangreiche Diskussion ausgelöst, aber dann eine heute noch gültige Zustimmung erfahren.

Später verfolgte Lerbs (1944) den Einfluß des Luftgehaltes im Wasser wie Numachi und Kurokawa (1936) sowie den der Kapillarkraft in der Weber'schen Zahl W und der Verweilzeit Te der Flüssigkeit im Kavitationsgebiet. Die Abhängigkeit des Schubes T - entsprechendes gilt für das Moment - von den untersuchten Parametern lautet dann nach Lerbs:

$$T = \rho n^2 D^4 K_T \,(J, \, Fr, \, Re, \, \sigma_0, \, \sigma_{0a}, \, W, \, Te)$$

wobei σ_{0a} die Kavitationszahl zur Berücksichtigung des Luftgehaltes, $W = \rho V^2 L/s$ = die Webersche Zahl mit s = Oberflächenspannung und $Te = D/(V_c t_0)$ die Verweilzeit mit passendem Zeitmaßstab t_0 ist.

Bei heutigen Kavitationsuntersuchungen würde man σ_{0a} mit dem totalen Gasgehalt sowie W, s und Te in dem blasendynamischen Verhalten der Kavitationsblasen erfassen. Die Ergebnisse der Untersuchungen von Lerbs (1944) zeigen, daß Schub und Moment vom Luftgehalt (d. h. σ_{0a}), von Weberscher Zahl W

und Verweilzeit Te unabhängig sind. Nach weiteren Ähnlichkeitsversuchen von Lerbs für die Reynoldssche und Froudesche Zahl ergab sich dann für den Schub

$$T = \rho \, n^2 D^4 K_T \,(J, \, \sigma_0,) \text{ mit } Re > Re_{krit} \text{ und}$$

$$Fr_{Mod(min)} \leq Fr_{Mod} \leq Fr_{Mod(max)}$$

Demnach sind Versuche, die oberhalb einer kritischen Reynoldszahl $Re_{krit} \approx 0,8 \cdot 10^5$ und bei örtlichen Kavitationszahlen, die sich nur um 8 bis 9% unterscheiden (d.h. unterschiedlichen Froude'schen Zahlen), durchgeführt werden, durch Maßstabseffekte vernachlässigbar gering beeinflußt.

Diese heute immer noch anwendbare Vorgehensweise wurde von Lerbs bei der Umrechnung von Modellversuchen und deren Vergleich mit Großausführungsmeilenfahrten benutzt (vgl. Kap. 5 u. Abb. 13).

Die Lerbsschen Untersuchungen, für stationäre Werte geltend, wurden hier wegen ihrer konsequenten Vorgehensweise so ausführlich behandelt, die auch heute noch maßgeblich sein sollte, vor allem für instationäre Vorgänge, wie propellererregte Druckschwankungen und Geräusche. Für z.B. das Einbringen von Kavitationskeimen pro cm^3 in Versuchsanlagen gibt es von mehreren Autoren eine Vorschrift (vgl. Kavitations-Kommitee-Bericht ITTC 1987). Diese besagt, daß beim Modellversuch die Blasenkonzentration um die dritte Potenz des Maßstabs $\lambda = A_{orig}/A_{Mod}$ größer sein muß als am Original, um vergleichbare Kavitations-Ausdehnungen im Modell zu erreichen. Eine hierfür über die Rayleigh-Plesset-Gleichung der Blasendynamik von Isay (1981) abgeleitete Beziehung lautet:

$$(\zeta_{0j} A^3)_{Mod} = (\zeta_{0j} A^3)_{Orig} \quad ,$$

wobei A die halbe Profillänge und ζ_{0j} die Keimkonzentration der jeweiligen Radienklasse j ist.

Durch instationäre Kavitation verursachte Geräusche haben nicht nur für Marinefahrzeuge, sondern auch für Kreuzfahrtschiffe und Fähren in jüngster Zeit entsprechende Bedeutung erlangt.

Für z.B. Geräuschmessungen bei Kavitation haben Baiter und Blake (1991) einen dem heutigen Kenntnisstand entsprechenden Überblick über Versuchsvorschriften gegeben und eine Zusammenstellung dazu findet sich bei Weitendorf und Lorenz-Meyer (1993).

5. Schubabfall durch Kavitation

Beim Auftreten von Schubabfall sind mindestens 70% der Fläche aller Propeller-Flügel gleichzeitig mit Kavitation bedeckt. Dann herrscht neben einer Widerstandszunahme praktisch konstanter Dampfdruck am Profil, der den Auftriebsabfall bewirkt. Dagegen verläuft beim nicht-kavitierenden Zustand der Auftrieb quadratisch mit der Geschwindigkeit. Auf diesen Sachverhalt hatte Föttinger in seinem Diskussionsbeitrag zu Horns STG-Vortrag (1927) über Theorie, Entwurf und Versuche mit Tragflügelschrauben hingewiesen.

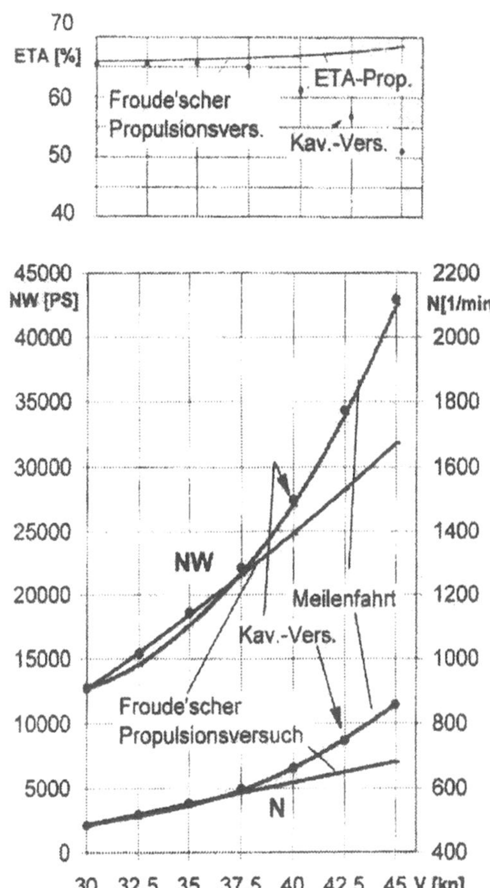

Abb. 13: Ergebnisse aus Kavitationsversuch, Froudeschem Propulsionsversuch und Meilenfahrt nach Lerbs (1944)

Bereits zu Parsons Zeiten wurde das Problem des Schubabfalls durch Vergrößerung der Propeller-Blattfläche in gewissem Maße überwunden. Lerbs (1931b) hat dann unter Berücksichtigung der Ergebnisse von Ackeret (1930) eine Beziehung aufgestellt, die bei gegebenem statischen und Staudruck einen noch zulässigen Auftriebsbeiwert c_a zur Vermeidung der Kavitation angibt. Damit und mit variabler Steigungsverteilung am Propeller konnte Lerbs (1936) einen späteren Kavitations-Einsatz erreichen als an einem Propeller der Serie Schaffran B_2 mit konstanter Steigung. Die grundsätzliche Bearbeitung des Kavitations-Problems 1928/32 hat dazu geführt (Lerbs, 1936), daß die Probleme mit den Propellern der damaligen Schnelldampfer „Bremen" und „Euro-

pa" gelöst werden konnten. Dabei wurde auch die Druckseiten-Kavitation (Abb.14) durch Verkürzung des Profils und Anheben der Eintrittskante der Druckseite vermieden (Burrill, 1951).

Die schon in Kap. 4 besprochenen Ähnlichkeitsuntersuchungen führten zu entsprechenden Versuchsvorschriften und dem Ergebnis in Abb. 13 (Lerbs, 1944). Darin sind für ein Marine-Versuchsfahrzeug Leistung NW, Drehzahl N und Propeller-Wirkungsgrad ETA angegeben. Die im Schlepptank beim Froude'schen Propulsions-Versuch gemessenen Werte wurden mit den entsprechenden aus dem Kavitations-Tunnel korrigiert. Danach ergab sich eine hervorragende Übereinstimmung zwischen den Modellversuchen und der sorgfältigen Meilenfahrt des Versuchsfahrzeuges. Damit war gezeigt, daß der Schubabfall bei ausgeprägter Kavitation und dessen Einfluß auf die weiteren Antriebswerte durch Kombination von Modellversuchen im Schlepptank und im Kavitationstunnel bestimmt werden konnten.

Eine konsequente Weiterverfolgung des Problems des Schubabfalls bei Vollkavitation führte zur Entwicklung einer Theorie für vollkavitierende Profile (Wu, 1955, Tulin, 1955) und vollkavitierende Propeller, deren Wirkungsgrade sich denen nichtkavitierender Propeller nähern (Newton / Rader, 1960). In der ehemaligen UdSSR hatte bereits V.L. Pozdjunin 1938 einen Vorschlag für „superkavitierende" Propeller mit Keilprofilen gemacht.

6. Erosion

Die zerstörerische Wirkung der Kavitationserosion an Propellern wird schon seit mehr als 70 Jahren untersucht. Aufbauend auf den grundlegenden Arbeiten von Cook (Parsons und Cook, 1919) und Rayleigh (1917) zum Verhalten einer Kavitationsblase in idealer Flüssigkeit, folgten Arbeiten zum Werkstoffverhalten, zur Theorie des Blasenzusammenfalls und zur Entwicklung experimenteller Methoden. Die Fragen der Erosionsgefährdung von Schiffspropellern erlangte Anfang der dreißiger Jahre große Bedeutung, als an den Propellern der berühmten Schnelldampfer „BREMEN" und „EUROPA" so starke Kavitationserosionsschäden auftraten, daß die Schiffe für fast jede Reise einen neuen Satz Propeller brauchten. Durch die Forschungsarbeiten von Lerbs im ersten Kavitationstunnel der HSVA (sh. Kap. 4) konnten die, diese Schäden verursachenden, Kavitationserscheinungen verringert und das Maß der Propellerschäden erträglich gestaltet werden. Der Kavitationsforschung auf dem Gebiet der Kavitationserosion wurde vom Schiffbau immer wieder die Frage gestellt nach den Kavitationserscheinungen, die für erosive Schäden verantwortlich sind. Das 13.

Kavitationskommittee der ITTC (Emerson, 1972), hat die verschiedenen Kavitationserscheinungen typisiert und in einer Umfrage an die Versuchsanstalten die hauptsächlichen Verursacher für Erosionsschäden ermittelt. In den Antworten wurde die freie Blasenkavitation und die Wolkenkavitation am häufigsten in Verbindung mit Schäden an Propellern gebracht.

Abb. 14: Erosionsschäden auf der Druckseite des Propellers des Schnelldampfers „Bremen" 1928

In den letzten Jahren kamen zu diesen beiden Typen noch die fluktuierende Schichtkavitation und der instable Spitzenwirbel als weitere Verursacher - vor allem bei Propellern mit starkem Skew - hinzu. Die Vermeidung von Propellerschäden, hervorgerufen durch Kavitationserosion, bekommt in letzter Zeit wegen der größer werdenden Schiffsgeschwindigkeiten wieder stärkere Bedeutung (Abb. 15). Die genauen Ursachen für die Entstehung der einzelnen, oben genannten Kavitationserscheinungen und deren Einfluß auf die Erosion ist immer noch nicht eindeutig geklärt. Die Meinungen der Wissenschaftler gehen weit auseinander, spielen doch gleichzeitig mechanische, elektrochemische und chemische Effekte eine Rolle. Den mechanischen Kräften beim Blasenkollaps kommt allerdings eine zentrale Bedeutung zu. Drei Vorgänge werden immer wieder als Verursacher von hohen Spannungen an der Oberfläche des Propellers genannt:

- das Aussenden von Stoßwellen im Endstadium des Blasenkollapses
- die stoßartige Belastung des Werkstoffes durch einen Mirowasserstrahl mit sehr großer Geschwindigkeit
- der Staudruck beim Einströmen des umgebenden Wassers in die implodierende Kavitationsblase.

Die in Kap. 2 geschilderten Grundlagenuntersuchungen von Lauterborn und Mitarbeitern, tragen zum Verständnis dieser Vorgänge entscheidend bei.

Abb. 15: Erosion an einem modernen Container-Schiffs-Propeller 1997

7. Vibrationen und Geräusche

Nach dem 2. Weltkrieg begann verstärkt die Erforschung von Kavitations-Geräuschen (Propeller-Singen ist davon ein Sonderfall, vgl. Ross, 1987; Burrill, 1955) und von Vibrationen, letztere zunächst durch Propeller-Lagerlasten erregt. Obwohl es einzelne experimentelle Modell-Untersuchungen von Druckschwankungen an der Schiffsaußenhaut durch kavitierende Propeller gab (Denny, 1967) und eine Theorie der niederfrequenten Hydroakustik des kavitierenden Propellers vorlag (Isay, 1967), war der Einfluß der Kavitation bei der Vibrationserregung zunächst nicht klar. Erst durch die beiden Veröffentlichungen von Van Oossanen/Van der Kooij (1972) und Huse (1972) wurde die Bedeutung der instationären Kavitation als Volumenänderung im Nachstromfeld des Schiffes verständlich. In Abb. 16 sind drei verschiedene Muster mit jeweils in der Mittschiffs ($\alpha=0$)-Position gleich dicken Kavitations-Volumina und berechneten Druckamplituden angegeben. Von der Druckamplitude K_{P1} in der oberen Reihe steigt sie in der zweiten auf $K_{P2} = 4K_{P1}$ und dann in der dritten auf $K_{P3} = 10K_{P1}$. Der Grund für die stark ansteigende Druckamplitude K_P ist die Verdrängungswirkung des instationären Kavitations-Volumens V_{kav}, das der 2. Ableitung nach der Propeller-Flügelstellung ϕ_0 folgt:

$$K_p \propto \frac{\partial^2 V_{Kav}}{\partial \Phi_0{}^2}$$

Zu Obigem kommt hinzu, daß die zeitlichen Phasen durch Kavitation an den einzelnen Meßpunkten gegenüber dem kavitationsfreien Zustand wesentlich vergleichmäßigt werden. Dadurch entsteht eine mehr gleichphasige Schwingung, deren resultierende Kraft für den Fall schneller wachsenden und schrumpfenden Kavitationsvolumens größer sein kann als für langsamer sich ändernden Volumens. In Abb. 16 z. B. ist die Kraft für die untere Reihe um den Faktor 135 größer als für die obere. Diese Tatsache verdeutlicht, daß die Vibrationen durch Druckschwankungen kavitierender Propeller stärker zur Vibrationserregung beitragen als die o.g. Propeller-Lagerlasten.

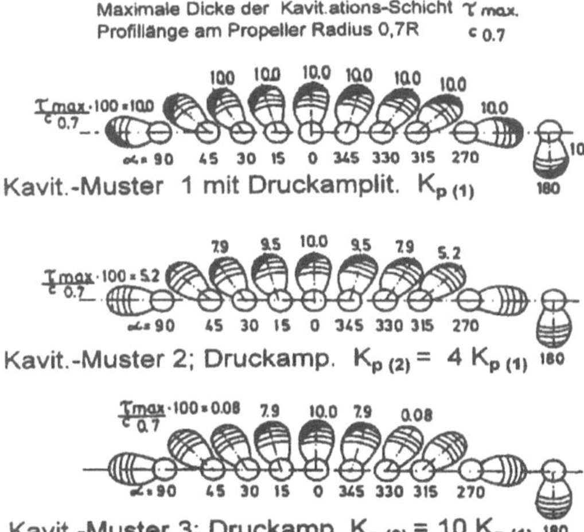

Abb. 16: Variation des Kavitations-Volumens – Berechnete Druckamplituden nach Huse (1972)

Hinsichtlich akzeptabler Druckschwankungs-Amplituden (ca. 4 - 8 kPa oder kleiner für die Blattfrequenz) und Vibrationen liegen viele Messungen an Schiffen vor (z.B. Friesch, 1998; Weitendorf, 1989; ITTC, 1987). Im Projektstadium werden derartige Amplituden durch Berechnungen und/oder Modellversuche festgestellt. Bei letzteren treten jedoch vielfach Maßstabseffekte auf (Weitendorf, 1989), die durch physikalische Vorgänge nur in den Versuchsanlagen bedingt sind. So zeigen Druckschwankungen $K_P = \Delta p/(\rho n^2 D^4)$ des „Sydney Express"-Modellpropellers aus dem mittleren HSVA-Kavitationstunnel in Abb. 17 eine Abhängigkeit von dem mit einer Sonde gemessenen Sauerstoffgehalt O_2 (in % bei Atmosphärendruck) des Wassers und von der Drehzahl. Dabei steht der O_2-Gehalt in Relation zum Spektrum der Mikroblasen (Weitendorf/Tanger, 1999). Bei Drehzahlen n $\geq$ 20 Hz (hier n = 22,5 u. 32 Hz) und einer O_2-Sättigung von mehr als 50 - 60% stimmen die Druckamplituden ($K_P \approx$ 0,03) mit der Großausführung akzeptabel überein. Schon früher wurde die Beeinflussung der Druckamplituden durch kleinere Drehzahlen und niedrigen Gasgehalt festgestellt (Keller/Weitendorf, 1975). Die Gründe liegen vor allem in den für die Kavitationsentstehung zu schwachen absoluten Profilunterdrücken bei kleinen Drehzahlen, d. h. bei blasendynamischen Maßstabseffekten. Das ist in der Zusammenfassung über die Entwicklung des Kenntnisstandes von propellererregten Druckschwankungen (Weitendorf, 1989) ausführlich dargelegt. Weitere Maßstabseffekte, wie z. B. durch Zähigkeitseffekte oder den Schiffsnachstrom, werden bei Isay (1984) und Blake et al. (1990) diskutiert.

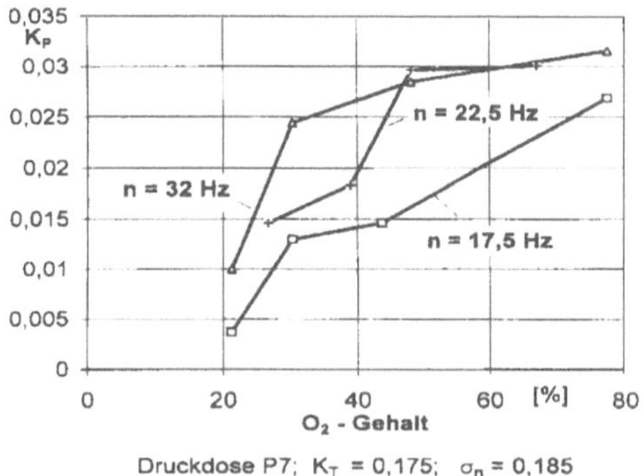

Abb. 17: Propellerregte Druckschwankungen der „Sydney Express" im mittleren Kavitationstunnel

Neben der Vorhersage der propellererregten Druckimpulse der ersten Flügelharmonischen (Flügelzahl mal Drehzahl) kommt in den letzten Jahren der Prognose der Erregung höherfrequenter Druckamplituden (ganzzahlige Vielfache des Produktes aus Flügelzahl mal Drehzahl) und der Prognose von breitbandigen Geräuschen immer mehr Bedeutung zu (Raestadt 1996, Abb.18, Friesch, 1998).

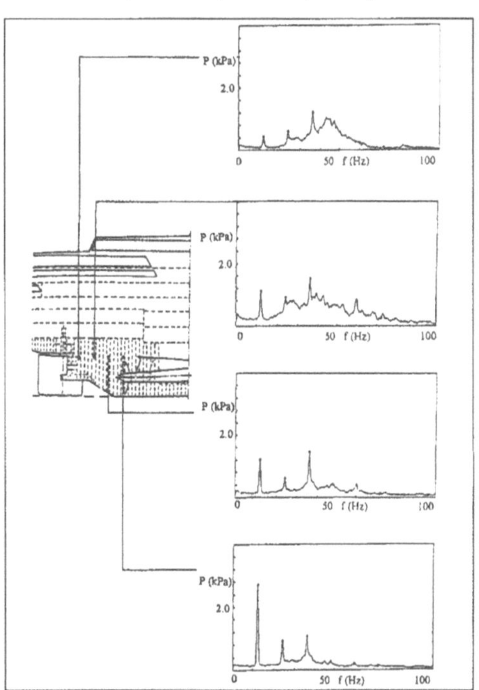

Abb. 18: Erregung durch höherfrequente Druckimpulse und breitbandiges Geräusch auf der QE 2 (Raestadt, 1996)

Dies hat verschiedene Ursachen. Zum einen werden die Konstruktionen der Schiffe immer leichter, zum anderen ist es den Propellerentwerfern gelungen, durch die Anwendung verschiedener Entwurfsmerkmale (z.B. Skew, Spitzenentlastung) die Dicke und Ausdehnung der Schichtkavitation zu verringern und damit die Erregung in der Blattfrequenz zu minimieren. Dies geht oftmals einher mit einem stärker ausgeprägten Spitzenwirbel der heutigen Highskew-Propeller und mit einer stärkeren Fluktuation der verbleibenden Schichtkavitation.

Dazu kommt, daß der stärker ausgeprägte Spitzenwirbel dazu neigt, im Druckfeld des Ruders (Abb.1e) zu platzen, oder daß sich bei dicken Spitzenwirbeln ohne dahinterliegendes Ruder (Abb. 1c) Knoten bilden (Weitendorf, 1973 und 1977). Diese Phänomene können zu einer Anregung der Schiffsstruktur im höheren Frequenzbereich führen. Vor allem für schnelle Fähren und für Passagierschiffe stellt dies ein großes Problem dar. Die Ergebnisse von detaillierten Untersuchungen an Passagierschiffspropellern haben in der jüngsten Vergangenheit gezeigt, daß Modellversuche in großen Kavitationstunneln mit Propellern hinter ganzen Schiffsmodellen einen entscheidenden Beitrag zur Prognose derartiger Gefährdungen leisten können (Abb. 19).

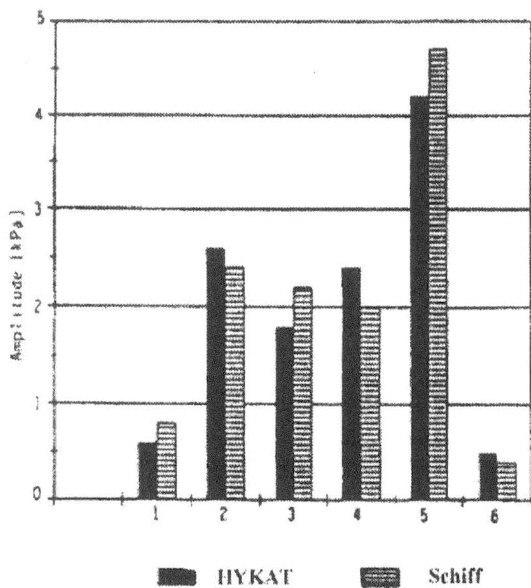

Abb. 19: Vergleich von Modell- und Großausführungsdaten für die zweite Harmonische der propellererregten Druckschwankungen

Die auf diesem Gebiet immer größer werdenden Anforderungen an den Schiffsentwurf (Nachstrom) und an den Propellerentwurf bedingen eine stetige Weiterentwicklung der Versuchstechnik. So werden derzeit Untersuchungen mit Hochgeschwindigkeits-Videoaufnahmen durchgeführt, mit denen das instationäre Kavitationsgeschehen direkt mit gemessenen Zeitsignalen korreliert werden kann, um so die Prognoseunsicherheiten weiter zu verringern (Johannsen 1998, Friesch und Johannsen 1998).

8. Kavitatiosausdehnungen an Modell und Großausführung und deren Korrelation

Nachdem die besonders bei instationären Werten sich auswirkenden Maßstabseffekte sachgerecht eingeordnet wurden, soll die Frage gestellt werden, wie weit bei heutigen Modellversuchen festgestellte Kavitations-Ausdehnungen mit denen von Großausführungen übereinstimmen. Hierfür liegen mehrere Untersuchungen vor (z. B. Friesch, 1998; Weitendorf/Tanger, 1999). Bei den ausführlichen Untersuchungen mit u. a. einem 250 mm großen Modell des konventionellen Propellers der „Sydney Express" hinter Nachstromsieben im mittlerem HSVA-Tunnel und hinter einem ganzen Schiffsmodell im HYKAT wurde der Gasgehalt des Wassers durch Begasung variiert, wobei der gelöste Sauerstoff-Gehalt und der Gehalt an Mikroblasen mit einem Phasen-Doppler-Anemometer (PDA-Ergebnisse in Abb. 5) gemessen wurden. In der Arbeit von Weitendorf/Tanger (1999) wird gezeigt, daß beim konventionellen Propeller der „Sydney Express" vor allem das Verhalten der Schichtkavitation durch die Konzentration der Mikro-Blasen beeinflußt wird. Das äußert sich durch das Auftreten intermittierender bzw. stabiler und instabiler Schichtkavitation; letztere ist in Abb. 20 beim Modellversuch durch weiße Flächen mit Umrandung, stabile Kavitation durch schwarze Flächen und Zwischenwerte durch Raster gekennzeichnet. Dagegen ist beim auch untersuchten High-Skew-Propeller der "Hongkong Express" die spitzenwirbelartige Flächenkavitation an der Eintrittskante offenbar durch den totalen Gasgehalt (z.B. durch turbulente Diffusion) mindestens ebenso stark beeinflußt wie durch die Konzentration der Mikroblasen mit ihrer Blasendynamik. Ausführlicheres über die beiden Propellertypen mit ihren unterschiedlichen Kavitationsarten findet sich bei Weitendorf/Tanger (1999). Insgesamt sind die einzelnen Sachverhalte bezüglich der verschiedenen Einflüsse und Kavitationsarten recht verwickelt. Doch der Vergleich der Kavitationsausdehnungen in Abb. 20 zwischen den Modelluntersuchungen bei jeweils begastem Wasser in beiden Tunneln und der Großausführung zeigt, daß für die praktischen Belange des Schiffbaus sich eine befriedigende Korrelation der Kavitationsausdehnungen von Modell und Großausführung ergibt.

Wie weiter oben schon erwähnt, hat sich das Kavitationsbild an den Propellern deutlich verändert. Die Kavitationserscheinungen für Propeller ohne ausgeprägten Skew sind primär durch Schichtkavitation gekennzeichnet. Diese Art von Kavitation tritt im Modell später auf als in der Großausführung. Deshalb wurde für einige Tunnel ein Korrekturfaktor von 0,7 bis 0,85 für die Kavitationszahl benutzt (Burrill, 1951). Für die heute üblichen Propeller mit ausgeprägtem Skew gilt, daß sich eine klare Trennung

zwischen Schicht- und Spitzenwirbelkavitation kaum vornehmen läßt. Auf jeden Fall ist der Spitzenwirbel stärker ausgeprägt. Dazu kommt, bedingt durch die Forderung nach kleineren Druckamplituden, daß viele Propellerentwerfer die Kavitationsschicht drastisch reduzieren, was sehr häufig mit einer starken Fluktuation der verbleibenden Schicht einher geht.

20^0   **10^0 Bb**   **0^0 (MS)**   **20^0 Stb**   **30^0 Stb**

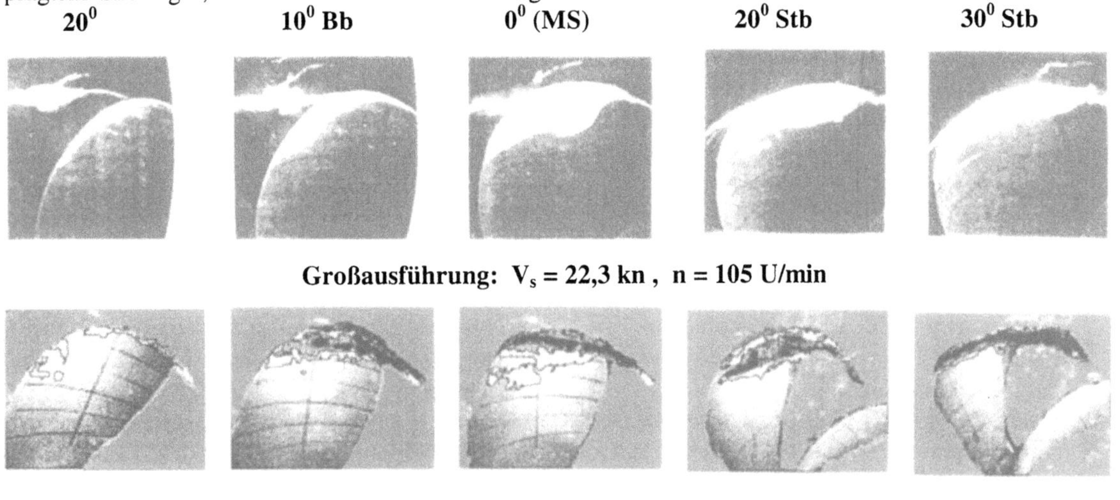

Großausführung: V_s = 22,3 kn , n = 105 U/min

HYKAT: 92% O_2-Gehalt Sättigung; K_T = 0,175; σ_n = 0,185; n = 27 Hz

Mittlerer HSVA-Tunnel: 48% O_2-Gehalt Sättigung; K_T = 0,175; σ_n = 0,185; n = 27,5 Hz

Abb. 20: Kavitationsausdehnung der „Sydney Express" in Großausführung, HYKAT und mittlerem HSVA-Tunnel

Um diese Phänomene zu erfassen, sind Versuche im dreidimensionalen Nachstrom in Versuchsanlagen, die Versuche mit stark begastem Wasser zulassen, notwendig. Diese Art der Versuchsdurchführung hat sich vor allem für große Containerschiffe und schnelle Zweischraubenschiffe in der jüngsten Vergangenheit bestens bewährt. Die gute Übereinstimmung - vor allem der Spitzenwirbelkavitation - zwischen Modell und Großausführung wurde in einer Reihe von Korrelationsuntersuchungen nachgewiesen (Friesch, 1998, ITTC-Reports 1996, 1999).

9. Bewertendes Resümee und Ausblick

Kavitation tritt an fast allen Propellern auf. Die in den letzten Jahrzehnten gewonnenen Erkenntnisse haben jedoch dazu geführt, daß man heutzutage Leistungen von bis zu 60 MW bei Einschraubenschiffen mit ausgeprägtem Nachstrom ohne lästige Vibrationsprobleme verwirklichen kann. Dies ist durch die

konsequente wissenschaftliche Bearbeitung (z.B. Ackeret, Föttinger, Horn und Lerbs) der von der Praxis gestellten Aufgaben möglich geworden. Im Hinblick auf die derzeit anstehenden Probleme bei den instationären Vorgängen, wie z.B. höherfrequenten Druckschwankungen oder breitbandigen Geräuschen, ist eine vergleichbare systematische Vorgehensweise, wie sie Lerbs im stationären Fall anwandte, notwendig.

Ziel der heutigen Kavitationsversuchstechnik muß nach wie vor die Reduzierung der bei Versuchen auftretenden Maßstabseffekte sein. Zur Verifizierung der erzielbaren Ergebnisse sind Großausführungsbeobachtungen von fundamentaler Bedeutung. Der Schwerpunkt der Vorhersage hat sich vom Schubabfall und der Erosionsgefährdung zur Prognose von Vibrationen und Geräuschen hin entwickelt. Trotzdem sind in letzter Zeit wieder Beurteilungen hinsichtlich der Erosionsgefährdung gefragt. Zu bearbeitende Probleme sind:

- Übertragung der blasendynamischen Erosionsforschungsergebnisse auf die Propellerversuche und Schlußfolgerungen für den Propellerentwurf
- Einfluß des Gasgehaltes (Wasserqualität) auf die Erosion.

Bessere Ergebnisse werden bei propellererregten Druckschwankungen in erster Linie durch Versuche hinter ganzen Schiffsmodellen in großen KavitationsVersuchsanlagen bei hohem Gasgehalt erreicht. Die für die höherfrequenten Druckschwankungen und Geräusche hauptverantwortliche Wirbelkavitation (Spitzenwirbel oder Wurzelkavitation) wird in solchen Anlagen wirklichkeitsgetreuer simuliert.

Trotzdem ist Spitzenwirbelkavitation ein relativ unerforschtes Gebiet. Neue Versuchstechniken sind notwendig um die physikalischen Mechanismen besser zu verstehen. Dazu gehören:
- Hochgeschwindigkeits-Videoaufnahmen
- Geschwindigkeitsmessungen im Kern und im Nahfeld des Wirbels
- ausführliche und gut dokumentierte Geräuschmessungen in der Großausführung und im Modell
- Wasserqualitätsmessungen in den Versuchsanlagen.

Allerdings muß dabei berücksichtigt werden, daß gerade die physikalischen Vorgänge in Wirbeln stark zähigkeitsbehaftet und dadurch modelltechnisch schwer greifbar sind. Deshalb müssen die neuen Versuchstechniken in enger Verbindung mit viskosen Rechnungen genutzt werden. Die Anwendung theoretischer Verfahren auf instationäre Vorgänge am Schiffskörper (Nachstrom) und am Propeller, hat begonnen und diese Rechnungen werden hoffentlich zum besseren Verständnis der Kavitationsvorgänge beitragen. Allerdings wird die Verifizierung in Modellversuchen und in Messungen in der Großausführung immer einen entscheidenden Platz einnehmen. Bevor derartige Berechnungsmethoden jedoch Eingang in die tägliche Entwurfsarbeit für Schiffspropeller finden, wird noch einige Zeit vergehen. Deshalb werden Modellversuche weiterhin eines der Hauptentwurfswerkzeuge für moderne Propeller bleiben.

10. Schrifttum

Ackeret, J. (1930): Experimentelle und theoretische Untersuchungen über Hohlraumbildung (Kavitation) im Wasser. Techn. Mechanik u. Thermodynamik, Monatl. Beihefte z. VDI-Zeitschr. Bd 1, H.1, S. 1-22, Bd 2, S. 63-72

Baiter, H.J.; Blake, W.K. (1991): Cavitation Noise Scaling. Seventh Federal Republik of Germany/United States Hydroacoustics Sympos., München and Hamburg, Sept., pp. 3-1 to 3-65

Bark, G. (1998): Cloud cavitation - Preliminary Classification of Mechanisms and Observation on Full Scale Ship Propellers. Third Intern. Sympos. on Cavitation, Grenoble, Vol. 1, pp. 267 - 272

Barnaby, S. W. (1897): On the Formation of Cavities in Water by Screw Propellers at High Speeds. TINA ,Vol. 38, pp. 139 - 144

Blake, W.K.; Meyne, K.J.; Kerwin, J.E.; Weitendorf, E.-A.; Friesch, J. (1990): Design of APL C-10 Propeller with Full-Scale Measurements and Observations Under Service Conditioning. TSNAME

Burrill, L.C. (1951): Sir Charles Parsons and Cavitation. Trans. Inst. of Marine Engrs., Vol. 63, pp. 149 - 167

Burrill, L.C. (1955): Propeller Cavitation: The Physical Mechanism and Effects on Ship Performance. Watt Anniversary Lecture 1955, Papers of the Greenock Philosophical Society

Denny, D.B. (1967): Comparison of Experimentally Determined and Theoretically Predicted Pressures in the Vicinity of a Marine Propeller. DTMB Rep. 2349

Eisenberg, Ph. (1953): Kavitation. Schiffstechnik Hefte 3,4 u. 5, S. 111-164, 155-168, 201-212

Emerson, A. (1972): Cavitation Erosion, Model-Ship Comparison. Appendix II, Cavitation Committee Rep., 13th ITTC, Berlin/Hamburg

English, J.W. (1979): Cavitation Induced Hull Surface Pressures. Measurements in Water Tunnels. RINA Symposium on Propeller-Induced Ship Vibration, London

Euler, L. (1754): Théorie compléte des Machines ... de l'eau. In: Ostwalds Klassiker der exakten Wissenschaften Nr. 182

Föttinger, H. (1932): Versuche über einige typische Kavitationserscheinungen. Hydromechanische Probleme des Schiffsantriebes, Selbstverl. GFF d. HSVA, Hamburg., S. 241-255

Friesch, J. (1998): Correlation Investigations for Higher Order Pressure Fluctuations and Noise for Ship Propellers. Third International Symposium on Cavitation, Grenoble, Vol. 1, pp. 259-265

Friesch, J.; Johannsen, C. (1998): Prediction of Propeller Induced Hull Pressure Pulses - Research for Increased Reliability. HANSA, Heft 9/98

Froude, W. (1955): Observations and Suggestions on the Subject of Determining by Experiment the Resistance of Ships. The Papers of W. Froude, INA, London, p.120

Graf, T. (1992): Kavitation an mechanischen Herz-klappen in vitro: Ursachen, Verlauf, Wirkung. Dissertation RWTH Aachen, Fakultät für Maschinenwesen

Harrison, M. (1952): An Experimental Study of Single Bubble Cavitation Noise. DTMB Rep. 815

Harvey, E.N.; McElroy, W.D.; Whitley, A.H. (1947): On Cavity Formation in Water. Jr. Appl. Phys. 18, No. 2, pp. 162-168

Horn, F. (1927): Versuche mit Tragflügel-Schiffsschrauben. JSTG, S. 342-446

Huse, E. (1972): Pressure Fluctuations on the Hull Induced by Cavitating Propellers. Norwegian Ship Model Tank Publication No. 111, Trondheim

International Towing Tank Conference, (1981): Catalogue of Facilities

International Towing Tank Conference, (1987): Report of the Cavitation Committee, Kobe.

Isay, W.-H. (1967): Theoretische Grundlagen der Hydroakustik des Schraubenpropellers. Ing.-Arch., 35, S. 6

Isay, W.-H. 1981(84): Kavitation. Schiffahrts-Verlag HANSA, C. Schroedter , Hbg, 1. (2.) Aufl.

Johannsen, C. (1998): Investigation of Propeller-Induced Pressure Pulses by Means of High-Speed Video Recording in the Three-Dimensional Wake of a Complete Ship Model. 22nd Symp. On Naval Hydrodynamics, Washington D.C., USA

Keller, A.; Weitendorf, E.-A. (1975): Der Einfluß des ungelösten Gasgehaltes an einem Propeller und auf die von ihm erzeugten Druckschwankungen - Teil A: Gasgehalts- und Druckschwankungen. Inst. f. Schiffbau d. Uni. Hamburg, Ber. Nr. 321A.

Kempf, G.; Lerbs, H. (1932): Cavitation Experiments on a Model Propeller. TINA, Vol. LXXIV, pp. 165-185 a. Plates IV-IVb

Knapp, R.T.; Daily, J.W.; Hammitt, F.G. (1970): Cavitation. McGraw-Hill Bk Com., N.Y.

Lauterborn, W. (1980): Cavitation and Coherent Optics. In: Cavitation and Inhomogeneties in Underwateracoustics, Springer-Verlag, Berlin

Lauterborn, W. (1997): Cavitation. In Encycl. Acoustics, ed. M. J. Crocker, J. Wiley & Sons, Inc., pp. 263--270

Lecoffre, Y.; Archer, A. (1998): A method to evaluate cavitation erosion in valves. Third Intern. Symp. on Cavitation, Grenoble, Vol. 2, p. 175

Lerbs, H. (1931a): Der Kavitationstank der Hamburgischen Schiffbau-Versuchsanstalt. Werft, Ree-derei, Hafen, Juni, S. 191--194

Lerbs, H. (1931b): Zur Frage des Kavitationeintritts. Werft, Reederei, Hafen, Juli, S. 243-244

Lerbs, H. (1932): Kavitationsversuche mit systematisch veränderten Propellermodellen. Hydromechanische Probleme des Schiffsantriebs, S. 287-293, Hbg, Selbstverlag GFF d. HSVA

Lerbs, H. (1936): Untersuchungen der Kavitation an Schraubenpropellern. Dissertation, Hannover

Lerbs, H. (1944): Untersuchungen der Kavitation an Schraubenpropellern Teil II. Habilitation, Hannover

Newton, R.N.; Rader, H.P. (1960): Performance Data of Propellers for High-Speed Craft. The Royal Institution of Naval Architects, London, England

Numachi, F.; Kurokawa, T. (1936/38): Über die Kavitationsentstehung mit besonderem Bezug auf den Luftgehalt des Wassers. Ing.-Arch., VII (1936) u. IX (1938)

Ohl, C.-D.; Lindau, O.; Lauterborn, W. (1998): Details of Asymmetric Bubble Collapse. Third Intern. Symp. on Cavitation, Grenoble, Vol.1, p. 39

Van Oossanen, P.; van der Kooij, J. (1972): Vibratory Hull Forces Induced by Cavitating Propellers., TRINA, Spring Meeting

Parsons, C. (1897): The Application of the Compound Steam Turbine to the Purpose of Marine Propulsion. TINA, pp. 232-242

Parsons, C. A.; Cook, S.S. (1919): Investigations into the Causes of Corrosion or Erosion of Propellers. TINA, pp. 221-247

Rayleigh, Lord (1917): On the Pressure Developed in a Liquid During the Collapse of a Spherical Cavity. Phil. Mag. 34, pp. 94--98

Reastadt, A.E. (1996): Tip Vortex Index - An Engineering Approach to Propeller Noise Prediction. The Naval Architect

Reynolds, O. (1883): Phil. Trans., Papers II, p. 51

Ross, D. (1987): Mechanics of Underwater Noise. Peninsula Publishing, Los Altos, Ca.

Sato, R.; Tasaki, R.; Nishiyama, S. (1986): Observation of Flow on a Horizontal Flat Plate above a Working Propeller and Physics of Propeller-Hull Vortex Cavitation. Proc. Intern. Sympos. on Propeller a. Cavitation Wuxi, China

Saito, S. et al (1998): A new proposal on predicting method of pump cavitation erosion. Third International Symposium on Cavitation, Grenoble, Vol. 2, pp. 183-188

Stoffel, B. (1992): Cavitation in Hydraulic Turbomachines - State of the Art and Topics of Actual Research. Intern. Symp.on Propulsors and Cavitation; STG u. HSVA, Hbg, STG - Nr.

3007

Taylor, D.W. (1906): Model Basin Gleanings. TSNAME, Vol. XIV, pp. 65-79

Thoma, D. (1925): Die experimentelle Forschung im Wasserkraftfach. Zeitschr. VDI, Bd.69, S. 329

Thornycroft, Sir John; Barnaby, S.W. (1895): Torpedo boat destroyers. Minutes of Proceedings Inst. Civil Engrs, pp. 50-103

Tulin, M. (1955): Supercavitating Flow Past Foils and Struts. Symp. on Cavitation in Hydrodynamics, National Physical Laboratory, Teddington, England

Wagner, R. (1906): Versuche mit Schiffsschrauben und deren praktische Ergebnisse. JSTG, S. 264-366

Walchner, O. (1932): Profilmessungen bei Kavitation. Hydromechanische Probleme des Schiffsantriebes, Selbstverlag GFF HSVA, Hbg.

Weber, M. (1930): Das Allgemeine Ähnlichkeitsprinzip der Physik und sein Zusammenhang mit der Dimensionslehre und der Modellwissenschaft". JSTG, 31. Bd., 1930, S. 274

Weitendorf, E.-A. (1973): Experimentelle Untersuchungen der durch kavitierende Propeller erzeugten Druckschwankungen. Schiff und Hafen, H. 11, 25.Bd., 1040-1060

Weitendorf, E.-A. (1977): Der kavitierende Spitzenwirbel und die daraus resultierenden Druckschwankungen. Schiffstechnik, Vol. 24

Weitendorf, E.-A.; Keller, A.P. (1978): A Determination of the Free Air Content and Velocity in front of the 'Sydney Express'-Propeller in Connection with Pressure Fluctuation Measurements. 12th Symposium Naval Hydrodynamics, Washington, D.C., pp. 300-318

Weitendorf, E.-A.; Friesch, J.; Song, C.C.S. (1987): Considerations for the New Hydrodynamics and Cavitation Tunnel (HYKAT) of the Hamburg Ship Model Basin (HSVA). ASME Intern. Symposium on Cavitation Research Facilities and Techniques, Boston

Weitendorf, E.-A. (1989): 25 Years Research on Propeller Excited Pressure Fluctuations and Cavitation. Ship Technology Research, Schiffstechnik, Bd. 36, H. 3, pp. 134-146

Weitendorf, E.-A.; Lorenz-Meyer, W. (1993): HYKAT - Ein neuartiger Hydrodynamik- und Kavitationstunnel und seine Einsetzbarkeit. J. Dtsch. Ges. Luft- u. Raumfahrt, Bd. I, S. 51-64

Weitendorf, E.-A.; Tanger, H. (1999): Cavitation Investigations in Two Conventional Tunnels and in the Hydrodynamics and Cavitation Tunnel HYKAT. Ship Technology Research, Schiffstechnik Bd. 46, H. 1, pp. 43-56

Wu, T.Y. (1955): A Free Streamline Theory for 2-Dimensional Fully Cavitated Hydrofoils. California Institute of Technology, Rep. 21-17

Young, F. G. (1989): Cavitation. McGraw-Hill Book Company, London, New York

Elektrizität auf Schiffen

Electricity on Ships

Dipl.-Ing. **Günter Henschel** , Bremerhaven; Dipl.-Ing. **Kai Siemerling**, Lütjensee; Dipl.-Ing.
Wolfgang Schild, Bargteheide; Dipl.-Ing. **Hinrich Reinecke**, Germanischer Lloyd, Hamburg

Summary. In the first part of the lecture electrical
equipment will be referred to, which in 1899 were in
use already on ships. These were among other
things the electric motor, the generator, the light
bulb, the engine telegraph, the ship wiring cable
and many others.
The second part will deal with the last 100 years;
developments, the conversion of auxiliaries from
steam to electricity, the improvement of generators
and their drives, the introduction of three-phase
current and medium voltage, the automation of ship
operation, cargo handling management up to the
integration of navigation equipment, including the
system ship.
In the last part it will be shown how electricity will in
future influence ship design.

1. Einleitung

Die Elektrizität auf Schiffen hat heute einen sehr
hohen Stellenwert für den Betrieb der Maschinen,
Funk, Navigation, Beleuchtung und für die Sicherheit von Besatzung, Passagieren, Ladung und
Schiff.

Die Zuverlässigkeit der elektrischen Einrichtungen
konnte im Zeitraum der Anwendung von Elektrizität an Bord sehr stark verbessert werden. Dadurch sind ernsthafte Betriebsstörungen, hervorgerufen durch elektrische Geräte, äußerst selten.

2. Die Zeit bis 1899

Im vorigen Jahrhundert vollzog sich der Übergang
von der Entdeckung zahlreicher physikalischer
Gesetze der Elektrizität zu deren technischen Anwendung. Damit kam die Elektrotechnik auch auf
die Schiffe.

Im Jahre 1838 fuhr Moritz Hermann Jakobi mit
einem durch Elektromotor angetriebenen Boot
(Schaluppe der Kaiserlichen Russischen Marine)
auf der Newa. Die Schaluppe (8,5 m lang, 2,3 m
breit) besaß Schaufelräder, und die elektrische
Energie lieferte eine galvanische Batterie mit 320
Plattenpaaren. Die Leistung des elektromagnetischen Motors betrug ca. 0,135 kW. Dieser erste
elektrische Schiffsantrieb der Welt hat damals
großes Aufsehen erregt. Übrigens war es auch der
erste brauchbare rotierende Elektromotor mit Kommutator.

Weitere Entwicklungen waren:

1848	Elektro-Boot auf einem See bei Swansea in Wales
1856	Elektro-Boot auf der Themse
1866	Elektro-Boot auf einem Teich bei Paris
1881	Elektro-Boot „Telephon" auf der Seine mit Propellerantrieb.

Ab ca. 1860 hatte sich der Propellerantrieb durchgesetzt. Es gibt jetzt auch regelmäßige Schiffsver-
kehre auf Seen und Flüssen. 1889 wird auf der
Themse zwischen London und Oxford eine Schif-
fahrtslinie mit Elektrobooten eröffnet. Etwa zur
gleichen Zeit sind Elektroboote auf dem Wannsee
in Betrieb. Hierbei ist zu bemerken, daß inzwischen „Dampfdynamos" im Schiffsbetrieb eingesetzt wurden.

2.1 Elektrisches Licht

Bereits 1810 experimentierte Sir Humphry Davy
mit dem elektrischen Lichtbogen unter Verwendung von Holzkohlestäben. Verbessert wurde das
Prinzip 1844 durch Foucault mit Retortenkohle.
Durch den Abbrand der Kohlestäbe war eine ma-
nuelle Nachführung der Kohlestäbe erforderlich,
die später aber automatisiert wurde.

Der Lichtbogen mit einer Temperatur von etwa
4000 °C hat ein sehr konzentriertes Licht, welches
sich für Scheinwerfer und die Ausleuchtung großer
Räume gut eignet, aber nicht für Kabinen und
Gänge. Zum Betrieb solcher Lichtquellen benötigt
man jedoch elektrische Energie, und diese stand
anfangs nur aus nicht wiederaufladbaren Batterien
zur Verfügung.

Die erste Anwendung von Lichtbogen-Scheinwerfern auf Schiffen war auf dem Fluß Potomac
während des nordamerikanischen Bürgerkrieges
(1861 - 1865). Die Energie lieferte ein galvanisches Element. Aber erst 1877 erhielt der in England gebaute Kabelleger „Faraday" die erste elektrische Anlage mit Lichtbogen-Scheinwerfern und
Dampf-Dynamo.

Die andere, noch heute allgemein übliche Licht-
quelle, die elektrische Glühlampe, kam aus den
Vereinigten Staaten. Bereits 1854 beleuchtete dort
Heinrich Goebel seinen Laden mit Kohlefaden-
Lampen. Und im Jahre 1859 hatte Prof. Way auf
einer Yacht in Portsmouth Versuche mit elektrischem Licht auf der Basis von Quecksilber ange-

stellt. Aber erst mit den Patenten von Thomas Alva Edison 1878 auf die Metalldraht-Glühlampe und 1880 auf die Kohlefaden-Glühlampe begann der Siegeszug der Glühlampe und verhalf dem elektrischen Licht an Bord zum Durchbruch. Seit dieser Zeit gibt es die Glühlampen-Sockel E 14 und E 27, welche heute noch üblich sind.

Noch im Jahre 1880 erhielt das amerikanische Schiff „Columbia" eine Lichtanlage mit 115 Edison-Kohlefaden-Lampen, die eine Lebensdauer von 400 Stunden (heutige Glühlampen 1000 Stunden) hatten. Bemerkenswert dabei ist, daß ein Reeder eine derartige Anlage einbaute, bevor die erste Glühlampenanlage an Land errichtet wurde.

2.2 Elektrische Energiequellen

Etwa um 1800 war es möglich, elektrische Ströme von Dauer aus galvanischen Elementen zu erhalten, wenn zwei Metalle in eine wäßrige Lösung von Kochsalz oder Säuren eintauchen. Dieses beruhte auf den Arbeiten von Luigi Galvano und Alessandro Volta im 18. Jahrhundert. Diese galvanischen Elemente wurden weiterentwickelt und verbessert und teilten sich später in die wiederaufladbaren Akkumulatoren und in die nicht aufladbaren Batterien, die uns bis heute bekannt sind. Das erste elektrische Boot des Herrn Jakobi 1838 auf der Newa hatte ein solches galvanisches Element nach John Frederic Daniell (1836).

Bild 1: Dampfdynamo

Die Gewinnung elektrischer Energie an Bord wurde erst durch die Erfindung des dynamoelektrischen Prinzips durch Werner Siemens 1866 in großem Umfang möglich. Der „Dynamo" wurde mit einer Dampfmaschine gekoppelt und an das vorhandene Dampfsystem des Schiffes angeschlossen. Das erste Schiff mit Dampfdynamo war der bereits erwähnte Kabelleger „Faraday".

Die Dampfdynamos hatten zuerst Kolbendampfmaschinen als Antrieb, aber bereits 1885 wurde der erste Dampfturbinen-Generator mit 2 kW auf SS „Earl Percy" in Betrieb genommen (gebaut von Clark, Chapman nach Patent von Charles Parson 1884).

2.3 Befehls- und Meldeanlagen

Die Entwicklung und Anwendung war in der Landtechnik bereits weit fortgeschritten. Telefone und andere Befehls- und Meldeanlagen mußten aber für den Bordbetrieb umgestaltet werden. Es wurde außerdem notwendig, spezielle Geräte wie z.B. Maschinen- und Artillerietelegrafen zu entwickeln. Damit wurde ca. 1890 begonnen und bereits 1895 auf dem Marineschiff „Kurfürst Friedrich Wilhelm" eingebaut.

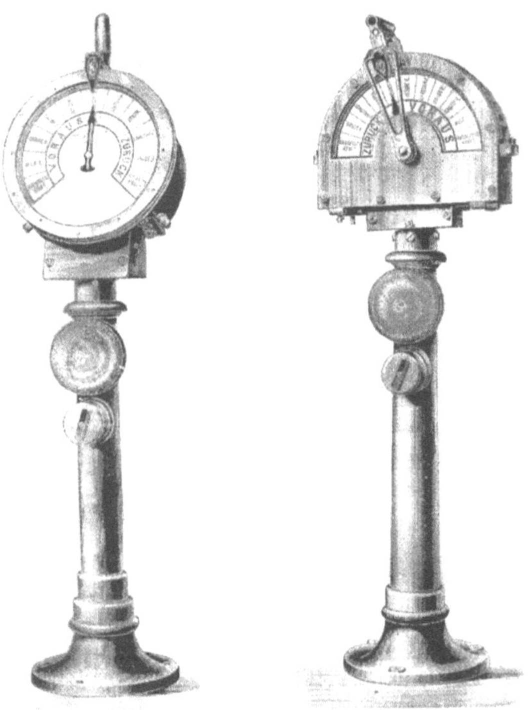

Bild 2: Maschinentelegraf

Funkeinrichtungen, oder wie es damals hieß „die Freitelegraphie, Marconis geistvolle Anwendung der Hertzschen Entdeckung", fanden bereits Ende des Jahrhunderts erste Anwendung. Im März 1899 wurde eine Lebensrettung auf See möglich, als ein Leichter ausgerüstet mit einem Marconi-Apparat die Strandung des Dampfers „Elbe" an Land meldete und ein Rettungsschiff auslief und die Mannschaft rettete. Das war der Anfang der Funkanlagen.

Für den Transport elektrischer Energie braucht man elektrische Leitungen und Kabel. Die ersten Leitungsverlegungen waren einadrig, aus Kupferdraht „hoher Leitfähigkeit", isoliert mit Hanf und

Paraffin und mußten gegen mechanische Beschädigung besonders abgedeckt werden. Später wurde der Kupferdraht mit Guttapercha isoliert und erhielt eine Bleiumhüllung. Schon 1898 wurde das Marinekabel MK mit Bleimantel und Stahlarmierung verlegt, mußte aber trotzdem zusätzlich geschützt werden, da „die Herren Matrosen keine Samthandschuhe bei der Arbeit tragen".

Zum Schluß sei auf die damals schon existierenden Klassifikationsgesellschaften hingewiesen mit einem Auszug aus den Bauvorschriften des Germanischen Lloyds, Ausgabe 1891, über die Elektrotechnik. In der Überschrift wird von „electrische Beleuchtung" gesprochen, aber der Paragraph § 1a spricht von „Dynamos oder Stromerzeuger".

Bild 3: Auszug aus den Bauvorschriften des Germanischen Lloyd

3. Die Zeit von 1899 bis 1999

Im 20. Jahrhundert entdeckten die Wissenschaftler weitere physikalische Gesetze und immer neue Zusammenhänge und Materialien. Diese wurden der technischen Anwendung zugeführt, wobei insbesondere die Entwicklung auf dem Gebiet der Sensorik, der Elektronik und der Rechnertechnik stürmisch verlief und völlig neue Perspektiven eröffnete.

3.1 Stromerzeugung

Die Gleichstromgeneratoren waren zuerst reine Nebenschlußgeneratoren und später sogenannte Doppelschlußgeneratoren, die eine nahezu lastunabhängige Spannungskurve haben. Diese Gleichstrommaschinen wurden mit symmetrisch angeordneten Wendepolen und Störschutzkondensatoren ausgerüstet.

Die Drehstromgeneratoren hatten zuerst Nachteile, da sich die Spannung sehr lastabhängig einstellte. Mit den Spannungsreglern der Generatoren gab es Probleme, weil die Leistung einiger Motoren sehr groß war im Verhältnis zur Generatorenleistung. Beim Einschalten von Kesselgebläsen und anderen Maschinen mit großem Trägheitsmoment gab es

große Spannungseinbrüche, die nur langsam ausgeregelt wurden.

Bild 4: Gleichstromgenerator

Durch Verbesserungen der bekannten Harzschen Schaltung und durch die Weiterentwicklung der Regelkomponenten war es möglich, den schleifringlosen Konstantspannungsgenerator zu bauen. Die konstante Spannung ist heute in vorgegebenen Grenzen vorhanden.

Die Einführung von Wellengeneratoren erfolgte etwa 1950. Aus den sogenannten „Lichtmaschinen" wurden leistungsstarke Generatoren für das gesamte Bordnetz. Für Drehstrom-Wellengeneratoren ist das Hauptproblem die Drehzahlschwankung der Antriebswellen. Hierbei wird im wesentlichen zwischen zwei Konzepten unterschieden:

- Drehzahlveränderlicher Antrieb mit Festpropeller;
- Quasi-drehzahlkonstanter Antrieb mit Verstellpropeller

Bild 5: Wellengenerator

In Antriebsanlagen mit Festpropeller und somit manövrier- und seegangsbedingten Drehzahlschwankungen wurden bereits im Jahr 1968 die ersten Wellengeneratoren im Wellenzug eingesetzt, die mit Energieumwandlung durch Stromrichter und Blindleistungsmaschinen arbeiten.

In Antriebsanlagen mit Verstellpropeller werden normale Synchron-Generatoren eingesetzt, da die Drehzahl der Antriebswelle nahezu konstant ist.

Heute gibt es Wellengeneratoren bis zu einer Leistung von 5 MVA, Dieselgeneratoren bis zu einer Leistung von 20 MVA und Generatoren mit Gas- oder Dampfturbinenantrieb bis zu einer Leistung von 35 MVA.

3.2 Energieverteilung und Kabelnetz

Bereits um die Jahrhundertwende hatte man sogenannte Schaltbretter für die Energieverteilung und den Anlagenschutz. Heute sind daraus Schalttafeln geworden. Das Bordnetz war überwiegend Gleichstrom bis Ende der 50er Jahre. Der Gleichstrom hat heute noch große Bedeutung auf U-Booten des In- und Auslandes, da dort große Batteriekapazitäten für die Antriebsanlagen vorhanden sind, die geladen werden müssen.

Das Gleichstrom-Bordnetz der ersten Zeit hatte 110 V und wurde etwa um 1925 durch 220 V ersetzt, um „Kabelgewicht" durch Querschnittsverringerung zu sparen. Drehstrom 380 V wurde erstmals 1935 in Deutschland angewandt.

Während deutsche Reeder geerdete Systeme für 220/380 V bevorzugten, verlangten ausländische Reeder ungeerdete Systeme mit 440 V und 60 Hz für Kraftanlagen sowie 110 V für die Beleuchtung. Letzteres erhöhte sich bald auf 220 V. Die 220/380V-Anlagen hatten den Vorteil, daß die 220 V aus der verketteten 380V-Spannung ohne zusätzlichen Transformator abgenommen werden konnten.

Die Ausführung der ersten Schalttafeln war in Marmor mit nach vorn offenen Kontakten und Klemmen und stellte somit eine Gefährdung für den Bediener dar. Im Laufe der Zeit und mit Einführung höherer Spannungen entstanden die geschlossenen Tafeln, wie wir sie heute kennen. In der Hauptschalttafel sind alle notwendigen Schutz- und Sicherheitseinrichtungen angeordnet einschl. Kurzschlußschutz.

Die Bordnetze mußten dem wachsenden Leistungsbedarf angepaßt werden. Am Ende der 70er Jahre erreichten die Niederspannungsnetze die Grenze ihrer Leistungsfähigkeit. Einige spektakuläre Schalttafelbrände infolge von Kurzschlüssen lenkten die Aufmerksamkeit der Fachleute auf dieses Problem. Die Berechnung der prospektiven Kurzschlußströme wurde genormt und zur Grundlage

für die Bemessung der Schaltgeräte und die dynamische Festigkeit der Schaltanlagen.

Maßnahmen zur Reduzierung der dynamischen Belastung wurden entwickelt. Zunächst wurde die Längstrennung der Sammelschienen durch strombegrenzende Leistungsschalter, I_S-Begrenzer mit Schmelzsicherungen, Drosselspulen oder aktive Stromtransformatoren mit Erfolg eingeführt. Es folgte die Entwicklung des Duplex-Systems für Hochleistungsanlagen mit der Möglichkeit, die Beträge der Kurzschlußströme zu halbieren und gleichzeitig einen Teilbetrieb selbst im Fall eines Sammelschienenkurzschlusses aufrecht zu erhalten.

Bild 6: Hauptschaltanlage

Der Übergang zu Mittelspannungsanlagen mit Betriebsspannungen bis 22 kV war notwendig für Hochleistungsanlagen mit einer installierten Leistung über 10 MW. Dabei werden Antriebe mit einer Leistung über 300 kW direkt mit Mittelspannung betrieben, kleinere Verbraucher werden über Transformatoren aus dem Niederspannungsnetz gespeist.

Maßgebend für die Kurzschlußfestigkeit der Schaltanlagen ist die dynamische Festigkeit der Stromschienen und das Schaltvermögen von Leistungsschaltern. In Niederspannungsanlagen liegt die Grenze bei einem prospektiven Kurzschlußstrom von etwa 120 kA, in Mittelspannungsanlagen bei 50 kA. Es ist nicht ratsam, Netze für höhere Belastungen zu planen, weil das Zerstörungspotential im Störfall zu groß ist.

Und nun noch einige Bemerkungen zum Kabel- und Leitungsnetz, einpolige oder zweipolige Verlegung! Dieses Thema hat die Fachwelt stark beschäftigt, und zwar besonders bei den Gleichstrom-Bordnetzen. Hier traten bei zweipoliger Verlegung Zerstörungen beim Minusleiter auf und führten in den 20er und 30er Jahren zu mehreren Schiffsbränden.

Bild 7: Kurzschlußversuch Schaltanlage

Die einpolige Verlegung, bei der der Schiffskörper als Rückleiter diente, wurde nicht nur in Gleichstromnetzen, sondern auch in Drehstromnetzen praktiziert. Heute haben sich die ungeerdeten Netze wegen ihrer höheren Verfügbarkeit durchgesetzt.

Die Isolierung der Kabeladern wurde laufend verbessert, und die Materialien gingen von der bereits erwähnten Guttapercha über Naturkautschuk, Butylkautschuk, Neoprenen und PVC bis hin zum heutigen halogenfreien Material. Der Aufbau der Kabel hat sich aber vereinfacht.

3.3 Elektrische Antriebe

Bereits um die Jahrhundertwende gab es elektrische Ladewinden, elektrische Kräne, elektrische Spille und Kohlewinden sowie elektrische Steuermaschinen (heute sagt man Rudermaschinen). Diese elektrischen Antriebe gab es vorzugsweise bei der Marine.

Mit der Ablösung der Dampfmaschine durch den Dieselmotor kamen diese Antriebe auch in die Handelsschiffahrt. Durch den Fortfall des Dampfes für den Hauptantrieb wurden Elektromotoren zum Antrieb von Pumpen, Lüftern, Spillen, Ladewinden, Rudermaschinen und sonstigen Hilfsmaschinen eingesetzt, die bisher mit Dampf angetrieben waren.

Die Ladewinden, die jahrzehntelang auf Frachtschiffen eine dominierende Rolle hatten, erhielten elektrische Gleichstromantriebe, die wegen der guten Steuerbarkeit in etwa dem Verhalten von Dampfwinden entsprachen. Es gab die unterschiedlichsten konkurrierenden Lösungen bei der Ausführung der Steuerung, mal Schützensteuerung mit Widerständen und Schützen teilweise unter Deck, mal Kontrollersteuerung, die preiswerter, aber wartungsaufwendiger war und keinen Platz unter Deck benötigte.

Mit dem Einzug des Drehstromes an Bord kam auch die Drehstrom-Ladewinde, jedoch in Varianten: Einmal als Drehstrom-Motor mit Polumschaltung im Ständer und Läufer, dann als Drehstrom-

Ladewinde mit Leonard-Umformer und Gleichstrom-Antriebsmotor und letztlich bis heute als dreifach polumschaltbarer Drehstrom-Motor, letzterer auch als Antrieb für Ankerwinden und Verhol- und Mooringwinden.

Statt des herkömmlichen Ladegeschirrs wurden teilweise auch Bordkrane installiert, aber in letzter Zeit meist mit elektrohydraulischen Antrieben und weniger rein elektrischen Antrieben.

Zu erwähnen sind noch Spezialwinden für hohe und höchste Beanspruchungen wie Kurrleinenwinden, Schwergutwinden, Baggerwinden und ähnliche.

Die elektrischen Antriebe für die Kurrleinenwinden stellten ganz besondere Anforderungen an die Elektrotechnik. Alle großen Antriebe (bis 2 x 400 kW) wurden mit Gleichstrommotoren ausgerüstet, erst mit Gleichstrom-Doppelschlußmotoren, dann mit Leonardkreisen und zuletzt mit Stromrichtern für die Drehzahlregelung.

Der erste elektrische Propellerantrieb von 1881 wurde bereits erwähnt. Über den Einbau von elektrischen Propellerantrieben bis 1918 ist wenig bekannt. Bei den dann gelieferten Propellerantrieben handelte es sich überwiegend um Gleichstromantriebe für hohe Anforderungen an das Drehmoment oder die Manövrierfähigkeit. Diese Antriebe wurden für Eisbrecher, Fähren und ähnliche Schiffe eingesetzt.

Große Drehstrompropellerantriebe vor 1930 wurden in USA und Großbritannien gebaut (z.B für Flugzeugträger mit 130.000 kW Gesamtleistung). In Deutschland kamen die ersten derartigen Antriebe nach 1935 auf die Schiffe „Potsdam" und „Scharnhorst". Bei den Drehstrom-Propellerantrieben, ob mit Synchronmotor oder Asynchronmotor, stellte sich immer das Problem der Drehzahlregelung. Dazu gab es viele Ideen und Teillösungen mit Erregermaschinen, Polumschaltung, Drehzahlabsenkung des Generatorantriebes, Magnetverstärker und andere.

Der Durchbruch kam mit dem Thyristor. Im Jahre 1966 wurde der Hecktrawler „TIKO 1" für die Fahranlage und die Kurrleinenwinde mit Thyristoren ausgerüstet. Heute werden Drehstrompropellerantriebe mit thyristorgeregelten Asynchronmotoren, Duplex-Drosseln zur Kurzschlußstrom-Begrenzung und Oberwellen-Minimierung und Konstantspannungsgeneratoren gebaut. Die Leistungen liegen bei bis zu 45 MW je Antrieb und je Generator bis zu 35 MW.

Ein wirkungsvolles Duplex-System wurde auf den jüngsten Fahrgastschiffs-Neubauten mit einer installierten Leistung von 80 MVA eingebaut. Jedem der vier Generatoren mit je 20 MVA ist eine Duplex-Drossel nachgeschaltet, die den prospektiven Anfangskurzschluß im Servicenetz auf 20 kA begrenzt und im Propulsionsnetz auf 35 kA. Die von den stromrichtergespeisten Propellermotoren mit einer Leistung von 2 x 20 MW ausgehenden Oberschwingungen werden durch die Stromteiler restlos vom Servicenetz ferngehalten.

Außerdem sind die POD-Antriebe zu erwähnen, die aber in einem eigenen Vortrag abgehandelt werden.

Bemerkenswerte Meilensteine der Regelung von Antrieben sind:
- Ward-Leonard-Kreis
- Magnet-Verstärker
- Kupferoxydul-Gleichrichter
- Selen-Gleichrichter
- Silizium-Gleichrichter
- Transistoren
- Thyristoren

Aufgrund der Entwicklung der Leistungselektronik in den letzten Jahren kann festgestellt werden, daß die Kosten dafür bei verbesserter technischer Leistung deutlich gesenkt werden konnten, was in Zukunft einen breiteren Einsatz dieser Technologie erwarten läßt.

3.4 Beleuchtung

Der Ausfall der Beleuchtung ist ein Panikfaktor, denn ein Schiff hat wenige Fenster, und fast alle Räume sind auf künstliches Licht angewiesen.

Im ersten Teil wurde der Beginn der elektrischen Beleuchtung durch die Kohlefaden-Glühlampe erwähnt, aber die Glühlampe entwickelte sich rasch weiter, es kam die Tantal-Glühlampe und dann die Osmium-Wolfram-Glühlampe, abgekürzt unter Osram bekannt. Letztere gibt es in verbesserter Form bis heute.

Mitte der 30er Jahre kam die Leuchtstofflampe auf den Markt, aber erst in den 50er Jahren an Bord. Die Hochspannungs-Leuchtröhren wurden für Schiffsnamen und dekorative Beleuchtung auf Fahrgastschiffen benutzt. Zu erwähnen sind noch Quecksilber- und Natriumdampflampen für die Decksbeleuchtung, später die Halogenlampen.

Heute steht mit den Energie-Sparlampen und den Halogen-Spots eine weitere Generation von Leuchtmitteln zur Verfügung. Zu erwähnen sind hierzu noch die Dimmeranlagen, die vom Tischlampen-Dimmer von 100 W bis zu Großanlagen von 100 kW reichen.

Fahrgastschiffe haben Gesamtleistungen von 1 MW und mehr für die Beleuchtung. Alle Beleuchtungsanlagen an Bord sind durch entspre-chende Netze so unterteilt, daß es auch bei Störungen nicht zu einem langfristigen „Black-Out" kommen kann.

3.5 Überwachung, Automation und Kommunikation

Maschinen-Überwachungsanlagen wurden erst nach 1950 eingeführt. Bis dahin verließ man sich auf die Instrumente, die im Maschinenraum angeordnet waren. Die ersten Alarme waren „Schmierölmangel" und „Kühlwassertemperatur zu hoch" der Dieselmaschinen. Diese wurden mittels roter Leuchten angezeigt, ohne akustische Ergänzung. Später kamen Fallklappenrelais, und mit der Einführung des Transistors wurden die Überwachungsanlagen ständig erweitert.

Parallel mit diesen ersten Überwachungsanlagen lief die Automation des Maschinenbetriebes. Zuerst wurde die Hauptmotorfernsteuerung eingeführt, dann die Stand-by-Pumpe und später die Kühlanlagen-Regelung, das Power-Management-System und andere Anlagen.

Der Kostendruck und mögliche Personaleinsparungen beschleunigten die Einführung der Automation so stark, daß heute die Maschinenanlagen vollautomatisch gefahren werden können, d.h. es findet ein 24 Stunden wachfreier Betrieb der Maschinenanlage statt.

Die Einführung der Rechnertechnik machte Systeme möglich, die eine Überwachung, Steuerung und Regelung aller Kreisläufe des Systems Schiff ermöglichen, wobei bisher übliche Einzelfunktionen in ein Gesamtkonzept integriert werden. Derartige Systeme erfassen Funktionen von
- Schiffssicherheit
- Maschinenbetrieb
- Ladung
- Navigation, Schiffsführung
und sollen die Schiffsführung von Routineaufgaben entlasten, damit sie sich stärker den eigentlichen Aufgaben der Schiffsführung widmen kann. In diesem Zusammenhang sei die Ein-Mann-Brükke erwähnt.

Bei den Befehls- und Meldeanlagen gab es auch starke Wandlungen: Vom Maschinentelegrafen zur Hauptmotor-Fernsteuerungsautomatik, vom Rudersteuerstand zum Selbststeuer, vom Sprachrohr zum Telefon. Bei der Kommunikation gab es ebenfalls Veränderungen: Vom Wechselsprech-System Brücke-Back-Heck zum Walkie-Talkie, von der festverdrahteten Telefonanlage zur freiprogrammierbaren Anlage, von der Kammer-Rufanlage über Paging-System bis hin zum Selbstwählverkehr via Satellit.

3.6 Navigation und Funk

Für die Schiffahrt von größter Bedeutung war der erste einsatzfähige Kreiselkompaß. Bereits 1890 hatte Werner von Siemens Versuche mit dem Kreiselkompaß eingeleitet, später kamen Martiensen, Anschütz-Kaempfe, Sperry und weitere hinzu. Im Jahre 1912 kam der Dreikreisel-Kompaß mit Öldämpfung, der als zuverlässig galt, aber 1925 durch den Zweikreisel-Kugelkompaß ersetzt wurde, der vom Konstruktionsprinzip bis heute verwendet wird.

Und nun ein Sprung nach heute: Der Kreiselkompaß von heute hat keine beweglichen Teile mehr, er arbeitet vollelektronisch mit Glasfaserspulen. Dieser faseroptische Kreiselkompaß mißt alle drei Achsen, kann alle Schiffsbewegungen erfassen und ist auch für hohe Schiffsgeschwindigkeiten geeignet (Sagnac-Effekt, 1912).

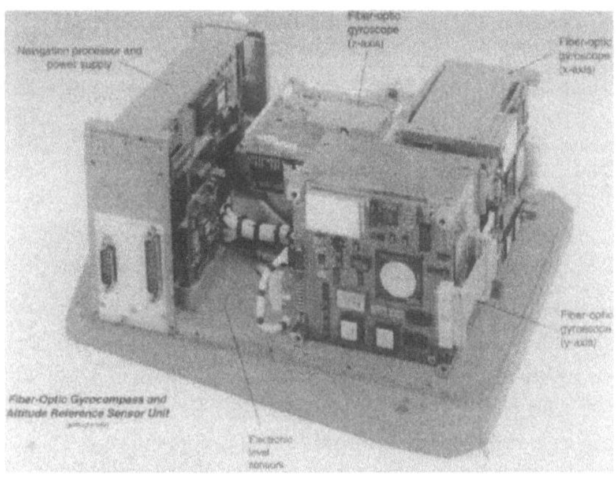

Bild 8: Faseroptischer Kreiselkompaß

Nach Einführung der drahtlosen Telegrafie und der parallelgehenden Installationen von Landsendern wurde die Navigation elektrifiziert. Der Goniometer-Peiler (Funkpeiler) kam auf, und weitere Geräte folgten bis heute, wo die Satelliten-Peilung mit automatischen Empfängern einen metergenauen Standort anzeigt.

Die Funkanlagen waren, obwohl immer ein Funker mitfuhr, bis vor etwa 25 Jahren unvollkommen. Die Sprachübertragung war schlecht, tages- und jahreszeitabhängig und sogar wetterabhängig. Das Telegramm, später das Telex waren da wesentlich zuverlässiger. Erst mit Einführung der Satelliten wurde alles besser und hat mit Einführung des GMDSS (Global Maritime Distress and Safety System) bei gleichzeitiger Abschaffung des Funkers zu einer perfekten „Schiff-Land-Schiff"-Verbindung geführt.

3.7 Sicherheitssysteme

Viele Anlagen der Schiffssicherheit sind von elektrischer Energie abhängig und zum Teil schon seit der Jahrhundertwende in Anwendung, z.B. die Schottenschließanlagen. Dann kamen hinzu die Generalalarm-Signale, in der Maschine der CO_2-Alarm, die Feueralarm- und Feuermelde-Anlage und weitere Anlagen.

Die Feuermelde-Anlagen sind heute aufgrund der modernen Elektronik in der Lage, jeden einzelnen Raum oder jede Kabine zu melden und auch auf einem Bildschirm einzeln, decksweise bzw. abschnittsweise anzuzeigen sowie Fluchtwege, die sich aus einer bestimmten Brandsituation ergeben, aufzuzeigen. Darüber hinaus können die Feuermelde-Anlagen mit einem Schiffssicherheits-System verbunden werden, um Lüfter und Feuerlöschpumpen zu steuern bzw. zu starten. Derartige Sicherheits-Systeme geben außerdem dem Personal Entscheidungshilfen und Hinweise zur Brandbekämpfung oder zur Evakuierung.

4. Die Zukunft - Ausblick

Integrierte Systeme für Schiffsführung, Navigation, Kommunikation, Beladung, Fernsteuerung aller Maschinenanlagen, Reederei-Kontakte über Datenleitungen usw. werden in Zukunft stärkere Verbreitung finden. Diese Entwicklung wird durch die technische Entwicklung in der Rechnertechnik sowie die günstiger werdende Kostensituation für Rechner unterstützt.

Die Anforderungen an Entwickler, Projektingenieure und Klassifikationsgesellschaften für die sichere Auslegung und Prüfung dieser Systeme, insbesondere unter Einbeziehung der Software, haben sich verändert und erfordern ein Umdenken und die Anwendung neuer Methoden und technischer Regeln.

Die Abhängigkeit der Schiffssicherheit und des gesamten Schiffsbetriebes von elektrischer Energie hat ständig zugenommen und ist unbestreitbar.

Die Zuverlässigkeit und Verfügbarkeit der elektrischen Einrichtungen an Bord haben einen hohen Stand, so daß elektrische Fehler nur selten zu ernsthaften Störungen des Schiffsbetriebes führen oder die Schiffssicherheit beeinträchtigen.

Die Entwicklung und auch Ausführung leistungsstarker elektrischer Antriebsanlagen, vor allem für Ruderpropeller (POD-Antriebe), wird von mehreren potenten Herstellern forciert. Es ist offensichtlich, daß diese Art der Propulsion erhebliche Vorteile für die Gestaltung des Schiffskonzeptes aufzeigt und Vorteile für die Verfügbarkeit und Manövrierfähigkeit gegenüber konventionellen Antrieben bietet und die Bedingungen der „Redundanten Propulsion" im Falle des Einsatzes von mindestens zwei Antriebseinheiten erfüllt.

Auch im Planungskonzept der US Navy lautet der Kernsatz: Elektrizität wird das Energiemedium der Zukunft sein - All Electric Ship -. Geplant ist die Einführung elektrischer Propellerantriebe für alle Schiffe der US Navy vom Versorger bis zum Flugzeugträger. Alle Komponenten der Maschinenanlage und der elektrischen Anlage sollen modular aufgebaut und in ein einheitliches Leistungssystem integriert sein, einschließlich der Steuerung, Regelung und Überwachung sowie deren Schutzeinrichtungen. Selbstredend sind die Bewaffnung, Navigation und Kommunikation gleichfalls integriert.

Die Brennstoffzelle als Stromquelle wird bereits auf Unterwasserschiffen installiert, und es ist abzusehen, daß diese auch in Zukunft in der zivilen Schiffahrt Anwendung finden wird. Mit Permanent-Magneten erregte elektrische Maschinen und möglicherweise die Ausnutzung der Supraleitfähigkeit stellen weitere Optionen für die Einsparung an Raum und Gewicht dar. Das „ALL ELECTRIC SHIP" kommt der Verwirklichung immer näher. „Elektrizität ist das Energie-Medium der Zukunft."

5. Schrifttum

75 Jahre Schiffbautechnische Gesellschaft (STG) 1899-1974. Schiffbautechnische Gesellschaft, Hamburg 1974

SCHULTHES, C.: Der Einfluß der Elektrizität auf die Sicherheit der Schiffahrt. Jahrbuch der STG, Band 4, 1903, S. 561-642

WILKE, A.: Die Elektrizität. Leipzig 1899

SCHULZ-BALDES, F.: Die Entwicklung der Elektrotechnik an Bord von Seeschiffen. Deutsches Schiffahrtsarchiv Bd. 6, S. 133-150

VOGLER, W.; WOLSKI, A.: Siemens an Bord, Chronik . . . 1986. Verlag Siemens AG

HEINTZENBERG, F.: Die Elektrizität im Dienste der Schiffahrt. In: Die Fortschritte des deutschen Schiffbaus. Lloyd-Zeitung Bremen 1909, S. 295-314

KOWALEWSKI, K.: Grenzen und Möglichkeiten der Rekonstruktion der ersten elektrischen Maschinen. Vortrag in Ilmenau 1989

KOSACK, H. J.; WANGERIN, A.: Elektrotechnik auf Handelsschiffen. 2. Aufl., Berlin/ Göttingen/ Heidelberg 1964

Germanischer Lloyd 1891: Vorschriften für den Bau elektrischer Anlagen.

KREBS, W.: Elektrische Schiffsanlagen. 3. Aufl., Berlin (Ost) 1968

Lloyd's List International, August 1991

SCHOLL, L.U.: Technikgeschichte des industriellen Schiffbaus in Deutschland. Hamburg, Band 2, 1996, Seite 131 ff

Tyne and Wear County Museums Service - Information Sheet

JÄGER, K.: Lexikon der Elektrotechniker. VDE-Verlag 1996

BOHNENSTENGEL, E.: Die Elektricität auf Dampfschiffen. Ein Leitfaden für Ingenieure und Maschinisten. Leipzig 1892

SIEMERLING, K.: Wirtschaftliche Erzeugung elektrischer Energie an Bord. Jahrbuch der STG, Band 79, 1985, S. 169-180

PLANITZ, W.; SCHILD, W.: Netzgestaltung mit Duplex-Drosseln. Jahrbuch der STG, Band 91, 1997

Cdr M L Cedere III: Integrated electric power for the US Navy. Electric Propulsion. Conference proceedings Part 1. London 5.-6. Okt. 1995. The Institute of Marine Engineers

100 Jahre Schiffbautechnische Gesellschaft. Chronik und Register. Kapitel II.7: Seite 185-198; Kapitel II.10/11/12/14: Seite 203 ff

Litton - C. Plath: NAVIGAT 2100

Raytheon Marine GmbH: Anschütz. Es begann mit dem Kreiselkompaß

Institut für Schiffsbetriebsforschung: Aus der Geschichte des industriellen Schiffbaus in Deutschland. Schiffsbetriebstechnik Flensburg 2/1997, Nr. 158

SCHULTHES, C.: Der elektrische Schiffsantrieb. Jahrbuch der STG, Band 34, 1933, S. 73 ff

RÜSSEL, K., SCHILD, W.: Das Verhalten von Bordnetzen mit Stromteilerdrosselspulen zur Kurzschlußstrombegrenzung. Jahrbuch der STG, Band 79, 1985, Seite 215-224.

Wettstreit zwischen Gleichstrom und Drehstrom in Bordnetzen

Competition Between Direct Current and Alternating Current for the Mains Power Supply

Dipl.-Ing. **Hermann Knirsch**, STN ATLAS Marine Electronics, Hamburg

Summary. The invention of the dynamo in 1866 met the requirements for the electrical energy transformation of big power. The first power plant and the trial of the first DC current transmission on shore is dated on 1882. A few years later (1889) the first three-phase-motor and the first three-phase-transformer became known. The revolutionary advantages of utilisation of electrical power generation and transformation could put through some years later aboard modern vessels. The exclusive DC technique from the beginning was replaced some decades later by three-phase technique. But the choice of the mains voltage was always orientated at the technical possibilities and limits of the consumers and control units. Even today the final victory of the three-phase-current technique is not foreseeable. There are plans and serious efforts about the development of high power DC mains for ship operation.

Einleitung

Die Triebfeder für alle alternierenden Entwicklungen auf dem Gebiet der Drehstrom- und Gleichstrombordnetze war das Anliegen, die Sicherheit, den Komfort und die Funktionalität auf Schiffen zu vergrößern. Vorteile, die der technische Fortschritt an Land bot, wollte man selbstverständlich auch an Bord nutzen. Dabei waren die Schiffbauer immer sowohl konservativ als auch fortschrittlich. Natürlich ist man konservativ, das heißt man behält bewährte Technik und macht keine abenteuerlichen Experimente, wenn man genau weiß, mit der gewählten Technik muß die Mannschaft an Bord bei jeden Wind und Wetter allein zurecht kommen. Aber genauso versuchte man schon sehr frühzeitig, den technischen Fortschritt, also auch den Einsatz von elektrischer Energie, zu nutzen. Der Bau größerer Seeschiffe wäre z.B. ohne elektrische Beleuchtung überhaupt nicht denkbar gewesen.

Die Geschichte der elektrischen Energietechnik ist kaum älter als 100 Jahre. Die Erfindung der Dynamomaschine im Jahre 1866 schuf die Voraussetzungen für die elektrische Energiewandlung großer Leistungen. Das erste Kraftwerk und der Versuch der ersten Gleichstromübertragung an Land datiert in das Jahr 1882. Wenige Jahre später (1889) wurde der erste Drehstrommotor und der erste Transformator mit verketteten Phasen bekannt. Die revolutionären Vorteile der Nutzbarmachung der elektrischen Energiewandlung und -übertragung konnte sich schon wenige Jahre später an Bord von modernen Seeschiffen durchsetzen. Die anfangs ausschließliche Gleichspannungstechnik wurde einige Jahrzehnte später von der Drehstromtechnik verdrängt. Aber stets wurde die Wahl der Bordnetzspannung an den Möglichkeiten und technischen Grenzen der Verbraucher und der Regeleinrichtungen ausgerichtet. Selbst heute ist der endgültige Sieg der Drehstromtechnik nicht vorhersagbar. Es gibt Planungen und ernsthafte Bestrebungen zur Entwicklung von Gleichspannungsbordnetzen großer Leistung für den Schiffsbetrieb.

Die Anfänge der elektrischen Bordnetze

Die ersten Bordnetze unterschieden sich noch grundlegend von dem, was wir heute unter einem Bordnetz verstehen. Wenn wir von einem Bordnetz sprechen, so meinen wir damit heute ein Inselnetz mit mehreren Generatoren und Verbrauchern. Die Energie wird zentral über eine Sammelschiene verteilt. Auch wenn die Sammelschiene mitunter aus Gründen der erhöhten Sicherheit getrennt wird, wird bei fast allen Bordnetzen an der zentralen sternförmigen Energieverteilung festgehalten. Ganz anders sah das in den Anfängen der elektrischen Bordnetze aus. Werfen wir einen Blick auf das Übersichtsbild der Energieverteilung des Schnelldampfers "Vaterland" (Abb.1). Der Passagierdampfer der Hapag wurde im Jahr 1913 bei Blohm & Voss gebaut. Er hatte 54.300 BRT und fünf durch Dampfturbinen angetriebene Hauptgeneratoren mit einer installierten elektrischen Leistung von 1.490 kW. Auf den ersten Blick sieht das Energieverteilungsschema mehr aus wie ein Gruppenwähler einer Fernsprecheinrichtung. Der Vergleich ist auch nicht so ganz abwegig: Es gab keinen Parallellauf der Generatoren. Die Energieaufteilung wurde durch die Verbraucheraufschaltung vorgenommen. Jeder einzelne Verbraucher oder zumindest jede Verbrauchergruppe konnte mittels "Linien-" oder "Maschinenwähler" auf jeden Generator geschaltet werden. Der Aufwand an Schienen und Schaltern war - vor allem bei einer Vielzahl von Generatoren - nicht unbeträchtlich. Dies war unter anderem ein Grund dafür, die Verteilungen und Schaltanlagen einpolig auszuführen.

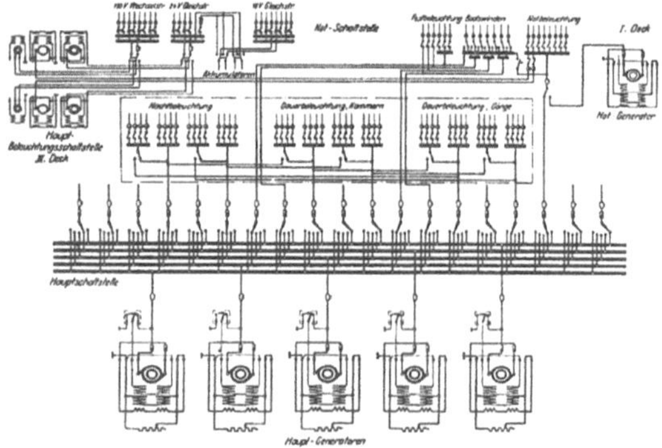

Abb. 1: Einpolig verlegtes 110V-Gleichstromnetz
mit Wahlschaltung aller Verbraucherabzweige

Im Schiffbau spricht man ja noch immer vom
Schalttafelbau, obwohl man bei modernen Schaltanlagen wahrlich keine Tafel erkennen kann. Aber
historisch kann man das gut nachvollziehen (Abb.
2). Tafeln aus Marmor oder Schiefer, auf der die
spannungsführenden Teile (110V DC) stets sicht-
und berührbar waren. Zum Einsatz kamen einfache
Schalter, sogenannte Messer und Hebelschalter,
sowie einfache oben und unten offene Lamellen-
Silberdrahtsicherungen. Die Unterverteilungen
wurden im Prinzip ebenso aufgebaut, man nannte
sie "Schaltbretter". Abb. 3 zeigt einen sogenannten
"Wahlschalter".

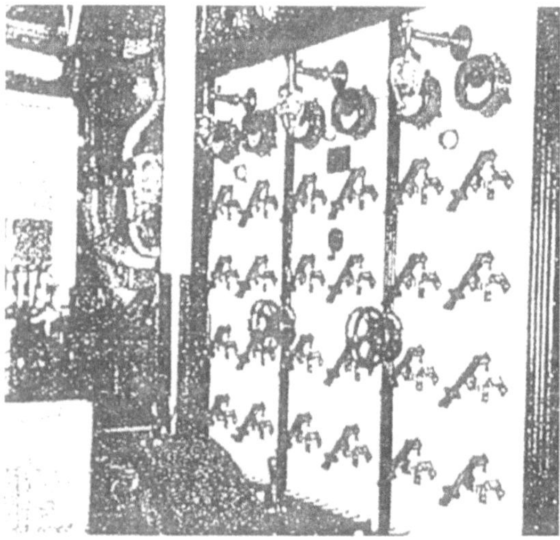

Abb. 2: Schiffsschalttafeln mit frontseitigen
Schaltgeräten auf Marmorplatten

An der oben erwähnten Bordnetzspannung, oder
besser gesagt Generatorspannung, denn ein Bordnetz im eigentlichen Sinn hatte man ja noch nicht,
sieht man, daß die Zeit der Lichtbogenlampen
schon verlassen wurde. Lichtbogenlampen mit
einer Brennspannung von ca. 45 Volt und einem
Vorwiderstand an dem weitere 20V abfielen, hatten
in den Anfängen der elektrischen Energieversorgung das Spannungsniveau geprägt. Eine Gleich-

spannung von 65 bis 75 Volt war lange Zeit für die
Verbraucher ideal. Mit vermehrtem Einsatz von
Motoren und auch der Glühlampen stieg der Lei-
stungsbedarf, und im Jahre 1904 setzte man im
Einvernehmen mit dem englischen "Engineering
Standard Committee" als erste Normspannung für
Schiffe 110V Gleichspannung fest.

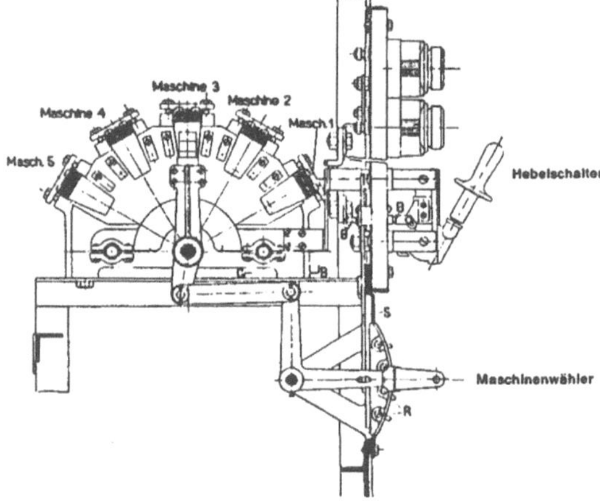

Abb. 3: Hebelschalter und Maschinenwähler für
einen Verbraucherabzweig

Die Umformung der elektrischen Energie in andere
Spannungen oder auch die Umformung zwischen
Dreh- und Wechselstrom war aufwendig. Die Elektrotechnik hatte den Weg bereitet, aber die Elektronik war noch ganz am Anfang. Die Umformung auf
eine andere Spannungsart geschah durch rotierende
Umformer. Somit mußte die Generatorspannung im
allgemeinen auf die Verbraucher abgestimmt werden. Lange Zeit war es üblich, neben der Haupt-
spannung (110 Volt, später 220 Volt) verschiedene
Hilfsspannungen in Dreh- und Wechselspannung zu
verlegen.

Die Fragen, ob man ein- oder zweipolig verlegte
Bordnetze verwenden sollte, ob man die Bordnetze
geerdet oder ungeerdet betreiben sollte, gehörten
jahrzehntelang zu den umstrittensten Fragen der
Schiffselektrotechnik. Fragen des Schutzes vor
unzulässigen Berührungsspannungen, Einsparung
von Material und Raum, Verhinderung von Brandgefahr durch elektrische Anlagen spielten eine
Rolle. Eine technische Frage, die eng mit der damaligen Technologie verknüpft war, ist die Elektroosmose. Sie führte besonders beim Minusleiter
zu Beeinträchtigungen des Isoliermaterials. Die
osmotische Durchfeuchtung führt zu Fehlerströmen, die dann eine Elektrolyse einleiten, in deren
Verlauf der Isolationswert weiter sinkt. Die Folge
der Elektrolyse führt zu Querschnittsverringerun-
gen, so daß lokale Leitererwärmungen Brände
hervorgerufen können. Die Bedeutung der ganzen

Angelegenheit wurde durch eine Reihe von Schiffsbränden Ende der 20er, Anfang der 30er Jahre stark unterstrichen. Bei zehn ausgebrannten Fahrgastschiffen war eindeutig die Ursache in der elektrischen Anlage zu suchen. Alle diese Schiffe waren zweipolig isoliert.

Mit dem Anwachsen der Bordnetzleistungen ist es aber leicht verständlich, daß bei einer Begrenzung der zulässigen Spannung bald das Limit einer wirtschaftlich ausführbaren Bordnetzleistung erreicht war. Die Bedeutung der Frage nach ein- oder zweipoliger Verlegung nahm ab, als sich der Drehstrom immer mehr durchsetzte.

Drehstrom-Bordnetze

Die Vorteile, die der Einsatz eines Drehstromnetzes gegenüber dem Gleichstrom bietet, sind überragend. Die Generatoren sind kommutatorlos, später sogar ohne Schleifringe, die Haupt- und Hilfsspannungen lassen sich transformieren, die Leistungsschalter können den Lichtbogen im Nullpunkt löschen, d.h. die schaltbaren Leistungen können wachsen und die Lichtbogenkammern kleiner werden, Elektroosmose ist kein Problem mehr, da die Spannungspolarität sich ständig ändert und keine gerichtete Durchfeuchtung mehr stattfindet. Die Ablenkung des Magnetkompasses durch störende Gleichfelder, wie sie von Gleichstromversorgungen erzeugt werden, spielt keine Rolle mehr. Die Fremdfelder von gebündelten Drehstromkabeln sind für den Kompass ohne Bedeutung.

Die Grenzleistungen, die heute in Niederspannungstechnik ausgeführt werden können, sind zum einen durch wirtschaftliche Überlegungen fixiert. Es ist nicht sinnvoll, beliebig viel Kupfer in die Verkabelung zu stecken. Bei zu großen Leiterquerschnitten ist auch eine vernünftige Handhabung der Anschlüsse nicht mehr möglich. Zum anderen sind die Grenzleistungen von Niederspannungsbordnetzen durch die Maximalströme der Leistungsschalter bestimmt. Wenn man von einem üblichen sternförmig angelegten Bordnetz ausgeht, liegen diese bei 6000 A Betriebsstrom und 100 kA Ausschaltvermögen eines Leistungsschalters. Damit ergeben sich je nach Spannungswahl Bordnetzleistungen von max. 12 MVA:

Bordnetzspannung	450V AC	690V AC
max. Generatorleist.	3800kVA/3000kW	5900kVA/4700kW
max. Bordnetzleist.	10MVA	12MVA

Konstantstromnetze

Es gibt eine ganze Reihe von Schiffen, die in Gleichstromtechnik ausgeführt wurden, obwohl die Drehstromtechnik sich schon auf vielen Schiffen bewährt hatte. Hierbei sei besonders das Konstantstromnetz erwähnt. Eine typische Anwendung findet sich auf Fährschiffen, bei denen mehrere Generatoren zwei voneinander unabhängige Propeller und ein oder zwei Voith-Schneider-Antriebsmotore speisen. In einer solchen Anlage sind die Generatoren und Motoren abwechselnd in Reihe geschaltet und bilden einen geschlossenen Stromkreis. Als Beispiel für eine der zuletzt gebauten Anlagen sehr großer installierter Gesamtleistung mit Konstantstromkreis sei der Rohrleger "Viking Piper" aus dem Baujahr 1973 erwähnt (Abb. 4).

Abb. 4: Rohrleger Viking Piper mit Ankerverholwinden

Hier wird besonders deutlich, daß das Bestimmende für die Wahl des Bordnetzes die Verbraucher waren. Diese Arbeitsplattform hatte die Aufgabe, Pipelines durch das Wasser zu verlegen. Dabei werden die Rohre unter einer stetigen Zugkraft fortlaufend ins Wasser abgelegt. Es ist das Charakteristische dieser Plattform, daß die Position über 14 Ankerverholwinden fixiert war. Die installierte Windenleistung betrug 21 MW. Für den normalen Bordnetzbedarf wurden 4,5 MW gebraucht. Unter Berücksichtigung der Gleichzeitigkeitsfaktoren waren 14 MW zu installieren. Diese Plattform wurde Anfang der 70er Jahre gebaut. Es bestand schon damals die Möglichkeit, mit Hochspannungsgeneratoren eine Sammelschiene zu speisen und an dieser Sammelschiene die 14 Windenmotoren, die Bremsgeneratoren für die Tension Shoes und die Abgänge für das Bordnetz anzuschließen. Das hätte aber erstens eine 6-kV-Schaltanlage mit 30 Mittelspannungsschaltfeldern erforderlich gemacht, die damals noch sehr teuer und technisch aufwendig gewesen wäre. Die Windenmotoren müßten wegen der erforderlichen Steuermöglichkeiten Gleichstrommotoren sein. Sie wären dann entweder über einen Leonardumformer mit Mittelspannungsmotoren oder über Transformatoren und Stromrichter anzuschließen gewesen. Die Leonardlösung kam wegen des außerordentlich hohen Wartungsaufwandes und der im Verhältnis zur

372

mittleren Nutzleistung großen Leerlaufverluste nicht in Frage. Bei der Stromrichterlösung wären Transformatoren und Stromrichter von ca. 30 MVA zu installieren gewesen, was hohe Investitionskosten erfordert und wegen des Platzbedarfs Schwierigkeiten bereitet hätte. Aus diesen Gründen wurde eine Konstantstromanlage zur Speisung der Windenmotore, der Tension Shoe Antriebsmotore, und zur Speisung der Umformermotoren zur Bordnetzversorgung vorgeschlagen.

Die Gleichstromgeneratoren waren am Anfang der Konstantstromkreise noch mit Gleichstrommaschinen ausgeführt. Später wurden die Gleichstromgeneratoren als Synchrongeneratoren ohne Dämpferwicklung mit aufgebautem Gleichrichtersatz ausgeführt. Dämpferlose Synchronmaschinen zeichnen sich ja dadurch aus, daß sie nur geringe Kurzschlußströme liefern; sie sind bei Laständerungen besonders schnell ausregelbar. Außerdem kann sich wegen der fehlenden Dämpferwicklung überwiegend nur ein sinusförmiger Strom ausbreiten; damit ist eine besonders hohe Maschinenausnutzung gegeben. Bei dem Beispiel des Rohrlegers wurden die Generatoren 8-polig ausgeführt und mit einer Dieseldrehzahl von 1000 min^{-1} betrieben. Dies entspricht einer Betriebsfrequenz von ca. 66,7 Hz. Es sind aber auch sehr viel höhere Drehzahlen bzw. Generatorfrequenzen von 200 bis 400 Hz denkbar.

Die Schaltanlage bei Konstantstromnetzen erfordert eine völlig andere Ausführung als bei Spannungsnetzen. Es sind für alle Generatoren und für alle Verbraucher Trennumschalter erforderlich. Sie müssen den betreffenden Abzweig erst überbrükken, d.h. kurzschließen, und dann von der Sammelschiene freischalten.

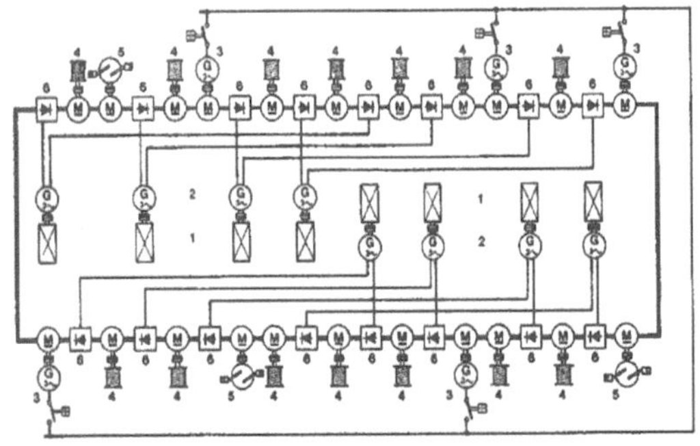

Abb. 5: Rohrleger Viking Piper:
Anordnung der Generatoren und Motoren

Nebenbei bemerkt, bietet die technische Realisierung eines Konstantstromnetzes für den Ingenieur neben den starkstromtechnischen Herausforderungen eine ganze Reihe von regelungstechnischen Leckerbissen. Erwähnt sei die Überlastbegrenzung

der Generatoren, die Last- und Drehzahlregelung der Motoren sowie das Spannungsmanagement (Abb. 5 und 6) der abwechselnd angeordneten Generatoren und Windenmotoren unter Berücksichtigung der maximal zulässigen Berührungsspannung gegen Erdpotential.

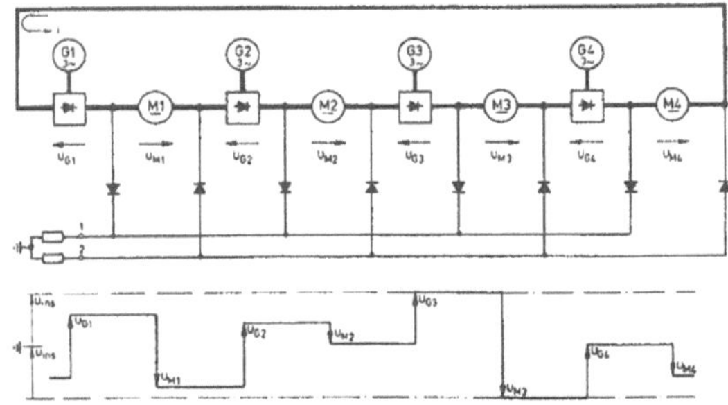

Abb. 6: Steuerung maximales Erdpotential im Konstantstromkreis

Mittelspannungsnetze

Bei Fähren, Kreuzfahrtschiffen und Spezialschiffen mit großer installierter elektrischer Leistung geht man heute vermehrt zur Mittelspannungstechnik über. Die Scheu, die Schwelle zur Mittelspannungstechnik zu überschreiten, ist bei den meisten Reedern gewichen. Mittelspannung ist auch an Bord von Schiffen eine sicher einsetzbare Technik geworden. Insbesondere bei kombinierten Bord- und Fahrnetzen wird die gemeinsame Sammelschiene mit Mittelspannung betrieben. Da die Leistung im Niederspannungsbereich begrenzt ist, hat man nur die Möglichkeit, das Niederspannungsnetz aufzuteilen oder ein Mittelspannungsnetz zu installieren. An dieser Stelle sollen zwei Beispiele von ausgeführten Schiffen mit dieselelektrischer Fahranlage und einem Bord- und Fahrnetz in Mittelspannung genannt werden:

1. Die Ro-Ro-Fähren "Nils Dacke" und "Robin Hood"
2. Der Rohrleger „Solitaire"

Ro-Ro-Fähren "Nils Dacke" und "Robin Hood"

Installierte el. Leistung	22,8 MVA / 17,1 MW
Propulsionsleistung	13 MW
Reisegeschwindigkeit	19,5 Kn
Dieselgeneratoren	4 x 5700 kVA / 4275 kW
Spannungsebene	6,6 kV; 50 Hz
Mittelspannungsschaltfelder	14 Stück
Bordnetztrafos	2x2400 kVA
Fahrmotore	2 Wellen mit frequenzgeregelten Doppelmotoren je Doppelmotor 6500 kW

Abb. 7: Fähre Travemünde-Trelleborg „Nils Dacke"
6,6-kV-Bord- und Fahrhetz

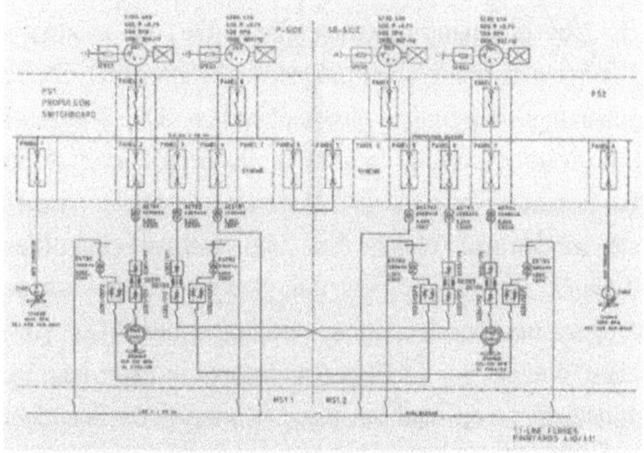

Abb. 8: Single-Line-Diagramm der Fähren „Nils Dacke"
und „Robin Hood"

Die Fährschiffe, die im Laufe des Jahres 1995 in Dienst gestellt wurden, beweisen im täglichen Linieneinatz zwischen Travemünde und Trelleborg ihre Zuverlässigkeit.

Das Dieselkraftwerk besteht aus vier kompakten Aggregaten mit Dieselmotoren und direkt gekuppelten Generatoren je 5700 kVA; $\cos\varphi = 0{,}75$; 6,6 kV; 50 Hz bei 500 min^{-1}. Die Generatoren sind im Sternpunkt hochohmig geerdet. Erdschlüsse im Mittelspannungsnetz werden überwacht, führen aber nicht zur Abschaltung. Es sind jeweils zwei Aggregate hintereinander in den wasserdichten Seitenabteilungen backbord- und steuerbordseitig aufgestellt. Diese Anordnung trägt zur optimalen Platzausnutzung bei. Die vier Hauptgeneratoren speisen die Mittelspannungsanlage, die im Havariefall über zwei Kuppelschalter geteilt werden kann. Sie dienen der Energieerzeugung für die Propellerantriebe und das Bordnetz. Die Generator- und Verbraucherfelder der Schaltanlage sind mit Vakuumschaltern bestückt. Die beiden Festpropeller werden durch zwei direkt gekuppelte Synchronmotoren mit je 6500 kW angetrieben. Die Nennleistung kann im Drehzahlbereich zwischen 120 und 135 min^{-1} abgegeben werden. Die Motoren sind wartungsfreundlich

mit bürstenloser Erregung und eingebauter asynchroner Erregermaschine ausgeführt. Die Propellermotore haben im Ständer jeweils zwei galvanisch getrennte 3-phasige Wicklungsysteme, die gegeneinander um 30° phasenverschoben sind. Aus Redundanzgründen werden beide Wicklungssysteme jedes Propellermotors separat über einen jeweils zugeordneten Umrichter mit Stromzwischenkreis und einen eigenen Fahrtransformator aus der 6,6 kV-Sammelschiene gespeist.

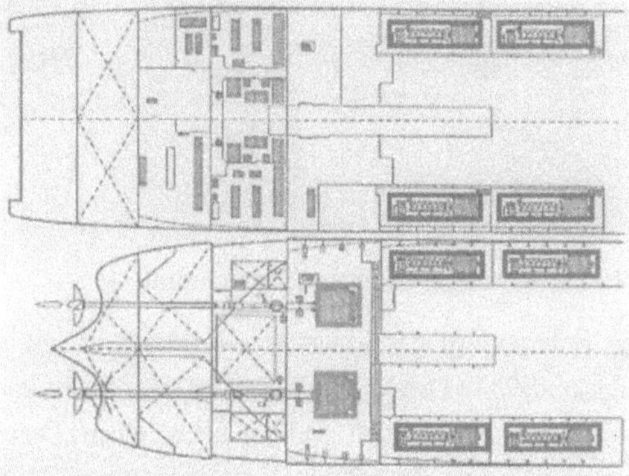

Abb. 9: Fähre „Nils Dacke": Integration Fahrmotore und Dieselgeneratoren

Die beiden Bugstrahler werden mit direktgespeistem Asynchron-Kurzschlußläufer-Motor mit je 1200kW bei 987 min^{-1} angetrieben.

Rohrleger "Solitaire"

Installierte el. Leistung	64 MVA / 48 MW
Propulsionsleistung	34,4 MW
Reisegeschwindigkeit	14,5 Kn
Dieselgeneratoren	8 x 8000 kVA / 6000 kW
Spannungsebene	10 kV ; 60 Hz
Mittelspannungsschaltfelder	36 Stück
Bordnetztrafos	4x3000 kVA und 4x2500 kVA und 2x2000 kVA
Fahrmotore	8 frequenzgeregelte Thrusterantriebe je 4300 kW (Peak 5550 kW); Festprop.

Abb. 10: Rohrleger „Solitaire"

Abb. 11: Rohrleger „Solitaire": Rohraustritt

Die "Solitaire" ist der weltgrößte Rohrleger. Er ist im Frühjahr 1998 in Dienst gestellt worden. Das Schiff kann pro Tag 6 km Rohr legen, und das bis zu einem Durchmesser von 1,5 m. Es hat eine Verdrängung von 70.250 Tonnen. Die dynamische Positioniereinrichtung kann mit acht um 360 Grad drehbaren Azimuthdüsenpropellern das Schiff metergenau steuern. Das Rohr wird unter ständigem Zug mit eirem flachen Eintauchwinkel über dem Meeresboden abgelegt.

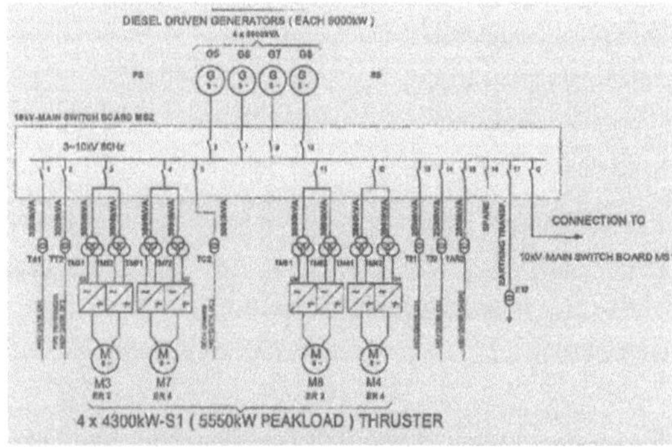

Abb. 12: Single-Line-Diagramm für Rohrleger „Solitaire", Schalttafel 2

Die Energieerzeugung geschieht mit acht Dieselgeneratoren. Je vier Generatoren speisen eine Sammelschienenhälfte. Die Sammelschienen sind über Kuppelschalter miteinander verbunden. Mit jeder Sammelschiene sind zwei Thruster aus dem vorderen und zwei Thruster aus dem hinteren Bereich des Schiffes verbunden. Alle acht Thruster mit Festpropeller sind über Stromzwischenkreisumrichter drehzahlgeregelt ausgeführt. Ein Erdungstransformator mit Sekundärwiderstand in jedem 10-kV-System begrenzt den Erdschlußstrom an der 10-kV-Schiene auf 10 A bzw. bei geschlossenem Kuppelschalter auf 20 A. Die hochohmige Sammelschienenerdung ist so ausgelegt, daß ein einzelner Erdschluß sicher erkannt wird, aber bei einem einzelnen Erdschluß im Dauerbetrieb weiter gefahren werden kann.

Eine installierte Leistung von 48 MW bzw. 64 MVA erinnert schon mehr an die Versorgung einer Kleinstadt als an einen Schiffsbetrieb. Aber dies ist die Leistung, die dieses Schiff benötigt, um seinen anspruchsvollen Dienst zu versehen. Natürlich ist genügend Redundanz bei der Energieversorgung vorgesehen.

Moderne Gleichspannungsbordnetze

Es gibt ernsthafte Entwicklungen, die die elektrische Energieversorgung auch auf neuen Schiffen mit Gleichspannungversorgung realisieren wollen. Die amerikanische Marine verfolgt langfristige Konzepte, nach denen die gesamte Flotte mit DC-Verteilungssystemen ausgerüstet werden soll. Welche Vor- und Nachteile bietet diese Technik, von der wir lange Zeit glaubten, daß sie von der Drehstromtechnik endgültig verdrängt wurde? Den partiellen Wandel zur DC-Energieversorgung kann man nur verstehen, wenn man das ganze Konzept von Energieerzeugung, Energieübertragung und -verteilung, DC-Verbrauchern inklusive des Aufwandes für Wartung und Instandhaltung bedenkt.

<u>Die Energieerzeugung</u> wird in einem großen Maße in verschiedenen Leistungsklassen standardisiert. Dieser Standard deckt dann die gesamte Flotte ab. Die zum großen Teil neuartigen Energieerzeugungsmodule sind in fünf Leistungsklassen geplant :

- 22 MW Gasturbine/ Entwicklungsstadium
- 3,75 MW Dieselgenerator / Konzeptstadium
- 3 MW Gasturbinengenerator/ Existiert
- 4,5 MW Gasturbinengenerator/ Konzept
- 1 MW Brennstoffzelle/ Konzept

Besonders an dem hohen Anteil von Gasturbinen an den Primärenergiewandlern kann man sehen, daß die DC-Technik Generatoren mit hohen Drehzahlen begünstigt. Man ist an keine starre Drehzahl gebunden. Der Aufbau von DC-Generatoren in Verbindung mit schnell drehenden Primäreneregiewandlern erlaubt eine gewichtsreduzierte und kostengünstige Bauweise.

<u>Die Energieverteilung</u>, die im Zusammenhang mit DC-Schiffen angedacht wird, geht von einer völlig veränderten Architektur der Verteilungssysteme aus (Abb. 13 und 14).

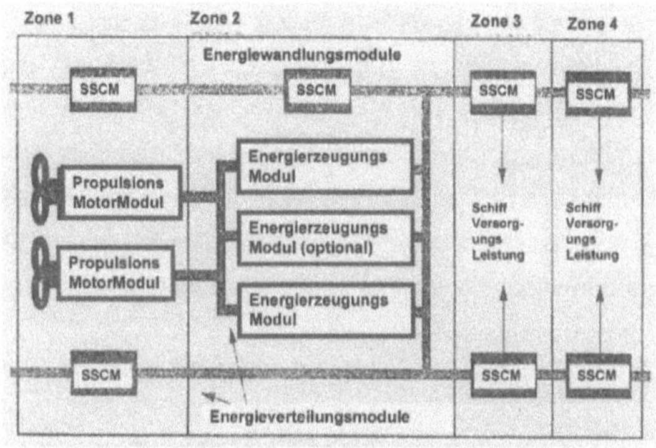

Abb. 13: DC-Verteilung in zukünftigen Marineschiffen

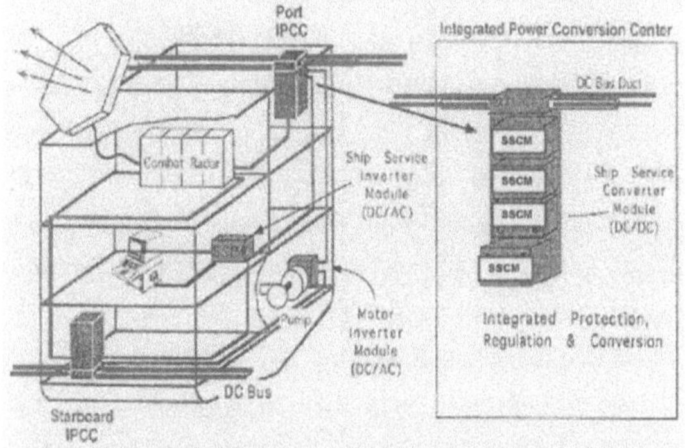

Abb. 14: DC-Verteilung in zukünftigen Marineschiffen

In konventionellen Schiffen wird die Energie von wenigen zentralen Punkten im Schiff über Schalttafeln und Kabelführungen zu den Verbrauchern übertragen. Im Ergebnis laufen Tausende von Kabeln durch alle Schiffssektionen. Seit die Dampfsysteme an Bord von Marineschiffen verdrängt wurden, hat die Elektrifizierung und die Anzahl der elektronischen Komponenten ständig zugenommen. Die Möglichkeiten von zentralen Verteilungssystemen haben ihre Grenzen erreicht, und die Kosten für die elektrischen Verteilungssysteme sind zu einem signifikanten Faktor geworden. Die Verwundbarkeit der elektrischen Energieversorgung hat somit immer weiter zugenommen. Beschädigungen oder Wassereinbruch in einer Sektion beeinträchtigen zumindest kurzzeitig das ganze Schiff. Es ist bis heute nicht gelungen, mit Drehstromsystemen redundante Systeme zu schaffen, die auch bei einer partiellen Beschädigung eine lückenlose Aufrechterhaltung der übrigen Energieversorgung gewährleisten. Umschaltungen von einem Drehstromsystem auf ein anderes müssen immer synchronisiert werden. Dies erfordert Zeit. Gleichspannungssysteme können durch Halbleiter entkoppelt werden und können unterbrechungsfrei kommutieren. Die wesentlichen Komponenten einer DC-Versorgung sind Energiebusse, die auf der Backbordseite und der Steuerbordseite des Schiffes installiert sind, zo-

nenbezogene Leistungszentren speisen oder die Energie beziehen. Nur innerhalb einer Zone wird die Energie über Kabel verteilt. Wichtige Verbraucher werden von Backbord und von Steuerbord eingespeist. Die Idee der zonenbezogenen Verteilungszentren reduziert den Aufwand an elektrischen Kabeln und verringert die notwendigen wasserdichten Schottdurchbrüche. Man erreicht gleichzeitig eine Reduzierung der Kosten und eine Erhöhung der Sicherheit der Energieversorgung auf Marineschiffen.

Die elektrischen Propulsionsmotore sind ebenfalls fester Bestandteil des DC-Schiffes. Studien haben ergeben, daß drehzahlgeregelte Antriebsmotore mit Festpropellern viele Vorteile bieten. Insbesondere werden der bessere Wirkungsgrad im Teillastbereich und die Kosten über den ganzen Lebenszyklus eines Schiffes bewertet. Man prognostiziert für die Leistungselektronik, daß die elektronischen Schaltelemente noch ein erhebliches Optimierungspotential vor sich haben. Die Reduzierung von Volumen und Kosten zukünftiger Bauelemente wird erheblich sein. Wenn die Propulsionsmotore über Leistungselektronik eingespeist werden, kann man aber auf den Zwischenschritt der Drehstromverteilung verzichten. Viele frequenzgeregelte Umrichter formen zunächst den angebotenen Drehstrom in Gleichstrom um. Da bietet es sich an, den Gleichstrom direkt zu erzeugen und zu verteilen. Dieser Denkansatz trifft sich mit der Entwicklung neuartiger Generatoren und Antriebsmotore. Hochpolige permanenterregte Maschinen, die direkt mit einem elektronischen Kommutator verbunden sind, erlauben eine sehr gewichtsreduzierte Bauweise.

Das geplante Wehr-Forschungs- und Erprobungsschiff "WFES Klasse 751" ist in DC-Technik konzipiert worden (Abb.15 und 16).

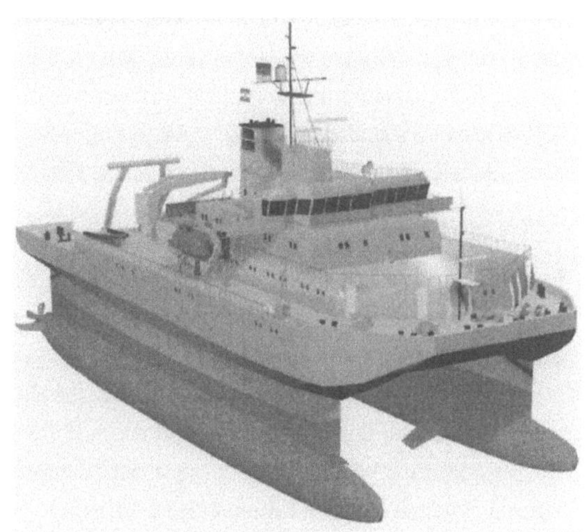

Abb. 15: WFES Halbtaucher (Thyssen Nordseewerke)

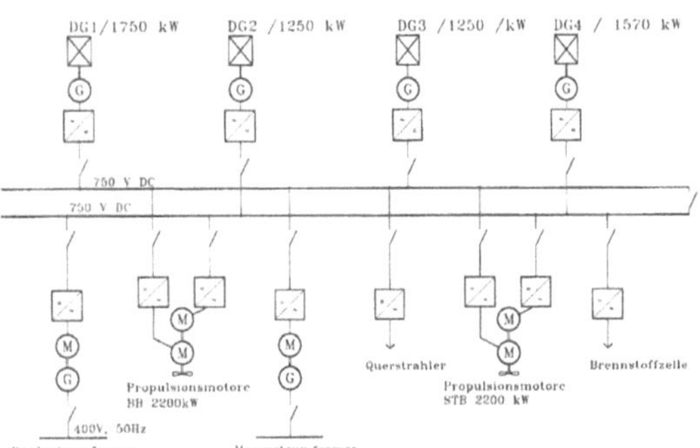

Abb. 16: Netzkonfiguration des Wehr-Forschungs- und Erprobungsschiffes WFES Klasse 751

Bei diesem in Planung befindlichen Schiff der Bundesmarine standen verschiedene Aspekte im Vordergrund: Man kann einen Übergang zur Gleichspannungsverteilung nicht nur auf dem Papier entwerfen. Es muß bis zu Ende durchentwickelt und gebaut werden. Anders kann man die Vor- und Nachteile dieser Technik nicht erfahren. Das Drehstromsystem bietet schon Vorteile, und ein Konzept in DC-Technik ist erst einmal Neuland. Viele Fragen müssen gelöst werden: Wie sieht das Schutzkonzept aus, welche Schalter stehen zur Verfügung, welche Hilfsspannungen müssen bereitgestellt werden? Das WFES ist ein Halbtaucher-Schiff. Daher ist eine gewichtsreduzierte Bauweise besonders geboten. Mit der Gleichspannungsverteilung und dem Einsatz spezieller permanenterregter Generatoren und Antriebsmotore konn-te ein erheblicher Gewichtsvorteil erzielt werden. Der Gewichtsvorteil bei Generatoren und Fahrmotoren war für die Entscheidung zugunsten einer DC-Sammelschiene wesentlich. An der 750V-DC-Sammelschiene sollen ausschließlich Wechselrichter mit Spannungszwischenkreis betrieben werden. Das gilt sowohl für die Generatoren als auch für die Fahrmotore und den Antrieb der Bordnetzumformer. Mit bis zu drei Bordnetzumformern, die über Umrichter aus der 750V-Schiene angetrieben werden, wird die Bordnetzenergie für eine 400V/50Hz- Verteilung bereitgestellt.

Netzkonfigurationen und Schutztechnik

Die Gestaltung der Schiffsbordnetze gilt weitgehend als technisch abgeschlossen. Seit Jahrzehnten hat sich auf Handelsschiffen das Strahlennetz durchgesetzt, andere Netzformen werden kaum berücksichtigt. Das Strahlennetz ist einfach und übersichtlich. Generatoren und Verbraucher können beliebig zu- und abgeschaltet werden. Allerdings können schwere Kurzschlüsse in Bereich der Hauptsammelschiene zum Gesamtausfall der elektrischen Energieversorgung und damit zur Manövrierunfähigkeit des Schiffes führen. Das Strahlennetz erfordert eine Strom-Zeit-Selektivität aller in Reihe geschalteten Schutzeinrichtungen. Bei Serienschaltungen von drei oder mehr Stufen kann dies zu Problemen bei der Netzstabilität nach Abschalten des Kurzschlusses führen. Nach einem Netzzusammenbruch dauert es bis 60 Sekunden, bis die Energieversorgung wieder aufgebaut ist.

Kurzschlußsicherheit

Es ist durch Zusatzmaßnahmen möglich, Teilnetze vor den Auswirkungen von Kurzschlüssen gegeneinander zu entkoppeln. Stromteiler-Drosseln (auch Duplex-Drosseln genannt) ermöglichen eine wirksame Begrenzung der Kurzschlußströme und gleichzeitig die unterbrechungslose Versorgung des nicht vom Kurzschluß betroffenen Teilnetzes. Die prinzipielle Schaltung ist in Abb. 17 dargestellt. Das Bordnetz ist in zwei Teilnetze aufgeteilt, die immer synchron sind. Jeder Generator speist über eine Duplex-Drossel in beide Teilnetze ein. Aufgrund der engen magnetischen Kopplung der beiden antiparallelen Zweige der Drosseln stellt sich bei symmetrischer Belastung der Teilnetze nur ein sehr geringer Spannungsfall an der Drossel ein. Ein Kurzschluß führt dazu, daß in den nicht betroffenen Zweig transformatorisch eine zusätzliche Spannung induziert wird. Diese zusätzlich induzierte Spannung stützt das nicht betroffene Teilnetz. In diesem Teilnetz bleibt die Schienenspannung innerhalb der zulässigen Grenzen. Die dort angeschlossenen Verbraucher können unterbrechungslos weiterbetrieben werden.

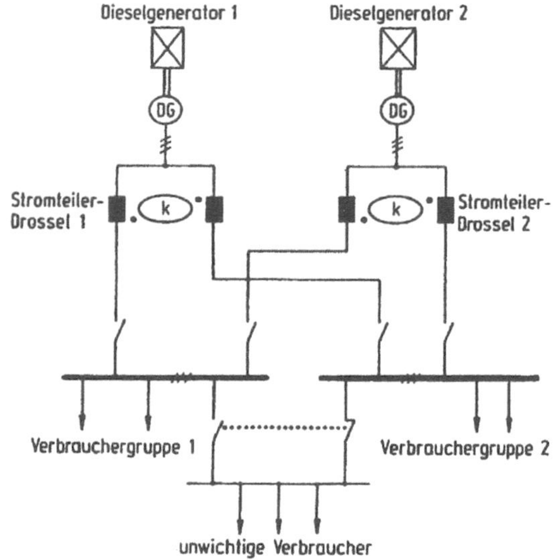

Abb. 17: Bordnetz mit Kurzschlußstrom-Bedämpfung mit Duplexdrosseln

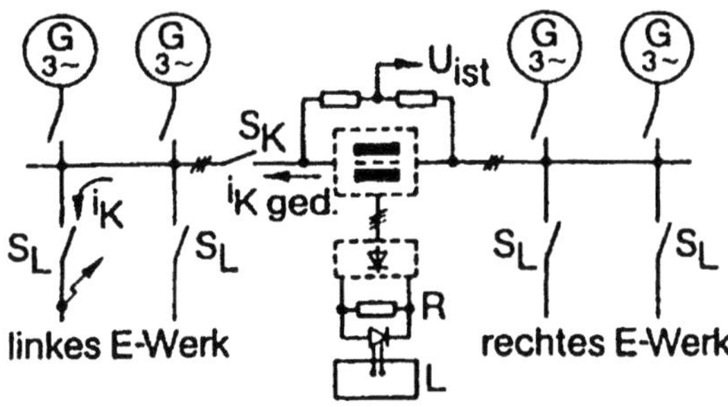

Abb. 18: Bordnetz mit Kurzschlußstrom-Bedämpfung

Eine aktive Kurzschlußstrombedämpfung, wie sie auf den Fregatten der Bundesmarine installiert wurde, zeigt Abb. 18. Die beiden E-Werke werden über einen Stromtransformator gekoppelt. Die Primärwicklung verbindet die beiden Teilnetze. Die Sekundärwicklung ist über eine antiparallele Thyristorbrücke kurzgeschlossen. Somit hat der Koppeltransformator im Normalbetrieb auch nur die geringen Kurzschlußverluste. Im Störfall bei Stromspitzen über 200% des Generatornennstromes wird die Thyristorbrücke gelöscht und somit kurzzeitig eine zusätzliche Impedanz in die Kopplung der Teilnetze eingebracht. Das Verfahren erlaubt eine Reduzierung des Kurzschlußstromes. Dabei wird ein Auseinanderlaufen der Polradwinkel vermieden.

Neubewertung der Verbraucherstrukturen

Bislang kennen wir in den Bauvorschriften der internationalen Klassifikationsgesellschaften über die Bedeutung der einzelnen Verbraucher an Bord von Schiffen die Unterscheidung in sogenannte "betriebswichtige Verbraucher" und "unwichtige Verbraucher". Zur Rettung der Energieversorgung können die unwichtigen Verbraucher abgeschaltet werden, wenn z.B. das Bordnetz durch den Ausfall eines Dieselgenerators überlastet wird. Diese Abschaltung erfüllt dann ihren Sinn, wenn der kleinste Bordnetzdiesel nach Abwurf der unwichtigen Verbraucher das gesamte Bordnetz speisen kann. Mit zunehmenden Schiffsgrößen, verbunden mit erweiterten Einsatzaufgaben elektrischer Verbraucher, haben sich jedoch sowohl die Verbraucherstrukturen als auch die relativen Leistungsgrößen einzelner Verbraucher erheblich verändert. Unwichtige Verbraucher stehen auf modernen Schiffen nur noch in geringem Umfang zur Verfügung. Es müssen immer mehr Verbraucher als betriebswichtig eingestuft werden. Damit werden häufig mindestens zwei Dieselgeneratoren benötigt, um betriebswichtige Verbraucher wie z.B. Hilfsmaschinen, Querstrahlantriebe, Ladekühlanlagen, Krängungsausgleichsanlagen usw. mit elektrischer Energie zu versorgen. Bei derartiger Lastverteilung kann jede Störung eines großen Verbrauchers sich auf die Zuverlässigkeit der Energieversorgung auswirken. Es gibt Lösungsvorschläge, die von der Zweiteilung in wichtige und unwichtige Verbraucher abrücken. Danach können die Verbraucher entsprechend ihrer zulässigen Ausfallzeit eingestuft werden:

- Für unverzichtbare Verbraucher zur Aufrechterhaltung der Manövrierfähigkeit und Sicherheit werden lediglich Ausfallzeiten von 1-3 s zugelassen
- Verbraucher mit einer zulässigen Ausfallzeit von 20 - 45 s werden in die betriebswichtige Gruppe eingestuft
- Verbraucher mit zulässigen Ausfallzeiten > 45 s bleiben in der Gruppe der unwichtigen Verbraucher

Durch die vorgeschlagene Bewertung kann die für den sicheren Revierbetrieb erforderliche Gruppe der "unverzichtbaren" Verbraucher vorrangig berücksichtigt werden. Dies erfordert ein Umdenken in der Entwicklung von Netzkonstellationen und der Gestaltung der Automations- und Schutztechnik.

Aufwendigere Sicherungsmaßnahmen kosten natürlich Geld. Sie werden sich nur durchsetzen, wenn sie von neuen Vorschriften z.B für Öl- und Gastanker gefordert werden. Oder sie bringen Ersparnisse z.B. über eine Reduzierung der Versicherungssumme. Dazu müßte allerdings die Bemessungsgrundlage für Versicherungsprämien differenziert werden. Momentan wird ein Reeder, der sich zur Investition in zusätzliche Sicherheitseinrichtungen entscheidet, mit höheren Versicherungsprämien belegt, da sein Schiff schließlich einen höheren Wert besitzt.

Ausblick

Der Weg der Zukunft muß heißen: Trotz allen Preisdruckes die Sicherheitsanforderungen zu steigern. Dies ist nur scheinbar ein Widerspruch. Kostenreduzierung und Steigerung der Sicherheits- und Qualitätsstandards kann meines Erachtens durch weitere Standardisierung und Modularisierung erreicht werden. Heute wird fast jedes elektrische Bordnetz separat konstruiert. Obwohl die Funktionen und Sicherheitsstandards durch die Klassifikationsgesellschaften weitgehend vereinheitlicht sind, haben Reeder und Werften im Detail sehr individuelle, sicherlich auch gut begründete Vorstellungen von der Ausführung ihres Schiffes. Wenn in Zusammenarbeit von Reedern, Werften und Zulieferindustrie standardisierte Modulreihen von Energieerzeugungs- und Verteilungsanlagen bevorzugt werden, kann der Engineeringaufwand reduziert werden. Die kostenreduzierenden Effekte der Serienfertigung können in das Gesamtergebnis einfließen.

Schrifttum

SCHOLL, L.U.; SIEMERLING, K.: Technikgeschichte des industriellen Schiffbaus in Deutschland, Band 2, Hauptantriebe - Schiffspropulsion - Elektrotechnik. Kabel-Verlag Hamburg.

VOGLER, W.: Siemens an Bord, Chronik des Geschäftsgebietes Schiffbau

Cdr M L Cecere III, Electric Propulsion, The Effective Solution, Integrated electrical power for the US Navy,

N.N. STN Atlas Marine Electronics Firmendruckschrift: The Electrical Propulsion System of the Ro-Ro/Passenger Ferries "Robin Hood" and "Nils Dacke"

N.N. STN Atlas Marine Electronics Firmendruckschrift: Pipelaying Vessel "Solitaire"

DROSTE, W.; SCHILD, W.; PADUCH, W.: Handbuch der Werften, 21. Band, Schiffahrtsverlag Hansa, Hamburg, 1992

Elektrische Antriebe mit POD-Antrieben

Electric Propulsion Systems with POD-Propulsors

A. „DOLPHIN" - Ein innovatives „POD"-Antriebssystem

„DOLPHIN" – An Innovative POD Propulsion System

Dipl.-Ing. **Hans-Jürgen Hagemann**, STN ATLAS Marine Electronics, Hamburg

Summary. With the podded propulsion system DOLPHIN STN ATLAS Marine Electronics and Lips BV, Drunen/NL, have developed an advanced propulsion system which meets the requirements of a modern propulsion system.

DOLPHIN characterizes a high degree of manoeuvrability, short crash-stop distance, small turning circle, and a rapid dynamic response of the drive system. Compared to conventional fixed pitch propellers energy savings of 6-10% are possible due to the omission of the rudder, shafts, stern thrusters, and appendages and also to an hydrodynamic optimized stern in connection with the podded drive.

The drive concept, double winding synchronous motor together with the synchro-converter and the power-plant concept, allows the reduction of the electrical components and increases the safety and redundancy of the system due to a simple system structure. The advantages of this concept will be dicussed.

Einleitung

In der ersten Hälfte dieses Jahrhunderts setzte ein sprunghafter Leistungsanstieg bei Schiffsantrieben ein. Konventionelle dieselmechanische Antriebe mit Festpropeller werden heute.für Leistungen über 60 MW, Anlagen mit Verstellpropeller bis zu 45 MW je Propeller gebaut. Bei Jet-Antrieben liegt die Leistung bei über 20 MW. Elektrische Fahranlagen in Gleichstromtechnik gibt es seit Ende des letzten Jahrhunderts. Zu den konventionellen dieselelek-trischen Drehstromantrieben mit Wellenleistungen um 20 MW kamen Anfang .1990 die Pod-Antriebe, deren maximale Leistung heute ebenfalls im 20-MW-Bereich pro Einheit liegt.

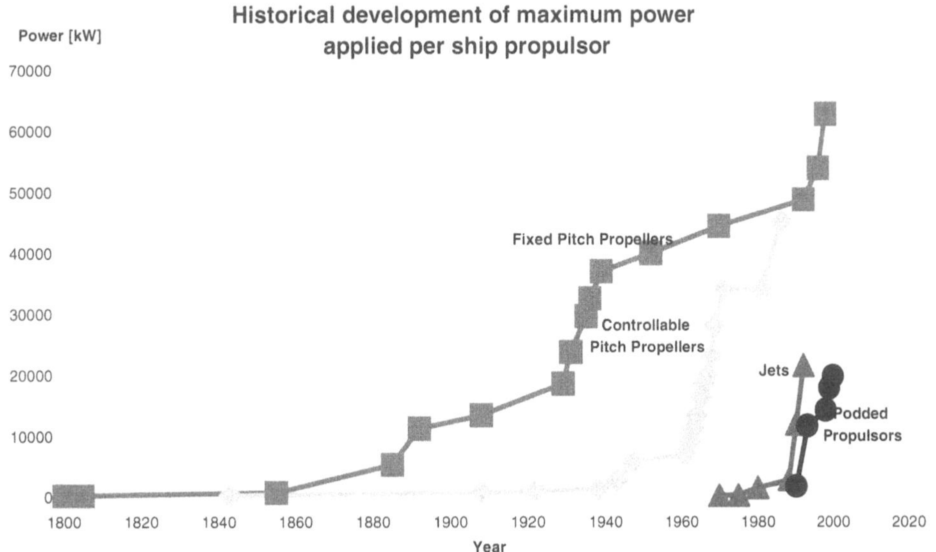

Abb. 1: Entwicklung der Antriebsleistung je Welle

Zu diesen Pod-Antrieben gehören der „Azipod" von ABB, die „Mermaid" von ALSTOM, der Siemens-SCHOTTEL-Propulsor (SSP) und der „DOLPHIN", eine Gemeinschaftsentwicklung von STN ATLAS Marine Electronics und Lips BV, Drunen/NL.

Allgemeines

Hauptmerkmal dieser Pod-Antriebe ist die Integration des leistungsstarken Elektroantriebes in eine hydrodynamisch optimierte Gondel unter dem Schiff, der direkt den Propeller antreibt.

Einsetzbar sind diese Antriebe für unterschiedliche Schiffstypen, bei denen besondere Anforderungen an eine hohe Schiffsgeschwindigkeit, gute Manövrierbarkeit oder einen vibrations- und geräuscharmen Antrieb gestellt werden. Hierzu gehören z.B Kreuzfahrtschiffe, Offshore-Einheiten, Eisbrecher und Tanker.

Die gute Manövrierfähigkeit ergibt sich durch die Drehung der Gondel und die Möglichkeit der Drehrichtungsumkehr des Propellers. Der volle Schub steht dabei in jeder Stellung der Gondel zur Verfügung. Beim Dolphin sind Drehwinkel der Gondel bis 420° (± 210°) vorgesehen, ein unbegrenzter Drehbereich der Gondel ist für Schiffe, wie z.B. Offshore-Einheiten, die dynamisch positionieren, vorgesehen. Der Ruderwinkel des Pod-Antriebes wird dabei bei normaler Fahrt in Abhängigkeit der Schiffsgeschwindigkeit begrenzt, wobei eventuelle Notmanöver bei der Auslegung der Anlage berücksichtigt werden.

Der Fortfall von Wellenanlagen, Rudern, Heckstrahlern und sonstigen Anhängen ermöglicht dem Schiffbauer in Verbindung mit dem Pod-Antrieb eine optimale Gestaltung des Hinterschiffes. Resultat ist eine Verbesserung des Wirkungsgrades durch die reduzierten Widerstände.

Beim DOLPHIN führten umfangreiche CFD-Simulationen (Abb. 2) und Schlepptankversuche zu einer Gondelform, die in Verbindung mit dem Propeller und einer optimal angepaßten Schiffsform sehr gute Wirkungsgrade gewährleisten. Verglichen mit einer konventionellen Zweiwellenanlage lassen sich bei gleicher Schiffsgeschwindigkeit Leistungseinsparungen von 6-10% erzielen.

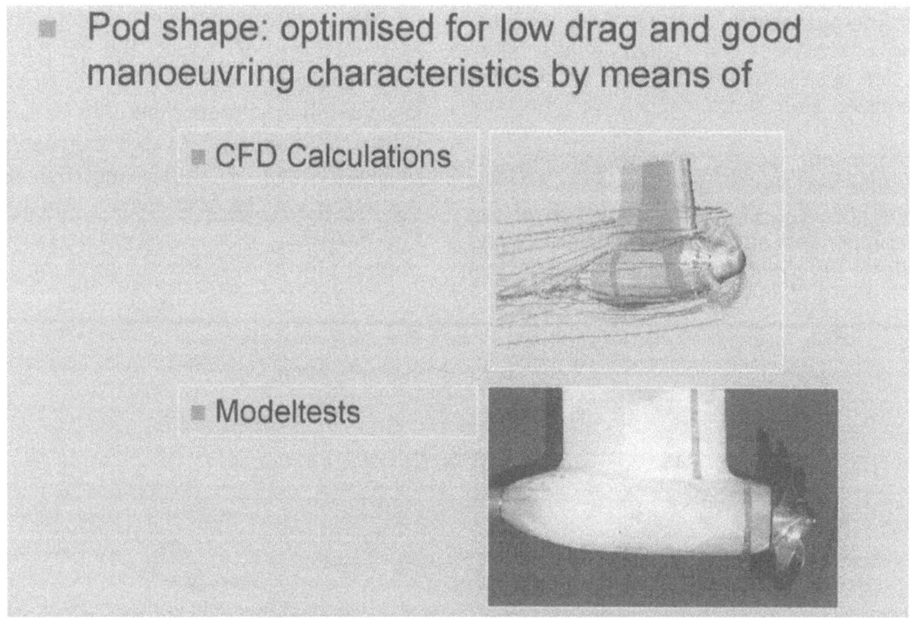

Abb. 2: DOLPHIN - CFD-Untersuchungen, Modelltests

Antriebskonzept

Die Propeller werden im mittleren und oberen Leistungsbereich durch Synchronmaschinen angetrieben, im unteren Leistungsbereich auch durch Asynchronmaschinen. Die Maschinen werden über Umrichter gespeist, die eine stufenlose Drehzahlverstellung über den gesamten Drehzahlbereich ermöglichen und eine hohe Dynamik gewährleisten, die vergleichbar mit der eines Gleichstromantriebes ist.

Das elektrische Antriebskonzept dieser Pod-Antriebe ist grundsätzlich identisch mit den konventionellen dieselelektrischen Antriebsanlagen. Der Pod-Antrieb ist integraler Bestandteil des Kraftwerkskonzeptes, d.h. die gesamte Energieversorgung ist zentralisiert, alle elektrischen Verbraucher werden von einer gemeinsamen Sammelschiene versorgt. Eine Möglichkeit, wie ein derartiges System aufgebaut sein kann, zeigt Abb. 3.

Dieses flexible System gewährleistet eine hohe Effizienz durch eine lastabhängige Anpassung der Anzahl der Dieselgeneratoren an die Gegebenheiten des Bordnetzes.

Die Art der Umrichter, die für die Drehzahlverstellung der Antriebsmotore eingesetzt werden, ist abhängig von der Motortype. Bei den Asynchronmaschinen haben sich Pulswechselrichter mit Spannungszwischenkreis durchgesetzt, die mit

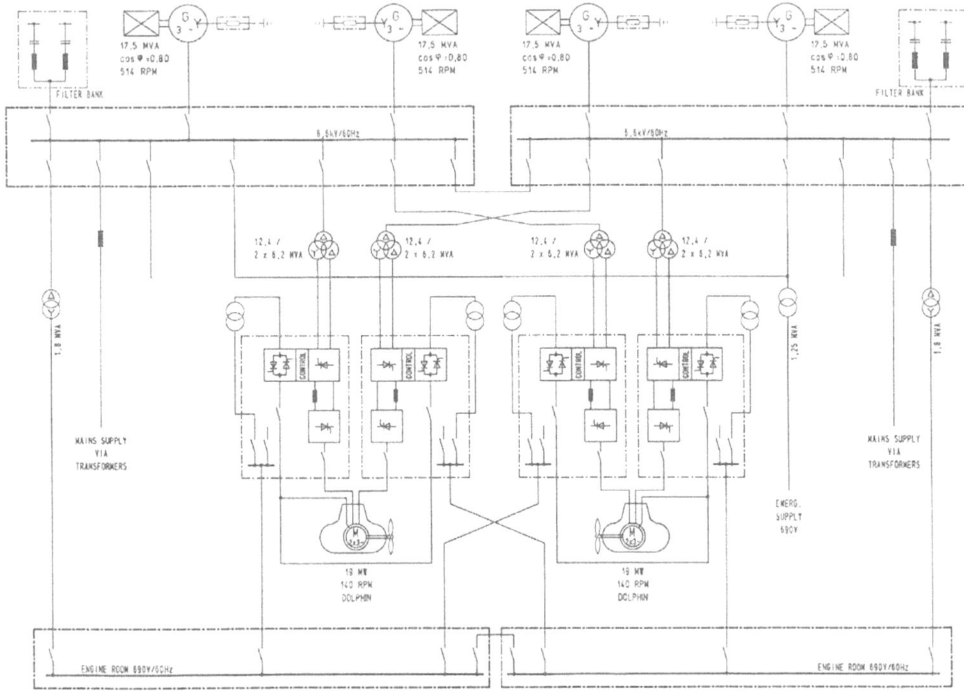

Abb. 3: Beispiel Kraftswerkkonzept mit Synchro-Converter und Filterkreisen

IGBTs oder GTOs als Schaltelemente bestückt sind. Die Synchronmaschinen werden über Synchro-Converter (Abb. 4) oder Cyclo-Converter (Abb. 5) eingespeist. Diese Antriebssysteme haben sich in den vergangenen Jahren im mittleren und hohen Leistungsbereich durchgesetzt. Beide Umrichtertypen sind mit normalen Netzthyristoren bestückt.

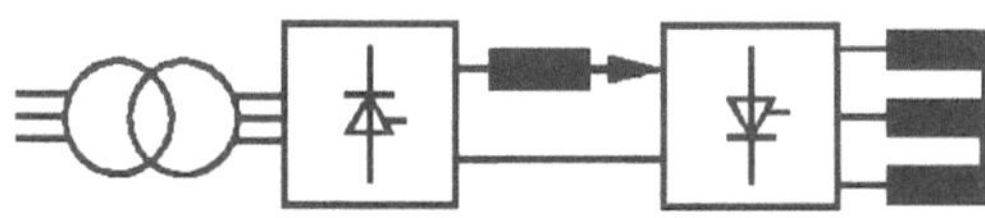

Abb.4: Prinzipschaltbild eines Synchro-Converters (lastgeführter I-Umrichter), 12 Thyristoren

Der Synchro-Converter verfügt über einen Gleichstromzwischenkreis, Netz- und Maschinenstromrichter sind über eine Gleichstromdrossel entkoppelt. Der Cyclo-Converter ist aufwendiger aufgebaut, er verfügt über antiparallel geschaltete Drehstrombrücken in jeder Motorzuleitung (Abb. 5). Der größere Aufwand in den Leistungsteilen des Cyclo-Converters erfordert einen höheren Platzbedarf gegenüber dem Synchro-Converter. Das dynamische Verhalten beider Antriebssysteme ist mit dem eines Gleichstromantriebes vergleichbar. Mehrquadrantenantriebe können ohne zusätzliche Erweiterungen der Stromrichterleistungsteile realisiert werden.

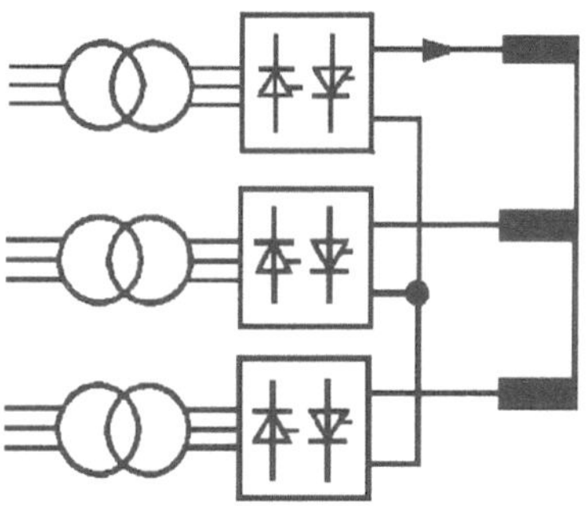

Abb. 5: Prinzipschaltbild Cyclo-Converter (Direktumrichter), 36 Thyristoren

Die Umrichtersysteme werden heute netz- und maschinenseitig vorzugsweise zwölfpulsig ausgeführt. Netzseitig werden die Umrichter über Transformatoren mit entsprechender Schaltgruppe gespeist, die Antriebsmotoren erhalten zwei um 30° versetzte Wicklungssysteme.

Maschinenseitig ergeben sich dadurch die Vorteile

- Reduzierung der Drehmomentenoberschwingungen (sie werden nahezu halbiert)
- Verringerung der Verluste in der Dämpferwicklung der Maschine

und netzseitig

- Reduzierung des Oberschwingungsgehaltes im Strom und damit
- Verbesserung der Netzrückwirkungen (Klirrfaktor)

382

Zusätzlich ermöglicht die Zwölfpulsigkeit eine Verbesserung der Verfügbarkeit. Bei entsprechender Auslegung der Steuerung kann im Falle einer Teilstörung der Antrieb mit 50% seines Nennmomentes weiter betrieben werden.

Die Drehmomentenpulsation im Luftspalt der Maschine kann so beim Sychro-Converter-Antrieb auf ca. $\pm 0.05 \cdot M_{nenn}$ reduziert werden. Bei einem Cyclo-Converter-Antrieb werden diese Werte mit ca. $\pm 0.01 \cdot M_{nenn}$ durch den sinusförmigen Motorstrom gegenüber einem annähernd trapezförmigen Strom beim Synchro-Converter noch unterschritten.

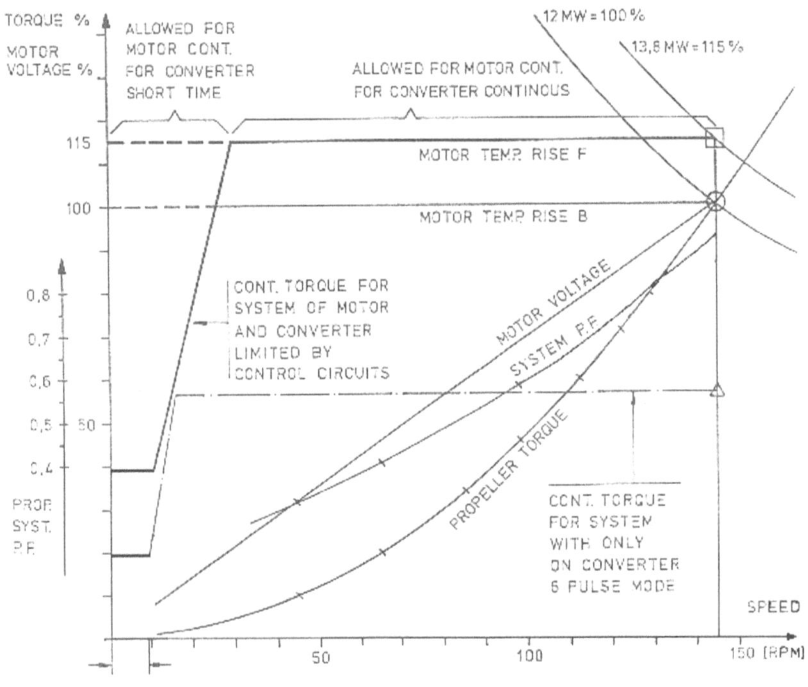

Abb. 6: Betriebskennlinien Synchro-Converter

Losbrechmomente im Bereich des Nennmomentes des Antriebes sind mit beiden Umrichtern möglich. Durch die abweichende thermische Ausnutzung der Thyristoren ist das mittlere Drehmoment beim Cyclo-Converter im unteren Drehzahlbereich größer als beim Synchro-Converter Abb. 6 und 7. Bei einem normalen Schiffsantrieb mit einem über der Drehzahl annähernd quadratisch verlaufenden Drehmoment ist dies nicht von Bedeutung, da ausreichend Drehmoment in diesem Drehzahlbereich zur Verfügung steht. Höhere Anforderungen an das Drehmoment der Antriebe ergeben sich beim Einsatz für eisbrechende Schiffe. Kürzlich durchgeführte Eiserprobungen mit dem Schadstoffunfallbekämpfungsschiff „Neuwerk", das mit Synchro-Converter-Antrieben ausgerüstet ist, haben gezeigt, daß dieses Umrichterkonzept durchaus ohne Überdimensionierung des Maschinenstromrichters auch für Eisbrechbetrieb geeignet ist.

Im mittleren und oberen Leistungsbereich wurde für den DOLPHIN der Synchro-Converter-Antrieb gewählt, der neben seiner Einfachheit und Zuverlässigkeit überwiegend Vorteile gegenüber dem Cyclo-Converter aufweist:

- Geringeres Gewicht und Abmessungen
- Hohe Betriebssicherheit durch einfache Systemstruktur. Unabhängige Steuerung und Überwachung der Netz- und Maschinenstromrichter, Begrenzung von Fehlerströmen durch die Zwischenkreisdrossel,
- Besserer Leistungsfaktor auf der Netzseite (dadurch kleinere Generatoren und Fahrtransformatoren)
- Günstigere, nur von der Netzfrequenz abhängige Oberschwingungen, die mit einfachen Maßnahmen (z.B. Filterkreise) reduziert werden können. Keine Rückwirkungen von der Maschinenfrequenz.

Vorteile des Cyclo-Converters sind:

- Kleinerer Antriebsmotor durch besseren Motorleistungsfaktor
- Besseres Drehmoment- und danamisches Drehzahlverhalten, das nur unter extremen Eisbrechbedingungen gegenüber einem Synchro-Converter Vorteile bringt.

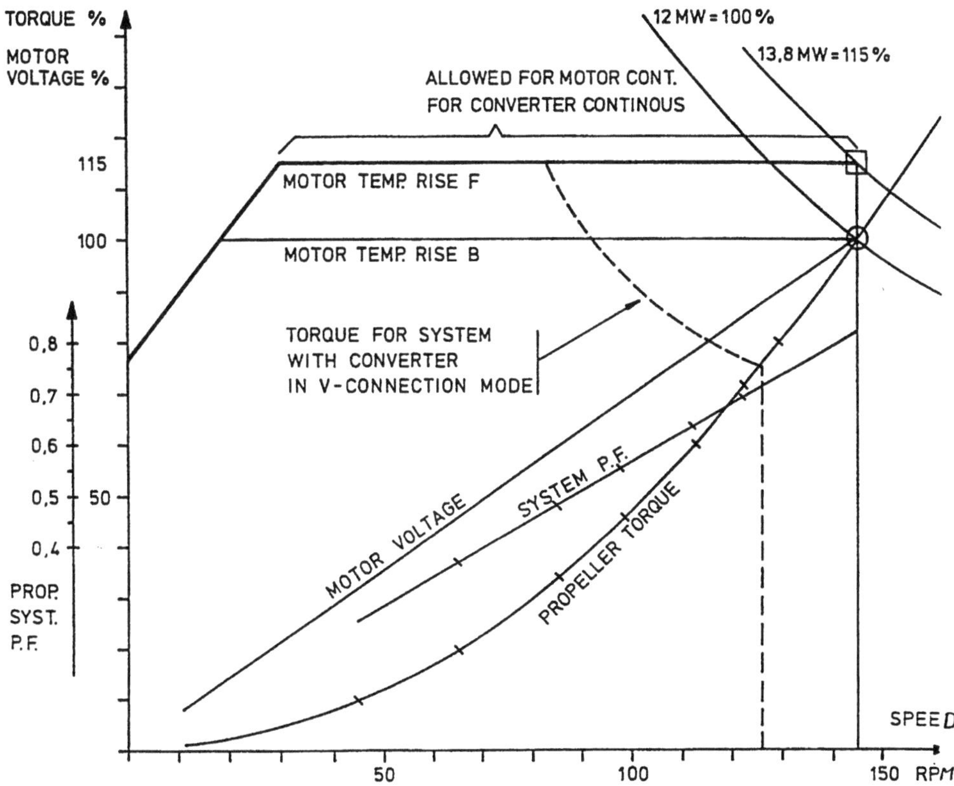

Abb. 7: Betriebskennlinien Cyclo-Converter- Reduzierung der elektrischen Komponenten

Integration ins Schiff

Ein weiterer Vorteil der Pod-Antriebe ist die Integration in das Schiff. In enger Zusammenarbeit mit der Werft werden die Montageeinheiten vorgefertigt, die entsprechend des Baufortschrittes installiert werden. Zeit und Kosten für Konstruktion und Montage können reduziert werden.

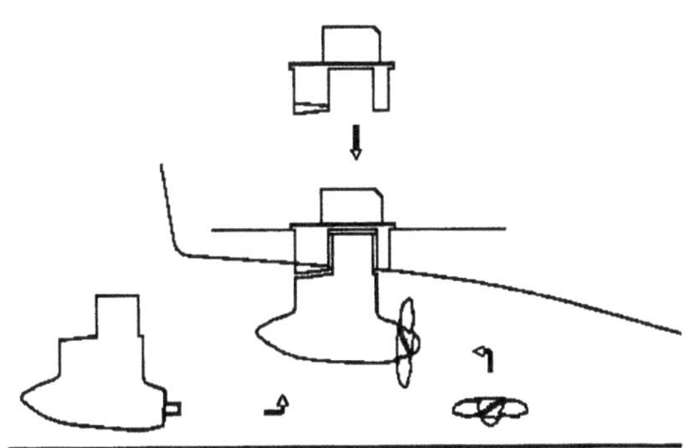

Abb. 8: Integration in das Schiff

Beim DOLPHIN wird der Antrieb in zwei Montageeinheiten und den Propeller unterteilt, die leicht zu handhaben sind. Die Installation erfolgt in zwei Stufen. In der ersten Stufe wird ein vorgefertigter Installationsblock, der aus den Steueraggregaten, den Komponenten für Hilfsantriebe und Kühlung des Antriebes sowie der Stahlkonstruktion für die Befestigung besteht, geliefert. Der Einbau erfolgt in den von der Werft vorbereiteten Brunnen im Schiffsrumpf. Abhängig von der Größe des DOLPHIN (Gewicht) und der vorgesehenen Bauphase, in der der Antrieb installiert werden soll, kann der Installationsblock von unten oder oben in den Brunnen eingebracht (Abb. 8) und verschweißt werden. Die Gondel selbst und der Propeller werden zu einem späteren Zeitpunkt geliefert und installiert.

Leistungsmerkmale

Neben den bereits erwähnten guten Manövriereigenschaften und den verbesserten Gesamtwirkungsgraden bei Pod-Antrieben ergeben sich Verbesserungen im Geräusch- und Vibrationsverhalten. Der verbesserte Nachstrom durch fehlende Wellenstränge, der schleppende Propeller mit großem Freischlag und der optimierte fünfblättrige Propeller ergeben im Vergleich zu konventionellen Zweiwellenanlagen beim Dolphin wesentlich verbesserte Werte (Abb. 9).

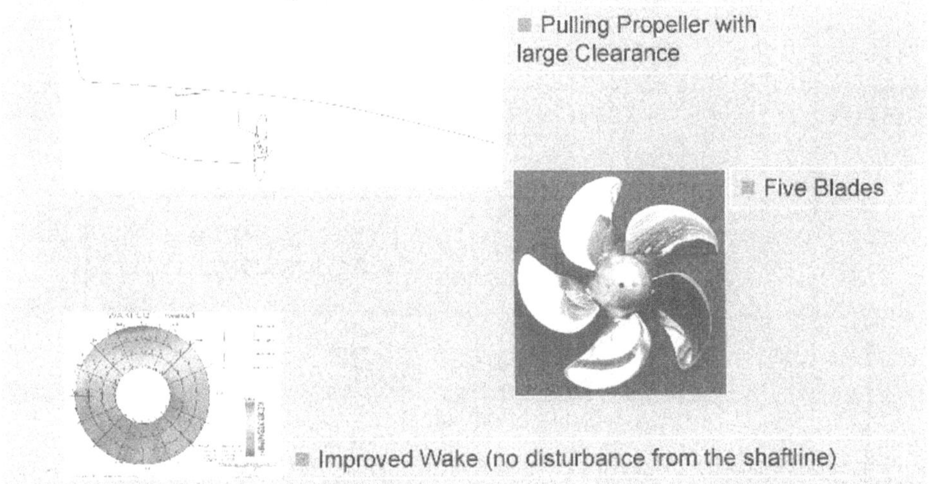

Abb. 9: Verbessertes Geräusch- und Vibrationverhalten durch großen Freischlag, optimierte Propeller (Durchmesser, Blattzahl und Drehzahl) und verbesserten Nachstrom

Energie- und Datenübertragung

Die Energie- und Datenübertragung erfolgt über Schleppkabel oder Schleifringe. Abhängig ist dies von den geforderten Manövriereigenschaften des Schiffes. So werden Schleifringe hauptsächlich für Schiffe mit dynamischer Positionierung vorgesehen, bei denen der Drehwinkel der Gondel unbegrenzt ist. Für Schiffe, bei denen diese dynamischen Eigenschaften nicht erforderlich sind, ist eine Energie- und Datenübertragung mit Schleppkabeln vorgesehen. Das System wird dadurch vereinfacht, Wartungsintervalle für die Schleifringübertrager entfallen. Drehwinkel der Gondel über 360° und die Möglichkeit der Drehrichtungsumkehr des Antriebsmotors gewährleisten auch bei Schleppkabeln hervorragende Manövereigenschaften.

Überwachung

Alle relevanten Teile des Antriebes wie z.B. Schmieröldruck, Wicklungs- und Lagertemperaturen werden überwacht. Die zu überwachenden Signale werden dezentral erfasst. Der Datenaustausch zum übergeordneten Rechnersystem der Fahranlage erfolgt über ein Datenbussystem. Wichtige Signale werden doppelt überwacht, so daß bei der Überwachung des Systems ebenfalls ein hohes Maß an Redundanz vorhanden ist.

Zusammenfassung

Mit den Pod-Antrieben ist ein Antriebssystem entwickelt worden, daß hohe Anforderungen an ein modernes Antriebskonzept erfüllt und gegenüber einer konventionellen elektrischen Fahranlage folgende Vorteile aufweist:

- Modulare Konstruktion der Antriebseinheit
- Flexibler Entwurf des Achterschiffes und des Maschinenraumes
- Entfallen von Wellenanlagen, Getriebe, Heckstrahlantriebe und Ruder
- Vorgeprüfte Antriebseinheit, die im fortgeschrittenen Baustadium des Schiffes integriert wird
- Leistungsreduzierung bei gleicher Schiffsgeschwindigkeit durch hohen elektrischen und hydrodynamischen Wirkungsgrad
- Verbesserte Manövriereigenschaften, kurze Crash-Stoppwege
- Niedriger Geräuschpegel, geringe Vibrationen
- Reduzierung des Brennstoffverbrauches und der Abgasemission durch den verbesserten Wirkungsgrad
- Ökonomischer Betrieb auch im Teillastbereich durch Anpassung der Anzahl der Dieselgeneratoren an den jeweiligen Lastzustand durch das Powermanagementsystem

Zielsetzung für den DOLPHIN war, die Anlage hinsichtlich der hydrodynamischen Eigenschaften und wesentlicher Anlagenmerkmale sowie im Hinblick auf Abmessungen, Gewicht und Kosten gegenüber ähnlichen Lösungen, die bereits im Markt eingeführt sind, zu optimieren. Das gewählte Antriebskonzept mit Synchro-Converter ermöglicht ein modernes Antriebssystem mit einem hohen Grad an Redundanz und Zuverlässigkeit, dessen Abmessungen, Gewicht und Einfachheit mit anderen Systemen bei gleichem Aufwand nicht zu erzielen sind.

B. Erfahrungen mit AZIPOD®-Propulsionsanlagen

Experiences of AZIPOD® Propulsion Systems

Dipl.-Ing. **Michael Uecker-Weigel**, ABB Industrietechnik GmbH, Geschäftsgebiet Marine

Summary. The report will inform about the course of development of the AZIPOD® propulsion system in cooperation with yards. Collected experiences show, that the production period of the yard could be kept in optimal sequences if the cooperation between yard and subsupplier starts in an early phase. Additionally practical experiences about different use of AZIPOD® propulsion systems will be explained.

1. Einleitung

Alle am Schiffbau beteiligten Unternehmen wollen mit dem Bau und Betrieb von Schiffen wirtschaftlichen Erfolg erzielen. Bewährte und erprobte Lösungen garantieren einen langfristigen und damit gewinnbringenden Einsatz. Größere Veränderun-gen oder Innovationen setzen sich am Markt nur schwer durch, im Schiffbau sind meist mehrere Jahre nötig, bevor eine grundlegende Veränderung akzeptiert wird. Lange Zeit brauchte es z.B., bis sich die diesel-elektrische Antriebsanlage zum mehr oder weniger „normalen" oder „konven-tionellen" Antrieb für bestimmte Schiffstypen (z.B. Passagierschiffe) durchsetzte.

Als das Azipod®-Konzept (Azimuthing Podded Drive) vor sieben Jahren erstmals für ein Kreuzfahrtschiff untersucht wurde, war klar, daß vor einem ersten Einsatz eine Menge andere Schritte gegangen werden mußten. In jedem dieser Schritte wurden verschiedene Konstruktions-aspekte studiert und in der Praxis erprobt. Die beteiligte Werft Kvaerner Masa-Yard und ABB als Zulieferer entwickelten partnerschaftlich gemein-same Strategien, um die Markteinführung des Azipod®-Antriebssystems zu erreichen.

2. Geschichte des Azipod®-Konzeptes

Bereits Ende der 80er Jahre wurde die Idee für das Azipod®-System entwickelt, um den Einsatz von Eisbrechern zu verbessern und deren Operationsgebiet zu vergrößern. ABB entwickelte dieses Antriebskonzept auf Basis von Vorstellungen des Finnish Board of Navigation. Die Tests mit dieser ersten Azipod®-Einheit trafen 1991 zeitlich damit zusammen, als der diesel-elektrische Antrieb als Anwendung für große Passagierschiffe erste Wahl wurde. Der Schritt vom diesel-elektrischen Antriebskonzept zu elektrischen Motoren, die in einer Propeller-Gondel unter dem Schiff hängen, war eine logische Entwicklung.

1992 vereinbarten Kvaerner Masa-Yard und ABB eine gemeinsame Entwicklung und Vermarktung der Azipod®-Einheit. Ebenfalls wurde mit ersten Modellversuchen mit dem Azipod®-Konzept für große Passagierschiffe begonnen. 1997 wurde mit weiterer Beteiligung von Fincantieri „ABB Azipod OY" zur Entwicklung, Vermarktung und Produktion von Azipod®-Antriebssystemen gegründet.

Die guten praktischen Erfahrungen und Ergebnisse von dem mit Azipod®-Antrieb ausgestatteten Tanker UIKKU und dem Schwesterschiff LUNNI waren 1995 die wichtigsten Argumente für die Entscheidung der Reederei CCL (Carnival Cruise Line), Azipod®-Einheiten für die Kreuzfahrtschiffe ELATION und PARADISE zu wählen. Durch mittlerweile gesammelte Betriebsstunden aller Azipod®-Systeme konnte ABB eine hohe Wahrscheinlichkeit für Erfolge und Verbesserungen abschätzen.

3. Erfahrungen und Entwicklungsschritte

Jahr	Entwicklungsschritt	Ziel
1990	1,5-MW-Azipod®-Einheit, Waterway Service Vessel „SEILI"	Grundlegende Konstruktionsarbeiten
1993	11,4-MW-Azipod®-Einheit, Arctic Product Tanker „UIKKU"	Schritt zu richtungsvariabler Querschubleistung (Azimuth), hydrodynamische Überprüfungen
1994	2x0,56-MW-Azipod®-Einheiten, Fluß-Eisbre-cher „RÖTHELSTEIN"	Ziehende Propeller (Traktor-Prinzip), neues Schiffskonzept (Doppelantrieb)
1995	Komplette Überholung der Azipod®-Anlage „SEILI"	Feed-back nach fünf Jahren
1997	2x14-MW-Azipod®-Einheiten, See-Erprobung Kreuzfahrtschiff MS „ELATION"	Erstmaliger Betrieb von ziehenden Azipod®-Einheiten mit großer Leistung
1998	Komplette Überholung der Azipod®-Anlage „UIKKU"	Feed-back nach fünf Jahren

4. Von „FANTASY" zu „ELATION"

Die ersten Schiffe der „FANTASY"-Serie der Carnival Cruise Line wurden 1986 bei der Kvaerner Masa-Werft in Helsinki bestellt. Heute besteht diese Serie nunmehr aus acht Schiffen, der größten jemals gebauten Kreuzfahrtschiffserie. Der Entwurf hat sich als sehr erfolgreich erwiesen, sowohl die Bauwerft als auch die Reederei sind sehr zufrieden mit diesen Schiffen. Für die beiden jüngsten Schiffe dieser Serie hat sich die Reederei für das Azipod®-Antriebskonzept entschlossen.

In der Ursprungsversion wurden die Schiffe mit einer redundanten diesel-elektrischen Antriebsanlage ausgerüstet, zwei Verstellpropeller wurden über zwei 14 MW starke durch Cyclo-Converter gespeiste Elektromotoren angetrieben. Um die Manövrierfähigkeit zu gewährleisten, waren die Schiffe mit je drei 1,5-MW-Bug- und Heckstrahlern sowie zwei Ruderanlagen ausgerüstet. Zu dieser Zeit repräsentierten die Schiffe der FANTASY-Klasse modernste Antriebs- und Regel-Technologie. Heute sind fast alle modernen Kreuzfahrtschiffe mit elektrischen Vor- bzw. Antriebsanlagen ausgerüstet.

Im August 1995 stellten CCL und Kvaerner Masa-Yards sicher, weiterhin an erster Stelle bei der Anwendung neuester Technik zu stehen: CCL entschied sich für die innovative Lösung Azipod®-Antriebe anstelle der ursprünglichen Vortriebsanlage einzusetzen. In enger Zusammenarbeit von Werft und ABB konnten die konstruktiven und baulichen Änderungen zwischen dem Serienschiff FANTASY und der ELATION mit Azipod®-Antrieben gering gehalten werden.

Große Änderungen in der Stahlkonstruktion wurden vermieden, z.B. wurden die ehemaligen Wellentunnel zu Frischwassertanks. Hauptänderungen betrafen die Brunnen, die die Azipod®-Einheiten aufzunehmen hatten. Die Komponenten und Module der Azipod®-Steueranlage konnten im ehemaligen Rudermaschinenraum eingebaut werden. Die Azipoddrehachse wurde am Platz der ehemals vorhandenen vertikalen Ruderwelle angeordnet. Die Hydraulik der Ruderanlage wurde durch das Azipod®-Hydraulik-Modul ersetzt, die Wasserkühlung der ursprünglichen Propulsionsmotoren wurde zum Azipodraum verlängert. Die Tunnel der Heckstrahler wurden verschlossen, alle Konstruktionen der Wellenleitungen wurden entfernt.

Der ehemalige Raum für die Propellermotoren wurde nicht länger benötigt, das neue Konzept mit Azipod®-Antrieben schuf damit zusätzlich 1200 m² Raum. Auf der ELATION wurde dieser Raum für weitere Abfallbehandlungsanlagen genutzt (Müll-verbrennungsanlage und Grauwasseranlage). Auch diese neuen Möglichkeiten boten dem Reeder große zusätzliche Vorteile, Umweltauflagen konnten erfüllt werden, ohne Raum für Passagiere zu verlieren.

Das Energieerzeugungssystem wurde nur sehr geringfügig geändert, Vorteile ergaben sich dadurch sowohl für den Betreiber als auch für die Bauwerft (gleiche Konstruktion, gleiche Maschinenanlagen usw.). Die Auslegungsdaten für die Antriebsmotoren wurden gegenüber den Vorbauten identisch gehalten (Leistung und Momentenkurven), allerdings wurden bei dem mit Azipod®-Einheiten angetriebenen Schiff Verbesserungen des Wirkungsgrades erwartet.

Auf die Auslegung einer Azipod®-Antriebsanlage soll hier nicht näher eingegangen werden (Stichworte: Schiffslinien, Anordnung der Azipod®-Einheiten, Motor Auslegung, Propeller-Konstruktion und -Stärke, hydrodynamische Details, Vibrationsberechnungen und Abstimmung, Steuer-Logik und Betriebsarten, Kursstabilität und Krängung, Verhalten bei Black-out, Redundanzauslegungen usw.).

Im Vergleich zu den (besten) Schwesterschiffen der FANTASY-Serie ergaben sich herausragende Ergebnisse bei der See-Erprobung der ELATION. Diese Ergebnisse bestätigten die Modellversuche, teilweise übertrafen sie die Erwartungen:

- Ein um 8% verbesserter Wirkungsgrad des Antriebes (propulsion efficiency)

- Eine erheblich verbesserte Manövrierbarkeit. So verkleinerte sich der Drehkreisdurchmesser bei Nenngeschwindigkeit um 30% (bei Azipod® 35° im Vergleich zu Ruderlage 40°)

- Die Reaktion des Schiffes bei einer Azipod®-Drehwinkelverstellung ist im Allgemeinen sehr gut. Sobald die Azipod®-Einheit dreht, reagiert das Schiffs Heck sofort.

- Deutliche Verbesserungen beim crash-stop-Manöver. Durch die Drehrichtungsumkehr der Azipod®-Motoren behält das Schiff nahezu uneingeschränkte Steuerbarkeit, dadurch erhöht sich natürlich die Sicherheit für das Schiff und seine Passagiere.

Erhebliche Reduzierung der Geräusche und Vibrationen besonders im Hinterschiffsbereich durch optimale Propellerauslegung und Anordnung der Azipod®-Einheiten, keine Anregungen durch Querstrahler oder Ruder.

Da Azipod®-Einheiten erstmalig für Kreuzfahrtschiffe eingesetzt wurden, wurden zusätzliche

Messungen in der Karibik bei dort herrschenden Temperaturen durchgeführt. Dauerversuche fanden bei +30°C Seewassertemperatur und +32°C Lufttemperatur statt. Alle gemessenen Temperaturwerte der Antriebsanlage bleiben deutlich unter ihren erlaubten Maximalwerten, alle diesbezüglichen Erwartungen wurden erfüllt.

Nach jetzt gut einem Jahr praktischen Betriebes des Schiffes stellen sich weitere Vorzüge des Antriebskonzeptes heraus. So fährt die ELATION bei unveränderten Linien mit Azipod®-Antrieben um 0,5 kn schneller als die FANTASY mit konventionellem diesel-elektrischen Antrieb. Pro Woche ergab sich zudem eine Brennstoffersparnis um 40 t. So wurden nicht nur die Betriebskosten gesenkt, auch die Emissionen reduzierten sich entsprechend.

5. Zusammenarbeit bzw. Partnerschaft von Werft und Lieferant

Obwohl das Pod-Konzept relativ alt ist, schuf der erfolgreiche Einsatz auf der ELATION und auf der PARADISE einen Hub. Dieses Antriebssystem wurde und wird zunehmend für Passagierschiff-Projekte gewählt, diese Lösung darf jetzt schon wieder als Standard gelten.

Während auf den ersten Passagierschiffen die Komponenten der Azipod®-Anlage in quasi bestehende Räume integriert wurde, bestimmt für andere Neubauten die enge Zusammenarbeit zwischen Werft und Lieferant schon im frühen Projekt- bzw. Konstruktionsstadium die optimale räumliche Anordnung. Darüber hinaus können sich die beteiligten Partner frühzeitig auf einen speziell für den Bauablauf der Werft am besten geeigneten zeitlichen Ablauf abstimmen.

Im Rahmen von solch einer Systempartnerschaft werden bestimmte Planungs-, Konstruktions- und Fertigungsaufgaben von den Zulieferern komplett übernommen. Aus Sicht der Werften sind Kompaktbauweisen mit möglichst spätem und einfachem Einbau wichtige Kriterien. Durch den Wunsch der Werft nach vorgetesteten Einheiten oder Modulen, erhöht sich die Sicherheit für die einwandfreie Funktion. Wesentlich ist auch die reibungslose und schnelle Zusammenarbeit zwischen den eigenen Disziplinen und den jeweiligen Systempartnern, unterstützt durch moderne Kommunikations- und Planungstechniken.

Durch die Gründung einer eigenen Organisationseinheit für den Azipod®-Antrieb hat sich ABB rechtzeitig eine gute Ausgangsbasis für Systempartnerschaften geschaffen. Unterschiedliche Wünsche und Abläufe der verschiedenen internationalen Werften können so flexibel berücksichtigt werden, erfahrene Ingenieure stehen für alle Anforderungen bereit. Mit dem Azipod®-Konzept konnte eine Serienfertigung zur kostengünstigen Herstellung aufgebaut werden. ABB Azipod OY ist heute in der Lage, bis zu 40 Azipod®-Einheiten pro Jahr herzustellen.

In enger Zusammenarbeit mit der Meyer-Werft und unter stets wirkungsvollem Anspruch und Druck nach besten Ergebnissen auf beiden Seiten haben wir für die Neubauten RCI VANTAGE der Meyer-Werft eine gute Lösung für die Azipod®-Antriebsanlage entworfen. Basierend auf Erprobtem und Bewährtem war besonders auf die sehr ehrgeizigen terminlichen Vorstellungen der Werft zu achten. Kompakte Module wie z.B. Installationsblock, Kühlungsmodul, Schleifringmodul, Hydraulikmodul werden komplett zusammengebaut und getestet geliefert und in die Schiffbausektionen eingebaut. Der Platzbedarf in der Bauhalle verringert sich auf kurze Zeitabschnitte, der Zeitaufwand für Einbau und Erprobung an Bord wird kleiner, eine schnellere Baufolge kann so mit ermöglicht werden.

6. Zusammenfassung

Laufend gesammelte Erfahrungen von Schiffen, die mit einem diesel-elektrischen Kraftwerkskonzept und kombiniert mit Azipod®-Systemen angetrieben werden, empfehlen diese attraktive Lösung für verschiedene Schiffstypen.

Neben der bewiesenen Verbesserung der Wirkungsgrade sind Manövrierbarkeit, Redundanz, Verringerung der Ausrüstung, erhöhte Verfügbarkeit durch einfache und erprobte Konstruktionen usw. weitere nennenswerte Vorteile.

In enger Zusammenarbeit von Werft und Lieferant können die jeweiligen Anwendungsfälle studiert und umgesetzt werden. Das Azipod®-Antriebs-Konzept verändert nicht nur die Konstruktion, Auslegung und den Betrieb von Schiffen, sondern auch entscheidend, wie die Schiffe gebaut werden. Bauzeit und Kosten können deutlich reduziert werden. Gemeinsame Erfolge beweisen, das ABB-AZIPOD®-Konzept ist das beste Beispiel für eine erfolgreiche Systempartnerschaft. Dieses Systemprodukt ist entstanden aus einer Zusammenarbeit von Reeder, Werft und Zulieferer.

Seit April 1999 haben 20 ausgelieferte Azipod®-Einheiten über 100.000 Azipod®-Betriebsstunden angesammelt. ABB Azipod® besitzt damit eine große Betriebserfahrung verschiedenster Einsatzprofile. Die genannten, stetig wachsenden Erfahrungswerte in Konstruktion, Fertigung und Betrieb von Azipod®-Antrieben bieten ABB einen entscheidenden Vorteil in der kontinuierlichen Weiterentwicklung und Optimierung dieser und anderer zukunftsträchtiger Antriebskonzepte.

Die Entwicklung der Hilfssysteme

The Development of the Ship's Auxiliary Systems

Dipl.-Ing. **Gerhard Fischer** und Dr.-Ing. **Hans Jakob Gätjens**, Germanischer Lloyd Hamburg;
Dipl.-Ing. **Karl-Heinz Paetow**, Preetz

Summary. The development of the ship's auxiliary systems within the last hundert years will be demonstrated. The paper is focussing on the sea- and freshcooling water circuits, the fuel and lubricating oil systems as well as on the cargo oil systems of tankers. The synopsis starts with simple systems of the steamers dominating the sea at that time, proceeds with the new requirements of the first vessels driven by diesel engines and terminates at the systems of the most modern containerships designed for energy and material saving. Main items are amongst others the development of the centralized freshcooling water systems, bilge and ballast piping, the scoopcooling, the heavy oil service for main and auxiliary motors and the introduction of the automatic stripping devices on tankers and the materials and technology used

1. Einleitung

Entwicklungen brauchen Antriebe. Betrachtet man die hundert Jahre seit Gründung der STG, so zeigen sich drei große Hauptantriebe:

- Der bedeutendste überhaupt war der wachsende Welthandel, der immer größere und schnellere Transportmittel verlangte.
- Die zweite große äußere Antriebskraft entstand aus der Verfügbarkeit oder dem Mangel an Ressourcen, wie sich am Beispiel des Öls und der menschlichen Arbeitskraft zeigt.
- Der dritte Hauptantrieb ist das Streben der Ingenieure nach immer perfekteren Lösungen für die gestellten Aufgaben.

Die größte Schubkraft aber gab den Entwicklungsantrieben der Kostendruck, und das von Anfang an, die ganzen 100 Jahre lang. Natürlich wirkten diese Kräfte überwiegend auf die Schiffe und ihre Maschinenanlagen und erst in zweiter Linie auf die Hilfssysteme.

Deshalb werden in diesem Vortrag einige Schiffe als Auslöser von neuen Entwicklungen in den Hilfssystemen vorgestellt. Es gab aber auch Fortschritte aus den Systemen selbst, wie die Beispiele des Zentralfrischkühlwassersystems und des Inertgassystems zeigen.

2. Lenz- und Ballastleitungen

Am Anfang war das Lenzsystem - schon im Mittelalter wurden handbediente Pumpen mit Saug- und Druckrohr eingesetzt. Das Lenzsystem war dezentral, anfangs mit umsetzbaren, später festinstallierten Pumpen in jedem Raum. Solche dezentralen Lenzsysteme hielten sich auch noch, als die Handels- wie Kriegsschiffe von Maschinen angetrieben wurden. So erwähnt Busley 1886 die Panzerfregatte "Preussen", Baujahr 1873, die nicht weniger als elf Lenz- und Notlenzpumpen hatte, und erwähnt auch die erste Regel für die Dimensionierung der Lenzpumpenleistung; nach dieser vom Board of Trade (BoT) in London aufgestellten Empfehlung sollte die Leistung aller Lenzpumpen mehr als 1/7 des Deplacements betragen. In den ersten Regeln des Germanischen Lloyd richtet sich die geforderte Leistung der Lenzpumpen an der Kesselheizfläche aus.

Anzahl	Panzerfregatte „Preussen"	6770 ts Depl. [m³/h]	
1	Dampflenzpumpe	76	
2	angehängte MR-Lenzpumpe	Σ 70	
1	MR-Handlenzpumpe	55	
2	Kühlwasserzirkulationspumpen als Notlenzpumpen	Σ 650	
5	Downton-Handlenzpumpe a 27 m³/h	Σ 135	
11	Pumpen	986	> 1/7 Depl.

Bild 1: Lenzeinrichtung der Panzerfregatte „PREUSSEN" 1873

Die handgetriebenen Lenzpumpen hatten eine große technologische Reife; es waren Pumpen mit mehreren Kolben in einem Zylinder, die wichtigsten Hersteller waren Downton oder Stone (seinerzeit war es selbstverständlich, daß die britischen Pumpen auch auf deutschen Schiffen Standard waren). Die Handpumpen ließen sich an die Antriebsdampfmaschinen ankuppeln. Der Übergang zum maschinellen Pumpenantrieb vollzog sich in der Handelsmarine wegen der geringeren Besatzungsstärke viel schneller als in der Kriegsmarine (Busley). Alle Pumpen - so auch die Lenzpumpen - wurden an die Hauptmaschine gekuppelt. BoT empfahl jedoch, wenigstens eine separate Dampfpumpe als Speise-, Ballast-, Lenz- und Feuerspritzpumpe vorzusehen, natürlich eine Dampfkolbenpumpe. Die Zentrifugalpumpe wurde ebenfalls schon sehr früh eingeführt, ihr Aufbau sah 1890 allerdings noch etwas anders aus als heute. Je ein Pumpengehäuse und -rad jeweils auf beiden Seiten einer mehrzylindrigen Kolbendampfmaschine; ihr Haupteinsatz war als Kühlwasserpumpe, sog. Cirkuline, wegen ihrer großen Leistung wurde sie auch als Ballastpumpe bzw. Notlenzpumpe eingesetzt, und auch hierfür wurden aufwendige Ventilbatterien, zusammengefaßt in den bereits erwähnten Ventilkästen, erforderlich.

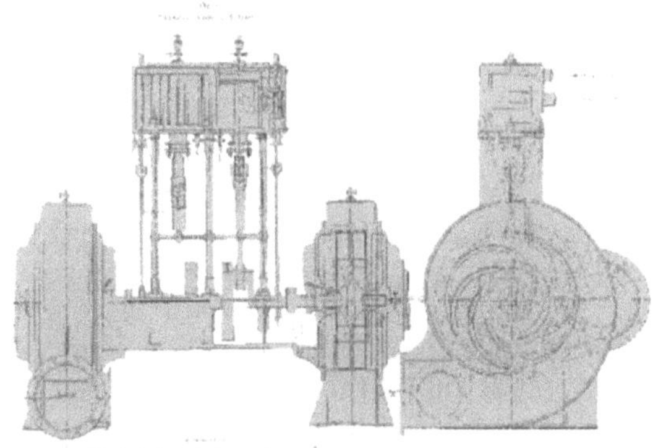

Bild 2: Dampfgetriebene Zentrifugalpumpe

Für Rohrleitungen im Maschinenraum werden am Ende des 19. Jahrhunderts überwiegend nahtlose Kupferrohre eingesetzt, nicht hingegen für die Lenzrohrleitungen. Man hatte schlechte Erfahrungen mit der Korrosion der Kupferrohre in der Bilge gemacht und ging daher frühzeitig zu Rohren aus verzinktem Eisenblech über (Klamroth, 1916).

Die Rohrstücke wurden mit Bördel-Flanschen verbunden, d.h. am Ende sowohl von Kupfer- als auch von Stahlrohren das Material umgebördelt und die Rohre durch die (vor dem Bördeln übergeschobenen) Flansche zusammengehalten.

Da das Lenzsystem zu den sicherheitstechnischen Anlagen zählt, ist es frühzeitig Gegenstand nationaler und internationaler Regelwerke geworden, nach deren heutiger Anforderung jeder Raum unterhalb der Wasserlinie an das Lenzsystem anzuschließen ist, d.h. das Lenzsystem muß aus fast allen Räumen saugen können, Druckrichtung der Pumpe ist ausnahmslos "über Bord". Im Gegensatz dazu muß das Ballastsystem verschiedene Aufgaben ermöglichen:

a) Füllen von Tanks aus See
b) Entleeren von Tank nach See
c) Beliebiges Umpumpen zwischen den Tanks

Die Schaltungsvarianten wurden in den ersten Dekaden der Entwicklung der maschinengetriebenen Schiffe durch Einzelrohrleitungen vom Maschinenraum in die Ballasttanks mit Bedienung der Ventile

im Maschinenraum vorgenommen, später entwickelte sich eine Variante, bei der die Bedienung der Ventile an den Tanks durch Ferngestänge von begehbaren Räumen oberhalb der Wasserlinie vorgenommen wurde. Beide Varianten waren teuer.

Die Ballastsysteme wurden bei den kohlegefeuerten Handels- und Kriegsschiffen zum Trimmen gebraucht, weil die schweren Kohlevorräte wegen des Transports innerhalb der Maschinenräume in Seitenbunkern hoch neben dem Kesselraum gestaut wurden. Der Übergang zum flüssigen Brennstoff, der im Doppelboden gefahren werden kann, hat die Ballastsysteme vereinfacht. Die Ballastpumpen wurden von Beginn an als Kreiselpumpen ausgeführt, anfangs mit Dampfmaschinen-, später mit E-Motor-Antrieb.

Über viele Jahrzehnte blieben die Rohrleitungssysteme für das Lenzen und das Ballasten unverändert und in ihrer Bedienung sehr komplex. Vereinfachungen ergaben sich erst mit Einführung der fernbedienten, hydraulisch betätigten Ventile. Diese Entwicklung setzte sich zuerst bei Spezialschiffen wie Hopperbaggern, ab 1960 dann auch zunehmend für andere Schiffe durch, zuerst in den über das ganze Schiff verbreiteten, schwer zugänglichen Rohrleitungssystemen wie Lenz-, Ballast- und bei Tankern den Ladeölsystemen.

Mit Einführung der fernbedienten Armaturen vereinfachten sich Lenz- und Ballastrohrleitungssysteme und bestanden aus einer Hauptleitung mit Abzweigleitungen zu den einzelnen Räumen.

Die Bedienung erfolgte durch Betätigung von Schaltern an einem zentralen Pult, auf dem ein schematisches Bild der Rohrleitungen für die Verfolgbarkeit der Operationen sorgte. Sinnvollerweise wurde die Bedienung der Pumpen und später auch die Inhaltsanzeige der Tanks und die Alarmierung von Leckmengen in dieses Pult gelegt. Die Fernbetätigung hat sich heute soweit entwickelt, daß die Operationen des Lenzens und Ballastens durch einen Cursor am Bildschirm als Quelle-Ziel-Vorgabe eingegeben werden, d.h. der Bediener tickt den Raum, der abgepumpt werden soll, und den Ort, wohin gepumpt werden soll, an. Schaltung der Armaturen und Pumpen können so automatisiert werden, daß auch die umzupumpende Menge vorgegeben werden kann.

3. Kühlwassersysteme

Im Jahre 1899 verkehrten auf den Weltmeeren nur Segler und Dampfer. 1901 gab es 14.077 Dampfer über 100 BRT, 1.209 davon unter deutscher Flagge. Fast alle wurden durch Dreifach-Expansions-

Dampfmaschinen angetrieben. Auf den meisten dieser Schiffe waren die Pumpen für die Hilfssysteme - von der Kühlwasserpumpe bis zur Klosettpumpe - direkt an die Hauptdampfmaschine angehängt, um ein weitverzweigtes Rohrnetz zum Antrieb all dieser Pumpen mit Dampf zu vermeiden.

Es gab zwar schon Dynamomaschinen auf den Dampfern, aber keine elektrischen Antriebe. Elektrizität diente nur zur Beleuchtung.

Das Kühlwassersystem dieser Schiffe war einfach. Eine dampfbetriebene bzw. angehängte Hauptseekühlwasserpumpe saugte aus See und drückte durch den Hauptkondensator nach außenbords. Ein Abzweig versorgte den Hilfskondensator, ein weiterer brachte das Kühlwasser an die Grundlager der Dampfmaschine. Alle Kühlwasserleitungen waren aus Kupfer, die Armaturen aus Bronze.

In diese wahrhaft ruhige Welt der Dampfer und Segler brach Anfang 1912 das erste wirklich seegehende Motorschiff ein, die "Selandia".

Mit den neuen Ölmotoren kamen völlig neue Rohrleitungssysteme in die Schiffe wie Kraftstoff, Schmieröl, Druckluft und später auch noch Frischwasser. Das Dampfsystem wurde zum Hilfssystem degradiert.

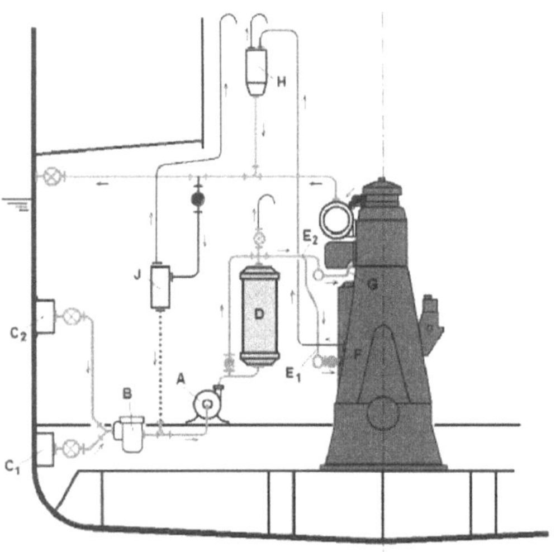

Bild 3: Seekühlwassersystem eines frühen Motorschiffes

Die "Selandia" hatte 7.400 t Tragfähigkeit. Zwei B&W-Viertaktmotoren mit je 1.250 PS, jeweils direkt mit einem Propeller verbunden, besorgten den Vortrieb. Zwei Dieselgeneratoren lieferten den Strom für die Pumpen und Hilfsmaschinen einschließlich der Winden, die alle auf diesem Schiff elektrisch angetrieben wurden. Eine wahrhaft zukunftsweisende Konzeption! Konsequenterweise hatte die "Selandia" nicht einmal einen Schorn-

stein!

Die Kühlung der Zylinder, der Zylinderdeckel, der Auspuffleitung (!) und der Kolben des Hauptmotors erfolgte direkt durch Seewasser. Da die Motoren einen geschlossenen Schmierölkreislauf erforderten, wurde dafür ein Zwischenkühler benötigt. Er blieb lange Zeit der einzige in diesem sehr einfachen System, das bis zum zweiten Weltkrieg in die meisten Motorschiffe eingebaut wurde.

Nur wenig später, am 12. August 1912, übergaben die Howaldtswerke in Kiel das erste deutsche Motorschiff, die "Monte Penedo", an die Hamburg-Süd.

Die "Monte Penedo" war nur etwas kleiner als die "Selandia", aber sehr viel konventioneller. Sowohl der Ölmotor wie auch die Hilfsanlagen waren noch nach den Prinzipien der Dampfmaschine konzipiert. Angetrieben wurde das Schiff durch zwei Sulzer Zweitaktmotoren mit je 800 PS bei 140 U/min. Zwei 50-PS-Hilfsdiesel dienten nur als reine Lichtmaschinen. Im Gegensatz zur "Selandia" waren alle Pumpen direkt an den Hauptmotor angebaut. Diese angehängten Pumpen hielten sich auf den Motorschiffen noch sehr lange.

Bild 4: Sulzer-Zweitaktmotor mit angehängten Pumpen („MONTE PENEDO" 1913)

Es ist erstaunlich, daß ein Konzept - das auf den Dampfschiffen eine Vereinfachung ergab, während es bei den Motorschiffen sowohl das System wie auch den Motor selbst nur komplizierter machte - überhaupt so dauerhaft sein konnte.

Hier zeigt sich ein typisches Verhaltensmuster der Ingenieure und Seefahrer, das sich durch die ganzen 100 Jahre hindurchzieht, nämlich das manchmal fast fanatische Festhalten am einmal für gut Erkannten.

Es gab auch Dieselmotoren mit ölgekühlten Kolben, wieder andere, besonders die doppeltwirkenden, wurden komplett mit Frischwasser gekühlt. Die Frage der Kühlmedien war damals anscheinend im wesentlichen von Motortyp und Hersteller abhängig, wobei zu bedenken ist, daß es von beiden weit mehr als heute gab.

Langsam setzten sich die wirtschaftlicheren Dieselmotoren gegen übermächtige Konkurrenz der Dampfmaschinen durch. Ein paar Zahlen:

1922 ergab sich für den gesamten Weltschiffbau eine Aufteilung der Neubauten in 75% Dampfschiffe, 12% Motorschiffe und 13% Segelschiffe. Von den Dampfern hatten etwa ein Drittel Turbinenantrieb, während zwei Drittel mit Dampfmaschinen ausgerüstet waren. 1939 wurden 57% der Welthandelsflotte durch Dieselmotoren angetrieben. Im Laufe dieser Zeit waren die Dieselmotoren so betriebssicher und leistungsstark geworden, daß die normalen Frachtschiffe nur noch mit einem Motor ausgerüstet wurden.

Man hätte annehmen können, daß der um die Jahrhundertwende erfolgte Durchbruch der Wasserrohrkessel mit ihren höheren Dampfdrücken den Weg öffnen würde für die Vierfach-Expansionsmaschine, doch die Entwicklung nahm einen anderen Verlauf. Durch diesen Kesseltyp erhielt die Dampfturbine ihre Chance in der Handelsschifffahrt, und gleich in einem Schiff der Superlative. Es war die "Imperator", die 1913 auf Jungfernfahrt ging, ein Fahrgastschiff mit 52.000 BRT und damit bis heute das größte Passagierschiff unter deutscher Flagge. Angetrieben wurde die "Imperator" durch vier Turbinen (2 x Hochdruck, 2 x Niederdruck) mit zusammen 76.250 WPS. Der Dampfdruck der Hochdruckkessel betrug ganze 16 bar.

Wie schon bei den Dampfmaschinen waren die Seekühlwasserleitungen für die Kondensatoren die größten Leitungen im Maschinenraum. Doch waren diese Leitungen sehr kurz. Verzweigter und weitreichender waren die Kühlwasserleitungen für die Hilfskondensatoren, die Schmierölkühler, die Kühlanlagen und all die sonstigen Wärmetauscher eines Fahrgastschiffes.

Während für die kleineren Passagierschiffe neben den aufkommenden Dieselmotoren Dreifach- oder auch manchmal Vierfach-Expansionsdampfmaschinen auch weiterhin der Regelfall waren, erhielten 1928 die beiden schnellsten großen deutschen Passagierschiffe, die "Europa" und die "Bremen", wieder Turbinenantrieb.

Als nach dem zweiten Weltkrieg in Deutschland wieder Schiffe gebaut wurden, hatten sich in den Maschinenanlagen zwei wesentliche Änderungen ergeben. Erstens: Es gab keine Dampfmaschinen mehr als Schiffsantrieb. Der Dieselmotor hatte seine Position eingenommen. Zweitens: Der elektrische Antrieb für die Hilfsmaschinen hatte sich

endlich durchgesetzt, nur bei ganz kleinen Schiffen gab es noch angehängte Pumpen. Die Dieselmotoren wurden inzwischen auch nicht mehr direkt mit Seewasser, sondern generell die Zylinder und Düsen mit Frischwasser, die Kolben mit Öl oder Frischwasser gekühlt, denn eine Neuentwicklung aus der Vorkriegszeit war jetzt serienreif - die Turboaufladung mit Ladeluftkühlung. Dadurch stieg die Motorenleistung, aber auch deren interne Belastung, woraus sich höhere Anforderungen an die Kühlwasserqualität ergaben.

Wenn sich auch der Motor die Position der Dampfmaschine erobert hatte, blieb ihm doch der Turbinenantrieb zumindest in den größeren Leistungsbereichen eine harte Konkurrenz. Dieser Wettbewerb wurde erst Ende der 70er Jahre mit dem Sieg des Dieselmotors beendet. Eine Ausnahme bildete Amerika. Dort konnte sich erst in letzter Zeit der Dieselmotor durchsetzen. Bis dahin hatte selbst für kleine Anlagen der Turbinenantrieb dominiert.

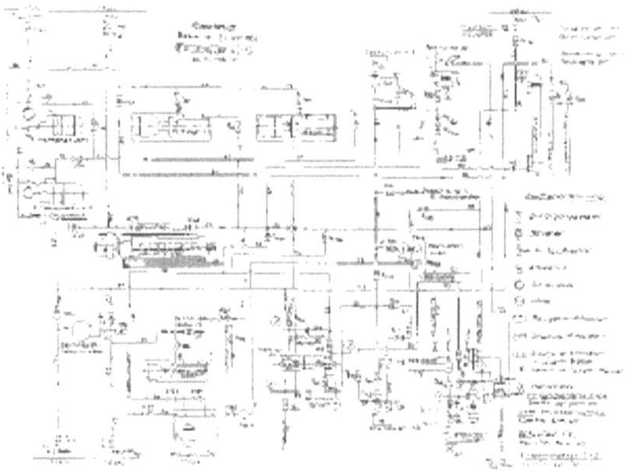

Bild 5: Typisches Seekühlwasser-System aus dem Jahre 1956

Zurück zu den Hilfssystemen! Aus der Weiterentwicklung der Dieselmotoren hatten sich in den Systemen wesentliche Änderungen ergeben. Eine Reihe neuer Wärmetauscher war hinzugekommen. Außerdem war besonders das Seekühlwassersystem in jeder Beziehung gewachsen, einmal in der Gesamtlänge des Systems, weil die Schiffe kontinuierlich größer wurden, und zum anderen im Rohrdurchmesser, weil die Antriebsleistungen ebenfalls ständig zunahmen. Nach dem Krieg wurden die Seekühlwasserleitungen noch überwiegend aus verzinktem Stahl gefertigt. Natürlich gab es Korrosionsprobleme. Damit beginnt ein Kapitel in der Entwicklungsgeschichte der Kühlwassersysteme, das fast zwei Jahrzehnte währte: Immer Ärger mit den Seekühlwasserleitungen! Aus heutiger Sicht war dieser Ärger systemimmanent. Er entstand durch das weitverzweigte System mit sehr unterschiedlichen Betriebszuständen und ein wenig auch durch die fehlenden schnellen Berechnungsmöglichkeiten.

Da auch damals das Kühlwassersystem in der Regel für +32°C ausgelegt wurde, waren die Wassermengen bei niedrigeren Temperaturen für einzelne Verbraucher zu groß. Ein typisches Beispiel sind die Ladeluftkühler. Bei kaltem Seewasser wurde ihr Durchfluß gedrosselt, und schon floß eine zu große Menge durch andere Rohrzweige des Systems. Verstärkt wurde dieser Zustand noch, als statt der bis dahin üblichen Röhrenkühler Plattenkühler in die Hilfssysteme eindrangen. Die Röhrenkühler hatten den Vorteil des sehr geringen Durchflußwiderstandes und den gravierenden Nachteil des großen Platzbedarfs. Durch die wesentlich größeren Geschwindigkeiten in den Plattenkühlern waren deren Widerstände sehr viel höher. Es wurde noch schwieriger, das System genau einzustellen, auch wenn für die Plattenkühler Umgehungsleitungen vorgesehen wurden. Damit kam zu der normalen Korrosion noch die Erosion.

Fast zwangsläufig wurden die Rohrleitungen nach kurzer Zeit schadhaft. Es wurden neue Materialien gesucht. Durch die damals häufigen ausländischen Kunden kamen Yorcalbro für die Rohre und Gunmetal für die Armaturen in die Bauvorschriften und die Schiffe. Yorcalbro ist eine Firmenbezeichnung und steht für CuZn20Al, während Gunmetal ein tradierter Begriff und daher nicht eindeutig definiert ist.

Deutsche Werften bevorzugten damals Sondermessing 76 und später, als die Probleme immer noch nicht nachließen, auch CuNiFe 90/10. Manchmal schien die Materialauswahl fast eine Glaubensfrage, so unterschiedlich waren die Erfahrungen.

Für die Werften aber ergaben sich durch die neuen Materialien wesentliche Umstellungen. Augenscheinlich waren die Änderungen für die Konstruktion und Fertigung. Weniger auffällig war die Auswirkung auf die Maschinenraumkonzeption. Weil die Korrosionshemmung der neuen Materialien auf einen durch Kontakt mit dem Seewasser entstandenen dünnen Schutzfilm beruhte war es wichtig, die Durchflußgeschwindigkeiten möglichst genau einzuhalten. Die Fertigung der Rohre wurde sehr viel aufwendiger. So wurden u.a. völlig neue Schweißverfahren erforderlich. Bei der Installation mußten die aus Kostengründen dünnwandigen Rohre sehr vorsichtig behandelt werden. Schon die Berührung mit der Klemme eines E-Schweißgerätes reichte aus, den Schutzfilm zu zerstören und eine spätere Leckage einzuleiten, für den rauhen Werftbetrieb

eine sehr schwierige Kondition. Aber auch für den Reeder ergaben sich Schwierigkeiten. Wegen der speziellen Schweißverfahren waren Reparaturen an den Rohren an Bord und auch auf vielen Werften nicht mehr möglich.

Nun die dritte Umstellung: Die Maschinenraumkonzeption. Vor der Einführung der neuen Materialien waren die Pumpen teuer, und die Rohrleitungen galten als billig. Das führte dazu, daß fast alle Pumpen Doppel- oder sogar Mehrfachfunktionen hatten. Ein klassisches Beispiel ist die allgemeine Dienstpumpe, die sowohl Ballast- und Lenzpumpe wie auch Reserve-Kühlwasserpumpe, Hafenkühlwasserpumpe und, wenn es die Druckhöhe erlaubte, auch Feuerlöschpumpe war.

Mit dem Vordringen der hochwertigen Rohre änderte sich die Kostenrelation. Jetzt waren die Rohrleitungen wegen der höheren Material- und Herstellungskosten teurer, während die Pumpen mehr und mehr preiswerte Standardprodukte wurden.

Fortschrittliche Werften begannen daher, die Rohrleitungen zu optimieren, d.h. die Pumpe wurde an einer günstigen Position im Rohrverlauf angeordnet und nicht so, daß die Rohre Umwege zu den Pumpen machen mußten. Daraus ergab sich, daß alle See- und Frischkühlwasserpumpen auf der Steuerbordseite angeordnet wurden, weil die Kühlwassereintritte der Motoren auf dieser Seite lagen. Genauso verhielt es sich mit den Kraftstoffpumpen auf der Backbordseite.

Damit fielen auch viele Mehrfachfunktionen weg. Die gerade aufkommende Automation half dabei. Weil es damals sehr aufwendig war, die verschiedenen Funktionen vorzuprogrammieren, ging auch dort der Weg zu klar definierten Einzelpumpen.

Als Konsequenz aus den beschriebenen Materialproblemen entwickelte sich Anfang der 60er Jahre das zentrale Frischkühlwassersystem. Es ist nicht festzustellen, wer zuerst auf die naheliegende Idee kam, die Zeit war einfach reif. Besonders forciert wurde das neue System von HDW, aber auch Bremer Vulkan und MaK arbeiteten daran.

Ein kurzer Seitenblick auf die Turbinenschiffe: Die Kühlwassersysteme der Dampfschiffe veränderten sich praktisch nur durch zunehmende Antriebsleistungen und Schiffsgrößen. Selbstverständlich gab es auch hier Materialprobleme und ähnliche Lösungen wie auf den Motorschiffen. Eine wesentliche Neuerung wurde Anfang der 50er Jahre in der amerikanischen Fachliteratur erwähnt, nämlich der Scoop. Das folgende Bild zeigt das Prinzip.

Der Scoop ermöglicht es, große Wassermengen ohne Pumpe durch den Kondensator zu ziehen. Es ist quasi ein Nebenfluß des am Schiff vorbeiströmenden Wassers.

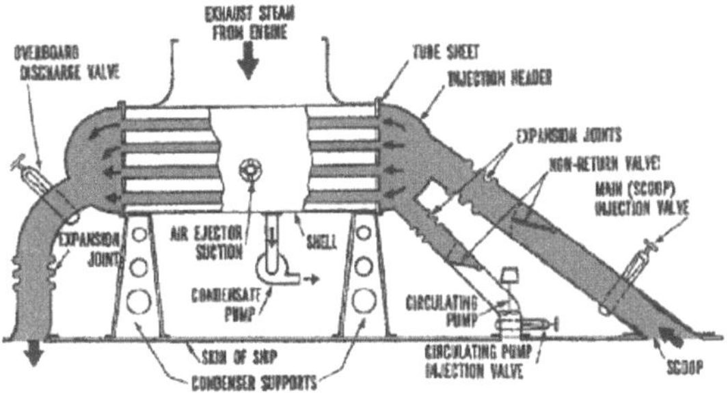

Bild 6: Scoop-Kondensator

In Deutschland setzte sich diese Entwicklung erst 1964 durch. Der Turbinentanker "Jalta", gebaut bei der heutigen HDW, wurde mit einem Scoopsystem für den Kondensator und den Ölkühler der Hauptantriebsturbinen ausgerüstet. Die Nutzung dieses Prinzips ist jedoch schon viel älter. Bei den turbinengetriebenen Torpedobooten strömte schon vor dem Ersten Weltkrieg das Wasser direkt durch die längsschiffs angeordneten Kondensatoren.

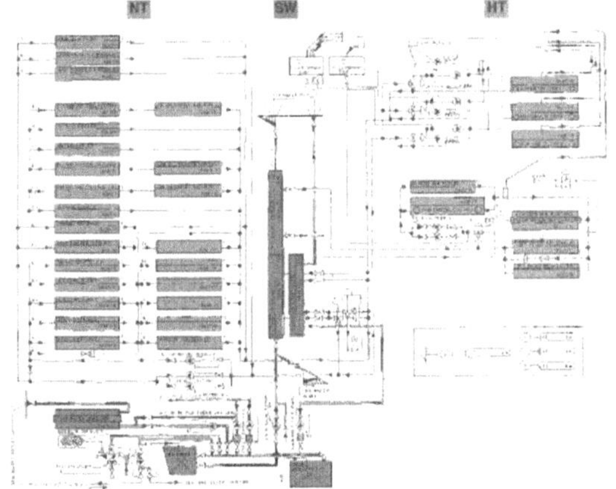

Bild 7: Zentral-Frischkühlwasser-System

Zurück zum Zentralfrischkühlwassersystem: Die folgenden Ausführungen basieren weitgehend auf den bei HDW entwickelten Systemen.

Erstes Ziel war, die anfälligen Seekühlwasserleitungen auf ein Minimum zu reduzieren. Dazu wurden alle mit Seewasser gekühlten Wärmetauscher im Maschinenraum an ein zentrales Frischkühlwassersystem angeschlossen. Dieses Frischkühlwasser wurde in einem oder mehreren Kühlern durch Seewasser rückgekühlt. Weil aber ein solches System wegen der sehr unterschiedlichen Temperaturen zu einer sehr großen Rückkühlerfläche und damit auch Angriffsfläche für das Seewasser führte, wurde es in zwei Hauptsysteme unterteilt:

a) das Niedrigtemperatursystem (NT)
b) das Hochtemperatursystem (HT)

Jeder der beiden Kreisläufe hat einen separaten Rückkühler.

Das Niedrigtemperatursystem umfaßt alle Wärmetauscher mit Temperaturen bis etwa 50°C. Da die maximale Eintrittstemperatur auf der Seewasserseite bei 32°C liegt, wurde die Frischkühlwasseraustrittstemperatur aus dem Zentralkühler auf 36°C festgelegt. Das ist damit die Eintrittstemperatur in die Wärmetauscher des NT-Systems. Durch die oftmals nur kleine Temperaturdifferenz zu den zu kühlenden Medien, wurde diese Eintrittstemperatur bei der Einführung des Systems der kritische Punkt. Viele Unterlieferanten meinten, sie müßten die Flächen vergrößern. Tatsächlich aber konnte in fast allen Fällen diese Vergrößerung vermieden werden, weil der übliche Verschmutzungszuschlag nicht mehr benötigt wurde.

Im NT-System werden die Ladeluftkühler der Haupt- und Hilfsdiesel sowie alle Wärmetauscher der übrigen Hilfseinrichtungen parallel durchflossen mit Ausnahme der Schmierkühler, die den Ladeluftkühlern nachgeschaltet sind. Auf diese Weise ergab sich ein in Pumpendruck und Fördermenge optimaler Kreislauf. Die gemeinsame Rücklaufleitung führt zurück zum NT-Zentralkühler. Eine By-Pass-Regelung auf der Frischwasserseite hält die Austrittstemperatur in einem bestimmten Bereich. Zwei Umwälzpumpen - eine davon als Reserve - bewirken die Zirkulation.

Das HT-System ist im wesentlichen das übliche Zylinderfrischkühlwassersystem der Haupt- und Hilfsdiesel mit einem zusätzlichen Zwischenkühler für das Kolbenkühlsystem. Dieses System kann wegen des höheren Drucks nicht direkt in den HT-Kreislauf einbezogen werden.

Bei konsequenter Minimierung der seewasserberührten Flächen müssen auch die Ladeluftkühler unterteilt werden. Die Niedrigtemperaturstufe wird in den NT-Kreislauf, die Hochtemperaturstufe in den HT-Kreislauf eingebunden. Diese Unterteilung ist wichtig, weil sie der Schlüssel für zukünftige Weiterentwicklungen sein kann.

Das absolut Neue am Zentralkühlwassersystem war die Scoopkühlung für Motorschiffe. Die Konzentration der gesamten abzuführenden Wärme in zwei Zentralkühlern machte es möglich. Damit konnten die Vorteile der Scoopkühlung von den aussterbenden Turbinenschiffen auf die Motorschiffe herübergerettet werden. Auch hier führte der erforderliche niedrige Widerstand zu einer neuartigen Kühlerkonstruktion. Das vom Seewasser durchflossene Rohrbündel wird durchgehend ausgeführt. Die Trennung in NT- und HT-Teil auf der Frischwasserseite bewirkt eine zusätzliche Rohrplatte. Ein gemeinsamer Mantel faßt beide Teile zusammen. Diese Kühler sind die Standard-Ausführung bei den HDW-Motor-Scoopsystemen.

Trotz einer ganzen Reihe von Vorteilen lehnen einige Reeder den Scoop ab, teils mit triftigen Argumenten, wie z.B. daß das Schiff viel im flachen Wasser operiere und der Scoop dann als Saugbagger wirke, oder mit unbewiesenen Behauptungen, wie z.B. daß der Scoop-Nachstrom den Propeller beschädige. Wie so oft in unserem Gewerbe sind Pro und Kontra fast eine Glaubensfrage.

Absolut keine Glaubensfrage war die Auslegung der Hauptseekühlwasserpumpe. Da das Scoopsystem ein absolutes Novum war, mußte erst mit dem GL eine sichere und vertretbare Dimensionierung erarbeitet werden.

Da die Durchmesser der verbleibenden Seekühlwasserleitungen relativ groß sind, wurden diese aus Stahl gefertigt und zuerst mit Epoxi beschichtet. Damit glaubte man endlich aller Probleme ledig zu sein. Man konnte nicht wissen, daß gerade diese Beschichtung die Lieblingsspeise der Seepocken oder Balmiden ist.

Sie setzten sich an allen Stellen mit Fließgeschwindigkeiten unter 1 m/sec. ab, behinderten den Durchfluß und zerstörten die Schutzschicht. Eine mechanische Reinigung verschlimmerte das Übel noch. Erst andere Beschichtungen wie Hartgummi oder Weichgummi und neuerdings die Kombination von Hart- und Weichgummi in Verbindung mit einem Chlorierungssystem, das bereits die Larven abtötet, verhinderten den Bewuchs.

Mit dem Zentralfrischkühlwassersystem können die fast zwei Jahrzehnte andauernden Materialprobleme als erledigt betrachtet werden. Aus der Rückschau ist es der größte Fortschritt in den Kühlwassersystemen seit der "Selandia".

Ein Ausblick auf eventuelle Weiterentwicklungen: Die größten Ressourcen stecken im Hochtemperatursystem. Bei den Arbeiten am Schiff der Zukunft wurde nachgewiesen, daß mit der Energie aus den geteilten Ladeluftkühlern der gesamte Heizungsbedarf des Schiffes gedeckt werden kann, einschließlich der Kraftstoffbunker. Dann bliebe nur noch der Endvorwärmer wegen seiner hohen Temperatur als einziger Dampfverbraucher. Durch einen innovativen Schritt in der Beheizung der Endvorwärmer, entweder direkt durch die Motor-abgase oder ein Zwischenmedium, könnte das ganze Dampfsystem eliminiert und damit der Betrieb auf Motorschiffen wesentlich vereinfacht werden.

Ein anderer Weg wäre, durch die konsequente Nutzung der Energie aus dem Kühlwassersystem zur Tankheizung und Speisewasservorwärmung die produzierte Dampfmenge so zu erhöhen, daß ein Turbogenerator damit betrieben werden kann, dessen Leistung den gesamten E-Bedarf des Schiffes abdeckt.

4. Brennstoffsysteme

Die auf Schiffen im Laufe der letzten 100 Jahre eingesetzten Brennstoffe decken ein sehr weites Spektrum ab. Vom Torf bis zum Uran sind auf Schiffen fast alle Energieträger verwendet worden. Entsprechend vielfältig waren im Verlauf der Geschichte die Brennstoffsysteme. Die Verfügbarkeit und der Preis der Brennstoffe waren immer die ausschlaggebenden Kriterien für den Einsatz. Der Jahrzehnte andauernde Wettbewerb zwischen den Verfechtern der Motoren- und der Dampfanlagen war immer mit einer Brennstoffdiskussion verbunden.

Zu Beginn des Jahrhunderts war der vorwiegende Brennstoff für die Schiffskessel die Steinkohle. Das Anbordnehmen der Kohle war sehr zeitaufwendig. Je nach Schiffstyp wurde die Kohle über Pforten, Schütten und Trichter in die Bunker befördert. Wegen der Gasbildung und der damit verbundenen Gefahr der Selbstentzündung wurde die Temperatur in den Kohlebunkern überwacht, außerdem mußten sie regelmäßig zur Entgasung geöffnet werden. Die Kohlenbunker wurden in der Nähe der Kesselräume angeordnet, von wo die Kohle durch die Kohlentrimmer zu den Kesseln befördert wurden. Die Beschickung der Kessel erfolgte durch die Heizer, von deren Fertigkeiten die Wirkungsgrade der Kessel erheblich abhängig waren. Die Heizer waren neben der Kohlebeschickung auch für die Regelung der Luftzufuhr, für die Verteilung der Kohle auf dem Rost sowie für die Wasserstandsregelung verantwortlich. Große Schiffe hatten in der damaligen Zeit 60 bis 80 Heizer und Trimmer an Bord. Die im Jahre 1913 gebaute "Imperator" war mit 46 Kesseln ausgerüstet und verbrauchte etwa 10.000 t Kohle pro Reise.

Ölfeuerungen gehörten - obwohl die Vorteile eindeutig waren - zur Ausnahme. Die Verfügbarkeit von Heizöl war nur in den damaligen Schwerpunkten der Ölförderung am Kaspischen Meer und in Pennsylvania hinreichend, die Preise waren entsprechend hoch.

Zwischen den Jahren 1890 und 1920 hatte sich die

jährliche Ölförderung etwa verzehnfacht. Hierbei ist zu bemerken, daß bei der Verarbeitung des Rohöles etwa 60% Rückstandsöle anfielen. Im Jahre 1913 bemerkte ein Diskussionsteilnehmer auf der Hauptversammlung der STG:

„Meine Herren! Meiner Ansicht nach muß und wird man bis auf verschwindende Ausnahmen im Seeschiffsbetrieb in der Zukunft nur noch die Rückstände verwenden, welche nach dem Destillationsprozeß der rohen Erdöle verbleiben . . .“

Den Vorteilen wie dem hohen Heizwert der Heizöle und dem damit vergrößerten Aktionsradius der Schiffe, der Verminderung des Heizpersonals, der kürzeren Bunkerzeiten, der Unterbringung des Heizöls in sonst nicht benutzbaren Räumen standen als Nachteil nur die geringe Verfügbarkeit und die hohen Kosten gegenüber. Die Kriegsmarinen hatten sehr früh ihre Schiffe mit ölgefeuerten Kesseln ausgerüstet, da hier zusätzlich die geringe Rauchentwicklung eine entscheidende Rolle gespielt hatte.

Die ersten Brennstoffsysteme für Kesselanlagen von Frachtschiffen waren recht einfach. Das Heizöl wurde über ein Filter in Vorratstanks oberhalb der Kessel gepumpt. Von hier aus gelangte es zu den mit Luft oder Dampf betriebenen Brennern. Teilweise wurden auch Kessel eingesetzt, die mit Heizöl und mit Kohle befeuert werden konnten.

Insbesondere für die großen Passagierschiffe wurden die Brennstoffsysteme und auch die Brenner weiterentwickelt. Ein Beispiel für die Komplexität der Brennstoffsysteme solcher Schiffe ist das Dampfturbinenschiff "Bremen" aus dem Jahre 1930.

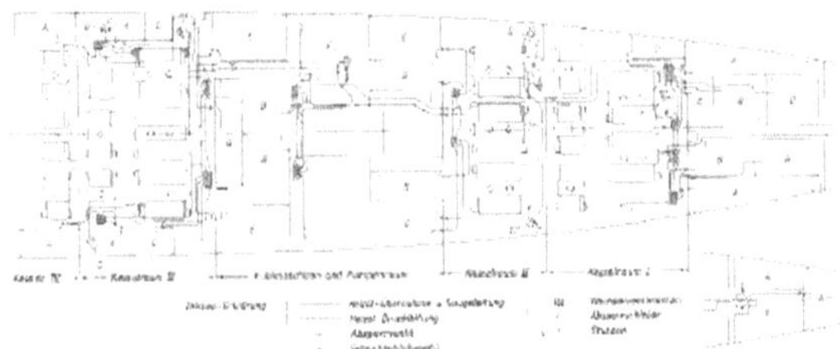

Bild 8: Brennstoffsystem des Dampfschiffes „BREMEN“

Die 6.200 t Heizöl waren in beheizbaren Doppelboden- und Hochtanks sowie in 9 Tagestanks untergebracht, die Bunkerrate betrug ca. 700 t/h. Die Doppelbodentanks konnten aus Trimm- und Stabilitätsgründen auch mit Seewasser gefüllt werden. Vier Umförderpumpen mit einer Kapazität von jeweils 120 t/h dienten zum Auffüllen der Tagestanks. Es war möglich, von jedem Tank in einen beliebigen anderen Tank umzupumpen - mit Aus-

nahme der Tanks im Vorschiff.

Die 11 Doppel- und 9 Einfachkessel waren in vier Kesselräumen untergebracht. Jeder Kesselraum hatte ein separates, redundant ausgeführtes Brennstoffbetriebssystem. Duplex-Dampfpumpen mit einer Leistung von 12 t/h förderten den Brennstoff über jeweils zwei Saug- und Druckfilter, Vorwärmer und Windkessel zu den Ölfeuerungsgeschränken der Kessel. Die Reserve-Druckleitung hatte eine Verbindung zur Saugeleitung, um auch im Kreislauf pumpen zu können. An jeder Kesselfront waren sieben Brennergeschränke mit Druckzerstäubern angeordnet, insgesamt hatte das Schiff 217 Ölbrenner. Bemerkenswert sind auch die Sicherheits-einrichtungen. Die Komponenten der Brenner wie Ölschnellschlußventil, Luftschieber und Zerstäuber waren so miteinander verblockt, daß Fehlbedienungen weitestgehend vermieden wurden. Alle Füll- und Saugeleitungen der Brennstofftanks waren mit fernbedienbaren Schnellschlußventilen ausgerüstet. Der Überlauftank hatte bereits einen elektrischen Schwimmerschalter mit entsprechender Alarmanzeige.

Schon in den ersten Entwicklungsschritten des Dieselmotors wurden verschiedene flüssige Kraftstoffe, Gase und auch Kohlenstaub untersucht. Bis zur ersten Installation auf Schiffen in den Jahren 1912 und 1913 hatten sich Mitteldestillate - das sogenannte Gasöl - als geeigneter Kraftstoff erwiesen. Aus Kostengründen wurden aber auch Rückstandsöle mit den Handelsnamen "Masut" und "Pacura" verwendet. Das erste Motorschiff, die "Selandia", hatte einen Aktionsradius von ca. 20.000 Seemeilen bei einer Bunkerkapazität von 900 t. Man brauchte so nur einmal pro Fernost-Europa-Reise zu bunkern.

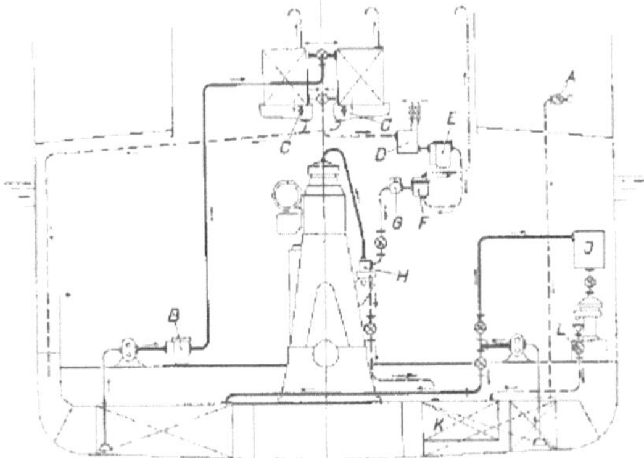

Bild 9: Brennstoffsystem für einen langsamlaufenden Dieselmotor (ca. 1930)

Die Dieselmotorenhersteller forderten einen Brennstoff, der "vollkommen frei von Luft, Wasser, Fasern und sonstigen Fremdkörpern" sein mußte. Der

Brennstoff wurde vornehmlich im Doppelboden gelagert.Für verunreinigte Kraftstoffe stand ein einfacher Separator zur Verfügung. Je nach Reinheitsgrad wurde der Kraftstoff direkt oder über den Separator in die Verbrauchstanks gepumpt. Die Tanks wurden wechselweise als Betriebs- oder Setztanks genutzt. Sie waren mit Entlüftungs- und Entwässerungsleitungen ausgerüstet. Über einen Vorwärmer, ein Schwimmergefäß und ein Filter gelangte der Kraftstoff zu den Einspritzpumpen. Neben der Hauptmaschine wurden auch die Hilfsdiesel, Hilfskessel und auch Küchenherde mit Dieselkraftstoff versorgt.

Für den Betrieb der Dieselmotoren mit Gasöl oder Dieselöl waren diese einfachen Kraftstoffsysteme hinreichend. In den 50er und 60er Jahren waren zunächst die Zweitakt-Motoren so weit entwickelt, daß auch Rückstandsöle verbrannt werden konnten. In diesem Zeitraum war es üblich, den Hauptmotor auf der Seereise mit Schweröl zu betreiben. Für die Hilfsdiesel und während der Revierfahrt wurde Dieselöl verwendet, daher hatten die Schiffe üblicherweise ein Schweröl- und ein Dieselölsystem. Da die Separatoren und Filter noch von Hand gereinigt wurden, waren die damaligen Schwerölsysteme sehr·arbeitsintensiv.

Bedingt durch den rapiden Anstieg der Rohölpreise zwischen 1973 und 1980 wurden in den Raffinerien vermehrt thermische und katalytische Crackverfahren eingesetzt. Die Rückstände aus diesen Prozessen müssen mit leichten Komponenten wie Dieselöl zu Intermediate Fuels (IF) gemischt werden, um in Schiffsdieselmotoren verbrannt werden zu können. Die Qualität der Schiffahrtskraftstoffe verschlechterte sich maßgeblich. Höhere Viskositäten, höhere Dichten, höhere Asphaltengehalte, die Anwesenheit von Katalysatorrückständen (Cat Fines) und die Unverträglichkeit beim Mischen der Brennstoffe stellten neue Anforderungen an die Aufbereitung.

Bei der Lagerung der Brennstoffe muß davon ausgegangen werden, daß Stockpunkte bis ca. 30°C auftreten können. Da von den Dieselmotoren immer geringere Abwärmemengen zur Verfügung standen, wurden Vorratstanks mit möglichst wenig Wärmeverlusten konzipiert. Um nicht den gesamten Tank auf die Pumpfähigkeitstemperatur aufzuheizen, wurden diese mit sogenannten "Heizzellen" versehen, die etwa die Größe eines Tagesverbrauchs hatten.

Der Brennstoff wird heute üblicherweise in Doppelboden- oder Seitentanks untergebracht, teilweise auch in den Querschotten zwischen den Laderäumen. Bei Containerschiffen, Passagierschiffen und Fähren ist die Stabilität ein maßgebliches Kriterium

für die Tankanordnung.

Die Einführung der Automation auf Schiffen verursachte einen Technologiesprung, insbesondere bei den Kraftstoffaufbereitungssystemen. Brennstoffe mit Dichten um 1.000 kg/m³ sind bei der Aufbereitung problematisch. Der Setztank muß zwischen 60°C und 80°C aufgeheizt werden, um einen Absetzungseffekt zu erzielen. Die maximale Separierungstemperatur liegt bei 98°C, da bei höheren Temperaturen das Wasser verdampfen würde. Feste Partikel aus dem katalytischen Crackprozeß bestehen im wesentlichen aus Aluminium- und Siliziumoxiden, die schon in geringsten Mengen einen enormen Verschleiß an den Einspritzorganen und dem System Kolbenring-Buchse der Dieselmotoren verursachen. Moderne Schwerölseparatoren sind heute in der Lage, diese bis zu 1 µm kleinen Partikel abzuscheiden. Voraussetzung dafür ist eine kontinuierliche Überwachung der Separierung. Die früher übliche Intervallreinigung ist durch eine vom Wassergehalt im Reinöl abhängige Eigensteuerung ersetzt worden. In umfangreichen Versuchen wurden die Auswirkungen verschiedener Schaltungsvarianten und Durchsatzmengen untersucht. Höchste Separierungsgüten wurden bei der Serienschaltung mit kleinen Mengen erreicht. Parallel dazu wurde auch die Filtertechnik weiterentwickelt. Rückspülfilter mit Maschenweiten von 10 µm sorgen für eine zusätzliche Sicherheit hinsichtlich der Feststoffabscheidung. Die Filter werden ebenfalls selbst überwacht und sind voll automatisiert. Die Spülhäufigkeit ist ein gutes Merkmal für die Qualität der Aufbereitung des Brennstoffes.

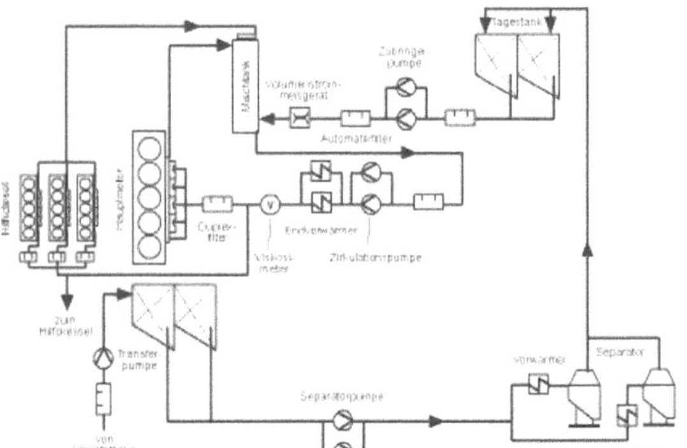

Bild 10: „One fuel"-Brennstoffsystem (vereinfacht)

Aufgrund der hohen Preisdifferenz zwischen Dieselöl (MDO) und den Schwerölen (IF 180, IF 380) wurden auch die mittelschnelllaufenden Dieselmotoren für den Schwerölbetrieb ausgelegt, d.h. Haupt- und Hilfsmaschinen können mit dem gleichen Kraftstoff betrieben werden. Eine Transferpumpe fördert das Schweröl in die Setztanks, die jeweils für den Kraftstoffverbrauch von 24 Stunden ausgelegt sind.Aus einem der Tanks wird permanent über ein Filter und einen Vorwärmer zum Separator gepumpt, so daß für den Absetzvorgang von Wasser und Schlamm im anderen Tank ein Tag zur Verfügung steht. Vom Separator gelangt das gereinigte Öl in die Tagestanks - seit 1998 sind zwei Tanks vorgeschrieben. Die Zubringerpumpen fördern das auf 80°C aufgeheizte Schweröl zum Mischtank. In diesem Rohrleitungsstrang sind üblicherweise die Brennstoffmeßeinrichtung und das Automatikfilter installiert. Der Mischtank hat die Aufgabe, den zulaufenden und den von den Motoren rückfließenden Brennstoff aufzunehmen. Das Betriebssystem besteht aus Servicepumpen, Duplex-Filter, Viskosimat und Endvorwärmer. Das Schweröl muß auf Temperaturen bis zu 150°C aufgeheizt werden, um die geforderten Einspritzviskositäten von 10-20 cSt zu erreichen.

Aufgrund gestiegener Umweltanforderungen in den Häfen und in Sondergebieten wie der Ostsee wird die Verwendung von Brennstoffen mit hohen Schwefelgehalten zum Problem. Ein Teil der Bunkertanks wird daher als Low Sulfur Tanks ausgeführt, um die Motoren in umweltsensiblen Gebieten mit diesem Brennstoff zu betreiben. Die ersten mit Abgaskatalysatoren ausgerüsteten Schiffe fuhren ausschließlich mit schwefelarmen Kraftstoff.

Während in der Phase höchster Schwerölpreise sogar der Schlamm noch aufbereitet und im Hilfskessel verbrannt wurde, ist die Entwicklung heute durch die Senkung der Investitionskosten und Vereinfachung der Systeme gekennzeichnet. Werften und Zulieferindustrie haben hinsichtlich Standardisierung und Modernisierung von Brennstoffsystemen große Fortschritte erreicht. Komplette Aufbereitungs- und Betriebssysteme werden auf Rahmen in der Werkstatt montiert und teilweise auch erprobt. Auf diese Weise werden die Kosten in der Bordmontage gesenkt, außerdem zeichnen sich diese Anlagen durch eine hohe Bedienfreundlichkeit aus.

5. Ladeölsysteme

Neben der Schiffsbetriebstechnik der Antriebs- und allgemeinen Schiffsanlagen spielen in der Entwicklung der Schiffahrt die Ladungsbetriebssysteme mit der Spezialisierung eine immer größer werdende Rolle. Beispielhaft seien hier die Ladungssysteme für Öl-, Gas- und Chemikalien-Tanker genannt.

13 Jahre vor Gründung der STG wurde der erste Tanker, die "Glückauf", für deutsche Rechnung in England gebaut; wenige Jahre später bauten auch

deutsche Werften erfolgreich "Petroleum-Tankdampfer" wie z.B. die "August Korff"", die 1890 bei der Tecklenborg-Werft in Geestemünde gebaut wurde. Wie die Bezeichnung richtig ausdrückt, transportierten die ersten Spezialschiffe kein Rohöl, sondern das Ölprodukt Petroleum.

Das Ladungssystem der "August Korff" bestand aus acht paarweise angeordneten Öltanks. Das Schiff hatte im Öltankbereich ein Mittellängsschott, die Tanks reichten bis an die Innenseite der Außenhaut.

Das Ladungspumpsystem bestand aus vier Duplex-Dampfpumpen in zwei Pumpenräumen, die jeweils innerhalb von zwei Tankgruppen zwischen den Öltanks angeordnet waren. Die Pumpensaugeleitung wurde über von Deck bedienbare Ventile auf den jeweiligen Öltank geschaltet, dabei wurde auch schon an den Transport unterschiedlicher Ladungen mit Variation des Mengenverhältnisses gedacht. Ballast wurde über die Ölsysteme gepumpt. Zum Lüften der Tanks waren große dampfgetriebene Ventilationsmaschinen an Deck aufgestellt.

Üblich war die Anordnung von zwei Pumpenräumen, von denen der hintere allerdings später auf die Schnittstelle zwischen Ladungstankbereich und Maschinenraum gelegt wurde und damit gleichzeitig als Kofferdamm, d.h. Sicherheitsraum diente.

Als Pumpen wurden bis Anfang der 50er Jahre nahezu ausnahmslos Dampfkolbenpumpen eingesetzt, auch für Rohöl. Erst die enorme Steigerung der Tankergrößen zwang zum Einsatz der Kreiselpumpen, da die erforderlichen Pumpmengen nicht mehr von Dampfkolbenpumpen dargestellt werden konnten. Feck hat vor der Hauptversammlung 1956 diesen Wandel sehr eindrucksvoll dargestellt, wie ein Größenvergleich von Dampfkolbenpumpe und Kreiselpumpe für eine Leistung von 1.000 t/h zeigt. Diese Pumpenleistung hat sich schon fünf Jahre später verdoppelt und bis Mitte der sechziger Jahre wiederum verdoppelt auf 4.000 t/h, bei durchweg vier Pumpen je Schiff.

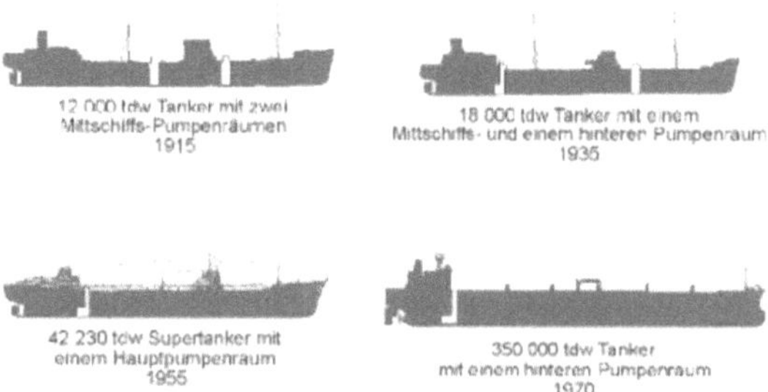

Bild 11: Anordnung von Pumpenräumen

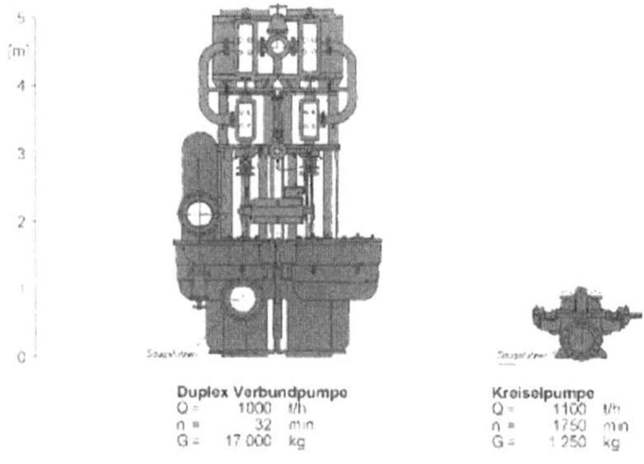

Bild 12: Größenvergleich Duplexverbund- und Kreiselpumpe

Das Problem der Kreiselpumpe als Ladeölpumpe war das Restlenzen. Bekanntlich fängt eine mit konstanter Drehzahl gefahrene Pumpe bei Unterschreiten einer definierten Zulaufhöhe an zu kavitieren. Im engl. Sprachgebrauch wurde diese Einsatzgrenze als "net positive suction head" (NPSH) bezeichnet. Geschickte Pumpenmänner konnten durch Drosseln der Drehzahl und des Druckventils (d.h. der Pumpmenge) diese Höhe verringern, aber das war seinerzeit auch nicht ganz einfach zu handhaben, denn der Pumpenantrieb befand sich im Maschinenraum und die Absperrorgane der Ladeleitung im Pumpenraum. Zur Normalausrüstung der Tanker jener Zeit gehörten daher ein bis zwei Dampfkolbenpumpen als Nachlenz- oder Strippingpumpe.

Die Kreiselpumpe erzielte ihren vollständigen Durchbruch als einziger Typ einer Ladeölpumpe mit Einsatz des Vakuum-Nachlenz-Systems, welches ein Nachlenzen durch automatisches Drosseln der Ladeölpumpen ermöglichte. Das Vakuum-Nachlenz-System (oder Vac-Strip-System, wie es international in allgemeiner Verwendung eines Hersteller-Namens hieß) bestand aus einem in der Pumpensaugleitung angeordneten Behälter, aus dem allmählich mit niedrigerer Zulaufhöhe aus dem Rohöl ausscheidende Gase abgesaugt wurden. Wenn die Absaugeinrichtung den Flüssigkeitsspiegel im Tank nicht mehr halten konnte, wurde über einen Sensor die Pumpe gedrosselt, d.h. durch ein zusätzliches als spezielle Drosselklappe ausgeführtes Regelorgan wurde der Pumpendruck erhöht und damit der Förderstrom der Pumpe reduziert. Ggf. konnte ein weiteres Absenken des Förderstroms durch Reduzieren der Pumpendrehzahl erreicht werden, so daß es möglich wurde, die Ladetanks vollständig mit den Hauptladeölpumpen zu entleeren.

Die paarweise Anordnung der Ladetanks war inzwischen durch die Anordnung von Mitteltanks mit jeweils Seitentanks Bb + Stb abgelöst. Das Rohrleitungssystem bestand aus Hauptleitungen entsprechend der Anzahl der Pumpen mit über Armaturen abzusperrenden Sauganschlüssen zu den Tanks. Durch Querverbindung wurden die gewünschten Tankgruppierungen zum Transport unterschiedlicher Ladeölarten erreicht, natürlich zur vollständigen Isolation mit Doppelarmaturen ausgerüstet.

Zeitweilig in den 70er Jahren wurden Tanker mit sog. Freeflow-Systemen gebaut, bei denen in den Querschotten dicht über den Bodenplatten Absperrarmaturen, vorzugsweise als Klappen ausgeführt, eingebaut wurden.

Die Sicherheitstechnik im Betrieb der Tanker beschränkte sich bis Ende der 60er Jahre im wesentlichen darauf, keine Zündquellen zu bieten, d.h. neben dem Rauchverbot wurde darauf geachtet, daß Materialkombinationen so gewählt wurden, daß unter keinen Umständen Funken entstehen konnten. Beim Laden von Rohöl wurde das Gas-Luft-Gemisch aus den Tanks über die offenen Tank-Luken entlüftet, wie auch die Tankluken und evtl. auch noch die Tankwaschöffnungen beim Entladen der Tanks geöffnet wurden. Die Tanks wurden mit den sog. Butterworth-Maschinen (nach dem Rasensprenger-Prinzip) gereinigt, die durch Öffnungen im Deck in die Tanks gehängt und auch noch in ihrer Betriebshöhe im Tank über die Länge der Schläuche variiert wurden. Die Seeleute müssen seinerzeit ständig in einem Gas-Luft-Gemisch gearbeitet haben.

1969/70 wurde die Tankschiffahrt durch eine Serie von schweren Explosionen in Tankern erschüttert. Daraufhin wurde durch internationale Vorschriften geregelt, daß die Ladetanks durch Inertisierung sowohl bei gefüllten wie auch flüssigkeitsleeren Tanks ständig unter Luftabschluß stehen; eine Entscheidung, die die Tankersicherheit insbesondere angesichts der angestiegenen Tankergrößen bis 400.000 tdw und zeitweilig auch bis 520.000 tdw nachhaltig verbessert hat.

Wenn die Ladetanks vorschriftsmäßig ständig unter Inertgas gefahren wurden, ließen sich auch zum Tankwaschen nicht mehr die üblichen Butterworth-Maschinen durch Luken einhängen. Die Ladetanks wurden nun mit einem System festeingebauter Tankreinigungsmaschinen nach dem bewährten Funktionsprinzip der durch Wasserdruck angetriebenen und eine Kugelform beschreibenden Wasserstrahldüse gereinigt. Die Aufstellung dieser festen Maschinen mußte sorgfältig, anfangs mit Zeichnungen, später mit Hilfe von Computerprogrammen entwickelt werden, um die Vorder- und Rückseiten der vertikalen wie auch die Ober- und Unterseiten der horizontalen schiffbaulichen Konstruktionselemente im erforderlichen Umfang reinigen zu können. Der heruntergewaschene Slop wurde nach den inzwischen in Kraft getretenen maritimen Umweltschutzbestimmungen nicht mehr über Bord gegeben, sondern in dafür ausgerüsteten Sloptanks wieder vom Waschwasser getrennt.

Bild 13: Ladungskontrollraum

Deutsche Reedereien und Werften haben insbesondere den Allzwecktanker im kleinen bis mittleren Größenbereich entwickelt, der sowohl verflüssigte Gase bis $-56°C$, Chemikalien in breiter Fächerung und auch Mineralölprodukte fahren kann. Tanker dieser Art - wie auch Rohöltanker - werden heute von einem Ladekontrollraum bedient. Alle Operationen, vom Füllen und Entleeren der Tanks über Reinigen zum Lüften werden über Fernbedienungs-

und Automationseinrichtung an einem Bildschirm mit Tastatur ausgeführt. Diese Bedienungstechnik erlaubt, daß der Bediener sich alle notwendigen Informationen in sein Blickfeld holt. Auch die komplexen Kombitanker lassen sich so sicher mit den üblichen Besatzungsgrößen betreiben

6. Schlußbemerkung

Die Verfasser sind der Auffassung, daß die heutigen Hilfssysteme von Dieselmotorschiffen eine so hohe Reife und Zuverlässigkeit erreicht haben, daß Weiterentwicklungen sich nur bei stärkerem Einsatz wissensbasierter Steuerungssysteme abzeichnen. Darüber hinaus werden die Hilfssysteme auf Grund weiterer Anforderungen des Umweltschutzes ergänzt werden müssen.

7. Schrifttum

BUSLEY, C.: Die Schiffsmaschine. Zweite Auflage. Verlag Julius Springer, 1890.
BUSLEY, C.: Die Schiffsmaschine. Dritte Auflage. Verlag Lipsius & Tischer, Kiel & Leipzig
KLAMROTH: Schiffsmaschinenkunde – 1916
FECK, A.: Ladeölpumpen auf Tankern – STG-Jahrbuch 1956
TRANSOCEAN SHIP MANAGEMENT: Unterlagen und Pläne
LINDENAU-WERFT: Unterlagen und Fotos

Entwicklungsstand der mittelschnellaufenden Dieselmotoren unter besonderer Berücksichtigung der Emissionen

State of development of medium-speed Diesel engines under special consideration of the emissions

Dr.-Ing. **Hanns-Günther Bozung**, Dr.-Ing. **Christian Vogel**, MAN B&W Diesel AG

Summary. Over the more than 100 years since the invention of the Diesel engine, the medium-speed Diesel engine is considered to be trendsetting for the introduction of new technologies in order to comply with the constantly increasing customer demands. The first decades of the Diesel engine were, to a great extent, determined by aiming at a higher power density. By continuously increasing the mean effective pressure, the ignition pressure and the piston speed, high-pressure turbocharging and, e.g., the multi-valve technology were introduced for the Diesel engine with direct injection. In order to also deal with the aspect of increasing the reliability in heavy fuel oil operation, which is most important in the application range of large-bore engines, new concepts such as continuous tierods, fire land ring and chromium-ceramic piston rings were introduced in the design of the engine frame and the components. After focusing on the fuel consumption, development of the Diesel technology during the last decades concentrated, in context with the legislation, on the emissions. In addition to the exhaust gas emissions (CO_2, NO_x, soot or particles), also the noise and vibration emissions of the concept design have to be taken into consideration. As the manufacturers of large-bore engines are today more and more expected to offer complete systems, also plant-specific requirements have to be considered for the concept of, e.g, the pipeless engine.

1. Einführung

In den über 100 Jahren seit der Erfindung des Dieselmotors gilt der mittelschnellaufende Dieselmotor als Trendsetter für die Einführung neuer Technologien zur Erfüllung der stetig wachsenden Kundenanforderungen. Erst in den letzten Jahren änderte sich diese Situation zugunsten der schnellaufenden Verbrennungsmotoren mit Einführung der Elektronik, die dort durch die höhere Kundenakzeptanz in Verbindung mit High-Tech Features zuerst in der Serie etabliert werden konnte.

Die ersten Jahrzehnte der Entwicklung des Dieselmotors waren besonders vom Streben nach höherer Leistungsdichte geprägt, wobei mit der stetigen Anhebung von Mitteldruck p_{me}, Kolbengeschwindigkeit c_m und Zünddruck neue Schlüsseltechnologien wie z.B. Hochaufladung und Mehrventiltechnik beim direkteinspritzenden Dieselmotor einge-

führt wurden. In Abb. 1 ist diese geschichtliche Entwicklung zu verfolgen. Durch die Einführung der Abgasturboaufladung konnte das Niveau des Mitteldruckes auf Werte über 10 bar bzw. durch die Hochaufladung sogar heute bis über 25 bar gehoben werden, womit die Leistungsdichte gegenüber den früheren Saugmotoren um annähernd 500% gesteigert werden konnte. Speziell die Einführung der Hochaufladung mit den stetig wachsenden Ladedrücken und Wirkungsgraden unter maximaler Ausnutzung der Werkstoffe hat sich hier als Triebfeder der Motorenentwicklung erwiesen, wobei sich der zukünftige Entwicklungsfortschritt im wesentlichen an den Möglichkeiten in der Turboladertechnologie orientieren wird. Der Siegeszug des Dieselmotors in Verbindung mit der Abgasturboaufladung als wirtschaflichste Verbrennungskraftmaschine ist nach wie vor ungebrochen und zeigt sich mittlerweile auch bei kleineren, schnelllaufenden Dieselmotoren.

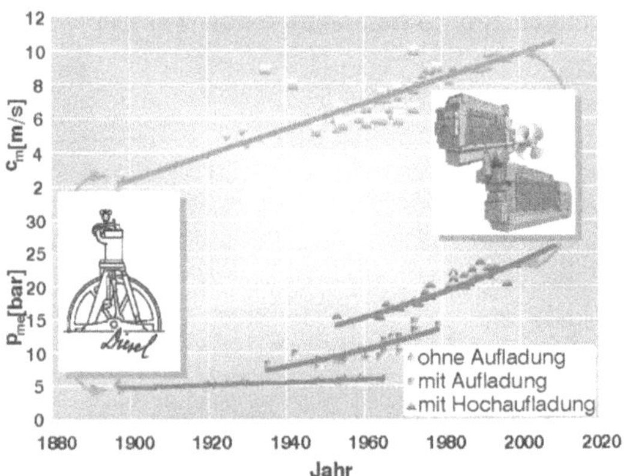

Abb. 1: Geschichtliche Entwicklung von Mitteldruck und Kolbengeschwindigkeit bei mittelschnellaufenden Dieselmotoren

Um dem im Anwendungsbereich der Großmotoren besonders wichtigen Aspekt der Zuverlässigkeit insbesodere im Schwerölbetrieb gerecht zu werden, wurden bei der Gestaltung der Triebwerke und anderer Motorkomponenten neue Konzepte wie z.B. durchgehende Zuganker, Feuerstegringe und Chrom-Keramik-Kolbenringe eingeführt. Die zeitliche Erhöhung der mittleren Kolbengeschwindigkeit c_m über die Jahre in Abb.1 zeigt, wie die mechanische Belastung der Großmotoren gesteigert wurde, wobei gleichzeitig die Zuverlässigkeit ebenfalls verbessert wurde. Durch den optimalen Kräftefluß beim Zugankerkonzept können die mit der Leistungssteigerung ansteigenden Zünddrücke, die heute Werte bis über 200 bar erreichen, sicher beherrscht werden.

In den letzten Jahrzehnten sind nach der Fokussierung auf die Leistungsdichte und den Kraftstoffverbrauch die Emissionen vor dem Hintergrund der sich verschärfenden Gesetzgebung in den Mittelpunkt der Weiterentwicklung der Dieseltechnologie gerückt. Neben den Abgasemissionen (CO_2, NOX, Ruß und Partikel) müssen auch die Schall- und Schwingungsemissionen bei der konzeptionellen Auslegung berücksichtigt werden, wobei z.B. durch den Einsatz von Wassereinspritzung und elastischer Lagerung der Motoren die Abgas- bzw. Schwingungsemissionen der Anlagen deutlich reduziert werden konnten. Da die Großmotorenhersteller heute mehr und mehr als Systemanbieter gefordert werden, müssen auch die anlagenspezifischen Bedürfnisse in der Grundkonzeption z.B. der „pipeless engine" berücksichtigt werden.

2. Entwicklungsziele und Strategien

2.1 Entwicklungsziele unter Berücksichtigung der Marktanforderungen

Neben dem Marktpreis, der natürlich so niedrig wie möglich sein soll, sind die Anforderungen der Kunden seit vielen Jahren vor allem auf einen wirtschaftlichen und zuverlässigen Betrieb der Motoren fokussiert, wobei das sowohl für die Schiffshaupt- als auch die Schiffshilfsmaschinen gilt.

Neben diesen grundsätzlichen Forderungen drängen wirtschaftliche und ökologische Aspekte immer mehr in den Vordergrund. Als Beispiel hierfür sollen die NOX-Abgasemissionen und deren IMO-Konformität sowie die Sichtbarkeit des Abgases bei niedriger Teillast genannt werden. Die heutigen Forderungen für den Schiffseinsatz, deren Erfüllung ebenso hohen Entwicklungseinsatz erfordern, schließen die Schwingungs- und Körperschallemissionen ein.

Die Grafik in Abb. 2 zeigt die wesentlichen Anforderungen und ihre gegenseitige Wechselbeziehung mit den Einflüssen für das Motorenkonzept. Dieses Szenario ist für die Motorenentwickler eine permanente Herausforderung, da bei der Suche nach dem besten Kompromiß eine Reihe gegenteiliger Forderungen bestehen.

Im folgenden werden einige Basisziele für die Entwicklung genannt:

- Optimierung des Antriebsystemes für den jeweiligen Anwendungsfall (Genset, Propulsion)
- Niedrige Herstellkosten, Anpassung an das Marktpreisniveau
- Uneingeschränkte Schweröltauglichkeit
- Niedriger Kraftstoff- und Schmierölverbrauch
- Gutes Teillastverhalten, insbesondere im Gensetbetrieb
- Einhaltung der gesetzlichen Emissionsvorschriften
- Lange Wartungsintervalle für Verschleißteile
- Keine ungeplanten Wartungs- und Reperaturarbeiten
- Hohe Wartungs- und Bedienerfreundlichkeit

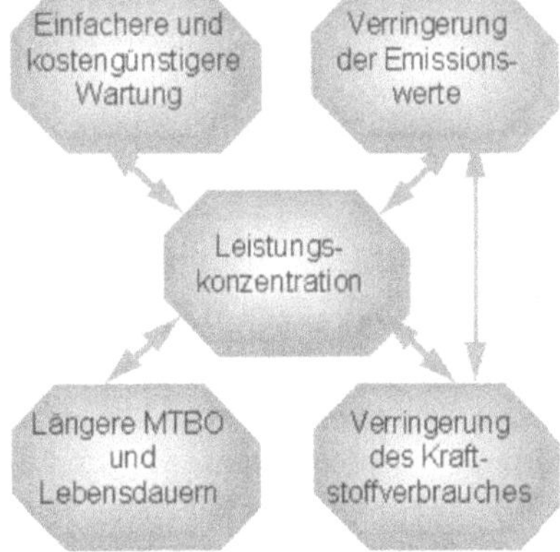

Abb. 2: Interaktion von fundamentalen Kundenanforderungen in der Motorenentwicklung

2.2 Voraussetzungen zur Erreichung der Entwicklungsziele

Die Realisierung der o.g. Ziele erfordert beim Entwickler und Hersteller der Motoren, im vorliegenden Fall MAN B&W Diesel, eine Strategie zur Synergiefindung auf Basis der einzelnen Kompetenzzentren in Deutschland, Dänemark und Frankreich. Die langjährige Erfahrung als Führer im Genset-Markt sowie die große Erfahrung bei Propulsionssystemen und kompletten Propulsionpackages kann bei der Neuentwicklung voll eingesetzt werden.

Die Erfahrungen mit unserer modernen Baureihe mittelschnellaufender Dieselmotoren im oberen Leistungsbereich wurden auch bei der neuen Familie der kleinen Motoren im unteren Leitungsbereich umgesetzt. Natürlich konnten die Konstruktionsmerkmale der großen Baureihe nicht einfach auf die kleinen Motoren kopiert werden, sondern die Kriterien und Merkmale erscheinen in angepaßter Form bei den kleinen Motoren.

3. Konzeptkonfiguration und Konstruktion

Die neue Familie der Motoren im unteren Leistungsbereich enthält eine Reihe von Kombinationen diverser Bauteilkonfigurationen, die sich durch den langjährigen Einsatz bei den großen Motoren hervorragend bewährt haben, sowie eine Vielzahl von neuen Lösungen, die sich am Anforderungsprofil dieser Motoren orientieren. Damit sind eine Reihe von Vorteilen für den Betreiber verbunden.

Abb. 3: 6L 16/24 Genset

Das Konzept der Motoren der Familie im unteren Leistungsbereich ist sehr ähnlich, so daß alle Erfahrungen sehr leicht von einem Motor auf den anderen übertragen werden können. Dieser Ansatz wurde auch bereits bei der Entwicklung der Motoren im oberen Leistungsbereich erfolgreich eingesetzt. Damit können die verschiedenen Komponenten der einzelnen Familienmitglieder mit gleicher Identifikation gemeinsam betrachtet werden.

Abb. 4: L 27/38 Propulsions- und Gensetanwendung

Abb. 3 und 4 geben einen Überblick über die Neuentwicklungen L 16/24 und L 27/38. Abb. 3 zeigt ein L 16/24 Genset mit einem Blick auf das Triebwerk, Abb. 4 das Propulsions- und Gensetpackage des L 27/38.

3.1 Grundlegende Konstruktionselemente der Motoren

Da ein niedriger Kraftstoffverbrauch einen hohen Wert des Verhältnisses Zündruck zu Mitteldruck erfordert, muß der Zünddruck dem gewählten effektiven Mitteldruck angepaßt werden. Wenn man das heutige Mitteldruckniveau bzw. die heute übliche Leistungskonzentration zugrunde legt, müssen Zünddrücke zwischen 180 und 200 bar und mehr realisiert werden. Um diese Zünddrücke sicher zu beherschen, wurden, ohne die zünddruckrelevanten Elemente zu gefährden und ohne nachteilige Beinflußung des Verrschleißverhaltens von Kolbenringen, Laufbuchsen etc., eine Reihe von Neuerungen im Motorkonzept eingeführt [2], bzw. es wurden Konzeptelemente von den großen Motoren übernommen, die sich im jahrelangen Betrieb bestens bewährt haben [1]:

- lange durchgehende Hauptzuganker
- verlängerte Zylinderkopfzuganker
- wasserfreies Gestell
- unabhängige Nockenwellen für Einspritzung und Ventiltrieb
- Wasserleitmantel
- Feuersteg- bzw. Flammring
- gebauter Kolben

Mit Verschleißraten von 0.01 mm pro 1000 Betriebsstunden und weniger für den ersten Kolbenring und die Laufbuchse (am Umkehrpunkt des ersten Ringes) konnten die Wartungsintervalle deutlich verlängert werden. Dies war ein wichtiges Entwicklungsziel der Motoren im unteren Leistungsbereich.

3.2 Front-End Box, „Pipeless-Engine"

Eine Innovation bei den kleinen Motoren ist die Einführung der sog. Front-End-Box, die am freien Motorende appliziert ist und alle Hilfseinrichtungen beinhaltet. Die bei konventionellen Motoren notwendige Verrohrung zwischen Kühlwasserpumpe, Schmierölpumpe etc. und dem Motor sind in der Front-End-Box als gegossenen Kanäle integriert. Die Verbindungen zwischen Front-End-Box und Motorgehäuse sind als Steckverbindungen ausgeführt, so daß diese Motoren nur mit sehr wenigen sichtbaren Rohren ausgestattet sind („Pipeless Engine").

Bei der Gensetausführung ist der Turbolader am freien Motorende direkt auf der Front-End-Box aufgesetzt. Für die Propulsionsanwendung wird der Turbolader üblicherweise auf der Kupplungsseite angebaut. Die Front-End-Box ist daher an die verschiedenen Anbauverhältnisse angepaßt worden.

Für die Propulsionsanwendung des Motors L 27/38 wurde eine Front-End-Box entwickelt, die unter anderem einen 100%igen Leistungsabgriff auf der Kupplungsgegenseite ermöglicht.

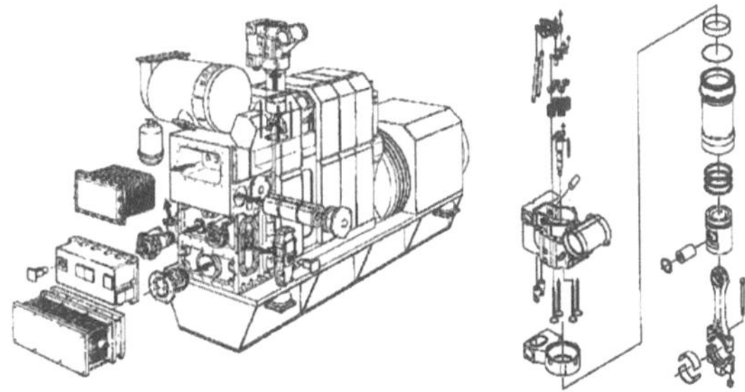

Abb. 5: L 16/24 mit Front-End-Box und Zylinder-Unit

3.3 Zylinder-Unit

Mit der Zylinder-Unit werden einzelne Triebwerkskomponenten, bestehend aus Zylinderkopf, Laufbuchse, Kolben und Pleuelstange zusammengeführt. Zur Ausführung von Wartungsarbeiten kann diese Einheit komplett demontiert werden, nachdem die vier Zylinderkopfschrauben und die beiden Pleuelschrauben gelöst, die Schnellverschlüsse an der Abgasleitung geöffnet sowie die wasser- und luftseitigen Steckverbindungen zum Nachbarzylinder abgekoppelt wurden. Diese Anordnung erleichtert die Wartungsarbeiten im erheblichen Maße. Konsequenterweise sollte dann während der Überholungsarbeiten die komplette Unit durch eine grundüberholte ersetzt werden. Für den größeren Motor L 27/38 dieser Baureihe wurde eine Pleuelstange mit Marine-Kopf-Ausführung eingeführt. Dies eröffnet die Möglichkeit der konventionellen Vorgehensweise bei den Überholarbeiten, d.h. das Ziehen des Kolbens mit Verbleib der Laufbuchse und Wasserleitmantels im Motorgestell. Es ist natürlich auch möglich, eine komplette Unit wie beim L16/24 zu tauschen. Abb. 5 rechts zeigt die Zylinder-Unit des L16/24 Genset.

4. Wege zum emissionsarmen Großmotor

In den letzten Jahrzehnten sind nach der Fokussierung auf die Leistungskonzentration und den Kraftstoffverbrauch die Emissionen vor dem Hintergrund des gewachsenen Umweltbewußtseins und der schärferen Gesetzgebung in den Mittelpunkt der Weiterentwicklung der Dieseltechnologie gerückt. Unter Wahrung der bereits vorab genannten Forderungen müssen heute neben den Abgasemissionen (NO_x , SO_x, CO_2, Ruß und Partikel) auch die Schall- und Schwingungsemissionen bei der konzeptionellen Auslegung berücksichtigt werden.

4.1 Entwicklungsziele auf Basis der Abgasemissionsvorschriften

Gemäß dem IMO Marpol Annex VI Reg. 13 werden die NO_x-Emissionen in Abhängigkeit von der Motordrehzahl für Referenzkonditionen reglementiert (Abb. 6). Die Gültigkeit der IMO-Vorschriften ist für Schiffe mit Kiellegung ab 1.1.2000 mit Flagge eines Marpol-Staates festgelegt worden. Für den Drehzahlbereich der MS-Dieselmotoren (400 < n 1/min < 1200) gilt ein NO_x-Grenzwerte zwischen 13.6 und 10.9 g/kWh, wobei der Zykluswert mit unterschiedlichen Gewichtungsfaktoren für die einzelnen Lastpunkte definiert ist. Im Bereich der langsamlaufenden Zweitaktmotoren erhöht sich der Grenzwert auf bis zu 17 g/kWh bei einer Drehzahl von 130 1/min. Diese Vorschriften sind mittlerweile von den zuständigen Gremien verabschiedet worden, aber noch nicht in den einzelnen Ländern in Kraft getreten. Bei der Entwicklung muß berücksichtigt werden, daß im Fünf-Jahre-Zyklus die Grenzwerte neu diskutiert werden sollen, d.h. es muß zukünftig wie auch bei den kleineren Motoren für den Straßenverkehr mit weiteren Verschärfungen der zulässigen Grenzwerte gerechnet werden.

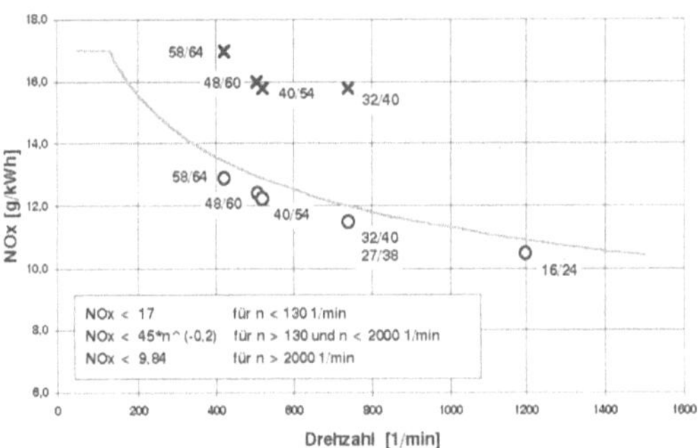

Abb. 6: IMO-NOX Grenzwerte für Marine-Dieselmotoren

In Schweden ist seit dem 1.1.1998 ein Gesetz in Kraft, nach dem die NO_x-Emissionen beim 75% Lastpunkt reglementiert (nicht Cycle-Wert wie bei IMO!) sind. Es wird eine minimale Hafengebühr bis zu einem Grenzwert von NO_x = 2 g/kWh und eine maximale Gebühr ab 12 g/kWh erhoben, dazwischen ist die Gebühr linear in Abhängigkeit von der NO_x-Emission festgelegt. Als wesentlicher Punkt dieser Vorschrift ist zu erwähnen, daß die NOX-mindernden Maßnahmen weltweit benutzt werden müssen, d.h. ein Abschalten der NOX-mindernden Systeme außerhalb der betroffenen Ostsee-Gebiete ist nicht zulässig.

In Alaska wird das sichtbare Abgas über Opazitätsmessung reglementiert, wobei innerhalb der Drei-Meilen-Zone die Abgastrübung kleiner oder gleich 20% (Ringelmann 1, entspricht ca. 0,7-0,8 RB) liegen muß und Wasserdampf dabei unberücksichtigt bleibt. Über eine Reihe von Ausnahme-Regelungen (am Kai, vor Anker, nach Ablegen, vor Anlegen, beim Ankerlichten bzw. -werfen sowie maximal 3 Minuten pro Stunde) darf die Abgastrübung in einzelnen Fällen bis zu 100% (Ringelmann 5) für bestimmte festgelegte Zeiteinheiten vorkommen.

Entsprechend den jeweiligen Einsatzgebieten der Schiffe bzw. Motoren erfolgt die Auslegung nach IMO, Weltbank, TA-Luft und ggf. Alaska-Vorschriften.

4.2 Einsatz von Schweröl beiGroßmotoren

Der Trend, mit immer besseren Wirkungsgraden zur Reduzierung der Betriebskosten beizutragen, führte vor Jahren zum schweröltauglichen Großmotor. Mit den deutlich niedrigeren Kraftstoffkosten von HFO (heavy fuel oil) mit ca. 100 USD/t gegenüber MGO (marine gas oil) mit ca. 180 USD/t können beispielsweise bei einem Kreuzfahrtschiff jährlich mehrere Millionen Dollar eingespart werden. Durch die Einführung von verbesserten Kolbenringbeschichtungen und Maßnahmen zur Verhinderung des sog. bore-polishing ist es gelungen, den Schmierölverbrauch deutlich zu senken. Die Drehzahl im Schwerölbetrieb konnte mittlerweile bis auf 1200 1/min (Abb. 3, MAN B&W L16/24) angehoben werden. Speziell bei den höheren Drehzahlen waren für die erfolgreiche Einführung des uneingeschränkten Schwerölbetriebes weitere Maßnahmen wie geringer Zündverzug, hohes Verdichtungsverhältnis, angepaßte Düsengeometrie sowie eine optimierte Ladungsbewegung notwendig.

Bei einer Betrachtung des zukünftigen Einsatzes von Schweröl kann davon ausgegangen werden, daß aufgrund der heute bekannten Rohölreserven und der weiteren Entwicklung der Raffinerieprozesse die globale Verfügbarkeit von Schweröl in den nächsten beiden Jahrzehnten gegeben sein wird. Im Zusammenhang mit zunehmend verschärften Emissionsvorschriften, die z.B. eine deutliche Schwefelreduzierung im Kraftstoff fordern, können Einflüsse auf die Anwendung der verschiedenen Kraftstoffsorten für den Einsatz im Dieselmotor nicht ausgeschlossen werden.

4.3 NOX

Ohne den Kraftstoffverbrauch negativ zu beeinflussen, konnten die NO_x-Emissionen z.B. zur Erreichung der IMO-Grenzwerte gegenüber der früheren reinen verbrauchsoptimierten Ausführung durch optimierte Verbrennungsführung um ca. ein Drittel

reduziert werden, wie aus Abb. 6 für die einzelnen Motortypen zu entnehmen ist [3]. Bei den Maßnahmen zur NOX-Reduzierung muß man zwischen innermotorischen (primären) und außermotorischen (sekundären) Maßnahmen unterschieden. Bei den innermotorischen Maßnahmen wird durch die Modifikation des Verbrennungsprozesses oder auch durch Einspritzen einer Kraftstoff-Wasser-Emulsion bzw. durch direkte Wassereinspritzung bereits die Rohemissionen reduziert. Hierzu ist eine umfangreiche Brennverfahrensentwicklung für jeden Motor notwendig, um z.B. über eine Modellierung der Einspritzrate zu NOX-günstigen niedrigen Arbeitsgastemperaturen im Brennraum zu gelangen. Die Komplexität dieser Maßnahmen wird durch die Tatsache verstärkt, daß die NOX-Entstehung sehr stark an örtliche Temperaturmaxima, sog. Hot-Spots, und Sauerstoffkonzentrationen gebunden ist.

Durch eine katalytische Abgasnachbehandlung außerhalb des Brennraumes ist ein Emissionsreduzierung bis auf 2 g/kWh NOX darstellbar. Das für die Betriebserlaubnis moderner Dieselmotorenanlagen erforderliche Emissionsniveau kann mit den o.g. innermotorischen Maßnahmen sicher erreicht werden. Forderungen nach Emissionswerten ≤ 2 g/kWh können heute nur sehr emotional (Umweltbewußtsein, Green-Ship") begründet werden. Denkbar sind hierfür kompromißlose Konzepte mit Dieselmotoren, d.h. den Einsatz eines schwefelarmen Kraftstoffes, einen Verzicht auf Schweröl und ein abgestimmtes Verbrennungsverfahren mit Abgasnachbehandlung. Neben den sehr niedrigen Emissionswerten könnten auch Verbesserungen im Verbrauch, dem Bauraum und den Kosten (Entfall der Kraftstoffaufbereitung) erzielt werden.

4.4 Partikel und Ruß

Im Rahmen eines Verbundforschungsvorhabens „Emissionsarme Schiffsbetriebsanlage" (CLEAN, BMBF-Förderung) [4] wird als Schwerpunkt neben der Verringerung der Stickoxidemission auch die Abgastrübung bzw. Partikelemission verfolgt. Für die verschiedenen mittelschnellaufenden Motortypen konnten keine Unterschiede in der Partikelemission festgestellt werden, solange Kraftstoffe mit nahezu gleichem Schwefelgehalt verwendet werden. Es zeigte sich auch, daß die Partikelkonzentration in Abhängigkeit von der Last nahezu konstant ist, wobei bei niedrigen Lasten der Rußanteil und bei höheren Lasten der Sulfatanteil überwog. Damit konnte eine Korrelation zwischen der Ruß- und der Partikelkonzentration nicht aufgezeigt werden. Der Rußanteil ist unter anderem von den Betriebsbedingungen des Motors abhängig, wohingegen die Partikelkonzentrationen von den Kraftstoffdaten (Schwefel- und Aschegehalt) wesentlich beeinflußt werden.

Daraus läßt sich unmittelbar ableiten, daß sich mit motorischen Maßnahmen nur die Rußemissionen nicht jedoch die Partikelemissionen beeinflußen läßt. Aufgrund der Beschlüsse der IMO ist weltweit auf absehbare Zeit keine gravierende Verringerung des Schwefelgehaltes zu erwarten. Bei einem mitteleren Schwefelgehalt von derzeit 3% bei Bunkerölen soll die Verwendung von Kraftstoffen mit bis zu 4,5% erlaubt bleiben. Nur in einigen lokal beschränkten Gebieten wie der Ostsee soll eine Limitierung auf 1,5% erfolgen. Bei der Anwendung der SCR-Technik in Zusammenhang mit schwerölbetriebenen Motoren besteht das Problem des Verstopfens des Katalysators durch die Bildung von Ammonsulfat. Selbst bei der Verwendung von Kraftstoffen mit 1,5% Schwefelanteil ist eine störungsfreie Anwendung der SCR-Technik nach dem heutigen Stand der Technik nicht gesichert. Mittlerweile ergeben sich neue technische Lösungen zur Regenerierung der Katalysatoren, wobei durch entsprechende Dauerversuche die Betriebssicherheit und Funktionsfähigkeit noch nachgewiesen werden muß.´

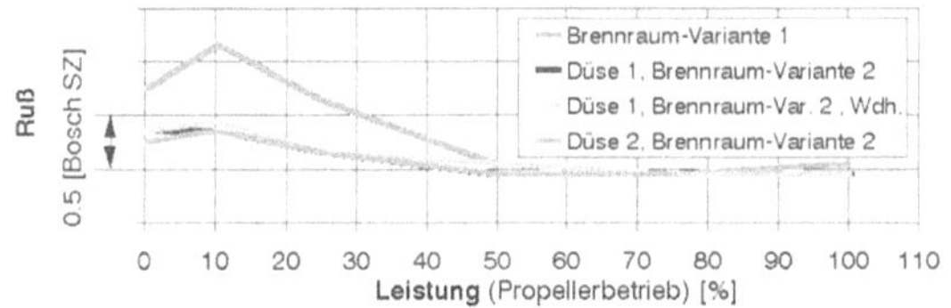

Abb. 7: Versuchsmotor 1L32/40, Brennverfahrensentwicklung-Rußemissionen.

Bei den Maßnahmen zur Rußwertverbesserung muß berücksichtigt werden, daß diese Maßnahmen in einigen Lastbereichen des Motors positiv wirken, in anderen Lastbereichen hingegen zu Verschlechterungen führen. An einem Versuchsmotor 1L32/40 wurden umfangreiche Untersuchungen zur Gemischbildung, Einspritzstrahllage, Einspritzdüsenquerschnitt etc. durchgeführt. In Abb. 7 ist zu sehen, daß mit optimierter Brennraumgeometrie auch mit unterschiedlichen Düsenkonfigurationen eine Verbesserung der Abgastrübung erreichbar ist. In Abb. 8 ist dargestellt, daß auch höchste Forderungen an die Abgastrübung, z.B. Alaskavorschriften, erfüllt werden können. Dazu wurde ein Maßnahmenpaket entwickelt, das im Leistungsumfang abgestuft mit angepaßter Einspritzdüse, Turboladeranpassung, Ladeluft-Bypass, Ladeluftvorwärmung, Zylinderabschaltung und Zusatzluftgebläse dargestellt werden kann. Dieses „Rußpaket" hat sich in der Serie bereits hervorragend bewährt.

Bei der weiteren Entwicklung wird das Ziel verfolgt, bezüglich des optimalen Emissionsverhaltens möglichst einfache Lösungen zu präsentieren, deren Wirksamkeit unter allen Betriebsbedingungen der Dieselmotorenanlage gewährleistet ist.

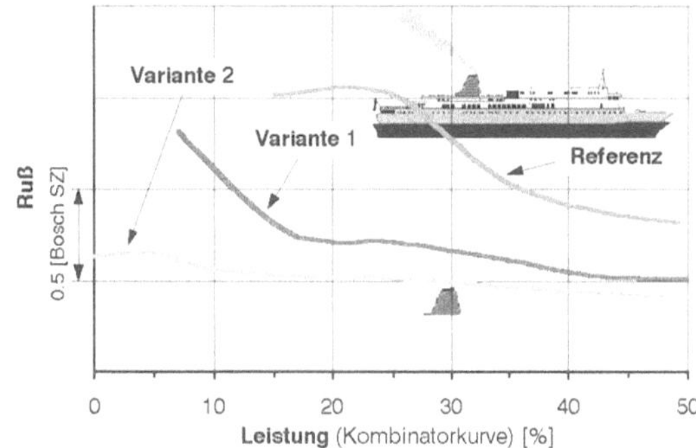

Abb. 8: LV 48/60, Verbesserung der Teillastrußemissionen

4.5 Abgasemission bei langsamlaufenden Zweitakt-Dieselmotoren

Analog zum Vorgehen bei den MS-Viertakt-Dieselmotoren werden die im Kapitel 4.3 dargestellten Maßnahmen auch bei langsamlaufenden Zweitakt-Dieselmotoren eingesetzt, was im folgenden exemplarisch anhand konkreter Anwendungsfälle vertieft dargestellt werden soll.

Primäre, innermotorische Maßnahmen zur Reduzierung der NOX-Emissionen

Bei diesen Maßnahmen wird neben einer Modifikation des Einspritzsystems auch ein weiterentwickeltes Einspritzventil eingesetzt. Die Ausführung der Einspritzdüse hat durch die lokalen Entstehungsmechanismen im Bereich des Einspritzstrahles einen großen Einfluß auf die NOX-Bildung.

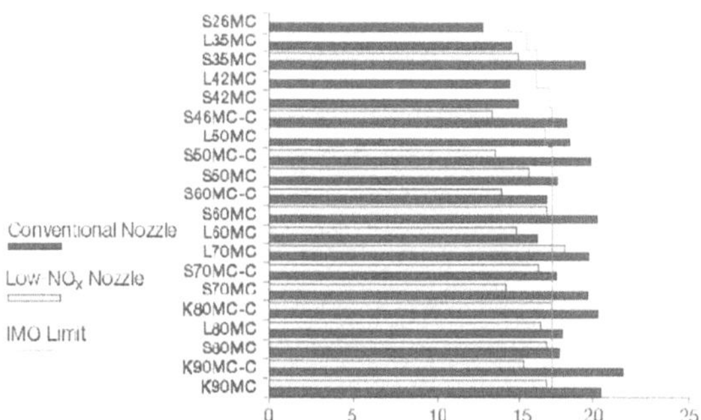

Abb. 9: NOX-Vergleich zwischen der bisherigen konventionellen und der sog. Low-NOX-Einspritzdüse bei langsamlaufenden Zweitakt-Dieselmotoren

Bei einigen Motortypen konnten durch den Einsatz der sog. Low-NOX-Einspritzdüse die NOX-Werte um 10-25% reduziert werden, ohne den Verbrauch negativ zu beeinflussen. In Abb. 9 ist der Vergleich in den NOX-Emissionen zwischen der bisher eingesetzten Einspritzdüse und der Low-NOX-Ausführung für eine Reihe von MC-Motortypen dargestellt. Diese Konfiguration wird heute standardmäßig bei allen Schiffsanlagen eingesetzt, die nach den IMO-Regeln behandelt werden.

Tabelle 1 zeigt die Versuchsergebnisse von einem 12K90MC-Motor mit zwei neuen Einspritzven-tiltypen. Es ist zu sehen, daß mit dem „mini-sac"-Einspritzventil sehr niedrige Rußwerte und gleichzeitig niedrige CO- und HC-Werte erreicht werden. Das neue (patentierte) „slide-type" Einspritzventil ermöglicht eine signifikante Reduzierung der CO-, HC- und Rußwerte bei niedrigen NOX-Emissionen, die die IMO-Grenzwerte einhalten. Der Kraftstoffverbrauch ist mit dem „slide"-Ventil bei Vollast marginal höher, aber bei Teillast niedriger.

	"Mini-sac"-Einspritzventil		"Slide-type"-Einspritzventil		Durchschnittliche Reduzierung
Last	75%	100%	75%	100%	
NO_x [ppm/15%O_2]	1.580	1.315	1.415	1.070	14%
CO [ppm/15%O_2]	78	89	42	54	42%
HC [ppm]	184	123	114	93	33%
Rauch [BSN_{10}]	0,16	0,16	0,08	0,11	40%

Tabelle 1. Einfluß der Ausführung des Einspritzventils auf die Emissionen bei 75% und 100% Last bei einem 12K90MC. BSN_{10} ist die „Bosch Smoke Number" basierend auf 10 Meßvorgängen.

In Abb. 10 sind die Einspritzventilausführungen zu sehen, sie sowohl einen konventionellen konischen Sitz als auch einen Schieber innerhalb der Einspritzdüse enthalten. Das „mini-sac"-Ventil hat einen Schieber, der das Sackvolumen in zwei Teilvolumen trennt und das effektive Sackvolumen auf ein Drittel reduziert. Das „mini-sac"-Ventil ist auf einigen Motortypen die Standardausführung und hat im Betrieb reduzierte Rußwerte und geringe Brennraumablagerungen gezeigt. Das Ziel ist es, zukünftig das Sackvolumen zu eliminieren, was mit dem Schieber-Einspritzventil erreicht werden kann.

Einspritzventils werden z.Z. Dauerlauferprobungen in 12K90MC-Motoren durchgeführt

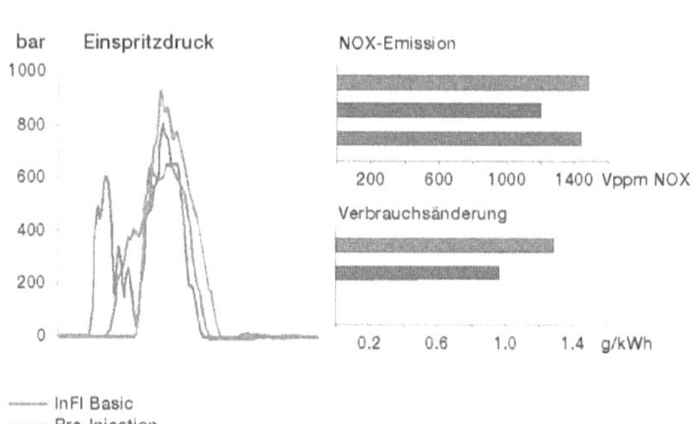

Abb. 11: Trade-Off-NOX-be bei langsamlaufenden Zweitakt-Dieselmotoren mit Voreinspritzung

Die Formung der Einspritzrate hat durch den Einfluß auf die Verbrennungsgeschwindigkeit ein hohes Potential zur Reduzierung der NOX-Bildung. Dies ist bei einem konventionellen Einspritzsystem schwierig zu erreichen. Bei einem rechnergesteuerten mechatronischen Einspritzsystem, wie es als Teil des 'Intelligent Engine'-Konzeptes entwickelt wurde, ist es möglich, die Kraftstoffeinspritzung an die diesbezüglichen Anforderungen anzupassen. Dieses System wird seit 1993 an dem Forschungsmotor 4T50MX in Kopenhagen erprobt (weitere Details in [6]). In Abb. 11 ist zu sehen, daß durch die Gestaltung des Einspritzverlaufes, d.h. hier insbesondere der Voreinspritzung, eine Reduzierung der NOX um 20% erreicht wurde. Dies führte außerdem zu einem günstigeren Brennverlauf und damit auch einem Abbau der Spitzen der Verbrennungstemperaturen.

Standard 90 MC   Mini sac   Slide valve

Sackloch-   1690mm³   520mm³   0mm³
volumen

Abb. 10: Neue Einspritzventiltypen bei langsamlaufenden Zweitakt-Dieselmotoren

Druckmessungen innerhalb der Düse bei zwei aufeinanderfolgenden Einspritzungen haben gezeigt, daß die Leckagen nach dem Schieber vernachlässigt werden können. Folglich verhält sich das Schieber-Ventil, als ob es kein Sackvolumen hat, aus dem Kraftstoff während des letzten Teils des Einspritzzyklus austreten kann. Mit diesem Typ des

Die Verschlechterung im Kraftstoffverbrauch betrug dabei nur 0,6%.

Für die Reduzierung der NOX-Emission ist die Zugabe von Wasser zum Kraftstoff mit anschließendem Emulgieren vor Zufuhr zum Motor ein sehr wirkungsvolles Mittel. Diese bewährte Methode zur NOX-Reduzierung kann generell bei allen Motortypen eingesetzt werden. Pro 10% Wasserzugabe können typischerweise 10% NOX-Reduzierung erreicht werden. Die damit verbundene Verbrauchszunahme beträgt zwischen 0 und 1% pro 10% Wasserzugabe.

In Verbindung mit Schweröl wurde die Kraftstoff-Wasser-Emulsion (in Kombination mit einem leicht reduzierten Zünddruck) erstmals bei einem 20-MW-7L90GSCA-Motor für ein stationäres Kraftwerk in Puerto Rico eingeführt, das sich seit 1984 in Betrieb befindet. Dieser Motor arbeitet mit 30% Wasserzugabe zum Schweröl, um die geforderten 30% NOX-Reduzierung gemäß den US-EPA-Emissionsgrenzwerten zu erreichen. Die Betriebserfahrungen mit dem Motor sind hervorragend, d.h. niedriger Verschleiß an der Zylinderlaufbuchse und keinerlei Probleme am Einspritzsystem, das für den Einsatz von KWE angepaßt wurde.

Vor diesem Hintergrund wird der Einsatz von KWE (in Kombination mit Low-NOX-Einspritzdüsen) bevorzugt, um sicherzustellen, daß die zukünftigen Stufen der IMO-Vorschriften (und strengere Vorschriften bei stationären Anwendungen) mit den Motoren eingehalten werden können. Ein Beispiel für den erfolgreichen Einsatz von KWE im Zweitaktmotor ist das Kraftwerk in Guam mit zwei 12K80MC-S-Motoren. Die Motoren wurden mit KWE mit bis zu 50% Wasseranteil in Kombination mit „mini-sac"-Einspritzventilen ausgerüstet, um die Anforderungen an CO-, HC-, NO_x-und Partikelemissionen einzuhalten. Die gemessenen Abgasemissionen liegen deutlich unterhalb der Vertragswerte und betragen etwa 50% der gegenwärtigen IMO-Grenzwerte für diesen Motortyp.

<u>Emissionsreduzierung durch Kombination von innermotorischen (primären) Maßnahmen</u>

Um das Potential der Kombination vielversprechender Maßnahmen zu zeigen, wurden an einem 5S70MC-Motor Versuche mit Schieber-Einspritzventil, reduziertem Zünddruck, KWE und Abgasrückführung (EGR) durchgeführt. In Abb. 12 sind in groben Umrissen die Ergebnisse der erzielten Emissionsreduzierung und der damit verbundenen Auswirkungen auf den Kraftstoffverbrauch dargestellt. Bei der Kombination aller Maßnahmen

konnten die NOX-Werte um 80% reduziert werden. Dabei betrug der Verbrauchsnachteil bis zu 7 g/kWh. Bei nicht reduziertem Zünddruck und unwesentlich ungünstigeren NOX-Werten ergab sich nur noch ein Verbrauchsnachteil von 1,5 g/kWh .

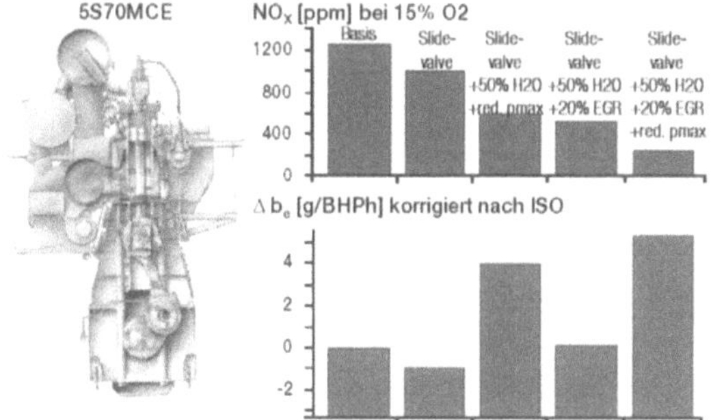

Abb. 12: Trade-Off-NOX-be bei Kombination von einzelnen NOX-mindernden Maßnahmen

Von der Tendenz ähnliche Werte konnten auch bei mittelschnellaufenden Viertaktmotoren gemessen werden.

4.6 Schwingungen und Vibrationen

Um auch bei den Schwingungsemissionen den höchsten Komfortansprüchen z.B. auf Kreuzfahrtschiffen zu genügen, wurde vor Jahren die elastische Lagerung der mittelschnellaufenden Viertaktmotoren eingeführt. Dies hat sich in vielen Anwendungsfällen hervorragend bewährt. Damit können die Schwingungseinflüsse des Motors auf die Schiffsstruktur wirkungsvoll abgeschirmt werden.

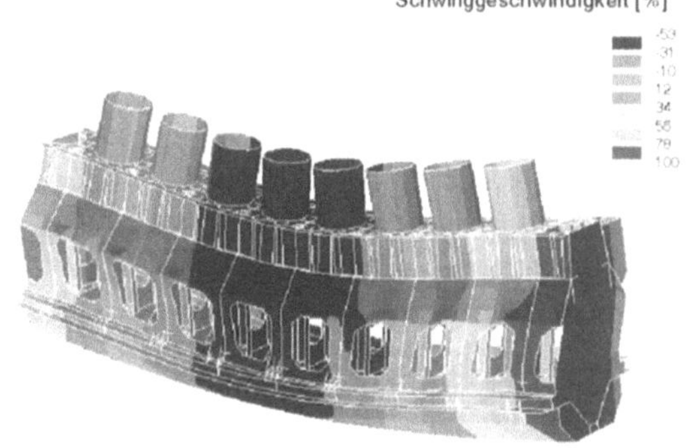

Abb. 13: Schwingungsverhalten eines elastisch gelagerten Motors L 58/64

Im Anwendungsbeispiel in Abb. 13 sind die Schwingungsformen und Schwinggeschwindigkeiten eines elastisch gelagerten Viertaktmotors vom Typ L 58/64 dargestellt. Anhand der Größe der Schwingungsausschläge kann abgelesen werden, daß sehr geringe Schwingungen in das Schiffsfundament durch die Anwendung der elastische Lagerung eingeleitet werden.

5. Ausblick - Neue Technologien

5.1 Direkteinspritzender Wasserstoff-Dieselmotor

In einem von der Bayerischen Forschungsstiftung geförderten Projekt kooperieren die MAN B&W Diesel AG, Augsburg, als Forschungsnehmer mit dem Lehrstuhl A für Thermodynamik und dem Lehrstuhl für Verbrennungskraftmaschinen der TU München. Ziel dieser Grundlagenuntersuchung ist es, einen Viertakt-Dieselmotor mit Wasserstoff-Direkteinspritzung in den Brennraum mit hoher Leistungsdichte und geringen Abgasemissionen zu entwickeln. Wasserstoff gewährleistet einen CO_2-freien Motorbetrieb und die bekannten Technologien zur Verringerung der NOX-Emission bei Verbrennungsmotoren lassen sich auch hier einsetzen, wobei nachgeschaltete Abgasreinigungssysteme wegen der Reinheit der Abgase unproblematischer arbeiten können.

Die Kombination von direkt in den Brennraum eingebrachtem H_2 und dem Selbstzündungsprinzip des Dieselmotors stellt eine weltweit erstmalige Anwendung im Großmotorenbau dar.

Die Verwendung von herkömmlichen fossilen Kraftsstoffen bedingt durch die Physik des Verbrennungsvorganges das Auftreten von schädlichen Abgaskomponenten. Eine Verringerung des CO_2-Ausstoßes kann nur erreicht werden, wenn Brennstoffe verwendet werden, bei deren Erzeugung und Verbrennung kein CO_2 entsteht. Dieses Ziel kann durch den Einsatz von H_2 im Verbrennungsmotor erreicht werden, wenn bei der Erzeugung des Stromes für die Elektrolyse von H_2O auf kohlenstoffhaltige Brennstoffe verzichtet wird.

Im ottomotorischen Betrieb, d.h. mit äußerer Gemischbildung und Fremdzündung, ist Wasserstoff bereits erprobt worden. Die erreichbaren Mitteldrücke und damit die Energiedichte sind jedoch wegen der bei Wasserstoff niedrigliegenden Klopfgrenze begrenzt. Ein motorischer Betrieb ohne diese Begrenzung ist möglich, wenn der Wasserstoff direkt in den Brennraum eingebracht wird und sich an der heißen, verdichteten Verbrennungsluft selbst entzündet. Durch diesen Dieselbetrieb mit Wasserstoff wird die Klopfgefahr umgangen, und es lassen sich wesentlich höhere Energiedichten bei niedrigerem Verbrauch erzielen. Ein weiterer Vorteil der direkteinspritzenden Wasserstoffverbrennung ist aus sicherheitstechnischen Überlegungen abzuleiten, da hier durch die innere Gemischbildung kein brennbares Gemisch außerhalb des Brennraumes vorhanden ist.

Am Lehstuhl A für Thermodynamik wurden die ersten Studien zur Wasserstoffverbrennung unter motor-ähnlichen Bedingungen an einem Einzylinder-Einhubtriebwerk mit optischen Verbrennungsuntersuchungen durchgeführt (Abb. 14).

Das von MAN B&W entwickelte Hochdruckgaseinblasesystem mit elektrohydraulischer Ansteuerung erlaubt ein freies Einstellen der Parameter Einblasebeginn und Einblasedauer, wobei durch die kurzen Schaltzeiten auch eine Voreinspritzung realisierbar ist. In Abb. 15 ist die Verbrennungsanalyse eines mittleren Betriebspunktes des 1L 24/30 Forschungsmotors mit einem effektiven Mitteldruck von 8,8 bar bei der Anwendung der Voreinspritzung dargestellt.

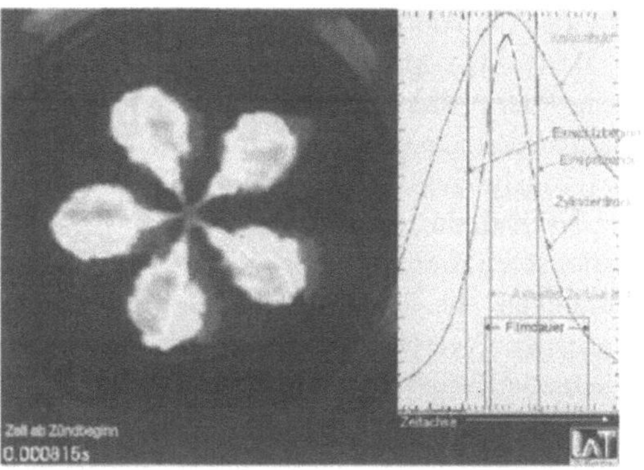

Abb. 14: Direkteinspritzender Wasserstoff-Dieselmotor, optische Verbrennungsuntersuchungen am Einhubtriebwerk (LAT)

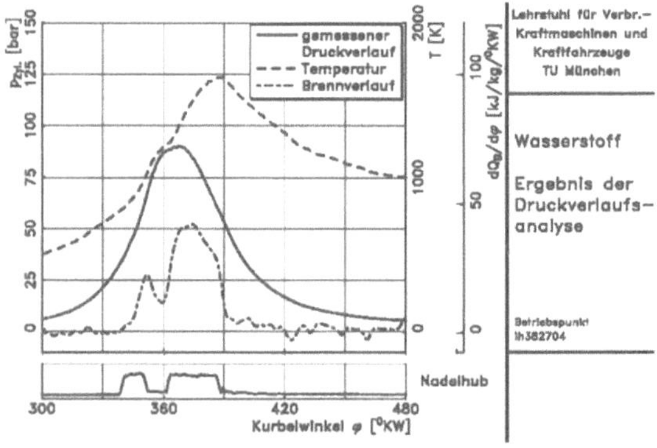

Abb. 15: Direkteinspritzender Wasserstoff-Dieselmotor, Verbrennungsuntersuchungen am Forschungsmotor 1L24/30 (LVK)

Die ersten erfolgreichen Versuche an diesem Einzylinder-Versuchsmotor haben die Potentialeinschätzung der Kombination von direkt in den Brennraum eingebrachtem Wasserstoff und dem Selbstzündungsprinzip des Dieselmotors bestätigt. Für den CO_2-freien Antrieb mit Wasserstoff ist ein weltweit erstmaliger Meilenstein gesetzt worden, der bei Verbrennung von Wasserstoff bisher nicht genutzes Potential bezüglich Schadstoffemissionen und Leistungsdichte aufzeigt.

5.2 Common-Rail-Einspritzsystem

Neben vielen erfolgreichen Entwicklungen mußten die Motorenhersteller auch Rückschläge hinnehmen. Manchmal waren die Entwickler ihrer Zeit zu weit voraus. Als Beispiel dafür ist das sogenannte Common-Rail-Einspritzsystem zu nennen. Dieses elektronische Einspritzsystem wurde bei der MAN bereits Ende der 70er Jahre für die Zweitakt-Großmotoren entwickelt und von den Klassifikationsgesellschaften abgenommen. Aus Sicherheitsüberlegungen wurden alle wesentlichen Bauteile der elektronischen Motorsteuerung in doppelter Ausführung vorgesehen. Damals war die Kundenakzeptanz der Elektronik jedoch noch so gering, daß dieses System bei den Großmotoren nicht eingeführt wurde.

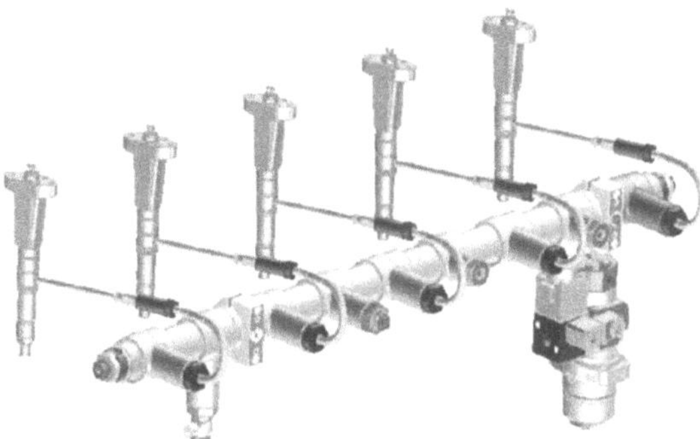

Abb. 16: Common-Rail-Einspritzsystem für L 16/24

Diese Situation hat sich aber mittlerweile deutlich verändert, vor allem vor dem Hintergrund der auch in Zukunft immer strenger werdenden Emissionsvorschriften. Wie in den vorgenannten Beispielen aufgezeigt wurde, lassen sich mit den Möglichkeiten der rechnergesteuerten Systeme die Verbrauchsnachteile der emissionsrelevanten Methoden zu einem wesentlichen Teil kompensieren. Die Vorteile elektronisch gesteuerter Systeme haben dazu geführt, die Idee des Common-Rail-Systems weiterzuverfolgen. In Abb. 16 ist als Anwendungsbeispiel ein CR-System des kleinsten schweröltauglichen Motors L 16/24 zu sehen. Mit dem Common-Rail-System kann in der gemeinsamen Leitung (common rail) ein frei wählbarer, konstanter Kraftstoffdruck vor der Einspritzdüse eingestellt werden. Damit kann gegenüber dem konventionel-

len Einspritzsystemen unabhängig von der Motordrehzahl und dem Druckaufbau während des Stempelhubes der Einspritzdruck an den jeweiligen Betriebspunkt angepaßt werden. Mit diesem System ist eine deutliche Verbesserung im Trade-Off-NOX-Verbrauch-Ruß möglich. Der erste CR-Motor wird Ende 1999 in Betrieb gehen.

Eine Vielzahl der oben genannten Konzepte werden mittlerweile bei allen Herstellern von Großmotoren und z.T. auch bei den kleineren Dieselmotoren der PKW- und NFZ-Branche eingesetzt, womit der Großmotorenbau seiner Vorreiterrolle weiterhin gerecht wird. Bei einem Blick in die Zukunft müssen wir akzeptieren, daß die weitergehenden Schritte aufgrund der Komplexität der Systeme und des erreichten Reifegrades kleiner werden. Den Ingenieuren ist es jedoch immer wieder gelungen, durch den Einsatz neuer Technologien die Kundenanforderungen nach Zuverlässigkeit, Wirtschaftlichkeit, Leistungsdichte und geringen Emissionen immer besser zu erfüllen.

6. Schrifttum

[1] Bozung H.G.; Lochbichler W.: The new MAN B&W engine with 320 mm bore, the answer to economic and ecological demands of the future. CIMAC London 1993

[2] Lochbichler W.; Borchsenius H.J.: Development of a new generation of small-size four-stroke engines with unrestricted HFO capability. CIMAC Kopenhagen 1998

[3] Lausch W.; Fleischer F.: Low fuel consumption and low NOX emission ? Motortechnische Zeitschrift, Band 57, 1996

[4] Fleischer F.: Abschlußbericht „Emissionsarme Schiffsbetriebsanlage (CLEAN)". BMBF-Forschungsbericht 1998

[5] Vogel C.: DI-Wasserstoff-Dieselmotor. Motortechnische Zeitschrift, 10/1999

[6] Sunn Pedersen, P.: New R&D Centre in Copenhagen for Two-Stroke Low-Speed Engines. MAN Publication 'research engineering manufacturing 1994/95' MAN AG, Munich 1995. pp 28-35

Kompakte Dieselmotoren für den Schiffsantrieb

Compact Diesel Engines for Marine Applications

Dr.-Ing. **Christoph Teetz**, MTU Motoren- und Turbinen-Union Friedrichshafen, Friedrichshafen

Summary. Within the last 100 years, the diesel engine has evolved into an effective and reliable source of power. The example of the fast ferry shows what sort of demands a diesel engine has to satisfy. Apart from reliability and cost effectiveness, power to weight, brake specific fuel consumption and, more recently, NO_x-emissions are deciding factors for successful service. It will be shown how and from which technologies the above parameters have developed in the course of time. Supercharging, the injection system (Common Rail technology) and the running gear will be identified as key diesel-engine technology areas. They will be briefly described and their influence on the diesel engine's target values clarified. Looking ahead, the reduction of exhaust emissions, especially of NO_x and particulates, is mentioned as a major future area of development. The employment of exhaust-gas recirculation with cooling means a drastic reduction of the engine's NO_x emissions coupled with minimally increased fuel consumption.

1. Einleitung

Einhundert Jahre nach erfolgreichem Betrieb des ersten Dieselmotors bei der MAN-Augsburg hat diese thermische Maschine eine rasante Entwicklung erfahren. Der erste Dieselmotor verzeichnete bei einem Hubraum von 20 l eine Leistung von 0,65 kW/l (Bild 1). Bei einer Drehzahl von 154 U/min lag die mittlere Kolbengeschwindigkeit bei 2,05 m/s, der spezifische Kraftstoffverbrauch bei 318 g/kWh. Ausgehend von diesem "Urtyp" des Dieselmotors klassifiziert man heute die Dieselmotoren in drei Kategorien:

- der langsamlaufende Dieselmotor mit Drehzahlen unter 300 U/min, extrem guten Kraftstoffverbräuchen ≥165 g/kWh bei geringer Leistungsdichte.
- der mittelschnellaufende Dieselmotor im Drehzahlbereich zwischen 300 U/min und 1.000

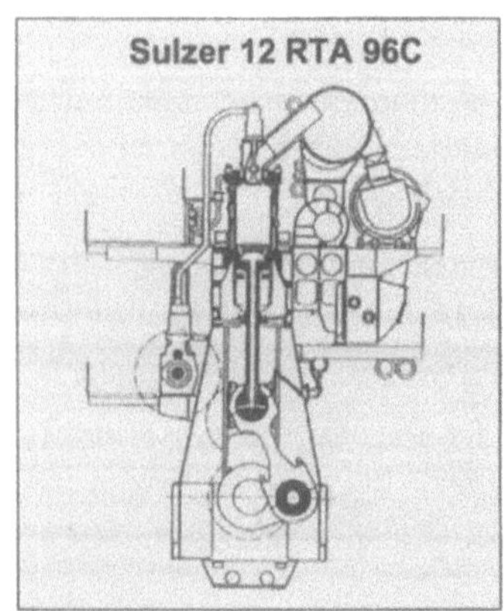

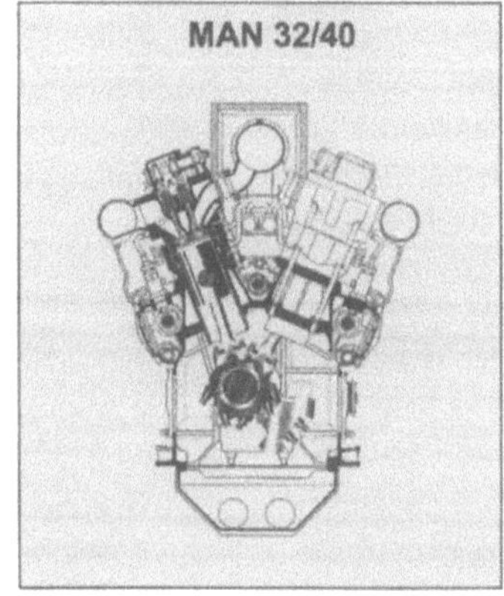

Bild 1: Geschichte des Dieselmotors

U/min, sehr guten Kraftstoffverbräuchen ≥175 g/kWh bei mittlerer Leistungsdichte.
- der schnellaufende Dieselmotor im Drehzahlbereich oberhalb 1.000 U/min, gute Kraftstoffverbräuche ≥190 g/kWh bei hoher Leistungsdichte.

Die Differenzierungsmerkmale sind weitaus breiter, wie z.B. die Verwendbarkeit unterschiedlicher Kraftstoffqualitäten, auf die aber nicht näher eingegangen werden soll. Aus der Gegenüberstellung ist ersichtlich, daß der Dieselmotor in unterschiedliche Richtungen bzgl. der Eigenschaften oder des Kundennutzens optimierbar ist und damit weite Anwendung findet.

Bild 2 zeigt die wesentlichen technischen Anforderungen an das Antriebssystem eines schnellen Schiffes. Im folgenden wird nun die zeitliche Entwicklung der wichtigsten Parameter Leistungsgewicht, Kraftstoffverbrauch und Schadstoffemissionen und deren Haupteinflußgrößen diskutiert.

Bild 2: Schnelles Schiff - technische Anforderungen an das Antriebssystem

2. Anforderungen

2.1 Leistungsgewicht

In der Schiffahrt hängt das geforderte Leistungsgewicht der Antriebsanlage im wesentlichen von der Schiffsgeschwindigkeit ab, Bild 3. Geringe Schiffsgeschwindigkeiten lassen ein relativ hohes Leistungsgewicht der Motoren zu. Hohe Geschwindigkeiten oberhalb 40 kn sind nur mit schnellaufenden Motoren möglich. Das Leistungsgewicht des Motors sollte für diese Anwendungen unterhalb 3 kg/kW liegen. Die in den letzten Jahren neu entwickelten Schnellfähren mit einer Länge von 100 - 120 m und einer Geschwindigkeit von 35 - 40 kn werden mit Dieselmotoren ausgerüstet, deren Leistungsgewicht bei 4 - 6 kg/kW liegt, d.h. mit Motoren, die sich im Grenzbereich zwischen dem schnellaufenden und mittelschnellaufenden Dieselmotor befinden.

Das Leistungsgewicht ausgeführter Dieselmotoren hat sich rasant in den 100 Jahren seines Bestehens nach unten entwickelt, Bild 4. Der Bestwert lag 1920 bei ca. 12 kg/kW und konnte bis 1960 auf

annähernd 2 kg/kW gesenkt werden. Heute werden für extreme Anwendungen Werte von 1 kg/kW erreicht. Wesentliche Vertreter der Klasse der schnellaufenden Dieselmotoren waren und sind Motoren der MTU-Friedrichshafen und deren Vorgängerfirmen, wie z.B. die MTU-Baureihen 538, 396 und 4000. Es ist zu erkennen, daß in den letzten 20 Jahren der Schwerpunkt der Entwicklung nicht mehr in der Reduzierung des Leistungsgewichtes lag, sondern, wie später gezeigt wird, in der Verbesserung der Betriebswerte und der Lebensdauer.

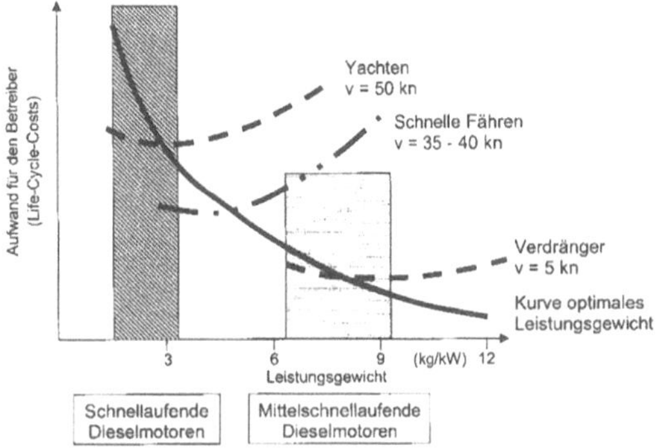

Bild 3: Leistungsgewicht: Anforderungen

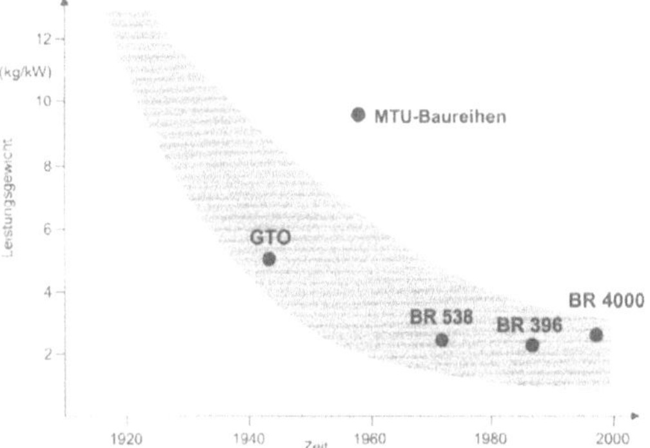

Bild 4: Leistungsgewicht: Zeitliche Entwicklung

2.2 Kraftstoffverbrauch

Die Forderung nach geringem Kraftstoffverbrauch ist unabhängig von der Anwendung. In jedem Fall ist der technisch minimal mögliche Verbrauch anzustreben, Bild 5. Da mit steigender Schiffsgeschwindigkeit geringere Leistungsgewichte der Antriebsanlage notwendig sind, muß die damit verbundene Pönale im Kraftstoffverbrauch akzeptiert werden. Da die Payload besonders bei schnellen Schiffen auch vom Kraftstoffverbrauch abhängt, kann bei geringen Missionsdauern ein höherer Verbrauch hingenommen werden, d.h. hohe Schiffsgeschwindigkeiten sind in der Regel auch mit relativ geringen Missionsdauern verbunden.

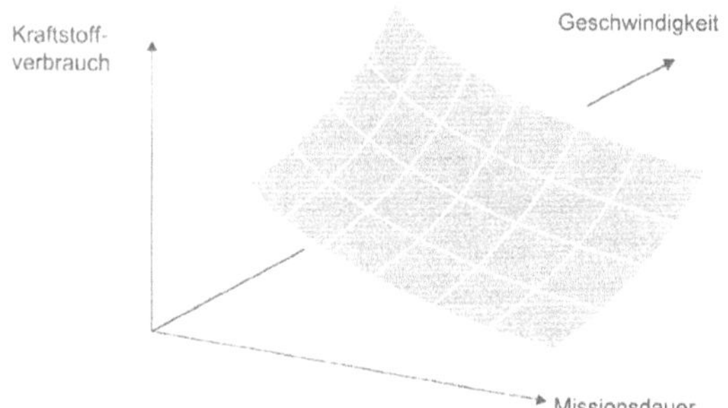

Bild 5: Kraftstoffverbrauch: Anforderungen

Beim kompakten Dieselmotor war die Entwicklung des spezifischen Kraftstoffverbrauches innerhalb der letzten 30 Jahre dramatisch, Bild 6. Wie bereits oben ausgeführt wurde, lag bis Mitte der 70er Jahre der Schwerpunkt der Entwicklung bei der Erhöhung der Leistungsdichte. Mit der 1. Ölkrise verschob sich der Schwerpunkt in Richtung Wirkungsgradverbesserung. Ausgehend von einem spezifischen Verbrauch von ca. 280 g/kW in Jahre 1920 konnte dieser bis 1970 auf ca. 235 g/kW verbessert werden. Heute werden im Vollastbereich Werte unterhalb 200 g/kWh erreicht. Verbräuche, die vor 30 Jahren gerade von langsamlaufenden Zweitaktmotoren erreicht wurden.

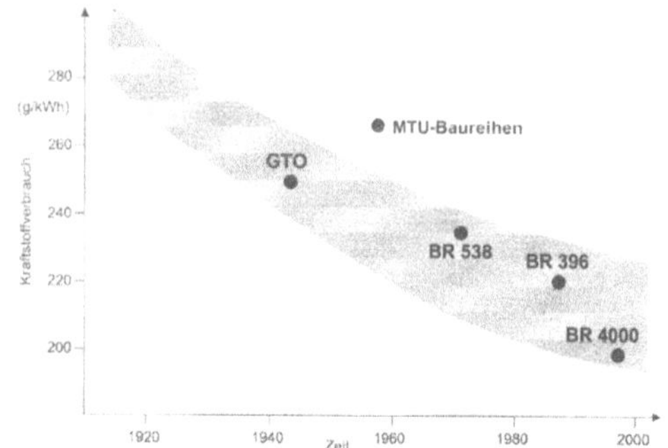

Bild 6: Kraftstoffverbrauch:
Zeitliche Entwicklung

2.3 Schadstoffemissionen

Nach der Erhöhung der Leistungsdichte und der Verbesserung des Wirkungsgrades liegt heute der Schwerpunkt der Entwicklungstätigkeiten bei der Verminderung der Schadstoffemissionen. Für die internationale Schiffahrt wird im Jahre 2000 ein motordrehzahlabhängiger Grenzwert für die NO_x-Emission eingeführt werden, Bild 7. Diese IMO-Regelung sieht keine Grenzwerte für Kohlenwasserstoffe, Kohlenmonoxid und Partikel vor. Für langsamlaufende Schiffsdiesel liegt der NO_x-Grenzwert bei 16 - 17 g/kWh, für schnellaufende Motoren mit Drehzahlen oberhalb 1.000 U/min zwischen 10 und 11 g/kWh. Die drehzahlabhängige Grenzwertfestlegung für die NO_x-Emission ist

damit begründet, daß lange Verweilzeiten bei hohen Temperaturen die Bildung von NO_x im Brennraum fördert. Bei langsamlaufenden Dieselmotoren ist es daher wesentlich schwieriger als beim schnellaufenden Dieselmotor, die Stickoxidemission zu senken.

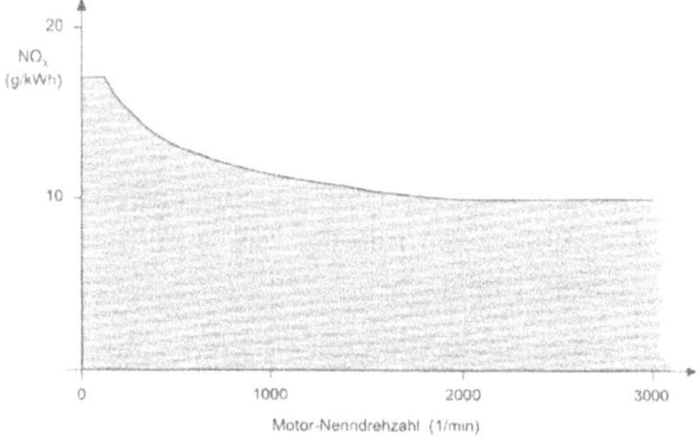

Bild 7: Emissionen: Anforderungen

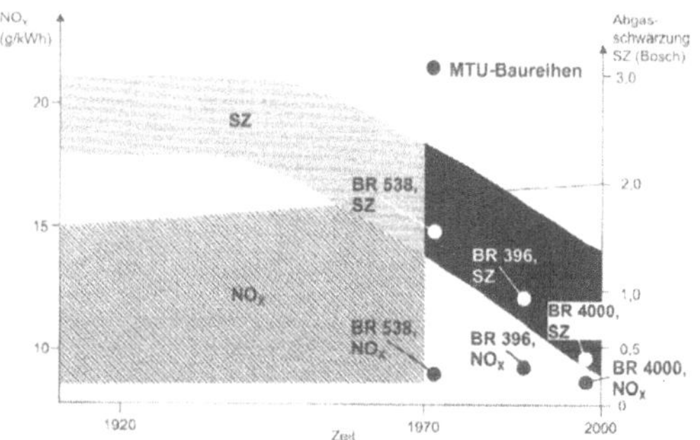

Bild 8: Emissionen: Zeitliche Entwicklung

Die zeitliche Entwicklung der NO_x-Emission und der Schwärzung nach Bosch ist Bild 8 zu entnehmen. Die Schwärzung wird durch die IMO-Regelung nicht reglementiert, deren Senkung ist aber trotzdem Entwicklungsziel, da gerade bei Passagierschiffen eine stark sichtbare Rauchentwicklung nicht akzeptiert wird. Die Entwicklung der NO_x-Emission ist über der Zeit nur schwer darstellbar, da diese Werte in der Vergangenheit nicht gemessen wurden. Es ist zu erwarten, daß der Streubereich sehr groß war. Da die Verbesserung des Wirkungsgrades beim Dieselmotor seit Mitte der 70er Jahre sicherlich zu einer Erhöhung der NO_x-Emission geführt hat, ist anzunehmen, daß Motoren, die im Zeitraum davor entwickelt wurden, gegenüber heute wirkungsgradoptimierten Motoren in der NO_x-Emission bessere Werte erreichten. Nicht abgasoptimierte Motoren liegen heute bei der NO_x-Emission im Bereich zwischen 10 und 18 g/kWh, d.h. einzelne Motoren erreichen ohne Weiterentwicklung die IMO-Grenzwerte. Mit dem Jahr 2000 wird jede Motorenanlage für Schiffsneubauten dann unterhalb des IMO-Grenzwertes liegen.

Die BR 538 lieferte als Vorkammermotor bereits 1970 sehr niedrige NO_x-Werte. Auf Grund des

Vorkammerbrennverfahrens lagen Schwärzung und spezifischer Kraftstoffverbrauch noch vergleichsweise hoch. Mit dem direkteinspritzenden Common-Rail-System der BR 4000 ist es gelungen, sowohl niedrige NO_x-Emissionen als auch günstigere Verbräuche bei geringer Abgasschwärzung zu erzielen.

Die Entwicklung der Schwärzung war stets nach unten gerichtet. Wurden vor 50 Jahren noch Werte von 2 bis 3 Bosch-Einheiten akzeptiert, so ist heute bei neuen Motoren der Wert 1 zu unterschreiten.

3. Thermodynamische Zusammenhänge

3.1 Vorbemerkungen

Es gibt genau drei Maßnahmen, die Leistung eines Hubkolbenmotors zu steigern, Bild 9:

- Erhöhung des effektiven Mitteldruckes
- Erhöhung des Hubvolumens
- Steigerung der Drehzahl

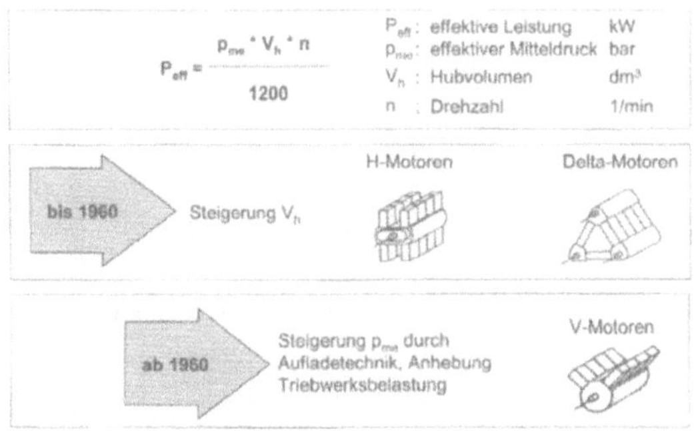

Bild 9: Maßnahmen zur Leistungssteigerung

Bis ca. 1960 versuchten die Motorenentwickler, durch komplexe Triebwerksanordnungen im wesentlichen das Hubvolumen pro umbauten Raum zu maximieren. Wesentliche Vertreter hierfür waren der H-Motor und der Delta-Motor. Beim H-Motor wurden zwei Boxermotoren direkt übereinander angeordnet. Über ein Sammelgetriebe wurde das Abtriebsmoment der beiden Kurbelwellen auf einen Abtrieb zusammengefaßt. Der Delta-Motor bestand aus drei Gegenkolbenmotoren mit insgesamt drei Kurbelwellen, deren Moment ebenfalls über ein Sammelgetriebe gebündelt wurde.

Der bauliche Aufwand für diese Motoren war sehr groß und die Wartbarkeit sehr eingeschränkt. Mit Beginn der 60er Jahre konzentrierte sich die Leistungssteigerung ausschließlich auf die Erhöhung des Mitteldruckes. Möglich wurde dieses durch Entwicklungsfortschritte in der Aufladetechnologie und neuer Gleitlagertechnologien, durch die die Triebwerksbelastung erheblich angehoben werden konnte. Die Zylinder werden heute bei kompakten Dieselmotoren ausschließlich V-förmig angeord-net.

3.2 Verringerung des Leistungsgewichtes

Das Leistungsgewicht eines Dieselmotors wird wesentlich durch die Aufladetechnologie bestimmt, Bild 10. Dargestellt ist die bezogene Masse in Abhängigkeit des Nutzmitteldruckes p_{me}. Als Randbedingungen gelten:

- Die Zylinderleistung ist konstant, d.h. der Motor mit 15 bar Mitteldruck und einer großen Bohrung weist die gleiche Zylinderleistung auf wie der Motor mit 30 bar Mitteldruck und einer kleinen Zylinderbohrung.

- Die mittlere Kolbengeschwindigkeit C_m ist konstant.

- Der maximale Spitzendruck p_{max} ist konstant.

- Das Hub-Bohrungs-Verhältnis s/D ist konstant, d.h. mit C_m = const weist der Motor mit einer kleinen Bohrung eine höhere Drehzahl auf als der Motor mit der großen Zylinderbohrung.

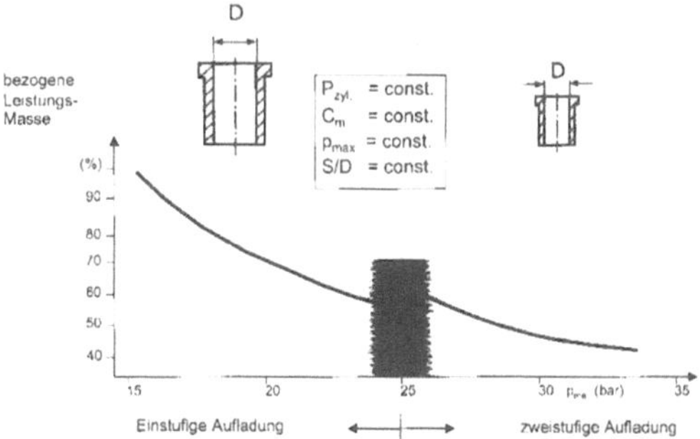

Bild 10: Leistungsgewicht: Einfluß der Aufladung

Bei ca. p_{me} = 25 bar liegt die nutzbare Grenze für die einstufige Aufladung beim schnellaufenden Dieselmotor. Die Erhöhung des Mitteldruckes von 15 bar auf 25 bar führt dabei zu einer Reduzierung der Leistungsmasse um 40%. Oberhalb ca. p_{me} = 25 bar ist die zweistufige Aufladung notwendig. Um jedoch die mit der zweistufigen Aufladung verbundene Pönale an Gewicht und Kosten auszugleichen, sollten zweistufig aufgeladene Motoren nicht unterhalb 30 bar Mitteldruck ausgelegt werden. Gegenüber dem einstufig aufgeladenen Motor mit p_{me} = 25 bar kann dann die Leistungsmasse um weitere 10% gesenkt werden.

3.3 Verringerung des Kraftstoffverbrauches

Der spezifische Kraftstoffverbrauch ist auch bei schnellen Schiffen - und hier besonders im kommerziellen Bereich - ein wesentlicher Kundennutzen. Wie bereits oben ausgeführt wurde, sind hier in den letzten 20 Jahren erhebliche Fortschritte zu verzeichnen.

Der spezifische Kraftstoffverbrauch beim Diesel-

414

motor wird wesentlich durch das Verhältnis Spitzendruck (maximaler Zünddruck) zu Nutzmitteldruck (p_{max}/p_{me}) und dem Aufladewirkungsgrad bestimmt, Bild 11. Der relative Kraftstoffverbrauch nimmt ab, wenn das Verhältnis p_{max}/p_{me} zunimmt. Mit Erhöhung von $p_{max}/p_{me} \approx 6$ auf 10 nimmt der spezifische Kraftstoffverbrauch um ca. 20 g/kWh ab. Da eine Steigerung von p_{max}/p_{me} - gleiche Technologie vorausgesetzt - immer auch mit einer Erhöhung der Motormasse verbunden ist, liegt die sinnvolle Grenze von p_{max}/p_{me} beim schnellaufenden Dieselmotor bei 8 bis 9. Oberhalb dieses Wertes ist der relative Gewinn im Kraftstoffverbrauch nur noch sehr gering. Schnellaufende Dieselmotoren mit einem Nutzmitteldruck von $p_{me} = 25$ bar werden heute für ein Spitzendruck von $p_{max} = 200$ bar ausgelegt.

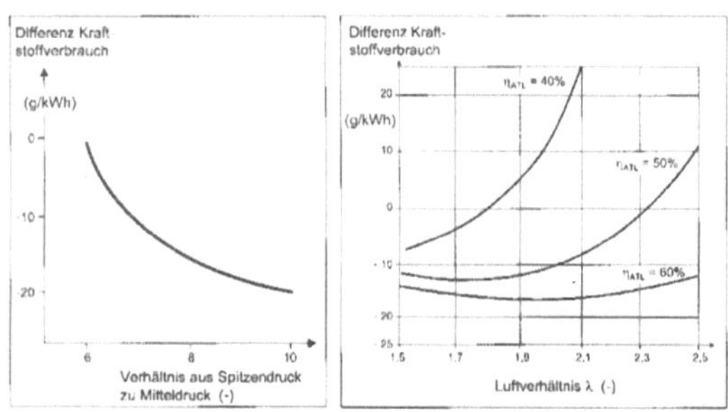

Bild 11: Kraftstoffverbrauch: Einfluß von Spitzendruck und Aufladung

Weiterhin ist in Bild 11 der relative Kraftstoffverbrauch in Abhängigkeit des Luftverhältnisses λ mit dem Aufladewirkungsgrad η_{ATL} als Parameter dargestellt. Mit η_{ATL} wird nicht nur der Wirkungsgrad des Turboladers erfaßt, sondern auch die Verluste in der Abgasleitung in der Luftverteilung berücksichtigt. Deutlich wird, daß mit Erhöhung des Aufladegesamtwirkungsgrades der Kraftstoffverbrauch positiv beeinflußt werden kann. Bei einem Luftverhältnis $\lambda = 1,9$ - ein üblicher Wert für direkteinspritzende Dieselmotoren - kann bei Erhöhung von η_{ATL} von 40% auf 60% der spezifische Kraftstoffverbrauch um 20 g/kWh gesenkt werden. Weiterhin ist von Bedeutung, daß mit steigendem Aufladewirkungsgrad der Einfluß des Luftverhältnisses auf den spezifischen Kraftstoffverbrauch abnimmt. Dies ist von großer Bedeutung, da dann das Luftverhältnis die Optimierung des Brennverfahrens bezüglich minimaler Abgasemissionen nicht einschränkt.

Mit einstufiger Aufladung können heute beim schnellaufenden Dieselmotor Aufladegesamtwirkungsgrade von $\eta_{ATL} \approx 55\%$ erreicht werden. Bei zweistufiger Aufladung mit Zwischenkühlung sind Aufladegesamtwirkungsgrade oberhalb 60% möglich.

3.4 Verringerung der Schadstoffemissionen

Die Abgasemission hat bisher bei Schiffsantrieben nur eine untergeordnete Rolle gespielt. In der Vergangenheit bemühte man sich lediglich, die Schwärzung des Abgases unter eine Sichtbarkeitsgrenze zu bringen. Im Jahre 2000 wird für auf Kiel gelegte Schiffe die IMO-Regelung in Kraft treten, Bild 12. Für eine Drehzahl von n = 2.000 U/min - ein typischer Wert für schnellaufende Motoren mit 4 l Hubvolumen pro Zylinder - liegt der Grenzwert für NO_x bei 9,8 g/kWh. Gegenüber einem verbrauchsoptimierten Motor ergibt sich beim NO_x-optimierten Motor ein Malus im Kraftstoffverbrauch. Wird beim verbrauchsoptimierten Brennverfahren durch Späterstellung des Brennbeginns der geforderte Grenzwert von 9,8 g/kWh eingestellt, so ist der Verbrauchsmalus ca. 12 g/kWh. Durch Optimierung des Brennverfahrens kann dieser Verbrauchsnachteil auf 4 g/kWh reduziert werden. Eine weitere Absenkung der NO_x-Emission führt zu einer weiteren Verschlechterung des Kraftstoffverbrauches, der dann nur teilweise durch weitere Entwicklungsarbeiten ausgeglichen werden kann.

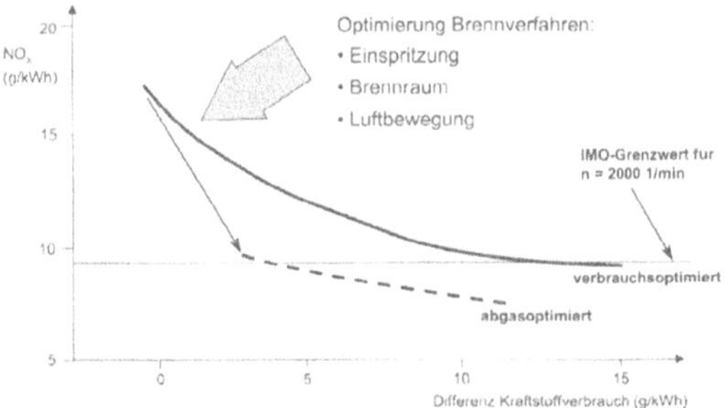

Bild 12: Emissionen: Einfluß Einspritzsystem und Brennverfahren

4. Schlüsseltechnologien

4.1 Vorbemerkungen

Die bereits diskutierten Produkteigenschaften bestimmen entscheidend den Kundennutzen eines Dieselmotors. Diese Eigenschaften werden durch folgende Schlüsseltechnologien entscheidend beeinflußt, Bild 13:

- Aufladetechnologie
- Triebwerkstechnologie
- Einspritzsystem mit Elektronik

Das Aufladesystem beeinflußt im besonderen das Leistungsgewicht und den Kraftstoffverbrauch eines Dieselmotors. Das Triebwerk bestimmt wesentlich den Kraftstoffverbrauch und die Lebensdauer. Das Einspritzsystem mit der Elektronik sind entscheidende Parameter zur positiven Beeinflussung des Kraftstoffverbrauches und der Abgasemissionen.

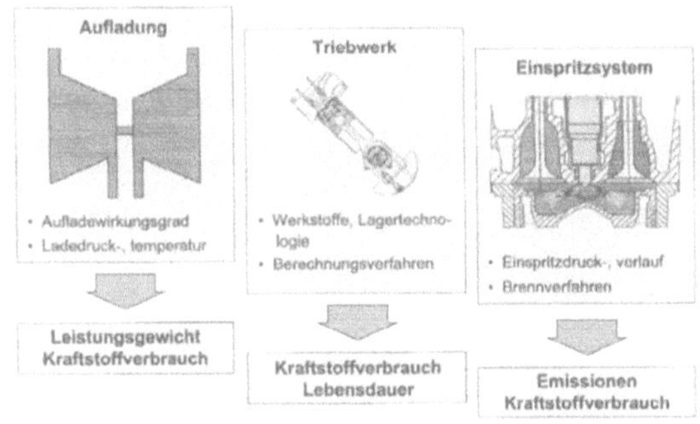

Bild 13: Schlüsseltechnologien des Dieselmotors

4.2 Registeraufladung

Wie oben ausgeführt wurde, wird das Leistungsgewicht u.a. durch den Mitteldruck bestimmt, Abb. 10. Die Registeraufladung ist ein geeignetes Mittel, hohe Ladeluftdrücke und damit hohe Mitteldrücke zu generieren. Hierbei sind mindestens zwei Abgas-Turbolader parallel im Abgasstrom angeordnet, Bild 14.

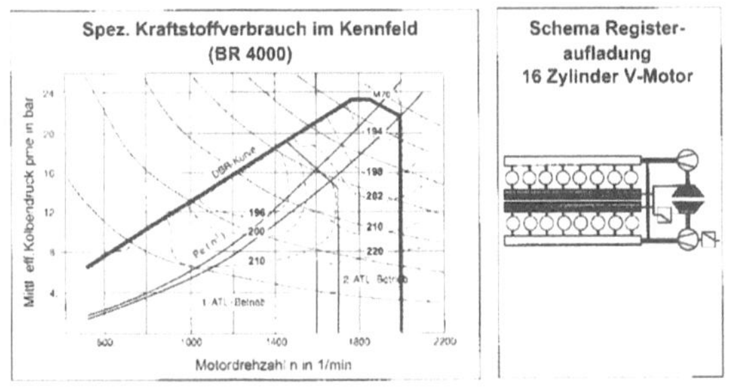

Bild 14: Schlüsseltechnologie: Registeraufladung

Beim Start und bei Teillast wird der Motor nur mit einem Abgasturbolader betrieben. Dies führt bei Teillast wegen des geringen Turbinenquerschnittes bereits zu hohen Ladedrücken und guten Aufladewirkungsgraden. Bei einem System mit zwei Abgasturboladern wird bei mittlerer Last der zweite Turbolader über ein Klappensystem zugeschaltet. Dieses Aufladesystem führt gegenüber der bekannten Stau- oder Stoßaufladung bei gleichem Ladedruck zu einem breiten Kennfeld und zu einem günstigen Kraftstoffverbrauch im gesamten Lastbereich. Hohe Mitteldrücke und breite Kennfelder sind praktisch nur mit diesem Aufladeverfahren darstellbar.

4.3 Lagertechnologie

Der Kraftstoffverbrauch eines Dieselmotor hängt u.a. vom Spitzendruck-Mitteldruck-Verhältnis ab,

Bild 11. Der ertragbare Spitzendruck wird dabei besonders von der Lagertechnologie des Triebwerkes vorgegeben. Kompakte Dieselmotoren benötigen hoch belastbare Gleitlager, ohne daß dadurch die Lebensdauer des Motors negativ beeinflußt wird. Neue Berechnungsverfahren, die bei der Lagerberechnung die elastische Verformung des Umfeldes des Lagers berücksichtigen, tragen zusätzlich dazu bei, die Auslegung der Lagerungen zu optimieren.

In hochbelasteten kompakten Dieselmotoren werden heute ausschließlich gesputterte Dreistofflager eingesetzt, die einen Spitzendruck von 220 bar zulassen, Abb. 15. Die Entwicklung der Lagertechnologie war eine wesentliche Voraussetzung dafür, daß heute kompakte Dieselmotoren mit geringem Kraftstoffverbrauch und hoher Lebensdauer dargestellt werden können.

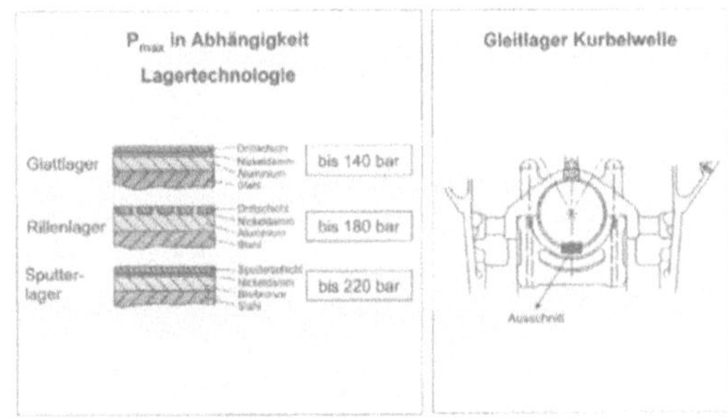

Bild 15: Schlüsseltechnologie: Lagertechnologie

4.4 Common-Rail-Einspritzsystem

Mit dem Common-Rail-Einspritzsystem ist es nach 100 Jahren Entwicklungsgeschichte des Dieselmotors gelungen, wieder eine maßgebliche Innovation mit hohem Entwicklungspotential beim Dieselmotor in Serie einzuführen. 1997 waren die MTU weltweit der erste Hersteller, der Dieselmotoren mit diesem Einspritzsystem an Kunden ausgeliefert hat.

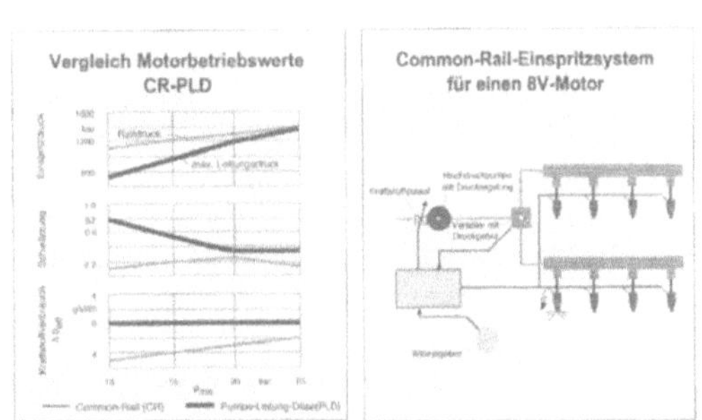

Bild 16: Schlüsseltechnologie: Common-Rail-Einspritzsystem

Beim Common-Rail-Einspritzsystem wird über eine Hochdruckpumpe Kraftstoff in einen Hochdruckspeicher - Rail genannt - gefördert. Über elektronisch gesteuerte Injektoren wird der Kraftstoff den einzelnen Zylindern zugemessen, Bild 16. Ist bei einem konventionellen System der Einspritzdruck von Drehzahl und Last abhängig, so kann beim Common-Rail-Einspritzsystem der Druck unabhängig von diesen Größen eingestellt werden. Besonders bei Teillast und im mittleren Lastbereich kann dadurch die Abgasschwärzung und der Kraftstoffverbrauch verbessert werden. Die Motoren können ohne Veränderung der Hardware bezüglich Kraftstoffverbrauch, Abgas- und Geräusch-Emission optimiert werden. So können z.B. die Motoren im Hafenbereich abgasoptimiert und auf offener See verbrauchsoptimiert betrieben werden. Darüber hinaus kann mit einem Common-Rail-Einspritzsystem der Grundmotor einfacher aufgebaut werden als mit einem Pumpe-Leitung-Düse- bzw. Pumpe-Düse-System. Es ist zu erwarten, daß in Zusammenhang mit intelligenten elektronischen Regelungs- und Überwachungssystemen weiterer Kundennutzen möglich wird.

5. Ausblick

Mit Einführung der IMO-Abgasbestimmung im Jahre 2000 ist zu erwarten, daß für die Schiffahrt mittel- bis langfristig weitere Verschärfungen vorgesehen werden. Bei der MTU-Friedrichshafen sind umfangreiche Untersuchungen zur Absenkung der NO_x- und Partikel-Emissionen durchgeführt worden. Die Arbeiten haben ergeben, daß für mobile Anwendungen sowohl die Diesel-Wasser-Emulsion als auch die der Abgasrückführung geeignete Mittel sind, beim kompakten Dieselmotor die NO_x-Emissionen zu senken. Welches Verfahren sich letztendlich durchsetzen wird, wird von der Entwicklung der Gesetzgebung und der technischen Umsetzbarkeit der einzelnen Verfahren abhängig sein.

6. Zusammenfassung

Der Dieselmotor hat sich innerhalb der letzten 100 Jahre zu einer effektiven und zuverlässigen Antriebsmaschine entwickelt. Am Beispiel des Schnellfähreneinsatzes wurde aufgezeigt, welchen Anforderungen ein Dieselmotor genügen muß. Leistungsgewicht, spezifischer effektiver Kraft

stoffverbrauch und neuerdings NO_x-Emissionen sind neben Zuverlässigkeit und Kosten entscheidend für den erfolgreichen Einsatz. Es wurde demonstriert, wie und aufgrund welcher Technologien sich die o.g. Parameter im Laufe der Zeit entwickelt haben. Aufladung, Einspritzsystem (Common-Rail-Technologie) und Triebwerk wurden als Schlüsseltechnologien des Dieselmotors identifiziert. Zukünftiger Entwicklungsschwerpunkt wird die Reduktion der Abgasemissionen, insbesondere NO_x- und Partikel-Emissionen, sein.

7. Schrifttum

RUDERT, W.; TEETZ, CH.: MTU diesel engine families 2000 & 4000. 22nd CIMAC International Congress on Combustion Engines, Kopenhagen, Mai 1998, S. 133 - 144

TEETZ, CH.; VELJI, A.: Potential zur Senkung schädlicher Bestandteile im Abgas eines schnellaufenden Dieselmotors. Stuttgarter Symposium Kraftfahrwesen und Verbrennungsmotoren 1995, Band 1, S. M12.1 - M12.10

RAUSCHER, M.; REMMELS, W.; SCHÖNFELD, D.: Einfluß der geschichteten Einspritzung auf die Stickoxidemission . MTZ Motortechnische Zeitschrift, 57. Jahrgang, Heft 2, Februar 1996

VELJI, A.; EICHEL, E.; REMMELS, W.; HAUG, F.: Dieselmotoren erfüllen mit Wassereinspritzung zukünftige NO_x- und Ruß-Grenzwerte. MTZ Motortechnische Zeitschrift 57, 1996, S. 400 - 407

REMMELS, W.; VELJI, A.: Einfluß der Abgasrückführung auf die Rußemission. MTZ Motortechnische Zeitschrift, 57. Jahrgang, Heft 3, März 1996

TEETZ, CH.: Einspritzsysteme für Dieselmotoren hoher Leistung. VDI Berichte Nr. 1256, 1996, S. 155 - 170

MTU-Friedrichshafen: Die neuen Baureihen 2000 und 4000 von MTU und DDC. Sonderausgabe 1997: MTZ Motortechnische Zeitschrift

TEETZ, CH.: Beeinflussung von Motorparametern durch das Aufladesystem. Kontakt & Studium, Dieselmotorentechnik 96, Band 505, S. 108-118

100 Jahre Schiffsdampfturbinen

One Hundred Years of Marine Steam Turbines

Prof. Dr.-Ing. **Hansheinrich Meier-Peter,** Institut für Schiffsbetriebsforschung an der Fachhochschule Flensburg

Summary. One Year earlier than the foundation of the STG the steam turbine emerged as the first alternative in ship propulsion to the up to than unrivalled reciprocating steam engine. In the first seven decades of this century followed a rapid development of this technology which had its roots in Britain and Sweden. In the years between 1921 and 1945 outstanding contributions to the further development in this technology were achieved also in Germany. After the second world war new impulses came from the U.S.A. and Sweden because of their Navies special interest in this kind of propulsion technology for their big ships. With the oil crisis of the 1970s fuel consumption and fuel cost became the determining decision criteria for the selection of ship prime movers. The remaining potential of efficiency improvements was fully made use of within the final development studies in the beginning eighties - these plants however were never installed into ships. Today marine steam turbines are only but almost exclusively installed in gas tankers. The already in the past occasionally proposed but rarely realised combination of gas- and steamturbines is becoming interesting and will for the first time be used in a passenger ship. Based on realised plants the paper presents the various steps of development and indicates existing future perspectives of this technology.

1 Einleitung

Ein schiffbautechnisches Jubiläum, das den Zeitraum von 1899 bis 1999 abdeckt, wäre unvollständig, wenn man nicht auch die Dampfturbine erwähnen würde, auch wenn ihre Bedeutung für die Schiffahrt heute eher gering geworden ist. Es gibt zahlreiche gute Bücher und Monographien, die sich ausführlich mit der geschichtlichen Entwicklung der Dampfturbine befassen. Besonders ausführliche Übersichten finden sich bei Bauer [1], [2] Schepler [2], Jung [9] und bei [13]. Hier den Versuch zu machen, eine vollständige Darstellung zu geben, ist daher wenig sinnvoll und mit Rücksicht auf die dafür erforderliche Zeit auch nicht möglich. Deshalb beschränkt sich dieser Beitrag auf die Entwicklung der Schiffsdampfturbinen-Technik in Deutschland und behandelt auch dabei nur einige ausgewählte Beispiele; ein Anspruch auf Vollständigkeit wird nicht erhoben. Es soll jedoch versucht werden, die wichtigsten Randbedigungen, unter denen diese Entwicklung stattgefunden hat, aufzuzeigen und den Querbezug zur Entwicklung auf anderen Technologiefeldern herzustellen, die die Entwicklung der Schiffsdampfturbinen mit beeinflußt haben.

2 Die erste Schiffsdampfturbine

Im Juni 1897 waren die Flotte der Royal Navy und zahlreiche Gast-Kriegsschiffe befreundeter Nationen auf der Reede von Spithead versammelt, um das 60jährige Thronjubiläum der Königin Viktoria durch eine Flottenparade zu feiern [6], [11]. Diesen Anlaß nahm Charles Algermon Parsons wahr, um - ohne Erlaubnis - mit der damals noch unvorstellbar hohen Geschwindigkeit von fast 36 kn durch die wohlgeordneten Reihen der versammelten Kriegsschiffe zu dampfen. Ausgesandten Häschern fuhr er einfach davon. Die Admiralität war empört. Ehe jedoch disziplinarische Maßnahmen ergriffen werden konnten, hatte Prinz Heinrich von Preußen bereits Parsons seine Glückwünsche übermittelt und um eine Wiederholung gebeten [10].

Abb. 1: „Turbinia" in voller Fahrt bei 34 kn. Gesamtantriebsleistung P = 3 x 500 kW; Dampfdruck p = 15,5 bar; Temperatur t = 200°C

Zum gleichen Zeitpunkt nahm Großadmiral von Tirpitz seine Tätigkeit als Staatssekretär der Marine und Chef des Reichsmarineamts auf, der das Flottenbauprogramm der Kaiserlichen Marine in erheblichem Maße beeinflußt hat und auch sofort diese neue Antriebsalternative in seine Planungen einbezog [32]. Parsons' spektakuläre Präsentation wird immer wieder gern als Beginn des Schiffsdampfturbinenbaus bezeichnet. Weitaus weniger auffällig, aber fünf Jahre früher, 1892, hatte der schwedische Ingenieur Carl Gustaf de Laval eine 11-kW-Turbine mit einem Getriebe für den Antrieb eines Schiff gebaut; infolge der kleinen Leistung kam sie jedoch nicht zum Einsatz in einem Schiff

[9]. Die beiden elementaren und auch als Patente dokumentierten Erfindungen lagen jedoch schon einige Jahre zurück: 1883 hatte de Laval die erste technisch brauchbare Gleichdruck-Turbine und 1884 Parsons die erste technisch brauchbare Überdruck-Turbine gebaut. De Laval erfand auch bereits 1889 die „mehrstufige Gleichdruckturbine mit Geschwindigkeitsstufung", die wir heute als Curtis-Turbine kennen. Da er seine Erfindung jedoch nicht zum Patent anmeldete, nahm 1895 Charles Curtis, der die Vorteile dieses Prinzips erkannte, diese Gelegenheit wahr, um sich seinerseits diese technische Alternative patentieren zu lassen. Die Erfindungen von de Laval und Parsons hatten ursprünglich andere Zielrichtungen: Parsons suchte nach einem Antrieb für Dynamos, um die kleinen, für den Antrieb von Dynamos weniger geeigneten Kolbendampfmaschinen zu ersetzen. Seine ersten Turbinen waren daher Generatorantriebe. Sie sind ebenso wie die legendäre „Turbinia" noch heute im Original bzw. in Modellen im Museum of Science and Engineering in Newcastle upon Tyne zu besichtigen [9], [11]. Auch über die nachfolgenden Jahrzehnte hat immer eine enge Wechselwirkung zwischen der Entwicklung der Generatoren und der Dampfturbine bestanden: Immer dann, wenn es gelang, Fortschritte bei den Generatoren zu erreichen, wurden auch die Dampfturbinen verbessert.

3 Erste deutsche Dampfturbinenschiffe

Der neue Antrieb gewann unverzüglich höchstes Interesse auch beim Reichsmarineamt. Hiervon zeugt ein Schreiben des „Managing Director" der Marine Steam Turbine Co. Limited, 61 Westgate Road, Newcastle upon Tyne vom 16. April 1898 an den deutschen Marineattaché in London [32]:

„Dear Sir,

In reply to your letter of the 4th April, which has been laid before our Directors, we beg to say that we should be much pleased to quote you for re-engining of one of your Torpedo Boats when a satisfactory arrangement is come to with your Government in reference to the allocation of steam turbine machinery to war ships in your country.

We should also wish to add that in our opinion it would be more satisfactory to apply the steam turbine to vessels especially designed for such machinery.

You are doubtless aware that we have at present in hands a destroyer of specially high speed for the British Government.

We are, Dear Sir,

Yours truly

Charles A. Parsons

Managing Director"

Es dauerte dann jedoch noch bis zum 4. April 1905, bevor das erste Deutsche Turbinenschiff, das Torpedoboot S 125, auf der Schichauwerft in Elbing erbaut, von der kaiserlichen Marine in Dienst gestellt werden konnte. Danach wurden in rascher Folge im April 1905 der kleine Kreuzer Lübeck - Bauwerft Stettiner Vulcan - und am 14.11.1908 der kleine Kreuzer „Dresden" - Bauwerft Blohm & Voss - an die kaiserliche Marine geliefert [2]. Alle drei Schiffe hatten Parsons-Turbinen, die direkt mit den Propellerwellen gekuppelt waren, da entsprechend geeignete Getriebe noch nicht verfügbar waren. Ab 1911 erhielten alle größeren Schiffsneubauten der kaiserlichen Marine Dampfturbinen, teilweise bereits mit Getriebe [7], [32].

Abb. 2: Kleiner Kreuzer „Dresden", 1908 erbaut von Blohm + Voss, Hamburg, eins der ersten Dampfturbinenschiffe der Kaiserlichen Marine

Ein weiteres Anwendungsgebiet für Dampfturbinen waren die großen Passagierschiffe, da die Reedereien im ständigen harten Wettbewerb um die Gunst ihrer Fahrgäste immer größere und immer schnellere Schiffe bauten. Die Größe der Kolbendampfmaschinen in dieser Zeit erreichten die obere Grenze der technischen Machbarkeit. Das erste deutsche Handelsschiff, auf dem der Dampfturbinenantrieb angewendet wurde, war dann auch ein Fahrgastschiff, der Seebäderdampfer „Kaiser" der Hamburg-Amerika-Linie [2], [12]. Er erhielt Dampfturbinen der Bauart AEG - Stettiner Vulcan, die sich technisch von den Parsons-Turbinen der Kriegsschiffe unterschieden [39]. Das machte dieses Schiff für die kaiserliche Marine so interessant, daß sie es für ein Jahr charterte, um sich über die technischen Eigenschaften bzw. Vor- und Nachteile dieses Konzepts genauestens zu informieren.

Schon wenige Zeit später, 1913, kam die „Imperator", das erste deutsche Vierschrauben-Turbinenschiff in Fahrt. Wie oft überstrahlt der Glanz der Größe des Objekts die schnöde Technik, die durchaus bei diesen Schiffen oft einen Innovationsschritt erheblichen Ausmaßes darstellte [2], [12]. Von den technischen Problemen erfährt die Öffentlichkeit oft nichts. Im Fall der „Imperator" berichtet der Leiter der Technischen Abteilung der HAPAG, Berthold Bleicken, ausführlich über den Schaufelschaden, der bei der ersten Reise an den ND-RW-Turbinen auftrat, wie er ihn feststellte, welches technisches Problem offenbar vorlag, welche Sofortmaßnahmen ergriffen wurden und wie er später behoben wurde. Natürlich wurde er vor der Öffentlichkeit geheim gehalten - was nicht einfach war, denn „. . . *es mußten viele Körbe voll Schaufeln herausgeholt werden"* [3].

Abb. 3: Seebäderdampfer „Kaiser", 1905 erbaut von den Vulcan Werken Stettin AG für die HAPAG. Erstes deutsches Passagierschiff mit Antrieb durch Dampfturbinen, Bauart AEG-Curtis

3 Weiterentwicklung der Schiffsdampfturbinen

Diese ersten Dampfturbinenanlagen auf deutschen Schiffen waren, dem Stand der Technik entsprechend, direktwirkend, direkt mit den Propellerwellen gekuppelt, die zunächst noch mehrere Propeller in Tandem-Anordnung trugen. Dabei gab es keine Bedenken, die einzelnen Propellerwellen über die verschiedenen Teilturbinen thermisch miteinander zu kuppeln.

So waren z.B. die Wellen der Dampfturbinenanlage der „Imperator" folgendermaßen angeordnet [2]:

Propellerwelle:		Turbine:
BB	außen	ND-VW + ND-RW
BB	innen	HD-VW + HD-RW
St.B.	außen	MD-VW+ HD-RW
St.B.	außen	ND-VW + ND-RW

Ein erster Schritt zur besseren Anpassung der Turbinendrehzahl an die Propellerdrehzahl gelang Hermann Föttinger mit der Erfindung des Föttinger Transformators [2], der zwar in der Schiffstechnik nur kurze Zeit Bedeutung erlangte, für viele andere Anwendungen im Getriebebau aber bis zum heutigen Tag unverzichtbarer Bestandteil ist. Seine Anwendung im Schiffbau wurde überholt durch die Entwicklung leistungsfähiger Zahnradgetriebe. Hier leistete auch wieder Blohm & Voss wesentliche Pionierarbeit. Erstes Handelsschiff mit einer Getriebeturbinenanlage wurde die „Urundi" für die Deutsche Ost-Afrika-Linie [12].

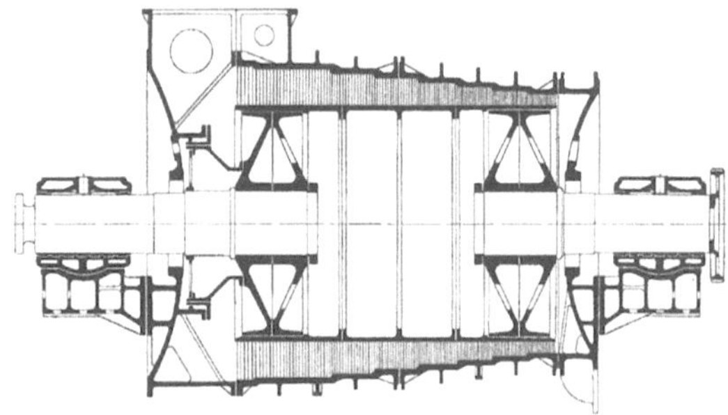

Abb. 4: Mitteldruckturbine des Schnelldampfers „Imperator" der HAPAG, 1913 erbaut von den Vulcan Werken AG Hamburg [1]

Die Entwicklung der Dampfturbinen war und ist einerseits sehr eng mit der Entwicklung der Generatoren verbunden. Immer dann, wenn es gelang, die Leistungsfähigkeit der Generatoren zu verbessern, wurde auch die Leistungsfähigkeit der Turbinen gesteigert. Heute existieren Dampfturbinen mit Einheitsleistungen von 1.700 MW in Kraftwerken an Land, und noch größere Block-Leistungen sind realisierbar. Die Umfangsgeschwindigkeiten in den Endstufen der Kraftwersturbinen liegen heute bei 470 m/s [8], [9].

Andererseits haben auch die Forderungen der Marine bis 1945 die Schiffs-Dampfturbinen-Entwicklung in Deutschland in erheblichem Maße beeinflußt [32]. Da in den Jahren zwischen den beiden Weltkriegen zahlreiche Dampfturbinenanlagen gebaut wurden, nimmt es nicht sonderlich wunder, daß es in dieser Zeit auch zu teilweise erheblichen Rückschlägen kam [22], [32]. Dabei waren allerdings weniger die Turbinen selbst verursachend als vielmehr die Dampferzeuger und die Dampfsysteme. Erst gegen Mitte der 60er Jahre gelang es, die bis dahin hohe Störanfälligkeit der Dampferzeuger zu überwinden, durch Eliminierung der bis dahin üblichen Ausmauerung. Dies wurde ermöglicht durch den Übergang auf den Feuerraum allseitig umgebende weitgehend gasdichte Membranrohrwände und Anordnung der Brenner in der Kesseldecke. Hierdurch entstanden Feuerräume mit nahezu optimalen Abmessungen und folglich sehr guten Kesselwirkungsgraden. Die Zuverlässigkeit konnte so weit gesteigert werden, daß Schiffe mit „Vater-und-Sohn"-Kesselanlagen gebaut wurden, was auch die Einführung einer Zwischenüberhitzung ermöglichte [23].

Auch den turbo-elektrischen Antriebsanlagen galt ein starkes Interesse der Marine. Die Schiffe „Potsdam" und „Scharnhorst", die mit diesem Antriebsanlagen ausgerüstet waren, dienten der Klärung von Vor- und Nachteilen nicht nur für zivile, sondern auch für militärische Anwendungen; gab es doch auch in den USA, Frankreich und Großbritannien entsprechende Anlagen bei Fahrgastschiffen, Kühlschiffen und Kriegsschiffen. Zeitweilig wurde auch für die deutschen Schlachtschiffe „Bismarck" und „Tirpitz" über einen turbo-elektrischen Antrieb nachgedacht [2], [3], [32].

Abb. 5: Schwerer Kreuzer „Prinz Eugen", 1940 erbaut von der Germaniawerft, Kiel. Modernstes Dampfturbinenschiff der Kriegsmarine. Gesamtantriebsleistung P = 97.000 kW; Hochdruck-Heißdampfanlage mit Dampfdruck p = 80 bar; Dampftemperatur t = 450°C.

4 Gleichdruck- und Überdruckturbine

Die beiden grundlegenden Turbinenbauarten Gleichdruck- (Aktions)- und Überdruck- (Reaktions-) Turbine unterscheiden sich, sofern dasselbe Gesamtgefälle verarbeitet werden soll, durch die Anzahl der dafür erforderlichen Stufen. Das hat in den Anfangsjahren des Schiffdampfturbinenbaus oft die Aufteilung der Stufen auf mehrere Gehäuse erforderlich gemacht. Gleichdruck- und Überdruckturbinen traten im weiteren Verlauf der Entwicklung immer wieder in Konkurrenz zueinander, auch ausgelöst durch die bei den einzelnen Herstellern bestehenden Patente und Lizenzen. Dabei wurden verschiedentlich heiße Diskussionen über die Vor- und Nachteile geführt. Am besten hat diese Auseinandersetzung Berthold Bleicken auf den Punkt gebracht [3]. Er schreibt: *„Die Statistik zeigt, daß hinsichtlich der Turbinenhavarien kein Unterschied zwischen den verschiedenen Turbinensystemen festzustellen ist. Immer aber sind sie sehr störend."* Sein Kommentar wird durch die Aussagen des Leiters der Technischen Abteilung des Norddeutschen Lloyd, W. Behrens, in dem 1962 vor der STG gehaltenen Vortrag „Betriebserfahrungen mit Schiffsturbinenanlagen nach dem Wiederaufbau der deutschen Handelsflotte" bestätigt [2].

Technisch durchgesetzt haben sich nach vielen Jahren dann Konstruktionskonzepte mit zweigehäusiger Bauweise und Gleichdruckstufen in der HD-Turbine und einer Mischbauform Gleichdruck-Überdruck im ND-Teil.

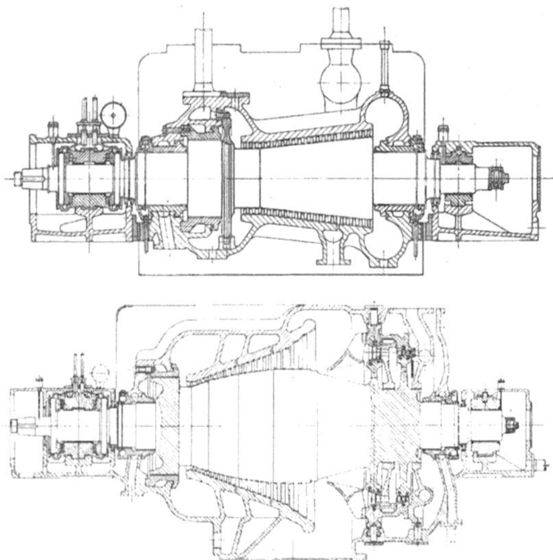

Abb. 6: HD- und ND-Turbine einer Antriebsanlage Bauart BBC, Stand 1950. Gesamtleistung P = 7.400 kW; Druck p = 42 bar; Temperatur t = 425 °C; nach Schepler in [2].

5 Turbinengetriebebauarten

Der Vorteil eines thermodynamischen Gewinns durch Anwendung hohen Frischdampfdrucks und hoher Frischdampftemperatur wird durch den Nachteil eines kleinen spezifischen Dampfvolumens und eine zu seiner sinnvollen Nutzung erforderliche hohe Drehzahl erkauft.

Die hohe Drehzahl der Turbine macht vor allem bei langsamen Schiffen wie z. B. Tankern dann ein mehrstufiges Getriebe erforderlich. Die Zusammenfassung der Leistung von mehreren Teilturbinen mit unterschiedlicher Drehzahl und hohen Drehmomenten auf eine gemeinsame Welle führt zu komplexen Getriebekonstruktionen mit großen Übersetzungsverhältnissen. Das Übersetzungsverhältnis wird durch die kleinste mögliche Zähnezahl und den kleinsten möglichen Durchmesser des Ritzels einerseits und den größten herstellbaren Durchmesser des großen Rades andererseits begrenzt. Die Breite der Verzahnung wird durch das zu übertragende Drehmoment und die zulässige Zahnbeanspruchung - bei naturharten Verzahnungen vor allem durch die maximal zulässige Flächenpressung - der Verzahnung bestimmt. Um die gleichmäßige Verteilung der Flächenpressung bzw. des Drehmoments über die oft erhebliche Zahnbreite zu erzielen, haben sich in den 50 Jahren 1915-1965 eine Vielzahl möglicher Radanordnungen entwickelt [34], [38], [39]. Dabei kam es teilweise zu extremen Übersetzungsverhältnissen von i = 14 oder Zahnbreitenverhältnissen von b/d = 12. Ihren Abschluß hat diese Entwicklung schließlich mit zweistufigen Übersetzungsgetrieben in gegliederter Bauweise mit Vorspannung und Leistungsverzweigung in den ersten Stufen (dual tandem articulated - locked train - type) [14], [35] und Kombinationen aus Planeten-, Umlauf- und Stirnrad-Übersetzungsstufen mit zwei- und dreistufiger Übersetzung gefunden [9], [16]. Ein Übersetzungsverhältnis von etwa i = 8 pro Stufe bei naturharten, doppelt-schräg-verzahnten, breitenkorrigierten Radpaarungen mit Modul 12 bis 14 in der Endstufe und Modul 10 bis 12 in den ersten Stufen mit DIN-Qualität 4 hat sich bewährt, ebenso wie die Nitrierhärtung der Verzahnung in den Hohlrädern von Planeten- und Umlaufgetrieben. Größere Moduli und einsatzgehärtete Verzahnungen haben sich bisher für Schiffsdampfturbinenanlagen nicht durchgesetzt, da die Vorteile dieser technologischen Maßnahmen bei Turbinenanlagen nicht voll ausgeschöpft werden können.

Abb. 7: Zweistufiges Übersetzungsgetriebe mit Leistungsverzweigung in der ersten Stufe. Bauart AG „Weser"/General Electric Co. Blick auf Ritzel und Räder der ersten Stufe, HD-Turbinenseite.

6 Wechselwirkungen zwischen Handelschiffbau und Marineschiffbau

Insbesondere die Entwicklung der Benson-Kessel und der Wagner-Hochdruck-Heißdampf-Kessel, die auf Schiffen der HAPAG, des Norddeutschen Lloyd sowie anderer Reedereien getestet wurden, waren Vorversuche für die Dampfturbinen-Antriebskonzepte der schweren Kreuzer „Hipper", „Blücher" und „Prinz Eugen", der Großkampfschiffe „Scharnhorst", „Gneisenau", „Tirpitz" und „Bismarck". Daß es dennoch auf diesen Schiffen und mit den zahlreichen Dampfanlagen auf den

Zerstörern erhebliche Probleme gegeben hat, kann man nur ermessen, wenn man bedenkt, daß die Turbinen-Schiffe anderer Nationen damals in der Anwendung von Hochdruck-Heißdampf noch weit zurücklagen. In Deutschland vollzog sich diese Entwicklung nicht nur bei den großen Turbinenfabriken, sondern teilweise direkt in den einzelnen Bauwerften, die nach den Vorgaben von Lizenzgebern und des Marinekonstruktionsamts arbeiteten und diese Vorgaben in Konstruktionen umsetzten. Schiffsdampfturbinen wurden in Deutschland vor und zwischen den beiden Weltkriegen entwickelt und gebaut von AEG, BBC, Blohm & Voss, Bremer Vulkan, Deschimag AG „Weser", Deutsche Werke, Germania Werft, Howaldtswerke Hamburg, Kieler Howaldtswerke, Kriegsmarinewerft Wilhelmshaven, Siemens, Stettiner Vulkan, Schichau, WAHODAG und anderen. Es waren teilweise Eigenkonstruktionen oder Lizenzbauten und oft Einzelkonstruktionen, was als Erklärung dafür dienen mag, daß es zahlreiche Rückschläge im Dampfturbinenbau gegeben hat.

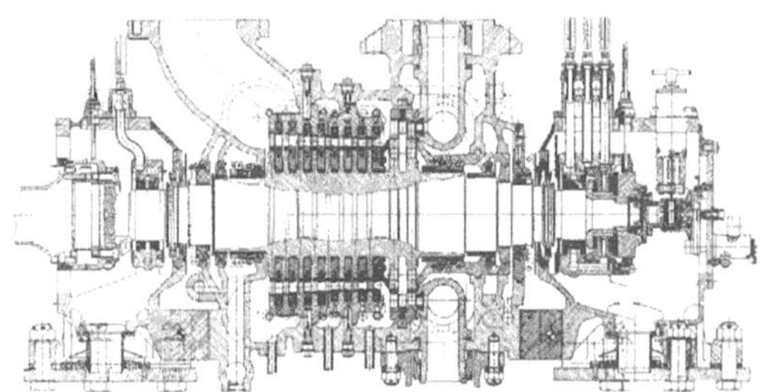

Abb. 8: Marschturbine der Dampfturbinenanlage für einen Zerstörer, Bauart WAHODAG [13].

Andererseits haben die Konstruktionsvorgaben des Marinekonstruktionsamts auch dazu geführt, daß eine beachtliche Beschleunigung der Dampfturbinen-Technologie in Deutschland stattfand. Da die Restriktionen des Versailler Vertrages der Marine zunächst starke Beschränkungen auferlegten, die eine freie Entfaltung behinderten, wurde viel in Kooperation mit den großen deutschen Reedereien durchgeführt, und ein intensiver Erfahrungs- und Informationsaustausch fand statt [2], [32].

7 Wissenschaftliche Arbeiten

Die wissenschaftlichen Arbeiten dieser Zeit, über die häufig bei der Schiffbautechnischen Gesellschaft vorgetragen wurde, spiegeln dann auch die intensive Beschäftigung mit diesen Problem wieder. Sie behandeln Fragen der Erhöhung der Frischdampfdrücke und -temperatur; die optimale Nutzung der Regenerativvorwärmung des Speisewassers, die Möglichkeiten des Einsatzes von Zwischenüberhitzung, die Verbesserung des Wirkungsgrads und die Verringerung von Druck-,

Wärme- und Mengenverlusten im Kreislauf [2], [20], [21], [25].

Ein weiteres wichtiges Thema im Zusammenhang mit Schiffs-Dampfturbinen-Antriebsanlagen war immer auch die für Rückwärtsfahrt erforderliche Rückwärtsturbine, eine technische Besonderheit, die nur beim Schiffsantrieb gelöst werden muß. Obwohl bereits zu Beginn des Schiffsdampfturbinenbaus klar war, daß für Rückwärtsfahrt nur eine kleinere Leistung benötigt wurde und auch ein hoher Wirkungsgrad dabei nicht erforderlich war, gab es immer wieder Probleme. So rammte der Kleine Kreuzer „Dresden" bereits auf einer der ersten Fahrten einen Segler mittschiffs und schnitt ihn in zwei Teile, weil infolge der niedrigen Leistung der RW-Turbine nicht schnell genug aufgestoppt werden konnte. Für die bis dahin üblichen Kolbendampfmaschinen wurden Umsteuerzeiten für VV auf VR von 30 Sekunden gefordert und auch eingehalten [32]. Die RW-Turbinen waren grundsätzlich an das Vakuum des Kondensators angeschlossen. Anfänglich in Überdruckbauweise ausgeführte RW-Turbinen entwickelten aber eine gewisse Pumpwirkung und saugten so Abdampf in die Beschaufelung, was zu Erwärmung, Schaufelwachstum und Anstreifen der Schaufeln führte. Das gleiche Problem entsteht bei länger andauernder RW-Fahrt auch an den Endstufen der VW-Turbine [26]. Während sich Parsons auf seiner „Turbinia" noch mit einer einzigen RW-Turbine auf der Mittelwelle begnügte, auf die auch die ND-Turbine wirkte, und dieses Konzept auch für viele der direkt gekuppelten Turbinen in den Jahren bis 1915 beibehalten wurde, kamen mit dem Einsatz von Getrieben auch zweigehäusige Rückwärtsturbinen auf. In einigen Fällen wurden sogar auch dreigehäusige RW-Turbinen gebaut.

Anfang der 60er Jahre setzte sich dann aber das Konzept einer eingehäusigen, im Abdampfstutzen der ND-Turbine angeordneten und ebenfalls mit vollem Frischdampfzustand betriebenen RW-Turbine durch. Häufig bestand diese nun aus zwei zweikränzigen Curtisrädern oder aus einem zweikränzigen Curtisrad mit ein bis zwei nachfolgenden Gleichdruckstufen [16], [27]. Insbesondere nach dem Übergang auf das Konzept der Ein-Flur-Anlagen mit vor der ND-Turbine liegendem Kondensator war dann auch das Problem einer zeitlich unbegrenzten RW-Fahrt gelöst. Besondere Beachtung bedarf die Auslegung der RW-Turbine bei Anlagen mit Zwischenüberhitzung: Hier ist infolge des großen Enthalpiegefälles bei VW-Fahrt der Dampfmengenstrom geringer als bei leistungsgleichen Anlagen mit einfacher Dampfdehnung. Das muß bei der Auslegung der RW-Turbine berücksichtigt werden [4], [23]. Die Schwierigkeiten, die im Zusammenhang mit Umsteuermanövern und dem Betrieb der Rückwärtsturbine aufgetreten waren, gaben Anlaß für die Überlegung, auch bei Dampfturbinenantrieben Verstellpropeller zu verwenden, insbesondere auch im Zusammenhang mit der Überlegung, Zwischenüberhitzung einzuführen [27]. Unabhängig von dieser vergleichsweise spät angestellten Überlegung waren bereits 1955 in Deutschland drei Fischdampfer mit Dampfturbinenantrieb und Verstellpropeller gebaut worden [33], das Antriebskonzept setzte sich jedoch später nicht weiter durch, zumal Dampfantriebe aus der deutschen Hochseefischerei nach und nach ganz verschwanden.

8 Entwicklung nach dem 2. Weltkrieg

Die Dynamik, die die Entwicklung der Dampfturbinen-Anlagen durch die gemeinsamen Impulse von Marine und Handelsschiffahrt zwischen 1920 und 1945 erhalten hat, hielt bis zum Beginn der 60er Jahre. Ab 1951 erhielten die verschiedenen Werften und Turbinenfabriken erste Neubauaufträge deutscher und ausländischer Reeder. Das erste deutsche Nachkriegs-Dampfturbinenschiff war der Frachter „Heidelberg" der HAPAG, der auf der Deutschen Werft entstand. Von den zahlreichen Schiffs-Dampfturbinenbauern der Vorkriegszeit waren nur noch AEG, Blohm & Voss, Bremer Vulkan, Howaldtswerke Hamburg und AG „Weser" sowie die WAHODAG übrig, BBC und Siemens konzentrierten sich bald auf den Bau von Kraftwerksturbinen und gaben das Schiffs-Dampfturbinengeschäft auf. In einem Bericht über den wieder erstarkenden Dampfturbinenbau berichten die Howaldtswerke 1952 von einem Auftragsvolumen von 22, die AG „Weser" von 6 Anlagen für Tankschiffe. Gleichzeitig wird erwähnt, daß zwischen 1949 und April 1953 100 Abdampfturbinenanlagen des Systems Bauer-Wach geliefert wurden. Einen Meilenstein stellt auch der 1953 von den Hamburger Howaldtswerken gelieferte Großtanker „Tina Onassis" dar, über den ausführlich berichtet wurde [17]. Auch die Naßdampfturbine des Kernenergieschiffs „Otto Hahn", das nach längerer Bauzeit 1968 in Fahrt kam, wurde von den Turbinenbauern der Hamburger Howaldtswerke entwickelt, konstruiert und gebaut. Als letztes deutsches Passagierschiff mit Dampfturbinenantrieb kam 1969 die „Hamburg" in Fahrt; sie erhielt zwei AEG-Getriebeturbinenanlagen mit einer Leistung von je 8.456 kW. Die WAHODAG setzte als einzige den Bau von Dampfturbinen für die Marine fort und lieferte die Dampfturbinenanlagen für die Zerstörer der Hamburg-Klasse, für das Schulschiff „Deutschland" und eine entsprechende Laboranlage für die Technische Marineschule Kiel [24].

Abb. 9: Zerstörer der „Hamburg"-Klasse. Diese Zerstörer erhielten die letzte in Deutschland entwickelte und gebaute Zerstörer-Dampfturbinen-Antriebsanlage, Bauart WAHODAG 1964

Da wenig später die nächste Zerstörergeneration, die Lütjens-Klasse, im Rahmen eines Lieferabkommens aus den U.S.A. beschafft wurden, stellte die WAHODAG kurz darauf ihre Aktivitäten auf dem Gebiet des Dampfturbinenbaus ein, zumal bei gelieferten Handelsschiffsanlagen technische Probleme aufgetreten waren.

Zu diesem Zeitpunkt hatten die Schiffs-Dampfturbinenbauer in den USA und in Schweden den Entwicklungsvorsprung der deutschen Hersteller erreicht und bereits überholt.

Eine wesentliche Rolle spielte dabei in den U.S.A der umfangreiche Einsatz von Nukleardampferzeugern auf Flugzeugträgern, Kreuzern und Ubooten, die sämtlich mit Dampfturbinen ausgerüstet wurden. Da die Marine insbesondere in Kriegszeiten gegebenenfalls auch vergleichsweise schlecht ausgebildetes Personal einsetzen muß, wurde größter Wert auf eine robuste und unempfindliche Bauweise gelegt und weniger auf letzte Wirkungsgrad-Prozentpunkte, was dazu beigetragen hat, daß die Antriebsanlagen mit Dampfturbinen eine unübertroffen hohe Verfügbarkeit von mehr als 370 Tagen pro Jahr erreichten. Auch die amerikanischen Handelsschiffe wurden überwiegend mit Dampfturbinenantrieb gebaut. Ursächlich hierfür war einerseits die sehr weitgehende Wartungsfreiheit der Dampfturbinen im Vergleich zu Dieselmotoren, aber auch die hohe Verfügbarkeit und das Mitspracherecht der Maritime Administration bei der Konzeption des Schiffs und der Maschinenanlage von in U.S.A. gebauten und unter US-Flagge betriebenen Schiffen.

Im Gegensatz dazu waren die von den Stal-Laval-Ingenieuren in Schweden konstruierten Advanced-Propulsion-(AP-)Turbinen sehr viel leichter gebaut und nutzten die technischen Möglichkeiten viel intensiver aus; sie erzielten ihre ebenfalls hohe Zuverlässigkeit durch eine besonders sorgfältig durchdachte und systematisch geordnete Konstruktion. Anfängliche Schwierigkeiten mit den Planetengetrieben konnten bald behoben werden.

Abb. 10: Dampfturbinen-Containerschiff vom Typ SL-7 der Reederei Sealand Inc.. Antriebsleistung 2 x 44 MW; Baujahr 1970; Dampfdruck p = 63,5 bar; Temperatur t = 515 °C.

9 Aufnahme neuer Lizenzen

Als kurze Zeit später dann weltweit eine lebhafte Nachfrage nach Antriebsanlagen großer Leistung für Tanker und Containerschiffe einsetzte, schlossen der Bremer Vulkan (1966) und die AG „Weser" (1964) Lizenz- bzw. Kooperationsverträge mit der Stal Laval AB, Finspong, Schweden bzw. General Electric Co., Lynn, Mass. ab und übernahmen deren Technologie [35]. AEG und Blohm & Voss setzten auf ihre eigenen Konstruktionskonzepte, da sie neben der Herstellung von Schiffsdampfturbinen auch erfolgreich im Markt für Industrieturbinen tätig waren. Hervorzuheben ist, daß beide Unternehmen vor diesem Hintergrund auch in erheblichem Maße in die Weiterentwicklung ihrer Konstruktionen investierten.

Die Entscheidung der beiden deutschen Werften „AG „Weser" und Bremer Vulkan AG zur Aufnahme einer Lizenz- bzw. Kooperationsfertigung mit den im Weltmarkt führenden Herstellern führte für nahezu ein Jahrzehnt zu sehr guter Beschäftigung der Werften und zum know-how-Erhalt auf dem Gebiet anspruchsvoller Dampfanlagen. In dieses Jahrzehnt fällt die Fertigstellung zahlreicher aufsehenerregender Schiffe. Angefangen bei den Sealand-SL-7-Containerschiffe die von den Thyssen Nordseewerken Emden, der Verolme United Shipyards und der AG „Weser" gemeinsam geliefert wurden, mit Turbinenanlagen Bauart GE mit jeweils 2 x 44.000 kW, den Großcontainerschiffen der just aus der Fusion der HAPAG mit dem Norddeutschen Lloyd entstandenen HAPAG-Lloyd AG mit Turbinen der Bauart Stal Laval mit jeweils 2 x 29.500 kW [18] und die zahlreichen weiteren Turbinencontainerschiffe und Großtanker der Werften Howaldtswerke Deutsche Werft AG [23], [30], Bremer Vulkan AG und AG „Weser" [28] bis hin zu den großen Gastankern [31].

Abb. 11: Getriebeturbinenanlage Bauart Stal Laval. Die Containerschiffe der „Hamburg Express"- und „Bremen Express"-Klasse der Hapag Lloyd AG wurden mit zwei Anlagen dieser Bauart ausgerüstet. Gesamtantriebsleistung P = 2 x 29.500 kW; Dampfdruck p = 64,5 bar; Temperatur t = 515 °C.

Abb. 12: Niederdruckturbine Bauart General Electric für das SL-7-Containerschiff „Sealand Market", Baujahr 1970/71

Mitte Juni 1969 lieferten die Howaldtswerke Deutsche Werft AG die „Esso Norway" als erstes in Deutschland gebautes Dampfturbinenschiff mit Zwischenüberhitzung ab [23]. Der spezifische Brennstoffverbrauch betrug 253 g/kWh (= 186 g/WPSh) und wurde erreicht mit einem Dampfzustand von 106 bar/ 513 °C Frischdampf und Zwischenüberhitzung bei 23 bar/513 °C. Die Speisewassertemperatur betrug 258 °C vor Kesseleintritt. Die Gesamtleistung der Antriebsanlage betrug 29.500 kW. Der mit dieser Anlage erreichte spezifische Brennstoffverbrauch entsprach dem nach den vorangegangenen theoretischen Berechnungen zu erwartenden Wert genau. Er wurde viele Jahre später, als die extrem angewachsenen Brennstoffpreise den Reedereien große Sorgen bereiteten, nochmals durch eine erneute Probefahrt bestätigt. Diese Probefahrt sollte der Reederei als Entscheidungsgrundlage für eventuelle weitere Umbauten dienen. Weltweit wurden im Zeitraum von 1942 bis 1976 nur 24 Dampfturbinenschiffe mit Zwischenüberhitzung gebaut. Die Esso Norway ist in

dieser kleinen Gruppe das erste Schiff, bei dem ein Dampfzustand von 106 bar/513 °C angewendet wurde.

Abb. 13: „Esso Norway". Erstes in Deutschland gebautes Dampfturbinenschiff mit Zwischenüberhitzung, [23]. Gesamtantriebsleistung P = 22.000 kW; Druck p = 106 bar; Temperatur t = 513 °C.

Blohm & Voss lieferte in dieser Zeit erfolgreich eine erste Ausführung der ersten konsequenten deutschen Nachkriegsentwicklung an die französische Bauwerft CNIM zum Einbau in den Methan-Tanker „Hassi R Mel" [20]. Diese Entwicklung war gleichzeitig ein besonders bemerkenswertes Beispiel für die gute Zusammenarbeit mit den Hochschulen, die bei Blohm & Voss immer besonders gefördert wurde [15].

Nicht ganz so erfolgreich war die Gemeinschaftsentwicklung der AEG im Verbundforschungsprojekt Schiff der Zukunft; es entstand im Rahmen dieser Zusammenarbeit das Konzept einer dreigehäusigen drosselgeregelten Schiffsdampfturbine mit extrem hohem Dampfzustand, Zwischenüberhitzung und fünfstufiger Regenerativ-Speisewasservorwärmung [5]. Ein Dampfzustand von 140 bar/ 600 °C wurde erwogen und der konstruktiven Untersuchung zugrundegelegt. Zu einer Prototypanlage bzw. einer konkreten Realisierung dieses Konzepts kam es jedoch nicht mehr. Dieses Schicksal teilte die Arbeitsgemeinschaft mit den beiden Weltmarktführern, die ebenfalls anspruchsvolle Konzepte für neue Dampfturbinenanlagen entwickelten: General Electric schlug einen Frischdampfzustand von 168 bar/568 °C für seine MST-23-Turbinenanlage vor, ebenfalls mit Zwischenüberhitzung und fünfstufiger Regenerativ-Speisewasservorwärmung sowie einer zweistufigen Speisewasserversorgung und angehängten Hilfsmaschinen [36], Stal Laval propagierte das Very Advanced Propulsion System VAP, das einen Frischdampfzustand von 131 bar/602°C, Zwischenüberhitzung und fünfstufige Regenerativ-Speisewasservorwärmung erhalten sollte. Erst- und Zwischenüberhitzer waren bei diesem Konzept in einem separat gefeuerten Kessel mit Wirbelschichtfeuerung angeordnet. Stal Laval baute Prototypen für Hochdruck- und Mitteldruckturbine sowie für die Wirbelschichtfeuerung und testete diese innovativen Komponenten auf einem Prüfstand; über dieses

Aufsehen erregende Projekt wurde mehrfach berichtet [16], [29].

Auch die im Sonderforschungsbereich Schiffstechnik und Schiffbau erarbeiteten wesentlichen Erkenntnisse über das dynamische Verhalten von Dampfturbinen-Antriebsanlagen konnten leider nicht mehr in die Praxis einfließen [4].

10 Die letzten Dampfturbinenschiffe von deutschen Werften

Der Bau von Schiffsdampfturbinenanlagen endete in Deutschland mit der Ablieferung der Schiffe „Wharan", Bau-Nr. 1397 der AG Weser (1976, AGW/General-Electric-Turbine), „Bayern", Bau-Nr. 93 der Howaldtswerke Deutsche Werft AG (1976, AEG-Turbine), Bau-Nr. 1000 der Bremer Vulkan AG (1977, BV/Stal-Laval-Turbine) und dem Gastanker „Hoegh Gandria", Bau-Nr. 84 der Howaldtswerke Deutsche Werft AG. (AGW/General-Electric-Turbine) [30], [31].

Abb. 14: Letztes deutsches Passagierschiff mit Dampturbinenantrieb, 1969 erbaut von der Deutschen Werft AG. AEG-Dampfturbinenanlage; Gesamtantriebsleistung P = 2 x 8.500 kW; Dampfdruck p = 60 bar; Temperatur t = 510 °C.

Das über viele Jahrzehnte erworbene fachliche Wissen und die Erfahrungen im Bau von Schiffs-Dampfturbinenanlagen ermöglichte dann Anfang der 80er Jahre noch die Modernisierung verschiedener Dampfturbinen-Antriebsanlagen. Besonders erwähnenswert ist in diesem Zusammenhang der Umbau des Schnelldampfers „France" zum Kreuzfahrtschiff „Norway", bei dem die aus den 50er Jahren stammende Turbinenanlage überholt und modernisiert wurde, sowie der Umbau der Containerschiffe „Hamburg Express", „Tokyo Express", „Bremen Express" und „Hongkong Express" der HAPAG-LLOYD AG von Zweischrauben- zu Einschrauben-Dampfturbinenschiffen [14].

Die unbestrittenen Vorzüge von Dampfturbinenanlagen, große Verfügbarkeit, geringe Instandhaltungskosten, geringer Platzbedarf (vor allem bei großen Leistungen), hohe Leistungskonzentration, stufenlose Regelbarkeit und niedrige Emissionswerte, werden nur durch einen, aber besonders schwerwiegenden Nachteil, den hohen spezifischen Brennstoffverbrauch in fast allen in Frage kommenden Anwendungsfällen überkompensiert. Dieser Nachteil, der zwangsläufig durch die doppelte Energieumwandlung bedingt und damit durch technische Maßnahmen nicht mehr nennenswert zu verändern ist, schränkt die zukünftige Verwendung von Dampfturbinen erheblich ein. Nur dort, wo aus gesamtwirtschaftlichen Überlegungen die Verwendung der Dampfturbine offensichtlich ein günstigeres Ergebnis verspricht, wird sie zukünftig noch angewendet. Dies ist z.B. bei großen Gastankern der Fall, wo das stets anfallende Boil-off aus der Ladung ohne großen technischen Aufwand im Dampferzeuger verbrannt werden kann. Die z.Z in Bau befindlichen kombinierten gas- und dampfturboelektrischen Antriebsanlagen großer Kreuzfahrtschiffe nutzen vor allem die hohe Leistungskonzentration, die Möglichkeit der dezentralen Anordnung im Schiff und die im Vergleich zu anderen Alternativen besser und einfacher zu beherrschende Abgas-Emissionsproblematik dieses Antriebskonzepts. Den höheren Brennstoffkosten kann hier der Raumgewinn gegenübergestellt werden, der zusätzliche Fahrgastkapazität und damit zusätzliche Einnahmen ermöglicht. Die Bewährung des Konzepts steht noch aus. Ähnliche Konzepte sind für Kriegsschiffsantriebe in den U.S.A. und weltweit in ortsfesten Kraftwerken schon seit einigen Jahren verwirklicht worden und haben ihre Funktionsfähigkeit nachgewiesen. Ihre Anwendung als Schiffsantrieb für die Handelsschiffahrt ist in der Vergangenheit häufig in theoretischen Untersuchungen behandelt und vorgeschlagen, jedoch nie verwirklicht worden. Neben diesen vorstehend genannten Anwendungsfällen bleibt das Gebiet der Nuklear-Schiffantriebe großer Flugzeugträger und großer Unterseeboote eine Domäne der Dampfturbine, für das es z.Z keine Alternative gibt. Denkbar ist hier allerdings, daß das heute noch übliche Übersetzungsgetriebe eine elektrischen Übertragung weicht, was einmal mehr die enge Beziehung der Dampfturbine zur Technologie der elektrischen Maschinen bestätigt.

11 Zusammenfassung

Ein Jahr vor der Gründung der STG hielt die Dampfturbine als Alternative zu der bis dahin konkurrenzlosen Kolbendampfmaschine Einzug in die Schiffsantriebstechnik.Es folgte in den ersten sieben Jahrzehnten dieses Jahrhunderts eine rasante Entwicklung dieser ursprünglich aus Großbritannien und Schweden stammenden Technologie. In der Zeit von 1920 bis 1945 wurden auch in Deutschland hervorragende Entwicklungsbeiträge auf diesem Gebiet geleistet, die der Schiffsdampfturbine zu weiterer Blüte verhalfen. Nach dem 2. Weltkrieg kamen neue Impulse aus den USA und Schweden, da dort die Marine an der Weiterentwicklung dieser Antriebstechnik für ihre großen Schiffe besonders interessiert war. Mit den Ölkrisen der 70er Jahre wurden Brennstoffverbrauch und Brennstoffkosten die dominierenden Entscheidungsfaktoren für die Auswahl des Schiffsantriebs. Das Potential möglicher Wirkungsgradverbesserungen bei den Schiffsdampfturbinenanlagen wurde mit den letzten Entwicklungsarbeiten Anfang der 80er Jahre völlig ausgeschöpft. Diese Anlagen kamen jedoch nicht mehr zur Bordverwendung. Heute werden Dampfturbinenantriebe nur noch auf Gastankern eingesetzt. Die schon früher auch für Schiffsantriebe hin und wieder erwogene, aber nur selten realisierte Kombination von Gas- und Dampfturbine ist jedoch interessant geworden und wird erstmals auf einen großen Fahrgastschiff eingesetzt. Es wurde hier versucht, anhand der erwähnten ausgeführten Anlagen die wesentlichen Entwicklungsstufen der Vergangenheit darzustellen und die noch verbliebenen Entwicklungsperspektiven aufzuzeigen.

12 Schrifttum

12.1 Bücher:

[1] Bauer, G.: Der Schiffsmaschinenbau, Band 2, 2. Auflage, Verlag von R. Oldenbourg, München und Berlin, 1927

[2] Bauer, G.; Behrens, W. ; Bleicken, B.; Brose, W.; Bolender,B.; Föttinger, H.; Illies, K.; Schepler, H.; Schmick, W. und andere: Jahrbuch der Schiffbautechnischen Gesellschaft, Band 5, 10, 15, 18, 25, 28, 29, 33 - 39, 41, 43, 45, 46, 49, 50, 56, 62, Springer Verlag Berlin

[3] Bleicken, B.: Betriebserfahrungen auf Seeschiffen. VEB Verlag Technik Berlin 1953

[4] Geisler,O.; Keil, H.: Sicherheit und Wirtschaftlichkeit großer und schneller Handelsschiffe - Ergebnisse aus dem Sonderforschungsbereich Schiffstechnik und Schiffbau. VCH-Verlagsgesellschaft mbH, Weinheim 1989

[5] Germanischer Lloyd (Hrsg.): Ergebnisse des Forschungs- und Entwicklungsvorhabens Schiff der Zukunft. Verlag von Eckardt & Messtorff, Hamburg 1986

[6] Griffith, D.: Steam at Sea – Two Centuries of Steam-powered Ships. Conway Maritime Press, London 1997

[7] Gröner, E.: Die deutschen Kriegsschiffe 1915-1945. J.F. Lehmanns Verlag München 1966

[8] Jude, A.: The Theory of the Steam Turbine. Charles Griffin & Co., Ltd. London 1906

[9] Jung, I.: The Marine Turbine - A historical review by a Swedish engineer, Part 1,2,3. Maritime Monographs and Reports, No. 50 -1982 National Maritime Museum, Greenwich 1982

[10] Maddocks, M.: Die großen Passagierschiffe. Time-Life-Books B.V. 1979

[11] Mackie, G.C.; Hutchinson, K.W. et al.: Turbinia and beyond. Conference papers, The Institute of Marine Engineers, London 1997

[12] Mau, G.: Technikgeschichte des industriellen Schiffbaus in Deutschland, Band 2. Ernst Kabel Verlag GmbH, Hamburg 1996

[13] Meier-Peter, H.: Schiffsdampfturbinenanlagen. Handbuch der Werften Band IX, Schiffahrtsverlag „HANSA", C. Schroedter & Co, Hamburg 1967

Zeitschriftenbeiträge:

[14] Alsen, J.; Brenke, R.; Goehrt, H.; Liebchen, R.; Mester, P.; Wadephul, P.: Hapag-Lloyd-Ostasien-Containerschiffe von Zwei- auf Ein-Schraubenantrieb bei AG „Weser" umgebaut. HANSA 119, 1982, 23, S. 1567

[15] Bammert, K.; Bohnenkamp, W.; Woelk, G.-U.: Leistungs- und Anfahrversuche an einer drosselgeregelten Schiffsdampfturbine. HANSA 109, 1972, 19, S. 1573

[16] Baumgärtner, G.: Moderne Schiffsantriebs-Dampfanlagen aus der Sicht des Bremer Vulkann. Schiff & Hafen 27, 1976, 1, S. 59

[17] Berghan, Fischer, Dudzus et al.: Großtanker „Tina Onassis" erbaut bei der Howaldtswerke Hamburg AG. Schiff & Hafen 5, 1953, 11, S. 567

[18] Christiansen, H.;Klante,H.; Langenberg, H.; Schade, U.; Schönfeldt, H.; Viergutz, P.: „Hamburg Express" - ein Großcontainerschiff für den Fernostdienst. Schiff & Hafen 4, 1972, 7, S. 457

[19] Dömel, K.: Analytische Untersuchung einer integrierten Schiffsdampfanlagenregelung. HANSA 113, 1976, 22, S. 1992

[20] Geisler, O.; Mange, J.; Didiot, J.: Betriebserfahrungen mit einer drosselgeregelten Schiffs-Hauptturbine. Schiff & Hafen, 1972, 5, S. 345

[21] Großmann, G.: Schiffsdampfturbine mit Zwischenüberhitzung und gleitendem Kesseldruck. Hansa 113, 1976, 22, S. 1985

[22] Hannemann, L.C.R.: Die Hochdruck-Heißdampf Antriebsanlagen der Schweren Kreuzer der Kriegsmarine. Schiff & Zeit / Panorama maritim 46/1997

[23] Kirschstein, P.-A.: „Esso Norway". HANSA 106, 1969, 16, S. 1395

[24] Krummel, H.: Neuere Dampfantriebsanlagen der Bundesmarine. HANSA 102, 1965, 22, S. 2063

[25] Kuse, G.: Die Dampfturbine als Schiffsantriebsmaschine. Schiffbautechnik 3, 1957, S.

131

[26] Mauri, H.: Turbinenschäden an Hauptantrie-
banlagen von Seeschiffen - Entstehung, Ursachen, Auswirkung, Erkennung, Vermeidung
und Behebung. Schiffs-Ingenieur Journal 15,
1969

[27] N.N./ J.J. Henry Co. Inc.: Dampfturbinenantriebe und Verstellpropeller. Deutsche Fassung
einer Studie der Aktiebolaget Karlstads Meka-
niska Werkstad (KMW). Schiff & Hafen 18,
1966, 3, S. 161

[28] N.N.: „Joannis Colocotronis" - Der erste
„Eurotanker" von der AG „Weser". HANSA
112, 1975, 5, S. 345

[29] N.N.: Technisch-wirtschaftliche Perspektiven
für Dampfturbinen. Schiff & Hafen 28, 1976,
SMM-Sonderausgabe, S. 836

[30] N.N.: 136.960 tdw - Tanker „Bayern" erbaut
von der Howaldtswerke-Deutsche Werft AG
für die VEBA-Chemie AG. HANSA 114,
1977, 11, S. 1061

[31] N.N.: Der 125.800 m^3 LNG/LPG-Tanker
„Hoegh Gandria"- Erbaut von der Ho-
waldtwerke - Deutsche Werft AG, Kiel"
HANSA 115, 1978, 5, S. 393

[32] Diverse Autoren in Akten des Reichsmarineamts und seiner Nachfolgeinstitutionen, Bun-
desarchiv -Militärarchiv-, Freiburg

[33] Schmick, W.: Die Maschinenanlage des Tur-
binentrawlers „Braunschweig". Schiff & Hafen, 1956, 3, S. 167

[34] Schmitt, G.: Anordnungen von Getriebeturbi-
nen auf Handelsschiffen. Schiff & Hafen 18,
1965, 3, S. 228

[35] Schneider, H.: Turbinenbau bei der AG „Weser. HANSA 105, 1968, 21, S. 1805

[36] Spears,H. C. K.: Dampfantrieb für moderne
Schiffe. Schiff & Hafen 30, 1978, 9, S. 822

[37] Taggesell, J.: Bilddokumente alter Schiffs-
Dampfkolbenmaschinen, Bd.II. Antrieb
3/1998 S.13

[38] Ulm, J.: 70 Jahre Schiffsturbinen. Schiff &
Hafen 18, 1965, 3, S. 227

[39] Ziegler, C.A.: Schiffsturbinenbau aus Berlin.
Schiff & Hafen , 1959, 5, S. 454

Gasturbinenschiffsantriebe im Wandel der Zeit

Development of Marine Propulsion with Gas Turbines over the Years

Prof.Dr.-Ing. **Hans-Jürgen Sponholz**, Fachhochschule Flensburg

Summary. Knowing the advantages and disadvantages of the gas turbine is helpful in understanding its history: low specific weight and space requirement, easy handling, high power output and power transients on the one hand, and high demands on fuel quality and consumption, aerodynamic quality and materials on the other. The use of gas turbines for marine propulsion started in 1924 with the successful application of turbochargers. The experience thus gained was extremely helpful in developing the first gas turbines in power stations and airplanes in 1939. After World War II gas turbines became popular as propulsion plant for airplanes. While they were seldom used in merchant ships, the navy made greater use of their advantages. It all began with the commissioning of a gunboat in 1947 and a tanker in 1951 in England. In the decades to come gas turbines were used in different combinations with diesel and steam propulsion plants. In the early seventies their utilization increased for powering fast merchant ships; this development, however, came to a halt due to rising fuel prices. As a result of the demand for fast ships and high power output and thanks to major improvements of the gas tubine cycle the gas turbine is again increasingly being deployed for marine propulsion.

1 Einleitung

Der Gasturbinenprozeß besteht in seiner einfachsten Form aus den vier Teilprozessen Verdichtung, Wärmezufuhr, Expansion und Wärmeabfuhr. Mit den in der Thermodynamik üblichen Idealisierungen setzt er sich aus zwei Isentropen und zwei Isobaren zusammen und wird dann als Joule- oder Brayton-Prozeß bezeichnet. Er läßt sich mit relativ geringem technischem Aufwand verwirklichen, hat aber aus thermodynamischer Sicht die prinzipielle Schwäche, daß die Wärmezufuhr und -abfuhr nicht bei konstanten Temperaturen erfolgen. Zu der Basiskonzeption des Joule-Prozesses gibt es eine Reihe von Variationen und Modifikationen, die insbesondere für Schiffsantriebe interessant sein können [1], [2].

Zum Verständnis der Entwicklungsgeschichte der Gasturbine als Schiffsantrieb ist es hilfreich, mit der Betrachtung der Vor- und Nachteile dieser Maschine zu beginnen. Attraktiv an der Gasturbine sind das niedrige Leistungsgewicht, der geringe Platzbedarf, die einfache Handhabung sowie die hohen Leistungen und schnellen Lastwechsel, die mit ihr möglich sind. Weitere Vorteile sind die niedrigen Schadstoffemissionen und die einfache Wartung. Dem stehen höhere Ansprüche bezüglich der Brennstoffeigenschaften und des Verbrauches, der aerodynamischen Qualität und des Werkstoffverhaltens bei hohen Temperaturen gegenüber. Als Schiffsantriebsmaschine hat die Gasturbine vor allem mit dem Dieselmotor, der Dampfmaschine und der Dampfturbine konkurriert. Die Konkurrenten verwenden mit Schweröl oder Kohle billigere Brennstoffe. Der Diesel hat bei größerem Platz- und Gewichtsbedarf den Vorteil des besseren Wirkungsgrades; mit Dampfanlagen konnten in der Vergangenheit die größeren Einheitsleistungen verwirklicht werden.

Der Vergleich der drei Antriebskonzepte ist für den betrachteten Zeitpunkt unter den Gesichtspunkten Einsatzbedingungen, Auslegungsgeschwindigkeiten und vorgesehenes Lastprofil für das in Frage kommende Schiff sowie Brennstoffpreise, verlangte Zuverlässigkeit und verlangte Lebensdauer für die Maschine zu sehen. Gasturbinen wurden im Schiffbau bisher nicht in größeren Stückzahlen eingesetzt und wenn, dann häufig in Kombinationen mit Dieselmotoren (CODOG, CODAG combined diesel or/and gas turbine) oder Dampfanlage (COGAS combined gas and steam turbine) [3].

2 Entwicklungsgeschichte der Gasturbine

2.1 Erstes Patent bis 1945

Der Grundgedanke des Gasturbinenprozesses ist einfach, und so wurde schon 1791 das erste Patent an den Engländer John Barber erteilt [4]. Bis zur Verwirklichung der Idee dauerte es aber ca. 100 Jahre. Der Berliner F. Stolze baute um 1900 eine Anlage, die bereits alle Kennzeichen einer neuzeitlichen Gasturbine zeigt, Bild 1. Sie scheiterte jedoch an dem noch nicht ausreichenden Entwicklungsstand der Technik und konnte keine Leistung abgeben.

H. Holzwarth beschritt einen grundsätzlich anderen Weg. Statt der sogenannten Gleichdruckturbine von Stolze mit Wärmezufuhr bei konstantem Druck verwendete er eine Verpuffungsturbine, die aus einem geschlossenen Raum mit diskontinuierlicher Verbrennung gespeist wurde. Holzwarth baute sieben komplette Turbinen, deren letzte 1935 einen Wirkungsgrad von 20% erreichte.

Parallel dazu ist die Turboladerentwicklung zu sehen [6]. Der Turbolader als Gasturbine bildet mit dem Verbrennungsmotor eine ideale Einheit und hat seit Jahrzehnten wesentlich zu dessen Verbreitung und Erfolg beigetragen. Die Anfänge dieser Entwicklung sind eng mit dem Schweizer Alfred Büchi verbunden. Er meldete 1905 einen hoch aufgeladenen Motor zum Patent an und hatte großen Anteil an der weiteren Verbesserung dieser Idee. Erste Versuche wurden bei der Firma Sulzer 1912 - 1914 durchgeführt. In der Folge arbeiteten mehrere Firmen an der Aufladung.

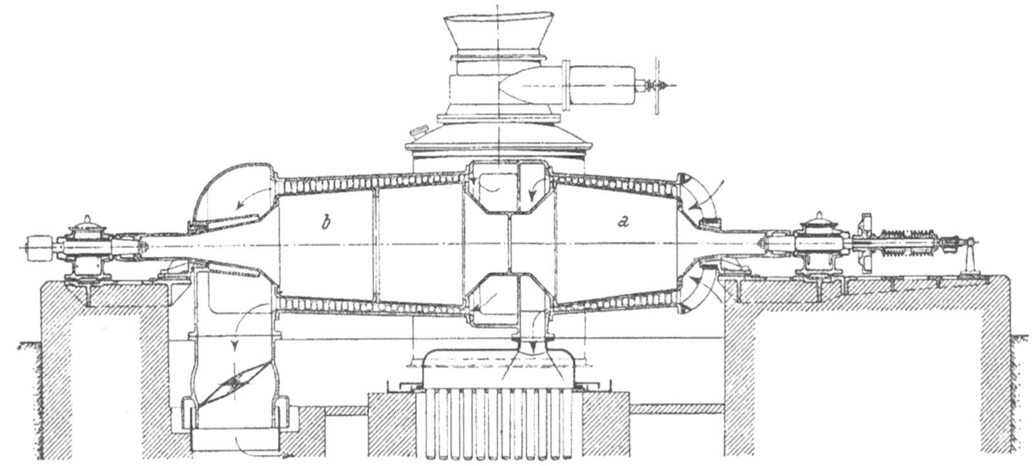

Bild 1: Heißluftturbine von Solze, [4]
a: vielstufiges Gebläse; b: vielstufige Reaktionsturbine; c: Luftvorwärmer

Bild 2: Der erste Turbolader für einen großen Dieselmotor, von SLM, Winterthur, 1924 geliefert. Zweistufige Verdichtung mit Druckverhältnis 1,35 [6]

1923 erhielt die Vulcan-Werft Stettin den Auftrag für die Passagierschiffe „Preussen" und „Hansestadt Danzig". Jedes Schiff hatte zwei 10-Zylinder-Viertaktmotoren, Lizenz MAN, die von 1750 auf 2500 PS aufgeladen wurden [6]. An der Turboladerlieferung waren die Firmen BBC, Mannheim und Baden, Vulkan, Hannover, und SLM, Winterthur beteiligt. Mit dem Stapellauf der „Preussen" ging erstmalig ein Turbolader getriebener Motor, aber damit auch - im weiteren Sinne - die erste Schiffsgasturbine in den kommerziellen Betrieb.

Die Weiterentwicklung der Gasturbine und des Turboladers in den 20er und 30er Jahren ist eng mit den zu der Zeit gewonnenen Erkenntnissen der Strömungsmechanik verknüpft. Wesentliche Impulse lieferten zum Beispiel die Grenzschichttheorie und die Tragflügeltheorie. Mit dem neuen Wissen konnten die Verdichter- und Turbinenwirkungsgrade so weit angehoben werden, daß sich das Gleichdruckverfahren gegen das Holzwarth-Verpuffungsverfahren immer stärker durchsetzte. Verbesserungen in der Materialentwicklung unterstützten diese Tendenz. Ein Zwischenspiel bildeten die von BBC, Schweiz, entwickelten und vertriebenen Gasturbinen mit Velox-Kessel, auf die hier nicht weiter eingegangen werden soll.

Die Beschäftigung mit diesen Anlagen und mit den Turboladern ertüchtigte die Firma BBC, Baden, zum Bau der weltweit ersten Gasturbine zur Stromerzeugung im Jahre 1939. Diese Anlage in Neuchâtel lieferte als Notstromaggregat eine elektrische Leistung von 4 MW bei einem thermischen Wirkungsgrad von 18%. In Deutschland konzentrierte sich in der Zeit die Gasturbinenentwicklung auf das Gebiet der Flugtriebwerke. Mehrere Firmen arbeiteten in diesem Bereich. Der weltweit erste Flug mit einer Gasturbine Typ He S3B, Heinkel, fand am 27.8.1939 mit einer He 178 statt. Zum Vergleich: In England erfolgte der erste Strahlflug am 14.5.1941 und in den USA am 1.10.1942 [7].

Das Jahr 1939 kann als Startzeitpunkt für die moderne Gasturbinentechnik angesehen werden. In den Folgejahren wurden vor allem die Flugtriebwerke weiter verbessert. Von einem Einsatz der Gasturbine als Schiffsantrieb ist weniger bekannt - abgesehen von dem sehr erfolgreichen Einsatz der Turboaufladung. Als erstes Kriegsschiff mit Gasturbinenantrieb gilt der schwedische Kreuzer „Clas Fleming" [8]. Die Antriebsmaschine war eine Gasturbine, mit einem aufgeladenen 2-Takt-Diesel + Kolbenverdichter als Gaserzeuger verknüpft, Bild

3. Der Antrieb wurde 1936 bestellt und lief bis zum Ende des Weltkrieges, allerdings mit zahlreichen technischen Schwierigkeiten.

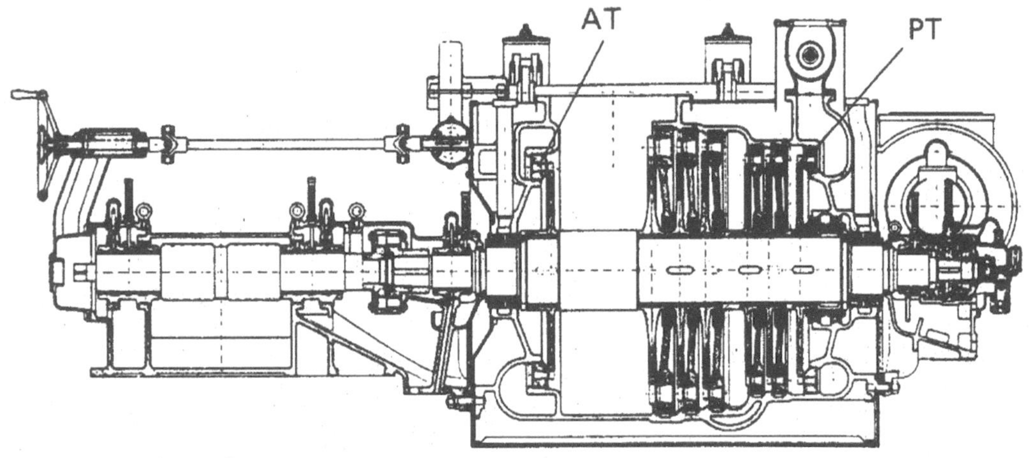

Bild 3: Schnitt durch die de Laval Gasturbine des Kreuzers „Clas Fleming" mit Rückwärtsturbine, 2650 kW, [8]

2.2 Entwicklung nach 1945 bis ca. 1980

Eine besondere Gruppe von Gasturbinen bilden die Anlagen mit Freikolben-Gaserzeuger [4], [7], [8], auf die hier zuerst eingegangen werden soll. Die auf Junkers zurückgehende Idee wurde vor dem Weltkrieg von dem Franzosen M. Pescara weiter entwickelt, speziell für den Schiffsantrieb [9]. Das erste deutsche Schiff mit einer Gasturbine war das Fischereiboot „Sagitta", das im Dezember 1957 mit einer 1800-PS-Freikolben-Gasturbine auf Fahrt ging. 1961 wurde das Fahrgastschiff „Fritz Hekert", ausgerüstet mit zwei 3000-PS-Freikolben-Gasturbinen, in Dienst gestellt. In Frankreich liefen über 20 Minenräumboote und mehrere andere Schiffe mit Freikolbengaserzeugern. Die US Navy verwendete diesen Antrieb für ein Liberty-Schiff. Eine Schwäche des Freikolbengaserzeugers war und blieb seine aufwendige Technik, die zu entsprechenden Wartungsanforderungen führte. Deshalb liefen die Bestellungen für diesen Anlagentyp in den 60er Jahren aus.

Langfristigere Auswirkungen hatte das Gasturbinenkonzept der beiden Erstanlagen Neuchâtel und He S3B mit der Wärmezufuhr über eine im Gleichdruckbetrieb laufende Brennkammer. Beide Anlagen bilden den jeweiligen Ausgang für zwei unterschiedliche Kategorien von Gasturbinen, die als leichte und schwere Gasturbinen bezeichnet werden. Leichte Gastubinen sind für die Flugzeugindustrie entwickelt worden und werden in erster Linie zum Antrieb von Flugzeugen verwendet. Sie sind materialsparend und kompakt gebaut und sollen bei geringeren Ansprüchen an ihre Le-

bensdauer schnelle Lastwechsel ermöglichen. Kurze Überholzeiten und der Austausch kompletter Aggregate nach bestimmten Betriebsstunden ist für sie typisch. Leichte Gasturbinen stellen hohe Anforderungen an die Brennstoffqualität. Die schweren oder Industrie-Gasturbinen für Kraftwerke und mechanische Antriebe sind robuster konstruiert und gewährleisten längere Standzeiten. Die Anforderungen an die Brennstoffqualität sind nicht so hoch wie für leichte Gasturbinen, jedoch im allgemeinen höher als für Dieselmotoren und Kesselanlagen. Als Schiffsantriebe wurden und werden beide Gasturbinentypen nach entsprechenden Anpassungsmaßnahmen eingesetzt. Zur militärischen Verwendung ist die leichte Gasturbine wegen der Gewichts- und Raumersparnis sowie der schnellen Start- und Manövrierfähigkeit attraktiv. Wirtschaftlichkeit, Brennstoffqualität und Betriebskosten spielen hier eine untergeordnete Rolle. Die Handelsschifffahrt stellt andere Anforderungen. Robustheit, hohe Lebensdauer und Wirtschaftlichkeit sind entscheidend. Diesen Forderungen kann die schwere Gasturbine eher gerecht werden. Mit der Kenntnis dieser Unterscheidungsmerkmale ist die Gasturbinenentwicklung nach 1945 zu betrachten.

Der Einsatz von Gasturbinen-Schiffsantrieben begann in England mit der Verwendung in einem Kanonenboot 1947 und in einem Tanker 1951. Metropolitan Vickers stattete das Dreischrauben-Kanonenboot M.G.B. 2009 (ex. M.G.B. 5559) der Royal Navy mit einer 2500-PS-Gasturbine aus, die den mittleren von drei Packard-Dieseln von 1250 PS ersetzte. Marsch- und Rückwärtsfahrt besorgten die beiden Diesel, während die Gasturbine bei voller Fahrt zusätzlich eingesetzt wurde. Damit war auch erstmalig das CODAG-Prizip verwirklicht. Die Gasturbinenanlage bestand aus einem Gaserzeuger, der durch das System Kompressor, Brennkammer und Turbine zum Kompressorantrieb gebildet wurde, sowie einer Nutzturbine. Die Nutzturbine trieb über ein Untersetzungsgetriebe den Propeller an. Bild 4 zeigt die aus einem Flugtriebwerk entwickelte Anlage „Gatric G 1".

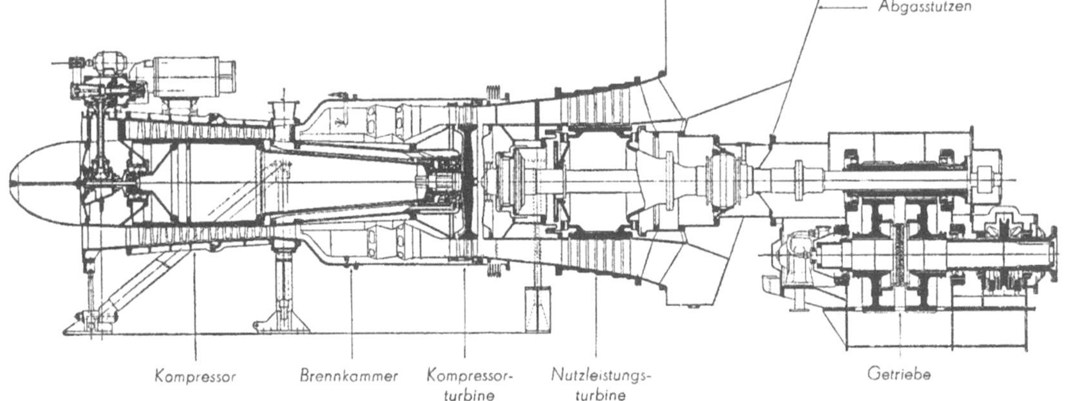

Bild 4: Schnitt durch die MV-Schiffsgasturbine von 2500 PS, $p_2/p_1 = 3,5$; $t_{3max} = 750°C$, [4]

Kriegsschiffe

Turbine-driven naval ships in the NATO fleets delivered 1955 – 1980

Deliv. year	No. – Class	Country Ship type	Tonnage	Power/1000 kW	shp	Turbine design	Machinery type
1956–60	10 – E52	F – Fr	1 250	15	20	Rateau	2 CC–SR
1957–62	13 – T47,53,56	F – D	2 750	46	63	–"–	2 CC–SR
1959	1 – Colbert	F – C	8 500	63,5	86	CEM	2 CC–SR
1961–63	2 – Clemenceau	F – AC	27 300	93	126	CEM	2 CC–SR
1963	1 – La Resolute	F – C	10 000	63,5	86	Rateau	2 CC–DR
1967	2 – Suffren	F – D	3 800	40	54	–"–	2 CC–DR
1973	1 – C65	F – D	3 500	14,7	20	–"–	2 CC–DR
1978	3 – C70	F – D	3 800	38	52	Rolls Royce	CODOG + CP
1958	2 – Impetuoso	I – D	2 755	48	65	CDT	2 CC–SR
1963–73	4 – Audace	I – D	3200/3600	53/54	70/73	CDT	2 CC–DR
1964	2 – Andrea Doria	I – D	5 000	44	60	CDT	2 CC–DR
1964–69	1 – Vittori Veneto	I – HeC	7 500	54	73	Tosi	2 CC–DR
1965	1 – San Georgi	I – D	3 950	23	31	Tosi	CODOG–CP
1968	4 – Albina	I – Fr	2 700	23	31	Tosi	CODOG–CP
1977	4 – Lupo	I – Fr	2 500	43	58	Fiat LM2500	CODOG–CP
1955–58	1 – Holland	NL – D	2 500	33	45	Werkspoor	2 CC–SR
1956–58	8 – Friesland	NL – D	2 200	44	60	–"–	2 CC–SR
1967	6 – Speil	NL – D	2 700	22	30	–"–	2 CC–DR
1975–76	2 – Tromp	NL – D	4 300	43	58	Rolls Royce	COGOG–CP
1978–80	8 – Kortenaer	NL – Fr	3 500	43	58	–"–	COGOG–CP
1961–64	6 – Köln	G – Fr	2 100	19	26	BBC–MAN	CODAG–CP
1964–68	4 – Hamburg	G – D	3 400	50	68	Wahodag	2 CC–DR
1969–70	3 – Adams	G – D	3 370	51,5	70	GE	2 CC–DR

F = France   I = Italy   NL = The Netherlands   G = West Germany

D = Destroyer   AC = Aircraft carrier   HeC = Helicopter Cruiser   Fr = Frigate
C = Cruiser   CC = Cross-compound turbines   SR = Single reduct.   DR = Double reduct.
CODOG = Combined diesel or gas turbine   CODAG = Combined diesel and gas turbine
CP = Controllable-pitch propeller   GE = General Electric USA   CDT = Cantieri del Tireno
CEM = Companie Electroméchanique

Tabelle 1: Kriegsschiffe mit Turbinenantrieb der NATO-Flotten, ausgeliefert zwischen 1955 und 1980, [8]

Schon sehr frühzeitig wurde deutlich, daß die Gasturbine mit ihrem niedrigen Gewicht, kleinen Volumen, ihrer einfachen Handhabung und großen Flexibilität für die Marine sehr viel interessanter sein kann als für die Handelsschiffahrt. Weil sie im allgemeinen nur für Spitzenlast und Maximalgeschwindigkeiten eingeset0zt wurde, spielte der hohe Brennstoffverbrauch eine untergeordnete Rolle. Frühzeitig wurden Kombinationen mit Dieselmotoren (CODAG, CODOG) und Dampfkreisläufen (COSAG) als Antrieb gewählt. In [8] wird eine Übersicht der NATO-Flotte bis 1980 vorgestellt. Tabelle 1 ist dieser Arbeit entnommen. Sie ist als Ergänzung zu entsprechenden Tabellen der amerikanischen und britischen Flotten zu sehen.

Die Entwicklungen in Deutschland werden in [14] und [15] dargestellt. Interessant ist der Antrieb der vier Fregatten der Köln-Klasse, weil er typisch für die Navalisierung von Flugtriebwerken in dem betrachteten Zeitraum ist: Durch die Abgase von leicht veränderten Olympus-Flugtriebwerken von Rolls-Royce wurden pro Schiff zwei Nutzleistungsturbinen der Firma BBC, Mannheim, mit je 19 MW gespeist [16].

Von den größeren Kriegsschiffen mit Gasturbinenantrieb soll der Britische Flugzeugträger „Invincible" hervorgehoben werden. Er wurde 1980 mit vier Rolls-Royce-Olympus-Gasturbinen in CO-GAG-Schaltung in Betrieb gesetzt und erreichte Geschwindigkeiten von 28 Knoten.

Handelsschiffe

Der Antrieb des Shelltankers „Auris" bestand ursprünglich aus dieselgetriebenen Generatoren, die die elektrische Leistung für die Antriebsmotoren lieferten. Im Jahre 1951 wurde ein Dieselmotor durch eine von British Thomson Houston für diesen Zweck gebaute Gasturbinen-Generator-Anlage ersetzt. Bild 5 zeigt die Gasturbine, die in ihrem Konzept der Anlage in Neuchâtel ähnelt. Beide Anlagen enthielten einen Wärmeübertrager zur teilweisen Nutzung der in den Abgasen enthaltenen Energie. Die Gasturbine der „Auris" bewährte sich im Betrieb, wobei der relativ niedrige Wirkungsgrad von ca. 18% für den Betreiber unwesentlich war. Ihm ging es um den Beweis, daß eine mit Bunkeröl betriebene Gasturbine seetüchtig und zuverlässig sein kann.

In den Folgejahren wurden Gasturbinen für Handelsschiffe selten eingesetzt. Zu erwähnen ist das Liberty-Schiff „John Sergeant" von 1955, das mit einer schweren 4400-PS-Gasturbine der Firma General Electric ausgerüstet wurde. Von Bedeutung wurden dann erst 1967 die Fahrten der „Admiral Calaghan" in den USA. Dieses RoRo-Schiff war mit zwei Gasturbinen versehen, die von der Firma Pratt & Whitney aus dem Flugtriebwerk FT4 abgeleitet worden waren und jeweils 15 MW lieferten. Die Betriebserfahrungen mit diesen Maschinen veranlaßten den Betreiber 1970 zum Wechsel auf die General-Electric-Turbine

LM2500. Zu der Zeit waren bei niedrigen Brennstoffkosten hohe Fahrtgeschwindigkeiten für den Wettbewerb entscheidend. Auch in Deutschland zeigte sich diese Tendenz zu schnellen Transportschiffen [8]. Die vier Containerschiffe der Euroliner-Serie der Rheinstahl-Nordseewerke erreichten Geschwindigkeiten von über 30 Knoten mit leichten Gasturbinen FT4-A der Firma Pratt & Whitney.

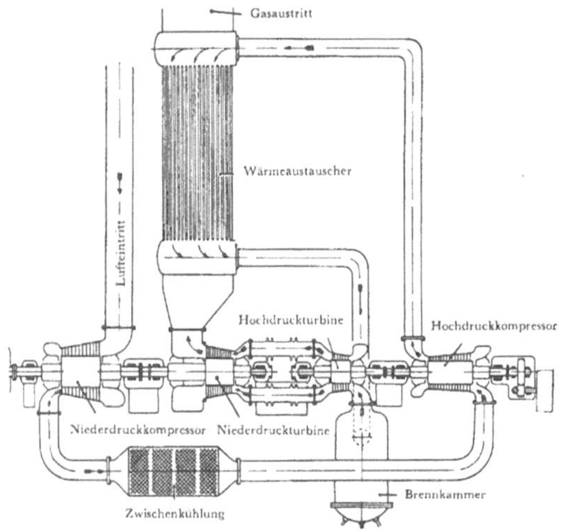

Bild 5: Schema der 5500-PS-Gasturbine für den Tanker „Auris", [4]

Bild 6: Euroliner-Ansicht, [10]

Die Entwicklung zu einem häufigeren Einsatz von Gasturbinen für schnelle Schiffe - Containerschiffe, Fähren, Eisbrecher, RoRo-Schiffe - wurde 1973 durch die Ölpreisentwicklung gestoppt. Gasturbinen waren wegen des zu hohen Brennstoffverbrauches nicht mehr konkurrenzfähig [10]. Die Antriebe der Euroliner-Schiffe hatten sich im Betrieb bewährt, mußten aber wegen der Brennstoffkosten Ende der 70er Jahre durch Dieselmotoren ersetzt werden.

Eine Übersicht über die Handelsschiffe mit Gasturbinenantrieb für das Jahr 1975 liefert [11]. Von den dort vorgestellten Schiffen soll die Fähre „Finnjet" der Reederei Finnlines herausgegriffen werden, weil ihre Indienststellung 1977 den Beginn eines verstärkten Einsatzes von Gasturbinen für schnelle Fähren markiert [8], [11]. Entscheidend für die Wahl ihrer Antriebsanlage war deren geringer Gewichts- und Platzbedarf, verbunden mit der

Auslegungesgeschwindigkeit von über 30 Knoten und sehr kurzen Revisionszeiten. Die „Finnjet" wurde mit zwei Gasturbinen FT4C-1DLF von Pratt & Whitney mit der Leistung 2 × 27,5 MW und Verstellpropellern ausgerüstet.

Gasturbinenantriebe sind für LNG-Tanker und Eisbrecher besonders geeignet. In den siebziger Jahren wurden mehrere Konzepte in dieser Richtung verfolgt und die Untersuchungsergebnisse vorgestellt [12], [13]. Zu einer Realisierung kam es aber in der Bundesrepublik nicht.

2.3 Entwicklung nach 1980

Ende der siebziger Jahre erhielt die Gasturbinenentwicklung einen kräftigen Anstoß. Dieser wurde durch die erhöhten Brennstoffkosten, ein verstärktes Umweltbewußtsein und die Verschärfung der Konkurrenzsituation verursacht. Die Reaktion der Gasturbinenhersteller auf die gestiegenen Anforderungen lassen sich wie folgt zusammenfassen:

- Erhöhung der Turbineneintrittstemperatur
  und damit des thermischen Wirkungsgrades durch Verbesserung der Materialeigenschaften und Einführung effizienter Kühlverfahren;
- Verbesserung der strömungstechnischen Auslegung
  durch den Einsatz neuartiger Berechnungsverfahren und die Nutzung jüngerer Erkenntnisse über transsonische und dreidimensionale Strömungen;
- Einführung neuartiger Verbrennungsmethoden
  zur Reduktion der Schadstoffemissionen, insbesondere der Stickoxidemissionen;
- Ertüchtigung der Gasturbinen für den Langzeit- und Dauerbetrieb,
  um sie in Kombi- oder GuD-Kraftwerken gemeinsam mit Dampfturbinen einsetzen zu können.

Die Erfolge dieser Maßnahmen wirkten sich zuerst in der Kraftwerkstechnik und in der Luftfahrtindustrie aus. Aber auch für die Seefahrt wurde die Gasturbine wieder interessant. So wurde im Rahmen eines größeren Forschungsvorhabens von Rohkamm und Herzke das Betriebsverhalten von Schiffsantrieben mit Gasturbinen untersucht [17]. Die Bundesmarine setzte in der ersten Hälfte der achtziger Jahre die Fregattenklassen F122 und F123 mit der Gasturbine LM2500 in CODOG-Schaltung in Betrieb. Technisch stellten diese Systeme keine Neuerung dar, so daß hier auf sie nicht weiter eingegangen werden muß.

Interessanter war der Gasturbineneinsatz für schnelle Fähren und große Yachten, der besonders durch die Entwicklung und Einführung des Wasserstrahlantriebes unterstützt wurde. Mit der Kombination dieser beiden Aggregate entstand ein idealer Antrieb zur Erreichung hoher Schiffsgeschwindigkeiten bei geringem Platzbedarf. Dieser Weg begann Ende der siebziger Jahre [20] und erreichte einen vorläufigen Höhepunkt durch die Rekordfahrt der Yacht „Destriero", die den Atlantik im August 1992 mit einer Durchschnittsgeschwindigkeit von 53,09 Knoten und Spitzengeschwindigkeiten von 67 Knoten überquerte [21]. In der „Destriero" sind drei Gasturbinen LM1600 von General Electric (3×14,9 MW) installiert, die jeweils einen Waterjet antreiben. Hervorzuheben ist auch die schnelle Fähre „Luiano Federico L", die mit zwei Turbinen GT35 (2×17 MW) 57 Knoten erreicht und zwischen Buenos Aires und Montevideo verkehrt.

3 Turbolader und Hilfsturbinen

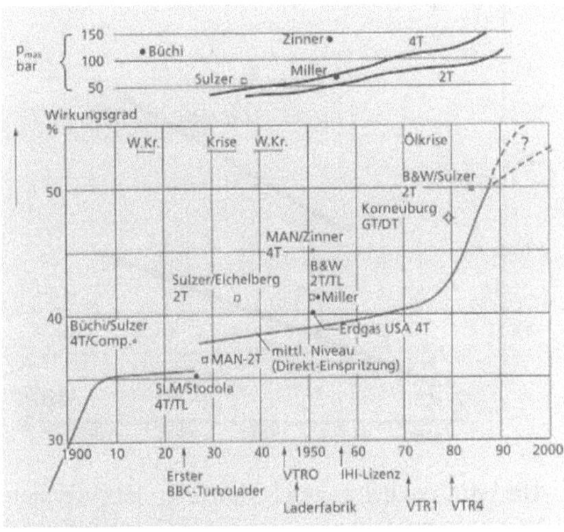

Bild 7: Die geschichtliche Entwicklung des Wirkungsgrades des Dieselmotors (abgegebene Wellenleistung zu Brennstoffenergie), [6]

Zu der Betrachtung der geschichtlichen Entwicklung der Gasturbinen-Schiffsantriebe gehört auch der Hinweis auf die sehr erfolgreiche Verbindung des Turboladers mit dem Schiffsdiesel. Ohne den Turbolader, der nach den Gasturbinenprinzip arbeitet, ist heute kein konkurrenzfähiger Diesel vorstellbar. In [6] berichtet Jenny ausführlich über die Geschichte dieser Maschine von der ersten Patentanmeldung 1905 bis zum Beginn der neunziger Jahre. Die Entwicklung und der Einsatz der Turbolader im Schiffsbetrieb ist auch intensiv in der STG verfolgt worden, z.B. [3]. Die erzielten Fortschritte sind vor allem durch die wechselseitige Befruchtung der Gasturbinen-, Dampfturbinen- und Turbolader-Forschung erreicht worden. Das Ergebnis sind Lader für langsam, mittelschnell und schnell laufende Motoren mit hohen Druckverhältnissen, hohen Wirkungsgraden und großer Schluckfähigkeit [23].

Im Zuge dieser Entwicklung erreichten die Turbolader Wirkungsgrade, die höher wurden, als für die Aufladung der Dieselmotoren notwendig war. Der Überschuß ermöglichte es, einen Teil der Dieselabgase abzuzweigen und über Nutzturbinen zusätzlich Leistung zu gewinnen [24], [25]. Für Schiffsdiesel, aber auch für stationäre Anlagen, sind solche Nutzturbinen häufig eingesetzt worden. Turbolader und Nutzturbinen können auch als Komponenten einer Dieselanlage gesehen werden, so daß die Betrachtung ihrer Entwicklung hier kurz gehalten werden kann.

4 Gegenwärtige Entwicklungstendenzen

4.1 Gasturbinenentwicklung allgemein

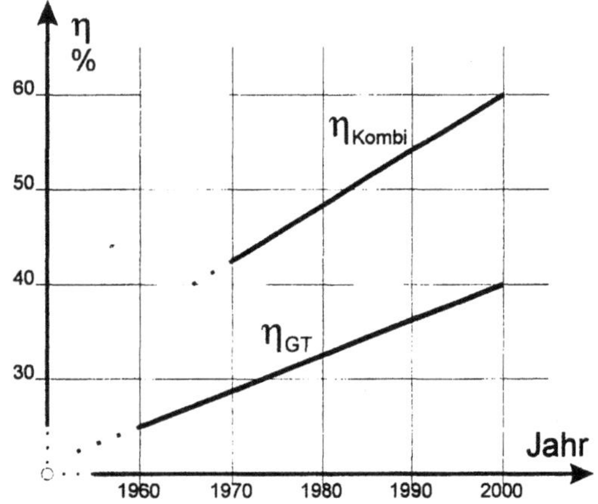

Bild 8: Zeitliche Entwicklung der thermischen Wirkungsgrade für die stationäre Gasturbine η_{GT} und für den Kombiprozess η_{Kombi}

Steigende Energiekosten und Umweltbelastungen verlangten in den vergangenen 20 Jahren neue technische Lösungen für effiziente und umweltverträgliche Kraftwerke. Dabei spielte die Gasturbine eine zentrale Rolle, weil sie in der Kombination mit der Dampfturbine (GuD- oder Kombi-Kraftwerk) sehr hohe Wirkungsgrade ermöglicht. Umfang und Bedeutung der damit verbundenen Entwicklungsaufgaben waren so groß, daß sie von den einzelnen Gasturbinen-Herstellern nicht separat gelöst werden konnten. Die wichtigsten Unternehmen schlossen sich daher in den USA, in Japan und in der Bundesrepublik in Verbundvorhaben zusammen. Die Entwicklungsziele der in Deutschland 1985 gestarteten AG TURBO sind Hochtemperatur-Gasturbinen, die durch thermodynamische, strömungstechnische, mechanische, feuerungstechnische und werkstoffkundliche FuE-Maßnahmen zur Marktreife gebracht werden sollen. Während

der Laufzeit des deutschen Forschungsvorhabens konnten der Wirkungsgrad von ca. 33% auf über 40% und die Einheitsleistung von 80 MW auf 280 MW gesteigert werden bei einer Senkung der Stickoxidemissionen von ca. 450 ppm(vol) auf weniger als 25 ppm(vol) [26]. Die in der AG TURBO und den anderen Verbundvorhaben erreichten Verbesserungen kommen auch für zukünftige Schiffsantriebe in Frage.

Neben diesen Aktivitäten wird intensiv an der Erforschung und Einführung thermischer Prozesse gearbeitet, in denen die Gasturbine eine zentrale Rolle spielt. Mit dem schon erwähnten Kombiprozeß sind 60% erreichbar, Bild 8. Andere Prozesse sind der STIG-Prozeß (steam injected gas turbine) und der HAT-Prozeß (humid air turbine), auf die im folgenden Abschnitt eingegangen wird.

4.2 Die Gasturbine im Schiffsbetrieb

Der entscheidende Parameter für den Umfang des Gasturbineneinsatzes auf See wird - wie bisher - die Entwicklung des Brennstoffpreises sein. Die mögliche Form des zukünftigen Einsatzes kann nach den Gesichtspunkten Komponentenverbesserung, Einführung angepaßter Prozesse und Anpassung an den Schiffsbetrieb unterteilt werden.

Komponentenverbesserung
Zukünftige Schiffsgasturbinen werden immer von der allgemeinen Entwicklung im Kraftwerks- und Triebwerksbereich abhängig sein und profitieren, so daß sich die dort bewährten Bauteile auch für den Einsatz auf See eignen werden.

Einführung angepaßter Prozesse
Von den Firmen Rolls-Royce und Westinghouse wird das WR21-Programm zur Entwicklung einer Gasturbine mit Zwischenkühlung und Rekuperator durchgeführt, die speziell für den Schiffsantrieb geeignet sein soll mit einem Wirkungsgrad von 42%, der auch bei Teillast hoch bleibt [27].

Ein anderer möglicher Weg ist die Einführung von Kombi-Anlagen. Auf der STG wurde über diese Möglichkeit mehrfach berichtet [28]. Durch die Fortschritte in der Kraftwerkstechnik ist das Thema wieder interessant. Aktuelle Neubauten sind die bei L. Meyer, Papenburg, und Chantier d' Atlantique, Nantes, gebauten Fahrgastschiffe, die von General Electric mit einem Paar LM2500+-Gasturbinen von je 25 MW und einer Dampfturbine mit 9 MW ausgerüstet werden.

Eine interessante Option stellt der schon erwähnte STIG-Prozeß dar. In diesem Prozeß wird die Abwärme der Gasturbine in einem nachgeschalteten Kessel zur Erzeugung von überhitztem Dampf genutzt. Dieser Dampf wird in den Gasturbinenkreis eingespeist, was zu einer Leistungs- und Wirkungsgradsteigerung von ca. 80% bzw. 40% führt [29]. Der Prozeß enthält keine Dampfturbine und keine Rückkühlanlage. Das benötigte Wasser kann für den Schiffsbetrieb durch eine einfache Aufbereitungsanlage aus dem Seewasser gewonnen werden. Die STIG-Anlage ist also gegenüber einer Kombianlage wesentlich einfacher und kompakter gebaut bei erheblich niedrigeren Anlagekosten. Erste Überlegungen zur Nutzung dieser Vorteile für den Schiffsbetrieb werden in der US Navy angestellt [30].

<u>Anpassung an den Schiffsbetrieb</u>
Ein Beispiel zur Verdeutlichung dieses Gesichtspunktes ist die GT35 der Firma ABB Stal. Die Entwicklung dieser Gasturbine folgte nicht dem üblichen Weg einer Wirkungsgradverbesserung durch Erhöhung der Turbineneintrittstemperatur und der damit verknüpften Materialbelastungen und Qualitätsanforderungen an den Brennstoff. Das Ziel war eine robuste Maschine mit niedrigem Leistungsgewicht, geringen Brennstoffansprüchen, niedrigen Schall- und Schadstoffemissionen und besonderer Servicefreundlichkeit durch Modularisierung [21]. Die Anzahl der Aufträge und der erfolgreiche Einsatz der GT35 zeigt die Berechtigung der Überlegungen von ABB Stal [31].

Der weitere Weg der Entwicklung wird für die Schiffsgasturbine von den zukünftigen Anforderungen abhängen. Zu erkennen ist ein verstärkter Einsatz bei schnellen Fähren [32] und anderen großen und schnellen Schiffen [19], weil der Bedarf an größerer Transportkapazität mit höheren Geschwindigkeiten über weite Strecken sicher wachsen wird.

5 Schrifttum

[1] Boyce, M. P. : Gasturbinen-Handbuch. Springer-Verlag Berlin Heidelberg New York 1999.

[2] Traupel, W.: Thermische Turbomaschinen. Springer-Verlag Berlin Heidelberg New York 1977.

[3] Illies, K.: Schiffs-Antriebsmaschinen. Im Jubiläumsband „75 Jahre STG", 1974.

[4] Kruschik, J.: Die Gasturbine. Springer-Verlag Wien 1960.

[5] Friedrich, R.: Dokumente zur Erfindung der heutigen Gasturbine vor 118 Jahren. VGB-B 100 Verlag technisch-wissenschaftlicher Schriften 1991.

[6] Jenny, E.: Der BBC-Turbolader - Geschichte eines Schweizer Erfolges. Birkhäuser Verlag Basel 1993.

[7] Gasparovic, N.: Der Stand des Gasturbinenbaus in der Bundesrepublik. BWK 14 (1962) Nr. 9, S. 434-443.

[8] Jung, I.: The marine turbine. part 1, No. 50, 1982; part 2, No. 60, 1986; part 3, No. 61, 1987.

[9] Müller, H.: Freikolben-Gasturbinen als Schiffsantrieb. Jahrbuch STG 51, 1957, S. 131-140.

[10] Schiffmann, R.; Fischer, G.; Holburn, J.G.; Breyer, H.; Bossmann, K.: Vier Veröffentlichungen im Jahrbuch STG 68, 1974.

[11] Fischer, G.; Müller, K.; Schiffmann, R.: Gasturbinenanlagen in Schiffen bewährt. Schiff und Hafen, Heft 4/1975, 27. Jahrgang, S. 369-273.

[12] Rohkamm, E.; Kranert, K.: Zwei Veröffentlichungen in Jahrbuch STG 72, 1978, S. 235-250 + 261-276.

[13] Gerbitz, U.: Die gasgefeuerte Gasturbine als Schiffshauptantrieb - Eine Entwicklung zum sauberen Schiffsantrieb. Jahrbuch STG 66, 1972, S. 261-278.

[14] Kurzak, K.H.: Kriegsschiffsantriebe mit Gasturbinen. Jahrbuch STG 55, 1961, S 57-68.

[15] Hempel, W.; Mech, W.; Illingworth, A.: Zwei Veröffentlichungen in Jahrbuch STG 64, 1970, S. 173-200.

[16] Weyers Flottentaschenbuch. XLII. Jahrgang 1960, J. F. Lehmanns Verlag München 1960.

[17] Rohkamm, E.; Herzke, K.: Forschungsberichte in „Sicherheit und Wirtschaftlichkeit großer und schneller Handelsschiffe". Ergebnisse des SFB Schiffstechnik und Schiffbau. VCH-Verlag 1989.

[18] Luck, D.: Gasturbines find wider commercial market. The Motor Ship, Aug. 1994, S. 53-56.

[19] Kneipp, P.: Moderne Gasturbinen-Antriebsanlagen für schnelle Passagier- und Frachtschiffe. Jahrbuch STG 90, 1996, S. 33-39.

[20] Farinetti, V.: Commercial application of high speed craft and their propulsion. Paper 7, Marine Propulsion, Turbinia and Beyond, 1997, the Institute of Marine Engineers.

[21] Fulton, K.: Jet ferries are revolutionizing commercial marine transport. Part 1, Gas Turbine World, März 1996, S. 26-31.

[22] Fulton, K.: Jet ferries are revolutionizing commercial marine transport. Part 2, Gas Turbine World, Mai 1996, S. 51-55.

[23] Schreiber, W.; Christensen, H.H.; Hunziker, R.: TPL - Eine neue Turbolader-Baureihe für moderne Dieselmotoren. ABB Technik 1/1999, S. 35-42.

[24] Bozung, H. G.: Der Einsatz von Nutzturbinen in Verbindung mit Abgasturboladern hohen Wirkungsgrades. Jahrbuch STG 60, 1986, S. 177-186.

[25] Nissen, M.; Rupp, M.; Widenhorn, M.: Energienutzung von Dieselabgasen zur Erzeugung elektrischer Bordnetzenergie mit einer Nutzturbine-Generator-Einheit. Jahrbuch STG 86, 1992, S. 183-187.

[26] Geipel,H.; Keppel, W.; Weyer, H.-B.: Verbundforschung zur Hochtemperatur-Gasturbine. VGB Kraftwerkstechnik 11/98, November 1998.

[27] Tooke, R. W.; Moran, A. J.: Advances in gas turbine systems for ship propulsion. Paper 6, Marine Propulsion Turbinia and Beyond, 1997, the Institute of Marine Engineers.

[28] Gietzelt, M.: Kombinierte Gas-Dampf-Antriebsanlagen - Eine Möglichkeit der Verbesserung der Wirtschaftlichkeit von großen oder schnellen seegehenden Handelsschiffen? Jahrbuch STG 66, 1972, S. 245-260.

[29] Franke, U.: Gasturbinenkonzepte mit Wassereinsatz. VGB Kraftwerkstechnik 73 (1993), Heft 2, S. 125-129.

[30] Former, R.: Superheated steam injection rivals combined cycle power performance. Gas Turbine World, Juli 1998, S. 12-17.

[31] Nachtweij, B.: Operating experience of the marine GT35 gas turbine. CIMAC Congress 1998 Copenhagen, S. 669-674.

[32] Hüppi, D.: Untersuchung des Gasturbinen-Antriebes für schnelle Fähren. Diplomarbeit FH Flensburg, Mai 1995.

Die Entwicklung von Getrieben und Kupplungen

The Development of Gears and Couplings

Dipl.-Ing. **Jürgen Böhmer**, VULKAN Kupplungs- und Getriebebau B. Hackforth GmbH & Co. KG, Herne

Summary. The design and layout of a ship´s propulsion is closely connected to its duty and purpose. Protection before steadystate and transient overloads is in the centre of the dynamic analysis. Separation by means of fluid-couplings or turned flexible couplings determine the gear- and shaftline-loadings. Branched gears with out- or inside arranged clutches increase possible operation-modes. The antivibration mounting of engines and gears reduce significantly the structural noise and vibration-profile. Progress in material-properties and advanced calculation tools improve the power-to-weight-ratio and the cargo. Redundant propulsion-systems offer more safety.

Einleitung

In den Schlußbemerkungen zu seinem Vortrag vor der STG 1958 bemerkt Dr. Benz [1]:

"Die Kupplungshersteller mögen entnehmen, daß es an ihnen liegt, ob die drehelastische Kupplung künftig auch bei größeren Anlagen Anwendung findet. Es müßten hierzu geeignete hochdrehelastische dämpfende und bei Mehrmotorenanlagen zugleich schaltbare Kupplungen entwickelt werden. Gegenüber anderen Kupplungsarten hat diese Kupplung den Vorteil, daß sie ohne Schlupf arbeitet.

Von den Getriebelieferanten werden bessere Unterlagen als seither erwartet, die das Schwingungsverhalten des Getriebes in der Schiffsanlage vorauszusagen erlauben. Die Werften werden gebeten, Verständnis für Änderungsvorschläge aufzubringen, die sich aus der Drehschwingungsberechnung ergeben, ganz besonders, wenn bei Getriebeanlagen große Schwungräder oder dämpfende Kupplungen vorgeschlagen werden."

Getriebeuntersetzte Propellerantriebe

Bei starr gekuppelten Propellern findet man im allgemeinen Mittel und Wege, die Beanspruchung unter der angegebenen Grenze zu halten.

Bei Getriebeanlagen sind die Verhältnisse jedoch weit unangenehmer. Sobald nämlich das auftretende Wechseldrehmoment das mittlere Leistungsdrehmoment des Propellers übersteigt, tritt Lastwechsel und Klappern im Getriebe auf, das früher hingenommen wurde, heute aber immer zu Reklamationen führt.

Bei Getriebeanlagen ist daher größter Wert auf kleine Schwingungsbeanspruchungen zu legen, und man braucht sich gar nicht zu wundern, wenn zur Erreichung kleiner Beanspruchungen äußerst große Schwungräder vorgeschlagen werden müssen oder gar der Einbau einer Flüssigkeitskupplung, einer elektromagnetischen Schlupfkupplung oder einer drehelastischen Kupplung empfohlen wird.

Die Ausführungen von Benz führten in der Tat zu verstärkten Bemühungen der verschiedenen Kupplungshersteller (Stromag-Periflex, L&S-Spiroflex, Geislinger- Stahlfeder und VULKAN EZ-Kupplungen, um die wesentlichen Aktivitäten zu nennen), genügend hochdrehelastische Kupplungen in den entsprechenden Drehmomentstufungen zu entwickeln und zu produzieren. Dabei lag das Augenmerk der Kupplungs- und der Motorenhersteller auf der günstigen Abstimmung der sogenannten „hauptkritischen" Ordnung, also der 3. Harmonischen bei 6-Zylinder-Viertakt oder Ordnung 4 des 8-Zylinder-Viertakt usw..

Mit Rücksicht auf Festpropellerbetrieb und Leerlaufdrehzahlen von 25-35% sollte eine Lastumkehr in der Getriebeverzahnung verhindert werden. Dieser als lautes Geräusch und als Hin- und Herschlagen der unbelasteten Zähne im Zahnspiel auftretende Zustand war und ist auch heute noch zu vermeiden - zumindest für den eingeschwungenen stationären Zustand.

Die VULKAN-EZ-Kupplung und die Stromag-Periflex-Kupplung hatten durch in die Gummistruktur eingelegte Gewebeeinlagen unter Nennlast eine höhere Drehsteifigkeit als bei Teillast. Durch diese sogenannte progressive Federcharakteristik ergaben sich günstige und niedrige Resonanzdrehzahlen mit entsprechend niedriger Getriebebelastung (Bild 1). Im Jahre 1972 bot das Programm der EZ-Kupplungen bereits eine Drehmomentstaffelung bis hinauf zu 1.000 kNm Nennmoment.

Die Geislinger-drehelastische Kupplung nutzt(e) das gute Dämpfungsverhalten der Ölverdrängung durch die geschichteten Stahlfederpakete, um auch bei höheren Frequenzen die Schwingungsbeanspruchung zu mindern.

Bei Mehrmotorenanlagen entwickelte sich ein reger Wettbewerb zwischen den hochelastischen Konusschaltkupplungen L&S Pneumaflex und

VULKAN-MESLU/EZ. Durch die zunehmende Anordnung von mehreren Dieselmotoren auf ein, zwei oder sogar drei Propeller wurden Antriebsleistungen oberhalb 10.000 PS installiert und erst möglich.

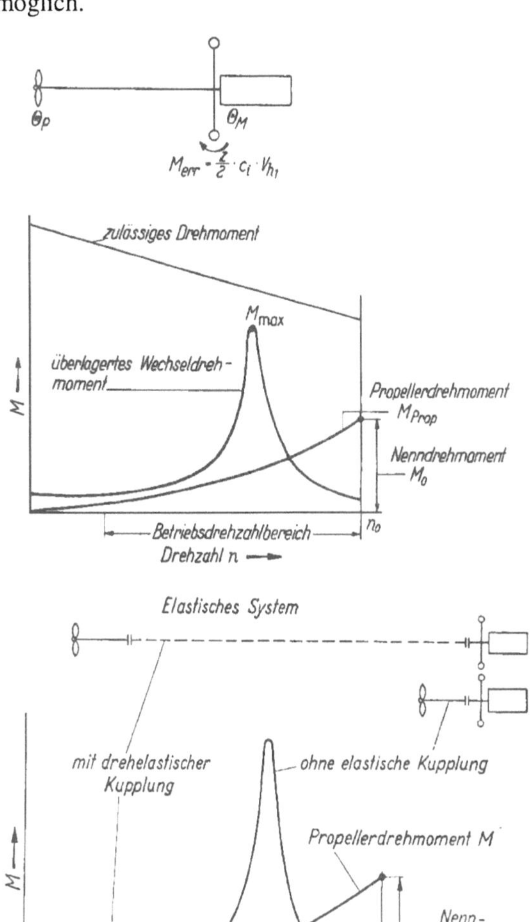

Bild 1: Direkter und elastisch gekuppelter Propeller-Antrieb

Die Schaltkupplungen hatten die Aufgabe, je nach Leistungs- oder Manövrierbedarf die erforderliche Schiffsgeschwindigkeit und Fahrtrichtung zu ermöglichen.

In der Bauform der sogenannten Konusschaltkupplung und durch pneumatische Betätigung geschalteten Konstruktion liegen die Reibflächen auf der konischen Außenseite und werden durch axiales Verschieben der inneren Kolben ein- bzw. ausgeschaltet. Die außenliegenden Reibflächen sorgen für eine gute Wärmeabfuhr aus dem Schaltvorgang.

Typische Messungen waren die Arbeiten zur Einstellung des Schaltdruckes bzw. des zeitlichen Druckaufbaus (Bild 3) oder die Feststellungen und

Messungen zum Temperaturaufbau bei wiederholten Schaltungen (Bild 4).

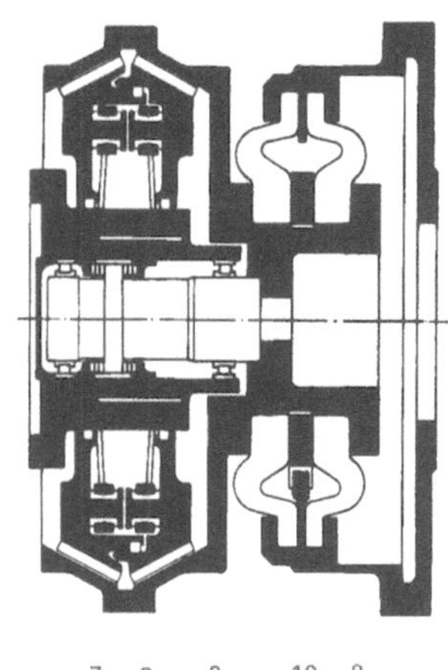

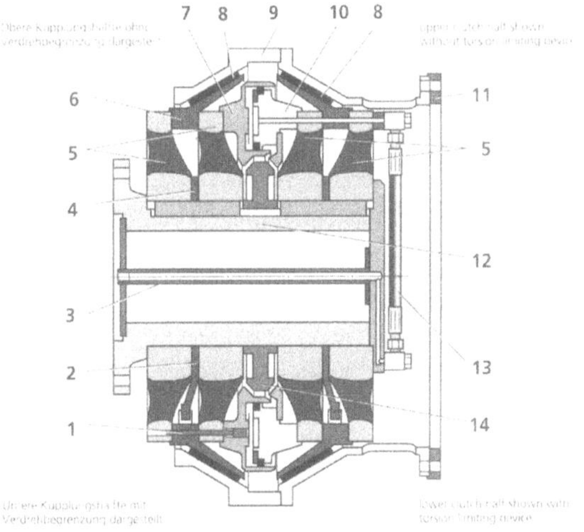

Bild 2: Hochelastische Kupplungskombination MESLU/EZR und L&S Pneumaflex

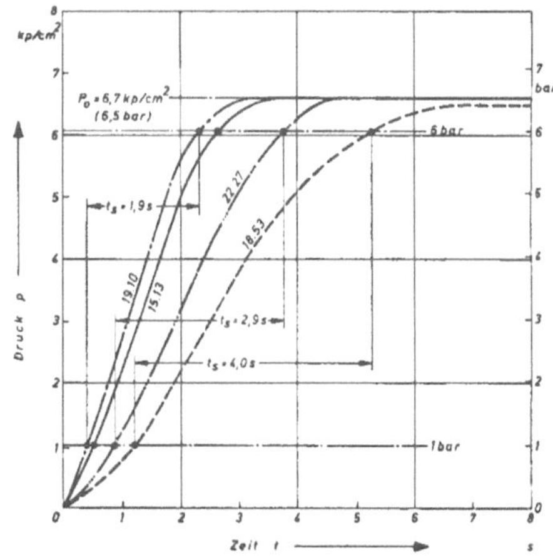

Bild 3: Zeitlicher Druckaufbau in luftbetätigter Schaltkupplung

Wegen der Kompressibilität des Schaltmediums Luft stieg der Schaltdruck nur allmählich an. Die

Folge war ein relativ sanfter Einschaltvorgang [4], der Motorregler und Turbolader in der Regel nicht überforderte.

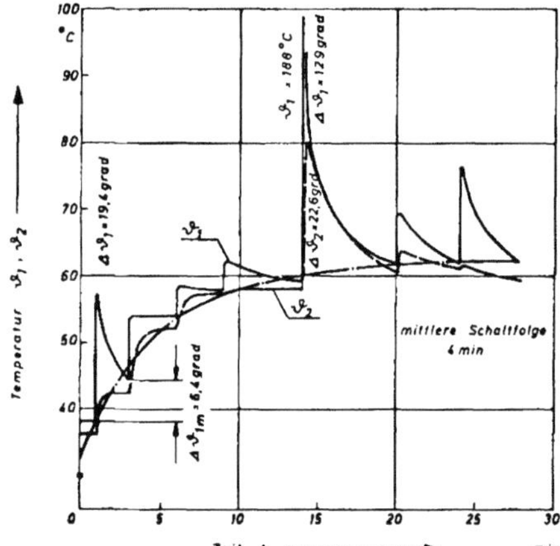

Bild 4: Temperaturverlauf bei wiederholten Schaltungen

Zulässige Getriebebeanspruchungen als Folge von Drehschwingungen

Eine wesentliche Frage der Getriebebelastungen liegt in der Höhe der zulässigen Beanspruchungen im belasteten bzw. unbelasteten Rädertrieb. Laut Germanischem Lloyd sind im Drehzahlbereich von 0,9 bis 1,05 x $n_{service}$ max. 30% des mittleren Drehmomentes als höchstes Wechseldrehmoment zulässig. Zum Durchfahren von Resonanzen bei An- und Abstellen der Anlage dürfen maximal 200% des mittleren übertragenen Nenndrehmomentes benutzt werden.

Bei Anlagen, bei denen Getriebeteile unbelastet mitlaufen, soll das Wechseldrehmoment an den unbelasteten Getriebeteilen bei Dauerbetrieb 20% des Nenndrehmomentes nicht überschreiten, um unzulässige Beanspruchungen durch Lastwechsel zu vermeiden. Dies gilt nicht nur für Getriebestufen, sondern auch für Teile, die durch Drehschwingungen besonders beansprucht werden, z.B. Träger von Lamellenkupplungen [5].

Ergänzend schreibt der GL Anwendungsfaktoren K_A bei der Festigkeitsberechnung von Zahnrädern vor, und zwar $K_A = 1,3$ bei Dieselmotorenantrieben mit hochelastischer Kupplung zwischen Motor und Getriebe, 1,1 mit hydraulischer Kupplung, 1,5 ohne elastische Kupplung und 1,0 für Turbinen und E-Antriebe. Mit dieser Festlegung, die im wesentlichen - zumindest im europäischen Raum - unstrittig ist, ist es möglich, eindeutige Auslegungen durchzuführen. Für den Getriebebauer ergeben sich ebenfalls eindeutige Konstruktionskriterien.

Das Auftreten des Zündaussetzers in den 70er Jahren

"Die Vergrößerung der Primärmassen - dazu gehört das Motorschwungrad - sowie die Verkleinerung der Sekundärmassen (Getriebe, Propeller, Wellengenerator) stellt also im allgemeinen ein gutes Mittel dar, die Wechselbeanspruchungen im Aussetzerbetrieb zu verringern.

Der Forderung nach einem möglichst großen Massenverhältnis stehen leider andere Gesichtspunkte entgegen. So kann beispielsweise das Motorschwungrad nicht beliebig groß gemacht werden. Was für die Anlagenschwingung gut ist, nämlich ein großes Schwungrad, ist leider für die Schwingungslage der Kurbelwelle schlecht. Hier kann in Abhängigkeit von der mittleren Kolbengeschwindigkeit sowie von der Zylinderzahl und -anordnung nur eine begrenzte Schwungradmasse zugelassen werden.

Die in den letzten Jahren vorgenommenen Drehzahlsteigerungen haben generell zu einer Verkleinerung der Schwungräder geführt, was die Situation im Aussetzerbetrieb nicht gerade verbessert hat. Es kommt hinzu, daß jede spezifische Leistungserhöhung bei einem Motor stärkere und damit schwerere Antriebselemente auch auf der Sekundärseite (Getriebe, Propeller) verursacht.

Der in der Drehzahl angehobene, leistungsstärkere Motor muß also bei kleinerer Primärmasse mit größeren Sekundärmassen fertig werden. Diese doppelte Wirkung verschlechtert das Massenverhältnis natürlich besonders stark und hat zur Verschärfung der Probleme im Aussetzerbetrieb beigetragen." [2].

Der Aussetzerbetrieb eines Zylinders bezeichnet den unvollständigen Verbrennungsprozeß, entweder durch mangelnde Kraftstoffeinspritzung, aber mit Kompression oder die mangelnde Kraftstoffeinspritzung bei geöffneten Ventilen, also ohne Kompression.

Diese Betrachtungsart wurde durch die gestiegene Verwendung von Schweröl im Zeichen knapper und teurer Rohstoffe Ende der 70er Jahre ins verstärkte Blickfeld gerückt.

Dabei werden die im Normalbetrieb mit idealem Verbrennungsablauf ausgeglichenen harmonischen Komponenten, im Aussetzerbetrieb unausgeglichen und in der Folge mögliche Resonanzen der niedrigen Ordnungen, insbesondere 0,5 + 1,0 Ordnung, verstärkt angeregt. Dieses hatte und hat für die Belastung der Haupt- und Nebenzweige von dieselmotorischen Antriebssystemen einschneidende Auswirkungen. Die 0,5 und 1,0 Ordnungen haben als harmonische Grundkomponente die stärksten

Amplituden. Entsprechend hohe Wechselmomente in Hauptkupplung, Hauptgetriebe, PTO-Kupplung und PTO-Getriebe waren und sind die Folge.

Bei Auslegung und Berechnung des Nebenzweiges PTO ist zu beachten, daß dieser Zweig in der Regel nur für einen Bruchteil der Gesamtantriebsleistung dimensioniert ist. Auf diesen Nebenzweig wirkt aber die Schwingungsanregung resultierend aus der Gesamtantriebsleistung des Motors [6].

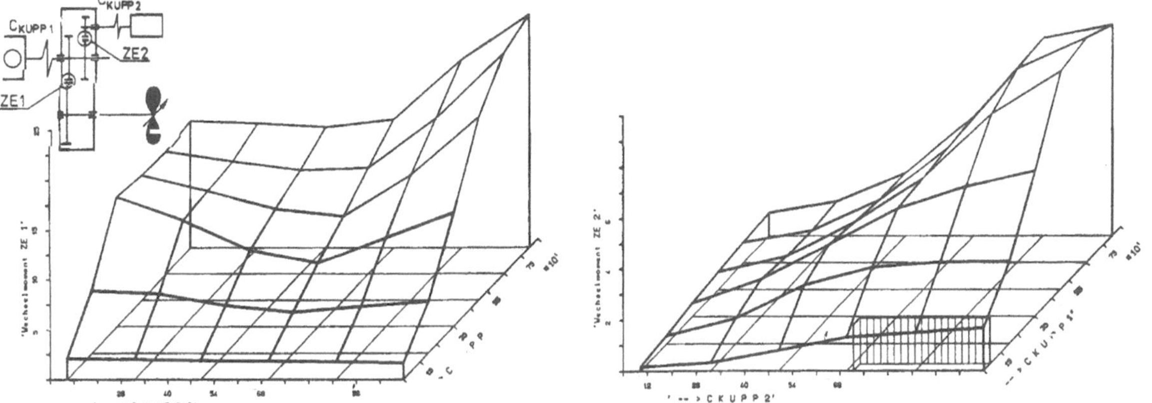

Getriebebelastung in Abhängigkeit von Haupt- und Nebenkupplungssteifigkeit, links „Getriebelast-Fall I-MISF, TW in Zahneingriff ZE1" und rechts „Getriebelast-Fall I-MISF, TW in Zahneingriff ZE2"

Bild 5: Haupt- und PTO-Getriebebelastungen

Bild 6: Tunnelgetriebeanordnung mit Wellengenerator

Die Auswirkungen des Aussetzerbetriebes im Getriebe bestimmen im wesentlichen die Auswahl der Haupt- und Nebenkupplung bzw. die Belastung im Haupt- und Nebengetriebe (Bild 5).

Bis zum Erkennen der Nebengetriebebelastungen wurde die zu Bruch gehende drehelastische PTO-Kupplung ersetzt und nach und nach verstärkt, was in der Folge einen Schaden im Getriebebereich zur Folge hatte.

Die richtigen Maßnahmen waren dann auf die Aussetzerumstände ausgewählte Haupt- und Nebenkupplungen mit richtigem Drehsteifigkeitsniveau gültig für Anwendungen im Vier- und auch im Zweitaktbereich.

Eine wesentliche Erkenntnis liegt auch in der Anordnung der Drehelastizität in der Systemstelle mit dem effektivstem Steifigkeitseinfluß, also möglichst 1:1 Reduzierung (Beispiel Tunnelgetriebe oder frontseitige PTO-Getriebe). Die segmentierte RATO-Kupplung fand und findet mit dem sog. Tunnelgetriebe mit Wellengenerator Anwendung (Bild 6). Typische Leistungsbereiche sind 1.000 bis

4.000 kW, bis zu maximalen Leistungen von 15.000 kW im Wellengeneratorbereich.

Die Anwendung von Wendegetrieben

Für den Antrieb von Fischerei- und Arbeitsschiffen sind im allgemeinen die Antriebsmotoren nicht umsteuerbar. Rückwärtsfahrt erfordert daher Wendegetriebe.

Wendegetriebe haben - wie der Name sagt - eine Einrichtung zum Wenden, zur Drehrichtungsumkehr des Abtriebs. Diese über eine zwischengeschaltete Zahnradstufe und mit Lamellenkupplungen ausgebildete Anordnung erlaubt in der Regel Untersetzungsverhältnisse zwischen 2:1 und 7:1 (Bild 7). Je nach Schaltung der Lamellenkupplungen ergibt sich der Kraftfluß.

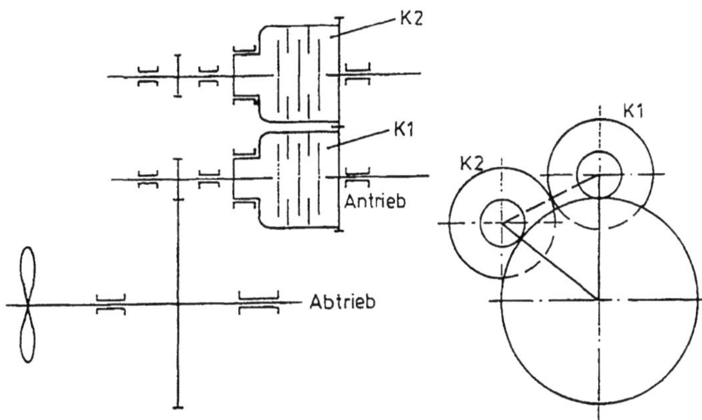

Bild 7: Schema Wendegetriebe

Bei Anordnung der Getriebe in Arbeitsbooten (Fischerei) werden die Getriebe oft auch mit zusätzlichen Wellenbremsen ausgerüstet. Diese Wellenbremsen unterstützen die Schaltfähigkeit der Lamellenkupplungen, verhindern aber auch einen zu großen Drehzahleinbruch der Dieselmotoren. Dies ist besonders wichtig bei Schiffen mit großen Propellern und relativ leichten Motoren mit geringen Schwungmassen.

Der Vorteil dieser Wendegetriebe mit integrierter Lamellenkupplung - hydraulisch geschaltet - liegt in der hohen zulässigen Schalthäufigkeit und den dabei recht kompakten Abmessungen und Massenträgheiten. Abhängig vom geforderten Lastprofil werden die Schaltverläufe angepaßt, Druck über Zeit. Dieses führt zur Minderung des Einschaltstoßes im gesamten Antriebszweig und entlastet somit auch die elastische Kupplung. Dies gilt besonders für hohe Schalthäufigkeiten (Bild 8). Die zeitliche Gestaltung des Druckanstiegs ist von größter Bedeutung.

Eine weitere interessante Möglichkeit liegt in der Anwendung des sog. Trollingbetriebes. Dies ist eine Betriebsart mit dauernd schlupfender Lamellenkupplung. Der interne Druck in der Lamellenkupplung wird dabei soweit abgesenkt, bis die Kupplung kontrolliert rutscht. Das abgesenkte Druckniveau ist in einem vorgegebenen Bereich veränderbar, und es lassen sich damit Durchtriebsgrade von ca. 30 bis 70% erzielen.

Unter 30% ist die Kupplung offen, und über 70%

macht sie zu. Die bei diesem kontrollierten Schlupfen entstehende Wärme wird durch zusätzliches Schmieröl abgeführt, das gezielt der rutschenden Kupplung zugeführt wird.

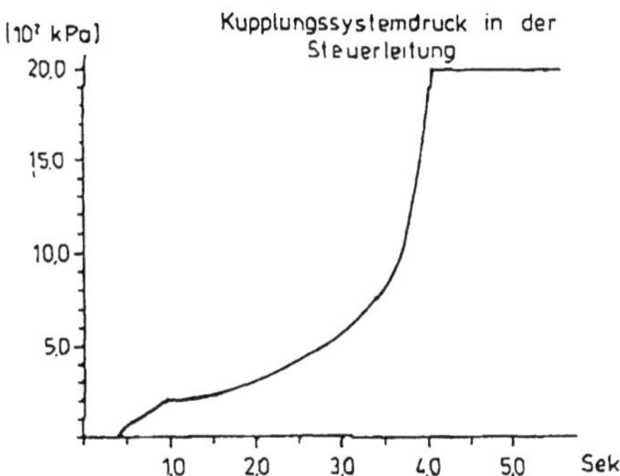

Bild 8: Zeitlich verzögerter Schaltdruck [7]

Durch Trolling ist auch eine Geräuschminderung im Leerlauf des Motors möglich [8].

Mehrfachgetriebe und Mehrmotorenanordnung

Bei der Verwendung von Übersetzungsgetrieben zur Übertragung größerer Leistungen bieten sich folgende technische und betriebliche Vorteile:

1. Zusammenfassung von zwei bis vier Motoren über ein Getriebe, dadurch Erreichung von Wellenleistungen von über 20.000 bis 25.000 PS bei weitgehend freier Wahl von Motoren- und Propellerdrehzahl.

2. Die Motoren höherer Drehzahl zeichnen sich durch einen geringen Raumbedarf, besonders

in der Höhe aus, verbunden mit niedriger Lage des Schwerpunktes.

3. Trotz des erheblichen Gewichtsaufwandes für Getriebe und Kupplungen wird eine beträchtliche Ersparnis an Gewicht erreicht.

4. Die bei Montage und Reparaturen zu bewegenden Teile sind handlicher, und die Reserveteilhaltung ist einfacher.

5. Gewinn an Wirkungsgrad durch Freizügigkeit in der Wahl der Propellerdrehzahl, der allerdings durch einen Leistungsverlust im Getriebe und eventuell in der Kupplung etwas wieder verringert wird.

6. Das große Schwungmoment der Getriebeanlage wirkt beim Austauchen des Propellers bei schwerer See dämpfend auf Drehzahlschwankungen [3].

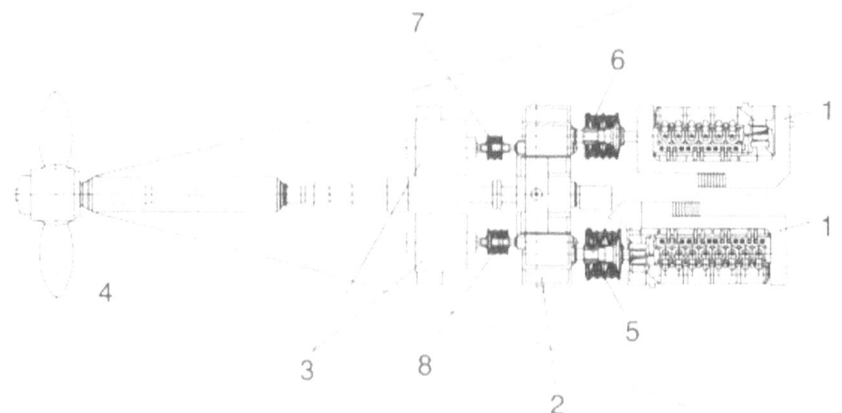

Bild 9: Doppelmotorenanordnung mit Wellengeneratoren

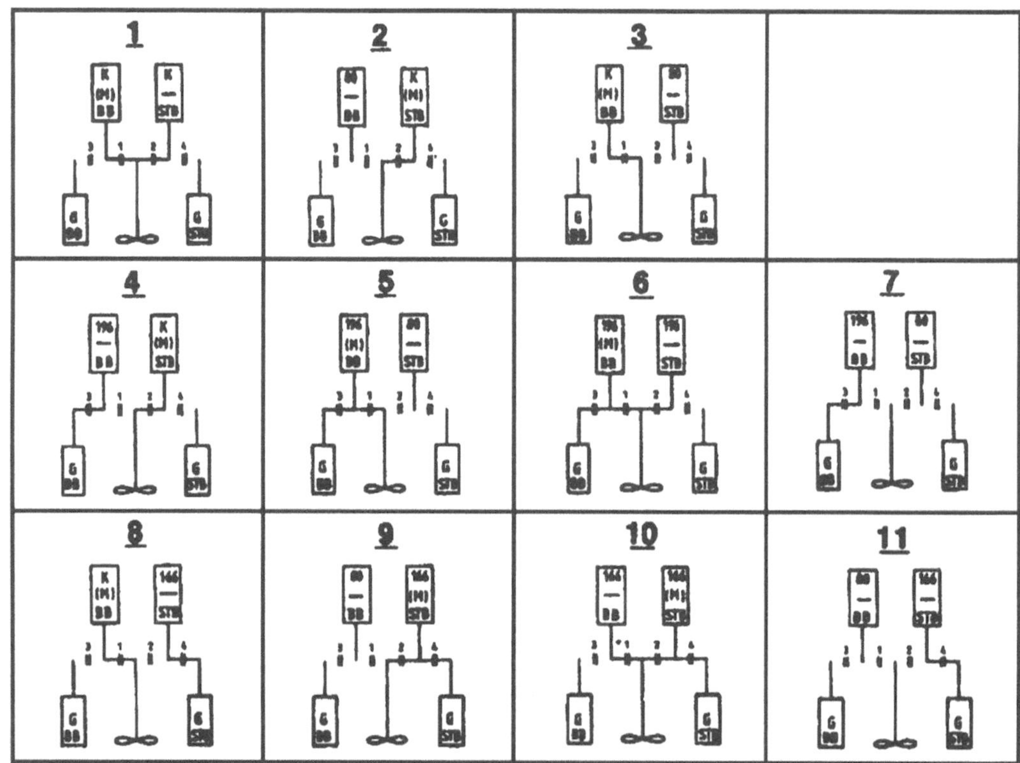

Bild 10: Mehrfachbetriebsmöglichkeiten für Bild 9

Die Verwendung von Mehrmotorenanlagen zur Abdeckung großer Antriebsleistungen hat insbesondere im europäischen Schiffbau einen festen Platz. Der wesentliche Vorteil liegt im günstigen Raumbedarf und in der möglichst effektiven und wirtschaftlichen Nutzung der Antriebsleistung für die verschiedenen Betriebserfordernisse. Dabei können aus den recht übersichtlich wirkenden

Anlagen die verschiedensten Anlagenkonfigurationen entstehen. Abhängig von der Art der PTO-Anordnung, ob Primär- oder Sekundär-PTO, d.h. verzweigt von der Getriebeeingangs- und -ausgangsseite, ergeben sich viele Möglichkeiten. Bei der gewählten Darstellung in Bild 10 lassen sich aus der Zwei-Motoren-Anlage mit zwei getriebe-

seitigen Wellengeneratoren (Primär-PTO) immerhin 11 unterschiedliche Anlagenzustände erstellen.

Es ist müßig zu erklären, daß für diese Möglichkeiten die Schwingungsmodelle und -belastungen ermittelt werden müssen. Eine weitere Darstellung von ausgeführten Mehrmotorenanlagen zeigt Bild 11.

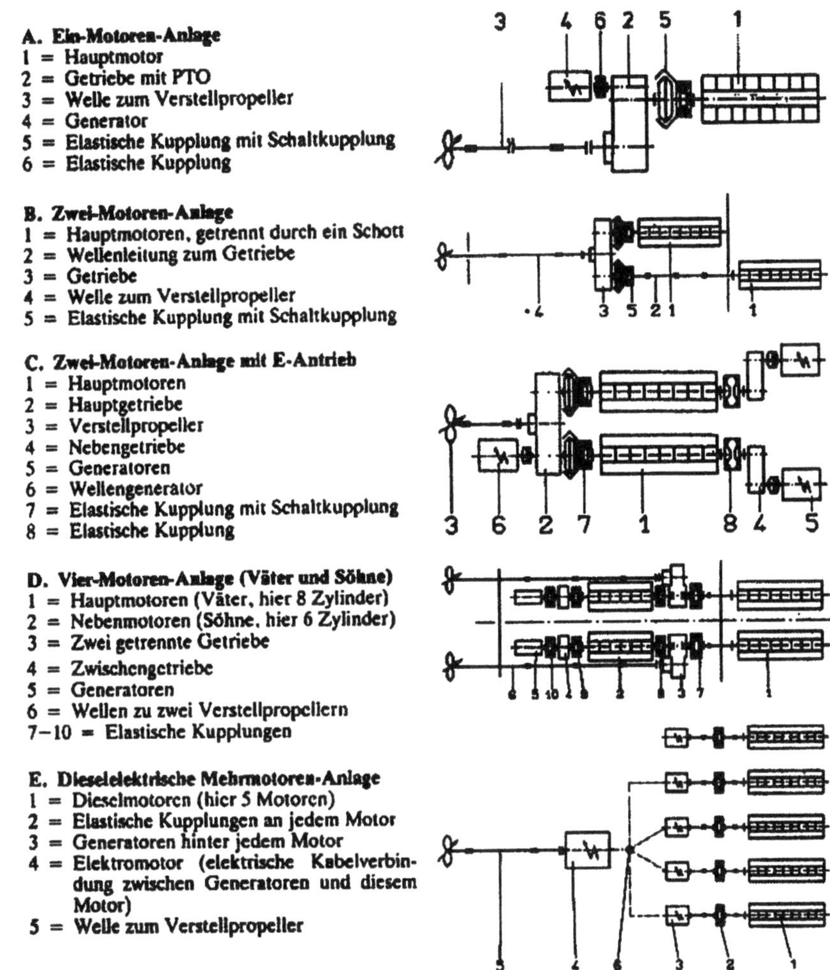

Bild 11: Kombinierte Antriebsanlagen

Dabei ist auch auf die dieselelektrische Mehrmotorenanlage hinzuweisen. Der Vorteil dieses Kraftwerkprinzips liegt in der optimalen Leistungsanpassung der einzelnen Motoren und Generatoren. Den Schrittmacher für diese Entwicklung hat sicherlich der Umbau der "QE2" von Dampfturbinenantrieb zum dieselelektrischen Antrieb gespielt [9]. Dieser 1987 in der Lloyd-Werft Bremerhaven durchgeführte Umbau mit einer Installation von 9x10,6 MW bzw. 2x44 MW mit direkt-elastischer Aufstellung der MAN-Dieselmotoren war der Start für viele andere Schiffe, insbesondere Kreuzfahrtschiffe (Bild 12).

Mit der direkt-elastischen Aufstellung der Dieselmotoren sollte eine Reduzierung der in die Schiffsstruktur eingeleiteten Schwingungsenergie erzielt werden. Daraus resultieren günstige Körperschallpegel. Der Einbauraum der Dieselgenerator-Einheiten war von vornherein begrenzt. Eine möglichst kurze Bauform der elastischen Kupplung kam somit der geforderten Gesamtlänge entgegen. Einbauraum, Drehschwingungsabstimmung, elastische Verlagerung und günstiger Körperschallpegel waren die Hauptanforderungen an die elastische Kupplung. Dieses konnte und kann durch die RATO-Kupplung erfüllt werden [10].

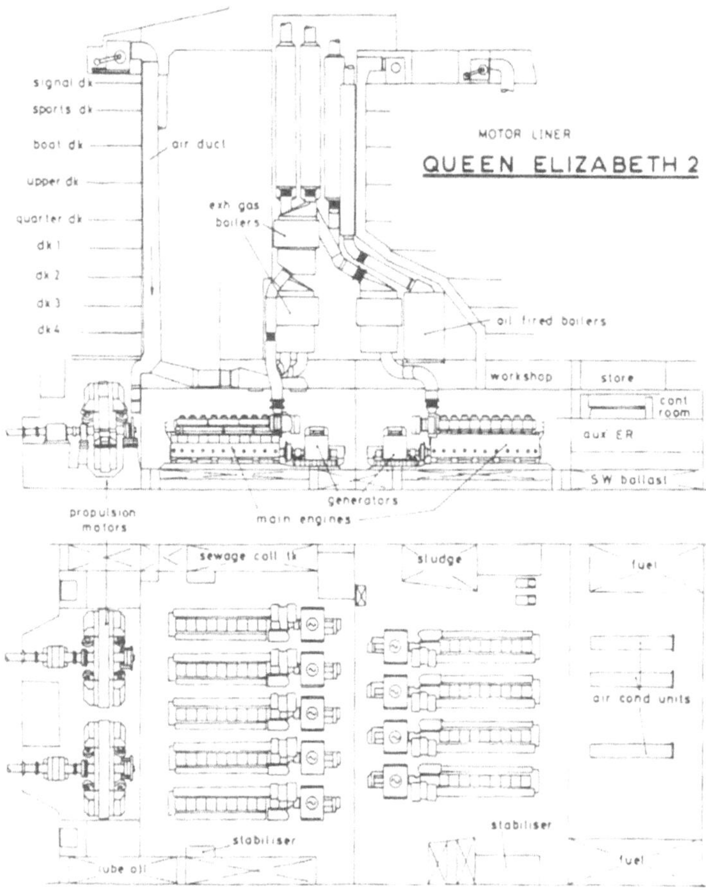

Bild 12: Anordnung und Maschinenraum der Queen Elizabeth 2

Schnittstelle zwischen Motor- und Getriebeaufstellung

Selbst bei starr aufgestellten Einheiten ist die Ausrichtung zwischen Motor- und Getriebewelle veränderlich. Bedingt durch Fundamentveränderungen infolge Beladung, Tiefgang, Temperatur-Wärmedehnungen, Seegangsbewegungen, Durchbiegungen u.a. verändert sich die Position der Drehachsen [11]. Dieses muß von dem Verbindungselement kompensiert werden. Abhängig von der Größe der Veränderungen sind auch in der Getriebekonzeption Ausgleichsmöglichkeiten gegeben [12]. Bild 13 zeigt eine interessante Lösung mit Hilfe einer gelenkigen Hohlwellenkonstruktion (Quillshaft) und radial abgestützten elastischen Kupplungen. Auf diese Weise wurden die Wellenverlagerungen in Achsrichtung und Achsparallele und winkeliger Richtung ausgeglichen.

Die Zunahme der elastischen Motoraufstellungen in den letzten 10 Jahren auch im normalen Handelsschiffbau und der verschärfte Wettbewerb, hat jedoch weitgehend von gelenkigen Getriebeeingangswellen Abstand genommen. Hochelastische Kupplungen mit hohen radialen und axialen Ausgleichsmöglichkeiten sind gefordert.

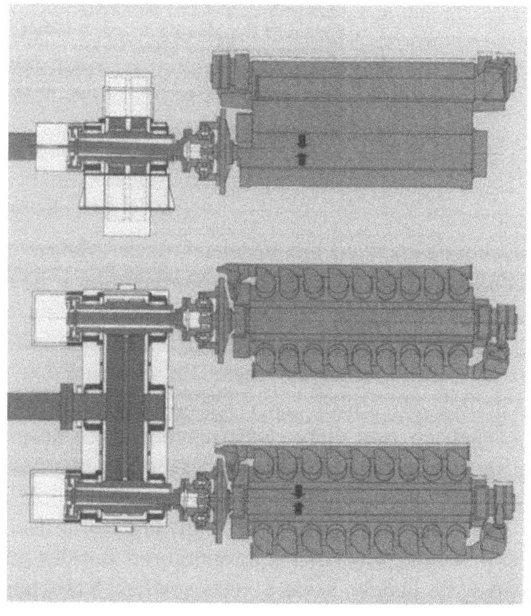

Bild 13: Doppelmotoranlage mit Quillshaft-Getriebe

Stand der Entwicklung und weitere Auslgungsmöglichkeiten

Die Möglichkeiten der computerunterstützten Analyse haben sich in den letzten 10 Jahren ständig verbessert. Dennoch ist es eine klassische Ingenieuraufgabe geblieben und bleibt es m.E. auch, zu entscheiden, ob das, was theoretisch gerechnet, auch praxisgerecht und -orientiert ist. Die Erweiterung der Berechnungen mit Hilfe nichtlinearer FEM-Verfahren hat insbesondere bei Gummi-Metall-Verbindungen hochelastischer Kupplungen zu interessanten Ergebnissen geführt. Ebenso sind durch die sog. Modal-Analyse Aussagen über Schwingungsspektren von Getriebehäusen u.a. möglich geworden.

Der Dieselmotor mit seinem weiten Erregungsspektrum zwingt den verbundenen Maschinenelementen dynamische Belastungsprofile auf. Dabei wird die klassische Spannungsbetrachtung durch die Verformungsbetrachtung ergänzt. Dies gilt insbesondere für dynamische Vorgänge. Bild 14 zeigt eine elastische Komponente unter dreidimensionaler FEM-Beanspruchung.

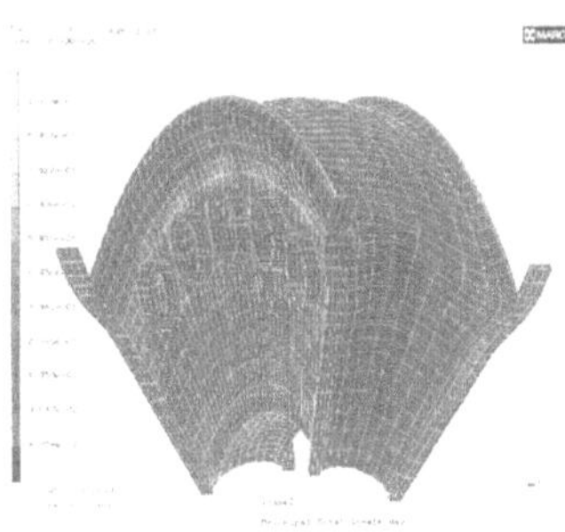

Bild 14: FEM-Struktur eines elastischen Elementes

Als Komponentenlieferant werden wir uns in die Lage versetzen müssen, Belastungsprofile aus dem Gesamtsystem (Antriebslinie) mit allen Verbindungen und Rückwirkungen zu verstehen und zu berücksichtigen.

Die von den Klassifikationsgesellschaften bereits benutzte Methode des "Condition Monitoring" an Schiffsstrukturen u.a. wird sich in die verschiedenen Subsysteme fortsetzen. Dabei sind Messungen und Untersuchungen über einen längeren Zeitraum besonders aufschlußreich [13], aber auch aufwendiger.

Als Komponentenlieferant in einem durchaus beanspruchten Umfeld (Motor, Getriebe, Propeller) ist es für die Gestaltung des Produktes selber, aber auch für die Betreiber wichtig, Lastprofile und kritische Anlagenzustände zu erkennen und richtig darauf zu reagieren. Durch die Nutzung von Dreh

impulsen von beliebigen Systemstellen der Antriebslinie lassen sich diese Zustände auswerten. Das für die Kupplung wichtigste Signal ist sicherlich die primär- und sekundärseitige Schwingungsamplitude (Bild 15). Aus dem zeitlichen Verlauf bzw. der phasengerechten Differenz beider Signale lassen sich statische und dynamische (stationäre und transiente) Profile ermitteln. Diese können jederzeit (online) Aufschluß über das vorliegende Beanspruchungsniveau geben.

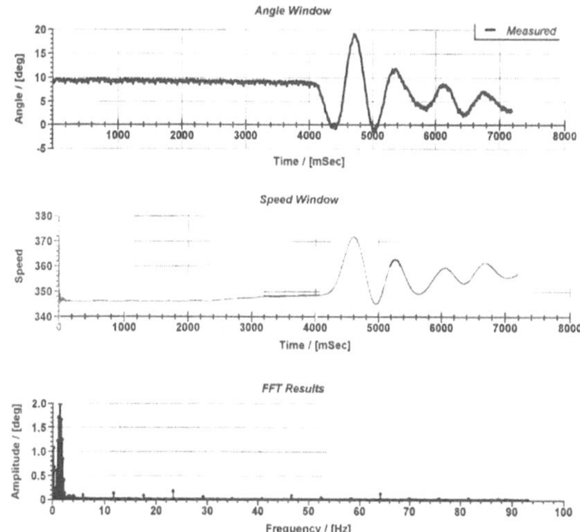

Bild 15: Gemessene Verdrehwinkel und ausgewertete Frequenzanteile

Schlußwort

Bei der Durcharbeit des Themenkreises wurde mir die Mächtigkeit des Komplexes immer mehr bewußt, und ich bekam gleichzeitig immer mehr Respekt vor den Ingenieurleistungen der vergangen Zeiten; immerhin gilt es 100 Jahre STG zu würdigen.

Dieses ist mir sicher nicht vollständig gelungen. Dennoch sind es gerade die Komponenten Getriebe und Kupplung, die eine Fortbewegung des Schiffes unter vielen Umständen ermöglichen. Insbesonders sind es die dynamischen Vorgänge, und hier insbesondere Drehschwingungszustände - stationär oder transient -, die über das Gelingen eines Antriebskonzeptes mitentscheiden.

Dabei, denke ich, haben gerade die deutschen Zulieferfirmen in der Vergangenheit und auch für die Zukunft große Leistungen geschaffen und weiterhin zu schaffen.

Schrifttum

[1] BENZ, W.: Schwingungen bei Schiffsmotoranlagen. Antwort auf alltäglich wiederkehrende Fragen. STG, 52. Band, 1958

446

[2] KROOS, E.-G.: Die Beanspruchung von elastischen Kupplungen im Aussetzerbetrieb. Aus der Technik

[3] LUDWIG, O.: Handbuch des Maschinenbaues, 3. Auflage, 1951

[4] VULKAN-Veröffentlichung Nr. 7: Erprobung einer MESLU-Schaltkupplung am Zweimotoren-Prüfstand

[5] Germanischer Lloyd: Klassifikations- und Bauvorschriften I - Schiffstechnik

[6] WALTER, J.: Gummikupplungen. Fortbildungskursus Schiffsgetriebe und Kupplungen, TUHH, 1992

[7] SCHÜNEMANN, H.: Schiffswendeuntersetzungsgetriebe. Fortbildungskursus Schiffsgetriebe und Kupplungen, TUHH, 1992

[8] ROTHENHÄUSLER, G.: Getriebe für schnelle und unkonventionelle Schiffe. Fortbildungskursus Schiffsgetriebe und Kupplungen, TUHH, 1992

[9] GRIFFITHS, D.: Power of the Great Liners. Patrick Stephens Ltd.

[10] VULKAN-Produktinformation Nr. 7, Umbau Queen Elizabeth 2

[11] VULKAN-Produktinformation Nr. 5, Untersuchung über den Ausrichtfehler bei Schiffsmaschinen

[12] Druckschrift Renk AG, Mehrmotoren-Schiffsgetriebe

[13] VULKAN-Veröffentlichung Nr. 13, Langzeitmessung unter Schwerwetterbedingungen auf MS „Stubbenhuk"

Schiffsmaschinen in 100 Jahren - Versuch einer Prognose

Marine Engines over 100 Years - Attempt at a Prognosis

Dr.-Ing. **Klaus Knaack**, Lübeck; Dipl.-Ing. **Gunter Sattler**, Ingenieurkontor Lübeck

Summary. Contrary to passing a reviewing glance on the development of marine engines over the past 100 years, the authors attempt to give a view on the development of these engines for the future 100 years.
Possible trends of developments are predicted based on an analysis of prerequisites which determine the requirements for the marine engines taking into account the future development of maritime trade, the availability of usual and alternative fuels, the development of the national and international energy management, and the results from the environmental legislation etc..

1 Einleitung

Das 100jährige Bestehen der Schiffbautechnischen Gesellschaft bietet verständlicherweise einen Anlaß, auf 100 Jahre Vergangenheit zurückzublicken und die Entwicklungen in der Schiffstechnik noch einmal Revue passieren zu lassen. Genauso verständlich ist aber auch die Themenstellung in diesem Spezialgebiet der Technik generell: „Wo stehen wir heute - was ist in Kürze zu erwarten?" Als der Vorschlag an die beiden Autoren herangetragen wurde, eine Prognose zu dem Thema „Schiffsmaschinen in 100 Jahren" zu wagen, war die Verblüffung zunächst groß. Erstens sind wir Ingenieure und keine Visionäre und zweitens ist die Schiffstechnik generell konservativ und nicht auf solche Zeiträume ausgerichtet. Reedereien, am Verkehrsaufkommen orientiert, mögen einen Zeitraum von 10-15 Jahren betrachten. Die Hersteller von Schiffen und Maschinen, am Bedarf und Trend orientiert, sind vielleicht auf 5-10 Jahre ausgerichtet. Hochschulen und andere Ausbildungsstätten, ausgestattet mit knappen Mitteln und leider häufig von der Industrie und Wirtschaft abgekoppelt, können nur versuchen, die jungen Studenten so praxisnah wie möglich auf ihren zukünftigen Beruf vorzubereiten. Platz für Spekulationen bietet sich nicht. Wenn nun aus der Schiffstechnik heraus keine Antwort auf die Frage nach Schiffsmaschinen in 100 Jahren zu finden ist, hilft vielleicht ein globaler Ansatz weiter.

2 Randbedingungen

Schiffsmaschinen müssen die Anforderungen, die sich seitens der unterschiedlichen Schiffstypen stellen - große / kleine Schiffe, langsame / schnelle Schiffe, Handelsschiffe / Kriegsschiffe usw. -, hinsichtlich technischer Bedingungen und niedriger Kosten optimal erfüllen. Die Frage nach unterschiedlichen Schiffstypen wirft aber die Frage nach der Entwicklung von Verkehrsströmen und damit nach der Entwicklung des Seeverkehrs generell auf. Die Entwicklung des Seeverkehrs ist nun wieder eine Funktion der Entwicklung der staatlichen Gefüge, ihrer Menschen und ihrer Bedürfnisse. Die Entwicklung der staatlichen Gefüge - Nationalstaaten, Staatenbünde u.ä - ist eng verknüpft mit dem Anwachsen der Weltbvölkerung. Hiermit ist der Energiebedarf direkt gekoppelt, und es erhebt sich zwingend die Frage nach den zur Verfügung stehenden Energien. Einflüsse auf diese Größen, wie nationale und internationale Gesetzgebungen hinsichtlich Geburtenkontrolle oder Umweltschutz, Katastrophen, Seuchen oder ähnliches bewirken dabei zwar eine Verkürzung oder ein Strecken von Zeiträumen, nicht aber grundsätzlich neue oder geänderte Randbedingungen. Futurologen, die sich mit dem, was der Menschheit bevorsteht, auseinandersetzen, sind sich einig, daß Perspektiven und Antworten vielfältiger geworden sind. Statt genauer Prognosen können allerdings nur Szenarien und längerfristige Trends aufgezeigt werden. Bei Aussagen über einen so langen Zeitraum in die Zukunft ist Vorsicht und Bescheidenheit angesagt.

Das Schiff ist das wirtschaftlichste und umweltfreundlichste Massentransportmittel. Mehr als 90% des interkontinentalen Güterverkehrs gehen über See. Die Bedeutung des Schiffstransportes wird zunehmen. Auch kontinental wird die Bedeutung des Schiffstransportes zunehmen, da nicht nur die Landverkehrswege auf einen Infarkt zusteuern, sondern auch die aufzuwendende Energie pro Ladetonne immer mehr ins Gewicht fällt.

Will man wissen, wie der Schiffsmaschinenbau in 100 Jahren aussieht, muß man betrachten, welche Energien in diesem Zeitraum zur Verfügung stehen.

3 Energievorkommen - Weltbevölkerung - Energiebedarf

Geht man davon aus, daß es in den nächsten 20 bis 30 Jahren zu keinen gravierenden politischen Verwerfungen kommt, so läßt sich bis zum Jahr 2020 die energiewirtschaftliche Entwicklung einigermaßen konkret überschauen.

Dies ist begründet in der für die Energiewirtschaft typisch langen Vorlaufzeiten mit hohem Kapitaleinsatz. Der Aufschluß eines Bergwerkes, die Erschließung neuer Öl-und Gasfelder, die Errichtung eines Kernkraftwerkes dauern bis zu 10 Jahren. Der Nutzungszeitraum beträgt dann im allgemeinen weitere 20 Jahre.

Das heißt, die Energieversorgung ist für die nächsten 30 Jahre bereits entschieden und ist nur in engen Grenzen oder mit entsprechenden Vorlaufzeiten zu verändern.

Für die Energiewirtschaft gilt der Satz des Philosophen Emanuel Kant, Prof. für Logik und Metaphysik: „Unser Entscheiden reicht weiter als unser Erkennen". Die Primärenergieversorgung mit fossilen Brennstoffen - Öl, Kohle und Gas - macht heute 80% aus. Das wird bis 2020 und sicher noch darüber hinaus so bleiben.

Diese bestehenden Energieversorgungssysteme können dann ergänzt und später ersetzt werden durch Solarenergie, Wasserstoffwirtschaft oder Kernfusion.

Entscheidend für die Zukunft - und hier liegt dringender Bedarf für politisches Handeln - ist das Problem der ständig wachsenden Weltbevölkerung. Wenn es nicht gelingt, die heute 5 Mrd. Menschen, die im Jahr 2020 auf 8 Mrd. angewachsen sein werden, mit den oben angesprochenen fossilen Energien zu versorgen, damit Nahrung, Behausung, Kleidung usw. gesichert ist, dann werden die neuen Technologien der Energieversorgung nicht mehr nötig sein.

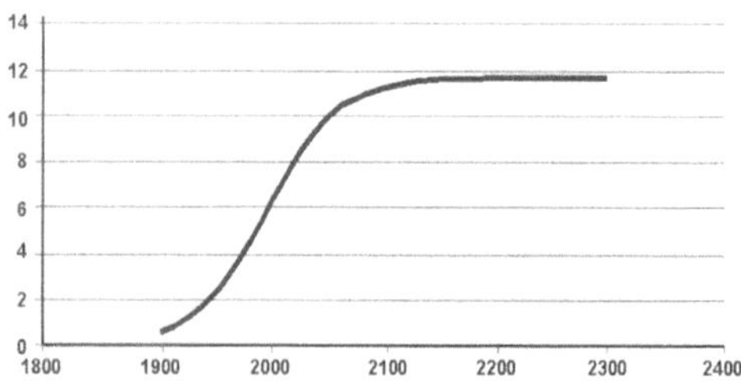

Abb. 1: Weltbevölkerung

Die Entwicklung der Weltbevölkerung ist das Schlüsselproblem. Jedes Jahr wächst die Bevölkerung um 100 Millionen. China und Indien werden um die Mitte des nächsten Jahrhunderts über 1.5 Mrd. Einwohner haben und damit mehr Menschen sein, als es Weiße zu dieser Zeit gibt. Gleichzeitig schreitet die Verstädterung voran, und um die Jahrhundertwende wird die Hälfte der Weltbevölkerung in den Elendsvierteln der Städte hausen. Diese Beispiele sind keine Spekulationen, sondern ergeben sich aus der heutigen Altersstruktur der Welt-

bevölkerung. Beeinflußbar bleibt lediglich die Möglichkeit, ob und wie sich Ende des nächsten Jahrhunderts die Zahl der Menschen in ihrer Höhe stabilisieren wird.

Die Ressourcen dieser Erde, Bodenschätze, Land, Wasser, Luft und Atmosphäre, werden in einem außerordentlichen Maß beansprucht. Das Augenmerk auf Umweltschutz und ausreichende Energieversorgung zu lenken, ohne auf das wirkliche Problem - das Bevölkerungswachstum - zu reagieren, ist für unsere Erde tödlich.

Die energiewirtschaftlichen Entwicklungen waren in den vergangenen Jahren von Veränderungen gekennzeichnet, die nicht durch mathematische oder statistische Extrapolationen vorausgesagt werden konnten. Für eine Zukunftsbetrachtung verwendet die Shell anstelle von Prognosen Szenarien. Diese beschreiben unterschiedliche, wertfreie in sich geschlossene Zukunftsbilder, die durch Bildung konsistenter Annahmen aufgebaut werden. Szenarien interpretieren gegenwärtige Ereignisse und die ihnen zugrunde liegenden Kräfte. Wie werden der unterschiedliche Energiebedarf und die traditionellen Energiequellen sich beeinflussen.

Es wurden von Shell zwei Szenarien aufgestellt.

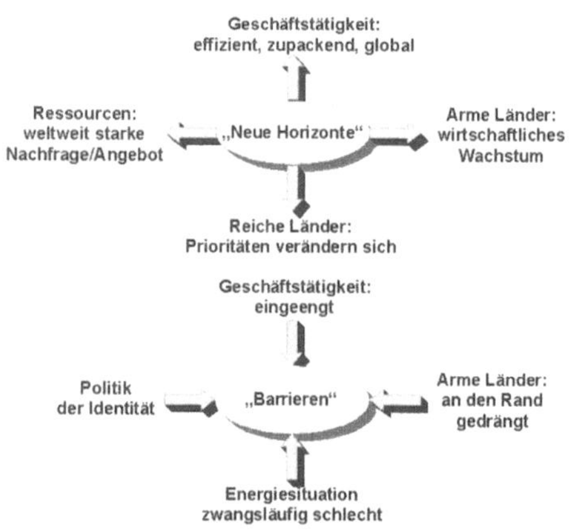

Abb. 2: Szenarien

„Neue Horizonte". Hier ergibt sich ein turbulenter Wachstumsverlauf. Wirtschaftliche und politische Reformen greifen, der gesellschaftliche Wohlstand wird angehoben. In den Ländern der dritten Welt hält das rasche Wirtschaftswachstum an, und in den etablierten Volkswirtschaften entwickeln sich neue Lebensstile.

„Barrieren". Die Liberalisierung wird behindert. Es entwickelt sich eine Welt regionaler, kultureller und religiöser Abgrenzung, die den Welthandel behindert. Die Kluft zwischen arm und reich wird größer. Viele wirtschaftlich ärmere Länder werden ins Abseits gedrängt. In den Industrieländern kommt es durch nicht staatliche Organisationen und Interessengruppen dazu, Energie als etwas schädliches anzusehen. Im „Barrieren"-Szenario gibt eine Krise im Mittleren Osten Anlaß, Energie stark zu besteuern und den Energieverbrauch einzuschränken.

Das unterschiedliche Wirtschaftswachstum, dargestellt am Einkommen der Weltbevölkerung (Abb. 3) führt zu zwei ganz verschiedenen Resultaten hinsichtlichs Energieverbrauchs, insbesondere in den „Low Developed Countries" (Abb. 4).

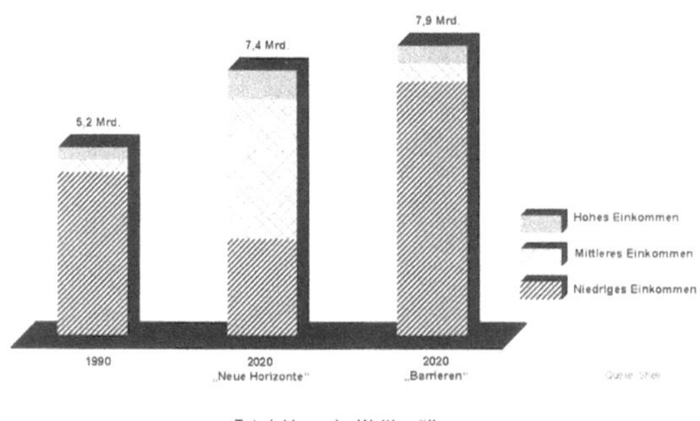

Abb. 3: Entwicklung Weltbevölkerung

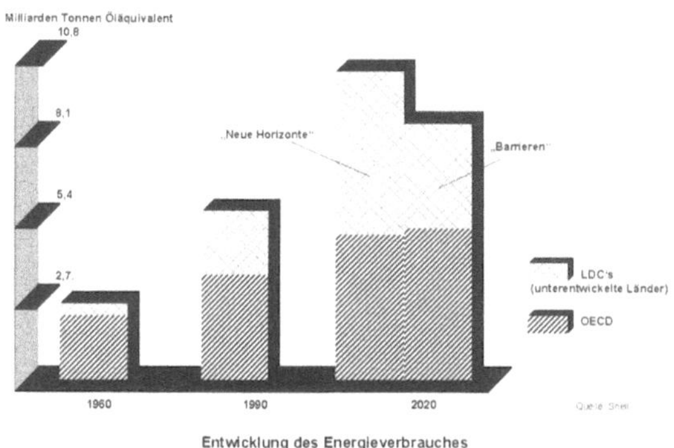

Abb. 4: Entwicklung Energieverbrauch

Heute gibt es genügend Energie zu einem niedrigen Preis. Unter der Voraussetzung, daß der Energiebedarf auf dem Stand von heute eingefroren werden könnte, werden die bekannten fossilen Energien noch für ca. 400 Jahre ausreichend sein. Bedingt durch das Anwachsen der Weltbevölkerung wird jedoch der Energieverbrauch, entsprechend den von Shell beschriebenen Szenarien , deutlich ansteigen. Über 100 Jahre folgte der globale Energieverbrauch einem verhältnismäßig stabilen Trend entsprechend der Zuwachsrate der Weltbevölkerung.

Dabei bedeutet ein jährliches Anwachsen des Weltenergiebedarfs um 5% eine Verdoppelung in 14 Jahren und eine Vervierfachung in 28 Jahren. Dies mag verwundern, da wir aus Erfahrung wis-

sen, daß der Trend des Energiebedarfs sich in den Industrieländern zu stabilisieren beginnt. Für den exponentiellen Anstieg gibt es zwei Gründe.

1. Die Entwicklungsländer industrialisieren mehr und mehr und erreichen einen höheren Lebensstandard.

2. Die steigende Wachstumsrate der Weltbevölkerung (Die Zeiten der Verdoppelung werden noch immer kürzer.)

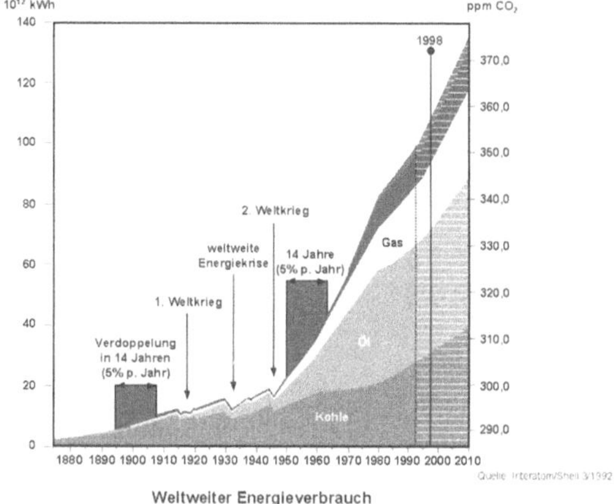

Abb. 5: Weltweiter Energieverbrauch

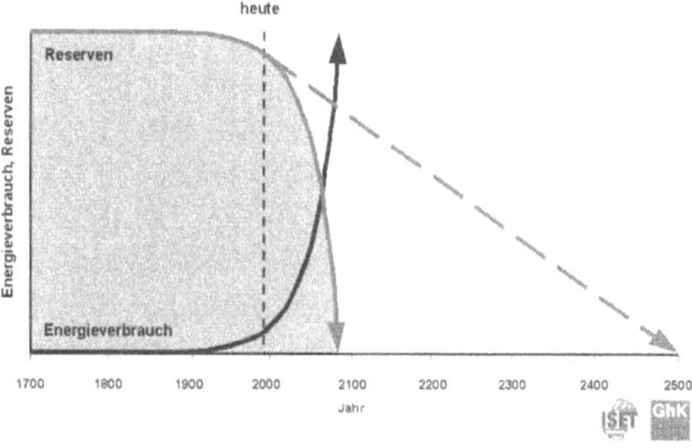

Abb. 6: Energieverbrauch bzw. Reserven

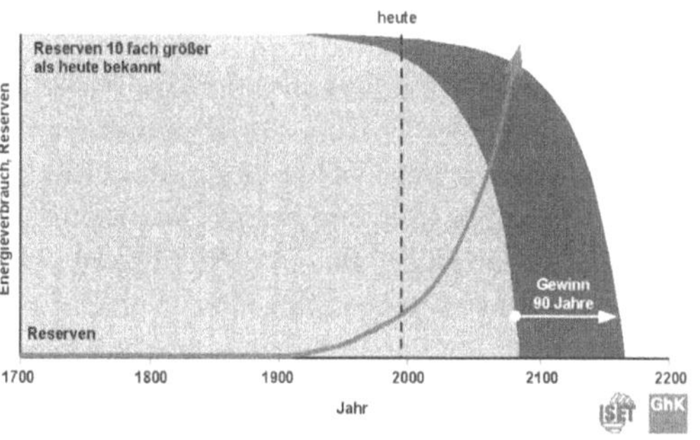

Abb. 7: Gewinn bzw. Reserven

Die Abb. 6 veranschaulicht, daß bei einer Energiesteigerungsrate von nur 3% die gesamten Vorräte fossiler Brennstoffe in ca. 90 Jahren verbraucht sind.

Unterstellt man, daß etwa noch die 10fachen Reserven gefunden werden und auch gefördert werden können, so reichen diese Reserven ebenfalls nur für weitere 90 Jahre.

Geht man einmal hypothetisch davon aus, es gelänge, den spez. Verbrauch der Energieumwandlung zu halbieren, so gewönne man lediglich 20 Jahre. Jeder weiß, daß auch eine solche Annahme illusorisch ist.

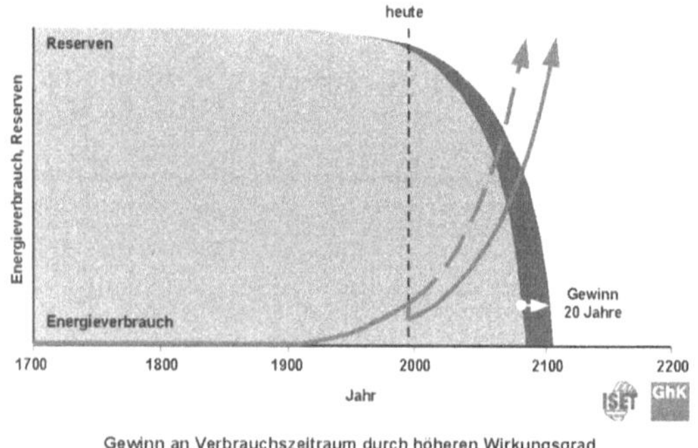

Abb. 8: Gewinn bzw. Wirkungsgrad

4 Umweltbelastung, CO_2 und Treibhauseffekt

Eine schwierige und viel diskutierte Frage ist, wie sich das menschliche Handeln auf die Klimaentwicklung auswirken wird. Von den vielen Belastungen wie CO, SO_2, NO_X, VOCs, usw. soll hier nur auf die CO_2-Belastung eingegangen werden. In den Diskussionen wird angenommen, daß der CO_2-Anstieg kontinuierlich aus der Verbrennung von fossilen Brennstoffen weiter ansteigend erfolgt. Bei realistischer Betrachtung kann man davon ausgehen, daß in der ersten Hälfte des nächsten Jahrhunderts der CO_2-Ausstoß sein Maximum erreicht hat und danach absinken wird. Dies hängt mit den knapper werdenden Energievorräten und mit einer verbesserten Energieausnutzung zusammen.

In Abb. 9 ist die CO_2-Emission bei kontinuierlicher Fortschreibung des fossilen Energieeinsatzes und die Auswirkung der Verwirklung des Einsatzes erneuerbarer Energien dargestellt. Der Kapitalaufwand zur Vermeidung von CO_2-Ausstoß ist enorm. Da die Zusammenhänge zwischen Weltklima und globaler Emission noch nicht eindeutig bekannt sind, ist ein einheitliches Vorgehen zur Zeit nicht erkennbar.

Die Forderungen der Klimakonferenzen (Toronto) gehen dahin, die energiebedingten CO_2-Emissionen gegenüber 1989 im Jahr 2005 um weltweit 20% zu reduzieren. Dies würde heute bedeuten, daß die

Entwicklungsländer keinen Anstieg der CO_2-Emission mehr zulassen dürften und die Industrieländer bis 2005 den CO_2-Ausstoß um 40 % senken müßten. Dies ist leider völlig unrealistisch, so bedrückend es auch sein mag. Kleine Erfolge in der Bundesrepublik sind im wesentlichen nur der Schließung großer Werke in den neuen Bundesländern zuzuschreiben.

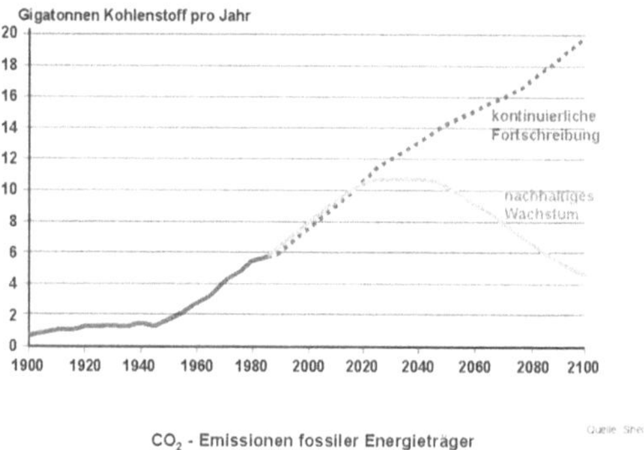

Abb. 9: CO_2-Emissionen

5 Globale Energieperspektiven

5.1 Entwicklungszyklen

Die Lebenszyklen der Energiequellen sind in Abb. 10 dargestellt.

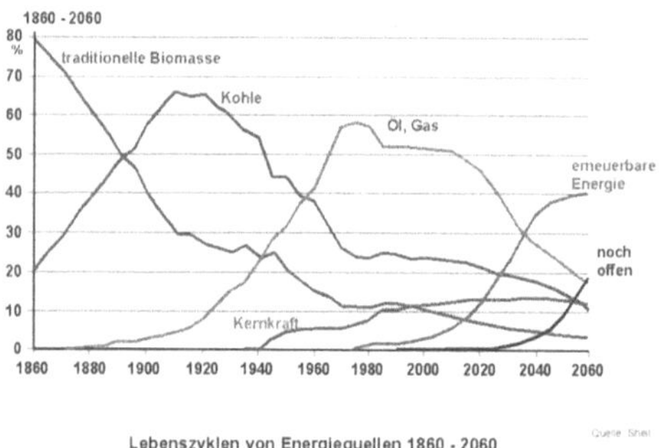

Abb. 10: Lebenszyklen bzw. Energiequellen

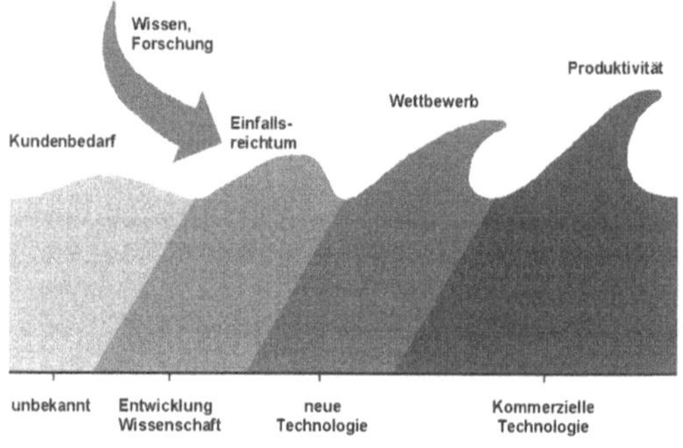

Abb. 11: Technologiewellen

In Abb. 10 läßt sich wie auch in Abb. 9 erkennen,

daß die Menschheit mit einem Maximum an CO_2-Belastung bis Mitte des kommenden Jahrhunderts leben muß und die notwendige Substitution der fossilen Brennstoffe durch erneuerbare Energien so schnell wie möglich erfolgen sollte. Hierbei ist zu bedenken, daß Produkte aus dem Forschungslabor im allgemeinen noch mindestens 15 Jahre benötigen, ehe sie im Markt eingeführt werden können.

Die Schlüsselentdeckungen, die heute unser Leben beeinflussen, wurden zum Teil vor 100 Jahren geboren und durchliefen - wie alle Technologieentwicklungen - Wellen der Erprobung und Markteinführung.

Auf dem Weg zur Einführung in den Markt sind verschiedene Stufen zu durchlaufen. Am Anfang steht der Bedarf, oder es wird eine überraschende Entdeckung gemacht, deren nutzbringende Anwendung noch nicht erkannt ist. Wissen und Forschung führen zu einem Prototyp, der sich im Wettbewerb durchsetzen muß. Hierzu drei Beispiele:

- Energische Verfolgung eines Konzeptes
  (Fernsehen)

- Überraschende Entdeckungen
  (Es dauerte 30 Jahre, die Bedeutung der Radioaktivität zu erkennen)

- Konkurrierende Entwicklungen
  (Zeppelin gegen Flugzeug)

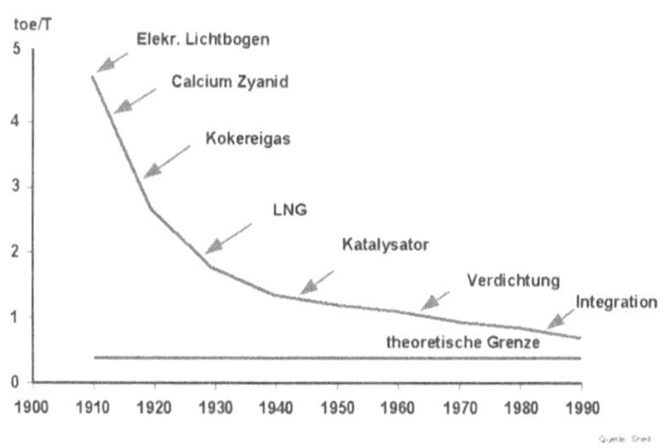

Abb. 12: Energiebedarf Ammoniak

Eine Generation macht eine Entdeckung, erforscht sie und lehrt sie die jüngere Generation. Diese entwickelt sie weiter und bringt sie zur Anwendungsreife. Dieser Prozeß dauert 40 bis 60 Jahre. Auf diesem Weg kann die Idee untergehen oder zum wirtschaftlichen Einsatz kommen. Für wichtige Bedürfnisse sollten daher deutlich vermehrt Stipendien und Forschungsmittel bereitstehen, um die Kreativität zu fördern. Dies gilt nicht nur für die OECD–Länder, sondern auch ganz besonders für die Entwicklungsländer.

Im Umgang mit der elektrischen Energie gibt es historische hoffnungsvolle Beispiele für Reduzierungen des Energieaufwandes, als Beispiel die Ammoniakherstellung.

Auch die Energiekosten für Windenergie, Biomasse oder Photovoltaik zeigen schon erfolgversprechende Resultate.

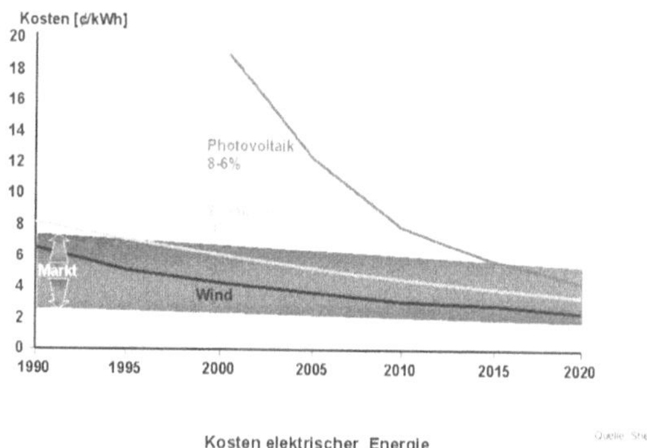

Abb. 13: Kosten elektrischer Energie

5.2. Sparen

Das Energieeinsparen ist eine unbedingte Notwendigkeit. Die Schwierigkeiten liegen darin, daß leider noch immer ein fehlendes Problembewußtsein vorliegt und der Sparwille nicht vorhanden ist, beides unterstützt durch zu niedrige, subventionierte Energiepreise, einen zu hohen Kapitalbedarf für Erneuerungsmaßnahmen und damit zu lange Vorlaufzeiten für die Rentabilität. In einigen Industrieländern, die beim Sparen eine Vorreiterrolle mit entsprechenden Erfolgen übernommen hatten, beginnt der geringe Ertrag dämpfend zu wirken (Japan). Die bisherigen Planwirtschaftsländer besitzen das größte noch nicht genutzte Potential. Energieeinsparungen bis auf ein Drittel wären nach einer Studie zu erreichen. In der gleichen Studie wurde allerdings auch festgestellt, daß die Wirtschaft der GUS-Staaten in den nächsten zwei Dekaden 7 bis 9 Jahre für dieses Ziel arbeiten müßte. In den Entwicklungsländern liegt keine Energieverschwendung vor, sondern Energiearmut. Würde die Dritte Welt ihren Pro-Kopf-Verbrauch von 1,3 SKE auf 2,0 SKE anheben, müßte zum Ausgleich die gesamte übrige Welt ihren Pro-Kopf-Verbauch von 7,0 SKE um die Hälfte reduzieren. Durch Sparmaßnahmen läßt sich der Anstieg des Energieverbrauchs nicht vermeiden, sondern nur in Maßen etwas begrenzen.

5.3 Ausbau Erdöl

Das Erdöl wird die Schlüsselenergie für die Welt noch für einen langen Zeitraum bleiben, vor allem für den schwer substituierbaren Transportsektor. Schneller als die Weltbevölkerung vermehrt sich die Car-Population, seit 1970 um fast 5% jährlich.

Heute kommt auf jeden zweiten Westdeutschen ein Auto, in den GUS-Staaten dagegen auf jeden 20. und in China auf jeden 1000. Bewohner.

Die Bedeutung von Erdöl wird im 21. Jahrhundert eher steigen als sinken. Die steigende Weltbevölkerung und die zunehmend aufstrebenden Wirtschaftsregionen werden noch lange auf die Kohlenwasserstoffenergie angewiesen sein. Die Pro-Kopf-Arbeitsleistung hat im letzten Jahrzehnt in den Entwicklungsländern um drei bis vier Prozent jährlich zugenommen, und hier liegt außerdem die höchste Zuwachsrate der Bevölkerung. Die Menschen in diesen Ländern trachten nach demselben Lebensstandard wie in den Industrieländern

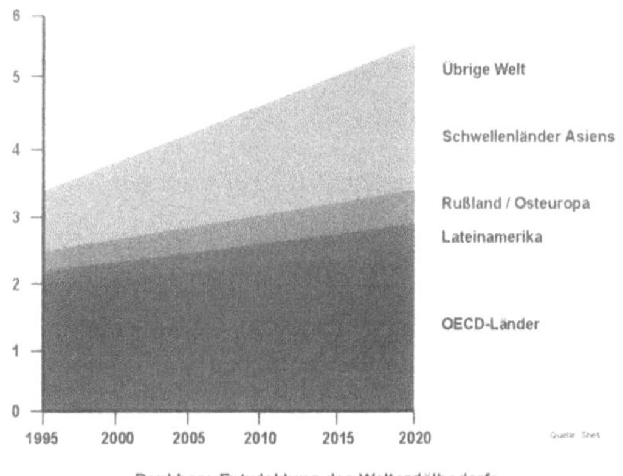

Abb. 14: Entwicklung Welterdölbedarf

5.4 Kernenergie

Die Kernenergiediskussion wird sehr emotional geführt. 17% der Weltstromerzeugung wird durch Kernenergie abgedeckt. Wer also die Kernenergie abschaffen will, muß neben dem ständig weiter steigenden Bedarf hierfür einen Ersatz beschaffen. Bei der Kernenergie wird die Spanne des möglichen Einsatzes als sehr groß angesehen. Eine Reihe von Kernkraftwerken wird in den nächsten Jahrzehnten aus Altersgründen aus dem Betrieb genommen werden. Die gesellschaftspolitischen Einflüsse sind schlecht einzuschätzen. Die Abhängigkeit vieler Länder vom Energieimport und die ansteigenden Preise wegen immer schwierigerer Energiegewinnung werden sicher ein Überdenken der Vorbehalte auslösen. So reichen Vorhersagen von der Konstanz des absoluten Einsatzes bis zu einer Versechsfachung bis zum Jahr 2050.

Die Kernenergie ist derzeit die einzige Möglichkeit, den zur großtechnischen Herstellung von Hydrierwasserstoff erforderlichen Strom auf nichtfossiler Basis zu erzeugen. Sie kann für eine versorgungssichere, ressourcen- und umweltschonende Ölsubstitution durch Steinkohlewasserstoffe in den nächsten Dekaden sorgen.

5.5 Gas

Erdgas ist der Hoffnungsträger unter den Energieträgern. Haupttriebfeder ist gegenüber Öl und Kohle die geringere Umweltbelastung. Es wird bisweilen auch als ein „Brückenbrennstoff" für ein nachfossiles Energiezeitalter eingestuft.

Kurz- und mittelfristig findet der Ausbau der Erdgas- bzw. LNG-Versorgungsstruktur statt. Die Erdgasversorgung Westeuropas wird dann zu 41% von den OPEC-Staaten und zu 41% aus den GUS-Staaten abgewickelt werden können.

5.6. Kohle

Kohle macht unter den wirtschaftlich gewinnbaren fossilen Energieträgern 70% aus. Die Kohlevorräte sind bei den meisten Entwicklungs- und Industrieländern breit gestreut. 40% der Weltstromerzeugung basiert auf Kohle. Auf noch effizientere und vor allem umweltverträgliche Verstromung der Kohle konzentrieren sich die Forschungs- und Entwicklungsanstrengungen. Zur „Clean Coal Technolgy" mit dem Ziel einer effizienteren und umweltschonenden Verstromung zählen Rauchgasentschwefelung, Entstickung über Wirbelschichtverbrennung und GuD-Technik bis hin zu neuen Verfahren wie Kohledruckvergasung oder Vergasung von Kohle mit nuklearer Prozeßwärme.

5.7 Biomasse

Biomasse zur Absorption der CO_2 - Emissionen ist ein gutes und notwendiges Verfahren, der Vernichtung der Urwälder zu begegnen, insbesondere durch die Möglichkeit des zusätzlichen Aufforstens. Die Problematik zeigt sich jedoch, wenn man sich vor Augen hält, daß zur Bindung des CO_2-Ausstoßes der Stadt Hamburg eine sechsmal größere Fläche mit Baumbestand nötig wäre, als der Stadtfläche entspricht.

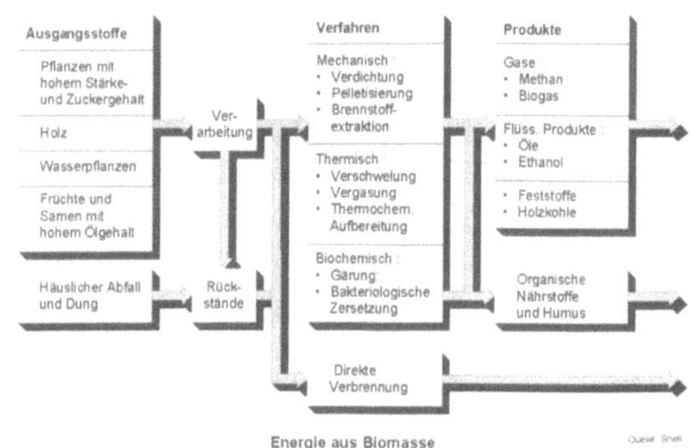

Abb. 15: Biomasse

Biomasse läßt sich allerdings auch zur Herstellung einer Reihe von synthetischen Brennstoffen nutzen, entweder über die Umwandlung in ein flüssiges

Zwischenprodukt bzw. zu Synthesegas oder aber direkt durch Vergärung zu technischen Alkoholen.

5.8 Solarenergie

Die Endlichkeit von Öl- und Gasressourcen wird im Verlauf des nächsten Jahrhunderts spürbar werden. Neben der Verteuerung, die hiermit verbunden ist, werden die Klimaveränderungen, hervorgerufen durch Methan und CO_2, ebenfalls zu einer Drosselung der fossilen Brennstoffe führen. Der einzige Ausweg sind dann die regenerativen Energien. Hoffnungsträger in der Photovoltaik sind z.B. die Dünnschichtzelle in der Siliziumtechnik und die Farbstoffzelle auf Rutheniumbasis (Nanosolarzelle). Die Senkung der Produktionskosten und die Förderung dieses Forschungszweiges können und müssen den Weg zu unerschöpflichen Energiequellen öffnen. Pro Jahr trifft auf der Erdoberfläche etwa das 10.000fache des Energiebedarfs der Menschheit ein. Bereits das Energieangebot in der Sahara überschreitet den Weltenergiebedarf um das 200fache.

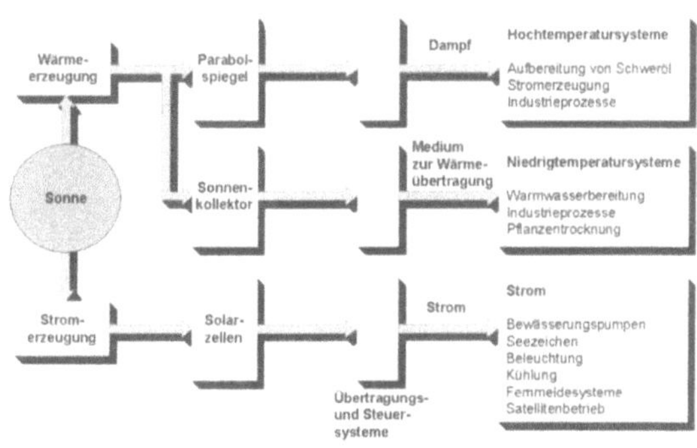

Abb. 16: Solarenergie

Photoelectrocatalysis ist eine Möglichkeit, in einer photovoltaischen Zelle Wasserstoff und Sauerstoff direkt zu erzeugen. Die ersten Ideen sind gut, aber man ist noch weit von einer kommerziellen Lösung entfernt.

5.9 Erzeugung synthetischer Energien

Flüssige Brenn- und Kraftstoffe lassen sich auch aus anderen Rohstoffen gewinnen. Kohle, Erdgas, Ölschiefer, Schweröl und Biomasse sind hierzu geeignet. Zahlreiche Verfahren zur Umwandlung dieser Stoffe stehen bereits zur Verfügung, andere befinden sich noch in der Entwicklung. Wesentliche Faktoren für die Erzeugung synthetischer Brennstoffe sind die vorhandenen Gesamtmengen an gewinnbaren Kohlenwasserstoffverbindungen und das Verhältnis von Wasserstoff zu Kohlenstoff, das für ein gewünschtes Endprodukt geändert werden muß. Ölsände sind häufig Ausläufer von Schweröllagerstätten. Die zu Reinigung und Extraktion des Öls angewandten Verfahren sind kommerziell ausgereift.

Ölschiefer besteht aus Sedimentgestein mit Einschlüssen organischer Verbindungen. Ausgedehnte Lagerstätte befinden sich in Australien und USA. Das synthetische Rohöl wird durch Erhitzen des Schiefers in Retorten und Extraktion der flüssigen Anteile gewonnen. Bei dem heutigen Stand der Entwicklung verbleibt allerdings noch ein großer Anteil an Öl im Schiefer. In USA und Australien wird an Gewinnungsanlagen gearbeitet. Auch in Rußland und China wird an solchen Verfahren gearbeitet.

Kohle hat einen geringen Anteil an Wasserstoff. Zur direkten Kohleverflüssigung durch Zugabe von Wasserstoff bei hohen Drücken und Temperaturen gibt es schon seit langer Zeit Verfahren. Die Prozesse werden verbessert und befanden sich 1987 bereits in der Demonstrationsphase.

Synthetisches Gas kann durch die indirekte Umwandlung von Kohle mit anschließender Kohlenwasserstoffsynthese ein Weg zu flüssigem Kraftstoff sein. Auf der Grundlage ausgereifter Technologien sind bereits eine Reihe von Kohlevergasungs- und Verflüssigungsanlagen in Betrieb: Mobil Oil in Neuseeland, SASOL in Südafrika, Shell Coal Gasification Process in USA.

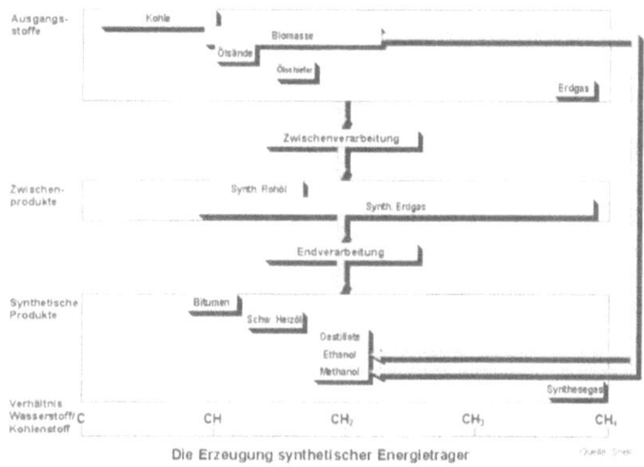

Abb. 17: Synthetische Energieträger

5.10 Wasserstoff-Wirtschaft

Für Elektrolyse bei höheren Temperaturen existieren einige interessante Ideen zur Herstellung von Wasserstoff. Diese Möglichkeiten stehen allerdings z.T. noch ganz am Anfang einer verwertbaren Entwicklung. Auf die einzelnen elektrochemischen Ansätze soll hier nicht weiter eingegangen werden.

Zur Zeit wird Wasserstoff zum größten Teil aus Erdgas, Schweröl, LPG oder Rohbenzin hergestellt bei Wirkungsgraden bis zu 75%. Der fossile Wasserstoff wird für die Herstellung von chemischen Substanzen - z.B. Ammoniak - gebraucht, welche

454

die Basis für wesentlich höherwertige synthetische Produkte darstellen. Die großtechnische Erzeugung ist zur Zeit noch wesentlich teurer.

Für die energiepolitische, umweltschonende Energiesicherung für die Zukunft scheidet natürlich Wasserstoff aus fossilen Grundstoffen aus, denn diese sollen ja substituiert werden. Andererseits werden heute zum Teil erhebliche Wasserstoffmengen als Nebenprodukt der chemischen Industrie abgefackelt. Für die Aufarbeitung von Rückstandsölen, Teersanden und Ölschiefer wird Hydrierwasserstoff zur Veredelung der minderwertigen Kohlenwasserstoffe benötigt.

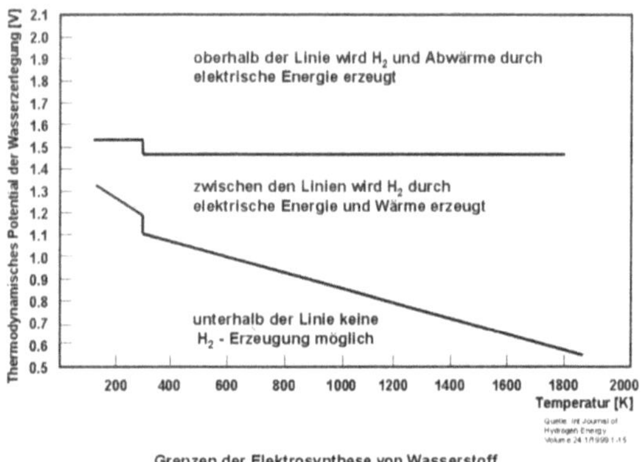

Abb. 18: Elektrosynthese H_2

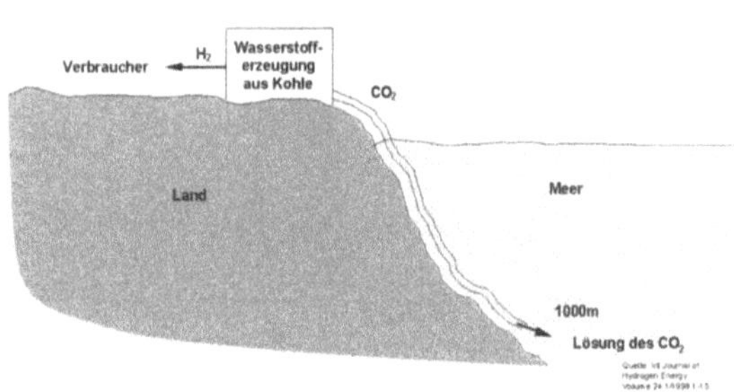

Abb. 19: Wasserstofferzeugung aus Kohle

Kohlendioxid zur Produktion von Wasserstoff heranzuziehen ist eine besonders reizvolle Idee. Es kommt für die nähere Zukunft besonders darauf an, Energiesysteme zu finden, die kein CO_2 an die Umwelt abgeben. Eine Methode, die von verschiedenen Seiten betrachtet wurde, ist die Umwandlung von fossilen Brennstoffen in Wasserstoff und CO_2. Kohle wird an der Küste durch Steam-Reforming in Wasserstoff und CO_2 umgewandelt. Der Wasserstoff kann über pipelines zum Verbraucher geführt werden, und das Kohlendioxid kann bei praktikablen Tiefen auf den Meeresboden verbracht werden, wo es als Hydrat ungefährlich belassen werden kann.

Methanol, zerlegt in Wasserstoff und Kohlendioxid, in der mobilen Anwendung zu nutzen, ist eine Möglichkeit, die bereits heute mit der Niedertemperatur-Brennstoffzelle der PEM-Technologie in die Erprobung geht (Daimler-Chrysler, HDW). Der anfallende CO_2-Ausstoß beträgt ungefähr die Hälfte der Menge, wie sie im Verbrennungsmotor auftritt. Logistisch ist diese Version sehr vorteilhaft, weil bestehende Einrichtungen und Tankstellen gut genutzt werden können.

Atmosphärisches CO_2 in Methanol umzuwandeln, ist ebenfalls eine reizvolle Idee, die in der folgenden Abb. gezeigt wird.

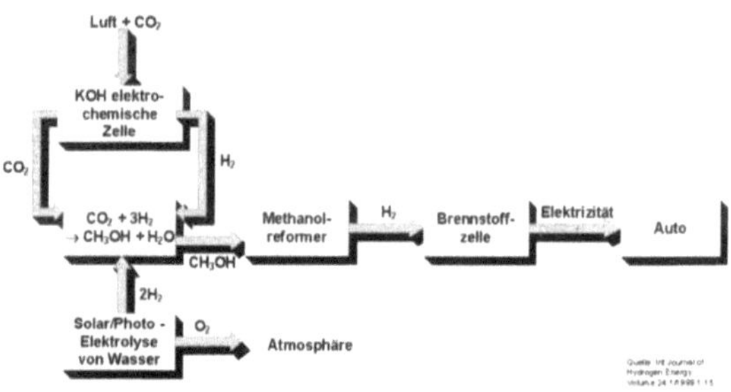

Abb. 20: Methanol aus CO_2

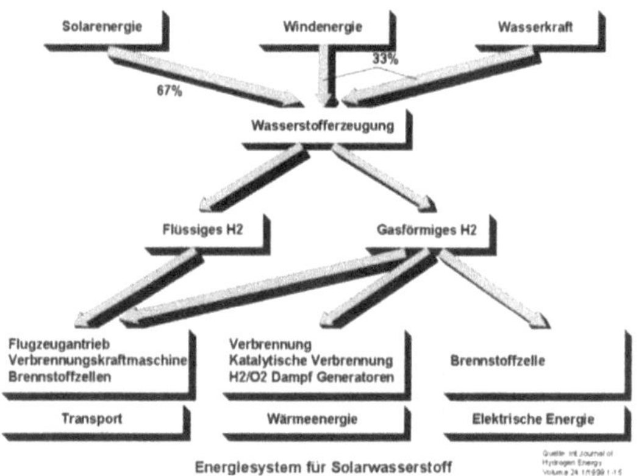

Abb. 21: Solarwasserstoff

6 Schiffsantriebe

Schiffsmaschinen werden, von Sonderfällen einmal abgesehen, heute ausschließlich mit fossilen Brennstoffen betrieben. Was steht uns dann aber in der Zukunft bevor, wenn die uns vertrauten fossilen Brennstoffe deutlich abnehmen oder in 100 Jahren vermutlich nicht mehr zur Verfügung stehen? Die vorstehende Diskussion der Energiesituation hat gezeigt, daß mit der Verringerung der fossilen Brennstoffe gleichwertige, ähnliche, mit regenerativer Energie erzeugte Kohlenwasserstoffe zur Verfügung stehen werden.

Die Schiffsmaschinen werden im Laufe der Jahre weiterentwickelt und den jeweiligen Erfordernissen durch die veränderten Brennstoffe angepaßt. Die uns vertrauten Verbrennungskraftmaschinen werden ergänzt durch Brennstoffzellen, die in der Lage sind, Wasserstoff in hervorragender Weise energetisch effizient in elektrische Energie umzuwandeln. Die Speicherung des Wasserstoffs an Bord wird optimal zu entwickeln sein, bzw. es werden Aufbereitungsanlagen zur Zerlegung von gasförmigen oder flüssigen synthetischen Kraftstoffen an Bord mitgeführt.

Weitere, heute noch nicht in Betracht gezogene Energieumsetzer und Speicherverfahren werden kommen, immer jedoch in Abhängigkeit der zur Verfügung stehenden Energieformen.

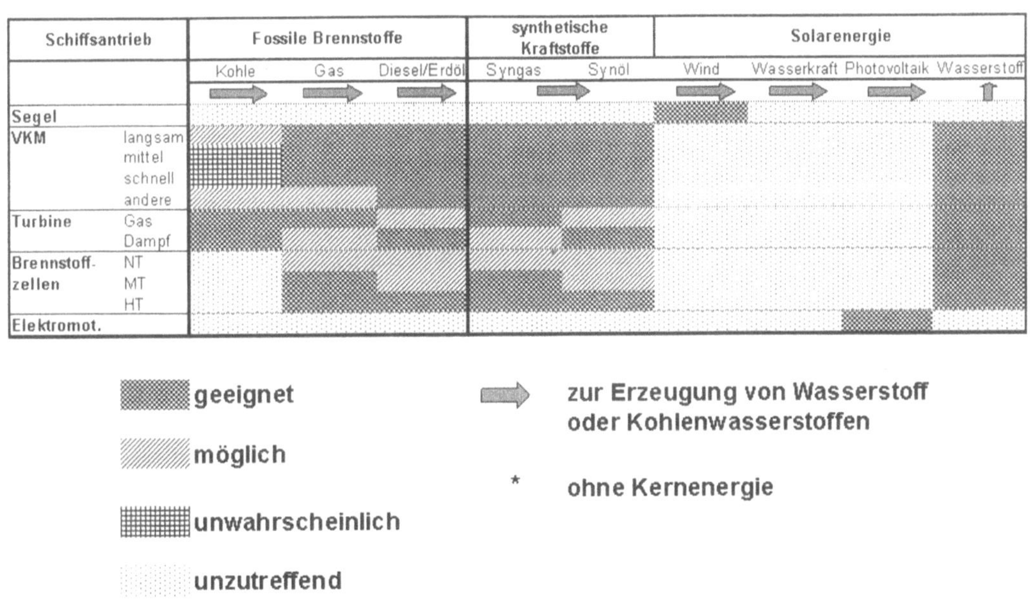

Abb. 22: Tabelle Schiffsmaschinen

7 Schlußbetrachtung

Es konnte in der vorstehenden Betrachtung gezeigt werden, daß die Entwicklung der Schiffsmaschinen nicht technisch singulär, sondern im Rahmen einer globalen Energiebetrachtung gesehen werden muß. Trotz der Verknappung der fossilen Energien, die sich in den kommenden 100 Jahren stark abzeichnet, werden neue, regenerative Energien die Lücke schließen. Der Weltenergieverbrauch wird stark ansteigen. Die Energieeffizienz wird sich zwischen 0,8 - 1,4 % pro Jahr verbessern. Regionale Knappheiten und Preiserhöhungen für Energie werden wegen der ungleichen Verteilung der Ressourcen an fossilen Brennstoffen eintreten. Die Kohlenwasserstoffe werden noch lange einen Beitrag zur wirtschaftlichen Entwicklung in den Entwicklungsländern leisten müssen. Neue Energieträger werden hinzukommen, über deren Einsatz der Markt entscheiden wird.

8 Schrifttum

OTT, G.: Energien für die Welt von morgen – Optionen und Realitäten. Glückauf 129,1993, Nr. 3

DEUTSCHE SHELL AG: Energie im 21. Jahrhundert – Betrachtung zur Entwicklung des Welt-Energieverbrauchs

SCHMIDT, J.: Keynote Speech on the occasion of the 2nd World Conference and Exhibition on Solar Energy Conversion, Wien, Juli 1998

VAHRENHOLT, F.: Globale Marktpotentiale für erneuerbare Energien. Deutsche Shell AG

KERNIG, C.D.: Sonderdruck zum Geschäftsbericht 1992 der FAAG Frankfurter Aufbau AG

DUPON-ROC, G.; KHOR, A.; ANASTASI, C.: The Evolution of the World's Energy Systems. Shell

STRUBEGGER, M.: Global Energy Perspectives. A joint IIASA-WEC study. Internet

BOCKRIS, J.O.M.: Hydrogen Economy in the Future. Intern. Journal of Hydrogen Energy 24, 1999, 1-15

100 Jahre Meßtechnik im Schiffbau

A 100 Years of Measurement Techniques in Shipbuilding

Dipl.-Ing. **Wolfgang Menzel**, Germanischer Lloyd, Hamburg

Summary. A historical survey from the turn of the century until today shows how indispensable measurement techniques were to theoretically understand and implement innovations at the given time. The dynamic development in all domains of measuring was utilised, of course, in all branches of the complex system ship. The invention of new sensors, for example, ensued the development of novel nautical devices. The ability to convert different physical quantities to electrical signals made it possible to utilise modern engine management systems that are based on recording a variety of signals. However, measurement techniques existed earlier, for example, in the form of transferring a specific mechanical quantity to a pointer deflection and to print out the time record on paper.
The enormous progress is outlined for some of those areas of application that still make up the substantial part of experimental investigations, to clarify reasons of damages, to check limit values, or to verify new approaches in research.

Vorwort

Ein historischer Abriß von der Jahrhundertwende bis heute zeigt, welche wesentliche Rolle Meßtechnik im Schiffbau sowohl für den Fortschritt des theoretischen Verständnisses als auch für die Umsetzung von Innovationen im jeweiligen Zeitraum spielte.

Die dynamische Entwicklung in allen Bereichen der Meßtechnik wurde natürlich für alle Disziplinen des komplexen Systems Schiff genutzt. So folgten z.B. auf die Erfindung neuartiger Sensoren neue nautische Geräte. Erst die Fähigkeit, die verschiedensten physikalischen Größen in elektrische zu wandeln, ermöglichte die Meßtechnik, die z.B. dem heute üblichen Motormanagement mit der Registrierung einer Vielzahl von Signalen zugrunde liegt. Die Meßtechnik beginnt jedoch früher, als es noch erheblicher Ingenieurskunst bedurfte, eine bestimmte mechanische Größe etwa in einen Zeigerausschlag umzusetzen oder diesen zeitlich zu Papier zu bringen.

Dieser riesige Fortschritt soll für einige Fachgebiete aufgezeigt werden, die auch heute noch den wesentlichen Teil experimenteller Untersuchungen ausmachen, wenn es darum geht, die Ursachen von Schäden zu klären, die Einhaltung von Grenzwerten zu überprüfen oder neue Ansätze aus der Forschung zu verifizieren.

Einleitung

Um Überschneidungen mit den bereits erfolgten und den noch zu erwartenden Vorträgen zu vermeiden, wird hier vorwiegend auf die experimentelle Meßtechnik an Bord von Schiffen eingegangen, also nicht über die Entwicklung der fest installierten Meßtechnik (wie z.B. nautische Geräte oder Zustandsüberwachung der Antriebsanlage) berichtet, sondern versucht, die wesentlichen Fortschritte in den Bereichen Vibrationen und Festigkeit von Anfang des Jahrhunderts bis heute darzustellen. Die spannende Entwicklung der Drehschwingungs- und Leistungsmessung von Antriebsanlagen ist unlängst und umfassend vor der STG vorgetragen worden [1], deshalb soll diese hier ausklammert werden.

Wir blenden zurück und befinden uns mitten im Wilhelminischen Zeitalter und damit dem Aufstieg Deutschlands zur stärksten europäischen Industrienation. Weltmachtgelüste und die damit verbundene Flottenpolitik geben nicht nur dem Schiffbau allgemein, sondern auch unserem Thema Schwung und Bedeutung, die englische Konkurrenz ist sehr präsent. Die Schiffe sind natürlich von Kolbendampfmaschinen angetrieben, und es stehen Kriegsschiffe aller Art und Schnelldampfer im Vordergrund. Um 1900 beginnt allerdings auch die Ära der Dampfturbinen mit der TURBINIA. Da entsprechende Getriebe nicht zur Verfügung stehen, verordnet man ihr drei Propeller an jeder der drei Wellen, die dann mit 2000 U/min die 2000 PS mehr oder weniger ins Wasser bringen. Dies sei nur erwähnt, um auf diese sehr experimentierfreudige Zeit einzustimmen. Die Firmen Krupp, Siemens und AEG stehen bereits auf dem Plan.

Die Anfänge der Schwingungsmeßtechnik

Beginnen wir mit dem Jahre 1892. A.F. Yarrow erichtet vor der Institution of Naval Architects (INA) über verschiedene Versuche zur Klärung von Schiffsvibrationen [2]. Er stellt dem erlauchten Publikum ein Gerät vor, das über sechs Jahre entscheidend zu seinen Erkenntnissen beigetragen hat, Abb. 1. Das Prinzip ist leicht erkennbar: Die Grundplatte mit Schreibstift folgt den vertikalen Schwingungen, z.B. des Hecks, während die schwere, elastisch aufgehängte Platte mit der von einem Uhrwerk angetriebenen Papierrolle in Ruhe bleibt, so daß der Schwingweg aufgezeichnet wird.

Schon dieser Vortrag und die anschließende lebhafte Diskussion räumt z.B. mit der Vorstellung auf, Schiffskörpervibrationen träfen besonders die leichten Konstruktionen und zusätzlicher Materialeinsatz würde diese beseitigen, ein falsches Argument, das leider auch heute noch oft ins Feld geführt wird.

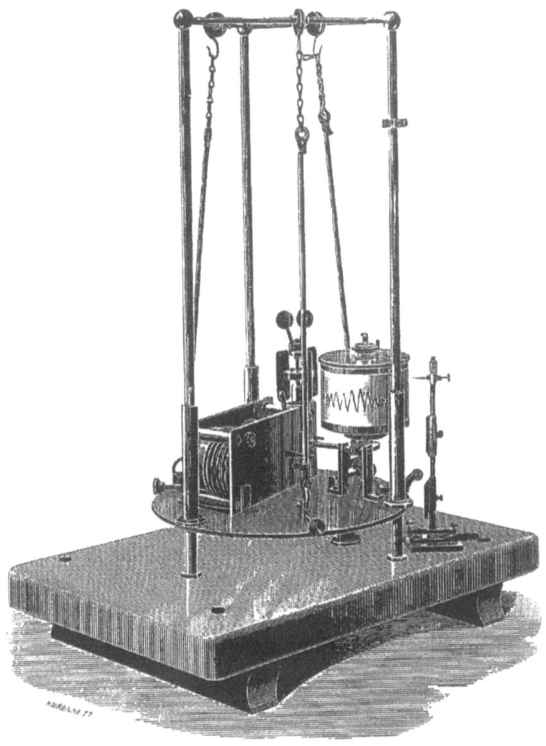

Abb. 1: Schwingungsmeßgerät [2]

Ein Jahr später, 1893, präsentiert Otto Schlick das deutsche Konkurrenzprodukt - quasi eine Parallelentwicklung - und die damit erzielten Ergebnisse vom Meldeboot METEOR ebenfalls dem Publikum der INA [3]. Er nennt es griechisch „Pallograph".

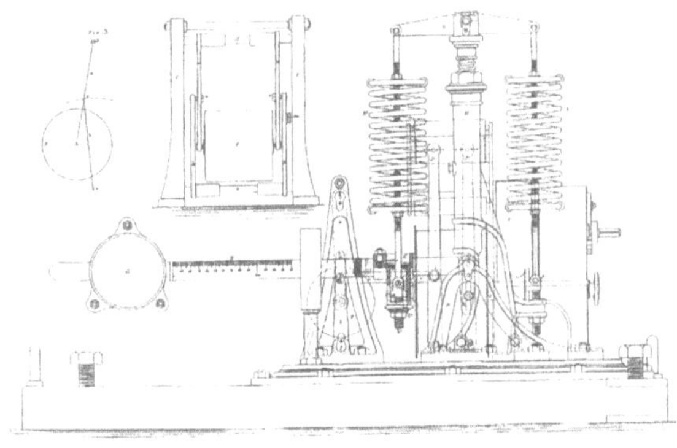

Abb. 2: Pallograph [3]

Abb. 2 gibt einen Eindruck von diesem kunstvollen Objekt. Es läßt sich ableiten, daß die Grundplatte ca. 40 x 20 cm mißt und das Gewicht wohl 20 - 50 kp

beträgt. Seine Funktion ist auf Anhieb nicht einfach zu durchschauen, da es schon gleich beide Meßrichtungen in sich vereint, die Großbuchstaben gehören zur vertikalen und die kleinen zur horizontalen. Prinzip ist, daß die Massen G und g in Ruhe bleiben (sollen) und der restliche Apparat mit der Schwingung mitgeht. Über einen ausgetüftelten Hebelmechanismus werden dann die Bewegungen auf die Schreibstifte (J2 vertikal und J1 horizontal) übertragen und auf die vom Uhrwerk v angetriebene Rolle i2 in Originalgröße (1:1) auf Endlospapier gebannt. Die Eigenfrequenz des Apparates - auch daran hatte man gedacht - kann durch Änderung der Federvorspannung verstimmt werden. Registriert wird auch hier also der Schwingweg.

Zu jener Zeit stehen die Dampfmaschinen in Verdacht, Vertikalschwingungen z.B. des Hecks von durchaus 30 cm zu erzeugen, einen Wert, der sich aus rein optischen Beobachtungen festgesetzt hat und katastrophal wäre. Andere Beobachtungen geben Rätsel auf, die wir auch heute noch gut nachvollziehen können: Die üblichen Mehrwellenanlagen liefern – drehzahlabhängig - natürlich sehr komplexe Schwingungserscheinungen, die auch die Wahrnehmungskraft des Routiniers überfordern müssen, zumal man an Propellererregung bis dahin nicht gedacht hat oder nicht daran glaubt. Im Visier ist lediglich die Unwucht der Dampfmaschine mit z.T. katastrophalen Auswirkungen auf den Komfort von Transatlantik-Linern. Aber auch einige Marineschiffe können auf Grund extremer Vibrationen nicht bei der vorgesehenen Geschwindigkeit betrieben werden.

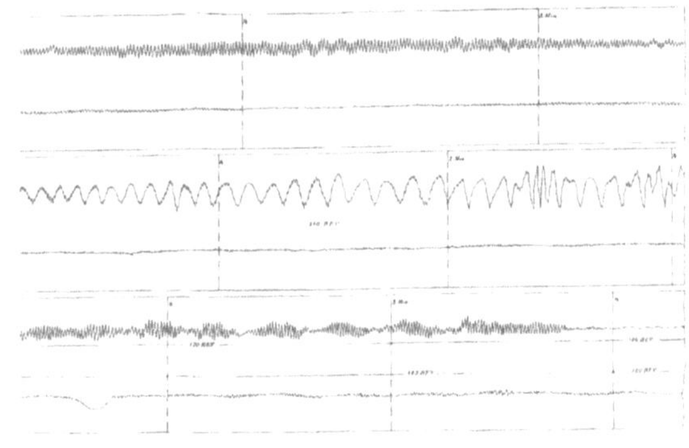

Abb. 3: Meßergebnisse [3]

Sehen wir uns an, wie interpretationsfähig die Meßschriebe des „Pallographen" sind! Abb. 3 zeigt jeweils oben die vertikale und unten die horizontale (Quer-)Komponente. Dem Diagram No. 1 kann mühelos durch Auszählen der Spitzen für z.B. 30 sec entnommen werden, daß hier bei einer Drehzahl von 186 1/min in der Tat die 1. Ordnung dominiert, aber Amplituden von „nur" 1 cm (entspricht 195 mm/s, was enorm ist!) erreicht. Diagram No. 3 stellt das Stampfen des Schiffskörpers mit einer Periode von ca. 3 sec dar. Darüber hinaus zeigen die Schriebe verschiedene Auffälligkeiten, deren detaillierte Interpretation dem damaligen Publikum (darunter R.E. Froude) nicht vorenthalten wird, hier jedoch nicht vertieft werden soll. Nur soviel sei gesagt: Schwebungserscheinungen infolge der beiden leicht unterschiedlich schnell drehenden Anlagen ebenso wie Resonanzsituation bei bestimmten Drehzahlen können anhand der Messungen erkannt und richtig interpretiert werden. Auch schwache Hinweise auf eine 3.Ordnung deutet Schlick zwar noch sehr vorsichtig, aber wohl richtig als Propellererregung mit der Blattfrequenz.

1901 berichtet der gleiche Autor von Messungen auf dem Dampfer DEUTSCHLAND [4]. Der Forschergeist ist rastlos, und es muß die Frage geklärt werden, welcher Art die in verschiedenen Fällen noch aufgetretenen Schwingungen sind und vor allem welche Erregung verantwortlich ist. Nachdem die Dampfmaschinen nun standardmäßig einen Massenausgleich erhalten, ist das Vibrationsniveau i.a. zwar zurückgegangen, aber vieles paßt nicht ins Bild. Viele Experten vertreten die Meinung, daß nur die Drehschwingungen der Antriebsanlagen Ursache sein können. Dem Propeller traut man allgemein nur wenig Erregungspotential zu.

Der im Prinzip gleiche Apparat kommt zum Einsatz, jedoch mit einer entscheidenden Neuerung. Die Elektrik hält hier Einzug in die Meßtechnik: Auf den zwei Antriebswellen angebrachte Kontakte, die in einer definierten Stellung der Kurbelwelle schließen, lösen je einen Funken aus, die pro Umdrehung zwei kleine Löcher, eins über (Stb-Maschine) und eines unter (Bb-Maschine) den Papierschrieb des „Pallograph", brennen. Die entscheidende Verbesserung ist also, daß nunmehr die Phasenlage der Antriebsanlagen untereinander sowie vor allem zu den beiden Meßsignalen der Schwingwege hergestellt werden kann.

Man erwartet ein klares Ergebnis: Die Vertikalschwingungen (Zwei-Knoten-Biegeschwingung des Schiffes) können nur bei Gleichphasigkeit der Anlagen maximal werden, eine Restunwucht wird dem Massenausgleich zugestanden. Die Schriebe des wiederum auf dem Heck angebrachten Gerätes zeigen jedoch etwas anderes: Die größten Amplituden treten bei einem Vorsprung der Bb-Maschine von 90°-100° auf, die Anlagen sind also mitnichten in Phase, Abb. 4. Hier hätte sich die Fachwelt dieser Zeit - vergleichbare Erfahrung macht man ja auch heutzutage - für einen nicht nachvollziehbaren, vielleicht verzeihlichen Meßfehler entscheiden kön-

nen. Der Autor jedoch sieht dieses Ergebnis als Beweis dafür, daß die Schwingungen gar nicht von den Dampfmaschinen herrühren, denn nur ein für beide Anlagen winkelmäßig falscher Ausgleich hätte dies bewirken können.

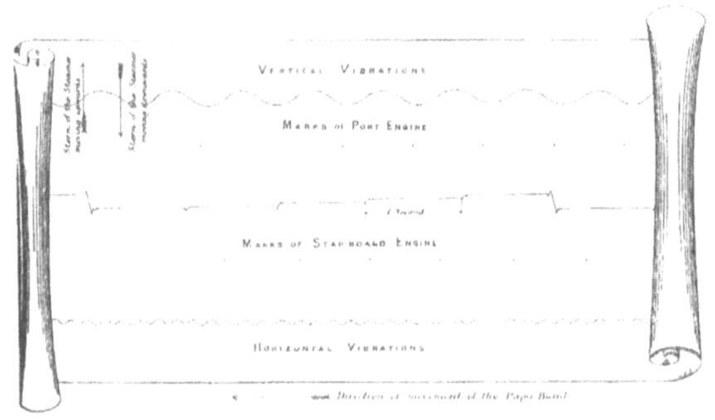

Abb. 4: Meßergebnisse [4]

Die Lage der vier Propellerblätter relativ zur Kurbelwelle ist Schlick bekannt, und eine Theorie, in welcher Position ein Blatt die größte Vertikalkraft (wohl als Reaktionskraft des erzeugten Druckfeldes auf die Welle gemeint) induziert, hat er auch. Damit schließt er auf ein Fertigungsproblem: Die Vertikalschwingung mit der 1. Ordnung Wellendrehzahl verursacht also ein Blatt mit - gegenüber den übrigen - deutlich größerer Steigung bzw. das ihm gegenüberliegende mit deutlich geringerer. Er diagnostiziert also eine hydrodynamische Unwucht.

Dies sind nur einige der Ergebnisse. Sie zeigen aber eindrucksvoll, welche umfassenden und wertvollen Informationen bereits mit einem solchen Gerät zu erzielen sind. Die Amplituden mögen einen Fehler von 10% haben, entscheidender ist jedoch, daß offenbar höhere Frequenzen wie z.B. die Blattfrequenz (und ggf. ihre höheren Ordnungen) nicht oder nur sehr ungenau meßbar sind, Fragen der Propellererregung folglich nicht im Detail diskutiert werden können.

Diese und die parallel in England von Yarrow durchgeführten Messungen sind die ersten ihrer Art überhaupt. Die Leistung ist heute kaum abschätzbar: Der Zeitaufwand, die Geräte zu konzipieren, auszutüfteln und zu testen, die unzähligen Meßschriebe auszuwerten und diese in einen logischen Zusammenhang zu bringen, ist sicherlich enorm. Aber das Ergebnis dieser Arbeiten hat zweifellos die Schiffstechnik auf dem Gebiet der Vibrationen entscheidend vorangebracht, konkret dadurch, daß die Haupterregung durch den Massenausgleich wegfällt - dies sicherlich ein Segen - oder weil nun die Propeller ins Rampenlicht rücken und der Ruf nach verbesserter Qualität womöglich viel Ärger erspart. Auch der Hinweis auf den schädlichen Einfluß der

Vibrationen auf Nietungen ist zweifellos wichtig. Die ungeheure Bedeutung dieser Messungen liegt aber darin, daß es mit ihnen gelingt, ein umfassendes Verständnis der Schiffsvibrationen zu schaffen und das Interesse des Fachpublikums theoretisch und praktisch zu wecken.

Entwicklungen in der Festigkeitsmeßtechnik

Springen wir in den Bereich der Festigkeit und sehen uns an, welche Probleme man mit meßtechnischen Mitteln in etwa der gleichen Zeit auf diesem Gebiet zu lösen versucht:

Enormes Interesse gilt offenbar den Rudermomenten, also dem Torsionsmoment des Ruderschafts. Hier gibt es konkurrierende theoretische Rechenansätze. Die Liste der Forscher ist beeindruckend. Die Allroundkapazitäten Euler, Rankine ebenso wie Lord Raleigh haben sich um dieses Thema bemüht, um nur die bekanntesten zu nennen. 1910 wird über Rudermomentenmessungen und Drehkreisbestimmung auf mehreren Schiffen der Kaiserlichen Marine berichtet [5].

Die Aufzeichnung fast aller wesentlichen Parameter, die beim Ruderlegen und Fahren im Drehkreis eine Rolle spielen, erfolgt durch ausgeklügelte Mechanik. Die Meßstellenliste liest sich im Original wie folgt:
1. Der Apparat im Ruderraum
   - Zug- und Druckkräfte in der Lenkstange
   - jeweiliger Ruderwinkel
   - Zeit in Intervallen von 5 Sekunden
2. Der Gyroskopapparat
   - Bewegung des Ruders, Grad für Grad elektrisch übertragen
   - Durchgang des Ruders durch die Nullage
   - Maschinenumdrehung der Hauptmaschinen mit den geringsten Schwankungen
   - Drehung des Schiffes
   - Ausscheren des Hecks
   - Geschwindigkeit des Schiffes und deren Schwankungen
   - Krängungs- und Trimmänderungen
   - Zeit im Einklang mit dem Apparat im Ruderraum

In Abb. 5 oben läßt sich der „Apparat im Ruderraum" in seiner Funktion ahnen, unten ist seine Lage in der Gesamtanordnung wiedergegeben. Bemerkenswert dabei ist vor allem, die Kraft in der Zugstange als Biegung des Meßbolzens zu erfassen. Diese Biegung wird dann über den Hebel „a" auf die Papierrolle übertragen. Abb. 6 zeigt den „Gyroskopapparat". Eine an der Feder befestigte Schleppleine ergibt über ihren Wasserwiderstand ein Maß für die Schiffsgeschwindigkeit und durch die drehbare Lagerung einen Winkel mit der Schiffslängsachse.

Für die Messung von Krängungs- und Trimmwinkel sorgen Kreisel, die jedoch - wohl wegen des mechanischen Antriebs - noch nicht sehr zuverlässig funktionieren.

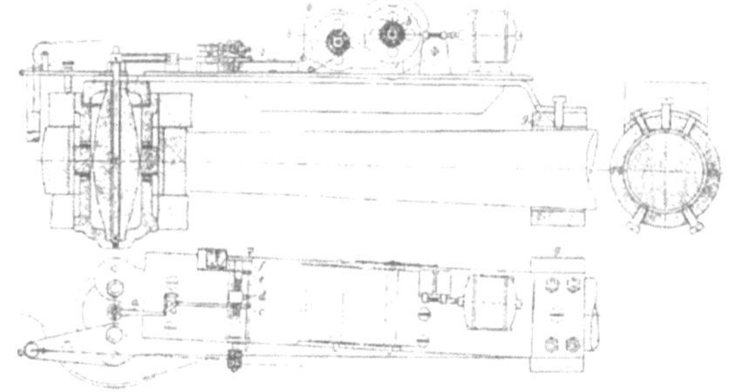

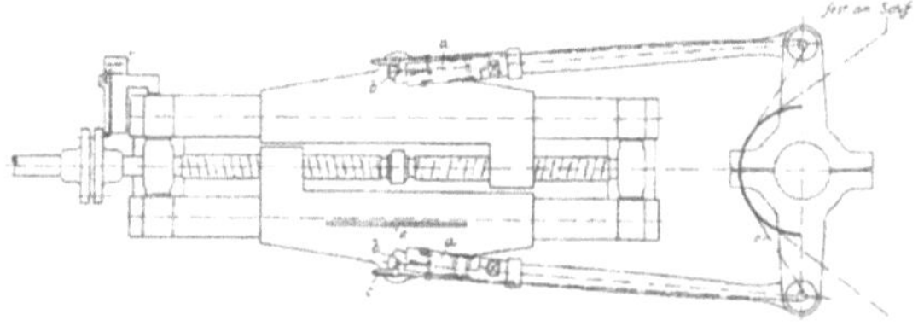

Abb. 5: Apparat im Ruderraum [5]

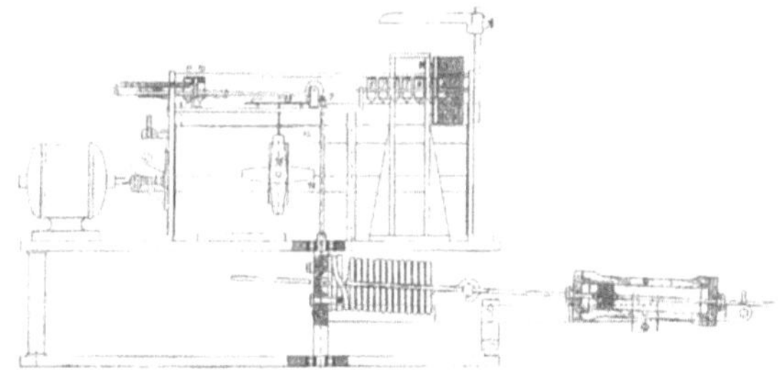

Abb. 6: Gyroskopapparat [5]

Für die Krängung ersinnt man dann ein fotografisches Verfahren, das hier nur kurz skizziert sei, um die Experimentierbreite zu demonstrieren: Das Kameraobjektiv wird bis auf einen senkrechten Schlitz abgedeckt, die Kamera auf den Horizont ausgerichtet und der Rollfilm beim Belichten mit einem speziellen Antrieb abgewickelt. Ergebnis sind dann verschieden dunkle horizontale Streifen: Der Himmel relativ hell, das Wasser deutlich dunkler. Bei Krängung des Schiffes verschiebt sich nun der Horizont, d.h. die Trennlinie zwischen hellem und dunklem Streifen auf dem Film, und ermöglicht so eine Auswertung der Krängung.

Die gewonnen Ergebnisse decken sich für die Fahrt beim Ruderlegen und im Drehkreis selber mit dem damaligen Kenntnisstand. Für Überraschung sorgen jedoch die Messungen mit Stützruder, d.h. Gegenruder, um das Schiff z.B. wieder auf geraden Kurs zu bringen. Hier zeigen sich gegenüber der Fahrt im Drehkreis fast doppelt so große Rudermomente.

Diese sind offenbar jedoch nicht Dimensionierungsgrundlage. Darüber hinaus wird bemerkt, daß man nun ja fast alles erfahren habe, „was beim Drehen des Schiffes vorkommt", insbesondere über das Torsionsmoment im Ruderschaft, aber nichts über die Ursache der Ruderschäden an Torpedobooten, nämlich über das Biegemoment.

Es kann etwas nachdenklich stimmen, wenn man sich heute von Zeit zu Zeit wieder den damals diskutierten und scheinbar gelösten Problemen gegenübersieht. So sind die hydrodynamischen Lasten auf das Ruderblatt bei Rudermanövern oder starkem Seegang auch heute noch Forschungsgegenstand.

Um 1920 - wir befinden uns also nunmehr in den schweren, auch für den Schiffbau schwierigen Zeiten zwischen den Weltkriegen - beginnt die Entwicklung der Spannungsoptik. Seit etwa 100 Jahren kennt man schon den grundlegenden Effekt, daß durchsichtiges Material wie Glas unter mechanischer Beanspruchung doppelt-brechend ist. Die Anwendung beschränkt sich zwar auf Modellversuche, leistet in den nachfolgenden Jahrzehnten aber Unschätzbares zur Verbesserung von Detailkonstruktionen, zum Verständnis von Kerbspannungen etc.. Abb. 7 zeigt die Isochromaten eines durch drei Einzelkräfte belasteten Rahmens [6]. Der Vorteil dieses aufwendigen optischen Verfahrens ist offenbar: Es entsteht ein Gesamteindruck der Spannungsverteilung an der Bauteiloberfläche.

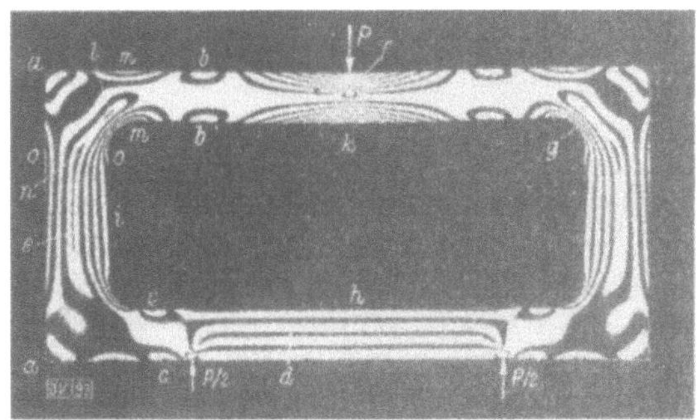

Abb. 7: Spannungsoptik (Isochromaten) [6]

Wenig später, im Jahre 1924, verwendet die Maybach Motorenbau GmbH als erste Firma das sogenannte Reißlackverfahren, auch als Dehnungslinienverfahren bekannt geworden: Auf die erwärmte Bauteiloberfläche wird ein spezieller Lack (Naturharz auf Kolophoniumbasis) aufgetragen, der bei Überschreiten einer bestimmten Dehnung reißt. Später gelingt die Entwicklung von Lacken, die kalt aufgespritzt werden können. Die Magnaflux Corporation, Chicago, bringt diese „Stresscoats" als erste 1938 heraus. Abb. 8 macht einige Vorteile dieses Verfahrens deutlich: Gegenstand der Untersuchung hier können durchaus recht große Bauteile sein, wie

z.B. dieses Schiffsgetriebe [7]. Die Dehnungslinien (Lackrisse) zeichnen klare Konturen, die deutliche Hinweise auf hoch oder geringer beanspruchte Regionen geben. Allerdings liefert ein Rißmuster nur den Endzustand der Dehnungsverteilung. Wendet man das Verfahren im Betrieb z.B. bei stetig erhöhten Laststufen an, so wird die Rißdichte i.a. wachsen. Photos der einzelnen Dehnungsbilder zeigen dann auch die Zwischenzustände und liefern insgesamt ein schon recht klares Bild der Bauteilbeanspruchung bei den verschiedenen Betriebszuständen bzw. Belastungen.

Abb. 8: Schiffsgetriebe (Reißlackverfahren [7]

Die genannten mechanisch- bzw. geometrischoptischen Verfahren sind nur Beispiele, wenn auch die vielleicht wichtigsten. Es gelingen immer raffiniertere Abwandlungen dieser Grundideen. Die Literatur deutet auf einen Boom von Erfindungsgeist und Experimentierfreude. Eine direkte Anwendung dieser Verfahren auf die „Großausführung Schiff" oder ähnliche Strukturen freilich kommt nicht in Frage. Hier basiert der Fortschritt wesentlich auf den mechanischen Dehnungsmessern, die, da ja nun die Elektrik Einzug in die Meßtechnik gehalten hat, in der mechanisch-elektrischen Variante als Ferndehnungsmesser firmieren.

1929 berichtet Siemann vor der STG von Dehnungsmessungen am Schiff im Seegang [8]. Das Hauptinteresse der Messungen auf dem Frachter „Göttingen" des Norddeutschen Lloyd gilt dem Zusammenhang von Wellenprofil, Schiffsbewegung und Materialdehnung. Die Außenhautdurchbiegung infolge des lokalen Wasserdrucks soll als Maß für das Wellenprofil dienen. Eine Kalibrierung erfolgt bei fahrendem Schiff durch Photoaufnahmen einer außen angebrachten Skala. Diese Wegmesser, zwei Stück übereinander, waren jeweils mit einem Bügel über zwei Spanten befestigt. Die Schiffsbewegung in der vertikalen Ebene erfassen drei Beschleunigungsmesser (Bug, Heck und Hauptspantbereich), über die wir aber leider nichts erfahren. Die Dehnungen schließlich übertragen die Ferndehnungsmesser. Diese befinden sich in der als kritisch geltenden Seitenbeplattung des Aufbaus.

Abb. 9 stellt einen solchen Ferndehnungsmesser dar. Das Prinzip ist zu ahnen: Verschieben sich die Meßspitzen zueinander, ändern sich die beiden elektrischen Widerstände (Kohlescheiben), die als eine Hälfte einer Wheatstoneschen Brücke geschaltet sind.

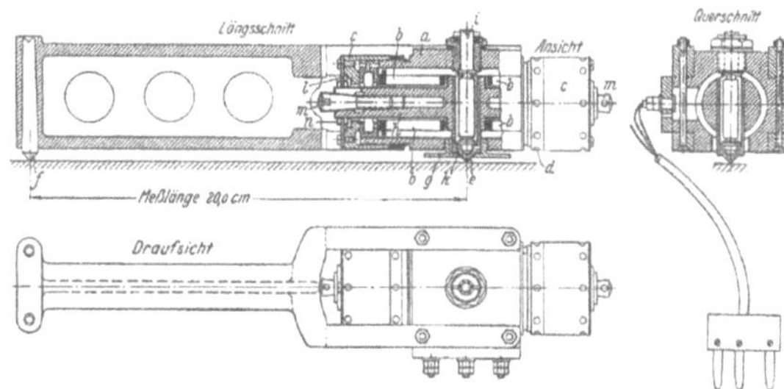

Abb. 9: Ferndehnungsmesser [8]

Da nun alle Sensoren elektrische Ausgänge besitzen und größere Kabellängen unbedenklich sind, hat man die Voraussetzungen geschaffen, die Meßsignale an einem geeigneten Ort zusammenzuführen, und es liegt 'natürlich nahe, auch nach einer simultanen Aufzeichnungsmethode zu suchen.

Es wird das Prinzip eines Oszillographen vorgestellt, hier auch Stromkurvenzeichner genannt. Dieser ist selbstverständlich erst eine Ein-Kanal-Ausführung. Ein offenbar elektrisch angetriebener Drehschalter schaltet pro Umdrehung nacheinander maximal 12 verschiedene Kanäle auf den Oszillographen, so daß jedes Signal von diesem als feinpunktierte Linie auf dem lichtempfindlichen Papier abgebildet wird. Der mechanische, wenn auch elektrisch angetriebene Drehschalter fungiert also nach heutiger Sprachregelung als Multiplexer. In Abb. 10 ist die gleichzeitige Registrierung der drei Beschleunigungen, der zwei Wellenprofile sowie der drei Dehnungssignale dokumentiert. Die Messungen erfolgen bei mäßiger See wohl direkt von vorn.

Das ehrgeizige Ziel, auf der Basis der Meßergebnisse die Schiffsbewegungen und die Wellen direkt in ein hydrodynamisches Gleichgewicht zu setzen, gelingt nicht. Auch der Zusammenhang mit den Dehnungen bleibt unbefriedigend. Der Autor vermutet einerseits Unzulänglichkeiten u.a. der Beschleunigungsaufnehmer. Andererseits belegen die Ergebnisse ein nur schwaches Mittragen der hochgezogenen Seitenbeplattung, wohl auf Grund der über die Jahre reduzierten Effektivität der Nietungen. Dies ist ein für den Schiffbau wichtiger Aspekt,

da in dieser Zeit mehrfach Schäden im Bereich des Aufbaufrontschottes auftreten.

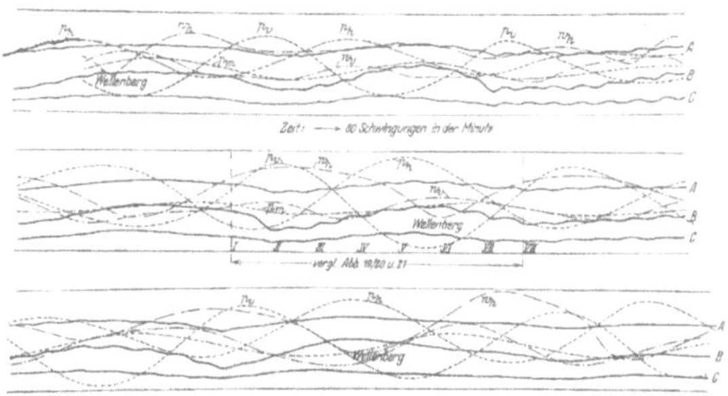

Abb. 10: Meßergebnisse [8]

Andere mögen darüber befinden, in welchem Maße die theoretischen Vorstellungen (Sollwert), die nicht idealen Seegangsbedingungen oder die noch zu ungenaue Meßtechnik (Istwert) für die Diskrepanzen verantwortlich sind. Der Sprung zum elektrischen Messen mechanischer Größen jedenfalls ist konsequent vollzogen und damit ein Meilenstein in der Entwicklung der Meßtechnik dokumentiert.

Der Dehnungsmeßstreifen (DMS)

Wenig später, im Jahre 1937, beginnt die Entwicklung des Sensors, der für die Meßtechnik des ganzen Jahrhunderts - und wohl auch fürs kommende - überragende Bedeutung erlangen soll. In diesem Jahr kleben E. Simmons im California Institute of Technology und A.C. Ruge vom MIT unabhängig voneinander dünne Widerstandsdrähte zu Dehnungsmessungen auf zu untersuchende Bauteile. Dies markiert die Geburt des Dehnungsmeßstreifen (DMS).

Zur Ehrenrettung Europas ist folgendes zu sagen: 1843 hat Charles Wheatstone in seiner Veröffentlichung zu der von ihm erfundenen Brückenschaltung auf den Effekt der Widerstandsänderung eines elektrischen Leiters durch mechanische Beanspruchung hingewiesen [9]. William Thomson (seit 1892 Lord Kelvin) ist in einer 1856 veröffentlichten Arbeit näher darauf eingegangen [10]. Seitdem ist diese Eigenschaft als Thomson-Effekt theoretisch bekannt. Daß die technische Nutzung erst ca. 80 Jahre später beginnt, hat verschiedene Gründe. Entscheidend ist sicher die damalige Unmöglichkeit, die sehr geringe Änderung des Ohmschen Widerstandes mit vertretbarem Aufwand zu messen.

E. Simmons flechtet aus Seidenfäden als Kette und Widerstandsdrähten als Schuß ein Gewebe, das er - isoliert - auf ein Stahlstück für eine Kraftmeßeinrichtung klebt. A.C. Ruge nun steht vor der Aufgabe, am Modell eines dünnwandigen Wassertanks die Beanspruchungen durch simulierte Erdbebenerschütterungen zu messen. Alle bekannten Verfahren

462

versagen. Dann klebt er Widerstandsdraht in Mäanderform direkt auf Seidenpapier und dieses auf einen Biegestab und vergleicht die Ergebnisse mit einem herkömmlichen Dehnungsmeßgerät. Die Wünsche werden erfüllt: Es ergibt sich eine gute Übereinstimmung und ein linearer Zusammenhang zwischen Dehnung und Anzeige über den gesamten Meßbereich sowohl für Zug- als auch Druckbelastung. Damit ist auf Anhieb die im Prinzip noch heute übliche Bauform gefunden.

Das zweite Verdienst Ruges ist die Entwicklung des DMS zur Serienreife, die Voraussetzung für seinen Siegeszug. Anfangs glaubt man noch, das delikate Gebilde mit einem Rahmen und das nur 25 μm starke Drahtgitter mit einer Filzabdeckung schützen zu müssen. Abb. 11 zeigt einen solchen DMS. Der Bedarf der amerikanischen Flugzeugindustrie wächst derart - es wird von 50.000 Stück für zwei Monate des Jahres 1941 berichtet [11] -, daß diese Bauform vereinfacht werden muß. Die Erfahrung lehrt bald, daß der stützende Rahmen und auch die Filzabdeckung entbehrlich sind, und man findet zu der wesentlich einfacheren Ausführung, die mehrere Jahrzehnte nahezu unverändert bleibt.

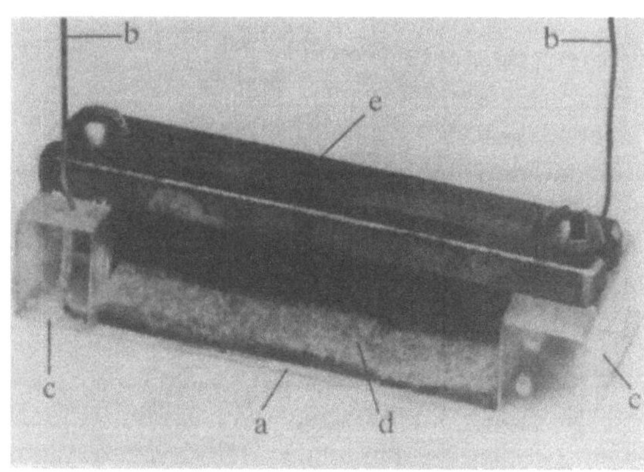

Abb. 11: DMS-Urform [11]

Über die Technik der „gedruckten Schaltung" kommt man 1952 schließlich zum DMS mit einem Meßgitter, das aus einer Metallfolie herausgeätzt wird, kurz Folien-DMS genannt. Diese Herstellungstechnik erlaubt nahezu beliebige Formen und Größen und liegt allen Standard-DMS heute zugrunde.

Von Bedeutung sind DMS aber nicht nur für die experimentelle Spannungsanalyse, ob am Modell oder der Großausführung. Sie nehmen vielmehr auch einen vorderen Platz im Aufnehmerbau bei Drucksensoren, Kraftdosen, Wägezellen etc. ein. Im Schiffbau finden sie heute auch Verwendung zur Bestimmung des Drehschwingungsverhaltens des Antriebsstrangs und der Wellenleistung oder in Zugmeßgliedern, um den Pfahlzug von z.B. Schlepperrn

zu ermitteln.

Auch die Spezialanwendungen zeigen eine erstaunliche Vielfalt: Neben Ketten-DMS zur Ermittlung der Spannungsspitze z.B. in engen Radien existieren Meßstreifen zur Rißlängenbestimmung, sogenannte Bohrlochrosetten, für die Eigenspannungsanalyse sowie neuerdings Sandwich-DMS zur Ermittlung lokaler Biegung von einer Plattenseite aus. Abb. 12 zeigt eine Auswahl der Standardstreifen eines Herstellers. Die Stückpreise beginnen heute mit ca. DM 20,- für den einfachen Folien-DMS und enden - nimmt man metallgekapselte aufschweißbare DMS hinzu - bei gut DM 1000,-.

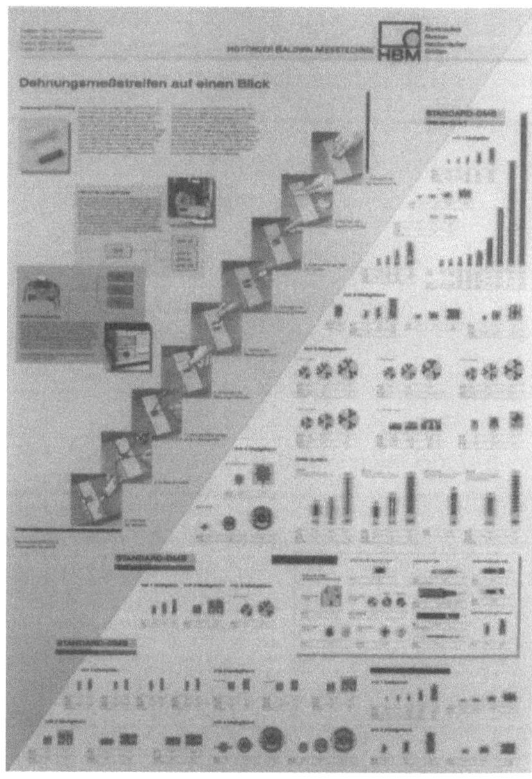

Abb. 12: DMS-Palette eines Herstellers [HBM]

Auf eine ausufernde Darstellung der Auswahlkriterien, der Applikationsarten sowie der elektrischen Schaltungsmöglichkeiten sei hier verzichtet und nur auf die umfangreiche Fachliteratur hingewiesen, z.B. [6] und [10].

Wir haben den für die Spannungsanalyse herausragenden Sensor in seiner Entwicklung kennengelernt. Er hat bis heute nicht nur die mechanischen Dehnungsmesser, sondern auch die Spannungsoptik und alle anderen Verfahren, soweit ich weiß, vollständig verdrängt. Dieser Erfolg liegt vor allem in der universellen Einsatzmöglichkeit. Dank seiner geringen Größe, des minimalen Gewichts, der variablen Form und der Verwendung unterschiedlicher Materialien läßt er sich an nahezu jedes Problem anpassen. Seine hohe Empfindlichkeit - schon Dehnungen entsprechend 1-2 N/mm² sind zumindest dynamisch vertrauenswürdig meßbar -, der extreme Dynamikbereich und seine Nullpunktstabilität sind nur einige weitere Eigenschaften, die seine Überlegenheit deutlich machen; der Preis ist ohnehin konkurrenzlos.

Entwicklung der FFT-Analysatoren

Nun besteht die Meßtechnik nicht allein aus Sensoren; sie sind nur quasi die Fühler im Mikro- oder Milli-Bereich. Vielmehr schließen sich hier zunächst die heute überaus präzisen (Meß-) Verstärker an. Die i.a. aufwendige Elektronik erhebt die Signale in den Voltbereich, um dann Registriereinheiten wie Magnetbandrecorder, Mehrkanalschreiber oder - digital gewandelt - z.B. die Festplatte eines PC mit Meßdaten zu füllen.

So enorm der Fortschritt hier ist, bringt im letzten Drittel dieses Jahrhunderts doch eine ganz andere spannende Entwicklung insbesondere die Schwingungstechnik geradezu ruckartig weiter. Den Grundstein hat J.B.J. Fourier schon zu Bismarcks Zeiten gelegt, und er gibt dem Verfahren auch schon einen Namen, die Harmonische Analyse, d.h. die Zerlegung eines Signals in seine harmonischen Anteile, die Sinus- und Cosinusterme, oder i.a.W. der Übergang vom Zeit- zum Frequenzbereich. Breite praktische Anwendung fand diese geniale Transformation meiner Kenntnis nach allerdings nicht.

1965 jedoch, also vor nicht viel mehr als 30 Jahren, veröffentlichen Cooly und Tukey ihren Essay über die diskrete Berechnung der Fouriertransformation [12], der als Initialzündung für die dann rapide Entwicklung gilt. Sie entdecken, daß es sinnvoller, weil schneller, ist, die Transformation nicht insgesamt, sondern für nur die halbe Datenlänge durchzuführen. Die konsequente Weiterführung dieses Konzeptes führte zu der direkten Berechnung von jeweils nur zwei Termen. Sie können zeigen, daß der dann als FFT (Fast Fourier Transformation) bekannt gewordene Algorithmus nur noch $N \cdot \log_2(N)$ Schritte gegenüber N^2 der direkten Methode benötigt. Dieser „numerische Trick" reduziert den Aufwand für einen Datenblock von 1024 auf 1% der ursprünglich notwendigen Zeit.

Im Oktober 1967 präsentiert die FirmaTIME/DATA Corporation eine FFT-Maschine, die aus zwei mannshohen Schränken besteht und einen 1024-Datenblock in 1 sec verarbeitet. Das TIME/DATA 100 stellt zwar eine enorme technische Errungenschaft dar, allein der wirtschaftlicher Erfolg bleibt zunächst aus. Dies ändert sich schlagartig, als ein F111-Kampfflugzeug bei Tests einen seiner variablen Flügel verliert und in erhebliche Schwierigkeiten kommt. Die US Air Force macht daraufhin dem Hersteller General Dynamics klar, daß sie kein Flugzeug ohne Überprüfung der Flügelfestigkeit mehr akzeptieren wird. Der Flugzeugbauer hat nun plötzlich etliche nicht auslieferbare Flugzeuge, aber kein praktikables Testverfahren. Er setzt daher alle Hebel in Bewegung, um an ein solches zu gelangen.

Ein junger Graduierter vom MIT, der bei General Dynamics arbeitet, erinnert sich dann an seinen Großvater bei der Eisenbahn. Der ließ jede Schiene in der Mitte hochziehen, so daß sie frei schwebte, und schlug dann mit einem Hammer auf die Enden. Angeblich soll der wohl sehr musikalische Großvater am Klang der Schiene Beschädigungen mit großer Treffsicherheit festgestellt haben. Der junge Forscher ist überzeugt von der Idee, nimmt solche Impact-Messungen an einem Flugzeugflügel vor und zeichnet die Beschleunigungssignale auf Tonband auf. Es bleibt das Problem der Auswertung, und es gab sicher keine Zeit, das Ohr erst langwierig zu schulen. Er stößt auf die Firma TIME/DATA, und mit dieser gemeinsam werden die Messungen ausgewertet. General Dynamics hat sein Testverfahren gefunden. Es stellt sich nämlich heraus, daß die Flügel mit gerissenen Drehzapfenlöchern - das war das Problem - ein charakteristisches Frequenzspektrum aufweisen. Die Air Force bestellt nun den ersten verfügbaren TIME/DATA 100, erteilt Aufträge über Aufträge, und die junge Firma, die gerade noch dahinsiechte, erlebt einen ungeahnten Aufschwung.

Bei Hewlett-Packard in Santa Clara beschäftigt sich ein junger Ingenieur namens Ron Potter mit der Entwicklung von Frequenzberechnungen, als der Artikel von Cooley und Tuckey 1965 erscheint. Er erkennt die Bedeutung des FFT-Algorithmus schnell, und Hewlett-Packard bringt wohl um 1970 mit dem Modell HP 5450 den ersten echten Fourier-Analysator auf den Markt. Ron Potter gilt daher als der Vater des FFT-Analysators.

Es bleibt jedoch festzustellen, daß trotz des Engagements und der Faszination, die die Entwickler in dieser ersten Dekade der FFT-Analysatoren antreiben, der Markt schwierig ist und befriedigende Verkaufszahlen nur kurzzeitig ermöglicht.

Das zweite Entwicklungsstadium (ca. 1975-1985) bringt zwei ganz entscheidende Erfolge: Erstens gelingt es, das Gewicht des Analysators auf ca. 35 kp zu reduzieren, und der Preis sinkt von US$ 50.000 - 100.000 auf ca. die Hälfte. Brüel & Kjaer, schon damals auf dem Gebiet der akustischen Meßtechnik führend, nimmt den Wettbewerb auf und bringt den viel beachteten Typ 2032 heraus.

464

Zum Bedauern der beteiligten Entwickler zeigt sich wieder, daß nicht zusätzliche Funktionen und neue Anwendungen den Erfolg ausmachen, sondern der Preis und die Größe der Geräte. Diese sind nun halbwegs erschwinglich und - wenn auch noch nicht handlich - für jedermann transportabel. Vier Hauptanwendungsgebiete sichern damals die Weiterentwicklung der FFT-Analysatoren:

Als erstes ist die Modalanalyse zu nennen, also die Zuordnung einer bestimmten Schwingungsform zu einer Frequenz. Der HP 5420 Structure-Dynamic-Analyzer ist ganz diesem Zweck gewidmet (Abb.13). Er führt nicht nur alle nötigen Berechnungen aus, sondern liefert auch eine Computeranimation. Die idealisierte Struktur führt vor den Augen des Betrachters auf dem Monitor die zur ausgewählten Frequenz berechnete Schwingungsform isoliert aus. Der Ingenieur gewinnt mit dieser Technik ein überaus anschauliches Hilfsmittel zur Beurteilung von Strukturschwingungen.

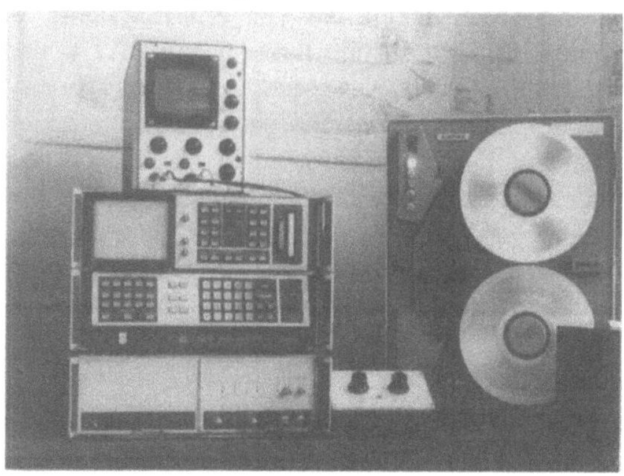

Abb. 13: **FFT-Analysator HP5420**

Die zweite, wenn auch nicht so raffinierte Anwendung ist die der Schwingungsregelung, also die digitale Steuerung von Schwingungserregern. Diese erlaubt, das Testfeld quasi ins Labor zu holen und so enorme Einsparungen in der Produktentwicklung zu realisieren.

Ein drittes Anwendungsfeld, das bereits mit dem ersten FFT-Analysator die Ingenieure faszinierte, ist die Schwingungsanalyse rotierender Maschinen, auch als Signaturanalyse bezeichnet. Die zweidimensionale Darstellungsform der Ordnungsanalyse oder die noch anschaulichere dreidimensionale des Wasserfalldiagramms erlauben die Identifikation von Resonanzstellen und ihre Zuordnung zur verantwortlichen Erregung. Abb.14 zeigt ein solches Wasserfalldiagramm für den Hochlauf der Hauptmaschine. Man erkennt einmal die von der Drehzahl unabhängige Wirkung des Seegangs (2- u. 3-Knoten-Biegeschwingung des Schiffskörpers) sowie die Resonanzstelle zwischen der 4-Knoten-Biege-

schwingung (3.91 Hz) und der 2. Ordnung Motor bei einer Drehzahl von ca. 117 1/min. Diese Abbildung demonstriert die Mächtigkeit dieser Signaturanalyse.

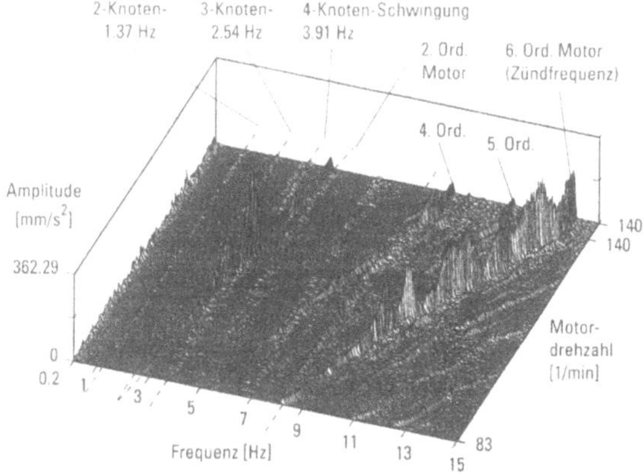

Abb. 14: Wasserfalldiagramm [13]

Das vierte Anwendungsgebiet schließlich beschränkt sich auf den akustischen Bereich. 1979 bringt B&K die Schallintensitätssonde auf den Markt. Mit dieser wird es möglich, z.B. störende Schallquellen zu orten oder festzustellen, welche Komponenten einer Maschine den größten Lärm verursachen.

Alle vier Anwendungsgebiete der FFT-Technik sind für den Schiffbau nach wie vor von großem Nutzen. Ohne die Modal- und die Signaturanalyse ist der heutige Kenntnisstand auf dem Gebiet der Schiffsschwingungen nicht vorstellbar. Letztere stellt das A&O zur Erfassung von Schwingungsproblemen dar und macht so erst Lösungsmöglichkeiten sichtbar.

Die dritte Entwicklungsphase, d.h. die letzten 10-15 Jahre, spiegelt im wesentlichen den Fortschritt der PC-Technik wieder. Zunächst ermöglichen die Schnittstellen IEEE488 und RS232 eine Verbindung von Meß- und Analyseprogrammen. Danach gelingt es durch spezielle Chips, die FFT-Funktionen auf einer PC-Einsteckkarte unterzubringen und so den PC zum Meßgerät selber zu machen. Diese speziellen Chips sind nahezu eigenständige Computer und werden als DSP (Digitale Signalprozessoren) bezeichnet.

Insgesamt eine erstaunliche Entwicklung: Nur ca. 30 Jahre benötigt die FFT-Analyse von zwei mannshohen Schränken zum handlichen Gerät. Aber erst als erschwingliche „Mobilie" und nach Aufklärung über seinen vielfältigen Nutzen auf den unterschiedlichsten technischen Gebieten erfolgt der Durchbruch. Niemand kauft sich eben einen Hammer, weil er besonders schön ist, sondern um Nägel damit einzuschlagen. Für die genialen Entwickler der ersten Stunden eine ernüchternde Einsicht. Sie werden heute etwas wehmütig entsprechende Hochglanzprospekte durchblättern, ohne die Miniaturisierung aber - soviel steht fest - wäre der Erfolg ausgeblieben, und ihnen gebührt das entscheidende Verdienst, alles erst ins Rollen gebracht zu haben.

Die Entwicklung der Schwingungssensoren

Zwischen Otto Schlicks Schwingwegmesser „Pallograph" und der heutigen breitgefächerten Palette von Beschleunigungssensoren liegen natürlich nicht nur gewichtsmäßig Welten, sondern auch technische Zwischenstadien.

Ein Vertreter, der sich ab der 50er Jahre und bei sehr bodenständigen Ingenieuren noch bis in die späten 80er besonderer Beliebtheit erfreute, ist der ASKANIA-Schreiber (Abb.15). Sein Erfolg liegt in seiner Genügsamkeit. Es genügt eine halbwegs ruhige Hand und eine Papierrolle, sonst braucht es nichts, keine Batterien und vor allem - dafür ist der Benutzer besonders dankbar - kein Handbuch. Der Schwingweg als Meßgröße und der totale Verzicht auf Elektrotechnik ist einfach praktisch und kommt weniger Versierten sicher entgegen, bei diffizilen Auswertungen des Meßschriebs hilft die Lupe. Für den Schiffbau mit seinem Schwerpunkt bei tiefen Frequenzen ist es das Gerät der Zeit, für Besichtiger, den Inspektor oder den Strukturanalysten gleichermaßen geeignet.

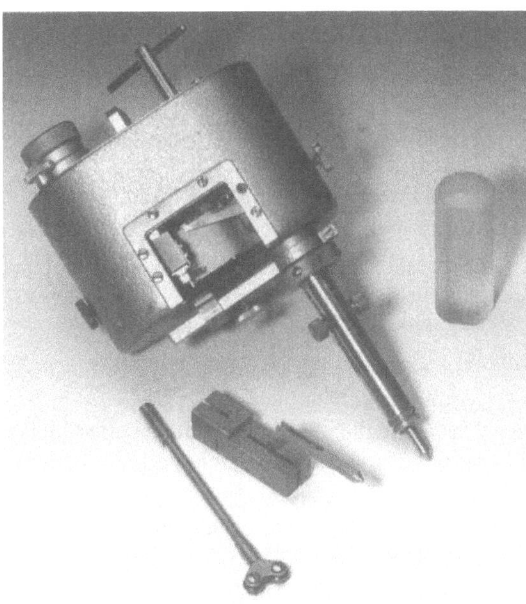

Abb. 15: ASKANIA-Schreiber

Zu dem rein mechanischen Gerät gibt es zu dieser Zeit schon hervorragende Alternativen, die, abgesehen von Sonderfällen, mit induktiven, elektrodynamischen oder elektromagnetischen Wandlern arbeiten.

1880 entdeckten die Brüder Pierre und Jacques Curie, daß Kristalle bei Druckbelastung Elektrizität erzeugen. Dieses als piezo-elektrischer Effekt (griech. piezein = drücken) bezeichnete Phänomen wird erst in den 20er und 30er Jahren für die Messung von Drücken, Kräften und Vibrationen entdeckt. Am Rande sei bemerkt, daß der umgekehrte Effekt die heutigen Quarzuhren antreibt. In den 60er und 70er Jahren beginnt sich der Piezo-Effekt durchzusetzen und beherrscht eigentlich bis heute die breite Palette der Beschleunigungsaufnehmer. Dieses Prinzip nutzt man in verschiedenen Varianten für die Beschleunigungsaufnehmer und erzielt damit bezüglich Gewicht und Baugröße erhebliche Vorteile. Vielleicht wesentlicher ist, daß auch der Frequenzbereich bis 10 kHz oder 20 kHz kein Problem darstellt und so der Körperschallbereich abgedeckt wird. Zusammen mit dem großen Dynamikbereich, der hohen Nullpunktstabilität und der extremen Robustheit erfüllen diese Aufnehmer für die meisten Aufgaben alle Wünsche. Abb. 16 zeigt das Angebot eines Herstellers. Lediglich der ganz tieffrequente Bereich 0 – 0,5 Hz etwa (hier liegen die Schiffsbewegungen Stampfen, Rollen etc.) kann prinzipbedingt nicht abgedeckt werden; dies bleibt die Domäne der induktiven und anderer Geber.

Abb. 16: Beschleunigungssensoren-Palette (PCB)

Erst jetzt scheinen sich als neueste Entwicklung die sogenannten ICP-Aufnehmer (Integrated-Circuit-

Piezoelectric) auf dem Markt durchzusetzen, obwohl das Patent aus dem Jahre 1967 stammt. Sie haben neben dem geringeren Preis (ab ca. DM 300,-) den großen Vorteil, daß sie wegen der Vorverstärkung mit Stromwandlung keinen aufwendigen Ladungsverstärker benötigen und statt des empfindlichen und in der Länge begrenzten Ladungskabels mit einem einfachen Kabels auch großer Länge zu betreiben sind.

Heute läßt sowohl die Festigkeitsseite mit dem umfassenden Angebot an DMS als auch die Schwingungsseite mit dem breitgefächerten Programm an Beschleunigungsaufnehmern kaum einen Wunsch offen. Im Schiffbau kann industriell gefertigte Ware eingesetzt werden, Spezialanfertigungen des Sensors sind überflüssig geworden.

Datenerfassung und -verarbeitung, Ausblick

Von den mechanischen Aufzeichnungsgeräten - noch eigens für den speziellen Anwendungszweck und als fester Bestandteil des ganzen Meßapparates konstruiert - bis zu der heutigen Meßdatenerfassung und -auswertung liegen die unschätzbaren Errungenschaften der Elektrik, Elektronik, Mikroelektronik und die Erfindung des Computers.

Statt einer umfassenden Darstellung der unzähligen Varianten und Entwicklungsstufen ist es vielleicht interessanter, die neuesten auch für den Schiffbau wichtigen Funktionen herauszustellen und die sich abzeichnenden Entwicklungen sowie die Wünsche für die Zukunft zu beleuchten.

Es ist klar: Der Ingenieur will ein Gerät, das alle seine Meßaufgaben möglichst ohne jede Vorbereitung erledigt und dann die Ergebnisse als berichtsfertige Graphik sofort, quasi in real time, aus dem (Laser-) Drucker sprudeln läßt.

Damit der Ingenieur von allen möglichen Überlegungen befreit sich nur auf die Ergebnisse konzentrieren kann, bedarf es eines Gerätes mit möglichst vielen zeitsynchronen Kanälen, beliebig hohen Abtastraten, unendlichem Speicherplatz, interner dynamischer Meßbereichswahl; und das Gerät muß die angeschlossenen Sensortypen inklusive Kalibrierfaktor und Meßbereichen erkennen. Diese Multifunktionalität scheint sich die PC-gestützte Meßtechnik zum Ziel gesetzt zu haben. Nur die Eignung für den eher unbedarften User muß nach wie vor bezweifelt werden, aus „plug and play" wird „plug and pray".

Dafür erlauben diese rechnergestützten Systeme, wenn auch eben mit erheblichem Programmieraufwand, einen vollständig automatischen Meßablauf. Dieser ermöglicht an Bord von Schiffen „unbe-

mannte" Langzeitmessungen z.B. zur Gewinnung von Belastungskollektiven, mit Hilfe umfangreicher Triggerfunktionen aber auch die Registrierung von Zeitreihen bestimmter seltener Ereignisse. Diese Triggerfunktionen (Auslösen der Messung bei vorher definierten Bedingungen) sind unverzichtbar im Bereich des Trouble-Shooting.

Natürlich ist es auch möglich, die nautischen oder Maschinen-Daten des Schiffes in den Meßrechner einzuspeisen, so daß zu jeder Messung auch die genaue Position, Kurs und Fahrt etc. vorliegen. Alle Schnittstellen der Bordsysteme sind im Prinzip nutzbar. Zumindest theoretisch läßt sich vom Schreibtisch-PC aus über Modem und die SATCOM-Anlage des Schiffes eine Verbindung zum Meßrechner herstellen und so abfragen, ob bereits interessante Messungen registriert wurden. Diese Vielfalt an Möglichkeiten zwingt bei umfangreichen Meßkampagnen allerdings dazu, sich auf das unbedingt Notwendige zu beschränken, sonst läuft man Gefahr, bei Ausfall einer zwar hilfreichen, aber entbehrlichen Zusatzfunktion den ganzen Meßzyklus zu stoppen und am Ende ohne Meßdaten dazustehen. Je komplizierter das Meßsystem angelegt ist, desto wahrscheinlicher wird dieser Fall.

Welche Wünsche bleiben noch für die Zukunft, oder sind alle vorstellbaren bereits realisiert? Für die Entwicklung der Schiffstechnik stehen vielleicht die folgenden Aspekte im Vordergrund:

- Extrem flache Drucksensoren (auf Folienbasis)
  Zur Untersuchung der Druckverteilung auf Propellerblättern oder zur Bestimmung von Slammingdrücken könnte durch Foliensensoren das Durchbohren der Außenhaut weitgehend vermieden und eine erheblich dichtere Druckverteilung gemessen werden. Diesbezügliche Forschungsvorhaben sind noch nicht abgeschlossen, ihre Ergebnisse werden jedoch mit Spannung erwartet

- Vereinfachte Applikation der DMS
  Das einfache Aufsetzen mittels einer magnetische Folie wäre hier der nicht ganz realistische Wunsch. Die klassischen Applikationmethoden dauern z.Z. noch recht lange und sind zuverlässig und dauerhaft nur bei günstigen Bedingungen, aber nicht im Freien bei Kälte, Feuchtigkeit und Wind zu realisieren.

- Propellerschub
  Problem ist, daß Schub und Drehmoment naturgemäß gleichzeitig auftreten und wegen der großen Querschnittsfläche die Normalspannung in der Welle sehr klein bleibt. Die verschiedensten bis heute realisierten Verfahren sind entweder

nur im oberen Leistungsbereich der Anlage genau genug oder für Standardanwendung ungeeignet. Hier tut sich noch mal ein dankbares Betätigungsfeld für Erfinder und Tüftler auf, zumal das beste Meßprinzip durchaus noch nicht festliegt.

- Verkabelung
  Vom Sensor zum Verstärker oder zur Meßzentrale sind - Umwege eingerechnet - leicht 100 oder 200 m Kabel vonnöten. Das Verlegen ist nicht nur lästig, sondern bei Langzeitinstallationen auch sehr aufwendig, da unumgängliche Schott- oder Decksdurchbrüche wasserdicht geschlossen und die Kabel u.U. gegen mechanische Beschädigung geschützt (verrohrt) werden müssen. Telemetriesysteme, die die Daten per Funk vom Sensor zur Meßzentrale übertragen, funktionieren im Schiff nicht. Vielversprechender sind hier Bussysteme, so daß von der Meßzentrale aus nur ein Kabel zu einer Sensorgruppe (z.B. Bugbereich) und dort weiter von Sensor zu Sensor führt. Solche Bussysteme - jedoch für geringe Datenraten - sind weit verbreitet, höhere Anforderungen wie Abtastraten von z.B. 100 1/sec pro Kanal sowie zeitsynchrone Aufzeichnung erfüllen sie jedoch noch nicht. Aber es gibt vielversprechende Ansätze einer in Berlin ansässigen Firma.

Schlußbemerkung

Auf hundert Jahre Meßtechnik im Schiffbau zurückblickend mag ein solcher Fortschritt für das kommende Jahrhundert als nicht wiederholbar erscheinen, da fast alles Notwendige und auch Vorstellbare bereits erfunden ist. Auf der anderen Seite werden die Ingenieure um 1900 sich das wohl auch gesagt haben. Außerdem lehrt die Erfahrung, daß die ökonomische Halbwertzeit auch der High-Tech-Produkte abnimmt, weil der technische Fortschritt sich offenbar weiter beschleunigt. Man muß nicht Prophet sein, um enorme Auswirkungen der Spracherkennung vorherzusagen. Die Kommunikation von Mensch zu Prozessor wird sich wandeln und eine Meßtechnikretrospektive mit dem Thema „Von der Telemetrie zur virtuellen Telepathie" dann vielleicht genauso normal klingen wie „Vom Pallograph zum Piezo-Sensor".

Schrifttum

[1] DIEN, R.: Drehschwingungen in Dieselmotoranlagen - Ein geschichtlicher Rückblick von der Jahrhundertwende bis zur Gegenwart. Vortrag vor dem STG-Fachausschuß Vibrationen und Geräusche, 1998

[2] YARROW, A.F.: On Balancing Marine Engines and the Vibration of Vessels. Transaction of the Institution of Naval Architects, 1892

[3] SCHLICK, O.: On an Appartus for Measuring and Registering the Vibrations of Steamers. Transaction of the Institution of Naval Architects, 1893

[4] SCHLICK, O.: On some Experiments made on board the Atlantic Liner „Deutschland" during the Trial Trip in June 1900. Transaction of the Institution of Naval Architects, 1901

[5] SCHWARZ, T.:Über Rudermomentenmessung und Drehkreisbestimmung von Schiffen. Jahrbuch der STG, 11. Band, 1910

[6] Handbuch der Spannungs- und Dehnungsmessung, Herausgeber K. Fink u. C. Rohrbach, VDI Verlag, 1958

[7] Handbuch für experimentelle Spannungsanalyse, Herausgeber C. Rohrbach, VDI Verlag, 1989

[8] SIEMANN: Aufgabe und Fortschritte der Dehnungsmessung am fahrenden Schiff. Jahrbuch der STG, 30. Band, 1929

[9] WHEATSTONE, C.: On Account of several new Instruments and Processes for determining the Constants of a Voltaic Circuit. Philosophical Transactions of the Royal Society of London, 1843

[10] THOMSON, W.: On the Electro-dynamic Qualities of Metals. Philosophical Transactions of the Royal Society of London, 1856

[11] HOFFMANN, K.: Eine Einführung in die Technik des Messens mit Dehnungsmeßstreifen. Hottinger Baldwin Messtechnik, Darmstadt, Herausgeber

[12] COOLEY, J.W.; TUKEY, J.W.: An Algorithm for the Machine Calculation of Complex Fourier Series. Vol. 19, 1965

[13] Handbuch der Werften, XXIV. Band. Schiffahrtsverlag Hansa, Hamburg, 1998

Die Zeitgeschichte der Automation

The Contemporary History of Automation

Dipl.-Ing. **Hansjörg Klante**, Blohm + Voss GmbH, Hamburg

Summary. The development of the automation on board ships since the late 50s until today based on the personal experience of the author is reported. Freight liners, container ships, offshore vessels and yachts are mentioned as well as personal views and expectations on the topic of "Y2k". A short outlook into the future is given at the end.

1 Allgemeines

Bei dem heutigen rasanten Fortschritt der Automationstechnik ist es nicht leicht, mit dieser Entwicklung Schritt zu halten! Ich werde durchaus so leichtsinnig sein, meinen Vortrag bis in die Gegenwart auszudehnen, obwohl ich gestehen muß, daß ich mit Details der letzten Errungenschaften dieser Technik nicht mehr genug vertraut bin; außerdem wurden über derartige Details vor unserer Gesellschaft bereits verschiedene Vorträge gehalten. Allerdings sei mir ganz zum Schluß ein kurzer Ausblick in die Zukunft gestattet!

Ich bitte 'bereits jetzt um Nachsicht, wenn mir der eine oder andere Fehler unterlaufen sollte und ich der einen oder anderen Firma - auf jeden Fall unbeabsichtigt - Unrecht tun sollte! Ich werde mich auch nicht scheuen, hier und da etwas Provozierendes zu äußern. Mein Vortrag wird in der Hauptsache persönliche Erfahrungen wiedergeben; für eine detaillierte Darstellung der gesamten Zeitgeschichte der Automation fehlt hier die Zeit - man könnte mit Sicherheit ein Buch darüber schreiben.

2 Situation Ende der 50er Jahre

Zu dieser Zeit war von dem, was man heute "Automation" nennt, noch nicht viel zu sehen. Aber z.B. das automatische druckgesteuerte Arbeiten der Hydrofor-Pumpen war schon lange Standard - auch eine Art von Automation! Meine Erfahrungen als Ing.-Assistent während der Seefahrtzeit auf den Frachtschiffen "Bischofstein", "Saarland" und "Erlangen" - Container waren damals noch nicht "erfunden" - seien an einigen Beispielen kurz skizziert. Die "Bischofstein" war sogar noch ein Gleichstrom-Schiff. Die beiden anderen Schiffe waren schon moderner - sie hatten bereits ein Drehstrom-Bordnetz. Die Synchronisierung und die Lastverteilung zwischen den einzelnen Aggregaten mußten aber noch von Hand durchgeführt werden.

Die Temperaturregelung des Frischkühlwassers der Hauptmaschine erfolgte für jeden Zylinder einzeln von Hand; das war besonders lustig während der Fahrt im Revier mit häufigen Manövern. Es gab zwar ein Ferngestänge vom Manöverstand zum Ausgußventil des Seekühlwasser-Systems; benutzt wurde es allerdings nicht.

Eine "Bordnetz-Automatik" gab es damals noch nicht; Brückenfernsteuerung war allenfalls ein Fremdwort! Die Anlaßluft-Kompressoren wurden von Hand gefahren. Wehe dem Assi, wenn das Sicherheitsventil der Luftflasche abblies, die Entwässerung der Luftflaschen mußte ebenfalls manuell erfolgen. Selbstreinigende Separatoren waren noch unbekannt. Das Reinigen dieser Separatoren war für den Assi oder Schmierer alles andere als eine willkommene Arbeit.

Speisewasser-Regler für die Kesselanlage gehörten allerdings bereits zum Stand der Technik. Automatische Kapazitätsregelungen von Abgaskesseln, wie z.B. durch Rauchgas-Umlenkklappen, waren zwar bekannt, wurden aber wenig vorgesehen. Statt dessen wurde normalerweise die einfachere Methode gewählt - Niederschlagung der Überproduktion im Wrasenkondensator, eine einfache Methode, die keinen höheren Brennstoffverbrauch verursachte.

Verdampfer waren mit einem Salzmeßgerät ausgestattet, das das Destillat beim Überschreiten eines einstellbaren Salzgehaltes in den Verdampfer zurückleitete oder in die Bilge laufen ließ.

Die Temperaturregelung z.B. in Schweröl-Vorwärmern erfolgte selbstverständlich thermostatisch. Klima-Anlagen waren zu dieser Zeit auf den Linien-Frachtschiffen - wenigstens im Mannschaftsbereich - noch kein Standard. Obwohl ich in den mir verfügbaren Bauvorschriften keinen Hinweis darauf finden konnte, gehe ich doch davon aus, daß die Proviant-Kühlanlagen auch damals schon vollautomatisch arbeiteten. Das Prinzip dieser Kühlanlagen unterscheidet sich nicht wesentlich - wenn überhaupt - von dem eines Haushalts-Kühlschrankes; und der wurde schon damals nicht von Hand geregelt! Ein Zwang zur Automatisierung war damals noch nicht vorhanden; der prozentuale Anteil der Personalkosten an den Gesamt-Betriebskosten eines Schiffes war erheblich geringer, als er einige Jahre später war oder aber heute ist.

3 Die 60er Jahre

Anfang der 60er Jahre lieferte Blohm+Voss zwei Turbinen-Frachtschiffe für die chilenische Reederei Compania Sud-Americana de Vapores ab, die "Elqui" und die "Illapel".

Ein geschlossener Fahrstand im heutigen Sinne war nicht vorhanden; innerhalb des Maschinenraumes gab es einen kombinierten Turbinen- und Kessel-Fahrstand, in dessen Nähe auch die wichtigsten Überwachungsinstrumente angebracht waren. Automatischer Schnellschluß der Turbinen-Anlage beim Eintreten bestimmter Kriterien - Überschreitung der maximalen Drehzahl, übermäßige Verlagerung der Turbinenläufer, Ausfall des Schmieröldruckes und Vakuumabfall - war selbstverständlich vorgesehen. Nur der Vollständigkeit halber sei erwähnt, daß die Kessel mit einer Speisewasser- und einer Verbrennungsregelung ausgerüstet waren. Im Bereich der Brenner war ein Mitlese-Empfänger des Maschinentelegraphen vorhanden! Der Entgaser hatte eine automatische Niveau-Regelung; überschüssiges Wasser wurde in den Destillattank abgeleitet, bei Wassermangel wurde dem Kondensatsammeltank Wasser aus dem Destillattank zugesetzt. Die Schmierölpumpen für die Turbine und das Getriebe hatten keine automatische Stand-By-Schaltung. Die Fördermenge einer Pumpe war größer als der Bedarf; ein Teil des Öles lief über ein beleuchtetes Schauglas, das vom Fahrstand aus beobachtet werden konnte, über einen Hochtank in den Sumpftank zurück. Der Hochtank war so bemessen, daß die Anlage noch für fünf Minuten betrieben werden konnte. Die beiden Regelluftkompressoren wurden über den Druck in dem jeweiligen Sammelbehälter automatisch gestartet und gestoppt - das war zu der damaligen Zeit durchaus noch keine Selbstverständlichkeit. Die Sanitärwasser-Versorgung - es gab noch ein Sanitär-Seewassersystem - war auch automatisiert, d.h. die Pumpen wurden über den Druck innerhalb des jeweiligen Tanks gesteuert.

Auf schiffbaulicher Seite waren eine Selbststeuer-Anlage und automatische Mooringwinden vorhanden. Der gewünschte Trossenzug konnte an einem Handrad eingestellt werden. Es ist wohl klar ersichtlich, daß man von Automation im heutigen Sinne kaum reden kann! Es wäre aber übertrieben zu behaupten, daß es damals noch keinerlei Automation gegeben hat. Es läßt sich aber bereits ein gewisser Trend erkennen. Einige Arbeiten, die bisher von Hand erledigt werden mußten, waren zum Teil unbequem. Daher Selbststeuer und automatische Mooringwinden.

Etwa zwei Jahre später - die Ablieferung erfolgte im November 1962 - wurde M.S. "Tunis" für die Hamburger Reederei Sloman gebaut. Interessant ist ein Satz aus der Spezifikation, der sinngemäß aussagt, daß alle Kontrolleinrichtungen für Schmierung, Kühlwasser, Dampf etc. nach Möglichkeit so angeordnet werden sollten, daß etwaige Mängel von den Hauptpassagen des Maschinenraumes leicht bemerkt werden können. Am Fahrstand war eine acht Tage gehende Präzisionsuhr mit großem Sekundenzeiger eingebaut. Ein weiteres für diese Zeit typisches Beispiel: Die Regelung der Kühlwassertemperatur erfolgte durch Drosselung auf der Seewasserseite - also von Hand - was wohl kaum jemals durchgeführt wurde. Der Kessel war bereits mit einer automatisch arbeitenden Ölfeuerung ausgerüstet, und eine Klimaanlage für Salon, Offiziers- und Mannschaftsmesse war bereits vorhanden! Die zugehörige Kühlanlage war so bemessen, daß unter tropischen Bedingungen eine "wirkungsvolle" Kühlung erreicht wurde.

Die Schlieker-Werft war 1961 die Vorbauwerft für das Versorger-Programm der Bundesmarine. Soweit ich mich entsinnen kann, war außer einer Reihe von Fernanzeigen und -überwachungen im schiffstechnischen Leitstand von eigentlicher Automation an Bord dieser Schiffe auch noch nicht viel zu finden.

Anfang der 60er Jahre, die Ablieferung erfolgte im September 1964, baute Blohm+Voss das Kühlschiff "Polarlicht" für die Hamburg-Süd. In der noch existierenden Bauvorschrift für die Maschinenanlage dieses Schiffes finden sich durchaus schon erstaunlich viele Hinweise auf Automationseinrichtungen. Dieses Schiff muß eines der ersten gewesen sein, das über einen geschlossenen Fahrstand verfügte. Für die Hauptmaschine war bereits eine veritable Fernsteuerung aus dem Leitstand und von der Brücke aus vorhanden. Eine automatische Datenerfassungsanlage für immerhin schon 262 Meßstellen überwachte und registrierte wichtige Betriebsparameter und löste Alarme bei vom Sollzustand abweichenden Zuständen aus. Die gesamte Überwachung der Maschinenanlage erfolgte bereits über "verlängerte Augen und Ohren" in diesem Fahrstand! Die Ladelufttemperatur wurde durch ein elektrisch betätigtes Regelventil thermostatisch geregelt. Thermostatische Regelung war ebenfalls für die Frischkühlwasser- und die Schmieröltemperatur der Hauptmaschine und der Hilfsdiesel vorgesehen. Selbstverständlich arbeitete auch die Ladungskühlanlage vollautomatisch. Bei Bananenfahrt wurde eine Regelgenauigkeit von $\pm$ 0,25°C verlangt und auch erreicht. Auch die

Steuerung der Anlaßluft-Kompressoren geschah inzwischen automatisch über den Druck im Anlaßluft-Behälter. Selbstreinigende Separatoren und Viskositätsregler für den Brennstoff des Hauptmotors gehörten offensichtlich auch schon zum Stand der damaligen Technik. Beim Überschreiten eines bestimmten Salzgehaltes wurde das Destillat des Verdampfers automatisch in die Bilge geleitet. Für alle Wohn- und Aufenthaltsräume war eine Klima-Anlage vorhanden; ein Autopilot/Selbststeuer und automatisch arbeitende Mooringwinden waren eine Selbstverständlichkeit. Die Mooringwinden wurden durch Gleichstrommotore angetrieben, jeweils ein Umformersatz befand sich unter Deck. Aus diesem Beispiel kann man erkennen, daß die Größe des Schrittes hin zur Automation von Reederei zu Reederei verschieden war. Die Hamburg-Süd gehörte damals zu den Vorreitern auf diesem Gebiet. Wie wir gleich sehen werden, war z.B. die Hapag auf diesem Gebiet konservativer. Mit dieser Feststellung von Tatsachen soll aber auf gar keinen Fall irgendeine Wertung verbunden sein.

Im Dezember 1964 wurde das erste Schiff der damaligen "Hammonia-Klasse", die "Westfalia", abgeliefert, das letzte, die "Thuringia", im März 1967. Die ersten Schiffe dieser Klasse waren noch so gut wie "Automations-los"; ab einem bestimmten Schiff wurde eine Art Fahrstand vorgesehen. Dieser Fahrstand war zum eigentlichen Maschinenraum hin offen; das Manöver-Handrad der Hauptmaschine war über eine Kardanwelle in ein Fahrpult hineingezogen; auf diesem Fahrpult waren diverse Fernanzeigen angeordnet; die Hauptschalttafel befand sich innerhalb dieses "Fahrstandes". Bei dem letzten Schiff dieser Serie war der Fahrstand dann bereits geschlossen. An Deck gab es jedoch durchaus schon Automation; es sei nur an das automatische Selbststeuer gedacht! Ein geschlossener Fahrstand gehörte dann wohl endgültig zum Standard eines Handelsschiffes.

Die anschließend gebauten Kühlschiffe für die schwedische Johnson Line - die Ablieferung des zweiten Schiffes, der "Okanagan Valley", erfolgte im Januar 1966 - stellten einen bedeutenden Schritt in Richtung Automation dar. Es ist interessant, die Entwicklung dieser Schiffe während der Projektphase zu verfolgen. Die ursprüngliche Spezifikation beschrieb noch ein "normales", manuell bedientes Schiff. Die sogenannten Amendments zu dieser Projekt-Spezifikation lassen dann aber erkennen, daß ganz bewußt und konsequent automatisiert wurde! Die Schiffe waren z.B. mit einem geschlossenen Fahrstand und einer automatischen Brückenfernsteuerung ausgerüstet. Diese Fern-

steuerung vollzog tatsächlich die gleichen Bewegungen des Manöver-Handrades; das Drehen dieses Handrades erfolgte per E-Motor über eine Fahrradkette. Der Fahrstand war nach auch heute noch modernen Gesichtspunkten ausgerüstet. Manöver- und Störstellen-Drucker waren bereits vorhanden - zu diesem Zeitpunkt noch lange nicht "Stand der Technik"! Die Ladeluft-Temperatur der Hauptmaschine wurde automatisch geregelt. Die Drehzahl der Hilfsdiesel konnte vom Fahrstand aus elektrisch verstellt werden. Die Kühlwasser- und Schmieröltemperatur der Hauptmaschine und der Hilfsdiesel wurde automatisch geregelt. Für die Startluft-Kompressoren war bereits eine "vornehmere" Automatik vorgesehen; der zweite Kompressor startete automatisch, wenn es der erste nicht allein schaffte. Die ursprünglich vorgesehenen von Hand zu reinigenden Separatoren wurden durch selbstreinigende ersetzt. Ein weiterer Schritt in die Moderne war der Ersatz von NH_3 durch Freon als Kühlmittel. Zum damaligen Zeitpunkt durchaus üblich - das Ozonloch war noch nicht entdeckt worden und wohl auch noch nicht in heutigen Dimensionen existent. Im gleichen Zuge wurde die Laderaumkühlung durch Sole durch direkte Verdampfung von Freon ersetzt. Eine Klimaanlage war bereits für alle Räume vorhanden. Für den Winterbetrieb war eine Luftbefeuchtung vorgesehen.

Im Juni 1967 wurde die "CORSARIO NEGRO", ein Tragflügelboot für 88 Passagiere, abgeliefert. Blohm+Voss hatte damals von der amerikanischen Flugzeugfirma Grumman Aircraft den Auftrag zum Bau dieses Tragflügelbootes erhalten. Der Entwurf stammte von eben dieser amerikanischen Firma; es handelte sich hierbei um ein Fahrzeug mit vollgetauchten Tragflügeln, d.h. es war nicht selbststabilisierend, sondern mußte automatisch stabilisiert werden. Diese automatische Stabilisierung besorgte damals bereits ein Gerät, das man heute Computer nennen würde! Die Geschwindigkeit auf Tragflügeln betrug 50 kn. Der Antrieb erfolgte über eine Rolls-Royce-Proteus-Gasturbine und ein Kegelrad-Getriebe in der achteren Stelze durch einen überkavitierenden Verstellpropeller. Während langsamer, "hull-borne" Fahrt in flachen Gewässern wurden alle drei Stelzen nach oben geklappt. Leider setzte sich dieser Typ am Markt nicht durch; ein zweites Boot wurde zwar begonnen aber nicht fertiggestellt; der Rumpf diente eine Zeit lang als Wohnschiff im Wedeler Yachthafen.

Ein besonderes Kapitel stellen die sechs Kühlschiffe der Polar-Länder-Klasse für die Hamburg-Süd dar. Auch über diese Schiffe könnte ein eigener Vortrag gehalten werden, denn sie waren problematisch. Bei der Konzipierung und beim Bau dieser Schiffe wurde zuviel Neues zu einem zu frühen Zeitpunkt auf einmal nicht nur angedacht, sondern dann auch realisiert. Die bereits erwähnte "Vorreiter-Rolle" der Reederei wurde meiner Ansicht nach bei diesen Schiffen ein wenig zu weit getrieben. Trotzdem sind die Schiffe nach der Behebung aller noch zu erwähnenden Probleme noch lange Zeit in Betrieb gewesen!

Die eigentlichen Probleme lagen jedoch nicht auf dem Gebiet der Automation - diese hat von Anfang an vernünftig funktioniert. Die Hauptprobleme waren vielmehr recht konventioneller Natur. Ich nenne nur die ersten Thyristor-gesteuerten Wellengeneratoren an der Gegenkupplungsseite jeder der beiden Hauptmaschinen, die elektromagnetischen Schlupfkupplungen und die schnellaufenden Hilfsdiesel. Die Wellengeneratoren hatten "Anlaufschwierigkeiten". Die schnellaufenden (1.800 rpm!) Rolls-Royce-Hilfsdiesel, die eigentlich nur für den Betrieb auf dem Revier und im Hafen vorgesehen waren, mußten ständig laufen. Das nahmen sie insofern übel, als sie recht häufig die "Beine 'raussteckten". Die Besatzung baute um den unteren Teil dieser Diesel "Panzerplatten" ein, um durchaus mögliche Verletzungen zu verhindern. Der eigentliche Grund für diese Erscheinungen ist niemals endgültig gefunden worden. Die Diesel-Aggregate mußten letztendlich durch "konventionelle" Diesel-Generator-Sätze ersetzt werden - obwohl die Wellengeneratoren inzwischen das taten, was man von ihnen erwartete!

Die elektromagnetischen Schlupfkupplungen waren für einen automatischen Ablauf des Umsteuer-Manövers erforderderlich, denn die beiden Hauptmotore arbeiteten auf einen Festpropeller. Im Revier sollte ein Motor in Voraus- und der andere in Zurück-Richtung laufen. Umgesteuert sollte durch wechselseitiges "Schließen" und "Trennen" der Kupplungen erfolgen. Diese Manöver haben einwandfrei funktioniert. Nun haben aber elektromagnetische Schlupfkupplungen die unangenehme Eigenschaft der magnetischen Federkonstanten. Dieses ist die vom Luftspalt abhängige Kraft, mit der Außen- und Innenteil zusammengezogen werden. Auf der Basis der uns genannten Federkonstanten wurde dann zwischen Diesel und Kupplung ein zusätzliches Gleitlager gesetzt. Ein solches Lager war zwar "unschön", aber leider zwingend notwendig. Dieses Lager lief dann häufig aus. Die einzig mögliche Lösung des Problems war der Einbau eines zentralen Wälzlagers zwischen den beiden Kupplungsteilen. Damit wurde natürlich die eigentliche Idee einer solchen Kupplung ad absurdum geführt.

Eine Neuberechnung der Federkonstanten durch den Hersteller ergab einen Wert, der erheblich über dem ursprünglich genannten lag. Das zusätzliche Lager zwischen Diesel und Kupplung "durfte" also durchaus den Geist aufgeben. Wäre der korrekte Wert dieser Konstanten von vornherein bekannt gewesen, wäre eine solche Kupplung nicht eingebaut worden.

Für die Kühlung der Laderäume waren viele kleine luftgekühlte Kühlkompressoren vorgesehen. Die Regelung erfolgte problemlos über einen Computer. Direkt neben der Kammer des Chiefs war ein Überwachungsraum mit allen wichtigen Fernanzeigen und Alarmen angeordnet. Soweit ich mich erinnern kann, waren allerdings von dieser Stelle aus keinerlei Eingriffe möglich. Während der Endausrüstung des ersten Schiffes brach im Computerraum aufgrund von Schweißarbeiten ein Schwelbrand aus, der kurzfristig - leider mit einem Pulver-Löscher - erfolgreich bekämpft werden konnte. Da angenommen werden mußte, daß der Computer wegen des Pulvers Schaden genommen hatte, wurde er durch einen neuen ersetzt. Für die damalige Zeit war die Schadenshöhe von ca. 800.000 DM ein beträchtlicher Betrag. Der "unbrauchbare" Computer hat dann noch längere Zeit an der Ing.-Schule am Berliner Tor gute Dienste geleistet!

Eine für die Werft recht unrühmliche Sache soll nicht unerwähnt bleiben. Die Schiffe mußten eine recht hohe Vertragsgeschwindigkeit erreichen. Der Festpropeller wurde daher für die volle Leistung der beiden Pielstick-Diesel ausgelegt. Irgendwann arbeiteten die Wellengeneratoren einwandfrei. Bald danach machten die Diesel wegen thermischer Überlastung Schwierigkeiten - volle Propellerdrehzahl und Wellengenerator war den Dieseln zuviel. Dabei muß man allerdings berücksichtigen, daß Wellengeneratoren noch technisches Neuland waren. Gleiche oder ähnliche Fehler sind zu einem späteren Zeitpunkt bei anderen Schiffen nicht mehr aufgetreten.

Es muß im Frühjahr 1967 gewesen sein, als ein Konsortium verschiedener Werften den Auftrag zum Bau von Turbinen-Containerschiffen für die englische Reederei OCL erhielt. Dieser Zeitpunkt kann durchaus als Beginn des Container-Zeitalters bezeichnet werden. Bei Blohm+Voss wurde die "Moreton Bay" gebaut und im Juni 1969 abgeliefert. Die Konstruktionsarbeiten für diese Schiffe wurden von den verschiedenen Konsorten erledigt. Dieser Vortrag soll nicht die Funktionsweise eines Dampfturbinen-Antriebes für alle diejenigen erläutern, für die solche Anlagen zur technischen Geschichte des Schiffsmaschinenbaus gehören. Einige solche Hinweise ergeben sich aber durchaus, wenn ich auf einige Automationsdetails etwas genauer eingehen werde. Auch eine genaue Schilderung oder Beschreibung der Automations- und Überwachungs-Anlagen würde zu weit führen - das könnte ein Thema für einen separaten Vortrag sein - alle Details sind heute in der damaligen Spezifikation noch verfügbar. Der Antrieb erfolgte durch eine Stal-Laval-Turbinen-Anlage mit einer Leistung von 32.450 PS.

Für die Turbine waren die üblichen Schnellschluß-Kriterien wie niedriger Schmieröldruck, hoher Wasserstand im Kondensator, zu niedriges Vakuum, Überdrehzahl der Turbinen, zu hohe Vibrationsamplituden etc. vorhanden. Die Verbrennungsregelung der beiden Kessel erfolgte selbstverständlich automatisch. Das Luft-Brennstoff-Verhältnis wurde über eine automatische Verstellung der Leitschaufeln der Kesselgebläse geregelt. Der Restsauerstoffgehalt im Abgas sollte nicht mehr als 1 % betragen. Die Heißdampftemperatur wurde zwischen Halb- und Vollast konstant gehalten. Alle Bedien- und Überwachungs-Elemente für Haupt- und Hilfsbetrieb waren im Maschinen-Kontrollraum untergebracht. Es würde den Rahmen dieses Vortrages sprengen, wenn ich alle in diesem Kontrollraum vorhandenen Elemente und Instrumente aufzählen würde; die Spezifikation für diese Schiffe existiert noch, sie geht bis ins letzte Detail! Allein der maschinenbauliche Teil hatte 445 Seiten! Eine solche detaillierte Spezifikation kann aber auch riskant für den Kunden sein. Soweit ich mich erinnern kann, hatten diese Schiffe zunächst Vibrationsprobleme im Hinterschiff. Diese fielen jedoch nicht unter die Garantie-Verpflichtungen der Werften, da alle diesbezüglichen und dafür verantwortlichen Details vorgegeben waren! Das hat zwar nichts mit der Zeitgeschichte der Automation zu tun; aber hin und wieder kann ich mir eine bissige Bemerkung nicht verkneifen! Alle normalerweise automatisch zu regelnden Funktionen konnten von Hand aus diesem Fahrstand heraus getätigt werden. "Verlängerte Augen und Ohren" waren auf der Brücke, dem Maschinenbüro und in den Kammern der Ingenieure vorhanden. Für die Schmierölpumpen der Turbinenanlage war eine automatische Stand-By-Schaltung in Abhängigkeit des Schmieröldruckes vorgesehen. Der Schmieröl-Separator war selbstreinigend. Die mit Turbinenantrieb versehenen Speisepumpen waren mit einer automatischen Stand-By-Schaltung ausgerüstet. Das Zudampfventil jeder Speisepumpe wurde durch den Druck in der Speisewasserleitung betätigt. Die Verdampfer wurden durch Anzapfdampf aus der Niederdruck-Turbine beheizt und arbeiteten vollautomatisch.

Interessant ist die auf diesen Schiffen installierte Bordnetz-Spannung: Sie war 415 V/50 Hz - auch heute noch eine absolut ungebräuchliche Kombination!

Diese OCL-Schiffe waren für den Transport von Kühlcontainern ausgerüstet. Die niedrigste Temperatur in den Containern war -29°C für den Fleischtransport von Australien nach Europa. Die Container waren durch geeignete Kupplungen mit einem Kaltluft-System verbunden. Diese Kaltluft wurde durch ein Sole-System erzeugt, das wiederum durch direkte Verdampfung von R22 gekühlt wurde; selbstverständlich arbeitete das gesamte System vollautomatisch! Für die Ladungs-Kühlanlage war im Maschinen-Kontrollraum ein Data-Logger für 425 Messpunkte vorgesehen, der im Vier-Stunden Takt alle wichtigen Daten druckte. Heute im Zeitalter von "Controlled Athmosphere" und "Rucksack-Aggregaten" ist eine solche Kühlung einfacher und eleganter - damals war die Technik aber noch nicht so weit entwickelt. Die Klima-Anlage für die Wohnräume und den Maschinen-Kontrollraum arbeitete ebenfalls mit Sole-Kühlung! Die Proviant-Kühlanlage war allerdings für die direkte Verdampfung von R22 ausgelegt. Die "Moreton Bay" war zwar das erste Containerschiff, das bei Blohm +Voss gebaut wurde, es gehörte aber bereits der später sogenannten zweiten Generation an.

Zur gleichen Zeit, als die "Moreton Bay" entstand, wurden bei Blohm+Voss zwei Motor-Containerschiffe, die "Elbe Express" und die "Alster Express" für die Hapag gebaut. Dieses waren Container-Schiffe der sogenannten ersten Generation. Das Klassezeichen für die Maschinenanlage beinhaltete bereits das Symbol + MC (16/24). Das bedeutete damals, daß die gesamte Anlage für einen täglichen 16-stündigen wachfreien Betrieb ausgelegt werden mußte. Dieses Klassezeichen konnte ich der noch vorhandenen Schiffbau-Spezifikation entnehmen. Eine Spezifikation für den maschinenbaulichen Teil ist im Blohm+Voss-Archiv leider nicht mehr vorhanden. Auf jeden Fall hatten diese Schiffe bereits einen geschlossenen und klimatisierten Kontrollraum. Der Umfang der Automatisations- und Überwachungseinrichtungen muß aber bereits einen solchen Umfang gehabt haben, daß die aus dem Klassezeichen abzuleitenden Forderungen erfüllt werden konnten. Weitere Details konnte ich leider nicht auftreiben; sie müssen auch nicht unbedingt bahnbrechend oder in anderer Weise signifikant gewesen sein.

Ende der 60er Jahre baute Blohm+Voss fünf Pioniere. Diese Schiffe sollten ein Meilenstein in der Entwicklung kostengünstiger Bauweise sein. Dieses ehrgeizige Vorhaben konnte leider nicht realisiert werden, was aber keinesfalls an fehlender Automation lag! Die erhofften Kosteneinsparungen durch den fast ausschließlichen Einsatz von unverformten Blechen konnten leider nicht realisiert werden. Der Antrieb erfolgte durch Mittelschnelläufer; automatisches Abstellen bei zu hoher Kühlwassertemperatur und zu niedrigem Schmieröldruck gehörte in der Zwischenzeit zum Stand der Technik. Ein schallisolierter und belüfteter Maschinen-Kontrollraum war selbstverständlich auf jedem dieser Schiffe vorhanden. Die Hauptschalttafel befand sich in diesem Raum; der Hauptmotor konnte von hier aus und auch bereits von der Brücke aus pneumatisch fernbetätigt werden. Alle Überwachungsinstrumente für Haupt- und Hilfsbetrieb waren auf Tafeln in diesem Raum untergebracht. Es war bereits eine Bordnetzautomatik vorhanden. Start bei zu niedriger Leistung im Bordnetz, automatische Synchronisierung und automatischer Lastabgleich waren Bestandteil des Systems; aus den mir verfügbaren Unterlagen geht leider nicht hervor, ob auch schon ein lastabhängiges Absetzen eines Aggregates vorhanden war - über die Notwendigkeit eines solchen automatischen Absetzens kann man auch noch heute trefflich streiten!

Zwei Pioniere wurden zunächst für die indische Reederei Great Eastern und einer für die Hamburger Reederei Ahrenkiel als normale Trockenfrachter gebaut und gelangten im Jahre 1968 zu Ablieferung. Der Antrieb erfolgte jeweils durch einen 18-Zylinder-Pielstick-Dieselmotor für Schwerölbetrieb über ein vor dem Motor eingebautes Getriebe. Diese Motoren wurden bei zu hoher Kühlwassertemperatur und zu niedrigem Schmieröldruck automatisch abgeschaltet. Die Bedienung des Hauptmotors erfolgte auch hier aus einem geschlossenen und schallisolierten Fahrstand. Selbstreinigende Separatoren waren kein technisches Neuland mehr. Frischwasser- und Öl-Kühler waren mit einer automatischen Temperaturregelung ausgerüstet.

Eine Art von Automation soll nicht unerwähnt bleiben. Es ist bekannt, daß umsteuerbare Mittelschnelläufer, die auf einen Festpropeller arbeiten, äußerst schlechte Stopp-Wege erreichen, da sie erst beim Erreichen einer relativ niedrigen Drehzahl umgesteuert werden können. Wegen der geringen Massen eines solchen Systems wird eine solche niedrige Drehzahl zu langsam erreicht. Das Problem wurde durch den Einbau einer pneumatisch betätigten Trennkupplung zwischen Motor und Getriebe gelöst. Bei einem Crash-Stop - ein solcher mußte auf der Probefahrt vorgeführt werden - wurde die Kupplung getrennt, der Motor umgesteuert

und die Kupplung nach dem Erreichen einer relativ hohen Rückwärts-Drehzahl wieder geschlossen. Die gummihaltigen Elemente der Kupplung qualmten fürchterlich, der Junior-Chef der Reederei verließ den Kontrollraum fluchtartig, der Vertreter des Kupplungs-Lieferanten kam strahlenden Antlitzes in den Kontrollraum und sagte: "No sparks!". Der Stopp-Weg bewegte sich in dem Rahmen, den man von konventionellen Anlagen mit Langsamläufern gewohnt war! Kurz gesagt: Die getroffene Maßnahme zur Lösung des Problems war ein voller Erfolg! Eine solche Methode ist nur erforderlich, wenn ein Mittelschnelläufer auf einen Festpropeller arbeitet. Wie man ein solches Problem bei einer Doppel-Motoren-Anlage löst, habe ich bei der kurzen Schilderung der Hamburg-Süd Schiffe erwähnt.

Zwei weitere Pioniere für die Reederei Ahrenkiel wurden dann im Jahre 1970 abgeliefert. Der Antrieb dieser beiden Neubauten erfolgte durch jeweils zwei mittelschnellaufende 12-Zylinder-Dieselmotoren über ein Sammelgetriebe auf einen Festpropeller. Bei diesen Schiffen waren hydraulische Kupplungen zwischen Motoren und Getriebe eingebaut, die nach dem gleichen Prinzip wie die elektromagnetischen Schlupfkupplungen gesteuert wurden. Die Pioniere repräsentierten in Bezug auf die Automation den damals üblichen Standard.

Die "Sydney Express", das erste Containerschiff der zweiten Generation für die Hapag, die im Frühjahr 1969 in Auftrag gegeben worden war und im September 1970 abgeliefert wurde, sollte prinzipiell eine Art Nachbau der OCL-Schiffe sein, da bei deutschen Reedereien zum damaligen Zeitpunkt nur wenig "Dampf-Know-How" vorhanden war. Auch dieses soll kein Werturteil sein - es ist nur eine Feststellung von Tatsachen. Darüber hinaus sollte das Schiff nicht einer langen Entwicklungszeit unterworfen sein, sondern bald zur Verfügung stehen. Der Umfang der Bauvorschrift war nur ein Bruchteil der Spezifikation der eben geschilderten OCL-Schiffe; das tat aber der erreichten Qualität keinerlei Abbruch! Das Klassezeichen mit + MC (16/24) war inzwischen eine Selbstverständlichkeit. Um die Forderungen dieses Klassezeichens zu erfüllen, mußten folgende Automationen vorgesehen werden:

- Fernsteuerung der Hauptantriebsanlage vom Kontrollraum und von der Brücke;
- Drehzahlüberwachung für die Turbine;
- Sicherheitsschaltung für die Turbine;
- Drehzahlreduzierung bei zu hohen Lagertemperaturen und zu niedrigem Kesseldruck;
- Stoppen der Turbine bei Überschreitung der höchstzulässigen Drehzahl um mehr als 10%,

unzulässiger Axialverschiebung von Läufer oder Gehäuse, zu hohem Kondensatordruck, Schmierölmangel und zu niedrigem Kesselwasserstand;

- selbsttätige Umschaltung der Anzapfungen und selbsttätige Entwässerung der Turbinen;
- vollständige Kesselregelung in Abhängigkeit der Lastverhältnisse;
- automatische Brenner-Zu- und Abschaltung mit Flammenüberwachung;
- automatische Temperaturregelung für Schmieröl, Heizöl und Frischkühlwasser für die Hilfsdiesel;
- Inhaltsanzeigen für wichtige Tanks;
- automatische Lenzung der Maschinenraum-Bilgen;
- für die Hilfsdiesel automatischer Start und Stopp mit automatischer Synchronisierung und Lastabgleich - also für die Diesel eine veritable Bordnetz-Automatik!
- Alarmanlage mit optischer Meldung und akustischem Alarm;
- Stand-By-Schaltungen für alle wichtigen Pumpen mit automatischem Wiederanlauf nach Ausfall und Wiederkehr des Bordnetzes.

Die Überzeugung eines Professors, daß die Automation eines Motorschiffes wohl keine allzu großen Probleme bereiten würde, die für Dampfanlagen aber wohl Utopie bleiben würde, hat sich dann doch nicht bewahrheitet. Eine vollautomatisch arbeitende, durch eine Libelle gesteuerte Krängungsausgleichsanlage war vorgesehen, ausgelegt für eine Be- oder Entladung von 15 40'-Containern innerhalb von 30 Minuten. Eine ebenfalls vorhandene Krängungsversuchs-Anlage soll nicht unerwähnt bleiben. Die Ladungskühlanlage unterschied sich nicht von der, die auf den OCL-Schiffen eingebaut worden war - auch die "Sidney Express" war für den Australien-Dienst vorgesehen. Die Klima-Kühlanlage arbeitete allerdings mittels direkter Verdampfung von R22. Die "Sidney Express" ist - soweit mir bekannt ist - niemals "verdieselt" worden; sie wurde auch erst vor relativ kurzer Zeit verschrottet. Sie hat also offensichtlich noch lange Jahre ihren Dienst zuverlässsig getan.

Die 60er Jahre waren meiner Meinung nach der Zeitraum, in dem der größte Schritt in Richtung Automatisierung und Fernüberwachung im Schiffbau getan wurde. Innerhalb von "nur" 10 Jahren wurde aus einem ständig besetzten Maschinenraum ohne geschlossenen Fahrstand ein zumindest zeitweilig unbesetzter Maschinenraum - und das nicht nur für Motor-, sondern auch für Dampf-Schiffe. Klimaanlagen für die Besatzung waren jetzt kein

Luxus mehr. Auf dem Gebiet der E-Technik wurde bereits angefangen zu automatisieren. Die Hauptschalttafel enthielt eine Einrichtung für die automatische Grob-Synchronisierung der Drehstrom-Generatoren. Diese Eigenschaft gehörte inzwischen schon fast zum Standard. Bisher hatten passive Schlingerdämpfungsanlagen wie z.B. die bekannten Flume-Tanks und Flossen-Stabilisierungsanlagen von verschiedenen Herstellern nebeneinander existiert. Das Schwergewicht verlagerte sich jedoch langsam, aber sicher zu den kreiselgesteuerten Flossen-Anlagen. Diese Anlagen sind heute Stand der Technik. Die Standardausführungen reagieren auf die Rollbeschleunigung. Krängungsausgleichsanlagen arbeiteten zu dieser Zeit bereits vollautomatisch. Für Containerschiffe genügte ein solcher Krängungsausgleich durch Pumpen völlig. Heute sind Anlagen für den Krängungsausgleich bei Fähren mit größeren Momenten pro Zeiteinheit erforderlich, um kurze Be- und Entladezeiten erreichen zu können. Das Wasser wird dann nicht mehr gepumpt, sondern durch große Gebläse "verschoben".

Es soll nicht unerwähnt bleiben, daß automatische Konstantzug-Verholwinden zu dieser Zeit bereits üblich waren!

4 Die 70er und 80er Jahre

Eines der herausragenden Ereignisse der frühen 70er Jahre waren die Turbinen-Containerschiffe der dritten Generation für die Hapag - die "Hamburg Express" und die "Tokyo Express".

Auch diese Schiffe erhielten das Klassezeichen + MC 16/24 des Germanischen Lloyd. Beide Schiffe hatten eine Dampf-Turbinen-Anlage für zwei Propeller mit einer Gesamtleistung von 81.000 PS. Ob diese Anlagen tatsächlich jemals wachfrei betrieben worden sind, ist mir nicht bekannt - auf der Probefahrt mußte ein solcher "wachfreier" Betrieb jedenfalls vorgeführt werden. Diese Tatsache brachte so manchen Chief der Werftbesatzung in erhebliche Gewissenskonflikte. Diese wurden oft dadurch behoben, daß besagter Chief und ein Vertreter der Klassifikationsgesellschaft im Fahrstand blieben, allerdings mit der klaren Maßgabe, nur im äußersten Notfall manuell einzugreifen. Ein solches Eingreifen ist nur sehr selten - wenn überhaupt - erforderlich gewesen. Daß zum Erreichen dieses Zieles ein Umfang an Automation erforderlich war, der einige Jahre vorher noch fast Utopie gewesen ist, ist wohl leicht einzusehen. Stand-By-Schaltungen für wichtige Pumpen waren selbstverständlich – technisch waren und sind solche Schaltungen kein Problem. Nicht nur alle elektrisch angetriebenen Pumpen waren mit einer Stand-By-Schaltung ausgerüstet - auch die mit Dampf angetriebenen Haupt-Speisepumpen hatten eine solche Schaltung.

Die Antriebsanlagen und die Bugstrahlruder konnten vom Fahrstand im Maschinen-Kontroll-raum, von der Brücke und von den Brückennocken aus fernbetätigt werden; eine automatische Lastreduzierung erfolgte im Falle von abnormalen Betriebszuständen. Die Manöverautomation der Turbinen soll hier etwas eingehender geschildert werden.

- Von der Fernsteuerautomatik wurden die Fahrventile über die Stellantriebe betätigt, bis die vorgegebene Solldrehzahl erreicht war.
- Diese Drehzahl wurde dann durch den Regler konstant gehalten.
- Vor der Ausführung eines Kommandos wurde jedoch geprüft, ob die Ausgangsbedingungen in Ordnung waren, d.h. ob die Turbinen bereits in Betrieb waren oder nicht.
- Die Ventile wurden durch die Automatik in dem für die Turbinen günstigsten bzw. zulässigen zeitlichen Ablauf verstellt. Hierfür war ein dem Drehzahlregler vorgeschalteter Hochlaufgeber vorgesehen. Bei Marschfahrt waren die Fahrventile immer voll geöffnet - jede Drosselung erhöht den Brennstoffverbrauch!
- Eine besondere Stellung nahm ein vorübergehendes Stopp-Manöver ein, da Turbinen im betriebswarmen Zustand nicht längere Zeit stillstehen dürfen. In einem solchen Falle wurde jeweils kurzfristig Voraus- oder Rückwärts-Dampf gegeben. Der jeweilige Propeller nahm dann eine geringe Drehzahl an.
- Falls ein solcher "Turn"-Vorgang nicht automatisch anlief, ertönte nach 1,5 Minuten ein Alarm; der Turn-Vorgang mußte dann von Hand eingeleitet werden.
- Bei abnormalen Kessel-Zuständen wie zu niedrigem Druck oder zu hohem oder zu niedrigem Wasserstand wurde die Turbinen-Drehzahl reduziert; nach Wiederherstellung des Normalzustandes wurde die jeweilige Solldrehzahl dann wieder automatisch eingeregelt.
- Selbstverständlich konnte die Fahrautomatik abgeschaltet werden; ein Fahren nur mit der direkten Fernsteuerung oder von Notfahrstand an den Turbinen war jederzeit möglich.

Die beiden Hauptkessel arbeiteten vollautomatisch; die Brennstoffviscosität, die Brennstoffdruckfilter und auch die Überhitzertemperatur wurden automatisch geregelt. Die automatische Regelung der Brenner erlaubte ein Herunterregeln im Verhältnis 15 : 1. Die Brenner konnten vom Leitstand aus gezündet werden; die Störabschaltung erfolgte, wenn nach fünf Sekunden keine Flamme entstand, beim Erlöschen der Flamme während des Betriebes innerhalb einer Sekunde, beim Ausfall der Gebläseluft, bei zu niedrigem Wasserstand und beim Überschreiten des höchstzulässigen Betriebsdruckes. Die Kesselgebläse arbeiteten mit automatischer Leitschaufelregelung. Das Brennstoff-Luft-Verhältnis blieb für alle Betriebsstufen optimal und sicherte einen O_2-Gehalt im Abgas unter 1 % ab 60 % Kessellast. Die Rußbläser mußten von Hand angestellt werden; der weitere Ablauf erfolgte dann automatisch. Automatische Regelungen waren auch vorgesehen für das Gegendrucksystem, den Druck des Stopfbuchsdampfes sowie das Niederdruck-Sattdampfsystem einschließlich des ölbefeuerten Hilfskessels.

Wie bereits erwähnt, konnten die Turbinen sowohl vom Fahrstand im Maschinenkontrollraum als auch von der Brücke aus bedient werden. Der automatische Schnellschluß sprach bei den üblichen Kriterien an wie z.B. bei Axialverschiebung von Turbinenläufern, bei zu niedrigem Schmieröldruck, bei Überdrehzahl, bei zu hohen Schwingungsgeschwindigkeiten der Turbinenläufer etc.. Für die Aufnahme des Betriebes aus einem kalten Zustand - und für alle Fälle - war ein Hilfsdiesel-Aggregat vorhanden. Ein Notstrom-Aggregat gab es selbstverständlich auch.

Eine Bordnetzautomatik im heutigen Sinne gab es auf diesen Schiffen nicht. Es war lediglich eine automatische Abschaltung unwichtiger Verbraucher in drei Stufen vorgesehen. Eine automatische Lastverteilung und ein automatisches Anlaufen des Hilfsdiesels nach Ausfall eines Turbogenerators mit automatischer Synchronisierung waren jedoch vorhanden. Einen automatischen Wiederanlauf der automatisch abgeschalteten "wichtigen" Verbraucher bei erneuter Einschaltung des "gefallenen" Leistungsschalters gab es ebenfalls. Es fehlte also nicht viel an der heute üblichen "kompletten" Bordnetzautomatik!

Die Kühlwasserversorgung der Kondensatoren erfolgte noch auf "konservative" Art und Weise, nämlich durch elektrisch angetriebene Kühlwasserpumpen. Beide Schiffe waren für den Transport von 100 mit eigenem Aggregat ausgerüsteten Kühlcontainern eingerichtet.

Diese Schiffe wurden ursprünglich für eine Geschwindigkeit von 27 kn gebaut. Nach dem Beginn der Ölkrise konnte eine solche Geschwindigkeit in allen mir bekannten Fällen nicht mehr wirtschaftlich gefahren werden. Eine Reduzierung der Geschwindigkeit auf ein wirtschaftlich vertretbares Maß ist bei einem Turbinenantrieb kaum möglich; der spezifische Brennstoffverbrauch steigt z.B. bei

Halblast enorm an! Viele Turbinen-Schiffe wurden aus diesem Grund nach dem Beginn der Ölkrise Anfang der 70er Jahre "verdieselt". Diese beiden Schiffe wurden hingegen nicht "verdieselt", sie wurden vielmehr zu Einschraubern mit Turbinen-Antrieb umgebaut! Beide Kessel blieben erhalten, für die verbleibende Turbine mußte ein neues Untersetzungsgetriebe eingebaut werden. Eines dieser beiden Schiff soll auch heute noch erfolgreich in Betrieb sein.

Noch vor Beginn der Ölkrise bekam Blohm-+Voss den Auftrag für den Bau von sechs Turbinen-Containerschiffen für die dänische Reederei A.P. Möller. Selbstverständlich wurden diese Schiffe für die Fahrt mit zeitweilig unbesetztem Maschinenraum konstruiert und gebaut. Gegenüber den bisher erwähnten Turbinen-Schiffen ergaben sich in Bezug auf die Automation keine wesentlich neuen Gesichtspunkte. Eine Begebenheit während der Probefahrten soll aber kurz geschildert werden. Gegen Ende jeder Probefahrt mußte ein "Good-Functioning-Test" erfolgen. Dieser diente dem Zweck, die einwandfreie Funktion der Anlagen im allgemeinen und der Automations-Einrichtungen im besonderen zu demonstrieren. Beim ersten Schiff war dieser "Good-Functioning-Test" eine einzige Katastrophe. Von der Brücke aus wurden die verschiedensten Manöver per Fernsteuerung ausgelöst; man erwartete dann einen automatischen Ablauf ohne von Hand eingreifen zu müssen. Der Fahrstand im Kontrollraum war mit einem roten Band abgesperrt. Diese Sperre mußte sehr oft überwunden werden, um von Hand einzugreifen. Diese unschöne Situation verbesserte sich von Schiff zu Schiff; beim letzten Dampfer war dieser Test dann ein Selbstgänger!

Nicht unerwähnt soll bleiben, daß bei diesen Schiffen die Kühlwasserversorgung des Kondensators über einen Scoop erfolgte; das hat zwar wenig mit Automation zu tun - die nach wie vor vorhandene Pumpe wurde im Bedarfsfall automatisch zu- oder abgeschaltet -, soll aber der Vollständigkeit halber erwähnt werden. Im Zusammenhang mit diesen Schiffen sei ein Vorkommnis erwähnt, das nur mittelbar mit der Automation zusammenhängt. Während einer Probefahrt fiel die Flossen-Stabilisierungs-Anlage aus - und das bei schwerer See. Der in Betrieb befindliche Turbo-Generator fiel aus, da aufgrund der auftretenden Schlagseite die Schmierölversorgung zusammenbrach. Die Notaggregate - zwei durch Gasturbinen angetriebene Generatoren - streikten aus demselben Grunde ebenfalls. Man kam dann trotzdem wieder in Gang, indem man die Automation irgendwie überlistete. Die

Klassifikationsvorschriften, die selbstverständlich eingehalten worden waren, erwiesen sich als unzureichend - die "mögliche" Schlagseite mußte vergrößert werden; das Problem war gelöst. Der Vollständigkeit halber sei erwähnt, daß diese Schiffe relativ bald "verdieselt" wurden.

Die Konstrukteure und Betreiber heutiger Anlagen mögen mir verzeihen - aber die Verantwortung für den spezifischen Brennstoffverbrauch liegt nun in erster Linie beim Motorenhersteller. Daß zur Konzipierung heutiger Anlagen auch noch immer ein nicht zu unterschätzendes Know-How gehört, soll in keiner Weise bestritten werden!

Eine Errungenschaft, die eng mit der Offshore-Technologie verbunden ist, soll noch erwähnt werden - die Dynamische Positionierung oder besser bekannt als "Dynamic Positioning". Bohrinseln und besonders Versorger wurden mit Hilfe dieses Systems mit einer sagenhaften Genauigkeit auf Position gehalten. Dieses System beaufschlagte z.B. Schottel-Antriebe oder auch Propeller, Bugstrahlruder und Ruder.

Die bei Blohm+Voss gebauten Yachten, die "Lady Moura", die "Golden Odyssey" und die "ECO" sollen in diesem Vortrag nicht unerwähnt bleiben, obwohl auch sie in Bezug auf Automation nichts wesentlich Neues gebracht haben. Einige bei uns neu aufgetretene Eigenschaften sollen kurz geschildert werden. Da war zunächst das sogenannte "Joystick-System". Mit Hilfe eines solchen einzigen Hebels kann ein Schiff feinfühlig manövriert werden - voraus und zurück, "Drehen auf dem Teller", Kursänderungen, Traversieren etc. Auch dieses automatische Steuerungssystem beaufschlagte alle vorhandenen Propulsions- und Kursänderungs-Einrichtungen wie Ruder und Bug- und Heckstrahlruder. Solche Joystick-Systeme sind aber nicht nur Yacht-spezifisch; sie finden auch auf anderen Fahrzeugen Anwendung.

5 Die 90er Jahre

Von der reinen Lehre her dürften die eben erwähnten Yachten erst im Zusammenhang mit den 90er Jahren erwähnt werden, denn sie sind erst nach 1990 abgeliefert und in Dienst gestellt worden - die Aufträge waren jedoch bereits Ende der 80er Jahre erteilt worden. In den vergangenen Jahren hat sich die Automation an Bord von Schiffen nicht mehr in dem Tempo entwickelt, wie dies in den 60er Jahren der Fall war. Das "Äußere" der Automation hat sich nicht mehr nennenswert erweitert, das "Innere" aber durchaus. Die Automations-Bestandteile sind zwar komplizierter, aber auch erheblich zuverlässiger geworden. Nur so ist es zu verstehen, daß heute

Schiffe mit einer Besatzung von ca. 15 Personen zur See fahren dürfen.

Ich erwähnte bereits, daß größere Reparaturen an der Automation oder deren Komponenten sowieso kaum noch von der Besatzung durchgeführt werden können. Außerdem wage ich die Behauptung, daß die Qualifikation der technischen Besatzungen heute nicht mehr so hoch zu bewerten ist, wie früher. Ich hörte kürzlich das Gerücht, daß für die leitenden Funktionen im Maschinenbetrieb nicht einmal mehr ein Ingenieurs-Patent erforderlich sein soll. Wenn dieses tatsächlich so ist, ist das meiner Ansicht nach zu bedauern!

Bereits 1980 wurde ein Riesenschritt zur Automatisierung der Navigation durch die Einführung des "Global Positioning Systems" "GPS " vollzogen. Dieses System erlaubt es auch absoluten Laien, auf einen Blick die Position des Schiffes mit einer Genauigkeit von ± 10 m von einem GPS-Empfänger abzulesen. Dieses Satelliten-System wurde vom amerikanischen Militär installiert und steht der Allgemeinheit zur Verfügung. Ein solcher GPS-Navigator kann von jedem gekauft werden; der Preis bewegt sich in absolut erschwinglichen Größenordnungen. Kompliziert wird es aber dann, wenn die Genauigkeit aufgrund internationaler Spannungen verstellt werden würde. Ein weiteres problematisches Datum soll der 22. August 1999 sein. Dann sind nämlich die 1.024 (2^{10}) Wochen seit der ersten Inbetriebnahme des GPS vergangen. Dieses Datum könnte kritischer sein als Silvester 1999!

6 Gegenwärtige Situation

Es gibt heute z.B. zentrale Überwachungssysteme für Dieselmotore DICARE/DIMOS bei MaK. Diese Systeme dienen der Erstellung von Motordiagnosen und der Terminüberwachung von Wartungsintervallen. Bei MAN nennen sich vergleichbare Systeme CoCos mit Untergruppen für Diagnose, Wartungsplanung und Reserveteil-Katalog und -Bestellung.

Es war früher üblich und absolut erforderlich, die an Bord vorhandenen Seekarten periodisch von Hand zu berichtigen, um immer auf dem letzten Stand zu sein. Heute sind Seekarten auf DC-ROM erhältlich, die jederzeit ausgetauscht werden können. Technisch ist es heute auch schon möglich, Seekarten über Satellit zu empfangen; man ist dann tatsächlich immer auf dem laufenden. Leider sind solche Systeme von behördlicher Seite noch nicht zugelassen.

Ich hatte vor noch gar nicht langer Zeit die Gelegenheit ein kurzes Gespräch mit einem pensionierten Käpitän zu führen. Dieser Kapitän mußte für eine kurze Reise einen anderen Kapitän vertreten; er übernahm das Schiff im englischen Kanal und programmierte den Rest der Reise nach Hamburg so, daß er zu einem bestimmten Zeitpunkt bei Elbe I sein wollte. Er kam dort auch pünktlich auf die Minute an. Ausweichmanöver wurden automatisch ausgeführt; theoretisch hätte er sich in die Koje legen können. Aber - wie gesagt - bitte nur theoretisch! Eine solche Automation ist selbstverständlich nur durch ein Zusammenspiel von Radar, Log, GPS, Rudersteuerung und automatischer Hauptmaschinensteuerung möglich.

Ich habe im Jahre 1971 vor der STG einen Vortrag in ähnlicher Sache gehalten; dieser hat damals ein durchaus zwiespältiges Echo gefunden. Ich hatte gewagt, u.a. zu behaupten, daß ein Großteil der inzwischen eingeführten Automationen auf reinem Umsatzdenken der Zulieferfirmen beruhte. Zu dieser Aussage stehe ich auch heute noch. Die Zeiten haben sich inzwischen geändert - heute ist es wohl kaum noch der Fall. Heute wird in den allermeisten Fällen nur noch das eingebaut, was sich rechnet! Damals rechnete sich eine Investition für Automation nicht so einfach, wie es heute ist. Bei einem zeitweise unbesetzten Maschinenraum konnten ein Ingenieur und zwei Mannschaftsdienstgrade eingespart werden. Die dann immer noch erforderliche Besatzungsstärke ist mit der heute unter bestimmten Voraussetzungen möglichen nicht vergleichbar.

Ich hatte damals auch die Meinung geäußert, daß z.B. eine pneumatische Fernsteuerung besser sei als eine elektrische oder gar elektronische, da eine Rohrleitung leichter zu übersehen und zu verstehen sei als eine elektrische oder elektronische Schaltung. Das mag damals richtig gewesen sein - heute sieht die Welt anders aus. Ich war damals der Meinung und Überzeugung, daß Automationskomponenten von der Bordbesatzung repariert werden können müssen. Eine solche Forderung kann heute nicht mehr aufrecht erhalten werden. Solche Elektronik-Spezialisten gibt es nicht an Bord von seegehenden Schiffen! Ohne Elektronik gibt es heute tatsächlich keine Automation. Jede Automation sollte aber immer noch so einfach wie möglich sein; der Satz "Make Things Simple" hat immer noch nichts an Wahrheitsgehalt verloren.

Ich hatte damals auch angeregt, mehr als bisher frei programmierbare Rechner im Schiffsbetrieb zu verwenden, um mit Hilfe dieser Geräte mehrere Aufgaben gleichzeitig zu erledigen. So etwas gehört heute zum Standard. Nur sollte ein solcher Rechner "Y2k"-fest sein! Man darf meiner Meinung nach auch heute noch Details in Frage stellen.

478

Warum ist es z.B. erforderlich, Prozessoren in Sensoren einzubauen? Wie kürzlich zu hören war, werden solche Sensoren eventuell "Y2k"-kritisch. Was "Y2K" bedeutet, wird gleich noch erklärt werden! Ein Sensor soll irgendeinem Regler etwas mitteilen - mehr wird von ihm nicht verlangt. Wie ich gehört habe, soll es inzwischen "Vielzweck-Sensoren" geben, die zeitabhängig mehrere Parameter abfragen. Dadurch soll bei Verwendung geeigneter Kabel Geld gespart werden.

Um der Automationstechnik gerecht zu werden, darf man heute jedoch nicht verkennen, daß durch immer komplexere Schiffssysteme, z.B. die eines modernen Kreuzfahrtschiffes, ohne eine umfangreiche Automationsanlage nichts mehr läuft. Systeme mit 10.000 bis 15.000 IO's sind heute keine Seltenheit mehr und erlauben es, den Sicherheitsstandard, der heute verlangt wird, zu gewährleisten. Automationsanlagen sind heute integrierte Systeme, die steuern, regeln, visualisieren und signalisieren. Sie sind nicht mehr wegzudenken und gehören inzwischen zum Stand der Technik.

Automation und nahe Verwandtes gibt es heute auch schon auf anderen nicht unbedingt sicherheitsrelevanten Gebieten. Uns wurde kürzlich ein System für den Einsatz auf Passagier- und Kreuzfahrt-Schiffen vorgestellt, das durchaus eine Zukunft haben kann. Ein solches System - in erster Linie für die Unterhaltung und den Service der Passagiere gedacht - vereint z.B. Video-on-Demand, Tele-Shopping, Music-on-Demand, Hotel Services etc. - um nur einige Möglichkeiten zu erwähnen. Solche Systeme müssen nicht notwendigerweise durch den Reeder selbst betrieben werden; es ist üblich, daß ein solches System in ähnlicher Weise "vermietet" wird, wie z.B. Spielautomaten oder die noch existierenden Duty-Free-Shops.

In das große Gebiet der Automation gehört meiner Ansicht nach auch das immer mehr an Bedeutung gewinnende Gebiet der Simulation. Ohne diese noch relativ junge Disziplin wäre eine wirtschaftliche und relativ risikolose Entwicklung der verschiedensten Vorhaben kaum möglich. Man denke nur an "SUSAN" am Institut für Schiffsbetrieb, Seeverkehr und Simulation ISSUS in Hamburg und das erst kürzlich eingeweihte Simulatoren-Zentrum in Flensburg.

Einige kurze Ausführungen noch zu "Y2k", eine typisch amerikanische und herrlich simple Abkürzung für die erwarteten Probleme zum Zeitpunkt der kommenden Jahrtausend-Wende. Während des Sprechtages der STG am 10. Februar dieses Jahres in Stade stellte sich heraus, daß keine sicherheitsrelevanten Probleme im Schiffsbetrieb zu erwarten

sind. Alle zunächst befürchteten derartigen Probleme können auch heute schon jederzeit auftreten. Andere - nicht sicherheits-relevante - Probleme können aber durchaus auftreten; sie können jedoch erkannt und in den Griff bekommen werden. Wenn man solche Probleme vorzeitig erkennt und beseitigen kann, ist es besser, als wenn man überrascht wird. Es ist nach wie vor absolut unüblich, auch bei der besten Automation z.B. bei Nebel oder im Revier die Brücke unbesetzt zu fahren. Fehler können immer auftreten, nicht nur zu Silvester 1999!

Ein Beispiel dafür mag folgende tatsächlich aufgetretene Episode sein. Auf einem Containerschiff fiel - aus welchen Gründen auch immer - der GPS-Empfänger aus. Dieser Ausfall wurde vom Kapitän bemerkt. Das Schiff sollte einem bestimmten Kurs folgen und ein Ziel zu einem bestimmten Zeitpunkt erreichen. Unmittelbar nach dem Ausfall des Empfängers gab es ein Hart-Ruder-Manöver, das Schiff fuhr genau nach Norden und nahm volle Fahrt auf! Durch Umschalten auf Handbetrieb war das Problem zunächst sofort beseitigt. Was für die Brücke gilt, sollte auch für die Maschine gelten. Auch die beste Automation kann heute den Menschen noch nicht vollständig ersetzen.

Ich bin mir absolut klar darüber, daß ich mit dieser Ansicht nicht allein dastehe, aber auf der anderen Seite manche ernst zu nehmende Leute existieren, die ganz anderer Überzeugung sind. Auch diese Überzeugungen sollen nicht auf die leichte Schulter genommen werden. Wer mit seiner Vermutung recht hat, werden wir in den ersten Tagen des neuen Jahrtausends wissen!

7 Ausblick in die Zukunft

In Nr. 3 der "HANSA" des Jahres 1998 schreibt Dr. Bertram über "Unbemannte Schiffe - Künstliche Intelligenz - Visionen rücken näher". Dr. Bertram geht davon aus, daß in gar nicht so sehr ferner Zukunft das besatzungslose Schiff Wirklichkeit geworden sein wird. Die Steuerung eines solchen Schiffes erfolgt dann entweder nach dem Landkapitän-, dem Captain-Computer- oder dem Master-Slave-Konzept. Solche Ideen oder Visionen können heute noch als reine Utopie angesehen werden; ich könnte mir aber durchaus vorstellen, daß sie schneller, als heute erwartet, realisiert werden, besonders dann, wenn man sich z.B. die Geschwindigkeit der Entwicklung im Laufe der 60er Jahre in die Erinnerung zurückruft.

Automation, Besetzung und sicherer Schiffsbetrieb

Automation, Manning and Safe Ship Operation

Dipl.-Ing. **Friedrich Wragge**, See-Berufsgenossenschaft, Hamburg

Summary. The decisive phase of mechanization in ship technology had already begun in the 19th century with the introduction of ship propulsion by engine. An increased rate of automation, both in the engine and the deck area, could be seen around 1960. Thanks to automatic control systems, many processes were simplified and also improved from the safety viewpoint. At the same time, there was a transition to technologies requiring less maintenance. With the increasing pace of automation, the actual operating of machinery became unnecessary, either completely or to a certain degree, for the various crew members. In addition, methods aimed specifically at reducing the workload were introduced. With a certain lag in time, these technical advances were accompanied by far-reaching reductions in personnel. The ongoing implementation of GMDSS systems by 1999 is currently doing away with the position of radio operator. A further reduction in manning levels in relation to the current situation will only be feasible if the ship's crew is well trained and highly motivated. Whatever the changes, safe ship operation must be guaranteed; this applies to the command of the ship, internal and external communications, cargo handling as well as the propulsion plants and auxiliary machinery.

1. Einführung

Die drei Themen Automation, Besetzung und sicherer Schiffsbetrieb sollen in Form eines geschichtlichen Abrisses zum 100jährigen Bestehen der Schiffbautechnischen Gesellschaft gegeben werden. Die beiden Teilbereiche Automation und Mensch haben ihre Berührungslinien in der Mensch-Maschine-Problematik, wenn Besetzung gleich Mensch und Automation gleich Technik bzw. Maschine gesetzt werden. Die Merkmale der Automation sind ihr Stand und die Entwicklung und die des Menschen die Intelligenz, das Gedächtnis, die Ausbildung und das soziale Umfeld.

Die Automation und die Besatzungsmitglieder der Schiffe stellen eine Einheit dar, die das autarke System Schiff sicher vom Hafen A zum Hafen B bringen muß. Diese Sicherheit umfaßt die Personensicherheit, d.h. die Sicherheit der Besatzungsmitglieder, und die Sicherheit des Schiffes. Bei einer Gefährdung der Schiffssicherheit ist die Sicherheit des einzelnen Besatzungsmitgliedes nicht mehr gewährleistet.

Die Abgrenzung der Automationsentwicklung von der allgemeinen Entwicklung der Technik ist nicht möglich. Diese Verknüpfungen und Beeinflussungen gilt es im folgenden ebenfalls aufzuzeigen. Was hat es mit den drei Faktoren der Automation, der Besetzung und dem sicheren Schiffsbetrieb auf sich, wie sind die Zusammenhänge und welche Entwicklungen sind im Laufe der Jahre eingetreten?

2. Automation

Die technischen und organisatorischen Entwicklungen in den letzten Jahrzehnten haben zu tiefgreifenden Veränderungen der Arbeitsbedingungen geführt. Dieser Prozeß gewinnt gegenwärtig, bedingt durch die Verbreitung der neuen Informations- und Kommunikationstechnologien und weiterer technischer Entwicklungen, an Geschwindigkeit. Die Dynamik dieses Vorganges beeinflußt den Arbeitsprozeß und führt einen Wandel in der gesundheitlichen Gesamtbelastung herbei, und zwar von der physischen zur psychischen Belastung [1].

2.1 Mechanisierung und Automation

Was versteht man nun unter Mechanisierung und dem weitergehenden Begriff der Automation? Der Mensch ist versucht, sich von dem Einsatz seiner körperlichen Kräfte zu befreien und sich die Gesetzmäßigkeiten der Natur dienstbar zu machen. Durch den Einsatz von Maschinen für spezielle Aufgaben, die durch Arbeitszerlegung erhalten werden, erreicht der Mensch eine Erleichterung seiner Arbeit. Unter Mechanisierung soll nun der Vorgang verstanden werden, bei dem sich wiederholende Arbeitsvorgänge von Maschinen ausgeführt werden. Unter Automation wird im allgemeinen ein besonders hoher Grad der Mechanisierung verstanden. Die Automation dient nicht nur zur Krafterzeugung, sondern auch Probleme der Beobachtung, Kontrolle und Steuerung, Pflege, Instandhaltung und Reparatur technischer Einrichtungen können hiermit gelöst werden [2].

Professor Wangerin definiert die Automation wie folgt: "Automation ist ein Vorgang, bei dem mehrere Steuerketten oder Regelkreise zu einer Einheit verbunden und logisch untereinander verknüpft sind" und „Automation ist eine Technik, die selbständig einen umfangreichen Prozeß nach vorgegebenem Programm regelt und überwacht" [3].

2.2 Beginn der Automation

Ein kontinuierlicher Produktionsprozeß war die günstigste Voraussetzung für die Automation. So war der Ingenieur schon von jeher bestrebt, die Mechanisierung und Automation auf die Fertigung anzuwenden. In den 50er Jahren ging die Automation auch auf andere Gebiete über. Begonnen hatte dieser Prozeß beim Übergang von handgesteuerten zu automatisch gesteuerten Maschinen und Anlagen. So läßt sich für Seeschiffe eine vergleichbare Entwicklung feststellen.

Wie hat die Automation in der Schiffahrt nun begonnen? Während einer Fachtagung im Jahre 1957 trug Prof. Pestel Gedanken über die Automation der Schiffsbetriebstechnik vor. Technische Arbeitsgruppen und Firmen erarbeiteten Anfang der 60er Jahre die Grundlagen der Teilautomation im Maschinenbereich und setzten sie mit der Inbetriebnahme der automatischen Fernsteuerung auf „Christopher Oldendorff" 1963 erstmals in die Praxis um [4].

Anfang der 60er Jahre tritt damit die Entwicklung der Schiffsautomation in ihre entscheidende Phase. 1964 wurde diesem Thema vor der Schiffbautechnischen Gesellschaft vermehrte Aufmerksamkeit gewidmet. Es wurden die Teilgebiete „Meßtechnik und Datenverarbeitung", „Automation der Energieversorgung und der Hilfsanlagen an Bord von Schiffen" und „Automation der Hauptantriebsanlagen von Schiffen" besonders betrachtet. Auf der Jahresversammlung der STG, beim „Tag des Schiffsingenieurs", Flensburg, und auf einer Informationstagung wurde dieses Thema in den Jahren 1963 und 1964 in zahlreichen Vorträgen behandelt. Auch aus der Fülle der Literatur aus dem Jahre 1964 ist zu ersehen, daß zu dieser Zeit die Entwicklung der Schiffsautomation von großer Bedeutung war. Kritische Stimmen waren in der Anfangszeit des Einsatzes der Elektronikanlagen zu hören, da sie zu sogenannten Frühausfällen neigten, die meist während der Werksprüfung und der Inbetriebnahme an Bord auftraten.

2.3 Günstige Voraussetzungen für den Start der Schiffsautomation

Zur Einführung der Automation bedurfte es jedoch verschiedener technischer Weiterentwicklungen. Die Verlagerung der Steuerungs- und Regelungsprobleme aus den Maschinen heraus und externe Steuer- und Regelgeräte mit möglichst kontaktlosem Aufbau waren wichtige Voraussetzungen für die Erhöhung der Zuverlässigkeit. Die bewegten Kontakte waren als größter Unsicherheitsfaktor für die Betriebssicherheit elektrischer Anlagen bekannt. Zu Beginn der 60er Jahre wurden die ersten elektronischen Anlagen in der Praxis in anderen Wirtschaftsbereichen erprobt. Dies war ein starker Zuverlässigkeitsgewinn. Die neue Technologie setzte sich dadurch innerhalb weniger Jahre in den elektronischen Steuer- und Regelanlagen auf der Basis der Germanium-Halbleiter in allen Bereichen der Technik durch. Später wurde auf Silizium-Halbleiter umgestellt, um den Umgebungstemperaturen im Maschinenraum Rechnung zu tragen. Alarm- und Überwachungseinrichtungen an zentraler Stelle mit laufender Überprüfung der Meßwerte auf Betriebsbereitschaft und ihrer richtigen Zuordnung zueinander erhöhten weiterhin die Zuverlässigkeit. Überwacht wurden z.B. Schmieröl, Brennstoff, Kühlwasser, Ladeluft, Abgas, Drehzahl usw..

2.4 Erste Konzepte

Für die Wirtschaftlichkeit einer Schiffsanlage war die Sicherheit der Hauptmotorenanlage von entscheidender Bedeutung, wenn man an die hohen Kosten denkt, die beim Ausfall durch Liegezeiten hervorgerufen werden. Ferner war die Einhaltung optimaler Betriebsverhältnisse bedeutungsvoll. Die einfache und leichte Kontrolle des Zustandes der Motorenanlage war hierbei wichtig. Geeignete Überwachungseinrichtungen, wie sie seitens der Automation vorgesehen sind, kamen diesen Forderungen weitgehend entgegen. Sie steigerten die Betriebssicherheit, entlasteten das Personal und verlängerten die Perioden zwischen den regelmäßigen Überholungen.

Die Fernbedienung des Hauptmotors und die Überwachung von Haupt- und Hilfsdieselmotoren erfolgten nach diesem neuen Konzept der Automation von einem zentralen Maschinenkontrollraum aus. Ferner waren Einrichtungen für das Anlassen, Einschalten und Parallelschalten der Hilfsdiesel vorgesehen, wobei sich auch die Schalttafeln im Kontrollraum befanden. Weiterhin war die Fernbedienung der gesamten Hilfsmaschinen, einschließlich deren Überwachung, in diesem Bereich angeordnet. Ferner war die selbsttätige Durchführung der Manöver nach einem eigenen Programmablauf wie Anlassen, Umstellen und Einstellen der einzelnen Fahrtstufen zusätzliche Voraussetzung. Darüber hinaus wurde die Automation aller Hilfs- und Nebenantriebe in Angriff genommen. Dazu gehörten die automatischen Regelungen von Kühlwasser, Schweröl, Schmieröl, die automatische Brennstoff-Separierung. Ferner wurde die automatische Umschaltung der Brennstoff-, Setz- und Tagestanks, die selbsttätige Einschaltung der Kompressorenanlagen für die Anlaßluft eingeführt. Alle diese automatischen Vorgänge sind heute selbstverständlich. Das Programm der Automatik für den Hauptmotor mußte beim Fahren der Manöver sicherstellen, daß alle automatischen Abläufe in Übereinstimmung mit den jeweiligen Betriebsverhältnissen sicher und in richtiger Reihenfolge abliefen. Als weiteres Beispiel wurde auch noch die Verwendung selbstreinigender Filter im Schmierölkreislauf genannt [5].

2.5 Erste Bewährungen in den Siebzigern

Berichte von guter Bewährung der Automationseinrichtungen der Kühlschiffe „Nienburg" und „Minden" wurden in der HANSA veröffentlicht. Bereits beim ersten Auslaufen wurden schwierige Schleusenmanöver mit der Fernsteuerautomatik gefahren, und auch die ausländischen Lotsen hatten z.B. bei der Panama-Kanaldurchfahrt keine Bedenken gegen die Verwendung der Automatik. Diese Feststellungen zeigen, wie intensiv die Zuverlässigkeit dieser Anlagen begutachtet wurde. Im STG-Jahrbuch von 1970 spiegelt sich wieder, daß die Schiffsautomation mittlerweile zu einem selbstverständlichen Ausrüstungsgegenstand auf den Schiffen geworden ist, da erstmalig seit 1962 kein derartiger Beitrag mehr verzeichnet wird. Zu diesem Zeitpunkt wird in einer Diskussion die Bemerkung gemacht „Ich bin der Ansicht, daß es heute schwer, wenn nicht gar unmöglich ist, Maschinenpersonal für die Seefahrt zu begeistern, wenn die Maschinenanlagen nicht automatisiert werden. Dieses muß geschehen, damit die Seefahrt überhaupt möglich bleibt." Diese Äußerung kommt z.Z. den Experten, die sich jetzt mit den neuesten Techniken beschäftigen, wieder sehr bekannt vor, da die PC-Technik schon als selbstverständliche Technik angesehen wird, die bei allen Routinevorgängen zur Anwendung kommen muß [6].

2.6 Betrachtung der Wirtschaftlichkeit aus den Anfängen der Schiffsautomation

Automation sollte immer mit der Rationalisierung des Gesamtobjektes gekoppelt werden. Nicht nur Konstruktionsüberlegungen, sondern auch Rationalisierungen in der Schiffs- und Maschineninstandhaltung dienen der Wirtschaftlichkeit. Die Automation sollte als Hauptziel die unmittelbare und mittelbare Kostensenkung haben. Zu den unmittelbaren gehören die Baukosten, Betriebskosten, Erhaltungs- und Reparaturkosten, zu den mittelbaren die verbesserte Schiffssicherheit, größere Betriebszuverlässigkeit, bessere Raumausnutzung, die Minderung der Reservehaltung. Es wird schon zu Beginn dieser Entwicklung, d.h. im Jahre 1964, festgestellt, daß bei Einsatz der Automation das Wachpersonal verringert und anteilig mehr Perso-

nal im Tagesdienst zur Durchführung von Instandhaltung und Reparaturen eingesetzt werden kann. Diese Aussage hat sich im Laufe der weiteren Jahre voll bestätigt [7].

Über die Möglichkeiten und Grenzen der Automatisierung wurde schon bald festgestellt, daß jede Automatisierung am Maßstab der Wirtschaftlichkeit gemessen werden muß. Eine Untersuchung der Wirtschaftlichkeit wurde als Diplomarbeit im Jahre 1964 durchgeführt. Die Kostenermittlung von handgesteuerten und automatisch gesteuerten Anlagen wurde für drei Massengutfrachter von 35.000, 50.000 und 70.000 t Ladefähigkeit mit Geschwindigkeiten von 14 bzw. 16 bzw. 18 Knoten durchgeführt. Sie umfaßt Personalkosten, kalkulatorische Abschreibung, kalkulatorische Zinsen, Überholungs- und Reparaturkosten, Wartungskosten, Kosten für Hilfsstoffe, Energiekosten, Kosten für Versicherung, Raumkosten, Unterbringungskosten und Umlagekosten. Den Berechnungen wurde ein vereinfachtes Kalkulationsschema zugrunde gelegt. Die Reduzierung der Kosten für das Maschinenpersonal hatte einen entscheidenden Einfluß. Die Maschinenbesatzung wurde im rechnerischen Ansatz von 20 Mann auf 11 (35.000 t und 14 kn) und von 29 (70.000 t und 18 kn) auf 16 reduziert. Hierbei wurden eine schwere Maschinenreparatur und wachfreier Maschinenbetrieb während der Nachtzeit angesetzt. Im Ergebnis ergab sich eine Kostenreduzierung von 2 - 3 %. Abschließend wird in der Zusammenfassung festgehalten: „Wenn sich der Reeder überzeugt hat, daß die Anlage einwandfrei arbeitet und außerdem der Schiffsbetrieb wirtschaftlicher gestaltet wird, wird er sicher dieser Entwicklung die notwendige Starthilfe geben, indem er Aufträge mit automatisch gesteuerten Anlagen erteilt." Der damalige Ansatz zur Besatzungsreduzierung in dieser Stärke ist aus der späteren Entwicklung der Besetzung unter Berücksichtigung der Automation durchaus realistisch gewesen [8].

2.7 Entwicklung der Alarmsysteme

Große Aufmerksamkeit wurde der Weiterentwicklung von Alarmsystemen gewidmet, da sie für die zuverlässige Überwachung der Maschinenanlage und des Maschinenraumes während der wachfreien Zeit entscheidend waren. In den achtziger Jahren wurden frei parametrierbare dezentrale Überwachungssysteme eingeführt. Alle schiffsspezifischen Daten für eine bestimmte Anlage, die sogenannte „Meßstellenliste", können durch die Werft vor oder während der Inbetriebnahme über eine Tastatur eingegeben werden. Durch die Verwendung von drei Mikroprozessoren wird die Arbeitsgeschwindigkeit und die Zuverlässigkeit der Speicher und der Meßstellen mittels Testprogramm erhöht [9].

Durch die Unfallverhütungsvorschriften der See-Berufsgenossenschaft wurden Lichtrufsäulen mit Symbolen für einzelne Alarmgruppen und für die Kommunikation wie z.B. Generalalarm, Feueralarm, Allgemeiner Maschinenalarm, Telefon usw. eingeführt. Dadurch ist der wachhabende Ingenieur im gesamten Maschinenraum über die Art des Alarms informiert. Die Einführung dieses Systems erfolgte international im Jahre 1993 mit dem IMO-Alarmcode.

Es gibt eine große Anzahl von Alarmen, wobei auf den Ölnebeldetektor beispielhaft eingegangen werden soll. Er soll zur Vermeidung von schweren Heißlaufschäden in Lagern den Ölnebel bei Schmierölmangel detektieren. Der im Anfangsstadium der Überhitzung eines Maschinenteiles entstehende Ölnebel löst bei höherer Konzentration die gefürchtete Maschinenraumexplosion aus. Durch viele Fehlalarme war das Vertrauen in dieses einfache und effiziente Triebraumüberwachungssystem stark in Frage gestellt worden. Durch einen wartungsfreien Öldektorenbetrieb wurde die Zuverlässigkeit wesentlich erhöht. Es traten keine Fehlalarme mehr auf, so daß ein Ansprechen des Öldetektors nur in einem echten Heißlauffall zu verzeichnen war. Die schnelle Störungsbeseitigung am Öldetektorsystem war durch eine Modularbauweise mit Steckverbindungen sichergestellt [10].

2.8 Erfahrungsbericht einer Reederei

In einem Vortrag auf der Schiffssicherheitstagung in Flensburg im Jahre 1984 wurde zur Automation der elektrischen Einrichtungen in der Praxis aus Sicht einer Reederei vorgetragen, d.h. 20 Jahre nach dem Startjahr 1964. Auch in diesem Vortrag wurde als Maßstab die Bedeutung der Wirtschaftlichkeit betont. Der zusätzliche Investitionsaufwand muß durch eine Personalreduzierung ausgeglichen werden. Allerdings wurde auch dargestellt, daß eine schlechtfunktionierende Automationstechnik mit hohem Wartungsaufwand zu keinem betriebswirtschaftlich günstigen Ergebnis führen kann. Der Verfasser stellte fest, daß sich die Arbeitsbedingungen aufgrund der Automation und Überwachung wesentlich verbessert haben. Die Reederei hatte eine hohe Zuverlässigkeit ihrer Anlagen festgestellt, was sich auch in den Instandhaltungskosten niederschlage. Zur Erhöhung der Sicherheit im Falle von Ausfällen und von Reparaturen auf See wurde damals gefordert [11]:

- Ausbildung und Weiterbildung an Trainingssimulatoren;
- Minimierung der Zeit für die Fehlersuche durch technische Einrichtungen;
- Konstruktive Verbesserung störanfällige Teile;
- Weiterentwicklung zuverlässiger Geräte zur Früherkennung von Schäden;
- Vorhaltung einer gewissen Anzahl von Ersatzteilen für Ausfälle auf See.

Diese Grundsätze gelten auch heute noch, zum Teil sind sie schon in die Praxis umgesetzt worden.

2.9 Neuere Entwicklungen in der Schiffsautomation

Die in den letzten 35 Jahren erfolgte fortschreitende Automation hat entscheidende Veränderungen im Schiffsbetrieb und in der Belastung der Besatzungsmitglieder nach sich gezogen. Sie hat in den letzten Jahren auch das Schiffsmanagement mit eingeschlossen. Hierbei entscheidet ein wirksames Schiffsmanagement mehr denn je über die Leistungsfähigkeit des Schiffsbetriebes. Zu ihren wichtigsten Aufgaben gehört die schnelle Bereitstellung von Informationen für Schiffsführungs-, Planungs- und Organisationsaufgaben. Durch den Einsatz von Informations- und Kommunikationssystemen ist es gelungen, einen schnellen Informationsfluß und die Erleichterung der Routinearbeiten zu erreichen. Der Einsatz von modernen vernetzten Computersystemen stellt dieses sicher. Ein über ein lokales Netzwerk dezentral aufgebautes Mehrbenutzer-System besteht aus dem Hauptrechner und aus Terminals. Die Terminals können ebenso lokal als Standard-PCs betrieben werden. Die Drucker sind für den Betrieb an den Terminals wie auch an den Hauptrechnern vorgesehen. Das Netzwerk stellt die Verbindung zwischen den Hauptrechnern, den Terminals und dem Leitsystem her. Die Übertragungsrate beträgt 1 MBit/Sekunde, wobei diese Rate weiter erhöht werden wird. Durch den SATCOM-Anschluß erfolgt über das Modem der Kommunikationsanschluß des Systems nach außen. Im Bereich der Wartung und Instandhaltung wird die Ersatzteilbestellung durch dieses PC-System sichergestellt, wobei zusätzlich Personal-, Betriebsmittel- und Materialplanung, Lagerverwaltung, Bestellaufträge sowie die mit dieser Aufgabe zusammenhängenden Daten verwaltet werden. Ein wesentlicher Vorteil dieser Systeme ist die zusätzliche zustandsorientierte Instandhaltung, die Trend- und Diagnosesysteme umfaßt. Dies trägt zu einer höheren Sicherheit für die maschinentechnische Anlage bei [12].

2.10 Dezentrale Automationssysteme mit schnellen Feldbussystemen

Moderne Schiffe sind mit integrierten Automationssystemen ausgerüstet. Hier bedeutet Integration, daß die verschiedenen Funktionen im Bereich des Schiffsbetriebs in einem schiffstechnischen Leitsystem zusammengefaßt werden. Dadurch wird der Einsatz eines zuverlässigen und leistungsstarken Feldbusses erforderlich, der - über das gesamte Schiff verteilt - die Erfassung von Daten und die Verteilung von Steuerbefehlen gewährleistet. Ein Bussystem ist ein Leitungssystem in einem Mikrocomputer zur parallelen Übertragung von Daten zwischen einzelnen Systemkomponenten. Ein Bus ist ein Leitungssystem zur Informationsübertragung zwischen mehreren Geräten oder zwischen den einzelnen Baugruppen eines Systems. Je nach Art der zu übertragenden Informationen wird ein Bus geteilt in Adress-, Daten- und Steuerbus. Mit der Entwicklung billiger und leistungsstarker Mikrosteuereinheiten wurden festzugeordnete Kommunikations-Controller verfügbar, wodurch eine echte Leitungsbusstruktur in der Praxis möglich wurde. Heute werden ausschließlich Leitungsbussysteme für die Kommunikation im gesamten System eingesetzt, wobei die meisten Systeme über einen redundanten Kommunikationsweg verfügen [13].

2.11 Baumusterprüfungen und Ausfalleffektanalysen

Mitte der 60er Jahre wurde aufgrund der Erfahrungen, insbesondere bei der Indienststellung der Schiffe, erkannt, daß die positive Entwicklung der Automation eng mit der Zuverlässigkeit der Bauteile verknüpft war. Alle Frühausfälle und Ausfälle nach zu kurzer Betriebszeit waren ein erhebliches Manko für die Durchführung eines wachfreien Betriebes im Maschinenraum. Die Meßwertaufnehmer waren im Bereich von Maschinen mit starken Vibrationen und hohen Oberflächentemperaturen angeordnet und stellten damals die Gruppe der unzuverlässigsten Bauteile dar. Die Klassifikationsgesellschaften führten daher die Baumusterprüfungen von Meßwertaufnehmern ein, die Beanspruchunsprüfungen darstellten und auf die realistischen Bedingungen weitestgehend abstellten.

Durch Baumusterprüfungen werden inzwischen maschinenbauliche Anlagenteile und Geräte, elektrische oder elektronische Betriebsmittel, Rechner und Rechnersysteme, elektrische Maschinen, Druckbehälter und Wärmetauscher sowie Navigationsgeräte und -systeme geprüft. Die Baumusterprüfungen umfassen den Nachweis der Tauglichkeit bei definierten klimatischen, mechanischen und elektrischen Bedingungen.

Rechner und Rechnersysteme werden zusätzlichen Prüfungen unterzogen. Hierzu werden sie in Anforderungsklassen auf der Basis einer Risikobetrachtung eingestuft. Eine wichtige Prüfung ist die Analyse der Software. Bei der Analyse wird die aktuelle Programmstruktur untersucht und die Einhaltung der Programmrichtlinien überprüft. Bei einem White Box Test erfolgt die Fehlersuche in dem jeweiligen Programm oder Programmteil. Bei der höchsten Anforderungsklasse wird eine Ausfalleffektanalyse (Failure mode and effects analysis FMEA), auch Systemanalyse genannt, durchgeführt. Sie stellt ein Verfahren zur Untersuchung aller Komponenten eines Systems und deren Auswirkungen auf das System dar. Sogenannte „Flaschenhälse" können dadurch besser erkannt werden [14].

2.12 Simulatoren

Die sehr komplexen Maschinenanlagen erfordern gut ausgebildetes Maschinenpersonal, wenn Störungen in den Anlagen auftreten. Daher kommt der Ausbildung der technischen Offiziere eine besondere Bedeutung zu, um bei auftretenden Störungen sofort die geeigneten Maßnahmen zu treffen. Hierbei ist die Schulung an Simulatoren für betriebstechnische Anlagen nicht nur zu begrüßen sondern erforderlich. Diese Schulung sollten auch technische Offiziere, die noch keine Ausbildung an Simulatoren erhalten haben, durchlaufen. Eines steht fest: Die notwendigen Übungen können nicht während des normalen Betriebes erfolgen. Wichtig sind Anweisungen an das Bordpersonal durch Hinweisschilder oder Darstellungen auf dem PC, welche Maßnahmen bei Ausfall von Steuerungssystemen zu treffen sind, wie es sie für die Ruderanlage bereits gibt.

Hochmoderne Radar- und Maschinenraum-Simulatoren entsprechen den standardisierten internationalen Ausbildungsanforderungen für nautische und technische Schiffsoffiziere nach STCW und auch den höchsten didaktischen Anforderungen. In den Jahren 1998 und 1999 sind zwei weitere Simulatoren in Rostock und Flensburg in Betrieb gegangen. Mit den Simulatoren kann sicherheitsrelevantes Verhalten an Bord erheblich praxisnäher trainiert werden. Die Studierenden proben einzelne Situationen aus dem nautischen und technischen Bereich, um nach und nach die Gesamtheit aller Systeme eines Schiffes zu erfassen und reibungslos zu beherrschen. Sie müssen sofort und übergangslos in der Lage sein, alle bordeigenen Systeme in Gebrauch zu nehmen - ein hoher Anspruch, dem nur durch eine fundierte Ausbildung, wie sie an den Fachhochschulen geboten wird, entsprochen werden kann.

Im Maschinenraum-Simulator können exakte Nachbildungen aller gängigen Schiffstypen nachgestellt werden, um beispielsweise Unfallverläufe nachzustellen und somit wertvolle Hinweise zur Aufklärung geben zu können. Der Simulator für Schiffshauptmaschinen und Hilfssysteme für Schmieröl, Druckluftversorgung, Ballastwasser, Bilgewasser usw. erfüllt alle Anforderungen an ein modernes Simulatortraining. Simuliert werden unter anderem auch Ladungs- und Proviantkühlsysteme, Ver- und Entsorgungsanlagen und Klimatisierungseinheiten. Für die Flensburger Fachhochschule stehen zwei „simulierte" Motortypen zur Verfügung.

Der Instruktor verfügt über eine Bibliothek von mehr als 300 Störungen und Fehlfunktionen für den Hauptmotor, die Versorgungs- und Subsysteme sowie die Stromversorgungssysteme. Er kann diese Fehler jederzeit auslösen und den Lernenden damit vor neue Aufgaben stellen. Stress-Situationen lassen sich durch das Auslösen von mehreren Störungen gleichzeitig erzeugen[15].

3. Besetzung

3.1 Allgemeine Entwicklung der Besatzungsvorschriften

In früheren Jahrhunderten war der Seemann auf die in langen Jahren der Praxis erworbenen Erfahrungen angewiesen. Er gab die von den Vorgängern so erworbenen Kenntnisse an seine Nachfolger weiter. Erst in der Mitte des 18. Jahrhunderts erfolgte eine gezielte Ausbildung, so in Hamburg seit 1749. Die Gewerbeordnung enthielt seit 1869 die Vorschrift, daß Kapitäne und Seesteuerleute eines staatlichen Befähigungszeugnisses, eines „Patents", bedürfen. Im Jahre 1879 wurden diese Vorschriften um die für Seemaschinisten erweitert, als das Dampfschiff das Segelschiff zu verdrängen begann. Es folgten dann die Verordnungen über die Besetzung von 1925, 1931, 1970, 1984 und 1998. Die Besetzungsverordnungen von 1925, 1931 und 1970 regelten nur die Besetzung mit Kapitänen und Schiffsoffizieren, während die Bemannungs-Richtlinien bzw. -Vorschriften die Bemannung mit Schiffsleuten festlegten.

3.2 Entwicklung der Besatzungsvorschriften unter Berücksichtigung der Automation

Der Zeitraum seit 1964, dem Beginn der Entwicklung zur Automation, soll näher betrachtet werden, und zwar ausschließlich die Besetzung der Maschinenanlage. Bereits die „Verordnung über die Mindestbesetzung von Seeschiffen mit Kapitänen und Schiffsoffizieren des nautischen und maschinentechnischen Schiffsdienstes sowie deren Ausbildung, Befähigung" (Schiffsbesetzungs- und Ausbildungsverordnung) vom 19. August 1970 läßt

eine abweichende Besetzung gemäß § 13 „Besetzung in besonderen Fällen" zu. Der Absatz 1 lautet auszugsweise: „Der Bundesminister für Verkehr kann eine von den §§ 9 - 11 abweichende Besetzung zulassen, 1. Bei Schiffen mit automatisierten oder teilautomatisierten Anlagen, wenn nach einem Gutachten des Germanischen Lloyd das Vorliegen und die Funktionsfähigkeit der technischen Voraussetzungen dazu endgültig bestätigt werden; bei Schiffen, die nicht vom Germanischen Lloyd klassifiziert werden, tritt an die Stelle seines Gutachtens das der See-Berufsgenossenschaft, ...".

Der Kommentar zu der Ziffer 1 des Absatzes 1 lautet wie folgt: „Die Automation findet mehr und mehr Eingang in den Betrieb der Seeschiffahrt. Ihr Umfang ist verschieden - auf größeren Schiffen im allgemeinen weitergehender als auf kleinen. Nr. 1 spricht von „Automation" und „Teilautomation", deren Vorhandensein nach dem Ermessen des BMV je nach ihrem Grad zu unterschiedlich weitgehenden Regelungen führen kann. Sonderregelungen, die sich auf die hohe Zahl oder die Qualität der Befähigungszeugnisse beziehen, hängen in einem hohen Maße davon ab, ob die Anlage die Aufgabe oder eine Einschränkung des Wachdienstes ermöglicht. Solange das nicht der Fall ist, wird eine Verminderung der Zahl der Schiffsoffiziere kaum möglich sein. Da der Fortfall oder die Einschränkung des Wachdienstes Voraussetzung der Erleichterung ist, kann eine Sonderregelung nur in Frage kommen, wenn die technischen Voraussetzungen nicht nur vorliegen, sondern auch genutzt werden. Wird also trotz Genehmigung des wachfreien Betriebs überwiegend tatsächlich Wache gegangen, muß das Schiff voll nach den Vorschriften der Verordnung besetzt werden. Anlagen, die den Wachdienst nicht einschränken aber arbeitssparend sind, werden sich in der Regel nicht bei den Schiffsoffizieren, wohl aber bei der Zahl der Schiffsleute auswirken und haben das in der Vergangenheit auch bereits getan." Weiter heißt es in den Kommentaren zu diesen Paragraphen „Voraussetzung einer Sonderregelung sind Vorliegen und Funktionsfähigkeit ausreichender technischer Anlagen. Dazu hat der Germanische Lloyd Richtlinien ausgearbeitet und erteilt bei Vorliegen der Voraussetzung Zusätze zum Klassenzeichen des Schiffes." Weiter heißt es: „Die erste Prüfung erfolgt bei der Indienststellung des Schiffes, eine zweite nach einer Karenzzeit, in der sich die Anlage - nicht nur der Automations-, sondern auch der konventionellen Teile der Anlage - bewähren soll. Erst nach Ablauf dieser Zeit, die gegenwärtig in der Regel noch sechs Monate beträgt, wird der erwähnte Zusatz zum Klassenzeichen endgültig bestätigt."

[16].

Diese Kommentare geben in recht knapper Form die damalige Situation wieder. Die Entwicklung zur Automation wird auch vom Gesetzgeber positiv gesehen, jedoch wird die Abweichung von der Aufgabe bzw. Einschränkung des Wachdienstes abhängig gemacht. Es wird im letzten Satz zum Ausruck gebracht, daß auch wenn keine Reduzierung bei den technischen Offizieren möglich sei, dies sich auf die Zahl der Schiffsleute auswirken könne; dies hat sich auch später bestätigt. Auch in späteren Jahren wird die Automationsanlage regelmäßig überprüft.

In den letzten Jahren wird nun eine erweiterte Erprobung der Gesamtanlage bei Schiffsneubauten durchgeführt. Bei der ersten Ausreise des Schiffes wird bei Anwesenheit des Besichtigers bei verschlossenem Maschinenraum die Zuverlässigkeit der Anlage geprüft, wobei keine Alarme über den Beobachtungszeitraum auflaufen dürfen. Auch heute besteht noch eine gewisse Skepsis, Schiffe nach der Indienststellung mit der endgültigen Maschinenbesatzung in Fahrt gehen zu lassen.

3.3 Flensburger Studie

Der Bundesminister für Verkehr erteilte im März 1972 der Forschungsstelle für Schiffsbetriebsforschung in Flensburg den Auftrag, Kriterien für eine funktionsgerechte Besetzung deutscher Seeschiffe zu erarbeiten. Mit dieser Studie sollten die neuesten technischen, arbeitswissenschaftlichen, arbeitsmedizinischen und sozialpsychologischen Erkenntnisse für eine Überarbeitung der gesetzlichen Vorschriften zur Besetzung von Seeschiffen ermittelt werden. Der sehr umfangreiche Untersuchungsbericht bestand aus einem zusammenfassenden Bericht, ferner aus acht Bänden und vier Materialbänden. Die Schiffsbesatzung wurde in dieser Studie als ein Mensch-Maschine-System aufgefaßt und der Mensch als Bestandteil dieses Systems dargestellt, der steuernd oder regelnd in den Wirkungsmechanismus eingreift. Bei komplexen Systemen, wie z.B. der Tätigkeit der Besatzung auf einem Schiff, empfiehlt sich die Anwendung eines hypothetischen Systems zur vereinfachten Darstellung von Wirkungsmechanismen. Mit den gewonnenen Daten erfolgt eine Überprüfung des hypothetischen Systems und der mathematischen Beziehungen. Veränderungen am Modell werden so lange vorgenommen, bis eine hinreichende Übereinstimmung mit der Realität hinsichtlich der Besatzungsstruktur hergestellt ist. Es werden Arbeitsvorgänge analysiert, die mit der Antriebsanlage, den Hilfsmaschinen, den Steuerungen und Regelungen, den Informationssystemen, dem Ladebetrieb, der Instand-

haltungstechnik und dem Festmachen zusammenhängen. Zur Steuerung und Regelung und den Informationssystemen gehören Fernüberwachung, Navigation, Manövrieren, Maschinen-Überwachung, Ladebetrieb, Decksmaschinen, Nachrichtenübermittlung, Sicherheitseinrichtungen, Informationen und die Auswertung.

Folgende Kriterien haben Einfluß auf die Besetzung der Seeschiffe: Schiffstyp, Einsatzgebiet des Schiffes, Betriebszustände, Arbeitsvorgänge, Belastungen und Anforderungen an die Besatzungsmitglieder, Arbeitszeit, Gleichzeitigkeit der Arbeitsvorgänge, Qualifikation und Anzahl der Besatzungsmitglieder. Der Schiffsbetrieb unterteilt sich wieder in An- und Ablegen, Revierfahrt und Fahrt durch Kanäle, Fahrt in engen Gewässern, Fahrt in stark befahrenen Gewässern, Fahrt über freie See unter normalen Verhältnissen, Fahrt über freie See unter erschwerten Verhältnissen, Ankermanöver und Liegen vor Anker. Bei der Qualität der Tätigkeiten wird unterschieden zwischen ungelernten, angelernten Tätigkeiten, gelernten Tätigkeiten vorwiegend manueller Art, gelernten Tätigkeiten vorwiegend geistiger Art und geistig-planerischen Tätigkeiten. Neben den normalen Arbeitsvorgängen ist auch der Arbeitsanfall durch Ausnahme- und Notsituationen zu berücksichtigen. Ferner müssen noch Reserven für Krankheit und Unfall der Besatzungsmitglieder berücksichtigt werden. Als Grundkriterien für die Besatzungsstruktur sind die Transportaufgaben des Schiffes, die Verkehrssicherheit, die Umweltverträglichkeit und der Arbeitsschutz zu sehen. Zu dem besonderen Thema Automation und Besetzung wird auf Seite 84 der Untersuchung festgestellt: „In den Simulationsrechnungen stellt der hohe Automationsgrad den Regelfall dar. Zu Vergleichszwecken wurden jedoch zwei Varianten ohne Automation durchgerechnet. Hieraus läßt sich ableiten, wie stark die Automation auf die Verringerung der Besatzung einwirkt. Da auch noch aus dem Teilprojekt Schiffssicherheit eine geringe Unfallhäufigkeit für automatisierte Schiffe erkennbar ist, wird hierdurch die derzeit praktizierte Zulassung von verminderter Besetzung für automatisierte Schiffe bestätigt."

Die abschließenden Empfehlungen der Studie für die Festlegung von Besatzungsstrukturen lassen sich wie folgt zusammenfassen: Für die Festlegung der Besatzungsstrukturen sollte als Grundlage gewählt werden: Schiffstyp, eine relevante Schiffsgröße, zwei Einsatzgebiete, und zwar Küstenfahrt und Große Fahrt (weltweite Fahrt), eine weitgehende Integration in der Ausbildung, die Regelung der täglichen Arbeitszeit. Um zu kleinen Besatzungsstärken und zur gleichmäßigen Auslastung der einzelnen Besatzungsmitglieder zu kommen, wurde der Weg zum Schiffsmechaniker, Schiffsbetriebsmeister und Schiffsbetriebsoffizier gewählt. Die für die Erhaltung der Schiffsverkehrssicherheit als notwendig angesehenen Arbeitsvorgänge und das automatisierte Schiff wurden als Regelfall angesetzt [17].

3.4 Schiffsbesetzungsverordnungen von 1984 und 1998

Die Schiffsbesetzungsverordnung von 1984 regelte die Besetzung mit Kapitänen, Schiffsoffizieren und Schiffsleuten des Decks- und Maschinendienstes. Es sind Regelbesatzungen in Tabellenform in Abhängigkeit von den Fahrtgebieten, sowie BRZ oder BRT, kW, kVA, usw. für Schiffe aller Größen festgelegt. Die Regelbesatzung für die Maschine ist aus den Tabellen abzulesen, und zwar unterteilt nach Schiffen, die konventionell (konv.) gefahren werden, und Schiffen, die das Klassenzusatzzeichen für den unbesetzten Maschinenraum (Aut) haben. Für Schiffe mit einer Bruttoraumzahl von 8000 und mehr in den entsprechenden Leistungsbereichen sind die Besatzungen für die beiden Kategorien aufgeführt (Tabelle 1).

Es ergibt sich eine Verminderung von zwei bis drei Besatzungsmitgliedern.

Gemäß § 12 der Schiffsbesetzungsverordnung von 1984 konnten nach Anhörung des Schiffsbesatzungsausschusses auf Antrag des Reeders oder der Seeleutegewerkschaften Abweichungen unter Berücksichtigung der Schiffssicherheit, des sicheren Wachdienstes, des Arbeitsschutzes und der betrieblichen Voraussetzungen zugestimmt werden.

Maschinenleistung kW	>7000	≤9000	>9000	≤18000	>18000	≤35000	>35000	
Dienstgrad	Konv.	AUT	Konv.	AUT	Konv.	AUT	Konv.	AUT
Ltd. Ingenieur	1	1	1	1	1	1	1	1
Techn. Offiziere	3	2	3	2	3	2	3	2
Facharbeiter Maschine	2	1	2	1	3	2	3	3
Fachkräfte Maschine	1	2	1	2	2	2	3	2
Hilfskräfte Maschine	2	1	3	2	2	1	2	1
Maschine insgesamt	9	7	10	8	11	8	12	9

Tabelle 1: Verminderung der Maschinenbesetzung durch Automation (Schiffsbesetzungsordnung 1984)

Die Schiffsbesetzungsverordnung vom 26. August 1998 ist am 1. Januar 1999 in Kraft getreten und löst die Schiffsbesetzungsverordnung aus 1984 ab. Die neue Verordnung ist eine Teilmaßnahme des schiffahrtspolitischen Konzeptes der Bundesregierung. Es wird nicht mehr wie bisher eine Regelbesatzung vorgeschrieben, sondern dem Reeder wird die Verantwortung für die Besetzung des Schiffes im Einzelfall zugewiesen. Der Reeder reicht mit einem ausgefüllten Antragsformular, in dem die Schiffsdaten und Betriebsdaten aufgeführt sind, einen Besatzungsvorschlag der See-Berufsgenossenschaft ein. Dieser Besatzungsvorschlag wird von der See-Berufsgenossenschaft nach Kriterien beurteilt, die in der Schiffsbesetzungsverordnung festgelegt sind. Nach durchgeführter Prüfung der Unterlagen wird die Schiffsbesatzung im Schiffsbesatzungszeugnis (Document of Safe Manning) festgelegt. Im Zusammenhang mit der Automation werden die Beurteilungen der Schiffsbesetzungsverordnung des Jahres 1998 im Vergleich zu denjenigen von 1984 vergleichbar bleiben.

3.5 Entwicklung der Besatzungszahlen

Im Jahre 1860 waren für die Leistung von 4413 kW (6000 PS) 230 Mann als Maschinenbesatzung nötig, während heute nur noch 6 erforderlich sind (Tabelle 2). Wenn auch die größte Personalreduzierung bis 1920 erzielt wurde, bleibt festzuhalten, daß in den letzten 20 Jahren die schon kleine Zahl der in der Maschine tätigen nochmals halbiert wurde. Verbessert wurden dabei auch die Arbeitsbedingungen in ganz entscheidendem Maße. Heizer und Trimmer haben bei hohen Temperaturen, fast nackt, im Kohlendreck Schwerstarbeit geleistet, die glücklicherweise völlig verschwand [18].

Der Tabelle 3 ist zu entnehmen, daß in den Jahren 1968 bis 1991 der stärkste Abbau bei den Schiffsleuten eingetreten ist, und zwar von 21 auf 5, d.h. um 16. Die Besatzungsmitglieder sind in Schiffsbesatzungszeugnissen festgelegt; bei den kleinen Besatzungen wurden durchaus zusätzliche Besatzungsmitglieder gefahren. Die Besatzung mit 15 Besatzungsmitgliedern waren Kapitän, 6 Schiffsbetriebsoffiziere, Schiffsbetriebsmeister, 5 Schiffsmechaniker, je ein Koch und Steward. Hierbei handelte es sich um eine Besatzung, die im Decks- und Maschinenbereich nur Besatzungsmitglieder für den Gesamtschiffsbetrieb umfaßte. Die Besatzungen werden in dieser Form zur Zeit nicht mehr gefahren.

Der Trend zu kleineren Besatzungen war in den vergangenen Jahren bei der integrierten Besatzung zu erkennen. In diesem Zusammenhang wird immer wieder das unbemannte Schiff in die Betrachtung eingeführt. Die vorhandenen Expertensysteme für Ladungsumschlag, Schadensüberwachung, Brennstoffanalysen und -planung, Schmieröl von Dieselmotoren, integrierte Betriebsüberwachung, Diagnosen von Maschinen, Instandhaltungsplanung, Seekarten, Navigation und Wetterrouteberatung sind sicherlich u.a. die Voraussetzung für ein unbemanntes Schiff. Aber diese Expertensysteme sind es nicht alleine. Ferner gehören das sichere Manövrieren, besonders in schwerer See, die Identifizie

rung anderer Fahrzeuge, das automatische Festmachen, die Zuverlässigkeit der Maschinen zu den Faktoren, die die weitere Entwicklung bestimmen werden. Alle Systeme bzw. Bauteile müssen mit Redundanz oder, wenn diese nicht gegeben ist, mit höchster Zuverlässigkeit ausgeführt sein. Eine vorbeugende Instandhaltung wie in der Luftfahrt ist Voraussetzung. Es ist unwahrscheinlich, daß die unbemannten Schiffe in den nächsten Jahren kommen werden, unwahrscheinlich aber nur aus wirtschaftlichen Gründen [19].

Jahr	Maschinenart	Brennstoff	Personal (ungefähr)		
			Maschine	Heizraum	Gesamt
1860	Kolbendampf-	Kohle	40	190	230
1880	Maschine		30	85	115
1900			30	55	85
1910			30	45	75
1920	Getriebe-	Heizöl	12	6	18
1930	Dampfturbine		12	6	18
1950			9	3	12
1960			9	3	12
1962	Dieselmotor	Schweröl	12		12
1986			6		6

Tabelle 2: Entwicklung der Maschinenbesatzung

BRZ/BRT	10.000	12.000	12.000	17.000	53.000	53.000
Schiffslänge	158	160	160	177	283	283
Jahr	1968	1970	1970	1979	1991	1999
Kapitän u. Offiziere	11	10	9	8	7	7
Bootsleute und Schiffsbetriebsmeister	3	3	1	1	1	--
Schiffsleute des Decks- und Maschinendienstes	21	17	10	6	5	9
Verpflegungs- und Bedienungspersonal	10	8	5	3	2	2
Gesamt	45	38	25	18	15	18

Tabelle 3: Entwicklung von Anzahl und Aufbau der Besatzung auf Schiffen

3.6 Einsatz von ausländischen Seeleuten und deren Ausbildung

Seit einigen Jahren ist ein Trend zum Einsatz von ausländischen Seeleuten, insbesondere Schiffsleuten festzustellen. Ausländer sind auf Schiffen unter deutscher Flagge im Jahre 1997 bei Schiffsoffizieren, Elektrikern und Schiffsbetriebsmeistern mit 14 %, bei Schiffsleuten des Decks- und Maschinendienstes mit 62 % und bei Schiffsmechanikern und Auszubildenden mit 11 % vertreten. Der Anteil der Ausländer am Gesamt-Bordpersonal auf Schiffen unter deutscher Flagge beträgt 31 %. Die ausländischen Ausbildungsstätten müssen entsprechend internationaler Vorschriften den Ausbildungsstandard an dieses Niveau in kürzester Zeit anpassen.

4. Sicherer Schiffsbetrieb

4.1 Begriffsbestimmung Sicherheit

Zum Thema des sicheren Schiffsbetriebes läßt sich über die Definition für die Sicherheit ein Einstieg in dieses breit angelegte Themenfeld finden. „Sicher ist eine Sachlage, bei der das Risiko nicht größer als das Grenzrisiko ist. Grenzrisiko ist das größte noch vertretbare Risiko eines bestimmten technischen Vorgangs oder Zustands" [21]. Sicherheit wird hier als Grenzrisiko auf einen technischen Vorgang oder Zustand bezogen. Technisch läßt sich definieren, berechnen und fachlich präzisieren, was Sicherheit ist.

4.2 Sicherheitstechnische Regeln und Grenzrisiko

Das komplette Vorschriftenwerk, das die sicherheitstechnischen Anforderungen festlegt , ist auf dieser Grundlage aufgebaut. Zu diesen Vorschriftenwerken gehören die bei der Internationalen Seeschiffahrts-Organisation IMO entwickelten Sicherheitsstandards, die nationalen Sicherheitsvorschriften und die Bauvorschriften der Klassifikationsgesellschaften. Ferner werden im Regelwerk der Normen in zunehmendem Maße Festlegungen getroffen, die in Vorschriftenwerke eingebunden sind. Damit ist ein hochkomplexes und differenziertes System der Sicherheitstechnik entwickelt worden. Voraussetzung für ein sicherheitstechnisches System ist ein durch Personen und soziale Systeme festgelegtes Grenzrisiko. Dieses Grenzrisiko berücksichtigt die Wahrnehmung, Auswahl, Einschätzung, Berechnung und die Akzeptanz des Risikos. Das Grenzrisiko ist nicht statisch festgeschrieben, sondern es ist situations- und interessenbestimmt. Dazu gehören von Vorschriften abweichende, durch Alterserfahrung bewährte Tätigkeiten und Kommunikationsabläufe. Die sich aus diesen Vorgängen ergebenden Schäden, Störereignisse und Unfälle führen häufig im Nachhinein zur Veränderung von Vorschriften [22].

Inzwischen ist erkannt worden, daß von den Konzepten der Sicherheitstechnik die Tätigkeitsabläufe und Kommunikationsvorgänge zu wenig erfaßt werden. Dieses unausgesprochene Defizit führt zur Forderung nach „Integration in die betrieblichen Abläufe" oder zu erweiterten Sicherheitsansätzen.

4.3 Zuverlässigkeit der Propulsions- und Manövriersysteme; Systemanalyse

Die STG-Arbeitsgruppe „Erhöhung der Zuverlässigkeit der Propulsions- und Manövriersysteme von Seeschiffen" hatte in den Jahren 1995 und 1996 über Fragen der Systemanalyse, der Ausfallraten, Störstellendrucker und Bedienoberflächen beraten. Alle vier Themen haben enge Beziehungen zum Thema „Sicherer Schiffsbetrieb". Bei der Systemanalye sind die Beratungen zu folgendem Ergebnis gekommen: Sicherheit und Zuverlässigkeit mittels Methoden der Wahrscheinlichkeitsrechnung quantitativ zu bestimmen, gehört auch in Schiffbau und Schiffahrt seit langem zum Stand der Technik. Die inzwischen erreichten Verbesserungen sind jedoch nicht immer befriedigend, da das menschliche Fehlverhalten nicht entsprechend berücksichtigt wurde. Die Methoden und Verfahren, die bereits in der Luft- und Raumfahrt angewendet werden, u.a. die Systemanalyse, sollten auf eine erweiterte Anwendung in der Schiffahrt hin überprüft werden.

Für die Systemanalyse wird auch die Abkürzung FMEA verwandt. Die Systemanalyse wird bereits in dem entsprechenden Code für Hochgeschwindigkeitsfahrzeuge für einige ausgesuchte Systeme verbindlich vorgeschrieben. Es wird eine Klassifizierung der Schadensereignisse bzw. des Sicherheitsrisikos vorgenommen. Bei der Klassifizierung der Ausfallschwere wird unterschieden zwischen unbedeutend, geringfügig, beträchtlich, gefährlich und katastrophal. Bei dem katastrophalen Ereignis wird von einer Wahrscheinlichkeit von 10^{-9} ausgegangen. Es ist bei der Systemanalyse herausgearbeitet worden, daß die höchste Sicherheit durch vollkommen redundante Systeme gegeben ist. Läßt sich dieses nicht voll verwirklichen, z.B. bei Hilfsdieselaggregat-Systemen, müssen die „Flaschenhälse", d.h. die Bauteile, die nur einfach im System vorhanden sind, eine entsprechend hohe Zuverlässigkeit aufweisen. Das Hauptproblem in der Seeschiffahrt liegt derzeit in dem Fehlen von Aussagen bezüglich der Ausfallraten einzelner Systemkomponenten sowie fehlenden Klassifizierungen der Ausfallschwere. Zur Problematik der Bestimmung von Ausfallraten ist festzustellen, daß Fehleranalysen bereits in der Vergangenheit erstellt wurden. Wichtig war dabei nicht immer die Bestimmung einer Gesamtausfallrate, sondern der Vergleich alternativer Systemvarianten oder die systematische Suche nach „Flaschenhälsen". Es kommt in der weiteren Zukunft daher darauf an, für Bauteile, die an diesen „Flaschenhälsen" zum Einsatz kommen, die höchste Zuverlässigkeit zugrundezulegen.

Es hat sich immer wieder gezeigt, daß Ausfälle insbesondere durch menschliches Fehlverhalten nicht auszuschließen sind. So wird allgemein festgestellt, daß 75 - 80 % dieser Ereignisse im maritimen Bereich - aber auch in der Luftfahrt - auf „menschliches Versagen" zurückzuführen sind. Durch die Peripherie der Vortriebs- und Manövriersysteme können durch Fehlbedienungen Ausfälle entstehen. Die möglichen Fehlerquellen im Bereich der Bedienoberflächen müssen genau analysiert werden, um eventuelle Ursachen zu beseitigen. Die Bedienoberflächen weisen immer noch Schwächen auf, z.B. durch nicht eindeutige Schalterstellungen, unklare Anzeigen, flackernde LED's sowie schlechte Bildschirmdarstellungen. Bedienoberflächen sollen möglichst nach ergonomischen und antropotechnischen Gesichtspunkten gestaltet sein, damit sich jeder schnell und unproblematisch zurechtfinden kann.

Wenn sich ein technischer Ausfall ereignet hat, ist die Analyse der Ursachen dieser Ausfälle sicherheitstechnisch sehr relevant. Hierfür sollen die

Ausdrucke von Störstellendruckern die nötigen Informationen liefern. Dies ist jedoch bisher nicht immer gegeben, da insbesondere bei einem „Blackout" eine Vielfalt von Störungen auflaufen, die bei ihrem Ausdruck keine eindeutige Aussage über den Schadensverlauf zuläßt. Hier ist noch Handlungsbedarf gegeben, um den Wert der Störstellendrukker in vollem Umfange auszunutzen [23].

4.4 Sicherheit der Hauptantriebsmotoren

Der sichere Schiffsbetrieb ist abhängig von der Zuverlässigkeit vieler Aggregate und Bauteile, die für den Vortrieb des Schiffes unmittelbar und mittelbar erforderlich sind. Ist eine Redundanz für ein Aggregat oder ein Bauteil vorhanden, kann auf ein zweites Aggregat, wie z.B. ein Hilfsdieselaggregat oder ein anderes Filter, umgeschaltet werden.

Am Beispiel des Viertakt-Hauptantriebsmotors soll die Sicherheit des Schiffsbetriebes dargestellt werden. Alle Schiffe, die nicht Fahrgastschiffe sind, haben nur einen Hauptantriebsmotor und damit besteht keine Redundanz. Der Zuverlässigkeit des Hauptantriebsmotors wurde daher zu allen Zeiten das größte Augenmerk geschenkt. Dies gilt auch heutzutage. Stark belastete Bauteile des Hauptantriebsmotors sind Kolben, Zylinderbüchse, Brennstoffpumpen, Anlaßventil, Brennstoffeinspritzventil, Lager, Rädertrieb und Nockenwelle. Die besonders hoch belasteten Triebwerksteile wie z.B. Zylinderbüchse und Kolben waren mit zunehmend schlechter werdender Qualität des Schweröls stets Bauteile, deren Zuverlässigkeit ständig erhöht wurde. Die Absenkung der Zylinderbüchsen-Oberflächentemperatur, die Kolbenring-Laufffläche und die Qualität des Schmieröls bestimmen die Sicherheit des Kolbenringlaufes. So konnte Ende der 90er Jahre durch die Verwendung eines gekühlten Flammringes im oberen Bereich der Zylinderlaufbuchse und mit einer Chrom-Keramik-Beschichtung für Kolbenringe die Verschleißrate minimiert und die Überholungsintervalle verlängert werden [24].

Um im Falle eines Kolbenfressers das Ziehen des Kolbens zu vereinfachen, kamen bereits in den 60er Jahren hydraulische Spannvorrichtungen und hydraulische Schrauben zur leichten Demontage und Montage der Triebwerksteile zur Anwendung. Durch die Einführung dieser Technik konnte von der gefährlichen Arbeit mit Vorschlaghämmern zum Anziehen der Muttern zu der genaueren hydraulisch bewirkten Vorspannung der Bolzen übergegangen werden. Nach wie vor stellt die Notreparatur an einem Triebwerk des Hauptantriebsmotors auf See die größte Herausforderung an das Maschinenpersonal dar.

4.5 Funktional- und Regionalmodule, ein Beitrag zur Erhöhung der Sicherheit

Funktional- und Regionalmodule für Schiffsmaschinenanlagen sind entwickelt worden, um einen Beitrag zur Kostensenkung und Bauzeitverkürzung im Schiffbau zu erreichen. Es ist jedoch zu erwarten, daß durch diese neuen Entwicklungen auch der sichere Schiffsbetrieb entscheidend beeinflußt wird. Es soll im folgenden auf diese Module eingegangen werden.

Durch kompakte Anordnung von Systemteilen mit gleicher Funktion, z.B. von Rohren in Rohrbündelmodulen, werden Funktionalmodule und durch vollständige Ausgestaltung von Raumbereichen, z.B. Werkstätten, Maschinenkontrollräumen usw., werden Regionalmodule gebildet. Die in Baureihen eingestuften Module können mit wirksameren Technologien gefertigt werden als bei Einzelfertigung in den Werften. Durch die Verwendung von Funktional- und Regionalmodulen werden Projektierungs-, Konstruktions-, Fertigungs- und Montageaufwand wesentlich vermindert. Ferner wird der Masse- und Raumbedarf abgesenkt [25].

Damit ist zu erkennen, daß die Modularisierung in starkem Maße in den nächsten Jahren umgesetzt werden wird. Die Nutzung neuester Entwicklungen bei der Verknüpfung von Konstruktion und Fertigung und bei Verfahren zur Simulation von Anlagen und Systemen ist dabei eine Vorbedingung. Sie bedeutet gleichzeitig auch eine Standardisierung der Funktionalsysteme und führt zu einer Erhöhung der Betriebssicherheit. Sie ist dadurch zu erwarten, daß die Systeme in verstärktem Maße sicherheitstechnisch untersucht werden können, und zwar durch Systemanalysen.

4.6 Schiffssicherheit und Unfallverhütung; Unfallgeschehen

Die Schiffssicherheit umfaßt die Verkehrssicherheit des Schiffes und die Sicherheit der Besatzungsmitglieder und Fahrgäste. Die Unfallverhütungs-Maßnahmen sollen die Besatzungsmitglieder vor Arbeitsunfällen schützen. Die Statistiken über Schiffsunfälle geben immer wieder Anlaß, über eine Verbesserung der Schiffssicherheitsvorschriften zu beraten, wenn nach Anzahl und Schweregrad der Unfälle, sowohl schiffs- als auch personenbezogen, Schwachstellen zu erkennen sind. Besondere Anlässe sind Totalverluste wie die der Schiffe „Estonia", „Braer" und „Herald of Free Enterprise". Eine Darstellung der Schiffsverluste aus den Jahren 1990 bis 1997 von Lloyd's Register Casuality Statistics zeigt, daß die Anzahl der betroffenen Schiffe pro Jahr zwischen 132 und 266 schwankt.

490

Im Jahre 1997 ist eine Abnahme zu erkennen. Die Verteilung auf die Ursachen „gesunken", „gestrandet", „Feuer", Kollision", „sonstige Ursache", „Grundberührung" und „vermißt" ist dem Bild 1 zu entnehmen. Die Anzahl der gesunkenen Schiffe pro Jahr schwankt zwischen 57 und 115 und stellt - im Vergleich zu den anderen Ursachen - den größten Anteil dar.

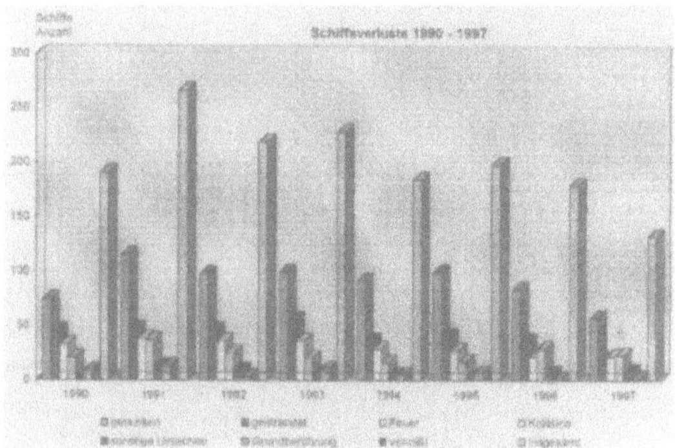

Bild 1: Schiffsverluste 1990-1997

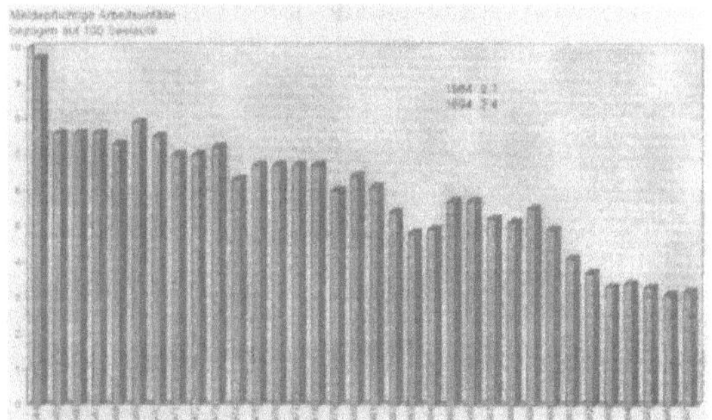

Bild 2: Entwicklung des Unfallgeschehens auf Seeschiffen unter Bundesflagge

Es besteht eine enge Verknüpfung zwischen Schiffssicherheit und Unfallverhütung. Auf Schiffen mit kleinen Besatzungen ist die Verminderung des Unfallgeschehens ein besonders wichtiges Anliegen. Der Ausfall eines Besatzungsmitgliedes, auch nur tageweise, bedeutet eine zusätzliche Belastung der übrigen Besatzungsmitglieder. Besonders schwierig wird die Situation, wenn das Besatzungsmitglied nicht im nächsten Hafen ersetzt werden kann.

Durch die intensiven Bemühungen konnten die absoluten Unfallzahlen über die Jahre wesentlich gesenkt werden, auch wenn die Zahlen auf das versicherte Bordpersonal bezogen werden. Das Bild 2 zeigt diese Entwicklung für die meldepflichtigen Arbeitsunfälle, das sind Unfälle mit mehr als drei Ausfalltagen [26].

4.7 Schiffsdatenschreiber (black box)

Die Erarbeitung von Leistungsanforderungen an einen Schiffsdatenschreiber wurde federführend von dem Unterausschuß „Sicherung der Seefahrt" der IMO energisch in Angriff genommen. Dabei sieht man den Zweck eines Schiffsdatenschreibers insbesondere darin, daß er in einer sicheren und reaktivierbaren Form Informationen im Hinblick auf Position, Bewegung, physikalischen Zustand und Kontroll- und Kommandoelemente des Schiffes über eine bestimmte Zeit hinweg, vor und über einen Zwischenfall hinaus zuverlässig speichert. Diese Informationen, die in dem Schiffsdatenschreiber gespeichert werden, sollen den zuständigen Behörden nach einem Unfall verfügbar gemacht werden. Mögliche Kausalitätsketten, die zu dem Ereignis geführt haben, sollen aufgedeckt und Informationen daraus gewonnen werden, um ähnliche Unfälle und Zwischenfälle in der Zukunft zu vermeiden.

4.8 ISM-System

Das weltweit erste verbindliche Managementsystem für Sicherheit und Umweltschutz ist der Internationale Sicherheitsmanagement-Code ISM der IMO. Am 1. Juli 1998 ist er für Fahrgastschiffe, Tanker und Massengutschiffe in Kraft getreten. Am 1. Juli 2002 wird der Code für die übrigen Schiffe, wie z.B. Containerschiffe, in Kraft treten. Die Verantwortung des Reeders für den sicheren Betrieb seiner Schiffe ist durch den ISM-Code im Rahmen eines von ihm selbst erarbeiteten Sicherheitsmanagementsystems SMS für sein Unternehmen einschließlich seiner Schiffe konkretisiert.

Nach der Erstellung von Qualitätssicherheitshandbüchern und Verfahrensanweisungen werden die Reedereien und deren Schiffe auditiert (begutachtet) und erhalten daraufhin international anerkannte Zeugnisse. Die Landorganisation der Reederei erhält das Document of Compliance DOC, das Schiff das Safety Management Certificate SMC. Die Schiffe müssen das DOC der Reederei in Kopie mitführen und können ein SMC nur erhalten, wenn die Reederei ein gültiges DOC besitzt. Wenn das SMC nicht an Bord ist, wird dem Schiff durch die Hafenstaat-Kontroll-Behörde das Auslaufen untersagt.

Für den Reeder ergibt sich die Verpflichtung, in eigener Verantwortung seine Organisation zu optimieren und dadurch Sicherheit und Umweltschutz beim Betrieb der Schiffe zu erhöhen. Die Stärkung der Eigenverantwortlichkeit des Reeders für den sicheren Schiffsbetrieb muß einhergehen mit der verantwortungsvollen und wirksamen Umsetzung des ISM-Codes durch alle Verantwortlichen. Hierzu gehören die Klassifikationsgesellschaften und Schiffssicherheitsbehörden. Der ISM-Beauftragte (designated person) der Reederei hat die Aufgabe, das Funktionieren des SMS zu überwachen und erforderlichenfalls zu beeinflussen, und stellt damit ein Bindeglied zwischen dem Bordpersonal und dem Reeder dar. Einerseits sind dem Reeder Sorgfaltspflichtverletzungen des Bordpersonals gegebenenfalls leichter nachweisbar zuzurechnen, andererseits kann er seine Haftungsrisiken erheblich vermindern, wenn er die Anforderungen des ISM-Codes so umsetzt, daß das reedereibezogene SMS nicht nur dokumentiert, sondern tatsächlich mit Leben erfüllt wird [27].

5. Schlußbetrachtung

Der enge Zusammenhang zwischen Automation, Besetzung (Mensch) und sicherem Schiffsbetrieb und die aufeinander einwirkenden Einflußgrößen wurden aufgezeigt. Sie müssen in einer Balance sein, wobei die Besatzungsmitglieder nicht durch den Stand und die Schnelligkeit der Entwicklung der Technik (Automation) überfordert sein dürfen; zum anderen muß die Sicherheit in allen ihren Varianten gewährleistet sein. Der Mensch mit der Automation muß im sicheren Schiffsbetrieb „eingebettet" sein, d.h. der Mensch muß sich rundum sicher fühlen. Große Sprünge in der Weiterentwicklung der Automation sind zur Zeit nicht zu erkennen. Ausgelöst werden könnten sie durch eine neue Antriebstechnik, wenn das Rohöl knapp wird. Ob die Entwicklung zum schwachbesetzten oder unbemannten Schiff gehen wird, ist recht fraglich. Solange die Ein-Mann-Brücken-Wache bei Nacht nicht international akzeptiert wird, kann von einer Anerkennung der bisherigen Technik auf der Brükke nicht ausgegangen werden. Ferner ist die Kollisionsproblematik entscheidend. Das Fahren eines unbemannten Schiffes von Pier zu Pier ist zur Zeit noch undenkbar. In den letzten beiden Jahren wurde die Stärke der Schiffsbesatzung gegenüber den Besatzungen, die zum Ende der 80er Jahre gefahren wurden, eher verstärkt, da die Qualifikation der Schiffsleute geringer ist.

Wesentliche Impulse für die Entwicklung der Automation, die Verminderung der Besatzung und die Erhöhung der Sicherheit des Schiffsbetriebes ergeben sich durch

- die weitere Erhöhung der Zuverlässigkeitstechnik,
- die modularisierte Bauweise der verschiedenen Teilkomponenten in allen Bereichen des Schiffes,
  insbesondere im Maschinenbereich,
- die Einführung der Schiffsdatenschreiber (Blackbox),
- Systemanalysen für alle Systeme, die den Vortrieb und das Manövrieren des Schiffes bewirken,
- volle Redundanz der Bauteile bzw. Systeme oder höchste Zuverlässigkeit der nicht redundanten Bauteile und Systeme,
- Datenbanken für die Ausfallraten von Bauteilen, die nicht redundant sind,
- die internationale Akzeptanz der Ein-Mann-Brückenwache bei Nacht,
- die überprüfbare Ausbildung der Seeleute,
- die wirksame Umsetzung des Internationalen Sicherheitsmanagementsystems, u.a. durch die Festlegung der verantwortlichen Person in der Reederei verbunden mit der haftungsrechtlichen Bedeutung.

6. Schrifttum

[1] HORMANN, J.: Zukunft der Arbeit - Arbeit der Zukunft (Future Work). Universum Verlagsanstalt, Wiesbaden

[2] WRAGGE, F.: Grundlagen und Methoden zur Ermittlung der Wirtschaftlichkeit automatisch gesteuerter Anlagen. Mit einem Beispiel aus dem Einsatz von Dieselmotoren in Schiffen. Diplomarbeit am Lehrstuhl für Betriebswirtschaftslehre der TH Hannover, S. 2

[3] 75 Jahre Schiffbautechnische Gesellschaft 1899 - 1974. Hamburg 1974, S. 357

[4] Arbeitsplatz Schiff; 100 Jahre See-Berufsgenossenschaft 1887 - 1987. Deutsches Schiffahrtsmuseum, Bremerhaven. Ernst Kabel Verlag, Hamburg, S. 121

[5] HANSA 101 (1964), Messe-Sonderheft, S.781

[6] 75 Jahre Schiffbautechnische Gesellschaft 1899 - 1974. Hamburg 1974, S. 353

[7] HANSA 101 (1964), Nr. 2, S. 215

[8] Literatur [2], S. 51

[9] HANSA 119 (1982), Nr. 18, S. 1168

[10] HANSA 117 (1980), Nr, 18, S. 1397

[11] HANSA 121 (1984), Nr. 22, S. 2311

[12] Geamar; ISM integriertes Schiffs-Managementsystem. Prospekt der Firma STN Systemtechnik Nord

[13] HARMS, D.: Dezentralisierte Plattform-Automationssysteme für zukünftige Marineschiffe auf der Grundlage schneller Feldbussysteme. STN ATLAS Elektronik GmbH, Hamburg

[14] Richtlinien für Einsatz von Rechnern und Rechnersystemen. November 1994. Germanischer Lloyd, Selbstverlag

[15] Schiffsbetriebstechnische Gesellschaft, Flensburg,, Zeitschrift Schiffsbetriebstechnik, 1/99, S. 3

[16] FETTBACK, R.: Schiffsbesetzungs- und Ausbildungsverordnung. Karl Heymanns Verlag KG, Köln. 1971

[17] Schlußbericht der Forschungsstelle für Schiffsbetriebstechnik an der Fachhochschule Flensburg. Erarbeitung von Kriterien für eine funktionsgerechte Besetzung deutscher See-schiffe. August 1974

[18] Literatur [4], S. 123

[19] HANSA 134 (1997), Nr. 2, S. 10

[20] Verwaltungsbericht 1997 der See-Berufs-genossenschaft, S. 88

[21] DIN 31000, Teil 2

[22] CERNAVIN, O.: Dienstleistung Prävention. Universums-Verlag, 1998

[23] HENSCHEL, G.; MEIER-PETER, H.;RIT-TERHOFF, J.; WRAGGE, F.: Ergebnisse ei-ner Studie zur Erhöhung der Zuverlässigkeit von Vortriebs- und Manövrieralagen. Jahr-buch der Schiffbautechnischen Gesellschaft, Band 91, 1997

[24] HANSA 135 (1998), Nr. 5, S. 58

[25] PULS, D.: Fertigungs- und montagegerechte Gestaltung von Schiffsmaschinenräumen mit optimalem Masse- und Raumbedarf. Sta-tusseminar 1997. Entwicklung in der Schiff-stechnik. Verlag TÜV Rheinland GmbH, Köln, 1997

[26] WRAGGE, F.: Schiffssicherheit und Unfall-verhütung auf Schiffen mit kleinen Besatzun-gen. Internationaler Congress für Schiffstech-nik „Sicherer Schiffsbetrieb mit kleinen Be-satzungen" in Hamburg am 12. September 1995; Veranstalter u.a. Verein der Schiffs-Ingenieure zu Hamburg

[27] NN: Die Verantwortung des Reeders für die Sicherheit auf Autofähren, Tankern und Mas-sengutschiffen. Deutsche Akademie für Ver-kehrswissenschaften e.V., 37. Deutscher Ver-kehrsgerichtstag vom 27. - 29. Januar 1999 in Goslar, Arbeitskreis VIII

MIX
Papier aus verantwortungsvollen Quellen
Paper from responsible sources
FSC® C105338

If you have any concerns about our products,
you can contact us on
ProductSafety@springernature.com

In case Publisher is established outside the EU,
the EU authorized representative is:
Springer Nature Customer Service Center GmbH
Europaplatz 3, 69115 Heidelberg, Germany

Printed by Libri Plureos GmbH
in Hamburg, Germany